Vulkan

开发实战详解

多 平 台 完 整 源 代 码

吴亚峰◎编著

人民邮电出版社

北 京

图书在版编目（CIP）数据

Vulkan开发实战详解 / 吴亚峰编著. -- 北京 : 人民邮电出版社，2019.7
ISBN 978-7-115-50939-0

Ⅰ．①V… Ⅱ．①吴… Ⅲ．①图形软件—程序设计
Ⅳ．①TP391.41

中国版本图书馆CIP数据核字(2019)第042418号

内 容 提 要

本书共分为 19 章，介绍了 Vulkan 的诞生、特点、开发环境的搭建以及运行机制、渲染管线和调试技术，着色器编程语言——GLSL、投影及各种变换、光照、纹理映射、3D 模型的加载、混合与雾、两种测试及片元丢弃、顶点着色器的妙用、片元着色器的妙用、真实光学环境的模拟、阴影及高级光照、几种高级着色器特效、骨骼动画、Vulkan 的性能优化等，最后以一个休闲游戏——方块历险记的案例来展示 Vulkan 的功能与技术。本书按照必知必会的基础知识、基于 Vulkan 实现基本特效以及高级特效、完整游戏案例的顺序，循序渐进地进行详细讲解，适合不同需求、不同水平层次的读者。为了便于读者学习，随书提供了书中所有案例的完整源代码（书中所有案例都给出了安卓版和 Windows 版，最后的大案例还进一步给出了 macOS、iOS 和 Linux 版），最大限度地帮助读者快速掌握各方面的开发技术。

本书适合游戏开发者、程序员学习，也可以作为大专院校相关专业的师生学习用书和培训学校的教材。

◆ 编　著　吴亚峰

责任编辑　张　涛

责任印制　焦志炜

◆ 人民邮电出版社出版发行　北京市丰台区成寿寺路 11 号

邮编 100164　电子邮件 315@ptpress.com.cn

网址 http://www.ptpress.com.cn

固安县铭成印刷有限公司印刷

◆ 开本：787×1092　1/16　　　彩插：2

印张：46.5　　　　　　　　2019 年 7 月第 1 版

字数：1 232 千字　　　　　　2024 年 7 月河北第 2 次印刷

定价：139.00 元

读者服务热线：(010)81055410　印装质量热线：(010)81055316
反盗版热线：(010)81055315
广告经营许可证：京东市监广登字20170147号

前　言

为什么要写这样的一本书

作为一种跨平台的 2D 和 3D 图形应用程序接口，Vulkan 因为高性能和低开销而大受欢迎，虽然面市不久，但市面上目前已有不少支持 Vulkan 的游戏和应用，如《Doom》《Dota2》《极品飞车——无极限》等。同时由于 3D 应用程序开发比较复杂，而 Vulkan 比传统的 OpenGL 更加复杂，造成入门门槛较高，初学者无从下手。根据这种情况，作者结合多年从事 3D 游戏及应用开发的经验编写此书。

Vulkan 起初被称为 GLNext，了解一些 3D 领域的技术人员都知道，当下多种平台上的 3D 应用开发很多是基于 OpenGL 的，但面向单线程任务设计的 OpenGL 在当下的处境比较尴尬，单线程的问题严重制约了新一代 GPU 渲染能力的发挥。

Vulkan 则良好地解决了这一问题，其原生支持多线程并发渲染，留给了开发人员充分的发挥空间。Vulkan 的许多新特性也使渲染的 3D 场景光影效果更加真实，实现过程更加迅速。本书在给出实际的案例时涉及了安卓、Windows、macOS、iOS、Linux 等主流平台，充分考虑到了各个不同主流目标平台读者的需求。

经过两年多见缝插针式的奋战，本书终于交稿了。回顾写书的这两年时间，不禁为自己能最终完成这个耗时费力的"大制作"而感到欣慰。同时也为自己能将从事游戏与应用开发近 15 年来积累的宝贵经验以及编程感悟，分享给正在开发阵线上埋头苦干的广大开发人员而感到高兴。

贾岛的《剑客》一诗有言："十年磨一剑，霜刃未曾试，今日把示君，谁有不平事？"从 1998 年首次接触 Java 与 OpenGL 算起，到现在已经 20 多年了。作者希望用 20 多年的知识和经验打磨成的"利剑"，能够帮助广大读者在实际工作中披荆斩棘、奋勇向前。

本书特点

1. 内容丰富，由浅入深

本着"起点低，终点高"的原则，本书涵盖从 Vulkan 必知必会的基础知识到基于 Vulkan 实现各种高级特效，最后还给出了一个完整的 3D 游戏案例。这样的内容组织使得 3D 应用开发初学者可以一步一步成长为 3D 开发的资深人员，符合绝大部分想学习 3D 应用开发的学生与程序开发人员以及相关技术人员的需求。

2. 结构清晰，讲解到位

本书配合每个需要讲解的知识点都给出了丰富的插图与完整的案例，使得初学者易于上手，有一定基础的读者便于深入。书中所有的案例均是根据作者多年的开发心得进行设计的，结构清晰明朗，便于读者学习。同时书中还给出了很多作者多年来积累的编程技巧与心得，具有很高的参考价值。

3. 非常实用的案例源代码

为了便于读者学习，随书提供了书中所有案例的完整源代码（书中所有案例都给出了安卓版和 Windows 版，最后的大案例还进一步给出了 macOS、iOS 和 Linux 版），最大限度地帮助读者快速地掌握各方面的开发技术。

内容导读

本书共分为 19 章，内容按照必知必会的基础知识、基于 Vulkan 实现基本特效以及高级特效、完整游戏案例的顺序循序渐进地进行详细讲解。

章　名	主要内容
第 1 章　初识 Vulkan	本章简要介绍了 Vulkan 的诞生、特点、开发环境的搭建以及运行机制
第 2 章　渲染管线和调试技术	本章主要介绍了渲染管线、着色器预编译和 Vulkan 调试技术等，为以后的 Vulkan 项目开发打下良好的基础
第 3 章　着色器编程语言——GLSL	本章对可以用于实现 Vulkan 可编程渲染管线着色器的 GLSL 进行了系统地介绍，为后面各方面的深入学习打下了基础
第 4 章　投影与各种变换	本章介绍了 3D 开发中投影、各种变换的原理与实现，同时还介绍了几种不同的绘制方式
第 5 章　光照	本章介绍了 Vulkan 中光照的基本原理与实现、点法向量与面法向量的区别以及光照的顶点计算与片元计算的差别等
第 6 章　纹理映射	本章介绍了纹理映射的基本原理与使用，同时还介绍了不同的纹理拉伸与采样方式、多重过程纹理技术以及压缩纹理等
第 7 章　更逼真的场景——3D 模型的加载	本章介绍了如何使用自定义的加载工具类直接加载通过 3D Max 创建的 3D 立体物体模型
第 8 章　独特的场景渲染技术——混合与雾	本章主要介绍了混合以及雾的基本原理与使用
第 9 章　常用 3D 开发小技巧	本章主要介绍了一些常用的 3D 开发技巧，包括标志板、灰度图地形、高真实感地形、天空盒与天空穹、简单镜像技术以及非真实感绘制等
第 10 章　两种测试及片元丢弃	本章主要介绍了 Vulkan 中经常使用的两种测试及片元丢弃，包括剪裁测试、模板测试、片元丢弃操作以及任意剪裁平面等
第 11 章　顶点着色器的妙用	本章主要介绍如何通过顶点着色器实现几种酷炫效果，包括飘扬的旗帜、扭动的软糖、展翅飞翔的雄鹰、吹气特效等
第 12 章　片元着色器的妙用	本章介绍了如何通过片元着色器实现几种酷炫效果，包括程序纹理、数字图像处理技术、分形着色器、3D 纹理的妙用、体积雾以及粒子系统火焰特效等
第 13 章　真实光学环境的模拟	本章介绍如何通过 Vulkan 模拟现实环境中的一些光学效果，如反射、折射、凹凸映射、镜头光晕等。同时本章还介绍了常用的投影贴图、绘制到纹理、高级镜像以及高真实感水面倒影等
第 14 章　阴影及高级光照	本章介绍如何通过 Vulkan 模拟现实世界的阴影及高级光照，主要包括平面映射、阴影映射、阴影贴图等几个方面。同时本章还介绍了几种常见的技术，即多重渲染目标、聚光灯高级光源、延迟渲染以及环境光遮蔽等
第 15 章　几种高级着色器特效	本章主要介绍了一些常用的高级着色器特效，如运动模糊、遮挡透视效果、积雪效果、背景虚化、泛光以及体绘制等
第 16 章　骨骼动画	本章介绍了 3D 游戏开发中常用的骨骼动画技术，包括自主开发的骨骼动画、ms3d 骨骼动画文件的加载以及自定义格式骨骼动画的加载等
第 17 章　让应用运行得更流畅——性能优化	本章讨论了一些在使用 Vulkan 开发 3D 游戏、应用过程中的性能优化问题，包括着色器代码的优化、纹理使用过程中的优化以及 3D 图形绘制过程中的优化等。同时本章还介绍了几种常见的技术，即图元重启、几何体实例渲染、遮挡查询、计算着色器的使用以及多线程并发渲染等
第 18 章　杂项	本章主要介绍了一些与 Vulkan 应用开发相关的不太容易分类的知识与技术，主要包括四元数旋转、3D 拾取、多重采样抗锯齿、保存屏幕图像、Windows 系统窗口缩放、曲面细分着色器与几何着色器，以及苹果与 Linux 平台下 Vulkan 应用的开发等
第 19 章　基于 Vulkan 的 3D 休闲游戏——方块历险记	本章将通过介绍"方块历险记"游戏在 Android 平台以及 Windows、macOS、iOS、Linux 等平台上的设计与实现，对使用 Vulkan 技术开发 3D 休闲类游戏的步骤做详细讲解

本书内容丰富，从基本知识到高级特效，从简单的应用程序到完整的 3D 游戏案例，适合不同需求、不同水平层次的各类读者。

● 初学 Vulkan 应用开发的读者

本书包括在各个主流平台下进行 3D 应用开发的知识，内容由浅入深，配合详细的案例，非常适合 3D 游戏、应用开发的初学者循序渐进地进行学习，最终成为 3D 游戏、应用开发的资深人员。

● 有一定 3D 开发基础并且希望进一步深入学习 Vulkan 高级开发技术的读者

本书不仅包括了 Vulkan 开发的基础知识，同时也包括了基于 Vulkan 实现高级特效的内容以及完整的游戏案例，有利于有一定基础的开发人员进一步提高开发水平与能力。

● 想学习图形学的读者

本书内容组织不单聚焦于 Vulkan 技术本身，还介绍了很多图形学方面的知识与技术，做到了理论联系实际，也非常适合想基于 Vulkan 学习图形学的读者。

作者简介

吴亚峰，毕业于北京邮电大学，后留学澳大利亚卧龙岗大学取得硕士学位。1998 年开始从事 Java 应用的开发，有多年的 Java 开发与培训经验。主要的研究方向为 Vulkan、OpenGL ES、手机游戏、以及 VR/AR。曾任 3D 游戏、VR/AR 独立软件工程师，并兼任百纳科技软件培训中心首席培训师。近十年来为数十家著名企业培养了上千名高级软件开发人员，曾编写过《OpenGL ES 3x 游戏开发(上下卷)》《Unity 案例开发大全》(第 1 版、第 2 版)、《VR 与 AR 开发高级教程——基于 Unity》《H5 和 WebGL 3D 开发实战详解》《Android 应用案例开发大全》(第 1 版～第 4 版)、《Android 游戏开发大全》(第 1 版～第 4 版)等多本畅销技术书。2008 年初开始关注 Android 平台下的 3D 应用开发，并开发出一系列优秀的 Android 应用程序与 3D 游戏。

本书在编写过程中得到了百纳科技软件培训中心的大力支持，同时刘易周、宋润坤、张杰义、毛煜、尹豆、官端亮、李昀阳、刘聪颖、梁超以及作者的家人为本书的编写提供了很多帮助，在此表示衷心地感谢！

由于作者的水平和学识有限，且书中涉及的知识较多，难免有错误疏漏之处，敬请广大读者批评指正，并多提宝贵意见。本书责任编辑联系邮箱为 zhangtao@ptpress.com.cn。

作者

资源与支持

本书由异步社区出品，社区（https://www.epubit.com/）为您提供相关资源和后续服务。

提交勘误

作者和编辑尽最大努力来确保书中内容的准确性，但难免会存在疏漏。欢迎您将发现的问题反馈给我们，帮助我们提升图书的质量。

当您发现错误时，请登录异步社区，按书名搜索，进入本书页面，单击"提交勘误"，输入勘误信息，单击"提交"按钮即可。本书的作者和编辑会对您提交的勘误进行审核，确认并接受后，您将获赠异步社区的100积分。积分可用于在异步社区兑换优惠券、样书或奖品。

扫码关注本书

扫描下方二维码，您将会在异步社区微信服务号中看到本书信息及相关的服务提示。

与我们联系

我们的联系邮箱是 contact@epubit.com.cn。

如果您对本书有任何疑问或建议，请您发邮件给我们，并请在邮件标题中注明本书书名，以便我们更高效地做出反馈。

如果您有兴趣出版图书、录制教学视频，或者参与图书翻译、技术审校等工作，可以发邮件给我们；有意出版图书的作者也可以到异步社区在线提交投稿（直接访问 www.epubit.com/selfpublish/submission 即可）。

如果您是学校、培训机构或企业，想批量购买本书或异步社区出版的其他图书，也可以发邮件给我们。

如果您在网上发现有针对异步社区出品图书的各种形式的盗版行为，包括对图书全部或部分内容的非授权传播，请您将怀疑有侵权行为的链接发邮件给我们。您的这一举动是对作者权益的保护，也是我们持续为您提供有价值的内容的动力之源。

关于异步社区和异步图书

"**异步社区**"是人民邮电出版社旗下 IT 专业图书社区，致力于出版精品 IT 技术图书和相关学习产品，为作译者提供优质出版服务。异步社区创办于 2015 年 8 月，提供大量精品 IT 技术图书和电子书，以及高品质技术文章和视频课程。更多详情请访问异步社区官网 https://www.epubit.com。

"**异步图书**"是由异步社区编辑团队策划出版的精品 IT 专业图书的品牌，依托于人民邮电出版社近 30 年的计算机图书出版积累和专业编辑团队，相关图书在封面上印有异步图书的 LOGO。异步图书的出版领域包括软件开发、大数据、AI、测试、前端、网络技术等。

异步社区　　　　　　　　微信服务号

目　录

第 1 章　初识 Vulkan

Vulkan 是一种跨平台的 2D 和 3D 图形应用程序接口，最早由 Khronos 组织在 2015 年 GDC 上发布。其本质上是 AMD Mantle 的后续版本，继承了前者强大的低开销架构，使开发人员能够方便全面地获取 GPU 与多核 CPU 的性能、功能和提升效率。

相比于 OpenGL，Vulkan 支持深入硬件底层进行控制，并能大幅度降低 CPU 在高负载绘制任务中的开销。同时其对多核心 CPU 的支持也更加完善，更加适应当下从高端工作站到 PC 平台到移动平台的多核战略。

1.1　Vulkan 概览

介绍具体的开发技术之前，本节将首先介绍 Vulkan 的历史传承以及一些技术特点，同时将 Vulkan 与其他的图形应用程序接口（OpenGL、DirectX、Metal 等）进行简要的比较，最后还会介绍一下当下支持 Vulkan 的游戏，具体内容如下。

1.1.1　Vulkan 简介

了解 Vulkan 的具体知识之前，我们有必要首先了解一下市面上主流的各 3D 图形应用程序接口。目前各平台下主流的 3D 图形 API 有 OpenGL、OpenGL ES、DirectX、Metal 以及 Vulkan，其各自的应用领域及特点如下。

- OpenGL 的应用领域较为广泛，支持多种操作系统平台（如 Windows、UNIX、Linux、macOS 等）。基于其开发的应用可以方便、低成本地在不同操作系统平台之间移植。既可以用于开发游戏，又可以用于开发工业、行业应用。
- OpenGL ES 是专门针对移动嵌入式平台而设计的，实际是 OpenGL 的剪裁版本。去除了 OpenGL 中许多不必要的特性，优化了对性能、供电受限的移动嵌入式平台的支持。
- DirectX 为微软的专有技术，主要用于 Windows 下游戏的开发，在此领域占有极高的比例。最新的版本为 DirectX 12，此版本也是大大优化了对多核 CPU 的支持，但仅支持 Windows 10。
- Metal 是 Apple 的专有技术，仅仅能够在 macOS 以及 iOS 下使用，应用的领域相对比较狭窄，目前基于它的应用相对较少。
- Vulkan 与 OpenGL 类似，是跨平台的 3D 图形应用程序接口，同时支持 Windows 7、Windows 8.1、Windows 10、Linux 以及 Android 等平台。

Vulkan 最早被称为下一代 OpenGL，项目名称为 GLNext。其设计考虑到了统一各个平台的开发，因此不像 OpenGL 与 OpenGL ES 那样，根据硬件性能、供电区分不同版本，而是工作站、PC、移动嵌入式等平台完全一致。这对广大开发人员来说，是一个极大的利好。

2016 年 2 月 16 日，Khronos 组织发布了 Vulkan 的首个正式版本。从此，数字图形技术产业诞生了一个真正意义上能与 DirectX 12、Metal 分庭抗礼的全新图形应用程序接口。到 2016 年 4 月，Google 在第二个 Android N 的开发预览版中也正式加入了对 Vulkan 的支持。Vulkan 的主要特点如下。

● Vulkan 提供更低的运行开销、更直接的 GPU 控制和较低的 CPU 负载。其通过批处理方式有效减少 CPU 的负载，将 CPU 从额外的运算和渲染中解放出来去执行其他的任务。

● 相比于以往面向 CPU 单核心设计的 OpenGL，Vulkan 原生支持多线程并发处理，能够更好地与当下普遍采用多核战略的 CPU 协同工作。DirectX 12、Metal 等厂商专有的新一代图形应用程序接口也都在多线程并发方面提供了支持，可见这是业界发展的大趋势。

● 着色器方面，Vulkan 也不再像 OpenGL 一样指定高层的着色器编程语言（OpenGL 指定采用 GLSL 着色器编程语言），而是采用一种被称为 SPIR-V（Standard Portable Intermediate Representation）的二进制中间层格式。这样，开发人员在开发 Vulkan 着色器时可以选用自己青睐的着色器编程语言，诸如 GLSL、HLSL 等，然后将着色器源代码采用着色器专用编译器编译为 SPIR-V 格式即可在 Vulkan 中使用，大大提高了灵活性。

● Vulkan 将计算任务和图形着色渲染任务统一管理，无需使用单独的计算和图形应用程序接口进行连接。

● 不同于 OpenGL 的状态机，在运行任务时会自动进行各种错误检查（不可关闭）。Vulkan 为了追求更高的执行效率，将各种错误的检查设计为可插拔模式。开发人员可以在开发调试时打开所需的错误检查项目，在发布时关闭错误检查项目，以达到更好的性能。

● Vulkan 在架构层面提供了对多轮渲染的支持，使得可以以更高的效率实现延迟渲染以在特定场景下大大提高渲染效率。

Vulkan 本身博大精深，其革命性的设计远远不止上述这些，读者可以跟随本书的脚步逐渐深入地学习 Vulkan 的方方面面。

1.1.2　支持 Vulkan 的游戏概览

通过前面简单的介绍，读者已基本了解到 Vulkan 相比于传统图形应用程序接口的多项优势。正因为 Vulkan 这些突出的特性，目前市面上已有几款知名游戏开始使用 Vulkan。但由于 Vulkan 诞生的时间不长，故使用 Vulkan 的游戏数量还不是很多。接下来，我们将对使用 Vulkan 的几款游戏进行简单的介绍。

● Dota

作为一款广受玩家欢迎的巨作，早在 2016 年 Dota 2 便推出官方补丁使其支持 Vulkan。如图 1-1 所示为原版 Dota 2 的游戏场景图，图 1-2 所示为在 Vulkan 支持下运行的 Dota 2 游戏场景图。

▲图 1-1　原版 Dota 2 游戏场景　　　　　　▲图 1-2　Vulkan 支持下的 Dota 2 游戏场景

说明 通过对比图 1-1、图 1-2 可以看出，在游戏画面方面，Vulkan 支持下的 Dota 2 较原版 Dota 2 场景更加逼真、细腻。在游戏的实际对比测试中，可以感觉到 Vulkan 支持下的 Dota 2 运行更加流畅，并且可以观察到 CPU 使用率更低，这正体现了 Vulkan 降低 CPU 开销的特点。

- 极品飞车

通过对比 Dota 2 在使用 Vulkan 前后的场景画面，我们已经观察到了 Vulkan 在 3D 图形处理方面的进步。接下来将通过展示 Electronic Arts 开发的赛车竞技类游戏"极品飞车：无极限"，进一步感受 Vulkan 的 3D 图形处理能力，具体情况如图 1-3 和图 1-4 所示。

▲图 1-3 极品飞车：无极限场景 1    ▲图 1-4 极品飞车：无极限场景 2

说明 可以看出上述两幅使用 Vulkan API 渲染出的"极品飞车：无极限"游戏场景画面光影效果极其逼真，烟雾、运动模糊效果都很真实。

- Dream League Soccer

介绍完上述两款支持 Vulkan 的游戏 Dota 2 和极品飞车之后，不得不介绍 First Touch 开发的体育类游戏——Dream League Soccer。该游戏自发布以来一直广受玩家的好评，现在更是推出了 Vulkan 版本，其效果分别如图 1-5 和图 1-6 所示。

▲图 1-5 Dream League Soccer 场景 1    ▲图 1-6 Dream League Soccer 场景 2

通过对上述几款游戏画面的观察，我们可以领略到 Vulkan 在 3D 图形处理方面的能力提升。前面的内容中，多次提到 Vulkan 的一大优势是能够大幅度降低渲染时的 CPU 开销，这将直接影响游戏运行及画面的流畅度，有关权威组织对 Vulkan 这方面的测试也不少。

比如早在 2016 年 Bethesda 和 Nvidia 就进行了相关测试，测试结果表明使用 DirectX 11 在 1080P 分辨率下运行《毁灭战士 4》，平均帧率在 55～60 之间。之后，使用 Vulkan 进行同样的渲染工作，整个游戏帧率提升到了震撼的 120 以上，可见 Vulkan 在降低 CPU 开销及图形渲染等方面均效果显著。

1.2　搭建开发环境

前面介绍过，Vulkan 是跨平台的 2D 和 3D 图形应用程序接口。因此，为了方便不同目标平台读者的学习，书中所有的案例都给出了基于 Windows 平台的 PC 版项目以及 Android 移动平台下的 Android Studio 版项目。本节将依次介绍如何配置 Vulkan 的 Android 开发环境和 Windows 开发环境。

1.2.1　Android 平台开发环境的配置

首先介绍的是 Android 平台开发环境的配置，需要使用的开发工具包括 Oracle 的 JDK、Android 的 SDK 及 NDK、Android Studio 等，具体内容如下。

1．JDK 的下载、安装与配置

JDK 是 Java Development Kit 的缩写，是开发 Java 程序必备的工具包。其中包含了 Java 运行环境、Java 开发工具和 Java 的基础类库等。本节主要介绍 JDK 的下载和安装以及相关环境变量的配置，具体步骤如下。

（1）首先登录 Oracle 网站下载最新的适合自己开发的 PC 或工作站操作系统版本的 JDK 安装程序。单击如图 1-7 所示的按钮进入如图 1-8 所示的下载页面。

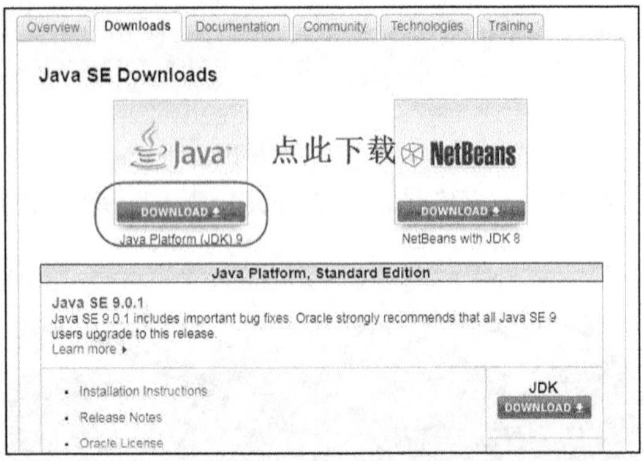

▲图 1-7　JDK 下载页面 1

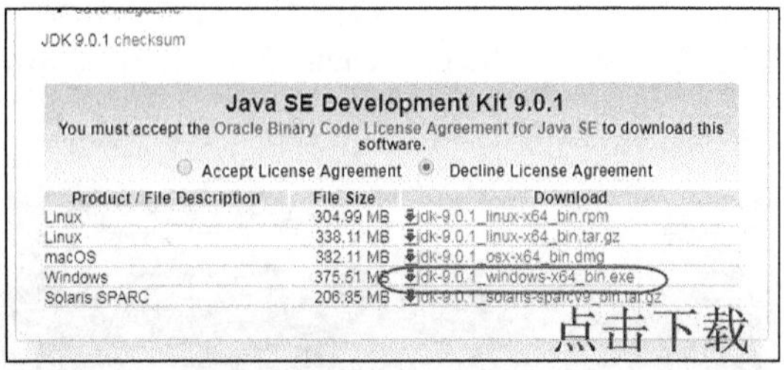

▲图 1-8　JDK 下载页面 2

> **提示**　由于新版的 Android Studio 仅仅支持 64 位版本的 JDK，因此本书中的开发要求安装 64 位版本的 JDK，这一点请读者注意。

（2）接着双击下载的 JDK 安装包（如 jdk-9.0.1_windows-x64_bin.exe），开始 JDK 的安装。安装过程中，系统会弹出如图 1-9 所示的安装设置界面，若没有特殊需要，单击下一步按钮安装到默认目录即可。当然，也可以单击"更改"按钮设置 JDK 的安装路径。

（3）安装完成后将转到如图 1-10 所示界面，单击"关闭"按钮结束安装。

（4）接着需要在操作系统的 Path 环境变量中加入 JDK 的 bin 路径，用鼠标右键单击"我的电脑"图标，单击属性→高级→环境变量，如图 1-11 所示。在 Path 变量中添加 JDK 的 bin 路径，如"C:\Program Files\Java\jdk-9.0.1\bin"，并且与前面原有的环境变量用";"分开。

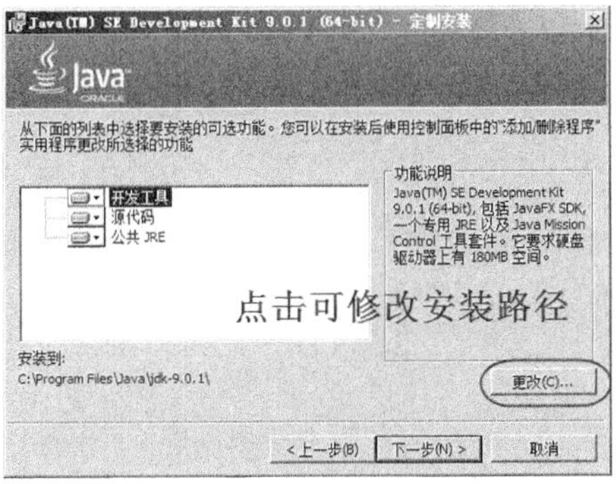

▲图1-9　JDK安装页面

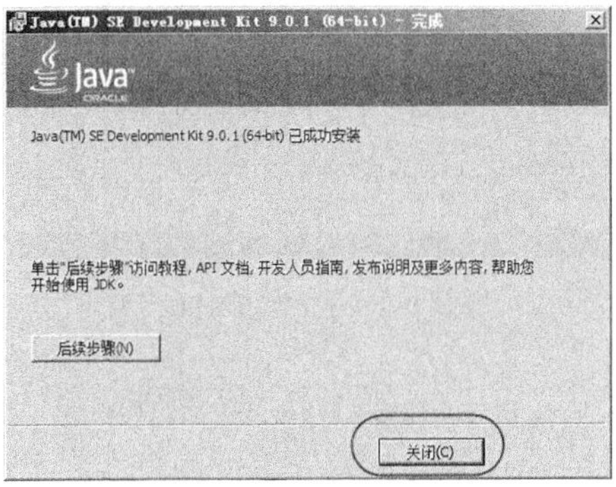

▲图1-10　安装完成

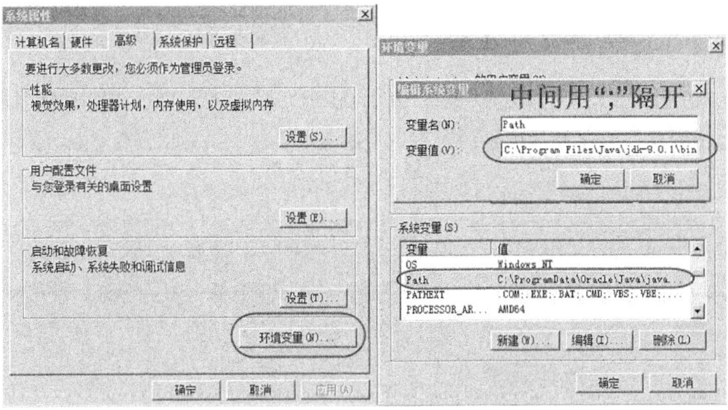

▲图1-11　设置JDK环境变量

（5）最后在环境变量中新增JAVA_HOME项。具体方法为，在环境变量下的系统变量中添加JAVA_HOME项，将变量值设置为JDK的安装路径，如"C:\Program Files\Java\jdk-9.0.1"，整个操作过程如图1-12所示。

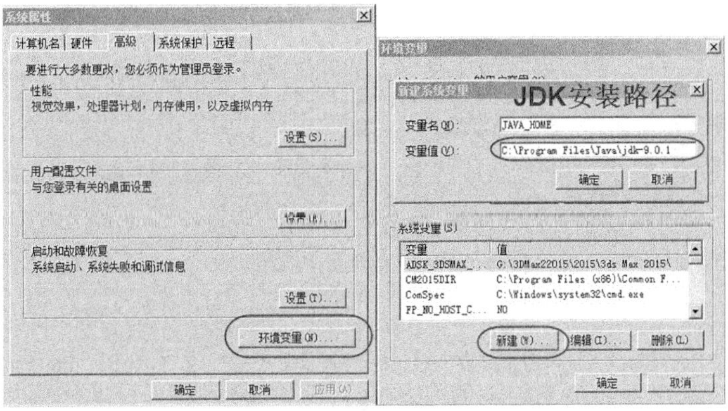

▲图1-12　新建JAVA_HOME项

2. Android Studio及SDK的下载、安装与配置

前面介绍了JDK的安装及相关环境变量的配置，接下来要介绍的是Android Studio的下载与

配置。Android Studio 是一款用于开发 Android 应用程序的集成开发工具，其中提供了一套完整的开发工具集，用于开发和调试 Android 应用程序。相关具体步骤如下。

（1）首先打开 Android Studio 的官方下载网站，如图 1-13 所示。然后将页面下拉至图 1-14 所示处，单击“android-studio-ide-171.4408382-windows.exe”进行下载，此时浏览器会弹出下载对话框，提示下载并保存。

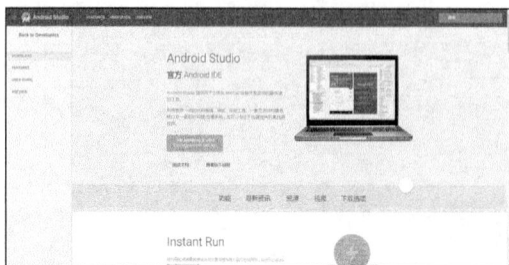

▲图 1-13　Android Studio 官方下载首页

▲图 1-14　Android Studio 官网下载处

（2）将 Android Studio 下载成功以后，会得到一个可执行文件。双击打开该文件，根据安装向导的指示安装 Android Studio 和所有所需的 SDK 工具。SDK 的安装路径可以自由设置，作者采用的路径为“D:\Android\”，建议读者也使用该路径。

> **提示**　关于 Android Studio 及 SDK 具体的安装、设置步骤，读者如果不是很熟悉的话可以参考官方安装指导，也可以参看本书的随书相关视频。要注意的是：安装的过程中还包含了很多文件的下载，因此需要联网。另外，这可能要耗费数小时的时间，读者朋友可以去做其他事情了。

3. Android NDK 的下载、安装与配置

经过前面的步骤，读者应该已经完成了 Android Studio 及 SDK 的安装与配置，此时已经可以基于 Java 或 Kotlin 语言进行 Android 应用程序的开发了。但目前 Android 平台下 Vulkan 应用程序的开发仅仅可以使用 C/C++语言，因此还需要下载与配置专门用于这方面开发的 NDK，具体步骤如下。

（1）首先打开 Android NDK 的官方下载网站，如图 1-15 所示。单击“android-ndk-r13b-windows-x86_64.zip”进行下载，如图 1-16 所示。此时浏览器会弹出下载对话框，提示下载并保存。

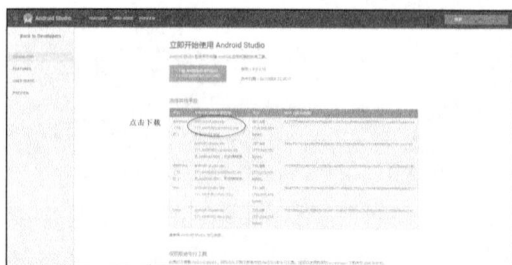

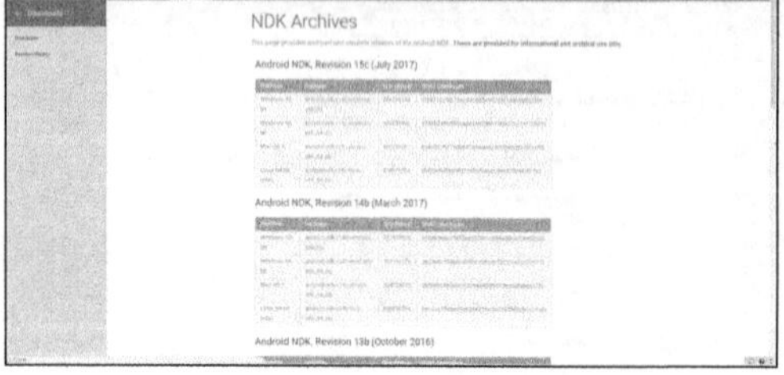

▲图 1-15　Android NDK 下载界面 1

Android NDK, Revision 13b (October 2016)

Platform	Package	Size (Bytes)	SHA1 Checksum
Windows 32-bit	android-ndk-r13b-windows-x86.zip	620461544	4eb1288b1d4134a9d6474eb247f0448808d52408
Windows 64-bit	android-ndk-r13b-windows-x86_64.zip	681320123	649d306559435c244cec5881b880318bb3dee53a
Mac OS X	android-ndk-r13b-darwin-x86_64.zip	665967997	71fe653a7bf5db08c3af154735b6ccbc12f0add5
Linux 64-bit (x86)	android-ndk-r13b-linux-x86_64.zip	687311866	0600157c4ddf50ec15b8a037cfc474143f718fd0

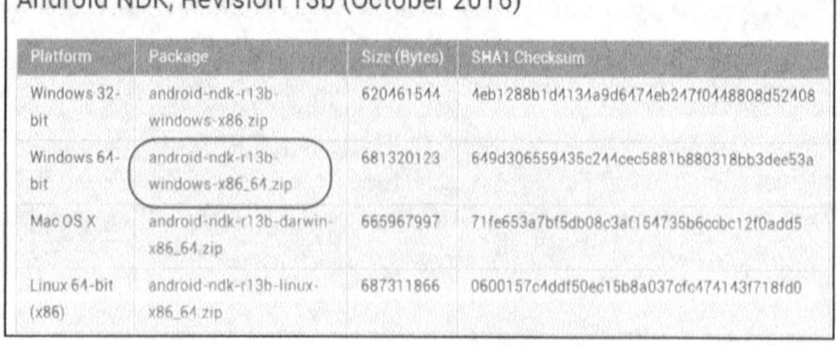

▲图 1-16　Android NDK 下载界面 2

（2）将 Android NDK 下载成功以后，会得到一个名称为“android-ndk-r13b-windows-x86_64.zip”的压缩包，将其解压缩到“D:\Android\” 路径下。

（3）接着打开 Windows 的命令行窗口（cmd），依次输入“path=D:\Android\android-ndk-r13b” "d: ""cd D:\Android\android-ndk-r13b\sources\third_party\shaderc""ndk-build NDK_PROJECT_PATH=. APP_BUILD_SCRIPT=Android.mk APP_STL:=gnustl_static APP_ABI=all libshaderc_combined"等命令进行 NDK 的构建,如图 1-17 所示。经过构建操作 NDK 才能支持基于其进行 Android 平台下的 Vulkan 应用程序开发。构建过程需要比较长的时间,随机器性能不同所需时间为 5~30 分钟,构建成功后命令行窗口如图 1-18 所示。

▲图 1-17 构建界面 1

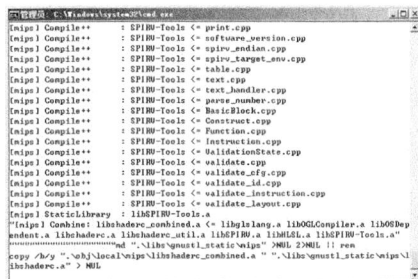

▲图 1-18 构建界面 2

> 💡提示 　作者使用的 NDK 路径为 "D:\Android\android-ndk-r13b",如果读者使用的不是该路径,需要对输入命令行窗口的内容进行适当修改才可以进行正常构建。虽然理论上说 SDK、NDK 等可以安装到任何合理的路径下,但这里作者建议读者采用与作者相同的路径,这便于学习、运行书中附带的 Android 案例项目。当然,如果读者很熟悉项目各方面的配置与修改就无所谓了。

4. Android Studio 项目的导入

Android 的开发环境搭建基本完成后,还有一项重要的工作。那就是运行一下本书第一个 Vulkan 案例项目——3 色三角形。通过运行这个项目,读者就可以掌握如何将本书中的 Android 平台项目导入 Android Studio 中运行,具体步骤如下。

(1)Android Studio 安装成功后出现打开项目界面,如图 1-19 所示。将随书项目 "Sample1_1" 的压缩包复制到桌面,并解压缩。接着单击 "Import project" 打开桌面上解压后的项目,路径如图 1-20 所示(桌面路径因 PC 设置的不同而不同),单击 "OK" 打开项目。

▲图 1-19 Android Studio 打开项目界面 1

▲图 1-20 Android Studio 打开项目界面 2

(2)项目打开完成后,若希望成功运行,还需要安装 Cmake 插件。单击 Tools→Android→SDK Manager,打开 SDK 管理窗口,如图 1-21 所示。单击 "SDK Tools",勾选 Cmake,单击 "Apply" 进行安装(请注意这期间需要连接互联网),如图 1-22 所示。

▲图 1-21　环境配置界面 1

▲图 1-22　环境配置界面 2

（3）本书中 Android 项目的 SDK 和 NDK 的默认搜索路径都为"D:\Android\"，如果读者 PC 中 SDK 和 NDK 路径不是"D:\Android\"，项目可能无法正常运行。此时可选择 Android Studio 的 "File"菜单下的"Project Structure"，系统将弹出相关设置界面，如图 1-23 所示。在界面中设置自己的 SDK 和 NDK 的所在路径，单击"OK"完成修改，如图 1-24 所示。

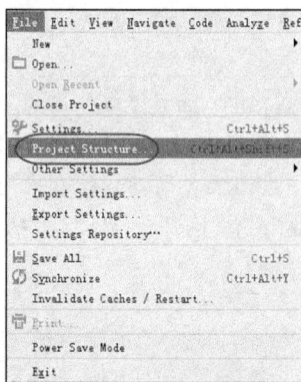

▲图 1-23　路径配置界面 1

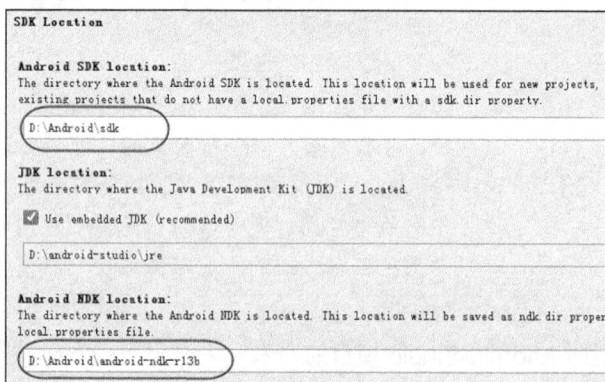

▲图 1-24　路径配置界面 2

至此，用于开发 Android 平台下 Vulkan 应用程序的 Android Studio 集成开发环境的搭建就完成了，读者此时可以正式开始 Android 平台下的 Vulkan 应用开发之旅了。

1.2.2　Windows 平台开发环境的配置

前面已经介绍过，Vulkan 是跨平台的图形应用程序接口，自然也可以用于开发 Windows 下的图形应用程序。下面将介绍 Windows 平台下的开发环境配置，主要包括 Visual Studio、Cmake、Git、VulkanSDK 和 Python 等，具体内容如下。

1. Visual Studio 的下载、安装与配置

Visual Studio 是 Windows 下强大易用的开发工具集，所写的目标代码几乎适用于微软旗下的所有平台。它也是目前最流行的 Windows 平台应用程序集成开发环境，具体的下载、安装与配置步骤如下。

（1）首先打开 Visual Studio 的官方下载网站，如图 1-25 所示。在其中"Visual Studio 2015 和其他产品"板块后点击"下载"按钮，将跳转到下载列表界面，如图 1-26 所示。

（2）在如图 1-26 所示的界面中选择所需的版本（这里建议选择作者使用的 Visual Studio Community 2015 with Update 3），单击"Download"按钮进行下载。此时浏览器会弹出下载对话框，提示给出下载后文件的保存路径。

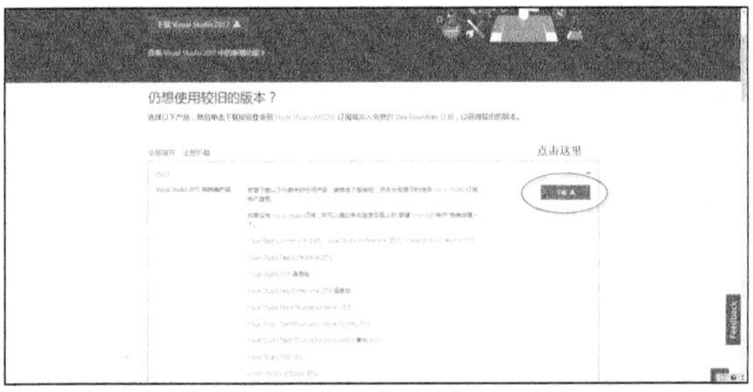

▲图1-25 Visual Studio 官方下载首页

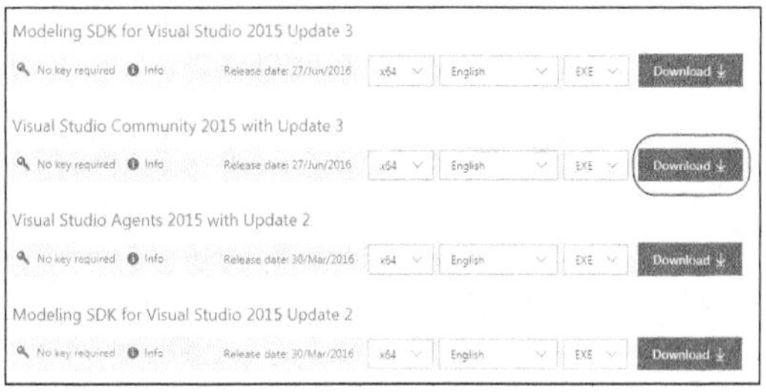

▲图1-26 Visual Studio 官网下载处

> 💡提示　上述步骤的操作需要首先用微软的账号登录，如果没有登录，系统会提示读者进行登录后再操作。如果读者没有微软的账号，可以先免费申请一个。

（3）下载成功后，将得到一个名称较长的可执行文件（如en_visual_studio_community_2015_with_update_3_x86_x64_web_installer_8922963.exe）。双击此可执行文件以打开安装程序，然后选择自定义安装（这是因为 Visual Studio 的默认安装不支持 C++开发），如图1-27所示。接着单击"Next"按钮，程序将跳转到如图1-28所示的界面。

（4）接着在如图1-28所示的界面中勾选"Visual C++"选项，再单击"Next"按钮正式开始安装。

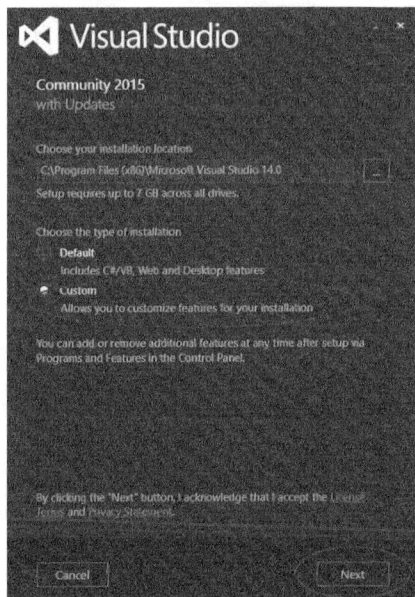

▲图1-27 Visual Studio 安装界面1

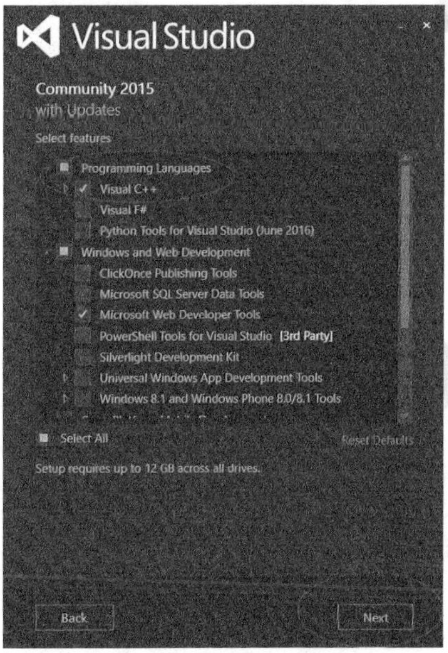

▲图1-28 Visual Studio 安装界面2

> 💡提示　安装的过程中需要联网下载的文件非常大，大约有13GB，可能要耗费数小时的时间。

2. Vulkan SDK 的下载与配置

Vulkan SDK 提供了构建，运行和调试 Vulkan 应用程序所需的开发和运行时组件。开发 Windows 平台下的 Vulkan 程序之前，都必须首先安装 Vulkan SDK。本节主要介绍 Vulkan SDK 的下载与安装，这个过程并不复杂，具体内容如下。

（1）首先打开 Vulkan SDK 的官方下载网站，如图 1-29 所示。然后将页面下拉至如图 1-30 所示处，单击"VulkanSDK-1.0.68.0-Installer.exe"进行下载。此时浏览器会弹出下载对话框，提示下载并保存。

▲图 1-29　VulkanSDK 官方下载首页

▲图 1-30　VulkanSDK 官网下载处

（2）下载成功后，将得到一个可执行文件（如 VulkanSDK-1.0.68.0-Installer.exe）。双击此可执行文件以打开安装程序，如图 1-31 所示。

（3）在如图 1-31 所示的界面中单击"I Agree"按钮，将弹出路径选择界面，如图 1-32 所示。若没有特殊需要，单击"Install"按钮安装到默认路径即可。

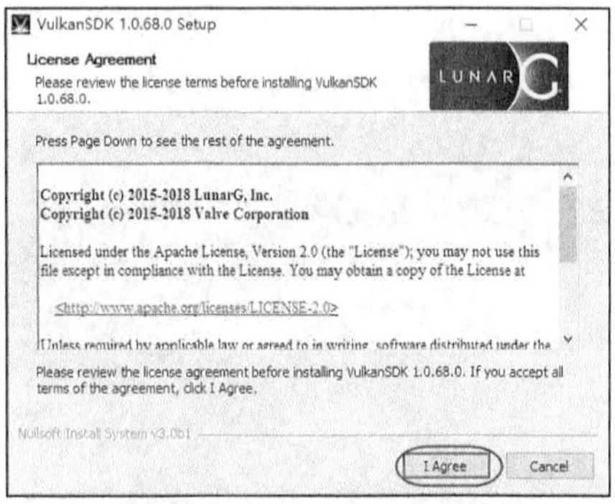

▲图 1-31　Vulkan SDK 安装页面

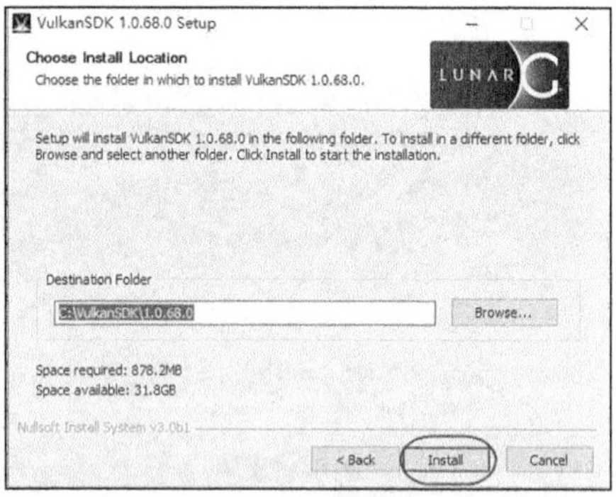

▲图 1-32　Vulkan SDK 路径选择界面

> 💡提示
> 本书中所有Windows平台的案例都是基于VulkanSDK-1.0.68.0进行开发和调试的，此版本也是 VulkanSDK-1.0 的最后一个版本，再后面就是 VulkanSDK-1.1 了。截至作者完稿时，Android 等设备还没有广泛支持 Vulkan 1.1，因此本书中没有介绍 Vulkan 1.1 的新特性。不过读者不用觉得很遗憾，Vulkan 1.1 中增加的新特性并不多，不属于革命性的变化。读者只要全面掌握了 Vulkan 1.0，未来有需要时再进一步学习 Vulkan 1.1 是非常容易的。

3. Python 的下载、安装与配置

Vulkan 应用程序的构建还需要 Python 的支撑，Python 具有丰富而强大的库，能够把用其他语言开发的各种模块（尤其是 C/C++）很轻松地连接在一起。下面将介绍 Python 的下载和安装，这个过程并不复杂，具体步骤如下。

（1）首先打开 Python 的官方下载网站，如图 1-33 所示。然后将页面下拉至如图 1-34 所示处，单击"Download Windows x86-64 executable installer"进行下载。此时浏览器会弹出下载对话框，提示下载并保存。

▲图 1-33　Python 的下载界面 1

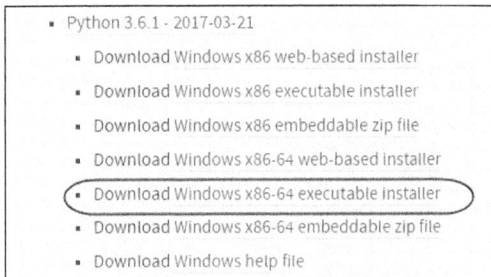

▲图 1-34　Python 的下载界面 2

（2）下载成功后，将得到一个可执行文件（如 python-3.6.1-amd64.exe）。双击此可执行文件以打开安装程序，如图 1-35 所示。

（3）在如图 1-35 所示的界面中选中"Add Python 3.6 to Path"选项，如图 1-36 所示。 若没有特殊需要，接着点击"Install New"执行默认的安装即可。

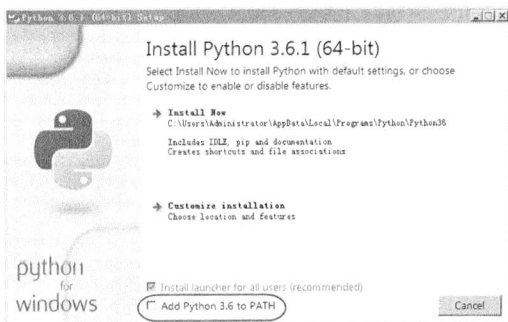

▲图 1-35　Python 的安装界面 1

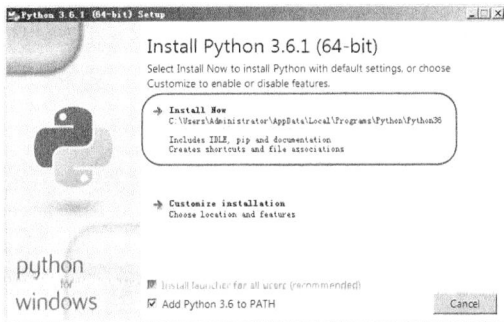

▲图 1-36　Python 的安装界面 2

4. CMake 的下载、安装与配置

CMake 是一款跨平台的项目构建工具，可以用简单的语句来描述所有主流平台的项目构建过程，还能测试编译器所支持的 C++特性。下面将介绍 CMake 的下载、安装与配置，这个过程很简单，具体步骤如下。

（1）首先打开 CMake 的官方下载网站，如图 1-37 所示。然后将页面下拉至如图 1-38 所示处，单击"cmake-3.9.6-win64-x64.msi"进行下载，此时浏览器会弹出下载对话框，提示下载并保存。

▲图 1-37　CMake 的下载界面 1

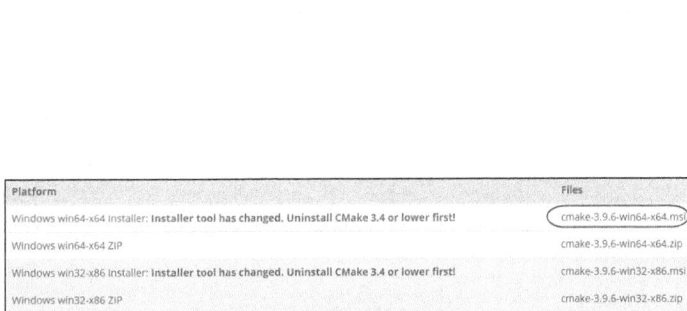

▲图 1-38　CMake 的下载界面 2

（2）下载成功后，将得到一个可执行文件（如 cmake-3.9.6-win64-x64.msi）。双击此可执行文件以打开安装程序，如图 1-39 所示。接着单击界面中的"Next"按钮，程序将跳转到安装设置选项界面，如图 1-40 所示。

（3）在如图 1-40 所示的界面中勾选 "Add CMake to the system PATH for all users" 选项。若没有特殊需要，接着单击 "Next" 按钮继续完成安装即可。

▲图 1-39　CMake 的安装界面 1

▲图 1-40　CMake 的安装界面 2

5.　Git 的下载、安装与配置

Git 是一个开源的分布式版本控制系统，可以有效、高速地处理从非常小到非常大的项目版本管理。下面将介绍 Git 的下载和安装，这个过程同样很简单，详细步骤如下。

（1）首先打开 Git 的官方下载网站，如图 1-41 所示。然后将页面下拉至如图 1-42 所示处，单击 "Git-2.13.0-64-bit.exe" 进行下载，此时浏览器会弹出下载对话框，提示下载并保存。

▲图 1-41　Git 的下载界面 1

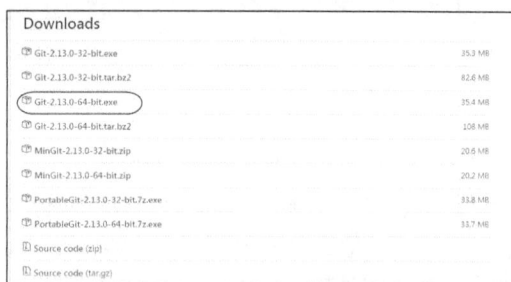

▲图 1-42　Git 的下载界面 2

（2）下载成功后，将得到一个可执行文件（如 Git-2.13.0-64-bit.exe）。双击此可执行文件以打开安装程序，如图 1-43 所示。接着单击 "Next" 按钮，程序将跳转到如图 1-44 所示的界面。若没有特殊需要，接着单击 "Next" 按钮继续完成安装即可。

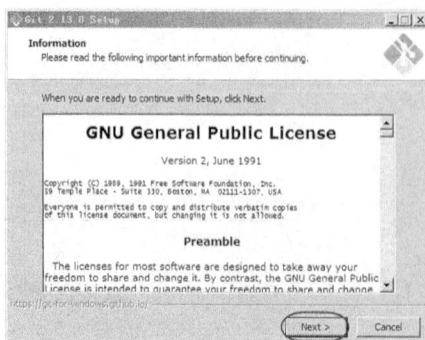

▲图 1-43　Git 的安装界面 1

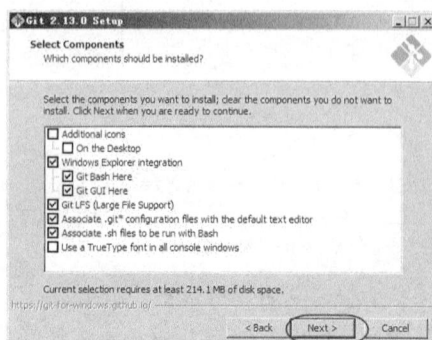

▲图 1-44　Git 的安装界面 2

6. 构建 Vulkan SDK

开发 Windows 下的 Vulkan 图形应用程序之前，还需要对安装完成的 Vulkan SDK 进行构建。构建后的 SDK 才能用于实际项目的开发，具体步骤如下。

（1）首先打开 Windows 的命令行窗口（cmd），依次输入"echo %VULKAN_SDK%""cd C:\VulkanSDK\1.0.68.0\Bin"和"vulkaninfo"以检查 Vulkan SDK 是否安装成功。若显示如图 1-45 所示的内容则说明 Vulkan SDK 安装成功。

（2）接着依次输入"git --version""python --version""cmake --version"来检查 Git、Python 和 CMake 是否安装成功，若显示出如图 1-46 所示的内容则说明 git、Python、CMake 安装成功。

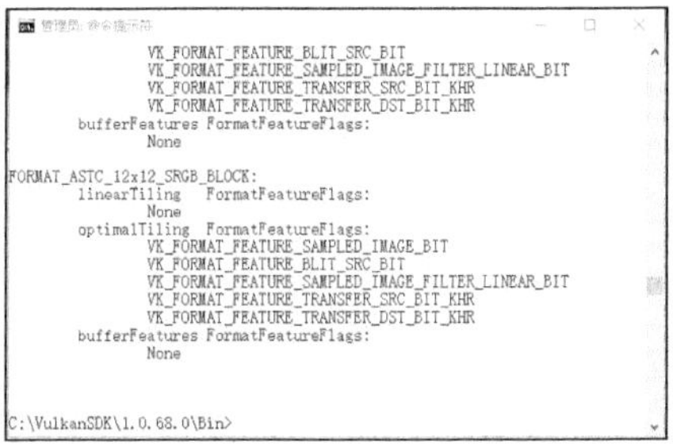

▲图 1-45　cmd 界面 1

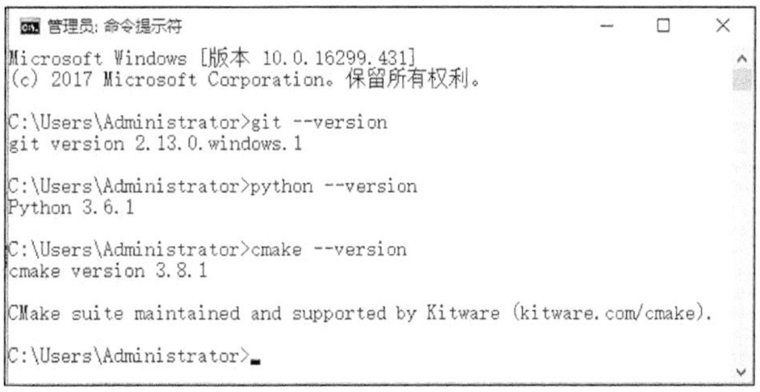

▲图 1-46　cmd 界面 2

（3）当 Vulkan SDK、Git、Python 和 CMake 都安装成功后，就可以进行 Vulkan SDK 的构建了。从"开始→所有程序"打开 Visual Studio 自带的命令行工具"MSBuild Command Prompt for VS2015"。该工具在开始菜单中的"Visual Studio 2015"项目下，如图 1-47 所示。

（4）接着在弹出的命令行窗口中依次输入"cd C:\VulkanSDK\1.0.68.0\Samples\"和"build_windows_samples.bat"，如图 1-48 所示。此时就开始了 Vulkan SDK 的构建，这需要比较长的时间，随机器性能不同可能 10～30 分钟。

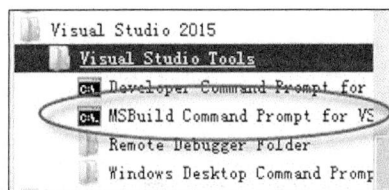

▲图 1-47　MSBuild Command Prompt 所在位置

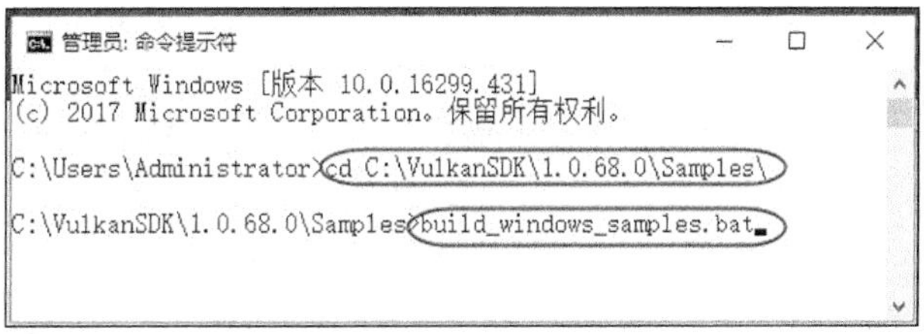

▲图 1-48　MSBuild 运行界面

> 💡提示　作者使用的 Vulkan SDK 版本为"1.0.68.0"，如果读者下载的不是该版本的 Vulkan SDK，还需要对输入命令行窗口的内容进行适当修改才可以进行正常构建。

7. Visual Studio 项目的导入

完成了上述工作后，Windows 平台下的 Vulkan 图形应用程序开发环境就搭建完毕了。下面将介绍如何导入、运行本书附带的 Windows 平台案例项目，这里还是以 3 色三角形案例项目为例进行介绍，具体步骤如下。

（1）将本书所带项目 PCSample1_1 的压缩包复制到桌面，并进行解压。打开 Visual Studio，单击 File→Open→Project，如图 1-49 所示。找到桌面上解压完的项目文件夹 PCSample1_1 并打开，继续打开 build 子文件夹，选择名称为"PCSample1_1"、后缀为"sln"的文件打开，如图 1-50 所示。

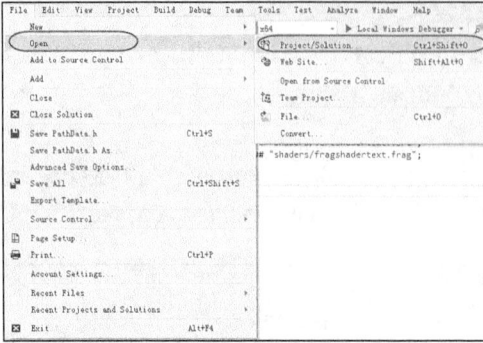

▲图 1-49 打开项目界面 1

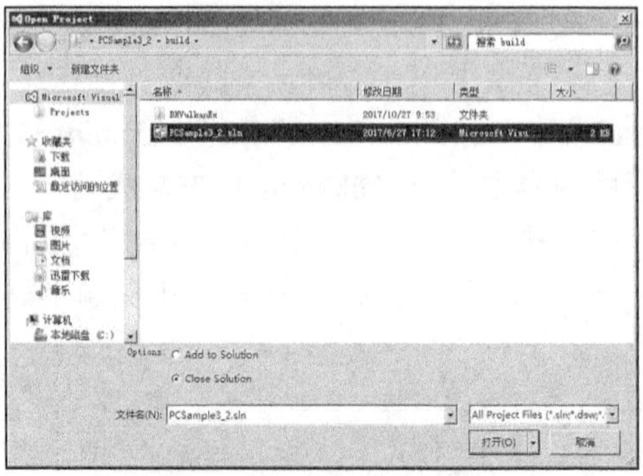

▲图 1-50 打开项目界面 2

（2）运行项目之前，还需要确认一下桌面路径位置。打开项目中的"PathData.h"文件，该文件位置如图 1-51 所示。打开后的内容如图 1-52 所示，这里有一个宏"PathPre"，内容为桌面路径的字符串，如果读者的桌面路径与该路径不同，应进行适当修改，否则可能会造成项目无法正常运行。

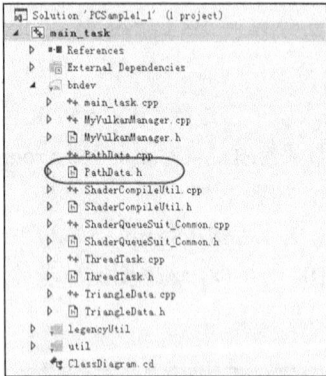

▲图 1-51 文件所在位置

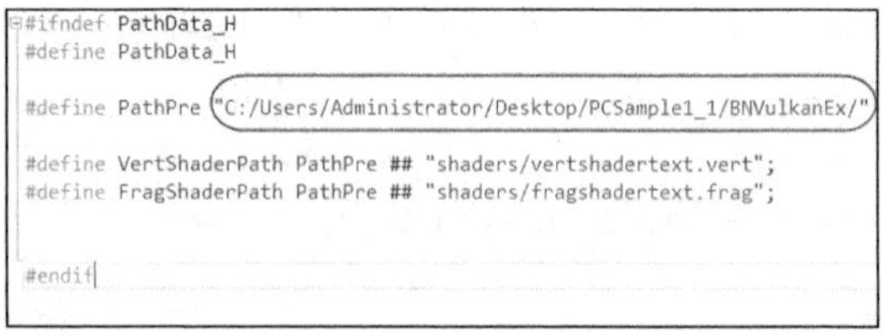

▲图 1-52 文件内容

（3）桌面路径字符串修改完成后，单击运行按钮就可以运行案例了。运行按钮所在位置如图 1-53 所示，运行效果如图 1-54 所示。

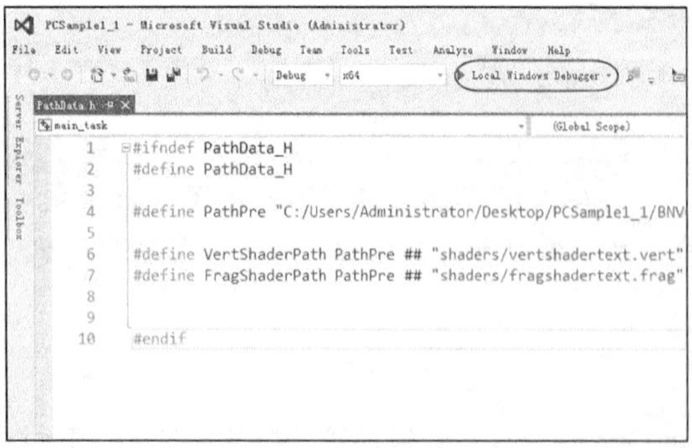

▲图 1-53 运行按钮

▲图 1-54 运行效果

至此，用于开发 Windows Vulkan 应用程序的 Visual Studio 集成开发环境的搭建及相关环境的配置就完成了，读者此时可以正式开始 Windows 平台下的 Vulkan 图形应用程序开发之旅了。

1.3 第一个 Vulkan 程序

通过前面的内容，读者对 Vulkan 应该有了一个简单的了解。本节将给出一个使用 Vulkan 绘制 3 色三角形的案例，带领读者真正进入 Vulkan 图形应用程序开发的世界。本节主要内容包括：案例运行效果概览、Vulkan 应用程序的基本架构、具体的代码开发等方面。

1.3.1 案例的运行效果

学习正式的代码开发之前，我们有必要先了解一下案例的具体运行效果。本节案例 Sample1_1 是一个绕轴旋转的 3 色三角形场景，具体情况如图 1-55 和图 1-56 所示。

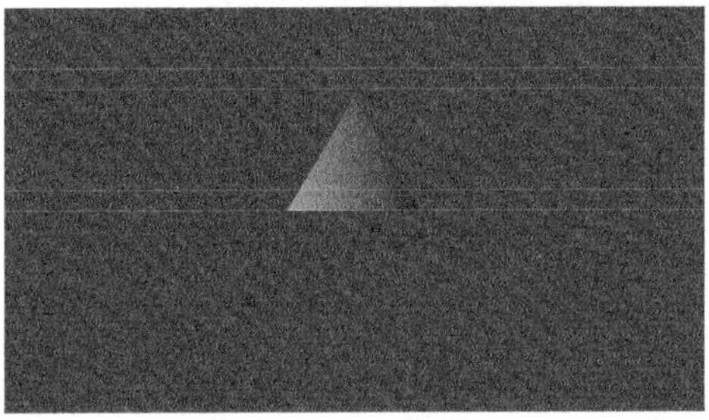

▲图 1-55 运行效果图 1

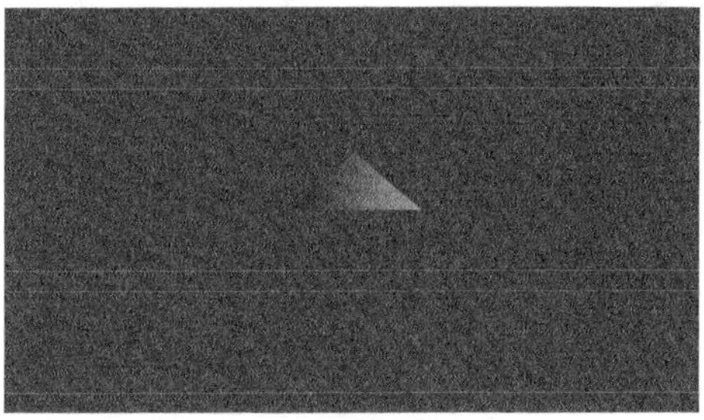

▲图 1-56 运行效果图 2

> **提示**
>
> 为了方便读者学习，本书所有的案例都配置了 Windows 下的 PC 版的项目以及 Android 移动平台下的 Android Studio 版项目。两种平台项目的核心源代码是基本一致的，读者可以根据自己的学习目标需要选用某个平台的案例进行学习。若读者需要运行的是 Android 平台版本的案例，则需要一部支持 Vulkan 的设备。具体要求是 Android 系统版本 7.0 或更高，且设备的 GPU 硬件支持 Vulkan。关于 GPU 硬件的信息可以参考本章后面介绍支持 Vulkan 不同型号 GPU 的相关内容。

1.3.2 Vulkan 应用程序的基本架构

1.3.1 节介绍了案例的运行效果，本节将开始介绍 Vulkan 应用程序的开发。由于 Vulkan 比较复杂，一个简单的三角形案例代码也多达 1500 行，故在学习具体的代码之前，我们需要首先学习一下编程中经常遇到的一些基本类型以及应用程序的基本架构。

首先来熟悉一些常用的 Vulkan 基本类型，主要包含设备、队列、命令缓冲、队列家族、渲染通道、管线等，具体内容如表 1-1 所示。

表 1-1 　　　　　　　　　　　　　　常用的 Vulkan 基本类型

名称	Vulkan 类型	说明
实例	VkInstance	用于存储 Vulkan 程序相关状态的软件结构，可以在逻辑上区分不同的 Vulkan 应用程序或者同一应用程序内部不同的 Vulkan 上下文
物理设备	VkPhysicalDevice	对系统中 GPU 硬件的抽象，每个 GPU 对应于一个物理设备。另外，每个实例下可以有多个物理设备
设备	VkDevice	基于物理设备创建的逻辑设备，本质上是存储信息的软件结构，其中主要保留了与对应物理设备相关的资源。每个物理设备可以对应多个逻辑设备
命令池	VkCommandPool	服务于高效分配命令缓冲

名称	Vulkan 类型	说明
命令缓冲	VkCommandBuffer	用于记录组成绘制或计算任务的各个命令，在命令池中分配。若执行的是不变的绘制命令，可以对记录了命令的命令缓冲进行重用
命令缓冲启动信息	VkCommandBufferBeginInfo	携带了命令缓冲启动时必要信息的对象
命令缓冲提交信息	VkSubmitInfo	携带了命令缓冲提交给队列执行时必要信息的对象，包括需要等待的信号量数量、等待的信号量列表、命令缓冲数量、命令缓冲列表、触发的信号量数量、触发的信号量列表等
队列家族属性	VkQueueFamilyProperties	携带了特定队列家族属性信息的软件结构，包括家族中队列的数量、能力标志等。每一个队列家族中可能含有多个能力相近的队列，常用的队列家族主要有支持图形任务和计算任务的两大类
队列	VkQueue	功能为接收提交的任务，将任务按序由所属 GPU 硬件依次执行
格式	VkFormat	一个枚举类型，包含了 Vulkan 开发中用到的各种内存组织格式，如 VK_FORMAT_R8G8B8A8_UNORM 就表示支持 RGBA 四个色彩通道，每个通道 8 个数据比特
2D 尺寸	VkExtent2D	用于记录 2D 尺寸的结构体，有 width 和 height 两个属性
图像	VkImage	设备内存的一种使用模式，这种模式下对应的内存用于存储图像像素数据。其中存储的像素数据可能是来自于纹理图也可能是来自于绘制任务的结果等
图像视图	VkImageView	配合图像对象使用，其中携带了对应图像对象的类型、格式、色彩通道交换设置等方面的信息
交换链	VkSwapchainKHR	将画面呈现到特定目标平台（如 Windows、Android、Linux 等）窗体或表面的机制，通过它可以提供多个用于呈现的图像。这些图像与目标平台相关，可以看作目标平台呈现用 KHR 表面的抽象接口。持续换帧呈现时交替使用其中的多个图像执行，避免用户看到绘制过程中的画面引起画面撕裂。一般情况下，交换链中至少有两个用于呈现的图像，有些设备中数量会更多
帧缓冲	VkFrameBuffer	为绘制服务，其中可以包含颜色附件（用于记录一帧画面中各个像素的颜色值）、深度附件（用于记录一帧画面中各个像素的深度值）、模板附件（用于记录一帧画面中各个像素的模板值）等
缓冲	VkBuffer	设备内存的一种使用模式，这种模式下对应的内存用于存储各种数据。比如：绘制用顶点信息数据、绘制用一致变量数据等
缓冲描述信息	VkDescriptorBufferInfo	携带了描述缓冲信息的结构体，包含对应缓冲、内存偏移量、范围等
渲染通道	VkRenderPass	其中包含了一次绘制任务需要的多方面信息，诸如颜色附件、深度附件情况、子通道列表、子通道相互依赖信息等，用于向驱动描述绘制工作的结构、过程。一般来说，每个渲染通道从开始到结束将产生一帧完成的画面
清除内容	VkClearValue	包含了每次绘制前清除帧缓冲所用数据的相关值，主要有清除用颜色值、深度值、模板值等
渲染通道启动信息	VkRenderPassBeginInfo	携带了启动渲染通道时所需的信息，包括对应的渲染通道、渲染区域的位置及尺寸、绘制前的清除数据值等
渲染子通道描述	VkSubpassDescription	一个渲染通道由多个子通道组成，至少需要一个子通道。每个子通道用一个 VkSubpassDescription 实例描述，其中包含了此子通道的输入附件、颜色附件、深度附件等方面的信息
描述集布局	VkDescriptorSetLayout	服务于描述集，给出布局接口。通俗讲就是给出着色器中包含了哪些一致变量、分别是什么类型、绑定编号是什么、对应于哪个管线阶段（比如顶点着色器、片元着色器）等
描述集	VkDescriptorSet	通过布局接口将所需资源和着色器连接起来，帮助着色器读入并理解资源中的数据，比如着色器中的采样器类型、一致变量缓冲等
写入描述集	VkWriteDescriptorSet	用于绘制前更新着色器所需的一致变量等
描述集池	VkDescriptorPool	用于高效地分配描述集
管线布局	VkPipelineLayout	描述管线整体布局，包括有哪些推送常量、有哪些描述集等

名称	Vulkan 类型	说明
管线	VkPipeline	包含了执行指定绘制工作对应管线的各方面信息，诸如管线布局、顶点数据输入情况、图元组装设置、光栅化设置、混合设置、视口与剪裁设置、深度及模板测试设置、多重采样设置等
着色器阶段创建信息	VkPipelineShaderStageCreateInfo	携带了单个着色器阶段信息的对象，包括着色器的 SPIR-V 模块、着色器主方法名称、着色器对应阶段（比如顶点着色器、片元着色器、几何着色器、曲面细分着色器）等
顶点输入绑定描述	VkVertexInputBindingDescription	用于描述管线的顶点数据输入情况，包括绑定点编号、数据输入频率（比如每顶点一套数据）、数据间隔等
顶点输入属性描述	VkVertexInputAttributeDescription	描述顶点输入的某项数据信息（比如顶点位置、顶点颜色），包括绑定点编号、位置编号、数据格式、偏移量等
管线缓冲	VkPipelineCache	为高效地创建管线提供支持
格式属性	VkFormatProperties	用于存储指定格式类型（比如 VK_FORMAT_D16_UNORM）的格式属性，包括线性瓦片特性标志、最优化瓦片特性标志、缓冲特性标志等
物理设备内存属性	VkPhysicalDeviceMemoryProperties	用于存储获取的基于指定 GPU 的设备内存属性，包括内存类型数量、内存类型列表、内存堆数量、内存堆列表等
设备内存	VkDeviceMemory	设备内存的逻辑抽象，前面提到的缓冲（VkBuffer）、图像（VkImage）都需要绑定设备内存才能正常工作
信号量	VkSemaphore	用于一个设备（GPU）内部相同或不同队列并发执行任务时的同步工作，一般与方法 VkQueueSubmit 配合使用，以确保通过 VkQueueSubmit 方法提交的任务在指定信号量未触发前阻塞直至信号量触发后才执行。要特别注意的是，若有多个提交的任务同时等待同一个信号量触发，则此信号量的触发仅仅会被一个等待的任务接收到，其他等待的任务还将继续等待。这里的"同步"指的是并发执行任务时解决冲突的一种策略，有兴趣的读者可以进一步查阅相关资料
栅栏	VkFence	用于主机和设备之间的同步，通俗地讲就是用于 CPU 和 GPU 并发执行任务时的同步
KHR 表面	VkSurfaceKHR	此类对象服务于帧画面的呈现
KHR 表面能力	VkSurfaceCapabilitiesKHR	携带了用于呈现画面的表面相关呈现能力的信息，比如画面尺寸范围、交换链中的图像数量、是否支持屏幕变换等
呈现信息	VkPresentInfoKHR	携带了执行呈现时所需的一些信息，包括需要等待的信号量数量、信号量列表、交换链的数量、交换链列表、此次呈现的图像在交换链中的索引等

> **提示**　从表 1-1 中可以看出，Vulkan 开发中需要涉及的类型非常多。读者看完表 1-1 后可能对有些概念还不是很清楚。不用担心，随着后面逐步的学习读者一定可以掌握上述所有的内容，这里有一个简单的了解即可。

了解了一些常用的 Vulkan 基本类型后，下面来介绍 Vulkan 应用程序的基本架构。一般来说，完整的 Vulkan 图形应用程序包含创建 Vulkan 实例、获取物理设备列表创建逻辑设备、创建命令缓冲、获取设备中支持图形工作的队列、初始化交换链、创建深度缓冲、创建渲染通道、创建帧缓冲、创建绘制用的物体、初始化渲染管线、创建栅栏和初始化呈现信息、初始化基本变换矩阵、摄像机矩阵和投影矩阵、执行绘制、销毁相关对象等模块，具体内容如下。

> **提示**　下面介绍这些模块的工作时采用的顺序与案例程序中的顺序一致。但实际开发中，随项目不同、开发人员习惯不同，有些模块的顺序是可以调整的，读者可以在后续学习中慢慢领会。

- 创建 Vulkan 实例

这部分首先初始化所需扩展列表，然后构建应用程序信息结构体实例，接着构建 Vulkan 实例创建信息结构体实例，最后创建所需的 Vulkan 实例。

- 获取物理设备列表

这部分首先获取指定 Vulkan 实例下的物理设备数量，接着获取指定索引物理设备的内存属性。这里的物理设备指的是机器上安装的 GPU（俗称显卡），若机器中不止一个 GPU，那么物理设备的数量将大于一。这也是 Vulkan 的特点之一，支持多 GPU 协同工作。

- 创建逻辑设备

这部分首先获取指定索引的物理设备的队列家族数量和属性，接着遍历此物理设备的队列家族列表，并记录支持图形工作的队列家族索引。随后构建设备队列创建信息结构体实例，接着设置逻辑设备所需的设备扩展，最后构建设备创建信息结构体实例并基于其创建所需的逻辑设备。

- 创建命令缓冲

创建命令缓冲时首先构建命令缓冲池创建信息结构体实例并创建所需的命令缓冲池，接着构建命令缓冲分配信息结构体实例并在缓冲池中分配所需的命令缓冲。随后构建命令缓冲启动信息结构体实例，最后构建提交信息结构体实例。

基于命令缓冲池分配所需的命令缓冲是 Vulkan 提高效率的一项设计，同时这里构建的命令缓冲、命令缓冲启动信息结构体实例和提交信息结构体实例将在后面实际执行绘制工作时使用。

- 获取设备中支持图形工作的队列

该部分根据给定的逻辑设备及指定的队列家族索引与队列索引获取了设备中支持图形工作的队列。此队列将用于后面接收绘制任务的提交，并依次将任务分配给 GPU 执行。

- 初始化交换链

交换链（SwapChain）是 Vulkan 中执行呈现工作的重要策略，需要呈现模块的 Vulkan 应用程序都应该初始化所需的交换链。首先需要构建对应目标系统的 KHR 表面创建信息结构体实例，接着创建所需的表面。然后遍历所用 GPU 所有的队列家族，找到其中既支持显示工作又支持图形绘制工作的队列家族，记录其索引。

如果没有既支持图形工作又支持显示工作的队列家族，就单独记录支持显示工作的队列家族索引，随后获取前面创建的表面所支持的格式数量和列表。接着获取表面的能力、表面支持的显示模式数量及显示模式列表，并进一步确定交换链使用的显示模式，同时确定交换链执行呈现时的宽度和高度。

接着构建交换链创建信息结构体实例，并基于其创建交换链。然后获取交换链中的图像数量和图像列表，为图像列表中的每个图像创建了图像视图，以备后面创建帧缓冲等工作时使用。交换链中的多幅图像在绘制时将轮流使用，一幅图像绘制完成后，将其呈现到屏幕。同时可以绘制其他图像，确保绘制过程中的画面不会呈现于屏幕被用户看到，避免画面撕裂。

- 创建深度缓冲

首先给定深度缓冲的图像格式，接着构建用于创建深度缓冲图像的图像创建信息结构体实例，并创建深度缓冲图像。随后构建内存分配信息结构体实例与图像视图创建信息结构体实例，接着获取深度缓冲图像对应的内存类型索引，为深度缓冲图像分配内存，并将分配的内存与深度缓冲图像绑定，最后为深度缓冲图像创建图像视图以备后面创建帧缓冲等工作时使用。

- 创建渲染通道

首先需要构建创建渲染通道所需的附件描述结构体实例数组，数组中的第一个元素用于描述颜色附件，第二个元素用于描述深度附件。然后构建用于描述子渲染通道的结构体实例，接着构建渲染通道创建信息结构体实例，最后创建了渲染通道。

要注意的是，根据绘制任务需求的不同，附件数量会有较大变化，本节案例比较简单，因此只有两个附件（一个颜色附件，一个深度附件）。此外，一个渲染通道中包含的子渲染也可能是多个，本节案例绘制任务简单，故仅包含一个子渲染。

- 创建帧缓冲

该部分首先创建作为帧缓冲附件的图像视图数组，其中的两个元素分别为颜色附件与深度附件。然后根据交换链中的图像数量创建对应数量的帧缓冲。此处有一个要点请读者注意，为呈现服务的帧缓冲应该是一组，其中帧缓冲的数量与交换链中的图像数量对应。

- 创建绘制用的物体

为了方便复杂 3D 场景的开发，本书将绘制用的物体独立出来，每种绘制物体单独一个类。本节案例中绘制用物体类只有一个，那就是 DrawableObjectCommonLight 类。此类对象中携带了绘制用物体的顶点数据，诸如顶点位置坐标、顶点颜色等。

同时，此类对象中还提供了绘制对应物体时被调用的方法（本书案例中一般方法名为 drawSelf）。该方法中包含了一系列绘制时所需 Vulkan 方法的调用，一般包含管线的绑定、描述集的绑定、顶点数据缓冲的绑定、绘制等相关方法的调用。

- 初始化渲染管线

Vulkan 中的渲染管线与传统 OpenGL 中的不同，需要开发人员根据具体的绘制需求创建，这大大提高了开发的灵活性。本书中为了方便复杂场景下多种不同渲染管线的开发与管理，将每种渲染管线的相关操作独立为一个类。本节案例中情况较为简单，仅有一种渲染管线，对应的类为 ShaderQueueSuit_Common。

ShaderQueueSuit_Common 类中首先对管线的各方面信息进行了设置，主要包括一致变量缓冲信息、描述集信息、着色器信息、管线动态信息、数据输入阶段信息、图元组装阶段信息、光栅化阶段信息、颜色混合阶段信息、视口及剪裁信息、深度测试与模板测试信息、多重采样信息等。各方面信息准备完毕后，最终创建了所需的渲染管线。

- 创建栅栏和初始化呈现信息

Vulkan 中 CPU 与 GPU 是协同并发工作的，为确保这二者并发工作的同步，需要创建服务于此目标的栅栏对象。另外，每一帧画面绘制完成后，需要将帧缓冲中的画面呈现到屏幕，此时需要用到呈现信息。这里一并创建了需要的呈现信息结构体，以备后面执行呈现时使用。

- 初始化基本变换矩阵、摄像机矩阵和投影矩阵

将给定的顶点信息绘制为所需的画面需要经历一系列的数学运算，主要包括基本变换（平移、旋转、缩放）、摄像机观察、投影等。这里对支撑这些变换的多种矩阵进行了相关的初始化工作，相关的数学知识会在后续的章节详细介绍，这里读者简单了解即可。

- 执行绘制

执行绘制时首先需要获取交换链中的当前帧索引，然后为渲染通道设置当前的帧缓冲并清除命令缓冲，随后启动命令缓冲并刷新此帧画面绘制时所需的描述集，并启动渲染通道。接着在命令缓冲中记录用于执行相关绘制任务的各个命令。

完成绘制命令的记录后，结束渲染通道，结束命令缓冲，设置命令缓冲提交信息相关属性，将命令缓冲提交指定的队列执行。执行完毕后，将画面呈现到屏幕。

- 销毁相关对象

前面的一系列步骤中创建了很多的对象、实例，在绘制任务结束后，不再使用的对象、实例应该销毁，以释放占用的资源。

学习完基本架构的相关内容后，相信读者朋友对 Vulkan 图形应用程序的各个部分有了一定的

认识。但由于各部分是分别介绍的，这可能导致没有一个全局观，对各部分相互之间的关系不够明晰。下面将给出一幅基本架构图，其中包含了前面介绍的各个部分，具体情况如图 1-57 所示。

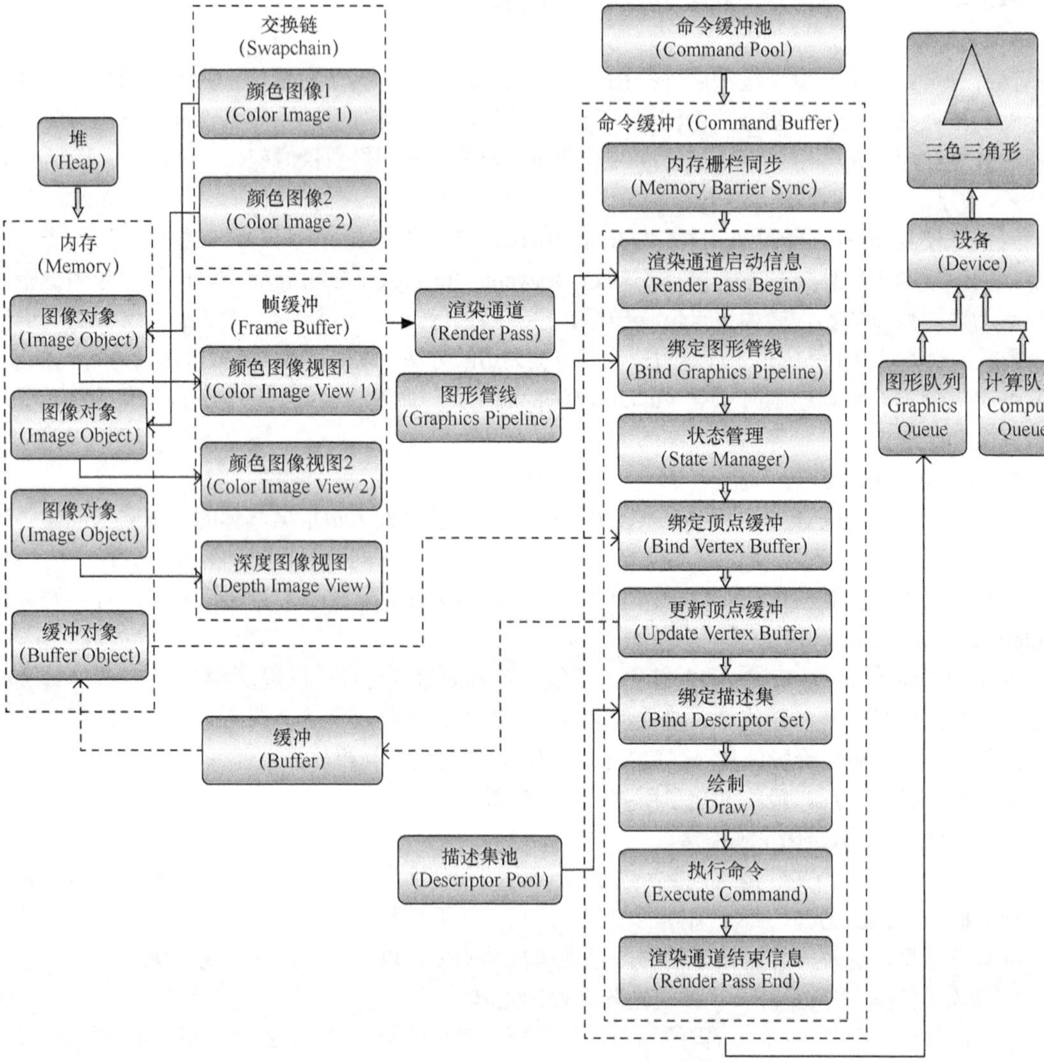

▲图 1-57　Vulkan 图形应用程序基本架构图

1.3.3　3 色三角形案例相关类的介绍

Vulkan 图形应用程序的基本架构已经介绍完毕，现在正式进入代码的学习。由于 Vulkan 程序比较复杂，整体代码较长。因此在介绍具体的代码之前还需要对 3 色三角形案例中各个类或模块的功能有一个简单的了解，具体内容如下。

- 程序入口模块——main

该模块包含事件处理回调方法、命令回调方法和程序入口函数方法。事件处理回调方法涉及触控点的按下、移动、弹起等触控响应。命令回调方法涉及窗口初始化、窗口终止等窗口响应。入口函数主要功能是为应用程序设置命令回调方法、事件处理回调方法并启动事件循环。

- 程序统筹管理者类——MyVulkanManager

该类是案例中最重要的类之一，完成了 Vulkan 图形应用程序所需各类实例的创建和销毁以及绘制画面的工作，例如创建 Vulkan 实例、初始化物理设备、销毁实例、销毁逻辑设备、绘制画面等。因此，本质上此类是案例中的统筹管理者。

- 着色器编译工具类——ShaderCompileUtil

前面提到过 Vulkan 改变了一贯 OpenGL 着色器程序的编译方式，引入一种被称为 SPIR-V 的中间语言，该中间语言可以方便地在各种适配 Vulkan 的 GPU 上被处理运行。这既提高了开发的灵活性，又可以提高程序运行时的效率。ShaderCompileUtil 类就是用于将 GLSL 着色器脚本编译为 SPIR-V 格式的工具类，本书几乎每个案例中都有这个类的身影。

- 管线封装类——ShaderQueueSuit_Common

此类对管线的各方面信息进行了设置，主要包括一致变量缓冲信息、描述集信息、着色器信息、管线动态信息等相关内容。当程序中存在多种不同的渲染管线时，会有多个与 ShaderQueueSuit_Common 相似的类。一般来说，每套着色器程序对应一个渲染管线实例，这一点在后面章节较为复杂的案例中会有体现。

- 线程任务执行类——ThreadTask

此类中最重要的就是 doTask 方法了，此方法中按照顺序调用了 Vulkan 图形应用程序运行过程中各个阶段的相关方法，供指定的线程来执行。这也是 Vulkan 程序区别于一般 OpenGL 程序的一个特点，Vulkan 中并没有像 OpenGL 那样提供一个特殊的 GL 线程，而是由用户创建线程来执行相关绘制任务。这也为多线程并发执行绘制任务铺平了道路，本书后面会有专门讨论多线程并发绘制的章节。

- 三角形数据类——TriangleData

此类用于存储 3 色三角形的顶点位置数据和对应的顶点颜色数据，并提供了数据的生成方法。

- 物体绘制类——DrawableObjectCommon

此类对象代表绘制用的物体，对于本案例而言就是 3 色三角形。一般开发中为了方便，每种绘制用物体单独一个对象。DrawableObjectCommon 类对象中携带了绘制用物体的顶点相关数据缓冲，同时还提供了供绘制时调用的 drawSelf 方法。

- 文件 IO 工具类——FileUtil

此类用于加载各种资源文件，诸如着色器脚本字符串、纹理数据文件等。对于本案例而言此类中提供了用于加载顶点着色器和片元着色器脚本字符串的相关方法。

- FPS 工具类——FPSUtil

该类中封装了计算 FPS 和限制 FPS 最大值的相关方法。对于移动应用而言，过高的 FPS 对用户的体验提升不大，但耗电量会急剧增加。因此考虑到项目跨平台的问题，作者开发了这个工具类。

- 帮助方法类——HelpFunction

此类中封装了用于多次重复调用的工具方法，随项目的不同此类中包含的方法不尽相同。对于 3 色三角形案例而言，其中只封装了确定内存类型索引的 memoryTypeFromProperties 方法。

- 矩阵数学计算类——Matrix

此类中包含了实现矩阵各种数学运算的方法，主要包括：矩阵与矩阵相乘、矩阵乘以向量、设置单位矩阵、生成平移矩阵、生成旋转矩阵、生成缩放矩阵、生成投影矩阵、生成摄像机观察矩阵、矩阵的转置等。

- 矩阵状态管理类——MatrixState3D

将给定的顶点信息绘制为所需的画面需要经历一系列的数学运算，为了开发的方便，作者开发了用于管理矩阵状态的 MatrixState3D 类，本书中的每个案例都将包含此类。

> **提示**　前面已经提到过，本书中所有案例项目都将给出 Android 和 PC 两种版本。这里主要给出了 PC 和 Android 项目中共有的类，没有详细介绍 PC 和 Android 项目中不同的类，读者朋友如果感兴趣，请自行查看不同版本的项目。另外，本书后面的代码讲解主要是以 Android 版项目代码为主，PC 版项目的大部分代码与 Android 版相同，读者可以自行参照学习。

1.3.4　Vulkan 中的常用方法

实际开发中需要用到很多 Vulkan 提供的功能方法，在介绍具体的案例代码之前有必要先了解这些常用的功能方法。本小节将详细介绍 3 色三角形案例中用到的 Vulkan 提供的许多功能方法，具体内容如下所列。

（1）首先介绍的是 Vulkan 中用于执行基本操作的相关功能方法，主要包括创建 Vulkan 实例、创建逻辑设备、创建命令池、创建帧缓冲等，具体内容如表 1-2 所示。

表 1-2　　　　　　　　　　　　　Vulkan 基本操作的功能方法

方法签名	说明
VkResult vkCreateInstance(const VkInstanceCreateInfo* pCreateInfo, const VkAllocationCallbacks* pAllocator, VkInstance* pInstance)	此方法功能为创建 Vulkan 实例。第一个参数为指向创建信息结构体实例的指针；第二个参数为指向自定义内存分配器的指针（若不使用自定义内存分配器则调用时此指针为空）；第三个参数为指向创建的 Vulkan 实例的指针；返回值为 VkResult 枚举类型，若值为 VK_SUCCESS 表示创建成功，否则表示创建失败
VkResult vkEnumeratePhysicalDevices(VkInstance instance, uint32_t* pPhysicalDeviceCount, VkPhysicalDevice* pPhysicalDevices)	此方法功能为枚举已安装的 Vulkan 物理设备。第一个参数为 Vulkan 实例；第二个参数为指向 Vulkan 物理设备数量变量的指针；第三个参数为指向枚举的 Vulkan 物理设备列表首地址的指针。若第三个参数值为 NULL，则此方法获取物理设备数量值送入第二个参数指向的变量；若第三个参数值不为 NULL，则获取第二个参数值所给出数量的物理设备列表。返回值为 VkResult 枚举类型，若值为 VK_SUCCESS、VK_INCOMPLETE 表示枚举操作执行成功，否则表示操作失败
void vkGetPhysicalDeviceMemoryProperties(VkPhysicalDevice physicalDevice, VkPhysicalDeviceMemory Properties* pMemoryProperties)	此方法的功能为获取指定物理设备的内存属性。第一个参数为指定的物理设备；第二个参数为指向获取的物理设备内存属性列表首地址的指针
void vkGetPhysicalDeviceQueueFamilyProperties(VkPhysicalDevice physicalDevice, uint32_t* pQueue FamilyPropertyCount, VkQueueFamilyProperties* pQueueFamilyProperties)	此方法功能为获取指定物理设备的队列家族数量和属性列表。第一个参数为指定的物理设备；第二个参数为指向队列家族数量变量的指针；第三个参数为指向获取的队列家族属性列表首地址的指针。若第三个参数值为 NULL，则此方法获取指定物理设备队列家族数量送入第二个参数所指向的变量；若第三个参数值不为 NULL，则获取第二个参数值所给出数量的队列家族属性列表
VkResult vkCreateDevice(VkPhysicalDevice physicalDevice, const VkDeviceCreateInfo* pCreateInfo, const VkAllocationCallbacks* pAllocator, VkDevice* pDevice)	此方法功能为创建逻辑设备。第一个参数为对应的物理设备；第二个参数为指向逻辑设备创建信息结构体实例的指针；第三个参数为指向自定义内存分配器的指针（若不使用自定义内存分配器则调用时此指针为空）；第四个参数为指向创建的逻辑设备的指针。返回值为 VkResult 枚举类型，若值为 VK_SUCCESS 表示创建成功，否则表示创建失败
VkResult vkCreateCommandPool(VkDevice device, const VkCommandPoolCreateInfo* pCreateInfo, const VkAllocationCallbacks* pAllocator, VkCommandPool* pCommandPool)	此方法功能为创建命令池。第一个参数为指定的逻辑设备；第二个参数为指向命令池创建信息结构体实例的指针；第三个参数为指向自定义内存分配器的指针（若不使用自定义内存分配器则调用时此指针为空）；第四个参数为指向创建的命令池的指针。返回值为 VkResult 枚举类型，若值为 VK_SUCCESS 表示创建成功，否则表示创建失败

续表

方法签名	说明
VkResult vkAllocateCommandBuffers(VkDevice device, const VkCommandBufferAllocateInfo* pAllocateInfo, VkCommandBuffer* pCommandBuffers)	此方法功能为分配命令缓冲。第一个参数为指定的逻辑设备;第二个参数为指向命令缓冲分配信息结构体实例的指针;第三个参数为指向分配的命令缓冲的指针。返回值为 VkResult 枚举类型,若值为 VK_SUCCESS 表示创建成功,否则表示创建失败
void vkGetDeviceQueue(VkDevice device, uint32_t queueFamilyIndex, uint32_t queueIndex,VkQueue* pQueue);	此方法的功能为获取给定队列家族中指定索引的队列。第一个参数为指定的逻辑设备;第二个参数为指定队列家族的索引;第三个参数为要获取队列的索引;第四个参数为指向获取队列的指针
VkResult vkCreateRenderPass(VkDevice device, const VkRenderPassCreateInfo* pCreateInfo, const VkAllocationCallbacks* pAllocator, VkRenderPass* pRenderPass)	此方法的功能为创建渲染通道。第一个参数为指定的逻辑设备;第二个参数为指向渲染通道创建信息结构体实例的指针;第三个参数为指向自定义内存分配器的指针;第四个参数为指向创建的渲染通道的指针。返回值为 VkResult 枚举类型,若值为 VK_SUCCESS 表示创建成功,否则表示创建失败
VkResult vkCreateFramebuffer(VkDevice device,const VkFramebufferCreateInfo* pCreateInfo,const VkAllocationCallbacks* pAllocator,VkFramebuffer* pFramebuffer)	此方法的功能为创建帧缓冲。第一个参数为指定的逻辑设备;第二个参数为指向帧缓冲创建信息结构体实例的指针;第三个参数为指向自定义内存分配器的指针;第四个参数为指向创建的帧缓冲的指针。返回值为 VkResult 枚举类型,若值为 VK_SUCCESS 表示创建成功,否则表示创建失败
VkResult vkCreateFence(VkDevice device, const VkFenceCreateInfo* pCreateInfo, const VkAllocationCallbacks* pAllocator, VkFence* pFence)	此方法的功能为创建栅栏。第一个参数为指定的逻辑设备;第二个参数为指向栅栏创建信息结构体实例的指针;第三个参数为指向自定义内存分配器的指针;第四个参数为指向创建的栅栏的指针。返回值为 VkResult 枚举类型,若值为 VK_SUCCESS 表示创建成功,否则表示创建失败
void vkDestroyFramebuffer(VkDevice device, VkFramebuffer framebuffer,const VkAllocationCallbacks* pAllocator)	此方法功能为销毁帧缓冲。第一个参数为指定的逻辑设备;第二个参数为要销毁的帧缓冲;第三个参数为指向自定义内存分配器的指针,若创建时没有使用自定义内存分配器则这里值为 NULL
void vkDestroyRenderPass(VkDevice device, VkRenderPass renderPass, const VkAllocationCallbacks* pAllocator)	此方法的功能为销毁渲染通道。第一个参数为指定的逻辑设备,第二个参数为要销毁的渲染通道;第三个参数为指向自定义内存分配器的指针,若创建时没有使用自定义内存分配器则这里值为 NULL
void vkDestroyCommandPool(VkDevice device,VkCommandPool commandPool,const VkAllocationCallbacks* pAllocator)	此方法的功能为销毁命令池。第一个参数为指定的逻辑设备;第二个参数为需要被销毁的命令池;第三个参数为指向自定义内存分配器的指针,若创建时没有使用自定义内存分配器则这里值为 NULL
void vkFreeCommandBuffers(VkDevice device, VkCommandPool commandPool, uint32_t commandBufferCount, const VkCommandBuffer* pCommandBuffers)	此方法的功能为释放命令缓冲。第一个参数为指定的逻辑设备;第二个参数为命令缓冲对应的命令池;第三个参数为要释放命令缓冲的数量;第四个参数为指向要释放的命令缓冲列表首地址的指针
void vkDestroyDevice(VkDevice device, const VkAllocationCallbacks* pAllocator)	此方法的功能为销毁逻辑设备。第一个参数为要销毁的逻辑设备;第二个参数为指向自定义内存分配器的指针,若创建时没有使用自定义内存分配器则这里值为 NULL
void vkDestroyInstance(VkInstance instance,const VkAllocationCallbacks* pAllocator);	此方法的功能为销毁 Vulkan 实例。第一个参数为要销毁的 Vulkan 实例;第二个参数为指向自定义内存分配器的指针,若创建时没有使用自定义内存分配器则这里值为 NULL

（2）接着介绍的是与 Vulkan 显示工作相关的功能方法，主要包括创建 KHR 表面、初始化交换链、获取表面显示信息、获取表面支持的格式数量等，具体内容如表 1-3 所示。

表 1-3　　　　　　　　　　　Vulkan 显示工作相关的功能方法

方法签名	说明
VkResult vkCreateAndroidSurfaceKHR(VkInstance instance, const VkAndroidSurfaceCreateInfoKHR* pCreateInfo, const VkAllocationCallbacks* pAllocator, VkSurfaceKHR* pSurface)	此方法的功能为创建 Android 平台用 KHR 表面。第一个参数为 Vulkan 实例;第二个参数为指向 Android 表面创建信息结构体实例的指针;第三个参数为指向自定义内存分配器的指针;第四个参数为指向创建的表面的指针。返回值为 VkResult 枚举类型,若值为 VK_SUCCESS 表示创建成功,否则表示创建失败

续表

方法签名	说明
VkResult vkGetPhysicalDeviceSurfaceSupportKHR (VkPhysicalDevice physicalDevice, uint32_t queueFamilyIndex, VkSurfaceKHR surface, VkBool32* pSupported)	此方法功能为判断物理设备中指定的队列家族是否支持 KHR 表面呈现。第一个参数为指定的物理设备；第二个参数为指定的队列家族索引；第三个参数为给定的 KHR 表面；第四个参数为指向存储判断结果布尔值变量的指针。若第四个参数指向的变量值为 VK_TRUE 表示支持，为 VK_FALSE 表示不支持。返回值为 VkResult 枚举类型，若值为 VK_SUCCESS 表示操作成功，否则表示操作失败
VkResult vkGetPhysicalDeviceSurfaceFormatsKHR(VkPhysicalDevice physicalDevice, VkSurfaceKHR surface, uint32_t* pSurfaceFormatCount, VkSurfaceFormatKHR* pSurfaceFormats)	此方法的功能为获取物理设备支持的 KHR 表面格式。第一个参数为指定的物理设备；第二个参数为指定的 KHR 表面；第三个参数为指向存储支持的表面格式数量变量的指针；第四个参数为指向支持的格式信息列表首地址的指针。若第四个参数为 NULL，则该方法获取支持的表面格式数量送入第三个参数所指向的变量；若第四个参数不为 NULL，则获取第二个参数所给出数量的支持的表面格式的信息。返回值为 VkResult 枚举类型，若值为 VK_SUCCESS、VK_INCOMPLETE 表示操作执行成功，否则表示操作失败
VkResult vkGetPhysicalDeviceSurfaceCapabilitiesKHR (VkPhysicalDevice physicalDevice, VkSurfaceKHR surface, VkSurfaceCapabilitiesKHR* pSurfaceCapabilities)	此方法的功能为获取物理设备中 KHR 表面的能力。第一个参数为指定的物理设备；第二个参数为给定的 KHR 表面；第三个参数为指向获取的表面能力的指针。返回值为 VkResult 枚举类型，若值为 VK_SUCCESS 表示获取成功，否则表示获取失败
VkResult vkGetPhysicalDeviceSurfacePresentModesKHR(VkPhysicalDevice physicalDevice, VkSurfaceKHR surface, uint32_t* pPresentModeCount, VkPresentModeKHR* pPresentModes)	此方法的功能为获取物理设备中 KHR 表面的呈现模式。第一个参数为指定的物理设备；第二个参数为给定的 KHR 表面；第三个参数为指向呈现模式数量变量的指针；第四个参数为指向呈现模式列表首地址的指针。若第四个参数为 NULL，则该方法获取呈现模式的数量送入第三个参数所指向的变量；若第四个参数不为 NULL，则获取第二个参数所给出数量的呈现模式列表。返回值为 VkResult 枚举类型，若值为 VK_SUCCESS、VK_INCOMPLETE 表示操作执行成功，否则表示操作失败
VkResult vkCreateSwapchainKHR(VkDevice device, const VkSwapchainCreateInfoKHR* pCreateInfo, const VkAllocationCallbacks* pAllocator, VkSwapchainKHR* pSwapchain)	此方法的功能为创建 KHR 交换链。第一个参数为指定的逻辑设备；第二个参数为指向交换链创建信息结构体实例的指针；第三个参数为指向自定义内存分配器的指针；第四个参数为指向创建的交换链的指针。返回值为 VkResult 枚举类型，若值为 VK_SUCCESS 表示操作成功，否则表示操作失败
VkResult vkGetSwapchainImagesKHR(VkDevice device, VkSwapchainKHR swapchain, uint32_t* pSwapchainImageCount, VkImage* pSwapchainImages)	此方法的功能为获取交换链中的图像数量和图像列表。第一个参数为指定的逻辑设备；第二个参数为给定的交换链；第三个参数为指向交换链中图像数量变量的指针；第四个参数为指向交换链中图像列表首地址的指针。若第四个参数为 NULL，则获取交换链中图像的数量送入第三个参数所指向的变量；若第四个参数不为 NULL，则获取第二个参数所给出数量的图像列表。返回值为 VkResult 枚举类型，若值为 VK_SUCCESS、VK_INCOMPLETE 表示操作执行成功，否则表示操作失败
void vkGetPhysicalDeviceFormatProperties(VkPhysicalDevice physicalDevice, VkFormat format, VkFormatProperties* pFormatProperties)	此方法的功能为获取物理设备中给定格式的属性。第一个参数为指定的物理设备；第二个参数为给定的格式；第三个参数为指向获取的格式属性的指针

（3）其次介绍的是与 Vulkan 管线相关的功能方法，包括创建描述集布局、创建管线布局、创建描述集池、创建着色器模块、创建管线缓冲、创建图形管线等，具体内容如表 1-4 所示。

表 1-4　　　　　　　　　　　Vulkan 管线相关的功能方法

方法签名	说明
VkResult vkCreateDescriptorSetLayout(VkDevice device, const VkDescriptorSetLayoutCreateInfo* pCreateInfo, const VkAllocationCallbacks* pAllocator,VkDescriptorSetLayout* pSetLayout)	此方法的功能为创建描述集布局。第一个参数为指定的逻辑设备；第二个参数为指向描述集布局创建信息结构体实例的指针；第三个参数为指向自定义内存分配器的指针；第四个参数为指向创建的描述集布局的指针。返回值为 VkResult 枚举类型，若值为 VK_SUCCESS 表示创建成功，否则表示创建失败

续表

方法签名	说明
VkResult vkCreatePipelineLayout(VkDevice device, const VkPipelineLayoutCreateInfo* pCreateInfo,const VkAllocationCallbacks* pAllocator,VkPipelineLayout* pPipelineLayout)	此方法的功能为创建管线布局。第一个参数为指定的逻辑设备；第二个参数为指向管线布局创建信息结构体实例的指针；第三个参数为指向自定义内存分配器的指针；第四个参数为指向创建的管线布局的指针。返回值为 VkResult 枚举类型，若值为 VK_SUCCESS 表示创建成功，否则表示创建失败
VkResult vkCreateDescriptorPool(VkDevice device, const VkDescriptorPoolCreateInfo* pCreateInfo,const VkAllocationCallbacks* pAllocator,VkDescriptorPool* pDescriptorPool)	此方法的功能为创建描述集池。第一个参数为指定的逻辑设备；第二个参数指向描述集池创建信息结构体实例的指针；第三个参数为指向自定义内存分配器的指针；第四个参数为指向创建的描述集池的指针。返回值为 VkResult 枚举类型，若值为 VK_SUCCESS 表示创建成功，否则表示创建失败
VkResult vkAllocateDescriptorSets(VkDevice device, const VkDescriptorSetAllocateInfo* pAllocateInfo, VkDescriptorSet* pDescriptorSets)	此方法的功能为分配描述集。第一个参数为指定的逻辑设备；第二个参数为指向描述集分配信息结构体实例的指针；第三个参数为指向分配的描述集的指针。返回值为 VkResult 枚举类型，若值为 VK_SUCCESS 表示操作成功，否则表示操作失败
VkResult vkCreateShaderModule(VkDevice device, const VkShaderModuleCreateInfo* pCreateInfo,const VkAllocationCallbacks* pAllocator,VkShaderModule* pShaderModule)	此方法功能为创建着色器模块。第一个参数为指定的逻辑设备；第二个参数为指向着色器模块创建信息结构体实例的指针；第三个参数为指向自定义内存分配器的指针；第四个参数为指向创建的着色器模块的指针。返回值为 VkResult 枚举类型，若值为 VK_SUCCESS 表示操作成功，否则表示操作失败
VkResult vkCreatePipelineCache(VkDevice device, const VkPipelineCacheCreateInfo* pCreateInfo,const VkAllocationCallbacks* pAllocator,VkPipelineCache* pPipelineCache)	此方法的功能为创建管线缓冲。第一个参数为指定的逻辑设备；第二个参数为指向管线缓冲创建信息结构体实例的指针；第三个参数为指向自定义内存分配器的指针；第四个参数为指向创建的管线缓冲的指针。返回值为 VkResult 枚举类型，若值为 VK_SUCCESS 表示操作成功，否则表示操作失败
VkResult vkCreateGraphicsPipelines(VkDevice device, VkPipelineCache pipelineCache,uint32_t createInfo Count,const VkGraphicsPipelineCreateInfo* pCreateInfos, const VkAllocationCallbacks* pAllocator,VkPipeline* pPipelines)	此方法功能为创建图形管线。第一个参数为指定的逻辑设备；第二个参数为管线缓冲；第三个参数为需要创建的管线数量；第四个参数为指向图形管线创建信息结构体实例的指针；第五个参数为指向自定义内存分配器的指针；第六个参数为指向创建的管线的指针。返回值为 VkResult 枚举类型，若值为 VK_SUCCESS 表示操作成功，否则表示操作失败
void vkDestroyPipeline(VkDevice device,VkPipeline pipeline,const VkAllocationCallbacks* pAllocator)	此方法的功能为销毁管线。第一个参数为指定的逻辑设备；第二个参数为要销毁的管线；第三个参数为指向自定义内存分配器的指针，若创建时没有使用自定义内存分配器则这里值为 NULL
void vkDestroyPipelineCache(VkDevice device,VkPipeline Cache pipelineCache,const VkAllocationCallbacks* pAllocator)	此方法的功能为销毁管线缓冲。第一个参数为指定的逻辑设备；第二个参数为要删除的管线缓冲；第三个参数为指向自定义内存分配器的指针,若创建时没有使用自定义内存分配器则这里值为 NULL
void vkDestroyShaderModule(VkDevice device,VkShader Module shaderModule,const VkAllocationCallbacks* pAllocator)	此方法的功能为销毁着色器模块。第一个参数为指定的逻辑设备；第二个参数为要删除的着色器模块；第三个参数为指向自定义内存分配器的指针,若创建时没有使用自定义内存分配器则这里值为 NULL
void vkDestroyDescriptorSetLayout(VkDevice device, VkDescriptorSetLayout descriptorSetLayout, const VkAllocationCallbacks* pAllocator)	此方法的功能为销毁描述集布局。第一个参数为指定的逻辑设备；第二个参数为要销毁的描述集布局；第三个参数为指向自定义内存分配器的指针,若创建时没有使用自定义内存分配器则这里值为 NULL
void vkDestroyPipelineLayout(VkDevice device, VkPipelineLayout pipelineLayout,const VkAllocation Callbacks* pAllocator)	此方法的功能为销毁管线布局。第一个参数为指定的逻辑设备；第二个参数为要销毁的管线布局；第三个参数为指向自定义内存分配器的指针,若创建时没有使用自定义内存分配器则这里值为 NULL

（4）接下来介绍的是与 Vulkan 绘制阶段相关的功能方法，包括创建信号量、获取当前交换链中当前帧的索引、启动命令缓冲、启动渲染通道等，具体内容如表 1-5 所示。

表 1-5　　　　　　　　　　　　Vulkan 显示工作相关的功能方法

方法签名	说明
VkResult vkCreateSemaphore(VkDevice device,const VkSemaphoreCreateInfo* pCreateInfo,const VkAllocation Callbacks* pAllocator,VkSemaphore* pSemaphore)	此方法的功能为创建信号量。第一个参数为指定的逻辑设备；第二个参数为指向信号量创建信息结构体实例的指针；第三个参数为指向自定义内存分配器的指针；第四个参数为指向创建的信号量的指针。返回值为 VkResult 枚举类型，若值为 VK_SUCCESS 表示操作成功，否则表示操作失败
VkResult vkAcquireNextImageKHR(VkDevice device, VkSwapchainKHR swapchain,uint64_t timeout, VkSemaphore semaphore,VkFence fence,uint32_t* pImageIndex)	此方法的功能为获取交换链中当前帧的索引。第一个参数为指定的逻辑设备；第二个参数为给定的交换链；第三个参数为超时时间（即若没有可以使用的图像对象时等待的最大时间。若此参数为 0，表示无论有没有可用的图像对象方法立即返回。）；第四个参数为指定的信号量（当成功获取可以使用的图像对象时触发此信号量，以便和其他工作进行同步，若不需要可将此参数设置为空）；第五个参数为指定的栅栏（当成功获取可以使用的图像对象时设置此栅栏的状态为完成态，以便和其他工作进行同步，若不需要可将此参数设置为空）；第六个参数为获取的当前帧索引。返回值为 VkResult 枚举类型，若值为 VK_SUCCESS、VK_TIMEOUT、VK_NOT_READY、VK_SUBOPTIMAL_KHR 表示操作成功，否则表示操作失败。要特别注意的是，调用此方法时 semaphore、fence 两个参数不能同时为空，至少其中一个应该传入有效值
VkResult vkResetCommandBuffer(VkCommandBuffer commandBuffer,VkCommandBufferResetFlags flags)	此方法的功能为恢复命令缓冲到初始状态。第一个参数为需要恢复的命令缓冲；第二个参数为恢复操作特定工作标位位。若第二个参数设置成 0，则表示恢复命令缓冲时没有特定工作需要执行。返回值为 VkResult 枚举类型，若值为 VK_SUCCESS 表示操作成功，否则表示操作失败
VkResult vkBeginCommandBuffer(VkCommandBuffer commandBuffer,const VkCommandBufferBeginInfo* pBeginInfo)	此方法的功能为启动命令缓冲，开始记录命令。第一个参数为需要启动的命令缓冲；第二个参数为指向命令缓冲启动信息结构体实例的指针。返回值为 VkResult 枚举类型，若值为 VK_SUCCESS 表示操作成功，否则表示操作失败
void vkCmdBeginRenderPass(VkCommandBuffer command Buffer,const VkRenderPassBeginInfo* pRenderPass Begin,VkSubpassContents contents)	此方法的功能为启动渲染通道。第一个参数为给定的命令缓冲；第二个参数为指向渲染通道启动信息结构体实例的指针；第三个参数用于指定第一个子渲染通道中命令的提供方式
void vkCmdBindPipeline(VkCommandBuffer command Buffer,VkPipelineBindPoint pipelineBindPoint, VkPipeline pipeline)	此方法的功能为绑定命令缓冲与管线。第一个参数为需要绑定的命令缓冲；第二个参数用于指定绑定点；第三个参数为需要绑定的管线。若第二个参数为 VK_PIPELINE_BIND_POINT_GRAPHICS，表示为绑定图形渲染管线，若第二个参数为 VK_PIPELINE_BIND_POINT_COMPUTE 表示绑定计算管线
void vkCmdBindDescriptorSets(VkCommandBuffer commandBuffer,VkPipelineBindPoint pipelineBindPoint, VkPipelineLayout layout,uint32_t firstSet,uint32_t descriptorSetCount,const VkDescriptorSet* pDescriptor Sets,uint32_t dynamicOffsetCount,const uint32_t* pDynamicOffsets)	此方法的功能为将命令缓冲与一个或者多个描述集进行绑定。第一个参数为需要绑定的命令缓冲；第二个参数为指定绑定点；第三个参数为管线布局；第四个参数为第一个需要绑定的描述集的索引；第五个参数为绑定的描述集数量；第六个参数为指向需要绑定的描述集列表的指针；第七个参数为动态偏移量的数量；第八个参数为指向动态偏移量列表的指针
void vkCmdBindVertexBuffers(VkCommandBuffer commandBuffer,uint32_t firstBinding,uint32_t bindingCount,const VkBuffer* pBuffers,const VkDeviceSize* pOffsets)	此方法的功能为将顶点缓冲与命令缓冲绑定，以便在执行绘制任务时向管线提供顶点数据。第一个参数为指定的命令缓冲；第二个参数为绑定的多个顶点数据缓冲在列表中的首索引；第三个参数为绑定的顶点缓冲数量；第四个参数为指向顶点缓冲列表首地址的指针；第五个参数为指向各个顶点缓冲内部偏移量构成的数组的首地址的指针
void vkCmdDraw(VkCommandBuffer commandBuffer, uint32_t vertexCount,uint32_t instanceCount,uint32_t firstVertex,uint32_t firstInstance)	此方法的功能为执行绘制。第一个参数为指定的命令缓冲；第二个参数为需要绘制的顶点数量；第三个参数为需要绘制的实例的数量；第四个参数为第一个绘制用顶点的索引；第五个参数为第一个绘制的实例序号
void vkCmdEndRenderPass(VkCommandBuffer commandBuffer)	此方法的功能为结束渲染通道。方法参数为指定的命令缓冲

续表

方法签名	说明
VkResult vkEndCommandBuffer(VkCommandBuffer commandBuffer);	此方法的功能为结束命令缓冲,完成所有命令的记录。方法参数为指定的命令缓冲。返回值为 VkResult 枚举类型,若值为 VK_SUCCESS 表示操作成功,否则表示操作失败
VkResult vkQueueSubmit(VkQueue queue,uint32_t submitCount,const VkSubmitInfo* pSubmits,VkFence fence)	此方法的功能为将命令缓冲提交给指定队列执行。第一个参数为指定的队列;第二个参数为提交信息结构体实例的数量;第三个参数为指向提交信息结构体实例列表首地址的指针;第四个参数为对应的栅栏(当命令缓冲被提交后,程序可以通过此栅栏的状态判断提交的任务是否执行完毕)。返回值为 VkResult 枚举类型,若值为 VK_SUCCESS 表示操作成功,否则表示操作失败
VkResult vkWaitForFences(VkDevice device,uint32_t fenceCount,const VkFence* pFences,VkBool32 waitAll, uint64_t timeout)	此方法的功能为等待指定的栅栏完成。第一个参数为指定的逻辑设备;第二个参数为等待的栅栏数量;第三个参数为指向栅栏列表首地址的指针;第四个参数为是否等待所有栅栏完成标志;第五个参数为等待的超时时间。若第四个参数为 VK_TRUE,那么此方法将等待所有的栅栏完成,否则只需要等到某一个栅栏完成即可。返回值为 VkResult 枚举类型,若值为 VK_SUCCESS、VK_INCOMPLETE 表示操作执行成功,否则表示操作失败
VkResult vkResetFences(VkDevice device,uint32_t fenceCount,const VkFence* pFences)	此方法的功能为将栅栏重置到未触发状态。第一个参数为指定的逻辑设备;第二个参数为栅栏的数量;第三个参数为指向需要重置的栅栏列表首地址的指针。返回值为 VkResult 枚举类型,若值为 VK_SUCCESS 表示操作成功,否则表示操作失败
VkResult vkQueuePresentKHR(VkQueue queue,const VkPresentInfoKHR* pPresentInfo)	此方法的功能为执行呈现。第一个参数为用于呈现的队列;第二个参数为指向呈现描述信息结构体实例的指针。返回值为 VkResult 枚举类型,若值为 VK_SUCCESS 表示操作执行成功,否则表示操作失败(如 VK_ERROR_SURFACE_LOST_KHR、VK_SUBOPTIMAL_KHR、VK_ERROR_OUT_OF_DATE_KHR 等)
void vkDestroySemaphore(VkDevice device, VkSemaphore semaphore, const VkAllocationCallbacks* pAllocator)	此方法功能为销毁信号量。第一个参数为指定的逻辑设备;第二个参数为需要被销毁的信号量;第三个参数为指向自定义内存分配器的指针,若创建时没有使用自定义内存分配器则这里值为 NULL

(5)最后介绍的是与 Vulkan 设备内存使用相关的功能方法,包括创建图像、创建图像视图、创建缓冲、获取缓冲的内存需求、映射指定设备内存为 CPU 可访问等,具体内容如表 1-6 所示。

表 1-6　　　　　　　　　Vulkan 内存使用相关的功能方法

方法签名	说明
VkResult vkCreateImage(VkDevice device, const VkImageCreateInfo* pCreateInfo, const VkAllocationCallbacks* pAllocator, VkImage* pImage)	此方法的功能为创建图像。第一个参数为指定的逻辑设备;第二个参数为指向图像创建信息结构体实例的指针;第三个参数为指向自定义内存分配器的指针;第四个参数为指向创建的图像的指针。返回值为 VkResult 枚举类型,若值为 VK_SUCCESS 表示创建成功,否则表示创建失败
VkResult vkCreateImageView(VkDevice device,const VkImageViewCreateInfo* pCreateInfo,const VkAllocationCallbacks* pAllocator,VkImageView* pView)	此方法的功能为创建图像视图。第一个参数为指定的逻辑设备;第二个参数为指向图像视图创建信息结构体实例的指针;第三个参数为指向自定义内存分配器的指针;第四个参数为指向创建的图像视图的指针。返回值为 VkResult 枚举类型,若值为 VK_SUCCESS 表示操作成功,否则表示操作失败
void vkGetImageMemoryRequirements(VkDevice device, VkImage image,VkMemoryRequirements* pMemoryRequirements)	此方法的功能为获取图像内存需求。第一个参数为指定的逻辑设备;第二个参数为需要获取内存需求的图像;第三个参数为指向获取的图像内存需求的指针
VkResult vkAllocateMemory(VkDevice device,const VkMemoryAllocateInfo* pAllocateInfo,const VkAllocationCallbacks* pAllocator,VkDeviceMemory* pMemory)	此方法的功能为分配设备内存。第一个参数为指定的逻辑设备;第二个参数为指向内存分配信息结构体实例的指针;第三个参数为指向自定义内存分配器的指针;第四个参数为指向分配的设备内存的指针。返回值为 VkResult 枚举类型,若值为 VK_SUCCESS 表示操作成功,否则表示操作失败

续表

方法签名	说明
VkResult vkBindImageMemory(VkDevice device, VkImage image,VkDeviceMemory memory, VkDeviceSize memoryOffset)	此方法功能为将设备内存与图像进行绑定。第一个参数为指定的逻辑设备；第二个参数为需要绑定的图像；第三个参数为需要绑定的设备内存；第四个参数为绑定的设备内存起始偏移量。返回值为 VkResult 枚举类型，若值为 VK_SUCCESS 表示操作成功，否则表示操作失败
VkResult vkCreateBuffer(VkDevice device,const VkBuffer CreateInfo* pCreateInfo,const VkAllocationCallbacks* pAllocator,VkBuffer* pBuffer)	此方法的功能为创建缓冲。第一个参数为指定的逻辑设备；第二个参数为指向缓冲创建信息结构体实例的指针；第三个参数为指向自定义内存分配器的指针；第四个参数为指向创建的缓冲的指针。返回值为 VkResult 枚举类型，若值为 VK_SUCCESS 表示操作成功，否则表示操作失败
void vkGetBufferMemoryRequirements(VkDevice device, VkBuffer buffer,VkMemoryRequirements* pMemory Requirements)	此方法的功能为获取缓冲的内存需求。第一个参数为指定的逻辑设备；第二个参数为需要获取内存需求的缓冲；第三个参数为指向获取的内存需求的指针
VkResult vkMapMemory(VkDevice device,VkDevice Memory memory,VkDeviceSize offset,VkDeviceSize size,VkMemoryMapFlags flags,void** ppData)	此方法的功能为将设备内存映射为 CPU 可以访问的内存。第一个参数为指定的逻辑设备；第二个参数为要映射的设备内存对象；第三个参数为设备内存的起始偏移量；第四个参数为映射的设备内存范围大小；第五个参数为保留的参数，供未来使用；第六个参数为供 CPU 访问时指向映射内存首地址的指针。若第四个参数值为 VK_WHOLE_SIZE 则表示映射范围从起始偏移量到要映射的设备内存的最后。返回值为 VkResult 枚举类型，若值为 VK_SUCCESS 表示操作成功，否则表示操作失败
void vkUnmapMemory(VkDevice device,VkDevice Memory memory)	此方法的功能为解除设备内存的映射。第一个参数为指定的逻辑设备；第二个参数为需要解除映射的设备内存
VkResult vkBindBufferMemory(VkDevice device, VkBuffer buffer, VkDeviceMemory memory, VkDeviceSize memoryOffset)	此方法的功能为将设备内存与缓冲进行绑定。第一个参数为指定的逻辑设备；第二个参数为需要绑定的缓冲；第三个参数为需要绑定的设备内存；第四个参数为绑定设备内存的区域起始偏移量。返回值为 VkResult 枚举类型，若值为 VK_SUCCESS 表示操作成功，否则表示操作失败
void vkDestroyBuffer(VkDevice device, VkBuffer buffer, const VkAllocationCallbacks* pAllocator)	此方法的功能为销毁缓冲。第一个参数为指定的逻辑设备；第二个参数为要销毁的缓冲；第三个参数为指向自定义内存分配器的指针
void vkFreeMemory(VkDevice device,VkDeviceMemory memory,const VkAllocationCallbacks* pAllocator)	此方法功能为释放指定的设备内存。第一个参数为指定的逻辑设备；第二个参数为需要被释放的设备内存；第三个参数为指向自定义内存分配器的指针，若创建时没有使用自定义内存分配器则这里值为 NULL
void vkDestroyImageView(VkDevice device, VkImage View imageView, const VkAllocationCallbacks* pAllocator)	此方法的功能为销毁图像视图。第一个参数为指定的逻辑设备；第二个参数为需要销毁的图像视图；第三个参数为指向自定义内存分配器的指针，若创建时没有使用自定义内存分配器则这里值为 NULL
void vkDestroyImage(VkDevice device,VkImage image,const VkAllocationCallbacks* pAllocator)	此方法的功能为销毁图像。第一个参数为指定的逻辑设备；第二个参数为需要销毁的图像；第三个参数为指向自定义内存分配器的指针，若创建时没有使用自定义内存分配器则这里值为 NULL

提示　前面的表 1-2 至表 1-6 中的很多 Vulkan 创建方法都用到了某种类型的创建信息结构体实例。这些不同类型的创建信息结构体实例用于向对应的创建方法提供执行时的必要信息，在后面的代码介绍部分将对使用到的一些进行详细的介绍，这里读者简单了解即可。另外，前面多个表中都提到了设备内存，其指的是能够被 GPU 直接访问的内存，通俗讲就是显存。与其对应的是主机内存，其指的是能够被 CPU 直接访问的内存，这种内存读者肯定非常熟悉了。

1.3.5　MyVulkanManager 类的基本结构

通过前面的几节介绍，读者对 3 色三角形案例应该有了一个总体的了解。下面正式开始介绍案例项目代码的开发，首先需要了解的是程序统筹管理者类——MyVulkanManager 的基本结构，具体内容如下。

（1）首先介绍的是 MyVulkanManager 类的基本结构，此类中声明了程序运行过程中需要用到的各种成员变量以及功能方法，诸如 Vulkan 实例、逻辑设备、命令缓冲、交换链、深度缓冲图像等，具体代码如下。

> ✏️提示　　　本书中每个案例的 Android 版本项目均以"SampleX_X"的形式来命名，对应的 PC 版本项目均以"PCSampleX_X"的形式来命名，读者根据自己的需要选用相应版本的案例项目即可。

🔍 代码位置：见随书源代码/第 1 章/Sample1_1/src/main/cpp/bndevp 目录下的 MyVulkanManager.h。

```
1   //此处省略了相关头文件的导入，感兴趣的读者请自行查看随书源代码
2   #define FENCE_TIMEOUT 100000000                          //栅栏的超时时间
3   class MyVulkanManager{
4     public:
5       static android_app* Android_application;             //Android 应用指针
6       static bool loopDrawFlag;                            //绘制的循环工作标志
7       static std::vector<const char *> instanceExtensionNames;//需要使用的实例扩展名称列表
8       static VkInstance instance;                          //Vulkan 实例
9       static uint32_t gpuCount;                            //物理设备数量
10      static std::vector<VkPhysicalDevice> gpus;           //物理设备列表
11      static uint32_t queueFamilyCount;                    //物理设备对应的队列家族数量
12      static std::vector<VkQueueFamilyProperties> queueFamilyprops;
                                                             //物理设备对应的队列家族属性列表
13      static uint32_t queueGraphicsFamilyIndex;            //支持图形工作的队列家族索引
14      static VkQueue queueGraphics;                        //支持图形工作的队列
15      static uint32_t queuePresentFamilyIndex;             //支持显示工作的队列家族索引
16      static std::vector<const char *> deviceExtensionNames;//所需的设备扩展名称列表
17      static VkDevice device;                              //逻辑设备
18      static VkCommandPool cmdPool;                        //命令池
19      static VkCommandBuffer cmdBuffer;                    //命令缓冲
20      static VkCommandBufferBeginInfo cmd_buf_info;        //命令缓冲启动信息
21      static VkCommandBuffer cmd_bufs[1];                  //供提交执行的命令缓冲数组
22      static VkSubmitInfo submit_info[1];                  //命令缓冲提交执行信息数组
23      static uint32_t screenWidth;                         //屏幕宽度
24      static uint32_t screenHeight;                        //屏幕高度
25      static VkSurfaceKHR surface;                         //KHR 表面
26      static std::vector<VkFormat> formats;                //KHR 表面支持的格式
27      static VkSurfaceCapabilitiesKHR surfCapabilities;    //表面的能力
28      static uint32_t presentModeCount;                    //显示模式数量
29      static std::vector<VkPresentModeKHR> presentModes;   //显示模式列表
30      static VkExtent2D swapchainExtent;                   //交换链尺寸
31      static VkSwapchainKHR swapChain;                     //交换链
32      static uint32_t swapchainImageCount;                 //交换链中的图像数量
33      static std::vector<VkImage> swapchainImages;         //交换链中的图像列表
34      static std::vector<VkImageView> swapchainImageViews; //交换链对应的图像视图列表
35      static VkFormat depthFormat;                         //深度图像格式
36      static VkFormatProperties depthFormatProps;          //物理设备支持的深度格式属性
37      static VkImage depthImage;                           //深度缓冲图像
38      static VkPhysicalDeviceMemoryProperties memoryroperties;//物理设备内存属性
39      static VkDeviceMemory memDepth;                      //深度缓冲图像对应的内存
40      static VkImageView depthImageView;                   //深度缓冲图像视图
```

```
41      static VkSemaphore imageAcquiredSemaphore;        //渲染目标图像获取完成信号量
42      static uint32_t currentBuffer; //从交换链中获取的当前渲染用图像对应的缓冲编号
43      static VkRenderPass renderPass;                   //渲染通道
44      static VkClearValue clear_values[2];//渲染通道用清除帧缓冲深度、颜色附件的数据
45      static VkRenderPassBeginInfo rp_begin;            //渲染通道启动信息
46      static VkFence taskFinishFence;                   //等待任务完毕的栅栏
47      static VkPresentInfoKHR present;                  //呈现信息
48      static VkFramebuffer* framebuffers;               //帧缓冲序列首指针
49      static ShaderQueueSuit_Common* sqsCL;             //着色器管线指针
50      static DrawableObjectCommonLight* triForDraw;     //绘制用 3 色三角形物体对象指针
51      static float xAngle;                              //三角形旋转角度
52      //此处省略了多个功能方法的声明，下文将会详细介绍
53   };
```

> **说明**　上述头文件中定义了很多的成员变量，涉及不少 Vulkan 提供的基本类型。这些类型在 Vulkan 应用程序的开发中都是经常使用的，如果读者还没有掌握 Vulkan 基本类型的相关知识，请参考本书 1.3.2 节中的表 1-1 学习一下。

（2）接着给出的是步骤（1）中省略的多个功能方法的声明，主要包括创建 Vulkan 实例、初始化物理设备、创建逻辑设备、创建命令缓冲、初始化队列、初始化渲染管线等，具体代码如下。

📎 **代码位置：**见随书源代码/第 1 章/Sample1_1/src/main/cpp/bndevp 目录下的 MyVulkanManager.h。

```
1       static void init_vulkan_instance();               //创建 Vulkan 实例
2       static void enumerate_vulkan_phy_devices();       //初始化物理设备
3       static void create_vulkan_devices();              //创建逻辑设备
4       static void create_vulkan_CommandBuffer();        //创建命令缓冲
5       static void create_vulkan_swapChain();            //初始化交换链
6       static void create_vulkan_DepthBuffer();          //创建深度缓冲相关
7       static void create_render_pass();                 //创建渲染通道
8       static void init_queue();                         //获取设备中支持图形工作的队列
9       static void create_frame_buffer();                //创建帧缓冲
10      static void createDrawableObject();               //创建绘制用物体
11      static void drawObject();                         //执行场景中的物体绘制
12      static void doVulkan();                           //启动线程执行 Vulkan 任务
13      static void initPipeline();                       //初始化管线
14      static void createFence();                        //创建栅栏
15      static void initPresentInfo();                    //初始化显示信息
16      static void initMatrix();                         //初始化矩阵
17      static void flushUniformBuffer();                 //将一致变量数据送入缓冲
18      static void flushTexToDesSet();                   //将纹理等数据与描述集关联
19      static void destroyFence();                       //销毁栅栏
20      static void destroyPipeline();                    //销毁管线
21      static void destroyDrawableObject();              //销毁绘制用物体
22      static void destroy_frame_buffer();               //销毁帧缓冲
23      static void destroy_render_pass();                //销毁渲染通道
24      static void destroy_vulkan_DepthBuffer();         //销毁深度缓冲相关
25      static void destroy_vulkan_swapChain();           //销毁交换链
26      static void destroy_vulkan_CommandBuffer();       //销毁命令缓冲
27      static void destroy_vulkan_devices();             //销毁逻辑设备
28      static void destroy_vulkan_instance();            //销毁实例
```

> **说明**　上述代码中声明了很多 Vulkan 应用程序执行过程中需要用到的功能方法，后面的部分将对这些功能方法进行详细的介绍。

1.3.6 创建 Vulkan 实例

了解了 MyVulkanManager 类的基本结构后，下面依次对其中的功能方法进行介绍。首先介绍的是用于创建 Vulkan 实例的方法——init_vulkan_instance，其中包含了加载 Vulkan 动态库、初始化所需实例的扩展名称列表、构建应用信息结构体实例等关键步骤，具体代码如下。

✎ **代码位置**：见随书源代码/第 1 章/Sample1_1/src/main/cpp/bndevp 目录下的 MyVulkanManager.cpp。

```
1    void MyVulkanManager::init_vulkan_instance(){        //创建 Vulkan 实例的方法
2        AAssetManager* aam=MyVulkanManager::Android_application->
3                          activity->assetManager;        //获取资源管理器指针
4        FileUtil::setAAssetManager(aam);                  //将资源管理器传给文件 I/O 工具类
5        if (!vk::loadVulkan()){                           //加载 Vulkan 动态库
6            LOGI("加载 Vulkan 图形应用程序接口失败!");
7            return ;
8        }
9        instanceExtensionNames.push_back(VK_KHR_SURFACE_EXTENSION_NAME);
10       instanceExtensionNames
11       .push_back(VK_KHR_ANDROID_SURFACE_EXTENSION_NAME);//初始化所需实例扩展名称列表
12       VkApplicationInfo app_info = {};                  //构建应用信息结构体实例
13       app_info.sType = VK_STRUCTURE_TYPE_APPLICATION_INFO; //结构体的类型
14       app_info.pNext = NULL;                            //自定义数据的指针
15       app_info.pApplicationName = "HelloVulkan";        //应用的名称
16       app_info.applicationVersion = 1;                  //应用的版本号
17       app_info.pEngineName = "HelloVulkan";             //应用的引擎名称
18       app_info.engineVersion = 1;                       //应用的引擎版本号
19       app_info.apiVersion = VK_API_VERSION_1_0;//使用的 Vulkan 图形应用程序 API 版本
20       VkInstanceCreateInfo inst_info = {};              //构建实例创建信息结构体实例
21       inst_info.sType = VK_STRUCTURE_TYPE_INSTANCE_CREATE_INFO;        //结构体的类型
22       inst_info.pNext = NULL;                           //自定义数据的指针
23       inst_info.flags = 0;                              //供将来使用的标志
24       inst_info.pApplicationInfo = &app_info;           //绑定应用信息结构体
25       inst_info.enabledExtensionCount = instanceExtensionNames.size();//扩展的数量
26       inst_info.ppEnabledExtensionNames = instanceExtensionNames.data();//扩展名称列表数据
27       inst_info.enabledLayerCount = 0;                  //启动的层数量
28       inst_info.ppEnabledLayerNames = NULL;             //启动的层名称列表
29       VkResult result;                                  //存储运行结果的辅助变量
30       result = vk::vkCreateInstance(&inst_info, NULL, &instance);//创建 Vulkan 实例
31       if(result== VK_SUCCESS){                          //检查实例是否创建成功
32           LOGE("Vulkan 实例创建成功!");                  //打印创建成功信息
33       }else{
34           LOGE("Vulkan 实例创建失败!");                  //打印创建失败信息
35   }}
```

● 第 2～4 行首先获取资源管理器指针（这是 Android 项目特有的），然后将此指针传递给文件 I/O 工具类，以便在后面加载着色器脚本字符串。

● 第 5～8 行功能为加载 Vulkan 动态库，如果加载不成功，程序直接返回。

● 第 9～11 行为初始化所需的实例扩展名称列表。VK_KHR_SURFACE_EXTENSION_NAME 扩展用于使得程序支持 KHR 表面；VK_KHR_ANDROID_SURFACE_EXTENSION_NAME 扩展为 Android 项目特有，用于使得程序支持 Android 下的 KHR 表面。

● 第 12～19 行为构建应用信息结构体实例。首先设置结构体的类型，接着给定应用程序名称和应用程序版本号，然后给定应用程序的引擎名称和引擎版本号，最后给定使用的 Vulkan 图形应用程序 API 版本。

- 第 20～28 行为构建实例创建信息结构体实例。首先设置结构体的类型，接着绑定应用信息结构体并设置扩展的数量和扩展名称列表，最后设置启动的层数量和对应的层名称列表。
- 第 29～35 行创建 Vulkan 实例并检查 Vulkan 实例是否创建成功。

1.3.7　获取物理设备列表

Vulkan 实例创建完成后，接下来需要做的工作是获取物理设备列表。完成此项工作的功能方法为 enumerate_vulkan_phy_devices，其中包含获取物理设备数量、得到物理设备列表、获取物理设备的内存属性等步骤，具体代码如下。

代码位置：见随书源代码/第 1 章/Sample1_1/src/main/cpp/bndevp 目录下的 MyVulkanManager.cpp。

```
1   void MyVulkanManager::enumerate_vulkan_phy_devices(){//获取物理设备列表的方法
2       gpuCount=0;                                      //存储物理设备数量的变量
3       VkResult result = vk::vkEnumeratePhysicalDevices(instance, &gpuCount, NULL);
                                                          //获取物理设备数量
4       assert(result==VK_SUCCESS);
5       LOGE("[Vulkan 硬件设备数量为%d 个]",gpuCount);
6       gpus.resize(gpuCount);                           //设置物理设备列表尺寸
7       result = vk::vkEnumeratePhysicalDevices(instance, &gpuCount, gpus.data());
                                                          //填充物理设备列表
8       assert(result==VK_SUCCESS);
9       vk::vkGetPhysicalDeviceMemoryProperties(gpus[0],&memoryroperties);
                                                          //获取第一物理设备的内存属性
10  }
```

- 此方法中首先调用 vkEnumeratePhysicalDevices 方法获取了物理设备的数量，然后根据数量调整了物理设备列表的尺寸，接着再次通过 vkEnumeratePhysicalDevices 方法填充了物理设备列表，最后获取了列表中第一个物理设备的内存属性。
- 上述代码中还体现了 Vulkan 开发中经常使用的一个编程技巧，首先传入空的列表数据指针，获取数量，然后再次根据数量调用对应方法填充列表内容。
- 由于一般的手机或 PC 只配置了一块 GPU，故上述代码中获取的是第一个物理设备的内存属性。

1.3.8　创建逻辑设备

获取了物理设备列表后，就可以基于其中指定的物理设备创建逻辑设备了。创建逻辑设备的方法是 create_vulkan_devices，其中主要包括获取物理设备队列家族列表和队列家族属性、遍历队列家族列表及创建逻辑设备等步骤，具体代码如下。

代码位置：见随书源代码/第 1 章/Sample1_1/src/main/cpp/bndevp 目录下的 MyVulkanManager.cpp。

```
1   void MyVulkanManager::create_vulkan_devices(){           //创建逻辑设备的方法
2       vk::vkGetPhysicalDeviceQueueFamilyProperties(gpus[0],//获取物理设备 0 中队列家族的数量
3           &queueFamilyCount, NULL);
4       LOGE("[Vulkan 硬件设备 0 支持的队列家族数量为%d]",queueFamilyCount);
5       queueFamilyprops.resize(queueFamilyCount);//随队列家族数量改变 vector 长度
6       vk::vkGetPhysicalDeviceQueueFamilyProperties(gpus[0],//填充物理设备 0 队列家族属性列表
7           &queueFamilyCount, queueFamilyprops.data());
8       LOGE("[成功获取 Vulkan 硬件设备 0 支持的队列家族属性列表]");
9       VkDeviceQueueCreateInfo queueInfo = {};          //构建设备队列创建信息结构体实例
10      bool found = false;                              //辅助标志
11      for (unsigned int i = 0; i < queueFamilyCount; i++){ //遍历所有队列家族
12          if (queueFamilyprops[i].queueFlags & VK_QUEUE_GRAPHICS_BIT){//若当前队列家族
                                                          支持图形工作
```

```
13                    queueInfo.queueFamilyIndex = i;        //绑定此队列家族索引
14                    queueGraphicsFamilyIndex=i;            //记录支持图形工作的队列家族索引
15                    LOGE("[支持 GRAPHICS 工作的一个队列家族的索引为%d]",i);
16                    LOGE("[此家族中的实际队列数量是%d]",queueFamilyprops[i].queueCount);
17                    found = true;
18                    break;
19        }}
20        float queue_priorities[1] = {0.0};                 //创建队列优先级数组
21        queueInfo.sType = VK_STRUCTURE_TYPE_DEVICE_QUEUE_CREATE_INFO;//给出结构体类型
22        queueInfo.pNext = NULL;                            //自定义数据的指针
23        queueInfo.queueCount = 1;                          //指定队列数量
24        queueInfo.pQueuePriorities = queue_priorities;//给出每个队列的优先级
25        queueInfo.queueFamilyIndex = queueGraphicsFamilyIndex;   //绑定队列家族索引
26        deviceExtensionNames.push_back(VK_KHR_SWAPCHAIN_EXTENSION_NAME);//设置所需扩展
27        VkDeviceCreateInfo deviceInfo = {};                //构建逻辑设备创建信息结构体实例
28        deviceInfo.sType = VK_STRUCTURE_TYPE_DEVICE_CREATE_INFO; //给出结构体类型
29        deviceInfo.pNext = NULL;                           //自定义数据的指针
30        deviceInfo.queueCreateInfoCount = 1;               //指定设备队列创建信息结构体数量
31        deviceInfo.pQueueCreateInfos = &queueInfo;         //给定设备队列创建信息结构体列表
32        deviceInfo.enabledExtensionCount = deviceExtensionNames.size();//所需扩展数量
33        deviceInfo.ppEnabledExtensionNames = deviceExtensionNames.data();//所需扩展列表
34        deviceInfo.enabledLayerCount = 0;                  //需启动 Layer 的数量
35        deviceInfo.ppEnabledLayerNames = NULL;             //需启动 Layer 的名称列表
36        deviceInfo.pEnabledFeatures = NULL;                //启用的设备特性
37        VkResult result = vk::vkCreateDevice(gpus[0], &deviceInfo, NULL, &device);
                                                           //创建逻辑设备
38        assert(result==VK_SUCCESS);                        //检查逻辑设备是否创建成功
39    }
```

- 第 2~7 行首先调用 vkGetPhysicalDeviceQueueFamilyProperties 方法获取了指定物理设备（本案例中为 0 号物理设备）中的队列家族数量，然后通过 vkGetPhysicalDeviceQueueFamilyProperties 方法填充了对应的队列家族属性列表。

- 第 11~19 行遍历了队列家族属性列表，找到其中支持图形工作的一个队列家族并记录其索引。

- 第 20~25 行构建了设备队列创建信息结构体实例。首先设置结构体的类型，然后指定队列的数量并给出了每个队列的优先级，最后绑定前面得到的支持图形操作的队列家族索引。

- 第 26 行设置了逻辑设备所需的扩展名称列表，这里所需的扩展只有一个，名称为 VK_KHR_SWAPCHAIN_EXTENSION_NAME，其功能为使创建的设备支持交换链的使用。若不打开此设备扩展，则程序无法执行在目标平台下呈现画面的相关工作。

- 第 27~36 行构建了设备创建信息结构体实例。首先设置结构体的类型，接着设置队列创建信息结构体的数量，然后给定队列创建信息结构体实例列表，接着给出所需设备扩展的数量和名称列表，然后设置启动 Layer 的数量和对应的 Layer 名称列表，最后给出启用的设备特性，本案例中为空。

- 第 37~38 行执行了逻辑设备的创建并检查逻辑设备的创建是否成功。

> 📝 说明　　上述代码中创建逻辑设备时涉及了 Layer,其是 Vulkan 中用于调试的一项技术,本书后面会有专门的章节进行介绍,这里读者简单了解即可。

1.3.9　创建命令缓冲

接着介绍的是用于创建命令缓冲的方法——create_vulkan_CommandBuffer，其中主要包含构建命令池创建信息结构体实例、构建命令缓冲分配信息结构体实例、创建命令池、基于命令池分配命令缓冲、设置命令缓冲启动信息、设置命令缓冲提交信息等关键步骤，具体代码如下。

代码位置：见随书源代码/第 1 章/Sample1_1/src/main/cpp/bndevp 目录下的 MyVulkanManager.cpp。

```
1    void MyVulkanManager::create_vulkan_CommandBuffer(){ //创建命令缓冲的方法
2        VkCommandPoolCreateInfo cmd_pool_info = {};        //构建命令池创建信息结构体实例
3        cmd_pool_info.sType =
4            VK_STRUCTURE_TYPE_COMMAND_POOL_CREATE_INFO;   //给定结构体类型
5        cmd_pool_info.pNext = NULL;                        //自定义数据的指针
6        cmd_pool_info.queueFamilyIndex = queueGraphicsFamilyIndex;//绑定所需队列家族索引
7        cmd_pool_info.flags =
8            VK_COMMAND_POOL_CREATE_RESET_COMMAND_BUFFER_BIT;  //执行控制标志
9        VkResult result = vk::vkCreateCommandPool(device,//创建命令池
10           &cmd_pool_info, NULL, &cmdPool);
11       assert(result==VK_SUCCESS);                        //检查命令池创建是否成功
12       VkCommandBufferAllocateInfo cmdBAI = {};           //构建命令缓冲分配信息结构体实例
13       cmdBAI.sType =
14           VK_STRUCTURE_TYPE_COMMAND_BUFFER_ALLOCATE_INFO;//给定结构体类型
15       cmdBAI.pNext = NULL;                               //自定义数据的指针
16       cmdBAI.commandPool = cmdPool;                      //指定命令池
17       cmdBAI.level = VK_COMMAND_BUFFER_LEVEL_PRIMARY;    //分配的命令缓冲级别
18       cmdBAI.commandBufferCount = 1;                     //分配的命令缓冲数量
19       result = vk::vkAllocateCommandBuffers(device,
20                          &cmdBAI, &cmdBuffer);  //分配命令缓冲
21       assert(result==VK_SUCCESS);                        //检查分配是否成功
22       cmd_buf_info.sType =
23       VK_STRUCTURE_TYPE_COMMAND_BUFFER_BEGIN_INFO;       //给定结构体类型
24       cmd_buf_info.pNext = NULL;                         //自定义数据的指针
25       cmd_buf_info.flags = 0;                            //描述使用标志
26       cmd_buf_info.pInheritanceInfo = NULL;              //命令缓冲继承信息
27       cmd_bufs[0] = cmdBuffer;                           //要提交到队列执行的命令缓冲数组
28       VkPipelineStageFlags* pipe_stage_flags = new VkPipelineStageFlags();//目标管线阶段
29       *pipe_stage_flags=VK_PIPELINE_STAGE_COLOR_ATTACHMENT_OUTPUT_BIT;
30       submit_info[0].pNext = NULL;                       //自定义数据的指针
31       submit_info[0].sType = VK_STRUCTURE_TYPE_SUBMIT_INFO;//给定结构体类型
32       submit_info[0].pWaitDstStageMask = pipe_stage_flags; //给定目标管线阶段
33       submit_info[0].commandBufferCount = 1;             //命令缓冲数量
34       submit_info[0].pCommandBuffers = cmd_bufs;         //提交的命令缓冲数组
35       submit_info[0].signalSemaphoreCount = 0;           //任务完毕后设置的信号量数量
36       submit_info[0].pSignalSemaphores = NULL;           //任务完毕后设置的信号量数组
37   }
```

- 第 2～10 行构建了命令池创建信息结构体实例并创建了一个命令池。首先设置结构体的类型，接着绑定了支持图形工作的队列家族索引，然后设置命令池的执行控制标志为 VK_COMMAND_POOL_CREATE_RESET_COMMAND_BUFFER_BIT，最后创建了命令池。

- 第 12～20 行构建了命令缓冲分配信息结构体实例，并分配了一个命令缓冲。首先设置结构体的类型，接着设置命令缓冲的级别为 VK_COMMAND_BUFFER_LEVEL_PRIMARY，表示此命令缓冲为主命令缓冲，随后指定需要分配的命令缓冲数量，最后分配一个命令缓冲。

- 第 22～26 行设置了命令缓冲的启动信息。首先设置结构体的类型，接着设置描述使用标志为 0，表示无特定使用情况，然后设置继承信息为 NULL。

- 第 27～29 行首先填充了提交到队列执行的命令缓冲数组，然后设置等待的目标管线阶段为 VK_PIPELINE_STAGE_COLOR_ATTACHMENT_OUTPUT_BIT，表示等待的目标管线阶段为颜色附件输出。

- 第 30～36 行设置了命令缓冲提交信息。首先设置结构体的类型，接着设置等待的目标管线阶段，然后指定命令缓冲的数量并给出了对应的命令缓冲数组，接着指定信号量的数量并给出

对应的信号量数组。此处没有使用信号量，故信号量的数量为 0，信号量数组为 NULL。

上述命令池的执行控制标志有两种可以设置的值进行组合，具体情况如下所列。

- VK_COMMAND_POOL_CREATE_TRANSIENT_BIT，表示此命令池中分配的命令缓冲变化频率较高，经常会被重置、释放等，希望底层驱动进行配合。
- VK_COMMAND_POOL_CREATE_RESET_COMMAND_BUFFER_BIT，表示此命令池中分配的命令缓冲既可以通过调用 vkResetCommandBuffer 方法显式重置也可以在调用 vkBeginCommandBuffer 方法时被隐含重置。

命令缓冲的级别包括两种，VK_COMMAND_BUFFER_LEVEL_PRIMARY 和 VK_COMMAND_BUFFER_LEVEL_SECONDARY，分别表示一级命令缓冲（或主命令缓冲）和二级命令缓冲（或子命令缓冲）。

主命令缓冲直接提交给队列执行，子命令缓冲通过所属的主命令缓冲执行，不能直接提交给队列执行。另外，只有子命令缓冲分配时需要提供继承信息。本节案例中仅仅用到了主命令缓冲，因此没有提供继承信息。关于子命令缓冲的使用在后面的章节会进行介绍，这里读者简单了解即可。

1.3.10　获取设备中支持图形工作的队列

从前面介绍创建逻辑设备的 1.3.8 节中可以看出，创建逻辑设备时还指定了所需的队列。接下来介绍获取逻辑设备中支持图形工作队列的方法——init_queue，具体代码如下。

📝 **代码位置：** 见随书源代码/第 1 章/Sample1_1/src/main/cpp/bndevp 目录下的 MyVulkanManager.cpp。

```
1    void MyVulkanManager::init_queue(){    //获取设备中支持图形工作队列的方法
2        vk::vkGetDeviceQueue(device,
3            queueGraphicsFamilyIndex, 0,&queueGraphics);//获取指定队列家族中索引为0的队列
4    }
```

📙 **说明**　上述代码调用 vkGetDeviceQueue 方法从指定的逻辑设备中按照指定的队列家族索引获取了索引为 0 的队列，此队列在后面提交绘制任务时使用。指定的队列家族索引是前面小节中获取并记录下来的支持图形工作的队列家族索引。

1.3.11　初始化交换链

接着介绍的是用于初始化交换链的方法——create_vulkan_swapChain。由于该方法代码较多，故将其分成多个部分依次进行详细介绍，具体内容如下。

（1）首先介绍的是用于创建 KHR 表面的相关代码，主要包括遍历队列家族、寻找同时支持图形和显示工作的队列家族索引等，具体代码如下。

📝 **代码位置：** 见随书源代码/第 1 章/Sample1_1/src/main/cpp/bndevp 目录下的 MyVulkanManager.cpp。

```
1    void MyVulkanManager::create_vulkan_swapChain(){        //初始化交换链的方法
2        screenWidth = ANativeWindow_getWidth(Android_application->window);//获取屏幕宽度
3        screenHeight = ANativeWindow_getHeight(Android_application->window);//获取屏幕高度
4        LOGE("窗体宽度%d 窗体高度%d",screenWidth,screenHeight);
5        VkAndroidSurfaceCreateInfoKHR createInfo; //构建KHR表面创建信息结构体实例
6        createInfo.sType =
7            VK_STRUCTURE_TYPE_ANDROID_SURFACE_CREATE_INFO_KHR;//给定结构体类型
8        createInfo.pNext = nullptr;                //自定义数据的指针
9        createInfo.flags = 0;                      //供未来使用的标志
10       createInfo.window = Android_application->window;    //给定窗体
11       PFN_vkCreateAndroidSurfaceKHR fpCreateAndroidSurfaceKHR=//动态加载创建KHR表面的方法
```

```
12                (PFN_vkCreateAndroidSurfaceKHR)vk::vkGetInstanceProcAddr(instance
13                , "vkCreateAndroidSurfaceKHR");            //加载 Android 平台所需方法
14       if (fpCreateAndroidSurfaceKHR == NULL){            //判断方法是否加载成功
15                LOGE( "找不到 vkCreateAndroidSurfaceKHR 扩展函数！" );
16       }
17       VkResult result = fpCreateAndroidSurfaceKHR(instance,
18                &createInfo, nullptr, &surface);            //创建 Android 平台用 KHR 表面
19       assert(result==VK_SUCCESS);                          //检查是否创建成功
20       VkBool32 *pSupportsPresent = (VkBool32 *)malloc(queueFamilyCount * sizeof(VkBool32));
21       for (uint32_t i = 0; i < queueFamilyCount; i++){    //遍历设备对应的队列家族列表
22                vk::vkGetPhysicalDeviceSurfaceSupportKHR(gpus[0], i, surface, &pSuppor
tsPresent[i]);
23                LOGE("队列家族索引=%d %s 显示",i,(pSupportsPresent[i]==1?"支持":"不支持"));
24       }
25       queueGraphicsFamilyIndex = UINT32_MAX;              //支持图形工作的队列家族索引
26       queuePresentFamilyIndex = UINT32_MAX;               //支持显示(呈现)工作的队列家族索引
27       for (uint32_t i = 0; i <queueFamilyCount; ++i){//遍历设备对应的队列家族列表
28       if ((queueFamilyprops[i].queueFlags & VK_QUEUE_GRAPHICS_BIT) != 0)
                                                             //若此队列家族支持图形工作
29                if (queueGraphicsFamilyIndex== UINT32_MAX) queueGraphicsFamilyIndex = i;
30                if (pSupportsPresent[i] == VK_TRUE){  //如果当前队列家族支持显示工作
31                 queueGraphicsFamilyIndex = i;   //记录此队列家族索引为支持图形工作的
32                 queuePresentFamilyIndex = i;    //记录此队列家族索引为支持显示工作的
33                 LOGE("队列家族索引=%d 同时支持 Graphis(图形)和 Present(呈现)工作",i);
34                 break;
35       }}}}
36       if (queuePresentFamilyIndex == UINT32_MAX){//若没有找到同时支持两项工作的队列家族
37            for (size_t i = 0; i < queueFamilyCount; ++i){//遍历设备对应的队列家族列表
38                if (pSupportsPresent[i] == VK_TRUE){       //判断是否支持显示工作
39                    queuePresentFamilyIndex= i;    //记录此队列家族索引为支持显示工作的
40                    break;
41       }}}
42       free(pSupportsPresent);                       //释放存储是否支持呈现工作的布尔值列表
43       if (queueGraphicsFamilyIndex == UINT32_MAX || queuePresentFamilyIndex == UINT32_MAX){
44            LOGE("没有找到支持 Graphis(图形)或 Present(呈现或显示)工作的队列家族");
45            assert(false); }                     //若没有支持图形或显示操作的队列家族则程序终止
46       //此处省略了 create_vulkan_swapChain 方法中执行其他工作的代码,后面的步骤中进行介绍
47    }
```

- 第 5～10 行构建了 KHR 表面创建信息结构体实例。首先设置结构体类型,接着给出 KHR 表面执行呈现（显示）时对应的窗口。

- 第 11～16 行为动态加载用于 Android 平台下创建 KHR 表面的 vkCreateAndroidSurfaceKHR 方法。由于不同平台下的 KHR 表面底层工作机制不尽相同,因此各个平台下创建 KHR 表面的方法并没有包含在 Vulkan 核心方法中,需要动态加载。

- 第 17～19 行创建了需要的 KHR 表面,同时检查创建是否成功。

- 第 20～24 行遍历设备的队列家族列表,通过 vkGetPhysicalDeviceSurfaceSupportKHR 方法获取设备中各个队列家族是否支持显示工作的情况,并依次记录进指定的布尔值列表。

- 第 25～35 行再次遍历设备的队列家族列表,找到既支持图形工作又支持显示工作的队列家族索引,并将索引值记录进指定的变量中。遍历期间一旦找到符合要求的队列家族,则终止遍历。

- 第 36～41 行在没有找到既支持图形工作又支持显示工作的队列家族的情况下,又一次遍历设备的队列家族列表,找到队列家族中支持显示工作的队列家族。

- 第 42～45 行首先释放存储是否支持呈现（显示）工作的布尔值列表,接着判断是否所有

队列家族中既没有支持图形工作的又没有支持呈现工作的，若是则打印提示信息并终止程序。

（2）接下来介绍的是确定支持的格式数量、分配对应数量的空间、获取支持的格式信息和支持的格式、获取支持的显示模式数量和显示模式列表、调整空间尺寸以及确定交换链的显示模式等关键步骤对应的代码。具体内容如下。

✎ **代码位置：** 见随书源代码/第 1 章/Sample1_1/src/main/cpp/bndevp 目录下的 MyVulkanManager.cpp。

```
1       uint32_t formatCount;                                    //支持的格式数量
2       result = vk::vkGetPhysicalDeviceSurfaceFormatsKHR(gpus[0],
3           surface, &formatCount, NULL);                        //获取支持的格式数量
4     LOGE("支持的格式数量为 %d",formatCount);
5     VkSurfaceFormatKHR *surfFormats =                          //分配对应数量的空间
6         (VkSurfaceFormatKHR *)malloc(formatCount * sizeof(VkSurfaceFormatKHR));
7       formats.resize(formatCount);                             //调整对应 Vector 尺寸
8       result = vk::vkGetPhysicalDeviceSurfaceFormatsKHR(gpus[0],
9           surface, &formatCount, surfFormats);                //获取支持的格式信息
10      for(int i=0;i<formatCount;i++){                          //记录支持的格式信息
11          formats[i]=surfFormats[i].format;
12          LOGE("[%d]支持的格式为%d",i,formats[i]);
13      }
14      if (formatCount == 1 && surfFormats[0].format            //特殊情况处理
15          == VK_FORMAT_UNDEFINED){
16          formats[0] = VK_FORMAT_B8G8R8A8_UNORM;
17      }
18      free(surfFormats);                                       //释放辅助内存
19      result = vk::vkGetPhysicalDeviceSurfaceCapabilitiesKHR(gpus[0],
20          surface, &surfCapabilities);                         //获取 KHR 表面的能力
21      assert(result == VK_SUCCESS);
22      result = vk::vkGetPhysicalDeviceSurfacePresentModesKHR(gpus[0],
23          surface, &presentModeCount, NULL);                  //获取支持的显示模式数量
24      assert(result == VK_SUCCESS);
25      LOGE("显示模式数量为%d",presentModeCount);
26      presentModes.resize(presentModeCount);                  //调整对应 Vector 尺寸
27      result = vk::vkGetPhysicalDeviceSurfacePresentModesKHR(gpus[0],
28          surface, &presentModeCount, presentModes.data());//获取支持的显示模式列表
29      for(int i=0;i<presentModeCount;i++){                     //遍历打印所有显示模式的信息
30          LOGE("显示模式[%d]编号为%d",i,presentModes[i]);
31      }
32      VkPresentModeKHR swapchainPresentMode =
33          VK_PRESENT_MODE_FIFO_KHR;                           //确定交换链显示模式
34      for (size_t i = 0; i < presentModeCount; i++){ //遍历显示模式列表
35          if (presentModes[i] == VK_PRESENT_MODE_MAILBOX_KHR){//若支持 MAILBOX 模式
36              swapchainPresentMode = VK_PRESENT_MODE_MAILBOX_KHR;
37              break;
38          }
39          if ((swapchainPresentMode != VK_PRESENT_MODE_MAILBOX_KHR)
40              &&(presentModes[i] == VK_PRESENT_MODE_IMMEDIATE_KHR)){//若支持 IMMEDIATE 模式
41              swapchainPresentMode = VK_PRESENT_MODE_IMMEDIATE_KHR;
42          }}
```

● 第 1～13 行首先通过 vkGetPhysicalDeviceSurfaceFormatsKHR 方法获取 KHR 表面支持的格式数量，接着再次通过 vkGetPhysicalDeviceSurfaceFormatsKHR 方法获取指定数量的 KHR 表面支持的格式信息列表，最后又进一步将获取的 KHR 表面支持的格式信息列表进行了转储。

● 第 14～18 行为特殊情况的处理。如果获得的支持格式信息列表长度为 1，同时列表中的格式为 VK_FORMAT_UNDEFINED（表示格式没有被定义），则将列表中唯一的格式更改为 VK_

FORMAT_B8G8R8A8_UNORM。

- 第 19~21 行功能为获取指定物理设备对应 KHR 表面的能力，获取的信息中包括最小图像数量、最大图像数量、当前 KHR 表面的宽度和高度等。

- 第 22~31 行首先通过 vkGetPhysicalDeviceSurfacePresentModesKHR 方法获取 KHR 表面支持的呈现模式数量，接着再次通过 vkGetPhysicalDeviceSurfacePresentModesKHR 方法获取指定数量呈现模式的列表。

- 第 32~42 行功能为确定交换链的显示模式，显示模式用于确定交换链内部如何处理呈现请求。VK_PRESENT_MODE_FIFO_KHR 模式是所有实现一般都支持的，首先考虑选用该模式。如果也支持 VK_PRESENT_MODE_MAILBOX_KHR 模式，由于其效率可能高一些，则考虑使用该模式。如果不能使用 VK_PRESENT_MODE_MAILBOX_KHR 模式，但支持 VK_PRESENT_MODE_IMMEDIATE_KHR 模式，则选用该模式。

说明　　　显示模式主要有 4 种，名称和含义分别为：VK_PRESENT_MODE_IMMEDIATE_KHR 表示系统立即响应呈现请求，从不考虑垂直同步问题，也没有内部队列来管理呈现请求，使用此模式比较容易引起画面撕裂；VK_PRESENT_MODE_MAILBOX_KHR 表示有内部队列管理呈现请求，仅在垂直同步的恰当时机响应呈现请求，不会引起画面撕裂，队列中请求的处理顺序就像老式的邮筒一样，先处理最上面（最后）的请求，其他前面的在最后一个请求处理后都被回收以备后用；VK_PRESENT_MODE_FIFO_KHR 与 VK_PRESENT_MODE_MAILBOX_KHR 类似，只不过队列中请求的处理顺序变为 FIFO（先进先出依次处理）；VK_PRESENT_MODE_FIFO_RELAXED_KHR 类似于 VK_PRESENT_MODE_FIFO_KHR，只不过可能不考虑垂直同步而响应呈现请求，当然也就可能引起画面撕裂。综上可以看出，本案例中倾向于采用的 VK_PRESENT_MODE_MAILBOX_KHR 选项的原因是保证画面不撕裂情况下效率是最高的。

（3）然后介绍的是用于确定交换链中图像尺寸并进一步构建交换链创建信息结构体实例的相关代码，具体内容如下。

代码位置：见随书源代码/第 1 章/Sample1_1/src/main/cpp/bndevp 目录下的 MyVulkanManager.cpp。

```
1     if (surfCapabilities.currentExtent.width == 0xFFFFFFFF){//若表面没有确定尺寸
2         swapchainExtent.width = screenWidth;              //设置宽度为窗体宽度
3         swapchainExtent.height = screenHeight;            //设置高度为窗体高度
4         if (swapchainExtent.width < surfCapabilities.minImageExtent.width){//限制宽度在范围内
5             swapchainExtent.width = surfCapabilities.minImageExtent.width;
6         }else if (swapchainExtent.width > surfCapabilities.maxImageExtent.width){
7             swapchainExtent.width = surfCapabilities.maxImageExtent.width;
8         }if (swapchainExtent.height < surfCapabilities.minImageExtent.height){
    //限制高度在范围内
9             swapchainExtent.height = surfCapabilities.minImageExtent.height;
10         }else if (swapchainExtent.height > surfCapabilities.maxImageExtent.height){
11             swapchainExtent.height = surfCapabilities.maxImageExtent.height;
12         }
13        LOGE("使用自己设置的宽度%d高度%d",swapchainExtent.width,swapchainExtent.height);
14    }else{swapchainExtent = surfCapabilities.currentExtent; //若表面有确定尺寸
15        LOGE("使用获取的 surface 能力中的宽度%d高度%d",
16            swapchainExtent.width,swapchainExtent.height);
17    }
```

```
18        screenWidth=swapchainExtent.width;                   //记录实际采用的宽度
19        screenHeight=swapchainExtent.height;                 //记录实际采用的高度
20        uint32_t desiredMinNumberOfSwapChainImages =
21            surfCapabilities.minImageCount+1;               //期望交换链中的最少图像数量
22        if ((surfCapabilities.maxImageCount > 0) &&          //将图像数量限制到范围内
23            (desiredMinNumberOfSwapChainImages > surfCapabilities.maxImageCount)){
24            desiredMinNumberOfSwapChainImages = surfCapabilities.maxImageCount;
25        }
26        VkSurfaceTransformFlagBitsKHR preTransform;          //KHR 表面变换标志
27        if (surfCapabilities.supportedTransforms & VK_SURFACE_TRANSFORM_IDENTITY_BIT_KHR){
28            preTransform = VK_SURFACE_TRANSFORM_IDENTITY_BIT_KHR;//若支持所需的变换
29        }else{                                               //若不支持所需的变换
30            preTransform = surfCapabilities.currentTransform;
31        }
32        VkSwapchainCreateInfoKHR swapchain_ci = {};          //构建交换链创建信息结构体实例
33        swapchain_ci.sType = VK_STRUCTURE_TYPE_SWAPCHAIN_CREATE_INFO_KHR;//结构体类型
34        swapchain_ci.pNext = NULL;                           //自定义数据的指针
35        swapchain_ci.surface = surface;                      //指定 KHR 表面
36        swapchain_ci.minImageCount = desiredMinNumberOfSwapChainImages;//最少图像数量
37        swapchain_ci.imageFormat = formats[0];               //图像格式
38        swapchain_ci.imageExtent.width = swapchainExtent.width;   //交换链图像宽度
39        swapchain_ci.imageExtent.height = swapchainExtent.height;//交换链图像高度
40        swapchain_ci.preTransform = preTransform;            //指定变换标志
41        swapchain_ci.compositeAlpha = VK_COMPOSITE_ALPHA_OPAQUE_BIT_KHR;//混合 Alpha 值
42        swapchain_ci.imageArrayLayers = 1;                   //图像数组层数
43        swapchain_ci.presentMode = swapchainPresentMode;     //交换链的显示模式
44        swapchain_ci.oldSwapchain = VK_NULL_HANDLE;          //前导交换链
45        swapchain_ci.clipped = true;                         //开启剪裁
46        swapchain_ci.imageColorSpace = VK_COLORSPACE_SRGB_NONLINEAR_KHR;//色彩空间
47        swapchain_ci.imageUsage = VK_IMAGE_USAGE_COLOR_ATTACHMENT_BIT;//图像用途
48        swapchain_ci.imageSharingMode = VK_SHARING_MODE_EXCLUSIVE;//图像共享模式
49        swapchain_ci.queueFamilyIndexCount = 0;              //队列家族数量
50        swapchain_ci.pQueueFamilyIndices = NULL;             //队列家族索引列表
```

- 第 1～17 行确定了交换链中图像的尺寸。首先判断 KHR 表面能力中有没有确定 KHR 表面的尺寸，若没有则在允许的范围内将交换链中图像的尺寸尽量设置为呈现窗口的尺寸，否则直接采用 KHR 表面能力中确定的尺寸。

- 第 18～25 行首先记录实际采用的高度和宽度，然后给出期望的交换链中最少的图像数量，接着将期望的最少图像数量限制在表面能力允许的范围内。

- 第 26～31 行确定了 KHR 表面的变换标志值。如果当前 KHR 表面支持 VK_SURFACE_TRANSFORM_IDENTITY_BIT_KHR 类型的变换，那么设置标志值为 VK_SURFACE_TRANSFORM_IDENTITY_BIT_KHR；如果不支持此变换类型，则设置标志值为 KHR 表面能力中的当前变换标志值。变换指的是呈现时屏幕画面的旋转情况，诸如不旋转、旋转 90 度、旋转 180 度、水平镜像、水平镜像并旋转 90 度等，开发人员可以根据需要选用。本案例中选用的 VK_SURFACE_TRANSFORM_IDENTITY_BIT_KHR 指的是不旋转，其他可能的选项值可以从 VkSurfaceTransformFlagBitsKHR 枚举类型中查看。

- 第 32～50 行功能为构建交换链创建信息结构体实例。首先设置结构体的类型，接着指定对应的 KHR 表面，然后给出交换链中的最小图像数量以及图像格式，随后确定交换链中图像的宽度和高度，最后给出 KHR 表面的变换标志值。同时还设置交换链中图像的用途、共享模式、色彩空间等，也给出了交换链的显示模式、图像数组层数、剪裁情况等。

> **说明**　图像的用途对于交换链中的图像而言一般只有 VK_IMAGE_USAGE_COLOR_ ATTACHMENT_BIT 一种选择，表示将作为帧缓冲的颜色附件使用。但对于普通图像而言则有多种选择，如：VK_IMAGE_USAGE_DEPTH_STENCIL_ATTACHMENT_BIT 表示作为帧缓冲的深度模板附件使用、VK_IMAGE_USAGE_TRANSFER_SRC_BIT 表示作为传输的源图像、VK_IMAGE_USAGE _TRANSFER_DST_BIT 表示作为传输的目标图像等。

（4）最后介绍用于创建交换链、获取交换链中的图像数量和图像列表、交换链中的每一幅图像创建对应图像视图等工作的相关代码，具体内容如下。

✎ 代码位置：见随书源代码/第 1 章/Sample1_1/src/main/cpp/bndevp 目录下的 MyVulkanManager.cpp。

```
1     if (queueGraphicsFamilyIndex !
2         = queuePresentFamilyIndex){          //若支持图形和显示工作的队列家族不相同
3        swapchain_ci.imageSharingMode = VK_SHARING_MODE_CONCURRENT;
4        swapchain_ci.queueFamilyIndexCount = 2; //交换链所需的队列家族索引数量为 2
5        uint32_t queueFamilyIndices[2] = {queueGraphicsFamilyIndex,queuePresentFamilyIndex};
6        swapchain_ci.pQueueFamilyIndices = queueFamilyIndices;//交换链所需的队列家族索引列表
7     }
8     result = vk::vkCreateSwapchainKHR(device,          //创建交换链
9            &swapchain_ci, NULL, &swapChain);
10    assert(result == VK_SUCCESS);                       //检查交换链是否创建成功
11    result = vk::vkGetSwapchainImagesKHR(device,        //获取交换链中的图像数量
12           swapChain, &swapchainImageCount, NULL);
13    assert(result == VK_SUCCESS);                       //检查是否获取成功
14    LOGE("[SwapChain 中的 Image 数量为%d]",swapchainImageCount);
15    swapchainImages.resize(swapchainImageCount);        //调整图像列表尺寸
16    result = vk::vkGetSwapchainImagesKHR(device,        //获取交换链中的图像列表
17           swapChain, &swapchainImageCount, swapchainImages.data());
18    assert(result == VK_SUCCESS);                       //检查是否获取成功
19    swapchainImageViews.resize(swapchainImageCount);    //调整图像视图列表尺寸
20    for (uint32_t i = 0; i < swapchainImageCount; i++){//为交换链中的各幅图像创建图像视图
21        VkImageViewCreateInfo color_image_view = {};//构建图像视图创建信息结构体实例
22        color_image_view.sType =
23        VK_STRUCTURE_TYPE_IMAGE_VIEW_CREATE_INFO;       //设置结构体类型
24        color_image_view.pNext = NULL;                  //自定义数据的指针
25        color_image_view.flags = 0;                     //供将来使用的标志
26        color_image_view.image = swapchainImages[i];//对应交换链图像
27        color_image_view.viewType = VK_IMAGE_VIEW_TYPE_2D;      //图像视图的类型
28        color_image_view.format = formats[0];           //图像视图格式
29        color_image_view.components.r = VK_COMPONENT_SWIZZLE_R; //设置 R 通道调和
30        color_image_view.components.g = VK_COMPONENT_SWIZZLE_G; //设置 G 通道调和
31        color_image_view.components.b = VK_COMPONENT_SWIZZLE_B; //设置 B 通道调和
32        color_image_view.components.a = VK_COMPONENT_SWIZZLE_A; //设置 A 通道调和
33        color_image_view.subresourceRange.aspectMask
34              = VK_IMAGE_ASPECT_COLOR_BIT;              //图像视图使用方面
35        color_image_view.subresourceRange.baseMipLevel = 0; //基础 Mipmap 级别
36        color_image_view.subresourceRange.levelCount = 1;   //Mipmap 级别的数量
37        color_image_view.subresourceRange.baseArrayLayer = 0;//基础数组层
38        color_image_view.subresourceRange.layerCount = 1;   //数组层的数量
39        result = vk::vkCreateImageView(device,          //创建图像视图
40          &color_image_view, NULL, &swapchainImageViews[i]);
41        assert(result == VK_SUCCESS);                   //检查是否创建成功
42    }}
```

- 第 1～6 行是对特殊情况的处理，如果支持图形工作和支持显示工作的队列家族不是同一个，则需要更改交换链的共享模式为 VK_SHARING_MODE_CONCURRENT，选用该模式后，在绘制过程中可以根据需要将图像在两个队列家族的队列之间进行传输。
- 第 8～10 行为创建交换链并检查是否创建成功。
- 第 11～19 行首先通过 vkGetSwapchainImagesKHR 方法获取交换链中图像的数量，接着再次调用 vkGetSwapchainImagesKHR 方法获取交换链中的图像列表，最后设置图像视图列表的长度与获取的图像列表长度相同。
- 第 20～42 行遍历了交换链中的图像列表，为其中的每一幅图像创建了对应的图像视图。创建每一个图像视图时，首先构建图像视图创建信息结构体实例，并设置结构体的类型，接着给定对应的交换链图像，然后设置图像视图的类型、格式、RGBA 的 4 个色彩通道的调和情况、图像视图的目标使用方面、图像视图的 Mipmap 相关、数组层相关等，最后创建了图像视图，并检查创建是否成功。

> **说明**　VK_IMAGE_ASPECT_COLOR_BIT 表示图像视图将作为颜色附件使用，其对应的图像中的每个像素用于存储颜色值。RGBA 的 4 个色彩通道的调和是 Vulkan 提供的一种灵活编织输出色彩通道与图像色彩通道对应关系的技术手段，本案例中是让输出 RGBA 色彩通道依次对应于图像 RGBA 色彩通道。如果开发人员有特殊需要，也可以编织其他的色彩通道对应关系，例如让输出 R（红色）通道对应到图像 G（绿色）通道。只不过这样输出的图像颜色就会发生变化，一般情况下这是不期望的效果。

1.3.12　创建深度缓冲

本节介绍的是用于创建深度缓冲的方法——create_vulkan_DepthBuffer。由于该方法代码较多，故将其分成多个部分依次进行详细介绍，具体内容如下。

（1）首先介绍的是用于获取物理设备支持的指定格式的属性、确定图像的瓦片组织方式以及构建深度图像创建信息结构体实例和构建内存分配信息结构体实例等工作的代码，具体内容如下。

代码位置：见随书源代码/第 1 章/Sample1_1/src/main/cpp/bndevp 目录下的 MyVulkanManager.cpp。

```
1    void MyVulkanManager::create_vulkan_DepthBuffer(){ //创建深度缓冲的方法
2        depthFormat = VK_FORMAT_D16_UNORM;          //指定深度图像的格式
3        VkImageCreateInfo image_info = {};           //构建深度图像创建信息结构体实例
4        vk::vkGetPhysicalDeviceFormatProperties(gpus[0],//获取物理设备支持的指定格式的属性
5            depthFormat, &depthFormatProps);
6        if (depthFormatProps.linearTilingFeatures &   //是否支持线性瓦片组织方式
7            VK_FORMAT_FEATURE_DEPTH_STENCIL_ATTACHMENT_BIT){
8            image_info.tiling = VK_IMAGE_TILING_LINEAR;//采用线性瓦片组织方式
9            LOGE("tiling 为 VK_IMAGE_TILING_LINEAR! ");
10       }else if (depthFormatProps.optimalTilingFeatures//是否支持最优瓦片组织方式
11           & VK_FORMAT_FEATURE_DEPTH_STENCIL_ATTACHMENT_BIT){
12           image_info.tiling = VK_IMAGE_TILING_OPTIMAL;//采用最优瓦片组织方式
13           LOGE("tiling 为 VK_IMAGE_TILING_OPTIMAL!");
14       }else{
15           LOGE("不支持 VK_FORMAT_D16_UNORM! ");       //打印不支持指定格式的提示信息
16       }
17       image_info.sType = VK_STRUCTURE_TYPE_IMAGE_CREATE_INFO;   //指定结构体类型
18       image_info.pNext = NULL;                      //自定义数据的指针
19       image_info.imageType = VK_IMAGE_TYPE_2D;       //图像类型
20       image_info.format = depthFormat;              //图像格式
21       image_info.extent.width = screenWidth;        //图像宽度
```

```
22        image_info.extent.height =screenHeight;               //图像高度
23        image_info.extent.depth = 1;                          //图像深度
24        image_info.mipLevels = 1;                             //图像 Mipmap 级数
25        image_info.arrayLayers = 1;                           //图像数组层数量
26        image_info.samples = VK_SAMPLE_COUNT_1_BIT;           //采样模式
27        image_info.initialLayout = VK_IMAGE_LAYOUT_UNDEFINED;//初始布局
28        image_info.usage = VK_IMAGE_USAGE_DEPTH_STENCIL_ATTACHMENT_BIT;//图像用途
29        image_info.queueFamilyIndexCount = 0;                 //队列家族数量
30        image_info.pQueueFamilyIndices = NULL;                //队列家族索引列表
31        image_info.sharingMode = VK_SHARING_MODE_EXCLUSIVE;   //共享模式
32        image_info.flags = 0;                                 //标志
33        VkMemoryAllocateInfo mem_alloc = {};                  //构建内存分配信息结构体实例
34        mem_alloc.sType = VK_STRUCTURE_TYPE_MEMORY_ALLOCATE_INFO;//结构体类型
35        mem_alloc.pNext = NULL;                               //自定义数据的指针
36        mem_alloc.allocationSize = 0;                         //分配的内存字节数
37        mem_alloc.memoryTypeIndex = 0;                        //内存的类型索引
38        ……//此处省略了 create_vulkan_DepthBuffer 方法中执行其他工作的代码,后面的步骤中进行介绍
39    }
```

- 第 2～16 行首先指定了深度图像的格式,然后通过 vkGetPhysicalDeviceFormatProperties 方法获取物理设备支持的此格式的属性,接着进一步通过获得的属性确定将创建深度图像的瓦片组织方式。

- 第 17～32 行设置了深度图像创建信息结构体实例的多项属性,主要包括图像类型、图像格式、图像尺寸、Mipmap 级数、数组层数量、采样模式、用途、共享模式、队列家族相关信息等。

- 第 33～37 行构建了内存分配信息结构体实例。开始设置结构体类型,接着设置需要分配的内存字节数,最后设置内存的类型索引。

> **说明**　图像的共享模式(sharingMode)有两个选择: VK_SHARING_MODE_EXCLUSIVE 或 VK_SHARING_MODE_CONCURRENT。VK_SHARING_MODE_EXCLUSIVE 表示图像不允许被多个队列家族的队列访问,VK_SHARING_MODE_CONCURRENT 则表示图像允许被多个队列家族的队列访问。若设置图像的共享模式为 VK_SHARING_MODE_EXCLUSIVE,则图像对应的队列家族数量应该为 0,队列家族索引列表应设置为空并将被系统忽略。

(2)接下来介绍构建图像视图创建信息结构体实例、创建深度图像、获取图像内存需求、分配并绑定内存等关键步骤,具体代码如下。

代码位置: 见随书源代码/第 1 章/Sample1_1/src/main/cpp/bndevp 目录下的 MyVulkanManager.cpp。

```
1        VkImageViewCreateInfo view_info = {};                  //构建深度图像视图创建信息结构体实例
2        view_info.sType = VK_STRUCTURE_TYPE_IMAGE_VIEW_CREATE_INFO;//设置结构体类型
3        view_info.pNext = NULL;                               //自定义数据的指针
4        view_info.image = VK_NULL_HANDLE;                     //对应的图像
5        view_info.format = depthFormat   ;                    //图像视图的格式
6        view_info.components.r = VK_COMPONENT_SWIZZLE_R;      //设置 R 通道调和
7        view_info.components.g = VK_COMPONENT_SWIZZLE_G;      //设置 G 通道调和
8        view_info.components.b = VK_COMPONENT_SWIZZLE_B;      //设置 B 通道调和
9        view_info.components.a = VK_COMPONENT_SWIZZLE_A;      //设置 A 通道调和
10       view_info.subresourceRange.aspectMask = VK_IMAGE_ASPECT_DEPTH_BIT;//图像视图使用方面
11       view_info.subresourceRange.baseMipLevel = 0;         //基础 Mipmap 级别
12       view_info.subresourceRange.levelCount = 1;           //Mipmap 级别的数量
13       view_info.subresourceRange.baseArrayLayer = 0;       //基础数组层
14       view_info.subresourceRange.layerCount = 1;           //数组层的数量
```

```
15      view_info.viewType = VK_IMAGE_VIEW_TYPE_2D;            //图像视图的类型
16      view_info.flags = 0;                                  //标志
17      VkResult result = vk::vkCreateImage(device,           //创建深度图像
18          &image_info, NULL, &depthImage);
19      assert(result == VK_SUCCESS);
20      VkMemoryRequirements mem_reqs;                        //获取图像内存需求
21      vk::vkGetImageMemoryRequirements(device, depthImage, &mem_reqs);
22      mem_alloc.allocationSize = mem_reqs.size;             //获取所需内存字节数
23      VkFlags requirements_mask=0;                          //需要的内存类型掩码
24      bool flag=memoryTypeFromProperties(memoryroperties,   //获取所需内存类型索引
25          mem_reqs.memoryTypeBits,requirements_mask,&mem_alloc.memoryTypeIndex);
26      assert(flag);                                         //检查获取是否成功
27      LOGE("确定内存类型成功 类型索引为%d",mem_alloc.memoryTypeIndex);
28      result = vk::vkAllocateMemory(device, &mem_alloc, NULL, &memDepth);//分配内存
29      assert(result == VK_SUCCESS);
30      result = vk::vkBindImageMemory(device, depthImage, memDepth, 0);//绑定图像和内存
31      assert(result == VK_SUCCESS);
32      view_info.image = depthImage;                         //指定图像视图对应图像
33      result = vk::vkCreateImageView(device, &view_info, NULL, &depthImageView);
                                                              //创建深度图像视图
34      assert(result == VK_SUCCESS);
```

- 第 1~16 行首先构建了深度图像视图创建信息结构体实例,然后进一步设置此结构体实例的多项属性,主要包括结构体类型、图像视图的格式、RGBA 色彩通道的调和情况、图像视图使用方面及类型、Mipmap 相关、数组层相关等。

- 第 17~19 行创建了深度图像,并检查创建是否成功。要注意的是图像创建后只是一种逻辑存在,Vulkan 并没有自动为其在设备内存中开辟存储空间,开发人员还需要为图像分配匹配的设备内存,并将设备内存与图像绑定后才真正确定了图像在设备内存中的存储位置。

- 第 20~26 行首先根据指定的深度图像通过 vkGetImageMemoryRequirements 方法获取图像的内存需求,进而从获取的内存需求中得到所需内存字节数,然后根据给定的内存类型掩码(本案例中这里掩码为 0,表示无特殊内存要求,后面章节更复杂的情况下掩码会出现其他值)获取了所需内存类型索引,以备分配内存时使用。

- 第 28~34 行首先通过 vkAllocateMemory 方法分配了内存,接着将图像与分配的内存进行绑定,最后创建深度图像对应的图像视图。到这里图像视图在本案例中是第二次出现了(上一次是在前面介绍初始化交换链的 1.3.11 节中),从这两处可以总结出一个规律,有了图像后都会配套创建对应的图像视图。这是由于 Vulkan 中的图像是不能直接被访问的,必须通过配套的图像视图进行访问,后面章节的很多案例中也是如此。

📎提示　　Vulkan 中将特定格式(如 VK_FORMAT_D16_UNORM)的图像作为深度缓冲使用,这样的图像可以称之为深度图像。深度图像中的每个像素用于记录对应位置片元的深度值,在管线进行深度测试时使用。关于片元、深度测试的具体内容,在后面介绍管线的部分将进行详细介绍,这里读者简单了解即可。

1.3.13　创建渲染通道

完成了深度缓冲的创建后,下面就可以创建渲染通道了。渲染通道包含了一次绘制任务需要的多方面信息,案例中对应的创建方法是 create_render_pass。由于该方法代码较多,故将其分成多个部分依次进行详细介绍,具体内容如下。

（1）首先介绍的是构建信号量创建信息结构体实例并创建信号量、准备颜色和深度附件描述信息、定义颜色附件和深度附件的引用等关键步骤，具体代码如下。

代码位置：见随书源代码/第 1 章/Sample1_1/src/main/cpp/bndevp 目录下的 MyVulkanManager.cpp。

```
1    void MyVulkanManager::create_render_pass(){                    //创建渲染通道的方法
2        VkSemaphoreCreateInfo imageAcquiredSemaphoreCreateInfo; //构建信号量创建信息结构体实例
3        imageAcquiredSemaphoreCreateInfo.sType
4            = VK_STRUCTURE_TYPE_SEMAPHORE_CREATE_INFO;            //结构体类型
5        imageAcquiredSemaphoreCreateInfo.pNext = NULL;            //自定义数据的指针
6        imageAcquiredSemaphoreCreateInfo.flags = 0;               //供将来使用的标志
7        VkResult result = vk::vkCreateSemaphore(device,           //创建信号量
8            &imageAcquiredSemaphoreCreateInfo, NULL, &imageAcquiredSemaphore);
9        assert(result == VK_SUCCESS);                             //检测信号量是否创建成功
10       VkAttachmentDescription attachments[2];                   //附件描述信息数组
11       attachments[0].format = formats[0];                      //设置颜色附件的格式
12       attachments[0].samples = VK_SAMPLE_COUNT_1_BIT;          //设置采样模式
13       attachments[0].loadOp =                  //子渲染通道开始时的操作（针对颜色附件）
14               VK_ATTACHMENT_LOAD_OP_CLEAR;
15       attachments[0].storeOp=                  //子渲染通道结束时的操作（针对颜色附件）
16               VK_ATTACHMENT_STORE_OP_STORE;
17       attachments[0].stencilLoadOp =               //子渲染通道开始时的操作（针对模板附件）
18               VK_ATTACHMENT_LOAD_OP_DONT_CARE;
19       attachments[0].stencilStoreOp =          //子渲染通道结束时的操作（针对模板附件）
20               VK_ATTACHMENT_STORE_OP_DONT_CARE;
21       attachments[0].initialLayout = VK_IMAGE_LAYOUT_UNDEFINED;    //开始时的布局
22       attachments[0].finalLayout =                             //结束时的最终布局
23               VK_IMAGE_LAYOUT_PRESENT_SRC_KHR;
24       attachments[0].flags = 0;                                //设置位掩码
25       attachments[1].format = depthFormat;                     //设置深度附件的格式
26       attachments[1].samples = VK_SAMPLE_COUNT_1_BIT;          //设置采样模式
27       attachments[1].loadOp =                  //子渲染通道开始时的操作（针对深度附件）
28               VK_ATTACHMENT_LOAD_OP_CLEAR;
29       attachments[1].storeOp =                 //子渲染通道结束时的操作（针对深度附件）
30             VK_ATTACHMENT_STORE_OP_DONT_CARE;
31       attachments[1].stencilLoadOp =           //子渲染通道开始时的操作（针对模板附件）
32             VK_ATTACHMENT_LOAD_OP_DONT_CARE;
33       attachments[1].stencilStoreOp =              //子渲染通道结束时的操作（针对模板附件）
34             VK_ATTACHMENT_STORE_OP_DONT_CARE;
35       attachments[1].initialLayout = VK_IMAGE_LAYOUT_UNDEFINED;      //开始时的布局
36       attachments[1].finalLayout =                             //结束时的布局
37               VK_IMAGE_LAYOUT_DEPTH_STENCIL_ATTACHMENT_OPTIMAL;
38       attachments[1].flags = 0;                                //设置位掩码
39       VkAttachmentReference color_reference = {};              //颜色附件引用
40       color_reference.attachment = 0;                          //对应附件描述信息数组下标
41       color_reference.layout =                                 //设置附件布局
42               VK_IMAGE_LAYOUT_COLOR_ATTACHMENT_OPTIMAL;
43       VkAttachmentReference depth_reference = {};              //深度附件引用
44       depth_reference.attachment = 1;                          //对应附件描述信息数组下标
45       depth_reference.layout =                                 //设置附件布局
46               VK_IMAGE_LAYOUT_DEPTH_STENCIL_ATTACHMENT_OPTIMAL;
47       //此处省略了 create_render_pass 方法中执行其他工作的代码，后面的步骤中进行介绍
48   }
```

● 第 2～9 行首先构建了信号量创建信息结构体实例，然后设置结构体实例的相关属性，最后创建一个信号量，同时检测信号量是否创建成功。

- 第 10～38 行首先声明了长度为 2 的附件描述信息数组，其中第一个元素为颜色附件描述信息，第二个元素为深度附件描述信息，接着设置两个附件的多项属性，主要包括附件的格式、采样模式、不同情况下对附件的操作、初始和结束时的布局等。
- 第 39～46 行创建了颜色附件引用以及深度附件引用，以备后面的步骤使用。

说明　第 21 行设置颜色附件的最终布局为 VK_IMAGE_LAYOUT_PRESENT_SRC_KHR，这是为了最后将画面进行呈现，若不需要呈现则一般不会采用此布局。另外带 "_OP_CLEAR" 后缀的操作表示清除，带 "_DONT_CARE" 后缀的表示不关心具体操作。本案例中没有使用模板测试，因此两个附件模板相关的操作都是带 "_DONT_CARE" 后缀的。模板测试相对比较复杂，后面会有专门的章节进行介绍，这里简单了解即可。

（2）接着介绍的是构建渲染子通道描述信息结构体实例、构建渲染通道创建信息结构体实例、创建渲染通道、设定清除帧缓冲颜色深度和模板各分量等关键步骤，具体代码如下。

代码位置：见随书源代码/第 1 章/Sample1_1/src/main/cpp/bndevp 目录下的 MyVulkanManager.cpp。

```
1    VkSubpassDescription subpass = {};              //构建渲染子通道描述结构体实例
2    subpass.pipelineBindPoint =
3        VK_PIPELINE_BIND_POINT_GRAPHICS;            //设置管线绑定点
4    subpass.flags = 0;                             //设置掩码
5    subpass.inputAttachmentCount = 0;              //输入附件数量
6    subpass.pInputAttachments = NULL;              //输入附件列表
7    subpass.colorAttachmentCount = 1;              //颜色附件数量
8    subpass.pColorAttachments = &color_reference;  //颜色附件列表
9    subpass.pResolveAttachments = NULL;            //Resolve 附件
10   subpass.pDepthStencilAttachment = &depth_reference;//深度模板附件
11   subpass.preserveAttachmentCount = 0;           //preserve 附件数量
12   subpass.pPreserveAttachments = NULL;           //pPreserve 附件列表
13   VkRenderPassCreateInfo rp_info = {};           //构建渲染通道创建信息结构体实例
14   rp_info.sType = VK_STRUCTURE_TYPE_RENDER_PASS_CREATE_INFO;//结构体类型
15   rp_info.pNext = NULL;                          //自定义数据的指针
16   rp_info.attachmentCount = 2;                   //附件的数量
17   rp_info.pAttachments = attachments;            //附件列表
18   rp_info.subpassCount = 1;                      //渲染子通道数量
19   rp_info.pSubpasses = &subpass;                 //渲染子通道列表
20   rp_info.dependencyCount = 0;                   //子通道依赖数量
21   rp_info.pDependencies = NULL;                  //子通道依赖列表
22   result = vk::vkCreateRenderPass(device, &rp_info, NULL, &renderPass);//创建渲染通道
23   assert(result == VK_SUCCESS);                  //检查是否创建成功
24   clear_values[0].color.float32[0] = 0.2f;       //帧缓冲清除用 R 分量值
25   clear_values[0].color.float32[1] = 0.2f;       //帧缓冲清除用 G 分量值
26   clear_values[0].color.float32[2] = 0.2f;       //帧缓冲清除用 B 分量值
27   clear_values[0].color.float32[3] = 0.2f;       //帧缓冲清除用 A 分量值
28   clear_values[1].depthStencil.depth = 1.0f;     //帧缓冲清除用深度值
29   clear_values[1].depthStencil.stencil = 0;      //帧缓冲清除用模板值
30   rp_begin.sType =
31       VK_STRUCTURE_TYPE_RENDER_PASS_BEGIN_INFO;  //渲染通道启动信息结构体类型
32   rp_begin.pNext = NULL;                         //自定义数据的指针
33   rp_begin.renderPass = renderPass;              //指定要启动的渲染通道
34   rp_begin.renderArea.offset.x = 0;              //渲染区域起始 x 坐标
35   rp_begin.renderArea.offset.y = 0;              //渲染区域起始 y 坐标
36   rp_begin.renderArea.extent.width = screenWidth;//渲染区域宽度
37   rp_begin.renderArea.extent.height = screenHeight;//渲染区域高度
38   rp_begin.clearValueCount = 2;                  //帧缓冲清除值数量
39   rp_begin.pClearValues = clear_values;          //帧缓冲清除值数组
```

- 第 1～12 行构建了渲染子通道描述信息结构体实例。首先设置管线的绑定点为 VK_PIPELINE_BIND_POINT_GRAPHICS，接着设置了结构体的其他相关属性。
- 第 13～23 行首先构建了渲染通道创建信息结构体实例，然后设置此结构体实例所需的各项属性，最后创建了渲染通道并检查是否创建成功。
- 第 24～29 行设置了每次清除帧缓冲时所需的颜色附件与深度模板附件各个通道的值。其中清除颜色附件的值有 4 个，分别对应 RGBA（红、绿、蓝、透明度）4 个色彩通道。
- 第 30～39 行给出了渲染通道启动信息结构体实例的多项属性值，首先设置结构体的类型，接着给出要启动的渲染通道，然后又设置渲染区域的位置、尺寸，最后给出清除帧缓冲时所需的各项清除值。

> 💡**提示**　本节案例比较简单，渲染通道中仅仅包含了一个渲染子通道。在复杂的情况下（例如实施延迟渲染），一个渲染通道可能包含一系列渲染子通道，这些渲染子通道之间还有特定的依赖关系。这一点本书后面会有专门的章节进行介绍，这里简单了解即可。

1.3.14　创建帧缓冲

接下来介绍创建帧缓冲的方法——create_frame_buffer，其中包含创建帧缓冲附件数组、构建帧缓冲创建信息结构体实例、动态分配帧缓冲所需内存以及为交换链中的所有图像创建对应帧缓冲等关键步骤，具体代码如下。

🔖 **代码位置：**见随书源代码/第 1 章/Sample1_1/src/main/cpp/bndevp 目录下的 MyVulkanManager.cpp。

```
1    void MyVulkanManager::create_frame_buffer(){        //创建帧缓冲的方法
2        VkImageView attachments[2];                     //附件图像视图数组
3        attachments[1]=depthImageView;                  //给定深度图像视图
4        VkFramebufferCreateInfo fb_info = {};           //构建帧缓冲创建信息结构体实例
5        fb_info.sType = VK_STRUCTURE_TYPE_FRAMEBUFFER_CREATE_INFO;//结构体类型
6        fb_info.pNext = NULL;                           //自定义数据的指针
7        fb_info.renderPass = renderPass;                //指定渲染通道
8        fb_info.attachmentCount = 2;                    //附件数量
9        fb_info.pAttachments = attachments;             //附件图像视图数组
10       fb_info.width = screenWidth;                    //宽度
11       fb_info.height = screenHeight;                  //高度
12       fb_info.layers = 1;                             //层数
13       uint32_t i;                                     //循环控制变量
14       framebuffers = (VkFramebuffer *)malloc(         //为帧缓冲序列动态分配内存
15           swapchainImageCount * sizeof(VkFramebuffer));
16       assert(framebuffers);                           //检查内存分配是否成功
17       for (i = 0; i < swapchainImageCount; i++){ //遍历交换链中的各个图像
18           attachments[0] = swapchainImageViews[i];//给定颜色附件对应图像视图
19           VkResult result = vk::vkCreateFramebuffer(device,        //创建帧缓冲
20               &fb_info, NULL, &framebuffers[i]);
21           assert(result == VK_SUCCESS);               //检查是否创建成功
22           LOGE("[创建帧缓冲%d成功! ]",i);
23       }}
```

- 第 2～3 行首先声明了附件图像视图数组，接着设置下标为 1 的元素为用做深度附件的图像视图。
- 第 4～12 行构建了帧缓冲创建信息结构体实例，并设置此结构体实例所需的各项属性，主要包括结构体类型、对应渲染通道、附件数量、附件图像视图数组、帧缓冲尺寸等。本节案例比较简单，帧缓冲中仅仅包含一个颜色附件和一个深度附件。在复杂的情况下（如多渲染目标 MRT），则一个帧缓冲中可能会包含多个颜色附件。

- 第 14~16 行根据交换链中的图像数量分配了对应数量帧缓冲所需的内存，随后检查内存分配是否成功。
- 第 17~23 行遍历交换链中的所有图像，为每一个图像创建了对应的帧缓冲。这是一个初学者需要注意的技术要点，一个 Vulkan 图形应用程序中往往有多个帧缓冲，在绘制时交替使用。

1.3.15 创建绘制用物体

接下来介绍创建绘制用物体对象的方法——createDrawableObject，该方法包含了两大步骤。首先生成绘制用 3 色三角形的顶点坐标数据和颜色数据，然后基于生成的数据创建绘制用 3 色三角形物体对象，具体内容如下。

（1）首先介绍的是 createDrawableObject 方法本身，其代码如下。

代码位置：见随书源代码/第 1 章/Sample1_1/src/main/cpp/bndevp 目录下的 MyVulkanManager.cpp。

```
1    void MyVulkanManager::createDrawableObject(){    //创建绘制用物体的方法
2        TriangleData::genVertexData();                //生成 3 色三角形顶点数据和颜色数据
3        triForDraw=new DrawableObjectCommonLight(TriangleData::vdata,//创建绘制用 3 色三角形对象
4            TriangleData::dataByteCount,TriangleData::vCount,device,memoryroperties);
5    }
```

- TriangleData 类的 genVertexData 方法用于生成顶点坐标数据和颜色数据，相关内容在后面的步骤中将详细介绍。
- DrawableObjectCommonLight 类包含了与 3 色三角形绘制工作相关的多项内容，其具体代码在后面的步骤中将详细介绍。

> **提示** 将绘制用物体的相关代码独立到其他类中分开来写并不是 Vulkan 本身的要求，这是为了方便开发与维护。可以想象，复杂场景中同时会有很多不同物体，如果这些物体的代码都写到一起会大大增加代码的复杂度和维护成本。因此，各个物体独立开来是非常好的选择，本书中的所有案例都将采用类似的思路。

（2）介绍 TriangleData 类时，首先需要了解其基本结构。该类中声明了数据数组的首地址指针、所占字节数量、顶点数量和生成 3 色三角形数据的 genVertexData 方法，具体代码如下。

代码位置：见随书源代码/第 1 章/Sample1_1/src/main/cpp/bndevp 目录下的 TriangleData.h。

```
1    class TriangleData{
2    public:
3        static float* vdata;              //数据数组首地址指针
4        static int dataByteCount;         //数据所占总字节数量
5        static int vCount;                //顶点数量
6        static void genVertexData();      //生成数据的方法
7    };
```

（3）接着介绍 TriangleData 类的实现代码，具体内容如下。

代码位置：见随书源代码/第 1 章/Sample1_1/src/main/cpp/bndevp 目录下的 TriangleData.cpp。

```
1    //此处省略了相关头文件的导入，感兴趣的读者自行查看随书源代码
2    float* TriangleData::vdata;           //数据数组首地址指针
3    int TriangleData::dataByteCount;      //数据所占总字节数量
4    int TriangleData::vCount;             //顶点数量
5    void  TriangleData::genVertexData(){  //顶点数据生成方法
6        vCount = 3;                       //顶点数量
```

```
7        dataByteCount=vCount*6* sizeof(float);              //数据所占内存总字节数
8        vdata=new float[vCount*6]{                          //数据数组
9                0,75,0,    1,0,0,                           //每一行前 3 个是顶点坐标
10              -45,0,0,    0,1,0,                           //每一行后 3 个是颜色 RGB 值
11               45,0,0,    0,0,1
12   };}
```

> 💡**说明**　从上述代码中可以看出 3 色三角形的顶点坐标和颜色数据是存储在同一数组中的，3 个顶点的颜色分别是红、绿、蓝。这里再多说一点，如果读者有兴趣可以修改数据生成方法的代码，改动顶点数量与顶点坐标、颜色数据等，可以方便地得到立方体、四棱锥等简单几何体。

（4）了解了 3 色三角形顶点相关数据的生成后，接下来介绍的是与 3 色三角形绘制工作相关的 DrawableObjectCommonLight 类。首先给出此类的声明，其中声明了顶点的数据缓冲、顶点数据所需的设备内存、绘制方法等，具体代码如下。

📎 代码位置：见随书源代码/第 1 章/Sample1_1/src/main/cpp/util 目录下的 DrawableObjectCommon.h。

```
1    //此处省略了相关头文件的导入，感兴趣的读者自行查看随书源代码
2    class DrawableObjectCommonLight{
3    public:
4        VkDevice* devicePointer;                           //指向逻辑设备的指针
5        float* vdata;                                      //顶点数据数组首地址指针
6        int vCount;                                        //顶点数量
7        VkBuffer vertexDatabuf;                            //顶点数据缓冲
8        VkDeviceMemory vertexDataMem;                      //顶点数据所需设备内存
9        VkDescriptorBufferInfo vertexDataBufferInfo;       //顶点数据缓冲描述信息
10       DrawableObjectCommonLight(float* vdataIn,int dataByteCount,int vCountIn,//构造函数
11       VkDevice& device,VkPhysicalDeviceMemoryProperties& memoryroperties);
12       ~DrawableObjectCommonLight();                      //析构函数
13       void drawSelf(VkCommandBuffer& secondary_cmd,      //绘制方法
14       VkPipelineLayout& pipelineLayout,VkPipeline& pipeline,VkDescriptorSet* desSetPointer);
15   };
```

（5）了解了 DrawableObjectCommonLight 类的头文件后，下面将介绍此类的具体实现代码。由于此类的实现代码较长，故分为两部分进行介绍。首先介绍的是此类的构造函数与析构函数，代码如下。

📎 代码位置：见随书源代码/第 1 章/Sample1_1/src/main/cpp/util 目录下的 DrawableObjectCommon.cpp。

```
1    //此处省略了相关头文件的导入，感兴趣的读者自行查看随书源代码
2    DrawableObjectCommonLight::DrawableObjectCommonLight(float* vdataIn,int dataByteCount,
3        int vCountIn,VkDevice& device,VkPhysicalDeviceMemoryProperties& memoryroperties){
4        this->devicePointer=&device;                       //接收逻辑设备指针并保存
5        this->vdata=vdataIn;                               //接收顶点数据数组首地址指针并保存
6        this->vCount=vCountIn;                             //接收顶点数量并保存
7        VkBufferCreateInfo buf_info = {};                  //构建缓冲创建信息结构体实例
8        buf_info.sType =
9            VK_STRUCTURE_TYPE_BUFFER_CREATE_INFO;//设置结构体类型
10       buf_info.pNext = NULL;                             //自定义数据的指针
11       buf_info.usage = VK_BUFFER_USAGE_VERTEX_BUFFER_BIT;//缓冲的用途为顶点数据
12       buf_info.size = dataByteCount;                     //设置数据总字节数
13       buf_info.queueFamilyIndexCount = 0;                //队列家族数量
14       buf_info.pQueueFamilyIndices = NULL;               //队列家族索引列表
15       buf_info.sharingMode = VK_SHARING_MODE_EXCLUSIVE;  //共享模式
```

```
16          buf_info.flags = 0;                                    //标志
17          VkResult result = vk::vkCreateBuffer(device,
18              &buf_info, NULL, &vertexDatabuf);          //创建缓冲
19          assert(result == VK_SUCCESS);                      //检查缓冲创建是否成功
20          VkMemoryRequirements mem_reqs;                     //缓冲内存需求
21          vk::vkGetBufferMemoryRequirements(device, vertexDatabuf, &mem_reqs);//获取缓冲内存需求
22          assert(dataByteCount<=mem_reqs.size);         //检查内存需求获取是否正确
23          VkMemoryAllocateInfo alloc_info = {};         //构建内存分配信息结构体实例
24          alloc_info.sType = VK_STRUCTURE_TYPE_MEMORY_ALLOCATE_INFO;//结构体类型
25          alloc_info.pNext = NULL;                           //自定义数据的指针
26          alloc_info.memoryTypeIndex = 0;                   //内存类型索引
27          alloc_info.allocationSize = mem_reqs.size;//内存总字节数
28          VkFlags requirements_mask=VK_MEMORY_PROPERTY_HOST_VISIBLE_BIT
29              | VK_MEMORY_PROPERTY_HOST_COHERENT_BIT; //需要的内存类型掩码
30          bool flag=memoryTypeFromProperties(memoryroperties, //获取所需内存类型索引
31              mem_reqs.memoryTypeBits,requirements_mask,&alloc_info.memoryTypeIndex);
32          if(flag){
33              LOGE("确定内存类型成功，类型索引为%d",alloc_info.memoryTypeIndex);
34          }else{
35              LOGE("确定内存类型失败!");
36          }
37          result = vk::vkAllocateMemory(device,              //为顶点数据缓冲分配内存
38              &alloc_info, NULL, &vertexDataMem);
39          assert(result == VK_SUCCESS);                      //检查内存分配是否成功
40          uint8_t *pData;                                    //CPU 访问时的辅助指针
41          result = vk::vkMapMemory(device, vertexDataMem,//将设备内存映射为 CPU 可访问
42              0, mem_reqs.size, 0, (void **)&pData);
43          assert(result == VK_SUCCESS);                      //检查映射是否成功
44          memcpy(pData, vdata, dataByteCount);           //将顶点数据复制进设备内存
45          vk::vkUnmapMemory(device, vertexDataMem);       //解除内存映射
46          result = vk::vkBindBufferMemory(device,
47              vertexDatabuf, vertexDataMem, 0);           //绑定内存与缓冲
48          assert(result == VK_SUCCESS);
49          vertexDataBufferInfo.buffer = vertexDatabuf;    //指定数据缓冲
50          vertexDataBufferInfo.offset = 0;                //数据缓冲起始偏移量
51          vertexDataBufferInfo.range = mem_reqs.size;     //数据缓冲所占字节数
52      }
53  DrawableObjectCommonLight::~DrawableObjectCommonLight(){    //析构函数
54      delete vdata;                                       //释放指针内存
55      vk::vkDestroyBuffer(*devicePointer, vertexDatabuf, NULL);//销毁顶点缓冲
56      vk::vkFreeMemory(*devicePointer, vertexDataMem, NULL); //释放设备内存
57  }
```

- 第 4~6 行接收了逻辑设备指针、顶点数据数组首地址指针、顶点数量并保存到成员变量中。
- 第 7~19 行首先构建了缓冲创建信息结构体实例，进而设置此结构体实例的多项属性，主要包括结构体类型、缓冲的用途、数据总字节数、队列家族数量、队列家族索引列表、共享模式等，然后创建了缓冲，最后检查缓冲创建是否成功。要注意的是缓冲创建后只是一种逻辑存在，Vulkan 并没有自动为其在设备内存中开辟存储空间，开发人员还需要为缓冲分配匹配的设备内存，并将设备内存与缓冲绑定后才真正确定了缓冲在设备内存中的存储位置。

- 第 20~22 行通过 vkGetBufferMemoryRequirements 方法获取了缓冲的内存需求，并检查需求获取是否成功。检查时将实际需要内存的字节数与获取的内存需求字节数进行比较，若实际需求字节数小于等于获取的内存需求字节数则获取成功。这里有一点要注意，获取的内存需求字节数经常会略大于实际需求字节数，这是由于设备内存分配时的最低分配单元并不是字节，而是内

存块。随厂商驱动的不同，内存块可能有多种尺寸，诸如 4KB、8KB 等，这就使得获取的内存需求字节数可能大于实际需求字节数。

- 第 23～39 行首先构建了内存分配信息结构体实例，然后给出此结构体实例多项属性的值，最后分配了内存，并检查分配操作是否成功。此次内存分配前，需要的内存类型掩码不再是 0，而 是 VK_MEMORY_PROPERTY_HOST_VISIBLE_BIT 与 VK_MEMORY_PROPERTY_HOST_COHERENT_BIT，这个组合表示分配的设备内存可以被 CPU 访问，同时能够保证 CPU 与 GPU 访问的一致性。
- 第 40～45 行将分配的设备内存映射为可供 CPU 访问，然后将顶点数据（坐标、颜色）复制进设备内存，最后解除映射。这是常用的将数据送入设备内存的方法，后面多个案例的开发中几乎都会用到。
- 第 46～51 行首先将设备内存与缓冲进行了绑定，然后设置顶点数据缓冲信息结构体实例的几项参数。
- 第 53～57 行为 DrawableObjectCommonLight 类的析构函数，在此析构函数中销毁了顶点数据缓冲，释放了对应的内存。

> **说明**　缓冲的共享模式（sharingMode）有两种选择，VK_SHARING_MODE_EXCLUSIVE 或 VK_SHARING_MODE_CONCURRENT。VK_SHARING_MODE_EXCLUSIVE 表示缓冲不允许被多个队列家族的队列访问，VK_SHARING_MODE_CONCURRENT 则表示缓冲允许被多个队列家族的队列访问。若设置缓冲的共享模式为 VK_SHARING_MODE_EXCLUSIVE，则缓冲对应的队列家族数量应该为 0，队列家族索引列表应设置为空并将被系统忽略。

（6）接下来介绍物体的绘制方法——drawSelf，其将命令缓冲与管线、管线布局、描述集、顶点数据进行绑定并执行绘制，具体代码如下。

代码位置：见随书源代码/第 1 章/Sample1_1/src/main/cpp/util 目录下的 DrawableObjectCommon.cpp。

```
1    void DrawableObjectCommonLight::drawSelf(VkCommandBuffer& cmd,      //绘制的方法
2        VkPipelineLayout& pipelineLayout,VkPipeline& pipeline,VkDescriptorSet* desSetPointer){
3        vk::vkCmdBindPipeline(cmd,                        //将当前使用的命令缓冲与指定管线绑定
4            VK_PIPELINE_BIND_POINT_GRAPHICS,pipeline);
5        vk::vkCmdBindDescriptorSets(cmd,                  //将命令缓冲、管线布局、描述集绑定
6            VK_PIPELINE_BIND_POINT_GRAPHICS, pipelineLayout, 0, 1,desSetPointer, 0, NULL);
7        const VkDeviceSize offsetsVertex[1] = {0};   //顶点数据偏移量数组
8        vk::vkCmdBindVertexBuffers(                   //将顶点数据与当前使用的命令缓冲绑定
9            cmd,                                     //当前使用的命令缓冲
10           0,                                       //顶点数据缓冲在列表中的首索引
11           1,                                       //绑定顶点缓冲的数量
12           &(vertexDatabuf),                        //绑定的顶点数据缓冲列表
13           offsetsVertex                            //各个顶点数据缓冲的内部偏移量
14       );
15       vk::vkCmdDraw(cmd, vCount, 1, 0, 0);         //执行绘制
16   }
```

- 第 3～4 行通过 vkCmdBindPipeline 方法将当前使用的命令缓冲与管线进行绑定，VK_PIPELINE_BIND_POINT_GRAPHICS 表示绑定的管线为图形渲染管线。
- 第 5～6 行使用 vkCmdBindDescriptorSets 方法将命令缓冲、管线布局、描述集绑定。
- 第 8～14 行使用 vkCmdBindVertexBuffers 方法将顶点数据缓冲与使用的命令缓冲绑定。

● 第 15 行使用 vkCmdDraw 方法执行绘制。

1.3.16 初始化渲染管线

接下来介绍的是初始化渲染管线的方法——initPipeline，此方法代码很简单，只是在其中创建了封装渲染管线相关的 ShaderQueueSuit_Common 类对象，具体代码如下。

代码位置：见随书源代码/第 1 章/Sample1_1/src/main/cpp/bndevp 目录下的 MyVulkanManager.cpp。

```
1   void MyVulkanManager::initPipeline(){              //初始化渲染管线的方法
2       sqsCL=new ShaderQueueSuit_Common(&device,     //创建封装了渲染管线相关的对象
3           renderPass,memoryroperties);
4   }
```

上述代码中用到了 ShaderQueueSuit_Common 类，这是作者开发的用于封装渲染管线相关的工具类。这样设计是为了未来在开发包含多种不同渲染管线程序时的方便，下面对 ShaderQueueSuit_Common 类进行详细的介绍，具体内容如下。

（1）首先介绍的是 ShaderQueueSuit_Common 类的基本结构，其中声明了所需的成员变量以及相关的功能方法，具体代码如下。

代码位置：见随书源代码/第 1 章/Sample1_1/src/main/cpp/bndevp 目录下的 ShaderQueueSuit_Common.h。

```
1   //此处省略了相关头文件的导入，感兴趣的读者自行查看随书源代码
2   class ShaderQueueSuit_Common{
3   private:
4       VkBuffer uniformBuf;                              //一致变量缓冲
5       VkDescriptorBufferInfo uniformBufferInfo;         //一致变量缓冲描述信息
6       int NUM_DESCRIPTOR_SETS;                          //描述集数量
7       std::vector<VkDescriptorSetLayout> descLayouts;   //描述集布局列表
8       VkPipelineShaderStageCreateInfo shaderStages[2];  //着色器阶段数组
9       VkVertexInputBindingDescription vertexBinding;    //管线的顶点输入数据绑定描述
10      VkVertexInputAttributeDescription vertexAttribs[2]; //管线的顶点输入属性描述
11      VkPipelineCache pipelineCache;                    //管线缓冲
12      VkDevice* devicePointer;                          //逻辑设备指针
13      VkDescriptorPool descPool;                        //描述池
14      void create_uniform_buffer(VkDevice& device,
15          VkPhysicalDeviceMemoryProperties& memoryroperties);//创建一致变量缓冲
16      void destroy_uniform_buffer(VkDevice& device);    //销毁一致变量缓冲
17      void create_pipeline_layout(VkDevice& device);    //创建管线布局
18      void destroy_pipeline_layout(VkDevice& device);   //销毁管线布局
19      void init_descriptor_set(VkDevice& device);       //初始化描述集
20      void create_shader(VkDevice& device);             //创建着色器
21      void destroy_shader(VkDevice& device);            //销毁着色器
22      void initVertexAttributeInfo();                   //初始化顶点输入属性信息
23      void create_pipe_line(VkDevice& device,VkRenderPass& renderPass);   //创建管线
24      void destroy_pipe_line(VkDevice& device);         //销毁管线
25  public:
26      int bufferByteCount;                              //一致缓冲总字节数
27      VkDeviceMemory memUniformBuf;                     //一致变量缓冲内存
28      VkWriteDescriptorSet writes[1];                   //一致变量写入描述集实例数组
29      std::vector<VkDescriptorSet> descSet;             //描述集列表
30      VkPipelineLayout pipelineLayout;                  //管线布局
31      VkPipeline pipeline;                              //管线
32      ShaderQueueSuit_Common(VkDevice* deviceIn,VkRenderPass&  //构造函数
33          renderPass,VkPhysicalDeviceMemoryProperties& memoryroperties);
```

```
34        ~ShaderQueueSuit_Common();                          //析构函数
35    };
```

　　　上述头文件中定义了很多的成员变量，涉及不少 Vulkan 提供的基本类型。如果读者还没有掌握 Vulkan 基本类型的相关知识，请参考本书 1.3.2 节中的表 1-1 进行学习。

（2）对 ShaderQueueSuit_Common 类头文件有了一定的了解后，下面开始介绍 ShaderQueueSuit_Common 类的实现代码。首先介绍的是 ShaderQueueSuit_Common 类的构造函数，具体代码如下。

🖋️ **代码位置**：见随书源代码/第 1 章/Sample1_1/src/main/cpp/bndevp 目录下的 ShaderQueueSuit_Common.cpp。

```
1    ShaderQueueSuit_Common::ShaderQueueSuit_Common(VkDevice* deviceIn,
2      VkRenderPass& renderPass,VkPhysicalDeviceMemoryProperties& memoryroperties){
3        this->devicePointer=deviceIn;
4        create_uniform_buffer(*devicePointer,memoryroperties); //创建一致变量缓冲
5        create_pipeline_layout(*devicePointer);                //创建管线布局
6        init_descriptor_set(*devicePointer);                   //初始化描述集
7        create_shader(*devicePointer);                         //创建着色器
8        initVertexAttributeInfo();                             //初始化顶点属性信息
9        create_pipe_line(*devicePointer,renderPass);           //创建管线
10   }
```

　　　从上述代码中可以看出，此类的构造函数很简单，依次调用了初始化管线时所需的各个功能方法，这些功能方法将在下面进行具体的介绍。

（3）首先介绍的是用于创建一致变量缓冲的方法 create_uniform_buffer，该方法中包含构建一致变量缓冲创建信息结构体实例、构建内存分配信息结构体实例、确定需要的内存类型掩码并获取所需内存类型索引等关键步骤，具体代码如下。

🖋️ **代码位置**：见随书源代码/第 1 章/Sample1_1/src/main/cpp/bndevp 目录下的 ShaderQueueSuit_Common.cpp。

```
1    void ShaderQueueSuit_Common::create_uniform_buffer(VkDevice& device,
                                                 //创建一致变量缓冲的方法
2        VkPhysicalDeviceMemoryProperties& memoryroperties){
3        bufferByteCount=sizeof(float)*16;               //一致变量缓冲的总字节数
4        VkBufferCreateInfo buf_info = {};               //构建一致变量缓冲创建信息结构体实例
5        buf_info.sType = VK_STRUCTURE_TYPE_BUFFER_CREATE_INFO;    //结构体的类型
6        buf_info.pNext = NULL;                          //自定义数据的指针
7        buf_info.usage = VK_BUFFER_USAGE_UNIFORM_BUFFER_BIT;//缓冲的用途
8        buf_info.size = bufferByteCount;                //缓冲总字节数
9        buf_info.queueFamilyIndexCount = 0;             //队列家族数量
10       buf_info.pQueueFamilyIndices = NULL;            //队列家族索引列表
11       buf_info.sharingMode = VK_SHARING_MODE_EXCLUSIVE; //共享模式
12       buf_info.flags = 0;                             //标志
13       VkResult result = vk::vkCreateBuffer(device, &buf_info, NULL, &uniformBuf);
                                                 //创建一致变量缓冲
14       assert(result == VK_SUCCESS);                   //检查创建是否成功
15       VkMemoryRequirements mem_reqs;                  //内存需求变量
16       vk::vkGetBufferMemoryRequirements(device, uniformBuf, &mem_reqs);
                                                 //获取此缓冲的内存需求
17       VkMemoryAllocateInfo alloc_info = {};           //构建内存分配信息结构体实例
18       alloc_info.sType = VK_STRUCTURE_TYPE_MEMORY_ALLOCATE_INFO;//结构体类型
```

```
19    alloc_info.pNext = NULL;                         //自定义数据的指针
20    alloc_info.memoryTypeIndex = 0;                  //内存类型索引
21    alloc_info.allocationSize = mem_reqs.size;       //缓冲内存分配字节数
22    VkFlags requirements_mask=VK_MEMORY_PROPERTY_HOST_VISIBLE_BIT |
23          VK_MEMORY_PROPERTY_HOST_COHERENT_BIT;      //需要的内存类型掩码
24    bool flag=memoryTypeFromProperties(memoryroperties, //获取所需内存类型索引
25          mem_reqs.memoryTypeBits,requirements_mask, &alloc_info.memoryTypeIndex);
26    if(flag){LOGE("确定内存类型成功 类型索引为%d",alloc_info.memoryTypeIndex);}
27    else{LOGE("确定内存类型失败!");}
28    result = vk::vkAllocateMemory(device,            //分配内存
29          &alloc_info, NULL, &memUniformBuf);
30    assert(result == VK_SUCCESS);                    //检查内存分配是否成功
31    result = vk::vkBindBufferMemory(device,          //将内存和对应缓冲绑定
32          uniformBuf, memUniformBuf, 0);
33    assert(result == VK_SUCCESS);                    //检查绑定操作是否成功
34    uniformBufferInfo.buffer = uniformBuf;           //指定一致变量缓冲
35    uniformBufferInfo.offset = 0;                    //起始偏移量
36    uniformBufferInfo.range = bufferByteCount;       //一致变量缓冲总字节数
37 }
```

● 第 3 行计算了一致变量缓冲的总字节数,这与后面着色器中对应的一致变量块所占的总字节数是一致的,当着色器的这部分发生变化时,这里也需要相应修改。另外,由于本案例运行时此一致变量缓冲用于存储总变换矩阵(4×4 的矩阵)中各个元素的数据,以备传递给顶点着色器使用,因此总字节数为 16 个 float 型数据所占的总字节数。关于变换矩阵的问题,后面的章节会进行单独地介绍,这里简单了解即可。

● 第 4～14 行首先构建了一致变量缓冲创建信息结构体实例,然后给出此结构体实例所需的多项属性值,接着创建一致变量缓冲,并检查创建是否成功。

● 第 15～30 行首先获取了缓冲所需的内存需求,然后构建内存分配信息结构体实例,并给出此结构体实例的多项属性值,接着根据需要的内存类型掩码获取所需的内存类型索引,最后分配设备内存并检查分配工作是否成功。

● 第 31～33 行将分配的设备内存与一致变量缓冲进行了绑定,并检查绑定操作是否成功。

● 第 34～36 行完善了一致变量缓冲信息结构体实例,为后面对缓冲的使用做好准备。

> 提示 管线这部分与着色器配套的相关代码较多,这里读者可以先学习一下,待后文介绍了着色器之后再对照学习一遍,理解应该就没有问题了。后面步骤中有关着色器的代码也请读者采用这样的方式进行学习。

(4)接着介绍的是创建管线布局的方法 create_pipeline_layout,其中包括构建描述集布局绑定信息结构体实例、构建描述集布局创建信息结构体实例和构建管线布局创建信息结构体实例等关键步骤,具体代码如下。

代码位置:见随书源代码/第 1 章/Sample1_1/src/main/cpp/bndevp 目录下的 ShaderQueueSuit_Common.cpp。

```
1    void ShaderQueueSuit_Common::create_pipeline_layout(VkDevice& device){
                                                         //创建管线布局的方法
2        NUM_DESCRIPTOR_SETS=1;                          //设置描述集数量
3        VkDescriptorSetLayoutBinding layout_bindings[1]; //描述集布局绑定数组
4        layout_bindings[0].binding = 0;                 //此绑定的绑定点编号
5        layout_bindings[0].descriptorType = VK_DESCRIPTOR_TYPE_UNIFORM_BUFFER;//描述类型
6        layout_bindings[0].descriptorCount = 1          //描述数量
```

53

```
7        layout_bindings[0].stageFlags = VK_SHADER_STAGE_VERTEX_BIT;//目标着色器阶段
8        layout_bindings[0].pImmutableSamplers = NULL;
9        VkDescriptorSetLayoutCreateInfo descriptor_layout = {};//构建描述集布局创建信息
                                                                结构体实例
10       descriptor_layout.sType =
11            VK_STRUCTURE_TYPE_DESCRIPTOR_SET_LAYOUT_CREATE_INFO;//结构体类型
12       descriptor_layout.pNext = NULL;                        //自定义数据的指针
13       descriptor_layout.bindingCount = 1;                    //描述集布局绑定的数量
14       descriptor_layout.pBindings = layout_bindings;         //描述集布局绑定数组
15       descLayouts.resize(NUM_DESCRIPTOR_SETS);               //调整描述集布局列表尺寸
16       VkResult result = vk::vkCreateDescriptorSetLayout(device,
17            &descriptor_layout, NULL, descLayouts.data()); //创建描述集布局
18       assert(result == VK_SUCCESS);                          //检查描述集布局创建是否成功
19       VkPipelineLayoutCreateInfo pPipelineLayoutCreateInfo = {};//构建管线布局创建
                                                                  信息结构体实例
20       pPipelineLayoutCreateInfo.sType =
21            VK_STRUCTURE_TYPE_PIPELINE_LAYOUT_CREATE_INFO;    //结构体类型
22       pPipelineLayoutCreateInfo.pNext = NULL;                //自定义数据的指针
23       pPipelineLayoutCreateInfo.pushConstantRangeCount = 0;//推送常量范围的数量
24       pPipelineLayoutCreateInfo.pPushConstantRanges = NULL;//推送常量范围的列表
25       pPipelineLayoutCreateInfo.setLayoutCount = NUM_DESCRIPTOR_SETS;//描述集布局的数量
26       pPipelineLayoutCreateInfo.pSetLayouts = descLayouts.data();//描述集布局列表
27       result = vk::vkCreatePipelineLayout(device,
28            &pPipelineLayoutCreateInfo, NULL, &pipelineLayout); //创建管线布局
29       assert(result == VK_SUCCESS);                          //检查创建是否成功
30   }
```

● 第 3～8 行首先声明了长度为 1 的描述集布局绑定数组，然后对数组中唯一元素的各项属性进行了设置，主要包括绑定点编号、描述类型、描述数量、目标着色器阶段等。这里需要注意的是，绑定点编号需要与着色器中给定的对应绑定点编号一致。VK_DESCRIPTOR_TYPE_UNIFORM_BUFFER 表示此绑定对应类型为一致变量缓冲，VK_SHADER_STAGE _VERTEX_BIT 表示此绑定对应的是顶点着色器，后面介绍着色器后读者可以对照学习。

● 第 9～18 行首先构建了描述集布局创建信息结构体实例，然后对此结构体实例中的相关属性进行设置，最后创建描述集布局并检查创建工作是否成功。

● 第 19～29 行首先构建了管线布局创建信息结构体实例，然后设置结构体的类型，接着给出推送常量范围的数量与列表、描述集布局的数量与列表，最后创建了管线布局并检查创建是否成功。

> 💡提示　　本节案例比较简单，没有使用到推送常量，因此推送常量范围的数量为 0。本书后面有多个不同位置物体的案例中基本都使用了推送常量，到那时再对推送常量进行详细介绍。另外从前面的几处相关代码中可以看出，管线布局主要是管理相关的各个描述集，而描述集负责将所需的一致数据、纹理等资源与管线关联，以备特定着色器进行访问。每个描述集布局关联多个描述集布局绑定，每个描述集布局绑定关联到某个着色器阶段着色器中的某项一致数据或纹理采样器等。Vulkan 图形应用程序中描述集布局绑定与着色器中接收的一致变量情况应当是匹配的，这一点读者可以对照后面着色器的相关代码进行学习。

（5）完成了管线布局的创建后，下面介绍的是初始化描述集的方法 init_descriptor_set。该方法中包括构建描述集分配信息结构体实例、创建描述集池、分配描述集、完善一致变量写入描述集实例数组等关键步骤，具体代码如下。

🦋 **代码位置：** 见随书源代码/第 1 章/Sample1_1/src/main/cpp/bndevp 目录下的 ShaderQueueSuit_Common.cpp。

```
1    void ShaderQueueSuit_Common::init_descriptor_set(VkDevice& device){//初始化描述集的方法
2        VkDescriptorPoolSize type_count[1];                    //描述集池尺寸实例数组
3        type_count[0].type =                                   //描述类型
4            VK_DESCRIPTOR_TYPE_UNIFORM_BUFFER;
5        type_count[0].descriptorCount = 1;                     //描述数量
6        VkDescriptorPoolCreateInfo descriptor_pool = {};//构建描述集池创建信息结构体实例
7        descriptor_pool.sType =
8            VK_STRUCTURE_TYPE_DESCRIPTOR_POOL_CREATE_INFO;     //结构体类型
9        descriptor_pool.pNext = NULL;                          //自定义数据的指针
10       descriptor_pool.maxSets = 1;                           //描述集最大数量
11       descriptor_pool.poolSizeCount = 1;                     //描述集池尺寸实例数量
12       descriptor_pool.pPoolSizes = type_count;               //描述集池尺寸实例数组
13       VkResult result = vk::vkCreateDescriptorPool(device,   //创建描述集池
14           &descriptor_pool, NULL, &descPool);
15       assert(result == VK_SUCCESS);                          //检查描述集池创建是否成功
16       std::vector<VkDescriptorSetLayout> layouts;            //描述集布局列表
17       layouts.push_back(descLayouts[0]);                     //向列表中添加指定描述集布局
18       VkDescriptorSetAllocateInfo alloc_info[1];             //构建描述集分配信息结构体实例数组
19       alloc_info[0].sType =                                  //结构体类型
20           VK_STRUCTURE_TYPE_DESCRIPTOR_SET_ALLOCATE_INFO;
21       alloc_info[0].pNext = NULL;                            //自定义数据的指针
22       alloc_info[0].descriptorPool = descPool;               //指定描述集池
23       alloc_info[0].descriptorSetCount = 1;                  //描述集数量
24       alloc_info[0].pSetLayouts = layouts.data();            //描述集布局列表
25       descSet.resize(1);                                     //调整描述集列表尺寸
26       result = vk::vkAllocateDescriptorSets(device,          //分配描述集
27           alloc_info, descSet.data());
28       assert(result == VK_SUCCESS);                          //检查描述集分配是否成功
29       writes[0] = {};//完善一致变量写入描述集实例数组元素 0
30       writes[0].sType = VK_STRUCTURE_TYPE_WRITE_DESCRIPTOR_SET;//结构体类型
31       writes[0].pNext = NULL;                                //自定义数据的指针
32       writes[0].descriptorCount = 1;                         //描述数量
33       writes[0].descriptorType = VK_DESCRIPTOR_TYPE_UNIFORM_BUFFER;//描述类型
34       writes[0].pBufferInfo = &uniformBufferInfo;            //对应一致变量缓冲的信息
35       writes[0].dstArrayElement = 0;                         //目标数组起始元素
36       writes[0].dstBinding = 0;//目标绑定编号(与着色器中绑定编号对应)
37   }
```

● 第 2～5 行首先声明了长度为 1 的描述集池尺寸实例数组，然后指定其中唯一元素的描述类型和描述数量，其中描述类型属性值为 VK_DESCRIPTOR_TYPE_UNIFORM_BUFFER 表示对应类型为一致变量缓冲。

● 第 6～15 行首先构建了描述集池创建信息结构体实例，然后设置此结构体实例中的相关属性值，最后调用 vkCreateDescriptorPool 方法创建描述集池并检查创建操作是否成功。

● 第 18～28 行首先构建了长度为 1 的描述集分配信息结构体实例数组，然后给出其中唯一元素的多项属性值，最后调用 vkAllocateDescriptorSets 方法分配描述集并检查分配工作是否成功。要注意的是根据情况不同描述集数量不一定为 1，本书后面很多案例中用到的描述集数量都是大于 1 的。

● 第 29～36 行首先创建一致变量写入描述集实例数组中下标为 0 的元素，然后设置此元素的结构体类型，接着设置描述数量、描述类型，并指定对应一致变量缓冲的信息等。从第 34 行指定的一致变量缓冲信息可以看出，此一致变量写入描述集实例对应的资源为前面创建的用于存储最终变换矩阵各元素数据的一致变量缓冲。

（6）完成了描述集的初始化后，下面介绍的是创建着色器的方法——create_shader，该方法包括准备两种着色器阶段信息、将两种着色器脚本编译成 SPV 格式、创建两种着色器模块等关键步骤，具体代码如下。

📝 **代码位置**：见随书源代码/第 1 章/Sample1_1/src/main/cpp/bndevp 目录下的 ShaderQueueSuit_Common.cpp。

```
1    void ShaderQueueSuit_Common::create_shader(VkDevice& device){ //创建着色器的方法
2        std::string vertStr= FileUtil::
3            loadAssetStr("shader/commonTexLight.vert");//加载顶点着色器脚本
4        std::string fragStr= FileUtil::
5            loadAssetStr("shader/commonTexLight.frag");//加载片元着色器脚本
6        shaderStages[0].sType = VK_STRUCTURE_TYPE_PIPELINE_SHADER_STAGE_CREATE_INFO;
7        shaderStages[0].pNext = NULL;                      //自定义数据的指针
8        shaderStages[0].pSpecializationInfo = NULL;        //特殊信息
9        shaderStages[0].flags = 0;                         //供将来使用的标志
10       shaderStages[0].stage = VK_SHADER_STAGE_VERTEX_BIT; //着色器阶段为顶点
11       shaderStages[0].pName = "main";                    //入口函数为 main
12       std::vector<unsigned int> vtx_spv;                 //将顶点着色器脚本编译为 SPV
13       bool retVal = GLSLtoSPV(VK_SHADER_STAGE_VERTEX_BIT, vertStr.c_str(), vtx_spv);
14       assert(retVal);                                    //检查编译是否成功
15       LOGE("顶点着色器脚本编译 SPV 成功！");
16       VkShaderModuleCreateInfo moduleCreateInfo;         //准备顶点着色器模块创建信息
17       moduleCreateInfo.sType = VK_STRUCTURE_TYPE_SHADER_MODULE_CREATE_INFO;
18       moduleCreateInfo.pNext = NULL;                     //自定义数据的指针
19       moduleCreateInfo.flags = 0;                        //供将来使用的标志
20       moduleCreateInfo.codeSize = vtx_spv.size() * sizeof(unsigned int);
                                                            //顶点着色器 SPV 数据总字节数
21       moduleCreateInfo.pCode = vtx_spv.data();           //顶点着色器 SPV 数据
22       VkResult result = vk::vkCreateShaderModule(device, //创建顶点着色器模块
23           &moduleCreateInfo, NULL, &shaderStages[0].module);
24       assert(result == VK_SUCCESS);                      //检查顶点着色器模块创建是否成功
25       shaderStages[1].sType =
26           VK_STRUCTURE_TYPE_PIPELINE_SHADER_STAGE_CREATE_INFO;//结构体类型
27       shaderStages[1].pNext = NULL;                      //自定义数据的指针
28       shaderStages[1].pSpecializationInfo = NULL;        //特殊信息
29       shaderStages[1].flags = 0;                         //供将来使用的标志
30       shaderStages[1].stage = VK_SHADER_STAGE_FRAGMENT_BIT;//着色器阶段为片元
31       shaderStages[1].pName = "main";                    //入口函数为 main
32       std::vector<unsigned int> frag_spv;
33       retVal = GLSLtoSPV(VK_SHADER_STAGE_FRAGMENT_BIT, //将片元着色器脚本编译为 SPV
34           fragStr.c_str(), frag_spv);
35       assert(retVal);                                    //检查编译是否成功
36       LOGE("片元着色器脚本编译 SPV 成功！");
37       moduleCreateInfo.sType =                           //准备片元着色器模块创建信息
38           VK_STRUCTURE_TYPE_SHADER_MODULE_CREATE_INFO;   //设置结构体类型
39       moduleCreateInfo.pNext = NULL;                     //自定义数据的指针
40       moduleCreateInfo.flags = 0;                        //供将来使用的标志
41       moduleCreateInfo.codeSize = frag_spv.size() * sizeof(unsigned int);
                                                            //片元着色器 SPV 数据总字节数
42       moduleCreateInfo.pCode = frag_spv.data();          //片元着色器 SPV 数据
43       result = vk::vkCreateShaderModule(device,          //创建片元着色器模块
44           &moduleCreateInfo, NULL, &shaderStages[1].module);
45       assert(result == VK_SUCCESS);                      //检查片元着色器模块创建是否成功
46   }
```

- 第2~5行使用FileUtil类的loadAssetStr方法加载顶点着色器和片元着色器的脚本字符串。
- 第6~11行给出了顶点着色器对应的管线着色器阶段创建信息结构体实例的各项所需属性。
- 第12~15行使用GLSLtoSPV方法将顶点着色器脚本编译成SPIR-V格式。该方法的第一个参数为着色器的阶段，第二个参数为着色器脚本字符串，第三个参数为用于存储编译后SPIR-V代码的列表。
- 第16~24行首先构建了顶点着色器模块创建信息结构体实例，然后设置此实例所需的各项属性值，最后调用vkCreateShaderModule方法创建顶点着色器模块并检查创建是否成功。
- 第25~31行给出了片元着色器对应的管线着色器阶段创建信息结构体实例的各项所需属性。
- 第32~36行使用GLSLtoSPV方法将片元着色器脚本编译成SPIR-V格式。
- 第37~45行首先设置了片元着色器模块创建信息结构体实例所需的各项属性值，接着调用vkCreateShaderModule方法创建顶点着色器模块并检查创建是否成功。

（7）接下来介绍的是设置顶点着色器输入属性信息的 initVertexAttributeInfo 方法，其中包括设置数据输入的频率、每组数据的跨度字节数等，具体代码如下。

✎ **代码位置：** 见随书源代码/第 1 章/Sample1_1/src/main/cpp/bndevp 目录下的 ShaderQueueSuit_Common.cpp。

```
1    void ShaderQueueSuit_Common::initVertexAttributeInfo(){ //设置顶点着色器输入属性信息
2        vertexBinding.binding = 0;                          //对应绑定点
3        vertexBinding.inputRate = VK_VERTEX_INPUT_RATE_VERTEX;    //数据输入频率为每顶点
4        vertexBinding.stride = sizeof(float)*6;             //每组数据的跨度字节数
5        vertexAttribs[0].binding = 0;                       //第1个顶点输入属性的绑定点
6        vertexAttribs[0].location = 0;                      //第1个顶点输入属性的位置索引
7        vertexAttribs[0].format = VK_FORMAT_R32G32B32_SFLOAT;//第1个顶点输入属性的数据格式
8        vertexAttribs[0].offset = 0;                        //第1个顶点输入属性的偏移量
9        vertexAttribs[1].binding = 0;                       //第2个顶点输入属性的绑定点
10       vertexAttribs[1].location = 1;                      //第2个顶点输入属性的位置索引
11       vertexAttribs[1].format = VK_FORMAT_R32G32B32_SFLOAT;//第2个顶点输入属性的数据格式
12       vertexAttribs[1].offset = 12;                       //第2个顶点输入属性的偏移量
13   }
```

- 第2~4行设置了所需顶点输入绑定描述结构体的几项属性值。其中的数据输入频率有两种可能的选择：第一种是本案例中使用的 VK_VERTEX_INPUT_RATE_VERTEX，表示每顶点输入一套数据；第二种是 VK_VERTEX_INPUT_RATE_INSTANCE，表示每实例输入一套数据，一般在多实例渲染时对于每个实例不同的数据选用。
- 第5~8行设置了第1个顶点输入属性的绑定点、位置索引、数据格式及偏移量。
- 第9~12行设置了第2个顶点输入属性的绑定点、位置索引、数据格式及偏移量。

💡提示　　本案例中顶点着色器（可以与后面顶点着色器的代码进行对照）有两个输入参数，第1个为顶点位置坐标（包含 x、y、z 分量），第2个为顶点 RGB 颜色值。因此每组顶点数据包含 6 个 float 分量（占 "sizeof(float)*6" 个字节）。由于有两个输入参数，故上述代码中共设置了两个顶点输入属性描述结构体实例的几项属性值。要特别注意的是偏移量以字节计，而第 1 个顶点输入属性包含 3 个 float 分量，每个 float 分量 4 个字节，因此第 2 个顶点输入属性的起始偏移量为 12。

（8）完成了顶点着色器输入属性信息的设置后，就应该介绍用于创建管线的方法 create_pipe_line 了。由于该方法代码较多，故将其分成多部分详细介绍。首先介绍的是设置管线动态状

态信息、设置管线顶点数据输入阶段信息、设置管线图元组装阶段信息和设置管线光栅化阶段信息等关键步骤，具体代码如下。

✎ **代码位置：** 见随书源代码/第 1 章/Sample1_1/src/main/cpp/bndevp 目录下的 ShaderQueueSuit_Common.cpp。

```
1   void ShaderQueueSuit_Common::create_pipe_line(VkDevice& device,VkRenderPass& renderPass){
2       VkDynamicState dynamicStateEnables[VK_DYNAMIC_STATE_RANGE_SIZE];//动态状态启用标志
3       memset(dynamicStateEnables, 0, sizeof dynamicStateEnables);//设置所有标志为false
4       VkPipelineDynamicStateCreateInfo dynamicState = {};      //管线动态状态创建信息
5       dynamicState.sType =
6               VK_STRUCTURE_TYPE_PIPELINE_DYNAMIC_STATE_CREATE_INFO;//结构体类型
7       dynamicState.pNext = NULL;                          //自定义数据的指针
8       dynamicState.pDynamicStates = dynamicStateEnables;//动态状态启用标志数组
9       dynamicState.dynamicStateCount = 0;                 //启用的动态状态项数量
10      VkPipelineVertexInputStateCreateInfo vi;            //管线顶点数据输入状态创建信息
11      vi.sType =
12              VK_STRUCTURE_TYPE_PIPELINE_VERTEX_INPUT_STATE_CREATE_INFO;
13      vi.pNext = NULL;                                    //自定义数据的指针
14      vi.flags = 0;                                       //供将来使用的标志
15      vi.vertexBindingDescriptionCount = 1;               //顶点输入绑定描述数量
16      vi.pVertexBindingDescriptions = &vertexBinding;     //顶点输入绑定描述列表
17      vi.vertexAttributeDescriptionCount = 2;             //顶点输入属性描述数量
18      vi.pVertexAttributeDescriptions =vertexAttribs;     //顶点输入属性描述列表
19      VkPipelineInputAssemblyStateCreateInfo ia;          //管线图元组装状态创建信息
20      ia.sType =
21              VK_STRUCTURE_TYPE_PIPELINE_INPUT_ASSEMBLY_STATE_CREATE_INFO;
22      ia.pNext = NULL;                                    //自定义数据的指针
23      ia.flags = 0;                                       //供将来使用的标志
24      ia.primitiveRestartEnable = VK_FALSE;               //关闭图元重启
25      ia.topology = VK_PRIMITIVE_TOPOLOGY_TRIANGLE_LIST;//采用三角形图元列表模式
26      VkPipelineRasterizationStateCreateInfo rs;          //管线光栅化状态创建信息
27      rs.sType =
28              VK_STRUCTURE_TYPE_PIPELINE_RASTERIZATION_STATE_CREATE_INFO;
29      rs.pNext = NULL;                                    //自定义数据的指针
30      rs.flags = 0;                                       //供将来使用的标志
31      rs.polygonMode = VK_POLYGON_MODE_FILL;              //绘制方式为填充
32      rs.cullMode = VK_CULL_MODE_NONE;                    //不使用背面剪裁
33      rs.frontFace = VK_FRONT_FACE_COUNTER_CLOCKWISE;     //卷绕方向为逆时针
34      rs.depthClampEnable = VK_TRUE;                      //深度截取
35      rs.rasterizerDiscardEnable = VK_FALSE;//启用光栅化操作（若为TRUE则光栅化不产生任何片元）
36      rs.depthBiasEnable = VK_FALSE;                      //不启用深度偏移
37      rs.depthBiasConstantFactor = 0;                     //深度偏移常量因子
38      rs.depthBiasClamp = 0;   //深度偏移值上下限（若为正作为上限，为负作为下限）
39      rs.depthBiasSlopeFactor = 0;                        //深度偏移斜率因子
40      rs.lineWidth = 1.0f;                                //线宽度（仅在线绘制模式起作用）
41      VkPipelineColorBlendAttachmentState att_state[1];//管线颜色混合附件状态数组
42      att_state[0].colorWriteMask = 0xf;                  //设置写入掩码
43      att_state[0].blendEnable = VK_FALSE;                //关闭混合
44      att_state[0].alphaBlendOp = VK_BLEND_OP_ADD;        //设置 Alpha 通道混合方式
45      att_state[0].colorBlendOp = VK_BLEND_OP_ADD;        //设置 RGB 通道混合方式
46      att_state[0].srcColorBlendFactor = VK_BLEND_FACTOR_ZERO;//设置源颜色混合因子
47      att_state[0].dstColorBlendFactor = VK_BLEND_FACTOR_ZERO;//设置目标颜色混合因子
48      att_state[0].srcAlphaBlendFactor = VK_BLEND_FACTOR_ZERO;//设置源 Alpha 混合因子
49      att_state[0].dstAlphaBlendFactor = VK_BLEND_FACTOR_ZERO;//设置目标 Alpha 混合因子
50      //此处省略了一些完成其他工作的代码，后面步骤中详细介绍
51  }
```

- 第 2~9 行构建了管线动态状态创建信息结构体实例，并设置此结构体实例的相关属性值，为后面创建管线时的使用做好准备。所谓管线动态状态是指在程序运行过程中可以通过命令修改的一些参数，只有启用了某方面的动态状态才可以动态修改此方面的参数，比如剪裁窗口、视口等。本案例中没有这方面需要，因此启用的动态状态项数量为 0。

- 第 10~18 行构建了管线顶点数据输入状态创建信息结构体实例，并设置此结构体实例的相关属性值。这些属性值中顶点输入绑定描述数量与列表、顶点输入属性描述数量与列表与前面步骤（7）代码中的是对应的，读者可以注意一下。

- 第 19~25 行构建了管线图元组装状态创建信息结构体实例，并设置关闭图元重启、采用三角形图元列表模式进行图元组装。由 topology 属性表示的图元组装模式有多种选择，常用的有 VK_PRIMITIVE_TOPOLOGY_POINT_LIST（点列表）、VK_PRIMITIVE_TOPOLOGY_LINE_LIST（线段列表）、VK_PRIMITIVE_TOPOLOGY_TRIANGLE_LIST（三角形列表）等，本书后面的章节会进行详细的讨论。

- 第 26~40 行首先构建了管线光栅化状态创建信息结构体实例，并设置此结构体实例的相关属性值，主要包括填充模式、背面剪裁、卷绕方向、深度偏移相关等。

- 第 41~49 行主要是设置了混合相关的一些参数，诸如混合方式、源混合因子、目标混合因子等。

> **说明**　上述代码中涉及了很多读者可能不熟悉的概念，诸如剪裁窗口、视口、图元重启、图元组装、光栅化、背面剪裁、卷绕、深度偏移、混合方式、源混合因子、目标混合因子等。这些概念在后面的章节中会单独进行详细地介绍，这里读者简单了解一下即可。

（9）接着介绍的是构建管线颜色混合状态创建信息结构体实例、设置管线视口信息和剪裁信息、构建管线视口状态创建信息结构体实例、构建管线深度及模板状态创建信息结构体实例的相关代码，具体内容如下。

代码位置：见随书源代码/第 1 章/Sample1_1/src/main/cpp/bndevp 目录下的 ShaderQueueSuit_Common.cpp。

```
1    VkPipelineColorBlendStateCreateInfo cb;                //管线的颜色混合状态创建信息
2    cb.sType = VK_STRUCTURE_TYPE_PIPELINE_COLOR_BLEND_STATE_CREATE_INFO;
3    cb.pNext = NULL;                                       //自定义数据的指针
4    cb.flags = 0;                                          //供未来使用的标志
5    cb.attachmentCount = 1;                                //颜色混合附件数量
6    cb.pAttachments = att_state;                           //颜色混合附件列表
7    cb.logicOpEnable = VK_FALSE;                           //不启用逻辑操作
8    cb.logicOp = VK_LOGIC_OP_NO_OP;                        //逻辑操作类型为无
9    cb.blendConstants[0] = 1.0f;                           //混合常量 R 分量
10   cb.blendConstants[1] = 1.0f;                           //混合常量 G 分量
11   cb.blendConstants[2] = 1.0f;                           //混合常量 B 分量
12   cb.blendConstants[3] = 1.0f;                           //混合常量 A 分量
13   VkViewport viewports;                                  //视口信息
14   viewports.minDepth = 0.0f;                             //视口最小深度
15   viewports.maxDepth = 1.0f;                             //视口最大深度
16   viewports.x = 0;                                       //视口 x 坐标
17   viewports.y = 0;                                       //视口 y 坐标
18   viewports.width = MyVulkanManager::screenWidth;        //视口宽度
19   viewports.height = MyVulkanManager::screenHeight;      //视口高度
20   VkRect2D scissor;                                      //剪裁窗口信息
21   scissor.extent.width = MyVulkanManager::screenWidth;   //剪裁窗口的宽度
```

```
22      scissor.extent.height = MyVulkanManager::screenHeight;//剪裁窗口的高度
23      scissor.offset.x = 0;                          //剪裁窗口的 x 坐标
24      scissor.offset.y = 0;                          //剪裁窗口的 y 坐标
25      VkPipelineViewportStateCreateInfo vp = {};     //管线视口状态创建信息
26      vp.sType = VK_STRUCTURE_TYPE_PIPELINE_VIEWPORT_STATE_CREATE_INFO;
27      vp.pNext = NULL;                               //自定义数据的指针
28      vp.flags = 0;                                  //供将来使用的标志
29      vp.viewportCount = 1;                          //视口的数量
30      vp.scissorCount = 1;                           //剪裁窗口的数量
31      vp.pScissors = &scissor;                       //剪裁窗口信息列表
32      vp.pViewports = &viewports;                    //视口信息列表
33      VkPipelineDepthStencilStateCreateInfo ds;      //管线深度及模板状态创建信息
34      ds.sType = VK_STRUCTURE_TYPE_PIPELINE_DEPTH_STENCIL_STATE_CREATE_INFO;
35      ds.pNext = NULL;                               //自定义数据的指针
36      ds.flags = 0;                                  //供将来使用的标志
37      ds.depthTestEnable = VK_TRUE;                  //开启深度测试
38      ds.depthWriteEnable = VK_TRUE;                 //开启深度值写入
39      ds.depthCompareOp = VK_COMPARE_OP_LESS_OR_EQUAL;  //深度检测比较操作
40      ds.depthBoundsTestEnable = VK_FALSE;           //关闭深度边界测试
41      ds.minDepthBounds = 0;                         //最小深度边界
42      ds.maxDepthBounds = 0;                         //最大深度边界
43      ds.stencilTestEnable = VK_FALSE;               //关闭模板测试
44      ds.back.failOp = VK_STENCIL_OP_KEEP;           //未通过模板测试时的操作
45      ds.back.passOp = VK_STENCIL_OP_KEEP; //模板测试、深度测试都通过时的操作
46      ds.back.compareOp = VK_COMPARE_OP_ALWAYS;      //模板测试的比较操作
47      ds.back.compareMask = 0;                       //模板测试比较掩码
48      ds.back.reference = 0;                         //模板测试参考值
49      ds.back.depthFailOp = VK_STENCIL_OP_KEEP;      //未通过深度测试时的操作
50      ds.back.writeMask = 0;                         //写入掩码
51      ds.front = ds.back;
```

- 第 1～12 行为构建管线颜色混合状态创建信息结构体实例，其中设置多项必要的属性值。
- 第 13～19 行设置了视口的相关信息，主要包括视口的位置、尺寸、深度范围等。
- 第 20～24 行设置了剪裁窗口的信息，主要包括剪裁窗口的位置尺寸等。
- 第 25～32 行构建了管线视口状态创建信息结构体实例。这里特别需要注意的是，虽然本案例中仅采用了一个视口和一个剪裁窗口，但实际开发中随需要不同，可以同时有多个视口和多个剪裁窗口。
- 第 33～51 行构建了管线深度及模板状态创建信息结构体实例，在其中开启了深度测试、关闭了模板测试，这是大部分情况下的常用组合。

> 💡说明　　VK_COMPARE_OP_LESS_OR_EQUAL 表示深度测试在小于等于原有值的情况下通过，这是一种常规的选择。关于深度测试的具体内容会在后面章节进行详细的介绍，同时模板测试的详细内容也是如此，读者这里可以先放一放这些比较深入的细节问题。

（10）下面介绍的是构建管线多重采样状态的创建信息结构体实例、构建图形管线的创建信息结构体实例、创建管线缓冲、创建管线的相关代码，具体内容如下。

📎 代码位置：见随书源代码/第 1 章/Sample1_1/src/main/cpp/bndevp 目录下的 ShaderQueueSuit_Common.cpp。

```
1       VkPipelineMultisampleStateCreateInfo ms;       //管线多重采样状态创建信息
2       ms.sType = VK_STRUCTURE_TYPE_PIPELINE_MULTISAMPLE_STATE_CREATE_INFO;
3       ms.pNext = NULL;                               //自定义数据的指针
4       ms.flags = 0;                                  //供将来使用的标志位
```

```
5        ms.pSampleMask = NULL;                              //采样掩码
6        ms.rasterizationSamples = VK_SAMPLE_COUNT_1_BIT;    //光栅化阶段采样数量
7        ms.sampleShadingEnable = VK_FALSE;                  //关闭采样着色
8        ms.alphaToCoverageEnable = VK_FALSE;                //不启用 alphaToCoverage
9        ms.alphaToOneEnable = VK_FALSE;                     //不启用 alphaToOne
10       ms.minSampleShading = 0.0;                          //最小采样着色
11       VkGraphicsPipelineCreateInfo pipelineInfo;          //图形管线创建信息
12       pipelineInfo.sType = VK_STRUCTURE_TYPE_GRAPHICS_PIPELINE_CREATE_INFO;
13       pipelineInfo.pNext = NULL;                          //自定义数据的指针
14       pipelineInfo.layout = pipelineLayout;               //指定管线布局
15       pipelineInfo.basePipelineHandle = VK_NULL_HANDLE;   //基管线句柄
16       pipelineInfo.basePipelineIndex = 0;                 //基管线索引
17       pipelineInfo.flags = 0;                             //标志
18       pipelineInfo.pVertexInputState = &vi;               //管线的顶点数据输入状态信息
19       pipelineInfo.pInputAssemblyState = &ia;             //管线的图元组装状态信息
20       pipelineInfo.pRasterizationState = &rs;             //管线的光栅化状态信息
21       pipelineInfo.pColorBlendState = &cb;                //管线的颜色混合状态信息
22       pipelineInfo.pTessellationState = NULL;             //管线的曲面细分状态信息
23       pipelineInfo.pMultisampleState = &ms;               //管线的多重采样状态信息
24       pipelineInfo.pDynamicState = &dynamicState;         //管线的动态状态信息
25       pipelineInfo.pViewportState = &vp;                  //管线的视口状态信息
26       pipelineInfo.pDepthStencilState = &ds;              //管线的深度模板测试状态信息
27       pipelineInfo.stageCount = 2;                        //管线的着色阶段数量
28       pipelineInfo.pStages = shaderStages;                //管线的着色阶段列表
29       pipelineInfo.renderPass = renderPass;               //指定的渲染通道
30       pipelineInfo.subpass = 0;                           //设置管线执行对应的渲染子通道
31       VkPipelineCacheCreateInfo pipelineCacheInfo;        //管线缓冲创建信息
32       pipelineCacheInfo.sType = VK_STRUCTURE_TYPE_PIPELINE_CACHE_CREATE_INFO;
33       pipelineCacheInfo.pNext = NULL;                     //自定义数据的指针
34       pipelineCacheInfo.initialDataSize = 0;              //初始数据尺寸
35       pipelineCacheInfo.pInitialData = NULL;              //初始数据内容, 此处为 NULL
36       pipelineCacheInfo.flags = 0;                        //供将来使用的标志位
37       VkResult result = vk::vkCreatePipelineCache(device, &pipelineCacheInfo, NULL,
   &pipelineCache);
38       assert(result == VK_SUCCESS);                       //检查管线缓冲创建是否成功
39       result = vk::vkCreateGraphicsPipelines(device, pipelineCache, 1, &pipelineInfo,
   NULL, &pipeline);
40       assert(result == VK_SUCCESS);                       //检查管线创建是否成功
```

- 第 1～10 行构建了管线多重采样状态的创建信息结构体实例,设置了此结构体实例的多个相关属性值。这些属性中, 最有特色的就是 alphaToOneEnable 和 alphaToCoverageEnable 了。alphaToOneEnable 启用后所有的片元的 alpha 值都会用 1.0 替代; alphaToCoverageEnable 启用后, 在透明和不透明交界处的纹理像素会被进行多重采样 (Multi-sample), 达到抗锯齿的效果。室外场景将大大受益于这种技术, 通过透明纹理呈现的树叶、铁丝网等的边缘将会更加平滑。

- 第 11～30 行构建了图形管线创建信息结构体实例, 并设置此结构体实例的相关属性。总的来说, 就是将前面逐步构建的各方面状态信息结构体实例进行综合使用, 描述所需图形管线的方方面面。其中第 17 行的 flags 有 3 种选择, 具体情况为: VK_PIPELINE_CREATE_DISABLE _OPTIMIZATION_BIT 表示创建管线时不启用最优化, 选择此选项创建管线的总时间可以缩短 (由于没有对管线进行优化); VK_PIPELINE_CREATE_ALLOW_DERIVATIVES_BIT 表示后面创建的管线可以从通过这个选项创建的管线衍生, 即由此选项创建的管线作为后继创建管线的父管线; VK_PIPELINE_CREATE_DERIVATIVE_BIT 表示创建的管线作为前面创建管线的子管线, 与 VK_PIPELINE_CREATE_ALLOW_DERIVATIVES_BIT 选项对应。

● 第 31～38 行首先构建了管线缓冲创建信息结构体实例，然后调用 vkCreatePipelineCache 方法创建了管线缓冲，为下面的管线创建做好了准备。管线缓冲创建信息结构体实例中的 pInitialData 属性是指向管线缓冲初始化用预置内容数据首地址的指针，这块数据的尺寸（以字节计）由 initialDataSize 属性给出。由于本案例中没有预置的管线缓冲初始化用内容数据，故 initialDataSize 为 0，pInitialData 为 NULL。

● 第 39～40 行调用 vkCreateGraphicsPipelines 方法基于指定的管线缓冲创建了图形渲染管线并检查管线创建是否成功。

（11）最后介绍的是 ShaderQueueSuit_Common 类的析构函数和销毁管线相关实例的几个方法，主要包括销毁管线的方法、销毁着色器模块的方法、销毁管线布局的方法、销毁一致变量缓冲的方法等，具体内容如下。

✍ **代码位置**：见随书中源代码/第 1 章/Sample1_1/src/main/cpp/bndevp 目录下的 ShaderQueueSuit_Common.cpp。

```
1    ShaderQueueSuit_Common::~ShaderQueueSuit_Common(){          //析构函数
2        destroy_pipe_line(*devicePointer);                      //销毁管线
3        destroy_shader(*devicePointer);                         //销毁着色器模块
4        destroy_pipeline_layout(*devicePointer);                //销毁管线布局
5        destroy_uniform_buffer(*devicePointer);                 //销毁一致变量缓冲
6    }
7    void ShaderQueueSuit_Common::destroy_pipe_line(VkDevice& device){//销毁管线的方法
8        vk::vkDestroyPipeline(device, pipeline, NULL);          //销毁管线
9        vk::vkDestroyPipelineCache(device, pipelineCache, NULL); //销毁管线缓冲
10   }
11   void ShaderQueueSuit_Common::destroy_shader(VkDevice& device){//销毁着色器模块的方法
12       vk::vkDestroyShaderModule(device,shaderStages[0].module,NULL);//销毁顶点着色器模块
13       vk::vkDestroyShaderModule(device,shaderStages[1].module,NULL);//销毁片元着色器模块
14   }
15   void ShaderQueueSuit_Common::destroy_pipeline_layout(VkDevice& device){//销毁管线布局的方法
16       for (int i=0;i<NUM_DESCRIPTOR_SETS;i++){                 //遍历描述集列表
17           vk::vkDestroyDescriptorSetLayout(device,descLayouts[i],NULL);//销毁对应描述集布局
18       }
19       vk::vkDestroyPipelineLayout(device,pipelineLayout,NULL);  //销毁管线布局
20   }
21   void ShaderQueueSuit_Common::destroy_uniform_buffer(VkDevice& device){//销毁一致变量缓冲相关
22       vk::vkDestroyBuffer(device, uniformBuf, NULL);           //销毁一致变量缓冲
23       vk::vkFreeMemory(device, memUniformBuf, NULL);           //释放一致变量缓冲对应设备内存
24   }
```

✒ **说明**　从上述代码中可以看出销毁和释放各种相关实例的方法很简单，往往是调用一个 Vulkan API 方法即可完成。这里希望提醒读者的是，开发中应当在使用完毕后适时销毁不需要的实例，养成良好的开发习惯。

1.3.17　创建栅栏和初始化呈现信息

了解了管线的初始化之后，下面介绍的是创建栅栏和初始化呈现的相关方法。其中创建栅栏的方法是 createFence，初始化呈现信息的方法是 initPresentInfo，具体代码如下。

✍ **代码位置**：见随书源代码/第 1 章/Sample1_1/src/main/cpp/bndevp 目录下的 MyVulkanManager.cpp。

```
1    void MyVulkanManager::createFence(){            //创建用于等待指定任务执行完毕的栅栏
2        VkFenceCreateInfo fenceInfo;               //栅栏创建信息结构体实例
```

```
3          fenceInfo.sType = VK_STRUCTURE_TYPE_FENCE_CREATE_INFO;//结构体类型
4          fenceInfo.pNext = NULL;                              //自定义数据的指针
5          fenceInfo.flags = 0;                                 //栅栏的初始状态标志
6          vk::vkCreateFence(device, &fenceInfo, NULL, &taskFinishFence);   //创建栅栏
7      }
8      void MyVulkanManager::initPresentInfo(){                 //初始化呈现信息
9          present.sType = VK_STRUCTURE_TYPE_PRESENT_INFO_KHR;//结构体类型
10         present.pNext = NULL;                                //自定义数据的指针
11         present.swapchainCount = 1;                          //交换链的数量
12         present.pSwapchains = &swapChain;                    //交换链列表
13         present.waitSemaphoreCount = 0;                      //等待的信号量数量
14         present.pWaitSemaphores = NULL;                      //等待的信号量列表
15         present.pResults = NULL;                             //呈现操作结果标志列表
16     }
```

● 第 1~7 行为创建用于等待指定任务执行完毕栅栏的 createFence 方法，其中首先构建栅栏创建信息结构体实例，然后调用 vkCreateFence 方法创建所需的栅栏。要注意的是，由于本案例中希望栅栏在初始状态下为未触发态（一般代表任务未完成），故在第 5 行将栅栏的初始状态标志设置为 0，若希望栅栏的初始状态为触发态（一般代表任务已完成），则需要将栅栏的初始状态标志设置为 VK_FENCE_CREATE_SIGNALED_BIT。

● 第 8~16 行为初始化呈现信息的 initPresentInfo 方法，其中设置了呈现信息结构体实例的多个属性，主要包括交换链的数量、交换链列表、等待的信号量数量、等待的信号量列表、呈现操作结果标志列表等。其中呈现操作结果标志列表是一个指向元素数量与交换链数量相同的 VkResult 型数组首元素的指针，当呈现完成后 Vulkan 会根据各个交换链执行呈现的情况来填充此数组中对应的元素值。

1.3.18　初始化基本变换矩阵、摄像机矩阵、投影矩阵

接下来介绍的是初始化基本变换矩阵、摄像机矩阵和投影矩阵的 initMatrix 方法，该方法包含初始化摄像机位置、初始化基本变换矩阵和设置投影参数等关键步骤，具体代码如下。

✎ 代码位置：见随书源代码/第 1 章/Sample1_1/src/main/cpp/bndevp 目录下的 MyVulkanManager.cpp。

```
1      void MyVulkanManager::initMatrix(){
2          MatrixState3D::setCamera(0,0,200,0,0,0,0,1,0);        //初始化摄像机
3          MatrixState3D::setInitStack();                       //初始化基本变换矩阵
4          float ratio=(float)screenWidth/(float)screenHeight; //求屏幕长宽比
5          MatrixState3D::setProjectFrustum(-ratio,ratio,-1,1,1.5f,1000);//设置投影参数
6      }
```

📎说明　　按照屏幕长宽比设置投影参数是为了保证绘制的画面不变形，关于摄像机、基本变换（平移、旋转、缩放）、投影参数等内容将会在后面的章节中详细介绍，这里读者简单了解即可。

1.3.19　执行绘制

完成了几种矩阵的初始化之后，接着介绍的是执行绘制的方法——drawObject，其中建立了渲染循环以持续绘制各帧画面，具体代码如下。

（1）首先介绍的是 drawObject 绘制方法本身，其包括初始化 FPS 计算、计算 FPS、绘制 3 色三角形、结束渲染通道、结束命令缓冲等关键步骤，具体代码如下。

代码位置： 见随书源代码/第 1 章/Sample1_1/src/main/cpp/bndevp 目录下的 MyVulkanManager.cpp。

```
1    void MyVulkanManager::drawObject(){
2        FPSUtil::init();                                      //初始化 FPS 计算
3        while(MyVulkanManager::loopDrawFlag){                 //每循环一次绘制一帧画面
4            FPSUtil::calFPS();                                //计算 FPS
5            FPSUtil::before();                                //一帧开始
6            VkResult result = vk::vkAcquireNextImageKHR(device, swapChain,
                                                         //获取交换链中的当前帧索引
7                UINT64_MAX, imageAcquiredSemaphore, VK_NULL_HANDLE, &currentBuffer);
8            rp_begin.framebuffer = framebuffers[currentBuffer];//为渲染通道设置当前帧缓冲
9            vk::vkResetCommandBuffer(cmdBuffer, 0);    //恢复命令缓冲到初始状态
10           result = vk::vkBeginCommandBuffer(cmdBuffer, &cmd_buf_info);//启动命令缓冲
11           MyVulkanManager::flushUniformBuffer();     //将当前帧相关数据送入一致变量缓冲
12           MyVulkanManager::flushTexToDesSet();       //更新绘制用描述集
13           vk::vkCmdBeginRenderPass(cmdBuffer, &rp_begin, VK_SUBPASS_CONTENTS_INLINE);
14           triForDraw->drawSelf(cmdBuffer,sqsCL->pipelineLayout,   //绘制三色三角形
15               sqsCL->pipeline,&(sqsCL->descSet[0]));
16           vk::vkCmdEndRenderPass(cmdBuffer);         //结束渲染通道
17           result = vk::vkEndCommandBuffer(cmdBuffer);//结束命令缓冲
18           submit_info[0].waitSemaphoreCount = 1;     //等待的信号量数量
19           submit_info[0].pWaitSemaphores = &imageAcquiredSemaphore;//等待的信号量列表
20           result = vk::vkQueueSubmit(queueGraphics, 1, submit_info, taskFinishFence);
                                                         //提交命令缓冲
21           do{                                        //等待渲染完毕
22               result = vk::vkWaitForFences(device, 1, &taskFinishFence, VK_TRUE,
FENCE_TIMEOUT);
23           }
24           while (result == VK_TIMEOUT);
25           vk::vkResetFences(device,1,&taskFinishFence);//重置栅栏
26           present.pImageIndices = &currentBuffer;     //指定此次呈现的交换链图像索引
27           result = vk::vkQueuePresentKHR(queueGraphics, &present);//执行呈现
28           FPSUtil::after(60);                         //限制 FPS 不超过指定的值
29    }}
```

- 第 6~8 行首先通过 vkAcquireNextImageKHR 方法获取了交换链中当前的帧索引，然后根据此索引给渲染通道启动信息结构体实例的 framebuffer 属性设置此次绘制使用的帧缓冲。
- 第 9~10 行首先恢复命令缓冲到初始状态，然后启动命令缓冲。
- 第 11~12 行依次调用 flushUniformBuffer 方法和 flushTexToDesSet 方法将当前帧相关数据送入一致变量缓冲并更新绘制用描述集，下面的步骤将会对这两个方法进行详细介绍。
- 第 13~17 行首先启动了渲染通道，然后调用 drawSelf 方法绘制了 3 色三角形，接着依次结束了渲染通道和命令缓冲。其中调用 vkCmdBeginRenderPass 方法启动渲染通道时传递的第三个参数 VK_SUBPASS_CONTENTS_INLINE 表示仅采用主命令缓冲而没有采用二级命令缓冲（或称之为子命令缓冲），若需要采用二级命令缓冲，则第三个参数应该选用 VK_SUBPASS_CONTENTS_SECONDARY_COMMAND_BUFFERS。二级命令缓冲相关的内容会在本书后面介绍多线程并发渲染时详细给出，这里简单了解即可。
- 第 18~20 行设置了命令缓冲提交时等待的信号量数量和信号量列表，并将命令缓冲提交到指定的队列执行。注意这里仅仅使用了一个信号量，此信号量是前面获取交换链中当前帧索引时设置的。这样命令缓冲提交后，在执行前就会等待此信号量到位，可以帮助避免多个队列同时执行导致的并发问题。

● 第 21~25 行首先循环等待提交到队列的任务完成，任务完成后重置了栅栏。这里需要注意的是，前面调用 vkQueueSubmit 方法提交命令缓冲时指定了栅栏，因此当任务完成后 Vulkan 会设置栅栏的状态为完成态。这样通过栅栏就可以实现 GPU 和 CPU 并发执行任务时的同步工作，这种策略在 Vulkan 应用程序开发中经常使用。

● 第 26~27 行首先设置了呈现信息结构体实例的 pImageIndices 属性为当前帧索引，然后调用 vkQueuePresentKHR 方法执行了呈现。vkQueuePresentKHR 方法执行完毕后，在屏幕上就可以看到一帧完整的画面了。

> **提示** 上述代码中多处使用了 FPSUtil 类的相关方法，此类是笔者开发的用于帮助计算 FPS（帧速率）、限制 FPS 最大值的工具类。此类与 Vulkan 并没有必然联系，这里不再赘述，有兴趣的读者可以参考随书源代码。另外，对于手机应用而言过高的 FPS 对用户体验的提升有限，但急剧增加耗电，因此手机应用往往会采用限制 FPS 最大值的策略来平衡用户体验和续航需求。

（2）接下来介绍的是步骤（1）中第 11 行调用的将当前帧相关数据送入一致变量缓冲的方法——flushUniformBuffer，该方法中包括更改 3 色三角形的旋转角度、将最终变换矩阵数据送进渲染管线等关键步骤，具体代码如下。

代码位置： 见随书中源代码/第 1 章/Sample1_1/src/main/cpp/bndevp 目录下的 MyVulkanManager.cpp。

```
1   void MyVulkanManager::flushUniformBuffer(){ //将当前帧的一致数据送入一致变量缓冲的方法
2       xAngle=xAngle+1.0f;                      //改变 3 色三角形的旋转角
3       if(xAngle>=360){xAngle=0;}               //限制 3 色三角形旋转角范围
4       MatrixState3D::pushMatrix();             //保护现场
5       MatrixState3D::rotate(xAngle,1,0,0);     //旋转变换
6       float* vertexUniformData=MatrixState3D::getFinalMatrix();//获取最终变换矩阵
7       MatrixState3D::popMatrix();              //恢复现场
8       uint8_t *pData;                          //CPU 访问设备内存时的辅助指针
9       VkResult result = vk::vkMapMemory(device, sqsCL->memUniformBuf,
                                                  //将设备内存映射为 CPU 可访问
10          0, sqsCL->bufferByteCount, 0, (void **)&pData);
11      assert(result==VK_SUCCESS);             //检查映射是否成功
12      memcpy(pData, vertexUniformData, sqsCL->bufferByteCount);//将最终矩阵数据复制进设备内存
13      vk::vkUnmapMemory(device,sqsCL->memUniformBuf);        //解除内存映射
14  }
```

● 第 2~3 行修改了 3 色三角形的旋转角度，并保证角度在 0~360 的范围内。

● 第 4~7 行通过 MatrixState3D 工具类进行了变换矩阵的计算，并获取最终变换矩阵（基本变换、摄像机、投影总矩阵）的数据。关于矩阵变换的内容会在后面有独立章节进行详细的介绍，这里读者简单了解即可。

● 第 8~13 行功能为将最终变换矩阵的数据送入一致变量缓冲，这与创建绘制用物体时将顶点坐标和颜色数据送入顶点数据缓冲类似，因此不再赘述。

（3）最后介绍的是步骤（1）中第 12 行调用的更新绘制用描述集的方法——flushTexToDesSet，该方法通过使用 vkUpdateDescriptorSets 方法进行描述集的更新，具体代码如下。

```
1   void MyVulkanManager::flushTexToDesSet(){            //更新绘制用描述集的方法
2       sqsCL->writes[0].dstSet = sqsCL->descSet[0];     //更新描述集对应的写入属性
3       vk::vkUpdateDescriptorSets(device, 1, sqsCL->writes, 0, NULL);//更新描述集
4   }
```

> **提示**　从上述代码中可以看出，通过调用 vkUpdateDescriptorSets 方法可以将描述集与对应的资源进行关联。本案例比较简单，描述集相关的资源也只有一个一致变量缓冲。因此上述更新绘制用描述集的方法中代码很少，当程序中的相关资源增加后，此方法的代码也会相应增加，读者可以在学习到后面的章节时再进行比对。

1.3.20　销毁相关对象

前面的多个步骤中创建了很多不同类型的 Vulkan 对象，当程序执行完毕时这些对象应该被恰当的销毁或释放。本节将介绍销毁、释放上述对象的相关方法，具体代码如下。

代码位置： 见随书源代码/第 1 章/Sample1_1/src/main/cpp/bndevp 目录下的 MyVulkanManager.cpp。

```
1   void MyVulkanManager::destroyPipeline(){              //销毁管线
2       delete sqsCL;
3   }
4   void MyVulkanManager::destroyDrawableObject(){        //销毁绘制用物体
5       delete triForDraw;
6   }
7   void MyVulkanManager::destroy_frame_buffer(){         //销毁帧缓冲
8       for (int i = 0; i < swapchainImageCount; i++){//循环销毁交换链中各个图像对应的帧缓冲
9           vk::vkDestroyFramebuffer(device, framebuffers[i], NULL);
10      }
11      free(framebuffers);
12      LOGE("销毁帧缓冲成功！");
13  }
14  void MyVulkanManager::destroy_render_pass(){          //销毁渲染通道相关
15      vk::vkDestroyRenderPass(device, renderPass, NULL);
16      vk::vkDestroySemaphore(device, imageAcquiredSemaphore, NULL);
17  }
18  void MyVulkanManager::destroy_vulkan_DepthBuffer(){   //销毁深度缓冲相关
19      vk::vkDestroyImageView(device, depthImageView, NULL);
20      vk::vkDestroyImage(device, depthImage, NULL);
21      vk::vkFreeMemory(device, memDepth, NULL);
22      LOGE("销毁深度缓冲相关成功!");
23  }
24  void MyVulkanManager::destroy_vulkan_swapChain(){     //销毁交换链相关
25      for (uint32_t i = 0; i < swapchainImageCount; i++){
26          vk::vkDestroyImageView(device, swapchainImageViews[i], NULL);
27          LOGE("[销毁 SwapChain ImageView %d 成功]",i);
28      }
29      vk::vkDestroySwapchainKHR(device, swapChain, NULL);
30      LOGE("销毁 SwapChain 成功!");
31  }
32  void MyVulkanManager::destroy_vulkan_CommandBuffer(){ //销毁命令缓冲
33      VkCommandBuffer cmdBufferArray[1] = {cmdBuffer}; //创建要释放的命令缓冲数组
34      vk::vkFreeCommandBuffers(                         //释放命令缓冲
35          device,                                      //所属逻辑设备
36          cmdPool,                                     //所属命令池
37          1,                                           //要销毁的命令缓冲数量
38          cmdBufferArray                               //要销毁的命令缓冲数组
39      );
40      vk::vkDestroyCommandPool(device, cmdPool, NULL); //销毁命令池
41  }
```

```
42    void MyVulkanManager::destroy_vulkan_devices(){          //销毁逻辑设备
43        vk::vkDestroyDevice(device, NULL);
44        LOGE("逻辑设备销毁完毕! ");
45    }
46    void MyVulkanManager::destroy_vulkan_instance(){          //销毁 Vulkan 实例
47        vk::vkDestroyInstance(instance, NULL);
48        LOGE("Vulkan 实例销毁完毕!");
49    }
```

> ✒️说明　　从上述代码中可以看出销毁和释放各种 Vulkan 对象的操作比创建对应对象简
> 单很多，往往是调用一个方法即可完成。不过初学者很容易忘记进行这些销毁的操
> 作，可能会带来程序的潜在问题，请读者多加注意。

1.3.21　整体流程的执行

前面已经提到过，Vulkan 的绘制相关任务一般是由自定义的线程来执行的。下面就介绍一下
启动自定义线程执行 Vulkan 绘制相关任务的 doVulkan 方法，其也在 MyVulkanManager 类中，具
体代码如下。

```
1    void MyVulkanManager::doVulkan(){
2        ThreadTask* tt=new ThreadTask();          //创建执行 Vulkan 绘制相关任务的对象
3        thread t1(&ThreadTask::doTask,tt);        //创建线程执行任务方法 doTask
4        t1.detach();                              //将子线程与主线程分离
5    }
```

从上述代码中可以看出，doVulkan 方法是通过让自定义线程执行 ThreadTask 类对象的 doTask
方法来完成 Vulkan 绘制相关任务的。下面就详细介绍一下 ThreadTask 类，具体内容如下。

（1）首先给出的是 ThreadTask 类的头文件，具体代码如下。

```
1    class ThreadTask{
2    public:
3        ThreadTask();                             //构造函数
4        ~ThreadTask();                            //析构函数
5        void doTask();                            //执行 Vulkan 绘制相关任务的方法
6    };
```

> ✒️说明　　上述代码并不复杂，主要是声明了 ThreadTask 类的构造函数、析构函数以及执
> 行 Vulkan 绘制相关任务的 doTask 方法。

（2）接着介绍的是 ThreadTask 类的实现代码，主要是 doTask 方法的实现。doTask 方法依次
调用了本节前面多个小节介绍的用于完成 Vulkan 绘制各项相关任务的方法，具体代码如下。

```
1    void ThreadTask::doTask(){
2        MyVulkanManager::init_vulkan_instance();            //创建 Vulkan 实例
3        MyVulkanManager::enumerate_vulkan_phy_devices();    //获取物理设备列表
4        MyVulkanManager::create_vulkan_devices();           //创建逻辑设备
5        MyVulkanManager::create_vulkan_CommandBuffer();     //创建命令缓冲
6        MyVulkanManager::init_queue();                      //获取支持图形工作的队列
7        MyVulkanManager::create_vulkan_swapChain();         //初始化交换链
8        MyVulkanManager::create_vulkan_DepthBuffer();       //创建深度缓冲
9        MyVulkanManager::create_render_pass();              //创建渲染通道
10       MyVulkanManager::create_frame_buffer();             //创建帧缓冲
```

```
11        MyVulkanManager::createDrawableObject();                    //创建绘制用物体
12        MyVulkanManager::initPipeline();                            //初始化渲染管线
13        MyVulkanManager::createFence();                             //创建栅栏
14        MyVulkanManager::initPresentInfo();                         //初始化呈现信息
15        MyVulkanManager::initMatrix();                              //初始化矩阵
16        MyVulkanManager::drawObject();                              //执行绘制
17        MyVulkanManager::destroyFence();                            //销毁栅栏
18        MyVulkanManager::destroyPipeline();                         //销毁管线
19        MyVulkanManager::destroyDrawableObject();                   //销毁绘制用物体
20        MyVulkanManager::destroy_frame_buffer();                    //销毁帧缓冲
21        MyVulkanManager::destroy_render_pass();                     //销毁渲染通道相关
22        MyVulkanManager::destroy_vulkan_DepthBuffer();              //销毁深度缓冲相关
23        MyVulkanManager::destroy_vulkan_swapChain();                //销毁交换链相关
24        MyVulkanManager::destroy_vulkan_CommandBuffer();            //销毁命令缓冲
25        MyVulkanManager::destroy_vulkan_devices();                  //销毁逻辑设备
26        MyVulkanManager::destroy_vulkan_instance();                 //销毁 Vulkan 实例
27    }
```

> 💡**说明**　上述代码可以说是一般 Vulkan 图形应用程序的"故事情节概要"了，其中依次调用了前面介绍的各个功能方法，按照必要的顺序完成了 Vulkan 图形应用程序的各项操作。另外，开辟独立线程执行绘制任务的部分本书只是给出了一种参考实现。这部分解决方案并不唯一，读者也可以开发自定义的其他实现。

1.3.22　顶点着色器和片元着色器

前面多处对代码的讲解都提到了着色器，下面来简单介绍一下本案例中用到的两种着色器，这两种着色器是顶点着色器和片元着色器，具体内容如下。

> 💡**提示**　1.1.1 节介绍过，Vulkan 没有指定官方的着色器编程语言，而是采用 SPIR-V 二进制中间格式来进行表示。但对于开发人员来说，不大可能直接使用 SPIR-V 进行开发，一般都需要基于某种着色器编程语言开发着色器然后再编译为 SPIR-V 格式。本书案例中的着色器都选用了 GLSL 着色器编程语言进行开发，这对于熟悉或了解一些 OpenGL 的开发人员来说应该是最好的选择了。

（1）首先介绍的是顶点着色器，其每顶点执行一次。本节案例的顶点着色器主要包括计算顶点的最终绘制位置以及将顶点颜色传递给片元着色器，具体代码如下。

✍️**代码位置：**见随书中源代码/第 1 章/Sample1_1/src/main/assets/shader 目录下的 commonTexLight.vert。

```
1     #version 400                                    //着色器版本号
2     #extension GL_ARB_separate_shader_objects : enable//开启 GL_ARB_separate_shader_objects
3     #extension GL_ARB_shading_language_420pack : enable//开启 GL_ARB_shading_language_420pack
4     layout (std140,set = 0, binding = 0) uniform bufferVals {    //一致块
5         mat4 mvp;                                   //总变换矩阵
6     } myBufferVals;
7     layout (location = 0) in vec3 pos;              //传入的物体坐标系顶点坐标
8     layout (location = 1) in vec3 color;           //传入的顶点颜色
9     layout (location = 0) out vec3 vcolor;         //传到片元着色器的顶点颜色
10    out gl_PerVertex {                             //输出接口块
11        vec4 gl_Position;                          //顶点最终位置
```

```
12   };
13   void main() {                                    //主函数
14       gl_Position = myBufferVals.mvp * vec4(pos,1.0);     //计算顶点最终位置
15       vcolor=color;                                //传递顶点颜色给片元着色器
16   }
```

- 第 1 行给定了所用 GLSL（OpenGL Shading Language——OpenGL 着色语言）的版本，不同版本 GLSL 支持的特性和功能不尽相同。
- 第 2～3 行开启了 GL_ARB_separate_shader_objects 和 GL_ARB_shading_language_420pack 扩展，在 Vulkan 中如果想使用着色器进行开发，一般需要开启这两个扩展。
- 第 4～6 声明了一致块 myBufferVals，其中包含用于接收总变换矩阵数据的成员 mvp，同时指定了此一致块的绑定点编号为 0。
- 第 10～12 行定义了输出接口块 gl_PerVertex，其中包含内建输出变量 gl_Position，此内建变量负责接收最终的顶点位置并传递到渲染管线进行后继处理。
- 第 13～16 行为顶点着色器的主方法。首先将最终变换矩阵与物体坐标系下的顶点坐标相乘，得到顶点最终位置，然后将计算得到的顶点最终位置传递给内建变量 gl_Position。最后，将传入到顶点着色器的顶点颜色数据传递给片元着色器。

> **提示** 这里读者可能会感到疑惑，为什么第 14 行在顶点变换时表示一个点的位置需要 4 个分量？这涉及齐次坐标的使用，后面会有专门的章节进行介绍。另外，上述顶点着色器代码读者学习后可能还是比较糊涂。不用担心，这是正常的！着色器的开发本身学习曲线就比较陡峭，不像有些类型程序的代码比较容易直接理解，后面笔者会带领读者逐步学习，慢慢读者就能够顺利掌握了。

（2）接下来介绍的是片元着色器，片元着色器每片元执行一次。本节案例中的片元着色器仅仅是将顶点着色器传递过来的颜色值输出，传递给渲染管线的后继阶段进行处理，具体代码如下。

代码位置：见随书中源代码/第 1 章/Sample1_1/src/main/assets/shader 目录下的 commonTexLight.frag。

```
1   #version 400                                      //着色器版本号
2   #extension GL_ARB_separate_shader_objects : enable//开启 GL_ARB_separate_shader_objects
3   #extension GL_ARB_shading_language_420pack : enable//开启 GL_ARB_shading_language_420pack
4   layout (location = 0) in vec3 vcolor;             //顶点着色器传入的顶点颜色数据
5   layout (location = 0) out vec4 outColor;          //输出到渲染管线的片元颜色值
6   void main() {
7       outColor=vec4(vcolor.rgb,1.0);               //将顶点着色器传递过来的颜色值输出
8   }
```

- 第 1～3 行功能与前面顶点着色器中的对应代码相同，这里不再赘述。
- 第 4～5 行分别为顶点着色器传入的顶点颜色数据以及输出到渲染管线的片元颜色值。
- 第 6～8 行为片元着色器的主方法，其中将传入的顶点颜色数据输出，以备渲染管线的后继阶段进行处理。

> **提示** 第 7 行最后一个分量代表 4 个色彩通道（RGBA）中的 A 通道，宿主语言（C++）在传输数据时没有传入 A 通道值（可以对照 1.3.15 节中步骤 3 下 TriangleData 类的相关代码），而管线需要的片元颜色输出值是 RGBA 的第 4 个通道，因此这里需要自己增加一个 1.0 作为 A 通道值。

前面介绍初始化渲染管线的 1.3.16 节中讲解了管线布局、描述集布局、描述集等相关知识，当时提到这些都是与管线对应的着色器密切相关的，这里再进行一下梳理，具体内容如下。

● 开发中为了便于管理与维护，笔者建议一套着色器对应一个管线。本节案例中仅仅包含一套着色器，因此仅有一个渲染管线实例。

● 创建管线布局时需要给出对应的描述集布局，用于确定管线执行渲染时需要哪些一致（uniform）数据，每项一致数据的格式等，取决于管线对应的着色器套装中各个着色器的一致变量使用情况，描述集布局中可能包含一个或多个描述集布局绑定（VkDescriptorSetLayoutBinding），每个描述集布局绑定对应于此管线对应着色器套装中某着色器的一项一致变量（比如一致变量块、采样器等）。如本节案例仅仅在顶点着色器中使用了一个一致变量块用于接收最终变换矩阵的数据，故这里描述集布局中仅包含一个描述集布局绑定。

● 描述集从描述集池中高效地分配，其数量与执行绘制时的一致性资源（比如纹理）总套数直接相关。例如一个管线每次执行绘制时其对应的着色器要接收一个纹理，运行时一共有 N 种可选的纹理，那么就需要在做准备工作时为每种纹理分配一个描述集（共分配 N 个描述集）。由于新分配的描述集中不包含对应资源的具体信息，故在执行绘制前需要通过调用 vkUpdateDescriptorSets 方法将每个描述集与其对应的纹理资源关联起来，以备绘制时使用。本节案例中仅有一套资源，因此仅仅分配了一个描述集，绘制前也只是更新了这个描述集。本书后面介绍纹理的章节中会出现需要多个描述集的情况，到那里读者再进一步体会，这里先有一个总体的认识即可。

> 💡提示　　上述梳理出的几点请读者将本节的着色器与前面相关内容进行对照学习，以便加深理解，建立这些知识点之间必要的逻辑联系。

1.4　Vulkan 中立体物体的构建

前面几节介绍了 Vulkan 图形应用程序的基本架构，同时给出了一个 3 色三角形案例的代码。到目前为止读者可能还是不太清楚虚拟 3D 世界中的立体物体是如何搭建出来的。其实这与现实世界搭建建筑物并没有本质区别，请读者考察图 1-58 和图 1-59 中国家大剧院远景和近景的照片。

▲图 1-58　国家大剧院远景

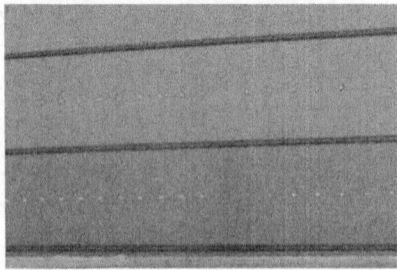

▲图 1-59　国家大剧院近景

从两幅照片中可以对比出，现实世界的某些建筑物远看是平滑的曲面，其实近看是由一个一个的小平面组成的。3D 虚拟世界中也是如此，任何立体物体都是由多个小平面搭建而成的。这些小平面切分得越小，越细致，搭建出来的物体就越平滑。

当然 Vulkan 的虚拟世界与现实世界还是有区别的，现实世界中可以用任意形状的多边形来搭建建筑物，例如图 1-58 中的国家大剧院就是用四边形搭建的，而 Vulkan 中仅仅允许采用三角形来搭建物体。其实这从构造能力上来说并没有区别，因为任何多边形都可以拆分为多个三角形，只需开发时稍微注意一下即可。

> **提示**　Vulkan 中之所以仅仅支持三角形而不支持任意多边形是出于性能的考虑，就目前移动设备的硬件性能情况来看，这是必然的选择了。

图 1-60 更加具体地说明了在 Vulkan 中如何采用三角形来构建立体物体。

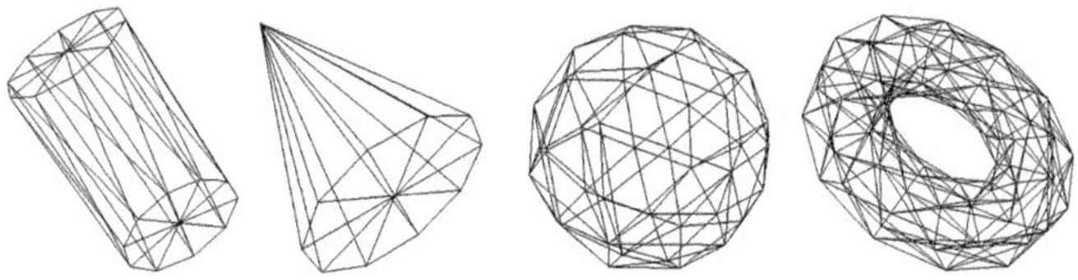

▲图 1-60　用三角形搭建立体物体

> **说明**　从图 1-60 中可以看出用三角形可以搭建出任意形状的立体物体，这里仅仅是给出了几个简单的例子，本书的后继章节中还有很多其他形状的立体物体。

了解了 Vulkan 中立体物体的搭建方式后，下面就需要了解 Vulkan 中的坐标系统了。Vulkan 中采用的是三维笛卡尔坐标系，具体情况如图 1-61 所示。

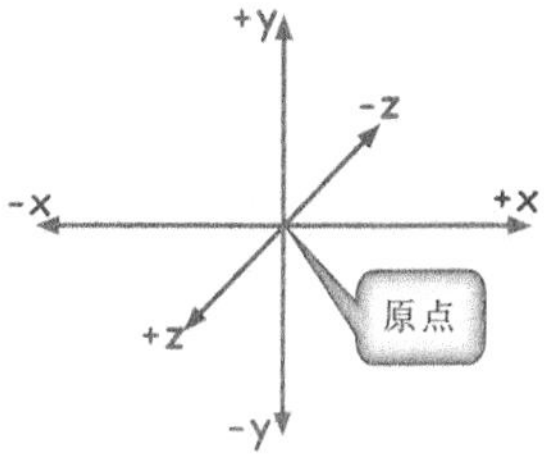

▲图 1-61　Vulkan 中的坐标系

从图 1-61 中可以看出，Vulkan 中采用的是左手标架坐标系。一般来说，初始情况下 y 轴平行于屏幕的竖边，x 轴平行于屏幕的横边，z 轴垂直于屏幕平面。

> **提示**　空间解析几何中有两种坐标系标架，左手标架和右手标架。本书非讨论空间解析几何的专门书籍，关于标架的问题不予详述，需要的读者可以参考空间解析几何的相关书籍或资料。另外，了解了立体物体搭建的基本原理后，有兴趣的读者可以根据自己的理解修改 1.3.15 节中介绍的 TriangleData 类中顶点数据相关的代码，得到其他的几何形状，比如立方体。

1.5　本章小结

通过本章的学习，读者应该体会到 Vulkan 的学习门槛相对较高，上手有一定困难，一个简单的旋转三角形场景就用去了 1500 行左右的代码。但不要灰心，随着后面章节的不断深入，读者应该会慢慢体会到 Vulkan 的强大。

第2章　渲染管线和调试技术

第 1 章介绍了 Vulkan 的基本知识，同时详细介绍了 3 色三角形案例各部分的开发。本章将进一步介绍 Vulkan 的渲染管线、着色器外编译以及调试 Layer 的使用，这些知识与技术都是开发良好 Vulkan 图形应用程序所必知必会的。

2.1　渲染管线

经过第 1 章 3 色三角形案例的学习后，读者应该对 Vulkan 图形应用程序的基本架构有了一定的了解。但此时应该还有一个疑问：绘制命令送入设备队列执行后，Vulkan 是如何将原始的物体顶点坐标数据、顶点颜色数据最终转化为屏幕中画面的？这就需要再进一步学习 Vulkan 渲染管线方面的知识了。

Vulkan 的渲染管线可以看作一条流水线，物体绘制相关数据进入管线后在多个阶段中被依次处理。每一阶段执行某种处理，并输出下一阶段需要的内容。在管线的末端，一开始输入的数据已经被转换为携带画面中每个像素颜色数据的片元，最后被呈现到屏幕。图 2-1 给出了 Vulkan 完整的渲染管线结构。

从图 2-1 中可以看出，Vulkan 的渲染管线包含了很多处理步骤和涉及的支撑对象。图中左右两侧各有一个应用程序入口，左侧进入的是 3 色三角形案例中用到的图形渲染管线，右侧进入的是利用 GPU 进行高性能通用计算时用到的计算管线。

计算管线用途特殊，本书后面会有专门的章节进行介绍。本节主要是详细介绍执行绘制任务所需的图形渲染管线，具体内容如下。

1. 绘制

这是命令进入 Vulkan 图形渲染管线的位置。通常，Vulkan 设备内部某一部分可以解释命令缓冲中的命令，并直接和硬件交互以引导工作。当完成了绘制前的准备工作后命令便进入图形渲染管线，以便为图像的渲染做进一步的工作。

2. 输入装配

该阶段读取顶点缓冲和索引缓冲中的数据，其中包含了程序将要绘制物体的顶点信息数据（如顶点位置坐标、顶点颜色等、顶点法向量等），然后对数据分组并进行组装，以供管线后续部分使用。

例如输入的顶点缓冲中包含 3 个顶点的数据，每个顶点包含 x、y、z 位置坐标和 RGB 色彩通道颜色值（3 色三角形案例中就是如此），则输入装配阶段将顶点缓冲中的数据每 6 个分为一组，作为一个顶点的数据，以备后继顶点着色器进行处理。

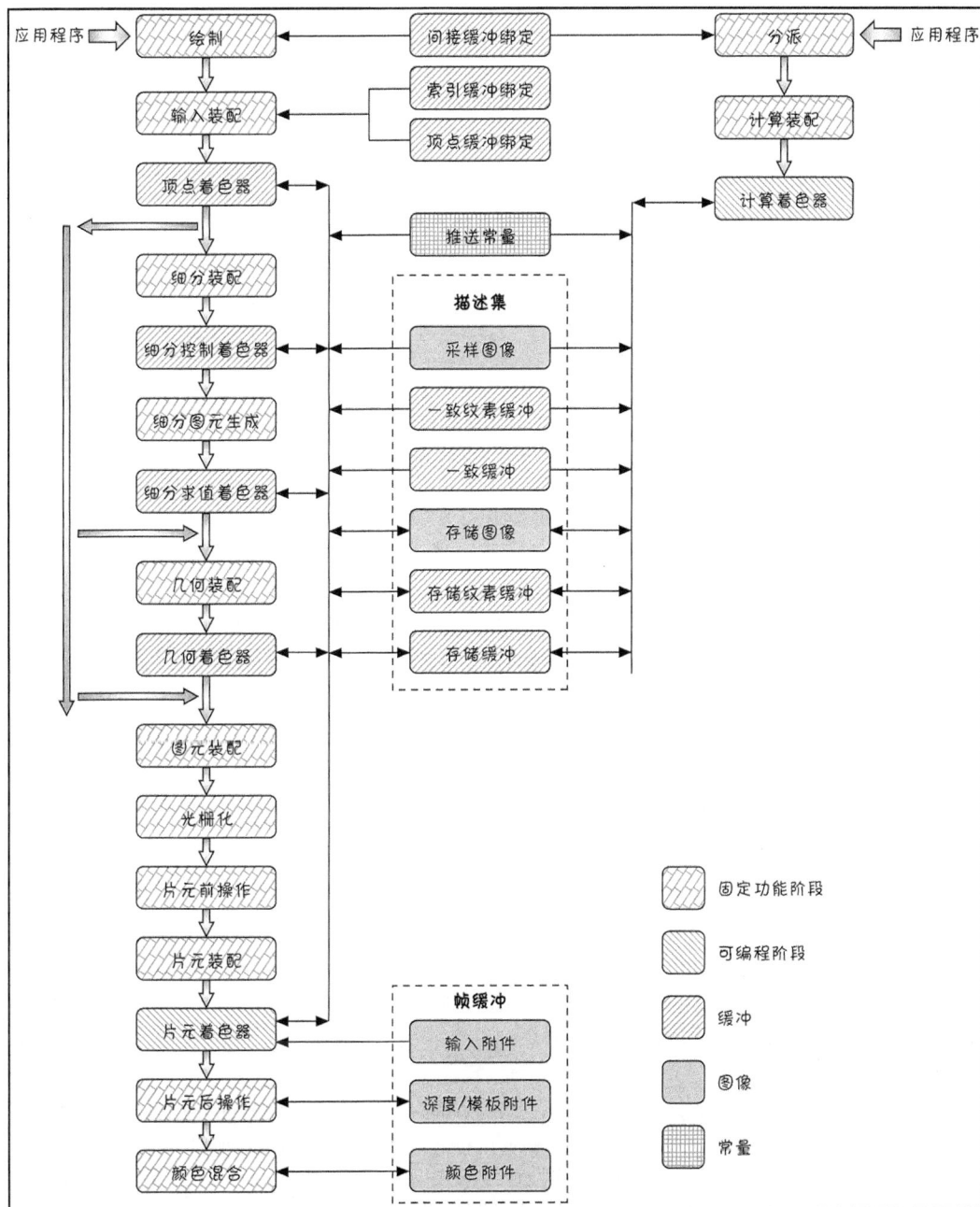

▲图 2-1　Vulkan 完整的渲染管线结构

3. 顶点着色器

顶点着色器是一个可编程的处理单元，功能为执行顶点的变换、完成光照与材质的运用及计算等相关操作，其操作对象为每个顶点。一般工作流程为首先将原始的顶点坐标数据及其他属性值传送到顶点着色器中，再经由自己开发的顶点着色器处理后产生顶点纹理坐标、颜色、位置等后继流程需要的各项顶点属性值，并将这些结果数据传递给下一阶段。

通过可编程的顶点着色器，开发人员可以根据实际需求自行开发顶点变换、光照等功能。下面给出了顶点着色器的工作原理，如图 2-2 所示。

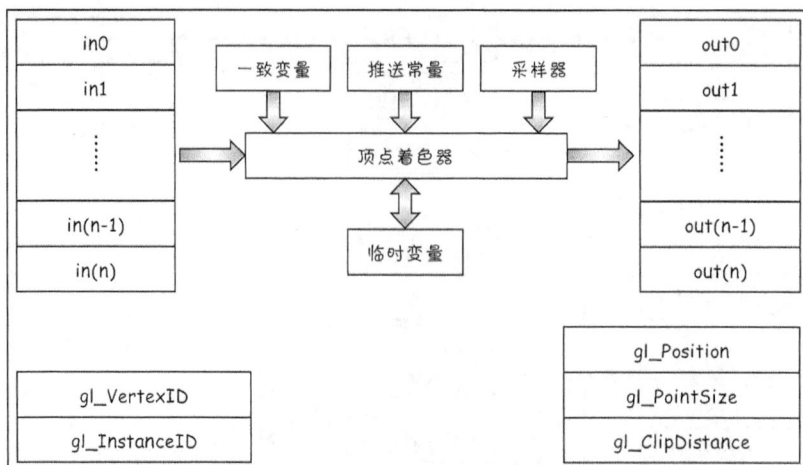

▲图 2-2　顶点着色器工作原理

- 顶点着色器的输入主要为待处理的 in 变量、一致变量（Uniforms）、采样器及临时变量，输出主要为经过顶点着色器生成的 out 变量及一些内建输出变量。

- 顶点着色器中的 in 变量指的是待绘制物体中每个顶点各自不同的信息所属的变量，一般顶点的位置、颜色、法向量等每个顶点各自不同的信息是以 in 变量的方式传入顶点着色器的。

- 一致变量是指用于对同一场景中多个待绘制物体内所有顶点都相同的量，诸如场景中的光源位置、当前的摄像机位置、投影矩阵等。

- 推送常量（PushConstants）一般用于对单个待绘制物体中所有顶点都相同的量，比如物体的基本变换矩阵、物体的最终变换总矩阵等。

- 采样器有多种可选的类型，诸如 sampler2D、sampler3D、samplerCube、sampler2DArray 等，对应于输入着色器的各种纹理，本书后面会有专门的章节进行详细介绍。

- 顶点着色器中的 out 变量是从顶点着色器计算产生并传递到细分控制着色器、几何着色器或片元着色器的数据变量，比如计算后顶点的光照强度、纹理坐标等。

- 内建输出变量 gl_Position、gl_PointSize、gl_ClipDistance。gl_Position 是经过变换矩阵变换、投影后的顶点最终位置；gl_PointSize 指的是点的尺寸（仅在点绘制模式工作）；gl_ClipDistance 一般是一个数组，其允许着色器设置一个顶点到每个剪裁平面的距离，正值表示顶点在剪裁平面的里面（正面），而负值表示在剪裁平面的外面（反面）。

- 内建输入变量 gl_VertexID、gl_InstanceID。gl_VertexID 用来传入当前处理顶点的整数索引；gl_InstanceID 指的是当前处理顶点所属实例的整数索引，其在多实例渲染时才会有多个值。

这里的 out 变量在顶点着色器内赋值后并不一定是直接将赋的值传递到后继着色器的 in 变量中，在此有两种可能的情况：如果后继着色器是细分控制着色器或几何着色器，则顶点着色器输出的 out 变量值直接传入后继着色器对应的 in 变量中；如果后继着色器是片元着色器，则有两种可能。

后继着色器为片元着色器时的两种可能情况如下。

- 如果 out 限定符之前含有 smooth 限定符或者不含 smooth 与 flat 限定符，则传递到后继片元着色器对应的 in 变量的值是在光栅化阶段由管线根据片元所属图元各个顶点对应的顶点着色器对此 out 变量的赋值情况及片元与各顶点的位置关系插值产生，图 2-3 所示说明了该问题。

- 如果 out 限定符之前含有 flat 限定符，则传递到后继片元着色器对应的 in 变量的值不是在光栅化阶段插值产生的，而是由图元的第一个顶点对应的顶点着色器对此 out 变量所赋的值决定，此种情况下图元光栅化后每个片元的值均相同。

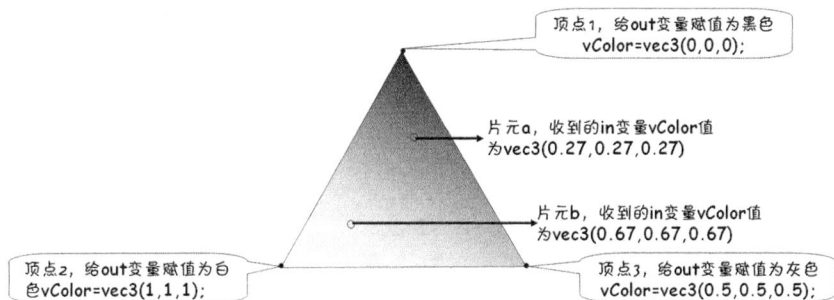

顶点1，给out变量赋值为黑色
vColor=vec3(0,0,0);

片元a，收到的in变量vColor值
为vec3(0.27,0.27,0.27)

片元b，收到的in变量vColor值
为vec3(0.67,0.67,0.67)

顶点2，给out变量赋值为白
色vColor=vec3(1,1,1);

顶点3，给out变量赋值为灰色
vColor=vec3(0.5,0.5,0.5);

▲图 2-3　顶点着色器中 out 变量的工作原理

> **提示**　上面介绍的两种情况是大部分渲染管线的选择，管线中仅仅包含顶点着色器与片元着色器。顶点着色器输出的数据由管线插值后传递到片元着色器，前面的 3 色三角形案例中采用的渲染管线就是这样。回顾一下 3 色三角形案例的画面，三角形中各个片元的颜色是平滑渐变的。但代码中仅仅给出了 3 个顶点的颜色值，这就是如图 2-3 中插值产生的效果了。

4. 细分控制及细分求值着色器

曲面细分是近代 GPU 提供的一项高级特性，通过其可以在采用较少原始顶点数据的情况下绘制出如同采用海量数据描述的光滑曲面。曲面细分工作由细分控制着色器与细分求值着色器协同完成，具体工作过程如下。

● 细分控制着色器负责确定执行细分的各项控制参数（如边的切分数量、内部的切分数量等），同时负责组织待细分的块中每个顶点的数据以传递给细分求值着色器。

● 细分控制着色器计算完成后，管线将执行细分图元生成固定功能。执行细分图元生成时根据细分控制着色器中确定的各项控制参数生成细分后的各个图元。

● 细分求值着色器负责根据开发人员开发的细分规则计算出细分后各个图元中每个顶点的各项属性数据（如细分后各图元的顶点位置、纹理坐标、法向量等）。

> **提示**　从图 2-1 中可以看出，细分阶段并不一定在所有的情况下都选用，例如前面的 3 色三角形案例中就没有细分阶段。另外，这里读者简单了解一下即可，后面会有专门的章节介绍曲面细分。

5. 几何着色器

几何着色器也是近代 GPU 提供的一项高级特性，通过其可以对图元进行处理。其输入为一个图元，输出为一个或多个图元。同时，输入与输出图元的类型可以不同。例如输入图元为三角形，输出图元为 4 根线段（比如三角形的 3 条边以及三角形的法向量）。

这就使得在不重新组织绘制用原始数据的情况下，可以用各种不同的模式进行绘制呈现，大大提高了开发的灵活性和效率。

> **提示**　从图 2-1 中同样可以看出，几何着色器并不一定在所有的情况下都选用，例如前面的 3 色三角形案例中就没有几何着色器。同样，这里读者简单了解一下即可，后面会有专门的章节介绍几何着色器的使用。

6. 图元装配

该阶段的第一个任务是把顶点着色器、细分求值着色器或几何着色器产生的结果顶点分组，根据指定的绘制方式（如点绘制、线段绘制、三角形绘制等）和顶点连接关系（连接关系信息可能来自索引数据）将顶点组成图元以供光栅化。

图元组装完成后的任务就是进行剪裁，因为随着观察位置、角度的不同，并不总能看到（这里可以简单地理解为显示到设备屏幕上）特定物体某个图元的全部。例如，当观察一个正四面体并离某个三角形面很近时，可能只能看到此面的一部分，这时在屏幕上显示的就不再是三角形了，而是经过裁剪后形成的多边形，如图 2-4 所示。

▲图 2-4　从不同角度、距离观察正四面体

剪裁时，如果图元完全位于视景体以及自定义剪裁平面的内部，则将完整图元传递到后面的步骤进行处理；如果其完全位于视景体或者自定义剪裁平面的外部，则丢弃该图元；如果其有一部分位于内部，另一部分位于外部，则需要剪裁该图元。

7. 光栅化

虽然 3D 虚拟世界中的几何信息是三维的，但由于目前用于显示的设备都是二维的，因此在真正执行光栅化工作之前，首先需要将 3D 虚拟世界中的物体投影到视平面上。需要注意的是，由于观察者位置的不同，同一个 3D 场景中的物体投影到视平面可能会产生不同的效果，如图 2-5 所示。

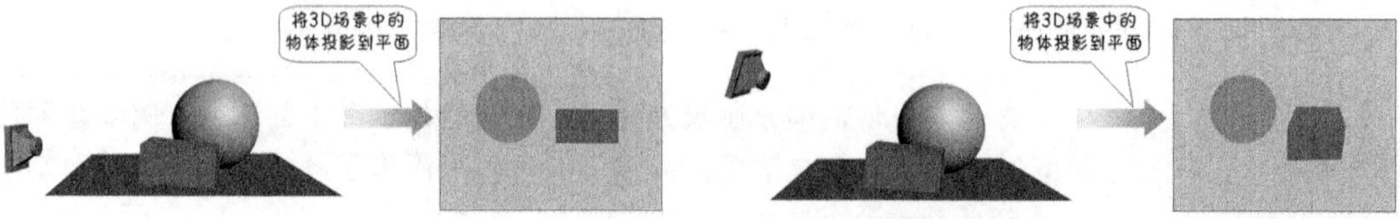

▲图 2-5　3D 场景投影到视平面示意图

另外，由于虚拟 3D 世界中物体的信息一般采用连续的数学量来表示，因此投影的结果平面也是用连续数学量表示的。但目前的显示设备屏幕都是离散化的（由一个一个的独立像素组成），因此还需要对投影的结果进行离散化，将其分解为一个一个离散化的小单元。

将投影后的图元分解为一个一个离散化小单元的操作就称之为光栅化，这些小单元一般被称为片元，具体效果如图 2-6 所示。

每个片元都对应于帧缓冲中的一个像素，之所以不能直接称之为像素是因为 3D 空间中的物体是可以相互遮挡的，并且每个 3D 物体的每个图元是独立处理的。因此距离观察点不同距离但在同一条视线上的不同图元将会对应到帧缓冲中的同一个位置上，这时距离远的片元就被覆盖（如何覆盖的检测将在深度检测阶段完成）。因此，某片元不一定能成为最终呈现在屏幕上的像素，称之为像素就不准确了。

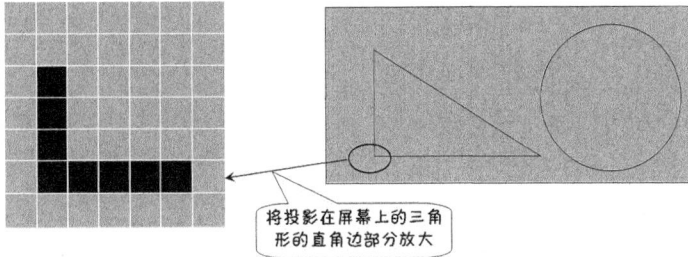

▲图 2-6　投影后图元离散化示意图

8. 片元前操作

片元前操作，顾名思义就是在片元着色器执行前进行一些预处理的工作。这些预处理的工作主要是根据程序的设置情况，剔除一些不需要处理的片元，以提高后继片元着色器处理阶段的工作效率。随设备厂商、驱动的不同，此阶段执行的操作不尽相同。

例如，若程序打开了剪裁测试，一般在此阶段会对前面光栅化得到的各个片元进行过滤，只有位于剪裁窗口内部的片元会进入下一个阶段，其他片元则会被丢弃。

9. 片元着色器

片元着色器是用于处理光栅化阶段生成并经过片元前操作处理的片元值及其相关数据的可编程处理单元，其可以执行纹理的采样、颜色的汇总等操作，每片元执行一次。其主要功能就是通过自己编写的着色方法计算每个输入片元的颜色等属性并送入后继阶段进行处理，如图 2-7 所示。

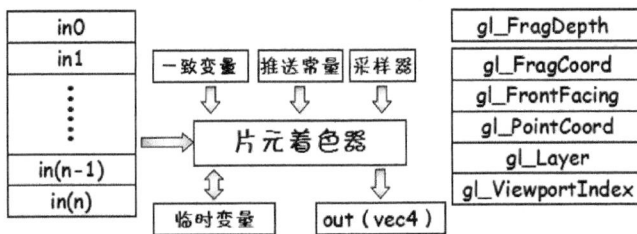

▲图 2-7　片元着色器工作原理

- 片元着色器常用的内置输入变量有 gl_FragCoord 、gl_FrontFacing、gl_PointCoor、gl_Layer、gl_ViewportIndex 等。gl_FragCoord 指的是当前处理片元在视口空间内的坐标；gl_FrontFacing 值为 true 表示该片元位于其所属图元的正面，否则位于背面；gl_PointCoord 的值是当前片元所在点图元内的二维坐标（一般在点精灵绘制时作为纹理坐标使用）；gl_Layer 的值为图层编号；gl_ViewportIndex 的值为视口索引。

- 片元着色器的内置输出变量有 gl_FragDepth，其指的是当前输出片元的深度。如果着色器内没有明确写入这个值，那么其取值为 gl_FragCoord.z。

- in0～in(n)指的是经过前一阶段处理后传递到片元着色器的输入变量。如前面所介绍，这些变量的值由管线在顶点着色器、细分着色器或几何着色器后的光栅化阶段自动产生。这些输入变量的数量是不一定的，取决于具体的需要。

- out 变量一般指的是用于写入由片元着色器计算完成的片元颜色值的变量。一般在片元着色器的最后，都需要对其进行赋值以将其送入渲染管线的后继阶段进行处理。

● 片元着色器中输入的一致变量（Uniforms）、推送常量（PushConstants）、采样器与前面顶点着色器中的含义相同，只不过对应于不同的着色器阶段而已。

> **提示**　　经过对顶点着色器、光栅化、片元着色器的介绍，可以看出顶点着色器每顶点一执行，而片元着色器每片元一执行，片元着色器的执行次数明显大于顶点着色器的执行次数。因此在开发中，应尽量减少片元着色器的运算量，可以将一些复杂运算尽量放在顶点着色器中执行。

10.　片元后操作

片元着色器完成了对所有输入片元的处理后，还需要对片元进行一些特定的片元后操作。主要包含深度测试与模板测试，这两种测试的具体作用如下。

● 深度测试

深度测试是指将输入片元的深度值与帧缓冲中存储的对应位置的深度值进行比较，若输入片元的深度值小，则将输入片元送入下一阶段准备覆盖帧缓冲中原有片元或与帧缓冲中的原有片元混合，否则将丢弃输入片元。

● 模板测试

模板测试的主要功能是将绘制区域限定在任意形状的指定范围内，一般用于镜像、水面倒影绘制等场合。若能灵活运用，可以实现很多相关高真实感特效。

11.　颜色混合

颜色混合操作接收片元着色器和片元后操作的结果，对每一个片元执行一次。如果程序开启了混合，则根据源混合因子、目标混合因子将片元颜色值与帧缓冲中对应位置的片元颜色值进行混合，否则送入的片元颜色值将覆盖帧缓冲中对应位置片元的颜色值。

12.　帧缓冲

Vulkan 中的物体绘制并不是直接在屏幕上进行的，而是预先在帧缓冲中进行绘制，每绘制完一帧再将绘制的结果呈现到屏幕上。因此，一般在每次绘制新的一帧时都需要清除帧缓冲中的相关数据，否则有可能产生不正确的绘制效果。

同时需要了解的是为了应对不同方面的需要，帧缓冲是由一套附件组成的，主要包括颜色附件、深度附件、模板附件、输入附件，各附件的具体用途如下所列。

● 颜色附件用于存储每个片元的颜色值，每个颜色值包括 RGBA（红、绿、蓝、透明度）4个色彩通道，应用程序运行时在屏幕上看到的就是颜色附件中的内容。

● 深度附件用来存储每个片元的深度值，所谓深度值是指以特定的内部格式表示的从片元处到观察点（摄像机）的距离。在启用深度测试的情况下，新片元想进入帧缓冲时需要将自己的深度值与帧缓冲中对应位置片元的深度值进行比较，若结果满足预设的条件（一般是小于）才有可能进入帧缓冲，否则被丢弃。

● 模板附件用来存储每个片元的模板值，供模板测试使用。模板测试是几种测试中最为灵活和复杂的一种，后面将由专门的章节进行介绍。

● 输入附件一般在包含多个子渲染通道的渲染中使用，作为特定子渲染通道的输入。输入附件的使用相对比较复杂，后面也将由专门的章节进行介绍。

2.2　着色器的预编译

第 1 章给出的 3 色三角形案例中，着色器是在程序运行时加载源代码字符串并编译为 SPIR-V 格式再使用的。这种策略在小型程序中使用并无不妥，但对于大型游戏或应用而言效率就不够高了。因此大型游戏或应用一般都会预先将着色器编译为 SPIR-V 格式并保存在文件中，程序运行时直接加载 SPIR-V 数据即可，效率会显著提高。

本节将基于改造 3 色三角形案例为着色器预编译版介绍如何对着色器进行预编译以得到存储 SPIR-V 数据的文件，以及如何在程序中加载 SPIR-V 数据使用，具体内容如下。

（1）首先应该开发出案例中需要的着色器源代码，并保存在文件中。由于本节案例改造自 3 色三角形案例，故其中的顶点着色器与片元着色器源文件分别为"commonTexLight.vert"与"commonTexLight.frag"。接着使用安装的 Windows 版 Vulkan SDK 中的 glslangvalidator 命令对两个着色器源代码进行编译，具体命令如下。

```
1   glslangvalidator  -V commonTexLight.vert -o commonTexLight.vert.spv
2   glslangvalidator  -V commonTexLight.frag -o commonTexLight.frag.spv
```

（2）了解了着色器的预编译之后，下面介绍的是案例中用于加载着色器 SPIR-V 数据的 FileUtil 类的头文件。其改造自原 3 色三角形案例中的 FileUtil 类头文件，在其中增加了用于加载 SPIR-V 数据的 loadSPV 方法以及用于存储 SPIR-V 数据的结构体，具体代码如下。

🖎 **代码位置：**见随书中源代码/第 2 章/Sample2_1/src/main/cpp/util 目录下的 FileUtil.h。

```
1   //此处省略了相关头文件的导入，感兴趣的读者请自行查看随书源代码
2   typedef struct SpvDataStruct{                    //存储 SPIR-V 数据的结构体
3       int size;                                    //SPIR-V 数据总字节数
4       uint32_t* data;                              //指向 SPIR-V 数据内存块首地址的指针
5   } SpvData;
6   class FileUtil{
7     public:
8       //此处省略了原有 FileUtil 类头文件中的成员方法声明
9       static SpvData& loadSPV(string fname);       //加载 Assets 文件夹下的 SPIR-V 数据
10  };
```

● 第 2～5 行声明了一个用于存储 SPIR-V 数据的结构体 SpvDataStruct。该结构体有两个成员，其中 size 用于存储 SPIR-V 数据的总字节数，data 为指向 SPIR-V 数据内存块首地址的指针。

● 第 9 行声明了新增的用于加载 Assets 文件夹下 SPIR-V 数据文件中内容的方法——loadSPV。

（3）FileUtil 类头文件的变化已经介绍完毕，接着介绍具体的实现代码。主要就是新增 loadSPV

方法的实现代码，具体内容如下。

✎ **代码位置：**见随书中源代码/第 2 章/Sample2_1/src/main/cpp/util 目录下的 FileUtil.cpp。

```
1    SpvData& FileUtil::loadSPV(string fname){    //加载 Assets 文件夹下的 SPIR-V 数据文件
2        AAsset* asset =AAssetManager_open(aam,fname.c_str(),AASSET_MODE_STREAMING);
3        assert(asset);
4        size_t size = AAsset_getLength(asset);     //获取 SPIR-V 数据文件的总字节数
5        assert(size > 0);                          //检查总字节数是否大于 0
6        SpvData spvData;                           //构建 SpvData 结构体实例
7        spvData.size=size;                         //设置 SPIR-V 数据总字节数
8        spvData.data=(uint32_t*)(malloc(size));   //分配相应字节数的内存
9        AAsset_read(asset, spvData.data, size);   //从文件中加载数据进入内存
10       AAsset_close(asset);                       //关闭 AAsset 对象
11       return spvData;                            //返回 SpvData 结构体实例
12   }
```

✎ **说明**　　　上述 loadSPV 方法首先通过 AAssetManager_open 方法获得了一个对应于项目中 Assets 文件夹下指定名称文件的 AAsset 对象，接着通过 AAsset_getLength 方法获取了 SPIR-V 数据的总字节数，然后构建了用于存储 SPIR-V 数据的结构体实例，随后加载了 SPIR-V 数据。

（4）接着修改的是 ShaderQueueSuit_Common 类中用于创建着色器模块的 create_shader 方法，将其中加载着色器源代码并编译的部分替换为直接加载 SPIR-V 数据，具体代码如下。

✎ **代码位置：**见随书中源代码/第 2 章/Sample2_1/src/main/cpp/bndevp 目录下的 ShaderQueueSuit_Common.cpp。

```
1    void ShaderQueueSuit_Common::create_shader(VkDevice& device){
2        SpvData spvVertData=FileUtil::loadSPV("shader/commonTexLight.vert.spv");
                                                           //加载顶点着色器数据
3        SpvData spvFragData=FileUtil::loadSPV("shader/commonTexLight.frag.spv");
                                                           //加载片元着色器数据
4        //此处省略了部分源代码，感兴趣的读者请自行查看随书源代码
5        VkShaderModuleCreateInfo moduleCreateInfo;        //准备顶点着色器模块创建信息
6        moduleCreateInfo.sType = VK_STRUCTURE_TYPE_SHADER_MODULE_CREATE_INFO;
7        moduleCreateInfo.pNext = NULL;                    //自定义数据的指针
8        moduleCreateInfo.flags = 0;                       //供将来使用的标志
9        moduleCreateInfo.codeSize = spvVertData.size;     //顶点着色器 SPV 数据总字节数
10       moduleCreateInfo.pCode = spvVertData.data;        //顶点着色器 SPV 数据
11       //此处省略了部分源代码，感兴趣的读者请自行查看随书源代码
12       VkShaderModuleCreateInfo moduleCreateInfo;        //准备片元着色器模块创建信息
13       moduleCreateInfo.sType =VK_STRUCTURE_TYPE_SHADER_MODULE_CREATE_INFO;
14       moduleCreateInfo.pNext = NULL;                    //自定义数据的指针
15       moduleCreateInfo.flags = 0;                       //供将来使用的标志
16       moduleCreateInfo.codeSize = spvFragData.size;     //片元着色器 SPV 数据总字节数
17       moduleCreateInfo.pCode = spvFragData.data;        //片元着色器 SPV 数据
18       //此处省略了部分源代码，感兴趣的读者请自行查看随书源代码
19   }
```

✎ **说明**　　　上述代码基本与第 1 章 3 色三角形案例中的相同，只是修改了加载和编译顶点着色器与片元着色器的部分代码。首先将原来加载着色器脚本的方法替换为加载 SPIR-V 数据的 loadSPV 方法，接着修改了第 9 行与第 10 行以及第 16 行与第 17 行的代码，直接使用加载的 SPIR-V 数据。

2.3 Vulkan 调试技术

前面章节的案例中，程序都无法对 Vulkan 相关调用的问题给出提示性信息，这在实际开发中将大大降低开发的效率。第 1 章也曾经提到过，Vulkan 提供了可插拔的错误检查机制，可以在需要时启用，发布应用时关闭。这样既可以方便开发，又不影响发布程序的运行效率。

本节将对 Vulkan 中的可插拔错误检查机制——验证 Layer 进行详细的介绍，主要包括常用的验证 Layer、验证消息的类型以及一个实际的案例。首先需要了解的是各种常用验证 Layer 的功能，具体情况如表 2-1 所示。

> **提示**　不同型号的 GPU 随厂商、驱动版本的不同会提供不同的验证 Layer 组合，表 2-1 中列出的是 LunarG 及谷歌建议的几个常用验证 Layer。这些验证 Layer 仅仅在一些厂商的某些版本的驱动中包含，可能读者自己所选用的 GPU 及驱动组合并不支持。

表 2-1　　　　　　　　　　　　　　　常用的验证 Layer

名称	说明
VK_LAYER_GOOGLE_unique_objects	由于非分派的 Vulkan 对象句柄不要求具有唯一性，因此只要这些不同的对象被认为是等价的，Vulkan 驱动就有可能返回相同的句柄。这就使得调试时的对象追踪变得比较困难。激活此验证 Layer 后，每个 Vulkan 对象都会被分配唯一的标识，这就使得调试时的对象追踪变得容易很多。另外要注意的是，这一验证 Layer 必须被放到所有激活验证 Layer 序列的最后，也就是离驱动最近的位置
VK_LAYER_LUNARG_api_dump	打开此验证 Layer 后，程序运行过程中将打印所有被调用 Vulkan 功能方法中所有的相关参数值，便于开发人员调试
VK_LAYER_LUNARG_core_validation	此验证 Layer 激活后程序运行过程中将验证并打印描述集、管线状态等方面的重要信息。同时此验证 Layer 激活后还会追踪与验证显存、对象绑定、命令缓冲等，也会对图形管线和计算管线进行验证
VK_LAYER_LUNARG_image	此验证 Layer 用于验证纹理格式、渲染目标格式等。例如可以验证请求使用的格式在对应的设备中是否支持，还可以验证图像视图创建参数与对应的图像是否匹配等
VK_LAYER_LUNARG_object_tracker	此验证 Layer 用于追踪对象从创建到使用再到销毁的全过程，可以帮助开发人员避免内存泄露，还可以用于验证关注的对象是否恰当地被创建以及目前是否有效等
VK_LAYER_LUNARG_parameter_validation	此验证 Layer 用于验证传递给 Vulkan 功能方法的参数是否正确
VK_LAYER_LUNARG_swapchain	此验证 Layer 用于验证 WSI 交换链扩展的使用。例如，其可以在使用 WSI 交换链扩展相关功能方法前验证此扩展是否可用，可用于验证给出的图像索引是否在交换链允许的范围内等
VK_LAYER_GOOGLE_threading	此验证 Layer 主要用于帮助检查 Vulkan 上下文的线程安全性。其可以检查多线程相关的 API 是否被正确地使用，其还可以报告违反多线程互斥访问规则的对象访问。同时，其还可以使应用程序在报告了线程问题的情况下持续正常运行而不崩溃
VK_LAYER_LUNARG_standard_validation	此验证 Layer 用于确认所有的验证 Layer 以正确的顺序组织

表 2-1 中提到了非分派的 Vulkan 对象句柄，这里简单介绍一下这方面的知识。Vulkan 中的对象句柄分为分派的和非分派的，具体含义如下。

● 分派的 Vulkan 对象句柄为指向不允许直接访问内部属性的 Vulkan 结构体实例的指针，这一类 Vulkan 结构体的属性只能通过调用 Vulkan 提供的相应功能方法来访问。如 VkInstance、 vkCommandBuffer、VkPhysicalDevice、VkDevice、VkQueue 等类型的对象都属于这一类。

● 非分派的 Vulkan 对象句柄本质上是 64 位整数类型的,其中不同的比特位可能已经携带了对应 Vulkan 对象的信息,而不再是指向结构体实例的指针。如 VkSemaphore、VkFence、VkQueryPool、VkBufferView、VkDeviceMemory、VkBuffer 以及 VkImage 等类型的对象属于这一类。

启用了指定的验证 Layer 后,开发人员一般还需要提供相应的回调方法来打印相关的验证信息。不同类型的验证信息有不同的标志位,主要分为错误信息、警告信息、消息信息、性能警告信息和调试信息等 5 大类,具体情况如表 2-2 所示。

表 2-2　　　　　　　　　　　　　　　　　不同类型的验证信息

名称	信息类型标志	说明
错误信息	VK_DEBUG_REPORT_ERROR_BIT_EXT	一般指错误的 API 使用。这类问题可能导致不可预知的程序运行结果,比如程序崩溃
警告信息	VK_DEBUG_REPORT_WARNING_BIT_EXT	一般是指有潜在错误的 API 使用或危险的 API 使用
消息信息	VK_DEBUG_REPORT_INFORMATION_BIT_EXT	用于显示用户友好的提示信息。一般这些信息用于描述程序后台的活动,比如资源的明细等对调试工作很有帮助的信息
性能警告信息	VK_DEBUG_REPORT_PERFORMANCE_WARNING_BIT_EXT	一般用于提醒潜在的非最优 Vulkan 调用,这些调用可能导致程序的性能变差
调试信息	VK_DEBUG_REPORT_DEBUG_BIT_EXT	用于给出来自加载器或验证 Layer 的诊断信息

了解了常用的验证 Layer 以及不同类型的验证信息后,下面给出一个具体的案例——PCSample2_2。实际上本案例仅仅是将第 1 章的案例 PCSample1_1 复制了一份并增加了相应的模块和调用的代码,具体内容如下。

📝提示　　　请读者注意,截止到作者交稿时 Android 平台下仅仅支持 0 个验证 Layer,也就是暂时不支持 Vulkan 的验证 Layer。因此,本节所介绍的案例代码都来自 PC 平台下。当然,作者也提供了 Android 平台下的对应案例(Sample2_2),只是目前运行后不会有任何验证 Layer 工作。

---

(1)首先需要增加的是 BNValidateUtil 类,其中封装了启用指定验证 Layer 所需的功能方法、结构体实例、列表等。下面先给出 BNValidateUtil 类的声明,具体代码如下。

🖊 代码位置:见随书中源代码/第 2 章/PCSample2_2/BNVulkanEx/main_task 目录下的 BNValidateUtil.h。

```
1    //此处省略了相关头文件的导入,感兴趣的读者请自行查看随书源代码
2    typedef struct BNDeviceLayerAndExtensionType{
3        std::vector<std::string*> layerNames;       //支持的验证 Layer 名称列表
4        std::vector<std::string*> extensionNames;  //支持的验证 Layer 所需扩展的名称列表
5    }BNDeviceLayerAndExtension;
6    class BNValidateUtil{
7    public:
8        static std::vector<VkLayerProperties> layerList; //获取的验证 Layer 属性列表
9        static PFN_vkCreateDebugReportCallbackEXT dbgCreateDebugReportCallback;
10       static PFN_vkDestroyDebugReportCallbackEXT dbgDestroyDebugReportCallback;
11       static VkDebugReportCallbackEXT debugReportCallback;    //调试报告回调
12       static BNDeviceLayerAndExtension getLayerProperties
13                               (std::vector<const char*> exceptedLayerNames);
14       static std::vector<std::string*> getLayerDeviceExtension(VkPhysicalDevice& gpu,
15                               std::vector<std::string*> supportedlayerNames);
```

```
16        static void createDebugReportCallbackSelf(VkInstance& instance);
                                                //创建调试报告回调的方法
17        static void destroyDebugReportCallbackSelf(VkInstance& instance);
                                                //销毁调试报告回调的方法
18        static VKAPI_ATTR VkBool32 VKAPI_CALL debugFunction(//用于被回调以打印验证信息的方法
19            VkFlags msgFlags,                   //触发此回调执行的调试事件类型标志
20            VkDebugReportObjectTypeEXT objType,  //由此回调处理的对象类型
21            uint64_t srcObject,                 //此回调创建或处理的对象的句柄
22            size_t location,                    //描述对应调试事件代码的位置
23            int32_t msgCode,                    //消息代码
24            const char *layerPrefix,            //触发此回调的验证 Layer
25            const char *msg,                    //消息字符串
26            void *pUserData                     //用户自定义数据
27        );};
```

- 第 2～5 行声明了名称为 BNDeviceLayerAndExtensionType 的结构体，其包含两个成员，一个是删选后能支持的验证 Layer 名称列表 layerNames，另一个是支持这些验证 Layer 所需的设备扩展名称列表。

- 第 8～11 行分别声明了获取的验证 Layer 属性列表 layerList、两个函数指针 dbgCreateDebugReportCallback 和 dbgDestroyDebugReportCallback 以及调试报告对象 debugReportCallback。dbgCreateDebugReportCallback 指向动态加载的用于创建调试报告回调的方法，dbgDestroyDebugReportCallback 指向动态加载的用于销毁调试报告回调的方法。

- 第 12～13 行声明了 getLayerProperties 方法，此方法的参数为期望启动的验证 Layer 名称列表。其功能为根据输入的期望启动的验证 Layer 名称列表和实际能支持的验证 Layer 名称列表，求交集后返回能支持的验证 Layer 名称列表及所需的实例扩展名称列表。

- 第 14～15 行声明了 getLayerDeviceExtension 方法，此方法的第一个参数为指定的物理设备；第二个参数为指定的验证 Layer 名称列表，功能为获取指定的验证 Layer 名称列表所需的逻辑设备扩展名称列表。

- 第 16～27 行首先声明了创建调试报告回调的方法 createDebugReportCallbackSelf，接着声明了销毁调试报告回调的方法 destroyDebugReportCallbackSelf，最后声明了用于被回调以打印验证信息的方法 debugFunction。其中 createDebugReportCallbackSelf 和 destroyDebugReportCallbackSelf 方法将调用前面介绍的动态加载的对应方法来完成目标任务。

（2）接下来逐步给出 BNValidateUtil 类的具体实现代码，首先是 getLayerProperties 方法的实现代码，具体内容如下。

✎ **代码位置：** 见随书中源代码/第 2 章/PCSample2_2/BNVulkanEx/main_task 目录下的 BNValidateUtil.cpp。

```
1    //此处省略了部分相关文件的调用，感兴趣的读者请自行查看随书源代码
2    bool isContain(std::vector<const char*> inNames, char* inName){
                                                //判断字符串是否在列表中的方法
3        for (auto s : inNames){                 //遍历字符串列表
4            if (strcmp(s, inName) == 0){        //若给定字符串与当前字符串相同
5                return true;                    //返回 true，表示指定字符串在列表中
6        }}
7        return false;                           //返回 false，表示指定字符串不在列表中
8    }
9    bool isContain(std::vector<std::string*> inNames, char* inName){//判断字符串是否在列表中的方法
10       for (auto s : inNames){                 //遍历字符串列表
11           if (strcmp((*s).c_str(), inName) == 0){//若给定字符串与当前字符串相同
12               return true;                    //返回 true，表示指定字符串在列表中
```

```
13          }}
14          return false;                              //返回 false, 表示指定字符串不在列表中
15  }
16  BNDeviceLayerAndExtension BNValidateUtil::getLayerProperties
17                                  (std::vector<const char*> exceptedLayerNames){
18      BNDeviceLayerAndExtension result;              //返回结果结构体实例
19      uint32_t layerCount;                           //总的验证 Layer 的数量
20      vkEnumerateInstanceLayerProperties(&layerCount, NULL);//获取总的验证 Layer 数量
21      LOGE("Layer 的数量为 %d\n", layerCount);        //打印总的验证 Layer 数量
22      layerList.resize(layerCount) ;                 //更改列表长度
23      vkEnumerateInstanceLayerProperties(&layerCount, layerList.data());
24                                                     //获取总的验证 Layer 属性列表
24      for (int i = 0; i < layerList.size(); i++){//遍历验证 Layer 属性列表
25          VkLayerProperties lp = layerList[i]; //获取当前验证 Layer 属性
26          LOGE("---------------Layer %d---------------\n", i);//打印验证 Layer 序号
27          LOGE("layer 名称 %s\n", lp.layerName); //打印验证 Layer 名称
28          LOGE("layer 描述 %s\n", lp.description);//打印验证 Layer 描述信息
29          bool flag = isContain(exceptedLayerNames, lp.layerName);//当前验证 Layer 是否需要
30          if (flag){           //若需要,则将当前验证 Layer 名称记录到验证 Layer 名称结果列表
31              result.layerNames.push_back(new std::string(lp.layerName));
32          }
33          uint32_t propertyCount;                    //此验证 Layer 对应的扩展属性数量
34          vkEnumerateInstanceExtensionProperties(lp.layerName, &propertyCount, NULL);
35          std::vector<VkExtensionProperties> propertiesList;      //扩展属性列表
36          propertiesList.resize(propertyCount); //调整列表长度
37          vkEnumerateInstanceExtensionProperties(lp.layerName, &propertyCount,
propertiesList.data());
38          for (auto ep : propertiesList){          //遍历此验证 Layer 对应的扩展属性列表
39              LOGE("  所需扩展:%s\n", ep.extensionName);        //打印扩展名称
40              if (flag){                            //若当前验证 Layer 是需要的
41                  if (!isContain(result.extensionNames, ep.extensionName)){
42                      result.extensionNames.push_back(new std::string(ep.
extensionName));
43      }}}}
44      return result;                             //返回结果
45  }
46  //此处省略了其他功能方法的实现,接下来将会详细介绍
```

- 第 2~15 行为两个重载版本的 isContain 方法,这两个 isContain 方法入口参数类型不同,功能基本一致,都是用于判断指定的字符串是否包含在指定的字符串列表中。

- 第 16~45 行为 getLayerProperties 方法。此方法接收期望启动的验证 Layer 名称列表,然后调用 vkEnumerateInstanceLayerProperties 方法获取目前能支持的验证 Layer 属性列表,接着对获取的验证 Layer 属性列表进行遍历,考察其中的每个验证 Layer 属性。若当前考察的验证 Layer 属性中的 Layer 名称在期望支持的验证 Layer 名称列表中,则将此验证 Layer 的名称记录到结果列表(支持的验证 Layer 名称列表)中,同时也将此验证 Layer 所需的实例扩展名称记录到结果列表(支持的验证 Layer 所需扩展的名称列表)中,最后将包含两个结果列表的结构体实例返回。

（3）继续给出的是获取指定验证 Layer 名称列表所需的逻辑设备扩展名称列表的方法——getLayerDeviceExtension,其具体代码如下。

✎ **代码位置:** 见随书中源代码/第 2 章/PCSample2_2/BNVulkanEx/main_task 目录下的 BNValidateUtil.cpp。

```
1   std::vector<std::string*> BNValidateUtil::getLayerDeviceExtension
2                       (VkPhysicalDevice& gpu, std::vector<std::string*> supporte
```

```
dlayerNames){
3        std::vector<std::string*> result;              //所需设备扩展名称结果列表
4        for (int i = 0; i < layerList.size(); i++){    //遍历所有验证 Layer 的属性列表
5            VkLayerProperties lp = layerList[i];       //获取当前验证 Layer 属性
6            LOGE("----------------Layer %d----------------\n", i);//打印验证 Layer 序号
7            LOGE("layer 名称 %s\n", lp.layerName);      //打印验证 Layer 名称
8            LOGE("layer 描述 %s\n", lp.description);    //打印验证 Layer 描述信息
9            uint32_t propertyCount;                    //设备扩展属性数量
10           vkEnumerateDeviceExtensionProperties(gpu, //获取当前验证 Layer 对应设备扩展属性数量
11                       lp.layerName, &propertyCount, NULL);
12           std::vector<VkExtensionProperties> propertiesList;    //设备扩展属性列表
13           propertiesList.resize(propertyCount);    //调整列表长度
14           vkEnumerateDeviceExtensionProperties(gpu,//填充当前验证 Layer 对应设备扩展属性列表
15                   lp.layerName, &propertyCount, propertiesList.data());
16           for (auto ep : propertiesList){          //遍历设备扩展属性列表
17             LOGE("  所需设备扩展:%s\n", ep.extensionName);
18             if (isContain(supportedlayerNames, lp.layerName)){//判断当前验证 Layer 是否需要
19               if (!isContain(result, ep.extensionName)){//判断当前设备扩展是否已在列表中
20                 result.push_back(new std::string(ep.extensionName));
                                                       //将当前设备扩展名称添加进列表
21           }}}}
22       return result;                               //返回所需设备扩展名称结果列表
23   }
```

> **说明**　上述 getLayerDeviceExtension 方法接收指定的物理设备和需要支持的验证 Layer 名称列表，然后遍历目前所有的验证 Layer 属性列表，获取每个验证 Layer 所需的设备扩展属性列表。若遍历到的当前验证 Layer 名称在需要支持的验证 Layer 名称列表中，则将对应的设备扩展名称添加到结果列表中。这里要注意的是，不同的验证 Layer 可能需要同样的设备扩展，因此组织所需设备扩展名称结果列表时要注意避免重复的问题。

（4）接着介绍的是用于被回调以打印验证信息的方法——debugFunction。若此方法的返回值为 VK_SUCCESS 表示此回调结束后，后继的验证 Layer 继续执行，若返回值为 VK_FALSE 表示后面的验证 Layer 不再继续执行。

代码位置：见随书中源代码/第 2 章/PCSample2_2/BNVulkanEx/main_task 目录下的 BNValidateUtil.cpp。

```
1    VKAPI_ATTR VkBool32 VKAPI_CALL  BNValidateUtil::debugFunction(
2    VkFlags msgFlags,                        //触发此回调执行的调试事件类型标志
3    VkDebugReportObjectTypeEXT objType,     //由此回调处理的对象类型
4    uint64_t srcObject,                      //此回调创建或处理的对象的句柄
5    size_t location,                         //描述对应调试事件代码的位置
6    int32_t msgCode,                         //消息代码
7    const char *layerPrefix, //触发此回调的验证 Layer，比如是加载器还是验证 Layer
8    const char *msg,                         //消息字符串
9    void *pUserData){                        //用户自定义数据
10   if (msgFlags & VK_DEBUG_REPORT_ERROR_BIT_EXT){            //错误信息
11       LOGE("[VK_DEBUG_REPORT] ERROR: [%s]Code%d:%s\n", layerPrefix, msgCode, msg);
12   }else if (msgFlags & VK_DEBUG_REPORT_WARNING_BIT_EXT){    //警告信息
13       LOGE("[VK_DEBUG_REPORT] WARNING: [%s]Code%d:%s\n", layerPrefix, msgCode, msg);
14   }else if (msgFlags & VK_DEBUG_REPORT_INFORMATION_BIT_EXT){ //消息信息
15       LOGE("[VK_DEBUG_REPORT] INFORMATION:[%s]Code%d:%s\n",layerPrefix,msgCode, msg);
16   }else if (msgFlags& VK_DEBUG_REPORT_PERFORMANCE_WARNING_BIT_EXT){//性能警告信息
```

```
17          LOGE("[VK_DEBUG_REPORT] PERFORMANCE: [%s]Code%d:%s\n", layerPrefix, msgCode, msg);
18      }else if (msgFlags & VK_DEBUG_REPORT_DEBUG_BIT_EXT){ //调试信息
19          LOGE("[VK_DEBUG_REPORT] DEBUG: [%s]Code%d:%s\n", layerPrefix, msgCode, msg);
20      }else{
21          return VK_FALSE;                              //其他未知情况
22      }
23      return VK_SUCCESS;
24  }
```

> **📖 说明**　上述 debugFunction 方法并不复杂，其根据消息代码将消息分为错误信息、警告信息、消息信息、性能警告信息、调试信息，并分别进行打印。实际开发中若读者还有其他特殊需要，还可以进一步自定义输出的调试信息。另外，此回调方法的名称可以自定义，但其入口参数序列是 Vulkan 中规定的，不能进行随意改动。

（5）经过前面的步骤后，BNValidateUtil 类的实现代码就剩下创建调试报告回调的方法 createDebugReportCallbackSelf 和销毁调试报告回调的方法 destroyDebugReportCallbackSelf 还没有介绍了，这两个方法的代码如下。

📎 **代码位置：**见随书中源代码/第 2 章/PCSample2_2/BNVulkanEx/main_task 目录下的 BNValidateUtil.cpp。

```
1   void BNValidateUtil::createDebugReportCallbackSelf(VkInstance& instance){ // 创建
    调试报告回调相关
2       dbgCreateDebugReportCallback = (PFN_vkCreateDebugReportCallbackEXT)
3           vkGetInstanceProcAddr(instance, "vkCreateDebugReportCallbackEXT");
4       VkDebugReportCallbackCreateInfoEXT      //构建调试报告回调创建用信息结构体实例
5               dbgReportCreateInfo = {};
6       dbgReportCreateInfo.sType = VK_STRUCTURE_TYPE_DEBUG_REPORT_CREATE_INFO_EXT;
7       dbgReportCreateInfo.pfnCallback = debugFunction;    //指定回调方法
8       dbgReportCreateInfo.pUserData = NULL;        //传递给回调的用户自定义数据
9       dbgReportCreateInfo.pNext = NULL;            //指向自定义数据的指针
10      dbgReportCreateInfo.flags =                  //所需的触发消息回调的事件类型
11          VK_DEBUG_REPORT_WARNING_BIT_EXT |
12          VK_DEBUG_REPORT_PERFORMANCE_WARNING_BIT_EXT |
13          VK_DEBUG_REPORT_ERROR_BIT_EXT |
14          VK_DEBUG_REPORT_DEBUG_BIT_EXT;
15      VkResult  result = dbgCreateDebugReportCallback(instance,//创建调试报告回调实例
16          &dbgReportCreateInfo, NULL, &debugReportCallback);
17      if (result == VK_SUCCESS){
18          LOGE("调试报告回调对象创建成功! \n");
19  }}
20  void BNValidateUtil::destroyDebugReportCallbackSelf(VkInstance& instance){
                                              //销毁调试报告回调相关
21      dbgDestroyDebugReportCallback = (PFN_vkDestroyDebugReportCallbackEXT)
22          vkGetInstanceProcAddr(instance, "vkDestroyDebugReportCallbackEXT");
23      dbgDestroyDebugReportCallback(instance, debugReportCallback, NULL);
24  }
```

● 第 1～19 行为创建调试报告回调的方法 createDebugReportCallbackSelf，其中首先动态加载 vkCreateDebugReportCallbackEXT 方法，然后构建调试报告回调创建用信息结构体实例，指定回调方法为 debugFunction，确定回调方法由警告信息、性能警告信息、错误信息、调试信息触发，接着使用动态加载的 vkCreateDebugReportCallbackEXT 方法创建调试报告回调实例。

● 第 20～24 行为销毁调试报告回调的方法 destroyDebugReportCallbackSelf，此方法中首先

动态加载 vkDestroyDebugReportCallbackEXT 方法，然后调用 vkDestroyDebugReportCallbackEXT 方法销毁指定的调试报告回调。

（6）了解了 BNValidateUtil 类后，接下来就可以基于其在项目中启动期望的验证 Layer 了。首先需要在 MyVulkanManager 类的头文件中增加相关的声明，具体代码如下。

✍ **代码位置**：见随书中源代码/第 2 章/PCSample2_2/BNVulkanEx/main_task 目录下的 MyVulkanManager.h。

```
1    class MyVulkanManager
2    {
3        //此处省略了其他成员的声明
4        static std::vector<const char *> exceptedLayerNames;//期望启动的验证 Layer 名称列表
5        static BNDeviceLayerAndExtension bdlae;    //支持的验证 Layer 和所需实例扩展
6        //此处省略了其他方法的声明
7    }
```

✏ 说明

从上述代码中可以看出，为了使用验证 Layer，增加了两个成员。一个是期望启动的验证 Layer 名称列表，另一个是能够支持的验证 Layer 与所需实例扩展名称列表的组合结构体。

（7）在头文件中增加了所需成员的声明后，下面的工作为在 MyVulkanManager 类的 init_vulkan_instance 方法、create_vulkan_devices 方法和 destroy_vulkan_instance 方法中添加相关的调用代码，具体内容如下。

✍ **代码位置**：见随书中源代码/第 2 章/PCSample2_2/BNVulkanEx/main_task 目录下的 MyVulkanManager.cpp。

```
1    void MyVulkanManager::init_vulkan_instance(){                    //创建 Vulkan 实例的方法
2        //此处省略了部分代码，感兴趣的读者自行查看随书源代码
3        instanceExtensionNames.push_back(VK_KHR_SURFACE_EXTENSION_NAME);
4        instanceExtensionNames.push_back(VK_KHR_ANDROID_SURFACE_EXTENSION_NAME);
5        instanceExtensionNames.push_back(VK_EXT_DEBUG_REPORT_EXTENSION_NAME);
6        //此处省略了部分代码，感兴趣的读者自行查看随书源代码
7        exceptedLayerNames.push_back("VK_LAYER_LUNARG_core_validation");
8        exceptedLayerNames.push_back("VK_LAYER_LUNARG_parameter_validation");
9        exceptedLayerNames.push_back("VK_LAYER_LUNARG_standard_validation");
10       bdlae = BNValidateUtil::getLayerProperties(exceptedLayerNames);//获取支持情况
11       for (auto s : bdlae.extensionNames){                //将所需的扩展加入扩展名称列表
12           instanceExtensionNames.push_back((*s).c_str());
13       }
14       exceptedLayerNames.clear();            //清空验证 Layer 名称列表
15       for (auto s : bdlae.layerNames){    //将能支持的验证 Layer 名称加入 Layer 名称列表
16           exceptedLayerNames.push_back((*s).c_str());
17       }
18       //此处省略了部分代码，感兴趣的读者自行查看随书源代码
19       inst_info.enabledExtensionCount = instanceExtensionNames.size();//扩展的数量
20       inst_info.ppEnabledExtensionNames = instanceExtensionNames.data();//扩展名称列表数据
21       inst_info.enabledLayerCount = exceptedLayerNames.size();//启动的验证 Layer 数量
22       inst_info.ppEnabledLayerNames = exceptedLayerNames.data();//启动的验证 Layer 名称列表
23       //此处省略了部分代码，感兴趣的读者自行查看随书源代码
24       if (exceptedLayerNames.size()>0){            //若能够启动的验证 Layer 数量大于 0
25           BNValidateUtil::createDebugReportCallbackSelf(instance);//创建调试报告回调
26   }}
27   void MyVulkanManager::create_vulkan_devices(){                    //创建逻辑设备的方法
28       //此处省略了部分代码，感兴趣的读者自行查看随书源代码
```

```
29          std::vector<std::string*> needsDeviceExtensions = //获取验证 Layer 所需设备扩展
30              BNValidateUtil::getLayerDeviceExtension(gpus[USED_GPU_INDEX], bdlae);
31          for (auto s : needsDeviceExtensions){          //将所需设备扩展加入列表
32              deviceExtensionNames.push_back((*s).c_str());
33          }
34          //此处省略了部分代码，感兴趣的读者自行查看随书源代码
35      }
36      void MyVulkanManager::destroy_vulkan_instance(){          //销毁 Vulkan 实例
37          if (exceptedLayerNames.size()>0){          //销毁调试报告回调
38              BNValidateUtil::destroyDebugReportCallbackSelf(instance);
39          }
40          //此处省略了部分代码，感兴趣的读者自行查看随书源代码
41      }
```

- 第 1～26 行为改动后的 init_vulkan_instance 方法，其中主要的变化有两点。第一点是在所需的实例扩展名称列表中增加了 "VK_EXT_DEBUG_REPORT_EXTENSION_NAME"（第 5 行），启用此实例扩展后使得 vkCreateDebugReportCallbackEXT 方法和 vkDestroyDebugReportCallbackEXT 方法的动态加载能够成功；第二点是增加了组织期望启动的验证 Layer 名称列表以及基于当前环境获取能支持的验证 Layer 名称列表和对应所需实例扩展名称列表的代码。另外，在构建实例创建信息结构体实例时使用了获取的两个列表，并在方法最后增加了创建调试报告回调的相关代码。

- 第 27～35 行为改动后的 create_vulkan_devices 方法，其中主要是增加了获取需要启动的验证 Layer 所需设备扩展名称列表的相关代码。

- 第 36～41 行为改动后的 destroy_vulkan_instance 方法，其中只是增加了销毁调试报告回调的相关代码。

> 提示　通过以上代码读者应该发现，在基于作者开发的工具类 BNValidateUtil 使用 Vulkan 提供的验证 Layer 进行调试时，首先需要组织开发者自己所需的验证 Layer 名称列表。接着调用 BNValidateUtil 类的 getLayerProperties 方法获取能够支持的验证 Layer 及其所需的设备扩展以备创建 Vulkan 实例时使用，然后调用 BNValidateUtil 类的 createDebugReportCallbackSelf 方法创建调试报告回调。随后，在创建逻辑设备前调用 BNValidateUtil 类的 getLayerDeviceExtension 方法获取能启动的验证 Layer 所需的设备扩展名称列表以备创建逻辑设备时使用。最后，在销毁 Vulkan 实例的同时销毁一开始创建的调试报告回调实例。

完成了代码的开发后，就可以运行程序观察打印的各种调试信息了，具体内容如下。

（1）运行案例 PCSample2_2，在 getLayerProperties 方法执行后，控制台窗口中会打印所有当前环境中支持的验证 Layer 名称、描述信息及所需实例扩展名称，如图 2-8 所示。

（2）getLayerDeviceExtension 方法执行后，控制台窗口中会打印所有验证 Layer 的名称、描述信息及所需设备扩展名称，如图 2-9 所示。

（3）本节案例 PCSample2_2 打开的验证 Layer 为 VK_LAYER_LUNARG_core_validation、VK_LAYER_LUNARG_parameter_validation 和 VK_LAYER_LUNARG_standard_validation。打开 VK_LAYER_LUNARG_standard_validation 验证 Layer 后，打印的调试信息如图 2-10 所示。当 Vulkan 图形应用程序出现不合理情况时，控制台窗口会打印相应的错误（ERROR）信息，如图 2-11 所示。

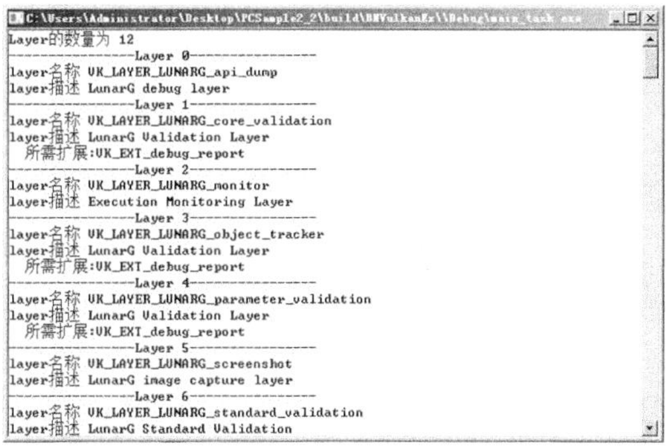

▲图 2-8 所有验证 Layer 列表及所需扩展

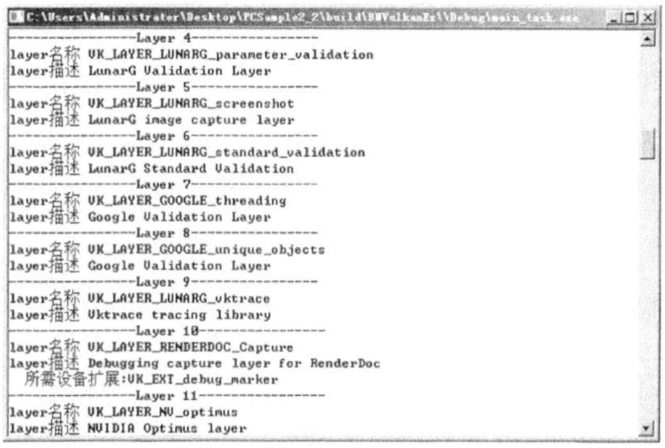

▲图 2-9 所有验证 Layer 列表及所需设备扩展

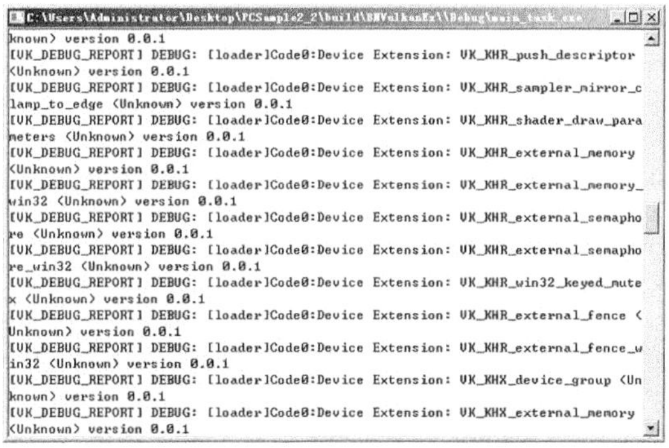

▲图 2-10 调试信息 1

▲图 2-11 调试信息 2

> 提示
>
> 从上述程序的运行中可以看出，有了验证 Layer 的帮助，程序开发中遇到问题进行调试时就不再是在黑暗中摸索了，能大大提高开发效率，同时避免隐藏的问题未被发现。另外，由于硬件及驱动版本的不同，读者运行时的输出信息可能和图 2-8、图 2-9、图 2-10 以及图 2-11 所示的内容大相径庭。

2.4 Vulkan GPU 大 PK

GPU 一词想必读者已经很熟悉，其最早由 NVIDIA 于 1999 年提出，指的是专为执行图形渲染所需的复杂计算而设计的专用处理器，其在图形渲染工作中的效率要远高于通用设计目标的 CPU。对于 3D 图形相关开发人员及游戏爱好者而言，GPU 能力是衡量 PC 或移动设备性能的重要指标。

由于 Vulkan 诞生的时间不长，因此当下市面上的 GPU 并不都能很好地支持。为了使读者更好地了解这方面的情况，本节将简要介绍目前能够很好地支持 Vulkan 的 GPU。介绍将分为移动端及 PC 端两部分进行，具体内容如下。

2.4.1 移动端 GPU 的 4 大家族

Android 平台下，由于没有统一的硬件标准，导致各厂家各型号智能手机、平板电脑的硬件配置大相径庭。目前应用在 Android 移动平台的 GPU 主要由 4 家公司提供，分别为 Imagination、ARM、高通和 NVIDIA。下面将对这 4 家公司提供的支持 Vulkan 的 GPU 进行简要介绍，具体内容如下。

1. PowerVR Rogue 系列

PowerVR Rogue 是由 Imagination 于 2010 年发布的 PowerVR 架构，支持 Vulkan 需要 PowerVR 6 及更新的系列，具体情况如下。

● PowerVR Series7XT 系列是中高端图形处理器，主要型号有 PowerVR GT7200、PowerVR GT7400、PowerVR GT7600、PowerVR GT7800、PowerVR GT7900 等。该系列可以选择 2 至 16 集群配置（64-512 个 ALU 核心）。Series7XT 系列支持 HDR 渲染，4K 纹理，物理着色等。

● Android 设备中使用 PowerVR 架构 GPU 的代表性产品是魅族的 PRO 7 Plus，这款手机搭载了 Helio X30 处理器，集成了 PowerVR 7XTP GPU。

● PowerVR 9XE/9XM 系列大大提升了内存子系统的性能，支持 32 位寻址能力、增大突发传输数据位宽、提升内存访问效率、增强压缩能力，内存带宽可节约 25%。其关键特性还有分块延迟渲染、硬件虚拟化、OminiShield 多域安全性、PVRIC3 无损影像压缩等技术。

2. Mail 系列

Mail 系列 GPU 是 ARM 设计出品的，其中 Midgard1-4 可以全平台支持 Vulkan API。目前主要型号为 Mali-G71、Mali-G72、Mali-T760、Mali-T820、Mali-T830、Mali-T860、Mali-T880 等，具体情况如下。

● Mali-G71 基于 Bifrost 架构，拥有非常强大的移动图形处理能力，大大降低了设计功率，以提高同等核心面积下的图形处理器性。如图 2-12 所示的 Galaxy S8 系列手机采用的就是 Mali-G71 图形处理器。

● 相较于 Mali-G71，Mali-G72 在性能、机器学习、VR 的 3 方面做了优化，其性能是 G71 的 1.4 倍。Mali-G72 使用了称之为跟随脉冲的渲染技术，像素本地缓存的写入带宽最多可减少 45%，大大降低 GPU 运算的负荷。

● Mali-T760 促进 Midgard 体系架构进入能源高效的新时代，完全支持当前和下一代图形和计算 API，其拥有惊人的图形和保证优秀的执行计算密集型任务，比如计算摄影、手势识别以及图像稳定等先进技术。

● Mali-T800 系列的 GPU 仍然基于"Midgard"架构，与 Mali-T600/T700 相比重点优化了面积、能效，并增加了一些新的技术特性。如图 2-13 所示的 Galaxy A7 系列手机使用的就是 Mali-T830 图像处理器。

▲图 2-12　Galaxy S8

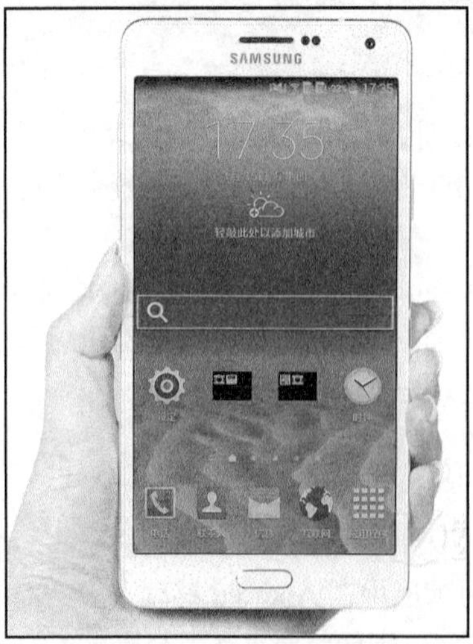

▲图 2-13　Galaxy A7

3. Adreno 系列

Adreno 系列由高通推出，被广泛应用于高通的 Snapdragon 平台上。其中，高通 Adreno 400 和 Adreno 500 系列全平台支持 Vulkan API。目前应用较为广泛 3 款 Adreno 系列 GPU 分别是 Adreno 430、Adreno 530、Adreno 540。

- Adreno 430 图形处理器是内嵌在高通骁龙 810 处理器之中，与用在骁龙 805 处理器中的上一代 GPU 产品 Adreno 420 相比，在性能方面有 30% 的提升，并在功耗上有 20% 的下降。
- Adreno 530 与 Adreno 430 相比功耗降低了 40%，而图形和计算性能提升了 40%。Adreno 530 支持 64 位虚拟寻址，允许共享虚拟内存（SVM）并高效地与 64 位 CPU 进行协处理，如图 2-14 所示的小米 5 采用的就是 Adreno 530 图形处理器。
- Adreno 540 与 Adreno 530 相比，将频率提高到了 710MHz，提升近 14% 的性能。再加上其他方面的各种优化，Adreno 540 的性能比 Adreno 530 提升达 25%，如图 2-15 所示，小米 6 搭载的骁龙 835 处理器就集成了 Adreno 540 图形处理器。

▲图 2-14　小米 5 　　　　　　　　　　　▲图 2-15　小米 6

4. GeForce ULV 系列

GeForce ULV 系列由 NVIDIA 推出，被广泛应用于 Tegra 平台上。目前支持 Vulkan API 的型号主要为 Tegra x1 等。从性能上来看，英伟达的 GeForce 系列图形芯片在整体上非常优秀，特别是在高清视频录制和播放方面以及大型 3D 游戏方面有着卓越的表现。

Tegra X1 是英伟达目前最先进的移动处理器，其拥有 256 个 NVIDIA Maxwell GPU 核心和一颗 64 位 CPU、具备优异的 4K 视频功能和超越上一代产品的节能性与性能。例如 NVIDIA 推出的 Shield 系列游戏机及平板产品都是搭载的 Tegra X1，而大名鼎鼎的任天堂 Switch 也是采用的 Tegra X1 改进版。

2.4.2　PC 端 GPU 中 3 大家族

与移动端 GPU 相比，PC 端 GPU 最核心的差别在于性能设计不同。为了满足 PC 端计算需求更高的游戏或图形处理软件的要求，PC 端 GPU 的性能较移动 GPU 要高出一大截。目前市场上的

PC 端 GPU 主要由 NVIDIA、AMD、Inter 提供，具体情况如下。

1. NIVDIA

NIVDIA 是 PC 端领域 GPU 提供商中的翘楚，目前市面上很多高性能游戏 PC、图形处理工作站都采用了其提供的 GPU。NIVDIA GPU 对 Vulkan 的支持较为广泛，Kepler、Maxwell、Pascal 的 3 代 GPU 中的大部分型号都可以良好地兼容 Vulkan API。下面将介绍两个较新系列的产品，具体情况如下。

- NIVDIA GeForce GTX 10 系列，包括 GTX 1080 TI、GTX 1080、GTX 1070 Ti、GTX 1070、GTX 1060、GTX 1050、Titan Xp 等型号，采用全新的 Pascal 架构，可应用于 4K HDR 及之上的环境，带来无缝的电影级效果以及卓越的 PC 游戏体验。
- NIVDIA GeForce GTX 9 系列，包括有 GTX 965，GTX 970，GTX 980，GTX 980Ti 等型号，采用 Maxwell 架构，并且使用了诸如 G-SYNC、GameStream、SLI 等先进技术，能在 1080p 显示器上呈现 4K 画质的图像。

2. AMD

AMD 是一家专门为计算机、通信和消费电子行业设计和制造各种创新的微处理器（CPU、GPU、APU、主板芯片组、电视卡芯片等)，以及提供闪存和低功率处理器解决方案的公司。产品中基于次世代图形核心（GCN）架构的任何 AMD APU 或 Radeon™ GPU 现在均能良好适配 Vulkan API。下面介绍其产品中较新的几个系列，具体内容如下。

- AMD Radeon R5/R7/R9 几个系列均采用 GCN 结构，可为用户带来革命性的性能和图像质量，并且支持 Vulkan、DirectX 12、Mantle、OpenGL 4.4 等新一代图形 API。
- AMD Radeon 500 系列显卡采用第 3 代 GCN 架构，提供 5 个计算单元，最高核心频率 1021 MHz，同样能够支持最新的几种图形 API。
- AMD RADEON RX 系列显卡，包括 RX 480、RX 470、RX 470D、RX 460 等几个子系列，均采用北极星（Polaris）架构，也能够适配 Vulkan API。

3. Intel

Intel 是美国一家主要研制 CPU 处理器的公司，是全球最大的个人计算机零件和 CPU 制造商。目前市面上的 Sky Lake 和 Kaby Lake 系列处理器搭载的核显基本都可以适配 Vulkan API，诸如常见的 HD Graphics 510/515/520/530、Iris Graphics 540/550/580、HD610/630 等。

> 提示　核显毕竟处理能力有限，读者如果希望运行大规模的 Vulkan 图形应用程序，还是建议采用恰当的独立显卡，诸如 NVIDIA 的 GTX1060 性价比就很不错。

2.5 本章小结

通过本章的学习，读者应该基本掌握了渲染管线、着色器预编译和 Vulkan 调试技术，并对目前支持 Vulkan 的主流 GPU 有了简单的了解。尤其是着色器预编译和 Vulkan 调试技术，为以后读者进行实际的 Vulkan 项目开发打下了良好的基础。

第3章　着色器编程语言——GLSL

前面第 1 章中提到过，Vulkan 不再像 OpenGL 一样指定了高层的着色器编程语言（如 OpenGL 指定采用 GLSL 着色器编程语言），而是采用一种被称为 SPIR-V 的二进制中间层格式。这样，开发人员在开发 Vulkan 着色器时可以选用自己青睐的着色器编程语言，诸如 GLSL、HLSL、CG 等。

用开发人员自己青睐的着色器编程语言开发完着色器后，再采用专用编译器将着色器代码编译为 SPIR-V 格式即可在 Vulkan 中使用，大大提高了灵活性。因此，对于 Vulkan 开发人员而言，至少需要熟练掌握一种着色器编程语言（也可以简称为着色语言）。这里本书选用的是目前在 Vulkan 开发中使用频率最高的 GLSL 着色语言，也是原先 OpenGL 中指定采用的着色语言。

> 提示　　本章的内容是完全与设备搭载的操作系统平台无关的，无论是在 Android、iOS、macOS、Windows 还是 Linux 上，基于着色语言开发的代码基本都是完全通用，不需要移植的，可以说是做到了"一次开发，到处运行"。另外，不同着色语言基本都大同小异，读者有需要时也可以再进一步学习其他类型的着色语言。

3.1　着色语言概述

GLSL 着色语言是一种高级的图形编程语言，源自应用广泛的 C 语言，同时具有 RenderMan 以及其他着色语言的一些优良特性，易于被开发人员掌握。

与传统通用编程语言有很大不同的是，GLSL 提供了更加丰富的原生类型，如向量、矩阵等。这些特性的加入使得 GLSL 着色语言在处理 3D 图形方面更加高效、易用。简单来说，GLSL 着色语言主要包括以下特性。

- GLSL 着色语言是一种高级的过程语言（注意，不是面向对象）。
- 对顶点着色器、片元着色器、曲面细分着色器、几何着色器以及计算着色器使用的是同样的语言，不做区分。
- 基于 C/C++的基本语法及流程控制。
- 完美支持向量与矩阵的各种操作。
- 通过特定限定符来管理输入与输出。
- 拥有大量的内置函数来提供丰富的功能。

总之，GLSL 着色语言是一种易于实现、功能强大、便于使用，并且可以高度并行处理、性能优良的高级图形编程语言。同时 GLSL 可以帮助开发人员在不浪费大量时间的情况下，轻松地为用户带来更完美的视觉体验，开发出更加酷炫的 3D 场景与特效。

对于 3D 游戏及应用开发人员来说，掌握这门语言尤为重要。本章的后继内容将从多个方面详细介绍 GLSL 着色语言的基本知识，为以后深入地学习打下坚实的基础。

提示　本章后面的内容为了表述的方便，在无特殊需要的情况下一律将 GLSL 着色语言简称为着色语言，请读者注意。

3.2　着色语言基础

着色语言虽然是基于 C/C++基本语法的语言，但是其与 C/C++语言相比较还是有很大不同的。例如，该语言不支持双精度浮点型（double）、字节型（byte）、短整型（short）、长整型（long），并且取消了 C 语言中的联合体（union）及枚举类型（enum）等特性。

3.2.1　数据类型概述

与 C 语言类似，着色语言中有许多内建的原生数据类型以及构建数据类型，如浮点型（float）、布尔型（bool）、有符号整型（int）、无符号整型（uint）、矩阵型（matrix）以及向量型（vec2、vec3 等）等。总体来说，这些数据类型可以分为标量、向量、矩阵、采样器、结构体以及数组等几类。本节将简单介绍这些数据类型，包括基本知识与基本使用方法。

1．标量

标量也被称为"无向量"，值只具有大小，并不具有方向。标量之间的运算遵循简单的代数法则，如质量、密度、体积以及温度等都属于标量。着色语言支持的标量类型有 bool、int、uint 与 float，各自的用法如下所列。

* 布尔型——bool

布尔型用来声明一个单独的布尔数，它的值只能为 true 与 false 中的一个。布尔类型的值一般由关系运算或者逻辑运算产生，基本用法如下所示。

```
bool b;                                    //声明一个布尔型的变量
```

* 有符号整型/无符号整型——int/uint

整型分为无符号和有符号两种类型，在一般情况下声明的整型变量都是有符号的类型，用 int 表示。整型用来声明一个单独的整数，值可以为正数、负数及 0，而无符号整型则不能用来声明负数。

提示　与 C 语言中的整型有所不同，在着色语言中的整数保证支持 32 位精度。开发时注意运算需要在正确的范围内进行（着色语言中无符号整型的精度不含符号位，有符号整型的精度包含符号位），超出运算范围可能产生溢出问题。

着色语言中整数也可以像 C 语言中一样，用十进制、八进制或者十六进制等不同的进制来表示，基本用法如下所示。

```
1   int a=15;                  //十进制
2   uint b=3u;                 //无符号十进制
3   int c=036;                 //0 开头的字面常量为八进制,代表十进制的 30
4   int d=0x3D;                //0x 开头的字面常量为十六进制,代表十进制的 61
```

说明　声明无符号整型（uint）字面常量时，需要在数字之后添加后缀 u 或 U，否则该字面常量的类型为有符号整型（int）。

● 浮点型——float

浮点型用来声明一个单独的浮点数，浮点型常量可以用十进制形式和指数形式两种方式表示，基本用法如下所示。

```
1    float f;                  //声明一个 float 型的变量
2    float g = 2.0;            //在声明变量的同时为变量赋初值
3    float h, i;               //同时声明多个变量
4    float j, k = 2.56, l;     //声明多个变量时，可以为其中某些变量赋初值
5    float s=3e2;              //声明变量，并赋予指数形式的初值，表示 3 乘以 10 的平方
```

需要注意的是，由于着色语言没有采用 C/C++语言那样的方式来提供多种不同精度的浮点数，因此代码中的字面常量就不需要使用后缀来说明精度了，只要给出值即可。

2. 向量

着色语言中，向量可以看作是由同样类型的标量组成的，基本类型也分为 bool、int、uint 及 float 等 4 种。每个向量可以由 2 个、3 个或者 4 个相同的标量组成，具体情况如表 3-1 所示。

表 3-1 各种向量类型及说明

向量类型	说明	向量类型	说明
vec2	包含了 2 个浮点数的向量	bvec2	包含了 2 个布尔数的向量
vec3	包含了 3 个浮点数的向量	bvec3	包含了 3 个布尔数的向量
vec4	包含了 4 个浮点数的向量	bvec4	包含了 4 个布尔数的向量
ivec2	包含了 2 个整数的向量	uvec2	包含了 2 个无符号整数的向量
ivec3	包含了 3 个整数的向量	uvec3	包含了 3 个无符号整数的向量
ivec4	包含了 4 个整数的向量	uvec4	包含了 4 个无符号整数的向量

声明向量类型变量的基本语法如下。

```
1    vec2 v2;                  //声明一个 vec2 类型的向量
2    ivec3 v3;                 //声明一个 ivec3 类型的向量
3    uvec3 vu3;                //声明一个 uvec3 类型的向量
4    bvec4 v4;                 //声明一个 bvec4 类型的向量
```

向量在着色器代码的开发中有着十分重要的作用，可以很方便地存储以及操作颜色、位置、纹理坐标等不仅包含一个组成部分的量。开发中，有时也可能需要单独访问向量中的某个分量，基本的语法为"<向量名>.<分量名>"，根据目的的不同，主要有如下几种用法。

● 将一个向量看作颜色时，可以使用 r、g、b、a 等 4 个分量名，其分别代表红、绿、蓝、透明度 4 个色彩通道，具体用法如下。

```
1    aColor.r=0.6;             //给向量 aColor 的红色通道分量赋值
2    aColor.g=0.8;             //给向量 aColor 的绿色通道分量赋值
```

> 提示　　若向量是四维的，则可以使用的分量名为：r、g、b、a；若向量是三维的，则可以使用的分量名为 r、g、b；若是二维的，则仅可以使用 r、g 两个分量名。

● 将一个向量看作位置时，可以使用 x、y、z、w 等 4 个分量名，分别代表 x 轴、y 轴、z 轴分量及 W 值，具体用法如下。

```
1    aPosition.x=67.2;         //给向量 aPosition 的 x 分量赋值
2    aPosition.z=48.3;         //给向量 aPosition 的 z 分量赋值
```

若向量是四维的，则可以使用的分量名为：x、y、z、w；若向量为三维的，则可以使用的分量名为 x、y、z；若向量为二维的，则仅可以使用 x、y 两个分量名。另外，一般只有在使用四维齐次坐标的情况下才会同时使用到 x、y、z、w 这 4 个分量。关于齐次坐标的概念及意义会在后面第 4 章 4.5 节中进行介绍。

- 将一个向量看作纹理坐标时，可以使用 s、t、p、q 等 4 个分量名，分别代表纹理坐标的不同分量，具体用法如下。

```
1    aTexCoor.s=0.65;                              //给向量 aTexCoor 的 s 分量赋值
2    aTexCoor.t=0.34;                              //给向量 aTexCoor 的 t 分量赋值
```

若向量是四维的，则可以使用的分量名为：s、t、p、q；若向量为三维的，则可以使用的分量名为 s、t、p；若向量为二维的，则仅可以使用 s、t 两个分量名。

访问向量中的各个分量不但可以采用"."加上不同的分量名，还可以将向量看作一个数组，用下标来进行访问，具体用法如下。

```
1    aColor[0]=0.6;                               //给向量 aColor 的红色通道分量赋值
2    aPosition[2]=48.3;                           //给向量 aPosition 的 z 轴分量赋值
3    aTexCoor[1]=0.34;                            //给向量 aTexCoor 的 t 分量赋值
```

关于纹理坐标中的 s、t 分量等读者可能不是很明白，这里不用担心，本书后面介绍纹理贴图的章节会详细地介绍。

其实，在 C 语言中也可以通过自己构建结构体的方式来支持向量，但进行向量的运算时必须由 CPU 将每个分量依次顺序计算（3 个分量就需要计算 3 次），效率不高。而着色器中的向量则不同，它由硬件原生支持，进行向量的运算时是各分量并行一次完成的（n 个分量只需要一次计算），效率大大提高。

3. 矩阵

有一些基础的开发人员都知道，3D 场景中的移位、旋转、缩放等变换都是由矩阵的运算来实现的，因此 3D 场景的开发中会非常多地使用到矩阵。故着色语言中也提供了对矩阵类型的支持。这大大方便了开发，免去了自行构建矩阵的麻烦。

矩阵按尺寸分为 2×2 矩阵、2×3 矩阵、2×4 矩阵、3×2 矩阵、3×3 矩阵、3×4 矩阵、4×2 矩阵、4×3 矩阵和 4×4 矩阵，其中矩阵类型的第一个数字表示矩阵的列数，第二个数字表示矩阵的行数，具体情况如表 3-2 所示。

表 3-2　　　　　　　　　　　　　　　　矩阵的类型及说明

矩阵类型	说明	矩阵类型	说明
mat2	2×2 的浮点数矩阵	mat2×2	2×2 的浮点数矩阵
mat3	3×3 的浮点数矩阵	mat2×3	2×3 的浮点数矩阵
mat4	4×4 的浮点数矩阵	mat2×4	2×4 的浮点数矩阵
mat3×2	3×2 的浮点数矩阵	mat4×2	4×2 的浮点数矩阵
mat3×3	3×3 的浮点数矩阵	mat4×3	4×3 的浮点数矩阵
mat3×4	3×4 的浮点数矩阵	mat4×4	4×4 的浮点数矩阵

矩阵类型的基本用法如下。

```
1   mat2 m2;                        //声明一个 mat2 类型的矩阵
2   mat3 m3;                        //声明一个 mat3 类型的矩阵
3   mat4 m4;                        //声明一个 mat4 类型的矩阵
4   mat3x2 m5;                      //声明一个 mat3x2 类型的矩阵
```

着色语言中，矩阵是按列顺序组织的，也就是一个矩阵可以看作由几个列向量组成。例如，mat3 就可以看作由 3 个 vec3 组成。另外，mat2 与 mat2×2、mat3 与 mat3×3 以及 mat4 与 mat4×4 是 3 组两两完全相同的类型，只是其类型的名称不同而已。

可以将矩阵作为列向量的数组来访问，如 matrix 为一个 mat4，可以使用 matrix[2]取到该矩阵的第 3 列，其为一个 vec4；也可以使用 matrix[2][2]取得第 3 列的向量的第 3 个分量，其为一个 float；其他的依此类推。

提示　　从数学上讲，矩阵看作由向量组成时有两种选择：可以将矩阵看作由多个行向量组成或看作由多个列向量组成。虽然不同的选择功能一样，但在具体进行计算时是有所不同的，因此了解着色语言的选择非常重要。对这方面数学不太了解的读者可以参考一些线性代数的相关资料。

---

4. 采样器

采样器是着色语言中不同于 C 语言的一种特殊的基本数据类型，其专门用来进行纹理采样的相关操作。一般情况下，一个采样器变量代表一幅或一套纹理贴图，其具体情况如表 3-3 所示。

表 3-3　　　　　　　　　　　　　　采样器基本类型及说明

采样器类型	说明	采样器类型	说明
sampler2D	用于访问浮点型的二维纹理	isampler3D	用于访问整型的三维纹理
sampler3D	用于访问浮点型的三维纹理	isamplerCube	用于访问整型的立方贴图纹理
samplerCube	用于访问浮点型的立方贴图纹理	isampler2DArray	用于访问整型的二维纹理数组
samplerCubeShadow	用于访问浮点型的立方阴影纹理	usampler2D	用于访问无符号整型的二维纹理
sampler2DShadow	用于访问浮点型的二维阴影纹理	usampler3D	用于访问无符号整型的三维纹理
sampler2DArray	用于访问浮点型的二维纹理数组	usamplerCube	用于访问无符号整型的立方贴图纹理
sampler2DArrayShadow	用于访问浮点型的二维阴影纹理数组	usampler2DArray	用于访问无符号整型的二维纹理数组
isampler2D	用于访问整型的二维纹理		

说明　　需要注意的是，与前面介绍的几类变量不同，采样器变量不能在着色器中进行初始化。一般情况下采样器变量都用 uniform 限定符来修饰，从宿主语言（如 C++）接收传递进着色器的值。此外，采样器变量也可以用作函数的参数，但是作为函数参数时不可以使用 out 或 inout 修饰符来修饰。

---

5. 结构体

着色语言还提供了类似于 C 语言中的用户自定义结构体，同样也是使用 struct 关键字进行声明，基本用法如下所示。

```
1    struct info{                              //声明一个结构体 info
2         vec3 color;                          //颜色成员
3         vec3 position;                       //位置成员
4         vec2 textureCoor;                    //纹理坐标成员
5    };
```

声明了 info 类型的结构体之后，就可以像使用内建数据类型一样使用这个用户自定义的类型了，如：

```
info CubeInfo;                                 //声明了一个 info 类型的变量 CubeInfo
```

> **提示**　对于结构体来说，其他的使用方法都与 C 语言基本类似，这里就不再赘述了，需要的读者可自行查阅并参考 C 语言结构体部分的相关知识。

6. 数组

从前面对向量的介绍中应该能够感觉到，着色语言应该是支持自定义数组的，实际情况也确实如此。声明数组的方式主要有两种，具体情况如下所列。

（1）在声明数组的同时，指定数组的大小。

```
vec3 position[20];                             //声明了一个包含 20 个 vec3 的数组，索引从 0 开始
```

（2）在声明数组并初始化的同时，可以不指定数组的大小。

```
1    float x[]=float[2](1.0,2.0);              //数组的长度为 2
2    float y[]=float[](1.0,2.0,3.0);           //数组的长度为 3
```

> **提示**　着色语言只支持一维数组，不支持二维数组。对于这一点，请读者稍加注意。

7. 空类型

空类型使用 void 表示，仅用来声明不返回任何值的函数。例如在顶点着色器以及片元着色器中必须存在的 main 函数就是一个返回值为空类型的函数，代码如下所示。

```
1    void main()                               //声明一个空返回值类型的 main 方法
2    {/*函数的具体操作省略 …… */}
```

3.2.2 数据类型的基本使用

3.2.1 节介绍了着色语言中的各个数据类型，掌握了这些数据类型的基本知识后，本节将简单地介绍这些数据类型的声明、初始化以及作用域的问题。

1. 声明、作用域及初始化

变量的声明及作用域与 C/C++语言类似，可以在任何需要的位置声明变量。同时其作用域也与 C/C++语言类似，分为局部变量与全局变量。请考察如下代码片段。

```
1    int a,b;                                  //声明了全局变量 a 及 b
2    vec3 aPosition=vec3(1.0,2.0,3.3);         //声明了全局变量 aPosition 并赋初值
3    void myFunction(){
4         int c=14;                            //声明了局部变量 c 并赋初值
5         a=4;                                 //给全局变量 a 赋值
6         b=a*c;                               //给全局变量 b 赋值
7    }
```

- 第 1 行声明了全局变量 a、b，其作用域为整个着色器。
- 第 4 行声明了局部变量 c，其作用域为自其声明开始到 myFunction 函数结束。

> **提示**　需要注意的是，在一些着色语言的实现中不可以在 if 语句中声明新的变量，这是为了简化变量在 else 子句上作用域的实现。作者目前使用的 Android、Windows 平台的各种实现基本都是支持在 if 语句中声明变量的，但也不排除有特殊的情况出现，读者了解这一点即可。

虽然着色器中变量的命名很自由，仅要求变量由字母、数字与下划线组成，且必须以字母或下划线开头。但开发人员在开发程序时，有一个良好的命名习惯将大大提高代码的可维护性，同时使得开发的代码简洁、美观，可读性强。因此建议在实际开发中，变量按照如下规则进行命名。

- 由于系统中有很多内建变量都是以"gl_"作为开头，因此用户自定义的变量不允许使用"gl_"作为开头。
- 为自己的函数或变量取名时尽量采用有意义的拼写，除了一些局部变量外不要采用 a、b、c 这样的名称。若一个单词不足以描述变量的用途，可以用多个单词组合，除第一个单词全小写外，其他每个单词的第一个字母大写。

向量的初始化还有一些灵活变化的技巧，下面的代码片段说明了这个问题。

```
1   float a=12.3;            //声明了浮点变量 a 并赋初值
2   float b=11.4;            //声明了浮点变量 b 并赋初值
3   vec2 va=vec2(2.3,2.5);   //声明了二维向量 va 并赋初值
4   vec2 vb=vec2(a,b);       //声明了二维向量 vb 并赋初值
5   vec3 vc=vec3(vb,13.5);   //声明了三维向量 vc 并赋初值
6   vec4 vd=vec4(va,vb);     //声明了四维向量 vd 并赋初值
7   vec4 ve=vec4(0.2);       //声明了四维向量 ve 并赋初值，相当于 vec4(0.2,0.2,0.2,0.2)
8   vec3 vf=vec3(ve);        //声明了三维向量并初始化，相当于(0.2,0.2,0.2)，舍弃了 ve 的第 4 个分量
```

> **说明**　从上述代码中可以看出，初始化时向量的各个分量既可以使用字面常量，也可以使用变量，还可以从其他向量直接获取。同时，若向量各分量的值相同，还可以采用如第 7 行代码所示的简化语法。若声明向量的维数小于其构造器中向量的维数时，也可以采用如第 8 行代码所示的方式，舍弃构造器中向量的相应分量。实际开发中，读者可以根据具体情况灵活选用。

矩阵的初始化也有一些灵活变化的技巧，具体分为如下几种规则。

（1）初始化时矩阵的各个元素既可以使用字面常量，也可以使用变量，还可以从其他向量直接获取。

（2）初始化时若矩阵只有对角线上有值且相同，可以通过给出 1 个字面常量初始化矩阵。

（3）初始化时矩阵 M1 的行列数（N×N）小于构造器中矩阵 M2 的行列数（M×M）时（即 N<M 时），矩阵 M1 的元素值为矩阵 M2 左上角 N×N 子阵的元素值。

（4）初始化时矩阵 M1 的行列数（N×M）与构造器中矩阵 M2 的行列数（P×Q）不同，且 P 和 Q 之间的最大值大于 N 和 M 之间的最大值时（假设 M1 为 mat2×3，M2 为 mat4×2），矩阵 M1 左上角 N×N 的元素值为矩阵 M2 左上角 N×N 元素的值，矩阵 M1 的其他行的元素值为 0。

（5）初始化时矩阵 M1 的行列数（N×N）大于构造器中矩阵 M2 的行列数（M×M）时（即 N>M 时），矩阵 M1 左上角 M×M 的元素值为矩阵 M2 的元素值，矩阵 M1 右下角的元素值为 1，矩阵 M1 剩余其他的元素值为 0。

下面的代码片段说明了上述的情况。

```
1    float a=6.3;                                    //声明了浮点变量 a 并赋初值
2    float b=11.4;                                   //声明了浮点变量 b 并赋初值
3    float c=12.5;                                   //声明了浮点变量 c 并赋初值
4    vec3 va=vec3(2.3,2.5,3.8);
5    vec3 vb=vec3(a,b,c);
6    vec3 vc=vec3(vb.x,va.y,14.4);
7    mat3 ma=mat3(1.0,2.0,3.0,4.0,5.0,6.0,7.0,8.0,c);//通过给出 9 个字面常量初始化 3×3 的矩阵
8    mat3 mb=mat3(va,vb,vc);                         //通过给出 3 个向量初始化 3×3 的矩阵
9    mat3 mc=mat3(va,vb,1.0,2.0,3.0);                //通过给出 2 个向量和 3 个字面常量初始化 3×3 的矩阵
10   mat3 md=mat3(2.0) ;                             //通过给出 1 个字面常量初始化 3×3 的矩阵
11   mat4x4 me=mat4x4(3.0);//等价于 mat4x4(3.0,0.0,0.0,0.0,0.0,3.0,0.0,0.0,0.0,0.0,
3.0,0.0,0.0,0.0,0.0,3.0)
12   mat3x3 mf=mat3x3(me);//等价于 mat3x3(3.0,0.0,0.0,0.0,3.0,0.0,0.0,0.0,3.0)
13   vec2 vd=vec2(a,b);
14   mat4x2 mg=mat4x2(vd,vd,vd,vd);                  //通过给出 4 个 2 维向量初始化 4×2 的矩阵
15   mat2x3 mh=mat2x3(mg);                           //等价于 mat2x3(6.3,11.4,0.0,6.3,11.4,0.0)
16   mat4x4 mj=mat4x4(mf);    //等价于 mat4×4(3.0,0.0,0.0,0.0, 0.0,3.0,0.0,0.0,0.0,0.0,
3.0,0.0, 0.0,0.0,0.0,1.0)
```

> **说明**　从上述代码中可以看出，第 7～9 行的代码遵循了第（1）条规则，第 10 行的代码遵循了第（2）条规则，第 12 行的代码遵循了第（3）条规则，第 15 行的代码遵循了第（4）条规则，第 16 行代码遵循了第（5）条规则。实际开发中，读者可以根据具体情况灵活选用。

2. 变量初始化的规则

着色语言中的变量初始化规则基本承袭自 C 语言，但也有一些不同，基本规则如下所列。

- 常用初始化方式为变量可以在声明的时候就进行初始化。

```
int a=2,b=3,c;                          //声明了 int 型的变量 a、b 与 c，同时为 a 与 b 变量赋初值
```

- 用 const 限定符修饰的变量必须在声明的时候进行初始化。

```
const float k=1.0;                      //在声明的时候初始化
```

- 全局的输入变量、一致变量以及输出变量在声明的时候一定不能进行初始化。

```
1    in float angleSpan;                //不可对输入变量进行初始化
2    uniform int k;                     //不可对一致变量进行初始化
3    out vec3 position;                 //不可对输出变量进行初始化
```

> **提示**　为了防止重复计算，着色器中应少用字面常量，而用常量代替，如有多个 1.0、0.0，可以声明常量，重复使用。关于输入变量、一致变量以及输出变量的细节在后面会进行详细的介绍，这里读者简单了解语法规则即可。

3.2.3　运算符

3.2.1 节与 3.2.2 节介绍了着色语言的各种数据类型及其用法，本节将介绍如何实现对各种类型数据的操作，这在开发中是十分重要的。与大多数编程语言类似，常见的运算符都可以在该语言中使用。下面按照优先级顺序列出了着色语言中可以使用的运算符，具体情况如表 3-4 所示。

表 3-4　　　　　　　　　　　　　运算符列表（按照优先级顺序排列）

运算符	说明	运算符	说明
( )	括号分组	[ ]	数组下标
( )	函数调用和构造函数结构	.	用于成员选择与混合
++ −−	自加 1 与自减 1 后缀	++ −−	自加 1 与自减 1 前缀
+ − ~ !	一元运算符	* / %	乘法、除法和取余
+ −	加法与减法	<< >>	逐位左移和右移
<> <= >=	关系运算符	== !=	等于以及不等于
&	逐位与	^	逐位异或
|	逐位或	&&	逻辑与
^^	逻辑异或	||	逻辑或
?:	选择	= += −= *= /=	赋值运算符
%= <<= >>= &= ^= |=	赋值运算符	,	按顺序排列

💡**提示**　　　表 3-4 中的优先级按照先从左到右，再从上到下的顺序。

了解了运算符的优先级之后，下面对常用的一些运算符进行更为详细地介绍。

1. 索引

从表 3-4 中可以发现，着色语言中的索引表示方法与 C 语言中是完全相同的，用 "[ ]" 来表示。并且在着色语言中，索引的起始下标也为 0。索引经常用在对数组、向量或者矩阵的操作中，通过索引操作，可以方便地获取数组、向量或者矩阵中包含的各种元素，具体使用如下面的代码片段所示。

```
1  float array[10];          //声明一个包含 10 个元素的 float 型数组
2  array[2]=1.0;             //通过索引操作为下标为 2 的元素赋值
3  vec3 position=vec3(2.3,5.0,0.2);//声明一个 vec3 类型的向量，并且进行初始化
4  float temp=position[1];//通过索引对 position 向量进行操作，拿到其第 2 个元素值 5.0 并赋给 temp
5  mat4 matrix=mat4(1.0); //声明一个 mat4 类型的矩阵，并进行初始化
6  vec4 tempV=matrix[1];  //通过索引对 matrix 矩阵进行操作，拿到其第 2 个向量元素并赋值给 tempV
```

2. 混合选择

通过运算符 "." 可以进行混合选择操作，在运算符 "." 之后列出一个向量中需要的各个分量的名称，就可以选择并重新排列这些分量。下面的代码片段说明了这个问题。

```
1  vec4 color= vec4(0.7,0.1,0.5,1.0);//声明一个 voc4 类型的向量 color
2  vec3 temp=color.agb;            //相当于拿到一个向量(1.0,0.1,0.5)并赋值给 temp
3  vec4 tempL=color.aabb;          //相当于拿到一个向量(1.0,1.0,0.5,0.5)并赋值给 tempL
4  vec3 tempLL;                    //声明了一个 3 维向量 tempLL
5  tempLL.grb=color.aab;           //对向量 tempLL 的 3 个分量赋值
```

● 从上述代码片段中可以看出，一次混合最多只能列出 4 个分量名称，且一次出现的各部分的分量名称必须是来自同一名称组。3 个名称组分别为 xyzw、rgba、stpq，这在前面的 4.2.1 节中已经介绍过。如 "color.xa" 就是错误的，因为分量名称没有来自同一个名称组。

● 各分量的名称在进行混合时可以改变顺序以进行重新排列。

● 以赋值表达式中的 "=" 为界，其左侧称之为 L 值（要写入的表达式），右侧称之为 R 值（所读取的表达式）。进行混合时，R 值可以使用一个向量的各个分量任意地组合以及重复，而 L 值则不能有任何的重复分量，但可以改变分量的顺序。

3. 算术运算符

自加以及自减运算符（++与−−）执行的操作与 C 语言中相同，既可以用于整数也可以用于浮点数。若在向量以及矩阵中使用，则向量或矩阵的每个元素都加 1 或者减 1。

对标量而言，加减乘除和取余运算与 C 语言基本没有区别。但若是对矩阵运算，则进行的是线性代数中的相关运算。如在矩阵上使用乘法时，执行的不再是简单的算术运算，而是线性代数的矩阵乘法。下面的代码片段说明了这些特殊的情况。

```
1    vec3 va=vec3(0.5,0.5,0.5);          //声明了一个 vec3 向量 va
2    vec3 vb=vec3(2.0,1.0,4.0);          //声明了一个 vec3 向量 vb
3    vec3 vc=va*vb;                      //两个向量执行按分量的乘法，加减与之类似
4    mat3 ma=mat3(1,2,3,4,5,6,7,8,9);    //声明了一个 mat3 矩阵 ma
5    mat3 mb=mat3(9,8,7,6,5,4,3,2,1);    //声明了一个 mat3 矩阵 mb
6    vec3 vd=va*ma;                      //执行向量与矩阵的乘法，满足线性代数的定义
7    mat3 mc=ma*mb;                      //执行矩阵乘法，满足线性代数的定义
```

- 向量用算术运算符运算时，执行的是各分量的算术运算。如将两个向量用"+"相加，实际执行的是向量的各分量相加得到一个新的向量。
- 关于向量与矩阵以及矩阵与矩阵的乘法都是执行的满足线性代数相关定义的运算。

4. 其他运算符

- 关系运算符（<、>、<= 、>=）只能用在浮点数或整数标量的操作中，通过关系运算符的运算将产生一个布尔型的值。如果想要得到两个向量中的每一个元素比较大小的结果，则可以调用内置函数 lessThan，lessThanEqual，greaterThan 和 greaterThanEqual 等实现。
- 等于运算符（==、!=）可以用在任何类型数据的操作中，在等于操作中将对左右两个操作数的每一个分量分别进行比较，然后得出一个布尔型的值，说明左右两个操作数是否完全相等。如果想要得到两个向量中的每一个元素是否相等的结果，则可以调用内置函数 equal 和 notEqual。
- 逻辑运算符包括与（&&）、或（||）、非（!）以及异或（^^）4 种操作类型，这些操作只可以用在类型为布尔标量的表达式中，不可以用在矩阵中。
- 选择运算符（?:）的使用方法也与 C 语言相同，可以用在除数组之外的任何类型中。但是要注意，第 2 个以及第 3 个表达式必须是相同的类型。通过计算第 1 个逻辑表达式得到一个布尔类型的值，若为 true 则只计算第 2 个表达式，若为 false 则只计算第 3 个表达式。
- 位运算符包括取反（~）、左移（<<）、右移（>>）、与（&）、或（|）和异或（^）等 6 种操作类型，这些操作符只适用于有符号或者无符号的整型标量或者整型向量的类型。其中后 3 种位运算符要求左右两边的操作数必须是相同长度的整型量。
- 赋值运算符中最常用的"="在操作时，要求符号两边的操作数必须类型完全相同。这一点很特殊，与 C/C++以及 Java 等通用编程语言不同，着色语言的赋值没有自动类型转换或提升功能。例如"float a=1;"在着色语言中就是错的，因为左侧的 a 是浮点型，右侧的 1 是整型。

3.2.4　各个数据类型的构造函数

构造函数的使用可以看作函数调用，函数名称是某一数据类型的名称，结果是得到指定类型的实例。构造函数还可以用来进行数据类型的转换，将在 3.2.5 节进行简要介绍。本节则主要针对向量和矩阵的构造函数、结构体的构造函数和数组的构造函数进行介绍。

1. 向量的构造函数

向量的构造函数可以用来创建指定类型向量的实例，其入口参数一般可以为基本类型的字面

常量、变量或其他向量，主要有如下两种基本形式。

● 如果向量的构造函数内只有一个标量值，那么该向量的所有分量都等于该值。

● 如果向量的构造函数内有多个标量或者向量参数，那么向量的分量则由左向右依次被赋值。在这种情况下，参数的分量和向量的分量至少要一样多。

下面的代码片段对向量的构造函数进行了简单的说明。

```
1   vec4 myVec4 = vec4(1.0);              //myVec4 的每一个分量值都是 1.0
2   vec3 myVec3 = vec3(1.0,0.0,0.5);      //myVec3 的分量值分别为 1.0、0.0、0.5
3   vec3 temp = vec3(myVec3);             //temp 等于 myVec3
4   vec2 myVec2 = vec2(myVec3);           //myVec2 分量值分别为 1.0、0.0
5   myVec4 = vec4(myVec2, temp);          //myVec4 的分量值分别为 1.0、0.0、1.0、0.0
```

> **提示**　如果向量构造函数的参数与对应的向量类型不相符，则会选择数据类型转换的方式转换参数类型，与向量类型匹配。

2. 矩阵的构造函数

相比向量的构造函数，矩阵的构造函数更加灵活一些。矩阵的构造函数共有 3 种基本形式。

● 如果矩阵的构造函数内只有一个标量值，那么矩阵的对角线上的分量都等于该值，其余值为 0。

● 矩阵可以由许多向量构造而成。比如说，一个 mat2 矩阵可以由两个 vec2 构成。

● 矩阵还可以由大量的标量值构成，矩阵的分量由左向右依次被赋值。

只要提供了足够的参数，矩阵甚至可以由任意的标量值和向量值合并构成，下面的代码片段对矩阵构造函数的使用进行了简单的说明。

```
1   vec2 d=vec2(1.0,2.0);               //d 的分量值分别为 1.0、2.0
2   mat2 e=mat2(d,d);                   //e 的第 1 列和第 2 列均为 1.0、2.0
3   mat3 f=mat3(e);                     //将矩阵 e 放到矩阵 f 的左上角，右下角的值为 1，其余为 0
4   mat4x2 g=mat4x2(d,d,d,d);           //声明一个 mat4*2 矩阵
5   mat2x3 h=mat2x3(g);                 //将矩阵 g 左上角的 2*2 赋值给 h，h 矩阵的最后一行为 0,0
6   mat3 myMat3 = mat3(1.0, 0.0, 0.0,   //矩阵 myMat3 第 1 列的值
7                      0.0, 1.0, 0.0,   //矩阵 myMat3 第 2 列的值
8                      0.0, 1.0, 1.0);  //矩阵 myMat3 第 3 列的值
```

> **提示**　这里矩阵元素的存储顺序以列为主，即矩阵由列向量组成。因此，当使用矩阵的构造函数时，矩阵的元素将会按照矩阵的列的顺序依次被参数赋值。

3. 结构体的构造函数

如果一个结构体被定义，并且赋予了一个类型名，即可用该类型名去构造该结构体的实例。下面的代码片段说明了该情况。

```
1   struct light{                             //定义结构体
2       float intensity;                      //声明 float 型成员
3       vec3 position;                        //声明 vec3 型成员
4   };
5   light lightVar=light(2.0,vec3(1.0,2.0,3.0));//创建该结构体的实例
```

> **说明**　构造函数内的每一个值都会按顺序赋给结构体内相应的成员，要求每一个值的类型都要与结构体内成员的类型相匹配。结构体的构造函数同样适用于初始化或者表达式。

4. 数组的构造函数

数组类型同样可以作为构造函数的名称，该构造函数同样适用于初始化或者表达式，具体情况如下面的代码片段所示。

```
1    const float i[3]=float[3](1.0,2.0,3.0);   //声明一个长度为 3 的数组并初始化
2    const float j[3]=float[](1.0,2.0,3.0);    //声明一个长度为 3 的数组并初始化
3    float k=1.0;                               //声明一个变量
4    float m[3];                                //定义一个长度为 3 的数组
5    m=float[3](k,k+1.0,k+2.0);                 //给数组赋值
```

> **说明**　　在使用数组的构造函数时，需要保证参数的个数与定义的数组长度相同。数组的索引值从 0 开始，并且每个参数的类型与定义数组的类型必须一致。

3.2.5　类型转换

着色语言没有提供类型的自动提升功能，并且对类型的匹配要求十分严格。例如前面介绍过的，赋值表达式中的两个操作数类型必须完全相同，另外调用函数时的形参以及实参的类型也必须完全相同。

同时着色语言也没有提供数据类型的强制转换功能，只能使用构造函数来完成类型转换，下面的代码片段说明了这个问题。

```
1    float f=1.0;         //声明一个浮点数 f 并赋值
2    bool b=bool(f);      //将浮点数转换成布尔类型，该构造函数将非 0 的数字转为 true，0 转为 false
3    float f1=float(b);   //将布尔值转变为浮点数，true 转换为 1.0，false 转换为 0.0
4    int c=int(f1);       //将浮点数转换成有符号或者无符号整型，直接去掉小数部分
```

虽然着色语言这样的类型转换设计相比其他高级语言来说不是很方便，但是却可以避免某些类型转换带来的性能、复杂性缺陷，简化了对应的硬件实现，可以说是利大于弊的。

```
float f0=1;          //声明一个浮点数并赋值
```

> **说明**　　着色语言中如此声明浮点数，会产生编译错误。这也是一个着色器编程的初学者常犯的错误，读者要多注意。

3.2.6　存储限定符

与其他编程语言一样，着色器中对变量也有很多可选的限定符，首先介绍的是存储（storage）限定符。这些限定符中大部分只能用来修饰全局变量，主要如表 3-5 所示。

表 3-5　　　　　　　　　　　　　　　　存储限定符及说明

限定符	说明
const	用于声明常量
in/centroid in	一般用于声明着色器的输入变量，如顶点着色器中用来接收顶点位置、颜色等数据的变量，centroid in 变量与插值类型有关
out/centroid out	一般用来声明着色器的输出变量，如从顶点着色器向片元着色器传递的顶点位置等数据的变量，centroid out 变量与插值类型有关
uniform	一般用于对同一组顶点组成的单个 3D 物体中所有顶点都相同的量，如当前的光源位置

下面给出了使用上述 4 种限定符的代码片段。

```
1    uniform mat4 uMVPMatrix;                    //声明一个用 uniform 修饰的 mat4 类型的矩阵
```

```
2    layout (location = 0) in vec3 aPosition;//声明一个用 in 修饰的 vec3 类型的向量
3    layout (location = 0) out vec4 aColor;   //声明一个用 out 修饰的 vec4 类型的向量
4    const int lightsCount = 4;               //声明一个用 const 修饰的 int 类型的常量
```

限定符在使用时应该放在变量类型之前，且使用 in、uniform 以及 out 限定符修饰的变量必须为全局变量。同时要注意的是，着色语言中没有默认限定符的概念。因此如果有需要，必须为全局变量明确指定所需的限定符。

下面对几种限定符进行更为详细地介绍，具体内容如下。

1. in/centroid in 限定符

in/centroid in 限定符修饰的全局变量又称为输入变量，其形成当前着色器与渲染管线前一阶段的动态输入接口。输入变量的值是在着色器开始执行时，由渲染管线的前一阶段送入。在着色器程序执行过程中，变量不可以被重新赋值。in/centroid in 限定符的使用主要分为如下两种情况。

● 顶点着色器的输入变量

顶点着色器中只能使用 in 限定符来修饰全局变量，不能使用 centroid in 限定符和后面将要介绍的 interpolation 限定符。在顶点着色器中使用 in 限定符修饰的变量用来接收渲染管线传递进顶点着色器的当前待处理顶点的各种属性值。这些属性值每个顶点各自拥有独立的副本，用于描述顶点的各项特征，如顶点坐标、法向量、颜色、纹理坐标等。

✎提示 ┊ 关于 inteipolation 限定符的细节在后面会进行详细介绍，这里简单了解即可。

顶点着色器中用 in 限定符修饰的变量其值实质是由宿主程序（本书中为 C++）批量传入渲染管线的，管线进行基本处理后再传递给顶点着色器（参考第 2 章的图 2-1)。数据中有多少个顶点，管线就调用多少次顶点着色器，每次将一个顶点的各种属性数据传递给顶点着色器中对应的 in 变量。因此，顶点着色器每次执行将完成对一个顶点各项属性数据的处理。

在顶点着色器中，in 限定符只能用来修饰浮点数标量、浮点数向量、矩阵变量以及有符号或无符号的整型标量或整型向量，不能用来修饰其他类型的变量。下面的代码片段给出了在顶点着色器中正确使用 in 限定符的情况。

```
1    layout (location = 0) in vec3 aPosition;      //顶点位置
2    layout (location = 1) in vec3 aNormal;        //顶点法向量
```

从上述介绍中可以看出，若需要渲染的 3D 物体中有很多顶点，顶点着色器就需要执行很多次，这很耗费时间。另外，由于顶点着色器每次执行仅处理一个独立顶点的相关数据，可见顶点着色器的多次执行之间并没有什么逻辑依赖。因此，当今主流的 GPU 中都配置了不止一套顶点着色器的执行硬件，数量从几套到几千套不等。通过这些顶点着色器的并发执行，可以大大提高渲染速度。

前面已经提过，顶点着色器中对于用 in 限定符修饰的变量其值是由宿主程序批量传入渲染管线的。一般来说，将顶点数据传送进渲染管线需要绑定顶点数据缓冲。建议查阅第 1 章中将三角形的顶点位置和顶点颜色数据传入到顶点着色器的相关代码再学习一下，这里不再赘述。

● 片元着色器的输入变量

片元着色器中可以使用 in 或 centroid in 限定符来修饰全局变量，其变量用于接收来自前一阶段着色器（一般为顶点着色器）的相关数据，最典型的是接收根据顶点着色器的顶点数据插值产生的片元数据。

在片元着色器中，in/centroid in 限定符可以修饰的类型包括有符号或无符号的整型标量或整型向量、浮点数标量、浮点数向量、矩阵变量、数组变量以及结构体变量。然而，当片元着色器中 in/centroid in 变量的类型为有符号或无符号整型标量或整型向量时，变量也必须使用后面介绍到的 flat 限定符来修饰。

　　flat 限定符是 interpolation 限定符中的一种，其具体细节在后面会详细介绍。

下面的代码片段给出了在片元着色器中正确使用 in 限定符的情况。

```
1    layout (location = 0) in vec3 vPosition;        //接收从顶点着色器传递过来的顶点数据
2    centroid layout (location = 1) in vec2 vTexCoord;//接收从顶点着色器传递过来的纹理坐标数据
3    flat layout (location = 2) in vec3 vColor;       //接收从顶点着色器传递过来的颜色数据
```

2. uniform 限定符

uniform 为一致变量限定符，一致变量指的是对于同一组顶点组成的单个 3D 物体中所有顶点都相同的量。uniform 变量可以用在顶点着色器或片元着色器中，其支持用来修饰所有的基本数据类型。与 in 变量类似，一致变量的值也是从宿主程序传入的。

下面的代码片段给出了在顶点或片元着色器中正确使用 uniform 限定符的情况。

```
1    uniform mat4 uMVPMatrix;                //总变换矩阵
2    uniform mat4 uMMatrix;                  //变换矩阵
3    uniform vec3 uLightLocation;            //光源位置
4    uniform vec3 uCamera;                   //摄像机位置
```

3. out/centroid out 限定符

out/centroid out 限定符修饰的全局变量又称为输出变量，其形成当前着色器与渲染管线后继阶段的动态输出接口。通常在当前着色器程序执行完毕时，输出变量的值才被送入后继阶段进行处理。因此，不能在着色器中声明同时起到输入和输出作用的 inout 全局变量，out/centroid out 限定符的使用主要分为如下两种情况。

- 顶点着色器的输出变量

顶点着色器中可以使用 out 或 centroid out 限定符修饰全局变量，被修饰的全局变量用于向渲染管线后继阶段传递当前顶点的数据。

在顶点着色器中，out/centroid out 限定符可以用来修饰浮点型标量、浮点型向量、矩阵变量、有符号或无符号的整型标量或整型向量、数组变量及结构体变量。然而，当顶点着色器中 out/centroid out 变量的类型为有符号或无符号的整型标量或整型向量时，变量也必须使用将要介绍的 flat 限定符来修饰。

图 3-1 给出了一般情况下顶点着色器中 out 变量的工作原理。

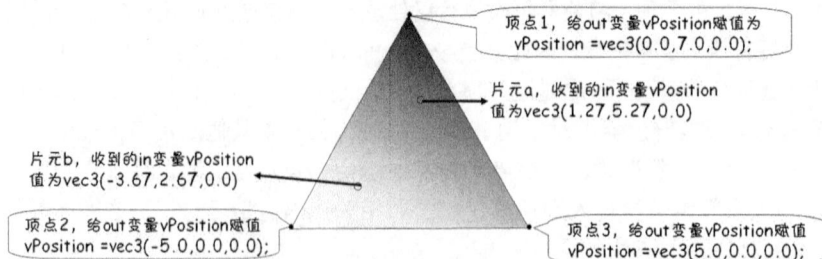

▲图 3-1　一般情况下顶点着色器中 out 变量的工作原理

从图 3-1 中可以看出，首先顶点着色器在每个顶点中都对 out 变量 vPosition 进行了赋值。接着在片元着色器中接收 in 变量 vPosition 的值时得到的并不是某个顶点赋的特定值，而是根据片元所在的位置及图元中各个顶点的位置进行插值计算产生的值。

如图 3-1 中顶点 1、2、3 的 vPosition 值分别为 vec3 (0.0,7.0,0.0)、vec3 (−5.0,0.0,0.0)、vec3

(5.0,0.0,0.0)，而插值后片元 a 的 vPosition 值为 vec3 (1.27,5.27,0.0)。这个值是根据 3 个顶点对应的着色器给 vPosition 赋的值、3 个顶点的位置及此片元的位置由管线插值计算得到的。

从上述介绍中可以看出，光栅化后产生了多少个片元，就会插值计算出多少套 in 变量。同时，渲染管线就会调用多少次片元着色器。同时可以看出，一般情况下对一个 3D 物体的渲染中，片元着色器执行的次数会大大超过顶点着色器。因此，GPU 硬件中配置的片元着色器硬件数量往往多于顶点着色器硬件数量，通过这些硬件单元的并行执行，提高渲染速度。

> **提示** 从上述介绍中可以看出，这就是为什么 GPU 在图形处理性能上远远超过同时代、同档次 CPU 的原因——CPU 中没有这么多的并行硬件处理单元。

下面的代码片段给出了在顶点着色器中正确使用 out/centroid out 限定符的情况。

```
1    layout (location = 0) out vec4 ambient;              //输出的环境光强度
2    centroid layout (location = 1) out vec2 texCoor;     //输出的纹理坐标
3    centroid layout (location = 2) out vec4 color;       //输出的颜色值
```

> **提示** 顶点着色器的后继阶段一般是片元着色器，但也有可能是曲面细分着色器或几何着色器，上述讲解是基于最普遍的顶点着色器后接片元着色器的情况。关于曲面细分着色器和几何着色器比较特殊，将会在后面的章节单独进行介绍。

- 片元器着色器的输出变量

片元着色器中只能使用 out 限定符来修饰全局变量，而不能使用 centroid out 限定符。片元着色器中的 out 变量一般指的是由片元着色器写入计算完成后片元颜色值的变量，一般在片元着色器的最后都需要对其进行赋值，然后将其送入渲染管线的后继阶段进行处理。

在片元着色器中，out 限定符只能用来修饰浮点型标量、浮点型向量、有符号或无符号的整型标量或整型向量以及数组变量，不能用来修饰其他类型的变量。下面的代码片段给出了在片元着色器中正确使用 out 限定符的情况。

```
1    out vec4 outColor;                //输出的片元颜色值
2    out vec4 outWorldPos;             //输出的片元世界坐标系坐标
```

4. const 限定符

用 const 限定符修饰的变量是只读的，其值是不可以变的，也就是常量，又称为编译时常量。编译时常量在声明时必须进行初始化，同时，这些常量在着色器外部是完全不可见的。下面的代码片段给出了如何在着色器中通过 const 限定符声明常量。

```
const int tempx=1;                    //声明整型常量 tempx
```

请注意的是，结构体内的成员变量不可以用 const 限定符修饰，而结构体类型的变量可以使用其进行修饰。用 const 限定符修饰的结构体变量需要在声明时通过构造器进行初始化，后期不可以再进行赋值操作。

> **提示** 用 const 限定符修饰的变量在编译时，编译器是不需要向其分配任何运行时资源的。因此恰当采用可以一定程度上提高程序的运行效率，节约资源。

3.2.7 插值限定符

插值（inteipolation）限定符，其主要用于控制顶点着色器传递到片元着色器数据的插值方式。

插值限定符包含 smooth、flat 两种，具体含义如表 3-6 所示。

表 3-6 限定符及说明

限定符	说明
smooth	默认的插值类型，表示以透视校正的方式插值片元输入变量
flat	表示不对片元输入变量进行插值

📝 说明　若使用插值限定符，则该限定符应该在 in、centroid in、out 或 centroid out 之前使用，一般用来修饰顶点着色器的 out 变量与片元着色器中对应的 in 变量。当未使用任何插值限定符时，默认的插值方式为 smooth。

下面对两种插值限定符进行更为详细地介绍，具体内容如下。

1. smooth 限定符

如果顶点着色器中 out 变量之前含有 smooth 限定符或者不含有任何限定符，则传递到后继片元着色器对应的 in 变量的值，是在光栅化阶段由管线根据片元所属图元各个顶点对应的顶点着色器对此 out 变量的赋值情况，及片元与各顶点的位置关系插值产生，也就是前面图 3-1 中介绍的情况。

下面的代码片段给出了在顶点着色器中正确使用 smooth 限定符的情况。

```
smooth out vec3 normal;    //顶点着色器 out 变量
```

顶点着色器中用 smooth 限定符修饰了输出变量后，用于接收此变量值的片元着色器中的对应输入变量也需要用 smooth 限定符修饰，如下面的代码片段所示。

```
smooth in vec3 normal;    //片元着色器中的对应 in 变量
```

2. flat 限定符

如果顶点着色器中 out 变量之前含有 flat 限定符，则传递到后继片元着色器中对应的 in 变量的值不是在光栅化阶段插值产生的，一般是由图元的最后一个顶点对应的顶点着色器对此 out 变量所赋的值决定。此时，图元中每个片元的此项值均相同。

若顶点着色器中的输出变量的类型为整型标量或整型向量，则变量必须使用 flat 限定符修饰。与之对应，若片元着色器中的输入变量的类型为整型标量或整型向量，变量必须使用 flat 限定符修饰。

下面的代码片段给出了在顶点着色器中正确使用 flat 限定符的情况。

```
flat out vec4 vColor;                //顶点着色器 out 变量
```

下面的代码片段给出了在片元着色器中正确使用 flat 限定符的情况。

```
flat in vec4 vColor;                //片元着色器中的对应 in 变量
```

📝 提示　无论顶点着色器中的 out 全局变量被哪种插值限定符修饰，后继片元着色器中都必须含有与之对应的修饰符修饰的 in 全局变量。

3.2.8 一致块

多个一致变量的声明可以通过类似结构体形式的接口块实现，该形式的接口块又称为一致块（uniform block）。一致块的数据是通过缓冲对象送入渲染管线的，以一致块的形式批量传送数据比单个传送效率高，其基本语法如下。

```
[<layout 限定符>] uniform 一致块名称 {<成员变量列表>} [<实例名>]
```

从上述语法中可以看出，声明一致块时可能包含 5 个组成部分，分别是"layout 限定符""uniform""一致块名称""成员变量列表""实例名"。

- layout 限定符的具体内容会在 3.2.9 节进行介绍。
- uniform 为一致块的修饰关键字，声明一致块时必须使用该关键字。
- 应用程序是通过一致块名称识别一致块的，一致块名称要满足着色语言的命名规定，可以包含字母、数字、下划线，其中起始字符不能为数字，可以为字母或下划线。
- 成员变量列表中可以包含多个变量的声明，与普通结构体内成员变量的声明类似。
- 实例名是一致块的实例名称，其命名规则与一致块名称相同。

下面的代码片段给出了一致块在顶点着色器中的正确使用。

```
1    uniform Transform{                    //声明一个 uniform 接口块
2        float radius;                     //半径成员
3        mat4 modelViewMatrix;             //模型矩阵成员
4        uniform mat3 normalMatrix;        //法向量矩阵成员
5    } block_Transform;
```

> **提示**　上述代码片段创建了一个名称为"Transform"的一致块，其中包含 3 个成员。需要注意的是，一致块内不允许声明 in 或 out 变量、采样器类型的变量，也不能定义结构体类型。另外，内建变量、数组变量及已定义结构体类型的变量可以作为一致块的成员变量，其用法与在块外的用法相同。

创建一致块时，可以声明实例名，也可以不声明实例名。下面分两种情况进行介绍。

- 未声明实例名

如果在创建一致块时未声明实例名，则一致块内的成员变量与在块外一样，其名称作用域是全局的，开发时可以直接通过一致块的成员变量名称访问对应变量。

- 声明实例名

如果在创建一致块时声明了实例名，则一致块内成员变量的名称作用域为从声明开始到一致块结束，编程时通过"<实例名>.<成员变量名>"在块外访问成员变量。

下面的代码片段说明了在声明实例名的情况下，顶点着色器内如何正确访问一致块成员变量。

```
1    uniform MatrixBlock{                                      //一致块
2        mat4 uMVPMatrix;                                      //块成员变量(总变换矩阵)
3    } mb;                                                     //实例名 mb
4    gl_Position = mb.uMVPMatrix * vec4(aPosition,1);//根据总变换矩阵计算此次绘制此顶点位置
```

> **说明**　上述代码第 1~3 行创建了名称为"MatrixBlock"的一致块，其实例名为"mb"。第 4 行通过"mb. uMVPMatrix"访问一致块的成员变量 uMVPMatrix。

3.2.9　layout 限定符

layout 限定符是从很久之前开始出现的，主要用于设置变量的存储索引（即引用）值，在本书的案例中经常使用，声明有几种不同的形式。

- 其可以作为接口块定义的一部分（相应的语法在 3.2.8 节中已经介绍过），也可以用于单独

修饰接口块中的成员。

- 其还可以用于修饰被接口限定符修饰的单独变量，语法如下。

```
<layout 限定符> <接口限定符> <变量声明>
```

> ✐ **说明**　接口限定符有 in、out、uniform 这 3 种选择。

layout 限定符修饰接口限定符的具体内容将在下面进行介绍，具体内容如下。

1. layout 输入限定符

layout 限定符与 in 限定符配合使用即为 layout 输入限定符，常用在顶点着色器中，具体情况如下面的代码片段所示。

```
1    layout (location=0) in vec3 aPosition;        // aPosition 输入变量的引用索引为 0
2    layout (location=1) in vec4 aColor;           // aColor 输入变量的引用索引为 1
```

2. layout 输出限定符

layout 限定符与 out 限定符配合使用即为 layout 输出限定符，常用在片元着色器中，具体情况如下面的代码片段所示。

```
1    layout (location = 0) out vec4 outColor;      //第 1 个输出
2    layout (location = 1) out vec4 outColorR;     //第 2 个输出
3    layout (location = 2) out vec4 outColorG;     //第 3 个输出
4    layout (location = 3) out vec4 outColorB;     //第 4 个输出
```

> ✐ **说明**　上面的代码片段摘自一个用于多渲染目标（MRT）案例中的片元着色器，其中通过 layout 输出限定符标定了 4 个输出，分别输出到对应的缓冲附件。关于 MRT 的问题，本书后面的章节将进行专门的介绍，这里了解一下即可。另外，layout 限定符的 location 值是有范围的，其范围为 [0, MAX_DRAW_BUFFERS-1]，MAX_DRAW_BUFFERS 为目标硬件支持的最大绘制用缓冲数。

3. 一致块 layout 限定符

前面已经介绍过，一致块可以使用 layout 限定符进行修饰。实际使用时，一般还需要给出所需的属性设置，几个常用的如下所列。

- std140

此属性值给出后，表示一致块的内存布局基于 std140 标准。关于 std140 标准这里限于篇幅所限，不便详述，需要的读者可以自行查阅相关资料进行学习。

- row_major

此属性值给出后，表示一致块中的矩阵元素在内存中将按照行优先的顺序存放。

- column_major

此属性值给出后，表示一致块中的矩阵元素在内存中将按照列优先的顺序存放。

下面的代码片段说明了上述几个要点。

```
1    layout (std140,row_major) uniform MatrixBlock{  //块的布局是 std140，矩阵元素行优先
2        mat4 M1;                                     //该变量的布局是行优先
3        layout (column_major) mat4 uMVPMatrix;       //该变量的布局是列优先（单独指出）
```

```
4      mat4 M2;                              //该变量的布局是行优先
5    };
```

3.2.10 流程控制

前面已经介绍了着色语言中的数据类型、对数据类型的操作以及限定符的使用，而在实际开发中，这是远远不够的。还需要进行流程控制才能写出具有完整功能的程序，本节将介绍着色语言中与流程控制相关的内容。

着色语言共提供了 4 种流程控制方式，分别由 if-else 条件语句、switch-case-default 条件语句、while（do-while）循环语句以及 for 循环语句来实现。下面就简单介绍 4 种流程控制方式的使用，具体情况如下。

1. if-else 条件语句

该流程控制方式的基本语法有两种，如下所列。

- if(<表达式>) {语句序列}

下面的代码片段说明了这种流程控制方式的使用。

```
1    if(tempx==0){
2         //执行处理逻辑（"tempx==0" 为 true 时）
3    }
```

- if(<表达式>) {返回为 true 时执行的语句序列} else {返回为 false 时执行的语句序列}

下面的代码片段说明了这种流程控制方式的使用。

```
1    if(tempx==0){
2         //执行处理逻辑（"tempx==0" 为 true 时）
3    }else{
4         //执行处理逻辑（"tempx==0" 为 false 时）
5    }
```

> 📝提示　　需要注意的是，虽然很像 C 语言，但 "<表达式>" 的返回值必须为布尔类型的标量，而不能像 C 语言中那样随意地使用浮点数或整数。

2. switch-case-default 条件语句

该流程控制方式的基本语法如下所示。

```
    switch(<初始表达式>){语句序列}
```

下面的代码片段说明了这种流程控制方式的使用。

```
1    switch(a){
2    case 0:                            //a 值为 0 的分支
3         //执行 a 值为 0 时的处理逻辑
4    break;                             //退出 switch
5    case 1:                            //a 值为 1 的分支
6         //执行 a 值为 1 时的处理逻辑
7    break;                             //退出 switch
8    default:                           //所有 case 都不匹配时的分支
9         //执行所有 case 都不匹配时的处理逻辑
10   break;                             //退出 switch
11   }
```

3. while/do-while 循环

开发中经常需要在满足某些条件时重复执行特定的代码，此时就可以使用 while 或 do-while 循环，具体情况如下所列。

* while 循环

while 循环语句的基本语法为：

```
while (<条件表达式>){语句序列}
```

下面的代码片段说明了 while 循环的使用。

```
1    while(tempx>=0){
2        //执行处理逻辑（当"tempx>=0"时）
3    }
```

* do-while 循环

do-while 循环语句的基本语法为：

```
do{语句序列} while(<条件表达式>)
```

下面的代码片段说明了 do-while 循环的使用。

```
1    do{
2        //执行处理逻辑
3    }while(tempx<=0);
```

4. for 循环

若明确知道循环所需的执行次数，则应该使用 for 循环，for 循环语句的基本语法如下。

```
for(初始化表达式;条件表达式;更新语句列表)  {语句序列}
```

* 初始化表达式用来声明并初始化一个或者多个相同类型的变量，一般用以控制循环的次数。
* 条件表达式则只能有一个，且条件表达式的返回值必须为布尔类型。若不写条件表达式，则相当于永远为 true。
* 更新语句列表在每次循环之后才执行，一般用于改变循环控制变量的值。这里可以写多个语句也可以不写语句，写多个语句时语句间用"，"隔开。

下面的代码片段说明了 for 循环的具体使用。

```
1    for(int i=0;i<13;i++){
2        //执行处理逻辑
3    }
```

> **说明**　for 循环首先初始化循环控制变量，然后计算条件表达式，若返回值为 true 则执行循环体一次。执行完循环体后执行更新语句列表，然后再判断条件表达式是否为 true，若为 true，则再次执行以上流程；若为 false，则结束循环。

5. break 与 continue 循环控制

与 C/C++ 语言类似，在循环体中，同样可以使用 break 与 continue 跳出循环，具体情况如下所列。

● break 语句在循环控制中用于中断循环，如果在循环体中执行了 break 语句，则循环中断并退出。要注意的是，在使用了多层嵌套的循环中，使用 break 语句跳出的是离其最近的一层循环。

● continue 语句在循环控制中用于跳过本次进入下一次循环，如果在循环体中执行了 continue 语句，则本次循环结束，转而执行条件表达式，若条件表达式为 true 则继续执行下一次循环。

> **提示**　break 语句不仅可以在循环控制中使用，同样适用于 switch 语句，如果在 switch 语句中执行了 break 语句，则不会再执行其他的 case 分支了。

3.2.11　函数的声明和使用

与 C 语言中相同，着色语言中也可以开发自定义的函数，基本语法如下。

> [<精度限定符>]<返回类型> 函数名称（[<参数序列>]）{/*函数体*/}

● 从上述语法中可以看出，声明函数时要包含 5 个组成部分，分别是"精度限定符""返回类型""函数名称""参数序列"和"函数体"。

● 精度限定符可以选择 highp、mediump、lowp 这 3 种之一，具体含义会在后面进行详细介绍。

● 返回类型根据需要可以是前面 3.2.1 节中介绍的除采样器之外的任何类型。需要注意的是，返回类型为数组时，必须指定数组的长度。

● 函数名称要满足着色语言的命名规定，可以包含字母、数字、下划线，其中起始字符不能为数字，可以为字母或下划线。

● 参数序列放在一对圆括号中，若没有则为空。

● 函数体包含在一对花括号中，包含完成函数功能所需的语句。

参数序列中的参数除了可以指定类型外，还可以指定用途。具体方法为用参数用途修饰符进行修饰，常用的参数用途修饰符如下所列。

● "in"修饰符，用其修饰的参数为输入参数，仅供函数接收外界传入的值。若某个参数没有明确给出用途修饰符，则等同于使用了"in"修饰符。

● "out"修饰符，用其修饰的参数为输出参数，在函数体中对输出参数赋值可以将值传递到调用其的外界变量中。对于输出参数要注意的是，在调用时不可以使用字面常量。

● "inout"修饰符，用其修饰的参数为输入输出参数，具有输入与输出两种参数的功能。输入输出参数在调用时也不可以使用字面常量。

> 💡**提示** 从上述用途修饰符的介绍中可以看出，着色语言中函数返回信息的渠道除了返回值外还有输出参数，在需要时恰当使用可以增加开发的灵活性。需要注意的是，out 和 inout 限定符之前不可以使用 const 限定符。

另外，与 C 语言中相同，着色器也可以重载用户自定义的函数。对于名称相同的函数，只要参数序列中参数类型不同或参数个数不同即可，基本用法如下所示。

```
1    void pointLight(in vec4 x,out vec4 y){}          //被重载的函数
2    void pointLight(in vec4 x,out ivec4 y){}         //重载版本 1，参数类型不同
3    void pointLight(in vec4 x,out vec4 y,out vec4 z){} //重载版本 2，参数序列不同
```

> 💡**提示** 着色器内只能重载用户自定义的函数，不可以重写或重载内置函数。

3.2.12　片元着色器中浮点及整型变量精度的指定

片元着色器中使用浮点或整型相关类型的变量时与顶点着色器中有所不同，在顶点着色器中直接声明使用即可，而在片元着色器中还可以指定精度。指定精度的方法如下面的代码片段所示。

```
1    lowp float color;              //指定名称为 color 的 float 型变量精度为 lowp
2    in mediump vec2 Coord;         //指定名称为 Coord 的 vec2 型变量精度为 mediump
3    highp mat4 m;                  //指定名称为 m 的 mat4 型变量精度为 highp
4    highp ivec2 k;                 //指定名称为 k 的 ivec2 型变量精度为 highp
```

从上述代码片段中可以看出，精度有 3 种选择，lowp、mediump 及 highp。这 3 种选择分别代表低、中、高 3 种精度等级，在不同的硬件中实现可能会有所不同。一般情况下，使用 highp 即可。另外，还可以看出所谓浮点或整型相关类型，不单包括标量类型 float、int，还包括与之对应的向量类型 vec2、vec3、vec4、ivec2、ivec3、ivec4，以及与之对应的矩阵类型 mat2、mat3、mat4。

如果在开发中同一个片元着色器中浮点或整型相关类型的变量都选用同一种精度，则可以指定整个着色器中相关类型的默认精度，具体语法如下。

```
precision <精度> <类型>;
```

- 精度可以选择 lowp、mediump 及 highp 3 种之一。
- 类型一般为 float 或 int，这不单表示为浮点或整型标量类型指定了精度，还表示对浮点或整型相关的向量、矩阵也指定了默认精度。因此开发中经常会在片元着色器中变量声明之前写上"precision mediump int;"、"precision highp float;"之类的语句。

3.2.13　程序的基本结构

前面几节介绍了着色语言很多方面独立的基本知识，本节将介绍着色器程序的基本结构。一个着色器程序一般由 4 大部分组成，主要包括着色语言版本声明和扩展的开启、全局变量声明、自定义函数、main 函数。下面的代码片段给出了一个完整的顶点着色器程序。

```
1    #version 400                    //声明版本号
2    #extension GL_ARB_separate_shader_objects : enable  // 启动 GL_ARB_separate_shader_objects 扩展
3    #extension GL_ARB_shading_language_420pack : enable//启动 GL_ARB_shading_language_420pack
4    layout (std140,set = 0, binding = 0) uniform bufferVals {    //一致块
5        mat4 mvp;                   //总变换矩阵
```

```
6     } myBufferVals;
7     layout (location = 0) in vec3 pos;        //传入的物体坐标系顶点位置
8     layout (location = 1) in vec3 color;      //传入的顶点颜色
9     layout (location = 0) out vec3 vcolor;    //传到片元着色器的顶点颜色
10    out gl_PerVertex {                        //输出接口块
11        vec4 gl_Position;                     //顶点最终位置
12    };
13    void positionShift(){                     //计算顶点位置的方法
14        gl_Position = myBufferVals.mvp * vec4(pos,1.0);   //计算最终顶点位置
15    }
16    void main() {                             //主函数
17        positionShift();                      //调用计算顶点位置的方法
18        vcolor=color;                         //传递顶点颜色给片元着色器
19    }
```

- 第 1 行为声明使用着色语言版本的语句,每个着色器开始都必须使用该语句来声明所使用的着色语言版本。

- 第 2～3 行开启了必要的两个扩展,实际开发中随需要可能会开启不同数量的扩展。

- 第 4～6 行为声明的一致块,其中声明的变量为总变换矩阵。

- 第 7～9 行为全局变量的声明,根据具体的情况的不同可能会有所增加和减少。

- 第 10～12 行为顶点着色器的输出接口块,其中声明了顶点着色器的内建输出变量 gl_Position,关于内建变量的知识随后将会详细介绍。

- 第 13～15 为自定义的函数,这一部分根据需要可能没有,也可能有很多不同的函数。

- 第 16～19 行为顶点着色器的主方法。根据总变换矩阵计算顶点的最终位置,并将顶点的颜色信息传递给了片元着色器。

提示　　与很多高级语言不同的是,着色器程序中要求被调用的函数必须在调用之前声明,且着色器中自己开发的函数不可以递归调用。就如上述代码中首先在第 13 行声明了 positionShift 函数,然后才能在第 17 行进行调用。这也是初学者易犯的一个错误,读者在开发中要多留心。

3.3　特殊的内建变量

着色器程序的开发中会用到很多变量,其中大部分可能是由开发人员根据需求自定义的,但着色器中也提供了一些用来满足特定需求的内建变量。这些内建变量不需要声明即可使用,一般用来实现渲染管线固定功能部分与可编程着色器(如顶点、片元、几何、曲面细分着色器)之间的信息交互。

内建变量根据信息传递的方向可以分为两类:输入变量与输出变量。输入变量负责将渲染管线中固定功能部分产生的信息传递进着色器;输出变量负责将着色器产生的信息传递给渲染管线中的固定功能部分。

3.3.1　顶点着色器中的内建变量

顶点着色器中的内建变量分为输入和输出变量,包括 gl_VertexID 、gl_Position 等。在顶点着色器中可以根据需要读取特定内建输入变量的值,帮助实现某些功能。也可以根据需要给这些内建变量赋值,以便由渲染管线中的图元装配与光栅化等后续固定功能阶段进行进一步的处理。

下面对顶点着色器中的两类内建变量进行介绍,具体内容如下。

1.　内建输入变量

顶点着色器中的内建输入变量主要有 gl_VertexID 以及 gl_InstanceID。这两个变量分别为当前处理顶点的整数索引以及当前处理实例的整数索引，具体含义如下。

- gl_VertexID

gl_VertexID 内建输入变量的类型为 "highp int"，用来将当前被处理顶点的索引传递给顶点着色器。

- gl_InstanceID

gl_InstanceID 内建输入变量的类型为 "highp int"，用来将当前被处理实例的索引传递给顶点着色器。若不是在多实例渲染的情况下，则此内建变量的值一直为 0。

2.　内建输出变量

顶点着色器中的内建输出变量主要有 gl_Position 以及 gl_PointSize。这两个变量分别用来存放处理后顶点的位置和顶点的尺寸，其具体含义如下。

- gl_Position

顶点着色器从渲染管线中获得原始的顶点位置数据，这些原始的顶点位置数据在顶点着色器中经过平移、旋转、缩放、摄像机观察、投影等数学变换后，生成新的顶点位置。新的顶点位置通过在顶点着色器中写入 gl_Position 内建变量传递到渲染管线的后继阶段继续处理。

gl_Position 的类型是 vec4，写入的顶点位置数据也必须与其类型一致。几乎在所有的顶点着色器中都必须对 gl_Position 写入适当的值，否则后继阶段的处理结果将是不确定的。

- gl_PointSize

顶点着色器中可以计算一个点的大小（单位为像素），并将其赋值给 gl_PointSize（标量 float 类型）以传递给渲染管线。如果没有明确赋值的话，采用默认值 1.0。gl_PointSize 的值一般只有在采用了点绘制方式之后才有意义，关于绘制方式的问题在后面的章节会进行详细的介绍。

3.3.2　片元着色器中的内建变量

片元着色器的内建变量也分为输入变量和输出变量，其中输入变量包括 gl_FragCoord、gl_FrontFacing 和 gl_PointCoord。输出变量包括 gl_FragDepth，其值为片元深度值，开发人员可以对其进行赋值，然后送进深度缓冲参与后继计算。

上述内容中的几个输入内建变量的具体含义如下所列。

- gl_FragCoord

内建变量 gl_FragCoord（vec4 类型）中含有当前片元相对于窗口位置的坐标值 x、y、z 与 $1/w$（如图 3-2 所示）。其中 x 与 y 分别为片元

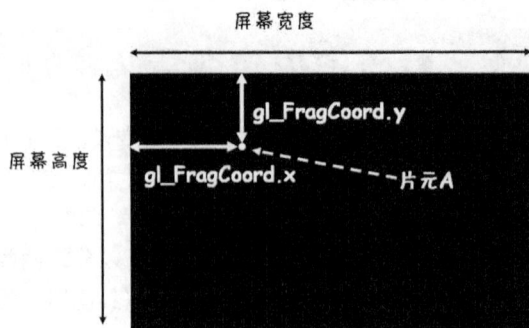

▲图 3-2　gl_FragCoord 包含的窗口坐标信息

相对于窗口的二维坐标。如果窗口的大小为 800×480（单位为像素），那么 x 的取值范围为 0~800，y 的取值范围为 0~480，z 部分为该片元的深度值。

提示　　通过该内建变量可以实现与窗口位置相关的操作，例如通过此内建变量的值控制仅绘制窗口中指定区域的内容等。

• gl_FrontFacing

gl_FrontFacing 是一个布尔型的内建变量，通过读取该内建变量的值可以判断正在处理的片元是否属于在光栅化阶段生成此片元的对应图元的正面。如果属于正面，gl_FrontFacing 的值为 true，反之为 false。其一般用于开发双面光照功能相关的程序中。

对于点、线段等没有正反面之分的图元，其生成的片元都会被默认为是正面的。对于三角形图元来说，其正反面取决于应用程序中对卷绕的设置以及图元中顶点的具体卷绕情况。

> **提示** 关于卷绕的问题，在后面的章节中会进行详细介绍，这里读者有个简单了解即可。

• gl_PointCoord

gl_PointCoord 是 vec2 类型的内建变量，当启用点精灵时，gl_PointCoord 的值表示当前图元中片元的纹理坐标，其值的范围从 0.0 到 1.0。如果当前图元不是一个点或者未启用点精灵，gl_PointCoord 的值是不确定的。

> **提示** 关于点精灵的相关内容，在后面的章节会有详细案例，这里简单了解即可。

3.3.3 内建常量

本节介绍的内建常量适用于所有着色器，这些内建常量用来限制每种属性变量的数量。也就是用来规定每种自定义变量数量的最大值，具体含义如表 3-7 所示。

表 3-7　　　　　　　　　　　　　内建常量及说明

内建常量	默认值	说明
const mediump int gl_MaxVertexAttribs	16	顶点着色器 in 变量数量的最大值
const mediump int gl_MaxVertexUniformComponents	1024	顶点着色器 uniform 修饰的 vec4 变量数量的最大值
const mediump int gl_MaxVertexOutputComponents	64	顶点着色器 out 修饰的 vec4 变量数量的最大值
const mediump int gl_MaxVertexTextureImageUnits	16	顶点着色器中可利用的纹理单元数量的最大值
const mediump int gl_MaxCombinedTextureImageUnits	80	顶点着色器和片元着色器中可利用的纹理单元数量的最大值的总和
const mediump int gl_MaxTextureImageUnits	16	片元着色器中可利用的纹理图像单元数量的最大值
const mediump int gl_MaxFragmentInputComponents	128	片元着色器 in 变量数量的最大值
const mediump int gl_MaxFragmentUniformComponents	1024	片元着色器 uniform 修饰的 vec4 变量数量的最大值
const mediump int gl_MaxDrawBuffers	8	片元着色器中多重渲染目标数量的最大值

> **提示** 对于不同品牌、不同型号的设备，以上内建常量的默认值各不相同。表 3-7 中列出的默认值为可能默认值的最小值，如有需要请读者自行查看自身设备默认值。

3.4 着色语言的内置函数

与其他高级语言类似，为了方便开发，着色语言中也提供了很多的内置函数。这些函数大都已经被重载，一般具有 4 种变体，分别用来接收和返回 genType，genIType，genUType 以及 genBType 类型的值。这 4 种变体的具体情况如表 3-8 所示。

表 3-8　　　　　　　　　　　　　　　　　　4 种变体及说明

变体类型	说明	变体类型	说明
genType	float，vec2，vec3，vec4	genUType	uint，uvec2，uvec3，uvec4
genIType	int，ivec2，ivec3，ivec4	genBType	bool，bvec2，bvec3，bvec4

> **说明**　从表 3-8 中可以看出 genType、genIType、genUType 和 genBType 分别代表的是浮点型系列、整型系列、无符号整型系列和布尔型系列。之所以要这样，是为了后面讲解函数时方便，否则需要每种具体类型都列出，过于繁琐。

这些内置函数通常是以最优方式来实现的，有部分函数甚至由硬件直接支持，这提高了执行效率。大部分内置函数同时适用于顶点、片元、几何、曲面细分等着色器，但是也有部分内置函数只适用于顶点着色器或者片元着色器。内置函数按照设计目的可以分为 3 个类别。

- 提供独特硬件功能的访问接口，如纹理采样系列的函数，这些函数用户是无法自己开发的。着色语言通过提供特定内置函数对这些硬件功能进行封装，建立了用户调用这些硬件功能的接口。
- 简单的数学函数，如 abs（求绝对值）、floor（下取整）等。这些数学函数本身非常简单，开发人员也可以自己开发，但可能由于对底层硬件的不了解，采用的实现方式很低效。而内置函数是厂商根据硬件的特点用最高效的方式实现的，调用内置函数来完成这些简单的操作不但可以提高开发效率，还可以提高执行效率。
- 一些复杂的函数，如三角函数等，用户可以自己编写，但是编写过程特别繁琐，要用到很多高等数学的知识。不但开发繁琐，可以想象执行效率也会很低下。而当下的主流硬件往往都有进行这些计算的专用指令，因此，对这些操作也提供了高效的内置函数。

3.4.1　角度转换与三角函数

角度转换与三角函数同时适用于多种着色器，并且每个角度转换与三角函数都有 4 种重载变体，具体情况如表 3-9 所示。

表 3-9　　　　　　　　　　　　　　　　角度转换与三角函数

内置函数签名	说明
genType radians (genType degrees)	此函数功能为将角度转换为弧度，即返回值 result=$(\pi/180)$ * degrees，degrees 参数表示需要转换的角度
genType degrees (genType radians)	此函数功能为将弧度转换为角度，即返回值 result=$(180/\pi)$* radians，radians 参数表示需要转换的弧度
genType sin (genType angle)	此函数为标准的正弦函数，其返回值范围是[-1,1]，angle 为正弦函数的参数，以弧度为单位
genType cos (genType angle)	此函数为标准的余弦函数，其返回值范围是[-1,1]，angle 为余弦函数的参数，以弧度为单位
genType tan (genType angle)	此函数为标准的正切函数，angle 为正切函数的参数，以弧度为单位
genType asin (genType x)	此函数为标准的反正弦函数，其返回值范围是$[-\pi/2, \pi/2]$，x 为反正弦函数的参数，其取值范围是[-1,1]，如果 x 的绝对值大于 1，那么结果不确定
genType acos (genType x)	此函数为标准的反余弦函数，其返回值范围是$[0, \pi]$，x 为反余弦函数的参数，其取值范围是[-1,1]，如果 x 的绝对值大于 1，那么结果不确定
genType atan (genType y, genType x)	此函数为标准的反正切函数，其返回值范围是$[-\pi, \pi]$，x 与 y 为反正切函数的参数，而实际传入反正切函数的是 y/x 的值，其中通过 x 与 y 的符号用来确定角度所在的象限。如果 x 与 y 的值全为零，那么返回值不确定

续表

内置函数签名	说明
genType atan (genType y_over_x)	此函数为反正切函数，其返回值范围是[−π/2, π/2]，y_over_x 为反正切函数的参数，不存在范围限制
genType sinh (genType x)	此函数为双曲正弦函数，其返回值为$(e^x-e^{-x})/2$，x 为双曲正弦函数的参数，不存在范围限制
genType cosh (genType x)	此函数为双曲余弦函数，其返回值为$(e^x+e^{-x})/2$，x 为双曲余弦函数的参数，不存在范围限制
genType tanh (genType x)	此函数为双曲正切函数，其返回值为 sinh(x)/cosh(x)，双曲正切函数由双曲正弦函数和双曲余弦函数推出
genType asinh (genType x)	此函数为反双曲正弦函数，也就是双曲正弦函数的反函数
genType acosh (genType x)	此函数为反双曲余弦函数，也就是双曲余弦函数的反函数。返回值为其非负部分，如果 x<1，其返回值是不确定的
genType atanh (genType x)	此函数为反双曲正切函数，也就是双曲正切函数的反函数，若|x|≥1 其返回值是不确定的

> **提示** 表 3-9 中 genType 代表的数据类型有 float、vec2、vec3 以及 vec4。其中 float 指的是浮点数标量，vec2 指的是二维的浮点数向量，vec3 指的是三维的浮点数向量，vec4 指的是四维的浮点数向量。有关数据类型的详细内容，请读者参考本章 3.2.1 节。

由于 sin（正弦函数）与 cos（余弦函数）是周期性平滑变化的函数（如图 3-3 所示），因此除了可以做三角函数之外，还有很多使用方式。例如，可以用来模拟水波效果。这时只需要选择其中的一个函数，然后做周期性变换即可，后面的章节会有这方面的案例。

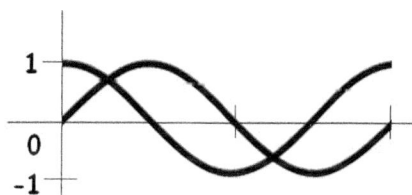
▲图 3-3 正弦与余弦函数

3.4.2 指数函数

3.4.1 节介绍了角度转换与三角函数，接下来在本节中将介绍指数函数。指数函数也同时适用于多种着色器，具体情况如表 3-10 所示。

表 3-10　　　　指数函数

内置函数签名	说明
genType pow (genType x, genType y)	此函数返回 x 的 y 次方，即x^y，x 与 y 分别为本函数的两个参数，其中 x 为指数函数的底数，y 为指数函数的指数。如果 x 值小于 0，那么返回值不确定。如果 x 值等于零，并且 y 值小于等于 0，那么返回值不确定
genType exp (genType x)	此函数返回 e（数学常数，值近似等于 2.718281828）的 x 次方，即e^x，x 为本函数的参数，代表指数
genType log (genType x)	此函数返回以 e 为底的 x 的对数，即$\log_e(x)$。也就是说，如果返回值为 y，那么也满足方程 $x=e^y$。x 为本函数的参数。如果 x 值小于等于 0，那么返回值不确定
genType exp2 (genType x)	此函数返回 2 的 x 次方，即2^x。x 为本函数的参数，不存在范围限制
genType log2 (genType x)	此函数返回以 2 为底的 x 的对数，即$\log_2(x)$。也就是说，如果返回值为 y，那么也满足方程 $x=2^y$。x 为本函数的参数。如果 x 值小于等于 0，那么返回值不确定
genType sqrt (genType x)	此函数返回 x 的平方根，即$\sqrt{x}$，x 为本函数的参数，如果 x 值小于 0，那么结果不确定
genType inversesqrt (genType x)	此函数返回 x 正平方根的倒数，即$\frac{1}{\sqrt{x}}$，x 为本函数的参数。如果 x 值小于等于 0，那么结果不确定

　　表 3-10 中 genType 代表的数据类型有 float、vec2、vec3 以及 vec4。有关数据类型的详细内容，请读者参考本章 3.2.1 节。

3.4.3　常见函数

介绍完指数函数后，接下来本节主要介绍着色语言中的常见函数。这些函数也可以同时用于多种着色器，具体情况如表 3-11 所示。

表 3-11　　　　　　　　　　　　　　　　常见函数

内置函数签名	说明
genType abs (genType x)	此函数的功能为求绝对值。x 为本函数的参数，如果 x≥0，那么返回值为 x；如果 x<0，那么返回值为−x
genType sign (genType x)	此函数的功能是与 0 进行比较，进而返回相应的值。x 为本函数的参数；如果 x>0，则返回 1.0；如果 x=0，则返回 0；如果 x<0，则返回−1.0
genType floor (genType x)	此函数功能为返回小于或者等于 x 的最大的整数值，x 为本函数的参数，不存在取值范围限制
genType trunc (genType x)	此函数功能为截取并返回 x 的整数部分，也就是截尾取整
genType round (genType x)	此函数的功能是对 x 进行普通四舍五入，返回四舍五入后得到的整数值
genType roundEven (genType x)	此函数功能为对 x 进行偶四舍五入，返回四舍五入后得到的整数值。例如，若 x 为 3.5 或 4.5 时将返回 4.0
genType ceil (genType x)	此函数功能为返回大于或者等于 x 的最小的整数值，x 为本函数的参数，不存在取值范围限制
genType fract (genType x)	此函数功能为返回 x−floor (x) 的值，x 为本函数的参数，不存在取值范围限制
genType mod (genType x, float y)	此函数的功能是进行取模运算，相当于 Java 语言中的"x%y"。对于 x 中的各组成元素，使用浮点数 y，最后返回 x−y*floor(x/y)
genType mod (genType x, genType y)	此函数的功能是进行取模运算，相当于 Java 语言中的"x%y"。对于 x 中的各组成元素，使用 y 中的对应组成元素，最后返回 x−y*floor(x/y)
genType modf (genType x, out genType i)	此函数的功能为返回 x 的小数部分，并将 x 的整数部分存入输出变量 i。同时返回值以及输出变量 i 的符号与 x 相同
genType min (genType x, genType y) genType min (genType x, float y)	此函数的功能是获得最小值。x 与 y 为本函数的两个参数，如果 x 与 y 中的组成元素满足 y<x，则返回 y；否则返回 x
genType max (genType x, genType y) genType max (genType x, float y)	此函数的功能是获得最大值。x 与 y 为本函数的两个参数，如果 x 与 y 中的组成元素满足 y<x，则返回 x；否则返回 y
genType clamp (genType x, genType minVal, genType maxVal) genType clamp (genType x, float minVal, float maxVal)	此函数主要返回 min (max (x, minVal) , maxVal)，x、minVal 与 maxVal 为本函数的 3 个参数，如果 minVal>maxVal，则返回值不确定
genType mix (genType x, genType y, genType a) genType mix (genType x, genType y, float a)	此函数主要功能为使用因子 a 对 x 与 y 执行线性混合，即返回 x*(1−a)+y*a
genType mix (genType x, genType y, genBType a)	此函数主要功能为使用参数 a 的布尔值选择返回参数 x 或 y 的值。若参数 a 的值或分量值为 false，则返回 x 相应的值或分量值；若参数 a 的值或分量值为 true，则返回 y 相应的值或分量值
genType step (genType edge, genType x) genType step (float edge, genType x)	此函数通过 x 与 edge 比较返回相应的值。edge 与 x 为本函数的两个参数，不存在范围限制。如果 x<edge，则返回 0.0；否则返回 1.0
genType smoothstep (genType edge0, genType edge1, genType x) genType smoothstep (float edge0, float edge1, genType x)	此函数功能是通过 x 与 edge0、edge1 进行比较返回相应的值，edge0、edge1 与 x 为本函数的两个参数，不存在范围限制。如果 x<=edge0，则返回 0；如果 x>=edge1，则返回 1.0；当 edge0<x<edge1 时，本函数则返回 0 与 1 之间平滑的 Hermite 插值。关于 Hermite 插值有兴趣的读者可以查阅相关的数学资料，本书篇幅有限，不再赘述

续表

内置函数签名	说明
genBType isnan (genType x)	此函数主要功能为判断参数 x 是否为 NaN，若 x 为 NaN 返回 true，否则返回 false
genBType isinf (genType x)	此函数主要功能为判断参数 x 是否为正无穷或负无穷，若 x 为正无穷大或负无穷大返回 true，否则返回 false
genIType floatBitsToInt (genType value) genUType floatBitsToUint (genType value)	此函数功能为将表示浮点数的比特序列看作表示整数的比特序列，并将对应的整数值返回
genType intBitsToFloat (genIType value) genType uintBitsToFloat (genUType value)	此函数功能为将表示整数的比特序列看作表示浮点数的比特序列，并将对应的浮点值返回。若参数为无效数值或无穷大，则返回值是不确定的

> **说明** 表 3-11 中 genType 代表的数据类型有 float、vec2、vec3 以及 vec4，genIType 代表的数据类型是 int、ivec2、ivec3 或 ivec4，genUType 代表的数据类型是 uint、uvec2、uvec3 或 uvec4，有关数据类型的详细内容，请读者参考本章 3.2.1 节。

了解了各常见函数的基本情况后，下面再对一些常见函数进行更为详细地介绍。

- abs 函数

abs 函数不会产生负值，可以用来在一个平滑函数中引入间断，此函数的图形表示如图 3-4 所示。

- sign 函数

sign 函数可能返回的结果有-1、0 以及 1，该返回值是根据传入的参数值决定的。该函数为一个不连续函数，图形表示如图 3-5 所示。

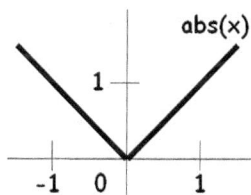

▲图 3-4 abs 函数

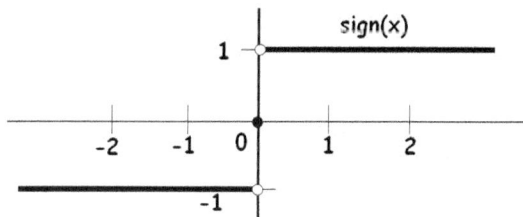

▲图 3-5 sign 函数

- floor 函数

floor 函数也是一种不连续函数，图形表示如图 3-6 所示。此函数会根据参数值返回小于或者等于该值的最大整数。也就是将参数值的分数部分丢弃，只取整数部分。

- ceil 函数

ceil 函数与 floor 函数相似，也是不连续函数，只是 ceil 函数总是返回大于或者等于参数值的最小的整数，其图形表示如图 3-7 所示。

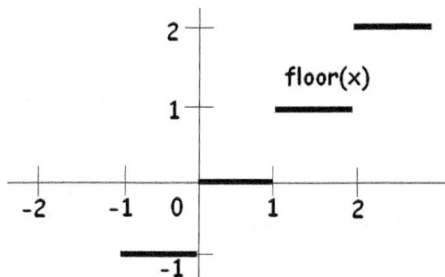

▲图 3-6 floor 函数

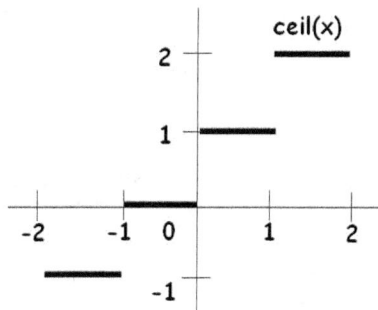

▲图 3-7 ceil 函数

> **提示**　　通过图 3-6 和图 3-7 的比较，读者可以很容易地发现，只需要将 floor 函数向左移动一个单位值即可获得 ceil 函数。

- fract 函数

fract 函数也是不连续的，中每段的斜率均为 1，图形表示如图 3-8 所示。

- min 函数

min 函数的返回值是根据传入的两个参数的大小而定的。如果两个参数 x 与 y 满足 y<x，那么返回 y，否则返回 x，其图形表示如图 3-9 所示。

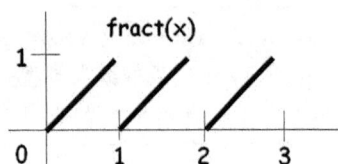

▲图 3-8　fract 函数

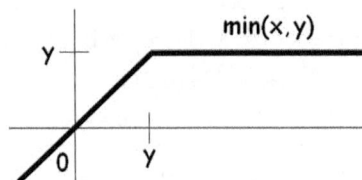

▲图 3-9　min 函数

- max 函数

max 函数与 min 函数相似，返回值也是根据传入的两个参数的大小而定的。如果两个参数 x 与 y 满足 y<x，那么返回 x，否则返回 y，其图形表示如图 3-10 所示。

- clamp 函数

clamp 函数是连续函数，其图形表示如图 3-11 所示。该函数会根据传入的 x 值、minVal 值以及 maxVal 值确定其返回值。clamp 函数要求传入的 minVal 值必须小于 maxVal 值，否则返回值不确定。

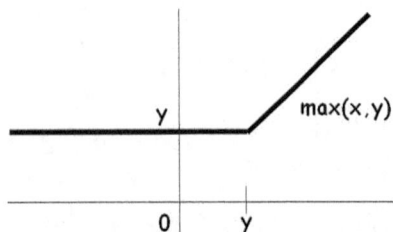

▲图 3-10　max 函数

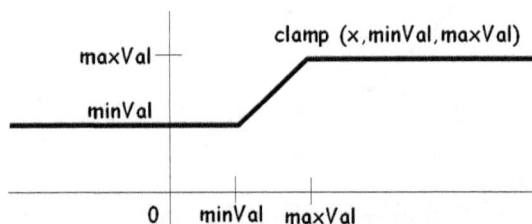

▲图 3-11　clamp 函数

- step 函数

step 函数是不连续函数，其图形表示如图 3-12 所示。该函数主要是根据传入的参数 edge 与 x 确定返回值，如果 x<edge，则返回 0.0，否则返回 1.0。

- smoothstep 函数

smoothstep 为连续函数，其图形表示如图 3-13 所示。此函数主要用来在两个值之间（0～1）进行平滑过渡，具体计算方法如下面的代码片段所示。

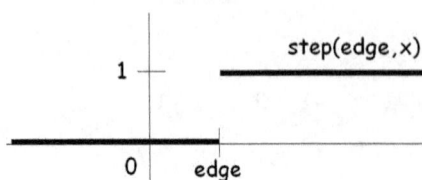

▲图 3-12　step 函数

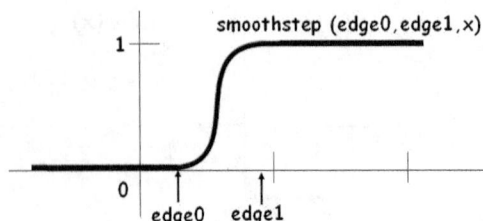

▲图 3-13　smoothstep 函数示意图

```
1    float t;                                    //声明变量 t，用来存储平滑过渡中的值
2    t=clamp((x-edge0)/(edge1-edge0), 0.0, 1.0);//计算在 x 位置对 edge1 与 edge0 之间的线性插值
3    return t*t*(3.0-2.0*t);                     //产生对应此 x 位置的平滑过渡值
```

> **提示**　　介绍 smoothstep 函数的计算方法时只是使用了浮点数标量，vec2、vec3 以及 vec4 的情况可以依此类推，也就是对每个分量都进行相同方式的计算。

3.4.4　几何函数

3.4.3 节介绍了常见函数，接下来在本节中将主要介绍几何函数。几何函数也是同时适用于多种着色器，主要用于对向量进行操作，具体情况如表 3-12 所示。

表 3-12　　　　　　　　　　　　　　　　几何函数

内置函数签名	说明
float length (genType x)	此函数的功能是返回向量 x 的长度，即 $\sqrt{x[0]*x[0]+x[1]*x[1]+...}$，x 为本函数的参数，不存在范围限制
float distance (genType p0, genType p1)	此函数的功能是返回 p0 与 p1 之间的距离，即 length(p0-p1)，p0 与 p1 为本函数的参数，不存在范围限制
float dot (genType x, genType y)	此函数的功能是返回向量 x 与 y 的点积，即 x[0]*y[0]+x[1]*y[1]+x[2]*y[2]+...，x 与 y 为本函数的参数，不存在范围限制
vec3 cross (vec3 x, vec3 y)	此函数的功能是返回向量 x 与 y 的叉积，即返回值为：$$\begin{bmatrix} x[1]*y[2]-y[1]*x[2] \\ x[2]*y[0]-y[2]*x[0] \\ x[0]*y[1]-y[0]*x[1] \end{bmatrix}$$ x 与 y 为本函数的参数，不存在范围限制
genType normalize (genType x)	此函数功能为返回与向量 x 方向相同，并且长度为 1 的向量，也就是对一个向量进行规格化。x 为本函数的参数，不存在范围限制
genType faceforward(genType N,genType I, genType Nref)	此函数功能是根据 dot(Nref,I) 的值返回相应的值，如果 dot(Nref,I)<0，则返回 N，否则返回-N。N、I 与 Nref 为本函数的参数，不存在范围限制
genType reflect (genType I, genType N)	此函数功能是根据传入的入射向量 I 以及表面法向量 N，返回反射方向的向量。为了得到希望的结果，传入的表面法线向量需要先规格化
genType refract(genType I, genType N,float eta)	此函数功能是根据传入的入射向量 I、表面法向量 N 以及折射系数 eta，返回折射向量。为了得到期望的结果，传入的入射向量 I 与表面法向量 N 需要先规格化

> **提示**　　表 3-12 中 genType 代表的数据类型有 float、vec2、vec3 以及 vec4，有关数据类型的详细内容，请读者参考本章 3.2.1 节。对于只具有 float 参数的 length、distance 与 normalize 函数并不是非常有用，但考虑到着色语言的完整性，这些函数也被定义。length(float x)返回值为|x|、distance(float p0, float p1) 返回值为|p0-p1|以及 normalize(float x) 返回值为 1。

了解了各几何函数的基本情况后，下面再对一些几何函数进行更为详细地介绍。

- dot 函数

此函数的功能是返回两个向量 x 与 y 的点积。两个向量点积的符号，与两个向量的夹角是直接相关的。夹角大于零并且小于 90°，则点积所得结果大于零；夹角等于 90°，则点积所得结果

为 0；夹角大于 90°，则点积小于 0；具体情况如图 3-14 所示。

▲图 3-14　向量点积

- cross 函数

此函数的功能是返回两个向量 x 与 y 的叉积，两个向量叉积的绝对值即为这两个向量所在四边形的面积，效果如图 3-15 所示。

- reflect 函数

此函数功能是根据传入的入射向量 **I** 以及表面法向量 **N**，返回反射方向向量，如图 3-16 所示。此函数的具体计算方法如下面的代码片段所示。

```
I-2*dot(N, I)*N
```

- refract 函数

此函数功能是根据传入的入射向量 **I**、表面法向量 **N** 以及折射系数 eta，返回折射向量，如图 3-17 所示。此函数的具体计算方法如下面的代码片段所示。

```
1    k= 1.0   eta * eta *(1.0   dot(N, I) * dot(N, I));    //计算判断系数 k
2    if (k < 0.0){
3        return genType(0.0);                            //若符合全反射则无折射向量
4    }else{return eta * I   (eta *dot(N, I) + sqrt(k)) * N;} //若不符合全反射根据斯涅尔定
律计算折射向量
```

▲图 3-15　向量叉积　　　　▲图 3-16　向量反射　　　　▲图 3-17　折射效果图

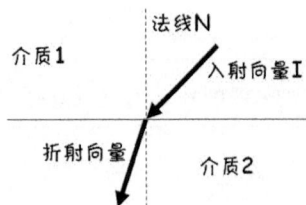

> **说明**　折射系数 eta 与介质 1 与介质 2 的折射率有关，介质 1 的折射率除以介质 2 的折射率即为折射系数。这里只是对反射以及折射函数进行了简单介绍，后面会有具体的章节为读者介绍使用反射与折射函数实现酷炫的效果。

3.4.5　矩阵函数

3.4.4 节介绍了几何函数，接下来在本节中将主要介绍矩阵函数。矩阵函数也是同时适用于多种着色器，主要包括生成矩阵、矩阵的转置、求矩阵的行列式以及求逆矩阵等有关矩阵的操作，具体情况如表 3-13 所示。

表 3-13   矩阵函数

内置函数签名	说明
mat matrixCompMult (mat x, mat y)	此函数按各个部分将矩阵 x 与矩阵 y 相乘，即返回值 result[i][j]是 x[i][j]与 y[i][j]标量的乘积
mat2 outerProduct(vec2 c, vec2 r)　　mat3 outerProduct(vec3 c, vec3 r) mat4 outerProduct(vec4 c, vec4 r)　　mat2x3 outerProduct(vec3 c, vec2 r) mat3x2 outerProduct(vec2 c, vec3 r) mat2x4 outerProduct(vec4 c, vec2 r) mat4x2 outerProduct(vec2 c, vec4 r) mat3x4 outerProduct(vec4 c, vec3 r) mat4x3 outerProduct(vec3 c, vec4 r)	此函数的主要功能为将参数c和参数r分别看成只有一列的矩阵和只有一行的矩阵，并将其进行线性矩阵乘积，产生一个新的矩阵
mat2 transpose(mat2 m)　　　　　mat3 transpose(mat3 m) mat4 transpose(mat4 m)　　　　　mat2x3 transpose(mat3x2 m) mat3x2 transpose(mat2x3 m)　　　mat2x4 transpose(mat4x2 m) mat4x2 transpose(mat2x4 m)　　　mat3x4 transpose(mat4x3 m) mat4x3 transpose(mat3x4 m)	此函数的主要功能为返回参数矩阵 m 的转置矩阵，经过此函数计算后原始参数矩阵 m 不变
float determinant(mat2 m)　　　　float determinant(mat3 m) float determinant(mat4 m)	此函数的主要功能为返回参数矩阵 m 的行列式
mat2 inverse(mat2 m)　　　　　　mat3 inverse(mat3 m) mat4 inverse(mat4 m)	此函数的主要功能为返回参数矩阵 m 的逆矩阵，经过此函数计算后原始参数矩阵 m 不变

> **说明**　表 3-13 中 mat 代表的数据类型有 mat2、mat3 以及 mat4 等，有关数据类型的详细内容，请读者参考本章 3.2.1 节。请注意 matrixCompMult 函数实现的是矩阵的标量乘法，若希望进行线性代数中定义的矩阵乘法则需要使用乘法运算符（*）。

以三维矩阵（mat3）x、y 为例，matrixCompMult(x,y)具体执行的操作如下。

$$\begin{bmatrix} x_{00} & x_{01} & x_{02} \\ x_{10} & x_{11} & x_{12} \\ x_{20} & x_{21} & x_{22} \end{bmatrix} \begin{bmatrix} y_{00} & y_{01} & y_{02} \\ y_{10} & y_{11} & y_{12} \\ y_{20} & y_{21} & y_{22} \end{bmatrix} = \begin{bmatrix} x_{00}y_{00} & x_{01}y_{01} & x_{02}y_{02} \\ x_{10}y_{10} & x_{11}y_{11} & x_{12}y_{12} \\ x_{20}y_{20} & x_{21}y_{21} & x_{22}y_{22} \end{bmatrix}$$

若执行的是 x*y 则大有不同，具体情况如下所示。

$$\begin{bmatrix} x_{00} & x_{01} & x_{02} \\ x_{10} & x_{11} & x_{12} \\ x_{20} & x_{21} & x_{22} \end{bmatrix} * \begin{bmatrix} y_{00} & y_{01} & y_{02} \\ y_{10} & y_{11} & y_{12} \\ y_{20} & y_{21} & y_{22} \end{bmatrix} =$$

$$\begin{bmatrix} x_{00}y_{00} + x_{01}y_{10} + x_{02}y_{20} & x_{00}y_{01} + x_{01}y_{11} + x_{02}y_{21} & x_{00}y_{02} + x_{01}y_{12} + x_{02}y_{22} \\ x_{10}y_{00} + x_{11}y_{10} + x_{12}y_{20} & x_{10}y_{01} + x_{11}y_{11} + x_{12}y_{21} & x_{10}y_{02} + x_{11}y_{12} + x_{12}y_{22} \\ x_{20}y_{00} + x_{21}y_{10} + x_{22}y_{20} & x_{20}y_{01} + x_{21}y_{11} + x_{22}y_{21} & x_{20}y_{02} + x_{21}y_{12} + x_{22}y_{22} \end{bmatrix}$$

3.4.6　向量关系函数

向量关系函数的功能为将向量的各分量进行关系比较运算（<, <=, >, >=, ==, !=），生成向量的布尔值结果，具体情况如表 3-14 所示。

表 3-14   向量相关函数

内置函数签名	说明
bvec lessThan(vec x, vec y) bvec lessThan(ivec x, ivec y) bvec lessThan(uvec x, uvec y)	此函数功能是返回向量 x 与 y 中的各个分量执行 x<y 的结果
bvec lessThanEqual(vec x, vec y) bvec lessThanEqual(ivec x, ivec y) bvec lessThanEqual(uvec x, uvec y)	此函数功能是返回向量 x 与 y 中的各个分量执行 x<=y 的结果

续表

内置函数签名	说明
bvec greaterThan(vec x, vec y) bvec greaterThan(ivec x, ivec y) bvec greaterThan(uvec x, uvec y)	此函数功能是返回向量 x 与 y 中的各个分量执行 x>y 的结果
bvec greaterThanEqual(vec x, vec y) bvec greaterThanEqual(ivec x, ivec y) bvec greaterThanEqual(uvec x, uvec y)	此函数功能是返回向量 x 与 y 中的各个分量执行 x>=y 的结果
bvec equal(vec x, vec y) bvec equal(ivec x, ivec y) bvec equal(bvec x, bvec y) bvec equal(uvec x, uvec y)	此函数功能是返回向量 x 与 y 中的各个分量执行 x= =y 的结果
bvec notEqual(vec x, vec y) bvec notEqual(ivec x, ivec y) bvec notEqual(bvec x, bvec y) bvec notEqual(uvec x, uvec y)	此函数功能是返回向量 x 与 y 中的各个部分执行 x!=y 的结果
bool any(bvec x)	如果 x 中任何一个分量为 true，则返回 true
bool all(bvec x)	x 中的所有组成元素都为 true，则返回 true
bvec not(bvec x)	对于 x 的各个分量执行的逻辑非运算

> 说明　表 3-14 中 vec 代表的数据类型有 vec2、vec3 以及 vec4；ivec 代表的数据类型有 ivec2、ivec 以及 ivec4；bvec 代表的数据类型有 bvec2、bvec3 以及 bvec4；uvec 代表的数据类型有 uvec2、uvec3 以及 uvec4。有关数据类型的详细内容，请读者参考本章 3.2.1 节。

3.4.7　纹理采样函数

纹理采样函数主要用来根据指定的纹理坐标从采样器对应的纹理中进行采样，返回采样得到的颜色值。大部分纹理采样函数既可以用于顶点着色器也可以用于片元着色器，但有个别的仅适用与片元着色器，具体情况如表 3-15 所示。

表 3-15　　　　　　　　　　纹理采样函数

内置函数签名	说明
highp ivec2 textureSize (gsampler2D sampler, int lod) highp ivec3 textureSize (gsampler3D sampler, int lod) highp ivec2 textureSize (gsamplerCube sampler, int lod) highp ivec2 textureSize (sampler2DShadow sampler, int lod) highp ivec2 textureSize (samplerCubeShadow sampler, int lod) highp ivec3 textureSize (gsampler2DArray sampler, int lod) highp ivec3 textureSize (sampler2DArrayShadow sampler, int lod)	此系列函数功能为根据参数 sampler 的细节级别，按顺序返回纹理的宽度，高度以及深度。其中对于 Array 格式，返回值的最后一个元素为纹理数组的层数。其中 sampler 为指定纹理的采样器，lod 为细节级别
gvec4 texture (gsampler2D sampler, vec2 P [, float bias]) gvec4 texture (gsampler3D sampler, vec3 P [, float bias]) gvec4 texture (gsamplerCube sampler, vec3 P [, float bias]) gvec4 texture (gsampler2DArray sampler, vec3 P [, float bias])	此系列函数的功能为使用纹理坐标 P 在 sampler 参数指定的纹理中执行纹理采样。其中 sampler 为指定纹理的采样器，P 为纹理坐标，bias 为偏置值
float texture (sampler2DShadow sampler, vec3 P [, float bias]) float texture (samplerCubeShadow sampler, vec4 P [, float bias]) float texture (sampler2DArrayShadow sampler, vec4 P)	此系列函数功能为执行阴影类型纹理采样，其中 sampler 为阴影类型纹理的采样器，P 为纹理坐标，bias 为偏置值

内置函数签名	说明
gvec4 textureProj (gsampler2D sampler, vec3 P [, float bias]) gvec4 textureProj (gsampler2D sampler, vec4 P [, float bias]) gvec4 textureProj (gsampler3D sampler, vec4 P [, float bias]) float textureProj (sampler2DShadow sampler, vec4 P[, float bias])	此系列函数的功能为执行投影纹理采样。其中 sampler 为指定纹理的采样器，P 为纹理坐标，bias 为偏置值。采样时的纹理坐标为 P 参数的前几个分量（不含最后一个分量）分别除以最后一个分量所得
gvec4 textureLod (gsampler2D sampler, vec2 P, float lod) gvec4 textureLod (gsampler3D sampler, vec3 P, float lod) gvec4 textureLod (gsamplerCube sampler, vec3 P, float lod) float textureLod (sampler2DShadow sampler, vec3 P, float lod) gvec4 textureLod (gsampler2DArray sampler, vec3 P, float lod)	此系列函数的功能为进行指定细节级别的纹理采样，其中参数 sampler 为待采样纹理的采样器，参数 P 为纹理坐标，lod 为细节级别
gvec4 textureOffset (gsampler2D sampler, vec2 P, ivec2 offset [, float bias]) gvec4 textureOffset (gsampler3D sampler, vec3 P, ivec3 offset [, float bias]) float textureOffset (sampler2DShadow sampler, vec3 P, ivec2 offset [, float bias]) gvec4 textureOffset (gsampler2DArray sampler, vec3 P, ivec2 offset [, float bias])	此系列函数的功能为使用偏移纹理坐标进行纹理采样。实际纹理坐标由参数 offset 与参数 P 相加获得，其中 sampler 为指定纹理的采样器，参数 offset 为偏移距离，P 为纹理坐标，bias 为偏置值
gvec4 texelFetch (gsampler2D sampler, ivec2 P, int lod) gvec4 texelFetch (gsampler3D sampler, ivec3 P, int lod) gvec4 texelFetch (gsampler2DArray sampler, ivec3 P, int lod)	此系列函数的功能为使用整型纹理坐标 P 在 sampler 参数指定的纹理中执行纹理采样。其中为参数 sampler 指定纹理的采样器，P 为纹理坐标，lod 为细节级别
gvec4 texelFetchOffset (gsampler2D sampler, ivec2 P, int lod, ivec2 offset) gvec4 texelFetchOffset (gsampler3D sampler, ivec3 P, int lod, ivec3 offset) gvec4 texelFetchOffset (gsampler2DArray sampler, ivec3 P, int lod,ivec2 offset)	此系列函数的功能为使用整型偏移纹理坐标在 sampler 参数指定的纹理中获取对应坐标处的纹素。其中整型偏移纹理坐标由偏移参数 offset 与整型纹理坐标参数 P 相加获取，lod 为细节级别
gvec4 textureProjOffset (gsampler2D sampler, vec3 P, ivec2 offset [, float bias]) gvec4 textureProjOffset (gsampler2D sampler, vec4 P, ivec2 offset [, float bias]) gvec4 textureProjOffset (gsampler3D sampler, vec4 P, ivec3 offset [, float bias]) float textureProjOffset (sampler2DShadow sampler, vec4 P, ivec2 offset [, float bias])	此系列函数的功能为执行投影偏移纹理采样，其中投影采样相关功能与函数 textureProj 相同，偏移采样相关功能与函数 textureOffset 相同
gvec4 textureLodOffset (gsampler2D sampler, vec2 P,float lod, ivec2 offset) gvec4 textureLodOffset (gsampler3D sampler, vec3 P,float lod, ivec3 offset) float textureLodOffset (sampler2DShadow sampler, vec3 P,float lod, ivec2 offset) gvec4 textureLodOffset (gsampler2DArray sampler, vec3 P,float lod, ivec2 offset)	此系列函数的功能为执行指定细节级别的纹理偏移采样，其中指定纹理细节级别的相关功能与函数 textureLod 相同，偏移采样的相关功能与函数 textureOffset 相同
gvec4 textureProjLod (gsampler2D sampler, vec3 P, float lod) gvec4 textureProjLod (gsampler2D sampler, vec4 P, float lod) gvec4 textureProjLod (gsampler3D sampler, vec4 P, float lod) float textureProjLod (sampler2DShadow sampler, vec4 P, float lod)	此系列函数的功能为执行指定细节级别的投影纹理采样，其中投影采样相关功能与函数 textureProj 相同，指定细节级别纹理采样相关功能与函数 textureLod 相同
gvec4 textureProjLodOffset (gsampler2D sampler, vec3 P,float lod, ivec2 offset) gvec4 textureProjLodOffset (gsampler2D sampler, vec4 P,float lod, ivec2 offset) gvec4 textureProjLodOffset (gsampler3D sampler, vec4 P,float lod, ivec3 offset) float textureProjLodOffset (sampler2DShadow sampler, vec4 P, float lod, ivec2 offset)	此系列函数的功能为执行指定细节级别的投影偏移纹理采样，其中投影采样相关功能与函数 textureProj 相同，指定纹理细节级别相关功能与函数 textureLod 相同，偏移采样相关功能与函数 textureOffset 相同
gvec4 textureGrad (gsampler2D sampler, vec2 P,vec2 dPdx, vec2 dPdy) gvec4 textureGrad (gsampler3D sampler, vec3 P, vec3 dPdx, vec3 dPdy) gvec4 textureGrad (gsamplerCube sampler, vec3 P, vec3 dPdx, vec3 dPdy) gvec4 textureGrad (gsampler2DArray sampler, vec3 P, vec2 dPdx, vec2 dPdy)	此系列函数的功能为执行纹理渐变采样。其中参数 P 为纹理坐标，sampler 为指定纹理的采样器，dPdx 为 P 对窗口 x 坐标的偏导数，dPdy 为 P 对窗口 y 坐标的偏导数。此外，对于 Cube 类型的纹理，假定投影到 Cube 纹理中的恰当面
float textureGrad (sampler2DShadow sampler, vec3 P, vec2 dPdx, vec2 dPdy) float textureGrad (samplerCubeShadow sampler, vec4 P, vec3 dPdx, vec3 dPdy) float textureGrad (sampler2DArrayShadow sampler, vec4 P, vec2 dPdx, vec2 dPdy)	此系列函数的功能为执行阴影类型纹理渐变采样。其中参数 P 为纹理坐标，sampler 为指定纹理的采样器，dPdx 为 P 对窗口 x 坐标的偏导数，dPdy 为 P 对窗口 y 坐标的偏导数。此外，对于 Cube 类型的纹理，假定投影到 Cube 纹理中的恰当面

续表

内置函数签名	说明
gvec4 textureGradOffset (gsampler2D sampler, vec2 P, vec2 dPdx, vec2 dPdy, ivec2 offset) gvec4 textureGradOffset (gsampler3D sampler, vec3 P, vec3 dPdx, vec3 dPdy, ivec3 offset) float textureGradOffset (sampler2DShadow sampler, vec3 P, vec2 dPdx, vec2 dPdy, ivec2 offset) gvec4 textureGradOffset (gsampler2DArray sampler, vec3 P, vec2 dPdx, vec2 dPdy, ivec2 offset) float textureGradOffset (sampler2DArrayShadow sampler, vec4 P, vec2 dPdx, vec2 dPdy, ivec2 offset)	此系列函数的功能为执行纹理渐变偏移采样，其中渐变采样相关功能与函数 textureGrad 相同，偏移采样相关功能与函数 textureOffset 相同
gvec4 textureProjGrad (gsampler2D sampler, vec3 P, vec2 dPdx, vec2 dPdy) gvec4 textureProjGrad (gsampler2D sampler, vec4 P, vec2 dPdx, vec2 dPdy) gvec4 textureProjGrad (gsampler3D sampler, vec4 P, vec3 dPdx, vec3 dPdy) float textureProjGrad (sampler2DShadow sampler, vec4 P, vec2 dPdx, vec2 dPdy)	此系列函数的功能为执行投影纹理渐变采样，其中渐变采样相关功能与函数 textureGrad 相同，投影采样相关功能与函数 textureProj 相同
gvec4 textureProjGradOffset (gsampler2D sampler, vec3 P, vec2 dPdx, vec2 dPdy, ivec2 offset) gvec4 textureProjGradOffset (gsampler2D sampler, vec4 P, vec2 dPdx, vec2 dPdy, ivec2 offset) gvec4 textureProjGradOffset (gsampler3D sampler, vec4 P, vec3 dPdx, vec3 dPdy, ivec3 offset) float textureProjGradOffset (sampler2DShadow sampler, vec4 P, vec2 dPdx, vec2 dPdy, ivec2 offset)	此系列函数的功能为执行投影纹理渐变偏移采样，其中投影采样相关功能与函数 textureProj 相同，且假定偏导数 dPdx, dPdy 是已经经过投影计算的，渐变采样相关功能与函数 textureGrad 相同，偏移采样相关功能与函数 textureOffset 相同

说明　表 3-15 中返回值类型 gvec4 中的"g"为占位符，其中 gvec4 表示 vec4、ivec4 或 uvec4，以上 3 种类型分别对应浮点数、有符号整型以及无符号整型类型。请读者根据具体情况，匹配参数类型和返回值类型。

关于表 3-15 中的一些内容还需要进行更为详细的讨论，具体内容如下。

1. bias 参数

含有 bias 参数的纹理采样函数只能在片元着色器中调用，且此参数仅在 sampler 为 mipmap 类型的纹理时才有意义。

- 若提供了 bias 参数，且 sampler 对应的纹理为 mipmap 类型的，则 bias 参数会用来参与计算细节级别（作为细节级别的偏置值），产生细节级别后再到对应细节级别的 mipmap 纹理中执行采样。
- 若没有提供 bias 参数，且 sampler 对应的纹理为 mipmap 类型时，将由系统自动计算细节级别，产生细节级别后再到对应细节级别的 mipmap 纹理中执行采样。
- 若 sampler 对应的纹理不是 mipmap 类型时，直接采用原始纹理进行采样。

2. Lod 后缀系列

带有"Lod"后缀的纹理采样函数其中的 lod（level of detail 的缩写）参数将直接用来作为进行 Mipmap 纹理采样时的细节级别。因此，此系列函数也是仅当 sampler 为 Mipmap 类型的纹理时才有意义。

说明　本节仅仅介绍了纹理采样函数的基本知识，纹理采样的相关知识很庞杂，在后继章节中将陆续通过具体案例进行详细介绍，读者这里了解一下即可。

3.4.8　微分函数

微分函数仅能用于片元着色器，主要包括 dFdx 方法、dFdy 方法以及 fwidth 方法，具体情况如表 3-16 所示。

表 3-16　　　　　　　　　　　　　　　微分函数

内置函数签名	说明
genType dFdx (genType p)	此函数功能为返回参数 p 在 x 方向的偏导数
genType dFdy (genType p)	此函数功能为返回参数 p 在 y 方向的偏导数
genType fwidth (genType p)	此函数功能为返回参数 p 在 x 与 y 方向偏导数的绝对值之和，即返回值为 abs (dFdx (p)) + abs (dFdy (p))

> **说明**　　表 3-16 中 genType 代表的数据类型有 float、vec2、vec3 以及 vec4，有关数据类型的详细内容，请读者参考本章 3.2.1 节。

从表 3-16 中可以看出，对于上述 3 个函数最重要的是对 dFdx 和 dFdy 含义的理解。这两个函数可以用来计算给定变量在 x 和 y 方向（即屏幕的横轴和纵轴方向）上的偏导数，也就是给定变量的值相对于屏幕空间坐标的变化率。

例如，用 $f(x,y)$ 表示在屏幕空间中 x、y 位置的片元对应给定变量的值，则 $dFdx(f(x,y))=f(x+1,y)-f(x,y)$，$dFdy(f(x,y))=f(x,y+1)-f(x,y)$，即给定变量在一个片元跨度上水平（或垂直）方向值的变化量。dFdx 与 dFdy 函数常用来估算滤波器的宽度以及帮助计算纹理采样细节级别等。

3.4.9　浮点数打包与解包函数

本节将要介绍的是浮点数的打包与解包函数，主要包括 packUnorm2x16、unpackUnorm2x16、packUnorm4x8、unpackUnorm4x8、packSnorm4x8、unpackSnorm4x、packDouble2x32 以及 unpackDouble2x32 等方法，具体情况如表 3-17 所示。

表 3-17　　　　　　　　　　　　　　　浮点数的打包与解包函数

内置函数签名	说明
highp uint packUnorm2x16 (vec2 v)	此函数首先将二维向量 v 中的每个规格化浮点数分量转换为 16 比特的整数，然后两个 16 比特的整数被打包成一个 32 比特的无符号整数返回。将二维向量 v 中的每个浮点分量 c 转换为定点整数时采用的方式为："round (clamp (c, 0, +1) * 65535.0)"。二维向量中第一个浮点分量所转化的 16 比特整数被写入到 32 位结果中的低位，而第二个浮点分量所转化的 16 比特整数被写入到 32 位结果中的高位
highp vec2 unpackUnorm2x16 (highp uint p)	将一个 32 位无符号的整数 p 解包成一对 16 位的无符号整数，并将每一个分量转换成规格化的浮点值，生成一个 vec2 并返回。可以理解为 packUnorm2x16 函数的逆操作
highp uint packUnorm4x8 (vec4 v)	此函数首先将四维向量 v 中的每个规格化浮点数分量转换为 8 比特的整数，然后四个 8 比特的整数被打包成一个 32 比特的无符号整数返回。将四维向量 v 中的每个浮点分量 c 转化为定点整数时采用的方式为："round (clamp (c, 0, +1) * 255.0)"。四维向量中第一个浮点分量所转化的 8 比特整数被写入到 32 位结果中的低位，而第四个浮点分量所转化的 8 比特整数被写入到 32 位结果中的高位
highp vec4 unpackUnorm4x8 (highp uint p)	将一个 32 位无符号的整数 p 解包成四个 8 位的无符号整数，并将每一个分量转换成规格化的浮点值，生成一个 vec4 并返回。可以理解为 packUnorm4x8 函数的逆操作
highp uint packSnorm4x8 (vec4 v)	此函数首先将四维向量 v 中的每个规格化浮点数分量转换为 8 比特的整数，然后四个 8 比特的整数被打包成一个 32 比特的无符号整数返回。将四维向量 v 中的每个浮点分量 c 转化为定点整数时采用的方式为："round (clamp (c, -1, +1) * 127.0)"。四维向量中第一个浮点分量所转化的 8 比特整数被写入到 32 位结果中的低位，而第四个浮点分量所转化的 8 比特整数被写入到 32 位结果中的高位

内置函数签名	说明
highp vec4 unpackSnorm4x8 (highp uint p)	将一个 32 位无符号的整数 p 解包成四个 8 位的无符号整数，并将每一个分量转换成规格化的浮点值，生成一个 vec4 并返回。可以理解为 packSnorm4x8 函数的逆操作
highp double packDouble2x32 (uvec2 v)	此函数首先将二维向量 v 中的每个规格化浮点数分量转换为 32 比特的浮点数，然后两个 32 比特的浮点数被打包成一个 64 比特的浮点数返回。二维向量中第一个浮点分量所转化的 32 比特浮点数被写入到 64 位结果中的低位，而第二个浮点分量所转化的 32 比特浮点数被写入到 64 位结果中的高位
highp uvec2 unpackDouble2x32 (double p)	将一个 64 比特的浮点数 p 解包成两个 32 位的浮点数，并将每一个分量转换成规格化的浮点值，生成一个 uvec2 并返回。可以理解为 packDouble2x32 函数的逆操作

> **提示**　　表 3-17 中列出的浮点数打包与解包函数截至作者完稿时还没有在所有的实现中都支持，其中 packUnorm2x16 和 unpackUnorm2x16 函数的支持率较高，这一点请读者注意。

3.5　用 invariant 修饰符避免值变问题

值变问题是指在同样的着色器程序多次运行时，同一个表达式在同样输入值的情况下多次运行，结果不精确一致的现象。在大部分情况下，这并不影响最终效果的正确性。

如果在某些特定情况下需要避免值变问题，可以用 invariant 修饰符来修饰变量。采用 invariant 修饰符修饰变量主要有如下两种方式。

（1）在声明变量时加上 invariant 修饰符，具体情况参考如下代码。

```
invariant out vec3 color;
```

（2）对已经声明的变量补充使用 invariant 修饰符进行修饰，具体情况参考如下代码。

```
1   out vec3 color;
2   invariant color;
```

> **提示**　　若有多个已经声明的变量需要用 invariant 修饰符补充修饰，则可以在 invariant 修饰符后把这些变量名用逗号隔开，一次完成。另外，用 invariant 修饰符补充修饰变量必须在变量第一次被使用前完成。

如果希望所有的输出变量都是 invariant 的，则可以采用如下的语句来完成。

```
#pragma STDGL invariant(all)
```

> **提示**　　要注意的是，上述代码应该位于着色器程序的前面，且上述代码不能在片元着色器中使用。

需要注意的是，并不是所有的变量都可以用 invariant 修饰符修饰，一般符合如下几种情况的变量可以用 invariant 修饰符修饰。

- 顶点着色器中的内建输出变量，如 gl_Position。
- 顶点着色器中声明的以 out 修饰符修饰的变量。
- 片元着色器中内建的输出变量。
- 片元着色器中声明的以 out 修饰符修饰的变量。

另外一点就是，在使用时要注意，invariant 修饰符要放在其他的修饰符之前。同时，invariant

修饰符只能用来修饰全局变量。

提示　　　若不是真的需要绝对同样的输入产生精确一致的输出，则应该避免使用 invariant 修饰符。因为使用此修饰符后着色器有些内部优化就无法进行了，会对性能有一定的影响。大部分情况下，一些误差对程序的正确性没有影响，因此，需要使用 invariant 修饰符的情况并不多。

3.6　预处理器

预处理器是在真正的编译开始之前由编译器调用的独立程序。预处理器用来处理编译过程中所需的源字符串。着色语言的预处理器遵循标准 C/C++语言预处理器的规则，宏定义和条件测试等可以通过预处理指令执行，具体内容如表 3-18 所示。

表 3-18　　　　　　　　　　　　　　　　　预处理指令

预处理指令	说明
#	用作预处理
#define	定义宏
#undef	用来删除事先定义的宏
#if	条件测试，若#if 指令后的表达式为真，则编译#if 到#else 之间的程序段
#ifdcf	条件测试，检测指定的宏是否定义，如果定义，则进行编译
#ifndef	条件测试，检测指定的宏是否未定义，如果未定义，则进行编译
#else	条件测试，若#if 指令后的表达式为假，则编译#else 到#endif 之间的程序段
#elif	条件测试，#else 和#if 的组合选项，表示否则
#endif	条件测试，结束编译块的控制
#error	实现将诊断信息保存到着色器对象的信息日志中
#pragma	允许依赖于实现的编译控制。#pragma 后面的符号不是预处理宏定义扩展的一部分。如默认情况下，编译器开启着色器优化，指令为#pragma optimize(off)。关闭着色器调试，指令为 #pragma debug(off)
#extension	激活指定的扩展行为
#line	#line 后面是整型常量表达式，表示从其开始的起始行号

除了表 3-18 中列出的预处理指令之外，着色语言还预定义了一些可以直接使用的宏，具体情况如表 3-19 所示。

表 3-19　　　　　　　　　　　　　　　　　预定义宏

预定义宏	说明
__LINE__	当前被编译代码行的行号，为十进制整数
__FILE__	当前被处理的源代码字符串序号，为十进制整数
__VERSION__	用来替代着色语言的版本号

提示　　　所有以"GL_"（"GL"后面是一个下划线）为前缀的宏名和包含两个连续下划线"__"的宏名称都是着色语言保留的。重定义内建宏名或预定义宏名是错误的，这一点读者需多加注意。

与 C++语言类似，如果定义了宏但是没有同时给出其替代表达式，并不会默认其替代表达式为"0"。这一点在将宏使用于预处理表达式时要特别注意。预处理表达式在编译时执行，其中可使用的操作符如表 3-20 所示。

表 3-20　　　　　　　　　　　　　预处理表达式的操作符

优先级	操作符类型	操作符	结合性
1（最高）		()	NA
2	一元操作符	defined +　-　~　!（一元操作符）	从右到左
3	乘、除、取余	*　/　%	从左到右
4	加、减	+　-	从左到右
5	比特左/右移	<<　　>>	从左到右
6	比较操作符	<　>　　<=　　>=	从左到右
7	等于/不等于操作符	==　!=	从左到右
8	比特与	&	从左到右
9	比特异或	^	从左到右
10	比特或	|	从左到右
11	逻辑与	&&	从左到右
12（最低）	逻辑或	||	从左到右

默认情况下，着色语言的编译器必须反馈不符合规范的编译时词法和语法错误，同时任何扩展行为必须先启用才能使用。控制编译器使用的扩展行为可以通过#extension 指令实现，其基本语法为如下。

```
#extension <扩展名>:<扩展行为>
```

扩展名为各个硬件厂商提供的特殊功能扩展的名称，使用时读者需要查阅各厂商提供的资料。扩展行为主要包含表 3-21 中列出的几种类型。

表 3-21　　　　　　　　　　　　　主要的扩展行为

扩展行为	说明
require	说明需要指定扩展名的扩展，如果编译器不支持指定扩展名对应的扩展，或如果扩展名为all，则反馈错误
enable	启用指定扩展名的扩展，如果编译器不支持扩展名对应的扩展，则给出警告。如果扩展名为 all，则反馈错误
warn	检测是否使用了指定名称的扩展，如果使用了此扩展则给出警告。如果扩展名为 all，则检测是否使用任何扩展，若使用了则给出警告。如果编译器不支持此扩展，则给出警告
disable	禁用指定扩展名的扩展，如果编译器不支持指定扩展名，则给出警告。如果扩展名为 all，则禁用所有使用的扩展恢复到默认核心版本

> 💡提示　　编译器的初始状态为#extension all:disable，意味着编译器关闭任何扩展。

3.7　本章小结

本章介绍了与开发酷炫 3D 场景密切相关的 GLSL 着色语言，主要介绍了 GLSL 着色语言的基础知识、内置函数、顶点与片元着色器中的内建变量等。通过本章的学习，读者应该对 GLSL 着色语言有了一定的了解，能初步使用该语言，为以后开发复杂的、真实的 3D 场景打下坚实的基础。

第 4 章　投影与各种变换

　　3D 应用程序开发过程中，一项很重要的工作就是对场景中的物体进行各种投影与变换。Vulkan 在变换方面采取了开放模式，API 中没有提供完成各种变换的方法，变换所用的矩阵都需要由开发人员直接提供给渲染管线。

　　因此，基于 Vulkan 进行 3D 应用程序的开发时，可能需要较多的数学知识，用以实现 3D 场景中的各种投影与变换。这样虽然增加了开发的难度，但大大提高了开发的灵活性，本章将会对投影与变换等相关的数学知识及具体的实现方法进行详细的介绍。

4.1　矩阵相关类的介绍

　　正如上文所说，Vulkan 中投影与变换等的实现方法需由开发人员自行提供。为了方便开发与管理，本书中所有案例所使用的投影与变换相关方法均被封装在两个工具类中。这两个工具类分别为矩阵数学计算类 Matrix 和矩阵状态管理类 MatrixState3D。

　　细心的读者应该已经发现，本书第 1 章 3 色三角形案例中就已经包含了上述两个工具类。但由于第 1 章的重点在于介绍使用 Vulkan 图形应用程序接口开发程序的详细流程及程序的基本架构，因此并没有对这两个工具类进行详细介绍。本节将对这两个工具类进行详细的介绍，具体内容如下。

4.1.1　矩阵数学计算类——Matrix

　　矩阵数学计算类 Matrix 中封装了一系列矩阵数学计算的功能方法，比如矩阵的转置、矩阵的相乘、矩阵乘以向量等。同时其中还包含了一系列用于生成 3D 变换所需各种矩阵的方法，比如生成平移矩阵、生成旋转矩阵、生成投影矩阵、生成摄像机观察矩阵等，具体情况如表 4-1 所示。

表 4-1　　　　　　　　　　　　　　　矩阵数学计算类 Matrix 中的方法

方法签名	说明
static void multiplyMM(float* result, int resultOffset, float* mlIn, int lhsOffset, float* mrIn, int rhsOffset)	将两个 4×4 的矩阵相乘并将结果存储在另一个 4×4 矩阵中。参数 result 为指向结果矩阵存储内存首地址的指针；参数 resultOffset 为结果矩阵首元素的偏移量；参数 mlIn 为指向参与矩阵相乘的第一个矩阵存储内存首地址的指针；参数 lhsOffset 为参与矩阵相乘的第一个矩阵首元素的偏移量；参数 mrIn 为指向参与矩阵相乘的第二个矩阵存储内存首地址的指针；参数 rhsOffset 为参与矩阵相乘的第二个矩阵首元素的偏移量
static void multiplyMV (float* resultVec, int resultVecOffset, float* mlIn, int lhsMatOffset,float* vrIn, int rhsVecOffset)	将四维向量乘以 4×4 矩阵得到结果四维向量。参数 resultVec 为指向结果向量存储内存首地址的指针；参数 resultVecOffset 为结果向量首元素的偏移量；参数 mlIn 为指向参与相乘的矩阵存储内存首地址的指针；参数 lhsMatOffset 为参与相乘的矩阵首元素的偏移量；参数 vrIn 为指向参与相乘的向量的存储内存首地址的指针；参数 rhsVecOffset 为参与相乘的向量首元素的偏移量
static void setIdentityM (float* sm, int smOffset)	产生一个单位矩阵，即对角线元素为 1，其他元素全部为 0 的矩阵。参数 sm 为指向矩阵存储内存首地址的指针；参数 smOffset 为矩阵首元素的偏移量

续表

方法签名	说明
static void translateM(float* m, int mOffset, float x, float y, float z)	此方法功能为在指定的 4×4 变换矩阵中叠加指定的平移变换。参数 m 为指向指定矩阵存储内存地址的指针；参数 mOffset 为指定矩阵首元素的偏移量；参数 x、y、z 分别为指定平移变换 x 轴、y 轴、z 轴的平移量
static void rotateM(float* m, int mOffset, float a, float x, float y, float z)	此方法功能为在指定的 4×4 变换矩阵中叠加指定的旋转变换。参数 m 为指向指定矩阵存储内存地址的指针；参数 mOffset 为指定矩阵首元素的偏移量；参数 a 为旋转的角度（以角度计）；参数 x、y、z 为旋转轴向量的 X、Y、Z 分量
static void scaleM(float* m, int mOffset, float x, float y, float z)	此方法功能为在指定的 4×4 变换矩阵中叠加指定的缩放变换。参数 m 为指向指定矩阵存储内存首地址的指针；参数 mOffset 为指定矩阵首元素的偏移量；参数 x、y、z 分别为 x、y、z 轴向的缩放比
static void setRotateM(float* m, int mOffset,float a, float x, float y, float z)	此方法功能为根据给定参数产生一个 4×4 的旋转变换矩阵。参数 m 为指向矩阵存储内存首地址的指针；参数 mOffset 为矩阵首元素的偏移量；参数 a 为旋转的角度（以角度计）；参数 x、y、z 为旋转轴向量的 X、Y、Z 分量
static void transposeM(float* mTrans, int mTransOffset, float* m, int mOffset)	此方法功能为求指定矩阵的转置矩阵。参数 mTrans 为指向结果矩阵存储内存首地址的指针；参数 mTransOffset 为结果矩阵首元素的偏移量；参数 m 为指向原始矩阵存储内存首地址的指针；参数 mOffset 为原始矩阵首元素的偏移量
static void frustumM(float* m, int offset, float left, float right, float bottom, float top, float near, float far)	此方法功能为根据给定参数产生一个 4×4 的透视投影矩阵。参数 m 为指向结果矩阵存储内存首地址的指针；参数 offset 为结果矩阵首元素的偏移量；参数 left、right、bottom、top、near、far 分别表示左、右、下、上、近、远 6 个值，具体含义本章后面会进行详细介绍
static void orthoM(float * m, int mOffset, float left, float right, float bottom, float top, float near, float far)	此方法功能为根据给定参数产生一个 4×4 的正交投影矩阵。参数 m 为指向结果矩阵存储内存首地址的指针；参数 mOffset 为结果矩阵首元素的偏移量；参数 left、right、bottom、top、near、far 分别表示左、右、下、上、近、远 6 个值，具体含义本章后面会进行详细介绍
static void setLookAtM(float* rm, int rmOffset, float eyeX, float eyeY, float eyeZ, float centerX, float centerY, float centerZ, float upX, float upY, float upZ)	此方法功能为根据给定参数产生一个 4×4 的摄像机观察矩阵。参数 rm 为指向结果矩阵存储内存首地址的指针；参数 rmOffset 为结果矩阵首元素的偏移量；参数 eyeX、eyeY、eyeZ 分别表示摄像机位置的 x、y、z 坐标；参数 centerX、centerY、centerZ 分别表示观察点位置的 x、y、z 坐标；参数 upX、upY、upZ 分别表示摄像机 up 向量的 X、Y、Z 分量

提示　　Matrix 类中并没有与 Vulkan 直接关联的部分，仅仅涉及相关的数学计算，因此这里就不对此类的代码进行详细介绍了，有兴趣的读者可以自行查看随书源代码。另外本章提到的所有变换矩阵都是 4×4 的，具体情况后面会进行详细的介绍。

4.1.2　矩阵状态管理类——MatrixState3D

4.1.1 节介绍了用于进行矩阵各项数学计算的 Matrix 工具类，实际开发中可以直接基于其进行各种变换的实现。但那样程序会比较繁琐，也不便于维护。因此作者进一步开发了矩阵状态管理类 MatrixState3D，通过其将 3D 开发中所需的矩阵状态及变换功能进行了进一步的封装。

这样在实际开发中就不必再直接使用各种矩阵运算，而是基于 MatrixState3D 类进行各项功能操作即可。前面章节的案例中也是如此，下面就对 MatrixState3D 类进行详细的介绍，具体内容如下。

（1）首先给出的是 MatrixState3D 类的基本结构，其中声明了程序开发过程中需要用到的各种成员变量以及功能方法，主要包含当前基本变换矩阵、投影矩阵、摄像机观察矩阵、总变换矩阵等成员变量和进行各种变换操作所需的功能方法，具体代码如下。

✎ 代码位置：见随书中源代码/第 4 章/Sample4_1/src/main/cpp/util 目录下的 MatrixState3D.h。

```
1    #include "Matrix.h"                        //导入需要的头文件
2    class MatrixState3D{
```

```
3    public:
4        static float currMatrix[16];              //当前基本变换矩阵
5        static float mProjMatrix[16];             //投影矩阵
6        static float mVMatrix[16];                //摄像机观察矩阵
7        static float mMVPMatrix[16];              //总变换矩阵
8        static float vulkanClipMatrix[16];        //Vulkan专用标准设备空间调整矩阵
9        static float mStack[10][16];              //保存基本变换矩阵的栈
10       static int stackTop;                      //栈顶索引
11       static float cx,cy,cz;                    //摄像机位置坐标
12       static void setInitStack();              //初始化基本变换矩阵的方法
13       static void pushMatrix();                //保存基本变换矩阵入栈（保护现场）的方法
14       static void popMatrix();                 //从栈恢复基本变换矩阵（恢复现场）的方法
15       static void translate(float x,float y,float z); //执行平移变换的方法
16       static void rotate(float angle,float x,float y,float z);//执行旋转变换的方法
17       static void scale(float x,float y,float z);//执行缩放变换的方法
18       static void setCamera(                    //设置摄像机的方法
19        float cx,float cy,float cz,              //摄像机位置坐标
20        float tx,float ty,float tz,              //目标点坐标
21        float upx,float upy,float upz            //摄像机up向量
22        );
23       static void setProjectFrustum(            //设置透视投影参数的方法
24        float left,float right,                  //透视投影左、右参数
25        float bottom,float top,                  //透视投影下、上参数
26        float near,float far                     //透视投影近、远参数
27        );
28       static void setProjectOrtho(              //设置正交投影参数的方法
29        float left,float right,                  //正交投影左、右参数
30        float bottom,float top,                  //正交投影下、上参数
31        float near,float far                     //正交投影近、远参数
32        );
33       static float* getFinalMatrix();          //获取总变换矩阵的方法
34       static float* getMMatrix();              //获取当前基本变换矩阵的方法
35    };
```

- 第 4～11 行定义了矩阵状态管理类中需要用到的多个成员变量，主要包括用于存储各种变换矩阵的一维数组以及用于存储基本变换矩阵栈的二维数组。

- 第 12～34 行定义了矩阵状态管理类中需要用到的各个功能方法，诸如执行基本变换（平移、旋转、缩放）的方法、设置摄像机的方法、设置透视（正交）投影参数的方法、获取总变换矩阵的方法、获取当前基本变换矩阵的方法等。

✐提示｜　　有一定 3D 开发经验的读者从矩阵状态管理类 MatrixState3D 的头文件中可以看出，大部分实际项目开发中所需的与变换矩阵相关的功能在此类中都有对应的功能方法。这可以大大降低代码的复杂度，读者从本书后面的案例中可以逐步体会到。

（2）了解了矩阵状态管理类 MatrixState3D 的基本结构后，下面来介绍其中各个功能方法的具体实现，相关代码如下。

✎ 代码位置：见随书中源代码/第 4 章/Sample4_1/src/main/cpp/util 目录下的 MatrixState3D.cpp。

```
1    //此处省略了相关头文件的引用及静态成员的实现，读者可参看随书源代码。
2    void MatrixState3D::setInitStack(){                //初始化基本变换矩阵的方法
3      Matrix::setIdentityM(currMatrix,0);              //将基本变换矩阵设置为单位矩阵
4      vulkanClipMatrix[0]=1.0f;vulkanClipMatrix[1]=0.0f; vulkanClipMatrix[2]=0.0f;
       vulkanClipMatrix[3]=0.0f;
```

```
5    vulkanClipMatrix[4]=0.0f;vulkanClipMatrix[5]=-1.0f; vulkanClipMatrix[6]=0.0f;
     vulkanClipMatrix[7]=0.0f;
6    vulkanClipMatrix[8]=0.0f;vulkanClipMatrix[9]=0.0f; vulkanClipMatrix[10]=0.5f;
     vulkanClipMatrix[11]=0.0f;
7    vulkanClipMatrix[12]=0.0f;vulkanClipMatrix[13]=0.0f;vulkanClipMatrix[14]=0.5f;
     vulkanClipMatrix[15]=1.0f;
8    }
9    void MatrixState3D::pushMatrix(){        //保存基本变换矩阵入栈(保护现场)的方法
10       stackTop++;                          //栈顶元素索引加1
11       for(int i=0;i<16;i++){               //遍历当前变换矩阵中的所有元素
12           mStack[stackTop][i]=currMatrix[i];//将当前变换矩阵的元素值存入栈顶矩阵中
13   }}
14   void MatrixState3D::popMatrix(){         //从栈恢复基本变换矩阵(恢复现场)的方法
15       for(int i=0;i<16;i++){               //遍历当前变换矩阵中的所有元素
16           currMatrix[i]=mStack[stackTop][i]; //将栈顶矩阵元素填入当前基本变换矩阵
17       }stackTop--;}                        //栈顶元素索引减1
18   void MatrixState3D::translate(float x,float y,float z){       //执行平移变换的方法
19       Matrix::translateM(currMatrix, 0, x, y, z);//调用Matrix类的translateM方法完成平移变换
20   }
21   void MatrixState3D::rotate(float angle,float x,float y,float z){//执行旋转变换的方法
22       Matrix::rotateM(currMatrix,0,angle,x,y,z);  //调用Matrix类的rotateM方法完成旋转变换
23   }
24   void MatrixState3D::scale(float x,float y,float z){ //执行缩放变换的方法
25       Matrix::scaleM(currMatrix,0, x, y, z);//调用Matrix类的scaleM方法完成缩放变换
26   }
27   void MatrixState3D::setCamera(           //设置摄像机的方法
28    float cx,float cy,float cz,float tx,float ty, float tz,//摄像机位置及目标点坐标
29    float upx,float upy,float upz){         //up向量
30       MatrixState3D::cx=cx;MatrixState3D::cy=cy;MatrixState3D::cz=cz;//记录摄像机位置坐标
31       Matrix::setLookAtM(      //调用Matrix类的setLookAtM方法生成摄像机矩阵
32       mVMatrix,0,cx,cy,cz,tx,ty,tz,upx,upy,upz);
33   }
34   void MatrixState3D::setProjectFrustum(                   //设置透视投影参数的方法
35    float left,float right,float bottom,float top,float near,float far ){//透视投影6参数
36       Matrix::frustumM(mProjMatrix, 0, left, right, bottom, top, near, far);//调用
         frustumM方法完成操作
37   }
38   void MatrixState3D::setProjectOrtho(       //设置正交投影参数的方法
39    float left,float right,float bottom,float top,float near,float far){ //正交投影6参数
40       Matrix::orthoM(mProjMatrix, 0, left, right, bottom, top, near, far); //调用orthoM
         方法完成操作
41   }
42   float* MatrixState3D::getFinalMatrix(){                  //获取总变换矩阵的方法
43     Matrix::multiplyMM(mMVPMatrix,0,mVMatrix,0,currMatrix,0); //当前基本变换矩阵与摄
       像机矩阵相乘
44     Matrix::multiplyMM(mMVPMatrix,0,mProjMatrix,0,mMVPMatrix,0);//进一步乘以投影矩阵
45     Matrix::multiplyMM(mMVPMatrix,0,vulkanClipMatrix,0,mMVPMatrix,0);//乘以标准设备
       空间调整矩阵
46     return mMVPMatrix;                       //返回总变换矩阵
47   }
48   float* MatrixState3D::getMMatrix(){return currMatrix;}   //获取当前基本变换矩阵的方法
```

- 第 2～8 行为初始化基本变换矩阵的 setInitStack 方法，其中首先调用 Matrix 类的 setIdentityM 方法将基本变换矩阵设置为单位矩阵，然后逐个给出了 Vulkan 专用标准设备空间调整矩阵各个元素的具体值。

- 第 9～17 为保护现场和恢复现场的两个方法,这两个方法都是基于由二维数组实现的栈完成既定功能的。实际开发时在执行场景绘制的过程中经常需要调用这两个方法,随着对本书的逐步深入学习读者应该都可以体会到这一点。
- 第 18～26 行为在当前基本变换矩阵中叠加平移、旋转、缩放变换的 3 个功能方法。
- 第 27～33 行为设置摄像机的方法,其功能为根据接收的摄像机 9 个参数生成摄像机观察矩阵,并将生成矩阵的元素存放到数组 mVMatrix 中。
- 第 34～41 行为设置透视投影和正交投影参数的两个方法,其功能为根据接收的 6 个参数生成透视(正交)投影矩阵,并将生成矩阵的元素存放到数组 mProjMatrix 中。
- 第 42～47 行为根据当前基本变换矩阵、摄像机观察矩阵、投影矩阵生成最终变换矩阵的方法。此方法依次将摄像机观察矩阵、投影矩阵、Vulkan 标准设备空间调整矩阵与当前基本变换矩阵相乘来产生总变换矩阵。

> **说明** 之所以要用到 Vulkan 专用标准设备空间调整矩阵是因为 Vulkan 标准设备空间中 x、y、z 轴的取值范围分别是 $-1.0～+1.0$、$+1.0～-1.0$、$0.0～+1.0$,这与传统的标准设备空间 3 个轴的取值范围(3 个轴取值范围都是 $-1.0～+1.0$)不同,故运行时需要使用此矩阵将传统的标准设备空间调整为 Vulkan 专用的标准设备空间。此调整实际是通过乘以一个缩放平移矩阵(也就是上述代码中的 Vulkan 专用标准设备空间调整矩阵)来实现的,此矩阵对应变换为"首先 x 轴不变 y 轴置反(缩放 -1),z 轴缩放 0.5,缩放后再沿 z 轴正向平移 0.5"。

学习了上述 MatrixState3D 类后,读者可能被这一堆矩阵弄得晕头转向。不用担心,本章下面将逐步揭开这些矩阵神秘的面纱,当读者学习到本章结束时应该就豁然开朗了。

4.2 摄像机的设置

从日常的生活经验中可以很容易地了解到,随着摄像机位置、姿态的不同,就算是对同一个场景进行拍摄,得到的画面也是迥然不同的。因此摄像机的位置、姿态在 Vulkan 中就显得非常重要,故在介绍两种投影与基本变换之前,首先需要介绍一下摄像机的设置。

设置摄像机时需要给出 3 方面的信息,包括摄像机的位置、观察的方向以及 up 方向,具体情况如图 4-1 所示。

- 摄像机的位置很容易理解,用其在 3D 空间中的坐标来表示。
- 摄像机观察的方向可以理解为摄像机镜头的指向,用一个观察目标点来表示(通过摄像机位置与观察目标点可以确定一个向量,此向量即代表了摄像机观察的方向)。
- 摄像机的 up 方向可以理解为摄像机顶端的指向,用一个向量来表示。

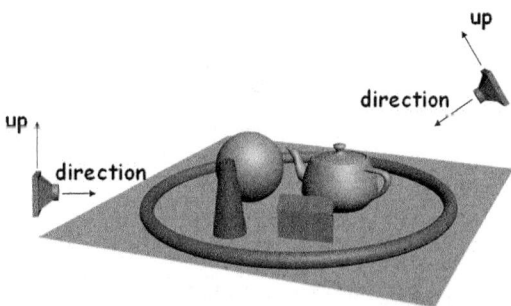

▲图 4-1 摄像机观察物体

通过摄像机拍摄场景与人眼观察现实世界很类似,因此通过人眼对现实世界观察的切身感受可以帮助读者理解摄像机的各个参数,具体情况如图 4-2 所示。

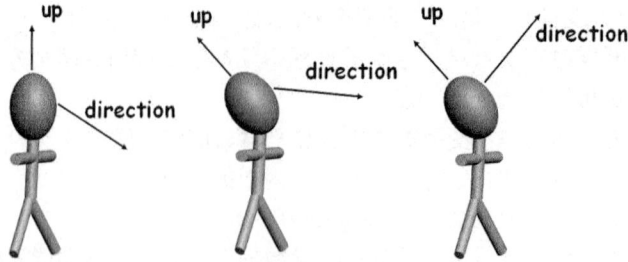

▲图 4-2　人眼观察物体

从图 4-2 中可以看出，摄像机的位置、朝向、up 方向可以有很多不同的组合。例如，同样的位置可以有不同的朝向、不同的 up 方向；不同的位置也可以具有相同的朝向、相同的 up 方向等。本书案例中通过调用 MatrixState3D 类的 setCamera 方法来完成对摄像机的设置，具体方法可参照前面的相关内容。

4.3　两种投影方式

通过前面章节的学习了解到，在图元装配之后的光栅化阶段前，首先需要把虚拟 3D 世界中的物体投影到二维平面上。Vulkan 中常用的投影模式有两种，分别为正交投影与透视投影，本节将对这两种投影方式进行详细的介绍。

4.3.1　正交投影

Vulkan 中，根据应用程序中提供的投影矩阵，管线会确定一个可视空间区域，称之为视景体。视景体是由 6 个平面确定的，这 6 个平面分别为：上平面（up）、下平面（down）、左平面（left）、右平面（right）、远平面（far）、近平面（near）。

场景中处于视景体内的物体会被投影到近平面上（视景体外面的物体将被裁剪掉而不会被用户看见），然后再将近平面上投影出的内容映射到屏幕上的视口中。对于正交投影而言，视景体及近平面的情况如图 4-3 所示。

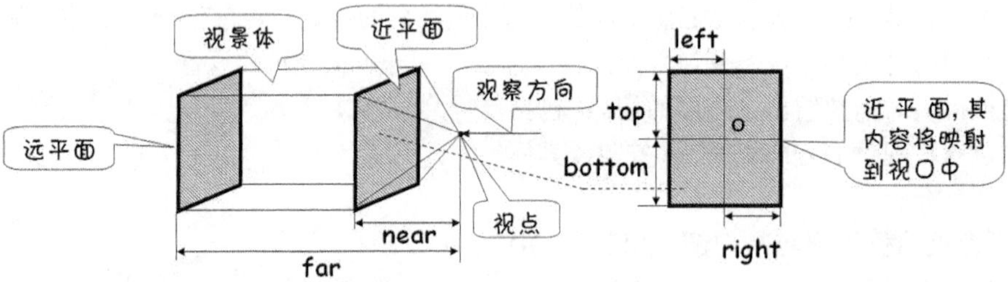

▲图 4-3　正交投影示意图

> 💡说明
>
> 视点为摄像机的位置，离视点较近（距离为 near），垂直于观察方向向量的平面为近平面；离视点较远（距离为 far），垂直于观察方向向量的平面为远平面。与观察方向向量平行，从上下左右 4 个方向约束视景体范围的 4 个平面分别为上平面、下平面、左平面、右平面，这 4 个平面与视景体中心轴线的距离分别为 top、bottom、left、right。

从图 4-3 中可以看出，由于正交投影是平行投影的一种，其投影线（物体的各个顶点与近平面上投影点的连线）是平行的。故其视景体为长方体，投影到近平面上的图形不会产生真实世界中"近大远小"的效果，图 4-4 更清楚地说明了这个问题。

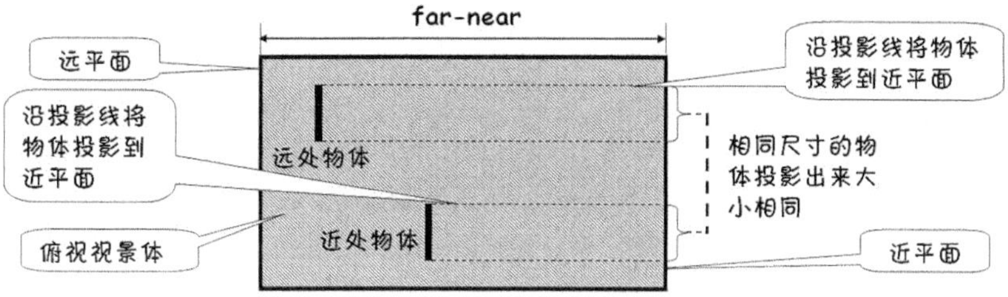

▲图 4-4　正交投影不产生"近大远小"效果的原理图

本书案例中通过调用 MatrixState3D 类的 setProjectOrtho 方法完成对正交投影参数的设置。前面提到过,场景中的物体投影到近平面后,最终会映射到设备屏幕上的视口中。所谓视口,也就是设备屏幕上上指定的矩形区域,是通过如下代码进行设置的。

✎ **代码位置:见随书中源代码/第 4 章/Sample4_1/src/main/cpp/bndev 目录下的 ShaderQueueSuit_Common.cpp。**

```
1        VkViewport viewports;                           //视口实例
2        viewports.minDepth = 0.0f;                      //视口最小深度
3        viewports.maxDepth = 1.0f;                      //视口最大深度
4        viewports.x = 0;                                //视口 x 坐标
5        viewports.y = 0;                                //视口 y 坐标
6        viewports.width = MyVulkanManager::screenWidth;  //视口宽度
7        viewports.height = MyVulkanManager::screenHeight; //视口高度
```

上述代码中的 viewports.x、viewports.y 为视口矩形左上侧点在视口用屏幕坐标系内的坐标,viewports.width、viewports.height 为视口的宽度与高度。视口用屏幕坐标系的原点位于屏幕的左上角,与普通 2D 屏幕坐标系相同,x 轴向右,y 轴向下,具体情况如图 4-5 所示。

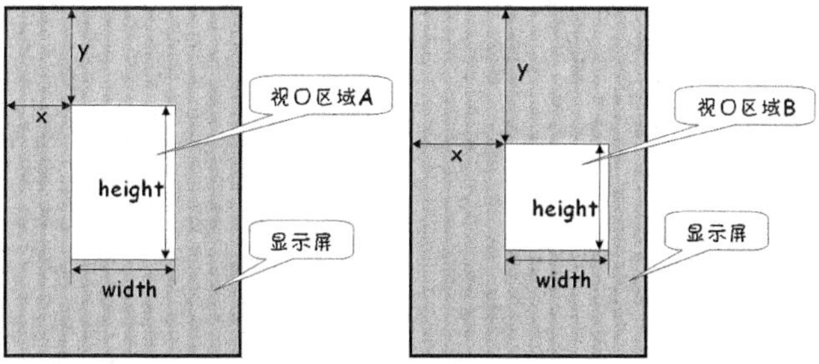

▲图 4-5　视口的示意图

> 💡**提示**　从近平面到视口的映射是由渲染管线自动完成的。一般情况下,应该保证近平面的宽高比与视口的宽高比相同,也就是满足 "(left+right)/(top+bottom) == width/height",否则显示在屏幕上的画面会拉伸变形。

另外,实际应用开发过程中,在某些情况下需要动态改变视口的深度、位置、宽高等参数,这时就需要用到 Vulkan 中提供的管线动态状态功能,下面将给出一个运行过程中动态修改视口参数的案例——Sample4_1,其运行效果如图 4-6 所示。

> 💡**说明**　本案例中视口尺寸为屏幕尺寸的 1/2,运行时当用户点击屏幕时视口中心会移动到触控点位置。图 4-6 中从左至右依次是运行时手指点击屏幕中央、屏幕右上角、屏幕左下角的情况。

▲图 4-6　案例 Sample4_1 运行效果图

　　了解了本案例的运行效果后，就可以进行代码的开发了。实际上本案例的代码是从案例 Sample1_1 修改而来，因此这里仅给出案例中比较有代表性的部分，具体内容如下。

　　（1）首先需要修改的是在创建管线过程中指定管线动态状态的部分，具体代码如下。

　　📎 **代码位置：见随书中源代码/第 4 章/Sample4_1/src/main/cpp/bndev 目录下的 ShaderQueueSuit_Common.cpp。**

```
1    VkDynamicState dynamicStateEnables[1];              //动态状态启用标志数组
2    dynamicStateEnables[0] = VK_DYNAMIC_STATE_VIEWPORT;//视口为动态设置
3    VkPipelineDynamicStateCreateInfo dynamicState = {};//构建管线动态状态创建信息结构体实例
4    dynamicState.sType =                               //结构体类型
5        VK_STRUCTURE_TYPE_PIPELINE_DYNAMIC_STATE_CREATE_INFO;
6    dynamicState.pNext = NULL;                         //自定义数据的指针
7    dynamicState.pDynamicStates = dynamicStateEnables;//动态状态启用标志数组
8    dynamicState.dynamicStateCount = 1;               //启用的动态状态项数量
```

　　📘 **说明**　　上述代码主要是将视口动态设置标志（VK_DYNAMIC_STATE_VIEWPORT）放入管线动态状态启用标志数组，并相应改变了管线动态状态创建信息结构体实例中启用的动态状态项数量。

　　（2）启用了视口动态设置后，就需要在每次绘制之前设置此次绘制对应的视口参数了。此设置工作通过调用 vkCmdSetViewport 方法完成，具体代码如下。

　　📎 **代码位置：见随书中源代码/第 4 章/Sample4_1/src/main/cpp/bndev 目录下的 MyVulkanManager.cpp。**

```
1    VkViewport viewportList[1];                        //视口信息序列
2    viewportList[0].minDepth = 0.0f;                  //视口最小深度
3    viewportList[0].maxDepth = 1.0f;                  //视口最大深度
4    viewportList[0].x = vpCenterX-screenWidth/4;      //视口 x 坐标
5    viewportList[0].y = vpCenterY-screenHeight/4;     //视口 y 坐标
6    viewportList[0].width = screenWidth/2;            //视口宽度
7    viewportList[0].height = screenHeight/2;          //视口高度
8    vk::vkCmdSetViewport(                             //设置视口
9        cmdBuffer,                                    //使用的命令缓冲
10       0,                                            //第一个视口的索引
11       1,                                            //视口的数量
12       viewportList                                  //视口信息序列
13   );
```

　　● 第 1～8 行首先声明了长度为 1 的视口信息数组，作为视口信息序列使用，然后设置了数组中唯一元素的多项属性。其中设置视口位置时用到的 vpCenterX、vpCenterY 变量代表的是当前视口中心点的坐标，由触控点的位置决定，将在后面进行介绍。

　　● 第 8～13 行通过调用 vkCmdSetViewport 方法将修改视口的命令记录到指定的命令缓冲中。

　　（3）从前面已经了解到，需要通过触控事件确定 vpCenterX、vpCenterY 变量的值，这部分代码是在 main.cpp 中的事件处理回调方法 engine_handle_input 内开发的，具体内容如下。

代码位置：见随书中源代码/第 4 章/Sample4_1/app/src/main/cpp/bndev 目录下的 main.cpp。

```
1    static int32_t engine_handle_input(struct android_app* app, AInputEvent* event){//事件
处理回调方法
2      if(AInputEvent_getType(event) == AINPUT_EVENT_TYPE_MOTION){//如果是 MOTION 事件
3        if(AInputEvent_getSource(event)==AINPUT_SOURCE_TOUCHSCREEN){//如果是触屏
4            int x=AMotionEvent_getRawX(event,0);     //获取触控点 x 坐标
5            int y=AMotionEvent_getRawY(event,0);     //获取触控点 y 坐标
6            int32_t id = AMotionEvent_getAction(event);//获取事件类型编号
7            switch(id){
8             case AMOTION_EVENT_ACTION_DOWN:      //触控点按下
9             MyVulkanManager::vpCenterX=x;        //设置 vpCenterX 为触控点 x 坐标
10            MyVulkanManager::vpCenterY=y;        //设置 vpCenterY 为触控点 y 坐标
11            if(x>MyVulkanManager::screenWidth/4*3)//判断触控点 x 坐标是否大于允许的最大值
12                 MyVulkanManager::vpCenterX=MyVulkanManager::screenWidth/4*3;
13            if(x<MyVulkanManager::screenWidth/4)//判断触控点 x 坐标是否小于允许的最小值
14                 MyVulkanManager::vpCenterX=MyVulkanManager::screenWidth/4;
15            if(y>MyVulkanManager::screenHeight/4*3)//判断触控点 y 坐标是否大于允许的最大值
16                 MyVulkanManager::vpCenterY=MyVulkanManager::screenHeight/4*3;
17            if(y<MyVulkanManager::screenHeight/4)//判断触控点 y 坐标是否小于允许的最小值
18                 MyVulkanManager::vpCenterY=MyVulkanManager::screenHeight/4;
19            break;
20            case AMOTION_EVENT_ACTION_MOVE:break;    //触控点移动
21            case AMOTION_EVENT_ACTION_UP:break;      //触控点抬起
22      }}return true;
23   }return false;}
```

> **说明** 上述代码并不复杂，首先设置表示视口中心点坐标的两个变量（vpCenterX 和 vpCenterY）值分别为触控点的 x、y 坐标，然后判断设置的视口中心点坐标是否在允许的范围内。若不在允许的范围内，则修改视口中心点坐标以保证视口中心点不超出范围。

前面在介绍视口相关知识前介绍了正交投影的基本知识，下面将给出一个使用了正交投影的小案例——Sample4_2，其运行效果如图 4-7 所示。

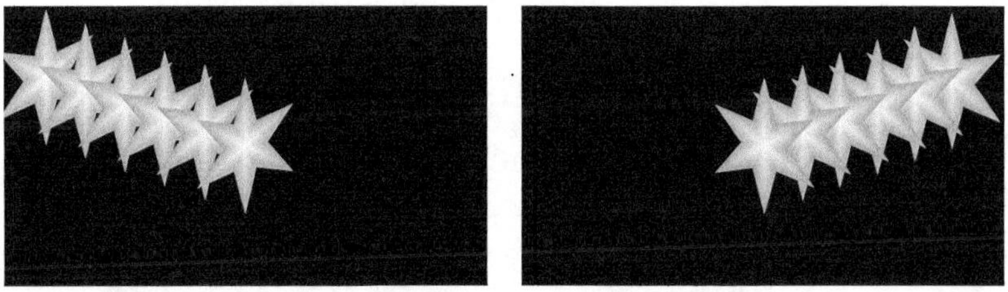

▲图 4-7 案例 Sample4_2 运行效果图

> **说明** 从图 4-7 中可以看出，本案例的场景是由一组距离观察点越来越远的相同尺寸的六角星构成。由于采用的投影方式为正交投影，故最终显示在屏幕上的每个六角星大小都相同。

了解了本案例的运行效果后，下面就可以进行代码的开发了。本案例基本也是由第 1 章的 Sample1_1 修改而来，下面仅给出有代表性的部分，具体内容如下。

（1）首先介绍的是本案例中程序统筹管理者类 MyVulkanManager 的变化，主要是对初始化矩阵方法 initMatrix 的修改，具体代码如下。

代码位置：见随书中源代码/第 4 章/Sample4_2/src/main/cpp/bndev 目录下的 MyVulkanManager.cpp。

```
1    void MyVulkanManager::initMatrix(){
2        MatrixState3D::setCamera(0,0,2,0,0,0,0,1,0);          //设置摄像机
3        MatrixState3D::setInitStack();                        //初始化基本变换矩阵
4        float ratio=(float)screenWidth/(float)screenHeight;   //计算屏幕宽高比
5        MatrixState3D::setProjectOrtho(-ratio,ratio,-1,1,1.0f,20);//设置正交投影参数
6    }
```

说明　该方法主要包括 3 方面的任务，第一是设置摄像机，第二是初始化基本变换矩阵，第三是设置正交投影参数。与本案例密切相关的就是第三点，调用 setProjectOrtho 方法设置了正交投影参数。

（2）六角星物体的顶点坐标和颜色数据是通过 SixPointedStar 类来生成的，下面将介绍此类的开发。首先给出该类的声明，具体代码如下。

代码位置：见随书中源代码/第 4 章/Sample4_2/src/main/cpp/bndev 目录下的 SixPointedStar.h。

```
1    class SixPointedStar {                              //六角星物体顶点数据生成类
2    public:
3        static float* vdata;                            //指向顶点数据内存首地址的指针
4        static int dataByteCount;                       //顶点数据总字节数
5        static int vCount;                              //顶点数量
6        static void genStarData(float R,float r,float z); //生成六角星顶点数据的方法
7    };
```

说明　SixPointedStar 类的头文件主要声明了该类中需要用到的成员变量及方法，包括记录顶点数据信息的变量和生成顶点数据的方法。

（3）了解了 SixPointedStar 类的头文件后，下面将介绍该类中负责生成顶点数据的 genStarData 方法的实现，具体代码如下。

代码位置：见随书中源代码/第 4 章/Sample4_2/src/main/cpp/bndev 目录下的 SixPointedStar.cpp。

```
1    void  SixPointedStar:: genStarData(float R,float r,float z){
2        std::vector<float> alVertix;                    //存放顶点坐标的列表
3        float tempAngle=360/6;                          //六角星的角间距
4        float UNIT_SIZE=1;                              //单位尺寸
5        for(float angle=0;angle<360;angle+=tempAngle){  //六角星的每个角计算一次
6            alVertix.push_back(0);                      //第一个点的 x 坐标
7            alVertix.push_back(0);                      //第一个点的 y 坐标
8            alVertix.push_back(z);                      //第一个点的 z 坐标
9            alVertix.push_back((float) (R*UNIT_SIZE*cos(toRadians(angle))));//第二个点的 x 坐标
10           alVertix.push_back((float) (R*UNIT_SIZE*sin(toRadians(angle))));//第二个点的 y 坐标
11           alVertix.push_back(z);                      //第二个点的 z 坐标
12           alVertix.push_back((float) (r*UNIT_SIZE*cos(toRadians(angle
13                                       +tempAngle/2))));//第三个点的 x 坐标
14           alVertix.push_back((float) (r*UNIT_SIZE*sin(toRadians(angle//第三个点的 y 坐标
15                                       +tempAngle/2))));
16           alVertix.push_back(z);                      //第三个点的 z 坐标
17           alVertix.push_back(0);                      //第四个点的 x 坐标
18           alVertix.push_back(0);                      //第四个点的 y 坐标
19           alVertix.push_back(z);                      //第四个点的 z 坐标
20           alVertix.push_back((float)(r*UNIT_SIZE*cos(toRadians(angle
21                                       +tempAngle/2))));//第五个点的 x 坐标
```

```
22        alVertix.push_back((float)(r*UNIT_SIZE*sin(toRadians(angle //第五个点的y坐标
23                                  +tempAngle/2))));
24        alVertix.push_back(z);                                //第五个点的z坐标
25        alVertix.push_back((float)(R*UNIT_SIZE*cos(toRadians(angle//第六个点的x坐标
26                                  +tempAngle))));
27        alVertix.push_back((float)(R*UNIT_SIZE*sin(toRadians(angle //第六个点的y坐标
28                                  +tempAngle))));
29        alVertix.push_back(z);                                //第六个点的z坐标
30    }
31    vCount = alVertix.size() / 3;                             //计算顶点的数量
32    dataByteCount=alVertix.size()*2* sizeof(float);          //顶点数据总字节数
33    vdata=new float[alVertix.size()*2];                      //创建顶点数据数组
34    int index=0;                                             //辅助数组索引
35    for(int i=0;i<vCount;i++){                                //向顶点数据数组中填充数据
36        vdata[index++]=alVertix[i*3+0];                       //存入当前顶点x坐标
37        vdata[index++]=alVertix[i*3+1];                       //存入当前顶点y坐标
38        vdata[index++]=alVertix[i*3+2];                       //存入当前顶点z坐标
39        if(i%3==0){                                          //若为中心点
40                vdata[index++]=1;                            //中心点颜色R通道值
41                vdata[index++]=1;                            //中心点颜色G通道值
42                vdata[index++]=1;                            //中心点颜色B通道值
43        }else{                                               //若不为中心点
44                vdata[index++]=0.45f;                        //非中心点颜色R通道值
45                vdata[index++]=0.75f;                        //非中心点颜色G通道值
46                vdata[index++]=0.75f;                        //非中心点颜色B通道值
47 }}}
```

- 第5～30行分批计算了用于构成六角星的各个三角形的顶点坐标，每次计算两个三角形的顶点坐标（共6个顶点）。计算完成后，将计算得到的顶点坐标存入顶点坐标数据列表alVertix。
- 第35～47行将顶点坐标数据和颜色数据存入顶点数据数组中，要注意的是中心点的颜色为白色（RGB为[1,1,1]），非中心点的颜色为蔚蓝色（RGB为[0.45,0.75,0.75]）。

> 提示　从上述代码中可以看出构成一个六角星共使用了12个三角形（6个四边形，每个四边形两个三角形），合计12×3（共36）个顶点。因此一共有36套顶点坐标数据，每套3个坐标值（x、y、z）。同时就需要36套颜色数据，每套3个色彩通道值（R、G、B）。读者在开发时也需要注意顶点的各项数据数量要匹配，并一一对应，否则可能造成程序不能正确渲染场景。

（4）绘制用六角星的顶点数据准备完毕后，下面介绍的是执行绘制时的相关代码。这部分代码中通过平移、旋转等变换绘制了离摄像机由远及近的一组六角星，具体内容如下。

代码位置：见随书中源代码/第4章/Sample4_2/src/main/cpp/bndev目录下的MyVulkanManager.cpp。

```
1  MatrixState3D::pushMatrix();                                //保护现场
2  MatrixState3D::rotate(xAngle,1,0,0);                        //绕x轴旋转
3  MatrixState3D::rotate(yAngle,0,1,0);                        //绕y轴旋转
4  for(int i=0;i<=5;i++){                                      //循环绘制所有六角星
5      MatrixState3D::pushMatrix();                            //保护现场
6      MatrixState3D::translate(0,0,i*0.5);                    //沿z轴平移
7      objForDraw->drawSelf(cmdBuffer,sqsCL->pipelineLayout,   //绘制物体
8          sqsCL->pipeline, &(sqsCL->descSet[0]));
9      MatrixState3D::popMatrix();}                            //恢复现场
10 MatrixState3D::popMatrix();                                 //恢复现场
```

- 第 2～3 行在绘制整个场景前将坐标系统 *x*、*y* 轴旋转指定的角度，其中 xAngle 和 yAngle 为 MyVulkanManager 类头文件中定义的两个变量，可通过触控点的位置变化改变其值，具体实现代码将在下面进行介绍。
- 第 4～9 行结合平移变换和保护/恢复现场操作在不同位置绘制了多个六角星。

（5）本案例中还增加了用手指在屏幕上滑动以操控场景中物体进行旋转的功能，此功能的触控事件处理部分同样在 main.cpp 中的事件处理回调方法 engine_handle_input 内的触控点移动分支下开发的，具体代码如下。

📎 **代码位置：**见随书中源代码/第 4 章/Sample4_2/app/src/main/cpp/bndev 目录下的 main.cpp。

```
1   case AMOTION_EVENT_ACTION_MOVE:                    //触控点移动
2       xDis=x-xPre;                                  //计算触控点 x 位移
3       yDis=y-yPre;                                  //计算触控点 y 位移
4       MyVulkanManager::xAngle+=yDis/10;             //计算 x 轴旋转角
5       MyVulkanManager::yAngle+=xDis/10;             //计算 y 轴旋转角
6       xPre=x;                                        //记录触控点 x 坐标
7       yPre=y;                                        //记录触控点 y 坐标
8       break;
```

✏️ **说明**　　上述代码并不复杂，最主要的工作是在处理触控点移动事件的分支代码中根据触控点的 *x* 轴方向和 *y* 轴方向的位移量计算了 xAngle 和 yAngle 两个变量的变化量并叠加到这两个变量中。xAngle 和 yAngle 两个变量前面已经使用过，分别代表绘制六角星时坐标系统 *x* 轴和 *y* 轴旋转的角度。本章之后的案例中若无特殊说明，均采用此触控事件处理方式，后面将不再赘述。

从本案例中可以看出，由于每个六角星的绘制位置不同，故绘制每个六角星时都需要一个对应此六角星的特定总变换矩阵，因此不能像 3 色三角形案例中在绘制一帧前将总变换矩阵通过一致变量缓冲传入渲染管线。

为了解决上述问题，本案例中通过推送常量的方式在每次绘制单个六角星之前将总变换矩阵传入渲染管线。这需要对管线封装类 ShaderQueueSuit_Common、物体绘制类 DrawableObject Common、程序统筹管理者类 MyVulkanManager 以及顶点着色器进行一系列修改，将在后面的 4.3.3 节中进行详细介绍。

4.3.2　透视投影

现实世界中人眼观察物体时会有"近大远小"的效果，因此要想开发出更加真实的场景，仅使用正交投影是远远不够的，这时可以采用透视投影。透视投影的投影线是不平行的，他们相交于视点。通过透视投影，可以产生现实世界中"近大远小"的效果，大部分 3D 游戏采用的都是透视投影。

透视投影中，视景体为锥台形区域，如图 4-8 所示。

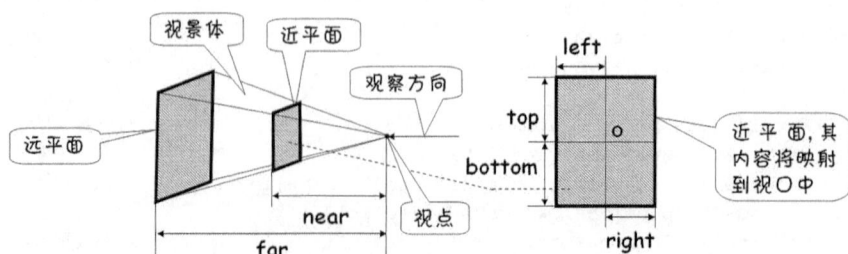

▲图 4-8　透视投影示意图

> **说明**　视点为摄像机的位置，离视点较近（距离为 near），垂直于观察方向向量的平面为近平面；离视点较远（距离为 far），垂直于观察方向向量的平面为远平面。近平面左侧距中心的距离为 left，右侧为 right，上侧为 top，下侧为 bottom。由观察点与近平面左上、左下、右上、右下 4 个的点连线与远平面的交点可以确定上、下、左、右 4 个斜面，这 4 个斜面及远近平面确定了视景体的范围。

从图 4-8 中可以看出，透视投影的投影线互不平行，都相交于视点。因此同样尺寸的物体，近处的投影出来大，远处的投影出来小，从而产生了现实世界中"近大远小"的效果，图 4-9 更清楚地说明了这个问题。

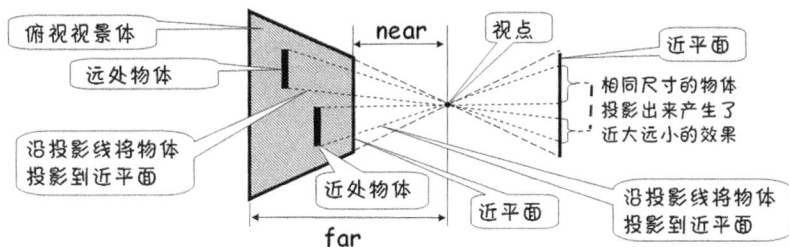

▲图 4-9　透视投影产生"近大远小"效果的原理图

本书案例中通过调用 MatrixState3D 类的 setProjectFrustum 方法完成对透视投影参数的设置，具体内容可参照前面有关 MatrixState3D 类的介绍。

前面介绍了透视投影的基本知识，下面将给出一个使用了透视投影的小案例——Sample4_3，其运行效果如图 4-10 所示。

▲图 4-10　案例 Sample4_3 运行效果图

> **说明**　与 Sample4_2 相同，本案例的场景是由一组距离观察点越来越远的相同尺寸的六角星构成。由于采用的投影方式为透视投影，因此最终显示在屏幕上的多个六角星近大远小。

了解了本案例的运行效果后，下面就可以进行代码的开发了。由于本案例中大部分代码与 4.3.1 节案例 Sample4_2 中的完全相同，因此下面仅给出有代表性的 MyVulkanManager 类中 initMatrix 方法内的变化，具体代码如下。

📎 **代码位置：见随书中源代码/第 4 章/Sample4_3/src/main/cpp/bndev 目录下的 MyVulkanManager.cpp。**

```
1    void MyVulkanManager::initMatrix(){
2        MatrixState3D::setCamera(0,0,2,0,0,0,0,1,0);              //设置摄像机
3        MatrixState3D::setInitStack();                           //初始化基本变换矩阵
4        float ratio=(float)screenWidth/(float)screenHeight;      //计算屏幕宽高比
5        MatrixState3D::setProjectFrustum(-ratio*0.4,ratio*0.4,-1*0.4,1*0.4,1.0f,20);
                                                                  //设置透视投影参数
6    }
```

从上述代码中可以看出，第 5 行将 Sample4_2 中设置正交投影参数的语句替换成了设置透视投影参数的语句，其他基本没有变化。要注意的是，与前面的案例相同也要保持近平面与视口的宽高比一致，否则最终显示到屏幕上的画面会拉伸变形。

与 4.2 节案例 Sample4_2 相同，本案例同样需要通过推送常量的方式将各个六角星需要的总变换矩阵一一传入渲染管线，这一部分将在 4.3.3 节详细介绍。

4.3.3　推送常量

前面已经提到，当场景中有多个不同位置的物体时，需要将每个物体绘制所需的最终变换矩阵以推送常量的方式各自送入渲染管线。前面的案例 Sample4_2、Sample4_3 中都用到了这项技术，本节将基于案例 Sample4_2 中的相关代码对推送常量的使用进行介绍，具体内容如下。

（1）首先需要在物体绘制类 DrawableObjectCommon 的头文件中添加指向推送常量数据数组首地址的指针变量声明，具体代码如下。

🖋️ **代码位置**：见随书中源代码/第 4 章/Sample4_2/src/main/cpp/util 目录下的 DrawableObjectCommon.h。

```
float* pushConstantData;                    //推送常量数据数组的首地址指针
```

（2）接着需要在 DrawableObjectCommon 类的实现代码中添加创建推送常量数据数组的代码，具体内容如下。

🖋️ **代码位置**：见随书中源代码/第 4 章/Sample4_2/src/main/cpp/util 目录下的 DrawableObjectCommon.cpp。

```
pushConstantData=new float[16];             //创建推送常量数据数组
```

✏️ 说明　案例 Sample4_2 中需要推送的常量为 4×4 的最终变换矩阵，因此推送常量数据数组的长度为 16。如果实际开发中需要推送的常量数据有变化，则此数组的长度也应配套修改。

（3）有了推送常量数据数组后，接下来就需要在 DrawableObjectCommon 类的绘制方法 drawSelf 中使用，具体代码如下。

🖋️ **代码位置**：见随书中源代码/第 4 章/Sample4_2/src/main/cpp/util 目录下的 DrawableObjectCommon.cpp。

```
1    void DrawableObjectCommon::drawSelf(VkCommandBuffer& cmd,       //绘制方法
2         VkPipelineLayout& pipelineLayout, VkPipeline& pipeline, VkDescriptorSet* de
ssSetPointer){
3         //此处省略了与之前案例相同的代码，读者可自行查阅随书源代码。
4         float* mvp = MatrixState3D::getFinalMatrix(); //获取总变换矩阵
5         memcpy(pushConstantData, mvp, sizeof(float) * 16);//将总变换矩阵复制进推送常量数据数组
6         vk::vkCmdPushConstants(cmd, pipelineLayout,      //将推送常量数据送入管线
7              VK_SHADER_STAGE_VERTEX_BIT, 0, sizeof(float) * 16, pushConstantData);
8         vk::vkCmdDraw(cmd, vCount, 1, 0, 0);             //执行绘制
9    }
```

✏️ 说明　从上述代码中可以看出，使用了推送常量后，绘制每个物体前可以单独送入此物体绘制时需要的最终变换矩阵了。实际开发中，对于场景中所有物体都一致的数据，一般应该采用前面 3 色三角形案例中的一致变量缓冲方式送入渲染管线，而对于每个物体独立一套（但对物体中各个顶点是一致的）的数据可以通过推送常量的方式送入渲染管线。

（4）为了使用推送常量，还需要对管线初始化的部分代码进行修改。主要修改的是在管线布局创建阶段指定推送常量相关信息的部分代码，具体内容如下。

代码位置：见随书中源代码/第 4 章/Sample4_2/src/main/cpp/bndev 目录下的 ShaderQueueSuit_Common.cpp。

```
1   void ShaderQueueSuit_Common::create_pipeline_layout(VkDevice& device){
2   //此处省略了部分代码，读者可自行查阅随书源代码。
3       const unsigned push_constant_range_count = 1;          //推送常量块数量
4       VkPushConstantRange push_constant_ranges[push_constant_range_count] = {};
                                                               //推送常量范围列表
5       push_constant_ranges[0].stageFlags = VK_SHADER_STAGE_VERTEX_BIT;//对应着色器阶段
6       push_constant_ranges[0].offset = 0;                    //推送常量数据起始偏移量
7       push_constant_ranges[0].size = sizeof(float)*16;       //推送常量数据总字节数
8       VkPipelineLayoutCreateInfo pPipelineLayoutCreateInfo = {};//构建管线布局创建信息结构体实例
9       pPipelineLayoutCreateInfo.sType =                      //指定结构体类型
10          VK_STRUCTURE_TYPE_PIPELINE_LAYOUT_CREATE_INFO;
11      pPipelineLayoutCreateInfo.pNext = NULL;                //自定义数据指针
12      pPipelineLayoutCreateInfo.pushConstantRangeCount=push_constant_range_count;
                                                               //推送常量范围数量
13      pPipelineLayoutCreateInfo.pPushConstantRanges = push_constant_ranges; //推送常量范围列表
14      pPipelineLayoutCreateInfo.setLayoutCount = NUM_DESCRIPTOR_SETS; //描述集布局的数量
15      pPipelineLayoutCreateInfo.pSetLayouts = descLayouts.data();//描述集布局列表
16      result = vk::vkCreatePipelineLayout                    //创建管线布局
17        (device, &pPipelineLayoutCreateInfo, NULL, &pipelineLayout);
18      assert(result == VK_SUCCESS);                          //检查管线布局创建是否成功
19  }
```

● 第3~7行首先创建了长度为1的推送常量范围数组，然后设置了数组中唯一元素的多项属性，主要包括推送常量数据起始偏移量、数据总字节数、对应着色器阶段等。

● 第8~18行首先构建了管线布局创建信息结构体实例，然后设置了此结构体的多项属性。与之前案例不同的是，增加了实际指定推送常量范围数量和推送常量范围列表的代码。

（5）上面介绍了向渲染管线推送常量所需的工作，下面将介绍的是如何在着色器中接收推送的常量数据，具体代码如下。

代码位置：见随书源代码/第4章/Sample4_2/src/main/assets/shader 目录下的 commonTexLight.vert。

```
1   #version 400                                //着色器版本号
2   #extension GL_ARB_separate_shader_objects : enable//开启 GL_ARB_separate_shader_objects
3   #extension GL_ARB_shading_language_420pack : enable //开启 GL_ARB_shading_language_420pack
4   layout (push_constant) uniform constantVals {   //推送常量块
5       mat4 mvp;                               //总变换矩阵
6   } myConstantVals;
7   layout (location = 0) in vec3 pos;          //传入的物体坐标系顶点坐标
8   layout (location = 1) in vec3 color;        //传入的顶点颜色
9   layout (location = 0) out vec3 vcolor;      //传到片元着色器的顶点颜色
10  out gl_PerVertex { vec4 gl_Position;};      //输出接口块
11  void main() {                               //主函数
12      gl_Position = myConstantVals.mvp * vec4(pos,1.0);   //计算顶点的最终位置
13      vcolor=color;                           //传递顶点颜色给片元着色器
14  }
```

> **说明**　上述顶点着色器代码与之前案例的不同之处仅在于总变换矩阵的由来, 第 4~6 行定义了推送常量块, 用来接收由程序通过推送常量方式传入管线的总变换矩阵。另外前面推送常量范围中指定的对应着色器阶段为 VK_SHADER_STAGE_VERTEX_BIT (表示顶点着色器阶段), 因此这里是在顶点着色器中声明推送常量块接收推送常量数据。

了解了使用推送常量所需的各项工作后, 还有一点需要知晓, 那就是不同平台下推送常量允许使用的最大总字节数都是有限的。不确定时, 开发人员可以通过 VkPhysicalDeviceProperties 类型结构体实例下 limits 成员的 maxPushConstantsSize 属性获取目标平台允许的推送常量最大总字节数, 具体情况如下面的代码片段所示。

```
1    VkPhysicalDeviceProperties gpuProps;                          //声明所需的结构体实例
2    vkGetPhysicalDeviceProperties(gpu, &gpuProps);                //获取各项属性值
3    printf("VkPhysicalDeviceProperties::limits::maxPushConstantsSize=%d\n",
                                                                  //打印允许的推送常量
4            gpuProps.limits.maxPushConstantsSize);                //最大总字节数
```

> **说明**　上述代码中首先声明了 VkPhysicalDeviceProperties 类型的结构体实例, 然后调用 vkGetPhysicalDeviceProperties 方法获取了指定物理设备的各项属性并将各项属性信息填充到前面创建的结构体实例中, 最后打印了允许的推送常量最大总字节数。

4.4　各种变换

4.3 节六角星的案例中已经用到了物体的平移及旋转, 但没有进行详细的介绍。本节将详细介绍 3 种基本变换 (包括平移、旋转、缩放) 的相关理论知识, 并通过具体的案例来帮助读者更加深入的理解各种变换。

4.4.1　基本变换的相关数学知识

基本变换实质上是通过将表示点坐标的向量与特定的变换矩阵相乘完成的, 进行基于矩阵的变换时, 三维空间中点的位置需要表示成齐次坐标形式。所谓齐次坐标形式也就是在 x、y、z 的 3 个坐标值后面增加第 4 个分量 w, 未变换时 w 值一般为 1, 如 $P=(P_x,P_y,P_z,1)^T$。

P 与一个特定的变换矩阵 M 相乘即可以完成一次基本变换, 得到变换后点 Q 的齐次坐标向量, 如 $Q(Q_x,Q_y,Q_z,1)^T$, 具体情况如下。

$$\begin{pmatrix} Q_x \\ Q_y \\ Q_z \\ 1 \end{pmatrix} = \begin{pmatrix} m_{11} & m_{12} & m_{13} & m_{14} \\ m_{21} & m_{22} & m_{23} & m_{24} \\ m_{31} & m_{32} & m_{33} & m_{34} \\ 0 & 0 & 0 & 1 \end{pmatrix} \times \begin{pmatrix} P_x \\ P_y \\ P_z \\ 1 \end{pmatrix} \text{ 或简写为: } Q=MP$$

> **说明**　上述线性代数表达式中最左侧为变换后 Q 点的齐次坐标, 中间为 4×4 的变换矩阵, 右侧为变换前 P 点的齐次坐标。

当矩阵 M 中的元素取适当的值时, 等式 $Q=MP$ 就会有其特殊的几何意义。例如, 可以将三维空间

中的点 P 平移、旋转或缩放到点 Q。这些变换的具体信息就存放在矩阵 M 中，因此通常称矩阵 M 为变换矩阵。当需要连续执行一系列的变换时，依次将变换矩阵乘以表示点位置的齐次坐标向量即可。

> 💡 **提示**　数学上，向量表示可以有两种选择，行向量与列向量。这两种方式没有本质区别，选取哪种都可以，Vulkan 中使用的是列向量。列向量和矩阵相乘实现变换时，只能在列向量前面乘以矩阵，而行向量则反之，否则乘法没有意义，读者开发时要注意这一点。由于本书篇幅有限，在此仅简单介绍了基本变换的数学原理。有关矩阵和向量的更多知识，请读者参考其他线性代数的相关书籍或资料。

4.4.2　平移变换

4.4.1 节已经介绍过，Vulkan 中的基本变换都是通过变换矩阵完成的。平移变换自然也是如此，其变换矩阵的基本格式如下。

$$M = \begin{pmatrix} 1 & 0 & 0 & m_x \\ 0 & 1 & 0 & m_y \\ 0 & 0 & 1 & m_z \\ 0 & 0 & 0 & 1 \end{pmatrix}$$

上述矩阵中的 m_x、m_y、m_z 分别表示平移变换中沿 x、y、z 轴方向的位移。通过简单的线性代数计算即可验证，矩阵 M 乘以变换前 P 点的齐次坐标后确实得到了相当于将 P 点沿 x、y、z 轴平移 m_x、m_y、m_z 的结果，具体情况如下。

$$MP = \begin{pmatrix} 1 & 0 & 0 & m_x \\ 0 & 1 & 0 & m_y \\ 0 & 0 & 1 & m_z \\ 0 & 0 & 0 & 1 \end{pmatrix} \begin{pmatrix} P_x \\ P_y \\ P_z \\ 1 \end{pmatrix} = \begin{pmatrix} P_x + m_x \\ P_y + m_y \\ P_z + m_z \\ 1 \end{pmatrix} , \quad 即 \begin{pmatrix} Q_x \\ Q_y \\ Q_z \\ 1 \end{pmatrix} = \begin{pmatrix} P_x + m_x \\ P_y + m_y \\ P_z + m_z \\ 1 \end{pmatrix}$$

了解了平移变换矩阵的基本情况后，下面给出一个使用了平移变换的简单案例——Sample4_4，其运行效果如图 4-11 所示。

了解了本案例的运行效果后，下面就可以介绍代码的开发了。本案例实际是对前面的案例做了少许修改而来，下面就对有代表性的代码进行说明，具体内容如下。

（1）首先需要对生成物体数据的辅助类进行修改，使其生成可以组装成立方体的数据，代码结构与案例 Sample4_3 中的 SixPointedStar 类相同，具体生成立方体数据的代码读者可自行查看本案例中的立方体类 CubeData。

▲图 4-11　案例 Sample4_4 运行效果图

（2）完成了立方体数据生成类的开发后，就可以进行绘制工作了。这一步主要是对程序统筹管理者类 MyVulkanManager 中的 drawObject 方法进行修改，具体代码如下。

🖊 **代码位置**：见随书中源代码/第 4 章/Sample4_4/src/main/cpp/bndev 目录下的 MyVulkanManager.cpp。

```
1    MatrixState3D::pushMatrix();                         //保护现场
2    objForDraw->drawSelf(cmdBuffer,sqsCL->pipelineLayout, sqsCL->pipeline,
```

```
3                                   &(sqsCL->descSet[0]));   //绘制第一个立方体
4        MatrixState3D::popMatrix();                         //恢复现场
5        MatrixState3D::pushMatrix();                        //保护现场
6        MatrixState3D::translate(3.5f, 0, 0);               //沿 x 方向平移 3.5
7        objForDraw->drawSelf(cmdBuffer,sqsCL->pipelineLayout, sqsCL->pipeline,
8                                   &(sqsCL->descSet[0]));   //绘制变换后的立方体
9        MatrixState3D::popMatrix();                         //恢复现场
```

> 📖 **说明**　上述代码中，首先绘制了未经任何变换的立方体对象，再调用 MatrixState3D 类中的 translate 方法对立方体对象进行平移转换，然后绘制出变换后的第二个立方体。

4.4.3　旋转变换

介绍旋转变换的矩阵格式前，首先需要了解一下绕坐标轴或任意轴旋转的一些规定。Vulkan 中，旋转角度的正负可以用右手螺旋定则来确定，具体情况如图 4-12 所示。

从图 4-12 中可以看出，所谓右手螺旋定则是指：右手握住旋转轴，使大姆指指向旋转轴的正方向，4 指环绕的方向即为旋转的正方向，也就是旋转角度为正值。旋转矩阵 **M** 的基本格式如下。

$$M = \begin{pmatrix} \cos\theta + (1-\cos\theta)u_x^2 & (1-\cos\theta)u_yu_x - \sin\theta u_z & (1-\cos\theta)u_zu_x + \sin\theta u_y & 0 \\ (1-\cos\theta)u_xu_y + \sin\theta u_z & \cos\theta + (1-\cos\theta)u_y^2 & (1-\cos\theta)u_zu_y - \sin\theta u_x & 0 \\ (1-\cos\theta)u_xu_z - \sin\theta u_y & (1-\cos\theta)u_yu_z + \sin\theta u_x & \cos\theta + (1-\cos\theta)u_z^2 & 0 \\ 0 & 0 & 0 & 1 \end{pmatrix}$$

上述矩阵表示将指定的点 P 绕轴向量 **u** 旋转 θ 度，其中的 u_x、u_y、u_z 表示 **u** 向量在 x、y、z 轴上的分量。由于本书不是专门讨论图形学相关数学的书籍，而旋转的计算比较复杂，这里就不进行验证计算了，有兴趣的读者可以参考其他资料进行计算验证。

了解了旋转变换矩阵的基本情况后，下面给出一个使用了旋转变换的简单案例——Sample4_5，其运行效果如图 4-13 所示。

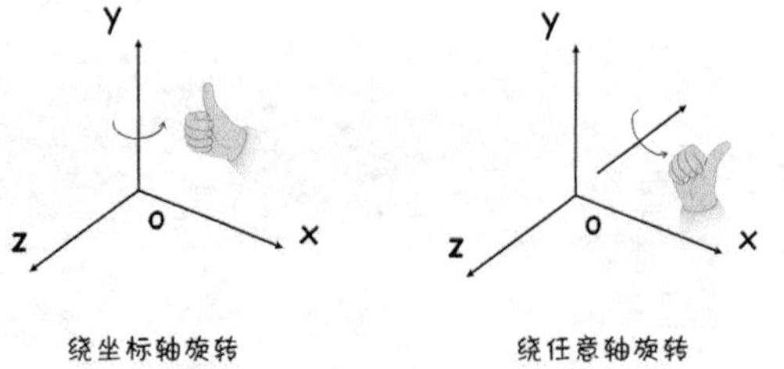

▲图 4-12　旋转正方向的确定

▲图 4-13　案例 Sample4_5 运行效果图

了解了本案例的运行效果后，下面就可以进行代码的开发了。由于实际上本案例仅仅是将案例 Sample4_4 复制了一份并对 MyVulkanManager 类中的 drawObject 方法进行了修改，因此这里仅对修改的部分进行介绍，具体代码如下。

> ✎ **代码位置：** 见随书中源代码/第 4 章/Sample4_5/src/main/cpp/bndev 目录下的 MyVulkanManager.cpp。

```
1        MatrixState3D::pushMatrix();                        //保护现场
2        objForDraw->drawSelf(cmdBuffer,sqsCL->pipelineLayout, sqsCL->pipeline,
3                                   &(sqsCL->descSet[0]));   //绘制第一个立方体
4        MatrixState3D::popMatrix();                         //恢复现场
5        MatrixState3D::pushMatrix();                        //保护现场
```

```
6    MatrixState3D::translate(3.5f, 0, 0);              //沿 x 方向平移 3.5
7    MatrixState3D::rotate(30, 0, 0, 1);                //绕 z 轴旋转 30°
8    objForDraw->drawSelf(cmdBuffer,sqsCL->pipelineLayout, sqsCL->pipeline,
9                        &(sqsCL->descSet[0]));          //绘制变换后的立方体
10   MatrixState3D::popMatrix();                        //恢复现场
```

> **说明** 上述代码中主要是修改了绘制变换后立方体的代码,在原先的平移变换后增加了绕 z 轴旋转 30° 的旋转变换。从图 4-13 中可以看出实际效果就是两种变换的叠加,先平移再旋转,因此在原立方体的右侧看到了平移、旋转变换后的另一个立方体。

4.4.4 缩放变换

前面已经介绍过,Vulkan 中的基本变换都是通过变换矩阵完成的,缩放变换自然也是如此,其变换矩阵的基本格式如下。

$$M = \begin{pmatrix} s_x & 0 & 0 & 0 \\ 0 & s_y & 0 & 0 \\ 0 & 0 & s_z & 0 \\ 0 & 0 & 0 & 1 \end{pmatrix}$$

上述矩阵中的 s_x、s_y、s_z 分别表示缩放变换中的沿 x、y、z 轴方向的缩放比例。通过简单的线性代数计算即可验证,矩阵 M 乘以变换前 P 点的齐次坐标后确实得到了相当于将 P 点坐标沿 x、y、z 轴方向缩放 s_x、s_y、s_z 倍的结果,具体情况如下。

$$MP = \begin{pmatrix} s_x & 0 & 0 & 0 \\ 0 & s_y & 0 & 0 \\ 0 & 0 & s_z & 0 \\ 0 & 0 & 0 & 1 \end{pmatrix} \begin{pmatrix} P_x \\ P_y \\ P_z \\ 1 \end{pmatrix} = \begin{pmatrix} s_x P_x \\ s_y P_y \\ s_z P_z \\ 1 \end{pmatrix}, \ \text{即} \ \begin{pmatrix} Q_x \\ Q_y \\ Q_z \\ 1 \end{pmatrix} = \begin{pmatrix} s_x P_x \\ s_y P_y \\ s_z P_z \\ 1 \end{pmatrix}$$

了解了缩放变换矩阵的基本情况后,下面给出一个使用了缩放变换的简单案例——Sample4_6,其运行效果如图 4-14 所示。

了解了本案例的运行效果后,下面就可以进行代码的开发了。由于实际上本案例仅仅是将案例 Sample4_5 复制了一份并对 MyVulkanManager 类中的 drawObject 方法进行了修改,因此这里仅对修改的部分进行介绍,具体代码如下。

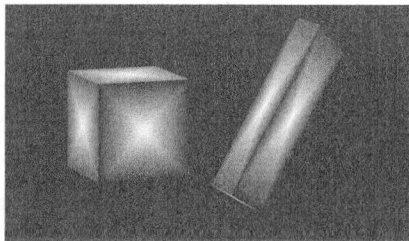

▲图 4-14 案例 Sample4_6 运行效果图

代码位置:见随书中源代码/第 4 章/Sample4_6/src/main/cpp/bndev 目录下的 MyVulkanManager.cpp。

```
1    MatrixState3D::pushMatrix();                       //保护现场
2    objForDraw->drawSelf(cmdBuffer,sqsCL->pipelineLayout, sqsCL->pipeline,
3        &(sqsCL->descSet[0]));                          //绘制第一个立方体
4    MatrixState3D::popMatrix();                        //恢复现场
5    MatrixState3D::pushMatrix();                       //保护现场
6    MatrixState3D::translate(3.5f, 0, 0);              //沿 x 方向平移 3.5
7    MatrixState3D::rotate(30, 0, 0, 1);                //绕 z 轴旋转 30°
8    MatrixState3D::scale(0.4f, 2.0f, 0.6f);//x 轴、y 轴、z 轴 3 个方向按各自的缩放因子进行缩放
9    objForDraw->drawSelf(cmdBuffer,sqsCL->pipelineLayout, sqsCL->pipeline,
```

```
10          &(sqsCL->descSet[0]));              //绘制变换后的立方体
11 MatrixState3D::popMatrix();                  //恢复现场
```

> 💬 说明
>
> 此方法中主要是修改了绘制变换后立方体的代码，在原先的旋转变换后增加了沿 x、y、z 轴方向分别缩放 0.4 倍、2 倍、0.6 倍的缩放变换。实际的效果就是 3 种变换的叠加，先平移再旋转，最后缩放。从图 4-13 中可以看出在原立方体的右侧出现了平移、旋转、缩放变换后的另一个立方体，由于 3 个轴向的缩放比不同此时实际已经变成长方体了。

4.4.5　基本变换的实质

前面几节分别介绍了 3 种基本变换的实现方法，给读者的感觉应该是通过矩阵变换直接实现了对物体的变换。但在 Vulkan 中这并不完全准确，若仅仅这样来理解在非常简单的情况下可能没有问题，但在多个物体的组合变换中可能就会产生问题了。

这是因为变换实际上并不是直接针对物体的，而是针对坐标系进行的。Vulkan 中变换的实现机制可以理解为首先通过矩阵对坐标系进行变换，然后根据传入渲染管线的原始顶点坐标在最终变换结果坐标系中的位置来进行绘制，图 4-15 基于案例 Sample4_6 的场景说明了这个问题。

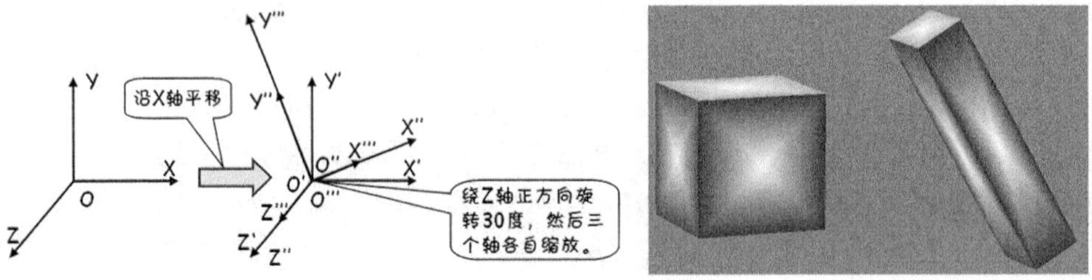

▲图 4-15　基本变换的实质

从图 4-15 中可以看出。

● 左侧的是原始坐标系，原始坐标系首先向右沿 x 轴进行了平移（得到上标为 "'" 的坐标系），然后绕 z 轴旋转了 30°（得到上标为 "''" 的坐标系），接着沿 x、y、z 轴分别按不同的倍数缩放得到了最终的结果坐标系（上标为 "'''"）。

● 最后渲染管线按照物体的原始顶点坐标值在最终结果坐标系里的位置进行绘制，这就得到了场景中右侧变换过的立方体。此时看起来已经变为斜着的长方体了，但对于其绘制坐标系而言其还是立方体，只是由于物体的绘制坐标系发生了变化才产生这种效果。

由于场景中可能有很多物体，这些物体都需要经过一系列变换后进行绘制，其中有些变换对于几个物体是共用的。这种情况下如果对每个物体都重新从原始坐标系开始进行变换就很烦琐，而且会进行一些不必要的重复计算。因此，程序中最好有保存/恢复变换矩阵状态的功能，比如前面介绍的 MatrixState3D 类中的 pushMatrix 与 popMatrix 方法。

考察这样的绘制需求，一共绘制 3 个立方体，第一个沿 x 轴平移距离 d 后绘制，第二个在第一个的正上方距离 d' 的位置绘制，第三个在第一个的下方距离 d'' 的位置绘制。实现方式有很多种，比较典型的两种如表 4-2 所示。

表 4-2　　　　　　　　　　　两种不同的实现方法

操作序号	第一种方法	第二种方法
1	生成无变换原始坐标系	生成无变换原始坐标系
2	将坐标系沿 x 轴平移距离 d	将坐标系沿 x 轴平移距离 d

续表

操作序号	第一种方法	第二种方法
3	绘制第一个立方体	绘制第一个立方体
4	将坐标系沿 y 轴平移距离 d'	pushMatrix 保护现场
5	绘制第二个立方体	将坐标系沿 y 轴平移距离 d'
6	生成无变换原始坐标系	绘制第二个立方体
7	将坐标系沿 x 轴平移距离 d	popMatrix 恢复现场
8	将坐标系沿 y 轴平移距离 d"	将坐标系沿 y 轴平移距离 d"
9	绘制第三个立方体	绘制第三个立方体

通过对表 4-2 中两种不同的实现方式进行比较可以看出，虽然步骤一样多，但左侧的方式进行变换的次数多一些，右侧的通过恰当的存储（保护现场）与取出（恢复现场）变换矩阵状态减少了变换次数，提高了效率。

> **提示** 其实有了保护与恢复现场的功能后不但可以提高效率，而且在很多情况下可以将复杂问题简单化，在后面的学习中读者会慢慢体会到。

下面应该进一步解释一下上述各种变换所用 4×4 变换矩阵中各个列向量的含义，具体情况如下。

● 前 3 列的前 3 个元素是方向向量，表示变换目标坐标系 x、y、z 轴的方向。在平移与旋转变换中 3 个方向向量的长度为 1，为规格化向量；在缩放变换中 3 个方向向量的长度分别为沿 3 个轴方向缩放的比例值。

● 在正常的平移、缩放、旋转变换中，这 3 个向量相互之间总成 90 度角。这种情况如果用数学术语来描述就称为"正交"。如果 3 个方向向量的长度都为 1 就称之为标准正交。

● 第 4 个列的列向量中包含的是变换目标坐标系原点的齐次坐标，也就是目标坐标系原点的 x、y、z 坐标值以及 1。

> **提示** 了解了上述每一个变换矩阵中列向量的含义后，再去回看平移、旋转、缩放 3 种基本变换矩阵时就更容易理解和记忆了。同时读者也应该具有了自行根据需要构造特殊 4×4 变换矩阵的能力。

4.5 所有变换的完整流程

前面已经提到，最终传入渲染管线的是由基本变换矩阵、摄像机矩阵、投影矩阵、Vulkan 标准设备空间调整矩阵相乘而得到的总变换矩阵。在顶点着色器程序中，着色器将接收到的原始顶点位置与传入的总变换矩阵相乘，得到顶点最终的绘制位置，其基本代码如下。

```
gl_Position = myConstantVals.mvp * vec4(pos,1.0);
```

> **说明** 上述代码中 myConstantVals.mvp 为通过推送常量方式传入渲染管线的总变换矩阵，pos 为需要计算最终位置的顶点的原始位置。另外，之所以给 pos 加上分量 1 将其变成四维坐标，是因为在进行基于矩阵的变换时，三维空间中点的位置需要表示成齐次坐标形式，这在前面已经介绍过。

所谓齐次坐标表示就是用 N+1 维坐标表示 N 维坐标，齐次坐标还分为规范化的和非规范化的，规范化的四维齐次坐标在 x、y、z 分量后增加的分量的值必须为 1，这也就是上述代码中增加的分量 1 了。这个增加的分量一般称之为 w 分量，后面介绍执行透视除法的相关知识时还会用到。

> 💡 **提示**　采用齐次坐标是由于很多在 N 维空间中难以解决的问题在 N+ 1 维空间中会变得比较简单。如规范化齐次坐标表示提供了用矩阵把空间中的一个点集从一个坐标系变换到另一个坐标系的简便途径，是 Vulkan 中空间变换的基石。

对于简单的开发需求而言，了解到这一步也就基本满足需要了。但是若需要进行更灵活、更深入的应用开发，还需要对 3 类矩阵（摄像机矩阵、投影矩阵、基本变换矩阵）对应变换的作用进行更深层次的理解。

首先需要了解的是几种不同的空间，主要包括物体空间、世界空间、摄像机空间、剪裁空间、标准设备空间、实际窗口空间等 6 种。

- 物体空间

物体空间的概念比较容易理解，就是建模人员在设计和创建模型时所定义的坐标系代表的空间。

- 世界空间

世界空间也不难理解，就是物体在最终 3D 场景中的摆放位置对应的坐标所属的坐标系代表的空间。比如，要在[10,3,5]位置摆放一个球，在[20,0,15]位置摆放一个圆锥，这里面[10,3,5]、[20,0,15]两组坐标所属的坐标系代表的就是世界空间。之所以要引入世界空间，就是为了能够描述不同物体之间的联系。

- 摄像机空间

物体经摄像机观察后，进入摄像机空间。摄像机空间的理解稍微复杂一些，其指的是以观察场景的摄像机为原点的一个特定坐标系代表的空间。在这个坐标系中，摄像机位于原点，视线沿 z 轴负方向，y 轴方向与摄像机 up 向量方向一致，基本情况如图 4-16 所示。

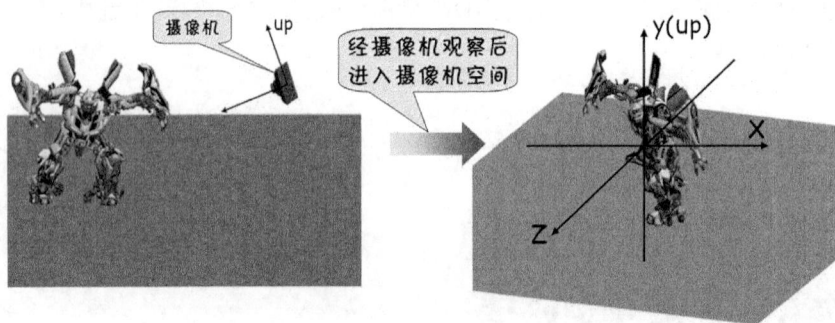

▲图 4-16　摄像机空间

要注意的是，在摄像机空间中，摄像机永远位于原点，视线一直沿 z 轴负方向，y 轴一直沿摄像机 up 向量方向。但是相对于世界坐标系，摄像机坐标系可能是歪的或斜的，如图 4-17 所示。

也就是说摄像机空间代表的是以摄像机本身为中心的一种坐标系，就像人眼观察世界时若将头歪过来看，感觉是物体斜了，其实物体在世界坐标系中是正的，只是经过眼睛观察后进入了眼睛（摄像机）坐标系，在这个坐标系里是歪的而已。

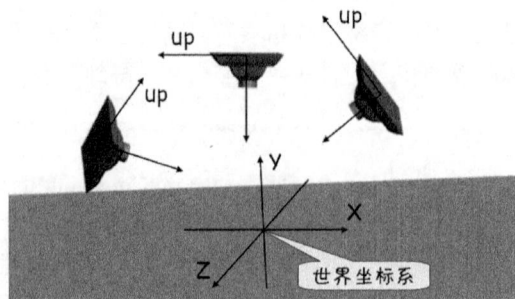

▲图 4-17　摄像机相对于世界坐标系的各种姿态示意图

● 剪裁空间

通过前面投影相关知识的学习应该已经了解到，只有在视景体里面的物体才能够最终被用户观察到。也就是说并不是摄像机空间中所有的物体都能最终被观察到，只有在摄像机空间中位于视景体内的物体才能最终被观察到。因此，将摄像机空间内视景体内的部分独立出来经过处理后就成为了剪裁空间。

● 标准设备空间

对剪裁空间执行透视除法后得到的就是标准设备空间了，传统的标准设备空间中 x、y、z 轴的范围都是 -1.0～+1.0。而对于 Vulkan 而言，标准设备空间 x、y、z 轴的范围分别是 -1.0～+1.0、+1.0～-1.0、0.0～+1.0。

因此前面开发中需要在传统标准设备空间的基础上进一步乘以 Vulkan 专用标准设备空间调整矩阵以得到 Vulkan 专用的标准设备空间。关于透视除法的问题后面会介绍，这里读者简单了解即可。

● 实际窗口空间

实际窗口空间也很容易理解，其一般代表的是设备屏幕上的一块矩形区域，其坐标以像素为单位，也就是 4.3.1 节介绍过的视口对应的空间。

提示　　到这里为止，各个空间自身的含义已经基本介绍完了，下面将进一步介绍从一个空间到另一个空间的变换是如何实现的。

从对上述各个空间的介绍中可以看出，要绘制出屏幕上绚丽多姿的 3D 场景，就需要将每个物体从自己所属的物体空间依次经世界空间、摄像机空间、剪裁空间、标准设备空间进行变换，最终到达实际窗口空间。

这个过程中从一个空间到另一个空间的变换就是通过乘以各种变换矩阵以及进行一些必要的计算来完成的，具体过程如图 4-18 所示。

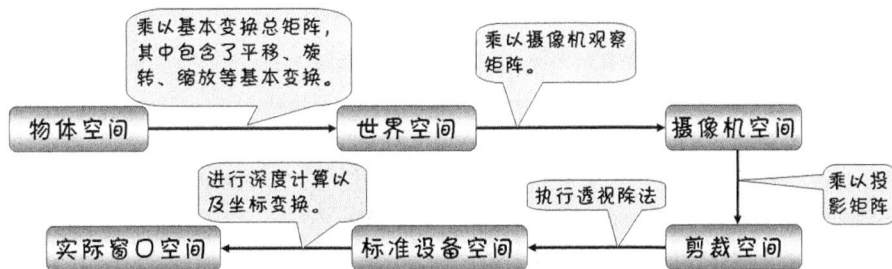

▲图 4-18　空间变换的流程

从图 4-18 中可以看出，从一个空间到另一个空间的变换是如何实现的，具体情况如下。

● 从物体空间到世界空间的变换是通过乘以基本变换矩阵来实现的，其比较容易理解。基本变换矩阵就是将物体所需的各种基本变换（缩放、平移、旋转）对应的变换矩阵根据变换需要依次相乘而得到的结果矩阵。

● 从世界空间到摄像机空间的变换是通过乘以摄像机观察矩阵来实现的，其实现起来也很简单，没有很大的技术难度。

● 从摄像机空间到剪裁空间的变换是通过乘以投影矩阵来完成的，根据需求的不同可以选用正交投影或透视投影的相关变换矩阵。乘以投影矩阵后，任何一个有效点（视景体内点）的坐标 [x,y,z,w] 中的 x、y、z 分量都将在 -w～+w 的范围内。

> **提示**　本节最开始提到的"在顶点着色器程序中，着色器将接收到的原始顶点位置与传入的总变换矩阵相乘，得到顶点最终的绘制位置"里面的最终位置指的就是剪裁空间中的位置，其实这还不够"最终"。前面介绍中采用的"最终"是指到达剪裁空间之后的变换就不需要开发人员插手了，是由管线自动完成的。

● 从剪裁空间到标准设备空间的变换是通过执行透视除法来完成的。所谓透视除法其实很简单，就是将齐次坐标[x,y,z,w]的 4 个分量都除以 w，结果为[x/w,y/w,z/w,1]，本质上就是对齐次坐标进行了规范化。

● 从标准设备空间到实际窗口空间变换的主要工作是将执行透视除法后的 *x*、*y* 坐标分量转换为实际窗口中的 *x*、*y* 像素坐标。主要的思路是将标准设备空间的 *xy* 平面（两个轴的坐标范围都是-1.0～+1.0，构成一个矩形）对应到视口（也是一个矩形）上，将-1.0～+1.0 范围内的 *x*、*y* 坐标折算为视口内的像素坐标，这个计算也很容易完成。

上述每一步乘以不同矩阵以及进行相应变换产生的具体效果如图 4-19 所示。

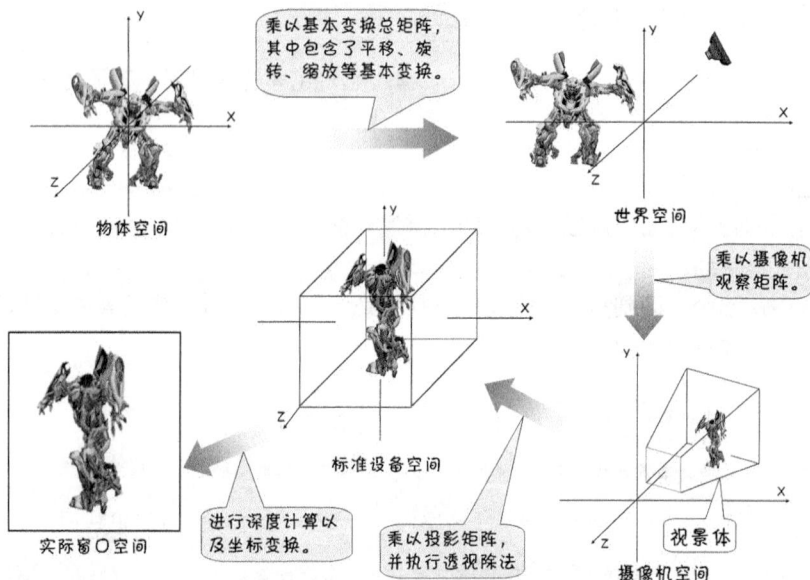

▲图 4-19　每个空间的具体效果

> **提示**　通过结合前面具体的介绍与观察图 4-19 可以很好地理解变换到每一种空间后的大致效果，加深对所有变换完整流程的理解。

4.6　绘制方式

到目前为止，本书前面所有的案例中绘制物体时采用的都是同一种绘制方式——VK_PRIMITIVE_TOPOLOGY_TRIANGLE_LIST。其实 Vulkan 中支持的绘制方式还有很多，本节将对各种绘制方式进行详细的介绍。

4.6.1　各种绘制方式概览

Vulkan 中支持的绘制方式大致分 3 类，包括点绘制、线段绘制和三角形绘制。每类中包含一种或多种具体的绘制方式，各种具体绘制方式的说明如下所列。

- VK_PRIMITIVE_TOPOLOGY_POINT_LIST

此方式是唯一的点绘制方式，将传入渲染管线的一系列顶点单独进行绘制，不组装成更高一级的图元（如线段、三角形等），具体情况如图 4-20 所示。

- VK_PRIMITIVE_TOPOLOGY_LINE_LIST

此方式是线段绘制方式的一种，将传入渲染管线的一系列顶点按照顺序两两组织成线段进行绘制，具体情况如图 4-21 所示。要注意的是，在顶点组织线段时，顶点不共用，若顶点个数为奇数，管线会自动忽略最后一个顶点。

- VK_PRIMITIVE_TOPOLOGY_LINE_STRIP

此方式也是线段绘制方式的一种，将传入渲染管线的一系列顶点按照顺序依次连接，从而组织成线段进行绘制，效果就像一条折线。与上一种线段绘制方式不同的是，使用此方式将顶点组织成线段时中间的顶点共用，具体情况如图 4-22 所示。

> **提示** 图 4-20、图 4-21 及图 4-22 这 3 幅图中顶点的编号代表的是顶点送入渲染管线的顺序，后面关于其他绘制方式的示意图中也是如此。

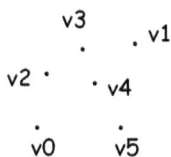

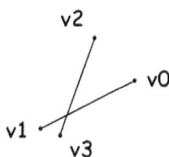

▲图 4-20 点绘制方式　　▲图 4-21 线段列表绘制方式　　▲图 4-22 线段条带绘制方式

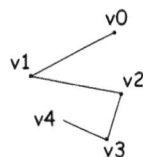

- VK_PRIMITIVE_TOPOLOGY_TRIANGLE_LIST

此方式是三角形绘制方式的一种，将传入渲染管线的一系列顶点按照顺序每 3 个组织成一个三角形进行绘制，具体情况如图 4-23 所示。

从图 4-23 中可以看出，顶点 2、5 以及顶点 1、3 的位置是相同的，这是因为左下侧和右上侧的两个三角形有共用顶点。此绘制方式下，多个三角形有共用顶点时会造成数据冗余，存储空间利用率可能不够高。如果不希望数据冗余，可以用后面介绍的其他三角形类绘制方式完成绘制。

- VK_PRIMITIVE_TOPOLOGY_TRIANGLE_STRIP

此方式也是三角形绘制方式的一种，将传入渲染管线的一系列顶点按照顺序依次组织成三角形进行绘制，最后实际形成的是一个三角形条带。若共有 N 个顶点，则将绘制出 N-2 个三角形，具体情况如图 4-24 所示。此方式可以解决采用 VK_PRIMITIVE_TOPOLOGY_TRIANGLE_LIST 绘制模式时，多个三角形有共用顶点而造成的数据冗余问题。

- VK_PRIMITIVE_TOPOLOGY_TRIANGLE_FAN

此方式还是三角形绘制方式的一种，将传入渲染管线的一系列顶点中的第一个顶点作为中心点，其他顶点作为边缘点绘制出一系列组成扇形的相邻三角形，具体情况如图 4-25 所示。

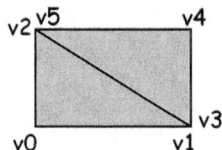

▲图 4-23 三角形列表绘制方式　　▲图 4-24 三角形条带绘制方式　　▲图 4-25 三角形扇绘制方式

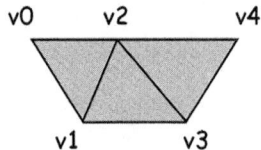

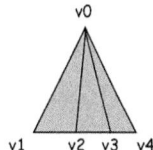

4.6.2　点与线段绘制方式

4.6.1 节介绍了各种绘制方式的基本情况，本节将通过一个简单的案例 Sample4_7 详细介绍如何在开发中使用点及线段的绘制方式，其运行效果如图 4-26 所示。

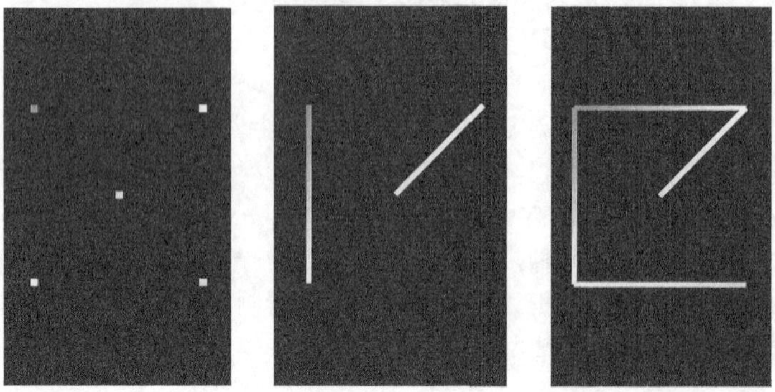

▲图 4-26　案例 Sample4_7 运行效果图

> 💡**说明**　图 4-26 中从左到右依次为用 VK_PRIMITIVE_TOPOLOGY_POINT_LIST、VK_PRIMITIVE_TOPOLOGY_LINE_LIST 和 VK_PRIMITIVE_TOPOLOGY_POINT_STRIP 绘制方式绘制同一个物体（此物体中包含 5 个顶点）的效果图。案例运行时，读者可以通过点击屏幕在 3 种绘制方式之间进行切换。

了解了本案例的运行效果后，就可以进行代码的开发了。由于本案例中大部分类的代码与前面案例 Sample1_1 中的基本相同，故下面仅详细介绍本案例中有代表性的部分，具体内容如下。

（1）首先需要开发用于产生绘制用顶点数据的 ObjectData 类，该类与之前案例中的 SixPointedStar、CubeData 等类的功能大同小异。明显不同的就是生成顶点数据的方法，本案例中其需要生成如前面图 4-26 中 5 个顶点的数据。由于此类实现比较简单，因此不再赘述，读者可参照随书源代码。

（2）解决了绘制用物体的顶点数据问题后，还需要对管线封装类 ShaderQueueSuit_Common 进行修改。主要是在其中创建多个采用不同绘制方式的管线对象待用，具体代码如下。

🪟 **代码位置：** 见随书中源代码/第 4 章/Sample4_7/src/main/cpp/bndev 目录下的 ShaderQueueSuit_Common.cpp。

```
1    void ShaderQueueSuit_Common::create_pipe_line        //创建管线的方法
2        (VkDevice& device,VkRenderPass& renderPass){
3        //此处省略了部分代码，读者可自行查阅随书源代码。
4        VkPipelineInputAssemblyStateCreateInfo ia[topologyCount];//管线图元组装状态
                                                                  创建信息数组
5        for (int i = 0; i < topologyCount; ++i) {       //遍历数组中每个元素进行初始化
6            ia[i].sType =                               //指定结构体类型
7            VK_STRUCTURE_TYPE_PIPELINE_INPUT_ASSEMBLY_STATE_CREATE_INFO;
8            ia[i].pNext = NULL;                         //自定义数据的指针
9            ia[i].flags = 0;                            //供将来使用的标志位
10           ia[i].primitiveRestartEnable = VK_FALSE;//关闭图元重启
11           switch(i){       //数组中的每个元素设置不同的图元组装方式
12            case 0:ia[i].topology = VK_PRIMITIVE_TOPOLOGY_POINT_LIST;break;//点列表方式
13            case 1:ia[i].topology = VK_PRIMITIVE_TOPOLOGY_LINE_LIST;break;//线段列表方式
14            case 2:ia[i].topology = VK_PRIMITIVE_TOPOLOGY_LINE_STRIP;break;//折线方式
15        }}
```

```
16          //此处省略管线其他阶段信息的设置，读者可自行查阅随书源代码。
17          for(int i=0;i<topologyCount;i++){          //为每种图元组装方式创建管线
18              pipelineInfo.pInputAssemblyState = &ia[i]; //指定管线的图元组装状态信息
19              result = vk::vkCreateGraphicsPipelines      //创建管线
20                  (device, pipelineCache, 1, &pipelineInfo, NULL, &pipeline[i]);
21              assert(result == VK_SUCCESS);              //检查管线创建是否成功
22      }}
```

- 第 4 行声明了一个长度为 topologyCount 的管线图元组装状态创建信息结构体实例数组，topologyCount 的值为 3，对应本案例中的 3 种绘制方式。

- 第 5~16 行遍历了前面声明的数组中的每个元素，对各个元素的属性进行设置。最主要的是根据元素索引的不同，设置了不同的绘制方式（即图元组装方式）。

- 第 18~22 行创建了 topologyCount 个管线，每个管线对应一种绘制方式。同时将创建的管线依次存储在 pipeline 数组中，以备后面绘制时使用。

（3）采用点、线段等绘制方式时，默认情况下点的大小仅有一个像素，线段的粗细也是一个像素。如果需要更大的点或更粗的线段，就需要修改点的大小、线段的粗细设置。首先介绍线段粗细的设置，具体代码如下。

代码位置：见随书中源代码/第 4 章/Sample4_7/src/main/cpp/bndev 目录下的 MyVulkanManager.cpp。

```
1   void MyVulkanManager::create_vulkan_devices(){          //创建逻辑设备的方法
2       //此处省略了部分代码，读者可自行查阅随书源代码。
3       VkPhysicalDeviceFeatures pdf;                        //存储设备所支持特性的结构体实例
4       vk::vkGetPhysicalDeviceFeatures(gpus[0],&pdf);//获取指定设备支持的特性
5       if (pdf.wideLines == VK_TRUE)                        //判断是否支持 wideLines 特性
6       {LOGE("支持 wideLines 特性! \n");}                    //打印调试信息
7       else{LOGE("不支持 wideLines 特性! \n");}
8       VkDeviceCreateInfo deviceInfo = {};                  //构建逻辑设备创建信息结构体实例
9       deviceInfo.sType = VK_STRUCTURE_TYPE_DEVICE_CREATE_INFO;//指定结构体类型
10      deviceInfo.pNext = NULL;                             //自定义数据的指针
11      deviceInfo.queueCreateInfoCount = 1;                 //指定设备队列创建信息结构体数量
12      deviceInfo.pQueueCreateInfos = &queueInfo;           //指定设备队列创建信息结构体列表
13      deviceInfo.enabledExtensionCount = deviceExtensionNames.size();//所需扩展数量
14      deviceInfo.ppEnabledExtensionNames = deviceExtensionNames.data();//所需扩展列表
15      deviceInfo.enabledLayerCount = 0;                    //启动的 Layer 数量
16      deviceInfo.ppEnabledLayerNames = NULL;               //启动的 Layer 名称列表
17      deviceInfo.pEnabledFeatures = &pdf;                  //启用的设备特性
18      VkResult result = vk::vkCreateDevice(gpus[0], &deviceInfo, NULL, &device);
                                                            //创建逻辑设备
19      assert(result==VK_SUCCESS);                          //检查逻辑设备是否创建成功
20  }
```

说明　上述代码首先获取了指定设备支持的特性列表 pdf，并打印是否支持所需的 wideLines 特性。然后在构建逻辑设备创建信息结构体实例时将获取的指定设备支持的特性列表 pdf 用于结构体的 pEnabledFeatures 属性，表示创建的逻辑设备启用所有设备能够支持的特性。这时若 pdf 中包含对 wideLines 特性的支持，则创建的逻辑设备就可以支持 wideLines 特性了。wideLines 特性表示设备是否支持宽度大于 1 的线段绘制，因此希望绘制宽度大于 1 的线段时需要启用此特性。另外，支持此特性设备的最大允许线宽取决于不同的设备型号。

（4）成功启用 wideLines 特性后，就可以在管线封装类 ShaderQueueSuit_Commond 的

create_pipe_line 方法中设置所需的线段宽度了，相关代码如下。

```
rs.lineWidth = 10.0f;                                           //设置线段宽度
```

> **说明**　　上述代码的功能为设置线段绘制方式下的线段宽度，其中 rs 为管线光栅化阶段创建信息结构体实例。

（5）前面已经提到过，程序运行过程中可以通过点击屏幕切换绘制方式。此功能的触控事件处理部分是在 main.cpp 中的事件处理回调方法 engine_handle_input 内开发的，具体代码如下。

代码位置： 见随书中源代码/第 4 章/Sample4_7/app/src/main/cpp/bndev 目录下的 main.cpp。

```
1    switch(id){
2        case AMOTION_EVENT_ACTION_DOWN:                  //触控点按下
3            isClick=true;                                //点击标志位置 true
4            xPre=x;                                       //记录触控点 x 坐标
5            yPre=y;                                       //记录触控点 y 坐标
6            break;
7        case AMOTION_EVENT_ACTION_MOVE:                  //触控点移动
8            xDis=x-xPre;                                  //计算触控点 x 位移
9            yDis=y-yPre;                                  //计算触控点 y 位移
10           if(abs((int)xDis)>10||abs((int)yDis)>10){//判断触控点位移是否超出阈值
11               isClick= false;                           //点击标志置为 false
12           }
13           break;
14       case AMOTION_EVENT_ACTION_UP:                    //触控点抬起
15           if(isClick){                                  //判断是否为点击操作
16               MyVulkanManager::topologyWay=(++MyVulkanManager::topologyWay
17               %ShaderQueueSuit_Common::topologyCount);//切换绘制方式索引
18           }
19           break;
20   }
```

> **说明**　　上述代码并不复杂，首先在处理触控点按下事件时记录触控点的坐标并将点击标志置 true，然后在处理触控点移动事件时检查触控点的位移是否超出了预设的阈值，若超出则将点击标志置 false，最后在处理触控点抬起事件时，若点击标志为 true 则修改当前采用的绘制方式索引 topologyWay。每点击一次索引值加一并对总可能数量取模，使得不断点击时索引值在 "0～总可能数–1" 之间循环变化，以实现在绘制时使用不同的绘制方式。

（6）最后介绍的是点绘制方式下点大小的设置。这一步比较简单，只需对顶点着色器做少量修改即可，具体代码如下。

代码位置： 见随书源代码/第 4 章/Sample4_7/src/main/assets/shader 目录下的 commonTexLight.vert。

```
1    #version 400                                        //着色器版本号
2    #extension GL_ARB_separate_shader_objects : enable //开启 GL_ARB_separate_shader_objects
3    #extension GL_ARB_shading_language_420pack : enable //开启 GL_ARB_shading_language_420pack
4    layout (std140,set = 0, binding = 0) uniform bufferVals { //一致块
5        mat4 mvp;                                        //总变换矩阵
6    } myBufferVals;
7    layout (location = 0) in vec3 pos;                  //传入的物体坐标系顶点坐标
8    layout (location = 1) in vec3 color;                //传入的顶点颜色
9    layout (location = 0) out vec3 vcolor;              //传到片元着色器的顶点颜色
```

```
10   out gl_PerVertex {                                      //输出接口块
11       vec4 gl_Position;                                   //顶点最终位置
12       float gl_PointSize;                                 //点的大小
13   };
14   void main() {                                           //主函数
15       gl_Position = myBufferVals.mvp * vec4(pos,1.0);     //计算顶点的最终位置
16       gl_PointSize = 15.0;                                //设置点的尺寸
17       vcolor=color;                                       //传递顶点颜色给片元着色器
18   }
```

> ✏️说明　　与之前案例中的顶点着色器相比，上述代码主要是在输出接口块中添加了内建
> 输出变量 gl_PointSize。并在主函数中设置该变量为 15，实现了对绘制点尺寸的控
> 制。若没有明确设置 gl_PointSize 的值，则绘制点时采用默认尺寸 1。

4.6.3　三角形条带与扇面绘制方式

掌握了点与线段的绘制方式后，本节将通过一个简单的案例 Sample4_8 详细介绍如何在开发中使用三角形条带及扇面的绘制方式，其运行效果如图 4-27 所示。

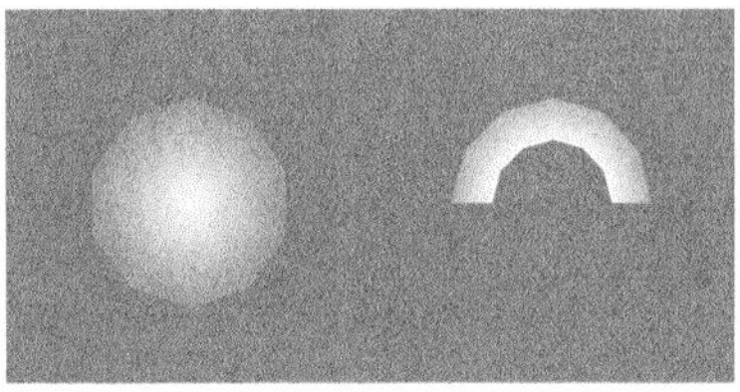

了解了本案例的运行效果后，就可以进行代码的开发了。由于本案例是从案例 Sample1_1 修改而来，因此这里仅介绍本案例中有代表性的部分，具体内容如下。

（1）首先开发的是用于生成绘制用三角形条带顶点数据的 BeltData 类。由于其头文件与案例 Sample1_1 中 TriangleData 类的基本相同，故这里不再赘述。下面将直接介绍该类中用于生成绘制用三角形条带顶点数据的 genVertexData 方法，具体代码如下。

▲图 4-27　案例 Sample4_8 运行效果图

🔖 **代码位置：**见随书中源代码/第 4 章/Sample4_8/src/main/cpp/bndev 目录下的 BeltData.cpp。

```
1    void  BeltData::genVertexData(){                        //生成顶点数据的方法
2        int n = 6;                                          //条带切割份数
3        vCount=2*(n+1);                                     //计算顶点数量
4        dataByteCount=vCount*6* sizeof(float);              //计算顶点数据所占总字节数
5        float angdegBegin = -90;                            //设置条带起始度数
6        float angdegEnd = 90;                               //设置条带结束度数
7        float angdegSpan = (angdegEnd-angdegBegin)/n;       //计算条带每份度数
8        vdata=new float[vCount*6];                          //创建顶点数据数组
9        int count=0;                                        //辅助索引
10       for(float angdeg=angdegBegin; angdeg<=angdegEnd; angdeg+=angdegSpan) {
11           double angrad=toRadians(angdeg);                //计算当前弧度
12           vdata[count++]=(float) (-0.6f*50*sin(angrad));//此切割角度第 1 个顶点的 x 坐标
13           vdata[count++]=(float) (0.6f*50*cos(angrad)); //此切割角度第 1 个顶点的 y 坐标
14           vdata[count++]=0;                              //此切割角度第 1 个顶点的 z 坐标
15           vdata[count++]=1;                              //此切割角度第 1 个顶点颜色 R 分量
16           vdata[count++]=1;                              //此切割角度第 1 个顶点颜色 G 分量
17           vdata[count++]=1;                              //此切割角度第 1 个顶点颜色 B 分量
18           vdata[count++]=(float) (-50*sin(angrad));//此切割角度第 2 个顶点的 x 坐标
19           vdata[count++]=(float) (50*cos(angrad)); //此切割角度第 2 个顶点的 y 坐标
20           vdata[count++]=0;                              //此切割角度第 2 个顶点的 z 坐标
21           vdata[count++]=0;                              //此切割角度第 2 个顶点颜色 R 分量
22           vdata[count++]=1;                              //此切割角度第 2 个顶点颜色 G 分量
23           vdata[count++]=1;                              //此切割角度第 2 个顶点颜色 B 分量
24   }}
```

- 第 2～9 行初始化了计算三角形条带顶点数据所需的各个辅助变量并创建了顶点数据存储数组。
- 第 10～24 行为生成三角形条带顶点位置及顶点颜色数据的代码，其顶点顺序如图 4-28 所示。

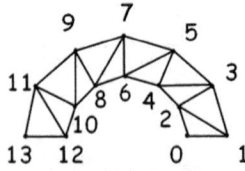

▲图 4-28　条带中各顶点的顺序

> 💡说明　第 11 行调用的 toRadians 方法为 BeltData 类中的静态方法，功能为将角度值转换为弧度值，具体实现读者可查看随书源代码。

（2）了解了用于生成三角形条带顶点数据的 BeltData 类后，下面将进一步介绍用于生成扇面顶点数据的 CircleData 类。这里同样只对该类中用于生成顶点数据的 genVertexData 方法进行介绍，具体代码如下。

🔖 代码位置：见随书中源代码/第 4 章/Sample4_8/src/main/cpp/bndev 目录下的 CircleData.cpp。

```
1    void  CircleData::genVertexData(){
2        int n = 10;                                    //扇形切割份数
3        vCount=n+2;                                     //顶点数量
4        dataByteCount=vCount*6* sizeof(float);          //顶点数据所占总字节数
5        vdata=new float[vCount*6];                      //创建顶点数据数组
6        float angdegSpan=360.0f/n;                      //扇形每份度数
7        int count=0;                                    //辅助索引
8        vdata[count++] = 0;                             //第一个顶点 x 坐标
9        vdata[count++] = 0;                             //第一个顶点 y 坐标
10       vdata[count++] = 0;                             //第一个顶点 z 坐标
11       vdata[count++] = 1;                             //第一个顶点颜色 R 分量
12       vdata[count++] = 1;                             //第一个顶点颜色 G 分量
13       vdata[count++] = 1;                             //第一个顶点颜色 B 分量
14       for(float angdeg=0; ceil(angdeg)<=360; angdeg+=angdegSpan) { //循环生成周围其他
                                                                       顶点的数据
15           double angrad=BeltData::toRadians(angdeg);//当前弧度
16           vdata[count++]=(float) (-50*sin(angrad)); //当前顶点 x 坐标
17           vdata[count++]=(float) (50*cos(angrad));   //当前顶点 y 坐标
18           vdata[count++]=0;                          //当前顶点 z 坐标
19           vdata[count++] = 0;                        //当前顶点颜色 R 分量
20           vdata[count++] = 1;                        //当前顶点颜色 G 分量
21           vdata[count++] = 0;                        //当前顶点颜色 B 分量
22    }}
```

- 第 2～7 行初始化了计算扇面顶点数据所需的各个辅助变量并创建了顶点数据存储数组。
- 第 8～13 行给出了扇面中心点的坐标及颜色数据。
- 第 14～22 行通过循环生成了扇面周围一圈顶点的坐标及颜色数据，顶点的顺序如图 4-29 所示。

（3）开发完生成绘制用物体顶点数据的代码后，就可以进行绘制工作了，具体代码如下。

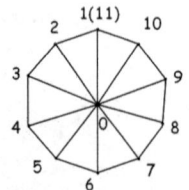

▲图 4-29　扇面中各顶点的顺序

✎ **代码位置**：见随书中源代码/第 4 章/Sample4_8/src/main/cpp/bndev 目录下的 MyVulkanManager.cpp。

```
1    void MyVulkanManager::drawObject(){                          //绘制方法
2        //此处省略了部分代码，读者可自行查阅随书源代码。
3        MatrixState3D::pushMatrix();                            //保护现场
4        MatrixState3D::translate(90,0,0);                       //沿 x 轴正方向平移 90
5        triForDraw->drawSelf(cmdBuffer,sqsCL->pipelineLayout, //绘制三角形条带
6                sqsCL->pipeline[0],&(sqsCL->descSet[0]));
7        MatrixState3D::popMatrix();                             //恢复现场
8        MatrixState3D::pushMatrix();                            //保护现场
9        MatrixState3D::translate(-90,0,0);                      //沿 x 轴负方向平移 90
10       cirForDraw->drawSelf(cmdBuffer,sqsCL->pipelineLayout, //绘制扇形
11               sqsCL->pipeline[1],&(sqsCL->descSet[0]));
12       MatrixState3D::popMatrix();                             //恢复现场
13       //此处省略了部分代码，读者可自行查阅随书源代码。
14   }
```

✎ **说明**　上述代码主要功能是调用绘制对象的绘制方法完成物体的绘制工作。需要注意的是本案例中需要绘制的两个物体分别采用了两种不同的绘制方式，因此同样需要预先创建两个对应的管线对象。有关这一部分的实现读者可参考上一个案例中的相关部分，并配合随书源代码进行学习。

从上述案例中可以看出，对于组成物体的多个三角形有大量共用顶点的情况，采用三角形条带或扇面方式绘制时需要的实际顶点数量会比采用三角形列表方式时少，因此在情况允许时应该尽量采用三角形条带或扇面方式绘制。这是因为渲染管线需要对传入管线的每个顶点执行一次顶点着色器中的处理，因此顶点越少绘制同样图形的速度就越快。

读者可能会觉得三角形条带绘制方式虽然效率高,但只适合用来绘制连续三角形构成的物体，若是非连续三角形构成的物体就没有用武之地了。其实不然，非连续三角形构成的物体一样可以使用三角形条带方式进行绘制，图 4-30 说明了该问题。

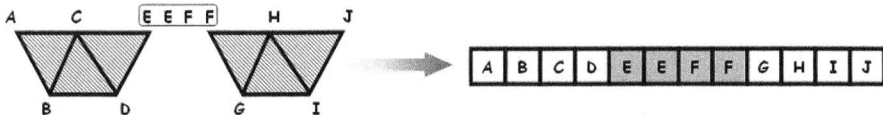

▲图 4-30　用三角形条带方式绘制非连续三角形构成的物体

从图 4-30 中可以看出，当要使用三角形条带方式绘制非连续三角形构成的物体时，只要将上一批三角形的最后一个顶点和下一批三角形的第一个顶点重复一次即可。如图 4-30 中要绘制由顶点 A~J 构成的 6 个三角形，送入渲染管线的顶点序列为 "ABCDEEFFGHIJ"，这比三角形列表方式还是节省了不少顶点，有助于渲染效率的提高。

了解了采用三角形条带方式绘制由非连续三角形构成物体的原理后，下面将给出一个采用了此技术的案例——Sample4_9，其运行效果如图 4-31 所示。

本案例是从前面的案例 Sample4_8 修改而来，主要是去掉了里面有关生成扇面数据及绘制扇面的代码，并修改了生成三角形条带数据的 BeltData 类。因此这里仅介绍修改后 BeltData 类中用于生成绘制用顶点数据的方法，具体代码如下。

✎ **代码位置**：见随书中源代码/第 4 章/Sample4_9/src/main/cpp/bndev 目录下的 BeltData.cpp。

```
1    void  BeltData::genVertexData() {                            //生成绘制用顶点数据的方法
2        int n1 = 3;                                              //第 1 个条带切割份数
```

```
3          int n2 = 5;                              //第 2 个条带切割份数
4          vCount = 2 * (n1 + n2 + 2) + 2;          //计算总顶点数
5          dataByteCount = vCount * 6 * sizeof(float);  //顶点数据所占总字节数
6          vdata=new float[vCount*6];               //顶点数据数组
7          float angdegBegin1 = 0;                  //第 1 个条带起始度数
8          float angdegEnd1 = 90;                   //第 1 个条带结束度数
9          float angdegSpan1 = (angdegEnd1 - angdegBegin1) / n1;//第 1 个条带每份度数
10         float angdegBegin2 = 180;                //第 2 个条带起始度数
11         float angdegEnd2 = 270;                  //第 2 个条带结束度数
12         float angdegSpan2 = (angdegEnd2 - angdegBegin2) / n2; //第 2 个条带每份度数
13         int count = 0;                           //辅助索引
14         for (float angdeg = angdegBegin1; angdeg <= angdegEnd1; angdeg += angdegSpan) {
15             double angrad = toRadians(angdeg, 0, 0);   //当前弧度
16             vdata[count++] = (float) (-0.6f * 80 * sin(angrad));//外围大圆上的点 x 坐标
17             vdata[count++] = (float) (0.6f * 80 * cos(angrad)); //外围大圆上的点 y 坐标
18             vdata[count++] = 0;                        //外围大圆上的点 z 坐标
19             vdata[count++] = 1;vdata[count++] = 1; vdata[count++] = 1; //外围大圆顶点颜色
20             vdata[count++] = (float) (-80 * sin(angrad)); //内圈小圆上的点 x 坐标
21             vdata[count++] = (float) (80 * cos(angrad));  //内圈小圆上的点 y 坐标
22             vdata[count++] = 0;                        //内圈小圆上的点 z 坐标
23             vdata[count++] = 0;vdata[count++] = 1;vdata[count++] = 1;//内圈小圆顶点颜色
24         }
25         vdata[count++] = vdata[count - 6];         //重复第一批三角形的最后一个顶点数据
26         vdata[count++] = vdata[count - 6];    vdata[count++] = 0;
27         vdata[count++] = 1;vdata[count++] = 0;vdata[count++] = 0;
28         for (float angdeg = angdegBegin2; angdeg <= angdegEnd2; angdeg += angdegSpan2) {
29             double angrad = toRadians(angdeg, 0, 0);              //当前弧度
30             if (angdeg == angdegBegin2) {          //重复第二批三角形的第一个顶点数据
31                 vdata[count++] = (float) (-0.6f * 80 * sin(angrad)); //顶点 x 坐标
32                 vdata[count++] = (float) (0.6f * 80 * cos(angrad)); //顶点 y 坐标
33                 vdata[count++] = 0;                //顶点 z 坐标
34                 vdata[count++] = 0;vdata[count++] = 1; vdata[count++] = 0;//顶点颜色
35             }
36 //第 2 个条带数据的生成与第一个条带相似，故在此省略，读者可参考随书源代码。
37 }}
```

- 第 2～13 行初始化了计算条带顶点数据的辅助变量，包括顶点数量、顶点数据总字节数、两个条带度数范围以及条带分割的每份度数等，同时还创建了顶点数据数组。
- 第 14～36 行为条带顶点位置数据及颜色数据的生成。可以看出，相比于上一个案例主要是改变了顶点的位置。物体不再是整体由一批连续三角形组成，而是分两批连续三角形组成。第一批的最后一个顶点和第二批的第一个顶点在顶点序列中重复了，各顶点的位置及顺序如图 4-32 所示。

▲图 4-31　案例 Sample4_9 运行效果图　　　▲图 4-32　BeltData 类中各顶点的顺序

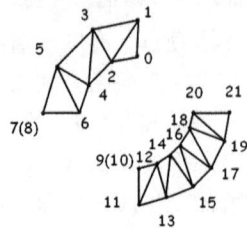

4.6.4　索引法绘制

前面几节的案例中都是调用 vkCmdDraw 方法来执行物体的绘制，此方法是按照传入渲染管

线的顶点本身的顺序及选用的绘制方式将顶点组织成图元进行绘制的,也可以称之为顶点法。采用这种方法虽然很方便,但有些情况下不得不在顶点序列中出现很多重复的顶点,若希望减少重复顶点占用的空间,可以考虑采用 vkCmdDrawIndexed 方法来执行绘制。

vkCmdDrawIndexed 方法在绘制时不但要将顶点序列传入渲染管线,还需要将索引序列传入渲染管线。绘制时管线根据索引序列中的索引值从顶点序列中取出对应的顶点,并根据当前选用的绘制方式组织成图元进行绘制,图 4-33 很好地说明了这个问题。

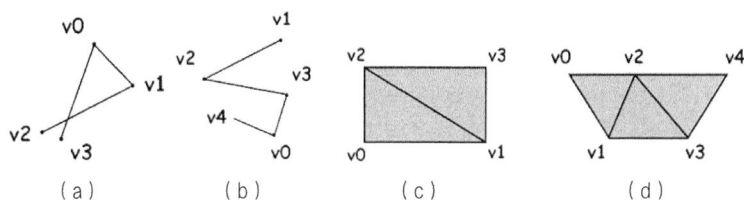

▲图 4-33   采用索引法进行绘制

图 4-33 中给出了用索引法进行绘制时的示意图,具体含义如下所列。

● 图 a 表示的是采用 VK_PRIMITIVE_TOPOLOGY_LINE_LIST 方式进行绘制,顶点序列为 {v0,v1,v2,v3},索引序列为{0,1,1,2,0,3}。

● 图 b 表示的是采用 VK_PRIMITIVE_TOPOLOGY_LINE_STRIP 方式进行绘制,顶点序列为{v0,v1,v2,v3,v4},索引序列为{1,2,3,0,4}。

● 图 c 表示的是采用 VK_PRIMITIVE_TOPOLOGY_TRIANGLE_LIST 方式进行绘制,顶点序列为{v0,v1,v2,v3},索引序列为{0,1,2,1,3,2}。

● 图 d 表示的是采用 VK_PRIMITIVE_TOPOLOGY_TRIANGLE_STRIP 方式进行绘制,顶点序列为{v0,v1,v2,v3,v4},索引序列为{0,1,2,3,4}。

> 提示
> 从上述内容中可以看出,采用索引法(vkCmdDrawIndexed)进行绘制时可以有效地减少重复顶点数据,有重复时只需要提供重复的索引号即可。而每个索引值只需要一个整数,相比一个顶点数据需要 3 个(也可能是更多的)整数或浮点数可以节省不少空间。上述内容中没有给出的 VK_PRIMITIVE_TOPOLOGY_POINT_LIST 和 VK_PRIMITIVE_TOPOLOGY_TRIANGLE_FAN 方式也支持索引法,依此类推即可。

了解了 vkCmdDrawIndexed 方法的原理后,下面给出一个采用 vkCmdDrawIndexed 方法进行绘制的简单案例——Sample4_10。其运行效果如图 4-34 所示。

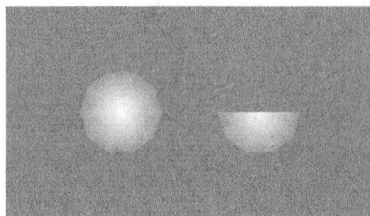

▲图 4-34   案例 Sample4_10 运行效果图

> 说明
> 图 4-34 的左边是一个完整的正十边形,而右边是一个正十边形的下半部分,这两个图形都是采用 vkCmdDrawIndexed 方法进行绘制的。

了解了本案例的运行效果后，就可以进行代码的开发了。由于本案例是从上一个案例修改而来，因此重复部分不再赘述。下面仅对本案例中具有代表性的部分进行介绍，具体内容如下。

（1）由于本案例采用索引法执行绘制，故首先需要在生成绘制对象顶点数据的 CircleData 类头文件中添加服务于索引数据的几个变量，使其可以存储绘制所需的索引数据，具体内容如下。

✎ **代码位置：**见随书中源代码/第 4 章/Sample4_10/src/main/cpp/bndev 目录下的 CircleData.h。

```
1      static uint16_t* idata;                              //索引数据指针
2      static int indexByteCount;                           //索引数据所占总字节数
3      static uint32_t iCount;                              //索引数量
```

✏ **说明**　　　上述代码为在 CircleData 类头文件中添加的服务于索引数据的相关变量，包括索引数据指针、总字节数和索引数量。

（2）了解了 CircleData 类头文件的变化后，下面介绍该类中用于生成顶点数据与索引数据的功能方法 genVertexData 的实现，具体代码如下。

✎ **代码位置：**见随书中源代码/第 4 章/Sample4_10/src/main/cpp/bndev 目录下的 CircleData.cpp。

```
1    void  CircleData::genVertexData(){
2        int n = 10;                                      //切割的份数
3        vCount=n+1;                                      //顶点数量
4        dataByteCount=vCount*6* sizeof(float);           //顶点数据所占总字节数
5        vdata=new float[vCount*6];                       //顶点数据数组
6        float angdegSpan=360.0f/n;                       //每份度数
7        int count=0;                                     //辅助索引
8        vdata[count++] = 0; vdata[count++] = 0;vdata[count++] = 0;//第一个顶点的坐标
9        vdata[count++] = 1;vdata[count++] = 1; vdata[count++] = 1;//第一个顶点的颜色
10       for(float angdeg=0; ceil(angdeg)<=360; angdeg+=angdegSpan){//循环生成周围其他
                                                                     顶点的坐标
11           double angrad=toRadians(angdeg);             //当前弧度
12           vdata[count++]=(float) (-30*sin(angrad));//顶点 x 坐标
13           vdata[count++]=(float) (30*cos(angrad)); //顶点 y 坐标
14           vdata[count++]=0;                           //顶点 z 坐标
15           vdata[count++] = 0;vdata[count++] = 1;vdata[count++] = 0;//顶点颜色
16       }
17       iCount=12;                                       //索引数量
18       indexByteCount = iCount * sizeof(uint16_t);      //索引数据所占总字节数
19       idata=new uint16_t[iCount]{0, 1, 2, 3, 4, 5, 6, 7, 8, 9, 10, 1};//索引数据数组
20   }
```

✏ **说明**　　　上述代码的主要功能为生成要绘制的物体的顶点位置、颜色数据及绘制所需的索引数据。

（3）介绍完用于生成物体数据的 CircleData 类后，还需要对物体绘制类 DrawableObjectCommon 进行修改，使其能够创建索引缓冲。首先要介绍的是对 DrawableObjectCommon 类声明的修改，主要是添加了与创建索引缓冲相关的变量和方法，并对 drawSelf 方法签名进行了修改，具体代码如下。

✎ **代码位置：**见随书中源代码/第 4 章/Sample4_10/src/main/cpp/util 目录下的 DrawableObjectCommon.h。

```
1    //此处省略了相关头文件的导入，感兴趣的读者自行查看随书源代码
2    class DrawableObjectCommonLight{
3    public:
4        float* pushConstantData;                         //推送常量数据指针
```

```
5       VkDevice* devicePointer;                              //指向逻辑设备的指针
6       float* vdata;                                         //顶点数据数组首地址指针
7       int vCount;                                           //顶点数量
8       uint16_t * idata;                                     //索引数据数组首地址指针
9       int iCount;                                           //索引数量
10      VkBuffer vertexDatabuf;                               //顶点数据缓冲
11      VkDeviceMemory vertexDataMem;                         //顶点数据所需设备内存
12      VkDescriptorBufferInfo vertexDataBufferInfo;          //顶点数据缓冲描述信息
13      VkBuffer indexDatabuf;                                //索引数据缓冲
14      VkDeviceMemory indexDataMem;                          //索引数据所需设备内存
15      VkDescriptorBufferInfo indexDataBufferInfo;           //索引数据缓冲描述信息
16      DrawableObjectCommonLight(float* vdataIn,int dataByteCount,int vCountIn,//构造函数
17          uint16_t* idataIn,int indexByteCount,int iCountIn,
18          VkDevice& device,VkPhysicalDeviceMemoryProperties& memoryroperties);
19      ~DrawableObjectCommonLight();                         //析构函数
20      void drawSelf(VkCommandBuffer& secondary_cmd,VkPipelineLayout& pipelineLayout,
                                                              //绘制方法
21          VkPipeline& pipeline,VkDescriptorSet* desSetPointer,uint32_t sIndex,uint32_t
    eIndex);
22  private:
23      void createVertexBuffer(int dataByteCount,VkDevice& device,//创建顶点数据缓冲的方法
24          VkPhysicalDeviceMemoryProperties& memoryroperties);
25      void createIndexBuffer(int indexByteCount,VkDevice& device,//创建索引数据缓冲的方法
26          VkPhysicalDeviceMemoryProperties& memoryroperties);
27  };
```

> **说明**　上述代码声明了创建顶点数据缓冲、索引数据缓冲所需的诸多变量，对构造函数和绘制方法的签名进行了修改，添加了索引数据相关的入口参数，并提供了用于创建顶点数据缓冲、索引数据缓冲的两个方法。

（4）了解了 DrawableObjectCommon 类的头文件后，下面将介绍此类的具体实现代码。由于此类的实现代码较长，故分为两部分进行介绍。首先介绍的是此类的构造函数与析构函数，具体代码如下。

代码位置：见随书中源代码/第 4 章/Sample4_10/src/main/cpp/util 目录下的 DrawableObjectCommon.cpp。

```
1   DrawableObjectCommonLight::DrawableObjectCommonLight(        //构造函数
2       float* vdataIn,int dataByteCount,int vCountIn,          //传入的顶点数据相关参数
3       uint16_t* idataIn,int indexByteCount,int iCountIn,      //传入的索引数据相关参数
4       VkDevice& device,VkPhysicalDeviceMemoryProperties& memoryroperties){
5       pushConstantData=new float[16];                        //创建推送常量数据数组
6       this->devicePointer=&device;                           //接收逻辑设备指针并保存
7       this->vdata=vdataIn;                                   //接收顶点数据数组首地址指针并保存
8       this->vCount=vCountIn;                                 //接收顶点数量并保存
9       this->idata=idataIn;                                   //接收索引数据数组首地址指针并保存
10      this->iCount=iCountIn;                                 //接收索引数量并保存
11      createVertexBuffer(dataByteCount,device,memoryroperties);//调用方法创建顶点数据缓冲
12      createIndexBuffer(indexByteCount,device,memoryroperties);//调用方法创建索引数据缓冲
13  }
14  DrawableObjectCommonLight::~DrawableObjectCommonLight(){    //析构函数
15      delete[] vdata;                                        //释放顶点数据内存
16      vk::vkDestroyBuffer(*devicePointer, vertexDatabuf, NULL); //销毁顶点数据缓冲
17      vk::vkFreeMemory(*devicePointer, vertexDataMem, NULL);//释放顶点数据缓冲对应设备内存
18      delete[] idata;                                        //释放索引数据内存
```

```
19        vk::vkDestroyBuffer(*devicePointer, indexDatabuf, NULL);  //销毁索引数据缓冲
20        vk::vkFreeMemory(*devicePointer, indexDataMem, NULL);//释放索引数据缓冲对应设备内存
21    }
```

- 第 6～10 行用于接收逻辑设备指针、顶点数据数组首地址指针、顶点数量、索引数据数组首地址指针、索引数量等，并保存到对应成员变量中。
- 第 11～12 行调用相关方法分别创建顶点数据缓冲和索引数据缓冲，其中 createVertexBuffer 方法就是将之前创建顶点数据缓冲的过程封装而来。createIndexBuffer 方法基本也是如此，需要注意的是创建索引缓冲时需要将缓冲创建信息结构体中的 index_buf_info.usage 设置为 VK_BUFFER_USAGE_INDEX_BUFFER_BIT。

（5）接下来介绍物体的绘制方法——drawSelf，其主要功能为将命令缓冲与管线、管线布局、描述集、顶点数据、索引数据进行绑定并执行绘制，具体代码如下。

📎 **代码位置：**见随书源代码/第 4 章/Sample4_10/src/main/cpp/util 目录下的 DrawableObjectCommon.cpp。

```
1    void DrawableObjectCommonLight::drawSelf(VkCommandBuffer& cmd,        //绘制方法
2        VkPipelineLayout& pipelineLayout,VkPipeline& pipeline,VkDescriptorSet* desSetPointer,
3        uint32_t sIndex,uint32_t eIndex){        //传入起始索引与结束索引
4        //此处省略了与之前案例中相同的代码，读者可自行查阅随书源代码。
5        vk::vkCmdBindIndexBuffer (                //将顶点数据与当前使用的命令缓冲绑定
6            cmd,                                  //当前使用的命令缓冲
7            indexDatabuf,                         //索引数据缓冲
8            0,                                    //索引数据缓冲首索引
9            VK_INDEX_TYPE_UINT16);                //索引数据类型
10       vk::vkCmdDrawIndexed(                     //执行索引绘制
11           cmd,                                  //当前使用的命令缓冲
12           eIndex-sIndex,                        //索引数量
13           1,                                    //需要绘制的实例数量
14           sIndex,                               //绘制用起始索引
15           0,                                    //顶点数据偏移量
16           0);                                   //需要绘制的第 1 个实例的索引
17   }
```

- 第 5～9 行调用 vkCmdBindIndexBuffer 方法将索引数据缓冲与使用的命令缓冲绑定。
- 第 10～16 行调用 vkCmdDrawIndexed 方法执行索引绘制，由 sIndex 与 eIndex 确定了实际参与绘制的索引数量和范围。

（6）了解了物体自身绘制方法的变化后，下面将要介绍的是程序统筹管理者类 MyVulkan Manager 中绘制方法 drawObject 的变化，具体代码如下。

📎 **代码位置：**见随书源代码/第 4 章/Sample4_10/src/main/cpp/bndev 目录下的 MyVulkanManager.cpp。

```
1    void MyVulkanManager::drawObject(){                         //绘制方法
2    //此处省略了部分代码，读者可自行查阅随书源代码。
3        MatrixState3D::pushMatrix();                            //保护现场
4        MatrixState3D::translate(0,50,0);                       //沿 y 轴正方向平移 50
5        cirForDraw->drawSelf(cmdBuffer,sqsCL->pipelineLayout,//绘制正十边形
6            sqsCL->pipeline,&(sqsCL->descSet[0]),0,CircleData::iCount);
7        MatrixState3D::popMatrix();                             //恢复现场
8        MatrixState3D::pushMatrix();                            //保护现场
9        MatrixState3D::translate(0,-50,0);                      //沿 y 轴负方向平移 50
10       cirForDraw->drawSelf(cmdBuffer,sqsCL->pipelineLayout,//绘制正十边形的下半部分
11           sqsCL->pipeline,&(sqsCL->descSet[0]),0,CircleData::iCount/2+1);
```

```
12      MatrixState3D::popMatrix();                           //恢复现场
13      //此处省略了部分代码，读者可自行查阅随书源代码。
14  }
```

> **说明**　　上述代码的主要功能为通过平移变换在不同的位置分别绘制了完整的正十边形和半正十边形。需要注意的是，在两次绘制时传入了不同的起始索引值和结束索引值从而控制了绘制出来的形状。

4.7　设置合理的视角

使用过照相机的读者都知道，拍摄时根据不同的情况应当选用不同焦距的镜头，这些不同焦距镜头的一大区别就是视角不同。在同样的位置，视角大可以观察到更宽范围内的景物，但投影到照片里的景物较小；视角小可以观察到的景物范围就窄一些，但投影到照片里的景物也就大一些。

同样，在 Vulkan 的虚拟世界中，摄像机也有视角大小的问题，具体情况如图 4-35 所示。

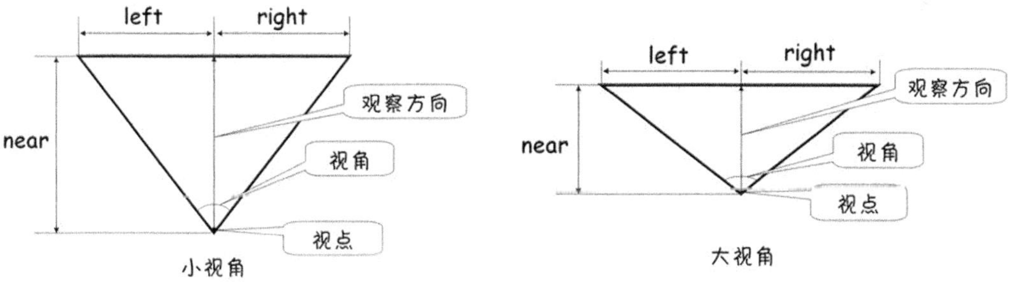

▲图 4-35　小视角和大视角

> **提示**　　从图 4-35 中可以看出，Vulkan 虚拟世界摄像机的左右视角大小主要是由 left、right 及 near 值决定的。可以想象出上下视角则由 top、bottom 及 near 值决定。这些值（left、right、top、bottom、near）都是生成投影矩阵时需要提供的参数。

视角的大小可以根据公式计算出来，例如水平方向视角的计算公式如下：

$$\alpha = 2 \text{arctg}(left/near)$$

而垂直方向的视角计算公式为：

$$\alpha = 2 \text{arctg}(top/near)$$

> **提示**　　上述两个计算公式是在左右或上下对称的（即 left 等于 right，top 等于 bottom）情况下推导出的，若左右或上下不对称，则两个半角要分别计算。

同时，还可以从上述介绍中总结出如下规律。

- 在 left、right、top、bottom 值不变的情况下，near 值越小，视角越大，反之则视角越小。
- 在 near 值不变的情况下，left、right、top、bottom 值越大，视角越大，反之则视角越小。

因此，开发中当希望观察到同样范围的场景时就不止一种选择，可以将摄像机离得近一些，同时将视角设置得大一些；也可以将摄像机离得远一些，同时将视角设置得小一些。具体情况如

图 4-36 所示。

经过上面的介绍读者可能会觉得，既然有多种选择，开发时随意选择一种能观察到指定范围的组合即可。但事实不完全是这样，因为观察时不但有能否看得到的问题，还有是否变形的问题。当视角很大时，往往有比较严重的变形，就像照相机的鱼眼镜头一样。因此开发中要选择合理的组合，使得既能观察到指定范围的场景，又能满足对物体不变形的需要。

▲图 4-36　不同视角观察同样范围的场景

💡提示　在某些特定的应用程序中，就是需要出现变形的效果，这时采用那些可以出现合适变形效果的组合即可。

前面介绍了不同视角观察场景的基本原理，下面给出一个用不同视角在不同距离上观察同样范围场景的案例——Sample4_11，程序运行成功后，点击屏幕即可在如图4-37所示的两种效果之间进行切换。

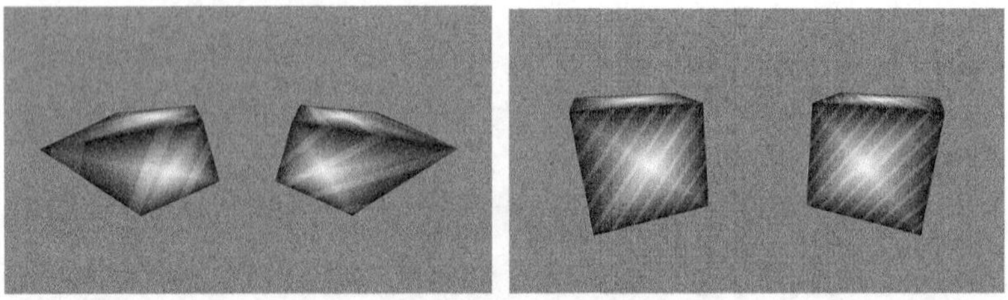

▲图 4-37　案例 Sample4_11 运行效果图

💡说明　左侧的效果图是摄像机离得近时采用大视角观察的情况，右侧的是摄像机离得远时采用小视角观察的情况。从左右两幅图的对比中可以看出，虽然在不同的距离采用不同的视角可以观察到基本相同范围内的场景，但大视角情况下变形较为严重，很难看出来是两个立方体，但小视角时变形的情况就几乎觉察不到了。

了解了本案例的运行效果后，下面对本案例的具体开发进行介绍。由于本案例是由前面的透视投影案例 Sample4_3 修改而来，因此本节仅介绍本案例中具有代表性的部分，具体内容如下。

（1）与之前的大多数案例相同，首先需要修改的是生成顶点数据的 ColorRect 类。由于该类的头文件与之前案例中的基本相同，这里不再赘述。下面将直接介绍该类中用于生成顶点数据的功能方法 genVertexData 的实现，具体代码如下。

🖎 **代码位置：** 见随书源代码/第 4 章/Sample4_11/src/main/cpp/bndev 目录下的 ColorRect.cpp。

```
1    void  ColorRect::genVertexData(){            //生成顶点数据的方法
2        vCount=6;                                //顶点数量
3        dataByteCount=vCount*6* sizeof(float);   //顶点数据总字节数
4        vdata=new float[vCount*6]{               //顶点数据数组
5              0,0,0,            1,1,1,            //第 1 个顶点的位置及颜色数据
6              30,30,0,          0,0,1,            //第 2 个顶点的位置及颜色数据
7              -30,30,0,         0,0,1,            //第 3 个顶点的位置及颜色数据
8              -30,-30,0,        0,0,1,            //第 4 个顶点的位置及颜色数据
9              30,-30,0,         0,0,1,            //第 5 个顶点的位置及颜色数据
10             30,30,0,          0,0,1             //第 6 个顶点的位置及颜色数据
11   };}
```

> 💡 **说明** 　上述代码主要功能是生成一个正方形面的顶点位置数据与颜色数据。

（2）前面介绍了生成一个正方形面顶点数据的 genVertexData 方法，但是从上面展示的案例运行效果图中可以看出，实际绘制出的是两个立方体。因此还需要在案例中添加一个将正方形面组装成立方体的辅助类，下面首先介绍该类的声明，具体代码如下。

> 🖊 **代码位置**：见随书源代码/第 4 章/Sample4_11/src/main/cpp/bndev 目录下的 Cube.h。

```
1    //此处省略了相关头文件的导入，读者可自行查看随书源代码。
2    class Cube{
3    public:
4        void drawSelf(VkCommandBuffer cmd,                    //绘制方法
5            VkPipelineLayout& pipelineLayout,VkPipeline& pipeline,VkDescriptorSet* desSetPointer);
6        Cube(VkDevice& device,VkPhysicalDeviceMemoryProperties& memoryroperties);
                                                             //构造函数
7        ~Cube();                                            //析构函数
8    };
```

> 💡 **说明** 　上述代码主要是声明了 Cube 类的构造函数、析构函数和绘制方法。

（3）通过头文件了解了 Cube 类的基本框架后，下面将介绍 Cube 类构造函数、绘制方法、析构函数的实现代码，具体内容如下。

> 🖊 **代码位置**：见随书源代码/第 4 章/Sample4_11/src/main/cpp/bndev 目录下的 Cube.cpp。

```
1    //此处省略了相关头文件的导入，读者可自行查看随书源代码。
2    #define UINT_SIZE 30                              //立方体边长
3    DrawableObjectCommon *colorRect;                  //指向绘制对象（正方形面物体）的指针
4    Cube::Cube(VkDevice& device,VkPhysicalDeviceMemoryProperties& memoryroperties){//构造函数
5        ColorRect::genVertexData();                   //生成正方形顶点数据
6        colorRect=new DrawableObjectCommon(ColorRect::vdata, //创建绘制对象（正方形面）
7            ColorRect::dataByteCount,ColorRect::vCount,device,memoryroperties);
8    }
9    void Cube::drawSelf(VkCommandBuffer cmd,          //绘制方法
10       VkPipelineLayout& pipelineLayout,VkPipeline& pipeline,VkDescriptorSet* desSetPointer){
11       MatrixState3D::pushMatrix();                  //保护现场
12       MatrixState3D::translate(0,0,UINT_SIZE);      //平移到相应位置
13       colorRect->drawSelf(cmd,pipelineLayout,pipeline,desSetPointer);//绘制前面正方形
14       MatrixState3D::popMatrix();
15       //其他几个面的绘制代码与第一个面类似，在此省略，读者可自行查阅随书源代码。
16   }
17   Cube::~Cube(){                                    //析构函数
18       delete colorRect;                             //销毁绘制对象（正方形面）
19   }
```

> 💡 **说明** 　上述代码首先在构造函数中创建了用于绘制立方体各个面的正方形面物体对象，然后在绘制方法 drawSelf 中通过灵活组合平移、旋转变换绘制了立方体的 6 个面，最后在析构函数中释放了用于绘制立方体各个面的正方形面物体对象。

（4）上面已经介绍了生成正方形面数据和组装立方体的代码，下面介绍的是在绘制时切换两种不同视角的代码，具体内容如下。

📡 **代码位置**：见随书源代码/第 4 章/Sample4_11/src/main/cpp/bndev 目录下的 MyVulkanManager.cpp。

```
1    void MyVulkanManager::initMatrix(){                   //初始化各矩阵的方法
2        MatrixState3D::setInitStack();                   //初始化基本变换矩阵
3        float ratio=(float)screenWidth/(float)screenHeight; //计算屏幕宽高比
4        if(ViewPara){                                    //合理的视角
5            MatrixState3D::setCamera(0,50,200,0,0,0,0,1,0);   //设置合理视角下的摄像机
6            MatrixState3D::setProjectFrustum(-ratio,ratio,-1,1,1.5f,1000);
                                                          //合理视角下的投影参数
7        } else{                                          //不合理的视角
8            MatrixState3D::setCamera(0,50,100,0,0,0,0,1,0);   //设置不合理视角下的摄像机
9            MatrixState3D::setProjectFrustum(-ratio*0.7,ratio*0.7,-0.7,0.7,0.5f,1000);
                                                          //不合理视角下的投影参数
10   }}
```

> ✒️ **说明**　　上述代码中比较有代表性的是根据 ViewPara 变量值的不同，设置合理与不合理视角下的摄像机和投影参数的相关代码。ViewPara 是 MyVulkanManager 头文件中声明的变量，点击屏幕可改变其值，有关触屏事件处理的代码将在后面进行介绍。

（5）介绍了切换两种视角下摄像机及投影参数的相关代码后，下面介绍的是本案例中执行场景绘制的相关代码，具体内容如下。

📡 **代码位置**：见随书源代码/第 4 章/Sample4_11/src/main/cpp/bndev 目录下的 MyVulkanManager.cpp。

```
1    void MyVulkanManager::drawObject(){                   //绘制方法
2        //此处省略了部分代码，读者可自行查阅随书源代码。
3        MatrixState3D::pushMatrix();                     //保护现场
4        MatrixState3D::translate(-80,0,0);               //沿 x 轴负方向平移 80
5        MatrixState3D::rotate(-30,0,1,0);                //绕 y 轴旋转-30°
6        cubeForDraw->drawSelf(cmdBuffer,sqsCL->pipelineLayout, //绘制第一个立方体
7          sqsCL->pipeline,&(sqsCL->descSet[0]));
8        MatrixState3D::popMatrix();                      //恢复现场
9        MatrixState3D::pushMatrix();                     //保护现场
10       MatrixState3D::translate(80,0,0);                //沿 x 轴正方向平移 80
11       MatrixState3D::rotate(30,0,1,0);                 //绕 y 轴旋转 30°
12       cubeForDraw->drawSelf(cmdBuffer,sqsCL->pipelineLayout, //绘制第二个立方体
13           sqsCL->pipeline,&(sqsCL->descSet[0]));
14       MatrixState3D::popMatrix();                      //恢复现场
15       //此处省略了部分代码，读者可自行查阅随书源代码。
16   }
```

> ✒️ **说明**　　上述代码的主要功能为通过结合平移、旋转变换在不同的位置以不同的姿态分别绘制了场景中的两个立方体。

（6）前面已经介绍过，本案例中通过点击屏幕可以在两种不同的视角间进行切换，这部分代码是在 main.cpp 中的事件处理回调方法 engine_handle_input 内开发的，具体内容如下。

📡 **代码位置**：见随书中源代码/第 4 章/Sample4_11/app/src/main/cpp/bndev 目录下的 main.cpp。

```
1    switch(id){
2        case AMOTION_EVENT_ACTION_DOWN:                  //触控点按下
3            isClick=true;                                //点击标志置为 true
4            xPre=x;                                      //记录触控点 x 坐标
5            yPre=y;                                      //记录触控点 y 坐标
6            break;
```

```
7          case AMOTION_EVENT_ACTION_MOVE:                    //触控点移动
8              xDis=x-xPre;                                   //计算触控点 x 方向位移
9              yDis=y-yPre;                                   //计算触控点 y 方向位移
10             if(abs((int)xDis)>10||abs((int)yDis)>10){     //判断触控点位移是否超过阈值
11                 isClick= false;                           //点击标志置为 false
12             }
13             if(!isClick)    {                             //若为滑动操作
14                 MyVulkanManager::yAngle+=xDis/10;         //计算绕 y 轴转角
15                 xPre=x;                                   //更新触控点 x 坐标
16                 yPre=y;                                   //更新触控点 y 坐标
17             }
18             break;
19         case AMOTION_EVENT_ACTION_UP:                     //触控点抬起
20             if(isClick) {                                 //若为点击操作
21                 MyVulkanManager::ViewPara=
22                     ++MyVulkanManager::ViewPara%2;        //更新当前采用的视角索引
23                 MyVulkanManager::initMatrix();            //重新初始化矩阵
24             }
25             break;
26 }
```

> **说明**
>
> 上述代码并不复杂，首先在处理触控点按下事件时记录了触控点的坐标并将点击标志置 true，然后在处理触控点移动事件时检查触控点的位移是否超出了预设的阈值，若超出则将点击标志置 false。接着判断点击标志是否为 false（是否是滑动操作），若是则根据触控点的 x 位移量折算出 y 轴转角的增量并叠加进 y 轴转角。最后在处理触控点抬起事件时，若点击标志为 true 则更新当前采用的视角索引 ViewPara 参数并重新初始化矩阵以更改摄像机和投影参数设置。每点击一次索引值加一并对二取模，使得个断点击时索引值在 0、1 之间循环变化，以实现在绘制时使用不同的视角。

（7）本案例运行时，若用手指在屏幕上滑动，两个立方体会绕场景中心轴旋转。旋转过程中会有霓虹灯一样的彩条在立方体上滑过，这一效果是在片元着色器中实现的，具体代码如下。

代码位置： 见随书源代码/第 4 章/Sample4_11/src/main/assets/shader 目录下的 commonTexLight.frag。

```
1  #version 400                                              //着色器版本号
2  #extension GL_ARB_separate_shader_objects:enable         //启动 GL_ARB_separate_shader_objects
3  #extension GL_ARB_shading_language_420pack:enable        //启动 GL_ARB_shading_language_420pack
4  layout (location = 0) in vec3 vcolor;                    //顶点着色器传入的顶点颜色数据
5  layout (location = 1) in vec3 vPosition;                 //顶点着色器传入的顶点位置数据
6  layout (location = 0) out vec4 outColor;                 //输出到渲染管线的片元颜色值
7  void main() {                                            //主函数
8    vec4 finalColor=vec4(vcolor.rgb,0.0);                  //用于计算片元颜色值的辅助变量
9      mat4 mm=mat4                                         //给出一个 4×4 的旋转矩阵
10   ( 0.9396926,-0.34202012,0.0,0.0,                       //此旋转矩阵表示的是绕 z 轴旋转 20°
11       0.34202012,0.9396926,0.0,0.0,
12       0.0,0.0,1.0,0.0,0.0,0.0,0.0,1.0);
13     vec4 tPosition=mm*vec4(vPosition,1);                 //将顶点坐标绕 z 轴转 20°
14     if(mod(tPosition.x+50.0,8)>6) {                      //计算 x 坐标是否在红色条带范围内
15       finalColor=vec4(0.4,0.0,0.0,1.0)+finalColor;       //若在则给最终颜色加上淡红色
16     }
17   outColor=finalColor;                                   //输出最终颜色值到渲染管线
18 }
```

● 第 4～6 行分别为顶点着色器传入片元着色器的顶点颜色数据、顶点位置数据以及输出到渲染管线的片元颜色值，其中顶点位置是本案例新增的由顶点着色器传入的数据，因此还需要对

顶点着色器做简单修改，读者可自行查看随书源代码。

- 第 7～18 行为片元着色器的主方法，其中将传入的顶点位置数据执行一个旋转变换后根据其位置决定是否添加淡红色，最终将片元颜色值输出，以备渲染管线的后继阶段进行处理。

> **提示**　　之所以要绕 z 轴旋转 20°是为了得到斜着的红色光带的效果。运行本案例后，读者若用手指在屏幕上水平滑动，会发现两个立方体会随着手指的滑动绕 y 轴旋转，但立方体上面的红色光带并不随着手指的滑动而改变位置，就像立方体位于远处固定位置条纹灯的照射下一样。

4.8　设置合理的投影参数

前面给出的案例中，场景内的多个物体之间距离相对较大，因此绘制时比较容易产生正确的遮挡效果。如果两个物体中有距离非常近的面，而投影参数设置得不是很合理时就有可能产生不正确的遮挡效果，大大影响 3D 场景的用户体验。本节将通过一个双立方体交叠场景的案例 Sample4_12 来说明这个问题，其场景结构如图 4-38 所示。

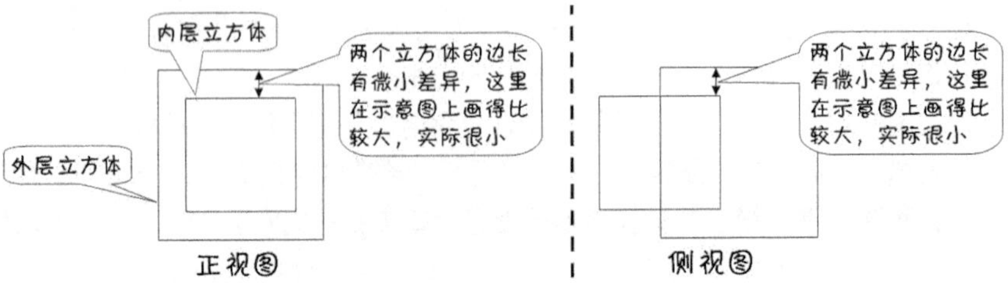

▲图 4-38　案例 Sample4_12 场景结构图

> **说明**　　从图 4-38 中可以看出，本案例的场景中绘制了两个尺寸较大的立方体（棱长大的为 1000，小的为 999），这两个立方体尺寸有微小差异（边长差值为 1，为 0.1% 左右）。这两个立方体的中心轴是对齐的，部分交叠。

此场景按照前面章节所学知识正确绘制出来应该是没有问题的，但若设置了不同的投影参数，则有可能出现如图 4-39 所示的两种运行效果。与之前案例的模式相同，本案例也采用点击屏幕的方式在程序运行过程中使用不同的投影参数。

▲图 4-39　案例 Sample4_12 运行效果图

> **说明**　　图 4-39 左图所示的场景由于绘制时设置的投影参数不是很恰当，而立方体交叠后有 4 个面距离很近，故产生了不正确的绘制效果（主要体现在距离近的面出现了不应有的波纹）。而右图设置了适当的投影参数后，产生了正确的绘制效果，运行时读者可以旋转立方体从多个角度进行观察。

　　了解了案例 Sample4_12 的运行效果后，下面对该案例的具体开发过程进行介绍。由于该案例是从前面相似案例修改而来，在此仅介绍本案例中具有代表性的部分，具体内容如下。

　　（1）首先对生成正方形面绘制用数据的 ColorRect 类进行修改，下面先给出修改后的类声明，具体内容如下。

✎ 代码位置：见随书源代码/第 4 章/Sample4_12/src/main/cpp/bndev 目录下的 ColorRect.h。

```
1   class ColorRect{
2   public:
3       static float* vdataG;              //青色正方形顶点数据指针
4       static float* vdataY;              //黄色正方形顶点数据指针
5       static int dataByteCount;          //每个正方形顶点数据所占总字节数
6       static int vCount;                 //每个正方形顶点数量
7   static float UNIT_SIZEG;               //青色正方形边长
8   static float UNIT_SIZEY;               //黄色正方形边长
9       static void genVertexData();       //生成顶点数据的方法
10  };
```

✐ 说明　从上述代码中可以看出，主要是增加了一套顶点数据相关的成员变量。

　　（2）接着给出修改后 ColorRect 类的实现代码，具体内容如下。

✎ 代码位置：见随书源代码/第 4 章/Sample4_12/src/main/cpp/bndev 目录下的 ColorRect.cpp。

```
1   //此处省略了相关头文件的导入，感兴趣的读者自行查看随书源代码
2   float ColorRect::UNIT_SIZEG=500;            //青色正方形半边长
3   float ColorRect::UNIT_SIZEY=499.5;          //黄色正方形半边长
4   float* ColorRect::vdataG;                   //青色正方形顶点数据数组首地址指针
5   float* ColorRect::vdataY;                   //黄色正方形顶点数据数组首地址指针
6   int ColorRect::dataByteCount;               //每个正方形顶点数据所占总字节数
7   int ColorRect::vCount;                      //每个正方形顶点数量
8   void  ColorRect::genVertexData(){           //生成顶点数据的方法
9       vCount=6;                               //顶点数量
10      dataByteCount=vCount*6* sizeof(float);  //每个正方形顶点数据所占总字节数
11      vdataG=new float[vCount*6]{             //青色正方形顶点数据数组
12          0,0,0,                    0,1,1,//第 1 个点的位置和颜色数据
13          UNIT_SIZEG,UNIT_SIZEG,0,  0,1,1,//第 2 个点的位置和颜色数据
14          -UNIT_SIZEG,UNIT_SIZEG,0, 0,1,1,//第 3 个点的位置和颜色数据
15          -UNIT_SIZEG,-UNIT_SIZEG,0, 0,1,1,//第 4 个点的位置和颜色数据
16          UNIT_SIZEG,-UNIT_SIZEG,0, 0,1,1,//第 5 个点的位置和颜色数据
17          UNIT_SIZEG,UNIT_SIZEG,0,  0,1,1 //第 6 个点的位置和颜色数据
18      };
19      //黄色正方形顶点数据的初始化与上述代码类似，在此省略，读者可自行查阅随书源代码。
20  }
```

✐ 说明　上述代码的主要功能为生成青色、黄色两种颜色正方形的顶点数据，与之前的案例相比没有太大变化，因此不再赘述。另外，本案例中绘制的两个立方体分别由上述代码中生成的两种颜色的正方形组装得到，组装过程与上一个案例相似，感兴趣的读者可以自行查阅随书源代码。

　　（3）上面已经介绍了生成绘制用物体顶点数据的代码，下面将要介绍的是设置两套不同投影参数的相关代码，具体内容如下。

代码位置：见随书源代码/第 4 章/Sample4_12/src/main/cpp/bndev 目录下的 MyVulkanManager.cpp。

```
1    void MyVulkanManager::initMatrix(){                              //初始化矩阵
2        MatrixState3D::setInitStack();                              //初始化基本变换矩阵
3        float ratio=(float)screenWidth/(float)screenHeight;         //计算屏幕宽高比
4        MatrixState3D::setCamera(5000.0f,0.5f,0.0f,0.0f,0.0f,0.0f,0.0f,1.0f,0.0f);
                                                                     //初始化摄像机
5        float NEAR;                                                  //表示近平面参数的变量
6        if(ProjectPara){NEAR=800.0f;}                               //较大的 NEAR 值
7        else{NEAR=1.0f;}                                            //较小的 NEAR 值
8        MatrixState3D::setProjectFrustum(-NEAR*ratio*0.25f,NEAR*ratio*0.25f,//设置透视投影参数
9            -NEAR*0.25f,NEAR*0.25f,NEAR,10000.0f);
10   }
```

> **说明**　与上一个案例相似，程序运行过程中可以通过点击屏幕改变 ProjectPara 变量的值，从而设置不同的透视参数。从第 8~9 行代码中可以看出，本案例中的两套透视参数对应的视角是相同的，只是 near 值不同而已。

（4）接下来介绍的是点击屏幕改变上面提到的 ProjectPara 变量值的相关代码，这部分代码是在 main.cpp 中的事件处理回调方法 engine_handle_input 内开发的，具体内容如下。

代码位置：见随书中源代码/第 4 章/Sample4_12/app/src/main/cpp/bndev 目录下的 main.cpp。

```
1    switch(id){
2        case AMOTION_EVENT_ACTION_DOWN:                             //触控点按下
3            isClick=true;                                           //点击标志置为 true
4            xPre=x;                                                 //记录触控点 x 坐标
5            yPre=y;                                                 //记录触控点 y 坐标
6            break;
7        case AMOTION_EVENT_ACTION_MOVE:                             //触控点移动
8            xDis=x-xPre;                                            //触控点 x 方向位移
9            yDis=y-yPre;                                            //触控点 y 方向位移
10           if(abs((int)xDis)>10||abs((int)yDis)>10){//判断触控点位移是否超过阈值
11               isClick= false;                                    //点击标志置为 false
12           }
13           if(!isClick)   {                                        //判断是否为滑动操作
14               MyVulkanManager::yAngle+=xDis/10;//计算绕 y 轴转角
15               MyVulkanManager::zAngle+=yDis/10;//计算绕 z 轴转角
16               xPre=x;                                             //更新触控点 x 坐标
17               yPre=y;                                             //更新触控点 y 坐标
18           }
19           break;
20       case AMOTION_EVENT_ACTION_UP:                               //触控点抬起
21           if(isClick) {                                           //判断是否为点击操作
22               MyVulkanManager:: ProjectPara =
23                   ++MyVulkanManager:: ProjectPara %2; //更新 ProjectPara 的值
24               MyVulkanManager::initMatrix();   //重新初始化矩阵
25           }
26           break;
27   }
```

> **说明**　上述代码并不复杂，首先在处理触控点按下事件时记录了触控点的坐标并将点击标志置 true，然后在处理触控点移动事件时检查触控点的位移是否超出了预设的阈值，若超出则将点击标志置 false。接着判断点击标志是否为 false（是否是滑动

操作），若是则根据触控点的 x 位移量、y 位移量折算出 y 轴、z 轴转角的增量并叠加进 y 轴、z 轴转角。最后在处理触控点抬起事件时，若点击标志为 true 则更新当前采用的投影参数索引 ProjectPara 并重新初始化矩阵以更改投影参数设置。每点击一次索引值加 1 并对 2 取模，使得不断点击时索引值在 0 和 1 之间循环变化，以实现在绘制时使用不同的投影参数。

从上述案例的讲解中可以看出在摄像机参数不变、视角不变的情况下，设置不同的 near 值（若场景中需要观察到的物体能够完全位于不同 near 值确定的视景体中）时可以看到的画面内容是相同的，具体情况如图 4-40 所示。

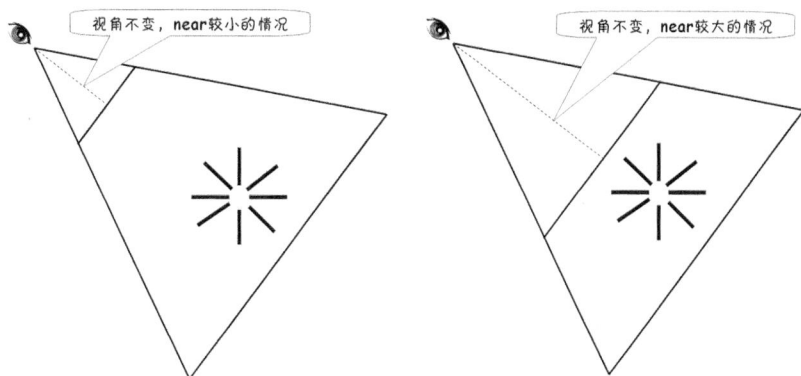

▲图 4-40　视角、摄像机不变的情况下以不同 near 值观察场景的情况

说明　　　从图 4-40 中可以看出，在摄像机参数不变、视角不变的情况下，基于不同的 near 取值看到的画面中都是较远处视景体中的围城一圈的长条形物体，画面内容没有区别。

从前面案例 Sample4_12 的运行效果图中可以看出，虽然画面内容是相同的，但当 near 值较小时（案例中取值为 1）画面中物体的相互遮挡在某些位置出现了错误（应该被遮挡物体的某些位置没有被遮挡），而 near 值较大（案例中取值为 800）时则基本没有问题。

这是由于物体的相互遮挡需要通过深度值来进行判断，而从 near 到 far 范围内的物体离摄像机的距离被映射到范围在 −1～+1 之间的深度值时采用的映射并不是线性的，也就是说从距离值的角度考量对应深度值的分布并不均匀，具体情况如图 4-41 所示。

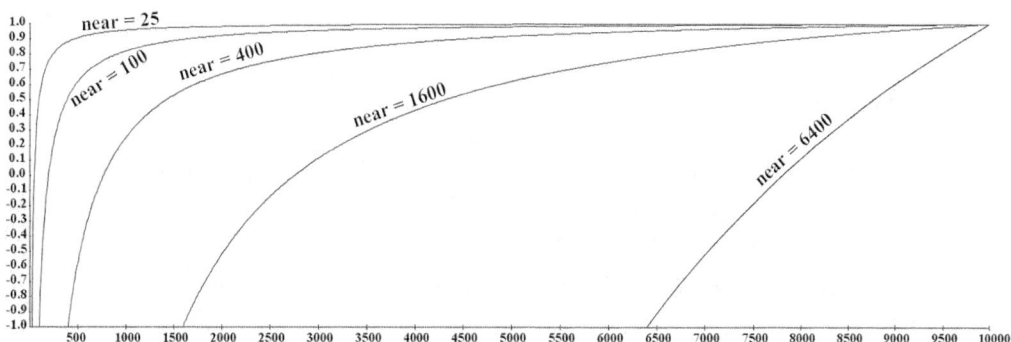

▲图 4-41　视角及 far 参数相同情况下不同 near 取值时的深度值分布情况

　　图 4-41 中基于各个不同 near 取值计算不同距离对应的深度值时采用的 far 取值都为 10000。同时，图 4-41 中横轴表示离摄像机的距离，纵轴表示深度值。

　　从图 4-41 中可以看出如下几点。

●　由 near 值为 25 时的曲线可见，从 25 到 500 范围内（跨度为 475）的各个不同距离值占用了深度值近 95%的范围（−1.0～0.9），而从 500 到 10000 之间的大量距离值（跨度为 9500，是 475 的 20 倍）仅占用了 5%的深度值范围（0.9～1.0）。这就使得此种条件下，近处的不同距离值对应的深度值分辨率高，远处的则分辨率低很多。

●　由 near 值为 400 时的曲线可见，从 400 到 1500 范围内（跨度为 1100）的各个不同距离值占用了深度值近 77.5%的范围（−1.0～0.55），而从 1500 到 10000 之间的大量距离值（跨度为 8500，是 1100 的 7.7 倍）仅占用了 22.5%的范围（0.55～1.0）。当然，此时的深度值分布不均匀性已经比 near 值为 25 时改变了很多。

●　由 near 值为 6400 时的曲线可见，6400 到 10000 范围内的各个不同距离值对应的深度值基本是在−1～+1 之间均匀分布的。这时远处不同距离值对应深度值的分辨率有了很大提高，但近处的分辨率就有所降低了。

　　从上面几条曲线的分析中可以总结出：在视角不变、far 参数相同的情况下，near 值越小，距离 near 越近的位置占用的深度值范围越大，距离 near 值远一些的位置占用的深度值范围越小；near 值越大，不同距离位置对应深度值的分布将越均匀。

　　这就解释了前面案例 Sample4_12 运行时若取较小的 near 值 1，远处（案例场景中距离大概在 5000 附近）的两个长方体中距离较近的面相互遮挡时出现问题的原因。这种情况下，由于远处的不同距离占用的深度值区间很小，故不同距离对应的深度值差异本身很小，再加上深度值一般用 8 或 16bit 表示，本身精度不高，就很容易造成距离很近的深度值最后的实际值相同，不能区分，进而造成依赖深度值的遮挡计算失败，产生不正确的画面。

　　综上所述，在能够保证期望观察到的物体都在视景体中的情况下，可以将 near 值尽量增大，far 值尽量减小，使得远处深度值的计算更加精确，避免出现深度检测冲突而导致画面遮挡错误的出现。然而，near 值也不是越大越好，far 值也不是越小越好，这是因为在摄像机到近平面之间的物体是不可见的，远平面之外的物体也是不可见的。

　　上述建议是针对期望提高远处深度值分辨率的情况。若更希望近处深度值的分辨率高，场景中远处的物体较少且相互之间距离较远，则更应该采用较小的 near 值来提高近处深度值的分辨率。实际开发中需要开发人员针对不同情况进行灵活配置，才能渲染出高质量的目标画面。

4.9　深度偏移

　　实际开发过程中，往往会出现需要绘制的两个不同面重叠的情况，这时很可能会出现错误的效果，如图 4-42 所示。这些错误的效果是因为光栅化的精度有限而产生的。为了避免错误效果的产生，可以采用 Vulkan 的深度偏移技术使重叠面看起来好像不共面。

　　所谓深度偏移，其基本原理是通过给重叠的面增加深度偏移值，使重叠面看起来并不共面，以便重叠面能够被正确渲染。这

▲图 4-42　错误效果图

种技术是很有用的，例如要渲染投射在墙上的阴影，这时候墙和阴影共面。如果没有深度偏移，先渲染墙，再渲染阴影，经深度测试，阴影可能不能正确显示。假如给墙设置一个深度偏移值，使其深度值适当增大，然后渲染墙，再渲染阴影，则墙和阴影可以正确地显示。

下面介绍 Vulkan 中深度偏移的使用及相关参数的含义，相关代码如下。

✎ **代码位置：见随书源代码/第 4 章/Sample4_13/src/main/cpp/bndev 目录下的 ShaderQueueSuit_Common.cpp。**

```
1    rs.depthBiasEnable = VK_TRUE;  //启用深度偏移
2    rs.depthBiasConstantFactor = 0;//深度偏移常量因子，启用深度偏移后，片元深度将加上此值
3    rs.depthBiasClamp = 0;           //深度偏移值上下限（若为正作为上限，为负作为下限）
4    rs.depthBiasSlopeFactor = 0;     //深度偏移斜率因子，深度偏移计算中应用于片元斜率的标量因子
```

> ✔ **说明**　上述代码的主要功能为启用深度偏移，并设置用于计算深度偏移的 3 个参数值。depthBiasEnable、depthBiasConstantFactor、depthBiasClamp、depthBiasSlopeFactor 这 4 个属性都来自于管线光栅化状态创建信息结构体 VkPipelineRasterizationStateCreateInfo。

深度偏移的计算公式大致如下：

深度偏移值=m* depthBiasSlopeFactor +r* depthBiasConstantFactor

在上述公式中，m 是三角形的最大深度斜率，计算方法如下：

$$m = \sqrt{\partial z / \partial x^2 + \partial z / \partial y^2}$$

m 也可以这样计算：

$$m = \max\{|\partial z / \partial x|, |\partial z / \partial y|\}$$

> ✔ **提示**　上述公式中，斜率项 $\partial z / \partial x$ 和 $\partial z / \partial y$ 在光栅化阶段由 Vulkan 渲染管线计算出来。

r 代表深度值中可以保证产生差异的最小值，由渲染管线定义。

了解了深度偏移的基本知识后，下面将给出一个使用了深度偏移的案例 Sample4_13，其运行效果如图 4-43 和图 4-44 所示。程序运行时，可以通过点击屏幕改变物体绘制时使用的深度偏移参数，从而产生如前面 3 幅图所示的 3 种绘制效果。

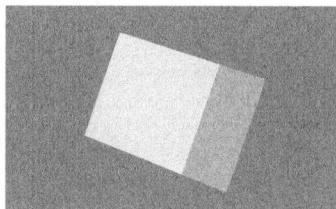

▲图 4-43　正确绘制效果图 1　　　　▲图 4-44　正确绘制效果图 2

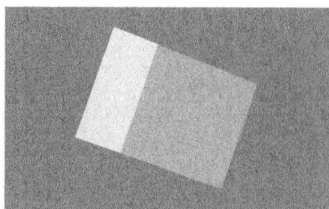

由于本案例与前面很多案例中的内容相似，故这里仅给出具有代表性的部分，具体内容如下。

（1）首先需要开发的是用于生成绘制用物体顶点数据的 TriangleData 类，代码思路与前面案例中的 ColorRect 类基本相同，只是具体数值进行了相应的修改，需要的读者请自行查看随书源代码，这里不再赘述。

（2）接着需要修改的就是管线封装类 ShaderQueueSuit_Common，首先需要启用深度偏移动态设置，具体代码如下。

代码位置：见随书源代码/第 4 章/Sample4_13/src/main/cpp/bndev 目录下的 ShaderQueueSuit_ Common.cpp。

```
1    void ShaderQueueSuit_Common::create_pipe_line(VkDevice& device, VkRenderPass& renderPass){
2        VkDynamicState dynamicStateEnables[1];                  //动态状态启用标志数组
3        dynamicStateEnables[0] = VK_DYNAMIC_STATE_DEPTH_BIAS;  //深度偏移为动态设置
4        VkPipelineDynamicStateCreateInfo dynamicState = {};     //管线动态状态创建信息
5        dynamicState.sType =
6            VK_STRUCTURE_TYPE_PIPELINE_DYNAMIC_STATE_CREATE_INFO;//结构体类型
7        dynamicState.pNext = NULL;                              //自定义数据的指针
8        dynamicState.pDynamicStates = dynamicStateEnables;      //动态状态启用标志数组
9        dynamicState.dynamicStateCount = 1;                     //启用的动态状态项数量
10       //此处省略了部分代码，感兴趣的读者可自行查阅随书源代码。
11   }
```

> **说明**　上述代码主要是将深度偏移动态设置标志（VK_DYNAMIC_STATE_DEPTH_ BIAS）放入管线动态状态启用标志数组，并相应改变了管线动态状态创建信息结构体实例中启用的动态状态项数量。

（3）启用了深度偏移动态设置后，就需要在每次绘制之前设置此次绘制对应的深度偏移相关参数了。此设置工作通过调用 vkCmdSetDepthBias 方法完成，具体代码如下。

代码位置：见随书源代码/第 4 章/Sample4_13/src/main/cpp/bndev 目录下的 MyVulkanManager.cpp。

```
1    void MyVulkanManager::drawObject(){                        //绘制方法
2        //此处省略了部分代码，读者可自行查阅随书源代码。
3        vk::vkCmdSetDepthBias(cmdBuffer,0.0,0.0,0.0);          //设置青色矩形的深度偏移信息
4        MatrixState3D::pushMatrix();                          //保护现场
5        MatrixState3D::translate(-250.0f, 0.0f, 0f);          //沿 x 轴负方向平移 250
6        colorRectG->drawSelf(cmdBuffer,                       //绘制青色矩形
7            sqsCL->pipelineLayout, sqsCL->pipeline, &(sqsCL->descSet[0]));
8        MatrixState3D::popMatrix();                           //恢复现场
9        switch (depthOffsetFlag){                             //根据索引设置黄色矩形深度偏移参数
10           case 0:break;
11           case 1: vk::vkCmdSetDepthBias(cmdBuffer,-1.0,-3.0,-2.0); break;//黄色矩形深度值减小
12           case 2: vk::vkCmdSetDepthBias(cmdBuffer,1.0,,3.0,2.0); break;}//黄色矩形深度值增大
13       MatrixState3D::pushMatrix();                          //保护现场
14       MatrixState3D::translate(250.0f, 0.0f, 0.0f);         //沿 x 轴正方向平移 250
15       colorRectR->drawSelf(cmdBuffer,                       //绘制黄色矩形
16           sqsCL->pipelineLayout, sqsCL->pipeline, &(sqsCL->descSet[0]));
17       MatrixState3D::popMatrix();                           //恢复现场.
18   ......//此处省略了部分代码，读者可自行查阅随书源代码。
19   }
```

- 第 3～8 行首先设置青色矩形对应的深度偏移参数，然后结合平移变换执行绘制。
- 第 9～17 行首先根据 depthOffsetFlag 值的不同设置不同的深度偏移参数，然后结合平移变换绘制黄色矩形。depthOffsetFlag 为在 MyVulkanManager 头文件中定义的变量，表示当前使用的深度偏移参数索引，运行时可以通过点击屏幕改变其值，以切换不同的深度偏移参数。

> **说明**　vkCmdSetDepthBias 方法共有 4 个入口参数，依次为使用的命令缓冲、深度偏移常量因子、深度偏移值上下限、深度偏移斜率因子。这 4 个参数中后 3 个的具体含义本节一开始已经介绍过，需要的读者请参考前面的内容。

（4）接着介绍是本案例中触屏事件的处理部分，这部分代码是在 main.cpp 中的事件处理回调方法 engine_handle_input 内开发的，具体内容如下。

```
1    switch(id){
2        //此处省略了触控点按下、触控点移动两个分支的代码，需要的读者请参考随书源代码
3        case AMOTION_EVENT_ACTION_UP:                    //触控点抬起
4            if(isClick) {                                //判断是否为点击操作
5                MyVulkanManager:: depthOffsetFlag =
6                    ++MyVulkanManager:: depthOffsetFlag %3;//切换depthOffsetFlag的值
7            }
8            break;
9    }
```

> 说明　与前面几个案例中的套路类似，本案例中也是通过点击操作来修改当前使用的深度偏移参数索引。每点击一次索引值加 1 并对 3 取模，使得不断点击时索引值在 0、1、2 之间循环变化，以实现在绘制时使用不同的深度偏移参数。

本节介绍的深度偏移与 4.8 节介绍的设置合理的透视参数解决的问题看起来很相似，但有本质区别。设置合理的透视参数能帮助解决离得很近的两个面之间的深度检测冲突问题，而解决不了完全重叠的两个面之间的深度检测冲突。但是深度偏移可以帮助解决完全重叠的两个面之间的深度检测冲突，产生期望的绘制效果。

4.10 卷绕和背面剪裁

实际开发过程中，很多情况下往往不需要绘制背向摄像机的面，这些面不仅对场景呈现没有任何贡献，在顶点数量较多时还会大大降低绘制效率。针对这种情况，可以开启背面剪裁，从而减少不必要的绘制工作，本节将对背面剪裁的相关知识进行介绍。

4.10.1 基本知识

所谓背面剪裁是指渲染管线在对构成立体物体的三角形图元进行绘制时，仅当摄像机观察点位于三角形正面的情况下才绘制三角形，若观察点位于背面则不进行绘制。打开背面剪裁后在大部分情况下可以提高渲染效率，去除大量不必要的渲染工作，图 4-45 说明了这个问题。

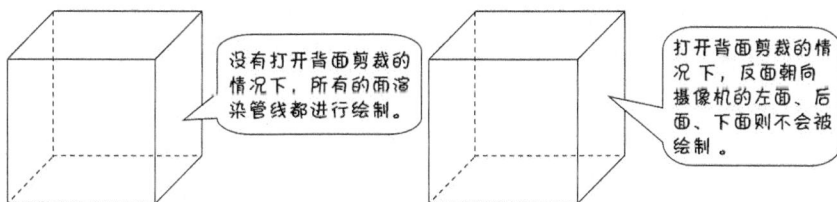

▲图 4-45　是否打开背面剪裁的对比

从图 4-45 中可以看出，打开背面剪裁后正面朝向观察点的前面、上面、右面会被管线绘制，而背面朝向观察点的左面、后面、下面则不会被绘制。对于大部分封闭立体物体而言，这就实现了让管线对被挡住的面不执行绘制，有助于提高渲染速度。

若不打开背面剪裁，管线会对所有的面都进行绘制。被遮挡面上的片元虽然被绘制了，但还是会被遮挡面上的片元所覆盖，最终并不会出现在屏幕上。这导致很多绘制工作都白做了，宝贵的计算资源被浪费，同样情况下应用程序的帧速率（FPS）可能会下降很多。

> **提示**　对于封闭立体物体的渲染，一般情况下应该打开背面剪裁。但如果绘制的是平面物体，希望在正面和背面观察都能看到就不应该打开背面剪裁了。实际开发中，读者应该根据具体需要来选择。

了解了背面剪裁的功效后，很重要的两点就是如何确定摄像机是位于三角形的正面还是背面以及如何控制背面剪裁的开启与关闭。这两点很容易实现，在 Vulkan 中开发人员可以通过下面两句代码确定卷绕方向，并设置是否开启背面剪裁。

　代码位置：见随书源代码/第 4 章/Sample4_14/src/main/cpp/bndev 目录下的 ShaderQueueSuit_Common.cpp。

```
1        rs.cullMode = VK_CULL_MODE_BACK _BIT;                      //开启背面剪裁
2        rs.frontFace = VK_FRONT_FACE_COUNTER_CLOCKWISE;  //设置卷绕方向为逆时针
```

若设置卷绕方向为逆时针，那么从摄像机观察时三角形 3 个顶点的卷绕顺序是逆时针则为正面，反之为背面，图 4-46 说明了这个问题。若设置卷绕方向为顺时针，则判断规则与上述相反。

另外，上述代码中的 cullMode、frontFace 属性都来自于管线光栅化状态创建信息结构体 VkPipelineRasterizationStateCreateInfo。其中 cullMode 有 4 种选项，具体情况如表 4-3 所列。

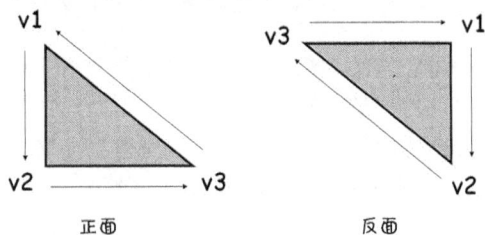

▲图 4-46　通过卷绕顺序确定三角形的正反面（逆时针为正面情况）

表 4-3　　　　　　　　　　cullMode 的 4 种选项

选项名称	说明
VK_CULL_MODE_FRONT_BIT	剪裁正面
VK_CULL_MODE_BACK_BIT	剪裁背面
VK_CULL_MODE_FRONT_AND_BACK	正面、背面都剪裁
VK_CULL_MODE_NONE	不启用背面剪裁

了解了 cullMode 的 4 种选项后，下面介绍 frontFace（卷绕方向）的两种选择。

- VK_FRONT_FACE_COUNTER_CLOCKWISE 表示以逆时针方向为正面，顺时针方向为背面。
- VK_FRONT_FACE_CLOCKWISE 表示以顺时针方向为正面，逆时针方向为背面。

4.10.2　一个简单的案例

了解了背面剪裁与卷绕的基本原理后，下面本节将通过一个简单的案例——Sample4_14 来进一步进行介绍，其运行效果如图 4-47 所示。

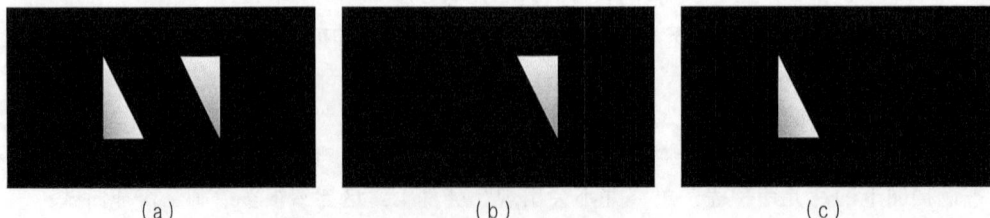

（a）　　　　　　　　　　（b）　　　　　　　　　　（c）

▲图 4-47　案例 Sample4_14 运行效果图

图 4-47 中，图 a 为关闭背面剪裁的运行效果，在此情况下，无论采用哪种卷绕方式两个三角形都将被绘制。而打开背面剪裁后，随着卷绕方式的改变，便会分别呈现出如图 4-47 中图 b 与图 c 两幅中的绘制效果，即只有在当前卷绕方式下正面面对摄像机的三角形才会被绘制。

> **提示** 此案例中左右两个三角形顶点的卷绕顺序是相反的，读者可以参考后面的代码。另外，有关本案例不同运行效果的设置方法将在下面进行介绍。

了解了本案例的运行效果后，就可以进行代码的开发了。本案例由 Sample1_1 修改而来，因此对相同部分的代码不再赘述。下面仅对 TriangleData 类中负责生成绘制物体顶点数据的 genVertexData 方法进行介绍，具体代码如下。

> **代码位置：** 见随书源代码/第 4 章/Sample4_14/src/main/cpp/bndev 目录下的 TriangleData.cpp。

```
1    void  TriangleData::genVertexData(){
2        vCount = 6;                              //顶点数量
3        dataByteCount=vCount*6* sizeof(float);   //顶点数据所占总字节数
4        vdata=new float[vCount*6]{               //初始化顶点数据数组
5            -90,60,0,        1,1,1,              //左侧三角形第 1 个顶点数据
6            -90,-60,0,       0,1,0,              //左侧三角形第 2 个顶点数据
7            -30,-60,0,       1,1,1,              //左侧三角形第 3 个顶点数据
8            30,60,0,         1,1,1,              //右侧三角形第 1 个顶点数据
9            90,60,0,         1,1,1,              //右侧三角形第 2 个顶点数据
10           90,-60,0,        0,1,0,              //右侧三角形第 3 个顶点数据
11   };}
```

> **说明** 上述代码的主要功能为生成两个卷绕方向相反的三角形顶点数据。

实际运行案例时，若想看到如图 4-47 中不同的执行效果，读者可以根据需要修改参数组合，具体情况如下：

● 若希望看到图 4-47 中图 a 的效果，则剪裁模式 cullMode 应该选择 VK_CULL_MODE_NONE。

● 若希望看到图 4-47 中图 b 的运行效果，则剪裁模式 cullMode 应该选择 VK_CULL_MODE_BACK_BIT，卷绕方向 frontFace 应该选择 VK_FRONT_FACE_COUNTER_ CLOCKWISE。

● 若希望看到图 4-47 中图 c 的运行效果，则剪裁模式 cullMode 应该选择 VK_CULL_MODE_BACK_BIT，卷绕方向 frontFace 应该选择 VK_FRONT_FACE_ CLOCKWISE。

> **提示** 有兴趣的读者还可以进一步修改成其他的参数组合，观察运行效果以加深理解。

4.11 间接绘制

本书到目前为止的所有案例中，都是通过调用 vkCmdDraw 或 vkCmdDrawIndexed 方法来实现物体的绘制。通过这两个方法实现物体绘制时，需要在调用绘制方法时提供顶点数量、实例数量、索引数量等实际绘制执行时所需的信息，这种模式可以称之为直接绘制。

但有些情况下，CPU 调用绘制方法时还不能确定实际绘制执行时所需的信息，此时就无法使用直接绘制了。这种情况下可以采用间接绘制，本节将对这方面的内容进行介绍，主要包括背景知识、顶点法间接绘制、索引法间接绘制。

> ✒ 提示　　请读者注意 CPU 调用 vkCmdDraw 或 vkCmdDrawIndexed 方法时只是将方法记录到命令缓冲中，以备 GPU 真正实施绘制时执行。故 CPU 调用 vkCmdDraw 或 vkCmdDrawIndexed 方法时并没有真正实施绘制，一直到记录了绘制工作的命令缓冲被提交到 GPU 中的队列执行时才真正实施绘制。因而，绘制命令被记录到命令缓冲与绘制实际执行之间是有时间差的。

4.11.1　背景知识

前面已经提到过，在 CPU 调用绘制方法（如前面很多案例中使用的 vkCmdDraw 或 vkCmdDrawIndexed 方法）向命令缓冲中记录绘制命令时若不能确定顶点数量、实例数量、索引数量等所需的信息，就需要采用间接绘制，例如下面的两种情况就是如此。

● 物体的几何结构是已知的，但服务于某次绘制的顶点数据缓冲中数据的确切数量和位置在 CPU 调用绘制方法时不能确定。比如场景中某物体总是以相同的方式呈现，但每次呈现时采用的细节级别可能随需要随时变化的情况。

● 绘制命令所需信息是由 GPU 而不是 CPU 生成时。这种情况下，CPU 是无法知晓绘制命令所需具体信息的，但绘制方法肯定是由 CPU 调用，故也需要采用间接绘制。

间接绘制的工作原理很简单，就是将绘制时所需的信息在 GPU 实际执行绘制前存储到特定缓冲（VkBuffer）中，实际执行绘制时绘制命令从指定的缓冲中获取所需的信息来完成绘制。由于在 Vulkan 中 VkBuffer 既可以由 CPU 访问，也可以由 GPU 访问，因此就可以很好地应对上述两种情况。

使用顶点法与索引法执行间接绘制时分别需要调用 vkCmdDrawIndirect 和 vkCmdDrawIndexedIndirect 这两个不同的方法，本节后面将分别给出具体的案例。

4.11.2　顶点法间接绘制

通过 4.11.1 节已经了解了间接绘制相关的背景知识，本节将通过一个具体的案例 Sample4_15 来具体介绍顶点法间接绘制的使用。由于本节案例由前面的案例 Sample4_4 修改而来，其运行效果与之完全相同，故这里不再展示运行效果。

下面将要介绍的是本案例中用于实现顶点法间接绘制的、具有代表性的代码，具体内容如下。

（1）前面已经提到，使用间接绘制时需要创建一个用于保存绘制所需信息的缓冲区。因此，首先需要在绘制用物体类 DrawableObjectCommon 的头文件中添加与该缓冲相关的成员变量及方法的声明，具体代码如下。

✒ 代码位置：见随书源代码/第 4 章/Sample4_15/src/main/cpp/util 目录下 DrawableObjectCommon.h。

```
1    int indirectDrawCount;                              //间接绘制信息数据组的数量
2    int drawCmdbufbytes;                                //间接绘制信息数据所占总字节数
3    VkBuffer drawCmdbuf;                                //间接绘制信息数据缓冲
4    VkDeviceMemory drawCmdMem;                          //间接绘制信息数据缓冲对应设备内存
5    void initDrawCmdbuf(VkDevice& device,               //用于创建间接绘制信息数据缓冲的方法
6        VkPhysicalDeviceMemoryProperties& memoryroperties);
```

> ✒ 说明　　上述代码比较简单，主要就是在绘制用物体类的头文件中增加了与间接绘制信息数据缓冲相关的成员变量声明以及方法声明。

（2）接着给出的是步骤（1）中声明的 initDrawCmdbuf 方法的实现，具体代码如下。

✎ 代码位置：见随书源代码/第 4 章/Sample4_15/src/main/cpp/util 目录下 DrawableObjectCommon.cpp。

```
1   void DrawableObjectCommonLight::initDrawCmdbuf( //用于创建间接绘制信息数据缓冲的方法
2       VkDevice& device, VkPhysicalDeviceMemoryProperties& memoryroperties){
3       indirectDrawCount = 1;                              //间接绘制信息数据组的数量
4       drawCmdbufbytes= indirectDrawCount*sizeof(VkDrawIndirectCommand);//信息数据所占总字节数
5       VkBufferCreateInfo buf_info = {};                   //构建缓冲创建信息结构体实例
6       buf_info.sType = VK_STRUCTURE_TYPE_BUFFER_CREATE_INFO;   //设置结构体类型
7       buf_info.pNext = NULL;                              //自定义数据的指针
8       buf_info.usage = VK_BUFFER_USAGE_INDIRECT_BUFFER_BIT;        //设置缓冲用途
9       buf_info.size = drawCmdbufbytes;                    //设置数据总字节数
10      buf_info.queueFamilyIndexCount = 0;                 //队列家族数量
11      buf_info.pQueueFamilyIndices = NULL;                //队列家族列表
12      buf_info.sharingMode = VK_SHARING_MODE_EXCLUSIVE;   //共享模式
13      buf_info.flags = 0;                                 //标志
14      VkResult result = vk::vkCreateBuffer(device, &buf_info, NULL, &drawCmdbuf);
                                                            //创建缓冲
15      assert(result == VK_SUCCESS);                       //检查创建缓冲是否成功
16      VkMemoryRequirements mem_reqs;                      //缓冲内存需求
17      vk::vkGetBufferMemoryRequirements(device, drawCmdbuf, &mem_reqs);//获取缓冲内存需求
18      assert(drawCmdbufbytes <= mem_reqs.size);   //检查内存需求获取是否正确
19      VkMemoryAllocateInfo alloc_info = {};               //构建内存分配信息结构体实例
20      alloc_info.sType = VK_STRUCTURE_TYPE_MEMORY_ALLOCATE_INFO;//设置结构体类型
21      alloc_info.pNext = NULL;                            //自定义数据的指针
22      alloc_info.memoryTypeIndex = 0;                     //内存类型索引
23      alloc_info.allocationSize = mem_reqs.size; //内存总字节数
24      VkFlags requirements_mask = VK_MEMORY_PROPERTY_HOST_VISIBLE_BIT
25      | VK_MEMORY_PROPERTY_HOST_COHERENT_BIT;         //需要的内存类型掩码
26      bool flag = memoryTypeFromProperties(memoryroperties,//获取所需内存类型索引
27       mem_reqs.memoryTypeBits, requirements_mask, &alloc_info.memoryTypeIndex);
28      if (flag){
29          LOGE("确定内存类型成功 类型索引为%d", alloc_info.memoryTypeIndex);
30      }else{
31          LOGE("确定内存类型失败!");
32      }
33      result = vk::vkAllocateMemory(device, &alloc_info, NULL, &drawCmdMem);//为缓冲分配内存
34      assert(result == VK_SUCCESS);                       //检查内存分配是否成功
35      uint8_t *pData;                                     // CPU 访问时的辅助指针
36      result = vk::vkMapMemory(device,                    //将设备内存映射为 CPU 可访问
37      drawCmdMem, 0, mem_reqs.size, 0, (void **)&pData;
38      assert(result == VK_SUCCESS);                       //检查映射是否成功
39      VkDrawIndirectCommand dic;                          //构建间接绘制信息结构体实例
40      dic.vertexCount = vCount;                           //顶点数量
41      dic.firstInstance = 0;                              //第一个绘制的实例序号
42      dic.firstVertex = 0;                                //第一个绘制用的顶点索引
43      dic.instanceCount = 1;                              //需要绘制的实例数量
44      memcpy(pData, &dic, drawCmdbufbytes);               //将数据复制进设备内存
45      vk::vkUnmapMemory(device, vertexDataMem);   //解除内存映射
46      result = vk::vkBindBufferMemory(device, drawCmdbuf, drawCmdMem, 0);//绑定内存与缓冲
47      assert(result == VK_SUCCESS);                       //检查绑定是否成功
48  }
```

● 第 3~4 行首先给出了间接绘制信息数据组的数量，本案例中此数量为 1。然后根据数量与 VkDrawIndirectCommand 类型所占字节数计算出了间接绘制信息数据所占总字节数。

● 第 8 行设置缓冲的用途为间接绘制信息数据缓冲。

● 第 39～43 行构建了一个间接绘制信息结构体实例（与前面第 3 行中的数量 1 对应），并指定了该结构体实例中各项参数的值。细心的读者会发现，这些参数的含义与前面使用顶点法直接绘制时所用 vkCmdDraw 方法的相关参数含义完全相同。

✒️**提示**　　　要想成功创建间接绘制信息数据缓冲，还需要在程序中恰当的位置调用上述 initDrawCmdbuf 方法。本案例中是在物体绘制类 DrawableObjectCommon 构造函数的最后调用了该方法，读者可自行查阅随书源代码。

（3）成功开发了用于创建间接绘制信息数据缓冲的方法后，就可以使用前面提到的 vkCmdDrawIndirect 方法进行顶点法间接绘制了，具体代码如下。

✏️**代码位置：**见随书源代码/第 4 章/Sample4_15/src/main/cpp/util 目录下 DrawableObjectCommon.cpp。

```
1    void DrawableObjectCommonLight::drawSelf(VkCommandBuffer& cmd,        //绘制方法
2        VkPipelineLayout& pipelineLayout,VkPipeline& pipeline,VkDescriptorSet* desS
etPointer){
3        //此处省略了与案例 Sample4_4 中相同的代码，读者可自行查阅随书源代码。
4        vk::vkCmdDrawIndirect(
5            cmd,                            //当前使用的命令缓冲
6            drawCmdbuf,                     //间接绘制信息数据缓冲
7            0,                              //绘制信息数据的起始偏移量
8            indirectDrawCount,              //此次绘制使用的间接绘制信息组的数量
9            sizeof(VkDrawIndirectCommand)); //每组绘制信息数据所占字节数
10   }
```

✒️**说明**　　　上述代码并不复杂，与之前案例不同的是在绘制时不再是调用 vkCmdDraw 方法，而是调用了 vkCmdDrawIndirect 方法进行间接绘制。该方法以之前创建的间接绘制信息数据缓冲为入口参数，使 GPU 可以从该缓冲中获取绘制所需的信息，从而完成绘制工作。

4.11.3　索引法间接绘制

通过 4.11.2 节已经了解了如何实现顶点法间接绘制，本节将通过一个具体的案例 Sample4_16 来具体介绍索引法间接绘制的使用。由于本节案例由前面的案例 Sample4_10 修改而来，其运行效果与之完全相同，故这里不再展示运行效果。

下面将要介绍的是本案例中用于实现索引法间接绘制的、具有代表性的代码，具体内容如下。

（1）与 4.11.2 节介绍的顶点法间接绘制的实现类似，本案例中也需要创建间接绘制信息数据缓冲。因此首先需要在绘制物体类 DrawableObjectCommon 的头文件中添加与该缓冲相关的成员变量及方法的声明，这一部分与 4.11.2 节案例中的基本相同，在此不再赘述。

（2）接着介绍的是使用索引法进行间接绘制时用于创建间接绘制信息数据缓冲的 initDraw Cmdbuf 方法的实现，具体代码如下。

✏️**代码位置：**见随书源代码/第 4 章/Sample4_16/src/main/cpp/util 目录下 DrawableObjectCommon.cpp。

```
1    void DrawableObjectCommonLight::initDrawCmdbuf( //用于创建间接绘制信息数据缓冲的方法
2        VkDevice& device, VkPhysicalDeviceMemoryProperties& memoryroperties){
3        indirectDrawCount = 2;                      //间接绘制信息数据组的数量
4        drawCmdbufbytes=indirectDrawCount*sizeof(VkDrawIndexedIndirectCommand);
5        //此处省略了与上一个案例相同的代码，读者可自行查阅随书源代码。
```

```
6       VkDrawIndexedIndirectCommand dic[2];              //创建间接绘制信息结构体实例数组
7       dic[0].indexCount= iCount;                        //第 1 组绘制信息数据的索引数量
8       dic[0].instanceCount=1;                           //第 1 组绘制信息数据的实例数量
9       dic[0].firstIndex=0;                              //第 1 组绘制信息数据的绘制用起始索引
10      dic[0].vertexOffset=0;                            //第 1 组绘制信息数据的顶点数据偏移量
11      dic[0].firstInstance=0;                           //第 1 组绘制信息数据的首实例索引
12      dic[1].indexCount = iCount/2+1;                   //第 2 组绘制信息数据的索引数量
13      dic[1].instanceCount = 1;                         //第 2 组绘制信息数据的实例数量
14      dic[1].firstIndex = 0;                            //第 2 组绘制信息数据的绘制用起始索引
15      dic[1].vertexOffset = 0;                          //第 2 组绘制信息数据的顶点数据偏移量
16      dic[1].firstInstance = 0;                         //第 2 组绘制信息数据的首实例索引
17      memcpy(pData, &dic, drawCmdbufbytes);             //将数据复制进设备内存
18      vk::vkUnmapMemory(device, vertexDataMem);         //解除内存映射
19      result = vk::vkBindBufferMemory(device, drawCmdbuf, drawCmdMem, 0);//绑定内存与缓冲
20      assert(result == VK_SUCCESS);                     //检查绑定是否成功
21  }
```

> **说明**
> 与上一个案例中不同，本案例中间接绘制信息数据组的数量为 2。因此间接绘制信息数据一共有两套，其中第一套服务于绘制整个正十边形（其索引数量为 iCount），第二套服务于绘制半十边形（其索引数量为 iCount/2+1）。这两套数据中的索引数量与前面采用索引法直接绘制的案例 Sample4_10 中两次绘制时的索引数量一致。另外，本案例中也需要在构造器的最后调用上述 initDrawCmdbuf 方法。

（3）成功开发了用于创建间接绘制信息数据缓冲的方法后，就可以使用前面提到的 vkCmdDrawIndexedIndirect 方法进行索引法间接绘制了，具体代码如下。

✍ **代码位置：** 见随书源代码/第 4 章/Sample4_16/src/main/cpp/util 目录下 DrawableObjectCommon.cpp。

```
1   void DrawableObjectCommonLight::drawSelf(VkCommandBuffer& cmd,VkPipelineLayout&
//绘制方法
2       pipelineLayout,VkPipeline& pipeline,VkDescriptorSet* desSetPointer,int cmdDataOffset){
3   //此处省略了与案例 Sample4_10 中相同的代码，读者可自行查阅随书源代码。
4   vk::vkCmdDrawIndexedIndirect(
5           cmd,                                      //当前使用的命令缓冲
6           drawCmdbuf,                               //间接绘制信息数据缓冲
7           cmdDataOffset,                            //绘制信息数据的起始偏移量（以字节计）
8           1,                                        //此次绘制使用的间接绘制信息组的数量
9           sizeof(VkDrawIndexedIndirectCommand));    //每组绘制信息数据所占字节数
10  }
```

> **说明**
> 上述代码并不复杂，与之前案例不同的是在绘制时不再是调用 vkCmdDrawIndexed 方法，而是调用了 vkCmdDrawIndexedIndirect 方法进行间接绘制。该方法以之前创建的间接绘制信息数据缓冲为入口参数，使 GPU 可以从该缓冲中获取绘制所需的信息，从而完成绘制工作。

（4）从步骤（3）中 drawSelf 方法的签名可以看出，在调用 drawSelf 方法时需要指定此次绘制采用的绘制信息数据起始偏移量，相关代码如下。

```
1   void MyVulkanManager::drawObject(){
2   //此处省略了与之前案例相同的代码，读者可自行查阅随书源代码。
3       MatrixState3D::pushMatrix();                      //保护现场
4       MatrixState3D::translate(0, 50, 0);               //沿 y 轴正方向平移 50
```

```
5          cirForDraw->drawSelf(cmdBuffer, sqsCL->pipelineLayout,      //绘制整正十边形
6              sqsCL->pipeline, &(sqsCL->descSet[0]), 0);
7          MatrixState3D::popMatrix();                                 //恢复现场
8          MatrixState3D::pushMatrix();                                //保护现场
9          MatrixState3D::translate(0, -50, 0);                        //沿 y 轴负方向平移 50
10         cirForDraw->drawSelf(cmdBuffer, sqsCL->pipelineLayout,//绘制正十边形的下半部分
11             sqsCL->pipeline,&(sqsCL->descSet[0]), sizeof(VkDrawIndexedIndirectCommand));
12         MatrixState3D::popMatrix();                                 //恢复现场
13     //此处省略了与之前案例相同的代码，读者可自行查阅随书源代码。
14     }
```

> **说明**　上述代码通过调用物体绘制类的 drawSelf 方法完成了物体的绘制工作。其中，在绘制第一个物体（整正十边形）时采用的绘制信息数据起始偏移量为 "0"（对应前面步骤 2 中的第一套数据）；在绘制第二个物体（半正十边形）时采用的绘制信息数据起始偏移量为 "sizeof(VkDrawIndexedIndirectCommand)"（对应前面步骤 2 中的第二套数据）。

4.12　本章小结

　　本章向读者介绍了很多基于 Vulkan 平台进行 3D 应用开发必知必会的基本知识，主要包括：两种投影方式、3 种基本变换、6 种绘制方式、设置合理的视角以及设置合理的透视参数与背面剪裁等。掌握了这些知识后，读者进行 3D 应用程序开发的能力应该得到了进一步的提升，为继续学习后面章节中更高级的内容打下了坚实的基础。

第5章 光照

通过前面章节的学习，读者已经有能力基于 Vulkan 开发出简单的 3D 场景了。但对于场景中的物体只能通过直接给出颜色的方式进行着色渲染，真实感较差。本章将向读者介绍光照效果的开发，通过本章的学习，读者可以为场景中的物体增加逼真的光照效果，大大提升了场景的真实感。

5.1 曲面物体的构建

前面的章节中已经介绍了如何构建 3D 物体，但已给出案例中的 3D 物体基本都是平面性质的，还没有曲面性质的物体。对于演示光照效果而言，曲面物体更能凸显出光照效果的重要作用。因此在正式介绍光照之前，本节首先基于球体的构建向读者简单介绍一下曲面物体的构建策略。

5.1.1 球体构建的基本原理

通过第 4 章的学习读者已经知道，Vulkan 中任何形状的 3D 物体都是用三角形拼凑而成的，因此构建曲面物体最重要的就是找到将曲面恰当拆分成多个三角形的策略。最基本的策略是首先按照一定的规则将物体表面按行和列两个方向进行拆分，这时就可以得到很多的小四边形。然后再将每个小四边形拆分成两个三角形即可，图 5-1 给出了基于这种策略的球面拆分思路。

从图 5-1 中可以看出，首先将球面按照纬度（行）和经度（列）的方向拆分成了很多的小四边形，然后每个小四边形又被拆分为两个小三角形。这种拆分方式下，三角形中每个顶点的坐标都可以用解析几何的公式方便地计算出来，具体情况如下。

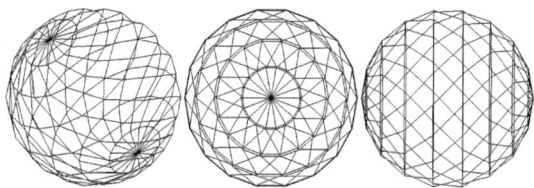

▲图 5-1 球的表面拆分为多个三角形

$$x = R×\cosα×\cosβ; \qquad y = R×\cosα×\sinβ; \qquad z = R×\sinα$$

上述给出的是当球的半径为 R，在纬度为 α，经度为 β 处球面上顶点坐标的计算公式。

> **提示** 对一个物体的表面曲面进行拆分时，以何为行，以何为列是不一定的，读者可以根据具体情况做出选择。

对曲面进行拆分时，拆分得越细（即拆分的份数越多），最终的绘制结果就越接近真实情况，图 5-2 很好地说明了这个问题。

> **说明** 图 5-2 中从左至右依次为按照 90°/份、45°/份、22.5°/份、11.25°/份对球面进行拆分的情况。可以明显地看出，拆分得越细，就越接近于真实的曲面。但也不是越细越好，拆分得过细就会造成顶点数量过多，渲染速度大大降低。因此在开发中读者要掌握好两者之间的平衡，兼顾速度与效果。

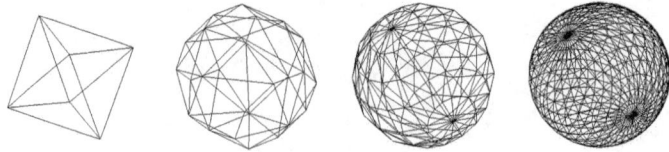

▲图 5-2　拆分得越细就越接近于球面

5.1.2　案例效果概览

5.1.1 节已经介绍了如何将球面拆分成一组小三角形的方法，下面就可以基于 5.1.1 节介绍的原理开发出球体绘制的案例 Sample5_1 了。正式开发代码之前，有必要首先了解一下本案例的运行效果，如图 5-3 所示。

▲图 5-3　案例 Sample5_1 运行效果图

从图 5-3 中可以看出，本案例中的球体不是用单一颜色进行着色的，采用的是棋盘纹理着色器。棋盘纹理着色器是一种非常简单的着色器，其原理如图 5-4 所示。

▲图 5-4　棋盘纹理着色器的原理

> **说明**　图 5-4 中的立方体为球的外接立方体，球面上的每个位置都在此外接立方体之内，此外接立方体沿 x、y、z 轴方向被切分成了很多同样尺寸的小方块。

具体的着色策略为：若片元位于浅灰色小方块中，就将该片元的颜色设置为颜色 A；若片元位于黑色小方块中则将片元的颜色设置为颜色 B。具体计算方法如下。

- 首先计算出当前片元 x、y、z 坐标对应的行数（x 轴）、层数（y 轴）及列数（z 轴）。
- 如果行数、层数、列数之和为奇数，则片元采用颜色 A 着色，若和为偶数，则片元采用颜色 B 进行着色。

5.1.3　开发步骤

了解了案例的运行效果与基本原理后，就可以进行代码的开发了，具体步骤如下。

由于本案例中的很多类与前面章节案例中的非常类似，因此在这里只给出本案例中具有特殊性及代表性的代码。若读者对其他代码感兴趣，可以参考随书源代码。

（1）首先需要介绍的是负责按照拆分规则生成球面上顶点坐标的 BallData 类，在介绍该类的实现代码之前还需要对其基本结构有一个简单的了解，其类声明具体代码如下。

🖎 代码位置：见随书中源代码/第 5 章/Sample5_1/src/main/cpp/bndevp 目录下的 BallData.h。

```
1    class BallData{
2    public:
3        static float* vdata;                        //顶点数据数组首地址指针
4        static int dataByteCount;                   //顶点数据所占总字节数
5        static int vCount;                          //顶点数量
6        static void genBallData(float angleSpan);   //生成顶点数据的方法
7    };
```

（2）接着介绍 BallData 类的实现代码，主要包括两个方法 toRadians 和 genBallData。toRadians 方法的功能为将角度转换为弧度；genBallData 方法的功能为生成球面上各个小三角形的顶点数据，并将顶点数据存储到数组中，具体内容如下。

🖎 代码位置：见随书中源代码/第 5 章/Sample5_1/src/main/cpp/bndevp 目录下的 BallData.cpp。

```
1    //此处省略了对一些头文件的引用以及相关代码，需要的读者可以参考随书中的源代码
2    float* BallData::vdata;                         //顶点数据数组首地址指针
3    int BallData::dataByteCount;                    //顶点数据所占总字节数
4    int BallData::vCount;                           //顶点数量
5    float toRadians(float degree) {                 //角度转换成弧度的方法
6        return degree*3.1415926535898/180;
7    }
8    void  BallData::genBallData(float angleSpan){  //生成球面上各个小三角形顶点数据的方法
9        const float r=1.0f;                         //球的半径
10       std::vector<float> alVertix;                //存放顶点坐标值的 vector
11       for (int vAngle = -90; vAngle < 90; vAngle = vAngle + angleSpan){//垂直方向切分
12         for (int hAngle = 0; hAngle <= 360; hAngle = hAngle + angleSpan){//水平方向切分
13             float x0 = (float) (r * cos(toRadians(vAngle)) * cos(toRadians(hAngle)));
14             float y0 = (float) (r * cos(toRadians(vAngle)) * sin(toRadians(hAngle)));
15             float z0 = (float) (r *sin(toRadians(vAngle)));
16             float x1 = (float) (r * cos(toRadians(vAngle)) * cos(toRadians(hAngle +
  angleSpan)));
17             float y1 = (float) (r * cos(toRadians(vAngle)) *sin(toRadians(hAngle +
  angleSpan)));
18             float z1 = (float) (r * sin(toRadians(vAngle)));
19             float x2=(float)(r*cos(toRadians(vAngle + angleSpan)) * cos(toRadians
  (hAngle + angleSpan)));
20             float y2=(float) (r*cos(toRadians(vAngle + angleSpan)) * sin(toRadians
  (hAngle + angleSpan)));
21             float z2 = (float) (r * sin(toRadians(vAngle + angleSpan)));
22             float x3 = (float) (r * cos(toRadians(vAngle + angleSpan)) * cos
  (toRadians(hAngle)));
23             float y3 = (float) (r * cos(toRadians(vAngle + angleSpan)) * sin
  (toRadians(hAngle)));
24             float z3 = (float) (r * sin(toRadians(vAngle + angleSpan)));
25             alVertix.push_back(x1);alVertix.push_back(y1);alVertix.push_back(z1);
26             alVertix.push_back(x3);alVertix.push_back(y3);alVertix.push_back(z3);
27             alVertix.push_back(x0);alVertix.push_back(y0);alVertix.push_back(z0);
```

```
28              alVertix.push_back(x1);alVertix.push_back(y1);alVertix.push_back(z1);
29              alVertix.push_back(x2);alVertix.push_back(y2);alVertix.push_back(z2);
30              alVertix.push_back(x3);alVertix.push_back(y3);alVertix.push_back(z3);
31      }}
32      vCount = alVertix.size() / 3;//顶点的数量为坐标值数量的1/3，因为一个顶点有 3 个坐标分量
33      dataByteCount=alVertix.size()* sizeof(float);    //计算顶点数据总字节数
34      vdata=new float[alVertix.size()];                //创建存放顶点数据的数组
35      int index=0;                                     //辅助数组索引
36      for(int i=0;i<vCount;i++){                       //将顶点数据存储到数组中
37          vdata[index++]=alVertix[i*3+0];              //保存顶点位置 X 分量
38          vdata[index++]=alVertix[i*3+1];              //保存顶点位置 Y 分量
39          vdata[index++]=alVertix[i*3+2];              //保存顶点位置 Z 分量
40      }}
```

- 第 8 行中的 angleSpan 为将球面进行经纬度方向拆分的单位角度，此角度值越小，拆分得就越细，绘制出来的形状也越接近于球。
- 第 11～31 行用双层 for 循环将球按照一定的角度跨度（angleSpan）沿经度、纬度方向进行拆分。每次循环到一组纬度、经度时都将对应顶点看作一个小四边形的左上侧点，然后按照规律计算出小四边形中其他 3 个顶点的坐标，最后按照需要将用于卷绕成两个三角形的 6 个顶点的坐标依次存入 vector 列表。
- 第 32～40 行首先计算出了顶点数量、顶点数据总字节数，然后将拆分的顶点坐标数据转存进数据数组中。

（3）下面介绍的是 MyVulkanManager 类中创建绘制用物体的方法——createDrawable Object，此处将原来初始化 3 色三角形顶点数据的方法替换为初始化球面数据的方法，具体代码如下。

✎ **代码位置：**见随书中源代码/第 5 章/Sample5_1/src/main/cpp/bndevp 目录下的 MyVulkanManager.cpp。

```
1    void MyVulkanManager::createDrawableObject(){                //创建绘制用物体的方法
2        BallData::genBallData(9);                                //生成球面的顶点数据
3        ballForDraw=new DrawableObjectCommonLight(BallData::vdata, //创建绘制用球对象
4            BallData::dataByteCount,BallData::vCount,device,memoryroperties);
5    }
```

（4）接着介绍的是 ShaderQueueSuit_Common 类中用于设置顶点着色器输入属性信息的 initVertexAttributeInfo 方法的相关代码，具体内容如下。

✎ **代码位置：**见随书中源代码/第 5 章/Sample5_1/src/main/cpp/bndevp 目录下的 ShaderQueueSuit_ Common.cpp。

```
1    void ShaderQueueSuit_Common::initVertexAttributeInfo(){
2        vertexBinding.binding = 0;                              //对应绑定点
3        vertexBinding.inputRate = VK_VERTEX_INPUT_RATE_VERTEX;//数据输入频率为每顶点
4        vertexBinding.stride = sizeof(float)*3;                 //每组数据的跨度字节数
5        vertexAttribs[0].binding = 0;                           //第 1 个顶点输入属性的绑定点
6        vertexAttribs[0].location = 0;                          //第 1 个顶点输入属性的位置索引
7        vertexAttribs[0].format = VK_FORMAT_R32G32B32_SFLOAT;//第 1 个顶点输入属性的数据格式
8        vertexAttribs[0].offset = 0;                            //第 1 个顶点输入属性的偏移量
9    }
```

- 第 2～4 行设置了所需顶点输入绑定描述结构体实例的几项属性值。
- 第 5～8 行设置了顶点输入属性的绑定点、位置索引、数据格式及偏移量。

> **说明** 由于本案例中的顶点输入数据仅包含球面顶点的 x、y、z 位置坐标，因此每组数据的跨度字节数为 3 倍浮点数字节数。同时顶点输入属性只有一个，类型为 VK_FORMAT_R32G32B32_SFLOAT 表示 3 个浮点数。

（5）还需要了解的就是 ShaderQueueSuit_Common 类中用于创建管线的 create_pipe_line 方法的部分代码，主要是管线顶点数据输入状态创建信息结构体实例的相关部分，具体代码如下。

代码位置： 见随书中源代码/第 5 章/Sample5_1/src/main/cpp/bndevp 目录下的 ShaderQueueSuit_Common.cpp。

```
1    void ShaderQueueSuit_Common::create_pipe_line
2            (VkDevice& device,VkRenderPass& renderPass){
3        //此处省略了部分代码，感兴趣的读者请自行查看随书源代码
4        VkPipelineVertexInputStateCreateInfo vi;        //管线顶点数据输入状态创建信息结构体
5        vi.sType =VK_STRUCTURE_TYPE_PIPELINE_VERTEX_INPUT_STATE_CREATE_INFO;
6        vi.pNext = NULL;                                 //自定义数据的指针
7        vi.flags = 0;                                    //供将来使用的标志
8        vi.vertexBindingDescriptionCount = 1;            //顶点输入绑定描述数量
9        vi.pVertexBindingDescriptions = &vertexBinding;  //顶点输入绑定描述列表
10       vi.vertexAttributeDescriptionCount = 1;          //顶点输入属性数量
11       vi.pVertexAttributeDescriptions =vertexAttribs;  //顶点输入属性描述列表
12       //此处省略了部分代码，感兴趣的读者请自行查看随书源代码
13   }
```

> **说明** 从上述代码中看可以看出，这部分代码主要是使用了前面步骤设置好的顶点输入绑定描述结构体和顶点输入属性描述结构体实例。故这里的顶点输入绑定描述数量、顶点输入属性数量应该与前面步骤中的一致。

（6）学习了部分必要的 C++代码后，就应该了解一下本案例中的着色器了。首先介绍的是顶点着色器，其具体代码如下。

代码位置： 见随书中源代码/第 5 章/Sample5_1/app/src/main/assets/shader 目录下的 commonTexLight.vert。

```
1    #version 400                                        //着色器版本号
2    #extension GL_ARB_separate_shader_objects : enable //开启 separate_shader_objects
3    #extension GL_ARB_shading_language_420pack : enable //开启 shading_language_420pack
4    layout (push_constant) uniform constantVals {      //一致块
5        mat4 mvp;                                      //最终变换矩阵
6    } myConstantVals;
7    layout (location = 0) in vec3 pos;                 //传入的顶点位置
8    layout (location = 0) out vec3 vposition;          //传输到片元着色器的顶点位置
9    out gl_PerVertex {                                 //输出接口块
10       vec4 gl_Position;                              //顶点最终位置
11   };
12   void main(){                                       //主函数
13       gl_Position = myConstantVals.mvp * vec4(pos,1.0); //计算顶点最终位置
14       vposition=pos;                                 //把顶点位置传给片元着色器
15   }
```

> **说明** 上述顶点着色器的代码与前面章节案例中的基本一致，主要是增加了将顶点位置通过 out 变量 vposition 传递给片元着色器的相关代码。

　　（7）介绍完了顶点着色器后，接下来将介绍的是片元着色器。5.1.2 节介绍的棋盘纹理着色器就是在这里实现的，具体代码如下。

✎ **代码位置：** 见随书中源代码/第 5 章/Sample5_1/app/src/main/assets/shader 目录下的 commonTexLight.frag。

```
1    #version 400                                       //着色器版本号
2    #extension GL_ARB_separate_shader_objects : enable  //开启 separate_shader_objects
3    #extension GL_ARB_shading_language_420pack : enable //开启 shading_language_420pack
4    layout (std140,set = 0, binding = 0) uniform bufferVals {       //一致块
5         vec4 colorA;                                  //输入的颜色 A
6         vec4 colorB;                                  //输入的颜色 B
7    } myBufferVals;
8    layout (location = 0) in vec3 vposition;           //顶点着色器传入的顶点位置
9    layout (location = 0) out vec4 outColor;           //输出到渲染管线的片元颜色值
10   vec4 genBoardColor(vec3 position){                 //棋盘纹理着色器实现方法
11        const float R=1.0;                            //球的半径
12        vec4 color;                                   //结果颜色
13        float n = 8.0;                                //球体外接立方体每个坐标轴方向切分的份数
14        float span = 2.0*R/n;                         //每一份的尺寸
15        int i = int((position.x + 1.0)/span);         //当前片元位置小方块的行数
16        int j = int((position.y + 1.0)/span);         //当前片元位置小方块的层数
17        int k = int((position.z + 1.0)/span);         //当前片元位置小方块的列数
18        int whichColor = int(mod(float(i+j+k),2.0)); //计算行数、层数、列数的和并对 2 取模
19        if(whichColor == 1){                          //奇数时为颜色 A
20             color = myBufferVals.colorA;
21        }else{                                        //偶数时为颜色 B
22             color = myBufferVals.colorB;
23        }
24        return color;                                 //返回结果颜色
25   }
26   void main() {                                      //主方法
27        outColor=genBoardColor(vposition);            //将计算出的颜色传递给渲染管线
28   }
```

✐ **说明**　　上述片元着色器中的 genBoardColor 方法实现了如 5.1.2 节图 5-4 所示的棋盘纹理着色器，其首先根据片元的位置计算出片元所在小方块的行数、层数、列数，然后再根据 3 个数之和的奇偶性确定片元所采用的颜色。

5.2　基本光照效果

　　了解了 5.1 节中的球体案例后，本节将基于此球体案例逐步介绍光照各个方面的知识，主要包括光照的基本模型、环境光、散射光、镜面光等方面。具体过程为首先介绍光照模型的基本知识，然后逐步为球体添加不同通道的光照效果，最后再将 3 个通道的光照效果合成。

5.2.1　光照的基本模型

　　如果要用一个数学模型完全真实地描述现实世界中的光照是很难的，一方面数学模型本身可能太过复杂，另一方面复杂的模型将导致巨大的计算量。因此本节中采用的光照模型相对现实世界进行了很大的简化，将光照分成了 3 种组成元素（也可以称为 3 个通道），包括环境光、散射光以及镜面光，具体情况如图 5-5 所示。

▲图5-5　光的3个通道

　　实际开发中，3个光照通道是分别采用不同的数学模型独立计算的，下面的几节将一一进行详细的介绍。

5.2.2　环境光

环境光（Ambient）指的是从四面八方照射到物体上，全方位 360°都均匀的光。其代表的是现实世界中从光源射出，经过多次反射后，各方向基本均匀的光。环境光最大的特点是不依赖于光源的位置，而且没有方向性，图5-6简单地说明了这个问题。

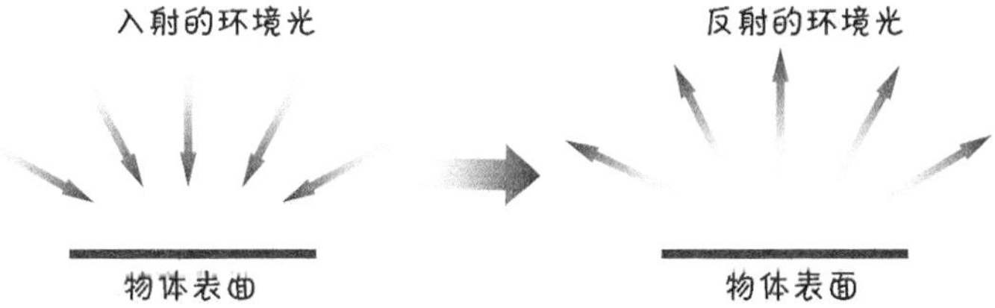

▲图5-6　环境光的基本情况

从图 5-6 中可以看出，环境光不但入射是均匀的，反射也是各向均匀的。用于计算环境光的数学模型非常简单，具体公式如下。

环境光照射结果 ＝ 材质的反射系数×环境光强度

　　材质的反射系数实际指的就是物体被照射处的颜色值，环境光强度指的是环境光4个色彩通道的强度。

了解了环境光的基本原理后，下面将通过一个简单的案例 Sample5_2 来介绍环境光效果的开发，具体运行效果如图5-7所示。

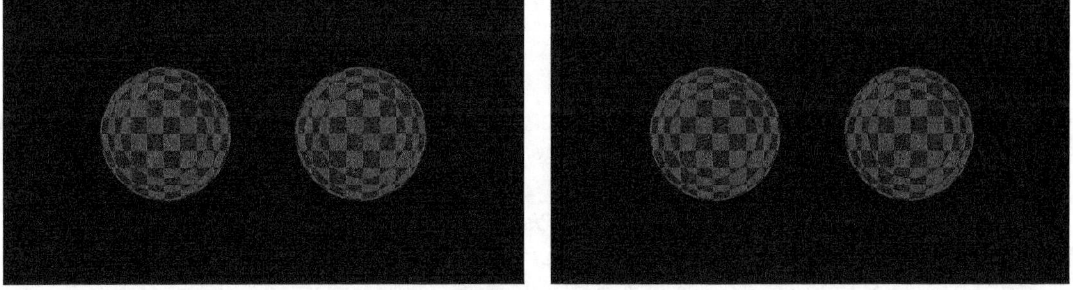

▲图5-7　案例Sample5_2运行效果图

提示　　　实际开发中环境光强度一般都设置得较弱，因此仅用环境光照射的物体看起来并不是很清楚，本节案例 Sample5_2 中也是如此。

了解了案例的运行效果后，就可以进行代码的开发了。由于本案例主要是对 5.1 节的案例 Sample5_1 进行了升级，因此这里仅给出变化较大且有代表性的部分，具体内容如下。

（1）首先在案例中添加了 LightManager 类，此类的主要功能为管理光照的相关参数。首先给出此类的声明，具体代码如下。

代码位置： 见随书中源代码/第 5 章/Sample5_2/src/main/cpp/util 目录下的 LightManager.h。

```
1    class LightManager{
2    public:
3        static float lightAmbientR,lightAmbientG,lightAmbientB,lightAmbientA;
                                                           //环境光强度 RGBA 分量
4        static void setlightAmbient(float lightAmbientRIn,float lightAmbientGIn,
5            float lightAmbientBIn,float lightAmbientAIn);//设置环境光强度的方法
6    };
```

说明　　　上述代码非常简单，主要是声明了用于存储环境光强度的成员变量，同时还声明了设置环境光强度的方法。

（2）介绍完 LightManager 类的头文件后，接下来给出 LightManager 类的实现代码，具体内容如下。

代码位置： 见随书中源代码/第 5 章/Sample5_2/src/main/cpp/util 目录下的 LightManager.cpp。

```
1    //此处省略了相关头文件的导入，感兴趣的读者自行查看随书源代码
2    float LightManager::lightAmbientR=0;                //初始化环境光强度 R 分量
3    float LightManager::lightAmbientG=0;                //初始化环境光强度 G 分量
4    float LightManager::lightAmbientB=0;                //初始化环境光强度 B 分量
5    float LightManager::lightAmbientA=0;                //初始化环境光强度 A 分量
6    void LightManager::setlightAmbient(float lightAmbientRIn,float lightAmbientGIn,
7        float lightAmbientBIn,float lightAmbientAIn){//设置环境光强度的方法
8        lightAmbientR=lightAmbientRIn;                 //设置环境光强度 R 分量
9        lightAmbientG=lightAmbientGIn;                 //设置环境光强度 G 分量
10       lightAmbientB=lightAmbientBIn;                 //设置环境光强度 B 分量
11       lightAmbientA=lightAmbientAIn;                 //设置环境光强度 A 分量
12   }
```

说明　　　上述代码也很简单，首先初始化了用于存储环境光强度 RGBA 分量的成员变量值，然后实现了设置环境光强度的 setlightAmbient 方法。在 setlightAmbient 方法中接收环境光强度 RGBA 分量的值，并记录到对应的成员变量中。

（3）接下来介绍的是 MyVulkanManager 类的 initMatrixAndLight 方法，主要变化是在其中添加了调用设置环境光强度方法的代码，具体内容如下。

代码位置： 见随书中源代码/第 5 章/Sample5_2/src/main/cpp/bndevp 目录下的 MyVulkanManager.cpp。

```
1    void MyVulkanManager::initMatrixAndLight(){
2        //此处省略了部分代码，感兴趣的读者请自行查看随书源代码
3        LightManager::setlightAmbient(0.2f,0.2f,0.2f,0.2f);    //设置环境光强度
4    }
```

上述代码中第 3 行调用了 LightManager 类的 setlightAmbient 方法设置环境光强度 RGBA 的 4 个分量的值都为 0.2。由于每个分量的取值范围都是 0～1，0 表示最暗、1 表示最亮，故 0.2 是一个表示比较暗光照强度的取值。

（4）接着给出的是 MyVulkanManager 类的 flushUniformBuffer 方法，主要变化是在其中添加了将环境光强度值送入一致变量缓冲的相关代码，具体内容如下。

📎 **代码位置**：见随书中源代码/第 5 章/Sample5_2/src/main/cpp/bndevp 目录下的 MyVulkanManager.cpp。

```
1    void MyVulkanManager::flushUniformBuffer(){    //将当前帧相关数据送入一致变量缓冲
2        float vertexUniformData[4]={
3            LightManager::lightAmbientR,LightManager::lightAmbientG,
4            LightManager::lightAmbientB,LightManager::lightAmbientA,
                                                    //环境光强度 RGBA 分量值
5        };
6        uint8_t *pData;                              //CPU 访问时的辅助指针
7        VkResult result = vk::vkMapMemory(device, sqsCL->memUniformBuf,
8            0, sqsCL->bufferByteCount, 0, (void **)&pData); //将设备内存映射为 CPU 可访问
9        assert(result==VK_SUCCESS);
10       memcpy(pData, vertexUniformData, sqsCL->bufferByteCount);//将数据复制进设备内存
11       vk::vkUnmapMemory(device,sqsCL->memUniformBuf);        //解除内存映射
12   }
```

此方法的主要工作是首先将环境光强度 RGBA 的 4 个分量值存放进一个内存数组中，然后将一致变量缓冲对应的设备内存映射为 CPU 可访问，接着将环境光强度 RGBA 的 4 个分量数据送入了设备内存，最后解除了内存映射。这样在绘制时，着色器就可以访问经一致变量缓冲送入管线的环境光强度 RGBA 的 4 个分量值了。

（5）了解了如何将环境光强度 RGBA 分量值送入一致变量缓冲后，下面给出的是 ShaderQueue Suit_Common 类的 create_uniform_buffer 的方法，其中设置了一致变量缓冲的总字节数，具体代码如下。

📎 **代码位置**：见随书中源代码/第 5 章/Sample5_2/src/main/cpp/bndevp 目录下的 ShaderQueueSuit_ Common.cpp。

```
1    void ShaderQueueSuit_Common::create_uniform_buffer(VkDevice& device,
2        VkPhysicalDeviceMemoryProperties& memoryroperties){
3        bufferByteCount=sizeof(float)*4;                //一致变量缓冲的总字节数
4        //此处省略了部分代码，感兴趣的读者请自行查看随书源代码
5    }
```

此处设置的一致变量缓冲总字节数应当与步骤（4）中 vertexUniformData 数组的数据总字节数一致。Vulkan 中一个变化涉及的代码位置较多，实际开发中初学者经常在修改代码时忘记多处代码的相关性修改，带来很多困扰，请读者多多注意。

（6）接下来给出的是 MyVulkanManager 类中的 drawObject 方法，其中使用了 4.4 节介绍的基本变换的相关技术绘制了场景中的左右两个球体，具体代码如下。

📎 **代码位置**：见随书中源代码/第 5 章/Sample5_2/src/main/cpp/bndevp 目录下的 MyVulkanManager.cpp。

```
1    void MyVulkanManager::drawObject(){
2        //此处省略了部分代码，感兴趣的读者请自行查看随书源代码
3        while(MyVulkanManager::loopDrawFlag){                //此循环每循环一次绘制一帧画面
```

```
4            MatrixState3D::pushMatrix();                    //保护现场
5            MatrixState3D::translate(-1.5f,0,-15);          //执行平移
6            ballForDraw->drawSelf(cmdBuffer,sqsCL->pipelineLayout,sqsCL->pipeline,
7                              &(sqsCL->descSet[0]));//绘制左侧的球
8            MatrixState3D::popMatrix();                      //恢复现场
9            MatrixState3D::pushMatrix();                     //保护现场
10           MatrixState3D::translate(1.5f,0,-15);            //执行平移
11           ballForDraw->drawSelf(cmdBuffer,sqsCL->pipelineLayout,sqsCL->pipeline,
12                             &(sqsCL->descSet[0]));//绘制右侧的球
13           MatrixState3D::popMatrix();                      //恢复现场
14      //此处省略了部分代码，感兴趣的读者请自行查看随书源代码
15   }}
```

> **说明**　　　上述代码很简单，利用 4.1.2 节介绍的 MatrixState3D 类的相关方法执行了一系列坐标变换（主要包括保护现场、平移、恢复现场等），绘制了场景中所需的左右两个球体。

（7）了解了案例中 C++ 代码的代表性部分后，就可以进行着色器的开发了。首先给出的是顶点着色器，其具体代码如下。

📎 **代码位置**：见随书中源代码/第 5 章/Sample5_2/src/main/assets/shader 目录下的 commonTexLight.vert。

```
1    #version 400                                    //着色器版本号
2    #extension GL_ARB_separate_shader_objects : enable//开启 separate_shader_objects
3    #extension GL_ARB_shading_language_420pack : enable//开启 shading_language_420pack
4    layout (std140,set = 0, binding = 0) uniform bufferVals { //一致块
5        vec4 lightAmbient;                          //环境光强度
6    } myBufferVals;
7    layout (push_constant) uniform constantVals{    //推送常量块
8        mat4 mvp;                                   //最终变换矩阵
9        mat4 mm;                                    //基本变换矩阵
10   } myConstantVals;
11   layout (location = 0) in vec3 pos;              //输入的顶点位置
12   layout (location = 0) out vec4 outLightQD;      //输出的光照强度
13   layout (location = 1) out vec3 vposition;       //输出的顶点位置
14   out gl_PerVertex {                              //输出接口块
15       vec4 gl_Position;                           //内建变量 gl_Position
16   };
17   void main(){                                    //主函数
18       gl_Position = myConstantVals.mvp * vec4(pos,1.0);    //计算顶点最终位置
19       outLightQD=myBufferVals.lightAmbient;       //将顶点最终光照强度传递给片元着色器
20       vposition=pos;                              //将顶点位置传给片元着色器
21   }
```

> **说明**　　　相比于前面案例的顶点着色器，上述代码中主要是增加了计算环境光强度和将环境光强度传递给片元着色器的代码。由于环境光强度实际不需要进行计算，故第 19 行直接进行了赋值。

（8）介绍完顶点着色器后，接下来就可以介绍片元着色器了，具体代码如下。

📎 **代码位置**：见随书中源代码/第 5 章/Sample5_2/src/main/assets/shader 目录下的 commonTexLight.frag。

```
1    #version 400                                    //着色器版本号
```

```
2    #extension GL_ARB_separate_shader_objects : enable//开启 separate_shader_objects
3    #extension GL_ARB_shading_language_420pack : enable//开启 shading_language_420pack
4    layout (location = 0) in vec4 inLightQD;              //顶点着色器传入的光照强度
5    layout (location = 1) in vec3 vposition;             //顶点着色器传入的顶点位置
6    layout (location = 0) out vec4 outColor;             //输出到渲染管线的最终片元颜色值
7    //此处省略了按照棋盘着色器规则计算片元颜色值的相关代码，与前面案例 Sample5_1 中相同
8    void main(){
9       outColor=inLightQD*genBoardColor(vposition);     //计算最终片元颜色
10   }
```

> **说明**　上述片元着色器代码与前面案例的基本相同，主要是增加了接收光照强度以及使用光照强度与片元本身颜色值加权计算以产生最终片元颜色值的相关代码。

5.2.3　散射光

5.2.2 节中给出了仅仅使用环境光的案例，视觉效果应该不是很好，没有层次感和立体感。本节将介绍另外一种真实感好很多的光照通道——散射光（Diffuse），其指的是从特定角度入射经物体表面向四周（全方位 360°）均匀反射的光，如图 5-8 所示。

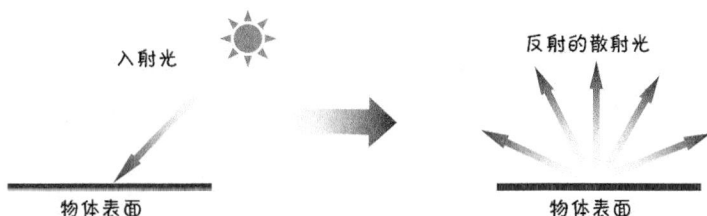

▲图 5-8　散射光基本情况

散射光代表的是现实世界中粗糙的物体表面被光照射时，反射光在各个方向基本均匀（也称之为"漫反射"）的情况，图 5-9 很好地说明了这个问题。

虽然反射后的散射光在各个方向上是均匀的，但散射光反射的强度与入射光的强度以及入射的角度密切相关。因此当光源的位置发生变化时，散射光的效果会发生明显变化。主要体现为当光垂直地照射到物体表面时比斜照时要亮，其具体计算公式如下。

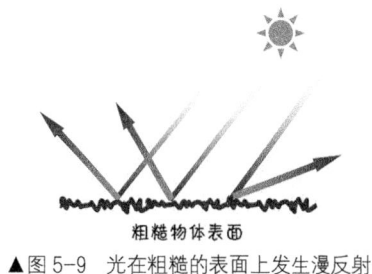

▲图 5-9　光在粗糙的表面上发生漫反射

散射光照射结果=材质的反射系数×散射光强度×max(cos(入射角),0)

实际开发中往往分两步进行计算，此时上述公式被拆解为如下情况。

散射光最终强度=散射光强度×max(cos(入射角),0)

散射光照射结果=材质的反射系数×散射光最终强度

> **提示**　材质的反射系数实际指的就是物体被照射处的颜色值，散射光强度指的是散射光 4 个色彩通道的强度。

从上述公式中可以看出，与环境光计算公式唯一的区别是引入了最后一项"max(cos(入射角),0)"。其含义是入射角越大，反射强度越弱，当入射角的余弦值为负时（即入射角大于 90°时），反射强度为 0。由于入射角为入射光向量与法向量的夹角，因此其余弦值并不需要调用三

角函数进行计算，只需要首先将两个向量进行规格化，然后再进行点积即可，图 5-10 说明了这个问题。

图 5-10 中的 N 代表被照射点表面的法向量，P 为被照射点，L 为从 P 点到光源位置的向量。N 与 L 的夹角即为入射角。向量数学中，两个向量的点积为两个向量夹角的余弦值乘以两个向量的模，而规格化后向量的模为 1。因此首先将两个向量规格化，再点积就可以求得两个向量夹角的余弦值。

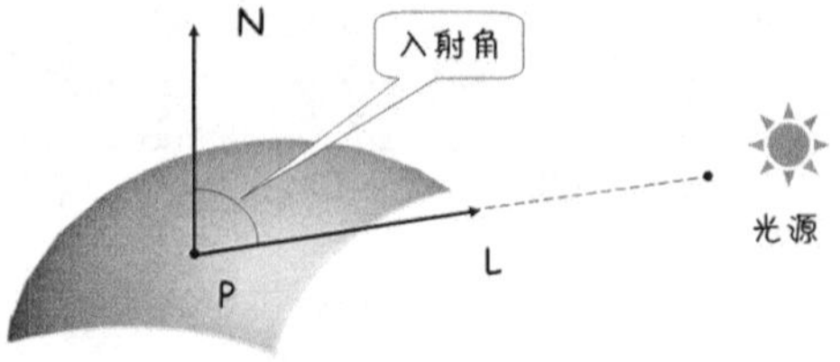

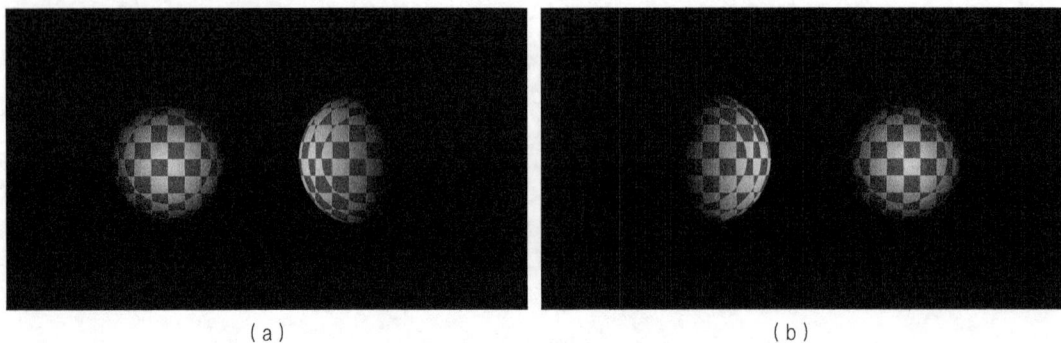
▲图 5-10 散射光的计算

> 💡提示　由于本书篇幅有限，关于向量数学的相关问题不作详细讨论，有兴趣的读者可以参考其他相关数学资料或书籍。

了解了散射光计算的基本原理后，下面给出一个使用了散射光的案例 Sample5_3，其运行效果如图 5-11 所示。

（a）　　　　　　　　（b）
▲图 5-11 案例 Sample5_3 运行效果图

> 💡说明　图 5-11 中的图 a 表示光源位于场景左侧进行照射的情况，图 b 表示光源位于右侧进行照射的情况。从 a、b 两幅效果图的对比中可以看出，正对光源（入射角小）的位置看起来较亮，而随着入射角的增大越来越暗，直至入射角大于 90° 后完全不能照亮。另外，案例运行时若将手指在屏幕上左右滑动，光源的位置也会随之发生变化。

（1）由于散射光效果与光源的位置密切相关，因此需要将光源的位置传递进着色器以进行光照的计算。为了方便起见，首先需要对工具类 LightManager 进行升级，增加存储当前光源位置的相关成员变量以及设置光源位置的方法。同时将表示环境光 RGBA 分量的成员变量替换为表示散射光 RGBA 分量的成员变量，并替换设置环境光强度 RGBA 分量的方法为设置散射光强度 RGBA 分量的方法。

📝 代码位置：见随书中源代码/第 5 章/Sample5_3/src/main/cpp/util 目录下的 LightManager.h。

```
1    class LightManager{
2    public:
3        static float lx,ly,lz;                              //光源位置
4        static float lightDiffuseR,lightDiffuseG,lightDiffuseB,lightDiffuseA;
                                                             //散射光强度 RGBA 分量
```

```
5        static void setLightPosition(float lxIn,float lyIn,float lzIn);//设置光源位置的方法
6        static void setlightDiffuse(float lightDiffuseRIn,float lightDiffuseGIn,
         //设置散射光强度 RGBA 分量
7                          float lightDiffuseBIn,float lightDiffuseAIn);
8    };
```

（2）对 LightManager 的头文件有了一个简单的了解后，接下来介绍 LightManager 类的相关实现代码，具体内容如下。

📎 **代码位置：**见随书中源代码/第 5 章/Sample5_3/src/main/cpp/util 目录下的 LightManager.cpp。

```
1    //此处省略了相关文件的导入，感兴趣的读者自行查看随书源代码
2    float LightManager::lx=0;                      //初始化光源位置 x 坐标
3    float LightManager::ly=0;                      //初始化光源位置 y 坐标
4    float LightManager::lz=0;                      //初始化光源位置 z 坐标
5    float LightManager::lightDiffuseR=0;           //初始化散射光强度 R 分量
6    float LightManager::lightDiffuseG=0;           //初始化散射光强度 G 分量
7    float LightManager::lightDiffuseB=0;           //初始化散射光强度 B 分量
8    float LightManager::lightDiffuseA=0;           //初始化散射光强度 A 分量
9    void LightManager::setLightPosition(float lxIn,float      //设置光源位置的方法
10                                       lyIn,float lzIn){
11       lx=lxIn;                                   //设置光源位置 x 坐标
12       ly=lyIn;                                   //设置光源位置 y 坐标
13       lz=lzIn;                                   //设置光源位置 z 坐标
14   }
15   void LightManager::setlightDiffuse(float lightDiffuseRIn,   //设置散射光强度的方法
16           float lightDiffuseGIn,float lightDiffuseBIn,float lightDiffuseAIn){
17       lightDiffuseR=lightDiffuseRIn;            //设置散射光强度 R 分量
18       lightDiffuseG=lightDiffuseGIn;            //设置散射光强度 G 分量
19       lightDiffuseB=lightDiffuseBIn;            //设置散射光强度 B 分量
20       lightDiffuseA=lightDiffuseAIn;            //设置散射光强度 A 分量
21   }
```

✏️ **说明** 　此类与 5.2.2 节环境光案例中的 LightManager 类差别不大，主要是将设置环境光强度的方法替换为设置散射光强度的方法，同时增加了设置光源位置的方法。

（3）接着给出的是用于处理触屏事件以实现手指在屏幕上左右滑动改变光源位置的相关代码，涉及的事件包括触控点按下和触控点移动，具体代码如下。

📎 **代码位置：**见随书中源代码/第 5 章/Sample5_3/src/main/cpp/bndevp 目录下的 main.cpp。

```
1    //此处省略了部分代码，感兴趣的读者请自行查看随书源代码
2    int xPre;                                    //上次触控位置的 x 坐标
3    int yPre;                                    //上次触控位置的 y 坐标
4    float xDis;                                  //存储触控点 x 位移的变量
5    float yDis;                                  //存储触控点 y 位移的变量
6    static int32_t engine_handle_input(struct android_app* app,
7                                       AInputEvent* event){//触控事件处理回调方法
8        if (AInputEvent_getType(event) == AINPUT_EVENT_TYPE_MOTION){//如果是MOTION 事件
9            if(AInputEvent_getSource(event)==AINPUT_SOURCE_TOUCHSCREEN){//如果是触屏
10               int x=AMotionEvent_getRawX(event,0);      //获取触控点 x 坐标
11               int y=AMotionEvent_getRawY(event,0);      //获取触控点 y 坐标
12               int32_t id = AMotionEvent_getAction(event);//获取事件类型编号
13               switch(id){
14                   case AMOTION_EVENT_ACTION_DOWN:    //触控点按下
15                       xPre=x;                        //记录触控点 x 坐标
```

```
16                                  yPre=y;                        //记录触控点 y 坐标
17                                  break;
18                          case AMOTION_EVENT_ACTION_MOVE:    //触控点移动
19                                  xDis=x-xPre;                   //计算触控点 x 位移
20                                  yDis=y-yPre;                   //计算触控点 y 位移
21                                  LightManager::lx=LightManager::lx+xDis;//修改光源位置 x 坐标
22                                  LightManager::ly=LightManager::ly-yDis;//修改光源位置 y 坐标
23                                  xPre=x;                        //记录触控点 x 坐标
24                                  yPre=y;                        //记录触控点 y 坐标
25                          break;
26                          case AMOTION_EVENT_ACTION_UP:      //触控点抬起
27                          break;
28                  }}
29          return true;}
30      return false;}
31      //此处省略了部分代码，感兴趣的读者请自行查看随书源代码
```

> **说明**　上述代码中根据触控点的 x 位移量修改光源的 x 坐标，根据触控点的 y 位移量修改光源的 y 坐标，实现了手指在屏幕上滑动改变光源的位置。

（4）接着给出的是 BallData 类中初始化组成球面的各个小三角形顶点数据的方法 genBallData，主要是增加了初始化法向量数据的相关代码，具体内容如下。

代码位置： 见随书中源代码/第 5 章/Sample5_3/src/main/cpp/bndevp 目录下的 BallData.cpp。

```
1   //此处省略了部分代码，感兴趣的读者请自行查看随书源代码
2   void   BallData::genBallData(float angleSpan){
3           //此处省略了对球面按照经纬度拆分的相关代码，感兴趣的读者请自行查看随书源代码
4           vCount = alVertix.size()/3;      //顶点的数量为坐标值数量的1/3，因为一个顶点有 3 个坐标分量
5           dataByteCount=alVertix.size()*2* sizeof(float);//计算顶点和法向量数据总字节数
6           vdata=new float[alVertix.size()*2];          //创建存放顶点和法向量数据的数组
7           int index=0;                                 //辅助索引
8           for(int i=0;i<vCount;i++){
9                   vdata[index++]=alVertix[i*3+0];        //保存顶点位置 x 分量
10                  vdata[index++]=alVertix[i*3+1];        //保存顶点位置 y 分量
11                  vdata[index++]=alVertix[i*3+2];        //保存顶点位置 z 分量
12                  vdata[index++]=alVertix[i*3+0]/r;      //保存法向量 x 轴分量( 除以 r 是为了规格化 )
13                  vdata[index++]=alVertix[i*3+1]/r;      //保存法向量 y 轴分量( 除以 r 是为了规格化 )
14                  vdata[index++]=alVertix[i*3+2]/r;      //保存法向量 z 轴分量( 除以 r 是为了规格化 )
15  }}
```

- 第 5 行和第 6 行分别将数据所占总字节数和存放数据的数组长度都扩大为前面案例 Sample5_1 中的两倍，以同时存放顶点坐标数据和法向量数据。
- 第 9～11 行将球面顶点的坐标数据保存进存放数据的数组，第 12～14 行将球面顶点的法向量数据保存进存放数据的数组。

> **说明**　由于本案例中原始情况下的球心位于坐标原点，所以每个顶点法向量的 x、y、z 轴分量与顶点的 x、y、z 坐标值是一致的。这样就不必单独计算每个顶点的法向量了，直接将顶点坐标值作为顶点法向量值使用即可。要注意并不是所有情况下顶点法向量与顶点坐标都有必然联系，很多情况下顶点的法向量需要单独给出，本书后面会有很多这样的案例。

（5）解决了顶点数据的生成后，接着给出的是 ShaderQueueSuit_Common 类中的 initVertex AttributeInf 和 create_pipe_line 方法，具体代码如下。

✎ **代码位置：见随书中源代码/第 5 章/Sample5_3/src/main/cpp/bndevp 目录下的 ShaderQueueSuit_ Common.cpp。**

```
1   void ShaderQueueSuit_Common::initVertexAttributeInfo(){
2       vertexBinding.binding = 0;                                  //对应绑定点
3       vertexBinding.inputRate = VK_VERTEX_INPUT_RATE_VERTEX;//数据输入频率为每顶点
4       vertexBinding.stride = sizeof(float)*6;                  //每组数据的跨度字节数
5       vertexAttribs[0].binding = 0;                           //顶点坐标输入属性的绑定点
6       vertexAttribs[0].location = 0;                          //顶点坐标输入属性的位置索引
7       vertexAttribs[0].format = VK_FORMAT_R32G32B32_SFLOAT;//顶点坐标输入属性的数据格式
8       vertexAttribs[0].offset = 0;                            //顶点坐标输入属性的偏移量
9       vertexAttribs[1].binding = 0;                           //法向量输入属性的绑定点
10      vertexAttribs[1].location = 1;                          //法向量输入属性的位置索引
11      vertexAttribs[1].format = VK_FORMAT_R32G32B32_SFLOAT;//法向量输入属性的数据格式
12      vertexAttribs[1].offset = 12;                           //法向量输入属性的偏移量
13  }
14  void ShaderQueueSuit_Common::create_pipe_line              //创建管线的方法
15          (VkDevice& device,VkRenderPass& renderPass){
16      //此处省略了部分代码，感兴趣的读者请自行查看随书源代码
17      VkPipelineVertexInputStateCreateInfo vi;              //管线顶点数据输入状态创建信息
18      vi.sType =VK_STRUCTURE_TYPE_PIPELINE_VERTEX_INPUT_STATE_CREATE_INFO;
19      vi.pNext = NULL;                                       //自定义数据的指针
20      vi.flags = 0;                                          //供将来使用的标志
21      vi.vertexBindingDescriptionCount = 1;                 //顶点输入绑定描述数量
22      vi.pVertexBindingDescriptions = &vertexBinding;       //顶点输入绑定描述列表
23      vi.vertexAttributeDescriptionCount = 2;               //顶点输入属性数量
24      vi.pVertexAttributeDescriptions =vertexAttribs;       //顶点输入属性描述列表
25      //此处省略了部分代码，感兴趣的读者请自行查看随书源代码
26  }
```

- 第 1～13 行的 initVertexAttributeInfo 方法中主要是增加了一个顶点输入属性，用于匹配法向量数据的输入。此顶点输入属性绑定点为 0，位置索引为 1，类型为 VK_FORMAT_R32G32B32_ SFLOAT，偏移量为 12（由于原来匹配顶点坐标数据的顶点输入属性包含 3 个浮点数，共 12 个字节，故增加的顶点输入属性偏移量为 12）。

- 第 14～26 行的 create_pipe_line 方法中主要是修改了 23 行的顶点输入属性数量，由前面案例中的 1 变更为 2。

（6）接下来给出的是 MyVulkanManager 类中的 initMatrixAndLight 和 flushUniformBuffer 方法，分别用于设置光照相关参数和将相关数据送入一致变量缓冲，具体代码如下。

✎ **代码位置：见随书中源代码/第 5 章/Sample5_3/src/main/cpp/bndevp 目录下的 MyVulkanManager.cpp。**

```
1   void MyVulkanManager::initMatrixAndLight(){
2       //此处省略了部分代码，感兴趣的读者请自行查看随书源代码
3       LightManager::setLightPosition(0,0,-13);              //设置光源位置
4       LightManager::setlightDiffuse(0.8f,0.8f,0.8f,0.8f);   //设置散射光强度
5   }
6   void MyVulkanManager::flushUniformBuffer(){
7       float vertexUniformData[8]={                          //一致变量缓冲数据数组
8           LightManager::lx,LightManager::ly,LightManager::lz,1.0,//光源位置坐标xyz 分量
9           LightManager::lightDiffuseR,LightManager::lightDiffuseG,
10              LightManager::lightDiffuseB,LightManager::lightDiffuseA};
```

```
          //散射光强度 RGBA 分量
11        //此处省略了将数组数据送入一致变量缓冲的相关代码，感兴趣的读者请自行查看随书源代码
12   }
```

- 第 1～5 行的 initMatrixAndLight 方法中主要是添加了调用设置光源位置和散射光强度方法的相关代码。
- 第 6～13 行的 flushUniformBuffer 方法中主要是修改了一致变量缓冲数据数组的长度，并将光源位置坐标 xyz 分量、散射光强度 RGBA 分量依次存入了一致变量缓冲数据数组。每次绘制一帧新的画面前，程序都会调用 flushUniformBuffer 方法刷新相关数据。因此当用户滑动手指改变光源位置时，绘制的画面就会随光源位置的变化而变化了。

> **提示**　细心的读者可能注意到，光源位置坐标 xyz 分量数据后面补了一个 1.0，这是为了使总的数据量为 16 字节的整数倍。若总的数据量不是 16 字节的整数倍，可能程序不能正常运行。

（7）随后给出的是 ShaderQueueSuit_Common 类中用于创建一致变量缓冲的 create_uniform_buffer 方法，具体代码如下。

代码位置：见随书中源代码/第 5 章/Sample5_3/src/main/cpp/bndevp 目录下的 ShaderQueueSuit_Common.cpp。

```
1   void ShaderQueueSuit_Common::create_uniform_buffer(VkDevice& device,
2       VkPhysicalDeviceMemoryProperties& memoryroperties){
3       bufferByteCount=sizeof(float)* 8;              //一致变量缓冲的总字节数
4       //此处省略了部分代码，感兴趣的读者请自行查看随书源代码
5   }
```

> **说明**　与 5.2.2 节环境光案例中的类似，此处的总字节数应当与前面步骤（6）中 vertexUniformData 数据数组所占内存总字节数一致。

（8）到这里对案例 C++部分的介绍就基本完成了，下面需要给出的是着色器。由于本案例中片元着色器相比 5.2.2 节案例未做任何改动，故这里不再赘述。下面给出本案例的重点内容之一——顶点着色器，其具体代码如下。

代码位置：见随书中源代码/第 5 章/Sample5_3/src/main/assets/shader 目录下的 commonTexLight.vert。

```
1    #version 400                                    //声明着色器版本
2    #extension GL_ARB_separate_shader_objects : enable//打开GL_ARB_separate_shader_objects
3    #extension GL_ARB_shading_language_420pack : enable//打开GL_ARB_shading_language_420pack
4    layout (std140,set = 0,binding = 0) uniform bufferVals{        //一致块
5        vec4 lightPosition;                         //光源位置
6        vec4 lightDiffuse;                          //散射光强度
7    } myBufferVals;
8    layout (push_constant) uniform constantVals { //推送常量块
9        mat4 mvp;                                   //最终变换矩阵
10       mat4 mm;                                    //基本变换矩阵
11   } myConstantVals;
12   layout (location = 0) in vec3 pos;              //传入的顶点位置
13   layout (location = 1) in vec3 inNormal;         //传入的顶点法向量
14   layout (location = 0) out vec4 outLightQD;      //传出的光照强度
15   layout (location = 1) out vec3 vposition;       //传出的顶点位置
16   out gl_PerVertex {                              //输出接口块
```

```
17       vec4 gl_Position;                       //内建变量 gl_Position
18   };
19   vec4 pointLight(                            //定位光光照计算的方法
20     in mat4 uMMatrix,                         //基本变换矩阵
21     in vec3 lightLocation,                    //光源位置
22     in vec4 lightDiffuse,                     //散射光强度
23     in vec3 normal,                           //法向量
24     in vec3 aPosition){                       //顶点位置
25     vec4 diffuse;                             //散射光最终强度
26     vec3 normalTarget=aPosition+normal;       //计算世界坐标系中的法向量
27     vec3 newNormal=(uMMatrix*vec4(normalTarget,1)).xyz-(uMMatrix*vec4(aPosition,1)).xyz;
28     newNormal=normalize(newNormal);           //对法向量规格化
29     vec3 vp= normalize(lightLocation-(uMMatrix*vec4(aPosition,1)).xyz);
                                                 //计算表面点到光源位置的向量 vp
30     vp=normalize(vp);                         //格式化 vp 向量
31     float nDotViewPosition=max(0.0,dot(newNormal,vp));//求法向量与 vp 的点积与 0 的最大值
32     diffuse=lightDiffuse*nDotViewPosition;    //计算散射光的最终强度
33     return diffuse;                           //返回散射光最终强度
34   }
35   void main() {
36     outLightQD=pointLight(                    //将散射光最终强度传递给片元着色器
37                 myConstantVals.mm,            //基本变换矩阵
38                 myBufferVals.lightPosition.xyz,//光源位置
39                 myBufferVals.lightDiffuse,    //散射光强度
40                 inNormal,                     //法向量
41                 pos                           //顶点位置
42               );
43     gl_Position = myConstantVals.mvp * vec4(pos,1.0);//计算顶点最终位置
44     vposition=pos;                            //传递顶点位置给片元着色器
45   }
```

● 第 1～18 行相对于前面环境光案例中的顶点着色器主要是增加了光源位置一致变量 lightPosition 和散射光强度一致变量 lightDiffuse，同时增加了传入的顶点法向量 inNormal，其他变化不大。

● 第 19～34 行为根据前面介绍的公式计算散射光最终强度的 pointLight 方法。最需要注意的一点是：由于本案例中的散射光光照计算基于世界坐标系进行，故在进行散射光光照计算前要将物体坐标系中的顶点法向量变换为世界坐标系中的顶点法向量。

● 第 35～45 行为顶点着色器的 main 方法，主要是增加了调用 pointLight 方法计算散射光最终强度的相关代码。

> **说明**　将物体坐标系中的顶点法向量变换为世界坐标系中的顶点法向量思路有很多种，作者采用的思路是首先给出物体坐标系中的法向量起点（当前顶点）和终点（当前顶点加上物体坐标系中法向量值得到的点，如第 26 行），然后基于基本变换矩阵将法向量的起点和终点变换进世界坐标系，最后将变换后两点的坐标相减即可得到世界坐标系中的法向量。

5.2.4　镜面光

使用了 5.2.3 节中介绍的散射光效果后，场景的整体视觉效果有了较大的提升。但这并不是光照的全部，现实世界中当光滑表面被照射时会有方向很集中的反射光。这就是镜面光（Specular），本节将详细介绍镜面光的计算模型及使用。

与散射光最终强度仅依赖于入射光与被照射点法向量的夹角不同，镜面光的最终强度还依赖于观察者的位置。也就是说，如果从摄像机到被照射点的向量不在反射光方向集中的范围内，观察者将不会看到镜面光，图 5-12 简单地说明了这个问题。

镜面光的计算模型比前面的两种光都要复杂一些，具体公式如下。

镜面光照射结果=材质的反射系数×镜面光强度×max(0,(cos(半向量与法向量的夹角)))^{粗糙度}

实际开发中往往分两步进行计算，此时公式被拆解为如下情况。

镜面光最终强度=镜面光强度×max(0,(cos(半向量与法向量的夹角)))^{粗糙度}

镜面光照射结果=材质的反射系数×镜面光最终强度

提示　　材质的反射系数实际指的就是物体被照射处的颜色，镜面光强度指的是镜面光中 4 个色彩通道的强度。

从上述公式中可以看出，其与散射光计算公式主要有两点区别。首先是计算余弦值时对应的角不再是入射角，而是半向量与法向量的夹角。半向量指的是从被照射点到光源的向量与从被照射点到观察点向量的平均向量，图 5-13 说明了半向量的含义。

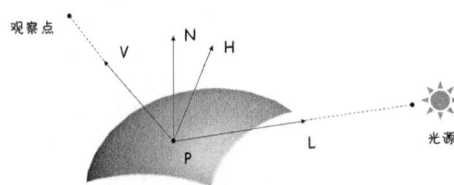

▲图 5-12　镜面光基本情况　　　　▲图 5-13　计算镜面反射光

说明　　图 5-13 中 **V** 为从被照射点到观察点的向量，**N** 为被照射点表面的法向量，**H** 为半向量，**L** 为从被照射点到光源的向量。

从图 5-13 中可以看出，半向量 **H** 与 **V** 及 **L** 共面，并且其与这两个向量的夹角相等。因此已知 **V** 和 **L** 后计算 **H** 非常简单，只要首先将 **V** 和 **L** 规格化，然后将规格化后的 **V** 与 **L** 求和并再次规格化即可。求得半向量后，再求其与法向量夹角的余弦值就非常简单了，只需将规格化后的法向量与半向量进行点积即可。

另外一个区别就是求得的余弦值还需要对粗糙度进行乘方运算，此运算可以达到粗糙度越小，镜面光面积越大的效果，这也是很贴近现实世界的。

提示　　由于本书篇幅有限，故仅仅介绍了镜面光计算公式本身，而没有深入讨论为什么会产生这样的公式，有兴趣的读者可以参考其他相关资料或书籍。

了解了镜面光计算的基本原理后，下面将给出一个使用镜面光的案例 Sample5_4，其运行效果如图 5-14 所示。

说明　　图 5-14 中图 a 为粗糙度值等于 25 的情况，图 b 为粗糙度值等于 50 的情况。从 a、b 两幅图运行效果图的对比中可以看出，粗糙度越小（即表面越光滑），镜面光面积越大，这也符合我们观察现实世界的经验。另外，本案例运行时用手指在屏幕上滑动，同样可以改变光源的位置。

（a）　　　　　　　　　　　　　　　　（b）

▲图 5-14　案例 Sample5_4 运行效果图

　　了解了镜面光的基本原理及案例的运行效果后，就可以进行案例的开发了。由于实际上本案例仅仅是将案例 Sample5_3 复制了一份并进行了适当的改动，因此这里仅给出改动的主要步骤，具体如下所列。

　　（1）首先需要对工具类 LightManager 进行进一步升级，将原来散射光相关的成员变量和设置方法修改为存储镜面光强度的成员变量以及设置镜面光强度的方法，具体代码如下。

　　✎ 代码位置：见随书中源代码/第 5 章/Sample5_4/src/main/cpp/util 目录下的 LightManager.h。

```
1    class LightManager{
2    public:
3        static float lx,ly,lz;                                          //光源位置坐标 xyz 分量
4        static float lightSpecularR,lightSpecularG,lightSpecularB,lightSpecularA;
                                                                         //镜面光强度 RGBA 分量
5        static void setLightPosition(float lxIn,float lyIn,float lzIn);//设置光源的位置的方法
6        static void setlightSpecular(float lightSpecularRIn,float //设置镜面光强度的方法
7                lightSpecularGIn,float lightSpecularBIn,float lightSpecularAIn);
8    };
```

　　✐ 说明　　上述代码很简单，只是将原来散射光的相关内容替换为镜面光的相关内容。

　　（2）对 LightManager 类的头文件有了一个简单的了解后，接下来给出 LightManager 类的重点实现代码，具体内容如下。

　　✎ 代码位置：见随书中源代码/第 5 章/Sample5_4/src/main/cpp/util 目录下的 LightManager.cpp。

```
1    ……//此处省略了与前面案例中相同的初始化光源位置 x、y、z 坐标的代码
2    float LightManager::lightSpecularR=0;                    //初始化镜面光强度 R 分量
3    float LightManager::lightSpecularG=0;                    //初始化镜面光强度 G 分量
4    float LightManager::lightSpecularB=0;                    //初始化镜面光强度 B 分量
5    float LightManager::lightSpecularA=0;                    //初始化镜面光强度 A 分量
6    //此处省略了与前面案例中相同的设置光源位置的方法
7    void LightManager::setlightSpecular(float lightSpecularRIn, //设置镜面光强度的方法
8            float lightSpecularGIn,float lightSpecularBIn,float lightSpecularAIn){
9        lightSpecularR=lightSpecularRIn;                    //设置镜面光强度 R 分量
10       lightSpecularG=lightSpecularGIn;                    //设置镜面光强度 G 分量
11       lightSpecularB=lightSpecularBIn;                    //设置镜面光强度 B 分量
12       lightSpecularA=lightSpecularAIn;                    //设置镜面光强度 A 分量
13   }
```

　　✐ 说明　　上述代码相比于散射光案例主要是将设置散射光强度的方法更改为设置镜面光强度的方法，同时更改了方法中设置的成员变量。

（3）接着介绍的是 MyVulkanManager 类中的 initMatrixAndLight 方法和 flushUniformBuffer 方法，具体代码如下。

代码位置：见随书中源代码/第 5 章/Sample5_4/src/main/cpp/bndevp 目录下的 MyVulkanManager.cpp。

```
1    void MyVulkanManager::initMatrixAndLight(){
2        //这里省略了设置摄像机和投影矩阵的方法，请读者自行查看随书源代码
3        LightManager::setLightPosition(0,0,-13);           //设置光源位置
4        LightManager::setlightSpecular(0.7f,0.7f,0.7f,0.7f);//设置镜面光强度
5    }
6    void MyVulkanManager::flushUniformBuffer(){
7        float vertexUniformData[12]={                       //一致缓冲数据数组
8            MatrixState3D::cx,MatrixState3D::cy,MatrixState3D::cz,1.0,//摄像机位置
坐标 xyz 分量值
9            LightManager:lx,LightManager::ly,LightManager::lz,1.0,//光源位置坐标 xyz 分量值
10           LightManager::lightSpecularR,LightManager::lightSpecularG,//镜面光强度 RGBA 分量值
11                LightManager::lightSpecularB,LightManager::lightSpecularA
12       //此处省略了将数组数据送入一致变量缓冲的相关代码，感兴趣的读者请自行查看随书源代码
13   }
```

- 第 1～5 行的 initMatrixAndLight 方法中主要是将调用设置散射光强度方法的代码更改为调用设置镜面光强度方法的代码。
- 第 6～13 行的 flushUniformBuffer 方法中主要是修改了一致变量缓冲数据数组的长度，并将摄像机位置坐标 xyz 分量、光源位置坐标 xyz 分量、镜面光强度 RGBA 分量依次存入了一致变量缓冲数据数组。每次绘制一帧新的画面前，程序都会调用 flushUniformBuffer 方法刷新相关数据。因此当用户滑动手指改变光源位置时，绘制的画面就会随光源位置的变化而变化了。

提示　细心的读者可能注意到，摄像机位置坐标 xyz 分量和光源位置坐标 xyz 分量数据后面都补了一个 1.0。原因与前面散射光案例中的相同，都是为了使总的数据量是 16 字节的整数倍。若总的数据量不是 16 字节的整数倍，可能程序不能正常运行。

（4）随后给出的是 ShaderQueueSuit_Common 类中用于创建一致变量缓冲的 create_uniform_buffer 方法，具体代码如下。

代码位置：见随书中源代码/第 5 章/Sample5_3/src/main/cpp/bndevp 目录下的 ShaderQueueSuit_Common.cpp。

```
1    void ShaderQueueSuit_Common::create_uniform_buffer(VkDevice& device,
2        VkPhysicalDeviceMemoryProperties& memoryroperties){
3        bufferByteCount=sizeof(float)* 12;                  //一致变量缓冲的总字节数
4        //此处省略了部分代码，感兴趣的读者请自行查看随书源代码
5    }
```

说明　与 5.2.3 节环境光案例中的类似，此处的总字节数应当与前面步骤（3）中 vertexUniformData 数据数组所占内存总字节数一致。

（5）到这里对 C++代码的介绍就基本完成了，下面需要给出的是着色器的代码。本案例中片元着色器没有做任何改动，这里就不再赘述。此处仅给出顶点着色器的代码，具体内容如下。

代码位置：见随书中源代码/第 5 章/Sample5_4/app/src/main/assets/shader 目录下的 commonTexLight.vert。

```
1    #version 400                              //着色器版本
2    #extension GL_ARB_separate_shader_objects : enable  //开启 separate_shader_objects
```

```
3    #extension GL_ARB_shading_language_420pack : enable //开启 shading_language_420pack
4    layout (std140,set = 0, binding = 0) uniform bufferVals {          //一致块
5        vec4 uCamera;                            //摄像机位置
6        vec4 lightPosition;                      //光源位置
7        vec4 lightSpecular;                      //镜面光强度
8    } myBufferVals;
9    layout (push_constant) uniform constantVals{      //推送常量块
10       mat4 mvp;                                //最终变换矩阵
11       mat4 mm;                                 //基本变换矩阵
12   } myConstantVals;
13   layout (location = 0) in vec3 pos;               //输入的顶点位置
14   layout (location = 1) in vec3 inNormal;          //输入的法向量
15   layout (location = 0) out vec4 outLightQD;       //输出的光照强度
16   layout (location = 1) out vec3 vposition;        //输出的顶点位置
17   out gl_PerVertex {                               //输出接口块
18       vec4 gl_Position;                            //内建变量 gl_Position
19   };
20   vec4 pointLight(                                 //定位光光照计算的方法
21     in mat4 uMMatrix,                              //基本变换矩阵
22     in vec3 uCamera,                               //摄像机位置
23     in vec3 lightLocation,                         //光源位置
24     in vec4 lightSpecular,                         //镜面光强度
25     in vec3 normal,                                //法向量
26     in vec3 aPosition                              //顶点位置
27   ){
28     vec4 specular;                                 //镜面光最终强度
29     vec3 normalTarget=aPosition+normal;            //计算变换后的法向量
30     vec3 newNormal=(uMMatrix*vec4(normalTarget,1)).xyz-(uMMatrix*vec4(aPosition,1)).xyz;
31     newNormal=normalize(newNormal);                //对法向量规格化
32     vec3 eye= normalize(uCamera-(uMMatrix*vec4(aPosition,1)).xyz);//计算表面点到摄像机的向量
33     vec3 vp= normalize(lightLocation-(uMMatrix*vec4(aPosition,1)).xyz);//计算表面点到
     光源位置的向量 vp
34     vp=normalize(vp);                              //格式化 vp 向量
35     vec3 halfVector=normalize(vp+eye);             //求视线与 vp 向量的半向量
36     float shininess=50.0;                          //粗糙度, 越小越光滑
37     float nDotViewHalfVector=dot(newNormal,halfVector);   //法线与半向量的点积
38     float powerFactor=max(0.0,pow(nDotViewHalfVector,shininess));//镜面反射光强度因子
39     specular=lightSpecular*powerFactor;            //计算镜面光的最终强度
40     return specular;                               //返回镜面光最终强度
41   }
42   void main(){
43     outLightQD=pointLight(                         //将镜面光最终强度传递给片元着色器
44                 myConstantVals.mm,                 //基本变换矩阵
45                 myBufferVals.uCamera.xyz,          //摄像机位置
46                 myBufferVals.lightPosition.xyz,    //光源位置
47                 myBufferVals.lightSpecular,        //镜面光强度
48                 inNormal,                          //法向量
49                  pos                               //顶点位置
50                 );
51     gl_Position = myConstantVals.mvp * vec4(pos,1.0);//计算顶点最终位置
52     vposition=pos;                                 //传到片元着色器的顶点位置
53   }
```

● 第 1~19 行中的主要变化是改动了一致块中的内容, 增加了摄像机位置, 将前面案例中的散射光强度替换为镜面光强度。

● 第 20～41 行为根据前面介绍的公式计算镜面光最终强度的 pointLight 方法。最需要注意的一点是：由于本案例中的镜面光光照计算基于世界坐标系进行，故在进行镜面光光照计算前要将物体坐标系中的顶点法向量变换为世界坐标系中的顶点法向量。

● 第 42～53 行为顶点着色器的 main 方法，主要是将原来调用散射光计算的相关代码修改为调用镜面光计算的相关代码。

5.2.5　3 种光照通道的合成

前面 3 节中的每个案例仅采用了一种光照通道，而现实世界中 3 种通道是同时作用的。因此本节将通过一个案例 Sample5_5 将前面 3 节案例中不同通道（环境光、散射光、镜面光）的光照效果综合起来，其运行效果如图 5-15 所示。

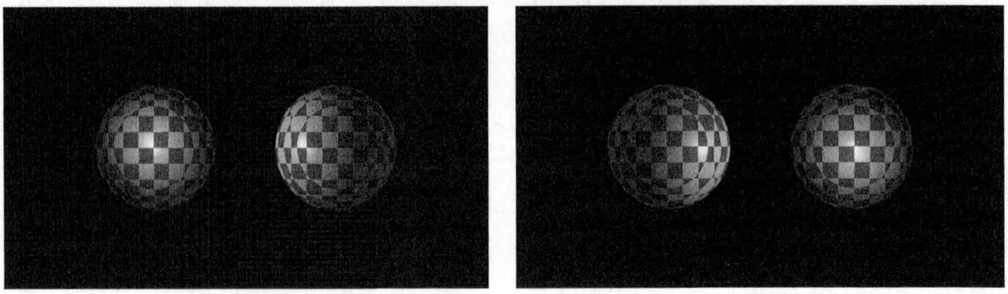

▲图 5-15　案例 Sample5_5 运行效果图

> 提示　从图 5-15 中可以看出，综合了 3 种光照通道后，场景的视觉效果大大提高。另外，本案例运行时用手指在屏幕上滑动，同样可以改变光源的位置。

了解了案例的运行效果后，就可以进行案例的开发了。由于实际上本案例仅仅是将案例 Sample5_2、Sample5_3 和 Sample5_4 中的顶点着色器（片元着色器无变化）及相关 C++代码进行了综合，并没有实质性的新内容。因此这里仅给出综合后最有代表性的顶点着色器，其具体代码如下。

✎ **代码位置**：见随书中源代码/第 5 章/Sample5_5/app/src/main/assets/shader 目录下的 commonTexLight.vert。

```
1    #version 400                                          //着色器版本号
2    #extension GL_ARB_separate_shader_objects : enable //开启 separate_shader_objects
3    #extension GL_ARB_shading_language_420pack : enable//开启 shading_language_420pack
4    layout (std140,set = 0, binding = 0) uniform bufferVals {
5        vec4 uCamera;                                     //摄像机位置
6        vec4 lightPosition;                               //光源位置
7        vec4 lightAmbient;                                //环境光强度
8        vec4 lightDiffuse;                                //散射光强度
9        vec4 lightSpecular;                               //镜面光强度
10   } myBufferVals;
11   layout (push_constant) uniform constantVals{          //推送常量块
12       mat4 mvp;                                         //最终变换矩阵
13       mat4 mm;                                          //基本变换矩阵
14   } myConstantVals;
15   layout (location = 0) in vec3 pos;                    //输入的顶点位置
16   layout (location = 1) in vec3 inNormal;               //输入的法向量
17   layout (location = 0) out vec4 outLightQD;            //输出的光照强度
18   layout (location = 1) out vec3 vposition;             //输出的顶点位置
19   out gl_PerVertex {                                    //输出接口块
```

```
20        vec4 gl_Position;                                    //内建变量 gl_Position
21    };
22    vec4 pointLight(                                         //定位光光照计算的方法
23      in mat4 uMMatrix,                                      //基本变换矩阵
24      in vec3 uCamera,                                       //摄像机位置
25      in vec3 lightLocation,                                 //光源位置
26      in vec4 lightAmbient,                                  //环境光强度
27      in vec4 lightDiffuse,                                  //散射光强度
28      in vec4 lightSpecular,                                 //镜面光强度
29      in vec3 normal,                                        //法向量
30      in vec3 aPosition                                      //顶点位置
31    ){
32      vec4 ambient;                                          //环境光最终强度
33      vec4 diffuse;                                          //散射光最终强度
34      vec4 specular;                                         //镜面光最终强度
35      ambient=lightAmbient;                                  //直接得出环境光的最终强度
36      vec3 normalTarget=aPosition+normal;                    //计算变换后的法向量
37      vec3 newNormal=(uMMatrix*vec4(normalTarget,1)).xyz-(uMMatrix*vec4(aPosition,1)).xyz;
38      newNormal=normalize(newNormal);                        //对法向量规格化
39      vec3 eye= normalize(uCamera-(uMMatrix*vec4(aPosition,1)).xyz);   //顶点到摄像机的向量
40      vec3 vp= normalize(lightLocation-(uMMatrix*vec4(aPosition,1)).xyz);//顶点到光源位置的向量 vp
41      vp=normalize(vp);                                      //格式化 vp 向量
42      vec3 halfVector=normalize(vp+eye);                     //求视线与 vp 向量的半向量
43      float shininess=50.0;                                  //粗糙度，越小越光滑
44      float nDotViewPosition=max(0.0,dot(newNormal,vp));     //求法向量与 vp 向量的点积与 0 的最大值
45      diffuse=lightDiffuse*nDotViewPosition;                 //计算散射光的最终强度
46      float nDotViewHalfVector=dot(newNormal,halfVector);    //法线与半向量的点积
47      float powerFactor=max(0.0,pow(nDotViewHalfVector,shininess));//镜面反射光强度因子
48      specular=lightSpecular*powerFactor;                    //计算镜面光的最终强度
49      return ambient+diffuse+specular;                       //将三个光照通道最终强度值求和并返回
50    }
51    void main(){
52      outLightQD=pointLight(                                 //将最终光照强度传递给片元着色器
53                  myConstantVals.mm,                         //基本变换矩阵
54                  myBufferVals.uCamera.xyz,                  //摄像机位置
55                  myBufferVals.lightPosition.xyz,            //光源位置
56                  myBufferVals.lightAmbient,                 //环境光强度
57                  myBufferVals.lightDiffuse,                 //散射光强度
58                  myBufferVals.lightSpecular,                //镜面光强度
59                  inNormal,                                  //法向量
60                  pos                                        //顶点位置
61                );
62      gl_Position = myConstantVals.mvp * vec4(pos,1.0);//计算顶点最终位置
63      vposition=pos;                                          //传到片元着色器的顶点位置
64    }
```

> 💎说明　　　　上述代码只是将环境光、散射光、镜面光 3 种通道光照的计算都综合到了
> pointLight 方法中，并将最终的总光照强度传递给了片元着色器。另外要注意的是，
> 上述代码中第 36 ~ 38 行采用的基于物体坐标系中法向量计算世界坐标中法向量的
> 策略并不是效率最高的，只是为了便于初学者的理解。这 3 行代码还可以替换为
> "vec3 newNormal=normalize((uMMatrix*vec4(normal,0)).xyz);"，这样得到的结果也
> 是相同的，但效率更高，实际开发中读者也可以选用。

本节介绍的将物体坐标系中的法向量变换为世界坐标系中法向量的两套代码都有相同的局限

性，其只能在基本变换中仅包含平移、旋转、3 个轴等比例缩放的情况下保证变换计算的正确性。

如果基本变换中包含了 3 个轴不等比例的缩放变换，则将物体坐标系中的法向量变换到世界坐标系中时计算要复杂一些。此时要使用基本变换矩阵伴随矩阵的转置矩阵，具体的做法为将前面的第 36～38 行代码替换为如下代码。

```
1    mat3 baseM3=mat3(uMMatrix[0].xyz,uMMatrix[1].xyz,uMMatrix[2].xyz);//求基本变换矩阵
     左上角的 3X3 子阵
2    mat3 adjointM=inverse(baseM3)*determinant(baseM3);       //求子阵的伴随矩阵
3    mat3 TPM=transpose(adjointM);                            //求伴随矩阵的转置矩阵
4    vec3 newNormal=normalize(TPM*normal);                    //求世界坐标系中的法向量
```

- 第 1 行求出了基本变换矩阵的左上角 3×3 子阵，此子阵中仅包含了基本变换中的旋转与缩放部分，不包含平移部分。这是由于法向量的变换与平移无关，将 4×4 的矩阵简化为 3×3 的矩阵可以大大降低计算量。读者回顾一下第 4 章介绍过的平移、旋转、缩放等矩阵各个元素的分布即可理解。
- 第 2～3 行先求出 3×3 子阵的逆矩阵，再求出子阵的行列式，接着根据线性代数公式"逆矩阵=伴随矩阵/行列式"求出所需的伴随矩阵，然后将伴随矩阵进行了转置。
- 第 4 行通过转置后的伴随矩阵将物体坐标系中的法向量转换进世界坐标系中，并对转换后的矩阵进行了规格化。

> **提示**　　实际的数学学习中，一般是通过求伴随矩阵和行列式来求非奇异矩阵（行列式不为 0 的矩阵）的逆矩阵。这里由于着色语言中直接提供了求行列式和逆矩阵的函数但没有直接提供求伴随矩阵的函数，故逆向使用这个公式来求基本变换矩阵左上角 3×3 子阵的伴随矩阵。另外，通过第 4 章的学习应该能够理解，基本变换矩阵的左上角 3×3 子阵是可逆的（这是由于基本变换必然存在逆变换），因此必然不是奇异矩阵，故上述策略不会存在除以 0 的问题。

还需要注意的是，本节介绍的光照计算模型是比较常用的也是比较简单的一套。还有很多其他更为复杂的可以取得更好效果的光照计算模型，读者有需要也可以进一步参考其他技术资料自行实现。

5.3　定位光与定向光

5.2 节中介绍的光照效果都是基于定位光光源的，定位光光源类似于现实生活中的白炽灯灯泡，其在某个固定的位置，发出的光向四周发散。定位光照射的一个明显特点就是，在给定光源位置的情况下，对不同位置的物体产生的光照效果不同。

现实世界中并不都是定位光，例如照射到地面上的阳光，光线之间是平行的，这种光称之为定向光。定向光照射的明显特点是，在给定光线方向的情况下，场景中不同位置的物体反映出的光照效果完全一致。图 5-16 中对定位光与定向光的照射特点进行了比较。

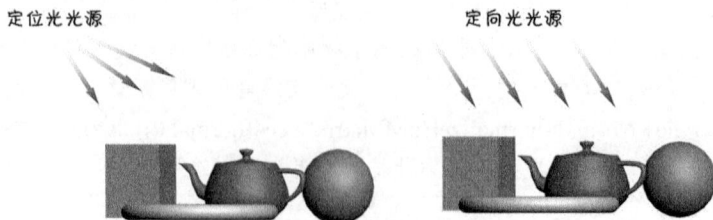

▲图 5-16　定位光和定向光

了解了定位光与定向光的区别后,接下来将通过一个案例 Sample5_6 介绍定向光效果的开发,其运行情况如图 5-17 所示。

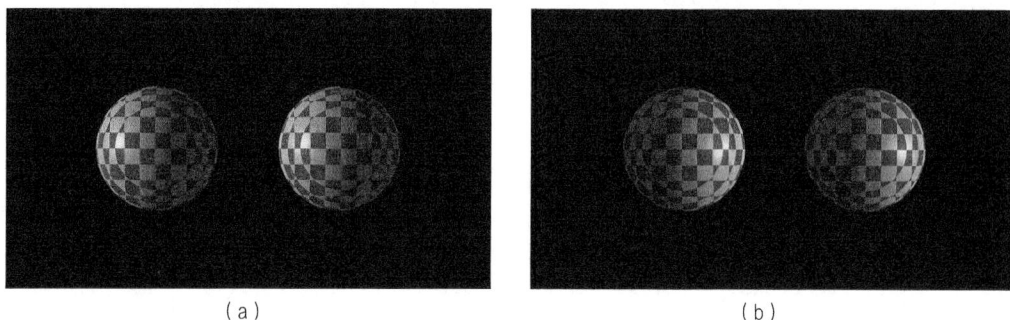

（a）　　　　　　　　　　　　　　　（b）

▲图 5-17　案例 Sample5_6 运行效果图

> **说明**　　图 5-17 中图 a 表示定向光方向从左向右照射的情况,图 b 表示定向光方向从右向左照射的情况。从 a、b 两幅效果图的对比中可以看出,在定向光方向确定的情况下,其对场景中任何位置的物体都产生相同的光照效果。有兴趣的读者还可以进一步比对前面案例 Sample5_5 的运行效果,可以发现在定位光照射下场景中左右不同位置两个球体的光照效果是明显不同的。

了解了定向光的基本情况及案例的运行效果后,就可以进行案例的开发了。由于实际上本案例仅仅是将案例 Sample5_5 复制了一份并进行了修改,因此这里仅给出有代表性的部分,具体内容如下。

（1）由于使用定向光需要将光线的方向由 C++程序传入渲染管线,故首先需要对 LightManager 类进行修改。首先给出其类声明,具体代码如下。

> **代码位置：**见随书中源代码/第 5 章/Sample5_6/src/main/cpp/util 目录下的 LightManager.h。

```
1    class LightManager{
2    public:
3        static float lx,ly,lz;                          //光源方向向量的 xyz 分量
4        static void setLightDirection(float lxIn,float lyIn,float lzIn); //设置光源方向的方法
5        //此处省略了设置各个通道光照强度的相关方法,感兴趣的读者请自行查看随书源代码
6    };
```

> **说明**　　该头文件的改动并不是很大,主要是将设置光源位置的方法替换为设置光源方向向量的方法。

（2）对 LightManager 类的头文件有了一个简单的了解后,接下来给出 LightManager 类的具体实现代码,具体内容如下。

> **代码位置：**见随书中源代码/第 5 章/Sample5_6/src/main/cpp/util 目录下的 LightManager.cpp。

```
1    float LightManager::lx=0;                            //定向光方向向量 x 分量
2    float LightManager::ly=0;                            //定向光方向向量 y 分量
3    float LightManager::lz=0;                            //定向光方向向量 z 分量
4    void LightManager::setLightDirection(float lxIn,     //设置定向光方向的方法
5                float lyIn,float lzIn){
6        lx=lxIn;                                         //设置定向光方向向量 x 分量
```

```
7        ly=lyIn;                                    //设置定向光方向向量 y 分量
8        lz=lzIn;                                    //设置定向光方向向量 z 分量
9    }
10   //此处省略了设置各个通道光照强度的具体代码，感兴趣的读者请自行查看随书源代码
```

> ✏️**说明**　上述代码很简单，主要是将原来案例中设置光源位置的方法替换成了设置方向光向量的方法。

（3）接着介绍的是 MyVulkanManager 类的 initMatrixAndLight 方法，具体代码如下。

```
1    void MyVulkanManager::initMatrixAndLight(){                       //初始化矩阵和光源的方法
2        //这里省略设置摄像机和投影矩阵的方法，请读者自行查看随书源代码
3        LightManager::setLightDirection(-0.0f,0.0f,1.0f);  //调用初始化光源方向的方法
4    }
```

> ✏️**说明**　上述代码也很简单，主要是将原来调用设置光源位置方法的代码替换成了调用设置方向光向量方法的代码。

（4）到这里对 C++代码的介绍就基本完成了，下面给出着色器的代码。由于本案例中的片元着色器与前面案例 Sample5_5 中的相同，因此这里仅介绍顶点着色器，具体代码如下。

✒️ 代码位置：见随书中源代码/第 5 章/Sample5_6/app/src/main/assets/shader 目录下的 commonTexLight.vert。

```
1    #version 400                                           //着色器版本号
2    #extension GL_ARB_separate_shader_objects : enable  //开启 separate_shader_objects
3    #extension GL_ARB_shading_language_420pack : enable //开启 shading_language_420pack
4    layout (std140,set = 0, binding = 0) uniform bufferVals {  //一致块
5        vec4 uCamera;                                     //摄像机位置
6        vec4 uLightDirection;                             //光源方向向量
7        vec4 lightAmbient;                                //环境光强度
8        vec4 lightDiffuse;                                //散射光强度
9        vec4 lightSpecular;                               //镜面光强度
10   } myBufferVals;
11   layout (push_constant) uniform constantVals{ //推送常量块
12       mat4 mvp;                                         //最终变换矩阵
13       mat4 mm;                                          //基本变换矩阵
14   } myConstantVals;
15   layout (location = 0) in vec3 pos;                //输入的顶点位置
16   layout (location = 1) in vec3 inNormal;          //输入的法向量
17   layout (location = 0) out vec4 outLightQD;       //输出的光照强度
18   layout (location = 1) out vec3 vposition;        //输出的顶点位置
19   out gl_PerVertex {                                //输出接口块
20       vec4 gl_Position;                             //内建变量 gl_Position
21   };
22   vec4 directionalLight (                           //定向光光照计算的方法
23     in mat4 uMMatrix,                               //基本变换矩阵
24     in vec3 uCamera,                                //摄像机位置
25     in vec3 lightDirection,                         //定向光方向
26     in vec4 lightAmbient,                           //环境光强度
27     in vec4 lightDiffuse,                           //散射光强度
28     in vec4 lightSpecular,                          //镜面光强度
29     in vec3 normal,                                 //法向量
30     in vec3 aPosition                               //顶点位置
31   ){
```

```
32      vec4 ambient;                                  //环境光最终强度
33      vec4 diffuse;                                  //散射光最终强度
34      vec4 specular;                                 //镜面光最终强度
35      ambient=lightAmbient;                          //直接得出环境光的最终强度
36      vec3 normalTarget=aPosition+normal;            //计算变换后的法向量
37      vec3 newNormal=(uMMatrix*vec4(normalTarget,1)).xyz-(uMMatrix*vec4(aPosition,1)).xyz;
38      newNormal=normalize(newNormal);                //对法向量规格化
39      vec3 eye= normalize(uCamera-(uMMatrix*vec4(aPosition,1)).xyz);//被照射顶点到摄像机的向量
40      vec3 vp= normalize(lightDirection);            //格式化定向光方向向量
41      vec3 halfVector=normalize(vp+eye);             //求视线与光线向量的半向量
42      float shininess=50.0;                          //粗糙度，越小越光滑
43      float nDotViewPosition=max(0.0,dot(newNormal,vp));//求法向量与 vp 的点积与 0 的最大值
44      diffuse=lightDiffuse*nDotViewPosition;         //计算散射光的最终强度
45      float nDotViewHalfVector=dot(newNormal,halfVector);//法线与半向量的点积
46      float powerFactor=max(0.0,pow(nDotViewHalfVector,shininess));//镜面反射光强度因子
47      specular=lightSpecular*powerFactor;            //计算镜面光的最终强度
48      return ambient+diffuse+specular;               //将 3 个光照通道最终强度值求和返回
49  }
50  void main(){
51      outLightQD=directionalLight (                  //将最终光照强度传递给片元着色器
52                               myConstantVals.mm,        //基本变换矩阵
53                               myBufferVals.uCamera.xyz,  //摄像机位置
54                               myBufferVals. uLightDirection.xyz,//定向光方向
55                               myBufferVals.lightAmbient, //环境光强度
56                               myBufferVals.lightDiffuse, //散射光强度
57                               myBufferVals.lightSpecular,//镜面光强度
58                               inNormal,                  //法向量
59                               pos                        //顶点位置
60                           );
61      gl_Position = myConstantVals.mvp * vec4(pos,1.0);//计算顶点最终位置
62      vposition=pos;                                 //传递顶点位置给片元着色器
63  }
```

- 第 6 行将原来定位光光源位置一致变量 lightPosition 的声明替换成了定向光方向向量一致变量 uLightDirection 的声明。

- 第 22～49 行将原来计算定位光光照的 pointLight 方法替换成了计算定向光光照的 directionalLight 方法。上述两个方法主要有两点不同：首先是原来表示定位光光源位置的入口参数 lightLocation 被替换成了表示定向光方向的参数 lightDirection；另一个是计算所需的光线方向向量直接从 lightDirection 参数规格化得到，不再需要通过光源位置与被照射点位置进行计算了。

- 第 50～63 行的主方法中也进行了适当的改动，主要是将原来调用计算定位光光照方法（pointLight）的代码替换成了调用计算定向光光照方法（directionalLight）的代码。

> 提示　从上述顶点着色器的代码中可以看出，与定位光相同，定向光也是分环境光、散射光、镜面光 3 个通道进行计算的。同时，每个光照通道计算时使用的数学模型也是一样的。

5.4　点法向量和面法向量

本章前面几节的案例都是基于球面开发的，球面属于连续、平滑的曲面，因此面上的每个顶点都有确定的法向量。但现实世界中的物体表面并不都是连续、平滑的，此时对于面上的某些点

的法向量计算就不那么直观了，图 5-18 说明了这个问题。

从图 5-18 中可以看出，顶点 A 位于长方体左、上、前 3 个面的交界处，此处是不光滑的。这种情况下顶点 A 的法向量有两种处理策略，具体情况如下。

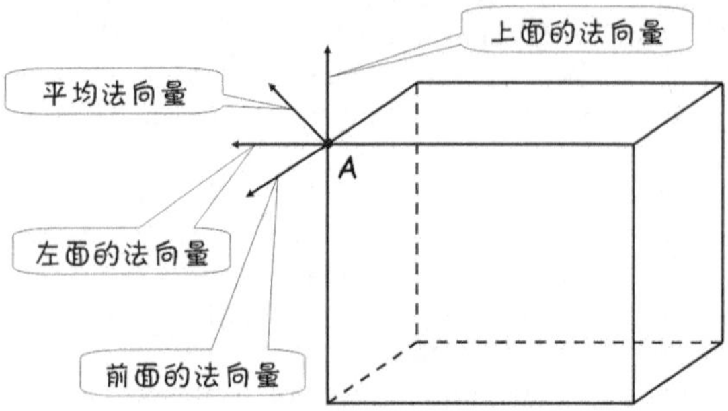

▲图 5-18　两种法向量示意图

● 在顶点 A 的位置放置 3 个不同的顶点，并认为每个顶点仅属于一个面，各个顶点的法向量即为其所属面的法向量。这种策略就是面法向量的策略，比较适合棱角分明的物体。

● 顶点 A 的位置仅放置一个顶点，其法向量取其所属所有面法向量的平均值。这种策略就是点法向量策略，比较适合用于由多个小平面搭建平滑曲面的情况。

> 💡提示　前面多个球体的案例采用的就是点法向量的策略，只不过由于球心在原点的球面上顶点的法向量可以直接得出，而略去了计算平均值的过程，显得很简单。但很多情况下是不能直接得出平均法向量的，需要进行很多的计算。尤其是在加载预制3D 模型的时候，这一点在后面的章节会有专门的介绍。

了解了点法向量和面法向量的基本知识后，下面将通过两个基本相同的绘制立方体的案例（Sample5_7 和 Sample5_8）对这两种策略进行比较。这两个案例的运行效果如图 5-19 和图 5-20所示，其中图 5-19 来自采用面法向量策略的案例 Sample5_7，图 5-20 来自采用点法向量策略的案例 Sample5_8。

▲图 5-19　案例 Sample5_7 运行效果图

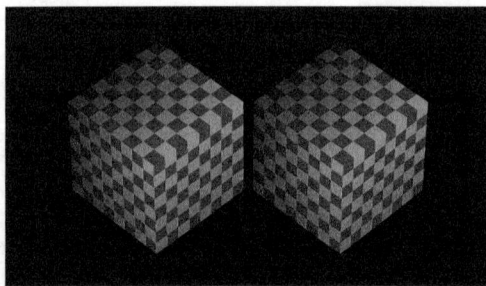

▲图 5-20　案例 Sample5_8 运行效果图

> 💡说明　从图 5-19 与图 5-20 的比较中可以看出，对于棱角分明的物体适合采用面法向量策略。若采用点法向量策略渲染真实感就会差很多了，实际开发中读者应该根据所绘制物体表面的几何特征来选用合适的法向量策略。

了解了两个案例的运行效果后，就可以进行案例的开发了。由于这两个案例中大部分的代码与前面 5.2.5 节中案例 Sample5_5 里的基本相同，主要的区别就在立方体顶点与法向量初始化的部分，所以下面仅给出 Sample5_7 与 Sample5_8 中初始化立方体顶点与法向量的部分代码，具体内容如下。

（1）首先给出的是采用面法向量策略的案例 Sample5_7 中初始化立方体顶点及法向量数据的genCubeData 方法，其具体代码如下。

✎ **代码位置：见随书中源代码/第 5 章/Sample5_7/src/main/cpp/bndevp 目录下的 CubeData.cpp。**

```
1    void  CubeData:: genData (){
2        const float rect=1.0f;                        //立方体的边长
3        std::vector<float> alVertix;                  //存放顶点坐标的 vector
4        std::vector<float> alNormal;                  //存放法向量的 vector
5        alVertix.push_back(rect);alVertix.push_back(rect);alVertix.push_back(rect);
6        alVertix.push_back(-rect);alVertix.push_back(rect);alVertix.push_back(rect);
7        alVertix.push_back(-rect);alVertix.push_back(- rect);alVertix.push_back(rect);
8        alVertix.push_back(rect);alVertix.push_back(rect);alVertix.push_back(rect);
9        alVertix.push_back(-rect);alVertix.push_back(-rect);alVertix.push_back(rect);
10       alVertix.push_back(rect);alVertix.push_back(-rect);alVertix.push_back(rect);
11       //此处省略了产生其他 5 个面顶点坐标的相关代码，需要的读者请自行查看随书源代码
12       alNormal.push_back(0);alNormal.push_back(0);alNormal.push_back(1);
13       alNormal.push_back(0);alNormal.push_back(0);alNormal.push_back(1);
14       alNormal.push_back(0);alNormal.push_back(0);alNormal.push_back(1);
15       alNormal.push_back(0);alNormal.push_back(0);alNormal.push_back(1);
16       alNormal.push_back(0);alNormal.push_back(0);alNormal.push_back(1);
17       alNormal.push_back(0);alNormal.push_back(0);alNormal.push_back(1);
18       //此处省略了产生其他 5 个面顶点法向量的相关代码，需要的读者请自行查看随书源代码
19       vCount = alVertix.size()/3;    //顶点的数量为坐标值数量的 1/3，因为一个顶点有 3 个坐标
20       dataByteCount=alVertix.size()*2* sizeof(float);//顶点坐标和法向量数据的总字节数
21       vdata=new float[alVertix.size()*2];           //存放顶点坐标和法向量数据的数组
22       int index=0;                                  //辅助数组索引
23       for(int i=0;i<vCount;i++){
24           vdata[index++]=alVertix[i*3+0];           //保存顶点坐标 x 分量
25           vdata[index++]=alVertix[i*3+1];           //保存顶点坐标 y 分量
26           vdata[index++]=alVertix[i*3+2];           //保存顶点坐标 z 分量
27           vdata[index++]=alNormal[i*3+0];           //保存顶点法向量 x 分量
28           vdata[index++]=alNormal[i*3+1];           //保存顶点法向量 y 分量
29           vdata[index++]=alNormal[i*3+2];           //保存顶点法向量 z 分量
30    }}
```

- 第 5~11 行代码功能为生成立方体 6 个面各个顶点的 x、y、z 坐标，由于每个面由两个三角形组成，因此每个面需要 6 个顶点进行卷绕。

- 第 12~18 行代码功能为生成立方体 6 个面各个顶点法向量的 x、y、z 分量。从代码中可以看出，由于采用的是面法向量策略，因此同一个面上所有顶点的法向量是相同的。

- 第 23~30 行将顶点坐标数据和法向量数据依次配套送入数据数组中。

（2）接着介绍的是采用点法向量策略的案例 Sample5_8 中初始化立方体顶点及法向量数据的 genCubeData 方法，其代码如下。

✎ **代码位置：见随书中源代码/第 5 章/Sample5_8/src/main/cpp/bndevp 目录下的 CubeData.cpp。**

```
1    void  CubeData:: genData(){
2        const float rect=1.0f;                        //立方体的边长
3        std::vector<float> alVertix;                  //存放顶点坐标的 vector
4        alVertix.push_back(rect);alVertix.push_back(rect);alVertix.push_back(rect);
5        alVertix.push_back(-rect);alVertix.push_back(rect);alVertix.push_back(rect);
6        alVertix.push_back(-rect);alVertix.push_back(- rect);alVertix.push_back(rect);
7        alVertix.push_back(rect);alVertix.push_back(rect);alVertix.push_back(rect);
8        alVertix.push_back(-rect);alVertix.push_back(-rect);alVertix.push_back(rect);
9        alVertix.push_back(rect);alVertix.push_back(-rect);alVertix.push_back(rect);
10       //此处省略了产生其他 5 个面顶点坐标的相关代码，需要的读者请自行查看随书源代码
11       vCount = alVertix.size()/3;    //顶点的数量为坐标值数量的 1/3，因为一个顶点有 3 个坐标
12       dataByteCount=alVertix.size()*2* sizeof(float); //顶点坐标和法向量数据的总字节数
```

```
13      vdata=new float[alVertix.size()*2];        //存放顶点坐标和法向量数据的数组
14      int index=0;                                //辅助数组索引
15      for(int i=0;i<vCount;i++){
16          vdata[index++]=alVertix[i*3+0];        //保存顶点坐标 x 分量
17          vdata[index++]=alVertix[i*3+1];        //保存顶点坐标 y 分量
18          vdata[index++]=alVertix[i*3+2];        //保存顶点坐标 z 分量
19          vdata[index++]=alVertix[i*3+0];        //保存顶点法向量 x 分量
20          vdata[index++]=alVertix[i*3+1];        //保存顶点法向量 y 分量
21          vdata[index++]=alVertix[i*3+2];        //保存顶点法向量 z 分量
22      }}
```

说明　由于本案例中原始情况下将立方体的几何中心放在了坐标原点，同时立方体的各条棱都与坐标轴平行，故每个顶点的平均法向量就没有必要真正进行求和再平均的计算了，直接采用各个顶点的 x、y、z 坐标值代替即可。但开发中点平均法向量的计算并不总是像本章的案例一样可以进行简化，后面的章节会给出需要详细计算的案例。

5.5 光照的每顶点计算与每片元计算

细心的读者会发现，本章前面的案例都是在顶点着色器中进行光照计算的。在顶点着色器中对每个顶点进行光照计算后得到顶点的最终光照强度，再由管线插值后传入片元着色器以计算片元的颜色，这样一方面效率比较高，另一方面产生的光照效果也不错。

但由于这种计算方式插值的是基于顶点计算后的光照强度，因此并不适用于所有的场景。若光源离被照射物体各个三角形面的距离与三角形的尺寸接近时，这样的计算策略形成的视觉效果就可能很不真实了，具体情况如图 5-21 所示。

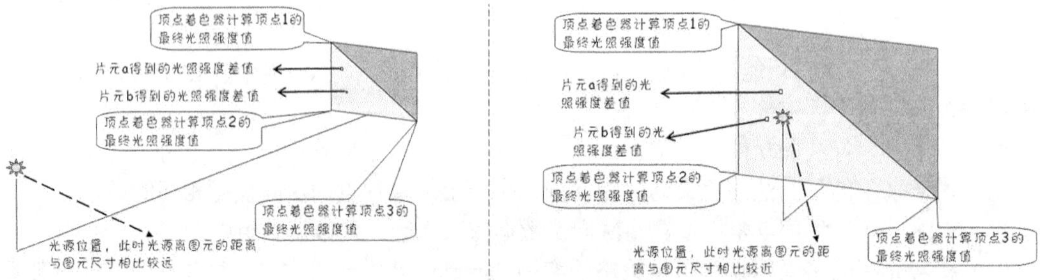

▲图 5-21　顶点着色器执行光照计算适应情况分析

从图 5-21 中可以看出如下情形。

● 当光源离被照射物体各个三角形面的距离远大于三角形的尺寸时，三角形图元中的片元实际光照强度与由图元三个顶点光照强度插值得到的计算光照强度很接近，因此视觉效果较好。

● 当光源离被照射物体各个三角形面的距离与三角形的尺寸接近（甚至小于）时，三角形图元中的片元实际光照强度与由图元三个顶点光照强度插值得到的计算光照强度差距很大，因此视觉效果不好。可以想象，当一个光源离某三角形图元很近，且光源投影位置在三角形图元中央时，图元中间部分的片元应该较亮，边上的三个顶点应该较暗。这时通过图元边上三个顶点的光照强度来插值计算中央区域片元的光照强度显然不能得到期望的结果。

鉴于以上原因，为了应对光源离被照射物体各个三角形面的距离与三角形的尺寸接近（甚至小于）时的情况，本节将介绍另外一种光照计算的方式。这种新的光照计算方式也称为每片元光照，可以在更多的场景中取得更为细腻、真实的光照效果。

每顶点计算光照的方式在图形学中称之为 Gouraud 着色，每片元计算光照的方式在图形学中称之为 Phong 着色。了解了这些学术名词后，当读者查阅相关技术资料时就方便多了。

每片元光照的具体流程为：首先在顶点着色器中进行法向量的变换，将法向量由物体坐标系变换到世界坐标中，然后再将变换后的世界坐标系法向量插值传入片元着色器，最后在片元着色器中进行光照计算。介绍具体的案例开发之前首先了解一下本节两个案例（Sample5_9 和 Sample5_10）的运行效果，具体情况如图 5-22 所示。

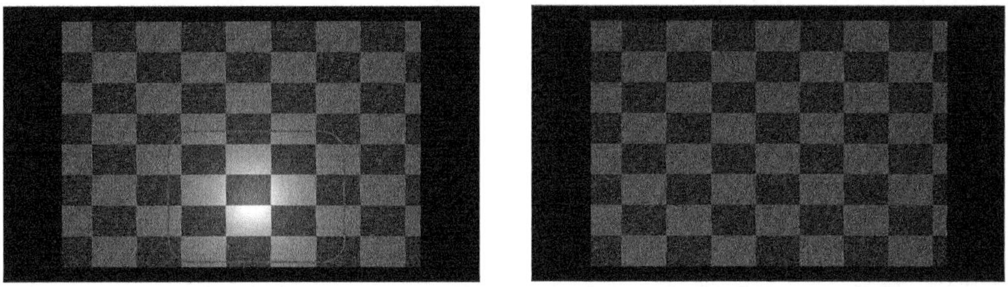

（a）　　　　　　　　　　　　　　　（b）

▲图 5-22　案例 Sample5_9 和 Sample5_10 运行效果对比图

说明　图 5-22 中图 a 是采用每片元计算光照的案例 Sample5_9 的运行效果，图 b 是采用每顶点计算光照的案例 Sample5_10（此案例完全采用前面 5.2.5 节介绍的光照计算方案，仅仅作为对照组）的运行效果。两个案例的场景中都仅仅包含一个矩形面物体，此矩形面由两个三角形组成。两个案例中光源离矩形面的距离都比较近，小于矩形的边长。

从图 5-22 中 a、b 两幅图的对比可以看出，在本节案例预设的前提（当光源离被照射物体各个三角形面的距离小于三角形的尺寸）下，每片元执行光照计算可以得到细腻真实的效果，而每顶点执行光照计算无法得到正确的效果。

提示　虽然每片元计算的光照效果更加真实细腻，但其计算量是巨大的，实际开发中应该在每片元和每顶点计算中合理选择。本节的两个案例中，光源距离物体都比较近，此时采用每片元计算可以得到更好的光照效果。当光源距离物体较远时，采用每片元计算与每顶点计算的效果基本相同，只是徒增计算量，这时采用每顶点计算就更加合适了。

了解了本节两个案例的运行效果后，就可以进行实际的开发了。本节两个案例主要是将前面 5.2.5 节中的案例 Sample5_5 复制并改动了部分代码而完成的。其中比较用案例 Sample5_10 主要是修改了物体顶点数据和光源位置等相关代码，其他部分改动甚微，这里不再赘述。

而案例 Sample5_9 除了改动 C++代码外，还大面积的改动了着色器的相关代码。因此下面仅给出案例 Sample5_9 的主要修改步骤，具体内容如下。

（1）首先介绍的是用于生成平面数据的 FlatData 类，先给出其类声明，具体代码如下。

> 代码位置：见随书中源代码/第 5 章/Sample5_9/src/main/cpp/bndevp 目录下的 FlatData.h。

```
1    class FlatData{
2    public:
3        static float* vdata;                      //数据数组首地址指针
4        static int dataByteCount;                 //数据所占总字节数
5        static int vCount;                        //顶点数量
6        static void genData();                    //生成顶点数据的方法
7    };
```

> **说明**　从上述代码中可以看出，用于生成平面数据的 FlatData 类头文件与前面案例中对应的 BallData 类头文件非常类似，没有太多新内容。

（2）对 FlatData 类的头文件有了简单的了解后，下面给出 FlatData 类的具体实现代码，内容如下。

> 代码位置：见随书中源代码/第 5 章/Sample5_9/src/main/cpp/bndevp 目录下的 FlatData.cpp。

```
1    //此处省略了相关头文件的导入，感兴趣的读者自行查看随书源代码
2    float* FlatData::vdata;                       //数据数组首地址指针
3    int FlatData::dataByteCount;                  //数据所占总字节数
4    int FlatData::vCount;                         //顶点数量
5    void  FlatData::genData(){                    //顶点数据生成方法
6        vCount = 6;                               //顶点数量为 6
7        dataByteCount = vCount * 6 * sizeof(float);   //数据所占内存总字节数
8        vdata = new float[vCount * 6]{            //顶点数据数组
9            3, 2, 0, 0, 0, 1,      -3, 2, 0, 0, 0, 1, //每个顶点 6 个数据
10           -3, -2, 0, 0, 0, 1,    3, -2, 0, 0, 0, 1,  //前 3 个是顶点位置坐标 xyz 分量
11           3, 2, 0, 0, 0, 1,      -3, -2, 0, 0, 0, 1};//后 3 个是顶点法向量 xyz 分量
12   }
```

> **说明**　从上述代码中可以看出，该平面物体的顶点坐标与法向量数据都是存储在同一个数组中的。该平面为一个垂直于 z 轴并且过原点的平面，其法向量与 z 轴正方向相同。

（3）接着介绍的是 ShaderQueueSuit_Common 类的 create_pipeline_layout 方法部分相关代码，具体内容如下。

> 代码位置：见随书中源代码/第 5 章/Sample5_9/src/main/cpp/bndevp 目录下的 ShaderQueueSuit_Common.cpp。

```
1    void ShaderQueueSuit_Common::create_pipeline_layout(VkDevice& device){//创建管线布局
2        NUM_DESCRIPTOR_SETS=1;                            //描述集数量
3        VkDescriptorSetLayoutBinding layout_bindings[1]; //描述集布局绑定数组
4        layout_bindings[0].binding = 0;                  //此绑定的绑定点编号
5        layout_bindings[0].descriptorType = VK_DESCRIPTOR_TYPE_UNIFORM_BUFFER;//描述类型
6        layout_bindings[0].descriptorCount = 1;          //描述数量
7        layout_bindings[0].stageFlags = VK_SHADER_STAGE_FRAGMENT_BIT;//目标着色器阶段
8        layout_bindings[0].pImmutableSamplers = NULL;
9        //此处省略了部分代码，感兴趣的读者请自行查看随书源代码
10   }
```

> **说明**　此方法中主要是更改了一致变量缓冲的目标着色器阶段,将原来的 VK_SHADER_STAGE_VERTEX_BIT（顶点着色器阶段）替换为 VK_SHADER_STAGE_FRAGMENT_BIT（片元着色器阶段）。替换的主要目的是将摄像机位置一致变量、光源位置一致变量和光照强度一致变量送入片元着色器，从而在片元着色器中进行光照计算。

（4）介绍完 C++代码之后就可以进行着色器的开发了，首先介绍的是案例 Sample5_9 中改动后的顶点着色器，其具体代码如下。

代码位置：见随书中源代码/第 5 章/Sample5_9/app/src/main/assets/shader 目录下的 commonTexLight.vert。

```
1    #version 450                                   //声明着色器版本
2    #extension GL_ARB_separate_shader_objects : enable//打开 GL_ARB_separate_shader_objects
3    #extension GL_ARB_shading_language_420pack:enable//打开 GL_ARB_shading_language_420pack
4    layout (push_constant) uniform constantVals {           //推送常量块
5        mat4 mvp;                                  //最终变换矩阵
6        mat4 mm;                                   //基本变换矩阵
7    } myConstantVals;
8    layout (location = 0) in vec3 pos;             //传入的顶点坐标
9    layout (location = 1) in vec3 inNormal;        //传入的顶点法向量
10   layout (location = 1) out vec3 vposition;      //传出的顶点坐标
11   layout (location = 2) out vec3 vNormal;        //传出的世界坐标系法向量
12   layout (location = 3) out vec3 objPos;         //传出的物体坐标系顶点坐标
13   out gl_PerVertex {                             //输出接口块
14       vec4 gl_Position;                          //内建变量
15   };
16   vec3 normalFromObjectToWorld(                  //将物体坐标系的法向量变换到世界坐标系的方法
17     in mat4 uMMatrix,                            //基本变换矩阵
18     in vec3 normal,                              //要变换的法向量
19     in vec3 position){                           //顶点位置
20       vec3 normalTarget=position+normal;         //计算变换后的法向量
21       vec3 newNormal=(uMMatrix*vec4(normalTarget,1)).xyz-(uMMatrix*vec4(position,1)).xyz;
22       newNormal=normalize(newNormal);            //对法向量规格化
23       return newNormal;                          //返回世界坐标系法向量
24   }
25   void main(){
26       gl_Position = myConstantVals.mvp * vec4(pos,1.0);//计算顶点最终位置
27       vposition=(myConstantVals.mm*vec4(pos,1)).xyz;    //计算世界坐标系顶点位置
28       vNormal = normalFromObjectToWorld(myConstantVals.mm,inNormal,pos);
                                                     //计算世界坐标系法向量
29       objPos=pos;                                //传送到片元着色器的物体坐标系顶点位置
30   }
```

- 第 1～15 行中声明的输出变量 vposition 用于将世界坐标系下的顶点坐标传入片元着色器，以备在片元着色器中计算光照时使用。而声明的输出变量 objPos 用于将物体坐标系下的顶点坐标传入片元着色器，以备计算棋盘着色的时候使用。

- 第 16～24 行为新增的将物体坐标系法向量变换到世界坐标系的 normalFromObjectToWorld 方法，此方法中的具体操作与前面案例中对应的部分基本相同。

- 第 25～30 行为此顶点着色器的主方法，其中增加了计算世界坐标系法向量并传入片元着色器的代码。同时，还增加了计算世界坐标系顶点位置并传入片元着色器的代码。

（5）介绍完顶点着色器后，接着就应该介绍改动后的片元着色器了，其具体代码如下。

代码位置：见随书中源代码/第 5 章/Sample5_9/app/src/main/assets/shader 目录下的 commonTexLight.frag。

```
1    #version 450                                   //声明着色器版本
2    #extension GL_ARB_separate_shader_objects : enable//打开 GL_ARB_separate_shader_objects
3    #extension GL_ARB_shading_language_420pack : enable//打开 GL_ARB_shading_language_420pack
4    layout (std140,set = 0, binding = 0) uniform bufferVals {      //一致块
5        vec4 uCamera;                             //摄像机位置
6        vec4 lightPosition;                       //光源位置
```

```
7        vec4 lightAmbient;                         //环境光强度
8        vec4 lightDiffuse;                         //散射光强度
9        vec4 lightSpecular;                        //镜面光强度
10   } myBufferVals;
11   layout (location = 1) in vec3 vposition;       //传入的世界坐标系顶点位置
12   layout (location = 2) in vec3 vNormal;         //传入的世界坐标系法向量
13   layout (location = 3) in vec3 objPos;          //传入的物体坐标系顶点位置
14   layout (location = 0) out vec4 outColor;       //输出到渲染管线的最终片元颜色
15   vec4 genBoardColor(vec3 position){
16       ......//此处省略了棋盘着色的相关代码，感兴趣的读者请自行查看随书源代码
17   }
18   vec4 pointLight(                               //定位光光照计算的方法
19     in vec3 uCamera,                             //摄像机位置
20     in vec3 lightLocation,                       //光源位置
21     in vec4 lightAmbient,                        //环境光强度
22     in vec4 lightDiffuse,                        //散射光强度
23     in vec4 lightSpecular,                       //镜面光强度
24     in vec3 normal,                              //法向量
25     in vec3 aPosition){                          //顶点位置
26     vec4 ambient;                                //环境光最终强度
27     vec4 diffuse;                                //散射光最终强度
28     vec4 specular;                               //镜面光最终强度
29     ambient=lightAmbient;                        //直接得出环境光的最终强度
30     vec3 eye= normalize(uCamera-aPosition);      //计算从表面点到摄像机的向量
31     vec3 vp= normalize(lightLocation.xyz-aPosition);//计算从表面点到光源位置的向量 vp
32     vp=normalize(vp);                            //格式化 vp 向量
33     vec3 halfVector=normalize(vp+eye);           //求视线与 vp 向量的半向量
34     float shininess=10.0;                        //粗糙度，越小越光滑
35     float nDotViewPosition=max(0.0,dot(normal,vp));//求法向量与 vp 的点积与 0 的最大值
36     diffuse=lightDiffuse*nDotViewPosition;       //计算散射光的最终强度
37     float nDotViewHalfVector=dot(normal,halfVector);//法向量与半向量的点积
38     float powerFactor=max(0.0,pow(nDotViewHalfVector,shininess));//镜面反射光强度因子
39     specular=lightSpecular*powerFactor;          //计算镜面光的最终强度
40     return ambient+diffuse+specular;             //将三个光照通道最终强度值求和返回
41   }
42   void main() {
43     vec4 lightQD=pointLight(                     //定位光光照计算的方法
44                              myBufferVals.uCamera.xyz,        //摄像机位置
45                              myBufferVals.lightPosition.xyz,  //光源位置
46                              myBufferVals.lightAmbient,    //环境光强度
47                              myBufferVals.lightDiffuse,    //散射光强度
48                              myBufferVals.lightSpecular,   //镜面光强度
49                              vNormal,                      //世界坐标系法向量
50                              vposition );                  //世界坐标系顶点位置
51     outColor=genBoardColor(objPos)*lightQD;      //计算片元最终颜色值
52   }
```

提示

　　从上述代码中可以看出，在片元着色器中执行光照计算时的大部分操作与在顶点着色器中进行光照计算时完全相同。最主要的区别是计算光照时不需要再将法向量由物体坐标系变换到世界坐标系了，直接使用顶点着色器传递过来的世界坐标系中的法向量即可。因此每片元计算光照与每顶点计算光照并没有本质区别，只是执行光照计算的位置不同、效果与效率不同而已。实际开发中读者应该权衡速度、效果的要求，选用合适的光照计算策略。

另外从前面案例 Sample5_9 和 Sample5_10 运行效果的比较中可以体会到,每片元计算光照的效果,尤其在镜面光通道远远优于每顶点计算光照的效果。这是由于每顶点计算时,光照的效果由顶点着色器每顶点计算一次并进行线性插值后传递到每个片元中,而镜面光的变化是非线性的。

因此,若不是本节介绍的这种光源离三角形面的距离与三角形的尺寸非常接近或小于的情况,而是光源离三角形面距离尚可,仅仅是镜面光通道效果不佳的情况,可以考虑采用混合光照计算的策略来均衡计算效率和视觉效果。

说明　　　所谓的混合光照计算策略就是将基本满足线性变化的散射光通道的计算交由顶点着色器完成(每顶点计算一次),而将非线性变化的镜面光通道的计算交由片元着色器完成(每片元计算一次)。有兴趣的读者可以根据上述思路对本节案例进行进一步改造,本书由于篇幅所限,这里不再赘述。

5.6 本章小结

本章主要向读者介绍了 Vulkan 中光照计算的基本知识,同时还给出了配套的案例,掌握了本章所介绍的技术后,应该能开发出更加逼真的 3D 场景。

提示　　　读者可能会发现,本章中光照的案例都是没有阴影的,而阴影对于增加场景的真实感是非常重要的。是的,基本光照是不会自动产生阴影的,实际上阴影是 3D 开发中一个比较高级的话题,后面的章节会进行专门的讨论。另外,本章所介绍的光照计算模型都没有考虑到随着被照射物体离光源距离的增加,光照强度应该逐渐衰减的问题,有兴趣的读者可以查阅相关技术资料进一步学习。

第6章 纹理映射

前面的章节已经介绍了变换、光照等方面的知识，通过这些知识可以渲染出具有一定真实感的场景。但是到目前为止场景中物体的颜色是比较单一的，相比于绚丽多彩的现实世界显得有些乏味，因此仅掌握上述技术是远远不够的。

若希望绘制出更加真实、酷炫的 3D 场景，就需要用到纹理映射。本章将对纹理映射方面的知识进行详细介绍，其中主要包括纹理映射的基本原理、4 种不同的拉伸方式、两种不同的采样方式、Mipmap 纹理、多重纹理与过程纹理、压缩纹理、点精灵、3D 纹理和 2D 纹理数组等内容。

6.1 初识纹理映射

本节将首先向读者介绍纹理映射的基本原理，启用纹理映射功能后，如果希望把一幅纹理应用到相应的图元，就必须告知渲染系统如何进行纹理的映射。告知的方式就是为图元中的顶点指定恰当的纹理坐标，纹理坐标用浮点数来表示，范围一般从 0.0 到 1.0，下面的图 6-1 就给出了纹理映射的基本原理。

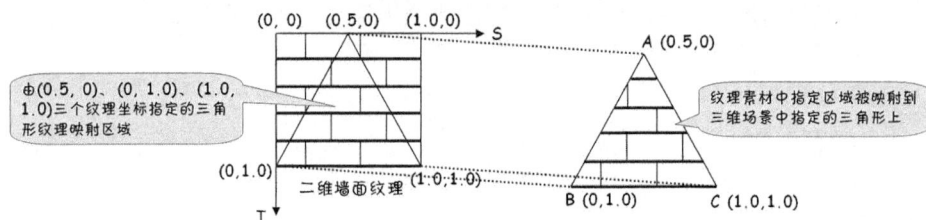

▲图 6-1 纹理映射的基本原理

从图 6-1 中可以看出。

- 左侧是一幅纹理图，其位于纹理坐标系中。纹理坐标系的原点在左上侧，向右为 s 轴，向下为 t 轴，两个轴的取值范围都是 0.0～1.0。也就是说不论实际纹理图的尺寸如何，其横向、纵向坐标的最大值都是 1。若实际尺寸为 512 像素×256 像素，则横边第 512 个像素对应的纹理坐标为 1.0，竖边第 256 个像素对应的纹理坐标为 1.0，其他情况依此类推。

- 右侧是一个三角形图元，其 3 个顶点 A、B、C 都指定了纹理坐标，3 组纹理坐标正好在右侧的纹理图中确定了需要映射的三角形纹理区域。

> 💡提示
> 请读者特别注意的是，在本书采用的纹理坐标系统中，纹理坐标的原点位于纹理图的左上角，但也有一些 3D 系统采用的是以纹理图左下角为原点、s 轴向右、t 轴向上的纹理坐标系统。当把这种与本书不同的纹理坐标系统中的纹理坐标数据应用到本书的案例中时对 T 轴的纹理坐标要做变换，否则可能会导致显示不正常。变换的方法很简单，采用"$T_{本书}=1.0-T_{左下角为原点}$"的公式即可。

从上述两点可以看出，纹理映射的基本思想就是首先为图元中的每个顶点指定恰当的纹理坐标，然后通过纹理坐标在纹理图中可以确定选中的纹理区域，最后将选中纹理区域中的内容根据纹理坐标映射到指定的图元上。

回忆一下第 1 章介绍过的 3 色三角形案例，最终读者看到的是显示在屏幕上的像素，而像素是由片元产生的。因此，进行纹理映射的过程实际上就是基于纹理及纹理坐标为图元中的每个片元着色的过程。用于为各个片元着色的颜色需要根据片元的纹理坐标从纹理图中提取，具体过程如下。

- 首先图元中的每个顶点都需要在顶点着色器中通过 out 变量将接收的纹理坐标传入片元着色器。
- 然后经过顶点着色器时，其中渲染管线的部分固定功能会根据情况进行插值计算，产生对应到每个片元的用于记录纹理坐标的 out 变量值。
- 最后每个片元在片元着色器中根据其接收到的记录纹理坐标的 in 变量值到纹理中提取出对应位置的颜色即可，提取颜色的过程一般称之为纹理采样。

> ✏️**提示**　　实际开发中建议读者采用宽和高（以像素为单位）都为 2^n 的纹理图，这在一般情况下有助于提高处理效率。

6.2　一个简单的案例

介绍了纹理映射的基本原理后，本节将给出一个将砖墙纹理映射到 3D 空间中三角形上的案例。本案例中采用的原始纹理如图 6-2 所示，案例的具体运行效果如图 6-3 所示。

▲图 6-2　原始纹理

▲图 6-3　案例运行的效果图

> ✏️**说明**　　图 6-3 中三角形的上面、左下、右下 3 个顶点的纹理坐标分别为（0.5,0）、（0,1）、（1,1），左侧的图是三角形原始姿态的情况，右侧的是三角形旋转一定角度后的情况。

6.2.1　开发前的准备工作

为了开发的方便，作者为案例中的非压缩 2D 纹理设计了一种自定义格式的纹理文件，其后缀为 bntex。同时作者还用 Java 开发了一款用于将 jpeg、png 等通用格式的图片文件转化为 bntex 格式纹理文件的小工具。下面简要介绍一下此工具的使用，具体步骤如下。

（1）首先将随书源代码中第 6 章目录下的"2D 普通纹理转换.zip"文件解压，解压后所得文件夹的内容如图 6-4 所示。

（2）然后用记事本打开文件夹中的"run.bat"文件，将其中的"path="后面的路径修改为读者自己机器上 JDK 的对应路径，如"path=C:\Program Files\Java\jdk1.8.0_151\bin"（注意不要丢了"bin"），如图 6-5 所示。

（3）最后保存修改后的"run.bat"文件，并双击此文件以启动纹理格式转换工具，界面如图

6-6 所示。其中第一个选择按钮用于选择要转换的原图文件（比如 png、jpg 等），第二个选择按钮
用于选择生成纹理文件的保存路径，再点击转换按钮即可完成转换。

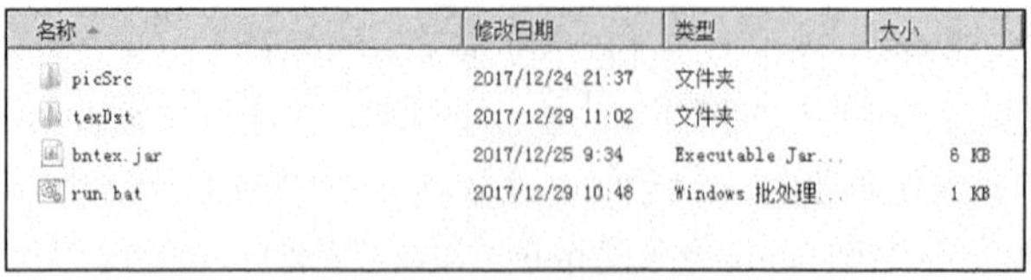

▲图 6-4　解压后的文件夹

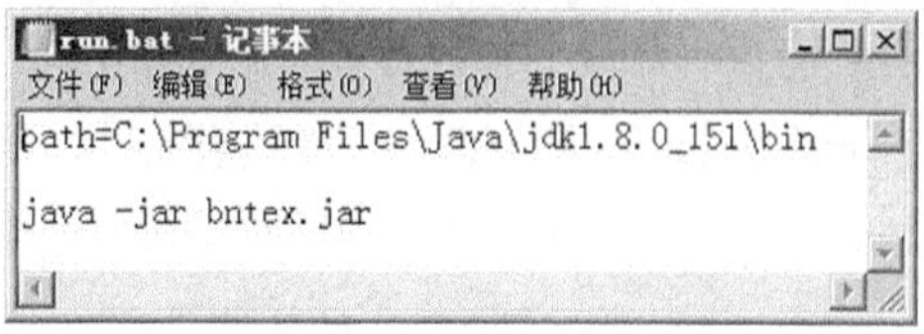

▲图 6-5　run.bat 文件内容

▲图 6-6　2D 纹理转换工具界面

（4）对于 Android 版项目而言，还需要将转换所得的 bntex 格式纹理文件复制到项目中 assets
目录下的 texture 文件夹下。对于 PC 版项目而言，则需要将转换所得的 bntex 格式纹理文件复制
到项目根目录下 BNVulkanEx 文件夹下的 texture 子文件夹中。

6.2.2　纹理相关类

为了项目开发的方便，笔者将与纹理相关的大部分代码都放到了两个独立的类中。一个是用
于存储纹理数据的 TexDataObject 类，另一个是用于执行各项纹理相关任务的 TextureManager 类。
本节将对这两个专门负责纹理事务的类及相关知识进行详细的介绍，具体内容如下。

1. TexDataObject 类

TexDataObject 是本章新增的用于存储纹理数据及相关信息的类，此类对象中可以保存所加载
纹理的宽度、高度、数据总字节数、纹理数据等，其类声明如下。

📎 代码位置：见随书中源代码/第 6 章/Sample6_1/app/src/main/cpp/bndev 目录下的 TexDataObject.h 文件。

```
1    class TexDataObject{
2    public:
3        int width;                              //纹理宽度
4        int height;                             //纹理高度
5        int dataByteCount;                      //纹理的数据总字节数
6        unsigned char* data;                    //指向纹理数据存储内存首地址的指针
7        TexDataObject(int width,int height,unsigned char* data,int dataByteCount);
                                                 //构造函数
8        ~TexDataObject();                       //析构函数
9    };
```

> 💡说明　从上述代码中可以看出，此类非常简单，只是包含了几个用于存储各项信息的
> 成员变量。另外，此类通用于所有的 2D 纹理，包括 bntex 格式的非压缩纹理和其
> 他压缩格式（如 ETC2、BC3 等）的纹理。对于非 bntex 格式的压缩纹理后面会有
> 专门的部分进行介绍，这里简单了解即可。

了解了 TexDataObject 类的基本结构后，下面将给出此类的实现代码，具体内容如下。

✎ **代码位置：** 见随书中源代码/第 6 章/Sample6_1/app/src/main/cpp/bndev 目录下的 TexDataObject.cpp 文件。

```
1   #include "TexDataObject.h"                           //引入头文件
2   TexDataObject::TexDataObject(int width,int height,unsigned char* data,int dataByteCount){
3       this->width=width;                               //纹理的宽度
4       this->height=height;                             //纹理的高度
5       this->data=data;                                 //纹理数据首地址指针
6       this->dataByteCount=dataByteCount;               //纹理数据总字节数
7   }
8   TexDataObject::~TexDataObject(){                      //析构函数
9       delete[] data;                                   //释放纹理数据内存
10  }
```

> ✏️ **说明**　从上述代码中可以看出，此类构造函数和析构函数的实现都不复杂。构造函数接收各项数据参数并保存在对应的成员变量中，析构函数中释放了用于存储纹理数据的内存。

2. TextureManager 类

TextureManager 是本章新增的用于执行各项纹理相关任务的类，其中包含了所需的一些成员变量及功能方法。这些成员变量主要包括：纹理图像列表、纹理图像内存列表、纹理图像视图列表等。功能方法主要包括：加载纹理的方法、销毁纹理的方法、初始化采样器的方法等。

（1）首先给出的是 TextureManager 类的声明，具体代码如下。

✎ **代码位置：** 见随书源代码/第 6 章/Sample6_1/app/src/main/cpp/util 目录下的 TextureManager.h 文件。

```
1   此处省略了相关头文件的导入，感兴趣的读者请自行查看随书源代码
2   #define SAMPLER_COUNT 1                              //采样器数量
3   class TextureManager{
4   public:
5       static std::vector<std::string> texNames;        //纹理文件名称列表
6       static std::vector<VkSampler> samplerList;        //采样器列表
7       static std::map<std::string,VkImage> textureImageList; //纹理图像列表
8       static std::map<std::string,VkDeviceMemory> textureMemoryList;//纹理图像内存列表
9       static std::map<std::string,VkImageView> viewTextureList; //纹理图像视图列表
10      static std::map<std::string,VkDescriptorImageInfo> texImageInfoList;
                                                          //纹理图像描述信息列表
11      static void initTextures(VkDevice& device,VkPhysicalDevice& gpu,
12              VkPhysicalDeviceMemoryProperties& memoryroperties,
13              VkCommandBuffer& cmdBuffer,VkQueue& queueGraphics);//加载所有纹理的方法
14      static void deatroyTextures(VkDevice& device);    //销毁所有纹理的方法
15      static int getVkDescriptorSetIndex(std::string texName);//获取指定名称纹理在描
                                                          述集列表中的索引
16  private:
17      static void initSampler(VkDevice& device, VkPhysicalDevice& gpu);//初始化采样器的方法
18      static void init_SPEC_2D_Textures(std::string texName, VkDevice& device, Vk
    PhysicalDevice& gpu,
19          VkPhysicalDeviceMemoryProperties& memoryroperties, VkCommandBuffer& cmdBuffer,
20          VkQueue& queueGraphics,VkFormat format, TexDataObject* ctdo);//加载 2D 纹理的方法
21  };
```

227

	上述代码并不复杂，主要是声明了所需的一些成员变量和功能方法。从这些功能方法中可以看出，有了此类后使用纹理就会非常方便了。开发人员在需要时调用这些功能方法即可完成所需的纹理处理工作，能大大提高开发的效率。
说明	

（2）了解了 TextureManager 类的基本结构后，下面将依次对其中的功能方法进行详细的介绍。首先介绍的是其中初始化采样器的方法——initSampler，具体代码如下。

代码位置：见随书源代码/第 6 章/Sample6_1/app/src/main/cpp/util 目录下的 TextureManager.cpp 文件。

```
1    void TextureManager::initSampler(VkDevice& device, VkPhysicalDevice& gpu){
2        VkSamplerCreateInfo samplerCreateInfo = {};              //构建采样器创建信息结构体实例
3        samplerCreateInfo.sType = VK_STRUCTURE_TYPE_SAMPLER_CREATE_INFO;//结构体的类型
4        samplerCreateInfo.magFilter = VK_FILTER_LINEAR;         //放大时的纹理采样方式
5        samplerCreateInfo.minFilter = VK_FILTER_NEAREST;        //缩小时的纹理采样方式
6        samplerCreateInfo.mipmapMode = VK_SAMPLER_MIPMAP_MODE_NEAREST;//mipmap 模式
7        samplerCreateInfo.addressModeU =
8                VK_SAMPLER_ADDRESS_MODE_CLAMP_TO_EDGE;          //纹理 s 轴的拉伸方式
9        samplerCreateInfo.addressModeV =
10               VK_SAMPLER_ADDRESS_MODE_CLAMP_TO_EDGE;          //纹理 t 轴的拉伸方式
11       samplerCreateInfo.addressModeW =
12               VK_SAMPLER_ADDRESS_MODE_CLAMP_TO_EDGE;          //纹理 w 轴的拉伸方式
13       samplerCreateInfo.mipLodBias = 0.0;                     //Mipmap 时的 LOD 调整值
14       samplerCreateInfo.anisotropyEnable = VK_FALSE;          //是否启用各向异性过滤
15       samplerCreateInfo.maxAnisotropy = 1;                    //各向异性过滤最大采样数
16       samplerCreateInfo.compareOp = VK_COMPARE_OP_NEVER;      //纹素数据比较操作
17       samplerCreateInfo.minLod = 0.0;                         //最小 LOD 值
18       samplerCreateInfo.maxLod = 0.0;                         //最大 LOD 值
19       samplerCreateInfo.compareEnable = VK_FALSE;             //是否开启比较功能
20       samplerCreateInfo.borderColor =
21               VK_BORDER_COLOR_FLOAT_OPAQUE_WHITE;             //要使用的预定义边框颜色
22       for (int i = 0; i<SAMPLER_COUNT; i++){                  //循环创建指定数量的采样器
23           VkSampler samplerTexture;                           //声明采样器对象
24           VkResult result = vk::vkCreateSampler(device,
25                   &samplerCreateInfo, NULL, &samplerTexture);  //创建采样器
26           samplerList.push_back(samplerTexture);              //将采样器加入列表
27       }}
```

- 第 2～21 行构建了采样器创建信息结构体实例，设置了很多关于采样器的参数，包括纹理采样方式、拉伸方式、Mipmap 相关参数、各向异性过滤相关参数等。这些参数本章后面的部分会进行详细的单独介绍，本案例中只需要简单了解一下即可。

- 第 22～27 行创建了指定数量的采样器，并将采样器添加进列表。由于本案例比较简单，故只有一个采样器，但复杂的情况下会有多个采样器同时出现。

	上述 initSampler 方法的代码中创建的采样器主要是服务于非 Mipmap 的一般纹理，故设置的 Mipmap 模式（第 6 行）并没有实际作用。同时第 17～18 行的最大/最小 LOD（细节级别，Levels of Detail）值都设置为 0，表示对应的纹理没有采用 Mipmap。到本章后面介绍 Mipmap 的部分时，这些参数就有具体的作用了，那时读者可以参考 Mipmap 案例的随书源代码再进一步学习。
提示	

（3）接下来介绍的是用于加载 2D 纹理的方法——init_SPEC_2D_Textures，其不但能用于加载 bntex 格式的非压缩纹理，还能用于加载其他压缩格式（如：ETC2、BC3 等）的 2D 纹理，具体代码如下。

✎ 代码位置：见随书源代码/第 6 章/Sample6_1/app/src/main/cpp/util 目录下的 TextureManager.cpp 文件。

```
1   void TextureManager::init_SPEC_2D_Textures(std::string texName,VkDevice& device,
2       VkPhysicalDevice& gpu, VkPhysicalDeviceMemoryProperties& memoryroperties,
3       VkCommandBuffer& cmdBuffer, VkQueue& queueGraphics,VkFormat format, TexData
    Object* ctdo){
4       VkFormatProperties formatProps;                   //指定格式纹理的格式属性
5       vk::vkGetPhysicalDeviceFormatProperties(gpu, format, &formatProps);
                                                          //获取指定格式纹理的格式属性
6       bool needStaging = (!(formatProps.linearTilingFeatures &
7        VK_FORMAT_FEATURE_SAMPLED_IMAGE_BIT)) ? true : false;    //判断是否能使用线性瓦片纹理
8       LOGE("TextureManager %s", (needStaging? "不能使用线性瓦片纹理" : "能使用线性瓦片纹理"));
9       if(needStaging){
10          //此处省略了不能使用线性瓦片纹理情况下的处理代码，将在后面的步骤中进行介绍
11      }
12      else{
13          //此处省略了能使用线性瓦片纹理情况下的处理代码，将在后面的步骤中进行介绍
14      }
15      VkImageViewCreateInfo view_info = {};             //构建图像视图创建信息结构体实例
16      view_info.sType = VK_STRUCTURE_TYPE_IMAGE_VIEW_CREATE_INFO;    //结构的类型
17      view_info.pNext = NULL;                           //自定义数据的指针
18      view_info.viewType = VK_IMAGE_VIEW_TYPE_2D;       //图像视图的类型
19      view_info.format = format;                        //图像视图的像素格式
20      view_info.components.r = VK_COMPONENT_SWIZZLE_R; //设置R通道调和
21      view_info.components.g = VK_COMPONENT_SWIZZLE_G; //设置G通道调和
22      view_info.components.b = VK_COMPONENT_SWIZZLE_B; //设置B通道调和
23      view_info.components.a = VK_COMPONENT_SWIZZLE_A; //设置A通道调和
24      view_info.subresourceRange.aspectMask = VK_IMAGE_ASPECT_COLOR_BIT;//图像视图使用方面
25      view_info.subresourceRange.baseMipLevel = 0;      //基础Mipmap级别
26      view_info.subresourceRange.levelCount = 1;        //Mipmap级别的数量
27      view_info.subresourceRange.baseArrayLayer = 0;   //基础数组层
28      view_info.subresourceRange.layerCount = 1;        //数组层的数量
29      view_info.image = textureImageList[texName];      //对应的图像
30      VkImageView viewTexture;                           //纹理图像对应的图像视图
31      VkResult result = vk::vkCreateImageView(device, &view_info, NULL, &viewTexture);
32      viewTextureList[texName] = viewTexture;           //添加到图像视图列表
33      VkDescriptorImageInfo texImageInfo;               //构建图像描述信息实例
34      texImageInfo.imageView = viewTexture;             //采用的图像视图
35      texImageInfo.sampler = samplerList[0];            //采用的采样器
36      texImageInfo.imageLayout = VK_IMAGE_LAYOUT_GENERAL;//图像布局
37      texImageInfoList[texName] = texImageInfo;         //添加到纹理图像描述信息列表
38      delete ctdo;                                      //删除内存中的纹理数据
39  }
```

- 第 4~8 行首先通过 vkGetPhysicalDeviceFormatProperties 方法获取指定物理设备中 VK_FORMAT_R8G8B8A8_UNORM 格式的属性，然后基于获取的格式属性判断此格式纹理是否能够采用线性瓦片，并将判断结果存储在布尔型变量 needStaging 中。

- 第 9~14 行根据是否能够采用线性瓦片分两种情况进行处理。由于这部分代码较多，将在后面的步骤中逐步进行介绍。

● 第 15～29 行首先构建了图像视图创建信息结构体实例，然后进一步设置了此结构体实例的多项属性，主要包括结构体类型、图像视图的类型和像素格式、RGBA 色彩通道的调和情况、图像视图使用方面及类型、Mipmap 相关、数组层相关等内容。

● 第 30～32 行首先创建了纹理对应的图像视图，然后根据纹理名称将创建的图像视图添加到图像视图列表中。

● 第 33～38 行首先构建了图像描述信息实例，为其指定了图像视图、采样器和图像布局，并根据纹理名称将其添加到纹理图像描述信息列表中，最后删除了主机内存中的纹理数据。

（4）上一步骤中介绍了 init_SPEC_2D_Textures 方法的整体框架，下面给出的是上一步骤中省略的能使用线性瓦片纹理情况下的处理代码，具体内容如下。

代码位置：见随书源代码/第 6 章/Sample6_1/app/src/main/cpp/util 目录下的 TextureManager.cpp 文件。

```
1    VkImageCreateInfo image_create_info = {};          //构建图像创建信息结构体实例
2    image_create_info.sType = VK_STRUCTURE_TYPE_IMAGE_CREATE_INFO; //结构体的类型
3    image_create_info.pNext = NULL;                    //指向自定义数据的指针
4    image_create_info.imageType = VK_IMAGE_TYPE_2D;    //图像类型
5    image_create_info.format = format;                 //图像像素格式
6    image_create_info.extent.width = ctdo->width;      //图像宽度
7    image_create_info.extent.height = ctdo->height;    //图像高度
8    image_create_info.extent.depth = 1;                //图像深度
9    image_create_info.mipLevels = 1;                   //图像 Mipmap 级数
10   image_create_info.arrayLayers = 1;                 //图像数组层数量
11   image_create_info.samples = VK_SAMPLE_COUNT_1_BIT; //采样模式
12   image_create_info.tiling = VK_IMAGE_TILING_LINEAR; //采用线性瓦片组织方式
13   image_create_info.initialLayout = VK_IMAGE_LAYOUT_PREINITIALIZED;  //初始布局
14   image_create_info.usage = VK_IMAGE_USAGE_SAMPLED_BIT;   //图像用途
15   image_create_info.queueFamilyIndexCount = 0;       //队列家族数量
16   image_create_info.pQueueFamilyIndices = NULL;      //队列家族索引列表
17   image_create_info.sharingMode = VK_SHARING_MODE_EXCLUSIVE;   //共享模式
18   image_create_info.flags = 0;                       //标志
19   VkImage textureImage;                              //纹理对应的图像
20   VkResult result = vk::vkCreateImage(device, &image_create_info, NULL, &textureImage);
21   assert(result == VK_SUCCESS);                      //检查图像创建是否成功
22   textureImageList[texName] = textureImage;          //添加到纹理图像列表
23   VkMemoryAllocateInfo mem_alloc = {};               //构建内存分配信息结构体实例
24   mem_alloc.sType = VK_STRUCTURE_TYPE_MEMORY_ALLOCATE_INFO;    //结构体的类型
25   mem_alloc.pNext = NULL;                            //自定义数据的指针
26   mem_alloc.allocationSize = 0;                      //内存字节数
27   mem_alloc.memoryTypeIndex = 0;                     //内存类型索引
28   VkMemoryRequirements mem_reqs;                     //纹理图像的内存需求
29   vk::vkGetImageMemoryRequirements(device, textureImage, &mem_reqs);
                                                        //获取纹理图像的内存需求
30   mem_alloc.allocationSize = mem_reqs.size;          //实际分配的内存字节数
31   bool flag = memoryTypeFromProperties(memoryroperties, mem_reqs.memoryTypeBits,
32       VK_MEMORY_PROPERTY_HOST_VISIBLE_BIT,
33       &mem_alloc.memoryTypeIndex);                   //获取内存类型索引
34   VkDeviceMemory textureMemory;                      //创建设备内存实例
35   result = vk::vkAllocateMemory(device, &mem_alloc, NULL, &(textureMemory));
                                                        //分配设备内存
36   textureMemoryList[texName] = textureMemory;        //添加到纹理内存列表
37   result = vk::vkBindImageMemory(device, textureImage, textureMemory, 0);
                                                        //绑定图像和内存
```

```
38      uint8_t *pData;                                    // CPU 访问时的辅助指针
39      vk::vkMapMemory(device, textureMemory, 0,
40                  mem_reqs.size,0, (void**)(&pData)); //映射内存为 CPU 可访问
41      memcpy(pData, ctdo->data, mem_reqs.size);          //将纹理数据复制进设备内存
42      vk::vkUnmapMemory(device, textureMemory);          //解除内存映射
```

- 第 1~18 行构建了图像创建信息结构体实例，并设置图像创建信息结构体实例的多项属性，主要包括图像类型、图像像素格式、 图像尺寸、Mipmap 级数、数组层数量、采样模式、用途、共享模式、队列家族相关信息等。

- 第 19~22 行首先基于图像创建信息结构体实例创建了图像，然后检查创建是否成功，接着根据纹理名称将图像添加到纹理图像列表中。

- 第 23~33 行首先构建了内存分配信息结构体实例，然后设置其多项属性。其中内存字节数属性值来自于 vkGetImageMemoryRequirements 方法获取的纹理图像内存需求，内存类型索引通过 memoryTypeFromProperties 方法获得。

- 第 34~41 行首先通过 vkAllocateMemory 方法分配了设备内存，然后将图像与分配的设备内存进行了绑定，最后将纹理数据复制进设备内存。

（5）接下来介绍步骤（3）中省略的不能使用线性瓦片纹理情况下的处理代码，这部分代码比能使用线性瓦片纹理情况下的要复杂不少，具体内容如下。

代码位置：见随书源代码/第 6 章/Sample6_1/app/src/main/cpp/util 目录下的 TextureManager.cpp 文件。

```
1       VkBuffer tempBuf;                                   //中转存储用的缓冲
2       VkBufferCreateInfo buf_info = {};                   //构建缓冲创建信息结构体实例
3       buf_info.sType = VK_STRUCTURE_TYPE_BUFFER_CREATE_INFO; //设置结构体类型
4       buf_info.pNext = NULL;                              //自定义数据的指针
5       buf_info.usage = VK_BUFFER_USAGE_TRANSFER_SRC_BIT;  //缓冲的用途为传输源
6       buf_info.size = ctdo->dataByteCount;                //数据总字节数
7       buf_info.queueFamilyIndexCount = 0;                 //队列家族数量
8       buf_info.pQueueFamilyIndices = NULL;                //队列家族索引列表
9       buf_info.sharingMode = VK_SHARING_MODE_EXCLUSIVE;   //共享模式
10      buf_info.flags = 0;                                 //标志
11      VkResult result = vk::vkCreateBuffer(device, &buf_info, NULL, &tempBuf); //创建缓冲
12      assert(result == VK_SUCCESS);                       //检查缓冲创建是否成功
13      VkMemoryRequirements mem_reqs;                      //缓冲的内存需求
14      vk::vkGetBufferMemoryRequirements(device, tempBuf, &mem_reqs); //获取缓冲内存需求
15      assert(ctdo->dataByteCount <= mem_reqs.size);       //检查内存需求获取是否正确
16      VkMemoryAllocateInfo alloc_info = {};               //构建内存分配信息结构体实例
17      alloc_info.sType = VK_STRUCTURE_TYPE_MEMORY_ALLOCATE_INFO; //结构体类型
18      alloc_info.pNext = NULL;                            //自定义数据的指针
19      alloc_info.memoryTypeIndex = 0;                     //内存类型索引
20      alloc_info.allocationSize = mem_reqs.size; //内存总字节数
21      VkFlags requirements_mask = VK_MEMORY_PROPERTY_HOST_VISIBLE_BIT |
22          VK_MEMORY_PROPERTY_HOST_COHERENT_BIT;    //需要的内存类型掩码
23      bool flag = memoryTypeFromProperties(memoryroperties, mem_reqs.memoryTypeBits,
24          requirements_mask, &alloc_info.memoryTypeIndex);    //获取所需内存类型索引
25      if (flag){
26              LOGE("确定内存类型成功 类型索引为%d", alloc_info.memoryTypeIndex);
27      }else{LOGE("确定内存类型失败!");}
28      VkDeviceMemory memTemp;                             //设备内存
29      result = vk::vkAllocateMemory(device, &alloc_info, NULL, &memTemp); //分配设备内存
30      assert(result == VK_SUCCESS);                       //检查内存分配是否成功
```

```
31      uint8_t *pData;                              //CPU 访问时的辅助指针
32      result = vk::vkMapMemory(device, memTemp,
33          0, mem_reqs.size, 0, (void **)&pData);//将设备内存映射为 CPU 可访问
34      assert(result == VK_SUCCESS);                //检查映射是否成功
35      memcpy(pData, ctdo->data, ctdo->dataByteCount);//将纹理数据复制进设备内存
36      vk::vkUnmapMemory(device, memTemp);          //解除内存映射
37      result = vk::vkBindBufferMemory(device, tempBuf, memTemp, 0);//绑定内存与缓冲
38      assert(result == VK_SUCCESS);                //检查绑定是否成功
39      //此处省略了创建纹理图像以及为图像分配内存并绑定的代码，将在后面的步骤中进行介绍
40      //此处省略了将缓冲中的纹理数据复制到图像中的代码，将在后面的步骤中进行介绍
```

- 第 1~12 行首先构建了缓冲创建信息结构体实例，进而设置此结构体实例的多项属性。主要包括结构体类型、缓冲的用途、数据总字节数、队列家族数量、队列家族索引列表、共享模式等，然后创建了缓冲，最后检查缓冲创建是否成功。

- 第 13~27 行首先根据创建的缓冲通过 vkGetBufferMemoryRequirements 方法获取了缓冲的内存需求，进而从获取的内存需求中得到所需内存的字节数，然后构建内存分配信息结构体实例，设置其内存字节数属性，并根据给定的内存类型掩码获取了所需的内存类型索引，以备分配内存时使用。

- 第 28~30 行通过 vkAllocateMemory 方法基于前面构建的内存分配信息结构体实例分配了设备内存，并检查内存分配是否成功。

- 第 31~37 行将分配的设备内存映射为可供 CPU 访问，之后将纹理数据复制进设备内存中，然后解除映射，最后通过 vkBindBufferMemory 方法将设备内存与中转存储用缓冲绑定。

> 💡提示　当纹理的瓦片组织方式为 VK_IMAGE_TILING_OPTIMAL 时，纹理数据不能像采用 VK_IMAGE_TILING_LINEAR 瓦片组织方式时直接将纹理数据从主机内存复制到纹理图像对应的设备内存中。这时需要借助一个中转缓冲，先将纹理数据从主机内存复制到中转缓冲中，然后再将中转缓冲中的纹理数据复制到图像中才可以实现纹理数据的加载。

（6）接下来介绍的是步骤（5）中省略的创建纹理图像以及为图像分配内存并绑定的代码，具体内容如下。

📎 代码位置：见随书源代码/第 6 章/Sample6_1/app/src/main/cpp/util 目录下的 TextureManager.cpp 文件。

```
1       VkImageCreateInfo image_create_info = {};        //构建图像创建信息结构体实例
2       image_create_info.sType = VK_STRUCTURE_TYPE_IMAGE_CREATE_INFO; //结构体的类型
3       image_create_info.pNext = NULL;                  //自定义数据的指针
4       image_create_info.imageType = VK_IMAGE_TYPE_2D;//图像类型
5       image_create_info.format = format;               //图像像素格式
6       image_create_info.extent.width = ctdo->width;    //图像宽度
7       image_create_info.extent.height = ctdo->height;//图像高度
8       image_create_info.extent.depth = 1;              //图像深度
9       image_create_info.mipLevels = 1;                 //图像 Mipmap 级数
10      image_create_info.arrayLayers = 1;               //图像数组层数量
11      image_create_info.samples = VK_SAMPLE_COUNT_1_BIT;//采样模式
12      image_create_info.tiling = VK_IMAGE_TILING_OPTIMAL;//采用最优瓦片组织方式
13      image_create_info.initialLayout = VK_IMAGE_LAYOUT_UNDEFINED;     //初始布局
14      image_create_info.usage = VK_IMAGE_USAGE_SAMPLED_BIT| ;//图像用途
15          VK_IMAGE_USAGE_TRANSFER_DST_BIT;
```

```
16    image_create_info.queueFamilyIndexCount = 0;              //队列家族数量
17    image_create_info.pQueueFamilyIndices = NULL;             //队列家族索引列表
18    image_create_info.sharingMode = VK_SHARING_MODE_EXCLUSIVE;//共享模式
19    image_create_info.flags = 0;                              //标志
20    VkImage textureImage;                                     //纹理对应的图像
21    result = vk::vkCreateImage(device, &image_create_info, NULL, &textureImage);
                                                                //创建图像
22    assert(result == VK_SUCCESS);                             //检查图像创建是否成功
23    textureImageList[texName] = textureImage;                 //添加到纹理图像列表
24    VkMemoryAllocateInfo mem_alloc = {};                      //构建内存分配信息结构体实例
25    mem_alloc.sType = VK_STRUCTURE_TYPE_MEMORY_ALLOCATE_INFO; //结构体的类型
26    mem_alloc.pNext = NULL;                                   //自定义数据的指针
27    mem_alloc.allocationSize = 0;                             //内存总字节数
28    mem_alloc.memoryTypeIndex = 0;                            //内存类型索引
29    vk::vkGetImageMemoryRequirements(device, textureImage, &mem_reqs);//获取纹理
                                                                       图像内存需求
30    mem_alloc.allocationSize = mem_reqs.size;                 //实际分配的内存字节数
31    flag = memoryTypeFromProperties(memoryroperties, mem_reqs.memoryTypeBits,
32        VK_MEMORY_PROPERTY_DEVICE_LOCAL_BIT,
33        &mem_alloc.memoryTypeIndex);                          //获取内存类型索引
34    VkDeviceMemory textureMemory;                             //纹理图像对应设备内存
35    result = vk::vkAllocateMemory(device, &mem_alloc, NULL, &(textureMemory));
      //分配设备内存
36    textureMemoryList[texName] = textureMemory;               //添加到纹理内存列表
37    result = vk::vkBindImageMemory(device, textureImage, textureMemory, 0);
      //将图像和设备内存绑定
```

- 第 1～19 行首先创建了图像创建信息结构体实例,然后设置图像创建信息结构体实例的多项属性,主要包括图像类型、图像像素格式、图像尺寸、Mipmap 级数、数组层数量、采样模式、用途、共享模式、队列家族相关信息等。

- 第 20～23 行为首先创建了纹理对应图像,并检查创建是否成功,然后根据纹理名称将其添加到纹理图像列表中。

- 第 24～33 行首先构建了内存分配信息结构体实例,然后根据创建的图像通过 vkGetImageMemoryRequirements 方法获取图像的内存需求,进而从获取的内存需求中得到所需内存的字节数,最后根据给定的内存类型掩码获取所需的内存类型索引,以备分配内存时使用。

- 第 34～37 行通过 vkAllocateMemory 方法基于前面构建的内存分配信息结构体实例分配了设备内存,并将设备内存实例根据纹理名称添加到纹理内存列表,最后将创建的图像和分配的设备内存绑定。

（7）再下面介绍的是步骤（5）中省略的将缓冲中的纹理数据复制到图像中的代码,具体内容如下。

✎ 代码位置:见随书源代码/第 6 章/Sample6_1/app/src/main/cpp/util 目录下的 TextureManager.cpp 文件。

```
1    VkBufferImageCopy bufferCopyRegion = {};                  //构建缓冲图像复制结构体实例
2    bufferCopyRegion.imageSubresource.aspectMask = VK_IMAGE_ASPECT_COLOR_BIT;//使用方面
3    bufferCopyRegion.imageSubresource.mipLevel = 0;           //Mipmap 级别
4    bufferCopyRegion.imageSubresource.baseArrayLayer = 0;     //基础数组层
5    bufferCopyRegion.imageSubresource.layerCount = 1;         //数组层的数量
6    bufferCopyRegion.imageExtent.width = ctdo->width;         //图像宽度
7    bufferCopyRegion.imageExtent.height = ctdo->height;       //图像高度
8    bufferCopyRegion.imageExtent.depth = 1;                   //图像深度
```

```
9      bufferCopyRegion.bufferOffset = 0;                    //偏移量
10     VkCommandBufferBeginInfo cmd_buf_info = {};           //构建命令缓冲启动信息结构体实例
11     cmd_buf_info.sType = VK_STRUCTURE_TYPE_COMMAND_BUFFER_BEGIN_INFO;//结构体类型
12     cmd_buf_info.pNext = NULL;                            //自定义数据的指针
13     cmd_buf_info.flags = 0;                               //标志
14     cmd_buf_info.pInheritanceInfo = NULL;                 //继承信息
15     const VkCommandBuffer cmd_bufs[] = { cmdBuffer };//命令缓冲数组
16     VkSubmitInfo submit_info[1] = {};                     //提交信息数组
17     submit_info[0].pNext = NULL;                          //自定义数据的指针
18     submit_info[0].sType = VK_STRUCTURE_TYPE_SUBMIT_INFO; //结构体类型
19     submit_info[0].waitSemaphoreCount = 0;                //等待的信号量数量
20     submit_info[0].pWaitSemaphores = VK_NULL_HANDLE;//等待的信号量列表
21     submit_info[0].pWaitDstStageMask = VK_NULL_HANDLE;  //给定目标管线阶段
22     submit_info[0].commandBufferCount = 1;                //命令缓冲的数量
23     submit_info[0].pCommandBuffers = cmd_bufs;            //命令缓冲列表
24     submit_info[0].signalSemaphoreCount = 0;              //任务完毕后设置的信号量数量
25     submit_info[0].pSignalSemaphores = NULL;              //任务完毕后设置的信号量数组
26     VkFenceCreateInfo fenceInfo;                          //栅栏创建信息结构体实例
27     VkFence copyFence;                                    //复制任务用栅栏
28     fenceInfo.sType = VK_STRUCTURE_TYPE_FENCE_CREATE_INFO; //结构体类型
29     fenceInfo.pNext = NULL;                               //自定义数据的指针
30     fenceInfo.flags = 0;                                  //供将来使用的标志位
31     vk::vkCreateFence(device, &fenceInfo, NULL, &copyFence);  //创建栅栏
32     vk::vkResetCommandBuffer(cmdBuffer, 0);               //清除命令缓冲
33     result = vk::vkBeginCommandBuffer(cmdBuffer, &cmd_buf_info);//启动命令缓冲（开始记录命令）
34     setImageLayout(cmdBuffer, textureImage, VK_IMAGE_ASPECT_COLOR_BIT,
35         VK_IMAGE_LAYOUT_UNDEFINED,
36         VK_IMAGE_LAYOUT_TRANSFER_DST_OPTIMAL);            //修改图像布局（为复制做准备）
37     vk::vkCmdCopyBufferToImage(cmdBuffer, tempBuf,        //将缓冲中的数据复制到纹理图像中
38         textureImage,VK_IMAGE_LAYOUT_TRANSFER_DST_OPTIMAL,1, &bufferCopyRegion);
39     setImageLayout(cmdBuffer, textureImage,              //修改图像布局（为纹理采样准备）
40         VK_IMAGE_ASPECT_COLOR_BIT, VK_IMAGE_LAYOUT_TRANSFER_DST_OPTIMAL,
41         VK_IMAGE_LAYOUT_SHADER_READ_ONLY_OPTIMAL);
42     result = vk::vkEndCommandBuffer(cmdBuffer);           //结束命令缓冲（停止记录命令）
43     result = vk::vkQueueSubmit(queueGraphics, 1, submit_info, copyFence);//提交给队列执行
44     do{                                                   //循环等待执行完毕
45         result = vk::vkWaitForFences(device, 1, &copyFence, VK_TRUE, 100000000);
46     } while (result == VK_TIMEOUT);
47     vk::vkDestroyBuffer(device, tempBuf, NULL);           //销毁中转缓冲
48     vk::vkFreeMemory(device, memTemp, NULL);              //释放中转缓冲的设备内存
49     vk::vkDestroyFence(device, copyFence,NULL);           //销毁复制任务用栅栏
```

- 第 1~9 行首先构建了缓冲图像复制结构体实例，然后设置此结构体实例的多项属性，主要包括使用方面、Mipmap 级别、基础数组层、数组层的数量、图像尺寸、图像深度和偏移量等。

- 第 10~14 行首先构建了命令缓冲启动信息结构体实例，然后设置结构体类型、自定义数据的指针、继承信息等参数。

- 第 15~25 行首先构建了提交命令缓冲数组，然后构建长度为 1 的提交信息数组，接着设置提交信息数组中唯一元素的多项属性，主要包括结构体类型、等待的信号量数量及列表、给定目标管线阶段、用于提交的命令缓冲数量及列表等。

- 第 26~31 行首先构建了栅栏创建信息结构体实例，然后设置此结构体实例的几项属性，最后调用 vkCreateFence 方法创建栅栏。

- 第 32~42 行首先清除命令缓冲，然后启动命令缓冲，接着调用 setImageLayout 方法修改

图像布局为传输目的地优化类型（VK_IMAGE_LAYOUT_TRANSFER_DST_OPTIMAL），为接收传输的数据做好准备。然后调用 vkCmdCopyBufferToImage 方法将纹理数据从中转缓冲复制到纹理图像中，接着修改图像布局为着色器只读优化类型（VK_IMAGE_LAYOUT_SHADER_READ_ONLY_OPTIMAL），为后面绘制时的纹理采样做好准备，最后结束命令缓冲。

● 第 43～49 行将命令缓冲中的任务提交给指定队列执行，待确认任务执行完毕后，销毁中转缓冲和复制任务用栅栏，并释放中转缓冲的设备内存。

（8）接着介绍的是加载所有纹理的方法 initTextures 和销毁纹理的方法 destroyTextures，这两个方法的具体代码如下。

代码位置：见随书源代码/第 6 章/Sample6_1/app/src/main/cpp/util 目录下的 TextureManager.cpp 文件。

```
1   void TextureManager::initTextures(VkDevice& device,      //加载所有纹理的方法
2           VkPhysicalDevice& gpu, VkPhysicalDeviceMemoryProperties& memoryroperties,
3           VkCommandBuffer& cmdBuffer, VkQueue& queueGraphics){
4       initSampler(device, gpu);                            //初始化采样器
5       for (int i = 0; i<texNames.size(); i++){            //遍历纹理文件名称列表
6           TexDataObject* ctdo = FileUtil::loadCommonTexData(texNames[i]);//加载纹理文件数据
7           LOGE("%s w %d h %d", texNames[i].c_str(), ctdo->width, ctdo->height);
                                                            //打印纹理数据信息
8           init_SPEC_2D_Textures(texNames[i], device, gpu, memoryroperties,//加载2D纹理
9               cmdBuffer, queueGraphics, VK_FORMAT_R8G8B8A8_UNORM,ctdo);
10      }}
11  void TextureManager::deatroyTextures(VkDevice& device){      //销毁纹理的方法
12      for(int i=0;i<SAMPLER_COUNT;i++){                       //遍历所有采样器
13          vk::vkDestroySampler(device, samplerList[i], NULL); //销毁采样器
14      }
15      for(int i=0;i<texNames.size();i++){                     //遍历所有纹理
16          vk::vkDestroyImageView(device, viewTextureList[texNames[i]], NULL);//销毁图像视图
17          vk::vkDestroyImage(device, textureImageList[texNames[i]], NULL);//销毁图像
18          vk::vkFreeMemory(device, textureMemoryList[texNames[i]], NULL);//释放设备内存
19      }}
```

● 第 1～10 行的 initTextures 方法首先调用 initSampler 方法进行采样器的初始化，然后遍历纹理文件名称列表。每遍历到一个纹理文件名时，首先调用 FileUtil 工具类中的 loadCommonTexData 方法加载指定文件名的 bntex 非压缩纹理文件中的数据，然后调用 init_SPEC_2D_Textures 方法加载此纹理。注意 bntex 非压缩纹理文件对应的格式为 VK_FORMAT_R8G8B8A8_UNORM，其他压缩纹理格式将在本章后面的部分进行介绍。

● 第 11～19 行的 deatroyTextures 方法首先调用 vkDestroySampler 方法销毁所有的采样器，然后遍历所有纹理，销毁每个纹理的图像视图及图像并释放每个纹理的设备内存。

（9）上一步骤中的 initTextures 方法调用了 FileUtil 工具类中的 loadCommonTexData 方法，下面对此方法进行介绍，其具体代码如下。

代码位置：见随书中源代码/第 6 章/Sample6_1/app/src/main/cpp/util 目录下的 FileUtil.cpp 文件。

```
1   TexDataObject* FileUtil::loadCommonTexData(string fname){//加载 bntex 纹理数据
2       AAsset* asset =AAssetManager_open(aam,fname.c_str(),
3           AASSET_MODE_UNKNOWN);                           //创建 AAsset 对象
4       unsigned char* buf=new unsigned char[4];            //开辟长度为 4 字节的内存
5       AAsset_read(asset, (void*)buf, 4);                  //读取纹理宽度数据字节
6       int width=fromBytesToInt(buf);                      //转换为 int 型数值
```

```
7        AAsset_read(asset, (void*)buf, 4);                    //读取纹理高度数据字节
8        int height=fromBytesToInt(buf);                        //转换为 int 型数值
9        unsigned char* data=new unsigned char[width*height*4];//开辟纹理数据存储内存
10       AAsset_read(asset, (void*)data, width*height*4);      //读取纹理数据
11       TexDataObject* ctdo=new TexDataObject(width,height,data,width*height*4);
                                                                //创建纹理数据对象
12       return ctdo;                                           //返回结果
13   }
14   int fromBytesToInt(unsigned char* buff){                  //将字节序列转换为 int 值的方法
15       int k=0;                                               //结果变量
16       unsigned char* temp=(unsigned char*)(&k);             //将结果变量所占内存以字节序列模式访问
17       temp[0]=buff[0];                                       //设置第 1 个字节的数据
18       temp[1]=buff[1];                                       //设置第 2 个字节的数据
19       temp[2]=buff[2];                                       //设置第 3 个字节的数据
20       temp[3]=buff[3];                                       //设置第 4 个字节的数据
21       return k;                                              //返回结果值
22   }
```

说明　　loadCommonTexData 方法只适用于读取非压缩 bntex 格式纹理文件中的数据，对于其他类型的纹理文件加载时需要单独开发对应的功能方法，本章后面的部分会分别进行介绍。另外从代码中可以看出，bntex 格式纹理文件中最开始 4 个字节是纹理的宽度，紧跟的 4 个字节是纹理的高度，再后面是纹理的像素数据部分。由于 bntex 格式非压缩纹理中每个像素占 4 个字节，故纹理数据部分的总字节数为"纹理宽度×纹理高度×4"。

（10）最后介绍的是通过纹理名称获取对应描述集在描述集列表中索引的方法——getVkDescriptorSetIndex，其具体代码如下。

代码位置：见随书源代码/第 6 章/Sample6_1/app/src/main/cpp/util 目录下的 TextureManager.cpp 文件。

```
1    int TextureManager::getVkDescriptorSetIndex(std::string texName){
2        int result=-1;                                        //初始化结果值为-1
3        for(int i=0;i<texNames.size();i++){                   //遍历所有纹理
4            if(texNames[i].compare(texName.c_str())==0){      //判断名称是否相同
5                result=i;                                      //以当前索引值为结果
6                break;                                         //退出遍历循环
7        }}
8        assert(result!=-1);                                    //检查结果值是否为-1
9        return result;                                         //返回索引
10   }
```

说明　　开发此方法是为了后面绘制时访问纹理的方便，只需要给出纹理文件名即可获得所需纹理对应的描述集索引进而得到对应的描述集供绘制任务使用。

上述 TextureManager 类的介绍中涉及 3 个重要的类型：VkImage、VkDeviceMemory 和 VkImageView。前面基于具体的代码对这 3 个类型实例的使用也进行了针对性的介绍。下面再梳理一下这三者之间的关系和各自的作用，具体内容如下。

● 首先需要创建的是图像（VkImage）实例，要注意的是图像实例中并不包含图像对应的数据。其中主要包含了图像的一些重要状态信息，诸如图像像素格式（如 VK_FORMAT_ R8G8B8A8_ UNORM）、图像各个维度的尺寸、图像类型（如 VK_IMAGE_TYPE_2D）、图像用途（如 VK_IMAGE_

USAGE_SAMPLED_BIT）、图像像素瓦片组织方式等。

● 然后需要根据图像瓦片组织方式的不同，采用不同的策略将图像数据加载进对应的设备内存。若图像采用的是线性瓦片组织方式（VK_IMAGE_TILING_LINEAR），则直接根据图像实例情况获取对应的内存需求，分配设备内存（VkDeviceMemory）并将设备内存映射为 CPU 可访问，再将图像数据送入对应的设备内存，最后将设备内存与图像绑定即可。若采用的是最优瓦片组织方式（VK_IMAGE_TILING_OPTIMAL），则需要首先创建与图像数据字节数相同的缓冲（VkBuffer），接着为缓冲分配设备内存并将设备内存映射为 CPU 可访问，再将图像数据送入此设备内存并将此设备内存与缓冲绑定，然后根据图像实例情况获取对应的内存需求，基于获取的内存需求为图像分配设备内存，并将此设备内存与图像绑定，最后调用 vkCmdCopyBufferToImage 方法将缓冲中的图像数据复制到图像中即可。

● 完成了图像的创建，并将图像数据输送进图像对应的设备内存后，为了能够在着色器中使用图像，还需为图像创建对应的图像视图（VkImageView）。

上述内容中提到的图像用途一共有 8 种选择，具体情况如表 6-1 所示。

表 6-1 　　　　　　　　　　　　图像用途详情

图像用途	说明
VK_IMAGE_USAGE_TRANSFER_SRC_BIT	表示图像可以作为复制的源
VK_IMAGE_USAGE_TRANSFER_DST_BIT	表示图像可以作为复制的目标
VK_IMAGE_USAGE_SAMPLED_BIT	表示图像可以在着色器中被进行采样
VK_IMAGE_USAGE_STORAGE_BIT	表示可以对图像对应的内存进行加载、存储及原子操作
VK_IMAGE_USAGE_COLOR_ATTACHMENT_BIT	表示图像可以作为帧缓冲的颜色附件
VK_IMAGE_USAGE_DEPTH_STENCIL_ATTACHMENT_BIT	表示图像可以作为帧缓冲的深度/模板附件
VK_IMAGE_USAGE_INPUT_ATTACHMENT_BIT	表示图像可以作为帧缓冲的输入附件
VK_IMAGE_USAGE_TRANSIENT_ATTACHMENT_BIT	表示图像的内存采用延迟分配策略，此用途图像对应的内存需要设置为 VK_MEMORY_PROPERTY_LAZILY_ALLOCATED_BIT。另外，要注意的是此图像用途不能和 VK_IMAGE_USAGE_COLOR_ATTACHMENT_BIT、VK_IMAGE_USAGE_DEPTH_STENCIL_ATTACHMENT_BIT、VK_IMAGE_USAGE_INPUT_ATTACHMENT_BIT 这 3 种用途并存

> 提示　　当图像有多个非互斥的目标用途时，可以用 "|" 隔开同时使用，就如同前面代码中出现过的那样，如 "VK_IMAGE_USAGE_COLOR_ATTACHMENT_BIT|VK_IMAGE_USAGE_INPUT_ATTACHMENT_BIT" 表示图像既作为颜色附件又作为输入附件。

3. setImageLayout 方法

前面的步骤（7）中有两处用到了设置图像布局的方法——setImageLayout，下面对此方法进行详细介绍，其具体代码如下。

代码位置：见随书源代码/第 6 章/Sample6_1/app/src/main/cpp/util 目录下的 TextureManager.cpp 文件。

```
1    void setImageLayout(VkCommandBuffer cmd, VkImage image,VkImageAspectFlags aspectMask,
2                       VkImageLayout old_image_layout,VkImageLayout new_image_layout){
3        VkImageMemoryBarrier image_memory_barrier = {};   //构建图像内存屏障结构体实例
```

```
4        image_memory_barrier.sType = VK_STRUCTURE_TYPE_IMAGE_MEMORY_BARRIER;//结构体类型
5        image_memory_barrier.pNext = NULL;                          //自定义数据的指针
6        image_memory_barrier.srcAccessMask = 0;                     //源访问掩码
7        image_memory_barrier.dstAccessMask = 0;                     //目标访问掩码
8        image_memory_barrier.oldLayout = old_image_layout;      //旧布局（屏障前）
9        image_memory_barrier.newLayout = new_image_layout;      //新布局（屏障后）
10       image_memory_barrier.srcQueueFamilyIndex = VK_QUEUE_FAMILY_IGNORED;//源队列家族索引
11       image_memory_barrier.dstQueueFamilyIndex = VK_QUEUE_FAMILY_IGNORED;
                                                            //目标队列家族索引
12       image_memory_barrier.image = image;                     //对应的图像
13       image_memory_barrier.subresourceRange.aspectMask = aspectMask;    //使用方面
14       image_memory_barrier.subresourceRange.baseMipLevel = 0; //基础 Mipmap 级别
15       image_memory_barrier.subresourceRange.levelCount = 1;    /Mipmap 级别的数量
16       image_memory_barrier.subresourceRange.baseArrayLayer = 0;//基础数组层
17       image_memory_barrier.subresourceRange.layerCount = 1;    //数组层的数量
18       if (old_image_layout == VK_IMAGE_LAYOUT_COLOR_ATTACHMENT_OPTIMAL) {//判断旧布局
19           image_memory_barrier.srcAccessMask =                //设置源访问掩码
20                   VK_ACCESS_COLOR_ATTACHMENT_WRITE_BIT;
21       }
22       if (new_image_layout == VK_IMAGE_LAYOUT_TRANSFER_DST_OPTIMAL) { //判断新布局
23           image_memory_barrier.dstAccessMask = VK_ACCESS_TRANSFER_WRITE_BIT; //目标访问掩码
24       }
25       if (new_image_layout == VK_IMAGE_LAYOUT_TRANSFER_SRC_OPTIMAL) {    //判断新布局
26           image_memory_barrier.dstAccessMask = VK_ACCESS_TRANSFER_READ_BIT; //目标访问掩码
27       }
28       if (old_image_layout == VK_IMAGE_LAYOUT_TRANSFER_DST_OPTIMAL) { //判断旧布局
29           image_memory_barrier.srcAccessMask = VK_ACCESS_TRANSFER_WRITE_BIT;//源访问掩码
30       }
31       if (old_image_layout == VK_IMAGE_LAYOUT_PREINITIALIZED) {//判断旧布局
32           image_memory_barrier.srcAccessMask = VK_ACCESS_HOST_WRITE_BIT; //源访问掩码
33       }
34       if (new_image_layout == VK_IMAGE_LAYOUT_SHADER_READ_ONLY_OPTIMAL) {//判断新布局
35           image_memory_barrier.srcAccessMask =                        //源访问掩码
36                   VK_ACCESS_HOST_WRITE_BIT | VK_ACCESS_TRANSFER_WRITE_BIT;
37           image_memory_barrier.dstAccessMask = VK_ACCESS_SHADER_READ_BIT;//目标访问掩码
38       }
39       if (new_image_layout == VK_IMAGE_LAYOUT_COLOR_ATTACHMENT_OPTIMAL) {//判断新布局
40           image_memory_barrier.dstAccessMask =        //目标访问掩码
41                   VK_ACCESS_COLOR_ATTACHMENT_WRITE_BIT;
42       }
43       if (new_image_layout == VK_IMAGE_LAYOUT_DEPTH_STENCIL_ATTACHMENT_OPTIMAL) {
44           image_memory_barrier.dstAccessMask =        //目标访问掩码
45                   VK_ACCESS_DEPTH_STENCIL_ATTACHMENT_WRITE_BIT;
46       }
47       VkPipelineStageFlags src_stages = VK_PIPELINE_STAGE_TOP_OF_PIPE_BIT;//屏障前阶段
48       VkPipelineStageFlags dest_stages = VK_PIPELINE_STAGE_TOP_OF_PIPE_BIT;//屏障后阶段
49       vk::vkCmdPipelineBarrier(cmd, src_stages, dest_stages, 0, 0,//放置屏障
50               NULL, 0, NULL, 1, &image_memory_barrier);
51   }
```

- 第 3～17 行首先构建了图像内存屏障结构体实例，然后进一步设置了此结构体实例的多项
属性，主要包括结构体类型、旧布局、新布局、源队列家族索引、目标队列家族索引、对应的图
像、使用方面、Mipmap 相关、数组层相关等内容。
- 第 18～46 行用多个 if 语句根据不同的新布局或旧布局预设值设置了源访问掩码或目标访问掩码。

● 第47~50行首先设置了所需图像内存屏障的前导和后继着色器阶段,然后调用vkCmdPipeline
Barrier方法放置了图像内存屏障。

上述代码中涉及不少新的 Vulkan 知识,下面将系统地进行介绍,主要内容包括 Vulkan 中的
内存屏障类型、图像布局类型和 vkCmdPipelineBarrier 方法。首先介绍 Vulkan 中的内存屏障类型,
具体情况如表 6-2 所示。

表 6-2　　　　　　　　　　　　　　Vulkan 中的内存屏障类型

内存屏障类型	说明
VkMemoryBarrier	全局内存屏障,其可以应用于所有类型的内存对象
VkBufferMemoryBarrier	缓冲内存屏障,其仅可以用于缓冲类型的内存对象
VkImageMemoryBarrier	图像内存屏障,其仅可以用于图像类型的内存对象

从表 6-2 中可以看出,Vulkan 中共有 3 种类型的内存屏障。由于 setImageLayout 方法中涉及
的内存是图像类型的,因此采用了 VkImageMemoryBarrier 型内存屏障。内存屏障是 Vulkan 中的
一种同步机制,用于管线阶段内的内存访问管理和资源状态迁移等方面。

了解了 3 种类型的内存屏障后,下面再介绍一下 Vulkan 中可选的图像布局类型。这些图像布
局类型一共有 7 种,具体情况如表 6-3 所示。

表 6-3　　　　　　　　　　　　　Vulkan 中可选的图像布局类型

图像布局类型	说明
VK_IMAGE_LAYOUT_UNDEFINED	未限定类型,一般用于某些图像初始化时,表示对图像一开始的布局没有特定要求
VK_IMAGE_LAYOUT_GENERAL	通用类型,采用此布局类型的图像可以执行所有类型的操作。这种类型通用性最好,但效率可能没有针对具体使用目的设计的布局类型高
VK_IMAGE_LAYOUT_COLOR_ATTACHMENT_OPTIMAL	颜色附件优化类型,采用此布局类型的图像应该作为帧缓冲的颜色附件使用
VK_IMAGE_LAYOUT_DEPTH_STENCIL_ATTACHMENT_OPTIMAL	深度/模板附件优化类型,采用此布局类型的图像应该作为帧缓冲的深度/模板附件使用
VK_IMAGE_LAYOUT_SHADER_READ_ONLY_OPTIMAL	着色器只读优化类型,采用此布局类型的图像可以作为被采样的纹理
VK_IMAGE_LAYOUT_TRANSFER_SRC_OPTIMAL	传输源优化类型,采用此布局类型的图像应该作为图像数据传输的源
VK_IMAGE_LAYOUT_TRANSFER_DST_OPTIMAL	传输目的地优化类型,采用此布局类型的图像应该作为图像数据传输的目的地

从表 6-3 中可以看出,对于不同的使用目的应该使用不同的图像布局类型,这样能够取得最好的执
行效果。而程序执行的过程中特定图像的使用目的可能会发生变化,这时就需要修改图像的布局类型。
在 Vulkan 中修改图像布局类型的实现策略就是在布局类型需要变化的地方放置图像内存屏障。而放置
图像内存屏障需要用到 vkCmdPipelineBarrier 方法,此方法有 10 个入口参数,具体情况如表 6-4 所示。

表 6-4　　　　　　　　　　vkCmdPipelineBarrier 方法的入口参数

参数声明	说明
VkCommandBuffer commandBuffer	实现指定内存屏障的命令缓冲
VkPipelineStageFlags srcStageMask	此入口参数以比特位的形式给出必须在指定内存屏障实现前执行完毕的管线阶段

续表

参数声明	说明
VkPipelineStageFlags dstStageMask	此入口参数以比特位的形式给出必须在指定内存屏障结束后才能开始执行的管线阶段
VkDependencyFlags dependencyFlags	此入口参数的值指出指定的内存屏障是否拥有屏幕空间位置
uint32_t memoryBarrierCount	指定全局内存屏障的数量
const VkMemoryBarrier* pMemoryBarriers	指向全局内存屏障结构体实例列表的指针，此列表长度与 memoryBarrierCount 参数值相同
uint32_t bufferMemoryBarrierCount	指定缓冲内存屏障的数量
const VkBufferMemoryBarrier* pBufferMemoryBarriers	指向缓冲内存屏障结构体实例列表的指针，此列表长度与 bufferMemoryBarrierCount 参数值相同
uint32_t imageMemoryBarrierCount	指定图像内存屏障的数量
const VkImageMemoryBarrier* pImageMemoryBarriers	指向图像内存屏障结构体实例列表的指针，此列表长度与 imageMemoryBarrierCount 参数值相同

　　从表 6-4 中可以看出，一次调用 vkCmdPipelineBarrier 方法可以指定放置多个不同类型的内存屏障。而由于 setImageLayout 方法中仅需要放置一个图像内存屏障，故调用 vkCmdPipelineBarrier 方法时全局内存屏障和缓冲内存屏障的数量都为 0，列表指针都为空。

　　另外参数 srcStageMask 和 dstStageMask 也有多种选择，前面 setImageLayout 方法中使用的 VK_PIPELINE_STAGE_TOP_OF_PIPE_BIT 就是选择之一，其他还有很多选择，常用的管线阶段标志如表 6-5 所示。

表 6-5　　　　　　　　　　　　　　　管线阶段标志

管线阶段标志	说明
VK_PIPELINE_STAGE_TOP_OF_PIPE_BIT	表示当管线刚开始执行的阶段
VK_PIPELINE_STAGE_DRAW_INDIRECT_BIT	调用间接绘制时，从内存中获取相关命令参数的阶段
VK_PIPELINE_STAGE_VERTEX_INPUT_BIT	顶点输入阶段
VK_PIPELINE_STAGE_VERTEX_SHADER_BIT	顶点着色器阶段
VK_PIPELINE_STAGE_TESSELLATION_CONTROL_SHADER_BIT	细分控制着色器阶段
VK_PIPELINE_STAGE_TESSELLATION_EVALUATION_SHADER_BIT	细分执行着色器阶段
VK_PIPELINE_STAGE_GEOMETRY_SHADER_BIT	几何着色器阶段
VK_PIPELINE_STAGE_EARLY_FRAGMENT_TESTS_BIT	片元前操作阶段
VK_PIPELINE_STAGE_FRAGMENT_SHADER_BIT	片元着色器阶段
VK_PIPELINE_STAGE_LATE_FRAGMENT_TESTS_BIT	片元后操作阶段
VK_PIPELINE_STAGE_COLOR_ATTACHMENT_OUTPUT_BIT	颜色附件输出阶段
VK_PIPELINE_STAGE_COMPUTE_SHADER_BIT	计算着色器阶段
VK_PIPELINE_STAGE_BOTTOM_OF_PIPE_BIT	表示管线所有阶段结束的阶段

　　🖊说明　　表 6-5 中列出的各个管线阶段从上至下基本是按照命令进入管线后经过各管线阶段的先后顺序排列的。当然，实际开发中使用的管线不一定包含表中所列的所有阶段，例如本节案例中的管线就没有包含细分控制着色器阶段、细分执行着色器阶段和几何着色器阶段。如果读者对这些管线阶段不太熟悉，请参考本书第 2 章中介绍管线知识的相关部分。

6.2.3 案例代码的开发

前面已经展示了本节案例 Sample6_1 的运行效果并且介绍了本章新增的两个纹理相关类，接下来将介绍本节案例的具体开发。因为本节案例实际是在第 1 章 3 色三角形案例的基础上修改而来，所以本章仅仅介绍有代表性的部分，具体内容如下。

（1）首先介绍的是 MyVulkanManager 类中创建绘制用物体对象的方法——createDrawable Object，其中最主要的变化是将顶点数据中的颜色部分替换为纹理坐标，具体代码如下。

✎ **代码位置**：见随书中源代码/第 6 章/Sample6_1/app/src/main/cpp/bndev 目录下的 MyVulkanManager.cpp 文件。

```
1    void MyVulkanManager::createDrawableObject(){    //创建绘制用物体的方法
2        float* vdataIn=new float[15]{                //顶点数据数组
3            0,10,0, 0.5,0,                           //第 1 个顶点的数据
4            -9,-5,0, 0,1,                            //第 2 个顶点的数据
5            9,-5,0, 1,1                              //第 3 个顶点的数据
6        };
7        texTri=new TexDrawableObject(vdataIn,15*4,3,device, memoryroperties);
                                                     //创建三角形绘制物体
8    }
```

✎ **说明**　重点观察上述代码中的第 3~5 行，每行为一个顶点的数据，包含 5 个数值。其中前 3 个值分别为顶点的 x、y、z 坐标，后两个值为顶点的 s、t 纹理坐标。

（2）接下来介绍的是 MyVulkanManager 类中新增的两个方法，他们是用于初始化纹理的 init_texture 方法和销毁纹理的 destroy_textures 方法，具体代码如下。

✎ **代码位置**：见随书中源代码/第 6 章/Sample6_1/app/src/main/cpp/bndev 目录下的 MyVulkanManager.cpp 文件。

```
1    void MyVulkanManager::init_texture(){           //初始化纹理的方法
2        TextureManager::initTextures(device,gpus[0],memoryroperties,cmdBuffer,queue
Graphics);
3    }
4    void MyVulkanManager::destroy_textures(){       //销毁纹理的方法
5        TextureManager::deatroyTextures(device);
6    }
```

✎ **说明**　上述两个方法通过调用 TextureManager 类中的 initTextures 方法和 deatroy Textures 方法来实现纹理的初始化和销毁。从中应该可以体会到将纹理相关的实际工作都封装进 TextureManager 类的好处，开发具体项目时直接调用即可，大大提高了开发效率、降低了开发成本。

（3）前面步骤（2）中介绍了 MyVulkanManager 类中新增的两个方法，相应地这两个方法要在绘制线程任务执行类 ThreadTask 的 doTask 方法中进行调用，具体代码如下。

✎ **代码位置**：见随书中源代码/第 6 章/Sample6_1/app/src/main/cpp/bndev 目录下的 ThreadTask.cpp 文件。

```
1    void ThreadTask::doTask(){
2        //此处省略了部分与 3 色三角形案例中相同的代码，需要的读者请自行查看随书源代码
3        MyVulkanManager::create_frame_buffer();                 //创建帧缓冲
```

```
4          MyVulkanManager::init_texture();                    //初始化纹理
5          MyVulkanManager::createDrawableObject();            //创建绘制用物体
6          //此处省略了部分与 3 色三角形案例中相同的代码，需要的读者请自行查看随书源代码
7          MyVulkanManager::destroyDrawableObject();           //销毁管线
8          MyVulkanManager::destroy_textures();                //销毁纹理
9          MyVulkanManager::destroy_frame_buffer();            //销毁帧缓冲
10         //此处省略了部分与 3 色三角形案例中相同的代码，需要的读者请自行查看随书源代码
11     }
```

> ✏️**说明**　　上述方法中，主要的变化是在创建帧缓冲后增加了初始化纹理方法的调用，在销毁管线后增加了销毁纹理方法的调用。

（4）接着介绍的是 MyVulkanManager 类中用于将纹理等数据与描述集关联的 flushTexTo DesSet 方法和将当前帧相关数据送入一致变量缓冲的 flushUniformBuffer 方法，具体代码如下。

✍️ **代码位置：**见随书中源代码/第 6 章/Sample6_1/app/src/main/cpp/bndev 目录下的 MyVulkanManager.cpp 文件。

```
1    void MyVulkanManager::flushTexToDesSet(){            //将纹理等数据与描述集关联的方法
2        for(int i=0;i<TextureManager::texNames.size();i++){//遍历所有纹理
3            sqsCT->writes[0].dstSet = sqsCT->descSet[i];//更新描述集对应的写入属性 0（一致变量）
4            sqsCT->writes[1].dstSet = sqsCT->descSet[i];//更新描述集对应的写入属性 1（纹理）
5            sqsCT->writes[1].pImageInfo =               //写入属性 1 对应的纹理图像信息
6                &(TextureManager::texImageInfoList[TextureManager::texNames[i]]);
7            vk::vkUpdateDescriptorSets(device, 2, sqsCT->writes, 0, NULL);//更新描述集
8        }}
9    void MyVulkanManager::flushUniformBuffer(){//将当前帧的一致变量数据送入一致变量缓冲的方法
10       float fragmentUniformData[1]={0.9};//亮度调节系数，与片元着色器中 brightFactor 对应
11       uint8_t *pData;                          //CPU 访问设备内存时的辅助指针
12       VkResult result = vk::vkMapMemory(device, sqsCT->memUniformBuf,
13           0, sqsCT->bufferByteCount, 0, (void **)&pData);//将指定设备内存映射为 CPU 可访问
14       assert(result==VK_SUCCESS);             //检查映射是否成功
15       memcpy(pData, fragmentUniformData, sqsCT->bufferByteCount);//将数据复制进设备内存
16       vk::vkUnmapMemory(device,sqsCT->memUniformBuf);         //解除内存映射
17   }
```

- 第 1~8 行的 flushTexToDesSet 方法中遍历了所有的纹理，在遍历过程中对于每一个纹理首先更新描述集对应的写入属性，然后更新了描述集。

- 第 9~17 行的 flushUniformBuffer 方法主体内容与前面 3 色三角形案例中的相同，首先将一致变量缓冲对应的设备内存映射为 CPU 可访问，然后将数据送入一致变量缓冲对应的设备内存，最后解除了内存映射。但这里送入一致变量缓冲的数据不再是最终变换矩阵的各个元素值，而是亮度调节系数值。

（5）下面介绍的是 MyVulkanManager 类中执行绘制的方法——drawObject，具体代码如下。

✍️ **代码位置：**见随书中源代码/第 6 章/Sample6_1/app/src/main/cpp/bndev 目录下的 MyVulkanManager.cpp 文件。

```
1    void MyVulkanManager::drawObject(){                  //执行绘制的方法
2        FPSUtil::init();                                 //初始化 FPS 计算
3        while(MyVulkanManager::loopDrawFlag){            //每循环一次绘制一帧画面
4            ......//此处省略了部分与三色三角形案例中相同的代码，需要的读者请自行查看随书源代码
5            vk::vkCmdBeginRenderPass(cmdBuffer, &rp_begin, VK_SUBPASS_CONTENTS_INLINE);
6            MatrixState3D::pushMatrix();                 //保护现场
```

```
7              MatrixState3D::rotate(yAngle,0,1,0);                //绕 y 轴旋转
8              MatrixState3D::rotate(zAngle,0,0,1);                //绕 z 轴旋转
9              texTri->drawSelf(cmdBuffer,sqsCT->pipelineLayout,sqsCT->pipeline,
                                                                   //绘制纹理三角形
10                 &(sqsCT->descSet[TextureManager::getVkDescriptorSetIndex("texture/w
all.bntex")]));
11             MatrixState3D::popMatrix();                         //恢复现场
12             vk::vkCmdEndRenderPass(cmdBuffer);                  //结束渲染通道
13         //此处省略了部分与 3 色三角形案例中相同的代码，需要的读者请自行查看随书源代码
14       }}
```

> 💡**说明**　上述方法中最具有代表性的是第 6～10 行，其中首先保护了现场，然后根据 yAngle、zAngle 变量的值将坐标系分别绕 y 轴和 z 轴旋转，最后基于变换后的坐标系和指定纹理对应的描述集绘制了纹理三角形。

（6）本节纹理三角形案例中还增加了手指在屏幕上滑动操控纹理三角形进行旋转的功能，此功能的触控事件处理部分是在 main.cpp 中的事件处理回调方法 engine_handle_input 内开发的，具体代码如下。

✍ **代码位置：** 见随书中源代码/第 6 章/Sample6_1/app/src/main/cpp/bndev 目录下的 main.cpp 文件。

```
1    static int32_t engine_handle_input(struct android_app* app, AInputEvent* event){
                                                                   //事件处理回调方法
2      if (AInputEvent_getType(event) == AINPUT_EVENT_TYPE_MOTION){//如果是 MOTION 事件
3        if(AInputEvent_getSource(event)==AINPUT_SOURCE_TOUCHSCREEN){//如果是触屏
4          int x=AMotionEvent_getRawX(event,0);                   //获取触控点 x 坐标
5          int y=AMotionEvent_getRawY(event,0);                   //获取触控点 y 坐标
6          int32_t id = AMotionEvent_getAction(event);            //获取事件类型编号
7          switch(id){
8           case AMOTION_EVENT_ACTION_DOWN:                       //触控点按下
9            xPre=x;                                              //记录触控点 x 坐标
10           yPre=y;                                              //记录触控点 y 坐标
11           break;
12          case AMOTION_EVENT_ACTION_MOVE:                       //触控点移动
13           xDis=x-xPre;                                         //计算触控点 x 位移
14           yDis=y-yPre;                                         //计算触控点 y 位移
15           MyVulkanManager::yAngle=MyVulkanManager::yAngle+xDis*180.0/600;//y 轴旋转角
16           MyVulkanManager::zAngle=MyVulkanManager::zAngle+yDis*180.0/600;//z 轴旋转角
17           xPre=x;                                              //记录触控点 x 坐标
18           yPre=y;                                              //记录触控点 y 坐标
19           break;
20          case AMOTION_EVENT_ACTION_UP:break;                   //触控点抬起
21       }}return true;
22    }return false;}
```

> 💡**说明**　上述代码并不复杂，最主要的工作是在处理触控点移动的分支代码中根据触控点的 x 轴方向和 y 轴方向的位移量计算了 yAngle 和 zAngle 两个变量的变化量并叠加到这两个变量中。yAngle 和 zAngle 两个变量前面已经使用过，分别代表绘制纹理三角形时坐标系统 y 轴和 z 轴旋转的角度。

（7）接着介绍的是三角形物体类 TexDrawableObject 中的绘制方法 drawSelf，其具体代码如下。

💎 **代码位置：** 见随书中源代码/第 6 章/Sample6_1/app/src/main/cpp/util 目录下的 TexDrawableObject.cpp 文件。

```
1    void TexDrawableObject::drawSelf(VkCommandBuffer& cmd,VkPipelineLayout& pipeline
Layout,
2      VkPipeline& pipeline,VkDescriptorSet* desSetPointer){    //绘制物体的方法
3        vk::vkCmdBindPipeline(cmd,
4         VK_PIPELINE_BIND_POINT_GRAPHICS,pipeline);    //将当前使用的命令缓冲与管线绑定
5        vk::vkCmdBindDescriptorSets(cmd, VK_PIPELINE_BIND_POINT_GRAPHICS,
6         pipelineLayout, 0, 1,desSetPointer, 0, NULL); //将命令缓冲、管线布局、描述集绑定
7        const VkDeviceSize offsetsVertex[1] = {0};//顶点数据偏移量数组
8        vk::vkCmdBindVertexBuffers(                   //将顶点数据与当前使用的命令缓冲绑定
9             cmd,                                     //当前使用的命令缓冲
10             0,                                      //顶点数据缓冲在列表中的首索引
11             1,                                      //绑定顶点缓冲的数量
12             &(vertexDatabuf),                       //绑定的顶点数据缓冲列表
13             offsetsVertex                           //各个顶点数据缓冲的内部偏移量
14        );
15       float* mvp=MatrixState3D::getFinalMatrix();//获取最终变换矩阵
16       memcpy(pushConstantData, mvp, sizeof(float)*16);//将最终变换矩阵数据送入推送常量数据
17       vk::vkCmdPushConstants(cmd, pipelineLayout, //将最终变换矩阵数据送入推送常量
18        VK_SHADER_STAGE_VERTEX_BIT, 0, sizeof(float)*16,pushConstantData);
19       vk::vkCmdDraw(cmd, vCount, 1, 0, 0);          //执行绘制
20    }
```

💎 **说明** 　　上述绘制物体的方法与本书前面很多案例中的类似，也是首先将当前使用的命令缓冲与管线绑定，然后将命令缓冲、管线布局、描述集绑定，接着将顶点数据与当前使用的命令缓冲绑定，最后执行了绘制。比较有代表性的是在执行绘制之前将最终变换矩阵的数据送入了对应的推送常量，以便在顶点着色器中使用。

（8）下面介绍的是 ShaderQueueSuit_CommonTex 类中用于创建管线布局的方法——create_pipeline_layout，其具体代码如下。

💎 **代码位置：** 见随书中源代码/第 6 章/Sample6_1/app/assets/shader 目录下的 ShaderQueueSuit_CommonTex.cpp 文件。

```
1    void ShaderQueueSuit_CommonTex::create_pipeline_layout(VkDevice& device){
                                                         //创建管线布局的方法
2        NUM_DESCRIPTOR_SETS=1;                           //设置描述集数量
3        VkDescriptorSetLayoutBinding layout_bindings[2];//描述集布局绑定数组
4        layout_bindings[0].binding = 0;                 //此绑定的绑定点编号为 0
5        layout_bindings[0].descriptorType = VK_DESCRIPTOR_TYPE_UNIFORM_BUFFER; //描述类型
6        layout_bindings[0].descriptorCount = 1;         //描述数量
7        layout_bindings[0].stageFlags = VK_SHADER_STAGE_FRAGMENT_BIT; //目标着色器阶段
8        layout_bindings[0].pImmutableSamplers = NULL;
9        layout_bindings[1].binding = 1;                 //此绑定的绑定点编号为 1
10       layout_bindings[1].descriptorType =VK_DESCRIPTOR_TYPE_COMBINED_IMAGE_SAMPLER;
11       layout_bindings[1].descriptorCount = 1;         //描述数量
12       layout_bindings[1].stageFlags = VK_SHADER_STAGE_FRAGMENT_BIT; //目标着色器阶段
13       layout_bindings[1].pImmutableSamplers = NULL;
14       VkDescriptorSetLayoutCreateInfo descriptor_layout = {};//构建描述集布局创建信息
                                                               结构体实例
15       descriptor_layout.sType =
16            VK_STRUCTURE_TYPE_DESCRIPTOR_SET_LAYOUT_CREATE_INFO; //结构体类型
```

```
17        descriptor_layout.pNext = NULL;                        //自定义数据的指针
18        descriptor_layout.bindingCount = 2;                    //描述集布局绑定的数量
19        descriptor_layout.pBindings = layout_bindings;         //描述集布局绑定数组
20        descLayouts.resize(NUM_DESCRIPTOR_SETS);               //调整描述集布局列表尺寸
21        VkResult result = vk::vkCreateDescriptorSetLayout(device,
22            &descriptor_layout, NULL, descLayouts.data());     //创建描述集布局
23        assert(result == VK_SUCCESS);                          //检查描述集布局创建是否成功
24        const unsigned push_constant_range_count = 1;          //推送常量范围实例数量
25        VkPushConstantRange push_constant_ranges[push_constant_range_count] = {};
                                                                  //推送常量范围数组
26        push_constant_ranges[0].stageFlags = VK_SHADER_STAGE_VERTEX_BIT;//着色器阶段
27        push_constant_ranges[0].offset = 0;                    //起始偏移量
28        push_constant_ranges[0].size = sizeof(float)*16;       //数据字节数
29        VkPipelineLayoutCreateInfo pPipelineLayoutCreateInfo = {};//构建管线布局创建
                                                                        信息结构体实例
30        pPipelineLayoutCreateInfo.sType =
31            VK_STRUCTURE_TYPE_PIPELINE_LAYOUT_CREATE_INFO; //结构体类型
32        pPipelineLayoutCreateInfo.pNext = NULL;                //自定义数据的指针
33        pPipelineLayoutCreateInfo.pushConstantRangeCount =
34            push_constant_range_count;                         //推送常量范围的数量
35        pPipelineLayoutCreateInfo.pPushConstantRanges = push_constant_ranges;
                                                                  //推送常量范围的列表
36        pPipelineLayoutCreateInfo.setLayoutCount = NUM_DESCRIPTOR_SETS;//描述集布局的数量
37        pPipelineLayoutCreateInfo.pSetLayouts = descLayouts.data();//描述集布局列表
38        result = vk::vkCreatePipelineLayout(device,
39            &pPipelineLayoutCreateInfo, NULL, &pipelineLayout);//创建管线布局
40        assert(result == VK_SUCCESS);                          //检查创建是否成功
41    }
```

● 第 9～13 行为新增的描述集布局绑定实例相关代码，其中对此实例的各项属性进行设置。主要包括绑定点编号、描述类型、描述数量、目标着色器阶段等。其中 VK_DESCRIPTOR_TYPE_COMBINED_IMAGE_SAMPLER 表示此描述集布局绑定对应的类型为纹理采样器，VK_SHADER_STAGE_FRAGMENT_BIT 表示此绑定对应的是片元着色器。

● 第 25～28 行首先声明了长度为 1 的推送常量范围数组，然后对数组中唯一元素的属性进行设置，主要包括对应着色器阶段、起始偏移量、数据字节数等。

● 第 29～40 行首先构建了管线布局创建信息结构体实例，然后设置结构体的类型，给出了推送常量范围的数量与列表，给出描述集布局的数量与列表，最后创建管线布局并检查创建是否成功。

（9）接着介绍的是 ShaderQueueSuit_CommonTex 类中用于初始化描述集的方法——init_descriptor_set，其具体代码如下。

🖎 代码位置：见随书中源代码/第 6 章/Sample6_1/app/assets/shader 目录下的 ShaderQueueSuit_CommonTex.cpp 文件。

```
1    void ShaderQueueSuit_CommonTex::init_descriptor_set(VkDevice& device){  //初始化描
     述集的方法
2        VkDescriptorPoolSize type_count[2];                    //描述集池尺寸实例数组
3        type_count[0].type = VK_DESCRIPTOR_TYPE_UNIFORM_BUFFER;  //第1个描述类型
4        type_count[0].descriptorCount = TextureManager::texNames.size();//第1个描述数量
5        type_count[1].type = VK_DESCRIPTOR_TYPE_COMBINED_IMAGE_SAMPLER; //第2个描述类型
6        type_count[1].descriptorCount = TextureManager::texNames.size();//第2个描述数量
7        VkDescriptorPoolCreateInfo descriptor_pool = {};//构建描述集池创建信息结构体实例
8        descriptor_pool.sType =
9            VK_STRUCTURE_TYPE_DESCRIPTOR_POOL_CREATE_INFO;      //结构体类型
```

```
10          descriptor_pool.pNext = NULL;                          //自定义数据的指针
11          descriptor_pool.maxSets = TextureManager::texNames.size(); //描述集最大数量
12          descriptor_pool.poolSizeCount = 2;                     //描述集池尺寸实例数量
13          descriptor_pool.pPoolSizes = type_count;               //描述集池尺寸实例数组
14          VkResult result = vk::vkCreateDescriptorPool(device,
15              &descriptor_pool, NULL, &descPool);                //创建描述集池
16          assert(result == VK_SUCCESS);                          //检查描述集池创建是否成功
17          std::vector<VkDescriptorSetLayout> layouts;            //描述集布局列表
18          for(int i=0;i<TextureManager::texNames.size();i++){    //遍历所有纹理
19                  layouts.push_back(descLayouts[0]);             //向列表中添加指定描述集布局
20          }
21          VkDescriptorSetAllocateInfo alloc_info[1];             //构建描述集分配信息结构体实例数组
22          alloc_info[0].sType =                                  //结构体类型
23                  VK_STRUCTURE_TYPE_DESCRIPTOR_SET_ALLOCATE_INFO;
24          alloc_info[0].pNext = NULL;                            //自定义数据的指针
25          alloc_info[0].descriptorPool = descPool;               //指定描述集池
26          alloc_info[0].descriptorSetCount = TextureManager::texNames.size(); //描述集数量
27          alloc_info[0].pSetLayouts = layouts.data();            //描述集布局列表
28          descSet.resize(TextureManager::texNames.size());       //调整描述集列表尺寸
29          result = vk::vkAllocateDescriptorSets(device,          //分配指定数量的描述集
30                  alloc_info, descSet.data());
31          assert(result == VK_SUCCESS);                          //检查描述集分配是否成功
32          writes[0] = {};                                        //完善一致变量写入描述集实例数组元素 0
33          writes[0].sType = VK_STRUCTURE_TYPE_WRITE_DESCRIPTOR_SET; //结构体类型
34          writes[0].pNext = NULL;                                //自定义数据的指针
35          writes[0].descriptorCount = 1;                         //描述数量
36          writes[0].descriptorType = VK_DESCRIPTOR_TYPE_UNIFORM_BUFFER; //描述类型（一致
                                                                   变量缓冲）
37          writes[0].pBufferInfo = &uniformBufferInfo;            //对应一致变量缓冲的信息
38          writes[0].dstArrayElement = 0;                         //目标数组起始元素
39          writes[0].dstBinding = 0;                              //目标绑定编号
40          writes[1] = {};                                        //完善一致变量写入描述集实例数组元素 1
41          writes[1].sType = VK_STRUCTURE_TYPE_WRITE_DESCRIPTOR_SET; //结构体类型
42          writes[1].dstBinding = 1;                              //目标绑定编号
43          writes[1].descriptorCount = 1;                         //描述数量
44          writes[1].descriptorType =                             //描述类型（采样用纹理）
45                  VK_DESCRIPTOR_TYPE_COMBINED_IMAGE_SAMPLER;
46          writes[1].dstArrayElement = 0;                         //目标数组起始元素
47  }
```

● 第 2～6 行中将描述集池尺寸实例数组的长度改为 2，增加了一个描述类型为 VK_DESCRIPTOR_TYPE_COMBINED_IMAGE_SAMPLER（此类型代表服务于采样用纹理）的描述集池尺寸实例。

● 第 7～16 行构建了描述集池创建信息结构体实例，并设置此结构体实例的多项属性，最重要的就是第 12 行的描述集池尺寸实例数量从原来的 1 更改为 2。

● 第 17～20 行遍历了所有的纹理，为每一个纹理向列表中添加指定的描述集布局。

● 第 21～31 行构建了长度为 1 的描述集分配信息结构体实例数组，并设置数组中唯一元素的多个属性，最后分配指定数量的描述集并检查分配是否成功，其中最大的变化是描述集数量变为与纹理数量相同。

● 第 32～46 行完善了一致变量写入描述集实例数组中的两个元素，其中第 1 个元素的相关代码与之前案例中的相同，这里不再赘述。第 2 个元素是新增的，其服务于采样用纹理，因此描述类型为 VK_DESCRIPTOR_TYPE_COMBINED_IMAGE_SAMPLER，与前面步骤中的类型对应。

（10）下面介绍的是 ShaderQueueSuit_CommonTex 类中用来设置顶点着色器输入属性信息的 initVertexAttributeInfo 方法，其具体代码如下。

✎ **代码位置：** 见随书中源代码/第 6 章/Sample6_1/app/assets/shader 目录下的 ShaderQueueSuit_ CommonTex.cpp 文件。

```
1   void ShaderQueueSuit_CommonTex::initVertexAttributeInfo(){//设置顶点着色器输入属性信息
2       vertexBinding.binding = 0;                          //对应绑定点
3       vertexBinding.inputRate = VK_VERTEX_INPUT_RATE_VERTEX;   //数据输入频率为每顶点
4       vertexBinding.stride = sizeof(float)*5;             //每组数据的跨度字节数
5       vertexAttribs[0].binding = 0;                       //第 1 个顶点输入属性的绑定点
6       vertexAttribs[0].location = 0;                      //第 1 个顶点输入属性的位置索引
7       vertexAttribs[0].format = VK_FORMAT_R32G32B32_SFLOAT;//第 1 个顶点输入属性的数据格式
8       vertexAttribs[0].offset = 0;                        //第 1 个顶点输入属性的偏移量
9       vertexAttribs[1].binding = 0;                       //第 2 个顶点输入属性的绑定点
10      vertexAttribs[1].location = 1;                      //第 2 个顶点输入属性的位置索引
11      vertexAttribs[1].format = VK_FORMAT_R32G32_SFLOAT;  //第 2 个顶点输入属性的数据格式
12      vertexAttribs[1].offset = 12;                       //第 2 个顶点输入属性的偏移量
13  }
```

✐ **说明**　　上述代码与第 1 章 3 色三角形案例中的思路一致，最大的变化是原来每个顶点的颜色数据（3 个分量）变成了纹理坐标数据（2 个分量），故第 4 行的跨度字节数由 6 个 float 所占字节数变为 5 个 float 所占字节数。同时，第 2 个顶点输入属性的数据格式也对应修改为 VK_FORMAT_R32G32_SFLOAT。

（11）到这里为止，本节案例中有代表性的 C++代码就介绍完了。下面开始介绍着色器，首先给出的是顶点着色器，其具体代码如下。

✎ **代码位置：** 见随书中源代码/第 6 章/Sample6_1/app/assets/shader 目录下的 commonTex.vert 文件。

```
1   #version 400                                      //着色语言版本
2   #extension GL_ARB_separate_shader_objects : enable //开启 separate_shader_objects
3   #extension GL_ARB_shading_language_420pack : enable//开启 shading_language_420pack
4   layout (push_constant) uniform constantVals {     //推送常量块
5       mat4 mvp;                                     //最终变换矩阵
6   } myConstantVals;
7   layout (location = 0) in vec3 pos;                //输入的顶点位置
8   layout (location = 1) in vec2 inTexCoor;          //输入的顶点纹理坐标
9   layout (location = 0) out vec2 outTexCoor;        //用于传递给片元着色器的纹理坐标
10  out gl_PerVertex {                                //输出接口块
11      vec4 gl_Position;                             //内建变量 gl_Position
12  };
13  void main() {
14      outTexCoor = inTexCoor;                       //将接收的纹理坐标传递给片元着色器
15      gl_Position = myConstantVals.mvp * vec4(pos,1.0);    //计算顶点最终位置
16  }
```

● 第 4～6 行声明了推送常量块 myConstantVals，其中包含用于接收最终变换矩阵数据的成员 mvp。

● 第 7～9 行为此顶点着色器的输入输出变量声明，其中最有代表性的是增加了纹理坐标输入和输出变量。

● 第 14 行将被处理顶点的纹理坐标从 in 变量 inTexCoor 赋值给了 out 变量 outTexCoor，供渲染管线固定功能部分进行插值计算后传递给片元着色器使用。

（12）介绍完顶点着色器后，下面给出的是片元着色器，其具体代码如下。

📝 **代码位置**：见随书中源代码/第 6 章/Sample6_1/app/assets/shader 目录下的 commonTex.frag 文件。

```
1    #version 400                                          //着色语言版本
2    #extension GL_ARB_separate_shader_objects : enable //开启 separate_shader_objects
3    #extension GL_ARB_shading_language_420pack : enable//开启 shading_language_420pack
4    layout (std140,set = 0, binding = 0) uniform bufferVals {        //一致变量块
5        float brightFactor;                              //亮度调节系数
6    } myBufferVals;
7    layout (binding = 1) uniform sampler2D tex;           //纹理采样器，代表一幅纹理
8    layout (location = 0) in vec2 inTexCoor;              //接收的顶点纹理坐标
9    layout (location = 0) out vec4 outColor;              //输出到管线的片元颜色
10   void main() {                                         //主方法
11       outColor=myBufferVals.brightFactor*textureLod(tex, inTexCoor, 0.0);//计算最终颜色值
12   }
```

- 第 4～6 行声明了一致变量块 **myBufferVals**，其中包含用于接收亮度调节系数的成员 brightFactor，同时指定了此一致块的绑定点编号为 0。
- 第 7 行中 sampler2D 类型的 tex 变量代表传进片元着色器的采样用纹理，其绑定点编号与前面步骤 C++代码中对应的绑定点编号一致。
- 第 11 行调用 textureLod 方法根据接收的纹理坐标从纹理中采样得到了片元的颜色值，并将颜色值乘以亮度调节系数作为最终颜色值。

📝 说明	此片元着色器的主要功能为根据接收的纹理坐标调用 textureLod 内建函数从采样器中进行纹理采样，得到片元的颜色值。textureLod 函数的第 1 个参数为表示采样用纹理的采样器，第 2 个参数为纹理坐标，第 3 个参数为细节级别。对于细节级别，后面介绍 Mipmap 的部分会进行详细的介绍，这里简单了解即可。

有兴趣的读者还可以将本案例中纹理三角形上面、左下、右下顶点的纹理坐标分别修改为 (0,0)、(0,1)、(1,1)，然后再次运行本案例，其效果如图 6-7 所示。

▲图 6-7　修改纹理坐标后再次运行的效果图

📝 说明	图 6-7 中左侧为三角形原始姿态的情况，右侧是三角形旋转一定角度后的情况。

从图 6-7 中可以看出，纹理坐标更改后映射到三角形中的内容发生了变化，由于此次纹理坐标构成的三角形区域形状与三角形顶点坐标构成的三角形形状差异较大，所以纹理映射后产生了明显的变形。这也提醒我们在开发中如果不希望纹理映射后发生很大的变形，就需要尽量使构成图元的各顶点形成的几何形状与各顶点纹理坐标构成的几何形状近似。

6.2.4　图像的瓦片组织方式

前面一些章节的代码中提到了图像瓦片组织方式的两种选项：VK_IMAGE_TILING_LINEAR 和 VK_IMAGE_TILING_OPTIMAL。但并没有进行详细的介绍，本节将对这两种图像瓦片组织方

式进行详细的介绍，具体内容如下。

1. VK_IMAGE_TILING_LINEAR 瓦片组织方式

顾名思义，VK_IMAGE_TILING_LINEAR 瓦片组织方式将图像中各个像素的数据按照行优先的顺序在图像对应的设备内存中线性地进行存储，具体情况如图 6-8 所示。

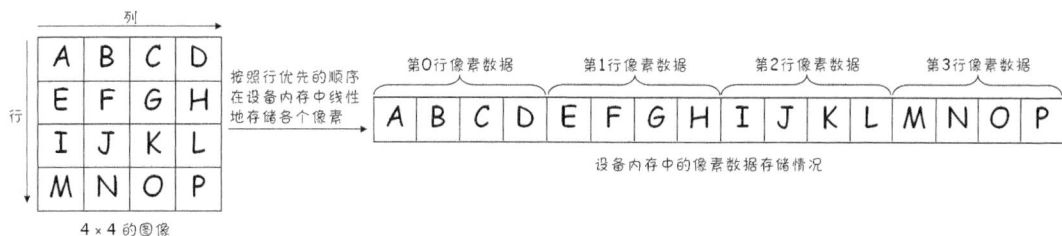

▲图 6-8 VK_IMAGE_TILING_LINEAR 瓦片组织原理

从图 6-8 中可以看出，这种瓦片组织方式存储数据的顺序非常直观，每个像素根据自己的行列坐标可以方便地计算出其在设备内存中的偏移量，基本的计算公式如下。

像素在设备内存中的偏移量=像素行坐标×图像每行像素数+像素列坐标

如果图像的目标使用场景中，每次仅需要对单个像素进行访问，采用这样的组织方式就很好。在加载图像数据时还可以减少代编程码量，只需要将图像设备内存映射为主机可访问，然后将图像数据直接送入设备内存即可。

但很多使用场景中，访问图像中的某个像素时还需要访问其周边的其他像素（如像素上下左右的 4 个邻接像素）。这种情况下，随着图像每行像素数的增加，指定像素上下两个位置的邻接像素可能在设备内存中的位置较远，很有可能就不在同一缓存页面中了。这就可能造成缓存命中率低，引起程序的性能下降，此时就应该选用 VK_IMAGE_TILING_OPTIMAL 瓦片组织方式了。

2. VK_IMAGE_TILING_OPTIMAL 瓦片组织方式

VK_IMAGE_TILING_OPTIMAL 瓦片组织方式能够将图像中的邻接像素分块存储进设备内存。这种组织方式下邻接像素在设备内存中的距离较近，一般都能够在同一缓存页面中，访问多个相邻像素的操作效率大大提高，具体情况如图 6-9 所示。

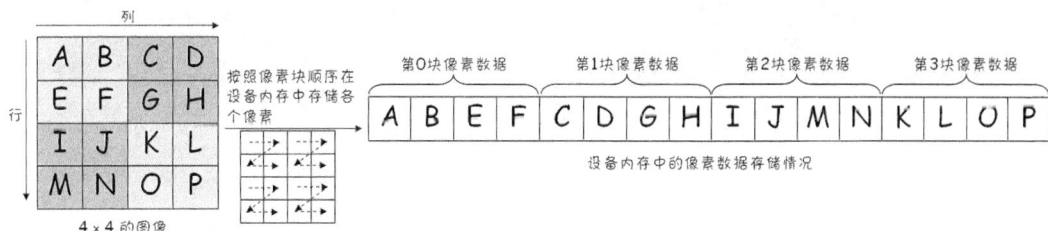

▲图 6-9 VK_IMAGE_TILING_OPTIMAL 瓦片组织原理

从图中可以看出，这种瓦片组织方式使得相邻像素在设备内存中的距离较近，基本能够保证相邻像素在同一缓存页面中，能够大大增加缓存的命中率，提高程序性能。但要注意的是，上面的图 6-9 仅仅是对原理的示意，具体实现中各个厂商采用不同的实现细节来达到目标。

采用 VK_IMAGE_TILING_OPTIMAL 瓦片组织方式提高了一些使用场景中的访问效率，但加载图像数据时就麻烦一些。需要首先将图像数据存储进指定缓冲的设备内存中，然后再将缓冲中的数据复制进图像对应的设备内存中，而不能直接将数据送入图像对应的设备内存了，这在前面介绍的案例代码中也有体现。

6.2.5　色彩通道的灵活组合

前面介绍了纹理映射的基本知识，本节将介绍纹理色彩通道的灵活组合（也就是前面第 1 章就提到的色彩通道调和），通过其可以改变纹理中色彩通道的实际含义。通过这项技术，可以将所有通道映射到红色通道以获得单色纹理；也可以互换红色、蓝色通道以产生特殊的效果。

想实现纹理色彩通道的灵活组合主要是对纹理对应的图像视图创建信息结构体（VkImageViewCreateInfo）实例中类型为 VkComponentMapping 的 components 属性进行设置。该属性包含 4 个成员，具体含义如下。

- components.r 表示映射到着色器中对应采样器的红色通道。
- components.g 表示映射到着色器中对应采样器的绿色通道。
- components.b 表示映射到着色器中对应采样器的蓝色通道。
- components.a 表示映射到着色器中对应采样器的透明度通道。

上述 4 个成员的值有 6 种可能的选择，具体含义如下。

- VK_COMPONENT_SWIZZLE_R 表示纹理图中的红色通道。
- VK_COMPONENT_SWIZZLE_G 表示纹理图中的绿色通道。
- VK_COMPONENT_SWIZZLE_B 表示纹理图中的蓝色通道。
- VK_COMPONENT_SWIZZLE_A 表示纹理图中的透明度通道。
- VK_COMPONENT_SWIZZLE_ONE 表示采用值 1。
- VK_COMPONENT_SWIZZLE_ZERO 表示采用值 0。

如果将上述 components 属性的成员 components.r 的值设置为 VK_COMPONENT_SWIZZLE_G，那就说明需要将纹理图中绿色通道的值映射到采样器的红色通道。如果将成员 components.r 的值设置为 VK_COMPONENT_SWIZZLE_B，则说明需要将纹理图中蓝色通道的值映射到采样器的红色通道。

若将 6.2.4 节的案例分别修改为采用上述两种灵活组合方式，则运行时的画面颜色会有很大的变化，具体情况如图 6-10 和图 6-11 所示。

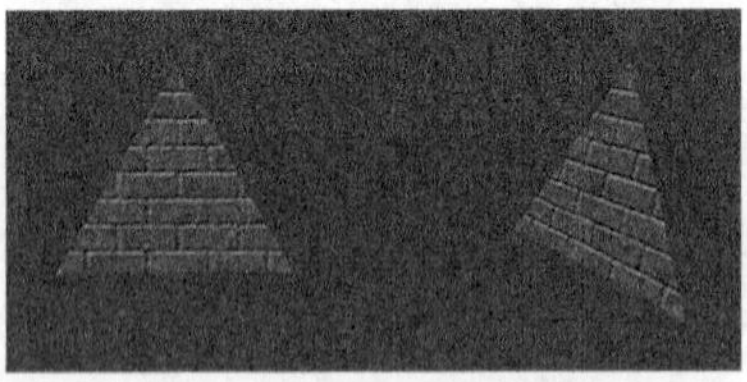

▲图 6-10　成员 r 值为 VK_COMPONENT_SWIZZLE_G 　　　▲图 6-11　成员 r 值为 VK_COMPONENT_SWIZZLE_B

> **提示**　由于书中插图采用黑白印刷，看起来变化应该不明显，请读者采用真机运行比对。同时还有一点，没有说明采用灵活组合的色彩通道颜色值不变。

从前面的介绍中可以看出，本节案例的代码与 6.2.4 节的基本相同，仅仅是 TextureManager 类的部分代码有少许变化，具体内容如下。

✎ 代码位置：见随书源代码/第 6 章/Sample6_2/app/src/main/cpp/util 目录下的 TextureManager.cpp 文件。

```
1    void TextureManager::init_SPEC_2D_Textures(std::string texName, VkDevice& device,
2    VkPhysicalDevice& gpu, VkPhysicalDeviceMemoryProperties& memoryroperties,
3    VkCommandBuffer& cmdBuffer, VkQueue& queueGraphics,VkFormat format, TexDataObject
* ctdo){
```

```
4       此处省略了将纹理数据复制到设备内存中的代码，请读者自行查看随书源代码
5       VkImageViewCreateInfo view_info = {};           //构建图像视图创建信息结构体实例
6       view_info.sType = VK_STRUCTURE_TYPE_IMAGE_VIEW_CREATE_INFO; //结构体的类型
7       view_info.pNext = NULL;                         //自定义数据的指针
8       view_info.viewType = VK_IMAGE_VIEW_TYPE_2D;     //图像视图的类型
9       view_info.format = format;                      //图像视图的像素格式
10      view_info.components.r = VK_COMPONENT_SWIZZLE_G;   //设置R通道调和
11      view_info.components.g = VK_COMPONENT_SWIZZLE_ G;  //设置G通道调和
12      view_info.components.b = VK_COMPONENT_SWIZZLE_ B;  //设置B通道调和
13      view_info.components.a = VK_COMPONENT_SWIZZLE_ A;  //设置A通道调和
14      //此处省略了部分代码，感兴趣的读者请自行查看随书源代码
15  }
```

> 📝 说明　上述代码中的第 10～13 行为设置纹理通道灵活组合的方式，在这里将红色通道的成员值设置为 VK_COMPONENT_SWIZZLE_G，运行效果如图 6-10 所示。感兴趣的读者可以自行将第 2 个和第 3 个成员值换成其他值，将会出现不同的运行效果。

6.3 纹理拉伸

6.2 节中介绍了纹理色彩通道的灵活组合，本节将对纹理的 4 种不同拉伸方式进行介绍，其中包括重复方式、镜像重复方式、截取方式和边框方式。不同的纹理坐标下采用不同的纹理拉伸方式，最后呈现的结果也是有很大区别的，下面将一一地进行介绍。

6.3.1　四种拉伸方式概览

6.2 节的案例中，无论是 s 轴还是 t 轴的纹理坐标都是在 0.0～1.0 的范围内，这满足了大多数情况下的需要。但在特定的情况下，也可以设置大于 1.0 的纹理坐标。当纹理坐标大于 1.0 以后，设置的拉伸方式就会起作用了。下面对 4 种拉伸方式进行单独地介绍，具体内容如下所列。

1. 重复拉伸方式

若设置的拉伸方式为重复，当顶点纹理坐标大于 1.0 时则实际起作用的纹理坐标为纹理坐标的小数部分。也就是若纹理坐标为 3.3，则起作用的纹理坐标为 0.3。这种情况下会产生重复的效果，如图 6-12 和图 6-13 所示。

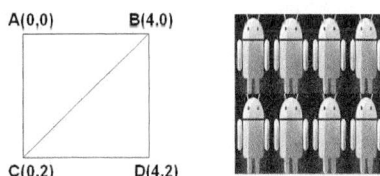

▲图 6-12　重复纹理 1　　　　　　　　　　　　▲图 6-13　重复纹理 2

- 图 6-12 中左侧为原始纹理图，中间表示需要进行纹理映射的矩形的几何结构，其由 4 个顶点（两个三角形）组成，顶点纹理坐标分别为(0,0)、(4,0)、(0,4)、(4,4)。因此可以看出矩形中各片元的纹理坐标范围为 s 轴方向 0～4，t 轴方向 0～4，应该在 s、t 两个轴都产生重复 4 次的效果。右侧为纹理映射后的矩形，横向和纵向都产生了 4 次重复的效果。
- 图 6-13 中的情况与图 6-12 类似，只是 4 个顶点的纹理坐标改为了(0,0)、(4,0)、(0,2)、(4,2)。

因此矩形中各片元的纹理坐标范围为 s 轴方向 $0\sim4$，t 轴方向 $0\sim2$，应该在 s 轴方向重复 4 次，t 轴方向重复 2 次。最后，右侧纹理映射后的情况也是如此。

构建采样器创建信息结构体实例时，设置纹理拉伸方式为重复方式的相关代码如下。

```
1   VkSamplerCreateInfo samplerCreateInfo = {};    //构建采样器创建信息结构体实例
2   samplerCreateInfo.addressModeU = VK_SAMPLER_ADDRESS_MODE_REPEAT;//纹理 s 轴拉伸方式
3   samplerCreateInfo.addressModeV = VK_SAMPLER_ADDRESS_MODE_REPEAT;//纹理 t 轴拉伸方式
4   samplerCreateInfo.addressModeW = VK_SAMPLER_ADDRESS_MODE_REPEAT;//纹理 w 轴拉伸方式
```

> 提示　　　请读者注意开发中 s、t 和 w 轴的拉伸方式是独立设置的，但在一般情况下不同轴都会设置成同样的拉伸方式。另外，Vulkan 是可以支持 3D 纹理的，因此有 3 个纹理坐标轴。但到目前为止，仅涉及了 2D 纹理，因此这里 w 轴的设置是不起作用的。

重复拉伸方式在很多大场景地形的纹理贴图中很有作用，如将大块地面重复铺满草皮纹理、将大片水面重复铺满水波纹理等。如果没有重复拉伸方式，则开发人员只能将大块面积切割为一块一块的小面积矩形，对每一小块矩形单独设置 $0.0\sim1.0$ 内的纹理坐标。

这样开发不但烦琐，而且大大增加了顶点的数量，程序运行时的效率也会受到很大的影响。因此开发中要注意对重复拉伸方式的灵活运用，可以使用重复拉伸方式时就不要无谓地增加顶点数量了。

2. 镜像重复拉伸方式

若设置的拉伸方式为镜像重复,当纹理坐标大于 1 时则实际起作用的纹理坐标为其小数部分。这种情况下会产生镜像重复的效果，如图 6-14 和图 6-15 所示。

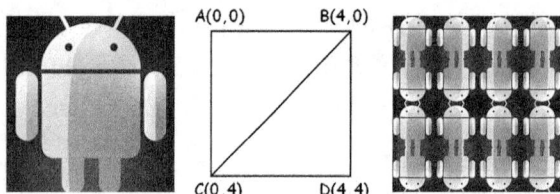

▲图 6-14　镜像重复纹理 1

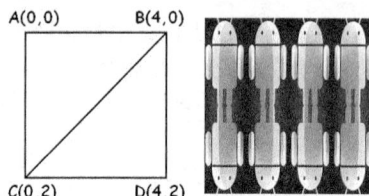

▲图 6-15　镜像重复纹理 2

● 图 6-14 中左侧为原始纹理图，中间表示需要进行纹理映射的矩形的几何结构，其由 4 个顶点（两个三角形）组成，顶点纹理坐标分别为(0,0)、(4,0)、(0,4)、(4,4)。因此可以看出矩形中各片元的纹理坐标范围为 s 轴方向 $0\sim4$，t 轴方向 $0\sim4$，由于镜像重复是左右对称和上下对称，所以 s、t 轴均重复对称两次，效果如图 6-14 中右侧图所示。

● 图 6-15 中的情况与图 6-14 类似，只是 4 个顶点的纹理坐标改为了(0,0)、(4,0)、(0,2)、(4,2)。因此矩形中各片元的纹理坐标范围为 s 轴方向 $0\sim4$，t 轴方向 $0\sim2$，应该在 s 轴方向重复对称 2 次，t 轴方向只对称一次，并不重复。实际纹理映射后的情况如图 6-15 中右侧图所示。

构建采样器创建信息结构体实例时，设置纹理拉伸方式为镜像重复方式的相关代码如下。

```
1   VkSamplerCreateInfo samplerCreateInfo = {};    //构建采样器创建信息结构体实例
2   samplerCreateInfo.addressModeU =
3           VK_SAMPLER_ADDRESS_MODE_MIRRORED_REPEAT;        //纹理 s 轴的拉伸方式
4   samplerCreateInfo.addressModeV =
5           VK_SAMPLER_ADDRESS_MODE_ MIRRORED_REPEAT;        //纹理 t 轴的拉伸方式
6   samplerCreateInfo.addressModeW =
7           VK_SAMPLER_ADDRESS_MODE_ MIRRORED_REPEAT;        //纹理 w 轴的拉伸方式
```

请读者注意开发中 s、t 和 w 轴的拉伸方式是独立设置的,可以在 s 轴设置使用重复方式(VK_SAMPLER_ADDRESS_MODE_REPEAT),而 t 轴使用镜像重复方式(VK_SAMPLER_ADDRESS_MODE_MIRRORED_REPEAT),反之亦然。

3. 截取拉伸方式

若设置的拉伸方式为截取拉伸,当纹理坐标的值大于 1 时都看作 1,因此会产生边缘被拉伸的效果,具体情况如图 6-16 所示。

从图 6-16 中可以看出,需要纹理映射的矩形中 4 个顶点纹理坐标分别为(0,0)、(4,0)、(0,4)、(4,4),因此矩形中的各片元纹理坐标范围为 s 轴方向 0~4,t 轴方向 0~4。由于在此种拉伸方式下,大于 1 的纹理坐标都看作 1,因此产生了纹理横向和纵向边缘被拉伸的效果。

▲图 6-16　截取纹理

构建采样器创建信息结构体实例时,设置纹理拉伸方式为截取方式的相关代码如下。

```
1  VkSamplerCreateInfo samplerCreateInfo = {};          //构建采样器创建信息结构体实例
2  samplerCreateInfo.addressModeU =
3              VK_SAMPLER_ADDRESS_MODE_CLAMP_TO_EDGE;   //纹理 s 轴的拉伸方式
4  samplerCreateInfo.addressModeV =
5              VK_SAMPLER_ADDRESS_MODE_ CLAMP_TO_EDGE;  //纹理 t 轴的拉伸方式
6  samplerCreateInfo.addressModeW =
7              VK_SAMPLER_ADDRESS_MODE_ CLAMP_TO_EDGE;  //纹理 w 轴的拉伸方式
```

纹理拉伸在 s、t 和 w 轴上是独立的,可以在 s 轴上使用重复方式,在 t 轴上使用截取方式,反之亦然,但此种情况并不多见。另外,在实际开发中纹理坐标大于 1 并采用截取方式的情况并不多见,往往仅用于边缘需要被拉伸的特殊效果时。

4. 边框拉伸方式

若设置的拉伸方式为边框拉伸,当纹理坐标的值大于 1 时,实际起作用的纹理坐标为小于等于 1 的部分,其余纹理坐标大于 1 的位置将显示预置的边框颜色。

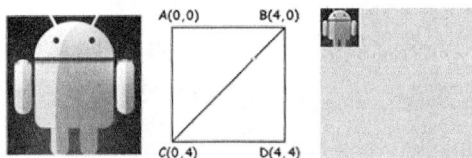

▲图 6-17　边框纹理

从图 6-17 中可以看出,纹理映射的矩形中 4 个顶点的纹理坐标分别为(0,0)、(4,0)、(0,4)、(4,4),因此矩形中的各片元纹理坐标范围为 s 轴方向 0~4,t 轴方向 0~4。在此种拉伸方式下,纹理只占据了坐标小于等于 1 的位置,其余的位置将显示预置的边框颜色。

构建采样器创建信息结构体实例时,设置纹理拉伸方式为边框方式的相关代码如下。

```
1  VkSamplerCreateInfo samplerCreateInfo = {};          //构建采样器创建信息结构体实例
2  samplerCreateInfo.addressModeU =
3              VK_SAMPLER_ADDRESS_MODE_CLAMP_TO_BORDER;  //纹理 s 轴的拉伸方式
4  samplerCreateInfo.addressModeV =
5              VK_SAMPLER_ADDRESS_MODE_CLAMP_TO_BORDER;  //纹理 t 轴的拉伸方式
6  samplerCreateInfo.addressModeW =
```

```
7                           VK_SAMPLER_ADDRESS_MODE_CLAMP_TO_BORDER;    //纹理 w 轴的拉伸方式
8        samplerCreateInfo.borderColor =
9                           VK_BORDER_COLOR_FLOAT_OPAQUE_WHITE;          //设置边框颜色为白色
```

　　边框颜色只能设置成 Vulkan 中预置的颜色值，不能自定义成其他颜色。常用的一些预置颜色选项如表 6-6 所示。

表 6-6　　　　　　　　　　　　　　　　　　　　预置的边框颜色

预置颜色选项	说明
VK_BORDER_COLOR_FLOAT_TRANSPARENT_BLACK	透明浮点型黑色
VK_BORDER_COLOR_INT_TRANSPARENT_BLACK	透明整型黑色
VK_BORDER_COLOR_FLOAT_OPAQUE_BLACK	不透明浮点型黑色
VK_BORDER_COLOR_INT_OPAQUE_BLACK	不透明整型黑色
VK_BORDER_COLOR_FLOAT_OPAQUE_WHITE	不透明浮点型白色
VK_BORDER_COLOR_INT_OPAQUE_WHITE	不透明整型白色

6.3.2　不同拉伸方式的案例

　　介绍完纹理拉伸的基本知识后，下面将通过一个简单的案例说明如何在开发中使用不同的纹理拉伸方式。此案例的功能为用不同的拉伸方式、不同的纹理坐标对一个矩形进行纹理映射，其运行效果如图 6-18～图 6-29 所示。

▲图 6-18　重复纹理 1×1　　　　▲图 6-19　重复纹理 4×2　　　　▲图 6-20　重复纹理 4×4

　　● 　图 6-18、图 6-19、图 6-20 分别是程序在重复拉伸方式下的截图，从左至右矩形的纹理坐标最大值分别为(1, 1)、(4, 2)、(4, 4)。从这 3 幅图中可以看出，在重复纹理拉伸方式下，当纹理坐标大于 1 时，仅取其小数部分使用，因此产生了重复的效果。

　　● 　图 6-21、图 6-22、图 6-23 分别是程序在镜像重复拉伸方式下的截图，从左至右矩形的纹理坐标最大值分别为(1, 1)、(4, 2)、(4, 4)。从这 3 幅图中可以看出，在镜像重复拉伸方式下，当纹理坐标大于 1 时，仅取其小数部分使用，并进行上下对称和左右对称，因此产生镜像重复的效果。

▲图 6-21　镜像重复纹理 1×1　　▲图 6-22　镜像重复纹理 4×2　　▲图 6-23　镜像重复纹理 4×4

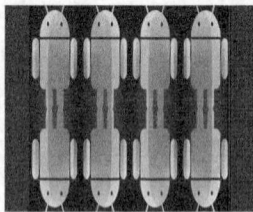

　　● 　图 6-24、图 6-25、图 6-26 分别是程序在截取拉伸方式下的截图，从左至右矩形的纹理坐标最大值分别为(1, 1)、(4, 2)、(4, 4)。从这 3 幅图中可以看出，在截取纹理拉伸方式下，纹理坐标中所有大于 1.0 的值均被作为 1.0 使用，因此纹理边缘被拉伸。

▲图 6-24 截取纹理 1×1   ▲图 6-25 截取纹理 4×2   ▲图 6-26 截取纹理 4×4

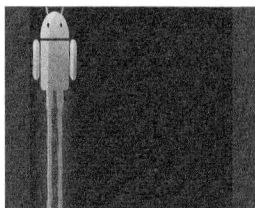

- 图 6-27、图 6-28、图 6-29 分别是程序在边框拉伸方式下的截图,从左至右矩形的纹理坐标最大值分别为(1, 1)、(4, 2)、(4, 4)。从这 3 幅图中可以看出,在边框纹理拉伸方式下,仅有纹理坐标小于等于 1 的位置进行正常的纹理采样,纹理坐标超出 1 的位置则显示预置的边框颜色。

▲图 6-27 边框纹理 1×1   ▲图 6-28 边框纹理 4×2   ▲图 6-29 边框纹理 4×4

> 💡 提示　　此案例运行时,用手指点击屏幕左则可以切换拉伸方式,点击右侧可以改变纹理坐标范围。

前面已经介绍了本案例的运行效果,接下来将介绍本案例中具有代表性的部分,具体内容如下。

（1）首先介绍的是 MyVulkanManager 类中用于创建绘制用物体对象的方法——createDrawableObject,具体代码如下。

🖎 **代码位置:** 见随书中源代码/第 6 章/Sample6_3/app/src/main/cpp/bndev 目录下的 MyVulkanManager.cpp 文件。

```
1    void MyVulkanManager::createDrawableObject(){              //创建绘制用物体的方法
2        float* vdataIn=new float[30]{                          //顶点数据数组
3            9,9,0, 4,0,   -9,9,0, 0,0,   -9,-9,0, 0,4,         //第 1 个三角形的数据
4            9,9,0, 4,0,   -9,-9,0, 0,4,   9,-9,0, 4,4          //第 2 个三角形的数据
5        };
6        texTri=new TexDrawableObject(vdataIn,30*4,6,device, memoryroperties);
                                                                //创建绘制物体 1
7        vdataIn=new float[30]{                                 //顶点数据数组
8            9,9,0, 4,0,   -9,9,0, 0,0,   -9,-9,0, 0,2,         //第 1 个三角形的数据
9            9,9,0, 4,0,   -9,-9,0, 0,2,   9,-9,0, 4,2          //第 2 个三角形的数据
10       };
11       texTri1=new TexDrawableObject(vdataIn,30*4,6,device, memoryroperties);
                                                                //创建绘制物体 2
12       vdataIn=new float[30]{                                 //顶点数据数组
13           9,9,0, 1,0,   -9,9,0, 0,0,   -9,-9,0, 0,1,         //第 1 个三角形的数据
14           9,9,0, 1,0,   -9,-9,0, 0,1,   9,-9,0, 1,1          //第 2 个三角形的数据
15       };
16       texTri2=new TexDrawableObject(vdataIn,30*4,6,device, memoryroperties);
                                                                //创建绘制物体 3
17   }
```

> 💡 **说明**　为了读者能更加深入地理解 4 种拉伸方式的效果，上述方法中一共创建了 3 个形状相同、纹理坐标不同绘制用物体（即正方形），3 个绘制用物体的纹理坐标最大值分别为（4，4）、（4，2）、（1，1）。

（2）接下来介绍的是 TextureManager 类中初始化采样器的方法——initSampler，具体代码如下。

📝 **代码位置：**见随书源代码/第 6 章/Sample6_3/app/src/main/cpp/util 目录下的 TextureManager.cpp 文件。

```
1   void TextureManager::initSampler(VkDevice& device, VkPhysicalDevice& gpu){
2   VkSamplerCreateInfo samplerCreateInfo = {};        //构建采样器创建信息结构体实例
3   samplerCreateInfo.sType = VK_STRUCTURE_TYPE_SAMPLER_CREATE_INFO; //结构体的类型
4   samplerCreateInfo.magFilter = VK_FILTER_LINEAR;    //放大时的纹理采样方式
5   samplerCreateInfo.minFilter = VK_FILTER_NEAREST;   //缩小时的纹理采样方式
6   samplerCreateInfo.mipmapMode = VK_SAMPLER_MIPMAP_MODE_NEAREST; //mipmap 模式
7   for(int i=0;i<SAMPLER_COUNT;i++){                  //循环设置各种拉伸方式
8     if(i==0){                                        //设置为重复拉伸方式
9        samplerCreateInfo.addressModeU = VK_SAMPLER_ADDRESS_MODE_REPEAT;
10       samplerCreateInfo.addressModeV = VK_SAMPLER_ADDRESS_MODE_REPEAT;
11       samplerCreateInfo.addressModeW = VK_SAMPLER_ADDRESS_MODE_REPEAT;
12    }else if(i==1){                                  //设置为截取拉伸方式
13       samplerCreateInfo.addressModeU = VK_SAMPLER_ADDRESS_MODE_CLAMP_TO_EDGE;
14       samplerCreateInfo.addressModeV = VK_SAMPLER_ADDRESS_MODE_CLAMP_TO_EDGE;
15       samplerCreateInfo.addressModeW = VK_SAMPLER_ADDRESS_MODE_CLAMP_TO_EDGE;
16    }else if(i==2){                                  //设置为镜像重复拉伸方式
17       samplerCreateInfo.addressModeU = VK_SAMPLER_ADDRESS_MODE_MIRRORED_REPEAT;
18       samplerCreateInfo.addressModeV = VK_SAMPLER_ADDRESS_MODE_MIRRORED_REPEAT;
19       samplerCreateInfo.addressModeW = VK_SAMPLER_ADDRESS_MODE_MIRRORED_REPEAT;
20    }else if(i==3){                                  //设置为边框拉伸方式
21       samplerCreateInfo.addressModeU = VK_SAMPLER_ADDRESS_MODE_CLAMP_TO_BORDER;
22       samplerCreateInfo.addressModeV = VK_SAMPLER_ADDRESS_MODE_CLAMP_TO_BORDER;
23       samplerCreateInfo.addressModeW = VK_SAMPLER_ADDRESS_MODE_CLAMP_TO_BORDER;
24    }
25    samplerCreateInfo.mipLodBias = 0.0;              //Mipmap 时的 LOD 调整值
26    samplerCreateInfo.anisotropyEnable = VK_FALSE;   //是否启用各向异性过滤
27    samplerCreateInfo.maxAnisotropy = 1;             //各向异性过滤最大采样数
28    samplerCreateInfo.compareOp = VK_COMPARE_OP_NEVER;//纹素数据比较操作
29    samplerCreateInfo.minLod = 0.0;                  //最小 LOD 值
30    samplerCreateInfo.maxLod = 0.0;                  //最大 LOD 值
31    samplerCreateInfo.compareEnable = VK_FALSE;      //是否开启比较功能
32    samplerCreateInfo.borderColor = VK_BORDER_COLOR_FLOAT_OPAQUE_WHITE;//预置边框颜色
33    VkSampler samplerTexture;                        //声明采样器对象
34    VkResult result = vk::vkCreateSampler(device,    //创建采样器
35         &samplerCreateInfo, NULL, &samplerTexture);
36    samplerList.push_back(samplerTexture);           //将采样器加入列表
37  }}
```

- 第 2~6 行首先构建了采样器创建信息结构体实例，然后设置了一些关于采样器的参数，包括纹理采样方式、Mipmap 相关参数等。

- 第 7~36 行通过 for 循环创建了 4 种拉伸方式不同的采样器，具体内容包括设置采样器的拉伸方式、各向异性过滤相关参数等。然后通过调用 vkCreateSampler 方法创建了各个采样器，并将采样器添加到列表中。

（3）接下来介绍的是在 TextureManager 类中用于加载所有纹理的方法 initTextures 和用于加载 2D 纹理的方法 init_SPEC_2D_Textures，具体代码如下。

✎ 代码位置：见随书源代码/第 6 章/Sample6_3/app/src/main/cpp/util 目录下的 TextureManager.cpp 文件。

```
1   void TextureManager::initTextures(VkDevice& device,        //加载所有纹理的方法
2           VkPhysicalDevice& gpu, VkPhysicalDeviceMemoryProperties& memoryroperties,
3           VkCommandBuffer& cmdBuffer, VkQueue& queueGraphics){
4       initSampler(device, gpu);                              //初始化采样器
5       for (int i = 0; i<texNames.size(); i++){               //遍历纹理文件名称列表
6           imageSampler[texNames[i]]=i;                       //设置对应纹理的采样器索引
7           TexDataObject* ctdo = FileUtil::loadCommonTexData(texNames[i]);
                                                               //加载纹理文件数据
8           init_SPEC_2D_Textures(texNames[i], device, gpu, memoryroperties,//加载2D纹理
9       cmdBuffer, queueGraphics, VK_FORMAT_R8G8B8A8_UNORM,ctdo);
10      }}
11  void TextureManager::init_SPEC_2D_Textures(std::string texName,VkDevice&
                                                               //加载 2D 纹理的方法
12      device, VkPhysicalDevice& gpu, VkPhysicalDeviceMemoryProperties& memoryroperties,
13      VkCommandBuffer& cmdBuffer, VkQueue& queueGraphics,VkFormat format, TexDataO
    bject* ctdo){
14      //此处省略了部分与本章第 1 个案例中相同的代码，需要的读者请自行查看随书源代码
15      VkDescriptorImageInfo texImageInfo;                    //构建图像描述信息结构体实例
16      texImageInfo.imageView = viewTexture;                  //采用的图像视图
17      texImageInfo.sampler = samplerList[imageSampler[texName]]; //采用的采样器
18      texImageInfo.imageLayout = VK_IMAGE_LAYOUT_GENERAL;    //图像布局
19      texImageInfoList[texName] = texImageInfo;              //添加到纹理图像描述信息列表
20      delete ctdo;                                           //删除内存中的纹理数据
21  }
```

● 第 6 行通过一个纹理采样器索引列表来记录不同名称纹理对应的采样器索引。

● 第 19 行通过纹理名称来获得此纹理要使用采样器的索引，并通过索引获取对应采样器列表中的采样器进行使用。

（4）前面已经提到过，本案例运行时可以用手指点击屏幕来切换纹理坐标范围和使用的纹理拉伸方式。这部分代码是在 main.cpp 中的事件处理回调方法 engine_handle_input 内开发的，具体代码如下。

✎ 代码位置：见随书中源代码/第 6 章/Sample6_3/app/src/main/cpp/bndev 目录下的 main.cpp 文件。

```
1   static int32_t engine_handle_input(struct android_app* app, AInputEvent* event){
                                                               //事件处理回调方法
2     if (AInputEvent_getType(event) == AINPUT_EVENT_TYPE_MOTION){//如果是 MOTION 事件
3       if(AInputEvent_getSource(event)==AINPUT_SOURCE_TOUCHSCREEN){  //如果是触屏
4         int x=AMotionEvent_getRawX(event,0);                 //获取触控点 x 坐标
5         int y=AMotionEvent_getRawY(event,0);                 //获取触控点 y 坐标
6         int32_t id = AMotionEvent_getAction(event);          //获取事件类型编号
7         switch(id){
8           case AMOTION_EVENT_ACTION_DOWN:                    //触控点按下
9             isClick=true;                                    //点击标志设为 true
10            xPre=x;                                          //记录触控点 x 坐标
11            yPre=y;                                          //记录触控点 y 坐标
12            break;
13          case AMOTION_EVENT_ACTION_MOVE:                    //触控点移动
14            xDis=x-xPre;                                     //计算触控点 x 位移
15            yDis=y-yPre;                                     //计算触控点 y 位移
```

```
16              MyVulkanManager::yAngle=MyVulkanManager::yAngle+xDis*180.0/600;//y 轴旋转角
17              MyVulkanManager::zAngle=MyVulkanManager::zAngle+yDis*180.0/600;//z 轴旋转角
18              xPre=x;                                      //记录触控点 x 坐标
19              yPre=y;                                      //记录触控点 y 坐标
20              if(abs((int)xDis)>10||abs((int)yDis)>10){//判断移动距离
21                  isClick= false;                          //点击标志设为 false
22              }break;
23          case AMOTION_EVENT_ACTION_UP:                     //触控点抬起
24              if(isClick){                                  //若点击标志为 true
25                  if(x<MyVulkanManager::screenWidth/2){//触控位置在屏幕左侧
26                     MyVulkanManager::samplerType=(++MyVulkanManager::samplerType%4);
27                  }else{                                    //触控位置在屏幕右侧
28                      MyVulkanManager::texType=(++MyVulkanManager::texType%3);//改变值
29                  }}
30              break;}}
31          return true;}
32      return false;}
```

> **说明**　上述代码并不复杂，最主要的工作是在处理触控点抬起的分支代码中根据触控点位于屏幕的左侧还是右侧来改变 samplerType 变量和 texType 变量的值。samplerType 表示当前使用的采样器索引，其值在 0~3 之间循环变化；texType 表示当前使用的纹理坐标范围索引，其值在 0~2 之间循环变化。

（5）了解了本案例中的触控事件处理后，下面介绍的是 MyVulkanManager 类中执行绘制的方法——drawObject，具体代码如下。

✍ 代码位置：见随书中源代码/第 6 章/Sample6_3/app/src/main/cpp/bndev 目录下的 MyVulkanManager.cpp 文件。

```
1   void MyVulkanManager::drawObject(){                    //执行绘制的方法
2       FPSUtil::init();                                   //初始化 FPS 计算
3       while(MyVulkanManager::loopDrawFlag){              //每循环一次绘制一帧画面
4       //此处省略了部分与本章第一个案例中相同的代码，需要的读者请自行查看随书源代码
5           vk::vkCmdBeginRenderPass(cmdBuffer, &rp_begin, VK_SUBPASS_CONTENTS_INLINE);
6           MatrixState3D::pushMatrix();                   //保护现场
7           MatrixState3D::rotate(yAngle,0,1,0);           //绕 y 轴旋转
8           MatrixState3D::rotate(zAngle,0,0,1);           //绕 z 轴旋转
9           string textureName;                            //当前纹理名称
10          switch(samplerType){                           //根据 samplerType 的值分支
11            case 0:textureName="texture/robot0.bntex";break;    //设置纹理名称 0
12            case 1:textureName="texture/robot1.bntex";break;    //设置纹理名称 1
13            case 2:textureName="texture/robot2.bntex";break;    //设置纹理名称 2
14            case 3:textureName="texture/robot3.bntex";break;    //设置纹理名称 3
15          }
16          if(texType==0){                         //若 texType 为 0（采用 4×4 纹理坐标范围）
17              texTri->drawSelf(cmdBuffer,sqsCT->pipelineLayout,sqsCT->pipeline,
                                                           //绘制物体 0
18                 &(sqsCT->descSet[TextureManager::getVkDescriptorSetIndex(textureName)]));
19          }else if(texType==1){                   //若 texType 为 1（采用 4×2 纹理坐标范围）
20              texTri1->drawSelf(cmdBuffer,sqsCT->pipelineLayout,sqsCT->pipeline,
                                                           //绘制物体 1
21                 &(sqsCT->descSet[TextureManager::getVkDescriptorSetIndex(textureName)]));
22          }else if(texType==2){                   //若 texType 为 2（采用 1×1 纹理坐标范围）
23              texTri2->drawSelf(cmdBuffer,sqsCT->pipelineLayout,sqsCT->pipeline,
                                                           //绘制物体 2
24                 &(sqsCT->descSet[TextureManager::getVkDescriptorSetIndex(textureName)]));
```

```
25            }
26            MatrixState3D::popMatrix();                  //恢复现场
27            vk::vkCmdEndRenderPass(cmdBuffer);           //结束渲染通道
28            //此处省略了部分与本章第1个案例中相同的代码，需要的读者请自行查看随书源代码
29        }}
```

- 第 10～15 行根据 samplerType 值的不同，设置了此次绘制采用的纹理名称，以实现在绘制时采用不同的拉伸方式。其中纹理名称"robot0～3.bntex"依次对应的拉伸方式分别为重复拉伸、截取拉伸、镜像重复拉伸、边框拉伸。
- 第 16～25 行根据 texType 值的不同，采用不同的绘制物体（正方形）执行绘制，以实现在绘制时采用不同纹理坐标范围的正方形。

6.4 纹理采样

6.3 节介绍了纹理的 4 种不同拉伸方式，本节主要介绍两种不同的纹理采样方式：最近点采样与线性采样。通过这一节的学习读者应该能够掌握两种不同纹理采样方式的原理，并能够根据具体情况选用恰当的纹理采样方式。

6.4.1 纹理采样概述

前面的章节也简单提到过，所谓纹理采样就是根据片元的纹理坐标到纹理图中提取对应位置颜色的过程。但由于被渲染图元中的片元数量与其对应纹理区域中像素的数量并不一定相同，也就是说图元中的片元与纹理图中的像素并不总是一一对应的。

例如，将较小的纹理图映射到较大的图元或将较大的纹理图映射到较小的图元时这种情况就会产生。因此通过纹理坐标在纹理图中并不一定能找到与之完全对应的像素，这时候就需要采用一些策略使得纹理采样可以顺利进行下去。通常采用的策略有最近点采样、线性采样两种，下面的几节将一一进行详细介绍。

6.4.2 最近点采样

最近点采样是最简单的一种采样算法，其速度在各种采样算法中也是最快的，本节将分基本原理与效果特点两个方面对其进行介绍。

1. 基本原理

最近点采样算法的基本原理如图 6-30 所示。

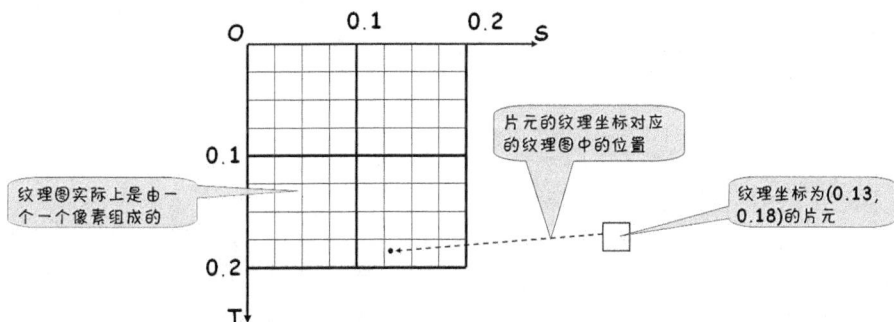

▲图 6-30 最近点采样的原理图

从图 6-30 中可以看出两点。

● 纹理图的横边和竖边纹理坐标的范围都是 0~1，而纹理图本身是由一个一个离散的像素组成的。若将每个像素看成一个小方块，则每个像素都占一定的纹理坐标范围。如图 6-30 中纹理图最左上侧的像素纹理坐标的范围为：S 方向 0.0~0.025，T 方向 0.0~0.025。

● 根据片元的纹理坐标可以很容易地计算出片元对应的纹理坐标点位于纹理图中的哪个像素（小方格，也可以称之为纹素）中，最近点采样就直接取此像素的颜色值为采样值。

2. 效果特点

从前面原理的介绍中可以看出，最近点采样很简单，计算量也小。但最近点采样也有一个明显的缺点，那就是若把较小的纹理图映射到较大的图元上时容易产生很明显的锯齿（马赛克）现象，具体情况如图 6-31 所示。

▲图 6-31　最近点采样的特点图

需要注意的是将较大的纹理图映射到较小的图元时，也会有锯齿产生，但由于图元整体较小，视觉上就不那么明显了。

初始化采样器时，设置采用最近点采样方式的相关代码如下。

```
1    VkSamplerCreateInfo samplerCreateInfo = {};        //构建采样器创建信息结构体实例
2    samplerCreateInfo.magFilter = VK_FILTER_ NEAREST;  //设置 MAG 时为最近点采样
3    samplerCreateInfo.minFilter = VK_FILTER_ NEAREST;  //设置 MIN 时为最近点采样
```

> 💡提示　关于上述代码中 samplerCreateInfo.magFilter 和 samplerCreateInfo.minFilter 的具体含义将在后继的小节中介绍，这里读者简单了解即可。

6.4.3　线性纹理采样

从 6.4.2 节的介绍中可以看出，在某些情况下，最近点采样不能满足高质量视觉效果的要求，这时可以选用更复杂一些的线性纹理采样算法。本节将对线性纹理采样算法进行介绍，也是主要包括基本原理及效果特点两方面。

1. 基本原理

线性采样算法的原理如图 6-32 所示。

线性采样时的结果颜色并不一定仅来自于纹理图中的一个像素，其在采样时会考虑到片元对应的纹理坐标点附近的几个像素。如图 6-32 所示，右侧片元的纹理坐标对应的纹理点在纹理图中的小黑点位置，此时可以认为纹理点位于采样范围的中央。因此采样范围涉及了 4 个像素，但由于纹理点并没有位于 4 个像素的交叉点上，从而 4 个像素的颜色在结果中所占的比例（权重）也不尽相同。

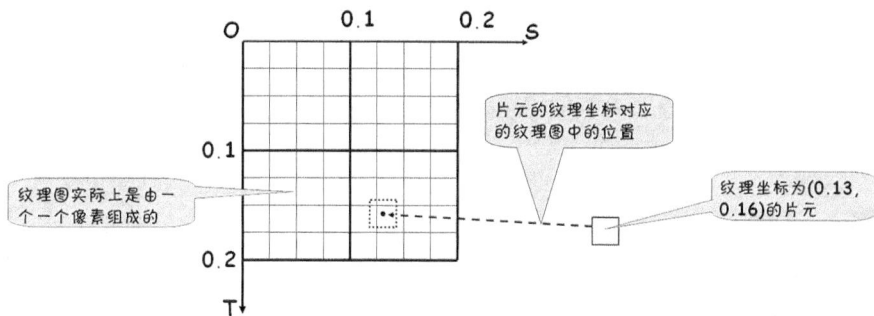

▲图 6-32　线性纹理采样的原理图

一般是根据涉及的像素在采样范围内的面积比例加权计算出最终的采样结果，但具体采样时使用的采样范围可能因厂商的不同而有所不同，上述示意图中的采样范围只是对原理的说明。

2. 效果特点

从前面对线性采样基本原理的介绍中可以推导出，由于采样时对采样范围内的多个像素进行了加权平均，因此在将较小的纹理图映射到较大的图元上时，不再会有锯齿的现象，而是平滑过渡的，具体情况如图 6-33 所示。

▲图 6-33　线性纹理采样的特点图

> 💡 **提示**　平滑过渡解决了锯齿的问题，但有时线条边缘会很模糊，因此实际开发中采用哪种采样策略，需要根据具体的需求来确定。

初始化采样器时，设置采用线性采样方式的相关代码如下。

```
1   VkSamplerCreateInfo samplerCreateInfo = {};          //构建采样器创建信息结构体实例
2   samplerCreateInfo.magFilter = VK_FILTER_ LINEAR;     //设置 MAG 时为线性采样
3   samplerCreateInfo.minFilter = VK_FILTER_LINEAR;      //设置 MIN 时为线性采样
```

> 💡 **提示**　关于上述代码中 samplerCreateInfo.magFilter 和 samplerCreateInfo.minFilter 的含义将在后继的几节中介绍，这里读者简单了解即可。

6.4.4　MIN 与 MAG 采样

6.4.2 节与 6.4.3 节分别介绍了两种不同的纹理采样方式，读者应该已经注意到，无论采用哪种采样方式，都需要对 MIN 与 MAG 两种情况分别进行设置。本节将介绍 MIN 与 MAG 两种纹理采样情况的具体含义，其原理分别如图 6-34 和图 6-35 所示。

从图 6-34 与图 6-35 中可以看出，当纹理图比需要映射的图元尺寸大时系统采用 MIN 对应的纹理采样方式设置,而当纹理图比需要映射的图元尺寸小时系统采用 MAG 对应的纹理采样方式设置。

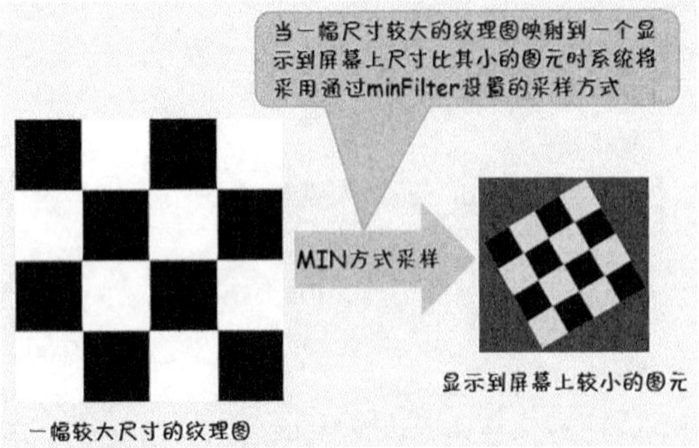

▲图 6-34　MIN 采样 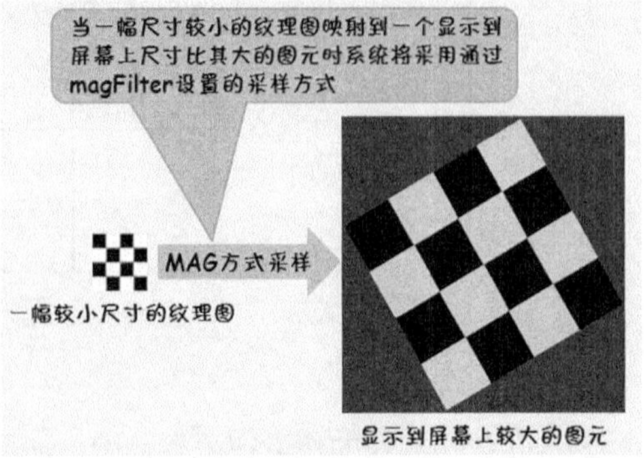　　　　　　　　　　　　　▲图 6-35　MAG 采样

上述是通俗的说法,更准确的定义应该是:当纹理图中的一个像素对应到待映射图元上的多个片元时,采用 MAG 采样;反之则采用 MIN 采样。

> **提示**　由于最近点采样计算速度快,在 MIN 情况下一般锯齿也不明显,综合效益高;而 MAG 方式下若采用最近点采样则锯齿会较为明显,严重影响视觉效果。因此实际开发中一般情况下往往采用将 MIN 情况设置为最近点采样,将 MAG 情况设置为线性采样的组合。

6.4.5　不同纹理采样方式的案例

前面几节对纹理采样各方面的知识进行了介绍,本节将给出一个综合运用了这些知识的案例,其运行效果如图 6-36 所示。

- 本案例中上方较小的纹理矩形是用尺寸比其大的纹理图映射的,用来演示 MIN 情况;下方较大的纹理矩形是用尺寸比其小的纹理图映射的,用来演示 MAG 情况。

▲图 6-36　运行效果

- 最左侧的运行效果图为较小的纹理矩形采用最近点采样方式,较大的纹理矩形采用线性采样方式的运行效果。
- 左起第二幅效果图为较小的纹理矩形采用线性采样方式,较大的纹理矩形采用最近点采样方式的运行效果。
- 左起第三幅效果图为较大的与较小的纹理矩形均采用最近点采样方式的运行效果。
- 最右侧的效果图为较大的与较小的纹理矩形均采用线性采样方式的运行效果。

由于运行效果图是缩小排版的,可能线条边缘的锯齿或模糊情况并不明显。下面将最近点采样的运行效果图局部进行放大,这样读者就可以很清楚地看到线条边缘的锯齿了,如图 6-37 所示。

也可以将线性采样的运行效果图进行局部放大,这时可以很清楚地看到线条的边缘是平滑过渡的,并没有锯齿现象,如图 6-38 所示。

> **提示**　从上述的几幅图中可以看出,在 MAG 情况下,不同的采样方式有非常明显的区别;而在 MIN 情况下,两种采样方式区别不大。因此从提高执行效率的角度出发,在 MIN 情况下一般设置为最近点采样。另外,某些特殊情况可能不希望边缘模糊,此时 MAG 情况也会采用最近点采样。

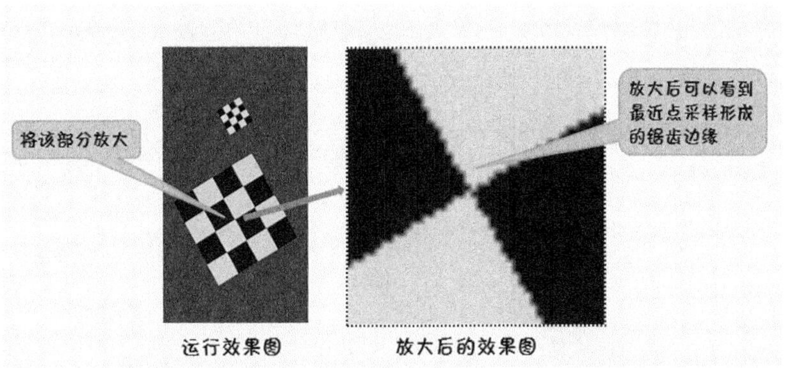

▲图 6-37 采用最近点采样后运行效果图中部分放大后的效果

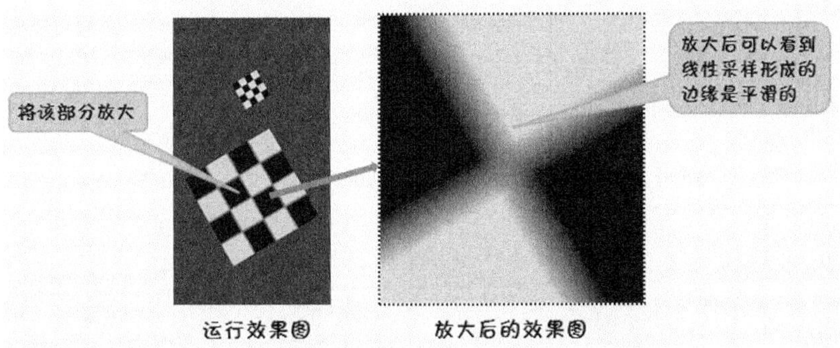

▲图 6-38 采用线性采样后运行效果图中部分放大后的效果

了解了本案例的运行效果后，下面将介绍本案例中比较有代表性的部分，具体内容如下。

（1）首先介绍的是 TextureManager 类中初始化采样器的方法——initSampler，具体代码如下。

代码位置：见随书源代码/第 6 章/Sample6_4/app/src/main/cpp/util 目录下的 TextureManager.cpp 文件。

```
1    void TextureManager::initSampler(VkDevice& device, VkPhysicalDevice& gpu){
2        VkSamplerCreateInfo samplerCreateInfo = {};       //构建采样器创建信息结构体实例
3        samplerCreateInfo.sType = VK_STRUCTURE_TYPE_SAMPLER_CREATE_INFO;//结构体的类型
4        for(int i=0;i<SAMPLER_COUNT;i++){                 //循环设置不同的采样方式
5          if(i==0){
6                samplerCreateInfo.magFilter = VK_FILTER_ NEAREST;//放大时采用最近点采样方式
7                samplerCreateInfo.minFilter = VK_FILTER_NEAREST;//缩小时采用最近点采样方式
8          }else if(i==1){
9                samplerCreateInfo.magFilter = VK_FILTER_ LINEAR;//放大时采用线性采样方式
10               samplerCreateInfo.minFilter = VK_FILTER_LINEAR;//缩小时采用线性采样方式
11         }
12         //此处省略了部分与本章第一个案例中相同的代码，需要的读者请自行查看随书源代码
13         VkSampler samplerTexture;                        //声明采样器对象
14         VkResult result = vk::vkCreateSampler(device,
15                     &samplerCreateInfo, NULL, &samplerTexture);    //创建采样器
16         samplerList.push_back(samplerTexture);           //将采样器加入列表
17    }}
```

说明　　上述代码与本章第一个案例中的区别并不大，主要是增加了一个 for 循环，创建了两个采样器，这两个采样器在放大（MAG）和缩小（MIN）时都采用相同的采样方式。其中一个采样器采用最近点采样方式，另一个采样器采用线性采样方式。

（2）下面介绍的是 TextureManager 类中用于加载所有纹理的方法——initTextures，具体代码如下。

✎ **代码位置：** 见随书源代码/第 6 章/Sample6_4/app/src/main/cpp/util 目录下的 TextureManager.cpp 文件。

```
1   void TextureManager::initTextures(VkDevice& device,    //加载所有纹理的方法
2           VkPhysicalDevice& gpu,VkPhysicalDeviceMemoryProperties& memoryroperties,
3           VkCommandBuffer& cmdBuffer, VkQueue& queueGraphics){
4       initSampler(device, gpu);                          //初始化采样器
5       for (int i = 0; i<texNames.size(); i++){           //遍历纹理文件名称列表
6           if(i%2==0){                                     //为偶数时
7               imageSampler[texNames[i]]=0;               //纹理采样器索引为 0
8           }else{                                          //为奇数时
9               imageSampler[texNames[i]]=1;               //纹理采样器索引为 1
10          }
11          TexDataObject* ctdo = FileUtil::loadCommonTexData(texNames[i]);//加载纹理文件数据
12          init_SPEC_2D_Textures(texNames[i], device, gpu, memoryroperties,//加载 2D 纹理
13              cmdBuffer, queueGraphics, VK_FORMAT_R8G8B8A8_UNORM,ctdo);
14      }}
```

✎ **说明**　第 6～10 行通过纹理采样器索引列表（imageSampler）来记录纹理文件名称及其要使用的采样器索引，当纹理文件名称在纹理文件名称列表中的索引为偶数时，采用的采样器索引为 0（表示采用最近点采样），反之为 1（表示采用线性采样）。本案例中的纹理文件名称列表中包含了 4 幅纹理的文件名称，依次为 "32Nearest.bntex" "32Linear.bntex" "256Nearest.bntex" "256Linear.bntex"，分别用于 32×32 的最近点采样纹理和线性采样纹理以及 256×256 的最近点采样纹理和线性采样纹理。

（3）上面介绍了加载所有纹理的方法，接下来介绍加载 2D 纹理的方法——init_SPEC_2D_Textures，具体代码如下。

✎ **代码位置：** 见随书源代码/第 6 章/Sample6_4/app/src/main/cpp/util 目录下的 TextureManager.cpp 文件。

```
1   void TextureManager::init_SPEC_2D_Textures(std::string texName, VkDevice& device,
2       VkPhysicalDevice& gpu, VkPhysicalDeviceMemoryProperties& memoryroperties,
3       VkCommandBuffer& cmdBuffer, VkQueue& queueGraphics,VkFormat format, TexData
Object* ctdo){
4       //此处省略了部分代码，感兴趣的读者请自行查看随书源代码
5       VkDescriptorImageInfo texImageInfo;                 //构建图像描述信息结构体实例
6       texImageInfo.imageView = viewTexture;              //采用的图像视图
7       texImageInfo.sampler=samplerList[imageSampler[texName]];   //采用的采样器
8       texImageInfo.imageLayout = VK_IMAGE_LAYOUT_GENERAL;    //图像布局
9       texImageInfoList[texName] = texImageInfo;          //添加到纹理图像描述信息列表
10      delete ctdo;                                        //删除内存中的纹理数据
11  }
```

✎ **说明**　上述代码中需要注意的是第 7 行，其中根据纹理文件名称从采样器索引列表中获取了此名称纹理对应的采样器索引，然后根据采样器索引从采样器列表中获取了所需的采样器，最后将获取的采样器设置给了图像描述信息结构体实例的 sampler 属性，以备绘制时使用。

（4）前面已经提到过，本案例运行时可以用手指点击屏幕来切换当前采用的纹理采样方式。这部分代码是在 main.cpp 中的事件处理回调方法 engine_handle_input 内开发的，具体代码如下。

代码位置：见随书中源代码/第 6 章/Sample6_4/app/src/main/cpp/bndev 目录下的 main.cpp 文件。

```
1   static int32_t engine_handle_input(struct android_app* app, AInputEvent* event){
                                                                //事件处理回调方法
2       if (AInputEvent_getType(event) == AINPUT_EVENT_TYPE_MOTION){//如果是 MOTION 事件
3          if(AInputEvent_getSource(event)==AINPUT_SOURCE_TOUCHSCREEN){//如果是触屏
4              int x=AMotionEvent_getRawX(event,0);            //获取触控点 x 坐标
5              int y=AMotionEvent_getRawY(event,0);            //获取触控点 y 坐标
6              int32_t id = AMotionEvent_getAction(event);     //获取事件类型编号
7              switch(id){
8                  //此处省略了部分代码，感兴趣的读者请自行查看随书源代码
9                  case AMOTION_EVENT_ACTION_UP:               //触控点抬起
10                     if(isClick){                            //点击标志为 true
11                         switch(pressType){                  //根据不同的 pressType 值分支
12                             case 0:MyVulkanManager::smallType=0;MyVulkanManager::bigType=1;
                                                               //第 1 种组合
13                                 break;
14                             case 1:MyVulkanManager::smallType=1;MyVulkanManager::bigType=0;
                                                               //第 2 种组合
15                                 break;
16                             case 2:MyVulkanManager::smallType=0;MyVulkanManager::bigType=0;
                                                               //第 3 种组合
17                                 break;
18                             case 3:MyVulkanManager::smallType=1;MyVulkanManager::bigType=1;
                                                               //第 4 种组合
19                                 break;
20                         }pressType=(++pressType%4);}        //改变 pressType 值
21                     break;}}
22          return true;}
23      return false;}
```

说明　上述代码并不复杂，最主要的工作是处理触控点抬起的分支代码中根据 pressType 的值改变 smallType 变量和 bigType 变量的值。其中，smallType 变量代表小纹理矩形所采用的纹理采样方式，取值有 0、1 两种选择（0 表示采用最近点采样，1 表示采用线性采样）；bigType 变量代表大纹理矩形所采用的纹理采样方式，取值也有 0、1 两种选择（0 表示采用最近点采样，1 表示采用线性采样）。本案例中，实际有两幅 32×32 的小纹理和两幅 256×256 的大纹理分别采用设置了不同采样方式的采样器。另外，每点击一次屏幕 pressType 变量的值加 1 并对 4 取模，使得此变量值在 0～1 之间循环变化。

（5）下面介绍的是 MyVulkanManager 类中执行绘制的方法——drawObject，具体代码如下。

代码位置：见随书中源代码/第 6 章/Sample6_4/app/src/main/cpp/bndev 目录下的 MyVulkanManager.cpp 文件。

```
1   void MyVulkanManager::drawObject(){                     //执行绘制的方法
2       FPSUtil::init();                                    //初始化 FPS 计算
3       while(MyVulkanManager::loopDrawFlag){               //每循环一次绘制一帧画面
4           //此处省略了部分与本章第 1 个案例中相同的代码，需要的读者请自行查看随书源代码
5           vk::vkCmdBeginRenderPass(cmdBuffer, &rp_begin, VK_SUBPASS_CONTENTS_INLINE);
6           MatrixState3D::pushMatrix();                    //保护现场
7           MatrixState3D::translate(0,10,0);               //沿 y 轴移动
8           MatrixState3D::rotate(-30,0,0,1);               //绕 z 轴旋转
9           if(smallType==0){                               //若 smallType 为 0（采用最近点采样）
10              texTri->drawSelf(cmdBuffer,sqsCT->pipelineLayout,sqsCT->pipeline,
```

```
                                                      //绘制小纹理矩形
11                  &(sqsCT->descSet[TextureManager::getVkDescriptorSetIndex("texture/2
56Nearest.bntex")]));
12          }else{                                     //若 smallType 为 1（采用线性采样）
13              texTri->drawSelf(cmdBuffer,sqsCT->pipelineLayout,sqsCT->pipeline,
                                                      //绘制小纹理矩形
14                &(sqsCT->descSet[TextureManager::getVkDescriptorSetIndex("texture/
256Linear.bntex")]));
15          }
16          MatrixState3D::popMatrix();               //恢复现场
17          MatrixState3D::pushMatrix();              //保护现场
18          MatrixState3D::translate(0,-5,0);         //沿 y 轴移动
19          MatrixState3D::rotate(-30,0,0,1);         //绕 z 轴旋转
20          if(bigType==0){                           //若 bigType 为 0（采用最近点采样）
21              texTri1->drawSelf(cmdBuffer,sqsCT->pipelineLayout,sqsCT->pipeline,
                                                      //绘制大纹理矩形
22                &(sqsCT->descSet[TextureManager::getVkDescriptorSetIndex("texture/
32Nearest.bntex")]));
23          }else{                                     //若 bigType 为 1（采用线性采样）
24              texTri1->drawSelf(cmdBuffer,sqsCT->pipelineLayout,sqsCT->pipeline,
                                                      //绘制大纹理矩形
25                &(sqsCT->descSet[TextureManager::getVkDescriptorSetIndex("texture/
32Linear.bntex")]));
26          }
27          MatrixState3D::popMatrix();               //恢复现场
28          vk::vkCmdEndRenderPass(cmdBuffer);        //结束渲染通道
29          //此处省略了部分与本章第 1 个案例中相同的代码，需要的读者请自行查看随书源代码
30      }}
```

- 第 9～15 行根据 smallType 变量值的不同，在绘制场景上侧的小纹理矩形时应用不同的纹理。若 smallType 值为 0，则使用采用最近点采样的纹理；若 smallType 值为 1，则使用采用线性采样的纹理。

- 第 20～26 行根据 bigType 变量值的不同，在绘制场景下侧的大纹理矩形时应用不同的纹理。若 bigType 值为 0，则使用采用最近点采样的纹理；若 bigType 值为 1，则使用采用线性采样的纹理。

> 💡提示　要注意的是，本案例中为了演示 MIN 和 MAG 的情况，因此场景中上面的小纹理矩形应用的是 256×256 的大尺寸纹理，而下面的大纹理矩形应用的是 32×32 的小尺寸纹理。

6.5　Mipmap 纹理

前面章节中不少地方都提到过 Mipmap，但并没有对其进行详细的介绍。本节将详细介绍 Mipmap 纹理的相关知识，主要包括基本原理和一个简单的案例，具体内容如下。

6.5.1　基本原理

有一些经验的开发人员都知道，当需要处理的场景较大时（如一大片铺满相同纹理的丘陵地形），若不采用一些技术手段，就可能会出现远处地形视觉上更清晰，近处地形更模糊的反真实现象。这主要是由于透视投影时有近大远小的效果，远处的地形投影到屏幕上尺寸比较小，近处的投影到屏幕上尺寸比较大，而整个场景使用的是同一幅外观纹理。

对远处的山体而言纹理图是被缩小进行映射的，自然很清晰（甚至会产生由于过分缩小时大量纹

素对应到同一个片元,而同时纹理采样率不足造成的失真锯齿现象);而对于近处的山体纹理图可能需要被拉大进行映射,自然就发虚。聪明的读者可能会想到,应该对远处的地形采用尺寸较小、分辨率较低的纹理,近处的采用尺寸较大、分辨率较高的纹理,这其实就是 Mipmap 的基本思路。

> 💡 **提示** Mipmap 这个术语最早出现于 1983 年,由 Lance williams 在其论文 "Pyramidal Parametrics" 中首次提出。mip 表示拉丁语 "multum in parvo",含义为 "一块小地方有很多东西",map 是 mapping 的缩写,表示纹理映射。

不过在应用中若要自行开发根据场景视觉大小自动选择恰当分辨率的纹理进行映射的功能会非常复杂,幸运的是 Mipmap 仅需要在加载纹理时进行一些处理,然后根据所需纹理采样细节级别(LOD)进行纹理采样即可,其他的工作是由渲染管线自动完成的。Mipmap 的基本工作原理如图 6-39 所示。

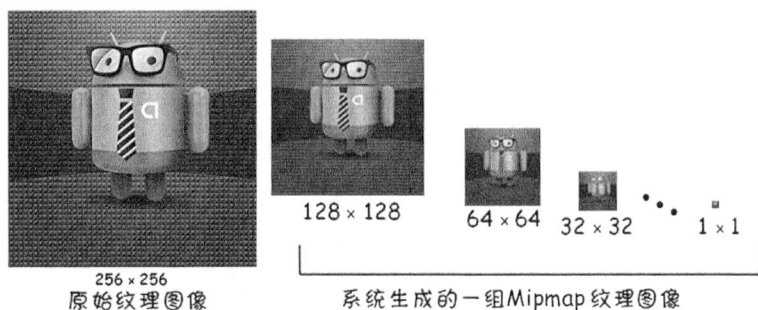

256 × 256
原始纹理图像

128 × 128　64 × 64　32 × 32 ··· 1 × 1

系统生成的一组Mipmap纹理图像

▲图 6-39　Mipmap 纹理图像

从图 6-39 中可以看出,Mipmap 序列中每幅纹理图是前一幅尺寸的 1/2(面积的 1/4),直至纹理图的尺寸缩小到 1×1。一系列纹理图中的第一幅就是原始纹理图,因此可以轻松地计算出,一系列的 Mipmap 纹理图占用的空间接近原始纹理图的 1.32 倍。

当采样时提供的细节级别不是整数(不是正好对应于某个 Mipmap 层)时,就需要通过一定的策略确定从哪个 Mipmap 层进行采样。在 Vulkan 中,这是通过设置采样器的 Mipmap 模式来完成的。采样器的 Mipmap 模式与纹理采样类似,也是提供了 "最近" 和 "线性" 两种选择,具体情况如表 6-7 所示。

表 6-7　　　　　　　　　　　　　　Mipmap 模式

Mipmap 模式	说明
VK_SAMPLER_MIPMAP_MODE_NEAREST	此模式下,采样时提供的细节级别离哪个 Mipmap 层近就从哪个 Mipmap 层进行采样
VK_SAMPLER_MIPMAP_MODE_LINEAR	此模式下,根据采样时提供的细节级别加权从多个相近的 Mipmap 层中进行采样

从前面的介绍中可以看出,Mipmap 主要是为了应对 MIN 纹理采样时在某些情况下存在的问题。在进行 MIN 纹理采样时,若大量的纹素对应到同一个片元,哪怕是采用线性纹理采样,能够参与决定片元最终颜色的纹素数量也仅仅占实际应该参与纹素数量的一小部分。

这就会造成采样率不足,信号严重失真(也就是前面提到过的远处地形中可能出现的失真锯齿现象)。若采用 Mipmap 纹理,可以较好地解决这个问题,具体原因分析如下。

● 采用 Mipmap 纹理时,在设计人员提供了最初的最高分辨率原始纹理后,可以通过程序来逐级生成下一 Mipmap 级的纹理,直至某个方向的纹理尺寸为 1。从上述对 Mipmap 的介绍中可以看到,上一级纹理的尺寸是下一级的 2 倍,因此下一级纹理中的每个纹素对应于上一级纹理中的 4 个纹素。在程序执行生成时，每个下一级纹理中的纹素通过上一级纹理中的 4 个纹素插值产生，逐级迭代。那么，无论哪一级的纹理中都携带了最初纹理中的大部分信息（即对每一级纹理而言最初纹理中的所有纹素都能直接或间接参与决策），不再有采样率不足的问题。

● 实际应用 Mipmap 纹理进行映射时，首先根据某些参数计算出需要的 Mipmap 级别，一般是找到映射片元与纹素接近 1∶1 的一个或两个级别。然后再进行纹理采样（一般是线性纹理采样），就可以避免直接在所有情况下应用原始高分辨率纹理带来的大量纹素对应于一个片元的情况，采样率不足造成的失真也就可以大大缓解了。

6.5.2　一个简单的案例

6.5.1 节对 Mipmap 纹理的基本原理进行了介绍，本节将给出一个使用了 Mipmap 纹理的案例，其运行效果如图 6-40 所示。

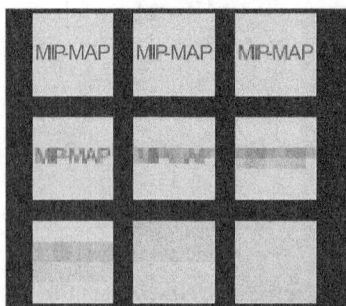

▲图 6-40　案例 Sample6_5 运行效果图

> **说明**　从图 6-40 中可以看出，从左至右，从上到下，绘制物体（正方形）上的纹理分辨率越来越低，最后几个绘制物体甚至已经看不清楚纹理上的 "MIP-MAP" 字样了。其原因在于绘制过程中按照从左至右，从上到下的顺序，绘制物体使用的纹理采样细节级别逐渐增加，对应纹理的尺寸依次减半，但还是映射到同样尺寸的正方形上。本案例中这样做是为了帮助读者加深理解，实际项目中面积相同（或近似）的图元不会采用细节级别相差甚大的纹理执行呈现。另外，为了让读者更好地看到不同级别 mipmap 纹理分辨率的变化，本案例中进行正方形渲染时采用的纹理采样器使用的是最近点采样 VK_FILTER_NEAREST。读者若有兴趣，也可以切换为 VK_FILTER_LINEAR 运行观察。

了解了本案例的运行效果后，下面介绍本案例中具有代表性的部分，具体内容如下。

（1）首先介绍的是绘制用物体类 TexDrawableObject 中的绘制方法 drawSelf，其具体代码如下。

代码位置：见随书中源代码/第 6 章/Sample6_5/app/src/main/cpp/util 目录下的 TexDrawableObject.cpp 文件。

```
1    void TexDrawableObject::drawSelf(VkCommandBuffer& cmd, VkPipelineLayout& pipelineLayout,
2        VkPipeline& pipeline, VkDescriptorSet* desSetPointer,float lodLevel){
                                                        //绘制物体的方法
3        //此处省略了部分与本章第 1 个案例中相同的代码，需要的读者请自行查看随书源代码
4        float* mvp=MatrixState3D::getFinalMatrix();          //获取最终变换矩阵
5        memcpy(pushConstantDataVertex, mvp, sizeof(float)*16);//将最终变换矩阵数据送入
                                                              推送常量数据
```

```
6        vk::vkCmdPushConstants(cmd, pipelineLayout,    //将最终变换矩阵数据送入推送常量
7        VK_SHADER_STAGE_VERTEX_BIT, 0, sizeof(float)*16,pushConstantDataVertex);
8        pushConstantDataFrag[0]=lodLevel;              //纹理采样细节级别数据
9        vk::vkCmdPushConstants(cmd, pipelineLayout,    //将纹理采样细节级别数据送入推送常量
10       VK_SHADER_STAGE_FRAGMENT_BIT, sizeof(float)*16, sizeof(float)*1,pushConstantD
ataFrag);
11       vk::vkCmdDraw(cmd, vCount, 1, 0, 0);           //执行绘制
12   }
```

> **说明** 上述绘制物体的方法与前面案例中的类似，主要变化的是第 8 ~ 10 行，增加了将纹理采样细节级别数据送入推送常量的代码，另外，要注意此推送常量的指定着色器阶段为片元着色器（VK_SHADER_STAGE_FRAGMENT_BIT）。

（2）接着介绍的是 MyVulkanManager 类中执行绘制的方法——drawObject，具体代码如下。

✎ **代码位置：** 见随书中源代码/第 6 章/Sample6_5/app/src/main/cpp/bndev 目录下的 MyVulkanManager.cpp 文件。

```
1    void MyVulkanManager::drawObject(){                //执行绘制的方法
2      FPSUtil::init();                                 //初始化 FPS 计算
3      while(MyVulkanManager::loopDrawFlag){            //每循环一次绘制一帧画面
4        //此处省略了部分与本章第 1 个案例中相同的代码，需要的读者请自行查看随书源代码
5        vk::vkCmdBeginRenderPass(cmdBuffer, &rp_begin, VK_SUBPASS_CONTENTS_INLINE);
6        float currLodLevel=-1;                         //纹理采样细节级别
7        const float SPAN=10;                           //正方形相互之间的间隔
8        float startX=-SPAN;                            //x 坐标初始值
9        float startY=SPAN;                             //y 坐标初始值
10       for(int i=0;i<3;i++){                          //循环列
11         for(int j=0;j<3;j++){                        //循环行
12           currLodLevel++;                            //纹理采样细节级别加 1
13           MatrixState3D::pushMatrix();               //保护现场
14           MatrixState3D::translate(startX+SPAN*j,startY-i*SPAN,0);//沿 x 轴、y 轴平移
15           MatrixState3D::rotate(yAngle,0,1,0);//绕 y 轴旋转
16           MatrixState3D::rotate(zAngle,0,0,1);//绕 z 轴旋转
17           texRect->drawSelf(cmdBuffer,sqsCT->pipelineLayout,sqsCT->pipeline,
                                                          //绘制物体（正方形）
18                 &(sqsCT->descSet[TextureManager::getVkDescriptorSetIndex("texture/
mipmap.bntex")]),
19                 currLodLevel);                       //传入纹理采样细节级别
20           MatrixState3D::popMatrix();                //恢复现场
21         }}
22       vk::vkCmdEndRenderPass(cmdBuffer);             //结束渲染通道
23       //此处省略了部分与本章第 1 个案例中相同的代码，需要的读者请自行查看随书源代码
24   }}
```

> **说明** 上述代码中最主要的是利用双层循环，绘制了 3 行 3 列共 9 个纹理正方形。在绘制这 9 个纹理正方形时，不但根据正方形所处行列平移到了恰当的位置，还依次采用了不同的纹理采样细节级别（范围是 0 ~ 8），使得最终画面能够呈现出如图 6-40 所示的效果。

（3）了解了绘制时的一些重点后，接着介绍的是 TextureManager 类中用于加载所有纹理的方法——initTextures，具体代码如下。

代码位置：见随书源代码/第 6 章/Sample6_5/app/src/main/cpp/util 目录下的 TextureManager.cpp 文件。

```
1    void TextureManager::initTextures(VkDevice& device,//加载所有纹理的方法
2              VkPhysicalDevice& gpu, VkPhysicalDeviceMemoryProperties& memoryroperties,
3              VkCommandBuffer& cmdBuffer, VkQueue& queueGraphics){
4        initSampler(device,gpu);                           //初始化采样器
5        VkFormatProperties formatProps;                    //指定格式纹理的格式属性
6        vk::vkGetPhysicalDeviceFormatProperties(gpu,
7              VK_FORMAT_R8G8B8A8_UNORM, &formatProps);  //获取指定格式纹理的格式属性
8        assert(formatProps.optimalTilingFeatures & //检查是否支持生成 mipmap 所需的 BLIT
                                                      类型的源和目标
9              VK_FORMAT_FEATURE_BLIT_SRC_BIT);
10       assert(formatProps.optimalTilingFeatures & VK_FORMAT_FEATURE_BLIT_DST_BIT);
11       for (int i = 0; i<texNames.size(); i++){    //遍历纹理文件名称列表
12         TexDataObject* ctdo = FileUtil::loadCommonTexData(texNames[i]);//加载纹理文件数据
13         int levels = floor(log2(max(ctdo->width, ctdo->height))) + 1;//计算mipmap 层次数
14         LOGE("%s w %d h %d L %d", texNames[i].c_str(), ctdo->width, ctdo->height,
 levels); //打印信息
15         init_SPEC_Textures_ForMipMap(texNames[i], device, gpu, memoryroperties,
           //加载 2D 纹理
16             cmdBuffer, queueGraphics, VK_FORMAT_R8G8B8A8_UNORM, ctdo, levels);
17    }}
```

- 第 5～10 行首先获取了指定格式纹理的格式属性，然后根据获取的格式属性检查是否支持生成 Mipmap 纹理所需的 BLIT 类型的源和目标，若不支持则程序中断。

- 第 11～17 行遍历了纹理文件名称列表，加载列表中的每一幅纹理。加载每一幅纹理时，首先从文件中加载纹理数据，然后根据纹理的尺寸计算出所需的细节级别数量（层次数），然后调用 init_SPEC_Textures_ForMipMap 方法完成纹理的加载。

💡 说明　　Mipmap 细节级别数量的计算思路是首先以 2 为底对纹理图的长边（像素数多的边）像素数求对数，然后将对数值下取整后再加一。例如尺寸为 256×256 的原始纹理其 Mipmap 层次数为 9，8×8 的原始纹理其 Mipmap 层次数为 4。

（4）上面介绍了加载所有纹理的方法，接下来介绍的是 TextureManager 类中用于加载 2D 纹理并生成 mipmap 的 init_SPEC_Textures_ForMipMap 方法，其是本案例中的核心，具体代码如下。

代码位置：见随书源代码/第 6 章/Sample6_5/app/src/main/cpp/util 目录下的 TextureManager.cpp 文件。

```
1    void TextureManager::init_SPEC_Textures_ForMipMap(std::string texName, VkDevice& device,
2    VkPhysicalDevice& gpu, VkPhysicalDeviceMemoryProperties& memoryroperties, VkCo
mmandBuffer
3    & cmdBuffer,VkQueue& queueGraphics, VkFormat format, TexDataObject* ctdo, int levels){
4        VkImageCreateInfo image_create_info = {};              //构建图像创建信息结构体实例
5        image_create_info.imageType = VK_IMAGE_TYPE_2D;        //图像类型
6        image_create_info.mipLevels = levels;                  //图像 Mipmap 级数（层次数）
7        image_create_info.arrayLayers = 1;                     //图像数组层数量
8        image_create_info.tiling = VK_IMAGE_TILING_OPTIMAL;    //采用最优瓦片组织方式
9        image_create_info.usage = VK_IMAGE_USAGE_TRANSFER_DST_BIT | //图像用途
10            VK_IMAGE_USAGE_TRANSFER_SRC_BIT | VK_IMAGE_USAGE_SAMPLED_BIT;
11       //此处省略了部分与本章第 1 个案例中相同的代码，需要的读者请自行查看随书源代码
12       vk::vkResetCommandBuffer(cmdBuffer, 0);                //清除命令缓冲
13       result = vk::vkBeginCommandBuffer(cmdBuffer, &cmd_buf_info);//启动命令缓冲（开始
                                                                   接收命令）
14       //此处省略了部分与本章第 1 个案例中相同的代码，需要的读者请自行查看随书源代码
```

```
15       for (int32_t i = 1; i < levels; i++){            //遍历所有 Mipmap 级数
16           VkImageBlit imageBlit{};                      //创建图像 blit 实例
17           imageBlit.srcSubresource.aspectMask = VK_IMAGE_ASPECT_COLOR_BIT; //使用方面
18           imageBlit.srcSubresource.layerCount = 1;              //源资源的层数量
19           imageBlit.srcSubresource.mipLevel = i - 1;            //源资源的 Mipmap 级别
20           imageBlit.srcOffsets[1].x = int32_t(ctdo->width >> (i - 1));//源资源的 x 偏移量
21           imageBlit.srcOffsets[1].y = int32_t(ctdo->height >> (i - 1));//源资源的 y 偏移量
22           imageBlit.srcOffsets[1].z = 1;                        //源资源的 z 偏移量
23           imageBlit.dstSubresource.aspectMask = VK_IMAGE_ASPECT_COLOR_BIT; //使用方面
24           imageBlit.dstSubresource.layerCount = 1;              //目标资源的层数量
25           imageBlit.dstSubresource.mipLevel = i;                //目标资源的 Mipmap 级别
26           imageBlit.dstOffsets[1].x = int32_t(ctdo->width >> i);//目标资源的 x 偏移量
27           imageBlit.dstOffsets[1].y = int32_t(ctdo->height >> i);//目标资源的 y 偏移量
28           imageBlit.dstOffsets[1].z = 1;                        //目标资源的 z 偏移量
29           vk::vkCmdBlitImage(//从源资源生成目标资源(即通过上一层纹理数据生成下一层纹理数据)
30                   cmdBuffer,                            //命令缓冲
31                   textureImage,                         //源图像
32                   VK_IMAGE_LAYOUT_TRANSFER_SRC_OPTIMAL,//源图像瓦片组织方式
33                   textureImage,                         //目标图像
34                   VK_IMAGE_LAYOUT_TRANSFER_DST_OPTIMAL,//目标图像瓦片组织方式
35                   1,                                    //图像 blit 实例数量
36                   &imageBlit,                           //图像 blit 实例列表
37                   VK_FILTER_LINEAR);                    //要应用的纹理采样过滤器
38       }
39       result = vk::vkEndCommandBuffer(cmdBuffer);       //结束命令缓冲(停止记录命令)
40       result = vk::vkQueueSubmit(queueGraphics, 1, submit_info, copyFence);
                                                           //提交给队列执行
41       do{                                               //循环等待执行完毕
42           result = vk::vkWaitForFences(device, 1, &copyFence, VK_TRUE, 100000000);
43       } while (result == VK_TIMEOUT);
44       //此处省略了部分与本章第 1 个案例中相同的代码,需要的读者请自行查看随书源代码
45   }
```

- 第 4~10 行首先构建了图像创建信息结构体实例,然后设置了此结构体实例的多项属性,主要包括图像类型、图像 Mipmap 级数、图像数组层数量、瓦片组织方式和图像用途等。这里最大的变化是,Mipmap 级数由前面案例中的 1 更改为 levels,服务于多层 Mipmap。

- 第 15~38 行遍历了除 0 之外的所有 Mipmap 级,使用 vkCmdBlitImage 方法依次从上一级 Mipmap 纹理数据中生成下一级的 Mipmap 纹理数据。经过此循环后,纹理图像对应的设备内存中就依次存储(从分辨率高到分辨率低)了此 Mipmap 纹理所有细节级别的纹理数据。另外需要注意的是,从上一级 Mipmap 的纹理数据中生成下一级 Mipmap 的纹理数据时,实质上进行的是 MIN(缩小)纹理采样,因此在第 37 行给出了采用的纹理采样过滤器(本案例中选用的是线性采样 VK_FILTER_LINEAR,对于 Mipmap 逐级生成而言这是普遍选择)。

- 第 39~43 行将记录到命令缓冲中的命令提交给队列执行,并依赖栅栏确认任务执行完毕。

(5)下面介绍的是 ShaderQueueSuit_CommonTex 类中用于创建管线布局的方法——create_pipeline_layout,其具体代码如下。

✎ **代码位置:** 见随书中源代码/第 6 章/Sample6_5/app/assets/shader 目录下的 ShaderQueueSuit_CommonTex.cpp 文件。

```
1    void ShaderQueueSuit_CommonTex::create_pipeline_layout(VkDevice& device){
                                                           //创建管线布局的方法
2        //此处省略了部分代码,需要的读者请自行查看随书源代码
```

```
3      const unsigned push_constant_range_count = 2;              //推送常量范围实例数量
4      VkPushConstantRange push_constant_ranges[push_constant_range_count] = {};
                                                                   //推送常量范围数组
5      push_constant_ranges[0].stageFlags = VK_SHADER_STAGE_VERTEX_BIT; //着色器阶段
6      push_constant_ranges[0].offset = 0;                        //起始偏移量
7      push_constant_ranges[0].size = sizeof(float)*16;           //数据字节数
8      push_constant_ranges[1].stageFlags = VK_SHADER_STAGE_FRAGMENT_BIT;//着色器阶段
9      push_constant_ranges[1].offset = sizeof(float)*16;         //起始偏移量
10     push_constant_ranges[1].size = sizeof(float)*1;            //数据字节数
11     //此处省略了部分代码，需要的读者请自行查看随书源代码
12   }
```

> 💙说明　　　上述方法中主要的变化是将推送常量范围实例数量修改为 2，增加了一个服务于将纹理采样细节级别传给片元着色器的推送常量范围实例。

（6）到这里为止，本节案例中具有代表性的 C++代码就介绍完了。下面介绍本案例中的片元着色器，其具体代码如下。

🖋 代码位置：见随书中源代码/第 6 章/Sample6_5/app/assets/shader 目录下的 commonTex.frag 文件。

```
1    #version 450                                   //着色语言版本
2    #extension GL_ARB_separate_shader_objects : enable //开启 separate_shader_objects
3    #extension GL_ARB_shading_language_420pack : enable//开启 shading_language_420pack
4    layout (std140,set = 0, binding = 0) uniform bufferVals {     //一致变量块
5        float brightFactor;                        //亮度调节系数
6    } myBufferVals;
7    layout (push_constant) uniform constantVals {   //推送常量块
8        layout(offset = 64) float lodLevel;        //纹理采样细节级别（服务于 Mipmap）
9    } myConstantValsFrag;
10   layout (binding = 1) uniform sampler2D tex;     //纹理采样器，代表一幅纹理
11   layout (location = 0) in vec2 inTexCoor;        //接收的顶点纹理坐标
12   layout (location = 0) out vec4 outColor;        //输出到管线的片元颜色
13   void main() {                                   //主方法
14     outColor=myBufferVals.brightFactor*textureLod(tex, inTexCoor, //计算最终颜色值
15                 myConstantValsFrag.lodLevel); //纹理采样细节级别
16   }
```

> 💙说明　　　上述代码中主要的变化是增加了推送常量块用来接收纹理采样细节级别，以及在调用 textureLod 方法进行纹理采样时使用了由推送常量块接收的纹理采样细节级别。另外，与此片元着色器配套的顶点着色器与本章第 1 个案例中的相同，这里不再赘述。

　　本节案例在片元着色器中进行纹理采样时使用的纹理采样细节级别是由 C++传入渲染管线的固定值，这样是为了案例演示的方便。实际开发中，采样时用到的细节级别值往往是通过计算动态产生，比如根据片元位置与摄像机位置的距离进行折算、根据片元覆盖的纹素跨度情况进行计算等。

6.6　多重纹理与过程纹理

　　本节将通过一个案例向读者介绍 Vulkan 支持的两个高级特性，多重纹理与过程纹理，有了这两个特性场景的真实感会大大提高。本节将首先介绍关于多重纹理与过程纹理的基本知识，然后给出使用多重纹理与过程纹理的案例，具体内容如下。

6.6.1　案例概览

本章前面给出的所有案例中，对同一图元都只采用了一幅纹理图，这在有些情况下就显得不够强大了。本节将给出一个对同一图元采用多幅纹理的案例，其运行效果如图 6-41 和图 6-42 所示。

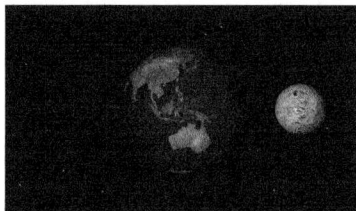

▲图 6-41　运行效果图 1

▲图 6-42　运行效果图 2

从图 6-41 和图 6-42 中可以看出，整个案例展示的是地月系在星空中的场景，场景中间的地球与前面的案例不同，其纹理不是固定不变的。阳光照耀到的区域使用的是白天的纹理（如图 6-43 所示），阳光没有照耀到的区域使用的是夜晚万家灯火的纹理（如图 6-44 所示），在白天和黑夜的边缘是平滑过渡的。

▲图 6-43　白天的地球纹理

▲图 6-44　黑夜的地球纹理

可以明显地感觉到，此案例的场景真实度比前面的案例有了很大的提高。

- 对同一个图元采用多幅纹理图，这种技术称之为多重纹理。
- 在多重纹理变化的边界根据某种规则进行平滑过渡，这种技术称之为过程纹理。这种平滑过渡在很多情况下都会用到，如本案例中的白天纹理与黑夜纹理的过渡，丘陵地形中根据海拔不同进行的纹理过渡等。

> **提示**　由于插图黑白印刷的原因，效果图可能看起来不是很清楚。这时可以参考本书前面的彩页或使用真机运行观察。同时，本案例中的阳光方向是可以随着手指在屏幕上的左右滑动而变化的。

6.6.2　将 2D 纹理映射到球面上的策略

本章前面给出的纹理映射相关案例都是将 2D 平面纹理映射到 3D 空间中的平面上，而从 6.6.1 节的运行效果图中可以看出本节的案例是将 2D 平面纹理映射到了三维的球面上。通过第 5 章中光照球体的案例，读者应该已经了解到 Vulkan 空间中的球面实际上是由一个一个独立的三角形组成。

> **提示**　图 6-45 中为了画示意图方便，仅将球面在纬度方向切割成了两份，经度方向切割成了 4 份，实际开发中应该按照同样的思路多分割几份，这样球面就较为平滑了。

从图 6-45 中可以看出，首先对球面进行拓扑变换，将上下两极破开，再像橡皮膜一样拉伸，就可以将球面变换为圆柱面。然后对圆柱面进一步进行拓扑变换，将圆柱沿某一条竖直棱切开，并展开成一个矩形。由于球面原来的顶点组成了一个一个的小三角形，因此展开的矩形也由一个一个小三角形组成。

▲图 6-45　三维球面展开过程示意图

> **说明**　拓扑变换是拓扑几何中的一种变换，拓扑变换前后的两个图形是拓扑全等的。简单来说拓扑变换就是在不产生新顶点以及不改变顶点与顶点之间边的连接情况的前提下，任意地将顶点移动，这时连接这些顶点的边也可能被相应地缩放、平移、旋转。在开发 3D 应用程序时，恰当运用拓扑变换辅助思考可以将问题大大地简化。

球面被展开成矩形后就很容易与 2D 的矩形纹理进行匹配了，具体情况如图 6-46 所示。

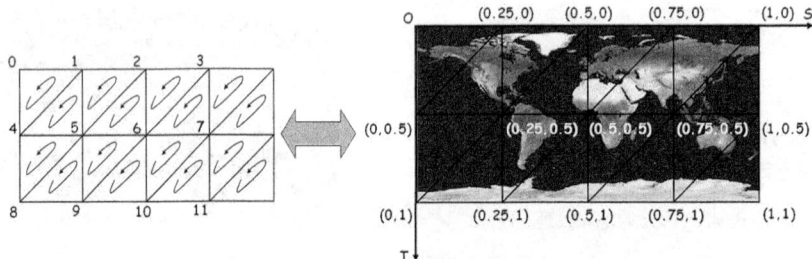

▲图 6-46　三维球面的顶点与 2D 纹理的对应关系图

从图 6-46 中可以看出，根据矩形中每个顶点对应的 S 轴、T 轴的位置可以非常方便地计算出每个顶点的纹理坐标。而矩形里面的顶点都是通过拓扑变换来自于球面上的顶点，与球面上的顶点一一对应，因此球面上每个顶点的纹理坐标就很自然地计算出来了。

球面上每个顶点都有了其对应的纹理坐标后，应用程序一运行就可以在屏幕上渲染出如前面图 6-41 与图 6-42 所示具有逼真视觉效果的地月系场景了。

> **提示**　不但将 2D 纹理映射到球面上可以采用本节介绍的策略，将 2D 纹理映射到其他形状立体物体的表面时也可以采用这种思维方式。

6.6.3　案例的场景结构

从前面的图 6-41 与图 6-42 中可以看出，本案例展现的是一个地月系的场景。其中地球位于场景中央，月球绕地球公转，地球和月球都有自转。场景中的变换组合使用了基本变换中的平移与旋转变换，细节如下所列。

- 首先，初始情况下地球与月球都是贴好纹理的、球心位于坐标原点的球，如图 6-47 所示。
- 接着在绘制每一帧画面时首先将坐标系统 y 轴旋转一定的角度（这个角度是一个变量，绘制每一帧时都会有微小的变化，代表地球自转）后绘制地球。
- 然后将坐标系沿 x 轴正方向推移一定的距离 d 模拟地月间距）后，再将坐标系统 y 轴旋转一定的角度（这个角度是一个变量，绘制每一帧时都会有微小的变化，代表月球的自转）后绘制月球。

通过如上的顺序变换坐标系、绘制地球、月球就会产生所期望的公转、自转效果，具体情况如图 6-48 所示。

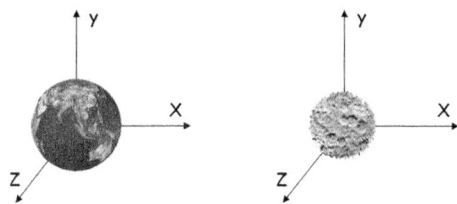

▲图 6-47　原始情况下的地球及月球　　　　　　▲图 6-48　每帧画面涉及的变换

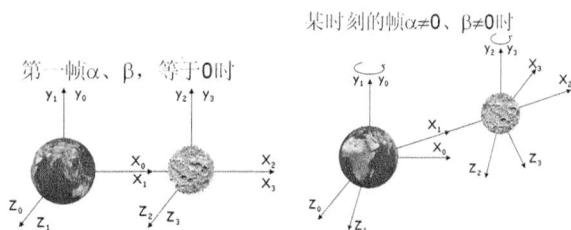

> **说明**　　0 号坐标系为原始坐标系。1 号坐标系为 0 号坐标系绕 y 轴旋转 α 度后的坐标系，此时绘制地球。2 号坐标系为将 1 号坐标系沿 x 轴推移距离 d 后的坐标系。3 号坐标系为将 2 号坐标系绕 y 轴旋转 β 度时的坐标系，此时绘制月球。最终，给观察者的感觉就是地球自转，月球绕地球公转的同时自己自转。

6.6.4　开发过程

前面已经介绍了本案例的运行效果与基本思路，接下来将介绍本案例具体开发过程中有代表性的步骤，主要包括着色器的开发与 C++代码的开发两个部分。

1. 着色器的开发

本案例中的着色器一共有 3 套：星空着色器、月球着色器以及地球着色器。每套着色器中包含顶点着色器和片元着色器各一个，具体的开发步骤如下。

（1）首先开发的是用于绘制星空的顶点着色器，其代码如下。

✍ **代码位置：** 见随书中源代码/第 6 章/Sample6_6/app/assets/shader 目录下的 commonColor.vert 文件。

```
1    #version 400                                   //着色语言版本
2    #extension GL_ARB_separate_shader_objects : enable //开启 separate_shader_objects
3    #extension GL_ARB_shading_language_420pack : enable//开启 shading_language_420pack
4    layout (push_constant) uniform constantVals { //推送常量块
5        mat4 mvp;                                  //最终变换矩阵
6        float pointSize;                           //点的大小
7    } myConstantVals;
8    layout (location = 0) in vec3 pos;             //输入的顶点位置
9    layout (location = 1) in vec3 color;           //输入的顶点颜色
10   layout (location = 0) out vec3 vcolor;         //传到片元着色器的顶点颜色
11   out gl_PerVertex {
12       vec4 gl_Position;                          //内建变量 gl_Position
13       float gl_PointSize;                        //内建变量 gl_PointSize
14   };
15   void main() {                                  //主方法
16       gl_PointSize=myConstantVals.pointSize;     //点绘制方式时点的大小
17       gl_Position = myConstantVals.mvp * vec4(pos,1.0);//计算顶点最终位置
18       vcolor=color;                              //传递顶点颜色给片元着色器
19   }
```

说明　此顶点着色器的代码并不复杂，主要是增加了一个推送常量 pointSize 用来接收点大小的值。由于星星点的尺寸是从外界接收的，因此可以根据参数绘制出大小不同的星星，大大增加了场景的真实感。要注意的是，内建变量 gl_PointSize 只有在采用点绘制时才有意义。另外，与此顶点着色器配套的片元着色器和第 1 章 3 色三角形案例中的片元着色器基本相同，这里不再赘述。

（2）开发完了用于绘制星空的着色器后，下面将开发用于绘制月球的着色器。首先开发的是用于绘制月球的顶点着色器，其代码如下。

代码位置：见随书中源代码/第 6 章/Sample6_6/app/assets/shader 目录下的 SingleTexLight.vert 文件。

```
1   #version 400                                          //着色语言版本
2   #extension GL_ARB_separate_shader_objects : enable //开启 separate_shader_objects
3   #extension GL_ARB_shading_language_420pack : enable//开启 shading_language_420pack
4   layout (std140,set = 0, binding = 0) uniform bufferVals {         //一致变量块
5       vec4 uCamera;                                    //摄像机位置
6       vec4 lightPosition;                              //光源位置
7       vec4 lightAmbient;                               //环境光强度
8       vec4 lightDiffuse;                               //散射光强度
9       vec4 lightSpecular;                              //镜面光强度
10  } myBufferVals;
11  layout (push_constant) uniform constantVals {                    //推送常量块
12      mat4 mvp;                                        //最终变换矩阵
13      mat4 mm;                                         //基本变换矩阵
14  } myConstantVals;
15  layout (location = 0) in vec3 pos;            //输入的顶点位置
16  layout (location = 1) in vec2 inTexCoor; //输入的顶点纹理坐标
17  layout (location = 2) in vec3 inNormal;   //输入的世界坐标系法向量
18  layout (location = 0) out vec2 outTexCoor;//用于传递给片元着色器的纹理坐标
19  layout (location = 1) out vec4 outLightQD;//输出的光照强度
20  out gl_PerVertex { vec4 gl_Position;};        //内建变量 gl_Position
21  vec4 pointLight(in mat4 uMMatrix,in vec3 uCamera,        //定位光光照计算的方法
22    in vec3 lightLocation,in vec4 lightAmbient,in vec4 lightDiffuse,
23    in vec4 lightSpecular,in vec3 normal,in vec3 aPosition){
24    //该方法在第 5 章中已详细介绍，这里不再赘述，读者可以自行查看随书源代码
25  }
26  void main() {                                          //主方法
27    outTexCoor = inTexCoor;                    //将接收的纹理坐标传递给片元着色器
28    outLightQD=pointLight(myConstantVals.mm,myBufferVals.uCamera.xyz,//执行定位光光照计算
29          myBufferVals.lightPosition.xyz,myBufferVals.lightAmbient,
30          myBufferVals.lightDiffuse,myBufferVals.lightSpecular,inNormal,pos);
31    gl_Position = myConstantVals.mvp * vec4(pos,1.0);          //计算顶点的最终位置
32  }
```

说明　此顶点着色器与上一章介绍光照时综合3个光照通道案例中的顶点着色器非常类似，功能为根据环境光、散射光、镜面反射光参数计算出当前顶点的最终光照强度并通过 out 变量传递给片元着色器。最大的区别就是，增加了将纹理坐标传递给片元着色器的相关代码。

（3）开发完了用于绘制月球的顶点着色器后，下面开发的是用于绘制月球的片元着色器，其具体代码如下。

✏️ **代码位置**：见随书中源代码/第 6 章/Sample6_6/app/assets/shader 目录下的 SingleTexLight.frag 文件。

```
1   #version 400                                          //着色语言版本
2   #extension GL_ARB_separate_shader_objects : enable //开启 separate_shader_objects
3   #extension GL_ARB_shading_language_420pack : enable//开启 shading_language_420pack
4   layout (binding = 1) uniform sampler2D tex;          //纹理采样器，代表一幅纹理
5   layout (location = 0) in vec2 inTexCoor;             //接收的顶点纹理坐标
6   layout (location = 1) in vec4 inLightQD;             //接收的光照强度
7   layout (location = 0) out vec4 outColor;             //输出到管线的片元颜色
8   void main() {                                        //主方法
9       outColor=inLightQD*textureLod(tex, inTexCoor, 0.0);//计算最终颜色值
10  }
```

✏️ **说明** 　该片元着色器与本章前面案例中的片元着色器最大的区别就是，不仅根据 in 变量传入的纹理坐标进行了纹理采样，还接收了传入的光照强度，最终得出片元在光照强度与纹理协同作用下的颜色值。

（4）完成了月球着色器的开发后，下面将开发的是用于绘制地球的着色器。首先要开发的是用于绘制地球的具有多重纹理、过程纹理功能的片元着色器，其代码如下。

✏️ **代码位置**：见随书中源代码/第 6 章/Sample6_6/app/assets/shader 目录下的 DoubleTexLight.frag 文件。

```
1   #version 400                                          //着色语言版本
2   #extension GL_ARB_separate_shader_objects : enable//开启 separate_shader_objects
3   #extension GL_ARB_shading_language_420pack : enable //开启 shading_language_420pack
4   layout (binding = 1) uniform sampler2D texDay;        //纹理采样器，代表白天纹理
5   layout (binding = 2) uniform sampler2D texNight; //纹理采样器，代表夜间纹理
6   layout (location = 0) in vec2 inTexCoor;              //接收的顶点纹理坐标
7   layout (location = 1) in vec4 inLightQD;              //接收的光照强度
8   layout (location = 0) out vec4 outColor;              //输出到管线的片元颜色
9   void main() {                                         //主方法
10      vec4 finalColorDay=inLightQD*
11              textureLod(texDay, inTexCoor, 0.0);      //白天纹理采样颜色值并结合光照强度
12      vec4 finalColorNight=vec4(0.5,0.5,0.5,1.0)*textureLod(texNight, inTexCoor, 0.0);
        //夜间纹理采样颜色值
13      if(inLightQD.x>0.21){ outColor=finalColorDay; }//当光照强度大于 0.21 时，采用白天颜色
14      else if(inLightQD.x<0.05){ outColor=finalColorNight; }//当光照强度小于0.05时,采用夜间颜色
15       else{                      //当光照强度在 0.05 到 0.21 之间时，为白天夜间的过渡阶段
16              float t=(inLightQD.x-0.05)/0.16; //计算白天纹理应占纹理过渡阶段的百分比
17              outColor=t*finalColorDay+(1.0-t)*finalColorNight;   //加权计算白天黑夜过渡阶
    段的颜色值
18      }}
```

● 第 4～5 行声明了两个 sampler2D 类型的变量，分别用来接收白天与黑夜的纹理，这是此片元着色器与本章其他案例中片元着色器的一个很大的不同点。

● 第 10～11 行首先根据接收的纹理坐标对白天的纹理进行了采样，然后结合接收的光照强度，计算得出了片元为白天时的颜色值。

● 第 12 行首先根据接收的纹理坐标对黑夜的纹理进行了采样，然后对黑夜的纹理亮度进行调整后得到了片元为黑夜时的颜色值。

● 第 13～18 行根据此片元的光照强度将片元的最终颜色分 3 种情况进行计算：若光照强度大于 0.21，则此片元完全采用白天时的颜色值；若光照强度小于 0.05，则此片元完全采用黑夜时的颜色值；若光照强度介于 0.05～0.21 之间，则根据光照强度将白天与黑夜的颜色值进行加权计

算产生最终的片元颜色值。这就是所谓的过程纹理技术，采用其处理后不同区域之间的过渡是平滑的，视觉效果更自然、真实。

> **说明**　与此片元着色器配套的顶点着色器与绘制月球的顶点着色器基本相同，这里不再赘述。

2. C++代码的开发

完成了所有着色器的开发后，就可以进行 C++部分代码的开发了，具体步骤如下。

（1）首先开发的是物体绘制类，其中包括星空绘制类 ColorObject、球体绘制类 TheLightObject 等。星空绘制类 ColorObject 主要的变化是增加了将点尺寸数据送入推送常量的相关代码；球体绘制类 TheLightObject 主要的变化是增加了将基本变换矩阵的数据送入推送常量的代码。增加这些代码所需的基本知识在前面的很多案例中已经介绍过，这里不再赘述。

（2）接下来需要介绍的是负责生成星空中各个星星顶点数据的 SkyData 类，在介绍该类的实现代码之前还需要对其基本结构有一个简单的了解，具体代码如下。

> **代码位置：** 见随书中源代码/第 6 章/Sample6_6/app/src/main/cpp/bndev 目录下的 SkyData.h 文件。

```
1    class SkyData{
2    public:
3        static float* vdata;                     //顶点数据数组首地址指针
4        static int dataByteCount;                //顶点数据所占总字节数
5        static int vCount;                       //顶点数量
6        static void  genSkyData(int vCountIn);   //生成星星顶点数据的方法
7    };
```

> **说明**　从上述代码中可以看出，此类只是包含了几个用于存储各项信息的成员变量和一个用来生成顶点数据的方法，这里简单了解即可。

（3）了解了 SkyData 类的头文件后，接着介绍 SkyData 类的实现代码，其中的核心内容是生成星星顶点数据的方法——genSkyData，具体代码如下。

> **代码位置：** 见随书中源代码/第 6 章/Sample6_6/app/src/main/cpp/bndev 目录下的 SkyData.cpp 文件。

```
1    //此处省略了对一些头文件的引用以及相关代码，需要的读者可以参考随书中的源代码
2    #define random() (rand()%30000)/30000.0f      //随机函数宏
3    #define PI  3.141592654                       //PI 的值
4    #define UNIT_SIZE 2000                        //单位尺寸
5    float* SkyData::vdata;                        //顶点数据数组首地址指针
6    int SkyData::dataByteCount;                   //顶点数据所占总字节数
7    int SkyData::vCount;                          //顶点数量
8    void  SkyData::genSkyData(int vCountIn){      //生成星星顶点数据
9        vCount = vCountIn;                        //顶点数量
10       dataByteCount = vCount * 6 * sizeof(float);//顶点数据所占总字节数
11       vdata = new float[vCount * 6];            //创建存放顶点数据的数组
12       for (int i = 0; i<vCount; i++){           //遍历每颗星星（即每个顶点）
13           double angleTempJD = PI * 2 * random();//随机产生星星的经度
14           double angleTempWD = PI*(random() - 0.5f);    //随机产生星星的纬度
15           vdata[i * 6 + 0] = float(UNIT_SIZE*cos(angleTempWD)*sin(angleTempJD));
                                                   //顶点位置 x 分量
16           vdata[i * 6 + 1] = float(UNIT_SIZE*sin(angleTempWD));//顶点位置 y 分量
17           vdata[i * 6 + 2] = float(UNIT_SIZE*cos(angleTempWD)*cos(angleTempJD));
                                                   //顶点位置 z 分量
```

```
18              vdata[i * 6 + 3] = 1.0;          //颜色值 R 分量
19              vdata[i * 6 + 4] = 1.0;          //颜色值 G 分量
20              vdata[i * 6 + 5] = 1.0;          //颜色值 B 分量
21      }}
```

说明　　上述代码非常简单，首先创建了用于存放指定数量星星顶点数据的数组，然后遍历每颗星星，随机生成星星在天球上的经度和纬度，进而计算出星星的 x、y、z 坐标，最后结合星星颜色的 R、G、B 分量一起存入顶点数据数组。要注意的是，本案例中的每个星星顶点数据包含 6 个浮点数，分别为星星坐标 x、y、z 分量，星星颜色 R、G、B 分量。

（4）接着介绍的是 MyVulkanManager 类中用于将纹理等数据与描述集关联的方法——flushTexToDesSet，具体代码如下。

代码位置：见随书中源代码/第 6 章/Sample6_6/app/src/main/cpp/bndev 目录下的 MyVulkanManager.cpp 文件。

```
1    void MyVulkanManager::flushTexToDesSet(){              //将纹理等数据与描述集关联的方法
2        //此处省略了与前面案例中类似的代码，感兴趣的读者请自行查看随书源代码
3        for(int i = 0; i<TextureManager::texNamesPair.size() / 2; i++){//遍历所有地球纹理组
4            sqsDTL->writes[0].dstSet = sqsDTL->descSet[i];//更新描述集对应的写入属性0(一致变量)
5            sqsDTL->writes[1].dstSet = sqsDTL->descSet[i]; //更新描述集对应的写入属性1（纹理）
6            sqsDTL->writes[1].pImageInfo = &(TextureManager:://写入属性1对应的纹理图像信息(白天)
7                texImageInfoList[TextureManager::texNamesPair[i * 2 + 0]]);
8            sqsDTL->writes[2].dstSet = sqsDTL->descSet[i]; //更新描述集对应的写入属性2(纹理)
9            sqsDTL->writes[2].pImageInfo = &(TextureManager::      //写入属性2对应的纹理
                                                                图像信息（黑夜）
10               texImageInfoList[TextureManager::texNamesPair[i * 2 + 1]]);
11           vk::vkUpdateDescriptorSets(device, 3, sqsDTL->writes, 0, NULL); //更新描述集
12       }}
```

说明　　从上述代码中可以看出，由于本案例中地球片元着色器同时需要两幅纹理，故主要的变化是增加了一个写入属性，用来写入第二个纹理图像信息。

（5）下面介绍的是 MyVulkanManager 类中执行绘制的方法——drawObject，具体代码如下。

代码位置：见随书中源代码/第 6 章/Sample6_6/app/src/main/cpp/bndev 目录下的 MyVulkanManager.cpp 文件。

```
1    void MyVulkanManager::drawObject(){            //执行绘制的方法
2        float eAngle = 0;                          //地球自转角
3        float mAngle = 0;                          //月球自转角
4        float sAngle = 0;                          //星空自转角
5        FPSUtil::init();                           //初始化 FPS 计算
6        while(MyVulkanManager::loopDrawFlag){      //每循环一次绘制一帧画面
7            eAngle = float(eAngle + 0.4);if (eAngle >= 360)eAngle = 0;//更新地球自转角
8            mAngle = float(mAngle + 0.4);if (mAngle >= 360)mAngle = 0;//更新月球自转角
9            sAngle = float(sAngle + 0.02);if (sAngle >= 360)sAngle = 0;//更新星空自转角
10           CameraUtil::flushCameraToMatrix();        //根据摄像机参数更新摄像机矩阵
11           //此处省略了部分代码，感兴趣的读者请自行查看随书源代码
12           vk::vkCmdBeginRenderPass(cmdBuffer, &rp_begin, VK_SUBPASS_CONTENTS_INLINE);
13           MatrixState3D::pushMatrix();              //保护现场
14           MatrixState3D::rotate(eAngle, 0, 1, 0);//绕 y 轴旋转（地球自传）
15           MatrixState3D::pushMatrix();              //保护现场
16           MatrixState3D::scale(3, 3, 3);            //进行缩放（地球比月球大）
```

```
17        ballForDraw->drawSelf(cmdBuffer, sqsDTL->pipelineLayout, //绘制地球
18              sqsDTL->pipeline,&(sqsDTL->descSet[0]));
19        MatrixState3D::popMatrix();                    //恢复现场
20        MatrixState3D::translate(180, 0, 0);      //沿 x 轴平移（地月距离）
21        MatrixState3D::rotate(mAngle, 0, 1, 0);//绕 y 轴旋转（月球自转）
22        ballForDraw->drawSelf(cmdBuffer, sqsSTL->pipelineLayout, sqsSTL->pipeline,
                                                      //绘制月球
23          &(sqsSTL->descSet[TextureManager::
24          getVkDescriptorSetIndexForCommonTexLight("texture/moon.bntex" )]));
25        MatrixState3D::popMatrix();                    //恢复现场
26        MatrixState3D::pushMatrix();                   //保护现场
27        MatrixState3D::rotate(sAngle, 0, 1, 0);//绕 y 轴旋转（星空缓慢自传）
28        skyForDrawBig->drawSelf(cmdBuffer, sqsC->pipelineLayout, sqsC->pipeline);
                                                      //绘制星空（大）
29        skyForDrawSmall->drawSelf(cmdBuffer, sqsC->pipelineLayout, sqsC->pipeline);
                                                      //绘制星空（小）
30        MatrixState3D::popMatrix();                    //恢复现场
31        vk::vkCmdEndRenderPass(cmdBuffer);       //结束渲染通道
32        //此处省略了部分代码，感兴趣的读者请自行查看随书源代码
33      }}
```

- 第 7～9 行分别更新了地球、月球和星空旋转的角度，帮助增加案例的真实感。
- 第 10 行调用 flushCameraToMatrix 方法根据摄像机参数更新摄像机矩阵，此方法在后面的步骤中会进行介绍。
- 第 13～25 行首先保护现场，将坐标系进行旋转及缩放变换后，用双纹理管线执行了地球的绘制，然后恢复现场，将坐标系进行旋转和平移变换后，用单纹理管线执行了月球的绘制。主体思路就是前面 6.6.3 节中介绍的内容。
- 第 26～30 行首先保护现场，然后根据星空的自转角变量 sAngle 将坐标系绕 y 轴进行旋转，接着分别绘制了点尺寸较大的"大星空"和点尺寸较小的"小星空"。

📌 提示　　　场景中采用了尺寸大小不同的两套星空是为了使背景星空看起来更加真实。可以想象，满天星斗都一模一样大感觉将非常虚假。

（6）了解了场景的绘制方法后，下面介绍的是 main.cpp 中的事件处理回调方法——engine_handle_input，具体代码如下。

✍ 代码位置：见随书中源代码/第 6 章/Sample6_6/app/src/main/cpp/bndev 目录下的 main.cpp 文件。

```
1    static int32_t engine_handle_input(struct android_app* app, AInputEvent* event){
                                                      //事件处理回调方法
2      if (AInputEvent_getType(event) == AINPUT_EVENT_TYPE_MOTION){//如果是 MOTION 事件
3        if(AInputEvent_getSource(event)==AINPUT_SOURCE_TOUCHSCREEN){ //如果是触屏
4          int x=AMotionEvent_getRawX(event,0);               //获取触控点 x 坐标
5          int y=AMotionEvent_getRawY(event,0);               //获取触控点 y 坐标
6          int32_t id = AMotionEvent_getAction(event);        //获取事件类型编号
7            switch(id){
8            //此处省略了部分代码，感兴趣的读者请自行查看随书源代码
9            case AMOTION_EVENT_ACTION_MOVE:                   //触控点移动
10             xDis=x-xPre;                                    //计算触控点 x 位移
11             yDis=y-yPre;                                    //计算触控点 y 位移
12             CameraUtil::calCamera(float(-yDis * 180 / 1000.0), 0);//更新摄像机9个参数
13             LightManager::move(float(xDis * 180 / 1000.0)); //移动光源
14             xPre=x;                                         //记录触控点 x 坐标
```

```
15                yPre=y;                                    //记录触控点 y 坐标
16              break;
17            //此处省略了部分代码，感兴趣的读者请自行查看随书源代码
18          }}
19      return true;}
20   return false;}
```

> **说明**
>
> 上述代码并不复杂，最核心的部分是第 12～13 行。其中第 12 行根据 y 方向触控点的位移值折算出摄像机仰角的变化值并调用 calCamera 方法更新了摄像机的 9 个参数；第 13 行根据 x 方向触控点的位移值折算出光源的运动角度并调用 move 方法更新了光源（代表太阳）的位置。

（7）下面介绍的是在步骤（6）中调用的 CameraUtil 类中用来更新摄像机 9 个参数的方法——calCamera 和在步骤（5）中调用的用来根据摄像机 9 个参数更新摄像机矩阵的方法——flushCameraToMatrix，两个方法的具体代码如下。

代码位置：见随书中源代码/第 6 章/Sample6_6/app/src/main/cpp/util 目录下的 CameraUtil.cpp 文件。

```
1    void CameraUtil::calCamera(float yjSpan,float cxSpan){    //更新摄像机 9 个参数的方法
2        yj=yj+yjSpan;                               //更新仰角
3        if(yj>90){yj=90;}                           //若仰角大于 90 度按照 90 度计算
4        if(yj<-90){yj=-90;}                         //若仰角小于-90 度按照-90 度计算
5        degree=degree+cxSpan;                       //更新方位角
6        if(degree>360){                             //若方位角大于 360 度
7            degree=degree-360;                      //将方位角减去 360
8        }else if(degree<0){                         //若方位角小于 0 度
9            degree=degree+360;                      //将方位角加上 360
10       }
11       float cy=float(sin(yj*3.1415926535898/180)*CAMERA_R);//计算摄像机位置坐标 y 分量
12       float cxz=float(cos(yj*3.1415926535898/180)*CAMERA_R);
13       float cx=float(sin(degree*3.1415926535898/180)*cxz);  //计算摄像机位置坐标 x 分量
14       float cz=float(cos(degree*3.1415926535898/180)*cxz);  //计算摄像机位置坐标 z 分量
15       float upY=float(cos(yj*3.1415926535898/180));          //计算 up 向量 y 分量
16       float upXZ=float(sin(yj*3.1415926535898/180));
17       float upX=float(-upXZ*sin(degree*3.1415926535898/180));//计算 up 向量 x 分量
18       float upZ=float(-upXZ*cos(degree*3.1415926535898/180));//计算 up 向量 z 分量
19       camera9Para[0]=cx;                          //记录摄像机坐标 x 分量
20       camera9Para[1]=cy;                          //记录摄像机坐标 y 分量
21       camera9Para[2]=cz;                          //记录摄像机坐标 z 分量
22       camera9Para[3]=0;                           //记录目标点坐标 x 分量
23       camera9Para[4]=0;                           //记录目标点坐标 y 分量
24       camera9Para[5]=0;                           //记录目标点坐标 z 分量
25       camera9Para[6]=upX;                         //记录 up 向量 x 分量
26       camera9Para[7]=upY;                         //记录 up 向量 y 分量
27       camera9Para[8]=upZ;                         //记录 up 向量 z 分量
28   }
29   void CameraUtil::flushCameraToMatrix(){         //根据摄像机 9 个参数更新摄像机矩阵的方法
30       MatrixState3D::setCamera(                   //设置摄像机的方法
31           camera9Para[0],camera9Para[1],camera9Para[2],//摄像机位置坐标 x、y、z
32           camera9Para[3],camera9Para[4],camera9Para[5],//目标点坐标 x、y、z
33           camera9Para[6],camera9Para[7],camera9Para[8] //up 向量 x、y、z 分量
34       );}}
```

● 第 1～28 行为根据摄像机仰角、方位角变化量更新摄像机 9 个参数的 calCamera 方法，此方法的两个参数依次代表仰角的变化量、方位角的变化量。本案例中的摄像机目标点永远是世界

坐标系原点，摄像机在以世界坐标系原点为中心，半径为 CAMERA_R 的球面上移动，摄像机的
UP 向量保持与视线垂直。

- 第 29～34 行为根据摄像机 9 参数更新摄像机矩阵的 flushCameraToMatrix 方法，其中调用
MatrixState3D 类中的 setCamera 方法实现了目标功能。

（8）接着介绍的是在步骤（6）中调用的位于 LightManager 类中用来移动光源的方法——move，
其具体代码如下。

📎 **代码位置：** 见随书中源代码/第 6 章/Sample6_6/app/src/main/cpp/util 目录下的 LightManager.cpp
文件。

```
1    void LightManager::move(float fwjSpan){              //移动光源的方法
2        lightFWJ=lightFWJ+fwjSpan;                       //光源方位角
3        float tempLx=float(sin(lightFWJ/180*3.14150265)*300);    //计算光源坐标 x 分量
4        float tempLz=float(cos(lightFWJ/180*3.14150265)*300);    //计算光源坐标 z 分量
5        LightManager::setLightPosition(tempLx,0,tempLz);         //设置光源位置
6        if(lightFWJ>=360){                              //若光源方位角大于 360 度
7            lightFWJ=0;                                 //光源方位角归零
8        }}
```

✏️ **说明**　上述方法根据传入的光源方位角变化量 fwjSpan 计算出新的光源方位角，并进
一步计算出新的光源位置以备绘制时使用。本案例中的光源代表太阳，位于世界坐
标系的 *xoz* 平面内，在以世界坐标系原点为圆心，半径为 300 的圆周上运动。

（9）下面介绍的是 ShaderQueueSuit_Color 类中用于创建管线的方法——create_pipe_line，其
具体代码如下。

📎 **代码位置：** 见随书中源代码/第 6 章/Sample6_6/app/src/main/cpp/bndev 目录下的 ShaderQueueSuit_
Color.cpp 文件。

```
1    void ShaderQueueSuit_Color::create_pipe_line(    //创建管线的方法
2            VkDevice& device,VkRenderPass& renderPass){
3        //此处省略了部分代码，感兴趣的读者请自行查看随书源代码
4        VkPipelineInputAssemblyStateCreateInfo ia; //管线图元组装状态创建信息结构体实例
5        ia.sType = VK_STRUCTURE_TYPE_PIPELINE_INPUT_ASSEMBLY_STATE_CREATE_INFO;
6        ia.pNext = NULL;                            //自定义数据的指针
7        ia.flags = 0;                               //供将来使用的标志
8        ia.primitiveRestartEnable = VK_FALSE;       //关闭图元重启
9        ia.topology = VK_PRIMITIVE_TOPOLOGY_POINT_LIST; //采用点图元列表模式
10       //此处省略了部分代码，感兴趣的读者请自行查看随书源代码
11   }
```

✏️ **说明**　上述代码与第 1 章 3 色三角形案例中的对应代码相比区别并不大，主要改变的
是第 9 行，设置为采用点图元列表模式。此管线用于在本案例中绘制星空时使用。

（10）接着介绍的是 ShaderQueueSuit_DoubleTexLight 类中用于创建管线布局的方法——
create_pipeline_layout，其具体代码如下。

📎 **代码位置：** 见随书中源代码/第 6 章/Sample6_6/app/src/main/cpp/bndev 目录下的 ShaderQueueSuit_
DoubleTexLight.cpp 文件。

```
1    void ShaderQueueSuit_DoubleTexLight::create_pipeline_layout(VkDevice& device){
                                                     //创建管线布局的方法
```

```
2        NUM_DESCRIPTOR_SETS = 1;                                    //设置描述集数量
3        VkDescriptorSetLayoutBinding layout_bindings[3]; //描述集布局绑定数组
4        layout_bindings[0].binding = 0;                            //此绑定的绑定点编号为 0
5        layout_bindings[0].descriptorType = VK_DESCRIPTOR_TYPE_UNIFORM_BUFFER; //描述类型
6        layout_bindings[0].descriptorCount = 1;                    //描述数量
7        layout_bindings[0].stageFlags = VK_SHADER_STAGE_VERTEX_BIT;    //目标着色器阶段
8        layout_bindings[0].pImmutableSamplers = NULL;
9        layout_bindings[1].binding = 1;                            //此绑定的绑定点编号为 1
10       layout_bindings[1].descriptorType = VK_DESCRIPTOR_TYPE_COMBINED_IMAGE_SAMPLER;
11       layout_bindings[1].descriptorCount = 1;                        //描述数量
12       layout_bindings[1].stageFlags = VK_SHADER_STAGE_FRAGMENT_BIT; //目标着色器阶段
13       layout_bindings[1].pImmutableSamplers = NULL;
14       layout_bindings[2].binding = 2;                            //此绑定的绑定点编号为 2
15       layout_bindings[2].descriptorType = VK_DESCRIPTOR_TYPE_COMBINED_IMAGE_SAMPLER;
16       layout_bindings[2].descriptorCount = 1;                    //描述数量
17       layout_bindings[2].stageFlags = VK_SHADER_STAGE_FRAGMENT_BIT; //目标着色器阶段
18       layout_bindings[2].pImmutableSamplers = NULL;
19       VkDescriptorSetLayoutCreateInfo descriptor_layout = {};//构建描述集布局创建信息
         结构体实例
20       descriptor_layout.sType = VK_STRUCTURE_TYPE_DESCRIPTOR_SET_LAYOUT_CREATE_INFO;
21       descriptor_layout.pNext = NULL;                            //自定义数据的指针
22       descriptor_layout.bindingCount = 3;                        //描述集布局绑定的数量
23       descriptor_layout.pBindings = layout_bindings;     //描述集布局绑定列表
24       //此处省略了部分代码，感兴趣的读者请自行查看随书源代码
25   }
```

- 第 14~18 行为新增的描述集布局绑定实例相关代码，其中对此实例的各项属性进行设置。主要包括绑定点编号、描述类型、描述数量、目标着色器阶段等。其中 VK_DESCRIPTOR_ TYPE_ COMBINED_IMAGE_SAMPLER 表示此描述集布局绑定对应的类型为纹理采样器，VK_SHADER_ STAGE_FRAGMENT_BIT 表示此绑定对应的是片元着色器。
- 第 19~23 行首先创建了描述集布局创建信息结构体实例，然后设置结构体类型，给出描述集布局绑定的数量和对应长度的描述集布局绑定实例列表。

💡说明　　之所以要增加一个描述集布局绑定是由于绘制地球时片元着色器同时需要两幅纹理，这里增加的描述集布局绑定就是服务于新增的夜间地球纹理的。

从上述介绍中可以看出，本案例中对应于 3 套着色器共有 3 个管线类，分别是 ShaderQueueSuit_ Color（服务于星空绘制，绘制颜色点）、ShaderQueueSuit_SingleTexLight（服务于月球绘制，仅支持单纹理，与前面案例中的基本相同这里没有介绍）、ShaderQueueSuit_DoubleTexLight（服务于地球绘制，同时支持两幅纹理）。

另外本案例相对代码较多，本节只是介绍了其中比较有代表性的部分。若读者对其他部分的代码比较感兴趣，请打开随书源代码中的本案例项目进行学习。

6.7　压缩纹理的使用

本章前面的案例使用的都是 bntex 格式的纹理，这种非压缩格式对纹理数量不太多的应用而言足够使用。但是一个大型的游戏中可能会有数百幅纹理，如果都采用这种格式，目前主流机型的设备内存可能难以承受。为了解决这个问题，GPU 的厂商也做了不少工作，主要采用的技术就是纹理压缩。

所谓纹理压缩是指在游戏应用开发的准备阶段将各种格式的（可以为 png、jpg 等）纹理图采

用特定的工具转化为特殊的压缩纹理格式，然后在应用程序运行时直接将压缩格式的纹理数据送入设备内存供纹理采样使用。本节下面将分别基于 Android 和 PC 两种平台来介绍压缩纹理。

6.7.1　Android 平台下的压缩纹理

对于 Android 而言，压缩纹理主要使用的是 ETC2 格式，其优点是在移动平台中通用性好，同时支持透明度色彩通道。学习如何在开发中使用 ETC2 压缩纹理之前，首先介绍一下由 ARM 公司提供的纹理压缩工具"Mali Texture Compression Tool"的下载、安装及使用，具体具体步骤如下。

（1）首先在浏览器中输入 ARM 官方网址。

（2）然后从打开的网页中点击"Downloads"并根据提示下载对应自己操作系统版本（笔者使用的是 Win7 64 位版本）的纹理压缩工具"Mali Texture Compression Tool"的安装文件"Mali_Texture_Compression_Tool_v4, -d-,3,-d-,0,-d-,b81c088_Windows_x64.exe"，如图 6-49 所示。

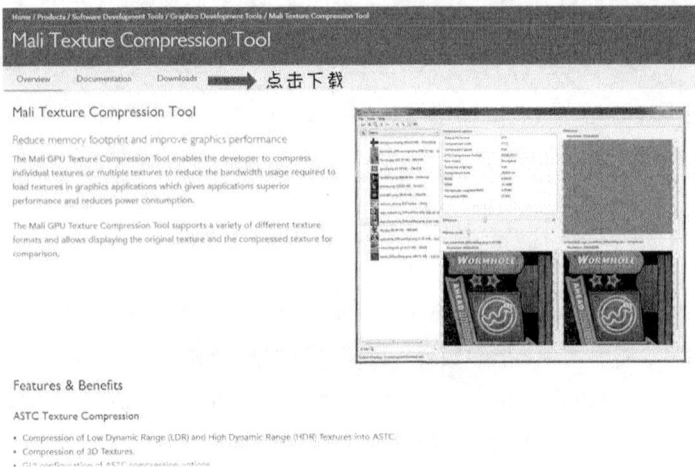

▲图 6-49　下载纹理压缩工具

（3）下载完纹理压缩工具的安装文件后，双击其并按照提示将软件安装到 PC 中。安装成功后，打开此纹理压缩工具。接着用其打开一幅需要压缩的纹理图，如图 6-50 所示。

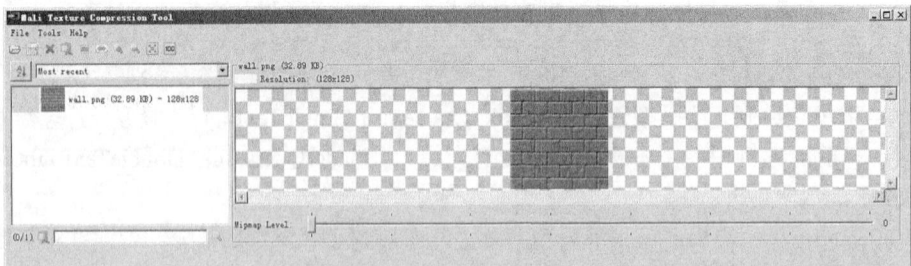

▲图 6-50　压缩纹理工具打开纹理图

（4）成功地打开纹理图之后，就可以进行纹理的压缩了。选择"File"菜单下的"Compress selected images"项，这时会弹出一个工具框，在最上方选择 ETC1/ETC2。

（5）选择了 ETC1/ETC2 后，就可以进行压缩纹理选项的设置了。在"Output directionary"一栏，可以选择压缩后纹理文件的存放路径；在"Output file format"一栏，选中"PKM"选项。

（6）接着在"ETC Compression options"一栏中选择"ETC2"，然后在"ETC2 Compression Format"一栏中选择"RGBA8_ETC2_EAC"选项。"RGBA8_ETC2_EAC"选项表示压缩时需要

RGBA4 个色彩通道，这样才可以实现有透明度通道的纹理压缩，具体情况如图 6-51 所示。

（7）完成这些选项的设置后，点击"OK"按钮并稍事等待，就可以在设定的存储路径下看到压缩后的纹理文件了。

（8）此时该纹理压缩工具的界面显示分为 4 个部分，如图 6-52 所示，左上侧是选项查看面板，右上侧是用于显示压缩前后纹理内容差异的面板，左下侧显示的是压缩之前的原纹理图，右下侧显示的是压缩之后的纹理。

▲图 6-51　压缩纹理的选项设置

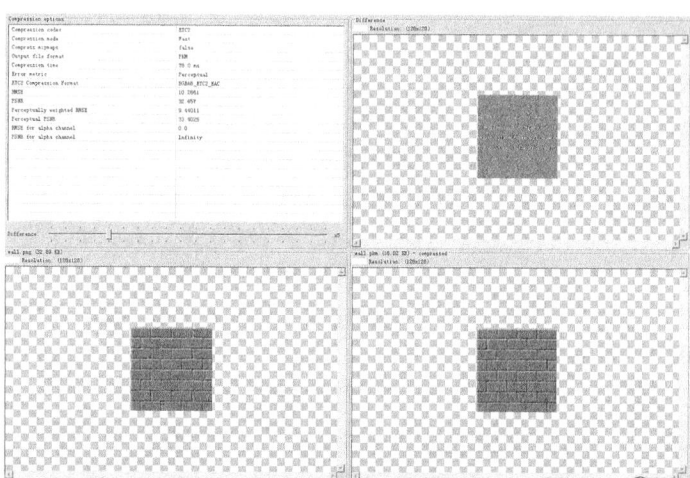

▲图 6-52　纹理压缩成功后的界面

了解了如何将 png、jpeg 等格式的图片转换为 ETC2 格式的压缩纹理后，下面给出一个使用此格式压缩纹理的案例 Sample6_7，其是从案例 Sample6_1 改造而来，运行效果如图 6-53 所示。

▲图 6-53　案例 Sample6_7 运行效果图

提示　　从图 6-53 中可以看出，此案例的运行效果与前面的案例 Sample6_1 完全相同，仅仅是把使用的纹理换成了 ETC2 压缩格式。

由于本案例中的大部分代码与案例 Sample6_1 中的完全相同，故这里仅介绍变化较大且有代表性的部分，具体内容如下。

（1）首先介绍的是位于 FileUtil 类中用于加载 ETC2 格式压缩纹理文件（后缀为 pkm 的文件）中数据的方法 load_RGBA8_ETC2_EAC_TexData，其具体代码如下。

代码位置：见随书中源代码/第 6 章/Sample6_7/app/src/main/cpp/bndev 目录下的 FileUtil.cpp 文件。

```
1    TexDataObject* FileUtil::load_RGBA8_ETC2_EAC_TexData(string fname){//加载 ETC2 压缩
                                                              纹理数据
2        AAsset* asset =AAssetManager_open(aam,fname.c_str(),
3                AASSET_MODE_UNKNOWN);              //创建 AAsset 对象
4        int byteCount=AAsset_getLength(asset)-16;   //纹理数据字节数
```

```
5        unsigned char* buf=new unsigned char[8];        //开辟长度为 8 字节的内存
6        AAsset_read(asset, (void*)buf, 8);               //读取文件头前 8 个字节抛弃
7        AAsset_read(asset, (void*)buf, 4);               //再读取 4 个字节抛弃
8        AAsset_read(asset, (void*)buf, 2);               //读取纹理宽度数据字节
9        int width=fromBytesToShort(buf);                 //转换为 int 型数值
10       AAsset_read(asset, (void*)buf, 2);               //读取纹理高度数据字节
11       int height=fromBytesToShort(buf);                //转换为 int 型数值
12       unsigned char* data=new unsigned char[byteCount]; //开辟纹理数据存储内存
13       AAsset_read(asset, (void*)data, byteCount); //读取纹理数据
14       return new TexDataObject(width,height,data,byteCount);//返回结果
15   }
```

> 💡**说明**　需要特别注意的是 ETC2 是纹理数据的压缩算法，但并不是一种文件格式。同一种压缩算法的纹理数据有多种文件封装格式可供选择，本书中 ETC2 压缩格式的纹理选用的是 pkm 封装格式。从代码中可以看出，从第 13 个字节起，pkm 封装格式的纹理文件中开始 2 个字节是纹理的宽度数据，紧跟的 2 个字节是纹理的高度数据，再后面是纹理的实际数据。另外，pkm 封装格式的文件其文件头长度为 16 个字节，因此实际纹理数据的字节数等于文件总字节数减去 16。

（2）接着介绍的是位于 TextureManager 类中用于加载所有纹理的方法——initTextures，其具体代码如下。

> ✍ **代码位置：**见随书源代码/第 6 章/Sample6_7/app/src/main/cpp/util 目录下的 TextureManager.cpp 文件。

```
1    void TextureManager::initTextures(VkDevice& device, //加载所有纹理的方法
2              VkPhysicalDevice& gpu,VkPhysicalDeviceMemoryProperties& memoryroperties,
3              VkCommandBuffer& cmdBuffer,VkQueue& queueGraphics){
4      initSampler(device,gpu);                            //初始化采样器
5      for(int i=0;i<texNames.size();i++){                 //遍历纹理文件名称列表
6        TexDataObject* ctdo = FileUtil::load_RGBA8_ETC2_EAC_TexData(texNames[i]);
                                                            //加载纹理文件数据
7        LOGE("%s w %d h %d", texNames[i].c_str(), ctdo->width, ctdo->height);
                                                            //打印纹理数据信息
8        init_SPEC_2D_Textures(texNames[i], device, gpu, memoryroperties, cmdBuffer,
                                                            //加载压缩纹理
9            queueGraphics, VK_FORMAT_ETC2_R8G8B8A8_UNORM_BLOCK,ctdo);
10   }}
```

> 💡**说明**　上述方法的变化不大，主要的变化是改为采用前面步骤（1）中介绍的 load_RGBA8_ETC2_EAC_TexData 方法来加载纹理文件中的数据，然后调用 init_SPEC_2D_Textures 方法来加载压缩纹理。同时可以看出，在 init_SPEC_2D_Textures 方法的参数中，纹理像素格式变成了 VK_FORMAT_ETC2_R8G8B8A8_UNORM_BLOCK，与使用的 ETC2 压缩纹理格式对应。

6.7.2　PC 中 Windows 平台下的压缩纹理

对于 PC 中的 Windows 而言，压缩纹理的主要格式之一就是 BC3。与 ETC2 压缩纹理类似，开发前首先需要使用工具将普通的纹理图（如 png、jpg 等）转换为压缩纹理。作者选用的是"Microsoft DirectX SDK"中自带的压缩纹理转换工具"texconv.exe"，其安装及使用的具体步骤如下。

（1）首先需要在自己的 PC 机上安装 Microsoft DirectX SDK，由于安装过程并不复杂，在此

就不详细介绍了。如果读者不太熟悉，可以从互联网上搜索相关资料。

（2）安装完成后用记事本打开随书源代码第 6 章目录下的"png-dds.bat"文件，将其中的"path="后面的路径修改为自己机器上安装完成的 Microsoft DirectX SDK 中的对应路径，将其中要转换的文件名（如 wall.png）修改为自己的图片文件名，具体情况如图 6-54 所示。

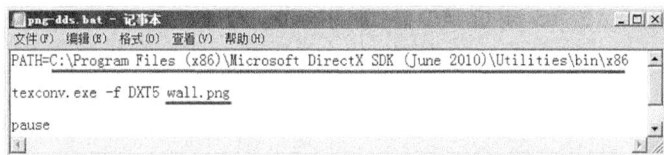

▲图 6-54　png-dds.bat 文件内容

（3）接下来将要转换的图片文件（本案例中使用的是 wall.png）放到与"png-dds.bat"文件相同的目录下，最后双击"png-dds.bat"文件即可完成压缩纹理的转换。

Windows 平台下的案例 PCSample6_7 与 Android 平台下的案例 Sample6_7 运行效果完全相同，且大部分项目代码也是一致的，故这里仅介绍区别较大的部分，具体内容如下。

（1）首先介绍的是位于 FileUtil 类中用于加载 BC3 格式压缩纹理文件（后缀为 dds 的文件）中数据的方法 load_RGBA8_ETC2_EAC_TexData，其具体代码如下。

✎ **代码位置：** 见随书中源代码/第 6 章/PCSample6_7/app/src/main/cpp/bndev 目录下的 FileUtil.cpp 文件。

```
1    TexDataObject* FileUtil::load_DXT5_BC3_TexData(string fname){//加载 BC3 压缩纹理数据
2         #define DDS_HEADER_LENGTH   31              //dds 文件头长度
3         #define DDS_HEADER_HEIGHT    3              //纹理宽度偏移量
4         #define DDS_HEADER_WIDTH     4              //纹理高度偏移量
5         #define DDS_HEADER_SIZE    1               //文件头长度偏移量
6         #define DDSD_MIPMAPCOUNT 0x20000            //Mipmap 纹理数量标志掩码
7         #define DDS_HEADER_MIPMAPCOUNT    7         //Mipmap 纹理数量偏移量
8         #define DDS_HEADER_FLAGS 2                  //dds 文件头标记偏移量
9         printf("file 名字%s\n", fname.c_str());     //打印压缩纹理文件名称
10        char   c_file[100];                        //存储文件路径用
11        strcpy(c_file, fname.c_str());             //将文件路径转换成字符数组
12        FILE * fpPhoto;                            //文件指针
13        fpPhoto = fopen(c_file, "rb");             //将文件以二进制模式打开
14        if (fpPhoto == NULL) {printf("打开文件失败\n");}  //判断文件是否打开成功
15        fseek(fpPhoto, 0, SEEK_END);               //跳转到文件尾
16        int fileBytesCount = ftell(fpPhoto);       //获取文件长度（以字节计）
17        printf("字节数 fileBytesCount %d", fileBytesCount); //打印文件总字节数
18        fseek(fpPhoto, 0, 0);                      //回到文件头
19        unsigned char* dataTemp = new unsigned char[fileBytesCount];//指向文件数据存储
          内存首地址的指针
20        fread(dataTemp, fileBytesCount, 1, fpPhoto);    //获取 dds 文件中的数据
21        int* headerI = (int*)dataTemp;       //以整数数组的视角看文件数据，为文件头服务
22        int width = headerI[DDS_HEADER_WIDTH];     //获取纹理宽度
23        printf("width=%d\n", width);               //打印纹理宽度
24        int height = headerI[DDS_HEADER_HEIGHT];   //获取纹理高度
25        printf("height=%d\n", height);             //打印纹理高度
26        int levels = 1;                            //声明纹理层次辅助变量
27        if (headerI[DDS_HEADER_FLAGS] & DDSD_MIPMAPCOUNT){   //计算 Mipmap 纹理层次数量
28             levels = mymax(1, headerI[DDS_HEADER_MIPMAPCOUNT]);
29        }
30        printf("levels=%d %d\n", levels, headerI[DDS_HEADER_MIPMAPCOUNT]);//打印纹理层次数量
31        int dataOffset = headerI[DDS_HEADER_SIZE] + 4; //纹理数据的起始偏移量
32        unsigned char* dxtData = dataTemp + dataOffset;//计算纹理数据首地址指针
33        TexDataObject* result = NULL;              //声明纹理数据对象指针
```

```
34        int offset = 0;                                    //每层纹理的数据字节偏移量
35        for (int i = 0; i < levels; ++i){                  //对每个 Mipmap 纹理层进行循环
36            int levelSize = textureLevelSizeS3tcDxt5(width, height);//计算本层纹理的数据字节数
37            printf("levelSize %d offset %d\n", levelSize, offset); //打印字节数
38            unsigned char* dataLevel = new unsigned char[levelSize];//本层纹理的数据存储
39            memcpy(dataLevel, dxtData, levelSize);          //复制对应纹理数据进本层存储
40            result = new TexDataObject(width, height, dataLevel,levelSize);//创建纹理数据对象
41            width = width >> 1;                             //计算下一层纹理的宽度
42            height = height >> 1;                           //计算下一层纹理的高度
43            offset += levelSize;                            //计算新一层纹理的数据字节偏移量
44            break;                                          //中断遍历
45        }
46        fclose(fpPhoto);                                    //关闭文件
47        delete dataTemp;                                    //删除纹理数据
48        return result;                                      //返回结果
49    }
50    int mymax(int a, int b){return (a > b) ? a : b;}        //比较大小的方法
51    int textureLevelSizeS3tcDxt5(int width, int height){    //根据 dxt5 纹理的宽度和高度计算
                                                                  纹理数据字节数的函数
52        return ((width + 3) >> 2) * ((height + 3) >> 2) * 16;
53    }
```

> 💡说明　本案例中 BC3 纹理采用的封装格式为 dds，此封装格式支持在文件中同时存储多个 Mipmap 层的纹理数据。但本案例中并不需要使用 Mipmap 纹理，因此仅仅取出了第一个 Mipmap 层的纹理数据作为普通 2D 压缩纹理使用。从上述代码中可以看出，加载 dds 文件的基本思路与加载 pkm 文件时类似，都是先考察文件头，从文件头中获取纹理的宽度、高度等数据，然后再提取后面的实际纹理数据。另外，本案例中没有提供加载 dds 文件中多个 Mipmap 纹理层数据的实现，有兴趣的读者可以结合上述代码及前面 Mipmap 纹理的知识自行实现。

（2）接下来介绍的是位于 TextureManager 类中用于加载所有纹理的方法——initTextures，具体代码如下。

> ✍代码位置：见随书源代码/第 6 章/PCSample6_7/app/src/main/cpp/util 目录下的 TextureManager.cpp 文件。

```
1    void TextureManager::initTextures(VkDevice& device,     //加载所有纹理的方法
2            VkPhysicalDevice& gpu, VkPhysicalDeviceMemoryProperties& memoryroperties,
3            VkCommandBuffer& cmdBuffer, VkQueue& queueGraphics){
4        initSampler(device, gpu);                           //初始化采样器
5        for (int i = 0; i<texNames.size(); i++){            //遍历纹理文件名称列表
6            TexDataObject* ctdo = FileUtil::load_DXT5_BC3_TexData(texNames[i]);
                                                              //加载纹理文件数据
7            printf("\n%s w %d h %d", texNames[i].c_str(), ctdo->width, ctdo->height);
                                                              //打印纹理数据信息
8            init_SPEC_2D_Textures(texNames[i], device, gpu, memoryroperties, cmdBuffer,
                                                              //加载压缩纹理
9            queueGraphics, VK_FORMAT_BC3_UNORM_BLOCK, ctdo);
10    }}
```

> 💡说明　上述方法的变化不大，主要的变化是改为采用前面步骤（1）中介绍的 load_DXT5_BC3_TexData 方法来加载纹理文件中的数据，然后调用 init_SPEC_2D_Textures 方法来加载压缩纹理。同时可以看出，在 init_SPEC_2D_Textures 方法的参数中，纹理像素格式变成了 VK_FORMAT_BC3_UNORM_BLOCK，与本案例中使用的 BC3 压缩纹理格式对应。

6.8 点精灵

6.7 节介绍了压缩纹理的相关知识，并给出了使用压缩纹理的简单案例。本节将介绍在实际开发中也非常重要的一项特殊技术——点精灵，使用其可以在很多特殊情况下大大提高渲染效率，降低渲染成本，具体内容如下。

6.8.1　基本知识

点精灵是指在绘制点时管线自动用指定大小的纹理矩形代替，这对于需要绘制大量小的纹理矩形的场景非常合适。相比于使用真正的纹理矩形（至少 4 个顶点），顶点数据将大大减少，每个矩形只需要一个单独顶点，有助于提高渲染效率。

> **提示**　最适合使用点精灵绘制技术的场景之一就是粒子系统，这在后面会有专门的章节进行介绍。这里仅仅介绍点精灵的基本知识。

使用点精灵绘制的情况下，在片元着色器中进行纹理采样时，使用的纹理坐标就不再像前面的案例一样是从顶点着色器中传入的了，而是由管线自动生成，开发人员通过 gl_PointCoord 内建变量进行读取。下面给出了一个采用 gl_PointCoord 内建变量进行点精灵纹理采样的片元着色器，具体代码如下。

```
1  #version 400                                        //着色语言版本
2  #extension GL_ARB_separate_shader_objects : enable //开启 separate_shader_objects
3  #extension GL_ARB_shading_language_420pack : enable//开启 shading_language_420pack
4  layout (binding = 1) uniform sampler2D tex;         //纹理采样器，代表一幅纹理
5  layout (location = 0) out vec4 outColor;            //输出到管线的片元颜色
6  void main() {                                       //主方法
7      outColor= textureLod(tex, gl_PointCoord, 0.0); //计算片元最终颜色值
8  }
```

> **说明**　上述代码中第 7 行使用内建变量 gl_PointCoord 作为纹理坐标进行纹理采样，而不再是采用由顶点着色器传递过来的纹理坐标了。

6.8.2　一个简单的案例

了解了点精灵的基本知识后，本节将给出一个简单的案例来说明如何使用点精灵。本节案例采用的原始纹理如图 6-55 所示，运行效果如图 6-56 和图 6-57 所示。

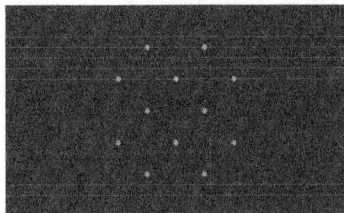

▲图 6-55　原始纹理　　▲图 6-56　点精灵尺寸为 32 的效果　　▲图 6-57　点精灵尺寸为 64 的效果

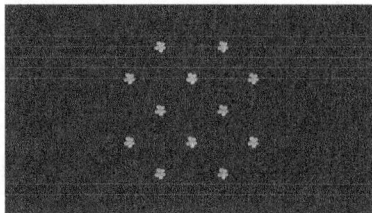

> **提示**　图 6-56 为 gl_PointSize 的值设置为 32 时的运行效果，图 6-57 为 gl_PointSize 的值设置为 64 时的运行效果。

　　了解了本节案例的运行效果后，就可以进行案例的开发了。本节的案例也是基于案例 Sample6_1 修改而来，故很多地方的代码相同。因此这里着重对有区别的部分进行介绍，主要内容如下。

　　（1）首先介绍的是 MyVulkanManager 类中用于创建绘制物体对象的方法——createDrawable Object，其中最主要的变化是将顶点数据中的纹理坐标去掉了，具体代码如下。

代码位置： 见随书中源代码/第 6 章/Sample6_8/app/src/main/cpp/bndev 目录下的 MyVulkanManager.cpp 文件。

```
1    void MyVulkanManager::createDrawableObject(){          //创建绘制用物体的方法
2        int vcount=7;                                      //顶点的数量
3        float* vdataIn=new float[vcount*3]{                //顶点数据数组
4            0,20,0, -10,10,0, 10,10,0, 0,0,0, -10,-10,0, 10,-10,0, 0,-20,0//顶点的数据
5        };
6        texTri=new TexDrawableObject(vdataIn,vcount*3*4,vcount,device, memoryropert
ies); //创建绘制物体
7    }
```

> **说明** 　上述代码的变化并不大，主要是顶点数据的变化。这里仅提供了 7 个顶点的坐标数据，不再有颜色数据或者纹理坐标数据了。

　　（2）下面介绍的是 MyVulkanManager 类中执行绘制的方法——drawObject，具体代码如下。

代码位置： 见随书中源代码/第 6 章/Sample6_8/app/src/main/cpp/bndev 目录下的 MyVulkanManager.cpp 文件。

```
1    void MyVulkanManager::drawObject(){                    //执行绘制的方法
2        FPSUtil::init();                                   //初始化 FPS 计算
3        while(MyVulkanManager::loopDrawFlag){              //每循环一次绘制一帧画面
4        //此处省略了部分代码，感兴趣的读者请自行查看随书源代码
5        vk::vkCmdBeginRenderPass(cmdBuffer, &rp_begin, VK_SUBPASS_CONTENTS_INLINE);
6        MatrixState3D::pushMatrix();                       //保护现场
7        MatrixState3D::translate(-10,0,0);                 //沿 x 轴平移
8        MatrixState3D::rotate(yAngle,0,1,0);               //绕 y 轴旋转
9        MatrixState3D::rotate(zAngle,0,0,1);               //绕 z 轴旋转
10       texTri->drawSelf(cmdBuffer,sqsCT->pipelineLayout,sqsCT->pipeline,
                                                           //绘制左侧点精灵集
11                &(sqsCT->descSet[TextureManager::getVkDescriptorSetIndex("texture/
fp.bntex")]));
12       MatrixState3D::popMatrix();                        //恢复现场
13       MatrixState3D::pushMatrix();                       //保护现场
14       MatrixState3D::translate(10,0,0);                  //沿 x 轴平移
15       MatrixState3D::rotate(yAngle,0,1,0);               //绕 y 轴旋转
16       MatrixState3D::rotate(zAngle,0,0,1);               //绕 z 轴旋转
17       texTri->drawSelf(cmdBuffer,sqsCT->pipelineLayout,sqsCT->pipeline,
                                                           //绘制右侧点精灵集
18                &(sqsCT->descSet[TextureManager::getVkDescriptorSetIndex("texture
/fp.bntex")]));
19       MatrixState3D::popMatrix();                        //恢复现场
20       vk::vkCmdEndRenderPass(cmdBuffer);                 //结束渲染通道
21       //此处省略了部分代码，感兴趣的读者请自行查看随书源代码
22    }}
```

> **说明** 　上述方法并不复杂，首先保护现场，将坐标系沿 x 轴平移适当值，根据 yAngle、zAngle 变量的值将坐标系分别绕 y 轴和 z 轴旋转，然后绘制左侧的点精灵集。同时，右侧点精灵集的绘制策略与左侧相同。

（3）前面介绍了执行绘制的 drawObject 方法，接下来介绍的是位于 ShaderQueueSuit_CommonTex 类中用于初始化顶点输入属性信息的方法——initVertexAttributeInfo 和创建管线的方法——create_pipe_line，具体代码如下。

✍ **代码位置：见随书中源代码/第 6 章/Sample6_8/app/assets/shader 目录下的 ShaderQueueSuit_ CommonTex.cpp 文件。**

```
1   void ShaderQueueSuit_CommonTex::initVertexAttributeInfo(){//初始化顶点输入属性信息的方法
2       vertexBinding.binding = 0;                          //对应绑定点
3       vertexBinding.inputRate = VK_VERTEX_INPUT_RATE_VERTEX;  //数据输入频率为每顶点
4       vertexBinding.stride = sizeof(float)*3;             //每组数据的跨度字节数
5       vertexAttribs[0].binding = 0;                       //第 1 个顶点输入属性的绑定点
6       vertexAttribs[0].location = 0;                      //第 1 个顶点输入属性的位置索引
7       vertexAttribs[0].format = VK_FORMAT_R32G32B32_SFLOAT;//第 1 个顶点输入属性的数据格式
8       vertexAttribs[0].offset = 0;                        //第 1 个顶点输入属性的偏移量
9   }
10  void ShaderQueueSuit_CommonTex::create_pipe_line(VkDevice& device,VkRenderPass&
    renderPass){
11      //此处省略了部分代码，感兴趣的读者请自行查看随书源代码
12      VkPipelineVertexInputStateCreateInfo vi;            //管线顶点数据输入状态创建信息
13      vi.sType = VK_STRUCTURE_TYPE_PIPELINE_VERTEX_INPUT_STATE_CREATE_INFO;
14      vi.pNext = NULL;                                    //自定义数据的指针
15      vi.flags = 0;                                       //供将来使用的标志
16      vi.vertexBindingDescriptionCount = 1;               //顶点输入绑定描述数量
17      vi.pVertexBindingDescriptions = &vertexBinding;     //顶点输入绑定描述列表
18      vi.vertexAttributeDescriptionCount = 1;             //顶点输入属性描述数量
19      vi.pVertexAttributeDescriptions =vertexAttribs;     //顶点输入属性描述列表
20      VkPipelineInputAssemblyStateCreateInfo ia;          //管线图元组装状态创建信息
21      ia.sType = VK_STRUCTURE_TYPE_PIPELINE_INPUT_ASSEMBLY_STATE_CREATE_INFO;
22      ia.pNext = NULL;                                    //自定义数据的指针
23      ia.flags = 0;                                       //供将来使用的标志
24      ia.primitiveRestartEnable = VK_FALSE;               //关闭图元重启
25      ia.topology = VK_PRIMITIVE_TOPOLOGY_POINT_LIST;     //采用点图元列表模式
26      //此处省略了部分代码，感兴趣的读者请自行查看随书源代码
27  }
```

- 第 2～8 行的 initVertexAttributeInfo 方法中主要的变化是将每组数据的跨度字节数修改为 3，并且去掉了第 2 个顶点输入属性，因为这里只有顶点坐标数据了。

- 第 10～27 行的 create_pipe_line 方法中主要的变化是将顶点数据输入状态创建信息结构体实例的顶点输入属性描述数量修改为 1，并将绘制方式修改为点图元列表模式（VK_PRIMITIVE_ TOPOLOGY_ POINT_LIST）。

（4）到这里本节案例中有代表性的 C++代码就介绍完了，下面开始介绍着色器，首先给出的是顶点着色器，其具体代码如下。

✍ **代码位置：见随书中源代码/第 6 章/Sample6_8/app/assets/shader 目录下的 commonTex.vert 文件。**

```
1   #version 400                                        //着色语言版本
2   #extension GL_ARB_separate_shader_objects : enable //开启 separate_shader_objects
3   #extension GL_ARB_shading_language_420pack : enable//开启 shading_language_420pack
4   layout (push_constant) uniform constantVals {       //推送常量块
5       mat4 mvp;                                       //最终变换矩阵
6   } myConstantVals;
7   layout (location = 0) in vec3 pos;                  //输入的顶点位置
8   out gl_PerVertex {                                  //输出接口块
9       vec4 gl_Position;                               //内建变量 gl_Position
```

```
10          float gl_PointSize;                      //内建变量 gl_ PointSize
11    };
12    void main() {                                  //主方法
13          gl_Position = myConstantVals.mvp * vec4(pos,1.0);//计算顶点最终位置
14          gl_PointSize=32;                         //设置点精灵对应点的尺寸
15    }
```

> **提示**　上述顶点着色器的代码与前面案例 Sample6_1 中的类似，主要的不同是本顶点着色器中使用了内建变量 gl_PointSize 来设置点精灵绘制用点的尺寸。同时，本顶点着色器中不再接收顶点纹理坐标，也不再将纹理坐标传递给片元着色器。

（5）介绍完顶点着色器后，下面给出的是片元着色器，其具体代码如下。

✍ 代码位置：见随书中源代码/第 6 章/Sample6_8/app/assets/shader 目录下的 commonTex.frag 文件。

```
1     #version 400                                          //着色语言版本
2     #extension GL_ARB_separate_shader_objects : enable//开启 separate_shader_objects
3     #extension GL_ARB_shading_language_420pack : enable//开启 shading_language_420pack
4     layout (std140,set = 0, binding = 0) uniform bufferVals {      //一致变量块
5         float brightFactor;                               //亮度调节系数
6     } myBufferVals;
7     layout (binding = 1) uniform sampler2D tex;           //纹理采样器，代表一幅纹理
8     layout (location = 0) out vec4 outColor;              //输出到管线的片元颜色
9     void main() {                                         //主方法
10        vec2 texCoor=gl_PointCoord;                       //从内建变量获取纹理坐标
11        outColor=myBufferVals.brightFactor*textureLod(tex, texCoor, 0.0); //计算片元最终颜色值
12    }
```

> **提示**　上述片元着色器的代码与前面案例 Sample6_1 中的类似，主要的不同是本片元着色器中使用了内建变量 gl_PointCoord 来作为纹理坐标，而不再是接收顶点着色器传递过来的纹理坐标了。

6.9　3D 纹理

前面案例中使用的纹理都是二维的，也就是 2D 纹理。Vulkan还支持一种更高维度的纹理类型——3D 纹理。3D 纹理比 2D 纹理多了一个坐标维度，其纹理坐标有 s、t、p 三个分量。其中 s、t 坐标分量与 2D 纹理中的含义相同，代表横向和纵向纹理坐标，而 p 分量可以理解为深度。图 6-58 就给出了一个非常简单的 3D纹理。

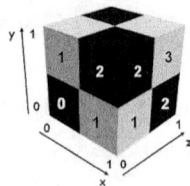

▲图 6-58　2×2×2 的 3D 纹理

> **说明**　从图 6-58 中可以看出，此 3D 纹理尺寸为 2×2×2，一共有 8 个纹素，这 8 个纹素黑白相间。这里请读者注意，对于 3D 纹理而言，其基本单元一般就不再使用术语像素来描述了，而是使用纹素。另外，3D 纹理不是普通的图片，一般是不能直接在计算机上用看图软件进行观察的。

了解了 3D 纹理的基本知识以后，下面再来介绍一下本节案例 Sample6_9 的运行效果，如图 6-59 和图 6-60 所示。

说明

从图 6-59 和图 6-60 中可以看出，此案例的运行效果与第 5 章的第 1 个案例非常类似。第 5 章第 1 个案例的效果是在片元着色器中编程实现棋盘着色器进行着色的；而本案例中片元着色器并没有特殊的代码仅仅是对 3D 纹理进行采样即可，后面会进行介绍。另外，本案例中左侧和右侧的球采用的是同一个绘制物体，同一套着色器，仅仅是应用的 3D 纹理不同（左侧的球应用的是尺寸为 4×4×4 红白相间的 3D 纹理，右侧的球应用的是尺寸为 8×8×8 绿白相间的 3D 纹理）。

▲图 6-59　案例 Sample6_9 运行效果图 1

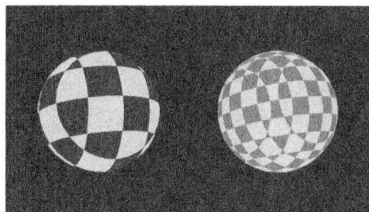

▲图 6-60　案例 Sample6_9 运行效果图 2

6.9.1　3D 棋盘纹理的准备

为了开发的方便，作者为案例中的 3D 纹理设计了一种自定义格式的纹理文件，其后缀为 bn3dtex。同时作者还用 Java 开发了一款能够按照设定的参数生成 3D 棋盘纹理的小工具，下面简要介绍一下此工具的使用，具体步骤如下。

（1）首先将随书源代码中第 6 章目录下的"生成 3D 棋盘纹理.zip"文件解压，解压后所得文件夹的内容如图 6-61 所示。

名称 ▲	修改日期	类型	大小
TexData3D	2017/12/25 9:44	文件夹	
board3d.jar	2017/12/25 9:43	Executable Jar...	8 KB
run.bat	2017/12/26 20:03	Windows 批处理...	1 KB

▲图 6-61　解压后的文件夹

（2）然后用记事本对"run.bat"文件进行编辑，需要修改的内容与前面 6.2.1 节中介绍的 2D 普通纹理转换工具所需修改的内容相同，在此不再赘述。

（3）双击修改后的"run.bat"文件以启动用于生成 3D 棋盘纹理的小工具，其界面如图 6-62 所示。其中的分段数代表 s、t、p 的 3 个坐标方向的纹素数量。点击"棋盘颜色 1"和"棋盘颜色 2"可以对棋盘纹理中的两种颜色进行设置，如图 6-63 所示。"选择"按钮用于选择生成纹理文件的保存路径，最后点击"生成 3D 棋盘纹理"即可完成纹理的生成。

▲图 6-62　3D 棋盘纹理生成工具界面

▲图 6-63　选择棋盘纹理颜色的界面

6.9.2　3D 棋盘纹理案例的开发

了解了 3D 纹理的基本知识并完成了 3D 棋盘纹理的生成后，下面将给出一个使用 3D 棋盘纹理的简单案例——Sample6_9。由于本案例中有很多代码与前面案例中的类似，因此这里仅仅介绍比较有代表性的部分，具体内容如下。

（1）首先介绍的是用于存储 3D 纹理数据及相关信息的 ThreeDTexDataObject 类，此类对象中可以保存的数据除了前面案例中都存在的纹理的宽度、高度、数据总字节数、纹理数据外，还增加了一个用来保存 3D 纹理深度的成员变量 depth，其类声明如下。

📎 **代码位置**：见随书中源代码/第 6 章/Sample6_9/app/src/main/cpp/bndev 目录下的 ThreeDTexDataObject.h
文件。

```
1   class ThreeDTexDataObject{
2     public:
3       int width;                       //纹理宽度
4       int height;                      //纹理高度
5       int depth;                       //纹理深度
6       unsigned char* data;             //纹理的数据总字节数
7       int dataByteCount;               //指向纹理数据存储内存首地址的指针
8       ThreeDTexDataObject(int width,int height,int depth,unsigned char* data); //构造函数
9       ~ThreeDTexDataObject();          //析构函数
10  };
```

📝 **说明**　上述代码非常简单，相比于本章第 1 个案例中介绍的 TexDataObject 类，此类只是增加了一个用于保存 3D 纹理深度的成员变量，并在构造函数中增加了 3D 纹理的深度参数。

（2）了解了 ThreeDTexDataObject 类的基本结构后，下面将给出此类的实现代码，具体内容如下。

📎 **代码位置**：见随书中源代码/第 6 章/Sample6_9/app/src/main/cpp/bndev 目录下的 ThreeDTexDataObject.cpp
文件。

```
1   #include "ThreeDTexDataObject.h"          //引入头文件
2   ThreeDTexDataObject::ThreeDTexDataObject(int width,int height,int depth,unsigned
    char* data){
3       this->width=width;                    //记录纹理的宽度
4       this->height=height;                  //记录纹理的高度
5       this->depth=depth;                    //记录纹理的深度
6       this->data=data;                      //记录纹理数据内存首地址指针
7       this->dataByteCount = width*height*depth * 4; //记录纹理数据总字节数
8   }
9   ThreeDTexDataObject::~ThreeDTexDataObject(){//析构函数
10      delete[] data;                        //释放纹理数据内存
11  }
```

📝 **说明**　上述代码中构造函数和析构函数的实现都不复杂，主要的变化是增加了用于保存纹理深度值的相关代码。另外，bn3dtex 格式的 3D 纹理中每个纹素也是占 4 个字节（RGBA 的 4 个色彩通道各一个字节），故纹理数据部分的总字节数为"纹理宽度×纹理高度×纹理深度×4"。

（3）了解了用于存储 3D 纹理数据的 ThreeDTexDataObject 类后，接下来将介绍位于 TextureManager 类中用于加载 3D 纹理的方法——init_SPEC_3D_Textures，其具体代码如下。

✎ **代码位置：见随书源代码/第 6 章/Sample6_9/app/src/main/cpp/util 目录下的 TextureManager.cpp 文件。**

```
1    void TextureManager::init_SPEC_3D_Textures(std::string texName, VkDevice& device,
2      VkPhysicalDevice& gpu, VkPhysicalDeviceMemoryProperties& memoryroperties, VkCo
mmandBuffer&
3      cmdBuffer, VkQueue& queueGraphics, VkFormat format, ThreeDTexDataObject* ctdo)
{
4        //此处省略了部分代码，需要的读者请自行查看随书源代码
5        VkImageCreateInfo image_create_info = {};                    //构建图像创建信息结构体实例
6        image_create_info.sType = VK_STRUCTURE_TYPE_IMAGE_CREATE_INFO; //结构体的类型
7        image_create_info.pNext = NULL;                              //自定义数据的指针
8        image_create_info.imageType = VK_IMAGE_TYPE_3D;              //图像类型
9        image_create_info.format = format;                          //图像像素格式
10       image_create_info.extent.width = ctdo->width;               //图像宽度
11       image_create_info.extent.height = ctdo->height;             //图像高度
12       image_create_info.extent.depth = ctdo->depth;               //图像深度
13       //此处省略了部分代码，需要的读者请自行查看随书源代码
14       VkBufferImageCopy bufferCopyRegion = {};                    //构建缓冲图像复制结构体实例
15       bufferCopyRegion.imageSubresource.aspectMask = VK_IMAGE_ASPECT_COLOR_BIT;
         //使用方面
16       bufferCopyRegion.imageSubresource.mipLevel = 0;             // Mipmap 级别
17       bufferCopyRegion.imageSubresource.baseArrayLayer = 0;//基础数组层
18       bufferCopyRegion.imageSubresource.layerCount = 1;           //数组层的数量
19       bufferCopyRegion.imageExtent.width = ctdo->width;           //图像宽度
20       bufferCopyRegion.imageExtent.height = ctdo->height;         //图像高度
21       bufferCopyRegion.imageExtent.depth = ctdo->depth;           //图像深度
22       //此处省略了部分代码，需要的读者请自行查看随书源代码
23       VkImageViewCreateInfo view_info = {};                       //构建图像视图创建信息结构体实例
24       view_info.sType = VK_STRUCTURE_TYPE_IMAGE_VIEW_CREATE_INFO; //结构的类型
25       view_info.pNext = NULL;                                     //自定义数据的指针
26       view_info.viewType = VK_IMAGE_VIEW_TYPE_3D;                 //图像视图的类型
27       view_info.format = VK_FORMAT_R8G8B8A8_UNORM;                //图像视图的像素格式
28       //此处省略了部分代码，需要的读者请自行查看随书源代码
29   }
```

● 第 5～12 行构建了图像创建信息结构体实例，并设置此结构体实例的多项属性，主要包括图像类型、图像像素格式、图像尺寸等内容，其中图像深度为从 3D 纹理文件中读取的深度，而不再是前面案例中的 1 了。

● 第 14～21 行首先构建了缓冲图像复制结构体实例，然后设置此结构体实例的多项属性，主要包括使用方面、Mipmap 级别、基础数组层、数组层的数量、图像尺寸等内容，其中图像深度也是从 3D 纹理文件中读取的深度。

● 第 23～27 行首先构建了图像视图创建信息结构体实例，然后进一步设置此结构体实例的多项属性，主要包括结构体类型、图像视图的类型和像素格式等内容，其中图像视图的类型为 VK_IMAGE_VIEW_TYPE_3D（表示 3D 纹理），不再是 2D 纹理时采用的 VK_IMAGE_VIEW_TYPE_2D 了。

（4）接下来介绍的是位于 FileUtil 类中用于加载指定名称 3D 纹理文件中数据的方法 load3DTexData，其具体代码如下。

✎ **代码位置：见随书中源代码/第 6 章/Sample6_9/app/src/main/cpp/bndev 目录下的 FileUtil.cpp 文件。**

```
1    ThreeDTexDataObject* FileUtil::load3DTexData(string fname){ //加载 3D 纹理数据的方法
2      AAsset* asset =AAssetManager_open(aam,fname.c_str(),AASSET_MODE_UNKNOWN);
3      unsigned char* buf=new unsigned char[4];                  //开辟长度为 4 字节的内存
4      AAsset_read(asset, (void*)buf, 4);                        //读取纹理宽度数据字节
5      int width=fromBytesToInt(buf);                            //转换为 int 型数值
6      AAsset_read(asset, (void*)buf, 4);                        //读取纹理高度数据字节
```

```
7       int height=fromBytesToInt(buf);                      //转换为 int 型数值
8       AAsset_read(asset, (void*)buf, 4);                   //读取纹理深度数据字节
9       int depth=fromBytesToInt(buf);                       //转换为 int 型数值
10      unsigned char* data=new unsigned char[width*height*depth*4];//开辟纹理数据存储内存
11      AAsset_read(asset, (void*)data, width*height*depth*4);        //读取纹理数据
12      ThreeDTexDataObject* ctdo=new ThreeDTexDataObject(width,height,depth,data);
        //创建纹理数据对象
13      return ctdo;                                         //返回结果
14   }
```

说明　　从上述代码中可以看出，bn3dtex 格式的 3D 纹理文件中前 12 个字节是文件头，后面的字节是纹理数据。文件头的 12 个字节中，最开始的 4 个字节是纹理的宽度数据，紧跟的 4 个字节是纹理的高度数据，再后面的 4 个字节是纹理的深度数据。

（5）到这里为止，本节案例中有代表性的 C++ 代码就介绍完了。下面开始介绍着色器，首先给出的是顶点着色器，其具体代码如下。

代码位置：见随书中源代码/第 6 章/Sample6_9/app/assets/shader 目录下的 commonTex.vert 文件。

```
1    #version 400                                      //着色语言版本
2    #extension GL_ARB_separate_shader_objects : enable//开启 separate_shader_objects
3    #extension GL_ARB_shading_language_420pack : enable//开启 shading_language_420pack
4    layout (push_constant) uniform constantVals {     //推送常量块
5        mat4 mvp;                                     //最终变换矩阵
6    } myConstantVals;
7    layout (location = 0) in vec3 pos;                //输入的顶点位置
8    layout (location = 0) out vec3 outTexCoor;        //用于传递给片元着色器的纹理坐标
9    out gl_PerVertex {
10       vec4 gl_Position;                             //内建变量 gl_Position
11   };
12   void main() {//主方法
13       outTexCoor = normalize(pos)/2.0+vec3(0.5);            //传递给片元着色器的纹理坐标
14       gl_Position = myConstantVals.mvp * vec4(pos,1.0);//计算顶点最终位置
15   }
```

- 第 8 行声明了用于传递给片元着色器的纹理坐标，细心的读者应该发现此变量的类型为 vec3，比前面用于 2D 纹理采样的纹理坐标多了一个维度。

- 第 13 行首先根据顶点位置折算出对应的 3D 纹理坐标，然后将其传递给片元着色器。由于本案例中绘制的物体为球心在原点的球，因此折算时首先将顶点坐标规格化（使得 3 个坐标分量的范围都在 −1～+1 之间），然后将规格化后的坐标除以 2（使得 3 个坐标分量的范围都在−0.5～+0.5 之间），最后再在每个分量上加 0.5（使得 3 个坐标分量的范围都在 0～1 之间，这正好是纹理中每个轴的有效坐标范围）。

提示　　本案例中为了演示的方便，采用了上述从顶点坐标折算 3D 纹理坐标的方法。但实际开发中 3D 纹理坐标应该是根据需求确定的，不一定像本案例这样处理。

（6）介绍完顶点着色器后，下面给出的是片元着色器，其具体代码如下。

代码位置：见随书中源代码/第 6 章/Sample6_9/app/assets/shader 目录下的 commonTex.frag 文件。

```
1    #version 400                                      //着色语言版本
2    #extension GL_ARB_separate_shader_objects : enable //开启 separate_shader_objects
3    #extension GL_ARB_shading_language_420pack : enable//开启 shading_language_420pack
4    layout (std140,set = 0, binding = 0) uniform bufferVals {        //一致变量块
5        float brightFactor;                          //亮度调节系数
```

```
 6    } myBufferVals;
 7    layout (binding = 1) uniform sampler3D tex;        //3D 纹理采样器，代表一幅 3D 纹理
 8    layout (location = 0) in vec3 inTexCoor;           //接收的纹理坐标
 9    layout (location = 0) out vec4 outColor;           //输出到管线的片元颜色
10    void main() {                                      //主方法
11       outColor=myBufferVals.brightFactor*textureLod(tex,inTexCoor, 0.0); //计算最终颜色值
12    }
```

> **说明**　上述代码中主要的变化是纹理采样器类型更改为 sampler3D，以服务于 3D 纹理的采样。同时从第 11 行中可以看出，对 3D 纹理的采样与对普通 2D 纹理的采样模式相同，都是将纹理及纹理坐标传递给纹理采样函数 textureLod 完成。

6.10　2D 纹理数组

6.9 节介绍了 3D 纹理，本节将介绍另外一种 Vulkan 支持的纹理类型——2D 纹理数组。通过使用 2D 纹理数组，在同一个着色器中需要使用多个 2D 纹理的情况下可以简化开发。可以想象出，如果没有 2D 纹理数组技术，当一个着色器中需要使用多个 2D 纹理时就需要声明多个采样器变量（本章前面介绍的地月系案例中即是如此）。

而当使用 2D 纹理数组来实现同样的功能时只需在着色器需声明一个 sampler2DArray 类型的变量即可，方便高效。对 2D 纹理数组进行采样时，需要提供的纹理坐标中一共有 3 个分量，前两个分量与普通 2D 纹理坐标中的含义相同，为 s、t 分量，第 3 个分量则为 2D 纹理数组中的索引。

了解了 2D 纹理数组的基本知识以后，下面再来介绍一下本节案例 Sample6_10 的运行效果，如图 6-64 和图 6-65 所示。

▲图 6-64　案例 Sample6_10 运行效果图 1

▲图 6-65　案例 Sample6_10 运行效果图 2

> **说明**　图 6-64 为三角形原始姿态的情况，图 6-65 为三角形旋转一定角度后的情况。在本案例运行时，用手指在屏幕上滑动可以使左右两侧的三角形绕轴旋转。同时从图中可以看出，左侧的三角形和右侧的三角形采用了 2D 纹理数组中的不同元素进行渲染。

6.10.1　2D 纹理数组的准备

与 3D 纹理相同，为了开发的方便，作者也为案例中的 2D 纹理数组设计了一种自定义格式的纹理文件，其后缀为 bntexa。同时作者也用 Java 开发了一款用于将 jpeg、png 等通用格式的图片文件组转化为 bntexa 格式纹理文件的小工具。下面简要介绍一下此工具的使用，具体步骤如下。

（1）首先将随书源代码中第 6 章目录下的"生成 2D 纹理数组纹理.zip"文件解压，解压后所得文件夹的内容如图 6-66 所示。

（2）然后用记事本对"run.bat"文件进行编辑，需要修改的内容也与前面 6.2.1 节中介绍的

2D 普通纹理转换工具所需修改的内容相同，这里不再赘述。

（3）双击修改后的"run.bat"文件以启动用于生成 2D 纹理数组文件的小工具，其界面如图 6-67 所示。"选择"按钮用于选择生成纹理文件的保存路径；"添加"按钮用于选择要添加到纹理数组中的图片文件；"删除"按钮用于删除纹理数组中的选中图片。2D 纹理数组中的图片添加完成后，再点击"生成 2D 纹理数组纹理"按钮即可完成 2D 纹理数组纹理文件的生成。

▲图 6-66　解压后的文件夹 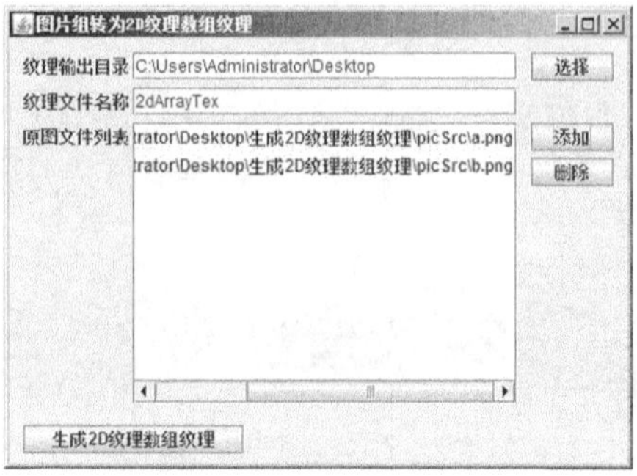　　　　　　　　　　　▲图 6-67　2D 纹理数组生成工具界面

6.10.2　2D 纹理数组案例的开发

了解了 2D 纹理数组的基本知识并完成了 2D 纹理数组纹理文件的生成后，下面将给出一个使用 2D 纹理数组的简单案例——Sample6_10。由于本案例中有很多代码与前面案例中的类似，因此这里仅仅介绍比较有代表性的部分，具体内容如下。

（1）首先介绍的是用于存储 2D 纹理数组纹理及相关信息的 TexArrayDataObject 类，此类对象中可以保存的数据，除了 2D 普通纹理中都存在的纹理的宽度、高度、数据总字节数、纹理数据外，还增加了一个用来保存 2D 纹理数组长度的成员变量，其类声明如下。

代码位置：见随书中源代码/第 6 章/Sample6_10/app/src/main/cpp/bndev 目录下的 TexArrayDataObject.h 文件。

```
1    class TexArrayDataObject{
2    public:
3        int width;                                //纹理宽度
4        int height;                               //纹理高度
5        int length;                               //纹理数组长度
6        unsigned char* data;                      //纹理的数据总字节数
7        int dataByteCount;                        //指向纹理数据存储内存首地址的指针
8        TexArrayDataObject(int width,int height,int length,unsigned char* data); //构造函数
9        ~TexArrayDataObject();                    //析构函数
10   };
```

说明　上述代码比较简单，相比于本章第 1 个案例中介绍的 TexDataObject 类，此类中仅仅增加了一个用于保存 2D 纹理数组长度的成员变量 length，并且在构造函数中加入了 2D 纹理数组长度参数。

（2）介绍完 TexArrayDataObject 类的基本结构后，下面将给出此类的实现代码，具体内容如下。

代码位置：见随书中源代码/第 6 章/Sample6_10/app/src/main/cpp/bndev 目录下的 TexArrayDataObject.cpp 文件。

```
1    #include "TexArrayDataObject.h"        //引入头文件
```

```
2   TexArrayDataObject::TexArrayDataObject(int width,int height,int length,unsigned
char* data){
3       this->width=width;                              //纹理的宽度
4       this->height=height;                            //纹理的高度
5       this->length=length;                            //纹理数组的长度
6       this->data=data;                                //纹理数据内存首地址指针
7       this->dataByteCount = width*height*length * 4;//纹理数据总字节数
8   }
9   TexArrayDataObject::~TexArrayDataObject(){    //析构函数
10      delete[] data;                                  //释放纹理数据内存
11  }
```

📝说明
> 上述代码中构造函数和析构函数的实现都不复杂，主要的变化是增加了用于保存 2D 纹理数组长度值的相关代码。另外，bntexa 格式的 2D 纹理数组纹理中每个纹素也是占四个字节（RGBA 的 4 个色彩通道各一个字节），故纹理数据部分的总字节数为"纹理宽度×纹理高度×纹理数组长度×4"。

（3）接下来介绍的是位于 TextureManager 类中用于加载 2D 纹理数组纹理的方法——init_SPEC_2DArray_Textures 和设置图像布局的方法——setImageLayout，具体代码如下。

✏️ **代码位置：** 见随书源代码/第 6 章/Sample6_10/app/src/main/cpp/util 目录下的 TextureManager.cpp 文件。

```
1   void TextureManager::init_SPEC_2DArray_Textures(std::string texName, VkDevice& device,
2   VkPhysicalDevice& gpu, VkPhysicalDeviceMemoryProperties& memoryroperties,
3   VkCommandBuffer& cmdBuffer, VkQueue& queueGraphics, VkFormat format, TexArrayDat
aObject* ctdo){
4       //此处省略了部分代码，需要的读者请自行查看随书源代码
5       VkImageCreateInfo image_create_info = {};           //构建图像创建信息结构体实例
6       image_create_info.sType = VK_STRUCTURE_TYPE_IMAGE_CREATE_INFO; //结构体的类型
7       image_create_info.pNext = NULL;                     //自定义数据的指针
8       image_create_info.imageType = VK_IMAGE_TYPE_2D; //图像类型
9       image_create_info.format = format;                  //图像像素格式
10      image_create_info.extent.width = ctdo->width;       //图像宽度
11      image_create_info.extent.height = ctdo->height;     //图像高度
12      image_create_info.extent.depth = 1;                 //图像深度
13      image_create_info.mipLevels = 1;                    //图像 Mipmap 级数
14      image_create_info.arrayLayers = ctdo->length;       //图像数组层数量
15      //此处省略了部分代码，需要的读者请自行查看随书源代码
16      VkBufferImageCopy bufferCopyRegion = {};            //构建缓冲图像复制结构体实例
17      bufferCopyRegion.imageSubresource.aspectMask = VK_IMAGE_ASPECT_COLOR_BIT;
        //使用方面
18      bufferCopyRegion.imageSubresource.mipLevel = 0;     //Mipmap 级别
19      bufferCopyRegion.imageSubresource.baseArrayLayer = 0; //基础数组层
20      bufferCopyRegion.imageSubresource.layerCount = ctdo->length;//数组层的数量
21      //此处省略了部分代码，需要的读者请自行查看随书源代码
22      VkImageViewCreateInfo view_info = {};               //构建图像视图创建信息结构体实例
23      view_info.sType = VK_STRUCTURE_TYPE_IMAGE_VIEW_CREATE_INFO; //结构的类型
24      view_info.pNext = NULL;                             //自定义数据的指针
25      view_info.viewType = VK_IMAGE_VIEW_TYPE_2D_ARRAY;   //图像视图的类型
26      //此处省略了部分代码，需要的读者请自行查看随书源代码
27  }
28  void setImageLayout(VkCommandBuffer cmd, VkImage image,VkImageAspectFlags aspectMask,
29                      VkImageLayout old_image_layout,VkImageLayout new_image_layout,
30                      int32_t  layerCount){               //设置图像布局的方法
31      VkImageMemoryBarrier image_memory_barrier = {};     //构建图像内存屏障结构体实例
```

```
32        //此处省略了部分代码，需要的读者请自行查看随书源代码
33        image_memory_barrier.subresourceRange.layerCount = layerCount; //数组层的数量
34        //此处省略了部分代码，需要的读者请自行查看随书源代码
35    }
```

- 第 5～14 行构建了图像创建信息结构体实例，并设置此结构体实例的多项属性，主要包括图像类型、图像像素格式、图像尺寸、Mipmap 级数和数组层数量等。其中数组层数量为从 2D 纹理数组纹理文件中读取的数组长度，不再是前面 2D 纹理案例中设置的 1 了。

- 第 16～20 行首先构建了缓冲图像复制结构体实例，然后设置此结构体实例的多项属性，主要包括使用方面、Mipmap 级别、基础数组层、数组层的数量等，其中数组层的数量也为从 2D 纹理数组纹理文件中读取的数组长度。

- 第 22～25 行首先构建了图像视图创建信息结构体实例，然后设置此结构体实例的几个属性，主要包括结构体类型、自定义数据的指针、图像视图的类型等。其中图像视图的类型为 VK_IMAGE_VIEW_TYPE_2D_ARRAY（表示 2D 纹理数组），不再是 2D 纹理时采用的 VK_IMAGE_VIEW_TYPE_2D 了。

- 第 28～35 行为用于设置图像布局的 setImageLayout 方法，本案例中此方法增加了一个参数 layerCount，用来传递 2D 纹理数组的长度值，以便将图像内存屏障结构体实例的数组层数量设置为所使用 2D 纹理数组的长度。

（4）接下来介绍的是位于 FileUtil 类中用于加载指定名称 2D 纹理数组纹理文件中数据的方法 load2DArrayTexData，其具体代码如下。

🎋 代码位置：见随书中源代码/第 6 章/Sample6_10/app/src/main/cpp/bndev 目录下的 FileUtil.cpp 文件。

```
1    TexArrayDataObject* FileUtil::load2DArrayTexData(string fname){
                                              //加载 2D 纹理数组数据的方法
2        AAsset* asset =AAssetManager_open(aam,fname.c_str(),AASSET_MODE_UNKNOWN);
3        unsigned char* buf=new unsigned char[4];   //开辟长度为 4 字节的内存
4        AAsset_read(asset, (void*)buf, 4);          //读取纹理宽度数据字节
5        int width=fromBytesToInt(buf);              //转换为 int 型数值
6        AAsset_read(asset, (void*)buf, 4);          //读取纹理高度数据字节
7        int height=fromBytesToInt(buf);             //转换为 int 型数值
8        AAsset_read(asset, (void*)buf, 4);          //读取纹理数组长度数据字节
9        int length=fromBytesToInt(buf);             //转换为 int 型数值
10       unsigned char* data=new unsigned char[width*height*length*4];//开辟纹理数据存储内存
11       AAsset_read(asset, (void*)data, width*height*length*4);      //读取纹理数据
12       TexArrayDataObject* ctdo=new TexArrayDataObject(width,height,length,data);
                                              //创建纹理数据对象
13       return ctdo;                                //返回结果
14   }
```

✒️ 说明　从上述代码中可以看出，bntexa 格式的 2D 纹理数组纹理文件中的前 12 个字节是文件头，后面的字节是纹理数据。文件头的 12 个字节中，最开始的 4 个字节是纹理的宽度数据，紧跟的 4 个字节是纹理的高度数据，再后面的 4 个字节是纹理数组的长度数据。

（5）介绍完用于加载 2D 纹理数组纹理文件中数据的方法后，下面介绍的是三角形物体类 TexDrawableObject 中的绘制方法 drawSelf，其具体代码如下。

🎋 代码位置：见随书中源代码/第 6 章/Sample6_10/app/src/main/cpp/util 目录下的 TexDrawableObject.cpp 文件。

```
1    void TexDrawableObject::drawSelf(VkCommandBuffer& cmd,VkPipelineLayout& pipelineLayout,
```

```
2              VkPipeline& pipeline,VkDescriptorSet* desSetPointer,int texArrayIndex){
                                                              //绘制物体的方法
3          //此处省略了部分代码，需要的读者请自行查看随书源代码
4          float* mvp=MatrixState3D::getFinalMatrix();     //获取最终变换矩阵
5          memcpy(pushConstantData, mvp, sizeof(float)*16);//将最终变换矩阵数据送入推送常量数据
6          pushConstantData[16]=texArrayIndex;             //将纹理数组索引数据送入推送常量数据
7          vk::vkCmdPushConstants(cmd, pipelineLayout,     //将推送常量数据送入推送常量
8          VK_SHADER_STAGE_VERTEX_BIT, 0, sizeof(float)*17,pushConstantData);
9          vk::vkCmdDraw(cmd, vCount, 1, 0, 0);            //执行绘制
10     }
```

> **说明**　上述方法中主要有两处变化，首先是增加了一个名称为 texArrayIndex 的入口参数，用于接收当前绘制的纹理三角形使用的 2D 纹理数组元素索引。另外一个变化是，将所需的 2D 纹理数组元素索引也作为一项数据传入了推送常量。

（6）接下来介绍的是 MyVulkanManager 类中执行绘制的方法——drawObject，其具体代码如下。

✎ **代码位置：** 见随书中源代码/第 6 章/Sample6_10/app/src/main/cpp/bndev 目录下的 MyVulkanManager.cpp 文件。

```
1    void MyVulkanManager::drawObject(){               //执行绘制的方法
2         FPSUtil::init();                             //初始化 FPS 计算
3         while(MyVulkanManager::loopDrawFlag){        //每循环一次绘制一帧画面
4              //此处省略了部分代码，需要的读者请自行查看随书源代码
5              vk::vkCmdBeginRenderPass(cmdBuffer, &rp_begin, VK_SUBPASS_CONTENTS_INLINE);
6              MatrixState3D::pushMatrix();            //保护现场
7              MatrixState3D::translate(-10,0,0);      //沿 x 轴移动
8              MatrixState3D::rotate(yAngle,0,1,0);    //绕 y 轴旋转
9              MatrixState3D::rotate(zAngle,0,0,1);    //绕 z 轴旋转
10             texTri->drawSelf(cmdBuffer,sqsCT->pipelineLayout,sqsCT->pipeline,
                                                       //绘制左侧纹理三角形
11               &(sqsCT->descSet[TextureManager::getVkDescriptorSetIndex("texture/vulkan
.bntexa")]),0);
12             MatrixState3D::popMatrix();             //恢复现场
13             MatrixState3D::pushMatrix();            //保护现场
14             MatrixState3D::translate(10,0,0);       //沿 x 轴移动
15             MatrixState3D::rotate(yAngle,0,1,0);    //绕 y 轴旋转
16             MatrixState3D::rotate(zAngle,0,0,1);    //绕 z 轴旋转
17             texTri->drawSelf(cmdBuffer,sqsCT->pipelineLayout,sqsCT->pipeline,
                                                       //绘制右侧纹理三角形
18               &(sqsCT->descSet[TextureManager::getVkDescriptorSetIndex("texture/vul
kan.bntexa")]),1);
19             MatrixState3D::popMatrix();             //恢复现场
20             vk::vkCmdEndRenderPass(cmdBuffer);      //结束渲染通道
21             //此处省略了部分代码，需要的读者请自行查看随书源代码
22     }}
```

> **说明**　上述绘制代码的主体思路与前面案例中的相同，都是先分别变换坐标系，然后基于变换后的坐标系分别绘制左右两个物体。最有代表性的就是第 11 行和第 18 行，在绘制左右两个物体时分别传入了不同的 2D 纹理数组索引，第 11 行传入的索引为 0，第 18 行传入的索引为 1。这样在最终呈现的画面中，由于左右两个物体应用了 2D 纹理数组中的不同元素进行渲染，故外观不同。

（7）到这里为止，本节案例中有代表性的 C++代码就介绍完了。下面开始介绍着色器，首先给出的是顶点着色器，其具体代码如下。

代码位置：见随书中源代码/第 6 章/Sample6_10/app/assets/shader 目录下的 commonTex.vert 文件。

```
1    #version 400                                    //着色语言版本
2    #extension GL_ARB_separate_shader_objects : enable//开启 separate_shader_objects
3    #extension GL_ARB_shading_language_420pack : enable//开启 shading_language_420pack
4    layout (push_constant) uniform constantVals {//推送常量块
5        mat4 mvp;                                   //最终变换矩阵
6        float arrayIndex;                           //2D 纹理数组索引
7    } myConstantVals;
8    layout (location = 0) in vec3 pos;              //输入的顶点位置
9    layout (location = 1) in vec2 inTexCoor;        //输入的顶点纹理坐标
10   layout (location = 0) out vec3 outTexCoor;      //用于传递给片元着色器的纹理坐标
11   out gl_PerVertex {
12       vec4 gl_Position;                           //内建变量 gl_Position
13   };
14   void main() {                                   //主方法
15       outTexCoor = vec3(inTexCoor,myConstantVals.arrayIndex);   /组装纹理坐标
16       gl_Position = myConstantVals.mvp * vec4(pos,1.0);          //计算顶点最终位置
17   }
```

● 第 4～7 行声明了推送常量块 myConstantVals，其中包含用于接收最终变换矩阵数据的成员 mvp 和用于接收纹理数组索引数据的成员 arrayIndex。

● 第 10 行为用于传递给片元着色器的纹理坐标，可以发现此变量的类型为 vec3，比前面 2D 纹理案例中的纹理坐标多了一个维度，增加的维度用于存储采样时使用的 2D 纹理数组元素索引。

● 第 15 行将纹理坐标 s、t 分量和 2D 纹理数组索引组装为 vec3 型变量，并传递给片元着色器。

（8）介绍完顶点着色器后，下面给出的是片元着色器，其具体代码如下。

代码位置：见随书中源代码/第 6 章/Sample6_10/app/assets/shader 目录下的 commonTex.frag 文件。

```
1    #version 400                                    //着色语言版本
2    #extension GL_ARB_separate_shader_objects : enable//开启 separate_shader_objects
3    #extension GL_ARB_shading_language_420pack : enable//开启 shading_language_420pack
4    layout (std140,set = 0, binding = 0) uniform bufferVals{      //一致变量块
5        float brightFactor;                         //亮度调节系数
6    } myBufferVals;
7    layout (binding = 1) uniform sampler2DArray tex;//纹理采样器，代表一套 2D 纹理数组纹理
8    layout (location = 0) in vec3 inTexCoor;        //接收的纹理坐标
9    layout (location = 0) out vec4 outColor;        //输出到管线的片元颜色
10   void main() {                                   //主方法
11       outColor=myBufferVals.brightFactor*textureLod(tex, inTexCoor, 0.0);
                                                     //计算最终的片元颜色值
12   }
```

说明　上述代码中主要的变化是纹理采样器类型更改为 sampler2DArray，以服务于 2D 纹理数组纹理的采样。同时从第 11 行中可以看出，对 2D 纹理数组纹理的采样与对普通 2D 纹理的采样模式相同，都是将所需纹理及纹理坐标传递给纹理采样函数 textureLod 完成。

6.11　各向异性过滤

本章前面 6.2 节中介绍 TextureManager 类时，在构建采样器创建信息结构体实例的代码中提

到过与各向异性过滤相关的两个属性。但当时并没有进一步详细介绍，本节将对 Vulkan 中各向异性过滤的使用进行详细的介绍，主要包括背景知识和一个简单的案例，具体内容如下。

6.11.1 背景知识

对片元应用纹理进行渲染呈现时，最佳状态应该就是一个片元对应于一个纹素了。但实际执行渲染时，往往大部分情况都不是如此。前面介绍的 MIN 与 MAG 采样，就是专门针对多个纹素对应于一个片元以及多个片元对应于一个纹素的情况。

而对于 MIN 与 MAG 采样而言，MIN 采样想处理好就更困难一些。这也是为什么除了简单的 MIN 采样，Vulkan 中还提供了 Mipmap 纹理。但上述这些技术还有一个不足，就是没有考虑片元在纹理空间中所占区域的形状问题，具体情况如图 6-68 所示。

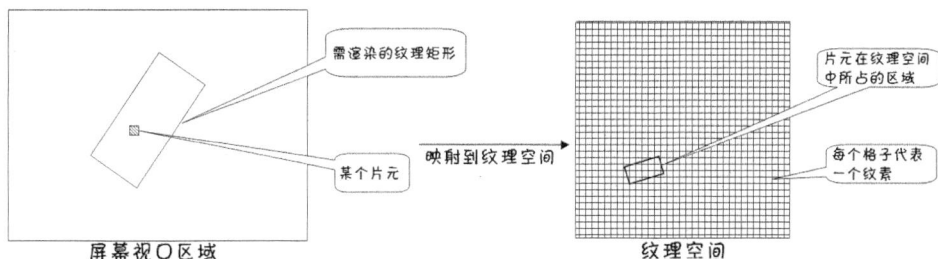

▲图 6-68 片元在纹理空间中的情况

从图 6-68 中可以看出，位于屏幕视口区域中的片元（这里也可以认为是像素）是正方形（横向和纵向跨度相同）。但由于其所属的纹理矩形可能由于基本变换、投影、摄像机观察等原因发生了变形，因此片元在纹理空间中所占的区域可能就不再是横向和纵向跨度相同了。

这种情况下，在进行 MIN 纹理采样时在纹理空间中若采用前面介绍过的不考虑横向和纵向跨度不同的采样方案（即采样区域横向与纵向跨度相同的方案），则采样的结果可能会产生不必要的失真现象，具体情况如下。

- 若采样时，按照横向跨度确定参与采样的纹素，则纵向会引入一些与该片元无关的纹素，会造成采样效果失真。
- 若采样时，按照纵向跨度确定参与采样的纹素，则横向会丢失一些有效的纹素，也会造成采样效果失真。

> 💡提示　上述两种选择是针对图 6-68 中的情况，实际渲染时也可能是横向跨度小于纵向跨度的。

这时，各项异性过滤就很有作用了。其不像前面介绍过的非各向异性过滤那样不考虑片元在纹理空间中所占区域横向、纵向跨度不同的问题，能够在横向和纵向采用不同的跨度确定采样区域进行纹理采样，这样采样效果的失真率就显著降低了。

因此实际渲染画面时，若较多地存在片元在纹理空间中所占区域横向、纵向跨度差异较大的问题，则可以考虑使用各向异性过滤来改善由于这种原因造成的纹理采样失真问题。但要注意的是，启用各向异性过滤后，GPU 的负载会增加一些，需要进行权衡。

6.11.2 一个简单的案例

了解了各向异性过滤的背景知识后，本节将给出一个简单的案例 Sample6_11 来说明如何使用各向异性过滤，其运行效果如图 6-69 所示。

从图 6-69 中可以看出，此案例场景中
从左至右一共绘制了 4 个纹理矩形。其中
左边的两个纹理矩形绘制时没有使用各向
异性过滤，而右边的两个纹理矩形绘制时
启用了各向异性过滤。细致观察画面中的
4 个纹理矩形，可以得到如下结论。

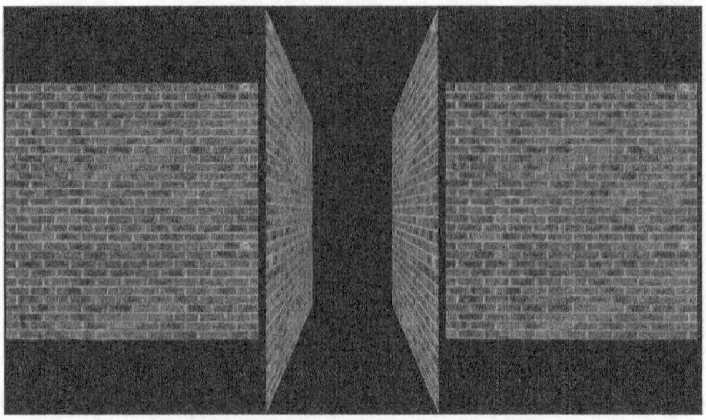

● 最左边和最右边正对摄像机的
两个纹理矩形由于不涉及各向异性过滤
要解决的问题（基本没有变形），因此绘
制效果相同，都很清晰。

▲图 6-69　案例 Sample6_11 运行效果图

● 中间的两个纹理矩形相对摄像机是倾斜的（由于倾斜导致变形严重），这种情况下右侧启
用各向异性过滤的绘制效果就比左侧未启用各向异性过滤的清晰很多了。

提示　　由于本书插图是缩小后黑白印刷的，看起来可能差异不明显，此时请读者使用真机
运行观察。尤其是 PC 版的案例，差距将非常明显。另外，本案例中是通过纹理矩形相
对于摄像机倾斜造成变形来展示各向异性过滤效果的，读者还可以采用其他的变形方式
（比如缩放等）来查看效果。总的来说，变形越严重（即实际画面中的区域与对应纹理区
域的几何形状差异越大），启用与禁用各向异性过滤的绘制效果差异就越明显。

由于当下的 GPU 硬件在实现各向异性过滤时采用的是重用 Mipmap 实现模块的方式，故使用
各向异性过滤时需要基于 Mipmap 纹理进行。因此本节案例 Sample6_11 是从前面 Mipmap 部分的
案例 Sample6_5 修改而来，故下面仅介绍本案例中具有代表性的部分，具体内容如下。

（1）首先给出的是 MyVulkanManager 类中用于创建逻辑设备的 create_vulkan_devices 方法，
其具体代码如下。

代码位置： 见随书中源代码/第 6 章/Sample6_11/app/src/main/cpp/bndev 目录下的 MyVulkanManager.cpp
文件。

```
1    void MyVulkanManager::create_vulkan_devices(){
2        //此处省略了部分代码，需要的读者请自行查看随书源代码
3        VkPhysicalDeviceFeatures pdf;                        //构建物理设备属性实例
4        vk::vkGetPhysicalDeviceFeatures(gpus[0],&pdf);//获取物理设备属性
5        assert(pdf.samplerAnisotropy == VK_TRUE);           //检查是否支持各向异性过滤
6        //此处省略了部分代码，需要的读者请自行查看随书源代码
7    }
```

说明　　上述代码与前面很多案例中的区别不大，主要是增加了第 5 行中用于判断硬件
是否支持各向异性过滤特性的相关代码。

（2）接下来给出的是 TextureManager 类中用于初始化采样器的 initSampler 方法，其具体代码如下。

代码位置： 见随书源代码/第 6 章/Sample6_11/app/src/main/cpp/util 目录下的 TextureManager.cpp
文件。

```
1    void TextureManager::initSampler(VkDevice& device, VkPhysicalDevice& gpu){
2        VkSamplerCreateInfo samplerCreateInfo = {};      //构建采样器创建信息结构体实例
3        //此处省略了与前面案例 Sample6_5 中相同的部分代码
```

```
4        samplerCreateInfo.anisotropyEnable = VK_TRUE; //启用各向异性过滤
5        samplerCreateInfo.maxAnisotropy = 8;          //各向异性过滤最大采样数
6        //此处省略了与前面案例 Sample6_5 中相同的部分代码
7        for (int i = 0; i<SAMPLER_COUNT; i++){        //循环创建 2 个不同的采样器
8            if (i != 0) {                             //若不是第 0 个采样器
9                    samplerCreateInfo.anisotropyEnable = VK_FALSE; //禁用各向异性过滤
10                   samplerCreateInfo.maxAnisotropy = 1; //各向异性过滤最大采样数
11           }
12           //此处省略了与前面案例 Sample6_5 中相同的部分代码
13 }}
```

说明　上述代码中需要特别注意的是第 4~5 行，这两行代码首先设置启用各向异性过滤，然后给出了各向异性过滤的最大采样数。各向异性过滤最大采样数 maxAnisotropy 应设置在 1.0 和设备允许的最大值之间。需要时，开发人员可以根据从物理设备获取的 VkPhysicalDeviceLimits 类型变量的 maxSamplerAnisotropy 属性来获取硬件允许的最大值。另外要注意的就是本案例中创建了两个不同的采样器，第 0 个是启用各向异性过滤的，供绘制场景中右侧的两个纹理矩形时使用；第 1 个是禁用各向异性过滤的，供绘制场景中左侧的两个纹理矩形时使用。

（3）案例中的另外一些 C++代码变化不涉及使用各向异性过滤时所需的核心代码，主要包括：增加了一幅纹理（这样案例中一共两幅内容相同的纹理，分别服务于启用和禁用各向异性过滤时的绘制）；修改了用于加载指定纹理的 init_SPEC_Textures_ForMipMap 方法的参数序列，增加了所加载纹理对应的采样器编号参数；修改了场景绘制方法 drawObject，将绘制 3 行 3 列 9 个纹理矩形变为绘制一行 4 个纹理矩形。上述变化都很简单，这里不再赘述，需要的读者可以参考随书案例中的源代码。

（4）除了需要对案例中的 C++代码进行修改，还需要对片元着色器进行修改，具体代码如下。

代码位置：见随书源代码/第 6 章/Sample6_11/app/src/main/assets/shader 目录下的 commonTex.frag 文件。

```
1   //此处省略了与前面案例 Sample6_5 中相同的部分代码
2   void main() {                                          //主方法
3       outColor=myBufferVals.brightFactor*texture(tex, inTexCoor); //进行纹理采样并计算
                                                                     最终颜色值
4   }
```

说明　上述片元着色器代码变化很小，仅仅是修改了用于进行纹理采样的一行代码，取消了使用传入的细节级别值而直接进行了纹理采样。

本节案例比较简单，目的是帮助读者掌握 Vulkan 中各项异性过滤的基本使用要领。要特别注意在实际开发中，各项异性过滤需要基于前面介绍过的 Mipmap 纹理使用才能产生期望的效果，对普通非 Mipmap 纹理启用各向异性过滤是没有实际效果的。

6.12 本章小结

本章主要介绍了 Vulkan 中纹理映射各方面的相关知识，包括纹理映射的基本原理、纹理拉伸、纹理采样、Mipmap 纹理、多重纹理与过程纹理、压缩纹理的使用、点精灵、3D 纹理、2D 纹理数组以及各向异性过滤等。通过本章的学习，读者应该能够从容应对实际开发中与纹理相关的大部分需求，为后面高级知识的学习打下良好的基础。

第 7 章　更逼真的场景——3D 模型的加载

前面章节所有案例中的 3D 模型都是采用直接给出顶点坐标值（如立方体）或基于数学公式用程序生成坐标值（如球体）的方式，这在一些简单的 3D 场景中已经足够了。但如果要建立一些更加复杂、逼真的 3D 场景，需要采用的物体其几何形状可能会很复杂以至于不能直接用数学公式描述，如游戏中的人物、赛车等模型。

这种情况下一般需要借助 3D 建模工具（如 3ds Max、Maya 等）来建立物体模型，然后导出成特定格式的模型文件并在应用程序中加载渲染。常见的 3D 模型文件格式有 obj、fbx、3ds 等，本章主要介绍 obj 模型文件的加载。

7.1　obj 模型文件概述

介绍如何用程序加载 obj 模型文件之前，首先需要简单了解一下此类文件的格式及导出方式，本节将对这方面的内容进行简要的介绍。

7.1.1　obj 文件的格式

obj 文件是最简单的一种 3D 模型文件，其本质上就是文本文件，只是具有固定的格式而已。obj 文件中将顶点坐标、三角形面、纹理坐标、法向量等信息以固定格式的文本字符串表示，下面给出了一个 obj 文件的片段。

```
1   # Max2Obj Version 4.0 Mar 10th, 2001
2   # Author wyf
3   #
4   v  -19.990179 -34.931675 -18.201921
5   v   20.111662 -34.931675 -18.201921
6   ……
7   v   20.111662 27.748880 21.994425
8   # 8 vertices
9   vt  0.000000 0.000000 0.000000
10  vt  1.000000 0.000000 0.000000
11  ……
12  vt  1.000000 1.000000 0.000000
13  # 12 texture vertices
14  vn  0.000000 0.000000 -1.570796
15  vn  0.000000 0.000000 -1.570796
16  ……
17  vn  0.000000 0.000000 1.570796
18  # 8 vertex normals
19  g (null)
20  f 1/10/1 3/12/3 4/11/4
```

```
21   f 4/11/4 2/9/2 1/10/1
22   ......
23   f 5/4/5 7/3/7 3/1/3
24   # 12 faces
25   g
```

从上述 obj 文件片段中可以看出，其内容是以行为基本单位进行组织的，每种不同前缀开头的行有不同的含义，具体情况如下所列。

● "#"开头的行为注释，在程序加载过程中可以略过。

● "v"开头的行用于存放顶点位置坐标，其后面的 3 个数值分别表示当前顶点的 x、y、z 坐标。

● "vt"开头的行用于存放顶点纹理坐标，其后面的 3 个数值分别表示纹理坐标的 s、t、p 分量。

提示　　　　s、t 纹理坐标读者已经非常熟悉了，P 指的是纹理坐标的深度分量，主要在 3D 纹理采样时使用。从前面第 6 章中可以了解到 Vulkan 能够支持 3D 纹理，但实际开发中使用得不多。

● "vn"开头的行用于存放顶点法向量，其后面的 3 个数值分别表示一个顶点的法向量在 x 轴、y 轴、z 轴上的分量。

● "g"开头的行表示一组的开始，后面的字符串为此组的名称。所谓组是指由顶点组成的一些面的集合。只包含"g"的行表示一组的结束，与"g"开头的行对应。

● "f"开头的行表示组中的一个面，如果是三角形（由于 Vulkan 仅支持三角形，故本书案例中采用的都是三角形）则后面有 3 组用空格分隔的数据，代表三角形 3 个顶点的数据。每组数据中包含 3 个数值，用"/"分隔，依次表示顶点位置坐标数据索引、顶点纹理坐标数据索引、顶点法向量数据索引。

说明　　　　例如，有这样的一行 "f 200/285/200 196/280/196 195/279/195"，其表示三角形中 3 个顶点的坐标来自 200、196、195 号"v"开头的行，3 个顶点的纹理坐标来自 285、280、279 号"vt"开头的行，3 个顶点的法向量来自 200、196、195 号"vn"开头的行。计算行号时各种不同前缀的行是独立计算的，例如前面代码的第 5 行为 "v"开头的 2 号行，第 10 行为 vt 开头的 2 号行，第 15 行为 vn 开头的 2 号行。

还有一点读者需要了解的是，obj 文件中一般顶点坐标与面的数据是必须存在的，而法向量与纹理数据是可选的。

7.1.2　用 3ds Max 设计 3D 模型

7.1.1 节中介绍了 obj 文件的基本格式，可以看出虽然 obj 本质上是文本文件，但也不适合直接由人工录入其各方面的内容。很多的 3D 模型设计工具都可以导出 obj 格式的模型文件，作者采用的是 3ds Max。3ds Max 是一款主流的、非常方便的 3D 建模软件，有着很高的市场占有率。用 3ds Max 设计完 3D 模型后，可以非常方便地导出各种格式的模型文件，当然也包括 obj 文件。

下面简要介绍一下如何用 3ds Max 导出 obj 模型文件，具体步骤如下所列。

（1）首先启动 3ds Max 软件，并用其设计一个 3D 模型，如图 7-1 所示。

（2）接着单击主菜单中的"MAX"图标，弹出下拉菜单后，单击"导出"菜单项，如图 7-2 所示。

▲图 7-1　用 3ds Max 设计 3D 模型

（3）单击"导出"菜单项后，系统将弹出"选择要导出的文件"对话框，输入期望的文件名，并将保存类型设置为"*.OBJ"，然后单击"保存"按钮，如图 7-3 所示。

（4）单击"保存"按钮后系统将弹出"OBJ 导出选项"对话框，首先选择面类型为"三角形"，然后选中纹理坐标选项，最后单击"导出"按钮，即可完成 obj 文件的导出，如图 7-4 所示。

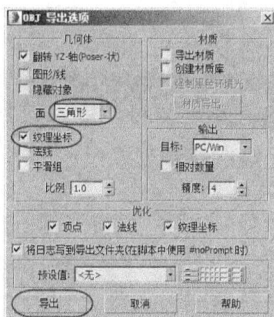

▲图 7-2　选择"导出"菜单项　　　▲图 7-3　选择要导出的文件　　　▲图 7-4　OBJ 导出选项

> **提示**　　面类型一定要设置为"三角形"，否则就不适合 Vulkan 平台的应用程序使用了。纹理坐标选项不一定要选中，应该根据渲染模型时是否需要使用纹理来决定。

7.2　加载 obj 文件

7.1.2 节介绍了 obj 文件的格式以及如何从 3ds Max 导出 obj 文件，本节将通过几个具体的案例来介绍如何将 obj 文件中的数据加载进应用程序中，并用 Vulkan 渲染呈现，具体内容如下。

7.2.1　加载仅有顶点坐标数据与面数据的 obj 文件

本节将给出一个非常简单的加载 obj 文件的案例 Sample7_1，此案例仅加载 obj 文件中的顶点坐标与面数据，其运行效果如图 7-5 所示。

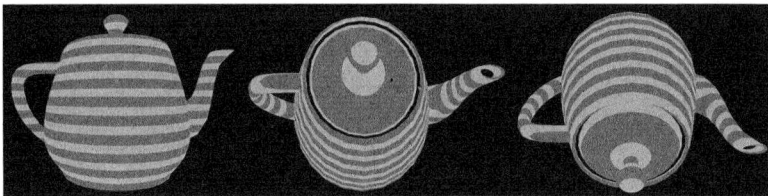

▲图 7-5　案例 Sample7_1 运行效果图

> 💡**说明**　从图 7-5 中可以看出，本案例渲染的是一个茶壶。可以想象，直接用程序自动生成其顶点坐标是非常困难的，因此模型的加载就成为 3D 应用程序开发人员必须掌握的技能之一。另外，案例运行过程中用手指在屏幕上滑动可以旋转茶壶。

了解了本节案例的运行效果后，下面就可以进行代码的开发了。本案例的整体框架与前面章节中的很多案例基本相同，因此这里仅介绍本案例中新增的且具有代表性的部分，具体内容如下。

（1）首先需要开发的是从 obj 模型文件读取 3D 模型数据的工具类——LoadUtil，该类的主要工作是读取 obj 文件中的内容，并将数据组织成便于程序使用的形式。下面首先给出该类的声明，具体代码如下。

✍ **代码位置**：见随书源代码/第 7 章/Sample7_1/src/main/cpp/util 目录下的 LoadUtil.h。

```
1   //此处省略了相关头文件的引用，读者可自行查阅随书源代码
2   class LoadUtil{
3   public:
4     static ObjObject* loadFromFile(const string& fname,VkDevice& device,
5      VkPhysicalDeviceMemoryProperties& memoryroperties);//读取 obj 文件内容生成绘制用物体对象的方法
6   };
```

> 💡**说明**　从上述代码中可以看出，LoadUtil 类比较简单，仅包含一个名称为 loadFromFile 的方法，此方法用于读取指定 obj 文件的内容并生成绘制用物体对象。

（2）了解了 LoadUtil 类的头文件后，下面将对该类中的功能方法 loadFromFile 进行详细介绍。该方法的主要功能是从指定的 obj 文件中加载数据，然后将数据组织成既定的形式，最后再基于数据创建绘制用物体对象，具体代码如下。

✍ **代码位置**：见随书源代码/第 7 章/Sample7_1/src/main/cpp/util 目录下的 LoadUtil.cpp。

```
1   ObjObject* LoadUtil::loadFromFile(const string& vname,
2     VkDevice& device,VkPhysicalDeviceMemoryProperties& memoryroperties){
3     ObjObject* lo;                                      //指向生成的绘制用物体对象的指针
4     vector<float> alv;                                  //存放原始顶点坐标数据的列表
5     vector<float> alvResult;                            //存放结果顶点坐标数据的列表
6     std::string resultStr=FileUtil::loadAssetStr(vname); //将 obj 文件内容加载为字符串
7     vector<string> lines;                               //存放 obj 文件各行字符串的列表
8     splitString(resultStr, "\n", lines);                //用换行符"\n"切分 obj 文件内容
9     vector<string> splitStrs;                           //存放一行内容切分后结果的列表
10    vector<string> splitStrsF;                          //存放一个顶点数据切分后结果的列表
11    string tempContents;                                //声明缓存单行内容的辅助字符串
12    for(int i=0;i<lines.size();i++){                    //遍历 obj 文件中每行的字符串
13        tempContents=lines[i];                          //将当前行内容赋值给辅助字符串
14        if(tempContents.compare("")==0)    { continue; }  //当前行没有内容则跳过
15        string delims ="[ ]+";                          //用于切分每行内容的分隔符字符串
```

```
16              splitStrs.clear();                              //清空上一行数据切分后的结果列表
17              splitString(tempContents,delims, splitStrs);        //用空格符序列切分每行内容
18              if(splitStrs[0]=="v"){                          //若此行为 v 开头则为顶点坐标行
19                  alv.push_back(parseFloat(splitStrs[1].c_str()));
                                                               //将顶点 x 坐标存入原始顶点坐标列表
20                  alv.push_back(parseFloat(splitStrs[2].c_str()));
                                                               //将顶点 y 坐标存入原始顶点坐标列表
21                  alv.push_back(parseFloat(splitStrs[3].c_str()));
                                                               //将顶点 z 坐标存入原始顶点坐标列表
22              }
23              else if(splitStrs[0]=="f"){                     //若此行为 f 开头则为面数据行
24                  int index[3];                               //存放当前面三个顶点编号的数组
25                  string delimsF ="/";                        //用于切分每个顶点数据子串的分隔符
26                  splitStrsF.clear();                         //清空上一个顶点的数据切分结果列表
27                  splitString(splitStrs[1].c_str(),delimsF,splitStrsF); //切分第 1 个顶点的数据
28                  index[0]=parseInt(splitStrsF[0].c_str())-1; //获取当前面第 1 个顶点的编号
29                  alvResult.push_back(alv[3*index[0]]); //将第 1 个顶点的 x 坐标存入结果顶点坐标列表
30                  alvResult.push_back(alv[3*index[0]+1]);
                                                               //将第 1 个顶点的 y 坐标存入结果顶点坐标列表
31                  alvResult.push_back(alv[3*index[0]+2]); //将第 1 个顶点的 z 坐标存入结果顶点坐标列表
32                  splitStrsF.clear();                         //清空第 1 个顶点的数据切分结果列表
33                  splitString(splitStrs[2].c_str(),delimsF,splitStrsF); //切分第 2 个顶点的数据
34                  index[1]=parseInt(splitStrsF[0].c_str())-1; //获取当前面第 2 个顶点的编号
35                  alvResult.push_back(alv[3*index[1]]); //将第 2 个顶点的 x 坐标存入结果顶点坐标列表
36                  alvResult.push_back(alv[3*index[1]+1]); //将第 2 个顶点的 y 坐标存入结果顶点坐标列表
37                  alvResult.push_back(alv[3*index[1]+2]); //将第 2 个顶点的 z 坐标存入结果顶点坐标列表
38                  splitStrsF.clear();                         //清空第 2 个顶点的数据切分结果列表
39                  splitString(splitStrs[3].c_str(),delimsF,splitStrsF); //切分第 3 个顶点的数据
40                  index[2]=parseInt(splitStrsF[0].c_str())-1;//获取当前面第 3 个顶点的编号
41                  alvResult.push_back(alv[3*index[2]]);//将第 3 个顶点的 x 坐标存入结果顶点坐标列表
42                  alvResult.push_back(alv[3*index[2]+1]);//将第 3 个顶点的 y 坐标存入结果顶点坐标列表
43                  alvResult.push_back(alv[3*index[2]+2]);//将第 3 个顶点的 z 坐标存入结果顶点坐标列表
44          }splitStrs.clear();}                                //清空上一行内容切分后的结果列表
45      //此处省略了将数据组织成指定形式的代码，将在下面进行介绍
46  }
```

● 第 1～2 行中参数 vname 为要加载 obj 文件的名称字符串；参数 device 为指定的逻辑设备；参数 memoryroperties 为指定物理设备的内存属性。

● 第 3～11 行声明了处理 obj 文件内容过程中需要用到的一些辅助变量，并通过调用 FileUtil 类中的 loadAssetStr 方法加载 obj 文件的内容字符串。

● 第 18～44 行按照 obj 文件内容的组织标准从之前读取的 obj 文件内容字符串中提取出顶点数据、面数据，并将提取的顶点坐标数据按照卷绕成三角形面的需要依次存入结果顶点坐标列表中。

> ✏️说明　上述代码中多次调用了 splitString 方法，其功能为按照给定的分隔符切分字符串。同时上述代码中还多次调用了 parseFloat 和 parseInt 方法，这两个方法的功能分别为将字符串转换为 float 型数据和 int 型数据。若读者对 splitString、parseFloat 和 parseInt 这 3 个方法感兴趣，请参考随书源代码。

（3）接着介绍前面步骤（2）中省略的将数据组织成指定形式的代码，具体内容如下。

✒️ 代码位置：见随书源代码/第 7 章/Sample7_1/src/main/cpp/util 目录下的 LoadUtil.cpp。

```
1           int vCount=(int)alvResult.size()/3;        //计算出顶点数量
```

```
2            int dataByteCount=vCount*3*sizeof(float);  //计算出顶点数据所占总字节数
3            float* vdataIn=new float[vCount*3];        //顶点数据数组
4            int indexTemp=0;                           //辅助索引
5            for(int i=0;i<vCount;i++){                 //遍历所有顶点
6                vdataIn[indexTemp++]=alvResult[i*3+0];//将当前顶点的 x 坐标存储到顶点数据数组中
7                vdataIn[indexTemp++]=alvResult[i*3+1];//将当前顶点的 y 坐标存储到顶点数据数组中
8                vdataIn[indexTemp++]=alvResult[i*3+2];//将当前顶点的 z 坐标存储到顶点数据数组中
9            }
10           lo=new ObjObject(vdataIn,dataByteCount,vCount,device, memoryroperties);
                                                        //创建绘制用物体对象
11           return lo;                                 //返回指向绘制用物体对象的指针
```

- 第 1～9 行首先计算了顶点数量、顶点数据所占总字节数，然后将结果顶点坐标列表中的数据转存到顶点数据数组中。

- 第 10～11 行调用了 ObjObject 类的构造函数创建了绘制用物体对象，并将其指针返回。

（4）了解了能够从 obj 文件加载物体顶点数据的工具类 LoadUtil 后，还需要对管线封装类 ShaderQueueSuit_Common 进行修改。主要的变化在顶点输入属性信息和管线顶点数据输入状态创建信息中，具体代码如下。

✎ 代码位置：见随书源代码/第 7 章/Sample7_1/src/main/cpp/bndev 目录下的 ShaderQueueSuit_Common.cpp。

```
1   void ShaderQueueSuit_Common::initVertexAttributeInfo(){ //设置顶点输入属性信息的方法
2       vertexBinding.binding = 0;                         //对应绑定点
3       vertexBinding.inputRate = VK_VERTEX_INPUT_RATE_VERTEX;//数据输入频率为每顶点
4       vertexBinding.stride = sizeof(float)*3;            //每组数据的跨度字节数
5       vertexAttribs[0].binding = 0;                      //第 1 个顶点输入属性的绑定点
6       vertexAttribs[0].location = 0;                     //第 1 个顶点输入属性的位置索引
7       vertexAttribs[0].format = VK_FORMAT_R32G32B32_SFLOAT;//第 1 个顶点输入属性的数据格式
8       vertexAttribs[0].offset = 0;                       //第 1 个顶点输入属性的偏移量
9   }
10  void ShaderQueueSuit_Common::create_pipe_line(VkDevice& device,VkRenderPass& ren
derPass){
11      VkPipelineVertexInputStateCreateInfo vi; //管线顶点数据输入状态创建信息结构体实例
12      vi.sType =                               //指定结构体的类型
13       VK_STRUCTURE_TYPE_PIPELINE_VERTEX_INPUT_STATE_CREATE_INFO;
14      vi.pNext = NULL;                         //自定义数据的指针
15      vi.flags = 0;                            //供将来使用的标志
16      vi.vertexBindingDescriptionCount = 1;               //顶点输入绑定描述数量
17      vi.pVertexBindingDescriptions = &vertexBinding;     //顶点输入绑定描述列表
18      vi.vertexAttributeDescriptionCount = 1;             //顶点输入属性描述数量
19      vi.pVertexAttributeDescriptions =vertexAttribs;     //顶点输入属性描述列表
20  //此处省略了一些完成其他工作的代码，读者可自行查阅随书源代码。
21  }
```

- 第 1～9 行为用于设置顶点输入属性信息的 initVertexAttributeInfo 方法。需要注意的是由于本案例中仅从 obj 文件加载了物体的顶点位置坐标（包含 x、y、z 分量），故每组数据的跨度字节数为 sizeof(float)*3。

- 第 11～19 行首先构建了管线顶点数据输入状态创建信息结构体实例，然后设置了此结构体的几个属性。需要注意的是顶点输入属性描述数量应设为 1，对应于案例中仅采用了顶点位置坐标属性。

（5）从图 7-5 中可以看出，本案例中渲染的茶壶上有两种颜色相间的条纹，这一效果是在片元着色器中编程实现的，具体代码如下。

✏️ **代码位置：** 见随书源代码/第 7 章/Sample7_1/src/main/assets/shader 目录下的 commonTexLight.frag。

```
1    #version 400                                            //着色器版本号
2    #extension GL_ARB_separate_shader_objects:enable   //启动 GL_ARB_separate_shader_objects
3    #extension GL_ARB_shading_language_420pack:enable  //启动 GL_ARB_shading_language_420pack
4    layout (std140,set = 0, binding = 0) uniform bufferVals {   //一致变量块
5        float brightFactor;                                //亮度调节系数
6    } myBufferVals;
7    layout (location = 0) in vec3 vPosition;               //顶点着色器传入的位置坐标数据
8    layout (location = 0) out vec4 outColor;               //输出到渲染管线的片元颜色值
9    void main() {                                          //主函数
10       vec4 bColor=vec4(0.678,0.231,0.129,0);             //深红色
11       vec4 mColor=vec4(0.763,0.657,0.614,0);             //淡红色
12       float y=vPosition.y;                               //提取当前片元的 y 坐标值
13       y=mod((y+100.0)*4.0,4.0);                          //折算出区间值
14       if(y>1.8) {                                        //判断区间值是否大于指定值
15           outColor = bColor;                             //设置片元颜色为深红色
16       }else{                                             //若区间值不大于指定值
17           outColor = mColor;                             //设置片元颜色为淡红色
18       }
19       outColor=myBufferVals.brightFactor*outColor;       //计算片元最终颜色值
20   }
```

> 💡**说明**　　上述片元着色器中最大的特色是接收了传递过来的片元位置坐标数据，根据位置坐标的 y 分量值计算出当前片元是在深红色还是淡红色条文中，进而确定当前处理片元的颜色值。要注意的是，由于从顶点着色器传递过来的位置坐标是物体的原始坐标（不是基本变换后世界坐标系中的坐标），因此案例运行时条纹是固定在茶壶上的，随着茶壶的旋转而旋转。另外，本案例中的顶点着色器与前面很多案例中的基本相同，这里不再赘述，需要的读者请参考随书源代码。

7.2.2　加载后自动计算面法向量

7.2.1 节案例中渲染茶壶采用了条纹着色策略，看起来效果不是很好，立体感不够强。这是因为现实世界中的物体都是有光照的，有了光照以后层次感、立体感都会增加很多。因此本节将给出一个根据加载的顶点及三角形面的数据自动计算面法向量并施加光照的案例，其运行效果如图 7-6 所示。

▲图 7-6　案例 Sample7_2 运行效果图

> 💡**说明**　　从图 7-6 中可以看出，添加了光照效果后，茶壶的立体感增加了很多。因此实际开发中只要条件允许，一般都会采用光照。

　　了解了本案例的运行效果后，下面就可以进行案例的开发了。实际上本案例是由 7.2.1 节的案例 Sample7_1 修改而来，因此这里仅介绍本案例中有代表性部分，具体内容如下。

　　（1）为了便于面法向量的计算，本案例在 LoadUtil 类中增加了两个辅助方法，并对 loadFromFile 方法进行了修改，使其能够生成面法向量数据。下面就介绍两个辅助方法的实现以及对 loadFromFile 方法做出的修改，具体代码如下。

✍ 代码位置：见随书源代码/第 7 章/Sample7_2/src/main/cpp/util 目录下的 LoadUtil.cpp。

```
1    float* getCrossProduct(float x1,float y1,float z1,float x2,float y2,float z2){
                                                  //求两个向量叉积的方法
2        float A=y1 * z2 - y2 * z1;              //求出两个向量的叉积向量在 x 轴的分量 A
3        float B=z1 * x2 - z2 * x1;              //求出两个向量的叉积向量在 y 轴的分量 B
4        float C=x1 * y2 - x2 * y1;              //求出两个向量的叉积向量在 z 轴的分量 C
5        return new float[3]{A,B,C};             //返回叉积结果向量
6    }
7    float* vectorNormal(float *vector){         //向量规格化的方法
8        float module = (float)sqrt(vector[0]*vector[0]+vector[1]*vector[1]+vector[2]
*vector[2]);                                    //求向量的模
9        return new float[3]{vector[0]/module,vector[1]/module,vector[2]/module};
                                                //返回规格化的向量
10   }
11   ObjObject* LoadUtil::loadFromFile(const string& vname,VkDevice& device,
12    VkPhysicalDeviceMemoryProperties& memoryroperties){//读取 obj 文件内容生成绘制用物体对象的方法
13       ObjObject* lo;                         //指向生成的绘制用物体对象的指针
14       vector<float> alv;                     //存放原始顶点坐标数据的列表
15       vector<float> alvResult;               //存放结果顶点坐标数据的列表
16       vector<float> alnResult;               //存放结果法向量数据的列表
17       //此处省略了部分声明辅助变量的代码，与上一个案例中的相同。
18       for(int i=0;i<lines.size();i++){       //遍历 obj 文件中每行的字符串
19               //此处省略了与上一个案例中相同的部分代码，读者可自行查阅随书源代码。
20               float vxa=x1-x0; float vya=y1-y0; float vza=z1-z0; //求三角形中第 1 个点
                 到第 2 个点的向量
21               float vxb=x2-x0; float vyb=y2-y0; float vzb=z2-z0; //求三角形中第 1 个点
                 到第 3 个点的向量
22               float *vNormal =          //通过计算两个向量的叉积计算出此三角形面的法向量
23                   vectorNormal(getCrossProduct(vxa,vya,vza,vxb,vyb,vzb));
24               for(int i=0;i<3;i++){          //遍历当前三角形的 3 个顶点
25                   alnResult.push_back(vNormal[0]);//将计算出的法向量 x 分量添加到结果法向量列表中
26                   alnResult.push_back(vNormal[1]);//将计算出的法向量 y 分量添加到结果法向量列表中
27                   alnResult.push_back(vNormal[2]);//将计算出的法向量 z 分量添加到结果法向量列表中
28           }}splitStrs.clear();}
29       int vCount=(int)alvResult.size()/3;    //计算顶点数量
30       int dataByteCount=vCount*6*sizeof(float); //技术顶点数据所占总字节数
31       float* vdataIn=new float[vCount*6];     //顶点数据数组
32       int indexTemp=0;                        //辅助索引
33       for(int i=0;i<vCount;i++){              //遍历所有的顶点
34           vdataIn[indexTemp++]=alvResult[i*3+0];//将当前顶点 x 坐标转存到顶点数据数组中
35           vdataIn[indexTemp++]=alvResult[i*3+1];//将当前顶点 y 坐标转存到顶点数据数组中
36           vdataIn[indexTemp++]=alvResult[i*3+2];//将当前顶点 z 坐标转存到顶点数据数组中
37           vdataIn[indexTemp++]=alnResult[i*3+0];//将面法向量 x 分量转存到顶点数据数组中
38           vdataIn[indexTemp++]=alnResult[i*3+1];//将面法向量 y 分量转存到顶点数据数组中
39           vdataIn[indexTemp++]=alnResult[i*3+2];//将面法向量 z 分量转存到顶点数据数组中
40       }
41       lo=new ObjObject(vdataIn,dataByteCount,vCount,device, memoryroperties);
                                                //创建绘制用物体对象
```

```
42        return lo;                                  //返回指向绘制用物体对象的指针
43    }
```

● 第 1～10 行实现了求两个向量叉积的方法和规格化向量的方法。

● 第 18～28 行为本案例中增加的用于计算每个三角形面的法向量并将计算结果存入结果法向量列表的代码。基本的计算思路为，首先求出三角形中一个点到另外两个点的向量，然后将求出的两个向量进行叉积即可得出三角形面的法向量。

● 第 29～40 行首先计算最终总的顶点数量和顶点数据总字节数并创建对应尺寸的顶点数据数组，然后基于之前提取的和计算出的数据根据卷绕组成物体所需的各个三角形面的需要依次将顶点坐标数据和法向量数据转存到顶点数据数组中，最后调用 ObjObject 类的构造函数创建了绘制用物体对象，并将其指针返回。

（2）上面已经详细介绍了根据 obj 模型文件中加载的点、面数据计算面法向量的方法，接下来最主要的工作就是将增加的法向量数据连同顶点位置坐标数据一起传入渲染管线。因此还需要对顶点输入属性信息和管线顶点数据输入状态创建信息进行修改，具体代码如下。

代码位置：见随书源代码/第 7 章/Sample7_2/src/main/cpp/bndev 目录下的 ShaderQueueSuit_Common.cpp。

```
1   void ShaderQueueSuit_Common::initVertexAttributeInfo(){         //设置顶点输入属性信息
2       vertexBinding.binding = 0;                                  //对应绑定点
3       vertexBinding.inputRate = VK_VERTEX_INPUT_RATE_VERTEX;      //数据输入频率为每顶点
4       vertexBinding.stride = sizeof(float)*6;                     //每组数据的跨度字节数
5       vertexAttribs[0].binding = 0;                               //第 1 个顶点输入属性的绑定点
6       vertexAttribs[0].location = 0;                              //第 1 个顶点输入属性的位置索引
7       vertexAttribs[0].format = VK_FORMAT_R32G32B32_SFLOAT;       //第 1 个顶点输入属性的数据格式
8       vertexAttribs[0].offset = 0;                                //第 1 个顶点输入属性的偏移量
9       vertexAttribs[1].binding = 0;                               //第 2 个顶点输入属性的绑定点
10      vertexAttribs[1].location = 1;                              //第 2 个顶点输入属性的位置索引
11      vertexAttribs[1].format = VK_FORMAT_R32G32B32_SFLOAT;       //第 2 个顶点输入属性的数据格式
12      vertexAttribs[1].offset = 12;                               //第 2 个顶点输入属性的偏移量
13  }
14  void ShaderQueueSuit_Common::create_pipe_line(VkDevice& device,VkRenderPass& renderPass){
15      VkPipelineVertexInputStateCreateInfo vi;                    //管线顶点数据输入状态创建信息
16      vi.sType =                                                  //指定结构体类型
17          VK_STRUCTURE_TYPE_PIPELINE_VERTEX_INPUT_STATE_CREATE_INFO;
18      vi.pNext = NULL;                                            //自定义数据的指针
19      vi.flags = 0;                                               //供将来使用的标志
20      vi.vertexBindingDescriptionCount = 1;                       //顶点输入绑定描述数量
21      vi.pVertexBindingDescriptions = &vertexBinding;             //顶点输入绑定描述列表
22      vi.vertexAttributeDescriptionCount = 2;                     //顶点输入属性描述数量
23      vi.pVertexAttributeDescriptions =vertexAttribs;             //顶点输入属性描述列表
24  //此处省略了一些完成其他工作的代码，读者可自行查阅随书源代码。
25  }
```

● 第 1～13 行为设置顶点输入属性信息的 initVertexAttributeInfo 方法。由于与 7.2.1 节的案例相比本案例中增加了法向量数据（包含 x、y、z 分量），因此每组数据的跨度字节数为 sizeof(float)*6。其中第 1 个顶点输入属性服务于顶点位置坐标数据，第 2 个顶点输入属性服务于顶点法向量数据。

● 第 15～23 行首先构建了管线顶点数据输入状态创建信息结构体实例，然后设置了此结构体的几个属性。需要注意的是顶点输入属性描述数量应设为 2，对应于本案例中同时采用了顶点位置坐标属性和顶点法向量属性。

另外前面已经提到，本案例中渲染的茶壶是施加了光照效果的。因此本案例中还增加了一些用于初始化光照计算所需数据并将这些数据传入渲染管线的相关代码，同时还对顶点着色器和片元着色器进行了一些调整。由于这部分内容与之前介绍光照的第 5 章中的对应内容基本一致，故这里不再赘述，需要的读者可自行查阅随书源代码。

7.2.3　加载后自动计算平均法向量

7.2.2 节的案例成功为加载的物体添加了光照效果，但从图 7-6 中应该会发现茶壶的表面不是平滑的，而是由很多的小平面组成。这是因为 7.2.2 节中采用的是面法向量，而绘制平滑曲面时应该采用点平均法向量。

> 💡**提示**　点平均法向量是指当一个顶点属于不止一个平面时，其法向量采用其所属多个平面各自法向量的平均值。采用点平均法向量后，绘制出来的物体表面就平滑了。

本节将给出一个对加载的物体采用点平均法向量进行光照渲染的案例 Sample7_3，其运行效果如图 7-7 所示。

▲图 7-7　案例 Sample7_3 运行效果图

了解了本案例的运行效果后，下面就可以进行案例的开发了。很明显，本案例与 7.2.2 节案例的不同之处仅在于法向量的计算方式。因此本节仅介绍与计算点平均法向量相关的部分，具体内容如下。

（1）为了便于计算点平均法向量，首先需要在项目中添加一个表示顶点法向量的类——Normal。下面给出该类的声明，具体代码如下。

> 📝**代码位置：**见随书源代码/第 7 章/Sample7_3/src/main/cpp/util 目录下的 Normal.h。

```
1    //此处省略了相关头文件的导入，读者自行查看随书源代码
2    class Normal{                              //代表法向量的类，此类的一个对象表示一个法向量
3    public:
4        float nx; float ny; float nz;          //法向量在 x、y、z 方向的分量
5        static bool exist(Normal* normal,set<Normal*> sn);//判断一个向量是否在指定集合中的方法
6        static float *getAverage(set<Normal*> sn);     //求平均向量的方法
7        Normal(float nx,float ny,float nz);     //构造函数
8        ~Normal();                              //析构函数
9    };
```

> 💡**说明**　从上述代码中可以看出，Normal 类并不复杂，本身仅包含 3 个成员变量，分别用于记录对应法向量的 x、y、z 分量。另外，此类中还包含了两个静态的工具方法，用于实现平均法向量的计算。

（2）了解了 Normal 类的头文件后，下面开始介绍该类的实现，具体代码如下。

代码位置：见随书源代码/第 7 章/Sample7_3/src/main/cpp/util 目录下的 Normal.cpp。

```
1   //此处省略了相关头文件的导入，读者请自行查看随书源代码
2   float DIFF=0.0000001f;                                //判断两个向量是否相同的阈值
3   Normal::Normal(float nx, float ny, float nz){         //构造函数
4       this->nx=nx;this->ny=ny;this->nz=nz;             //接收当前向量的 x、y、z 方向分量值并保存
5   }
6   bool Normal:: exist (Normal *nIn,set<Normal*> sn){    //判断一个向量是否在指定集合中的方法
7       for(Normal* nTemp: sn){                          //遍历指定集合中的所有向量
8           if(abs(nTemp->nx-nIn->nx)<DIFF&&abs(nTemp->ny-nIn->ny)<DIFF
9               &&abs(nTemp->nz-nIn->nz)<DIFF)           //判断两个向量是否相等
10          {return true;}}                              //若相等则返回 true
11      return false;                                    //若集合中没有相同向量则返回 false
12  }
13  float *Normal::getAverage(set<Normal*> sn){          //求向量平均值的方法
14      float *result =new float[3];                     //存放结果向量 x、y、z 分量值的数组
15      for(Normal* tempHsn:sn){                         //遍历集合中的所有向量
16          result[0]+= tempHsn->nx;                     //叠加集合中所有向量的 x 分量
17          result[1]+= tempHsn->ny;                     //叠加集合中所有向量的 y 分量
18          result[2]+= tempHsn->nz;                     //叠加集合中所有向量的 z 分量
19      }
20      return LoadUtil::vectorNormal(result);           //将求和后的向量规格化以得到平均向量
21  }
```

- 第 3～5 行为 Normal 类的构造函数，其主要工作是接收当前向量 x、y、z 的 3 个方向分量的值并保存。

- 第 6～12 行为判断一个向量是否在指定集合中的 exist 方法。需要特别注意的是，由于浮点数有计算误差，事实上相等的两个向量其浮点值也很难做到绝对一致。因此比较时需要设定一个阈值，当差小于阈值时就认为相等，本案例中采用的阈值为 0.0000001。

- 第 13～21 行为求一组向量平均值的 getAverage 方法。具体的计算策略为，首先将所有向量的 x、y、z 分量值各自求和得到和向量，然后再将和向量规格化即可得到平均向量。要注意的是采用这种计算策略时要求参与计算的向量都是规格化的向量，否则在求和之前需要对每个向量进行规格化。

（3）接着对加载 obj 模型文件的工具类 LoadUtil 进行了修改，使其可以产生顶点的平均法向量数据，具体代码如下。

代码位置：见随书源代码/第 7 章/Sample7_3/src/main/cpp/util 目录下的 LoadUtil.cpp。

```
1   ObjObject* LoadUtil::loadFromFile(const string& vname,VkDevice& device,
2   VkPhysicalDeviceMemoryProperties& memoryroperties){//读取 obj 文件内容生成绘制用物体对象的方法
3       ObjObject* lo;                                   //指向生成的绘制用物体对象的指针
4       vector<float> alv;                               //存放原始顶点坐标数据的列表
5       vector<float> alvResult;                         //存放结果顶点坐标数据的列表
6       vector<int> alFaceIndex;                         //存放三角形面顶点编号的列表
7       map<int,set<Normal*>> hmn;                       //存放各顶点法向量列表的 map
8       //此处省略了声明部分变量的代码，与上一个案例中的相同。
9       for(int i=0;i<lines.size();i++){
10          //此处省略了与上一个案例中相同的部分代码，读者可自行查阅随书源代码。
11          alFaceIndex.push_back(index[0]);             //记录三角形面第 1 个顶点的编号
12          alFaceIndex.push_back(index[1]);             //记录三角形面第 2 个顶点的编号
13          alFaceIndex.push_back(index[2]);             //记录三角形面第 3 个顶点的编号
14          for (int tempIndex : index){//将此三角形面的法向量记录到此面 3 个顶点各自的法向量集合中
15                  set <Normal*> setN= hmn[tempIndex];//由顶点编号获取对应的法向量集合
```

```
16              Normal *normal =new Normal(vNormal[0], vNormal[1], vNormal[2]);
                                             //创建法向量对象
17              if(!Normal::exist(normal, setN)){ //判断当前法向量是否不在当前点的
                                                    法向量集合中
18                  setN.insert(normal); //若不在,则将该法向量添加到当前点的法向量集合中
19              }
20              hmn[tempIndex] = setN;     //更新 map 中当前点的法向量集合
21      }}splitStrs.clear();
22  }
23  int vCount = (int)alvResult.size() / 3; //计算顶点数量
24  int dataByteCount = vCount * 6 * sizeof(float);//计算顶点数据所占总字节数
25  float* vdataIn = new float[vCount * 6];           //创建顶点数据数组
26  set<Normal*> setNTemp;                    //存放一个顶点法向量集合的辅助变量
27  float *nTemp;                             //指向存放向量三分量数据数组的指针
28  int indexTemp = 0;                        //辅助索引
29  for (int i = 0; i<vCount; i++){           //遍历所有的顶点
30      vdataIn[indexTemp++] = alvResult[i * 3 + 0];//将顶点 x 坐标转存到顶点数据数组中
31      vdataIn[indexTemp++] = alvResult[i * 3 + 1];//将顶点 y 坐标转存到顶点数据数组中
32      vdataIn[indexTemp++] = alvResult[i * 3 + 2];//将顶点 z 坐标转存到顶点数据数组中
33      setNTemp= (hmn[alFaceIndex.at(i)]);          //获取当前顶点的法向量集合
34      nTemp=Normal::getAverage(setNTemp);          //求出此顶点的平均法向量
35      vdataIn[indexTemp++] = nTemp[0];   //将平均法向量的 x 分量转存到顶点数据数组中
36      vdataIn[indexTemp++] = nTemp[1];   //将平均法向量的 y 分量转存到顶点数据数组中
37      vdataIn[indexTemp++] = nTemp[2];   //将平均法向量的 z 分量转存到顶点数据数组中
38  }
39  lo = new ObjObject(vdataIn, dataByteCount, vCount, device, memoryroperties);
                                             //创建绘制用物体对象
40  rcturn lo;                               //返回指向绘制用物体对象的指针
41  }
```

说明　与 7.2.2 节面法向量的案例不同,上述代码在计算出各个面的法向量后不是直接送入结果法向量列表,而是将不同的法向量记录进各个顶点对应的法向量集合中。当所有面的法向量计算结束后,再求出各个顶点的平均法向量,接着将数据转存到顶点数据数组以供创建绘制用物体对象。另外第 7 行声明的 map 型变量 hmn 的键为顶点编号,值为该顶点所在各个平面的法向量集合。

7.2.4 加载纹理坐标

7.2.3 节给出了对加载后的物体采用点平均法向量实施光照的案例,效果已经很不错。但现实世界中的物体其表面并不一定是纯色的,可能是有花纹的,如白瓷的手绘茶壶。本节将给出加载物体时也加载纹理坐标信息的案例 Sample7_4,其运行效果如图 7-8 所示。

▲图 7-8　案例 Sample7_4 运行效果图

　　了解了本案例的运行效果后，下面就可以进行案例的开发了。实际上本案例仅是将 7.2.3 节的案例 Sample7_3 复制了一份并进行了修改，因此这里仅介绍本案例中有代表性的部分，具体内容如下。

　　（1）首先对用于加载 obj 模型文件的工具类 LoadUtil 进行了修改，使其可以从 obj 模型文件中加载纹理坐标数据，具体代码如下。

　　📎 **代码位置：见随书源代码/第 7 章/Sample7_4/src/main/cpp/util 目录下的 LoadUtil.cpp。**

```
1   ObjObject* LoadUtil::loadFromFile(const string& vname,VkDevice& device,
2   VkPhysicalDeviceMemoryProperties& memoryroperties){//读取obj文件内容生成绘制用物体对象的方法
3       vector<float> alt;                              //存放原始纹理坐标数据的列表
4       vector<float> altResult;                        //存放结果纹理坐标数据的列表
5       //此处省略了声明部分变量的代码，读者可自行查阅随书源代码。
6       for(int i=0;i<lines.size();i++){                //遍历obj文件中每行的字符串
7           //此处省略了与前面案例相同的代码，读者可自行查阅随书源代码。
8           else if(splitStrs[0]=="vt"){               //若此行为vt开头则为纹理坐标行
9               alt.push_back(parseFloat(splitStrs[1].c_str()));//将纹理s坐标存入原
                始纹理坐标列表
10              alt.push_back(1-parseFloat(splitStrs[2].c_str()));//将纹理t坐标存入
                原始纹理坐标列表
11          }else if(splitStrs[0]=="f"){               //若此行为f开头则为面数据行
12              //此处省略了提取及记录三角形面第1个顶点坐标数据的代码，与上一个案例相同。
13              int indexTex=parseInt(splitStrsF[1].c_str())-1;//获取三角形面第1个顶
                点的纹理坐标编号
14              altResult.push_back(alt[indexTex*2]);//将第1个顶点的纹理s坐标存入结果
                纹理坐标列表
15              altResult.push_back(alt[indexTex*2+1]);//将第1个顶点的纹理t坐标存入结
                果纹理坐标列表
16              //此处省略了提取及记录三角形面第2个顶点坐标数据的代码，与上一个案例相同。
17              indexTex=parseInt(splitStrsF[1].c_str())-1;  //获取三角形面第2个顶点
                的纹理坐标编号
18              altResult.push_back(alt[indexTex*2]);//将第2个顶点的纹理s坐标存入结果
                纹理坐标列表
19              altResult.push_back(alt[indexTex*2+1]);//将第2个顶点的纹理t坐标存入结
                果纹理坐标列表
20              //此处省略了提取及记录三角形面第3个顶点坐标数据的代码，与上一个案例相同。
21              indexTex=parseInt(splitStrsF[1].c_str())-1;//获取三角形面第3个顶点的
                纹理坐标编号
22              altResult.push_back(alt[indexTex*2]);//将第3个顶点的纹理s坐标存入结果
                纹理坐标列表
23              altResult.push_back(alt[indexTex*2+1]);//将第3个顶点的纹理t坐标存入结
                果纹理坐标列表
24              //此处省略了与上一案例中相同的代码，读者可自行查阅随书源代码。
25          }}splitStrs.clear();
26      }
27      int vCount = (int)alvResult.size() / 3;         //计算顶点数量
28      int dataByteCount = vCount * 8 * sizeof(float); //计算顶点数据所占总字节数
29      float* vdataIn = new float[vCount * 8];          //创建顶点数据数组
30      //此处省略了声明计算点平均法向量所需辅助变量的代码，与上一个案例中的相同。
```

```
31        for (int i = 0; i<vCount; i++){                    //遍历所有顶点
32            //此处省略了转存顶点坐标数据的代码，与上一个案例中的相同。
33                vdataIn[indexTemp++]=altResult[i*2+0];       //将纹理 s 坐标转存到顶点数据数组中
34                vdataIn[indexTemp++]=altResult[i*2+1];       //将纹理 t 坐标转存到顶点数据数组中
35            //此处省略了转存点平均法向量的代码，与上一个案例中的相同。
36        }
37        lo = new ObjObject(vdataIn, dataByteCount, vCount, device, memoryroperties);
                                                              //创建绘制用物体对象
38        return lo;                                         //返回指向绘制用物体对象的指针
39    }
```

- 上述代码中主要是增加了从 obj 文件中加载顶点纹理坐标数据，并将纹理坐标数据按需组织到顶点数据数组中，供创建绘制用物体对象使用的相关代码，其他部分与前面案例中的基本相同。

- 另外，本书前面第 6 章中 6.1 节曾经介绍过，在 Vulkan 坐标系统中，纹理坐标的原点是纹理图的左上角，但也有些 3D 系统中采用的是以纹理图左下角为原点、s 轴向右、t 轴向上的纹理坐标系统，obj 文件中的纹理坐标系统就是如此。因此在上述代码中，第 10 行提取 t 轴纹理坐标时采用了"$T_{本书}=1.0-T_{左下角为原点}$"的公式进行了 t 轴纹理坐标的转换。

（2）了解了如何从 obj 文件中提取纹理坐标数据后，接下来最主要的工作就是将增加的纹理坐标数据连同顶点位置坐标、法向量数据一起传入渲染管线，因此还需要对顶点输入属性信息和管线顶点数据输入状态创建信息进行修改，具体代码如下。

✎ **代码位置：**见随书源代码/第 7 章/Sample7_4/src/main/cpp/bndev 目录下的 ShaderQueueSuit_Common.cpp。

```
1   void ShaderQueueSuit_Common::initVertexAttributeInfo(){ //设置顶点输入属性信息的方法
2        vertexBinding.binding = 0;                          //对应绑定点
3        vertexBinding.inputRate = VK_VERTEX_INPUT_RATE_VERTEX;//数据输入频率为每顶点
4        vertexBinding.stride = sizeof(float)*8;             //每组数据的跨度字节数
5        vertexAttribs[0].binding = 0;                       //第 1 个顶点输入属性的绑定点
6        vertexAttribs[0].location = 0;                      //第 1 个顶点输入属性的位置索引
7        vertexAttribs[0].format = VK_FORMAT_R32G32B32_SFLOAT;//第 1 个顶点输入属性的数据格式
8        vertexAttribs[0].offset = 0;                        //第 1 个顶点输入属性的偏移量
9        vertexAttribs[1].binding = 0;                       //第 2 个顶点输入属性的绑定点
10       vertexAttribs[1].location = 1;                      //第 2 个顶点输入属性的位置索引
11       vertexAttribs[1].format = VK_FORMAT_R32G32_SFLOAT;  //第 2 个顶点输入属性的数据格式
12       vertexAttribs[1].offset = 12;                       //第 2 个顶点输入属性的偏移量
13       vertexAttribs[2].binding = 0;                       //第 3 个顶点输入属性的绑定点
14       vertexAttribs[2].location = 2;                      //第 3 个顶点输入属性的位置索引
15       vertexAttribs[2].format = VK_FORMAT_R32G32B32_SFLOAT;//第 3 个顶点输入属性的数据格式
16       vertexAttribs[2].offset = 20;                       //第 3 个顶点输入属性的偏移量
17   }
18   void ShaderQueueSuit_Common::create_pipe_line(VkDevice& device,VkRenderPass& renderPass){
19       VkPipelineVertexInputStateCreateInfo vi;            //管线顶点数据输入状态创建信息
20       vi.sType = VK_STRUCTURE_TYPE_PIPELINE_VERTEX_INPUT_STATE_CREATE_INFO;
21       vi.pNext = NULL;                                    //自定义数据的指针
22       vi.flags = 0;                                       //供将来使用的标志
23       vi.vertexBindingDescriptionCount = 1;              //顶点输入绑定描述数量
24       vi.pVertexBindingDescriptions = &vertexBinding;    //顶点输入绑定描述列表
25       vi.vertexAttributeDescriptionCount = 3;            //顶点输入属性描述数量
26       vi.pVertexAttributeDescriptions =vertexAttribs;    //顶点输入属性描述列表
27   //此处省略了一些完成其他工作的代码，读者可自行查阅随书源代码。
28   }
```

- 第 1～17 行为设置顶点输入属性信息的 initVertexAttributeInfo 方法，整体框架与之前案例中的一致。需要注意的是，本案例中每个顶点输入属性包括顶点位置坐标（x、y、z）、纹理坐标（s、t）、法向量（*x*、*y*、*z*），因此每组数据的跨度字节数为 sizeof(float)*8。

● 第 19～26 行为构建管线顶点数据输入状态创建信息结构体实例的相关代码，与之前案例中唯一的不同之处是本案例中将顶点输入属性描述数量修改为 3。

本案例中用到的着色器主要是在上一个案例中着色器的基础上增加了接收纹理采样器、纹理坐标数据以及进行纹理采样的相关代码。由于有关接收纹理采样器、纹理坐标数据以及进行纹理采样的代码在第 6 章的案例中已经详细介绍过，故这里不再赘述，需要的读者请参考随书源代码进行学习。

7.2.5　加载顶点法向量

前面几个案例中使用的法向量都是加载 obj 文件后再根据顶点坐标计算得到的，这样不仅提高了程序开发的工作量，还会降低运行速度。如果在导出 3D 模型时，在 OBJ 导出选项中勾选法线选项，便可导出带有法向量的 obj 文件，在加载时便可将法向量数据一起加载。本节中将给出一个加载带有法向量的 obj 文件的案例 Sample7_5。

> 提示　从用户角度来看，案例 Sample7_5 与案例 Sample7_4 的效果是完全相同的，只是案例 Sample7_5 的法向量数据是从 obj 文件中直接加载，更方便些。

该案例实际上是由 7.2.4 节的案例修改而来，主要是将其中表示顶点法向量的 Normal 类删除，同时对从 obj 文件读入数据并创建绘制用物体对象的工具类 LoadUtil 进行了修改。故这里仅给出修改后 LoadUtil 类中 loadFromFile 方法的实现，具体代码如下。

代码位置：见随书源代码/第 7 章/Sample7_5/src/main/cpp/util 目录下的 LoadUtil.cpp。

```
1   ObjObject* LoadUtil::loadFromFile(const string& vname,VkDevice& device,
2   VkPhysicalDeviceMemoryProperties& memoryroperties){//读取obj文件内容生成绘制用物体对象的方法
3       ObjObject * lo;                              //指向生成的绘制用物体对象的指针
4       //此处省略了部分变量的声明，与上一个案例中的相同。
5       vector<float> aln;                           //存放原始法向量数据的列表
6       vector<float>alnResult;                      //存放结果法向量数据的列表
7       //此处省略了与前面案例相同的代码，读者可自行查阅随书源代码。
8       for(int i=0;i<lines.size();i++){             //遍历obj文件中每行的字符串
9           //此处省略了与前面案例相同的代码，读者可自行查阅随书源代码。
10          else if(splitStrs[0]=="vn"){             //若此行为vn开头则为法向量数据行
11              aln.push_back(parseFloat(splitStrs[1].c_str()));
                                                     //将法向量x分量存入原始法向量列表
12              aln.push_back(parseFloat(splitStrs[2].c_str()));
                                                     //将法向量y分量存入原始法向量列表
13              aln.push_back(parseFloat(splitStrs[3].c_str()));
                                                     //将法向量z分量存入原始法向量列表
14          }else if(splitStrs[0]=="f"){             //若此行为f开头则为面数据行
15              //此处省略了提取及记录第1个顶点位置坐标和纹理坐标数据的代码，与上一个案例相同
16              int indexN=parseInt(splitStrsF[2].c_str())-1;
                                                     //获取三角形面第1个顶点的法向量编号
17              alnResult.push_back(aln[3*indexN]);//将第1个顶点法向量的x分量存入结果法向量列表
18              alnResult.push_back(aln[3*indexN+1]);//将第1个顶点法向量的y分量存入结果法向量列表
19              alnResult.push_back(aln[3*indexN+2]);//将第1个顶点法向量的z分量存入结果法向量列表
20              //此处省略了提取及记录第2个顶点位置坐标和纹理坐标数据的代码，与上一个案例相同
```

```
21          indexN=parseInt(splitStrsF[2].c_str())-1;//获取三角形面第 2 个顶点的法向量编号
22          alnResult.push_back(aln[3*indexN]);//将第 2 个顶点法向量的 x 分量存入结果法向量列表
23          alnResult.push_back(aln[3*indexN+1]);//将第 2 个顶点法向量的 y 分量存入结
            果法向量列表
24          alnResult.push_back(aln[3*indexN+2]);//将第 2 个顶点法向量的 z 分量存入结
            果法向量列表
25          //此处省略了提取及记录第 3 个顶点位置坐标和纹理坐标数据的代码，与上一个案例相同
26          indexN=parseInt(splitStrsF[2].c_str())-1;//获取三角形面第 3 个顶点的法向量编号
27          alnResult.push_back(aln[3*indexN]);//将第 3 个顶点法向量的 x 分量存入结果法向量列表
28          alnResult.push_back(aln[3*indexN+1]);//将第 3 个顶点法向量的 y 分量存入结
            果法向量列表
29          alnResult.push_back(aln[3*indexN+2]);//将第 3 个顶点法向量的 z 分量存入结
            果法向量列表
30      }splitStrs.clear();
31   }
32   int vCount=(int)alvResult.size()/3;                //计算顶点数量
33   int dataByteCount=vCount*8*sizeof(float);          //计算顶点数据所占总字节数
34   float* vdataIn=new float[vCount*8];                //创建顶点数据数组
35   int indexTemp=0;                                   //辅助索引
36   for(int i=0;i<vCount;i++){                         //遍历每个顶点
37       //此处省略了与上一个案例相同的转存顶点位置坐标数据和纹理坐标数据的代码。
38       vdataIn[indexTemp++]=alnResult[i*3+0];         //将法向量 x 分量转存到顶点数据数组中
39       vdataIn[indexTemp++]=alnResult[i*3+1];         //将法向量 y 分量转存到顶点数据数组中
40       vdataIn[indexTemp++]=alnResult[i*3+2];         //将法向量 z 分量转存到顶点数据数组中
41   }
42   lo=new ObjObject(vdataIn,dataByteCount,vCount,device, memoryroperties);
                                                        //创建绘制用物体对象
43   return lo;                                          //返回指向绘制用物体对象的指针
44 }
```

● 第 5~6 行声明了新增的原始法向量列表和结果法向量列表，其中原始法向量列表存放的是从 obj 文件读取的原始法向量，结果法向量列表依次存放的是各个三角形面对应顶点的相应法向量。

● 第 8~30 行通过加载的 obj 文件内容提取顶点位置坐标、纹理坐标、法向量以及面数据，并根据提取的信息将绘制所需的各个顶点的位置坐标、纹理坐标、法向量数据分别存入对应的结果列表中。

● 第 32~43 行首先计算了顶点数量、顶点数据总字节数并创建了对应尺寸的顶点数据数组，然后将结果法向量列表中的数据转存到顶点数据数组中，最后调用 ObjObject 类的构造函数创建了绘制用物体对象，并将指向绘制用物体对象的指针返回。

7.3 双面光照

前面介绍的 3D 茶壶是有盖的封闭物体，因此，在顶点着色器中只进行了正面的光照计算，且在程序中打开了背面剪裁，这些都有助于提高程序的运行效率。但对于非封闭物体，如果还继续采用上述策略，则在某些情况下会造成不正确的绘制效果。

以前面的案例 Sample7_3 为例，若将加载的模型换成无盖的茶壶，则在某些角度进行观察时会看不到正确的绘制效果，如图 7-9 所示。

> ✏️说明　从图 7-9 中可以看出，在对无盖的 3D 茶壶（非封闭物体）进行渲染时，由于打开了背面剪裁，因此茶壶的内侧是不可见的。当观察到内侧时就产生了不正确的绘制效果，例如透过内侧看到了外面的茶壶把手和壶嘴。

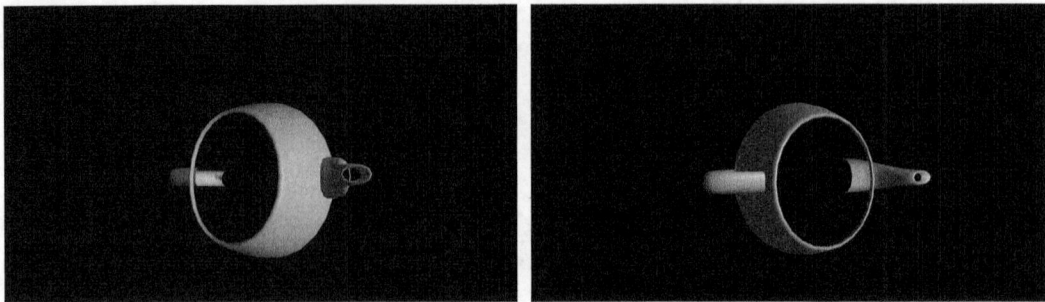

▲图 7-9　开启背面剪裁仅执行正面光照的无盖茶壶运行效果图

若此时关闭背面剪裁（有关背面剪裁的介绍请参看前面第 4 章的 4.10 节），则可以看到茶壶内侧了，具体效果如图 7-10 所示。

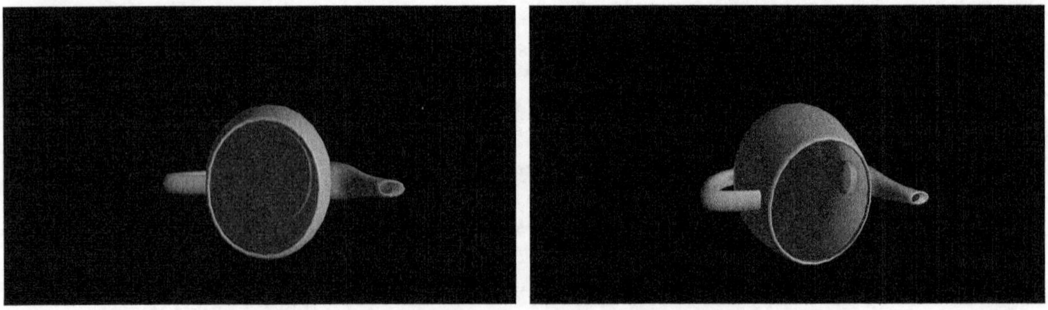

▲图 7-10　关闭背面剪裁仅执行正面光照的无盖茶壶运行效果图

> **说明**　从图 7-10 中可以看出，虽然可以看到茶壶的内侧了，但由于没有使用双面光照，内侧只有环境光的效果。而环境光较暗，因此内侧看得不是很清楚。另外，读者若是想看到如同上述图 7-9 与图 7-10 的运行效果只需将案例 Sample7_3 中的"ch.obj"替换为本章案例 Sample7_6 中的"ch.obj"，并简单修改代码运行即可。

从上述讲解中可以看出，对于非封闭物体想要得到正确的绘制效果，一方面需要关闭背面剪裁，另一方面需要采用双面光照。下面将给出一个使用双面光照的案例 Sample7_6，具体开发步骤如下。

（1）复制案例 Sample7_3，将其重命名为 Sample7_6，并将其中的"ch.obj"文件替换为无盖茶壶的版本，同时在代码中设置关闭背面剪裁。

（2）前面已经介绍了直接从 obj 文件加载法向量的方法，因此本案例中使用的法向量也采用直接从 obj 文件加载的方式。故还需要将 Sample7_6 中加载 obj 模型文件的工具类 LoadUtil 类替换为 Sample7_5 中的 LoadUtil，并删除其中有关读取和组装顶点纹理坐标数据的相关代码。

（3）完成上面两步后，C++部分的代码就算开发完成了，接下来需要将顶点着色器修改为使用双面光照的版本，具体代码如下。

代码位置： 见随书源代码/第 7 章/Sample7_6/src/main/assets/shader 目录下的 commonTexLight.vert。

```
1    #version 400                                      //着色器版本号
2    #extension GL_ARB_separate_shader_objects:enable //开启 GL_ARB_separate_shader_objects
3    #extension GL_ARB_shading_language_420pack:enable //开启 GL_ARB_shading_language_420pack
4    layout (std140,set = 0, binding = 0) uniform bufferVals {    //一致变量块
```

```
5        vec4 uCamera;                              //摄像机位置
6        vec4 lightPosition;                        //光源位置
7        vec4 lightAmbient;                         //环境光强度
8        vec4 lightDiffuse;                         //散射光强度
9        vec4 lightSpecular;                        //镜面光强度
10   } myBufferVals;
11   layout (push_constant) uniform constantVals{ //推送常量块
12       mat4 mvp;                                  //最终变换矩阵
13       mat4 mm;                                   //基本变换矩阵
14   } myConstantVals;
15   layout (location = 0) in vec3 pos;            //输入的顶点位置
16   layout (location = 1) in vec3 inNormal;       //输入的法向量
17   layout (location = 0) out vec4 outLightQD;    //输出到片元着色器的正面光照强度
18   layout (location = 1) out vec4 outLightQDBack;  //输出到片元着色器的反面光照强度
19   out gl_PerVertex {                            //输出接口块
20   vec4 gl_Position;                             //内建变量 gl_Position
21   };
22   //此处省略了定位光光照计算的方法，读者可自行查阅随书源代码
23   void main(){
24       //此处省略了进行正面光照计算的代码，读者可自行查阅随书源代码
25       outLightQDBack=pointLight(                                      //计算反面的光照强度
26                           myConstantVals.mm,                          //基本变换矩阵
27                           myBufferVals.uCamera.xyz,                   //摄像机位置
28                           myBufferVals.lightPosition.xyz,             //光源位置
29                           myBufferVals.lightAmbient,                  //环境光强度
30                           myBufferVals.lightDiffuse,                  //散射光强度
31                           myBufferVals.lightSpecular,                 //镜面光强度
32                           inNormal,                                   //法向量（反面的）
33                           pos                                         //顶点位置
34                           );
35       gl_Position = myConstantVals.mvp * vec4(pos,1.0);               //计算顶点最终位置
36   }
```

> **提示**　　此顶点着色器与前面介绍光照的第 6 章案例中的基本相同，只是在该顶点着色器中增加了对 3D 物体的反面进行光照计算的相关代码以及声明了传递给片元着色器的物体反面最终光照强度的变量 outLightQDBack。同时请注意第 32 行进行反面光照计算时采用的法向量是正面法向量的负值。

（4）介绍完了对顶点着色器的修改后，下面将详细介绍对片元着色器的修改。该片元着色器与前面案例 Sample7_3 中片元着色器的不同之处是增加了对 3D 物体反面部分最终片元颜色值计算的相关代码，具体内容如下。

代码位置： 见随书源代码/第 7 章/Sample7_6/src/main/assets/shader 目录下的 commonTexLight.frag。

```
1    #version 400                                   //着色器版本号
2    #extension GL_ARB_separate_shader_objects:enable //开启 GL_ARB_separate_shader_objects
3    #extension GL_ARB_shading_language_420pack:enable //开启 GL_ARB_shading_language_420pack
4    layout (location = 0) out vec4 outColor;       //输出到渲染管线的最终片元颜色值
5    layout (location = 0) in vec4 inLightQD;       //顶点着色器传入的正面最终光照强度
6    layout (location = 1) in vec4 inLightQDBack;   //顶点着色器传入的反面最终光照强度
7    void main() {                                  //主函数
8        vec4 finalColor=vec4(0.9,0.9,0.9,1.0);    //片元的原始颜色值
9        if(gl_FrontFacing) {                       //若当前片元是正面
10           outColor=inLightQD*finalColor;         //给此片元正面颜色值
```

```
11          } else{                                  //若当前片元是反面
12              outColor=inLightQDBack*finalColor;  //给此片元反面颜色值
13      }}
```

提示　上述片元着色器主要是实现了对 3D 物体的正、反面进行最终片元颜色的计算。其具体思路为根据内建变量 gl_FrontFacing 来判断当前处理的片元是位于物体的正面还是反面，并且进行相应的计算处理，获得该片元的最终颜色值。

修改完成后，运行案例 Sample7_6，效果如图 7-11 所示。

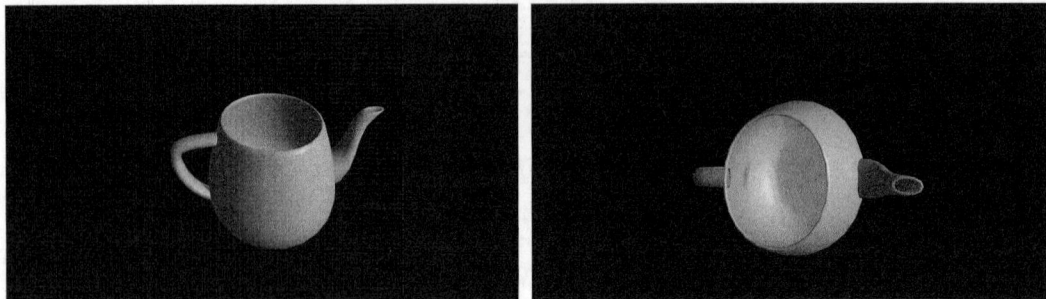

▲图 7-11　对无盖茶壶进行双面光照计算的运行效果

说明　从图 7-11 中可以看出，现在的无盖 3D 茶壶极为真实，无论是从外侧看还是从内侧看，茶壶的光照效果都是非常正常的，不再有前面图 7-9、图 7-10 中显示的那些问题。

从上述案例的介绍中可以看出，掌握了正面光照的计算后想升级为双面光照是很简单的。只需要增加反面光照计算的相关代码，并在片元着色器中根据内建变量 gl_FrontFacing 的值判断当前处理的片元是位于物体的正面还是反面，然后对片元应用相应面（正面或反面）的最终颜色即可。

7.4　本章小结

本章主要介绍了如何利用 3ds Max 软件来导出 obj 模型文件，以及如何在应用程序中加载 obj 模型进行渲染。有了加载模型的能力后，读者的开发能力应该有了质的提升，可以开发出任意几何形状的 3D 物体了，这也为后面制作复杂的 3D 场景打下了良好的基础。

第8章　独特的场景渲染技术——混合与雾

前面的章节介绍了很多 Vulkan 开发的基础知识，掌握了这些基础知识已经具备了搭建一些简单场景的能力。但这还远远不够。本章将在这个基础上更上一层楼，将会向读者介绍两种独特的场景渲染技术，混合与雾。

8.1　混合技术

到目前为止，本书案例场景中的物体都是不透明的，这在很多情况下已经能够满足需求。但现实世界中还有很多半透明的物体，如果希望在场景中真实再现此类物体，最常用的技术就是混合。本节将详细介绍混合各方面的知识，最后再给出两个使用混合的小案例。

8.1.1　基本知识

顾名思义，混合技术就是将两个片元进行调和，主要实现策略为将通过各项测试准备进入帧缓冲的片元（源片元）与帧缓冲中相同位置的原有片元（目标片元）按照设定的比例加权计算出最终片元的颜色值。也就是在启用了混合的情况下，新片元将不再是直接覆盖缓冲区中相同位置的原片元，具体情况如图 8-1 所示。

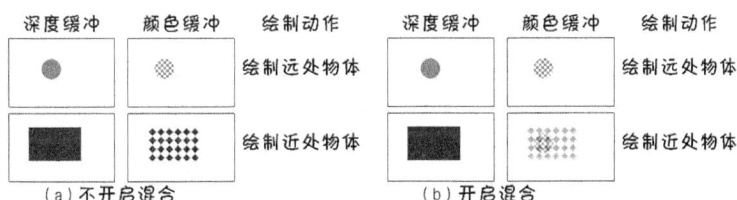

▲图 8-1　通过混合实现半透明原理

> 说明　从图 8-1 中可以看出，开启了混合以后，最终看到的场景是近处的物体透出了一些远处物体的内容。当然透过比例的多少取决于参数的设置，后面将详细介绍。另外，图 8-1 深度缓冲中颜色越深表示深度越小，这是因为从灰度值的角度考虑值越大颜色越浅。

从前面的介绍中已经知道，混合前首先需要设定加权比例。Vulkan 中是通过设置混合因子来指定两个片元的加权比例的，每次都需要给出两个混合因子，具体情况如下。

- 第 1 个是源因子，其用于确定将进入帧缓冲的片元在最终片元中的比例。
- 第 2 个是目标因子，其用于确定原帧缓冲中的片元在最终片元中的比例。

由于 Vulkan 中的每个颜色值包括 4 个色彩通道，因此两种因子都有 4 个分量值，分别对应于一个色彩通道，具体的混合计算细节如下。

● 设源因子和目标因子分别为$[S_r, S_g, S_b, S_a]$和$[D_r, D_g, D_b, D_a]$，S 表示是源因子，D 表示是目标因子，r、g、b、a 下标分别表示红、绿、蓝、透明度 4 个色彩通道。

● 设源片元与目标片元的颜色值分别为$[R_s, G_s, B_s, A_s]$和$[R_d, G_d, B_d, A_d]$，其中 R、G、B、A 分别表示红、绿、蓝、透明度 4 个色彩通道，s 下标表示源片元，d 下标表示目标片元。另外，由于 Vulkan 还支持双源混合计算（也就是同时有两个源片元的情况），故第 1 个源片元的颜色值为$[R_{s_0}, G_{s_0}, B_{s_0}, A_{s_0}]$，第 2 个源片元的颜色值为$[R_{s_1}, G_{s_1}, B_{s_1}, A_{s_1}]$。在大部分情况下，混合时是仅有一个源片元参与的，此时仅仅使用$[R_{s_0}, G_{s_0}, B_{s_0}, A_{s_0}]$进行混合计算。

● 混合后最终片元颜色各个色彩通道的值是由颜色混合方程式计算而来，Vulkan 系统提供的常用颜色混合方程式如表 8-1 所示。

表 8-1　　　　　　　　　　　　　Vulkan 系统提供的混合方程式

方程式名称	最终片元颜色各个色彩通道值的计算细节
VK_BLEND_OP_ADD	$[R_{s_0}S_r+R_dD_r, G_{s_0}S_g+G_dD_g, B_{s_0}S_b+B_dD_b, A_{s_0}S_a+A_dD_a]$
VK_BLEND_OP_SUBTRACT	$[R_{s_0}S_r-R_dD_r, G_{s_0}S_g-G_dD_g, B_{s_0}S_b-B_dD_b, A_{s_0}S_a-A_dD_a]$
VK_BLEND_OP_REVERSE_SUBTRACT	$[R_dD_r-R_{s_0}S_r, G_dD_g-G_{s_0}S_g, B_dD_b-B_{s_0}S_b, A_dD_a-A_{s_0}S_a]$
VK_BLEND_OP_MIN	$[\min(R_{s_0},R_d), \min(G_{s_0},G_d), \min(B_{s_0},B_d), \min(A_{s_0},A_d)]$
VK_BLEND_OP_MAX	$[\max(R_{s_0},R_d), \max(G_{s_0},G_d), \max(B_{s_0},B_d), \max(A_{s_0},A_d)]$

> ✒提示　　经过混合方程式计算后，最终片元的某些通道值可能会超过 1.0，此时渲染管线会自动执行截取操作，将大于 1.0 的通道值设置为 1.0。

一般情况下，将混合方程式设置为 VK_BLEND_OP_ADD 来计算最终片元颜色各个色彩通道的值。有特殊需要时，也可以设置采用其他几种混合方程式，具体的设置代码如下。

```
1   VkPipelineColorBlendAttachmentState att_state;    //管线颜色混合附件状态结构体实例
2   att_state.colorBlendOp = VK_BLEND_OP_ADD;         //设置 RGB (红绿蓝)色彩通道混合方程式
3   att_state.alphaBlendOp = VK_BLEND_OP_ADD;         //设置 A(透明度)通道混合方程式
```

> ✒说明　　从上述代码中可以看出，Vulkan 中设置混合方程式时，RGB 色彩通道和 A 色彩通道是分别设置的，这就给开发提供了更大的灵活性。另外为了称呼的简便，有时也将混合方程式称为混合方式。

8.1.2　源因子和目标因子

从 8.1.1 节的介绍中可以看出，运用混合技术时最重要的就是设置合适的混合因子。在一些其他的 3D 渲染平台中，混合因子 4 个通道的值可以由开发人员自由设置，如 OpenGL、DirectX 等。但 Vulkan 出于简化的考虑，不允许开发人员任意设置混合因子的值，只允许开发人员根据需要从系统预置的因子值中选取，常用的混合因子值如表 8-2 所示。

表 8-2　　　　　　　　　　　Vulkan 系统预置的源因子和目标因子

混合因子名称	RGB 混合因子	A 混合因子
VK_BLEND_FACTOR_ZERO	[0, 0, 0]	0
VK_BLEND_FACTOR_ONE	[1, 1, 1]	1

续表

混合因子名称	RGB 混合因子	A 混合因子
VK_BLEND_FACTOR_SRC_COLOR	$[Rs_0, Gs_0, Bs_0]$	As_0
VK_BLEND_FACTOR_ONE_MINUS_SRC_COLOR	$[1-Rs_0,1-Gs_0,1-Bs_0]$	$1-As_0$
VK_BLEND_FACTOR_DST_COLOR	$[Rd, Gd, Bd]$	Ad
VK_BLEND_FACTOR_ONE_MINUS_DST_COLOR	$[1- Rd, 1- Gd, 1- Bd]$	$1-Ad$
VK_BLEND_FACTOR_SRC_ALPHA	$[As_0, As_0, As_0]$	As_0
VK_BLEND_FACTOR_ONE_MINUS_SRC_ALPHA	$[1- As_0, 1- As_0, 1- As_0]$	$1-As_0$
VK_BLEND_FACTOR_DST_ALPHA	$[Ad, Ad, Ad]$	Ad
VK_BLEND_FACTOR_ONE_MINUS_DST_ALPHA	$[1- Ad, 1- Ad, 1- Ad]$	$1-Ad$
VK_BLEND_FACTOR_CONSTANT_COLOR	$[Rc,Gc,Bc]$	Ac
VK_BLEND_FACTOR_ONE_MINUS_CONSTANT_COLOR	$[1-Rc,1-Gc,1-Bc]$	$1-Ac$
VK_BLEND_FACTOR_CONSTANT_ALPHA	$[Ac,Ac,Ac]$	Ac
VK_BLEND_FACTOR_ONE_MINUS_CONSTANT_ALPHA	$[1-Ac,1-Ac,1-Ac]$	$1-Ac$
VK_BLEND_FACTOR_SRC_ALPHA_SATURATE	$[f,f,f]; f = min(As_0,1-Ad)$	1
VK_BLEND_FACTOR_SRC1_COLOR	$[Rs_1,Gs_1,Bs_1]$	As_1
VK_BLEND_FACTOR_ONE_MINUS_SRC1_COLOR	$[1-Rs_1,1-Gs_1,1-Bs_1]$	$1-As_1$
VK_BLEND_FACTOR_SRC1_ALPHA	$[As_1,As_1,As_1]$	As_1
VK_BLEND_FACTOR_ONE_MINUS_SRC1_ALPHA	$[1-As_1,1-As_1,1-As_1]$	$1-As_1$

提示　混合因子名称中有 SRC 的代表各通道值来自源片元，有 DST 的代表各通道值来自目标片元，另外 VK_BLEND_FACTOR_SRC_ALPHA_SATURATE 只能用作源因子。

表 8-2 中每行右侧的两个列给出了此行混合因子 RGBA 的 4 个通道的值，执行混合时渲染管线将采用这些值依照 8.1.1 节给出的计算方法进行计算。下面的代码片段展示了如何在程序中设置所需的源因子和目标因子，具体内容如下。

```
1  VkPipelineColorBlendAttachmentState att_state;          //管线颜色混合附件状态结构体实例
2  att_state.srcColorBlendFactor=VK_BLEND_FACTOR_SRC_ALPHA;  //设置源颜色混合因子
3  att_state.dstColorBlendFactor=                           //设置目标颜色混合因子
4         VK_BLEND_FACTOR_ONE_MINUS_SRC_ALPHA;
5  att_state.srcAlphaBlendFactor=VK_BLEND_FACTOR_SRC_ALPHA;  //设置源透明度混合因子
6  att_state.dstAlphaBlendFactor=                           //设置目标透明度混合因子
7         VK_BLEND_FACTOR_ONE_MINUS_SRC_ALPHA;
```

说明　上述代码中的 srcColorBlendFactor 和 srcAlphaBlendFactor 分别为源因子的颜色混合参数和透明度混合参数，这里选择的是 VK_BLEND_FACTOR_SRC_ALPHA；dstColorBlendFactor 和 dstAlphaBlendFactor 分别为目标因子的颜色混合参数和透明度混合参数，这里选择的是 VK_BLEND_FACTOR_ONE_MINUS_SRC_ALPHA。

实际开发中，读者可以根据混合效果的需求选择不同的源因子与目标因子组合，恰当的组合可以产生很好的效果。下面给出两种常用的组合，具体情况如下所列。

● 源因子设置为 VK_BLEND_FACTOR_SRC_ALPHA，目标因子设置为 VK_BLEND_FACTOR_ONE_MINUS_SRC_ALPHA，即源因子的值和目标因子的值分别为[As0, As0, As0, As0]和[1-As0, 1-As0, 1-As0, 1-As0]。此组合实现的是最典型的半透明遮挡效果，若源片元是透明的，则根据透明度透过后面一定比例的内容；若源片元不透明，则仅能看到源片元。因此，使用此组合时往往会采用半透明的纹理或颜色对源片元着色。

● 源因子设置为 VK_BLEND_FACTOR_SRC_COLOR，目标因子设置为 VK_BLEND_FACTOR_ONE_MINUS_SRC_COLOR，即源因子的值和目标因子的值分别为[Rs_0, Gs_0, Bs_0, As_0]和[1- Rs_0, 1- Gs_0, 1- Bs_0, 1-As_0]。此组合可以实现滤光镜效果，也就是平时透过有色眼镜或玻璃窗观察事物的感觉。与第一种常用组合不同，此组合不要求源片元的颜色或纹理是半透明的。

表 8-2 混合因子名称中有"CONSTANT"的代表使用预设颜色对应色彩通道的值作为相应的因子值，其中的 Rc、Gc、Bc、Ac 分别代表预设颜色 RGBA 的 4 个色彩通道的值。下面的代码片段展示了如何设置预设颜色，具体内容如下。

```
1   VkPipelineColorBlendStateCreateInfo cb;        //管线颜色混合状态创建信息结构体实例
2   cb.blendConstants[0] = 1.0f;                   //预设颜色 R 通道的值
3   cb.blendConstants[1] = 1.0f;                   //预设颜色 G 通道的值
4   cb.blendConstants[2] = 1.0f;                   //预设颜色 B 通道的值
5   cb.blendConstants[3] = 1.0f;                   //预设颜色 A 通道的值
```

> 📝说明
>
> 上述代码很简单，其中第 2 ~ 5 行分别设置了预设颜色 RGBA 的 4 个色彩通道的值。由于这里只是简单的示意，因此 4 个色彩通道值都设置成了 1.0，实际开发中读者应该根据需要灵活设置。

有些读者应该会想到，通过灵活使用上述预设颜色技术就可以实际达到开发人员自定义混合因子各个色彩通道值的目的了。

8.1.3　简单混合效果的案例

8.1.2 节中介绍了两种常用的混合因子组合，本节将通过两个简单的案例来说明这两种混合因子组合的使用。首先给出的是采用滤光镜效果因子组合的案例 Sample8_1，其运行效果如图 8-2 所示。

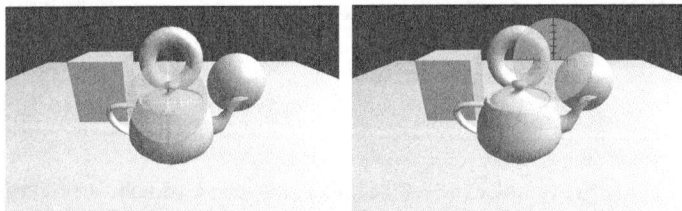

▲图 8-2　案例 Sample8_1 运行效果图

> 📝提示
>
> 从图 8-2 中可以看出，场景中有一个可以移动的类似枪瞄镜的圆形，透过圆形可以看到后面的物体。本案例中的圆形实际是绿色的，由于黑白印刷的原因读者可能看得不是很清楚，此时请读者自行运行本案例进行观察。另外，案例运行时手指触摸屏幕的左右两侧，滤光镜圆形会左右移动，手指触摸屏幕中间的上下两侧，滤光镜会上下移动，如图 8-3 所示。
>
>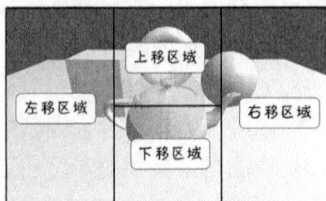
>
> ▲图 8-3　触控区域

了解了案例的运行效果及操控方式后就可以介绍案例的开发步骤了，具体内容如下。

（1）首先用 3ds Max 设计 5 个基本物体（平面、圆环、茶壶、立方体、圆球）模型，并导出成 obj 文件放入项目的 assets 目录下的 model 文件夹内待用。

（2）开发出搭建场景的基本代码，包括加载物体、摆放物体、计算光照等。这些代码与前面章节的许多案例基本套路完全一致，因此这里不再赘述。

（3）开发一个纹理矩形顶点数据类 RectData，用来提供绘制滤光镜的纹理矩形所需的顶点数据。这部分内容与前面章节很多案例中的非常类似，这里也不再赘述。

（4）准备好本案例中需要用到的滤光镜纹理图片（lgq.bntex），其内容如图 8-4 所示。

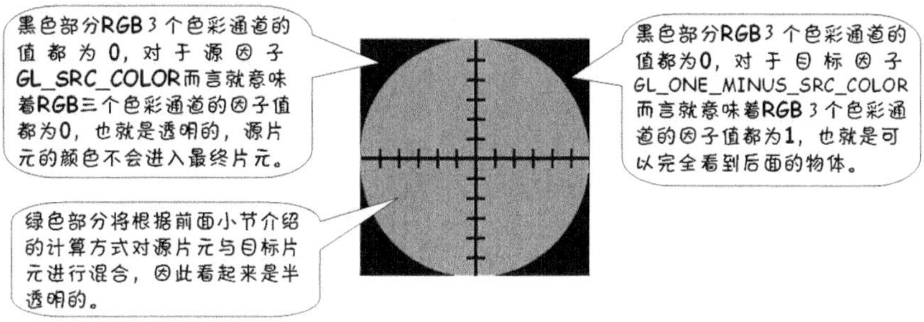

黑色部分RGB 3 个色彩通道的值都为 0，对于源因子 GL_SRC_COLOR 而言就意味着RGB三个色彩通道的因子值都为 0，也就是透明的，源片元的颜色不会进入最终片元。

黑色部分RGB 3 个色彩通道的值都为0，对于目标因子 GL_ONE_MINUS_SRC_COLOR 而言就意味着RGB 3 个色彩通道的因子值都为1，也就是可以完全看到后面的物体。

绿色部分将根据前面小节介绍的计算方式对源片元与目标片元进行混合，因此看起来是半透明的。

▲图 8-4　本案例中的滤光镜纹理图

（5）接着在管线封装类 ShaderQueueSuit_CommonTex 的 create_pipe_line 方法中开启混合，并设置所需的混合参数，具体代码如下。

✎ **代码位置：** 见随书源代码/第 8 章/Sample8_1/src/main/cpp/bndev 目录下的 ShaderQueueSuit_CommonTex.cpp。

```
1   VkPipelineColorBlendAttachmentState att_state[1];      //管线颜色混合附件状态数组
2   att_state[0].colorWriteMask = 0xf;                     //设置写入掩码
3   att_state[0].blendEnable = VK_TRUE;                    //开启混合
4   att_state[0].alphaBlendOp = VK_BLEND_OP_ADD;           //设置 Alpha 通道混合方式
5   att_state[0].colorBlendOp = VK_BLEND_OP_ADD;           //设置 RGB 通道混合方式
6   att_state[0].srcColorBlendFactor = VK_BLEND_FACTOR_SRC_COLOR;   //设置源颜色混合因子
7   att_state[0].dstColorBlendFactor =                     //设置目标颜色混合因子
8                       VK_BLEND_FACTOR_ONE_MINUS_SRC_COLOR;
9   att_state[0].srcAlphaBlendFactor = VK_BLEND_FACTOR_SRC_COLOR; //设置源 Alpha 混合因子
10  att_state[0].dstAlphaBlendFactor =                     //设置目标 Alpha 混合因子
11                      VK_BLEND_FACTOR_ONE_MINUS_SRC_COLOR;
```

● 第 2 行设置了 RGBA 的 4 个色彩通道的写入掩码，此掩码本质上为一个整数。掩码的有效部分为最低位的 4 个比特，每个比特代表一个色彩通道的写入情况，由高到低的 4 个比特分别对应于 A、B、G、R 的 4 个色彩通道。若比特值为 1，代表对应的色彩通道值正常写入结果，为 0 则表示对应的色彩通道值不写入结果。上述代码中掩码值为 0xf，4 个比特位全是 1，代表 A、B、G、R 的 4 个色彩通道的值都正常写入结果。

● 第 3 行开启了混合，第 4~5 行分别设置了 Alpha 通道和 RGB 通道的混合方式。

● 第 6~11 行分别设置了 RGB 通道和 Alpha 通道的源混合因子与目标混合因子，采用的混合因子组合就是前面介绍过的滤光镜组合。其中源混合因子为 VK_BLEND_FACTOR_SRC_COLOR，目标混合因子为 VK_BLEND_FACTOR_ONE_MINUS_SRC_COLOR。

想实现半透明的滤光镜效果不但可以采用滤光镜因子组合，还可以采用 8.1.2 节介绍的第一种常见因子组合。下面将案例 Sample8_1 复制，并进行简单修改得到采用第一种常见因子组合的案例 Sample8_1a，其运行效果如图 8-5 所示。

从图 8-5 中可以看出，采用第一种混合因子组合也可以产生滤光镜的效果。下面简要介绍一下案例中需要修改的部分，具体内容如下。

（1）将原来黑色背景的纹理图改为透明背景，同时将绿色的瞄准镜圆形设置为半透明，改动后的纹理如图 8-6 所示。

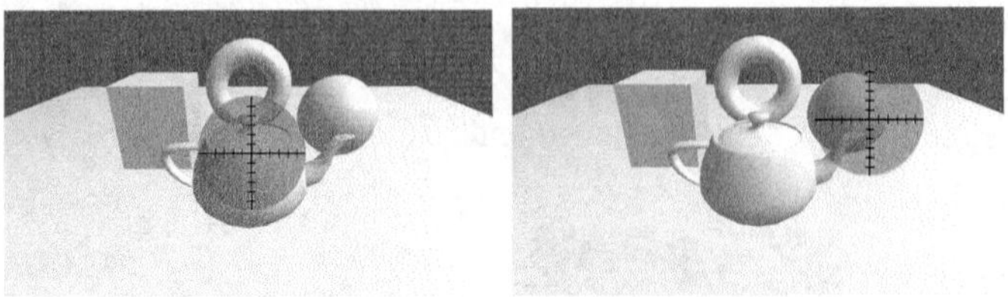

▲图 8-5　案例 Sample8_1a 运行效果图 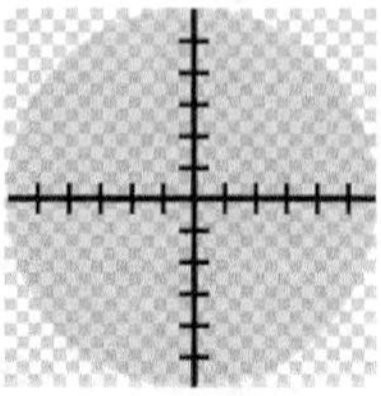　　　　▲图 8-6　修改后的半透明纹理

💡提示　　　图 8-6 中灰白相间的格子表示透明背景，这种表示方式是业内约定俗成的。

（2）完成了纹理图的修改后，就可以进行代码的修改了，主要是修改管线封装类 ShaderQueueSuit_CommonTex 的 create_pipe_line 方法中与混合设置相关的部分，具体情况如下。

🖊代码位置：见随书源代码/第 8 章/Sample8_1a/src/main/cpp/bndev 目录下的 ShaderQueueSuit_CommonTex.cpp。

```
1   VkPipelineColorBlendAttachmentState att_state[1];            //管线颜色混合附件状态数组
2   att_state[0].colorWriteMask = 0xf;                           //设置写入掩码
3   att_state[0].blendEnable = VK_TRUE;                          //开启混合
4   att_state[0].alphaBlendOp = VK_BLEND_OP_ADD;                 //设置 Alpha 通道混合方式
5   att_state[0].colorBlendOp = VK_BLEND_OP_ADD;                 //设置 RGB 通道混合方式
6   att_state[0].srcColorBlendFactor = VK_BLEND_FACTOR_SRC_ALPHA;//设置源颜色混合因子
7   att_state[0].dstColorBlendFactor =                          //设置目标颜色混合因子
8                        VK_BLEND_FACTOR_ONE_MINUS_SRC_ALPHA;
9   att_state[0].srcAlphaBlendFactor = VK_BLEND_FACTOR_SRC_ALPHA;//设置源 Alpha 混合因子
10  att_state[0].dstAlphaBlendFactor =                          //设置目标 Alpha 混合因子
11                       VK_BLEND_FACTOR_ONE_MINUS_SRC_ALPHA;
```

💡说明　　　上述代码中主要修改的是第 6～11 行，将其中 RGB 通道和 Alpha 通道的源混合因子与目标混合因子设置为前面介绍的第一种因子组合。其中源混合因子为 VK_BLEND_FACTOR_SRC_ALPHA，目标混合因子为 VK_BLEND_FACTOR_ONE_MINUS_SRC_ALPHA。

本节仅仅通过案例介绍了两种常用混合因子组合的简单使用，有兴趣的读者还可以尝试其他的一些组合，可能会产生意想不到的效果。

8.2　地月系云层效果的实现

前面第 6 章曾经介绍过一个地月系场景的案例 Sample6_6，本节将使用混合技术对其进行升级（升级后的案例为 Sample8_2），为地月系场景中的地球添加云层，升级后案例的运行效果如图 8-7 所示。

从图 8-7 中可以看出，添加了云层后地球更加真实了。下面请读者首先了解一下本案例中用于呈现云层的纹理 cloud.bntex，其内容如图 8-8 所示。

▲图 8-7　案例 Sample8_2 运行效果图

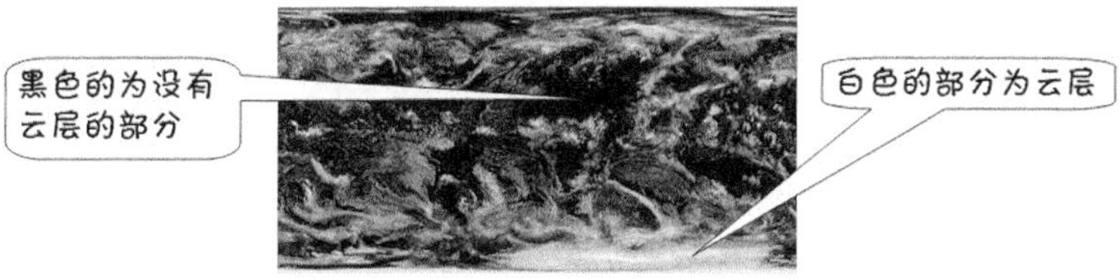

黑色的为没有云层的部分

白色的部分为云层

▲图 8-8　云层纹理

从图 8-8 中可以看出，此纹理并不是透明的，因此读者一定以为本案例将采用前面介绍的第二种因子组合。其实不然，由于本书介绍的是功能强大的 Vulkan，因此本案例还可以继续采用第一种因子组合，不过需要在片元着色器中根据纹理采样值的灰度设置片元的透明度。

了解了云层纹理的基本使用策略和案例的运行效果后，就可以进行案例的开发了。由于实际上本案例仅仅是将案例 Sample6_6 复制了一份并进行了修改，因此这里仅给出修改的主要步骤，具体内容如下。

（1）首先在案例中加入一个新类 ShaderQueueSuit_Cloud，此类实际上是一个管线封装类，与地球、月球对应的管线封装类没太大区别，主要的不同是采用了一套特殊的着色器。

> **提示**　由于 ShaderQueueSuit_Cloud 类与月球对应的管线封装类代码基本相同，故这里不再赘述，需要的读者请自行参考随书源码。

（2）接着在 MyVulkanManager 类的 drawObject 方法中增加绘制云层的代码，具体内容如下。

代码位置： 见随书中源代码/第 8 章/Sample8_2/app/src/main/cpp/bndev 目录下的 MyVulkanManager.cpp。

```
1    void MyVulkanManager::drawObject(){                 //执行绘制的方法
2        float eAngle = 0;                               //地球自转角
3        float mAngle = 0;                               //月球自转角
4        float sAngle = 0;                               //星空自转角
5        FPSUtil::init();                                //初始化 FPS 计算
6        while(MyVulkanManager::loopDrawFlag){           //每循环一次绘制一帧画面
7            eAngle = float(eAngle + 0.4);if (eAngle >= 360)eAngle = 0;//更新地球自转角
8            mAngle = float(mAngle + 0.4);if (mAngle >= 360)mAngle = 0;//更新月球自转角
9            sAngle = float(sAngle + 0.02);if (sAngle >= 360)sAngle = 0;//更新星空自转角
10           CameraUtil::flushCameraToMatrix();                       //设置摄像机位置
11           //此处省略了部分与前面案例相同的代码，感兴趣的读者请自行查看随书源代码
12           vk::vkCmdBeginRenderPass(cmdBuffer, &rp_begin, VK_SUBPASS_CONTENTS_INLINE);
13           MatrixState3D::pushMatrix();               //保护现场
14           MatrixState3D::rotate(eAngle, 0, 1, 0);    //绕 y 轴旋转（地球自转）
15           MatrixState3D::pushMatrix();               //保护现场
16           MatrixState3D::scale(3, 3, 3);             //进行缩放（地球比月球大）
17           ballForDraw->drawSelf(cmdBuffer, sqsDTL->pipelineLayout, //绘制地球
18                   sqsDTL->pipeline,&(sqsDTL->descSet[0]));
19           cloudBallForDraw->drawSelf(cmdBuffer, sqsCloud->pipelineLayout, sqsCloud->
pipeline,
```

```
20                    &(sqsCloud->descSet[0]));            //绘制地球云层
21          MatrixState3D::popMatrix();                    //恢复现场
22          MatrixState3D::translate(180, 0, 0);           //沿 x 轴移动（地月距离）
23          MatrixState3D::rotate(mAngle, 0, 1, 0);        //绕 y 轴旋转（月球自转）
24          ballForDraw->drawSelf(cmdBuffer, sqsSTL->pipelineLayout, sqsSTL->pipeline,
                                                           //绘制月球
25            &(sqsSTL->descSet[TextureManager:: getVkDescriptorSetIndexForCommonTexLight
26            ("texture/moon.bntex" )]));
27          MatrixState3D::popMatrix();                    //恢复现场
28          MatrixState3D::pushMatrix();                   //保护现场
29          MatrixState3D::rotate(sAngle, 0, 1, 0);        //绕 y 轴旋转（星空缓慢自传）
30          skyForDrawBig->drawSelf(cmdBuffer, sqsC->pipelineLayout, sqsC->pipeline);
                                                           //绘制星空（大）
31          skyForDrawSmall->drawSelf(cmdBuffer, sqsC->pipelineLayout, sqsC->pipeline);
                                                           //绘制星空（小）
32          MatrixState3D::popMatrix();                    //恢复现场
33          vk::vkCmdEndRenderPass(cmdBuffer);             //结束渲染通道
34          //此处省略了部分代码，感兴趣的读者请自行查看随书源代码
35      }}
```

> **说明**　上述代码中主要是在原来的基础上增加了绘制云层的部分（第 19～20 行）。需要特别注意的是，绘制云层时采用的混合因子组合为 VK_BLEND_FACTOR_SRC_ALPHA（源混合因子），VK_BLEND_FACTOR_ONE_MINUS_SRC_ALPHA（目标混合因子）。由于此组合需要源片元是透明的才有效，因此后面会在片元着色器中通过程序根据片元灰度值设置片元的透明度值。

（3）完成了 C++代码的修改后，就可以开发绘制云层的专用着色器了，首先是顶点着色器。由于绘制云层的顶点着色器与绘制月球的基本一致，因此这里不再赘述，需要的读者请参考随书源代码/第 8 章/Sample8_2/assets/shader 目录下的 CloudTexLight.vert 文件。

（4）接着需要开发的是绘制云层的片元着色器，其具体代码如下。

📝 **代码位置：** 见随书源代码/第 8 章/Sample8_2/assets/shader 目录下的 CloudTexLight.frag。

```
1   #version 400                                //着色器版本号
2   #extension GL_ARB_separate_shader_objects : enable//打开 GL_ARB_separate_shader_objects
3   #extension GL_ARB_shading_language_420pack : enable//打开 GL_ARB_shading_language_420pack
4   layout (binding = 1) uniform sampler2D tex;      //纹理采样器（代表一幅纹理）
5   layout (location = 0) in vec2 inTexCoor;         //从顶点着色器接收的纹理坐标
6   layout (location = 1) in vec4 inLightQD;         //从顶点着色器接收的光照强度
7   layout (location = 0) out vec4 outColor;         //输出到渲染管线的最终颜色
8   void main() {
9       vec4 finalColor = textureLod(tex, inTexCoor, 0.0);   //从纹理中采样出颜色值
10      finalColor.a=(finalColor.r+finalColor.g+finalColor.b)/3.0;//根据灰度值计算透明度
11      outColor = inLightQD * finalColor;           //将片元的最终颜色值传递给管线
12  }
```

> **提示**　上述片元着色器代码中最大的特色就是第 10 行根据采样出的颜色值灰度计算出了此片元的透明度。具体方法为，将从纹理图中采样出的颜色值的 R、G、B 通道值求平均，再将平均值作为透明度即可。这是由于透明度的取值范围与 RGB 颜色值一样都是 0.0～1.0，对于透明度而言 0.0 表示完全透明，1.0 表示完全不透明，这样计算最终达到的效果就是纹理图中越黑的位置透明度就越高。

8.3 雾

前面章节中给出了不少真实场景的案例，这些案例中的物体无论远近看起来都一样清晰。这样虽然也不错，但并不完全符合现实世界的情况。现实世界中由于有大气、灰尘、雾等的影响，随着距离的加大物体将越来越不清晰，最终彻底融入背景中。

如果希望实现上述效果，就需要使用雾技术。本节将向读者介绍如何通过 Vulkan 实现类似于雾的效果，主要包括雾的原理与优势、雾的简单实现等两部分内容。

8.3.1 雾的原理与优势

本节所指的雾是一个通用术语，其不仅是用于实现现实世界中的雾，还包括用于实现烟雾和污染等大气效果。使用雾效果可以使距离摄像机较远的物体融入雾的颜色中。而且物体离摄像机越远，雾的颜色越浓，物体看起来越不清晰。很多流行的 3D 游戏场景中都使用了雾效果，如非常著名的巫师 3，其场景效果如图 8-9 所示。

▲图 8-9 巫师 3 游戏场景截图

> 提示
> 　　在场景中使用雾不但可以提高真实感，特定的情况下还能优化性能。具体是指当物体离摄像机足够远时，雾就足够浓，此时只能看到雾而看不到物体，也就不必对物体的着色进行详细计算了，这样可以大大提高渲染效率。

实现雾效果有很多的数学模型，首先介绍最为简单的线性模型，此模型的计算公式如下。

$$f = max(min((end− dist)/(end−start),1.0),0.0)$$

- f 为雾化因子，其取值范围为 0.0～1.0。当雾化因子的值为 0 时表示雾很浓，只看见雾，看不见物体。反之当雾化因子的值为 1 时，表示雾淡得已经看不见了，可以清晰地看到物体。
- dist 为当前要绘制的片元离摄像机的距离。
- end 表示一个特定的距离值，当片元距摄像机的距离超过 end 时，雾化因子为 0。
- start 也表示一个特定的距离值，当片元距摄像机的距离小于 start 时，雾化因子为 1。

根据上述公式计算的雾化因子值与距离值之间的函数关系如图 8-10 所示。

从图 8-10 中可以看出，雾化因子在 start 到 end 的范围内是线性变化的。但现实世界中的雾不完全是线性变化的，若希望模拟出更真实的雾，可以采用如下的非线性计算公式。

$$f=1.0−smoothstep(start,end,dist)$$

根据上述公式计算的雾化因子值与距离值之间的函数关系如图 8-11 所示，一般情况下采用此公式计算可以取得比线性公式更好的效果。

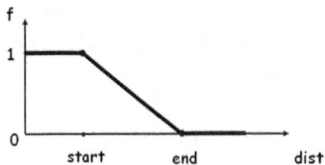

▲图 8-10　雾化因子的线性变化　　　　▲图 8-11　雾化因子的非线性变化

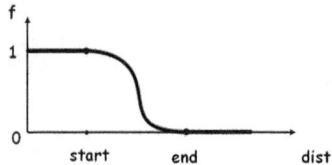

8.3.2　雾的简单实现

了解了雾的原理与优势后，本节将通过两个案例来向读者介绍如何在场景中应用雾。第一个案例（Sample8_3）采用的是线性计算模型，其运行效果如图 8-12 所示。

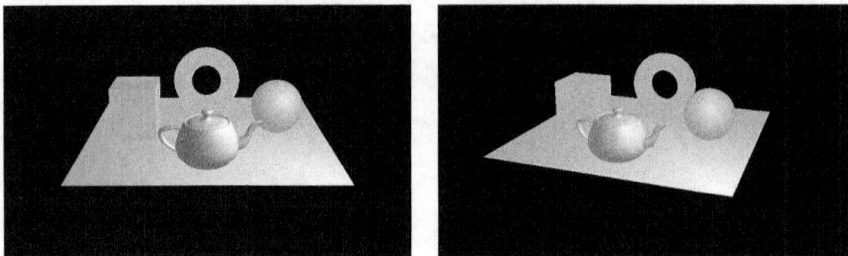

▲图 8-12　案例 Sample8_3 运行效果图

> 💡提示
>
> 从图 8-12 中可以看出随着距离的增加物体逐渐融入了雾中。但由于本案例中的雾为黄色，经过黑白印刷后可能效果就不是很明显了，此时读者可以参考本书最前面的彩图或自行运行本案例进行观察。运行本案例时，若用手指在屏幕上左右滑动，可左右移动摄像机以变换观察视角。

了解了本案例的运行效果后，下面就可以进行具体的开发了。由于实际上本案例仅仅是将案例 Sample8_1 复制了一份，去掉了滤光镜，并适当调整了场景中的物体和摄像机以及修改了着色器。因此这里仅介绍修改后着色器的代码，具体内容如下。

（1）首先介绍的是支持线性雾计算模型的顶点着色器，其代码如下。

✍ 代码位置：见随书源代码/第 8 章/Sample8_3/assets/shader 目录下的 commonTexLightFog.vert。

```
1   #version 400                                         //着色器版本号
2   #extension GL_ARB_separate_shader_objects : enable //打开 GL_ARB_separate_shader_objects
3   #extension GL_ARB_shading_language_420pack : enable //打开 GL_ARB_shading_language_420pack
4   layout (std140,set = 0, binding = 0) uniform bufferVals {    //一致变量块
5       vec4 uCamera;                                       //摄像机位置
6       vec4 lightPosition;                                 //光源位置
7       vec4 lightAmbient;                                  //环境光强度
8       vec4 lightDiffuse;                                  //散射光强度
9       vec4 lightSpecular;                                 //镜面光强度
10  } myBufferVals;
11  layout (push_constant) uniform constantVals {        //推送常量块
12      mat4 mvp;                                           //最终变换矩阵
13      mat4 mm;                                            //基本变换矩阵
14  } myConstantVals;
15  layout (location = 0) in vec3 pos;                    //输入的顶点位置
16  layout (location = 1) in vec3 inNormal;               //输入的法向量
17  layout (location = 0) out vec4 outLightQD;            //输出的光照强度
```

```
18   layout (location = 1) out float vFogFactor;                    //输出的雾化因子
19   out gl_PerVertex {                                             //输出接口块
20       vec4 gl_Position;                                          //内建变量 gl_Position
21   };
22   //此处省略了计算光照的 pointLight 方法,读者可自行查看随书的源代码
23   float computeFogFactor(){                                      //计算雾化因子的方法
24       float tmpFactor;                                           //存放雾化因子的变量
25       float fogDistance = length(myBufferVals.uCamera.xyz -
26       (myConstantVals.mm*vec4(pos,1)).xyz);                      //计算顶点到摄像机的距离
27       const float end = 300.0;                                   //雾结束的位置
28       const float start = 200.0;                                 //雾开始的位置
29       tmpFactor = max(min((end- fogDistance)/(end-start),1.0),0.0);   //计算雾化因子
30       return tmpFactor;                                          //返回雾化因子
31   }
32   void main() {
33       //此处省略了调用光照计算 pointLight 方法的代码,读者可自行查看随书源代码
34       gl_Position = myConstantVals.mvp * vec4(pos,1.0);          //计算顶点最终位置
35       vFogFactor = computeFogFactor();                          //计算雾化因子值并传递给片元着色器
36   }
```

说明　上述顶点着色器中最大的变化是增加了用于计算雾化因子的 computeFogFactor 方法,并在着色器主方法中调用此方法计算了雾化因子,最后将雾化因子传递给了片元着色器。同时,从第 29 行的代码中可以看出,本案例中 computeFogFactor 方法计算雾化因子采用的是前面介绍的线性计算模型。

(2)介绍完顶点着色器后,下面介绍片元着色器,其代码如下。

代码位置:见随书源代码/第 8 章/Sample8_3/assets/shader 目录下的 commonTexLightFog.frag。

```
1    #version 400                                        //着色器版本号
2    #extension GL_ARB_separate_shader_objects : enable //打开 GL_ARB_separate_shader_objects
3    #extension GL_ARB_shading_language_420pack : enable //打开 GL_ARB_shading_language_420pack
4    layout (location = 0) out vec4 outColor;           //输出到渲染管线的最终片元颜色值
5    layout (location = 0) in vec4 inLightQD;           //顶点着色器传入的光照强度
6    layout (location = 1) in float vFogFactor;         //顶点着色器传入的雾化因子
7    void main(){
8        vec4 objectColor=vec4(0.95,0.95,0.95,1.0);//物体颜色
9        vec4 fogColor = vec4(0.97,0.76,0.03,1.0); //雾的颜色
10        if(vFogFactor != 0.0) {                        //若雾化因子不为 0
11           objectColor = objectColor*inLightQD;   //计算光照后物体的颜色
12           outColor = objectColor*vFogFactor + fogColor*(1.0-vFogFactor);   //计算最终的输出颜色
13        }else{                                         //若雾化因子为 0
14           outColor=fogColor;                          //直接使用雾颜色作为最终颜色
15   }}
```

提示　上述片元着色器收到雾化因子后,首先判断雾化因子是否为 0,若为 0 则直接应用雾颜色作为最终片元颜色,不进行任何附加计算以提高性能。另外,由于本案例中使用的是每顶点光照,因此采用了雾以后没有能将光照计算完全优化掉,若采用的是每片元光照则可以在雾因子为 0 时完全不进行光照计算,性能会优化得更多。同时,若雾化因子不为 0 则最终的片元颜色应该是物体光照后的颜色与雾颜色的加权,计算方法为"最终颜色=物体颜色×雾化因子+雾颜色×(1-雾化因子)",上述代码中第 12 行就是如此。

完成了采用线性雾计算模型的案例 Sample8_3 以后，只要将其复制一份并修改一下顶点着色器中雾化因子的计算方法 computeFogFactor 即可得到采用非线性雾计算模型的案例 Sample8_4，其运行效果如图 8-13 所示。

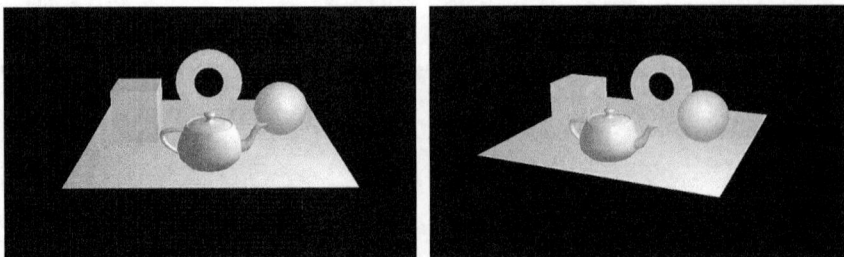

▲图 8-13　案例 Sample8_4 运行效果图

> 💡**提示**　　若细致比对两种不同的雾计算模型运行效果会发现，非线性的模型更加贴近现实世界，但区别不会很大。

了解了本案例的运行效果后，就可以进行具体的开发了。这里只需要修改顶点着色器中的 computeFogFactor 方法即可，修改后 computeFogFactor 方法的代码如下。

🔍 **代码位置**：见随书源代码/第 8 章/Sample8_4/assets/shader 目录下的 commonTexLightFog.vert。

```
1    float computeFogFactor(){                            //计算雾化因子的方法
2        float tmpFactor;                                 //存放雾化因子的变量
3        float fogDistance = length(myBufferVals.uCamera.xyz -
4          (myConstantVals.mm*vec4(pos,1)).xyz)           //计算顶点到摄像机的距离
5        const float end = 300.0;                         //雾结束的位置
6        const float start = 200.0;                       //雾开始的位置
7        tmpFactor = 1.0-smoothstep(start,end,fogDistance); //计算雾化因子
8        return tmpFactor;                                //返回雾化因子
9    }
```

> 💡**说明**　　上述 computeFogFactor 方法中仅仅是将第 7 行的线性计算公式替换为了非线性计算公式，别的基本一致，没有太大变化。

本节通过两个案例介绍了两种简单的雾计算模型，其实还有很多其他的、更复杂的雾计算模型，如 $f=e^{-(density \times dist)}$ 或 $f=e^{-(density \times dist)^2}$ 等。上述两个公式中的 dist 为待绘制片元到摄像机的距离，density 为雾的浓度，有兴趣的读者也可以自行开发程序进行尝试。

8.4　本章小结

本章主要介绍了 Vulkan 中混合与雾的相关知识，通过本章的学习，读者应该可以根据需求开发出各种半透明效果，并能够恰当使用雾效果为场景增加真实感。掌握了这些技术后，读者开发 3D 场景的能力应该大大增强，可以呈现出更加酷炫的画面。

第 9 章　常用 3D 开发小技巧

前面几章已经介绍了一些关于如何搭建或加载各种形状立体物体的内容，掌握了这些知识后应该可以构建出不少较为真实的场景了。但要更真实地模拟现实世界，还需要用到很多其他的技术。本章将介绍一些在实际开发中常用的开发技巧，主要包括：标志板、灰度图地形、高真实感地形、天空盒与天空穹、简单镜像效果、非真实感绘制、描边效果等。

9.1　标志板

用于模拟现实世界的场景中经常需要放置一些植物，如树、灌木等。由于这些植物的外形是十分复杂的几何形状，若直接使用三角形进行模型构建将需要海量的顶点，以现在主流设备的硬件性能是难以在保证逼真效果的同时保证流畅度的。因此，构建场景中的植物时需要其他成本更为低廉的技术，本节将要介绍的标志板技术就是一种非常不错的选择。

9.1.1　案例效果与基本原理

标志板技术的基本原理非常简单，其使用纹理矩形来呈现植物，每棵植物仅需要一个纹理矩形即可描绘，具体情况如图 9-1 所示。

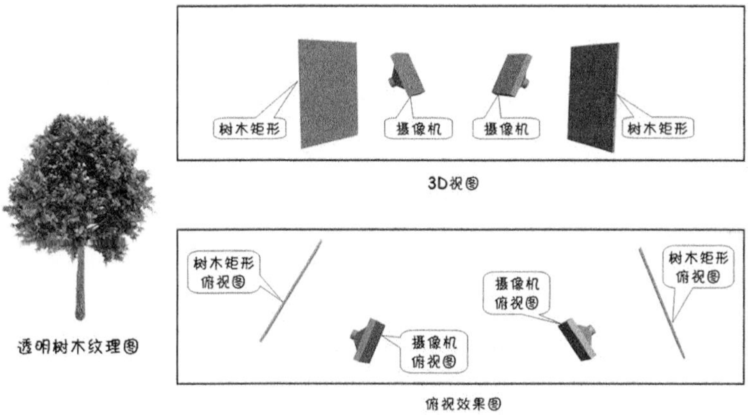

▲图 9-1　标志板原理

从图 9-1 中可以看出，标志板技术的关键点如下。

● 每棵植物用一个纹理矩形进行绘制，纹理矩形采用内容为目标植物的透明背景纹理图。绘制纹理矩形时要采用恰当的混合因子组合，使植物产生正确的遮挡效果。

● 纹理矩形的朝向要根据当前摄像机的位置来动态决定，使纹理矩形永远正对摄像机。

由于基于标志板实现的植物实际上是旋转的纹理矩形，因此仅适合用来呈现左右轴对称的植物，对于非左右轴对称的植物由于标志板的旋转可能会给用户一种虚假的感觉。同时也正是由于每棵植物仅需要一个纹理矩形，故此技术需要的系统资源非常少，效率很高。

由于标志板技术可以以非常低廉的成本呈现出较为真实的场景，因此在很多的游戏中都有采用，如《Raging Thunder 2》和《乡村飙车》，效果如图 9-2 和图 9-3 所示。

▲图 9-2　《Raging Thunder 2》

▲图 9-3　《乡村飙车》

了解了标志板技术的基本原理后，就可以进行本节案例 Sample9_1 的开发了。开发前首先应该了解一下本案例的运行效果，如图 9-4 和图 9-5 所示。

▲图 9-4　远距离效果图

▲图 9-5　近距离效果图

说明　图 9-4 为远距离效果图，而图 9-5 为近距离效果图。从两幅图的对比中可以看出，使用标志板技术呈现的植物在远处观察非常真实，但是当摄像机距离树木较近后，真实感有所下降，但尚能接受。另外，案例的场景中有多棵树，用手指按住屏幕左上角或右上角，摄像机会绕场景旋转，用手指按住屏幕右下角或左下角摄像机会前进或后退，以从不同的位置、角度观察场景。

9.1.2　开发步骤

9.1.1 节介绍了本案例的运行效果与基本原理，接下来在本节中将介绍案例的具体开发步骤。由于本案例中使用到的部分类与前面章节很多案例中的基本一致，所以在本节中将不再对这些相似的类进行重复介绍。这里仅给出本节案例中有代表性的几个类，具体内容如下。

（1）首先介绍的是 TexDrawableObject 类中用于根据摄像机实时位置计算植物纹理矩形朝向的 calculateBillboardDirection 方法，具体代码如下。

代码位置：见随书源代码/第 9 章/Sample9_1/app/src/main/cpp/util 目录下的 TexDrawableObject.cpp。

```
1    void TexDrawableObject::calculateBillboardDirection(){ //根据摄像机的位置计算纹理矩形的朝向
2        float xspan=x-MyVulkanManager::cx;              //计算从植物位置到摄像机位置向量的 x 分量
```

```
3        float zspan=z-MyVulkanManager::cz;              //计算从植物位置到摄像机位置向量的z分量
4        if(zspan<=0) {                          //根据向量的两个分量计算出纹理矩形绕y轴的旋转角度
5            yAngle=(float)(atanf(xspan/zspan)*180/3.1415);
6        }else{
7            yAngle=180+(float)(atanf(xspan/zspan)*180/3.1415);
8        }}
```

> ✐ **说明**　上述 calculateBillboardDirection 方法主要用来计算植物纹理矩形的朝向。该方法根据植物的位置及其当前摄像机的位置，计算出植物纹理矩形需要绕 y 轴旋转的角度以备绘制时使用。

（2）介绍完了用于计算单个植物纹理矩形朝向的 calculateBillboardDirection 方法后，接下来将要介绍的是用来控制一组植物的 TreeControl 类中的几个核心功能方法，具体代码如下。

✎ **代码位置：**见随书源代码/第 9 章/Sample9_1/app/src/main/cpp/bndev 目录下的 TreeControl.cpp。

```
1    //此处省略了相关头文件的导入，读者可自行查看随书源代码
2    void TreeControl::sortForTree() {                    //对植物组中各个植物进行排序的方法
3        std::sort(MyVulkanManager::trees, MyVulkanManager::trees + 9, compare);//排序
4    }
5    bool TreeControl::compare(TexDrawableObject *A,TexDrawableObject *B) {//排序方法所
     需比较规则的实现
6        float xa=A->x-MyVulkanManager::cx;              //计算当前植物位置到摄像机位置向量的x分量
7        float za=A->z-MyVulkanManager::cz;              //计算当前植物位置到摄像机位置向量的z分量
8        float xb=B->x-MyVulkanManager::cx;              //计算另一植物位置到摄像机位置向量的x分量
9        float zb=B->z-MyVulkanManager::cz;              //计算另一植物位置到摄像机位置向量的z分量
10       float disA=xa*xa+za*za;                        //计算当前植物到摄像机距离的平方
11       float disB=xb*xb+zb*zb;                        //计算另一植物到摄像机距离的平方
12       return disA>disB; }                            //返回距离比较结果
13   void TreeControl::calculateBillboardDirection() {   //计算植物组中每棵树的朝向
14       for(int i = 0; i < 9; i ++) {                  //遍历植物组中的各个植物
15           MyVulkanManager::trees[i]->calculateBillboardDirection();//计算每个植物纹
             理矩形的朝向
16       }
17       sortForTree();                                  //对植物组进行排序
18   }
```

- 第 2～4 行为对场景中的各个植物组进行排序的 sortForTree 方法。其中调用了 STL 库中的 sort 方法，根据 compare 方法的返回值进行排序操作。
- 第 5～12 行为 sortForTree 方法中所用 compare 方法的具体实现，此方法的主要作用是为排序方法实现了排序用的比较规则。这里的比较规则非常简单，仅仅是比较植物距离摄像机的远近。
- 第 13～18 行为计算植物组中每株植物对应纹理矩形朝向的 calculateBillboardDirection 方法，其中通过遍历植物组，调用每个植物对象的 calculateBillboardDirection 方法来完成目标计算。

（3）接下来需要介绍的是 MyVulkanManager 类中用于创建绘制用物体对象的方法——createDrawableObject，其具体代码如下。

✎ **代码位置：**见随书源代码/第 9 章/Sample9_1/app/src/main/cpp/bndev 目录下的 MyVulkanManager.cpp。

```
1    void MyVulkanManager::createDrawableObject() {        //创建绘制用物体对象的方法
2        RectData::getVertexData();                        //生成纹理矩形的顶点数据（底部沙漠）
3        texRect = new TexDrawableObject(RectData::vData, RectData::dataByteCount,
4            RectData::vCount, device, memoryroperties, 0, 0);
                                                           //创建绘制底部沙漠用的纹理矩形
```

```
5          float position[9][3] = {                    //存储植物组中各植物位置坐标的数组
6                0, 0, 0,    22, 0, 0,    16, 0, 16,    //前 3 棵植物的位置坐标
7                0, 0, -22,  -16, 0, 16,    -22, 0, 0,  //中间 3 棵植物的位置坐标
8                -16,0,-16,   0, 0, 22,   16, 0, -16};  //后 3 棵植物的位置坐标
9          TreeData::getVertexData();                   //生成纹理矩形顶点数据（树）
10         for(int i = 0; i < 9; i ++) {                //遍历植物组
11             trees[i]=new TexDrawableObject(TreeData::vData,TreeData::dataByteCount,
TreeData::vCount,
12             device,memoryroperties,position[i][0],position[i][2]);} //创建不同位置坐标的植物
13         TreeControl::sortForTree();                  //对植物组中各个植物进行排序
14    }
```

> **说明**　　上述代码非常简单，主要功能为根据开发人员提供的位置坐标创建了植物组中位于不同位置的 9 个植物对象，并在最后对植物组中的各个植物对象进行了排序。

（4）最后需要介绍的是管线类 ShaderQueueSuit_CommonTex 中与混合相关的代码，具体内容如下。

代码位置：见随书源代码/第 9 章/Sample9_1/app/src/main/cpp/bndev 目录下的 ShaderQueueSuit_CommonTex.cpp。

```
1    VkPipelineColorBlendAttachmentState att_state[1];      //管线颜色混合附件状态数组
2    att_state[0].colorWriteMask = 0xf;                     //写入掩码
3    att_state[0].blendEnable = VK_TRUE;                    //打开混合
4    att_state[0].alphaBlendOp = VK_BLEND_OP_ADD;           //设置透明度混合方式
5    att_state[0].colorBlendOp = VK_BLEND_OP_ADD;           //设置颜色混合方式
6    att_state[0].srcColorBlendFactor = VK_BLEND_FACTOR_SRC_ALPHA; //设置源颜色混合因子
7    att_state[0].dstColorBlendFactor = VK_BLEND_FACTOR_ONE_MINUS_SRC_ALPHA;
                                                           //设置目标颜色混合因子
8    att_state[0].srcAlphaBlendFactor = VK_BLEND_FACTOR_SRC_ALPHA; //设置源透明度混合因子
9    att_state[0].dstAlphaBlendFactor = VK_BLEND_FACTOR_ONE_MINUS_SRC_ALPHA;
                                                           //设置目标透明度混合因子
```

● 第 2～5 行给出了设置混合模式所需的一些基本参数。首先是打开混合模式并给出写入掩码，随后是分别设置透明度混合方式和颜色混合方式。

● 第 6～11 行给出了本案例中颜色和透明度通道混合时各自所需的混合因子，源混合因子都为 VK_BLEND_FACTOR_SRC_ALPHA，目标混合因子都为 VK_BLEND_FACTOR_ONE_MINUS_SRC_ALPHA。

上述案例中每次摄像机位置变化后都需要对植物组中的植物按照离摄像机的远近进行重新排序，这是因为绘制植物时采用了混合。采用混合时想达到部分透明的效果必须先绘制被遮挡的物体，后绘制部分透明的遮挡面，不能再像绘制非透明的立体物体那样仅依赖深度检测而不关心绘制顺序了。

若不将需要绘制的植物由远及近进行排序，以随意顺序绘制，在某些情况下就会产生不正确遮挡的视觉效果，如图 9-6 和图 9-7 所示。

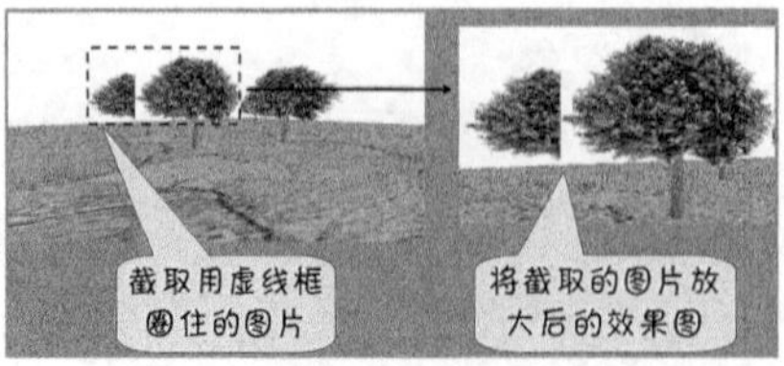

▲图 9-6　未排序的错误效果 1

▲图 9-7　未排序的错误效果 2

产生图 9-6 与图 9-7 中不正确遮挡视觉效果的原因是，离摄像机近的植物对应的纹理矩形先被绘制了，此纹理矩形中的片元对应的深度缓冲已经记录了较小的深度值。再绘制距离较远的植物对应的纹理矩形时，其中与距离近的片元重叠的片元深度检测时就不会通过，将被丢弃。而不会与原有的距离近的片元进行混合，因此就不会产生距离较近的植物纹理矩形中透明的部分可以看到后面植物的情况。

正确的情况下，首先应该绘制远处的植物，此时在深度缓冲中记录的是较大的深度值。再绘制近处的植物时由于深度较浅，深度检测可以顺利通过，近处植物对应纹理矩形中的片元将与原有的片元执行混合。在正确设置了混合因子的情况下，透明处的片元就透出了后面的内容，产生了正确的遮挡效果。

> **提示**　视觉质量要求很高的场景中绘制植物时仅采用标志板就不能完全满足需要了，但全部植物都采用真实的 3D 模型进行绘制成本又太高。此时可以采用混合的绘制策略，当植物距离摄像机较近时采用真实的 3D 模型执行绘制，当距离摄像机较远时采用标志板执行绘制，可以很好地兼顾效率与效果。

9.2　灰度图地形

模拟现实世界的很多游戏场景中都需要用到地形，而自然界的地形形状非常复杂，直接由开发人员手工给出构成地形的每个三角形的顶点位置几乎是不可能的，甚至采用 3ds Max 这样的设计工具也难以为继。因此 3D 开发领域的历代大牛发明了各种各样的地形生成技术，本节将要介绍的灰度图地形就是其中最为简便与常用的地形生成技术之一。

9.2.1　基本原理

灰度图地形生成技术的基本思想是用 N×N 的网格表示地形，同时提供一幅对应尺寸的灰度图。根据灰度图中每个像素的灰度来确定网格中顶点的海拔，黑色像素（RGB 各个色彩通道的值为 0）代表海拔最低的位置，白色像素（RGB 各个色彩通道的值为 255）代表海拔最高的位置，如图 9-8 所示。

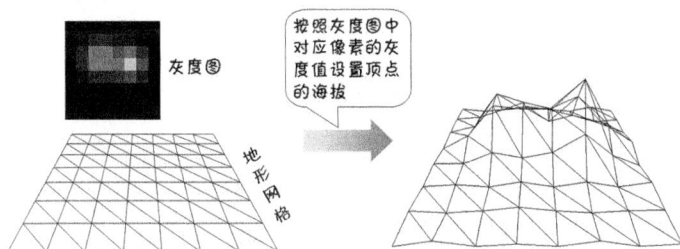

▲图 9-8　灰度图地形技术原理示意图

具体开发中可以采用如下的公式来计算某像素对应顶点的海拔高度：

$$实际海拔 = 最低海拔 + 最大高差 \times 像素值 / 255.0$$

> **提示**　要注意的是此公式中像素颜色的取值范围为 0～255，而不是着色器中的 0.0～1.0。

基于此技术生成地形时只需要采用绘图工具（如 Photoshop）用不同的灰度绘制出地形的海拔

情况即可，非常简便与高效。图 9-9 就给出了本节案例中采用的一幅地形灰度图。

▲图 9-9　本节案例中采用的一幅地形灰度图

9.2.2　开发前的准备工作

为了开发的方便，作者为案例中的灰度图文件设计了一种自定义的灰度图格式，其后缀为
bnhdt。同时作者还用 Java 开发了一款用于将 png 等通用格式的灰度图文件转化为 bnhdt 格式灰度
图文件的小工具。下面简要介绍一下此工具的使用，具体步骤如下。

（1）首先将随书源代码中第 9 章目录下的"灰度图文件转换.rar"文件解压，解压后所得文件
夹中的内容如图 9-10 所示。

（2）然后用记事本打开文件夹中的"run.bat"文件，将其中的"path="后面的路径修改为读
者自己机器上 JDK 的对应路径，如"path=C:\Program Files\Java\jdk1.8.0_151\bin"（注意不要丢了
"bin"），如图 9-11 所示。

图 9-10　解压后的文件夹

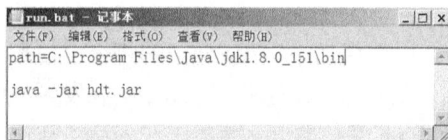

图 9-11　run.bat 文件内容

（3）最后保存修改后的"run.bat"文件，并双击此文件以启动 bnhdt 格式灰度图转换工具，
界面如图 9-12 所示。其中第一个选择按钮用于选择要转换的原图文件（比如 png、jpg 等），第二
个选择按钮用于选择生成 bnhdt 文件的保存路径，再点击转换按钮即可完成转换。

图 9-12　灰度图文件转换工具界面

（4）对于 Android 版项目而言，还需要将转换所得的 bnhdt 格式的灰度图文件复制到项目中
assets 目录中的 hdt 文件夹下；对于 PC 版项目而言，则需要将转换所得的 bnhdt 格式的灰度图文
件复制到项目根目录下 BNVulkanEx 文件夹下的 hdt 子文件夹中。

9.2.3　普通灰度图地形

前面的 9.2.1 节中介绍了灰度图地形技术的基本原理，本节将给出一个通过灰度图地形技术实
现山地地形的案例 Sample9_2，其运行效果如图 9-13 所示。

> 提示　用手指触摸屏幕的左右两侧，摄像机会左移或右移；用手指触摸屏幕的上下两
> 侧，摄像机会前进或后退，可以从不同的位置、角度观察场景。

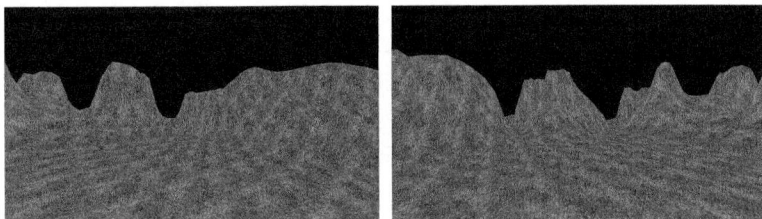

▲图9-13 案例 Sample9_2 运行效果图

由于本案例中使用的部分类与前面章节很多案例中的基本一致，所以在本节中不再对这些相似的类进行重复的介绍。这里仅给出本节案例中具有代表性的几个类，具体内容如下。

（1）首先需要了解的是 FileUtil 类中用于加载 bnhdt 文件的 loadHdtData 方法，其具体代码如下。

代码位置： 见随书源代码/第 9 章/Sample9_2/app/src/main/cpp/util 目录下的 FileUtil.cpp。

```
1   LandData* FileUtil::loadHdtData(string fname) {          //加载灰度图数据的方法
2       unsigned char* buf = new unsigned char[4];           //用于存放灰度图的宽度数据
3       unsigned char* buf2 = new unsigned char[4];          //用于存放灰度图的高度数据
4       AAsset* asset =AAssetManager_open(aam,fname.c_str(),
5           AASSET_MODE_UNKNOWN);                            //创建 AAsset 对象
6       AAsset_read(asset, (void*)buf, 4);                   //读取 4 个字节存入宽度 buf
7       int width = fromBytesToInt(buf);                     //转换为 int 型数值
8       AAsset_read(asset, (void*)buf2, 4);                  //读取 4 个字节存入高度 buf
9       int height = fromBytesToInt(buf2);                   //转换为 int 型数值
10      unsigned char* data = new unsigned char[width * height];//开辟灰度图数据存储内存
11      AAsset_read(asset, (void*)data, width*height);       //读取灰度图数据
12      LandData* land = new LandData(width, height, data);  //创建灰度图数据对象
13      return land;                                         //返回对象指针
14  }
```

> **说明**
>
> loadHdtData 方法仅适用于读取 bnhdt 格式灰度图文件中的数据，对于其他格式的灰度图文件加载时需要单独开发对应的方法。另外从代码中可以看出，bnhdt 格式灰度图文件中最开始 4 个字节是灰度图的宽度，紧跟的 4 个字节是灰度图的高度，再后面是灰度图的像素数据部分。

（2）介绍完用于加载灰度图数据的 loadHdtData 方法后，下面介绍的是用于生成灰度图山地地形顶点坐标数据和纹理坐标数据的 LandData 类，其具体实现代码如下。

代码位置： 见随书源代码/第 9 章/Sample9_2/app/src/main/cpp/util 目录下的 LandData.cpp。

```
1   //此处省略了头文件的导入和一些常量的定义，读者可自行查看随书源代码
2   LandData::LandData(int width, int height, unsigned char* data) {  //构造函数
3       float **gdz = new float*[width];                    //创建实际高度值二维数组第一层
4       for (int i = 0; i<width; ++i) gdz[i] = new float[height]; //创建实际高度值二维数组第二层
5       for (int i = 0; i<width; i++) {                      //遍历所有列
6           for (int j = 0; j<height; j++) {                 //遍历所有行
7               int h = data[i*height + j];                  //获取当前行列的高度参数值
8               gdz[i][j] = h*LAND_HIGHEST / 255.0f + LAND_ADJUST_Y;}}//折算出实际高度值
9       int rows = height - 1;                               //地形网格行数
10      int cols = width - 1;                                //地形网格列数
11      int gzCount = rows*cols;                             //地形网格格子数
12      vCount = gzCount * 2 * 3;                            //地形网格顶点数
13      vData = new float[vCount * 5];                       //顶点数据数组
```

```
14          float sSpan = 32.0f / cols;                    //纹理 s 坐标单元跨度
15          float tSpan = 32.0f / rows;                    //纹理 t 坐标单元跨度
16          float xStart = -LAND_SPAN*cols / 2.0f;         //地形网格 x 坐标起始值
17          float zStart = -LAND_SPAN*rows / 2.0f;         //地形网格 z 坐标起始值
18          int indexTemp = 0;                             //辅助索引
19          for (int i = 0; i<cols; i++) {                 //遍历地形网格所有列
20              for (int j = 0; j<rows; j++) {             //遍历地形网格所有行
21                  float x0 = xStart + LAND_SPAN*i;        //当前网格 0 号顶点 x 坐标
22                  float y0 = gdz[i][j];                   //当前网格 0 号顶点 y 坐标
23                  float z0 = zStart + LAND_SPAN*j;        //当前网格 0 号顶点 z 坐标
24                  float s0 = sSpan*i; float t0 = tSpan*j; //当前网格 0 号顶点纹理 s、t 坐标
25                  //此处省略了用于计算当前地形格子其他三个顶点数据的代码,与 0 号顶点的大同小异
26                  vData[indexTemp++] = x0;                //将 0 号顶点 x 坐标存入结果数组
27                  vData[indexTemp++] = y0;                //将 0 号顶点 y 坐标存入结果数组
28                  vData[indexTemp++] = z0;                //将 0 号顶点 z 坐标存入结果数组
29                  vData[indexTemp++] = s0; vData[indexTemp++] = t0;
                                                           //将 0 号顶点 s、t 纹理坐标存入数组
30                  //此处省略了存储其他顶点(3,1,0,2,3)数据以完成当前网格两个三角形卷绕的代码
31  }}}
```

- 第 3～8 行用于计算山地各个顶点的高度。主要是遍历各个行列处顶点对应的灰度值(高度参数值),然后根据前面介绍的公式计算出实际顶点高度值并存储到对应的数组元素中。
- 第 9～31 行用于生成地形网格各个顶点的位置坐标及纹理坐标数据,并将生成的顶点数据按照每个格子两个三角形的需要进行卷绕,最后存储到结果数组中,以备绘制所需。地形网格中每个格子包含 4 个顶点,左上角为 0 号、右上角为 1 号、左下角为 2 号、右下角为 3 号,卷绕的两个三角形分别为 0-3-1 和 0-2-3 三角形。

9.2.4　过程纹理地形

9.2.3 节的案例中通过灰度图地形生成技术渲染呈现了一个山地地型的场景,从运行效果中可以看出,呈现的地形还是比较真实的。但有一个明显的不足,就是场景中的山体从上到下都是一种外观,不太符合现实世界中的情况。

现实世界中的山体一般有海拔不同、外观不同的规律,因此本节将对 9.2.3 节的案例进行升级,对山体采用过程纹理技术进行渲染呈现。升级后的案例为 Sample9_3,其运行效果如图 9-14 所示。

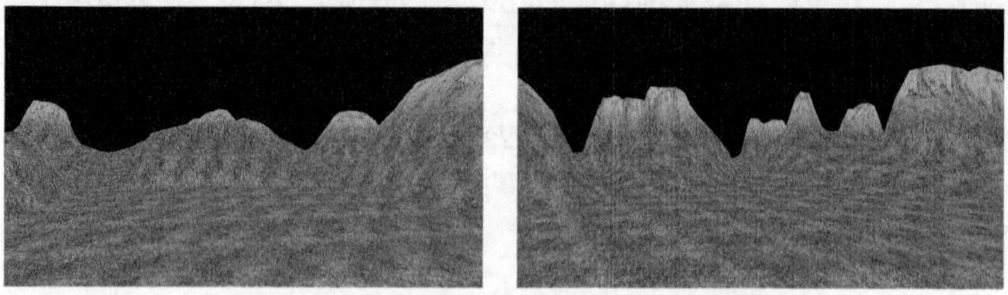

▲图 9-14　使用过程纹理的渲染呈现灰度图地形

> 💡提示　由于本书中的插图采用黑白印刷,可能不容易看出过程纹理的效果,此时请读者参照本书最前面的彩页或自行运行程序观察。另外,这里的过程纹理指的是对山体模型同时使用多幅纹理(本节案例中是两幅),根据当前片元海拔的不同由片元着色器确定当前片元应用哪一幅纹理进行着色。

了解了本节案例的运行效果后,下面就可以进行代码的开发了。由于实际上本案例仅仅是

将 9.2.3 节的案例 Sample9_2 复制了一份并进行了修改。因此这里仅给出主要的修改步骤，具体内容如下。

（1）对于过程纹理的具体实现，首先需要修改的是呈现地形所需的渲染管线类——ShaderQueueSuit_DoubleTex，其具体代码如下。

✎ **代码位置**：见随书源代码/第 9 章/Sample9_3/app/src/main/cpp/bndev 目录下的 ShaderQueueSuit_DoubleTex.cpp。

```
1   void ShaderQueueSuit_DoubleTex::create_uniform_buffer(VkDevice& device,
2         VkPhysicalDeviceMemoryProperties& memoryroperties) {  //创建一致缓冲的方法
3       bufferByteCount = sizeof(float) * 3;                      //一致缓冲总字节数
4       //此处省略了一致缓冲创建的其他部分代码，读者可以自行查阅随书源代码
5   }
6   void ShaderQueueSuit_DoubleTex::create_pipeline_layout(VkDevice& device){//创建管线布局
7       VkDescriptorSetLayoutBinding layout_bindings[3];         //创建描述集布局绑定数组
8       //此处省略了前两个绑定点的相关代码，读者可以自行查阅随书源代码
9       layout_bindings[2].binding = 2;                          //绑定点编号
10      layout_bindings[2].descriptorType =                     //描述类型
11          VK_DESCRIPTOR_TYPE _COMBINED_IMAGE_SAMPLER;
12      layout_bindings[2].descriptorCount = 1;                 //描述数量
13      layout_bindings[2].stageFlags = VK_SHADER_STAGE_FRAGMENT_BIT;//目标着色器阶段
14      layout_bindings[2].pImmutableSamplers = NULL;
15      descriptor_layout.bindingCount = 3;                     //描述集布局绑定的数量
16      //此处省略了创建管线布局其他相关部分的代码，读者可以自行查阅随书源代码
17  }
18  void ShaderQueueSuit_DoubleTex::init_descriptor_set(VkDevice& device){//初始化描述集
19      VkDescriptorPoolSize type_count[3];                     //描述池尺寸实例数组
20      //此处省略了前两个描述池相关代码，读者可以自行查阅随书源代码
21      type_count[2].type = VK_DESCRIPTOR_TYPE_COMBINED_IMAGE_SAMPLER;//描述类型
22      type_count[2].descriptorCount = TextureManager::texNames.size() / 2;//描述数量
23      descriptor_pool.poolSizeCount = 3;                      //描述池尺寸实例数量
24      //此处省略了前两个写入集相关代码，读者可以自行查阅随书源代码
25      writes[2] = {};      //完善一致变量写入描述集实例数组元素 2（对应过程纹理所需的第二幅纹理）
26      writes[2].sType = VK_STRUCTURE_TYPE_WRITE_DESCRIPTOR_SET;   //结构体类型
27      writes[2].dstBinding = 2;                               //目标绑定编号
28      writes[2].descriptorCount = 1;                          //描述数量
29      writes[2].descriptorType = VK_DESCRIPTOR_TYPE_COMBINED_IMAGE_SAMPLER;//描述类型
30      writes[2].dstArrayElement = 0;                          //目标数组起始元素
31  }
```

● 第 1～5 行为用于创建一致缓冲的 create_uniform_buffer 方法，其中主要是修改了一致缓冲数据总字节数。

● 第 6～17 行为用于创建管线布局的 create_pipeline_layout 方法，其中主要是增加了一个描述集布局绑定数组的元素，增加的元素对应于过程纹理所需的另一幅纹理。

● 第 18～31 行为用于初始化描述集的 init_descriptor_set 方法，其中主要有两点变化。首先是在描述池尺寸实例数组中增加了一个元素，然后是增加了完善一致变量写入描述集实例数组元素 2 的相关代码，增加的两个部分也是对应于过程纹理所需的另一幅纹理。

（2）接着还需要在 TextureManager 类的纹理列表中增加岩石纹理的条目，以及其他的相关代码。这些代码非常简单，故不再给出，有需要的读者请参考随书源代码。

（3）渲染管线的相关参数修改完成后，接下来需要修改的是程序统筹管理者类——MyVulkan Manager，相关代码如下。

代码位置：见随书源代码/第 9 章/Sample9_3/app/src/main/cpp/bndev 目录下的 MyVulkanManager.cpp。

```
1    void MyVulkanManager::flushUniformBuffer() {//将当前帧的一致变量数据送入一致变量缓冲的方法
2        float fragmentUniformData[3]= {0.9,120,90};    //一致变量数据数组
3        uint8_t *pData;                          //CPU 访问设备内存时的辅助指针
4        VkResult result = vk::vkMapMemory(device, sqsDT->memUniformBuf, 0, sqsDT->
bufferByteCount,
5        0, (void **)&pData);                     //将指定设备内存映射为 CPU 可访问
6        assert(result==VK_SUCCESS);              //检查映射是否成功
7        memcpy(pData, fragmentUniformData, sqsDT->bufferByteCount);//将数据复制进设备内存
8        vk::vkUnmapMemory(device,sqsDT->memUniformBuf); }        //解除内存映射
9    void MyVulkanManager::flushTexToDesSet() {       //将纹理等数据与描述集关联的方法
10       for (int i = 0; i<TextureManager::texNames.size() / 2; i++) {//遍历所有纹理
11           sqsDT->writes[0].dstSet = sqsDT->descSet[i];//更新描述集对应的写入属性 0（一致变量）
12           sqsDT->writes[1].dstSet = sqsDT->descSet[i];//更新描述集对应的写入属性 1（草皮纹理）
13           sqsDT->writes[1].pImageInfo =            //写入属性 1 对应的纹理图像信息
14         &(TextureManager::texImageInfoList[TextureManager::texNames [i * 2 + 0]]);
15           sqsDT->writes[2].dstSet = sqsDT->descSet[i]; //更新描述集对应的写入属性 2（岩石纹理）
16           sqsDT->writes[2].pImageInfo =            //写入属性 2 对应的纹理图像信息
17         &(TextureManager::texImageInfoList[TextureManager::texNames [i * 2 + 1]]);
18           vk::vkUpdateDescriptorSets(device, 3, sqsDT->writes, 0, NULL);//更新描述集
19       }}
```

说明　从上述代码中可以看出，flushUniformBuffer 和 flushTexToDesSet 这两个方法与前面很多案例中的没有本质区别。不同的主要有两点，第一点是在第 2 行的一致变量数据数组中增加了过程纹理起始 y 坐标和过程纹理跨度这两个参数值；第二点是在将纹理等数据与描述集关联时增加了过程纹理所需第二幅纹理的相关代码（第 15 ~ 17 行）。

（4）完成了 C++代码的修改后，下面修改的是顶点着色器，其具体代码如下。

代码位置：见随书源代码/第 9 章/Sample9_3/app/src/main/assets/shader 目录下的 commonTexLand.vert。

```
1    //此处省略了声明着色器版本号及启用相关扩展的代码，读者可以自行查阅随书源代码
2    layout (push_constant) uniform constantVals {      //推送常量块
3        mat4 mvp;                                      //最终变换矩阵
4    } myConstantVals;
5    layout (location = 0) in vec3 pos;                 //输入的顶点位置
6    layout (location = 1) in vec2 inTexCoor;           //输入的纹理坐标
7    layout (location = 0) out vec2 outTexCoor;         //输出到片元着色器的纹理坐标
8    layout (location = 1) out float landHeight;        //输出到片元着色器的 y 坐标
9    out gl_PerVertex {                                 //输出接口块
10       vec4 gl_Position;                              //内建变量 gl_Position
11   };
12   void main() {
13       outTexCoor = inTexCoor;                        //将接收的纹理坐标传递到片元着色器
14       landHeight = pos.y;                            //将顶点的 y 坐标传递给片元着色器
15       gl_Position = myConstantVals.mvp * vec4(pos,1.0);   //计算顶点的最终位置
16   }
```

说明　上述顶点着色器中主要是增加了将顶点 y 坐标传递给片元着色器的相关代码。其他的大部分代码和前面案例中的没太大变化。

（5）顶点着色器修改完成后，接下来需要修改的是片元着色器，其具体代码如下。

代码位置：见随书源代码/第9章/Sample9_3/app/src/main/assets/shader 目录下的 commonTexLand.frag。

```
1   //此处省略了着色器版本号及相关扩展代码，读者可以自行查阅随书源代码
2   layout (std140,set = 0, binding = 0) uniform bufferVals {       //一致变量块
3       float brightFactor;                              //亮度调节系数
4       float landStartY;                                //过程纹理起始 y 坐标
5       float landYSpan;                                 //过程纹理跨度
6   } myBufferVals;
7   layout (binding = 1) uniform sampler2D texGrass;     //纹理数据（草地）
8   layout (binding = 2) uniform sampler2D texRock;      //纹理数据（岩石）
9   layout (location = 0) in vec2 inTexCoor;             //接收到的纹理坐标
10  layout (location = 1) in float landHeight;           //接收到的 y 坐标
11  layout (location = 0) out vec4 outColor;             //输出到管线的片元颜色
12  void main() {
13      vec4 grassColor = textureLod(texGrass, inTexCoor, 0.0); //从草地纹理中采样出颜色
14      vec4 rockColor = textureLod(texRock, inTexCoor, 0.0);   //从岩石纹理中采样出颜色
15      vec4 finalColor;                                 //最终的颜色
16      if(landHeight < myBufferVals.landStartY){
17          finalColor = grassColor;     //当片元 y 坐标小于过程纹理起始 y 坐标时采用草地纹理
18      }else if(landHeight > myBufferVals.landStartY + myBufferVals.landYSpan){
19          finalColor = rockColor; //当片元 y 坐标大于过程纹理起始 y 坐标加跨度值时采用岩石纹理
20      }else{                                          //当片元 y 坐标在起始 y 坐标及起始 y 坐标加跨度值之间时
21  float currYRatio=(landHeight-myBufferVals.landStartY)/myBufferVals.landYSpan;
                                                         //计算岩石纹理所占比例
22          finalColor=currYRatio * rockColor+(1.0-currYRatio)*grassColor;
                                                         //将岩石、草地纹理按比例混合
23      }
24      outColor=myBufferVals.brightFactor*finalColor;          //此片元最终颜色值
25  }
```

- 上述片元着色器中不再是仅采用单幅草皮纹理对山体进行着色,而是同时采用了两幅纹理（草皮纹理与岩石纹理）对山体进行着色。

- 对山体进行着色时，决定的因素是当前片元的 y 坐标。若片元的 y 坐标小于过程纹理起始 y 坐标，用草皮纹理进行着色；若片元的 y 坐标大于过程纹理起始 y 坐标加跨度值，用岩石纹理进行着色；若在二者之间时将草皮纹理、岩石纹理按照一定的比例混合后进行着色。混合的规则为片元的 y 坐标值越大，岩石纹理所占的百分比越大。

提示　过程纹理技术更多的是一种解决问题的策略，不是一成不变的。不一定都是本案例中这种情况，实际开发中读者可以设计更多、更好的过程纹理计算模型。

9.2.5　Mipmap 地形

经过 9.2.4 节的升级后，山地地形场景的真实感增加了不少，但还有一个明显的瑕疵。那就是远处的地形会比近处的更清晰，这显然不符合观察现实世界的经验，具体原因如下。

- 案例中山地采用的纹理图仅有一幅，同样面积的山地对应的纹理图区域尺寸相同。而案例中采用了透视投影，会有近大远小的效果。这就使得远处同样面积的山地投影到屏幕上的面积比近处同样面积的山地小，也就使得同样尺寸的纹理区域随山地区域远近的不同对应的屏幕区域大小不同。

- 实际上近处的山体进行纹理采样时会采用 magFilter 方式（纹理图会被拉大），远处的山体

进行纹理采样时会采用 minFilter 方式（纹理图会被缩小）。而同样的纹理图拉大后就显得清晰度差些，缩小后就显得锐利不少。这就造成近处的山体看起来比较模糊，近处的看起来比较清晰。

　　想改善这种不真实感非常简单，只要采用本书前面第 6 章介绍过的 Mipmap 纹理技术就可以了。本节将进一步对 9.2.4 节的案例进行升级，升级后的案例 Sample9_4 运行效果如图 9-15 所示。

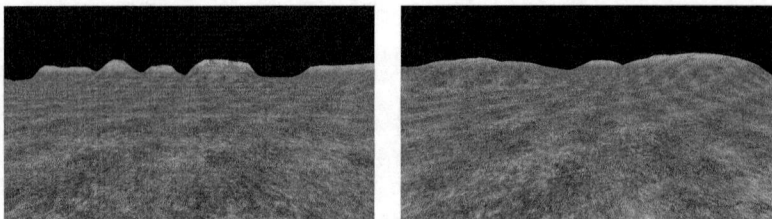

▲图 9-15　使用 Mipmap 纹理的灰度图地形

> 💡说明　从图 9-15 和图 9-14 的对比中可以看出，远处山体比近处山体更加清晰的问题得到了很大程度的改善。若由于印刷的问题对比效果不明显，读者可以自行运行案例进行观察。

　　由于本节案例 Sample9_4 仅仅是对 9.2.4 节案例的升级，因此很多同样的代码不再赘述，这里仅给出需要修改的有代表性的部分。

　　（1）案例中加载纹理的相关代码要按照前面第 6 章中介绍过的用于加载 Mipmap 纹理的部分开发。由于这部分代码在前面第 6 章中已经详细介绍过，故这里不再赘述。

　　（2）本案例中 C++代码部分比较有代表性的就是对用于绘制山地地形的 TexDrawableObject 类的修改，相关代码如下。

🖊 代码位置：见随书源代码/第 9 章/Sample9_4/app/src/main/cpp/util 目录下的 TexDrawableObject.cpp。

```
1   TexDrawableObject::TexDrawableObject(float* vdataIn,int dataByteCount,
2       int vCountIn,VkDevice& device,VkPhysicalDeviceMemoryProperties& memoryroperties) {
3     pushConstantData=new float[36];                         //创建推送常量数据数组
4     //此处省略了创建顶点缓冲部分代码，读者可以自行查阅随书源代码
5   }
6   void TexDrawableObject::drawSelf(VkCommandBuffer& cmd,VkPipelineLayout& pipelineLayout,
7       VkPipeline& pipeline,VkDescriptorSet* desSetPointer) {   //绘制方法
8       //此处省略了命令缓冲及管线相关的部分代码，读者可以自行查阅随书源代码
9     float* mvp=MatrixState3D::getFinalMatrix();                //获取最终变换矩阵
10    float* mm = MatrixState3D::getMMatrix();                   //获取基本变换矩阵
11    float camea[4] = { MatrixState3D::cx,MatrixState3D::cy,MatrixState3D::cz,1.0};
                                                                 //获取摄像机参数
12    memcpy(pushConstantData, mvp, sizeof(float)*16); //将最终变换矩阵数据复制进推送常量
13    memcpy(pushConstantData + 16, mm, sizeof(float) * 16);//将基本变换矩阵数据复制进推送常量
14    memcpy(pushConstantData + 32, camea, sizeof(float) * 4);//将摄像机参数数据复制进推送常量
15    vk::vkCmdPushConstants(cmd, pipelineLayout,                //将推送常量数据送入管线
16     VK_SHADER_STAGE_VERTEX_BIT, 0, sizeof(float)*36,pushConstantData);
17    vk::vkCmdDraw(cmd, vCount, 1, 0, 0);                       //执行绘制
18  }
```

> 💡说明　上述绘制山地地形的方法与前面案例中的类似。主要的变化集中在第 9～14 行，在推送常量数据中增加了基本变换矩阵的数据和摄像机位置的数据。另外就是，第 3 行中推送常量数据数组的长度也进行了修改。

（3）介绍完有代表性的 C++代码后，接下来介绍用于绘制山地地形的着色器。首先给出的是顶点着色器，其具体代码如下。

🖉 **代码位置**：见随书源代码/第 9 章/Sample9_4/app/src/main/assets/shader 目录下的 commonTexLand.vert。

```
1   //此处省略了着色器版本号及启用相关扩展的代码，读者可以自行查阅随书源代码
2   layout (push_constant) uniform constantVals {      //推送常量块
3       mat4 mvp;                                      //最终变换矩阵
4       mat4 mm;                                       //基本变换矩阵
5       vec4 uCamera;                                  //摄像机位置
6   } myConstantVals;
7   layout (location = 0) in vec3 pos;                 //输入的顶点位置
8   layout (location = 1) in vec2 inTexCoor;           //输入的纹理坐标
9   layout (location = 0) out vec2 outTexCoor;         //输出到片元着色器的纹理坐标
10  layout (location = 1) out float landHeight;        //输出到片元着色器的 y 坐标
11  layout (location = 2) out float dis;               //世界坐标系中顶点坐标到摄像机的距离
12  out gl_PerVertex {                                 //输出接口块
13      vec4 gl_Position;                              //内建变量 gl_Position
14  };
15  void main() {
16      outTexCoor = inTexCoor;                        //将接收的纹理坐标传递到片元着色器
17      landHeight = pos.y;                            //将顶点的 y 坐标传递给片元着色器
18      gl_Position = myConstantVals.mvp * vec4(pos,1.0);   //计算顶点的最终位置
19      vec3 posWorld = (myConstantVals.mm * vec4(pos, 1.0)).xyz;//获取世界坐标系中顶点的坐标
20      dis = distance(posWorld, myConstantVals.uCamera.xyz);//计算出顶点位置到摄像机的距离
21  }
```

❗**说明**　上述顶点着色器与前一个案例中顶点着色器有所不同的是增加了计算世界坐标系中顶点位置到摄像机距离的相关代码，并将计算得出的距离传递给了片元着色器。

（4）了解了顶点着色器的变化后，接着介绍的是片元着色器，其具体代码如下。

🖉 **代码位置**：见随书源代码/第 9 章/Sample9_4/app/src/main/assets/shader 目录下的 commonTexLand.frag。

```
1   //此处省略了着色器版本号及启用相关扩展代码，读者可以自行查阅随书源代码
2   layout (std140,set = 0, binding = 0) uniform bufferVals {      //一致变量块
3       float brightFactor;                            //亮度调节因子
4       float landStartY;                              //过程纹理起始 y 坐标
5       float landYSpan;                               //过程纹理跨度
6   } myBufferVals;
7   layout (binding = 1) uniform sampler2D texGrass;   //纹理数据（草地）
8   layout (binding = 2) uniform sampler2D texRock;    //纹理数据（岩石）
9   layout (location = 0) in vec2 inTexCoor;           //接收到的纹理坐标
10  layout (location = 1) in float landHeight;         //接收到的 y 坐标
11  layout (location = 2) in float dis;                //接收到的离摄像机的距离值
12  layout (location = 0) out vec4 outColor;           //输出到管线的片元颜色
13  void main() {
14      float lodLevel = dis / 500.0;//通过片元与摄像机的距离折算出 mipmap 纹理采样时所需的细节级别
15      vec4 grassColor = textureLod(texGrass, inTexCoor, lodLevel);
                                                       //从草地纹理中采样出颜色（Mipmap）
16      vec4 rockColor = textureLod(texRock, inTexCoor, lodLevel);
                                                       //从岩石纹理中采样出颜色（Mipmap）
17      vec4 finalColor;                               //最终的颜色
18      if(landHeight < myBufferVals.landStartY){
19          finalColor = grassColor;      //当片元 y 坐标小于过程纹理起始 y 坐标时采用草地纹理
```

```
20        }else if(landHeight > myBufferVals.landStartY + myBufferVals.landYSpan){
21             finalColor = rockColor; //当片元y坐标大于过程纹理起始y坐标加纹理跨度时采用岩石纹理
22        }else{                          //当片元 y 坐标在起始 y 坐标及起始 y 坐标加跨度值之间时
23    float currYRatio=(landHeight-myBufferVals.landStartY)/myBufferVals.landYSpan;
                                          //计算岩石纹理所占比例
24         finalColor = currYRatio * rockColor + (1.0 - currYRatio) * grassColor;
                                          //将岩石、草地按比例混合
25        }
26    outColor=myBufferVals.brightFactor*finalColor; //此片元最终颜色值
27    }
```

> **说明**　上述片元着色器的大部分代码与前一个案例中的基本相同，最有代表性的变化集中在第 14～16 行。这三行代码中首先根据当前片元距摄像机的距离折算出 Mipmap 纹理采样时所需的细节级别，然后基于纹理坐标及计算出的细节级别分别对草地和岩石纹理进行了采样。这就使得距离摄像机近的片元会在分辨率高的细节级别纹理中采样出颜色值，距离摄像机远的片元会在分辨率低的细节级别纹理中采样出颜色值，既提高了采样效率又避免了远处地形更加清晰问题的出现。

实际开发中不但可以像前面给出的片元着色器那样通过片元与摄像机之间的距离折算出所需的细节级别，还可以通过计算片元的纹素跨度来计算细节级别，将上述片元着色器简单修改一下即可，具体代码如下。

代码位置： 见随书源代码/第 9 章/Sample9_4a/app/src/main/assets/shader 目录下的 commonTexLand.frag。

```
1    //此处省略了一些与前面片元着色器完全相同的代码
2    float mip_map_level(vec2 texCoor,vec2 texSize){
3         vec2 texCoorActual=texCoor*texSize;        //计算片元的纹素坐标
4         vec2 dx= dFdx(texCoorActual);              //计算纹素坐标在屏幕 x 方向的每片元变化量
5         vec2 dy= dFdy(texCoorActual);              //计算纹素坐标在屏幕 y 方向的每片元变化量
6         float maxDeltaSquare = max(dot(dx,dx), dot(dy,dy));//求出x、y方向变化量点积的最大值
7         float mml = log2(sqrt(maxDeltaSquare)); //求出对应的细节级别
8         return max( 0, mml );                      //返回细节级别值
9    }
10   void main() {
11        float lodLevel=mip_map_level(inTexCoor,textureSize(texGrass,0));//求出细节级别值
12        //此处省略了一些与前面片元着色器完全相同的代码
13   }
```

● 第 3 行将纹理坐标（实际有效范围 0.0～1.0）乘以所用纹理的尺寸（以纹素计，如 512×256），得到了片元对应的纹素坐标（实际有效范围 0～纹理实际宽度及高度）。另外需要注意的是，本案例中的岩石纹理和草地纹理尺寸相同，因此求细节级别时针对草地纹理进行计算即可，不需要分别计算。

● 第 4～5 行通过微分函数 dFdx 和 dFdy，计算了纹素坐标在屏幕 x、y 方向的每片元变化量。

● 第 6～7 行先计算出纹素坐标在屏幕 x、y 方向上每片元变化量点积的最大值，然后求出最大值的平方根（即片元在 x、y 方向上对应的纹素跨度较大值），然后将此纹素跨度较大值对 2 求对数即可得到所需的细节级别。例如：若纹素跨度较大值为 1（即此片元在原始纹理中跨单个纹素），对 2 求对数的结果为 0，则说明用细节级别 0 的纹理进行采样比较好（这样实际采样时就基本是一个片元对应一个纹素了）；若纹素跨度较大值为 4（即此片元在原始纹理中跨 4 个纹素），对 2 求对数的结果为 2，则说明用细节级别 2 的纹理进行采样比较好（由于细节级别 2 的纹理是

原始纹理尺寸的 1/4，这样实际采样时就也基本是一个片元对应一个纹素了）。

> **提示**　本节案例中提供的细节级别计算策略仅仅是简单的示范，实际开发中读者可以根据具体需求发挥想象力，创造出更好的细节级别计算策略。

9.2.6　顶点着色器采样纹理地形

本节前面的案例都是通过 LandData 类来计算山地顶点的海拔高度，即 y 坐标值。这种方法是利用 CPU 来完成计算的，但也可以利用 GPU 来进行相应计算，即在顶点着色器中采样灰度图纹理以计算顶点的海拔高度。

本节将通过一个改造自 Sample9_3 的案例来说明此问题，由于其中的大部分代码没有太大变化，因此这里仅给出变化较大且有代表性的部分，具体内容如下。

> **提示**　由于本案例与前面案例 Sample9_3 的运行效果完全相同，这里就不再给出运行效果图了。

（1）当山地高度由原来的 CPU 计算改为 GPU 计算后，首先需要修改的是山地地形数据类 LandData，其具体代码如下。

> ✍ **代码位置：** 见随书源代码/第 9 章/Sample9_5/app/src/main/cpp/util 目录下的 LandData.cpp。

```
1   LandData::LandData(int width, int height, unsigned char* data) {    //构造函数
2       //此处省略了创建及初始化顶点数据数组的部分代码，读者可以自行查阅随书源代码
3       float ssSpan = 1.0f / cols;                    //计算山地高度的纹理 s 坐标跨度
4       float ttSpan = 1.0f / rows;                    //计算山地高度的纹理 t 坐标跨度
5       int indexTemp = 0;                             //辅助索引
6       for (int i = 0; i<cols; i++){                  //遍历地形网格所有列
7           for (int j = 0; j<rows; j++) {            //遍历地形网格所有行
8               float x0 = xStart + LAND_SPAN*i;//当前网格 0 号顶点 x 坐标
9               float y0 = 0;                         //当前网格 0 号顶点 y 坐标
10              float z0 = zStart + LAND_SPAN*j;//当前网格 0 号顶点 z 坐标
11              float s0 = sSpan*i;                   //当前网格 0 号顶点纹理 s 坐标（外观）
12              float t0 = tSpan*j;                   //当前网格 0 号顶点纹理 t 坐标（外观）
13              float ss0 = ssSpan*i;                //当前网格 0 号顶点纹理 s 坐标（高度）
14              float tt0 = ttSpan*j;                //当前网格 0 号顶点纹理 t 坐标（高度）
15              //此处省略了用于计算当前网格其他 3 个顶点数据的代码，与 0 号顶点的大同小异
16              vData[indexTemp++] = x0;             //将 0 号顶点 x 坐标存入结果数组
17              vData[indexTemp++] = y0;             //将 0 号顶点 y 坐标存入结果数组
18              vData[indexTemp++] = z0;             //将 0 号顶点 z 坐标存入结果数组
19              vData[indexTemp++] = s0;             //将 0 号顶点 s 纹理坐标存入结果数组（外观）
20              vData[indexTemp++] = t0;             //将 0 号顶点 t 纹理坐标存入结果数组（外观）
21              vData[indexTemp++] = ss0;            //将 0 号顶点 s 纹理坐标存入结果数组（高度）
22              vData[indexTemp++] = tt0;            //将 0 号顶点 t 纹理坐标存入结果数组（高度）
23              //此处省略了存储其他顶点（3,1,0,2,3）数据以及完成当前网格两个三角形卷绕的代码
24          }}}
```

> **说明**　上述山地数据类构造函数中在生成每个顶点的相关数据时增加了一套纹理坐标，此套纹理坐标对应于表示地形网格中各个顶点高度的灰度图，用于在顶点着色器中确定每个顶点的海拔高度时使用。也正由于如此，初始的顶点 y 坐标值被设置为 0，以备在顶点着色器中修改。

（2）完成山地数据类 LandData 的修改之后，下面需要修改的是 MyVulkanManager 类中用于将纹理等数据与描述集关联的 flushTexToDesSet 方法，具体代码如下。

代码位置：见随书源代码/第 9 章/Sample9_5/app/src/main/cpp/bndev 目录下的 MyVulkanManager.cpp。

```
1    void MyVulkanManager::flushTexToDesSet() {              //将纹理等数据与描述集关联的方法
2        for (int i = 0; i<1; i++) {                        //遍历所有纹理组（本案例中仅有一组）
3            //此处省略了与前三个描述集写入属性相关的代码，读者可以自行查阅随书源代码
4            sqsDT->writes[3].dstSet = sqsDT->descSet[i];//更新描述集对应的写入属性（灰度图纹理）
5            sqsDT->writes[3].pImageInfo = &(TextureManager::texImageInfoList[
6                TextureManager::texNames[i * 3 + 2]]);//写入属性对应的纹理信息（灰度图纹理）
7            vk::vkUpdateDescriptorSets(device, 4, sqsDT->writes, 0, NULL);//更新描述集
8    }}
```

> **说明**　前面已经提到过,本案例是通过顶点着色器基于灰度图纹理来计算地形网格中每个顶点的高度，因此增加了一个对应于灰度图纹理的写入描述集。上述代码中的第 4~6 行对这个新增写入描述集的属性进行了更新，将灰度图纹理与之进行了挂接。

（3）完成了 C++ 代码的修改之后，下面就需要修改着色器了。由于本案例中比较有代表性的是顶点着色器，因此这里仅给出顶点着色器的代码，具体内容如下。

代码位置：见随书源代码/第 9 章/Sample9_5/app/src/main/assets/shader 目录下的 commonTexLand.vert。

```
1    //此处省略了声明着色器版本号及启用相关扩展的代码，读者可以自行查阅随书源代码
2    layout (push_constant) uniform constantVals {          //推送常量块
3        mat4 mvp;                                          //最终变换矩阵
4        float landHighAdjust;                              //山地高度调整值
5        float landHighest;                                 //山地最大高差
6    } myConstantVals;
7    layout (binding = 3) uniform sampler2D texLand;        //灰度图纹理
8    layout (location = 0) in vec3 pos;                     //输入的顶点位置
9    layout (location = 1) in vec2 inTexCoor;               //输入的纹理坐标（外观）
10   layout (location = 2) in vec2 inLandTex;               //输入的纹理坐标（高度）
11   layout (location = 0) out vec2 outTexCoor;             //输出到片元着色器的纹理坐标（外观）
12   layout (location = 1) out float landHeight;            //输出到片元着色器的 y 坐标
13   out gl_PerVertex {                                     //输出接口块
14       vec4 gl_Position;                                  //内建变量 gl_Position
15   };
16   void main() {
17           outTexCoor = inTexCoor;                        //将接收到的纹理坐标传递到片元着色器
18           vec4 gColor = textureLod(texLand, inLandTex, 0.0);//从灰度图中采样出颜色值
19           float tempY = (((gColor.r + gColor.g + gColor.b) / 3.0)
                                                            //通过灰度图颜色值计算出顶点 y 坐标
20               * myConstantVals.landHighest)+myConstantVals.landHighAdjust;
21           landHeight = tempY;                            //将顶点 y 坐标传递到片元着色器
22           gl_Position = myConstantVals.mvp * vec4(pos.x,tempY,pos.z, 1);//计算顶点最终位置
23   }
```

> **说明**　上述顶点着色器中主要是增加了从灰度图纹理中采样出灰度值的代码。根据该灰度值利用前面介绍过的计算灰度值对应顶点海拔高度的公式来计算顶点的 y 坐标值。需要注意的是，由于计算灰度值对应顶点海拔高度公式中的像素值范围为 0~255，而在该顶点着色器中的颜色值范围为 0.0~1.0，所以需要将计算公式修改为："实际海拔高度=最低海拔+最大高差×颜色值"。

9.3 高真实感地形

9.2 节中介绍了灰度图地形技术，通过这种技术可以生成效果尚可的山地地形。但 9.2 节中给出的具体实现有两个明显的缺憾：第一是山地没有光照效果，层次感、立体感不够好；第二是山地各个方向的视觉效果差异不大，与现实世界中的实际山地还有较大差距。因此，本节将对灰度图地形解决方案进行升级，给出效果更好的地形渲染策略。

9.3.1 基本思路

介绍具体的案例之前，首先给出本节案例相对于 9.2 节中灰度图地形方案的具体升级细节，详细内容如下所列。

- 通过灰度图生成地形对应的顶点时，不单计算每个顶点的位置坐标，还进一步计算每个顶点的法向量。这样就可以为整个地形加上光照效果，提升场景的真实感。

- 地形的纹理贴图不再是两幅，而是 6 幅。其中有 1 幅作为地形的基础颜色纹理贴图，如图 9-16 所示，有 4 幅是不同外观的细节纹理，包括灰色岩石、硬泥土、大岩石表面、绿草皮，具体情况如图 9-17 所示。

- 另外一幅纹理图不是用于直接贴在地形表面进行外观渲染，而是作为过程纹理数据使用。其 RGBA 的 4 个色彩通道分别记录了地形中不同位置 4 个细节纹理的权重，具体情况如图 9-18 所示（由于本书插图采用黑白印刷，因此读者可能看不到效果，此时请读者打开本节案例中的 app\src\main\assets\texture 目录下的 default_d.png 文件并使用专业的图片处理工具对每个色彩通道单独进行观察）。

▲图 9-16 基础颜色纹理 　　　▲图 9-17 案例中的 4 幅细节纹理 　　　▲图 9-18 过程纹理图

了解了灰度图地形升级的基本思路后，下面简要介绍上述 6 幅纹理图的使用策略。过程纹理贴图时 R（红色）、G（绿色）、B（蓝色）、A（透明度）4 个色彩通道的值分别用来代表灰色岩石、硬泥土、大岩石表面、绿草皮这 4 幅细节纹理贴图的权重，取值范围都在 0.0～1.0 内。

实际运行时，首先通过当前片元的纹理坐标从过程纹理贴图中采样出一个包含 RGBA 的 4 个通道的颜色值。接着将此颜色值的 RGBA 分量分别与 4 张细节纹理中采样出的颜色值相乘，然后 4 个乘积相加，再与从基础颜色纹理中采样出的颜色值相加，最后统一减去 0.5 以调整整体亮度，从而得到此处的外观颜色值。具体的计算公式如下。

外观颜色=R×灰色岩石颜色+G×硬泥土颜色+B×大岩石表面颜色+A×绿草皮颜色
　　　　+基础纹理颜色−0.5。

> ✎ 说明　　上述公式中的 R、G、B、A 为从过程纹理贴图中采样出的当前片元对应值。

可以想象，采用上述策略对灰度图地形进行升级后，可以通过人为控制地形的过程纹理贴图中 RGBA 的 4 个色彩通道的值来自定义地形外观的细节效果，真实感会增加很多。

9.3.2　地形设计工具 EarthSculptor 的使用

9.3.1 节介绍了本节案例中实现高真实感地形的基本思路,其中用到了基础颜色纹理、过程纹理和 4 幅细节纹理。很显然,完全靠直接绘图方式对这些纹理进行设计、修改会是一项特别困难的工作。

因此在开发本节案例时,使用了可以实时显示地形设计效果,并能够自动导出地形灰度图、基础颜色纹理和过程纹理图的地形设计工具——EarthSculptor,下面将简单介绍该工具的使用。

1. 下载及安装软件

EarthSculptor 是一款用于设计制作逼真地形的软件,其主要用于艺术项目、地理信息可视化、游戏开发等领域可前往 earthsculptor 官网下载。

下载完成后将得到一个可运行程序文件,如"EarthSculptor 1.11 Setup.exe",双击运行该程序,根据程序提示即可完成安装。由于安装过程比较简单,这里就不详细展开了。

2. 设计自己的地形

前面介绍了 EarthSculptor 软件的下载及安装,下面将介绍如何使用该软件设计自己的地形,具体内容如下。

（1）首先打开 EarthSculptor,首次打开此软件时其会展示自带的示例地形。此时可以选择界面左上角"File"菜单下的"New"来新建以开始设计自己的地形,具体情况如图 9-19 所示。

（2）选择步骤（1）中的"New"后,将进入新建地形的信息设置界面,设置完成后点击"OK"即可进入软件主界面,具体情况如图 9-20 所示。

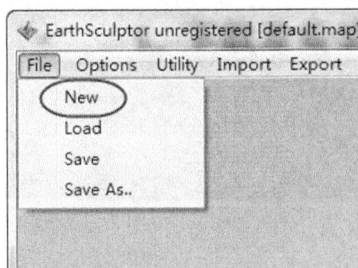

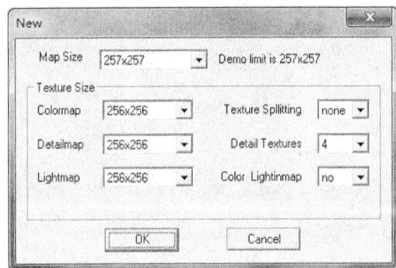

▲图 9-19　新建文件　　　　▲图 9-20　新建地形的信息设置界面

> **说明**　图 9-20 中 Map Size 表示将要创建的地形所对应的灰度图尺寸;Texture Size 栏中 Colormap 表示上面提到的基础颜色纹理,Detailmap 表示过程纹理,Detail Textures 项的数值则代表细节纹理的数量,该项提供了 4 和 8 两个选项,若选中 8 将会生成两张过程纹理图,这两张过程纹理图的 RGBA 通道值分别对应前 4 张与后 4 张细节纹理的权重,若地形细节比较复杂,则可以选择该项。

（3）进入软件主界面后即可开始设计自己的地形,开发人员可以在主界面的"Toolbar"窗口中选择不同的编辑模式,分别对地形在软件中的显示模式、形状、基础颜色纹理、过程和细节纹理进行编辑,如图 9-21 所示。

（4）"Toolbar"窗口默认选中左上角一项,在该模式下可以通过"Terrain"窗口对地形显示相关项目进行设置,例如选择是否显示颜色纹理或细节纹理等。需要特别注意的是,"Color Mode"一栏需选择"add minus half",这样才能与 9.3.1 节介绍的地形外观颜色计算公式相对应,具体如图 9-22 所示。

（5）当选中"Toolbar"窗口的右上角一项时，即可弹出"Terraform"窗口，该窗口提供了多种改变地形形状的方式，如升高、降低地形等。并提供了各种方式下的细节设置，如作用半径、作用强度等，具体情况如图 9-23 所示。选择合适的方式后，便可使用鼠标对地形进行修改。

▲图 9-21　"Toolbar"窗口　　　▲图 9-22　"Terrain"窗口　　　▲图 9-23　"Terraform"窗口

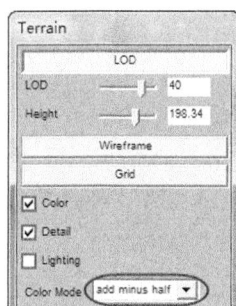

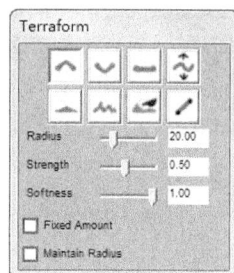

（6）当选中"Toolbar"窗口第二行左边一项时，即可弹出"Color"窗口，如图 9-24 所示。在该窗口中可以选择需要的颜色，并设置合适的作用半径、作用强度等，从而在地形上喷涂颜色，这一步操作将直接反映到基础颜色纹理上。

（7）当选中"Toolbar"窗口第二行右边一项时，即可弹出"Detail"窗口，如图 9-25 所示。在该窗口中可以通过点击"Set Detail Texture"按钮来选择需要用到的 4 幅细节纹理（既可以使用软件中自带的，也可以由设计人员自己提供）。这里同样可以设置作用半径、作用强度、缩放系数等，从而在地形上喷涂细节纹理，这一步操作将直接影响最终生成的过程纹理。

（8）上面已经详细介绍了如何使用 EarthSculptor 软件创建地形、喷涂颜色及细节纹理。在这几种操作模式下还可以在"Brush"窗口中选择具体的笔刷形状，如圆形、矩形等，具体如图 9-26 所示。

▲图 9-24　"Color"窗口　　　▲图 9-25　"Detail"窗口　　　▲图 9-26　"Brush"窗口

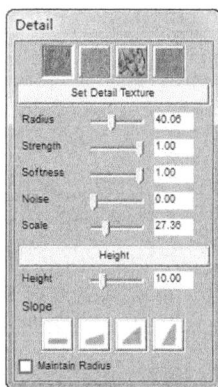

提示　图 9-24 所示的"Color"窗口中仅提供了少数的几种颜色，显然不能满足用户的实际需求。实际上，软件中还提供了"Palette"窗口和"Material"窗口，通过这两个窗口可以选择更多颜色。需要注意的是上面几个窗口中所示的 Radius 和 Scale 项目后面的数值均是以像素为单位。

（9）灵活运用上述步骤中介绍的操作，设计人员就可以通过 EarthSculptor 软件设计出满足自己需求的高真实感地形。接下来最重要的就是导出在 Vulkan 中渲染地形时所需的一系列纹理图片文件，这一步比较简单。直接在"File"菜单下选择"Save"选项，并根据提示保存到合适的目录即可。

成功导出后，便可在选中的目录下得到程序中需要的一系列纹理图片文件，下面详细介绍每个图片文件的含义及用途。

- mapName.png：表示地形的灰度图，在程序中可以根据该图信息计算地形高度。
- mapName_l.png：表示地形的光照贴图，在本案例中没有使用。
- mapName_c.png：表示地形的颜色图，即前面提到的基础颜色纹理。
- mapName_d.png：这幅图对应于前面提到的过程纹理，其 RGBA 每个通道分别代表 4 个细节纹理的权重。
- 除上述 4 幅纹理图片外，可以在第（7）步中介绍的喷涂细节纹理时选择的各个细节纹理图片文件所在的目录中直接获取到 4 幅细节纹理图片文件。

> 提示　　上述内容中的"mapName"表示在前面第（9）步保存设计好的地形时所键入的名称。获取到所有本节案例中需要的纹理后（1 幅地形灰度图、1 幅基础颜色纹理、4 幅细节纹理、1 幅过程纹理），读者还需要使用前面第 6 章中提供的"2D 普通文理转换"工具将除灰度图外的图片文件转换成本案例中需要的 bntex 格式，而灰度图文件需要使用前面 9.2.2 节介绍的工具转换为 bnhdt 格式。

9.3.3　一个简单的案例

了解了实现高真实感地形的基本思路以及地形设计工具 EarthSculptor 的使用后，就可以介绍案例的开发了。但在介绍开发之前还有必要首先了解一下本节案例的运行效果，如图 9-27 所示。

▲图 9-27　案例 Sample9_6 运行效果图

> 提示　　从图 9-27 中可以看出，增加了光照与地形外观控制后，场景真实感相比普通的灰度图地形有了很大的提升。同时，由于正文中的插图采用黑白印刷，可能效果不明显，建议读者采用真机运行本案例并观察体会。

了解了本节案例的运行效果后，下面就可以进行案例的开发了。由于本节案例是对案例 Sample9_2 的升级，故有很多代码与升级前案例中的相同。因此这里仅给出本案例中有代表性的特色部分，具体内容如下。

（1）由于本案例中添加了光照效果，因此首先需要添加计算地形中各个顶点法向量的代码，这一部分没有特殊性，主要就是在通过灰度图计算出顶点坐标后，根据顶点坐标计算顶点的平均法向量，有关计算顶点平均法向量的思路在之前的第 7 章已经有过详细地介绍，这里不再赘述。

（2）另外，本案例中用到了 6 幅纹理贴图，因此还需对管线套装类、程序统筹管理类等几个类中有关创建、绑定描述集等方面的代码进行相应修改，这部分代码在之前章节的很多案例中已经有过详细介绍，这里也不再赘述。

（3）下面将要介绍的就是根据基础颜色纹理、地形过程纹理的 RGBA 的 4 个通道值及对应的细节纹理进行着色工作的片元着色器了，其具体代码如下。

📎 **代码位置：** 见随书源代码/第 9 章/Sample9_6/src/main/assets/shader 目录下的 commonTexLight.frag。

```
1   //此处省略了声明着色器版本号及启用相关扩展的代码，读者可自行查阅随书源代码。
2   layout (binding = 1) uniform sampler2D texC;          //纹理采样器（基础颜色纹理）
3   layout (binding = 2) uniform sampler2D texD;          //纹理采样器（过程纹理）
4   layout (binding = 3) uniform sampler2D texD1;         //纹理采样器（细节纹理 1）
5   layout (binding = 4) uniform sampler2D texD2;         //纹理采样器（细节纹理 2）
6   layout (binding = 5) uniform sampler2D texD3;         //纹理采样器（细节纹理 3）
7   layout (binding = 6) uniform sampler2D texD4;         //纹理采样器（细节纹理 4）
8   layout (location = 0) in vec2 inTexCoor;             //接收的顶点纹理坐标
9   layout (location = 1) in vec4 inLightQD;             //接收的最终光照强度
10  layout (location = 0) out vec4 outColor;            //输出到管线的片元颜色
11  void main() {                                        //主函数
12      float dtScale1=27.36;                            //细节纹理 1 的缩放系数
13      float dtScale2=20.00;                            //细节纹理 2 的缩放系数
14      float dtScale3=32.34;                            //细节纹理 3 的缩放系数
15      float dtScale4=22.39;                            //细节纹理 4 的缩放系数
16      float ctSize=257;                                //地形灰度图的尺寸（以像素为单位）
17      float factor1=ctSize/dtScale1;                   //细节纹理 1 的纹理坐标缩放系数
18      float factor2=ctSize/dtScale2;                   //细节纹理 2 的纹理坐标缩放系数
19      float factor3=ctSize/dtScale3;                   //细节纹理 3 的纹理坐标缩放系数
20      float factor4=ctSize/dtScale4;                   //细节纹理 4 的纹理坐标缩放系数
21      vec4 cT = textureLod(texC,inTexCoor,0.0);        //从基础颜色纹理中采样
22      vec4 dT = textureLod(texD,inTexCoor,0.0);        //从过程纹理中采样
23      vec4 dT1 = textureLod(texD1,inTexCoor*factor1,0.0);  //从细节纹理 1 中采样
24      vec4 dT2 = textureLod(texD2,inTexCoor*factor2,0.0);  //从细节纹理 2 中采样
25      vec4 dT3 = textureLod(texD3,inTexCoor*factor3,0.0);  //从细节纹理 3 中采样
26      vec4 dT4 = textureLod(texD4,inTexCoor*factor4,0.0);  //从细节纹理 4 中采样
27      outColor = dT1*dT.r+dT2*dT.g+dT3*dT.b+dT4*dT.a;  //叠加细节纹理的颜色值
28      outColor = outColor + cT;                        //叠加基础颜色值
29      outColor = outColor - 0.5;                       //调整整体颜色
30      outColor = inLightQD * outColor;                 //计算最终颜色值
31  }
```

● 第 2～7 行声明了 6 个采样器一致变量，分别对应于高真实感地形所需的 6 幅纹理。

● 第 12～20 行初始化了 4 幅细节纹理的缩放系数及对应的纹理坐标缩放系数，其中细节纹理的缩放系数是在使用 EarthSculptor 设计地形时设置的，这里直接拿过来写到了着色器中。需要注意的是，这里用于进行纹理采样的纹理坐标值是有可能大于 1.0 的，而本案例中使用的纹理采样方式为 "VK_SAMPLER_ADDRESS_MODE_REPEAT"，因此可以正常工作。

● 第 21～30 行首先从 6 个采样器中进行采样，然后根据之前介绍的外观颜色计算公式计算出了当前片元的外观颜色，然后乘以最终光照强度得到最终颜色值。

> 💡**提示**　读者若希望基于本案例使用自己设计的地形，一方面需要导出本案例所需的一幅灰度图、6 幅服务于外观的纹理图，还需要将设计地形时使用的 4 幅细节纹理的缩放系数记录下来并更新到片元着色器中。同时，还需要将设计地形时选定的灰度图尺寸（本案例中为 257×257）也更新到着色器中。

9.4 天空盒与天空穹

前面通过标志板、灰度图地形等技术构建了较为真实的场景，但场景中的天空茫茫一片，成为一个明显的瑕疵。本节将向读者介绍两种用于呈现天空的技术，天空盒与天空穹。采用这两种技术可以为场景添加逼真的天空效果，大大增加场景的真实感。

9.4.1 天空盒

天空盒技术的思路非常简单，具体说就是将场景放置在一个很大的立方体中，立方体的每个面是一个纹理正方形，如图 9-28 所示。

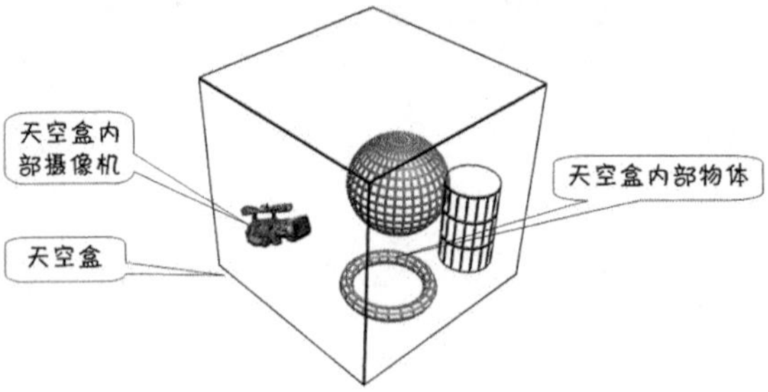

▲图 9-28 天空盒示意图

> 提示 使用天空盒时需要注意，用于观察场景的摄像机需要放置在天空盒立方体的内部，图 9-28 所示就是如此。

为了在观察位于天空盒内部的场景时有真实天空背景的效果，组成天空盒的 6 个纹理正方形上需要各自映射一幅正方形的天空纹理图。这 6 幅纹理图是可以无缝拼接的，如图 9-29 所示。

了解了天空盒的原理后，就可以进行本节案例 Sample9_7 的开发了。在介绍开发步骤之前请读者首先了解一下本节案例的运行效果，如图 9-30 所示。

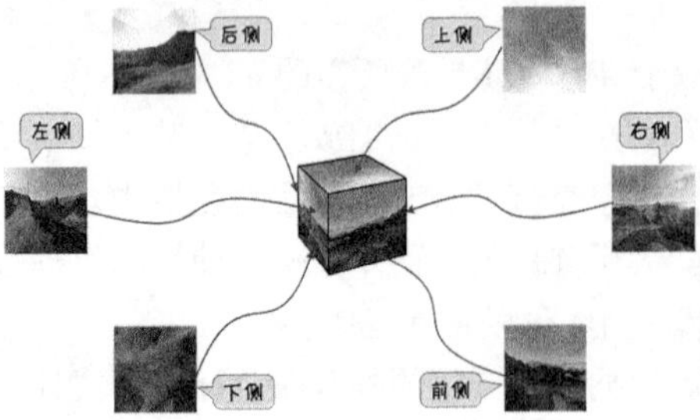

▲图 9-29 天空盒纹理贴图示意图 　　▲图 9-30 天空盒案例效果图

> 提示 案例运行时，可以用手指在屏幕上滑动改变摄像机的姿态，以观察天空盒的各个面。

通过前面的介绍读者已经知道，天空盒实际上是由 6 个纹理正方形（正方形为矩形的特殊情况）组成的。而在本书第 6 章介绍纹理的相关知识时已经对纹理矩形的开发进行了详细地介绍，因此这里仅给出将 6 个纹理矩形组装成天空盒的 MyVulkanManager 类的相关代码。

代码位置：见随书源代码/第 9 章/Sample9_7/app/src/main/cpp/bndev 目录下的 MyVulkanManager.cpp。

```
1    void MyVulkanManager::drawObject() {                      //执行绘制的方法
2        //此处省略了绘制前的相关准备代码，读者可以自行查阅随书源代码
3        MatrixState3D::pushMatrix();                          //保护现场
4        MatrixState3D::translate(0, 0, UNIT_SIZE);            //平移变换
5        MatrixState3D::rotate(180, 0, 1, 0);                  //旋转变换
6        texForDraw->drawSelf(cmdBuffer, sqsCT->pipelineLayout, sqsCT->pipeline,
                                                              //绘制天空盒的前面
7        &(sqsCT->descSet[TextureManager::getVkDescriptorSetIndex("texture/skycubemap_
front.bntex")]));
8        MatrixState3D::popMatrix();                           //恢复现场
9        MatrixState3D::pushMatrix();                          //保护现场
10       MatrixState3D::translate(0, 0, -UNIT_SIZE);           //平移变换
11       texForDraw->drawSelf(cmdBuffer, sqsCT->pipelineLayout, sqsCT->pipeline,
                                                              //绘制天空盒的后面
12       &(sqsCT->descSet[TextureManager::getVkDescriptorSetIndex("texture/skycubemap_
back.bntex")]));
13       MatrixState3D::popMatrix();                           //恢复现场
14       MatrixState3D::pushMatrix();                          //保护现场
15       MatrixState3D::translate(UNIT_SIZE, 0, 0);            //平移变换
16       MatrixState3D::rotate(90, 0, 1, 0);                   //旋转变换
17       texForDraw->drawSelf(cmdBuffer, sqsCT->pipelineLayout, sqsCT->pipeline,
                                                              //绘制天空盒的左面
18       &(sqsCT->descSet[TextureManager::getVkDescriptorSetIndex("texture/skycubemap_
left.bntex")]));
19       MatrixState3D::popMatrix();                           //恢复现场
20       //此处省略了绘制天空盒其他三个面的相关代码，读者可以自行查阅随书源代码
21   }
```

> **说明**　从上述代码中可以看出，通过 6 个纹理正方形组装天空盒是非常简单的，只要将一个纹理正方形对象通过平移、旋转等变换摆放到指定的位置，再应用不同面对应的纹理进行绘制即可。另外在实际的开发中，建议读者将天空盒的相关代码封装到一个单独的类中，而不应该像本案例一样直接将相关绘制代码写在绘制一帧画面的 drawObject 方法中，这样不便于管理和重用代码。

9.4.2　天空穹

细心的读者可能会发现，从大部分角度观察天空盒都是比较真实的，但当观察天空盒任何两个面的接缝处时真实感就差很多。这是因为构成接缝的两个面成 90 度角，不是平滑的。这个问题是天空盒技术所固有的，很难彻底解决，因此在很多游戏场景中会采用另一种天空效果的呈现技术——天空穹。

天空穹技术中不再是用立方体模拟天空，而是用一个半球面模拟天空，此半球面上需要贴上对应天空的纹理图，具体情况如图 9-31 所示。

> **提示**　从图 9-31 中可以看出，用于模拟天空的半球面切分得越细效果就会越好。但实际开发中出于对性能的考量，切分得不宜过细。

了解了天空穹的原理后，就可以进行本节案例 Sample9_8 的开发了。在介绍开发步骤之前请读者首先了解一下本案例的运行效果，如图 9-32 所示。

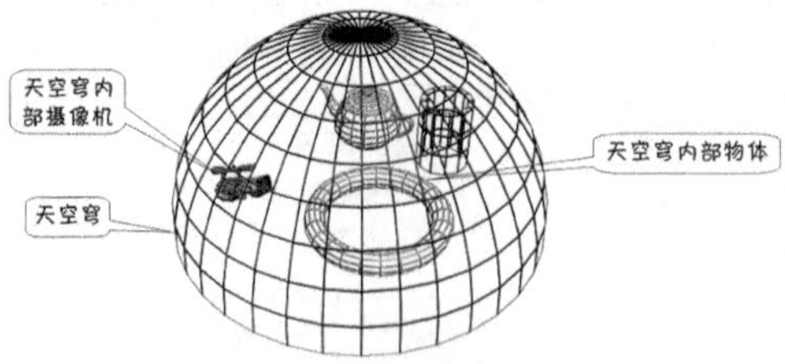

▲图 9-31　天空穹原理图

▲图 9-32　天空穹案例效果图

> 💡 **提示**　从天空穹与天空盒案例效果图的对比中可以看出，天空穹的效果会更好一些。用手指按住屏幕左边或右边，摄像机会左移或右移；用手指按住屏幕上边或下边，摄像机会前进或后退，可以从不同的位置、角度观察场景。

从图 9-32 中可以看出，本案例实际是对前面 9.2.4 节中案例 Sample9_3 的升级，因此这里对相同的代码不再赘述，仅给出升级的主要步骤，具体如下。

由于本案例中用到的类大部分和前面案例中基本一致。因此这里只介绍用于生成天空穹顶点数据的 SkyBallData 类，其具体代码如下。

🔖 **代码位置：**见随书源代码/第 9 章/Sample9_8/app/src/main/cpp/bndev 目录下的 SkyBallData.cpp。

```
1    //此处省略了相关头文件的导入代码，读者可以自行查阅随书源代码
2    void  SkyBallData::genVertexData() {              //生成天空穹半球顶点数据的方法
3        float radius=Constant::SKY_R;                 //天空穹的半径
4        float ANGLE_SPAN=18;                          //切分间隔角度
5        float angleV=90;                              //纵向上的起始度数
6        std::vector<float> texCoorArray= generateSkyTexCoor((int)(360/ANGLE_SPAN),
7                (int)(angleV/ANGLE_SPAN));            //生成天空穹纹理坐标数据
8        int tc=0;                                     //纹理坐标数组辅助索引
9        int ts=texCoorArray.size();                   //纹理坐标数据数量
10       std::vector<float> alVertix;                  //存放结果顶点数据的列表
11       std::vector<float> alTexCoor;                 //存放结果纹理坐标数据的列表
12       for(float vAngle=angleV;vAngle>0;vAngle=vAngle-ANGLE_SPAN) {  //垂直方向分割
13         for(float hAngle=360;hAngle>0;hAngle=hAngle-ANGLE_SPAN) {  //水平方向分割
14             double xozLength=radius*cos(toRadians(vAngle));        //获取 xz 平面参数
15             float x1=(float)(xozLength*cos(toRadians(hAngle)));    //获取 x 坐标
16             float z1=(float)(xozLength*sin(toRadians(hAngle)));    //获取 z 坐标
17             float y1=(float)(radius*sin(toRadians(vAngle)));       //获取 y 坐标
18             //此处省略了获取当前网格其他 3 个顶点坐标以及卷绕当前网格两个三角形的相关代码
19         } }
20       vCount = alVertix.size()/3;                   //计算顶点数量
21       dataByteCount = vCount * 5 * sizeof(float);   //计算顶点数据所占总字节数
22       vdata = new float[vCount*5];                  //初始化顶点数据数组
23       int index = 0;                               //辅助索引
24       for (int i = 0; i < vCount; i++) {            //遍历每个顶点
25             vdata[index++] = alVertix[i * 3 + 0];   //保存顶点 x 坐标
26             vdata[index++] = alVertix[i * 3 + 1];   //保存顶点 y 坐标
27             vdata[index++] = alVertix[i * 3 + 2];   //保存顶点 z 坐标
28             vdata[index++] = alTexCoor[i * 2 + 0];  //保存纹理 s 坐标
29             vdata[index++] = alTexCoor[i * 2 + 1];  //保存纹理 t 坐标
30    }}
```

从上述代码中可以看出，此类与前面案例中用于生成球体的类大致相同，顶点数据生成以及相关纹理数据生成的代码和前面章节案例中的基本一致。主要的区别是天空穹不需要一个整的球体，而是只需要生成一个半球即可。

简单思考就可以想到，用于渲染天空穹的管线和着色器与前面很多使用基本纹理贴图案例中的并无区别，这里就不再赘述了。

9.4.3 天空盒与天空穹的使用技巧

前面 9.4.1 节与 9.4.2 节给出的两个案例，第一个仅包含天空盒本身，第二个用天空穹罩住了不太大的山地地形。但在很多实际应用中场景非常大，若使用尺寸足以包含整个场景的天空盒或天空穹效果就不是很好。因此在实际开发中经常会让天空盒或天空穹仅罩住场景的一部分，随着摄像机的移动天空盒或天空穹也跟着一起移动，具体情况如图 9-33 所示。

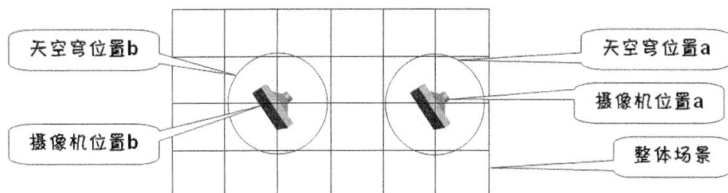

▲图 9-33 天空盒/穹伴随摄像机移动示意图

采用这种天空盒或天空穹使用技巧的游戏有很多，如大名鼎鼎的极品飞车、都市赛车等，读者可以在玩这些游戏的同时细致观察一下就能感觉到。

9.5 简单镜像效果

现实世界中，水边的树木、山体经水面反射后会形成倒影，这种效果在物理学中称之为镜像。不但水面可以形成镜像，一切表面光滑，能良好反射光线的物体都可以形成镜像。因此在开发很多模拟现实世界的 3D 场景中，若能够真实地再现镜像，吸引力将大大增加。本节将向读者介绍一种实现简单镜像的技术，主要包括此技术的原理以及一个篮球被地板反射形成镜像的案例。

9.5.1 基本原理

从初中物理中大家都学到过，形成镜像的原因是反射，经过反射形成的像与其对应的实体相对于反射面是对称的。因此，在 Vulkan 中开发简单镜像效果时，最为关键的一步是根据实体的位置及反射面的位置、朝向计算出像的位置、姿态，如图 9-34 所示。

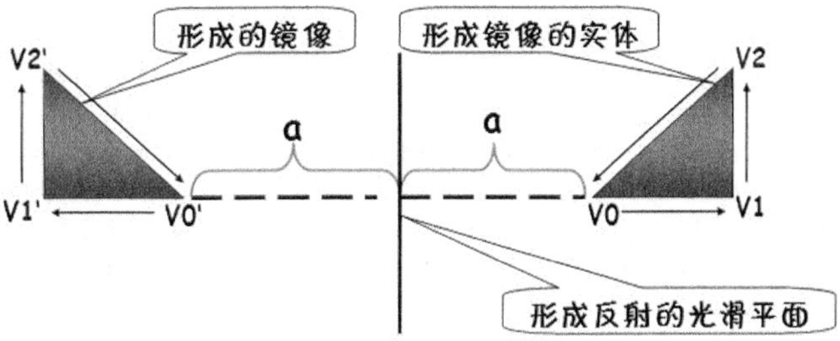

▲图 9-34 镜像效果原理

> **提示** 从图 9-34 中可以看出，在 Vulkan 中绘制实体时，采用的是逆时针卷绕方式（v0,v1,v2），而在绘制镜像时，由于该镜像和实体是关于反射面对称的，使得原来逆时针卷绕变成了顺时针卷绕（v0′,v1′,v2′），因此绘制镜像时应采用顺时针卷绕。同时，开发中如果情况允许应该尽量让反射面平行于某个坐标平面（如 *xoy* 平面、*xoz* 平面、*yoz* 平面），这样像位置的计算就非常简单了。

9.5.2 基本效果案例

9.5.1 节介绍了镜像效果的基本原理，本节将给出一个简单的实现了镜像效果的案例 Sample9_9，其运行效果如图 9-35 所示。

▲图 9-35 案例 Sample9_9 运行效果图

> **提示** 图 9-35 中呈现的是篮球被光滑木地板反射形成镜像的场景，从左至右依次为篮球开始下落，篮球继续下落、篮球碰到地板的几种情况。

了解了案例的运行效果后，就可以进行案例代码的开发了。由于本案例中用到的很多类与前面许多案例中的基本一致，因此这里仅介绍本案例中有特色的部分。主要包括 MyVulkanManager 类中的部分方法以及完成篮球自由下落与反弹物理计算的 BallForControl 类，具体内容如下。

（1）首先需要介绍的是封装了篮球自由下落与反弹相关物理计算功能的 BallForControl 类，其具体代码如下。

代码位置：见随书源代码/第 9 章/Sample9_9/app/src/main/cpp/bndev 目录下的 BallForControl.cpp。

```
1   //此处省略了相关头文件的导入，读者可以自行查阅随书源代码
2   BallForControl::BallForControl(float startYIn) {      //构造函数
3       this->startY=startYIn;                            //初始化起始位置
4       this->currentY=startYIn;                          //初始化当前位置
5   }
6   BallForControl::~BallForControl(){}                   //析构函数
7   void BallForControl::step() {                         //物理计算的具体实现方法
8       timeLive+=TIME_SPAN;                              //时间递增
9       float tempCurrY=startY-0.5f*G*timeLive*timeLive+vy*timeLive;//计算当前高度（牛顿定律）
10      if(tempCurrY<=0) {                                //如果当前位置低于地面则反弹
11          startY=0;                                     //反弹后起始位置置 0
12          vy=-(vy-G*timeLive)*0.995f;                   //反弹后初始速度
13          timeLive=0;                                   //反弹后此轮时间置 0
14          if(vy<0.35f) {                                //如果速度小于阈值则停止运动
15              currentY=0; }                             //恢复起始位置
```

```
16          } else {                                      //若没有碰到地面则正常运动
17              currentY=tempCurrY;                        //更新当前位置
18  }}
```

> **说明**　上述代码主要是实现了上抛运动的物理定律，其中第 12 行的 0.995f 为恢复系数，其代表每次篮球碰撞地面后还能保存的动能占碰撞前动能的比例。

（2）由于镜像的绘制需要采用顺时针卷绕，同时为了确保镜像不会被反射面地板挡住，因此在绘制镜像时需要采用独立的渲染管线。此渲染管线采用顺时针卷绕，并关闭深度检测，相关代码如下。

🖉 **代码位置**：见随书源代码/第 9 章/Sample9_9/app/src/main/cpp/bndev 目录下的 ShaderQueueSuit_NoDepth.cpp。

```
1  void ShaderQueueSuit_NoDepth::create_pipe_line(VkDevice& device,VkRenderPass& renderPass){
2      //此处省略了与其他案例中初始化管线时相同的代码
3      VkPipelineRasterizationStateCreateInfo rs;            //管线光栅化状态创建信息
4      rs.frontFace = VK_FRONT_FACE_CLOCKWISE;               //设置顺时针卷绕为正面
5      //此处省略了与其他案例中初始化管线时相同的代码
6      VkPipelineDepthStencilStateCreateInfo ds;             //管线深度及模板状态创建信息
7      ds.depthTestEnable = VK_FALSE;                        //关闭深度检测
8      //此处省略了与其他案例中初始化管线时相同的代码
9  }
```

> **说明**　从上述代码中可以看出，此管线渲染时以顺时针卷绕为正面，并且不进行深度检测。这样在使用此管线绘制镜像时一方面确保镜像体不会被反射面挡住，另一方面使得镜像后卷绕方向被置反（顺时针为正面）的镜像体中的各个三角形能够在背面剪裁条件下正确地渲染出来。

（3）接下来需要介绍的是 MyVulkanManager 类中用于绘制物体的——drawObject 方法，其中按照必要的顺序绘制了反射面、镜像体、物体本身，具体代码如下。

🖉 **代码位置**：见随书源代码/第 9 章/Sample9_9/app/src/main/cpp/bndev 目录下的 MyVulkanManager.cpp。

```
1  void MyVulkanManager::drawObject() {
2      FPSUtil::init();                                       //初始化 FPS 计算
3      while(MyVulkanManager::loopDrawFlag){
4          //此处省略了完成绘制前准备工作的代码，读者可以自行查阅随书源代码
5          bfc->step();                                       //调用物理计算
6          MatrixState3D::pushMatrix();                       //保护现场
7          MatrixState3D::scale(0.7,1.0,0.5);                 //执行缩放
8          planeForDraw->drawSelf(cmdBuffer,sqsCL->pipelineLayout,sqsCL->pipeline,
                                                               //绘制地板（反射面）
9              &(sqsCL->descSet[TextureManager::getVkDescriptorSetIndex("texture/
   mdb.bntex")]),false);
10         MatrixState3D::popMatrix();                        //恢复现场
11         MatrixState3D::pushMatrix();                       //保护现场
12         MatrixState3D::scale(1,-1,1);                      //通过缩放（y 轴置反）实现镜像
13         MatrixState3D::translate(0,bfc->currentY+0.4,0);   //执行平移
14         ballForDraw->drawSelf(cmdBuffer,sqsND->pipelineLayout,sqsND->pipeline,
                                                               //绘制镜像体
15             &(sqsND->descSet[TextureManager::getVkDescriptorSetIndex("texture/
   ball.bntex")]),true);
16         MatrixState3D::popMatrix();                        //恢复现场
```

```
17              MatrixState3D::pushMatrix();                           //保护现场
18              MatrixState3D::translate(0,bfc->currentY+0.4,0);       //执行平移
19              ballForDraw->drawSelf(cmdBuffer,sqsCL->pipelineLayout,sqsCL->pipeline,    //绘制物体本身
20                 &(sqsCL->descSet[TextureManager::getVkDescriptorSetIndex("texture/
ball.bntex")]),false);
21              MatrixState3D::popMatrix();                            //恢复现场
22              //此处省略了完成绘制以及呈现画面的相关代码,读者可以自行查阅随书源代码
23     }}
```

- 上述代码和前面章节中的绘制方法大致相同,主要区别体现在物体的绘制顺序上。首先是绘制了木地板(此时开启了深度检测),接下来是绘制镜像体(此时关闭了深度检测),最后是绘制实际物体。

- 由于本案例中采用了 *xoz* 平面作为反射面,故镜像体位置的计算就变得简单了,直接保持坐标系 *x*、*z* 轴不变,将 *y* 轴置反即可,上面代码中的第 12 行就是执行了此操作。

- 物体的绘制方法 drawSelf 中增加了一个布尔型参数,其为 true 时表示绘制的是镜像体,为 false 时表示绘制的是物体本身。根据此布尔型参数值的不同,drawSelf 方法会向着色器传送不同的推送常量值,true 时传送-1,false 时传送+1。着色器在收到此推送常量后会将其与光源位置的 *y* 坐标相乘,即绘制镜像体时会乘以-1,实质上就是将光源位置相对于反射面(*xoz* 平面)求了镜像,以确保镜像体的光照计算也是正确的。

实现镜像效果时除了需要计算出镜像体的位置,最关键的就是需要关闭深度检测。若绘制镜像体时不关闭深度检测,则距离摄像机较近的反射面就会挡住镜像体,如图 9-36 所示,这点也请读者在开发中特别注意。

打开深度检测就看不到镜像体的原因如下。

- 若先绘制镜像体,则有镜像体片元的位置深度缓冲区中会记录较大的深度,再绘制距离较近的反射面时,其片元对应的深度较小,深度检测通过,将覆盖原有的片元,如图 9-37(a)所示。

- 若先绘制反射面,则有反射面片元的位置深度缓冲区中会记录较小的深度,再绘制距离较远的镜像体时,其片元对应的深度大,深度检测失败,片元将被丢弃,如图 9-37(b)所示。

▲图 9-36　打开深度检测的效果图

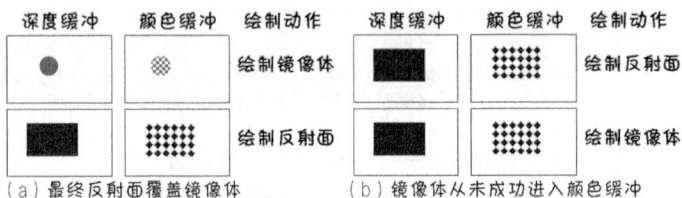

(a) 最终反射面覆盖镜像体　　(b) 镜像体从未成功进入颜色缓冲

▲图 9-37　绘制镜像体时需要关闭深度检测的原因

> 💡说明　图 9-37 中颜色越深表示深度越小,这是因为从灰度值的角度考虑值越大颜色越浅。最后需要读者注意的是,即使关闭了深度检测,绘制顺序也不是任意的,必须先绘制反射面,再绘制镜像体。具体原因读者可以参考图 9-37 的思路进行分析,这里不再赘述。

9.5.3　升级效果案例

9.5.2 节案例中实现的镜像场景已经较为真实,但还有一个小的瑕疵。那就是镜像体与物体本

身是一模一样的，这不完全符合现实世界中的情况。现实世界中，镜像会受到反射面的影响，也就是镜像上会隐约映射出反射面的内容，不应该与实体一模一样。

本节将 9.5.2 节的案例进一步升级（升级后的案例为 Sample9_10）以解决上述问题，具体情况如图 9-38 所示。

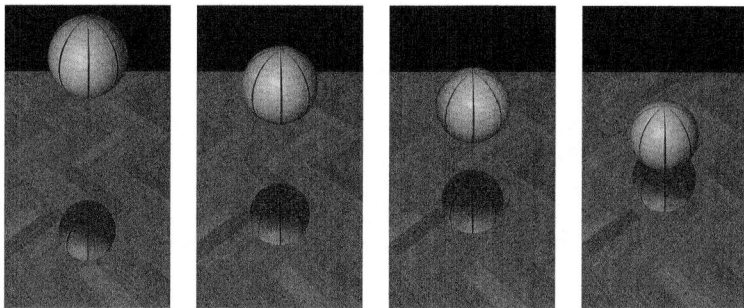

▲图 9-38 升级后的运行效果图

从图 9-38 中可以看出，镜像上隐约映射出了反射面的内容，真实感比升级前提高了不少。实现的思路也很简单，只需要绘制完镜像体之后再采用混合模式绘制一个半透明的反射面即可。

了解了实现思路后，就可以进行案例的开发了。由于实际上本案例仅仅是将前面的案例 Sample9_9 复制了一份并进行了修改，因此这里仅给出修改的主要步骤。

（1）首先需要在项目中增加一幅半透明的木地板纹理图 mdbtm.bntex，其内容与原有的不透明的木地板纹理图完全一致，仅仅是透明度不同。

（2）接着需要在管线封装类 ShaderQueueSuit_NoDepth 的 create_pipe_line 方法中打开混合，具体代码如下。

📎 代码位置：见随书源代码/第 9 章/Sample9_10/app/src/main/cpp/bndev 目录下的 ShaderQueueSuit_NoDepth.cpp。

```
1   VkPipelineColorBlendAttachmentState att_state[1];        //管线颜色混合附件状态数组
2   att_state[0].colorWriteMask = 0xf;                       //设置写入掩码
3   att_state[0].blendEnable = VK_TRUE;                      //打开混合
4   att_state[0].alphaBlendOp = VK_BLEND_OP_ADD;             //设置 Alpha 通道混合方式
5   att_state[0].colorBlendOp = VK_BLEND_OP_ADD;             //设置 RGB 通道混合方式
6   att_state[0].srcColorBlendFactor = VK_BLEND_FACTOR_SRC_ALPHA;//设置源颜色混合因子
7   att_state[0].dstColorBlendFactor =
8           VK_BLEND_FACTOR_ONE_MINUS_SRC_ALPHA;            //设置目标颜色混合因子
9   att_state[0].srcAlphaBlendFactor = VK_BLEND_FACTOR_SRC_ALPHA;//设置源 Alpha 混合因子
10  att_state[0].dstAlphaBlendFactor =
11          VK_BLEND_FACTOR_ONE_MINUS_SRC_ALPHA;            //设置目标 Alpha 混合因子
```

📙 说明　上述代码很简单，其启用了混合并设置了合适的源混合因子和目标混合因子。如果读者对混合的内容不太熟悉请参考本书前面第 8 章中的相关内容，那里对混合的方方面面进行了详细地介绍，这里就不再赘述了。

（3）接下来需要修改的是 MyVulkanManager 类中用于绘制物体的 drawObject 方法，具体代码如下。

📎 代码位置：见随书源代码/第 9 章/Sample9_10/app/src/main/cpp/bndev 目录下的 MyVulkanManager.cpp。

```
1   void MyVulkanManager::drawObject() {
```

```
2          FPSUtil::init();                                        //初始化 FPS 计算
3          while(MyVulkanManager::loopDrawFlag){
4              //此处省略了完成绘制前准备工作的代码，读者可以自行查阅随书源代码
5              bfc->step();                                        //调用物理计算
6              MatrixState3D::pushMatrix();                        //保护现场
7              MatrixState3D::scale(0.7,1.0,0.5);                  //执行缩放
8              planeForDraw->drawSelf(cmdBuffer,sqsCL->pipelineLayout,sqsCL->pipeline,
                                                                    //绘制反射面（不透明）
9                  &(sqsCL->descSet[TextureManager::getVkDescriptorSetIndex("texture/mdb.
bntex")]),false);
10             MatrixState3D::popMatrix();                         //恢复现场
11             MatrixState3D::pushMatrix();                        //保护现场
12             MatrixState3D::scale(1,-1,1);                       //执行缩放
13             MatrixState3D::translate(0,bfc->currentY+0.4,0);    //执行平移
14             ballForDraw->drawSelf(cmdBuffer,sqsND->pipelineLayout,sqsND->pipeline,
                                                                    //绘制镜像体
15                 &(sqsND->descSet[TextureManager::getVkDescriptorSetIndex("texture/ball
.bntex")]),true);
16             MatrixState3D::popMatrix();                         //恢复现场
17             MatrixState3D::pushMatrix();                        //保护现场
18             MatrixState3D::scale(0.7,1.0,0.5);                  //执行缩放
19             planeForDraw->drawSelf(cmdBuffer,sqsND->pipelineLayout,sqsND->pipeline,
                                                                    //绘制反射面（透明）
20                 &(sqsND->descSet[TextureManager::getVkDescriptorSetIndex("texture/mdbt
m.bntex")]),false);
21             MatrixState3D::popMatrix();                         //恢复现场
22             MatrixState3D::pushMatrix();                        //保护现场
23             MatrixState3D::translate(0,bfc->currentY+0.4,0);    //执行平移
24             ballForDraw->drawSelf(cmdBuffer,sqsCL->pipelineLayout,sqsCL->pipeline,
                                                                    //绘制物体本身
25                 &(sqsCL->descSet[TextureManager::getVkDescriptorSetIndex("texture/ball
.bntex")]),false);
26             MatrixState3D::popMatrix();                         //恢复现场
27             //此处省略了完成绘制以及呈现画面的相关代码，读者可以自行查阅随书源代码
28      }}
```

> ✏️**说明**　请读者特别注意绘制的顺序，先绘制不透明的木地板，接着绘制镜像体，再绘制半透明木地板，最后绘制实际物体，不正确的顺序可能会产生不正确的效果。另外要注意，绘制半透明木地板时需要关闭深度检测。这是因为深度缓冲中在木地板各个片元的位置已经记录了不透明木地板的相应深度值，若不关闭深度检测可能造成深度检测冲突导致半透明木地板绘制不正常。

9.6　非真实感绘制

到目前为止，本书所给出的案例都是以逼真为最高追求的，但这仅仅是一个方面。有时希望程序能够绘制出不太真实的效果，如水彩画、水粉画、油画效果等。这就是所谓的非真实感绘制，本节将通过一个案例带领读者简单了解一下非真实感绘制效果的开发。

9.6.1　基本原理与案例效果

本节主要是以非真实感绘制技术实现水粉画效果，非真实感绘制有时也称之为卡通着色。一

般是将一个色块纹理贴图作为查询表（调色板），使用色块纹理贴图中的纯色进行填充，通过减少颜色的变化来达到非真实感绘制的效果。

下面首先介绍一下真实感绘制与非真实感绘制的主要区别。

● 真实感绘制

真实感绘制实际上是模拟现实世界真实物体的各种光影效果，主要包括物体的颜色以及光照情况等。这种情况下一般会尽量使用较多的色数，以达到视觉上连续渐变的真实效果。

● 非真实感绘制

非真实感绘制实际上是指模拟手绘方式下颜色数比较少的非真实的绘制效果。因为手绘效果的颜色数比较少，是人为给定的几种，并且是离散的，所以人眼可以明显分辨。从数学角度来说，就是将颜色的取值从连续函数转化为阶梯函数。

通过上述介绍已经了解了非真实感绘制的基本原理，下面介绍一下本节的实现策略，主要内容如下。

● 首先对物体进行普通的光照计算，得到物体各个区域的结果光照强度（取值范围在 0.0～1.0 之间），作为后继步骤中的色块纹理采样 s 坐标。

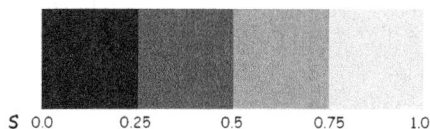

S 0.0   0.25   0.5   0.75   1.0

▲图9-39 4色块纹理

● 提供一幅横向排列的色块纹理（如图 9-39 所示），然后用第一步中计算所得的结果光照强度作为 s 纹理坐标，同时采用固定的 t 纹理坐标（如 0.5）进行纹理采样。

● 将上一步中采样所得的颜色作为最终结果颜色即可实现非真实感绘制的基本效果。

✏️ 说明　　从上述步骤以及图 9-39 中可以看出，由于纹理图是以色块方式横向排列的，因此一个区间内的结果光照强度将对应到同一个颜色。比如当 s 纹理坐标在 0.0～0.25 的区间内会获得同一个颜色值，当 s 纹理坐标在 0.25～0.5 的区间内会获得另一个颜色值，以此类推。通过这样的策略，就将普通光照计算中的连续渐变结果光照强度对应到了非连续的色块中，很高效地实现了目标。

除了上述内容，非真实感绘制还有一项很重要的工作就是对物体边缘进行描绘（通常采用黑色）。而描绘边缘前，最重要的就是要确定当前着色的片元是否处于边缘位置。

本节判断片元是否处于边缘的策略非常简单，那就是考量视线向量与此片元处法向量的夹角，若夹角大于一定的值则认为是边缘。实际开发时只需要通过两个向量的点积值进行判断即可。

✏️ 提示　　上述简单的描绘边缘策略并不能保证在所有情况下都工作得很好，若想得到更好的边缘描绘效果，读者可以参考后继章节中专门介绍描边效果的内容。

从前面的介绍中已经知道，当色块纹理图中有 4 个色块时，根据光照强度的不同一共可以采样出 4 种不同的颜色，经过片元着色器的绘制就出现了非真实感的绘制效果。下面给出色块纹理图为 4 色块时本节案例（Sample9_11）的运行效果，如图 9-40 所示。

▲图9-40 非真实感绘制案例的运行效果1

图 9-40 给出的是 4 色块的运行效果图，如果觉得色数太少，还可以增加色块数，其效果还是非真实感的手绘效果，只不过是效果相比于 4 色块的更加真实一些。例如可以将前面的 4 色块图替换为 8 色块图，如图 9-41 所示。

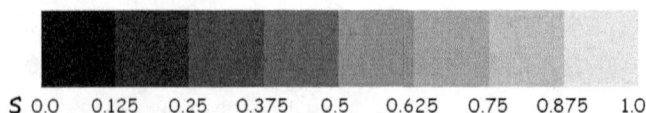

S 0.0　0.125　0.25　0.375　0.5　0.625　0.75　0.875　1.0

▲图 9-41　8 色块纹理

> **说明**　与前面采用 4 色块纹理图时的套路相同，根据光照强度的不同折算为不同的 s 纹理坐标，当 s 纹理坐标在 0.0 ~ 0.125 的区间内会获得同一个颜色值，当 s 纹理坐标在 0.125 ~ 0.25 的区间内会获得另一个颜色值，以此类推。一共可以采样得到 8 种不同的颜色值，相比于 4 色块的绘制效果会更加真实。

接着给出色块纹理图为 8 色块时本节案例（Sample9_11）的运行效果，如图 9-42 所示。

▲图 9-42　非真实感绘制案例的运行效果 2

> **提示**　从图 9-40 与图 9-42 的对比中可以看出，色块增加后，真实感强了一些。因此在实际开发中读者可以根据具体需要控制色块图中的色数，以达到需要的效果。

9.6.2　具体开发步骤

9.6.1 节介绍了本节案例的基本原理与运行效果，读者可能觉得虽然明白了一些，但到了具体的编程上又无从下手，所以接下来将会详细地介绍色块纹理图为 4 色块时的开发步骤，由创建模型开始到具体的编程，内容如下。

（1）用 3ds Max 设计如图 9-40 所示的模型并导出成 obj 文件放入项目的 assets 目录中 model 文件夹下待用。

（2）开发出搭建场景的基本代码，其中加载物体、摆放物体、计算光照等代码与前面章节的许多案例基本思路完全一致，因此这里不再赘述。

（3）本案例的纹理采样器中将 magFilter、minFilter 采样方式设置为 VK_FILTER_NEAREST。VK_FILTER_NEAREST 表示使用纹理中坐标最接近的一个纹素的颜色作为采样的结果颜色，颜色不会自动插值过度，能很好地符合非真实感绘制的需要。

（4）接下来就需要开发为非真实感绘制而服务的两个特色着色器了。首先是顶点着色器的开发，其具体代码如下。

🔍 **代码位置：**见随书源代码/第 9 章/Sample9_11/app/src/main/assets/shader 目录下的 commonTexLight.vert。

```
1    //此处省略了声明着色器版本号及启用相关扩展代码，读者可以自行查阅随书源代码
2    layout (std140,set = 0, binding = 0) uniform bufferVals {    //一致变量块
```

```
3         vec4 uCamera;                                    //摄像机位置
4         vec4 lightPosition;                              //光源位置
5         float lightDiffuse;                              //散射光强度
6         float lightSpecular;                             //镜面光强度
7     } myBufferVals;
8     layout (push_constant) uniform constantVals {        //推送常量块
9         mat4 mvp;                                        //最终变换矩阵
10        mat4 mm;                                         //基本变换矩阵
11    } myConstantVals;
12    layout (location = 0) in vec3 pos;                   //输入的顶点位置
13    layout (location = 1) in vec2 inTexCoor;             //输入的纹理坐标
14    layout (location = 2) in vec3 inNormal;             //输入的法向量
15    layout (location = 0) out float vEdge;               //输出到片元着色器的描边系数
16    layout (location = 1) out vec2 outTexCoor;           //输出到片元着色器的纹理坐标
17    out gl_PerVertex {                                   //输出接口块
18        vec4 gl_Position;                               //内建变量gl_Position
19    };
20    //此处省略了进行光照计算的pointLight方法，与前面很多案例中的类似
21    float fun(                                           //计算描边系数的方法
22      in mat4 uMMatrix,                                 //基本变换矩阵
23      in vec3 uCamera,                                  //摄像机位置
24      in vec3 aPosition,                                //顶点位置
25      in vec3 normal){                                  //顶点法向量
26      vec3 newNormal=normalize((uMMatrix*vec4(normal,0)).xyz);//将法向量变换到世界坐标系中
27      vec3 eye= normalize(uCamera-(uMMatrix*vec4(aPosition,1)).xyz);//计算从表面点到摄
      像机的向量
28      return max(0.0,dot(newNormal,eye));              //计算描边系数
29    }
30    void main() {
31        //此处省略了计算顶点最终位置和调用pointLight方法计算光照强度的代码
32        vEdge = fun(myConstantVals.mm,                   //计算描边系数并传给片元着色器
33         myBufferVals.uCamera.xyz,pos,inNormal);
34        outTexCoor = vec2(LightQD,0.5);                  //根据光照强度折算纹理坐标
35    }
```

- 第21～29行为用于计算描边系数的fun方法，其中首先将法向量由物体坐标系变换到世界坐标系中，然后计算出顶点位置到摄像机位置的向量，最后将两个向量的点积与0的最大值作为描边系数返回。

- 第34行根据计算得到的光照强度折算出用于在色块纹理中进行采样的纹理坐标（折算时将光照强度作为纹理坐标的s分量，t分量固定为0.5）。要注意的是本案例中的光照强度值类型不再是vec4，而是float，这是为了方便计算。

（5）接着给出的是片元着色器，其代码如下。

代码位置：见随书源代码/第9章/Sample9_11/app/src/main/assets/shader目录下的commonTexLight.frag。

```
1     //此处省略了声明着色器版本号及启用相关扩展代码，读者可以自行查阅随书源代码
2     layout (binding = 1) uniform sampler2D tex;         //纹理数据（色块纹理）
3     layout (location = 0) in float vEdge;               //接收到的描边系数
4     layout (location = 1) in vec2 inTexCoor;            //接收到的纹理坐标
5     layout (location = 0) out vec4 outColor;            //输出到管线的片元颜色
6     void main() {
7         vec4 finalColor = textureLod(tex, inTexCoor, 0.0);//从纹理中采样出颜色
8         const vec4 edgeColor = vec4(0.0);               //描边的颜色（黑色）
9         float mbFactor = step(0.2, vEdge);              //根据描边系数确定描边因子
```

```
10        outColor=(1.0 - mbFactor) * edgeColor + mbFactor * finalColor;//计算片元最终颜色值
11    }
```

> 说明
>
> 上述片元着色器首先根据由光照强度折算出的纹理坐标从色块纹理中采样出一种颜色值，然后根据收到的描边系数确定描边因子的值（若描边系数小于 0.2 则描边因子为 0，否则描边因子为 1），最后根据描边因子的值确定片元颜色是采样出的色块颜色还是描边的颜色。

9.7 描边效果的实现

3D 游戏和应用开发中有时需要对 3D 场景中的物体进行描边操作，本节将对这方面相关的知识进行详细的介绍，同时还会给出几个不同的实现案例。掌握了这种技术后，读者可以在需要的场合使用以满足一些特殊的需要。

9.7.1 沿法线挤出轮廓

最简单的描边方法是首先将物体沿法线挤出一些，然后用需要描边的纯色对物体进行绘制，接着再用正常的方式绘制物体本身，从而形成一个轮廓。本节将首先给出一个采用这种描边方式的案例 Sample9_12，其运行效果如图 9-43 所示。

▲图 9-43 案例 Sample9_12 运行效果图

> 说明
>
> 从图 9-43 中可以看出，此案例场景中有 4 个物体，分别是一远一近的两个茶壶和相互遮挡的一远一近两个球体，每个物体绘制时都可以看到明显的描边。如果插图由于黑白印刷导致不很清楚，请读者采用真机运行观察。

前面已经介绍了本节案例的基本实现策略和运行效果，接下来将介绍本节案例的具体开发。由于此案例中有很多代码与前面章节案例中的基本相同，因此这里仅给出有代表性的部分，具体内容如下。

（1）首先需要介绍的是 MyVulkanManager 类，由于此类中的代码与前面很多案例中的代码类似，而主要的不同在于绘制物体的 drawObject 方法。因此这里仅给出此方法的代码，具体内容如下。

✍ 代码位置：见随书源代码/第 9 章/Sample9_12/app/src/main/cpp/bndev 目录下的 MyVulkanManager.cpp。

```
1    void MyVulkanManager::drawObject() {                          //执行绘制的方法
2         //此处省略了绘制前的准备代码，读者可以自行查阅随书源代码
```

```
3              MatrixState3D::pushMatrix();                          //保护现场
4              MatrixState3D::pushMatrix();                          //保护现场
5              MatrixState3D::translate(15, 0, -25.0f);              //执行平移变换
6              chObject->drawSelf(cmdBuffer, sqsCE->pipelineLayout,  //绘制茶壶1（描边体）
7                            sqsCE->pipeline, &(sqsCE->descSet[0]));
8              chObject->drawSelf(cmdBuffer,sqsCL->pipelineLayout,   //绘制茶壶1（原物体）
9                            sqsCL->pipeline,&(sqsCL->descSet[0]));
10             MatrixState3D::popMatrix();                           //恢复现场
11             MatrixState3D::pushMatrix();                          //保护现场
12             MatrixState3D::translate(15, 0, 5.0f);                //执行平移变换
13             chObject->drawSelf(cmdBuffer, sqsCE->pipelineLayout,  //绘制茶壶2（描边体）
14                            sqsCE->pipeline, &(sqsCE->descSet[0]));
15             chObject->drawSelf(cmdBuffer,sqsCL->pipelineLayout,   //绘制茶壶2（原物体）
16                            sqsCL->pipeline,&(sqsCL->descSet[0]));
17             MatrixState3D::popMatrix();                           //恢复现场
18             //此处省略了绘制场景中描边圆球的相关代码，与上面绘制描边茶壶的代码类似
19             MatrixState3D::popMatrix();                           //恢复现场
20             //此处省略了完成绘制工作及执行呈现的相关代码，读者可以自行查阅随书源代码
21      }
```

> **说明**　从上述代码中可以看出，绘制描边物体时首先需要绘制描边体，然后绘制物体本身。要注意的是，绘制描边体和绘制物体本身使用的管线不同，对应于不同的着色器组合。其中绘制描边体的着色器实现了前面介绍的沿法线挤出的策略，将在后面进行介绍。

（2）接下来需要介绍的是本案例中绘制描边体时用到的管线类——ShaderQueueSuit_Common Edge 中的 create pipe line 方法，其具体代码如下。

📎 **代码位置：** 见随书源代码/第 9 章/Sample9_12/app/src/main/cpp/bndev 目录下的 ShaderQueueSuit_CommonEdge.cpp。

```
1    void ShaderQueueSuit_CommonEdge::create_pipe_line(VkDevice& device,VkRenderPass&
renderPass){
2        //此处省略了管线创建部分的一些其他代码，与前面大部分案例中的相同
3        VkPipelineDepthStencilStateCreateInfo ds;        //管线深度及模板状态创建信息
4        ds.sType =                                        //指定结构体类型
5            VK_STRUCTURE_TYPE_PIPELINE_DEPTH_STENCIL_STATE_CREATE_INFO;
6        ds.pNext = NULL;                                  //自定义数据的指针
7        ds.flags = 0;                                     //供将来使用的标志
8        ds.depthTestEnable = VK_TRUE;                     //打开深度检测
9        ds.depthWriteEnable = VK_FALSE;                   //关闭深度值写入
10       //此处省略了管线创建部分的一些其他代码，与前面大部分案例中的相同
11   }
```

> **说明**　从上述代码中可以看出，绘制描边体所用的管线与一般的绘制用管线最大的不同是关闭了深度值的写入，但深度检测还是正常启用的。这样一方面保证了绘制描边体时与场景中其他物体的相互遮挡能正确计算（启用深度检测的作用）；另一方面使得描边体不会遮挡对应物体本身（关闭深度值写入的作用。关闭深度值写入后描边体对应片元在深度缓冲中不会留下痕迹，也就不会影响深度检测了）。

（3）接下来将介绍本案例中着色器的开发，由于绘制物体本身和描边体使用的不是一套着色器，而绘制物体本身的着色器和前面很多案例中的相同，因此这里不再赘述。下面直接给出用于绘制描边体的顶点着色器，其具体代码如下。

代码位置：见随书源代码/第 9 章/Sample9_12/app/src/main/assets/shader 目录下的 commonEdge.vert。

```
1    //此处省略了声明着色器版本号及启用相关扩展的代码，读者可以自行查阅随书源代码
2    layout (push_constant) uniform constantVals{          //推送常量块
3        mat4 mvp;                                         //最终变换矩阵
4    } myConstantVals;
5    layout (location = 0) in vec3 pos;                    //输入的顶点位置
6    layout (location = 1) in vec3 inNormal;               //输入的法向量
7    out gl_PerVertex{                                     //输出接口块
8        vec4 gl_Position;                                 //内建变量 gl_Position
9    };
10    void main(){
11        vec3 position = pos;                             //获取此顶点的位置
12        position.xyz += inNormal * 0.4;                  //沿法向量方向进行顶点挤出
13        gl_Position = myConstantVals.mvp * vec4(position.xyz, 1); //计算顶点的最终位置
14    }
```

说明　　上述顶点着色器中第 12 行实现了将物体沿法线方向挤出的功能，0.4 为用于控制描边粗细的变量，实际使用时可根据需要改变该值来实现不同粗细的描边效果。

（4）了解了可以控制描边粗细的顶点着色器后，接下来将介绍可以控制描边颜色的片元着色器，其具体代码如下。

代码位置：见随书源代码/第 9 章/Sample9_12/app/src/main/assets/shader 目录下的 commonEdge.frag。

```
1    //此处省略了声明着色器版本号及启用相关扩展的代码，读者可以自行查阅随书源代码
2    layout (location = 0) out vec4 outColor;              //输出到管线的片元颜色
3    void main(){
4        outColor = vec4(0.0, 1.0, 0.0, 0.0);             //描边颜色（这里为绿色）
5    }
```

说明　　上述片元着色器中第 4 行给出了描边的颜色。本案例中为了与物体本身明显区分开来，把描边设置为绿色，实际使用时可任意改变该颜色值来实现不同颜色的描边效果。

如果仅仅看到上述案例场景中的描边茶壶，读者一定会觉得效果还不错。但如果细致观察场景左侧两个相互遮挡的球体时就会发现两个问题，具体内容如下。

● 第一，在两个物体的重叠区域，描边没有出现，这是因为在绘制描边时关闭了深度缓冲的写入，后面绘制的物体将前面的描边挡住了，从而描边没有出现。

● 第二个问题不太明显，但如果用手指在屏幕上滑动的话，会发现物体描边的粗细并不是一个常量，而是一个和距摄像机远近相关的量，距离越远，描边越细，距离越近，描边越粗。就像场景中的茶壶那样，远处小茶壶的描边要比近处的细。

第二个问题在要求不太高的情况下可以忽略，但第一个问题由于会影响描边与普通物体的遮挡正确性，必须解决。其实解决的方法很简单，绘制描边时也正常写入深度缓冲，但仅绘制其背面即可。采用这种策略修改后的案例，运行效果就比较正确了，如图 9-44 所示。

▲图 9-44　案例 Sample9_13 运行效果图

说明　　从图 9-44 中可以看出，场景左侧的两个球体都带有描边特效，且不存在描边被后面物体遮挡的问题，问题已被解决。之所以采用这样的策略可以解决问题一是由于前面的案例 Sample9_12 中为了避免绘制的描边体挡住对应物体本身，关闭了

绘制描边体时的深度值写入，这就造成描边体不能正确遮挡其后面的物体。启用绘制描边体时的深度值写入并仅绘制描边体的背面时，描边体既不会遮挡对应物体本身，也能够与其他物体进行正确的遮挡计算。

了解了前面版本案例存在的问题以及解决的策略后，就可以进行案例的修改了。由于绘制物体部分和着色器与前面 Sample9_12 案例中的一致，因此需要修改的仅仅是绘制描边物体时用到的管线类——ShaderQueueSuit_CommonEdge 中的 create_pipe_line 方法，其具体代码如下。

🖋 代码位置：见随书源代码/第 9 章/Sample9_13/app/src/main/cpp/bndev 目录下的 ShaderQueueSuit_CommonEdge.cpp。

```
1   void ShaderQueueSuit_CommonEdge::create_pipe_line(VkDevice& device,VkRenderPass&
    renderPass) {
2       //此处省略了管线创建部分的一些其他代码，与前面大部分案例中的相同
3       VkPipelineRasterizationStateCreateInfo rs;      //管线光栅化状态创建信息
4       rs.sType =                                      //指定结构体类型
5           VK_STRUCTURE_TYPE_PIPELINE_RASTERIZATION_STATE_CREATE_INFO;
6       rs.pNext = NULL;                                //自定义数据指针
7       rs.flags = 0;                                   //供将来使用的标志
8       rs.polygonMode = VK_POLYGON_MODE_FILL;          //绘制方式为填充
9       rs.cullMode = VK_CULL_MODE_BACK_BIT;            //剪裁方式为丢弃背面三角形方式
10      rs.frontFace = VK_FRONT_FACE_CLOCKWISE;         //卷绕方向为顺时针
11      VkPipelineDepthStencilStateCreateInfo ds;       //管线深度及模板状态创建信息
12      ds.sType =                                      //指定结构体类型
13          VK_STRUCTURE_TYPE_PIPELINE_DEPTH_STENCIL_STATE_CREATE_INFO;
14      ds.pNext = NULL;                                //自定义数据指针
15      ds.flags = 0;                                   //供将来使用的标志
16      ds.depthTestEnable = VK_TRUE;                   //打开深度检测
17      ds.depthWriteEnable = VK_TRUE;                  //打开深度值写入
18      //此处省略了管线创建部分的一些其他代码，与前面大部分案例中的相同
19  }
```

🖋 说明　上述代码与案例 Sample9_12 中不同的是，无论是绘制物体本身还是绘制描边体，一直都是启用深度值写入的。只是在绘制描边体时，将卷绕方向置反（以顺时针为正面）以达到在开启背面剪裁的情况下仅绘制物体背面的作用（本案例中的物体是以逆时针为正面的）。

🖋 提示　通过上述两个案例的学习读者可以看出，仅仅是灵活设置深度值写入与否、卷绕方向为顺时针还是逆时针等就可以帮助实现看似复杂的描边效果。因此，加深对基本操作的理解并能够灵活运用是十分重要的，读者在后继的学习中也应该注意这一点。

9.7.2 视空间中挤出

9.7.1 节第二个版本的案例已经解决了描边体和物体本身遮挡正确性的问题，但描边的粗细随着距离摄像机的远近会明显变化的问题还没有解决。本节将给出一种策略，可以很大程度上改善这个问题，具体内容如下。

● 首先将顶点坐标以及法向量通过乘以最终变换矩阵的方式变换到视空间中。
● 然后将变换后的视空间中的顶点坐标沿变换后视空间中的法向量挤出。

从上述说明中可以看出，此策略实质上就是将 9.7.1 节沿物体坐标系中法线直接挤出的方式更改为沿变换后的视空间中的法线挤出。

了解了本节使用的在视空间中挤出的基本策略后，下面来了解一下使用此策略的案例 Sample9_14 的运行效果，具体情况如图 9-45 所示。

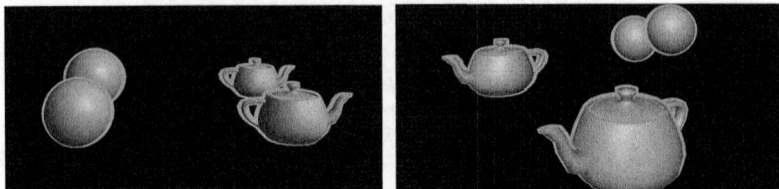

图 9-45　案例 Sample9_14 运行效果图

从图 9-45 中可以看出，不论物体离摄像机距离远近如何，其描边的粗细基本都是相同的。与前面两个案例运行的效果不太一样，这样描边粗细随远近变化的问题就基本得到了解决。

由于本案例中大部分代码与 9.7.1 节案例中的相同，因此这里仅介绍具有较大变化的描边顶点着色器中的 main 方法，其具体代码如下。

📎 **代码位置**：见随书源代码/第 9 章/Sample9_14/app/src/main/assets/shader 目录下的 commonEdge.vert。

```
1   //此处省略了与前面案例 Sample9_13 中顶点着色器相同的部分代码，读者可以自行查阅随书源代码
2   void main(){
3       vec3 position = pos;                                         //获取此顶点的位置
4       vec4 ydskj = myConstantVals.mvp * vec4(0, 0, 0, 1);//将原点转化进视空间
5       vec4 fxldskj = myConstantVals.mvp * vec4(inNormal.xyz, 1.0);//将法向量转化进视空间
6       vec2 skjNormal = fxldskj.xy - ydskj.xy;                      //得到视空间中的法向量
7       skjNormal = normalize(skjNormal);                           //规格化法向量
8       vec4 finalPosition = myConstantVals.mvp * vec4(position.xyz, 1);//计算顶点最终位置
9       finalPosition = finalPosition / finalPosition.w;            //执行透视除法
10      gl_Position = finalPosition + vec4(skjNormal.xy, 1.0, 1.0) * 0.01;
        //沿视空间中的法向量将顶点位置挤出
11  }
```

- 第 4~7 行首先将原点变换进视空间，然后将法向量变换进视空间，进而计算得到视空间中的法向量，最后对视空间中的法向量进行了规格化。
- 第 8~9 行根据最终变换矩阵计算了视空间中顶点的位置，并执行了透视除法。
- 第 10 行将顶点沿视空间中的法向量挤出，得到挤出后视空间中的顶点位置，其中最后的 "0.01" 是用于控制描边粗细的参数，实际使用时可以根据需要自行修改。

> 💡 **提示**　本书到这里为止的所有案例中，除了本节的案例 Sample9_14，基本都没有在顶点着色器中执行过透视除法。这是因为将齐次坐标传入渲染管线后，管线会自动执行透视除法。由于 w 值随物体远近的不同会有不同（距离越远，w 值越大），而本案例中希望描边的粗细不随远近而变化，故需提早执行透视除法，消除 w 值不同造成的对描边粗细的影响。当管线再自动执行透视除法时，w 值已经为 1，既不会造成管线计算错误，也不会影响描边粗细了。

9.8　本章小结

本章主要介绍了一些常用的 3D 场景开发技巧，主要包括标志板、灰度图地形、高真实感地形、天空盒与天空穹、简单镜像、非真实感绘制以及描边效果等。掌握了这些技术以后，开发 3D 场景的能力应该大大增强，可以开发出更加酷炫的 3D 应用。

第 10 章　两种测试及片元丢弃

本章将介绍 Vulkan 中两种常用的测试以及片元丢弃操作。两种常用的测试为剪裁测试和模板测试，分别用于将绘制限制在视口中的指定矩形区域内以及将绘制限制在任意形状的指定区域内。片元丢弃操作用于在片元着色器中丢弃不需要的片元，掌握了这些技术后场景的呈现能力将进一步提高。

10.1　剪裁测试

剪裁测试主要用于在渲染场景时将绘制限制在视口中的指定矩形区域内，实际开发中可以通过使用此技术满足一些特殊的需求。本节将首先介绍剪裁测试的基本原理，然后再通过一个具体的案例 Sample10_1 来展示其具体的使用方法。

10.1.1　基本原理与核心代码

从前面的介绍中可以看出，启用剪裁测试后绘制仅仅在指定的矩形区域中进行，而不是像前面章节中介绍的案例一样在整个视口（帧缓冲）中进行。其实现机制也不复杂，管线根据启用剪裁测试时给定的参数将不在指定矩形区域内的片元丢弃而不允许这些片元进入管线的后继阶段。

因此剪裁测试实际达到的效果就是在视口中开启了一个小窗口，可以在其中进行特定内容的绘制（比如很多游戏中覆盖于主场景之上的当前选中人物的 3D 动态头像无论怎样活动，都不会出现在特定的小窗口之外）。在创建管线时静态设置剪裁测试四项参数的相关代码如下。

代码位置： 见随书源代码/第 10 章/Sample10_1/src/main/cpp/bndev 目录下的 ShaderQueueSuit_ Common.cpp。

```
1    VkRect2D scissor;                                      //剪裁窗口信息（2D 矩形）
2    scissor.extent.width = MyVulkanManager::screenWidth;   //剪裁窗口的宽度
3    scissor.extent.height = MyVulkanManager::screenHeight; //剪裁窗口的高度
4    scissor.offset.x = 0;                                  //剪裁窗口的 x 坐标
5    scissor.offset.y = 0;                                  //剪裁窗口的 y 坐标
```

> **说明**　第 2~3 行分别设置了剪裁区域的宽度和高度，单位为像素。第 4~5 行分别设置了剪裁区域左上角的 x、y 坐标。需要注意的是剪裁区域左上角的 x、y 坐标所采用的是以视口矩形区域的左上角为原点，x 轴向右，y 轴向下的坐标系，这与第 4 章介绍过的定位视口时采用的坐标系类似。

10.1.2　一个简单的案例

10.1.1 节介绍了剪裁测试的基本原理与在创建管线时静态设置其 4 项参数的相关代码，本节将通过一个简单的案例 Sample10_1 介绍如何在应用程序中动态修改剪裁测试的参数，以动态改变剪裁测试窗口的位置。案例 Sample10_1 的运行效果如图 10-1 所示，而图 10-2 给出的是此案例不采用剪裁测试时的运行情况。

▲图10-1　案例Sample10_1运行效果图　　　▲图10-2　不采用剪裁测试时的运行情况

> **说明**　　本案例中剪裁窗口的宽度、高度均为屏幕宽度、高度的 1/2，程序运行过程中当用户点击屏幕时剪裁窗口中心会移动到触控点处位置。图 10-1 中左右两图分别为运行时手指点击屏幕中央、屏幕右下侧的情况。通过图 10-1 和图 10-2 的对比可以看出，剪裁测试的作用确实是将绘制限制在指定的矩形区域内。

　　了解了本节案例的运行效果后，下面将进一步介绍此案例的开发。由于本案例代码的整体框架与之前章节中的大多数案例基本相同，因此这里仅介绍本案例中具有代表性的部分，具体内容如下。

　　（1）首先需要在创建管线时启用剪裁测试动态状态，相关代码位于 ShaderQueueSuit_Common 类的 create_pipe_line 方法中，具体内容如下

　　代码位置：见随书源代码/第 10 章/Sample10_1/src/main/cpp/bndev 目录下的 ShaderQueueSuit_Common.cpp。

```
1    void ShaderQueueSuit_Common::create_pipe_line(VkDevice& device,VkRenderPass&
renderPass) {
2        VkDynamicState dynamicStateEnables[1];              //动态状态启用标志数组
3        dynamicStateEnables[0]=VK_DYNAMIC_STATE_SCISSOR;    //剪裁测试动态状态启用标志
4        VkPipelineDynamicStateCreateInfo dynamicState = {}; //构建管线动态状态创建信息
                                                             //结构体实例
5        dynamicState.sType =                                //结构体类型
6         VK_STRUCTURE_TYPE_PIPELINE_DYNAMIC_STATE_CREATE_INFO;
7        dynamicState.pNext = NULL;                          //自定义数据的指针
8        dynamicState.pDynamicStates = dynamicStateEnables;  //指定动态状态启用标志数组
9        dynamicState.dynamicStateCount = 1;                 //启用的动态状态项数量
10       //此处省略了一些完成其他工作的代码，读者可自行查阅随书源代码
11   }
```

> **说明**　　上述代码首先将剪裁测试动态状态启用标志（**VK_DYNAMIC_STATE_SCISSOR**）放入了管线动态状态启用标志数组，并将管线动态状态创建信息结构体实例中启用的动态状态项数量修改为 1。

　　（2）启用了剪裁测试动态状态后，就需要在每次绘制之前设置此次绘制对应的剪裁测试相关参数了。此项工作通过调用 vkCmdSetScissor 方法完成，具体代码如下。

代码位置：见随书源代码/第 10 章/Sample10_1/src/main/cpp/bndev 目录下的 MyVulkanManager.cpp。

```
1     VkRect2D scissor ;                              //剪裁窗口的信息（2D 矩形）
2      scissor.extent.width = screenWidth / 2;        //剪裁窗口的宽度
3      scissor.extent.height= screenHeight / 2;       //剪裁窗口的高度
4      scissor.offset.x = ScissorCenterX - screenWidth / 4;  //剪裁窗口的 x 坐标
5      scissor.offset.y = ScissorCenterY - screenHeight / 4; //剪裁窗口的 y 坐标
6      vk::vkCmdSetScissor(                           //设置剪裁窗口
7          cmdBuffer,                                 //使用的命令缓冲
8          0,                                         //第一个剪裁窗口的索引
9          1,                                         //剪裁窗口的数量
10         &scissor                                   //剪裁窗口信息列表首地址
11     );
```

● 第 1～5 行首先创建了一个用于存储剪裁窗口信息的 VkRect2D 实例，然后设置了其 4 项属性信息。其中设置剪裁窗口位置时用到的 ScissorCenterX、ScissorCenterY 变量代表的是当前剪裁窗口的中心点坐标，由触控点位置决定，与前面第 4 章案例 Sample4_1 中控制视口中心点坐标的策略类似，这里不再赘述。

● 第 6～11 行通过调用 vkCmdSetScissor 方法将修改剪裁窗口信息的命令记录到指定的命令缓冲中以备提交执行。

> 提示　　上述案例 Sample10_1 中采用的是动态设置剪裁窗口参数的方式，使用这种方式时需要首先启用剪裁测试动态状态。若没有启用剪裁测试动态状态，则剪裁窗口的参数与本书前面很多案例中一样，是在创建管线时静态指定的。

10.2　模板测试

本节将要介绍的是 Vulkan 图形渲染管线固定功能部分所提供的测试中最为灵活的一个——模板测试。该测试发生在片元着色器之后，可以根据程序设置丢弃一部分片元。本节的介绍将包含两方面的内容：模板测试的基本原理和一个简单的案例。

10.2.1　基本原理

10.1 节中已经介绍了剪裁测试，使用剪裁测试后应用程序可以很方便地将绘制限定在一个矩形的区域内。但如果需要把绘制限定在一个不规则的区域内，剪裁测试就无能为力了，此时就需要使用模板测试了。模板测试也称为蒙板测试，其用途非常广泛。

利用模板测试可以实现镜面成像、水面倒影等效果的绘制。例如，游戏中需要绘制一个不规则形状的池塘及其周围树木在池塘中倒影的场景。为了保证倒影被正确绘制在池塘表面而不会越界，可以使用模板测试，具体情况如图 10-3 所示。

▲图 10-3　模板测试功能示意图

> 📝 **说明**　图 10-3 中左侧为池塘倒影真实场景的照片，中间为不使用模板测试的情况下绘制场景的示意图，右侧为开启模板测试后绘制场景的示意图。从中间与右侧示意图的对比中可以看出，模板测试可以将绘制限制在指定的任意形状区域内以得到正确的视觉效果。

模板测试是通过帧缓冲中的模板附件所记录的模板信息来完成的。具体来说就是渲染管线在模板附件（也可以称之为模板缓冲）中为每个位置的片元保存了一个"模板值"，当片元需要进行模板测试时，将设定的模板参考值与该片元对应的模板值进行比较，符合条件的片元通过测试，不符合条件的则被丢弃，不进行渲染。

使用 Vulkan 开发应用程序时，可以在管线封装类 ShaderQueueSuit_Common 的 create_pipe_line 方法中为正面片元和反面片元分别设置不同的模板测试参数，所需的核心代码如下。

🖊 **代码位置：** 见随书源代码/第 10 章/Sample10_2/src/main/cpp/bndev 目录下的 ShaderQueueSuit_Common.cpp。

```
1     VkPipelineDepthStencilStateCreateInfo ds; //管线深度及模板状态创建信息
2     //此处省略了该结构体其他多项信息的设置，读者可自行查阅随书源代码
3     ds.stencilTestEnable = VK_TRUE;              //开启模板测试
4     ds.front.failOp=VK_STENCIL_OP_KEEP;          //正面片元未通过模板测试时的操作
5     ds.front.depthFailOp=VK_STENCIL_OP_KEEP;  //正面片元未通过深度测试时的操作
6     ds.front.passOp=VK_STENCIL_OP_REPLACE;       //正面片元模板测试、深度测试都通过时的操作
7     ds.front.compareOp=VK_COMPARE_OP_ALWAYS;  //正面片元模板测试的比较操作
8     ds.front.reference=1;                        //正面片元模板测试的参考值
9     ds.front.writeMask=1;                        //正面片元模板测试的写入掩码
10    ds.front.compareMask=1;                      //正面片元模板测试的比较掩码
11    ds.back.failOp = VK_STENCIL_OP_KEEP;         //反面片元未通过模板测试时的操作
12    ds.back.depthFailOp = VK_STENCIL_OP_KEEP; //反面片元未通过深度测试时的操作
13    ds.back.passOp = VK_STENCIL_OP_KEEP;         //反面片元模板测试、深度测试都通过时的操作
14    ds.back.compareOp = VK_COMPARE_OP_NEVER;  //反面片元模板测试的比较操作
15    ds.back.reference = 0;                       //反面片元模板测试的参考值
16    ds.back.writeMask = 0;                       //反面片元模板测试的写入掩码
17    ds.back.compareMask = 0;                     //反面片元模板测试的比较掩码
```

- 第 3 行设置管线深度及模板状态创建信息结构体的成员 stencilTestEnable 为 VK_TRUE，开启了模板测试。只有成功地开启了模板测试，后续设置的参数才会起作用。

- 第 4～10 行指定了正面片元进行模板测试时使用的各项参数，包括未通过模板测试时、未通过深度测试时、模板测试和深度测试均通过时的操作，以及模板测试的比较操作、参考值、写入掩码、比较掩码等。需要注意的是，若没有启用深度测试，则认为深度测试总是通过。

- 第 11～17 行指定了反面片元进行模板测试时使用的各项参数，这些参数的含义与前面指定正面片元模板测试时使用的参数一致。

上面提到的进行模板测试时的比较操作包括 8 种，具体情况如表 10-1 所示。

表 10-1　　　　　　　　　　　模板测试的 8 种比较操作

比 较 操 作	含　　义
VK_COMPARE_OP_NEVER	从不通过模板测试
VK_COMPARE_OP_LESS	只有参考值<（模板缓冲区的值&compareMask）时才通过
VK_COMPARE_OP_EQUAL	只有参考值=（模板缓冲区的值&compareMask）时才通过
VK_COMPARE_OP_LESS_OR_EQUAL	只有参考值<=（模板缓冲区的值&compareMask）时才通过
VK_COMPARE_OP_GREATER	只有参考值>（模板缓冲区的值&compareMask）时才通过

续表

比 较 操 作	含　义
VK_COMPARE_OP_NOT_EQUAL	只有参考值!=（模板缓冲区的值&compareMask）时才通过
VK_COMPARE_OP_GREATER_OR_EQUAL	只有参考值>=（模板缓冲区的值&compareMask）时才通过
VK_COMPARE_OP_ALWAYS	总是通过模板测试

> **提示**　表 10-1 中的 "&" 表示按位与操作，功能为将模板缓冲区的值与比较掩码值按位进行与操作。

另外，前面在介绍使用模板测试所需的核心代码时，针对片元未通过模板测试、未通过深度测试、模板测试和深度测试均通过的不同情况分别设置了不同的操作。这些操作也有 8 种可选值，具体情况如表 10-2 所示。

表 10-2　　　　　　　　　　开启模板测试后不同情况下的可选操作

操　作	模板值变化情况
VK_STENCIL_OP_KEEP	不改变
VK_STENCIL_OP_ZERO	归零
VK_STENCIL_OP_REPLACE	使用测试条件中的参考值来代替当前模板值
VK_STENCIL_OP_INCREMENT_AND_CLAMP	增加 1，但如果已经是最大值，则保持不变
VK_STENCIL_OP_DECREMENT_AND_CLAMP	减少 1，但如果已经是零，则保持不变
VK_STENCIL_OP_INVERT	按位取反
VK_STENCIL_OP_INCREMENT_AND_WRAP	增加 1，但如果已经是最大值，则重新从零开始
VK_STENCIL_OP_DECREMENT_AND_WRAP	减少 1，但如果已经是零，则重新设置为最大值

> **提示**　若模板缓冲区中每个片元的模板值包含了 n 个比特，则模板值的取值范围为 $0\sim2^n-1$。一般情况下模板值包含 8 个比特，本节将介绍的案例中也是如此。

实际开发中，需要根据具体的需求灵活组合使用表 10-1 与表 10-2 中列出的操作，以满足不同的绘制需求。例如，本节案例中镜像球的绘制应该包含如下与模板缓冲相关的操作步骤。

（1）首先，开始绘制前用 0 值清除模板缓冲。

（2）接着使用开启了模板测试（此次模板测试的比较操作为 VK_COMPARE_OP_ALWAYS，测试通过后的操作为 VK_STENCIL_OP_REPLACE，参考值为 1，写入掩码为 1）的管线绘制地板（即反射面），绘制完成后模板缓冲中有地板片元的位置对应的模板值为 1，其他位置的模板值为 0，如图 10-4 所示。

（3）然后使用开启了模板测试（此次模板测试的比较操作为 VK_COMPARE_OP_EQUAL，参考值为 1，比较掩码为 1）、颜色混合并关闭深度检测的管线绘制镜像球，绘制时对于每一个镜像球片元管线将使用参考值 1 与模板缓冲中对应位置的模板值进行相等条件判断，符合相等条件的片元则保留，不符合的片元则丢弃，具体情况如图 10-5 所示。

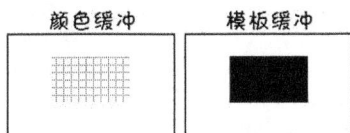

▲图 10-4　绘制地板（反射面）后的缓冲区

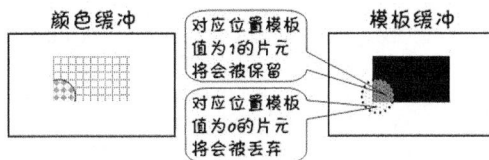

▲图 10-5　绘制镜像球时模板缓冲的作用

> ✏️**说明**　图 10-4 和图 10-5 的模板缓冲中黑色部分对应的模板值为 1，表示反射面对应片元的位置，其余部分模板值为 0。图 10-5 中虚线点阵圆表示绘制镜像球时镜像球的对应片元在缓冲区中的位置。从图中可以看出，模板值为 0（白色）的区域对应的镜像球片元被丢弃，不会出现在颜色缓冲中，达到了镜像体仅仅能出现在反射面中的效果。

10.2.2　一个简单的案例

10.2.1 节介绍了模板测试的基本原理，本节将给出一个使用了模板测试的案例——Sample10_2，其运行效果如图 10-6 所示。同时，为了对比没有启用模板测试的情况，图 10-7 给出了关闭模板测试后案例 Sample10_2 的运行情况。

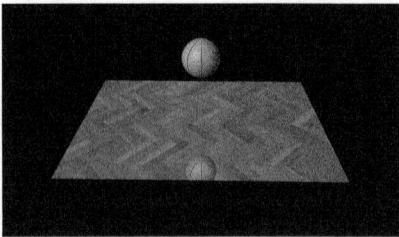

▲图 10-6　案例 Sample10_2 运行效果图　　　▲图 10-7　关闭模板测试后的运行效果图

> ✏️**提示**　从图 10-6 和图 10-7 的对比中可以看出，此案例中使用模板测试的作用是使篮球的镜像体不会绘制到地板（即反射面）以外的区域。

了解了本案例的运行效果后，接下来将对本案例的具体开发过程进行介绍。由于本案例主要是对前面第 9 章案例 Sample9_10 的升级，因此在这里仅给出本案例中特殊的、有代表性的部分，内容如下。

（1）由于模板测试的工作依赖于模板缓冲，因此本案例中首先将 MyVulkanManager 类里面用于创建深度缓冲的方法 create_vulkan_DepthBuffer 修改为用于同时创建深度缓冲和模板缓冲的方法 create_vulkan_DepthStencilBuffer，其具体代码如下。

🐾 **代码位置：** 见随书源代码/第 10 章/Sample10_2/src/main/cpp/bndev 目录下的 MyVulkanManager.cpp。

```
1    void MyVulkanManager::create_vulkan_DepthStencilBuffer() {  //创建深度、模板缓冲的方法
2        depthStencilFormat = VK_FORMAT_D24_UNORM_S8_UINT;        //指定深度、模板图像格式
3        //此处省略了部分代码，读者可自行查阅随书源代码
4        VkImageViewCreateInfo view_info = {}; //构建深度、模板缓冲图像视图创建信息结构体实例
5        view_info.sType = VK_STRUCTURE_TYPE_IMAGE_VIEW_CREATE_INFO;   //设置结构体类型
6        view_info.pNext = NULL;                                  //自定义数据的指针
7        view_info.image = VK_NULL_HANDLE;                        //对应的图像
8        view_info.format = depthStencilFormat;                   //图像视图的格式
9        view_info.components.r = VK_COMPONENT_SWIZZLE_R;         //设置 R 通道调和
10       view_info.components.g = VK_COMPONENT_SWIZZLE_G;         //设置 G 通道调和
11       view_info.components.b = VK_COMPONENT_SWIZZLE_B;         //设置 B 通道调和
12       view_info.components.a = VK_COMPONENT_SWIZZLE_A;         //设置 A 通道调和
13       view_info.subresourceRange.aspectMask =                 //图像视图使用方面
14        VK_IMAGE_ASPECT_DEPTH_BIT|VK_IMAGE_ASPECT_STENCIL_BIT;
15        //此处省略了一些完成其他工作的代码，读者可自行查阅随书源代码
16   }
```

✏️ 说明　　　　与前面章节的很多案例相比，上述代码的第一个变化是将图像像素的格式由 VK_FORMAT_D16_UNORM 修改为 VK_FORMAT_D24_UNORM_S8_UINT，以服务于本案例中需要的模板缓冲。另外，作为深度缓冲、模板缓冲的图像其对应图像视图的使用方面也增加了 VK_IMAGE_ASPECT_STENCIL_BIT 选项，表示对应图像也用于模板缓冲。

（2）成功开发了用于创建深度、模板缓冲的 create_vulkan_DepthStencilBuffer 方法后，还需要对创建渲染通道时使用的深度、模板附件中针对模板附件的操作进行修改，具体代码如下。

🖎 **代码位置：** 见随书源代码/第 10 章/Sample10_2/src/main/cpp/bndev 目录下的 MyVulkanManager.cpp。

```
1    void MyVulkanManager::create_render_pass() {                    //创建渲染通道的方法
2        //此处省略了部分与之前案例相同的代码，读者可自行查阅随书源代码
3        attachments[1].format = depthStencilFormat;               //设置深度、模板附件的格式
4        attachments[1].samples = VK_SAMPLE_COUNT_1_BIT;            //设置采样模式
5        attachments[1].loadOp =                      //子通道渲染开始时的操作（针对深度附件）
6                        VK_ATTACHMENT_LOAD_OP_CLEAR;
7        attachments[1].storeOp =                     //子通道渲染结束时的操作（针对深度附件）
8                        VK_ATTACHMENT_STORE_OP_DONT_CARE;
9        attachments[1].stencilLoadOp =               //子通道渲染开始时的操作（针对模板附件）
10                       VK_ATTACHMENT_LOAD_OP_CLEAR;
11       attachments[1].stencilStoreOp =              //子通道渲染结束时的操作（针对模板附件）
12                       VK_ATTACHMENT_STORE_OP_DONT_CARE
13       attachments[1].initialLayout = VK_IMAGE_LAYOUT_UNDEFINED;    //开始时的布局
14       attachments[1].finalLayout =                              //结束时的布局
15                       VK_IMAGE_LAYOUT_DEPTH_STENCIL_ATTACHMENT_OPTIMAL;
16       //此处省略了一些完成其他工作的代码，与之前案例相同
17   }
```

✏️ 说明　　　　上述给出的是创建渲染通道的方法中有关设置深度、模板附件参数的相关代码。与之前案例中不同的是，由于本案例使用了模板测试，因此需要将针对模板附件的渲染子通道开始时的操作设置为 VK_ATTACHMENT_LOAD_OP_CLEAR（每次绘制前清除模板缓冲）。

（3）完成了前面的工作后，下面介绍的是本案例中绘制地板（反射面）时使用的管线类 ShaderQueueSuit_Common 中用于创建管线的 create_pipe_line 方法，相关代码如下。

🖎 **代码位置：** 见随书源代码/第 10 章/Sample10_2/src/main/cpp/bndev 目录下的 ShaderQueueSuit_Common.cpp。

```
1    void ShaderQueueSuit_Common::create_pipe_line(VkDevice& device,VkRenderPass& renderPass) {
2        //此处省略了一些完成其他工作的代码，读者可自行查阅随书源代码
3        VkPipelineDepthStencilStateCreateInfo ds;                 //管线深度及模板状态创建信息
4        ds.sType =                                                //指定结构体类型
5         VK_STRUCTURE_TYPE_PIPELINE_DEPTH_STENCIL_STATE_CREATE_INFO;
6        ds.pNext = NULL;                                          //自定义数据的指针
7        ds.flags = 0;                                             //供将来使用的标志
8        ds.depthTestEnable = VK_TRUE;                             //开启深度检测
9        ds.depthWriteEnable = VK_TRUE;                            //开启深度值写入
10       ds.depthCompareOp = VK_COMPARE_OP_LESS_OR_EQUAL;          //深度检测比较操作
11       ds.depthBoundsTestEnable = VK_FALSE;                      //关闭深度边界测试
12       ds.minDepthBounds = 0;                                    //最小深度边界
```

```
13        ds.maxDepthBounds = 0;                              //最大深度边界
14        ds.stencilTestEnable = VK_TRUE;                     //开启模板测试
15        ds.front.failOp=VK_STENCIL_OP_KEEP;                 //正面片元未通过模板测试时的操作
16        ds.front.depthFailOp=VK_STENCIL_OP_KEEP;            //正面片元未通过深度测试时的操作
17        ds.front.passOp=VK_STENCIL_OP_REPLACE;     //正面片元模板测试、深度测试都通过时的操作
18        ds.front.compareOp=VK_COMPARE_OP_ALWAYS;            //正面片元模板测试的比较操作
19        ds.front.reference=1;                               //正面片元模板测试的参考值
20        ds.front.writeMask=1;                               //正面片元模板测试的写入掩码
21        ds.front.compareMask=1;                             //正面片元模板测试的比较掩码
22        ds.back.failOp = VK_STENCIL_OP_KEEP;                //反面片元未通过模板测试时的操作
23        ds.back.depthFailOp = VK_STENCIL_OP_KEEP;           //反面片元未通过深度测试时的操作
24        ds.back.passOp = VK_STENCIL_OP_KEEP;        //反面片元模板测试、深度测试都通过时的操作
25        ds.back.compareOp = VK_COMPARE_OP_NEVER;            //反面片元模板测试的比较操作
26        ds.back.reference = 0;                              //反面片元模板测试的参考值
27        ds.back.writeMask = 0;                              //反面片元模板测试的写入掩码
28        ds.back.compareMask = 0;                            //反面片元模板测试的比较掩码
29   //此处省略了一些完成其他工作的代码，读者可自行查阅随书源代码
30   }
```

> 💡说明　　　上述代码中最有代表性的是第 14～21 行，其中启用了模板测试，并设置了绘制地板（反射面）时所需的模板测试比较操作（VK_COMPARE_OP_ALWAYS）、测试通过后的操作（VK_STENCIL_OP_REPLACE）、参考值（1）、写入掩码（1）等。此设置组合可以实现绘制地板后地板片元在模板缓冲中对应位置的模板值为 1，其他位置的模板值不变（本案例中为 0），为后继绘制镜像球时的模板测试做好准备。

（4）接着介绍的是本案例中绘制镜像球时使用的管线类 ShaderQueueSuit_NoDepth 中的 create_pipe_line 方法，其具体代码如下。

📖 代码位置：见随书源代码/第 10 章/Sample10_2/src/main/cpp/bndev 目录下的 ShaderQueueSuit_NoDepth.cpp。

```
1   void ShaderQueueSuit_NoDepth::create_pipe_line(VkDevice& device,VkRenderPass& renderPass) {
2   //此处省略了一些完成其他工作的代码，读者可自行查阅随书源代码
3        VkPipelineDepthStencilStateCreateInfo ds;           //管线深度及模板状态创建信息
4        ds.sType =                                          //指定结构体类型
5         VK_STRUCTURE_TYPE_PIPELINE_DEPTH_STENCIL_STATE_CREATE_INFO;
6        ds.pNext = NULL;                                    //自定义数据的指针
7        ds.flags = 0;                                       //供将来使用的标志
8        ds.depthTestEnable = VK_FALSE;                      //关闭深度检测
9        ds.depthWriteEnable = VK_TRUE;                      //开启深度值写入
10       ds.depthCompareOp = VK_COMPARE_OP_LESS_OR_EQUAL;    //深度检测比较操作
11       ds.depthBoundsTestEnable = VK_FALSE;                //关闭深度边界测试
12       ds.minDepthBounds = 0;                              //最小深度边界
13       ds.maxDepthBounds = 0;                              //最大深度边界
14       ds.stencilTestEnable = VK_TRUE;                     //开启模板测试
15       ds.front.failOp=VK_STENCIL_OP_KEEP;                 //正面片元未通过模板测试时的操作
16       ds.front.depthFailOp=VK_STENCIL_OP_KEEP;            //正面片元未通过深度测试时的操作
17       ds.front.passOp=VK_STENCIL_OP_KEEP;         //正面片元模板测试、深度测试都通过时的操作
18       ds.front.compareOp=VK_COMPARE_OP_EQUAL;             //正面片元模板测试的比较操作
19       ds.front.reference=1;                               //正面片元模板测试的参考值
20       ds.front.writeMask=1;                               //正面片元模板测试的写入掩码
21       ds.front.compareMask=1;                             //正面片元模板测试的比较掩码
22   //此处省略了设置反面片元模板测试参数及一些完成其他工作的代码
23   }
```

　上述代码中最有代表性的是第 14~21 行，其中启用了模板测试，并设置了绘制镜像球时所需的模板测试比较操作（VK_COMPARE_OP_EQUAL）、参考值（1）、比较掩码（1）等。此设置组合可以实现绘制镜像球时，模板缓冲中模板值为 0 位置（没有反射面片元的位置）的对应镜像球片元被丢弃，达到最终画面里镜像球仅能出现在反射面中的目的。

（5）完成了上述工作后，就可以进行绘制代码的开发了。这一步主要就是按照一定的顺序，并使用对应的管线对象分别绘制出木地板、镜像球、半透明地板和实际球体，具体代码如下。

代码位置：见随书源代码/第 10 章/Sample10_2/src/main/cpp/bndev 目录下的 MyVulkanManager.cpp。

```
1    void MyVulkanManager::drawObject(){  //执行绘制的方法
2        //此处省略了与之前案例相同的代码，读者可自行查阅随书源代码
3        MatrixState3D::pushMatrix();                        //保护现场
4        MatrixState3D::scale(0.7,1.0,0.5);                  //执行缩放变换
5        planeForDraw->drawSelf(cmdBuffer,sqsCL->pipelineLayout,sqsCL->pipeline,
                                                             //绘制木地板
6                &(sqsCL->descSet[TextureManager::getVkDescriptorSetIndex("texture/
mdb.bntex")]),false);
7        MatrixState3D::popMatrix();                         //恢复现场
8        MatrixState3D::pushMatrix();                        //保护现场
9        MatrixState3D::scale(1,-1,1);                       //执行缩放变换（y 轴置反求镜像）
10       MatrixState3D::translate(0,bfc->currentY+0.4,0);    //执行平移变换（镜像球位置）
11       ballForDraw->drawSelf(cmdBuffer,sqsND->pipelineLayout,sqsND->pipeline,
                                                             //绘制镜像球
12               &(sqsND->descSet[TextureManager::getVkDescriptorSetIndex("texture/
ball.bntex")]),true);
13       MatrixState3D::popMatrix();                         //恢复现场
14       //此处省略了与之前案例相同的代码，读者可自行查阅随书源代码
15   }
```

说明　上述代码与前面第 9 章案例 Sample9_10 中的绘制代码基本相同，只是绘制地板和镜像球时使用的管线都启用了模板测试并设置了对应的模板测试相关参数。

10.3　片元丢弃操作

前面两节介绍了两种常用的测试，基于这两种测试应用程序可以丢弃一部分不需要绘制的片元，从而将绘制限制在指定区域内。这在大部分情况下已经能够很好地满足要求了，但有些特殊情况下需要能够编程对片元进行直接的丢弃操作，此时就需要在片元着色器中使用 discard 命令来实现了。

利用片元着色器中的 discard 命令，可以将当前片元直接丢弃，而不再进入管线的后继阶段。通过该命令可以实现很多有趣的效果，本节将通过一个简单的案例 Sample10_3 来说明如何使用 discard 实现纱窗的绘制，其运行效果如图 10-8 所示。

说明　图 10-8 中左侧为对部分片元使用 discard 的情况，右侧为不使用 discard 的情况。程序运行过程中，可通过点击屏幕在上述两种运行效果间进行切换。

▲图 10-8　案例 Sample10_3 运行效果图

了解了本节案例的运行效果后，就可以介绍具体的开发了。由于本案例中的大部分代码与之前很多案例中的相同，故这里仅介绍本案例中具有代表性的部分，具体内容如下。

（1）前面已经提到，在本案例程序运行的过程中，通过点击屏幕可以在两种运行效果之间进行切换。这部分代码主要是在 main.cpp 中的事件处理回调方法 engine_handle_input 内开发的，具体内容如下。

📝 **代码位置：**见随书中源代码/第 10 章/Sample10_3/app/src/main/cpp/bndev 目录下的 main.cpp 文件。

```
1    static int32_t engine_handle_input(struct android_app* app, AInputEvent* event){
2    //此处省略了部分代码，读者可自行查阅随书源代码
3        switch(id){
4            case AMOTION_EVENT_ACTION_DOWN:          //触控点按下
5                isClick=true;                        //点击标志置为 true
6                xPre=x; yPre=y;                      //记录触控点 x、y 坐标
7            break;
8            case AMOTION_EVENT_ACTION_MOVE:          //触控点移动
9                xDis=x-xPre; yDis=y-yPre;            //计算触控点 x、y 方向位移
10               if(abs(xDis)>10||abs(yDis)>10){   isClick=false};
                                                      //位移超过阈值则将点击标志置为 false
11               if(!isClick){                        //若为滑动操作
12                   CameraUtil::calCamera(-yDis*180/1000.0,-xDis*180/1000.0);
                                                      //重新计算摄像机参数
13                   xPre=x; yPre=y;                  //更新触控点 x、y 坐标
14           }break;
15           case AMOTION_EVENT_ACTION_UP:            //触控点抬起
16               if(isClick){                         //若为点击操作
17                   MyVulkanManager::ifDiscard=!MyVulkanManager::ifDiscard;
                                                      //更新是否丢弃片元标志
18           }break;
19       }
20   //此处省略了部分代码，读者可自行查阅随书源代码
21   }
```

● 上述代码并不复杂，首先在处理触控点按下事件时记录了触控点的坐标并将点击标志置为 true；在处理触控点移动事件时检查触控点的位移是否超出了预设的阈值，若超出则将点击标志置为 false。同时在处理触控点移动事件的分支中，若点击标志为 false，则基于触控点 x、y 方向的位移量重新计算摄像机参数。

● 在触控点抬起时，若点击标志为 true，则更新是否丢弃片元的标志。本案例中绘制普通物体与绘制有孔纱窗时分别使用了两个不同的管线对象，这两个不同的管线对象各自使用了一套着色器。执行纱窗绘制时可以根据是否丢弃片元标志的值选用不同的管线进行绘制，即可实现通过点击屏幕在两种效果之间进行切换。

（2）到这里为止，本案例中有代表性的 C++ 代码就介绍完了，下面来介绍本案例中的着色器。

由于本案例中的顶点着色器及绘制普通物体的片元着色器与前面很多案例中的并无本质区别，因此这里仅介绍有代表性的绘制有孔纱窗时使用的片元着色器，其具体代码如下。

代码位置：见随书源代码/第 10 章/Sample10_3/src/main/assets/shader 目录下的 discardTexLight.frag。

```
1    #version 400                                       //着色器版本号
2    #extension GL_ARB_separate_shader_objects:enable   //开启 GL_ARB_separate_shader_objects
3    #extension GL_ARB_shading_language_420pack:enable  //开启 GL_ARB_shading_language_420pack
4    layout (binding = 1) uniform sampler2D tex;        //纹理采样器，代表一幅纹理
5    layout (location = 0) in vec2 inTexCoor;           //顶点着色器传入的顶点纹理坐标
6    layout (location = 1) in vec4 inLightQD;           //顶点着色器传入的最终光照强度
7    layout (location = 0) out vec4 outColor;           //输出到管线的片元最终颜色
8    void main() {                                      //主方法
9        float ss = fract(inTexCoor.s * 20);            //缩放片元纹理坐标s分量并提取结果的小数部分
10       float tt = fract(inTexCoor.t * 20);            //缩放片元纹理坐标t分量并提取结果的小数部分
11       if ((ss > 0.2) && (tt > 0.2))discard;          //上述提取的两个值超过阈值则丢弃该片元
12       outColor=inLightQD*textureLod(tex, inTexCoor, 0.0);   //计算最终片元颜色值
13   }
```

说明　上述片元着色器主要是实现了网格效果的绘制，要丢弃的部分是根据片元纹理坐标的值来确定的。首先用一个缩放因子对纹理坐标s、t分量进行调整，再取出缩放后纹理坐标的小数部分，可以得到一个范围在 0~1 之间的值，再用这些值与既定的阈值做比较。如果两个值都超出了阈值，则丢弃该片元。否则，就执行简单的计算得出最终的片元颜色值。

10.4 任意剪裁平面

实际开发中偶尔会有这样的需求，仅绘制某一特定平面所确定半空间中的物体部分，其他部分不予绘制，就像物体被切掉了一部分一样。此时就可以使用任意剪裁平面技术，本节将对其进行详细的介绍。首先会给出任意剪裁平面的基本原理，接着会给出一个使用了任意剪裁平面技术的案例。

10.4.1 基本原理

除了视景体的 6 个剪裁平面（左、右、底、顶、近和远）之外，用户还可以再指定其他任意平面进行剪裁。剪裁平面可以用于删除场景中无关的物体部分，例如用于显示物体的剖面视图。在 Vulkan 中开发人员可以借助片元着色器中的 discard 命令实现这一功能，下面列出了在 Vulkan 中实现任意剪裁平面所需的工作。

（1）给出用于定义剪裁平面的 4 个参数 A、B、C、D，这 4 个参数分别是平面解析方程（Ax+By+Cz+D=0）中的 4 个系数。

（2）将剪裁平面的 4 个参数传入渲染管线，以备着色器使用。

（3）在顶点着色器中将当前顶点位置坐标（x_c,y_c,z_c）代入平面方程表达式 Ax+By+Cz+D，完成计算后将得到的值传入片元着色器。

（4）片元着色器中根据接收到的 $Ax_c+By_c+Cz_c+D$ 表达式的值与 0 之间的关系就可以判断出当前片元与指定剪裁平面之间的位置关系，以决定是否丢弃该片元。

提示　若 $Ax_c+By_c+Cz_c+D>0$，则顶点在平面的一侧，反之在平面的另一侧。

10.4.2　茶壶被任意平面剪裁的案例

10.4.1 节介绍了任意剪裁平面的基本原理，本节将通过一个案例（Sample10_4）来介绍任意剪裁平面的使用，其运行效果如图 10-9 所示。

▲图 10-9　案例 Sample10_4 运行效果图

> ✒ **说明**　　图 10-9 中从左至右依次给出了一个茶壶被 3 个不同参数的剪裁平面剪裁的情况。

了解了案例的运行效果后，接下来将对本案例的具体开发进行介绍。由于本案例的整体框架及大部分代码与之前的很多案例类似，因此在这里仅给出本案例中特殊的、有代表性的部分，具体内容如下。

（1）若读者使用自己的设备运行本节案例便可了解到，本案例运行过程中剪裁平面是按照一定的规律不断变化的。那么为了实时的将剪裁平面参数传入渲染管线，首先需要对程序统筹管理类中将当前帧一致数据送入一致变量缓冲的方法 flushUniformBuffer 进行修改，具体代码如下。

✒ **代码位置：** 见随书源代码/第 10 章/Sample10_4/src/main/cpp/bndev 目录下的 MyVulkanManager.cpp。

```
1   void MyVulkanManager::flushUniformBuffer(){    //将当前帧的一致数据送入一致变量缓冲的方法
2       if (countE >= 2) {                         //判断参考值是否大于 2
3           spanE = -0.01f;                        //将步进设置为-0.01
4       } else if (countE <= 0) {                  //判断参考值是否小于 0
5           spanE = 0.01f;                         //将步进设置为 0.01
6       }
7       countE = countE + spanE;                   //计算剪裁平面方程中的参数
8       float vertexUniformData[24]={              //一致变量缓冲数据数组
9           //此处省略了该数组中代表摄像机位置和三种光照强度的元素，与之前很多案例中的相同
10          1, countE - 1, -countE + 1, 0          //剪裁平面解析方程中的 4 个参数
11      };
12      //此处省略了部分与之前案例相同的代码，读者可自行查阅随书源代码
13  }
```

> ✒ **说明**　　上述代码中最有代表性的部分是在当前帧的一致数据中增加了代表剪裁平面方程中 4 个参数的数据。另外从第 2～7 行中可以看出，剪裁平面的控制参数 countE 是周期性的在 0～2 之间来回变化的。需要注意的是，由于一致数据的总字节数发生了变化，因此还需对管线封装类中表示一致变量缓冲总字节数的变量值进行相应修改。

（2）完成了 C++代码的介绍后，下面介绍实现了任意剪裁平面的着色器。首先是顶点着色器，其具体代码如下。

✒ **代码位置：** 见随书源代码/第 10 章/Sample10_4/src/main/assets/shader 目录下的 commonTexLight.vert。

```
1   #version 400                                   //着色器版本号
2   #extension GL_ARB_separate_shader_objects:enable  //开启 GL_ARB_separate_shader_objects
```

```
3    #extension GL_ARB_shading_language_420pack:enable  //开启 GL_ARB_shading_language_420pack
4    layout (std140,set = 0, binding = 0) uniform bufferVals { //一致变量块
5        vec4 uCamera;                                  //摄像机位置
6        vec4 lightPosition;                            //光源位置
7        vec4 lightAmbient;                             //环境光强度
8        vec4 lightDiffuse;                             //散射光强度
9        vec4 lightSpecular;                            //镜面光强度
10       vec4 u_clipPlane;                              //剪裁平面 4 参数
11   } myBufferVals;
12   //此处省略了与之前案例相同的代码，读者可自行查阅随书源代码
13   layout (location = 1) out float u_clipDist;        //输出到片元着色器的剪裁数据
14   out gl_PerVertex {                                 //输出接口块
15       vec4 gl_Position;                              //内建变量 gl_Position
16   };
17   //此处省略了计算定位光光照的方法，读者可自行查阅随书源代码
18   void main(){                                       //主方法
19   //此处省略了计算最终光照强度的代码，读者可自行查阅随书源代码
20       gl_Position = myConstantVals.mvp * vec4(pos,1.0);   //计算顶点最终位置
21   //将顶点位置(x0,y0,z0)代入平面方程表达式 Ax+By+Cz+D,并将计算结果传递给片元着色器
23       u_clipDist = dot(pos.xyz, myBufferVals.u_clipPlane.xyz) +myBufferVals.u_clipPlane.w;
24   }
```

> 📝 说明　　上述顶点着色器中主要是增加了将顶点位置坐标代入平面解析方程，并将计算结果输出到片元着色器的代码。

（3）介绍完顶点着色器后，接下来介绍片元着色器，其代码如下。

> 📎 代码位置：见随书源代码/第 10 章/Sample10_4/src/main/assets/shader 目录下的 commonTexLight.frag。

```
1    #version 400                                        //着色器版本号
2    #extension GL_ARB_separate_shader_objects:enable   //开启 GL_ARB_separate_shader_objects
3    #extension GL_ARB_shading_language_420pack:enable  //开启 GL_ARB_shading_language_420pack
4    layout (location = 0) out vec4 outColor;           //输出到渲染管线的最终片元颜色
5    layout (location = 0) in vec4 inLightQD;           //顶点着色器传入的光照强度
6    layout (location = 1) in float u_clipDist;         //顶点着色器传入的剪裁数据
7    void main() {                                      //主方法
8        if(u_clipDist < 0.0) discard;                 //若片元在剪裁平面的下侧，则丢弃该片元
9        outColor=inLightQD*vec4(0.9,0.9,0.9,1.0);     //计算最终片元颜色
10   }
```

> 📝 说明　　从上述片元着色器的代码中可以看出，最主要的就是第 8 行增加的，根据接收的剪裁数据值是否小于 0 来决定是否丢弃当前片元的代码，其他的部分基本没有变化。

10.5　本章小结

　　本章主要介绍了两种常用的测试（剪裁测试、模板测试）与自定义片元丢弃操作，还介绍了如何通过自定义片元丢弃操作实现任意剪裁平面。通过本章的学习，读者可以在实际开发中利用这些知识渲染出更加酷炫的 3D 场景。

第 11 章　顶点着色器的妙用

前面的章节中已经大量地使用了顶点着色器，但并没有能完全体现出顶点着色器的功效。本章将进一步介绍一些顶点着色器的使用技巧，通过应用这些技巧可以开发出很多酷炫的效果。学习完本章后，应当对顶点着色器有更深的领悟。

11.1　飘扬的旗帜

飘扬的旗帜是本章要介绍的第一个案例，本案例主要是在顶点着色器中动态地改变旗帜纹理大矩形中各个小矩形的顶点位置。通过此技术可以实现类似旗帜迎风飘扬的效果，当然也可以实现类似水面波动起伏的效果。

11.1.1　基本原理

用于绘制旗帜的纹理大矩形与之前案例中出现的纹理矩形不同，其不再是仅由两个三角形组成的整体，而是由大量的小三角形组成。这样只要在绘制一帧画面时由顶点着色器根据一定的规则变换大矩形中各个顶点的位置，即可得到旗帜迎风飘动的效果，其原理如图 11-1 所示。

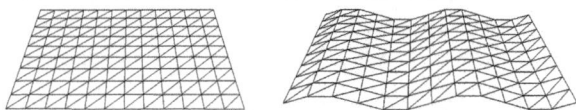

▲图 11-1　旗帜飘扬原理的线框图

💡说明　　图 11-1 中左图为原始情况下旗帜的顶点位置情况，右图为顶点着色器根据参数计算后某一帧画面中旗帜的顶点位置情况。

为了使旗帜的飘动过程比较平滑，本案例采用的是基于正弦曲线的顶点位置变换规则，具体情况如图 11-2 所示。

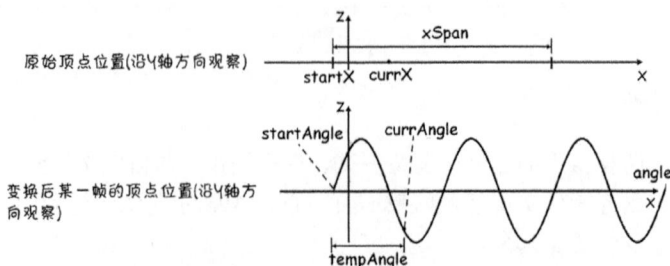

▲图 11-2　旗帜按照正弦曲线飘扬的原理（x 方向波浪）

　　图 11-2 给出的是旗帜面向 z 轴正方向，即顶点沿 z 轴方向上下振动，形成的波浪沿 x 轴传播的情况。同时注意，图 11-2 中观察的方向是沿 y 轴的负方向。

从图 11-2 中可以看出，传入顶点着色器的原始顶点 z 坐标都是相同的（本案例中为 0）。经过顶点着色器变换后顶点的 z 坐标是根据正弦曲线分布的，具体的计算方法如下。

- 首先计算出当前处理顶点的 x 坐标与最左侧顶点 x 坐标的差值，即 x 距离。
- 然后根据距离与角度的换算率将 x 距离换算为当前顶点与最左侧顶点的角度差（tempAngle）。

　　所谓距离与角度的换算率指的是由开发人员人为设定的一个值，将距离乘以其后就可以换算成角度值。例如可以规定，x 方向上距离 4 等于 2π，则换算公式为：x 距离×$2\pi/4$。

- 接着将 tempAngle 加上最左侧顶点的对应角度（startAngle）即可得到当前顶点的对应角度（currAngle）。
- 最后通过求 currAngle 的正弦值即可得到当前顶点变换后的 z 坐标。

可以想象出，只要在绘制每帧画面时传入不同的 startAngle 值（例如在 0～2π 之间连续变化），即可得到平滑的基于正弦曲线的旗帜飘扬的动画了。

11.1.2　开发步骤

11.1.1 节介绍了飘扬旗帜的基本原理，本节将基于此原理开发一个旗帜迎风飘扬的案例 Sample11_1，其运行效果如图 11-3 所示。

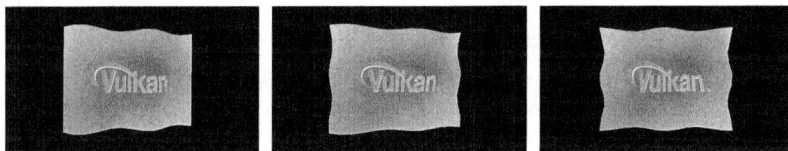

▲图 11-3　案例 Sample11_1 运行效果图

　　图 11-3 中所示从左到右分别为 x 方向波浪、xy 双向波浪和斜向下方向波浪的效果。点击屏幕的左上角可以切换波浪方向。由于插图是黑白印刷且是静态的，因此可能看得不是很清楚，建议读者用真机运行本案例进行体会。

了解了案例的运行效果后，接下来对本案例的具体开发过程进行简要介绍。由于本案例中的大部分类和前面章节很多案例中的非常类似，因此在这里只给出本案例中比较有代表性的部分，具体内容如下。

（1）首先需要简单说明的是用于生成旗帜矩形顶点数据的 FlatData 类，该类通过给定的行数和列数将一个大矩形切割成多个小矩形，供在顶点着色器中计算使用。该类的头文件比较简单这里不再具体介绍，接下来给出的是该类的具体实现代码。

✎ **代码位置：见随书中源代码/第 11 章/Sample11_1/src/main/cpp/bndev 目录下的 FlatData.cpp。**

```
1   //此处省略了部分代码，感兴趣的读者请自行查看随书源代码
2   void  FlatData::genVertexData(){              //生成旗帜矩形顶点数据的方法
3       int cols = 12;                            //列数
4       int rows = cols*3/4;                      //行数
5       std::vector<float> alVertix;              //存放顶点坐标数据的列表
```

```
6      std::vector<float> alTexCoor;                          //存放纹理坐标数据的列表
7      float width = 12;                                      //旗帜矩形的宽度
8      float UNIT_SIZE = width/cols;                          //小矩形的单位宽度
9      for (int i = 0; i < cols; i++){                        //遍历各个切分列
10      for (int j = 0; j < rows; j++){                       //遍历各个切分行
11       float zsx = -UNIT_SIZE*cols / 2 + i*UNIT_SIZE;       //当前小矩形左上侧点 x 坐标
12       float zsy = UNIT_SIZE*rows / 2 - j*UNIT_SIZE;        //当前小矩形左上侧点 y 坐标
13       float zsz = 0;                                       //当前小矩形左上侧点 z 坐标
14       //此处省略了计算小矩形中其他顶点的位置坐标，并按照卷绕需求将组成当前小矩形的两个
15       //三角形中各个顶点的位置坐标数据依次添加到顶点坐标数据列表中的代码
16      }}
17      float sizew = 1.0f / cols;                            //每个小矩形的纹理 s 坐标跨度
18      float sizeh = 1.0f / rows;                            //每个小矩形的纹理 t 坐标跨度
19      for (int i = 0; i<cols; i++){                         //遍历各个切分列
20       for (int j = 0; j<rows; j++){                        //遍历各个切分行
21        float s = i*sizew;                                  //当前小矩形左上侧点纹理 s 坐标
22        float t = j*sizeh;                                  //当前小矩形左上侧点纹理 t 坐标
23        //此处省略了计算小矩形中其他顶点的纹理坐标，并按照卷绕需求将组成当前小矩形的两个
24        //三角形中各个顶点的纹理坐标数据依次添加到纹理坐标数据列表中的代码
25       }}
26      vCount = cols*rows * 6;                               //计算顶点数量
27      dataByteCount = vCount * 5 * sizeof(float);           //计算顶点数据总字节数
28      vdata = new float[vCount*5];                          //创建存放顶点数据的数组
29      int index = 0;                                        //辅助索引
30      for (int i = 0; i < vCount; i++) {                    //遍历每个顶点
31      //此处省略了将前面生成的顶点坐标数据、纹理坐标数据依次转存到顶点数据数组中的代码
32     }}
```

> ✏️ **说明**　从上述代码中可以看出，此 genVertexData 方法与前面很多案例中的没有本质区别，都是按照一定的规则生成所需的顶点数据序列，供绘制时使用。

（2）从案例效果图 11-3 中可以看出，本案例中的波浪方向有 3 种选择，因此需要 3 套着色器和管线来实现不同的波浪方向。本案例中的管线封装类与前面案例中的并无本质区别，主要是替换了需要加载的着色器模块，故这里不再赘述。下面直接介绍本案例中的顶点着色器，首先给出最简单的实现 x 方向波浪的顶点着色器，其代码如下。

✎ **代码位置：** 见随书中源代码/第 11 章/Sample11_1/src/main/assets/shader 目录下的 commonTexX.vert。

```
1   #version 400                                              //着色器版本
2   #extension GL_ARB_separate_shader_objects : enable        //开启 separate_shader_objects
3   #extension GL_ARB_shading_language_420pack : enable       //开启 shading_language_420pack
4   layout (push_constant) uniform constantVals {             //常量块
5       mat4 mvp;                                             //总变换矩阵
6   } myConstantVals;
7   layout (std140,set = 0, binding =0 ) uniform bufferVals {     //一致块
8     float uWidthSpan;                                       //横向长度总跨度
9     float uStartAngle;                                      //起始角度
10  } myBufferVals;
11  layout (location = 0) in vec3 pos;                        //输入的顶点位置
12  layout (location = 1) in vec2 inTexCoor;                  //输入的纹理坐标
13  layout (location = 0) out vec2 outTexCoor;                //输出到片元着色器的纹理坐标
14  out gl_PerVertex {                                        //输出接口块
15      vec4 gl_Position;                                     //内建变量 gl_Position
16  };
```

```
17   void main() {
18       float angleSpanH=4.0*3.14159265;            //横向角度总跨度，用于进行 x 距离与角度的换算
19       float startX=-myBufferVals.uWidthSpan/2.0;    //起始 x 坐标（即最左侧顶点的 x 坐标）
20       float currAngle=myBufferVals.uStartAngle+((pos.x-startX)/myBufferVals.
     uWidthSpan)*angleSpanH;
21       float tz=sin(currAngle)*0.5;                  //通过正弦函数求出当前点的 z 坐标
22       outTexCoor = inTexCoor;                       //输出到片元着色器的纹理坐标
23       gl_Position = myConstantVals.mvp * vec4(pos.x,pos.y,tz,1.0);  //计算顶点最终位置
24   }
```

> **说明**　上述顶点着色器实现了 11.1.1 节中所介绍的基于正弦曲线的 x 方向波浪，其中第 18 行的变量 angleSpanH 可以用来控制波浪的密度，其值越大，波浪密度越大。第 20 行则根据前面介绍的原理基于当前顶点的 x 坐标、最左侧顶点的 x 坐标、距离角度换算系数、当前最左侧顶点对应角度计算出了当前顶点对应的角度值。

（3）接着给出的是用于实现沿 x、y 两个方向各自传播的波浪效果叠加的顶点着色器，其具体代码如下。

代码位置：见随书中源代码/第 11 章/Sample11_1/src/main/assets/shader 目录下的 commonTexXY.vert。

```
1    //此处省略了与上一步骤中顶点着色器相同的部分代码，需要的读者请参考随书源代码
2    void main() {
3        float angleSpanH=4.0*3.14159265;            //横向角度总跨度，用于进行 x 距离与角度的换算
4        float startX=-myBufferVals.uWidthSpan/2.0;    //起始 x 坐标（即最左侧顶点的 x 坐标）
5        float currAngleH=myBufferVals.uStartAngle+((pos.x-startX)/myBufferVals.
     uWidthSpan)*angleSpanH;
6        float tzH=sin(currAngleH)*0.3;              //x 方向波浪对应的 z 变化量
7        float angleSpanZ=4.0*3.14159265;            //纵向角度总跨度，用于进行 y 距离与角度的换算
8        float uHeightSpan=0.75*myBufferVals.uWidthSpan;//纵向长度总跨度
9        float startY=-uHeightSpan/2.0;              //起始 y 坐标（即最上侧顶点的 y 坐标）
10       float currAngleZ=myBufferVals.uStartAngle+3.14159265/3.0
11           +((pos.y-startY)/uHeightSpan)*angleSpanZ;//根据原理折算当前顶点对应角度
12       float tzZ=sin(currAngleZ)*0.3;              //y 方向波浪对应的 z 变化量
13       outTexCoor = inTexCoor;                     //输出到片元着色器的纹理坐标
14       gl_Position = myConstantVals.mvp * vec4(pos.x,pos.y,tzZ+tzH,1.0);  //计算顶点最终位置
15   }
```

> **说明**　本质上讲上述 x、y 双向波浪的顶点着色器与前面的 x 方向波浪的顶点着色器没有本质区别，仅仅是首先分别计算了 x 方向和 y 方向波浪在当前顶点位置的 z 坐标变化量，最后将两个 z 坐标变化量叠加实现了波的叠加。因此，运行案例时看到的波浪就是 x、y 两个方向的了。

（4）最后给出的是实现斜向下方向波浪的顶点着色器，其具体代码如下。

代码位置：见随书中源代码/第 11 章/Sample11_1/src/main/assets/shader 目录下的 commonTexXie.vert。

```
1    //此处省略了与上一步骤中顶点着色器相同的部分代码，需要的读者请参考随书源代码
2    void main() {
3        float angleSpanH=4.0*3.14159265;            //横向角度总跨度,用于进行 x 距离与角度的换算
4        float startX=-myBufferVals.uWidthSpan/2.0; //起始 x 坐标（即最左侧顶点的 x 坐标）
5        float currAngleH=myBufferVals.uStartAngle+((pos.x-startX)/myBufferVals.
     uWidthSpan)*angleSpanH;
6        float angleSpanZ=4.0*3.14159265;            //纵向角度总跨度，用于进行 y 距离与角度的换算
```

```
7       float uHeightSpan=0.75*myBufferVals.uWidthSpan; //纵向长度总跨度
8       float startY=-uHeightSpan/2.0;                  //起始 y 坐标（即最上侧顶点的 y 坐标）
9       float currAngleZ=((pos.y-startY)/uHeightSpan)*angleSpanZ;  //计算当前 y 坐标对应的角度
10      float tzH=sin(currAngleH-currAngleZ)*0.3;       //通过正弦函数求出当前点的 z 坐标
11      outTexCoor = inTexCoor;                         //输出到片元着色器的纹理坐标
12      gl_Position = myConstantVals.mvp * vec4(pos.x,pos.y,tzH,1.0); //计算顶点最终位置
13  }
```

> **提示**　本质上讲，上述斜向下方向波浪的顶点着色器与前面的 x 方向波浪的顶点着色器也没有本质区别，仅仅是在计算当前顶点的对应角度时增加了 y 轴方向的计算，不再是仅考虑 x 轴的坐标。因此，形成的波浪方向就是斜向下的。另外，本案例中的片元着色器仅仅是进行简单的纹理采样，与前面很多案例中的类似，这里不再赘述。

11.2　扭动的软糖

　　11.1 节介绍的飘扬的旗帜是对一个纹理矩形中的顶点位置进行了变换，本节的案例将对一个长方体中的顶点位置进行变换以实现软糖扭动的效果。

11.2.1　基本原理

　　介绍本案例的具体开发之前首先需要了解一下实现的基本原理，具体情况如图 11-4 所示。

　　从图 11-4 中可以看出，软糖模型实际上是由很多层的小矩形叠加而成。在同一帧中，随着 y 坐标的不断升高此层的顶点绕中心轴扭曲的角度越大。因此，实现扭动软糖的效果只要将代表软糖的长方体中各层顶点的 x、z 坐标按照一定的规则根据顶点的 y 坐标以及当前帧的控制参数进行变换即可，具体的计算思路如图 11-5、图 11-6 和图 11-7 所示。

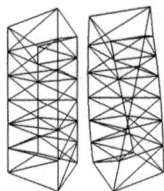

▲图 11-4　软糖的线框图

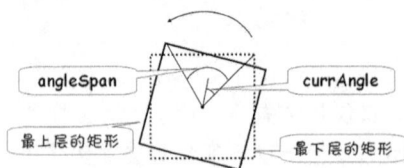

▲图 11-5　软糖扭曲原理图 1　　　▲图 11-6　软糖扭曲原理图 2　　　▲图 11-7　向量旋转图

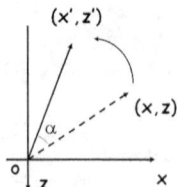

　　具体的计算步骤如下。

- 首先如图 11-5 所示，需要计算出当前顶点 y 坐标与最下层顶点 y 坐标的差值。
- 接着根据 y 坐标的差值，角度换算比例以及本帧的总扭曲角度换算出当前顶点的扭曲角度，计算公式为：currAngle =(currY-yStart)/ySpan×angleSpan。
- 最后根据当前顶点的 x、z 坐标，扭曲的角度计算出变换后顶点的 x、z 坐标，此步的计算思路如图 11-6 和图 11-7 所示。

　　从图 11-6 和图 11-7 中可以看出，将顶点绕中心轴扭曲（旋转）实际上可以看作将从中心点出发到变换前顶点的向量旋转指定的角度。旋转后得到的新向量的终点位置即为所求的变换后顶

点的位置，因此具体的计算公式如下。

$$x'=x\cos\alpha-z\sin\alpha \qquad z'=x\sin\alpha+z\cos\alpha$$

> 💡说明　　上述公式中的α为需要旋转（扭曲）的角度，实际计算时采用前面步骤计算出来的变量 currAngle 的值即可。

11.2.2　开发步骤

了解了软糖扭动的基本原理后，本节将基于此原理开发一个软糖不断扭动的案例 Sample11_2，其运行效果如图 11-8 所示。

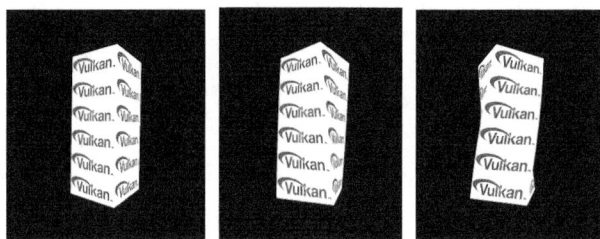

▲图 11-8　案例 Sample11_2 运行效果图

> 💡说明　　图 11-8 中给出了 3 幅软糖扭动过程中的程序抓图，从中可以看出软糖的扭动过程。

了解了案例的运行效果后，接下来对本案例的具体开发过程进行简要介绍。由于本案例中的大部分类和前面章节很多案例中的基本相同，因此这里仅给出本案例中比较有代表性的部分，具体内容如下。

（1）首先需要简单说明的是用于生成代表软糖的矩形长方体顶点数据的类 ObjectData，该类的头文件比较简单这里不再具体介绍，接下来给出的是该类的具体实现代码。

📎 代码位置：见随书中源代码/第 11 章/Sample11_2/src/main/cpp/bndev 目录下的 ObjectData.cpp。

```
1    void  ObjectData::genVertexData(){           //生成长方体顶点数据的方法
2        std::vector<float> alVertix;             //存储顶点位置数据的列表
3        std::vector<float> alTexCoor;            //存储纹理坐标数据的列表
4        float Y_MAX=1.5f;                        //y 坐标的最大值
5        float Y_MIN=-1.5f;                       //y 坐标的最小值
6        int FD=6;                                //长方体每一个侧面中的小矩形个数
7        float hw=0.575f;                         //长方体截面正方形边长的一半
8        float yStart=Y_MIN;                      //起始 y 坐标
9        float ySpan=(Y_MAX-Y_MIN)/FD;            //y 坐标的步进
10       for(int i=0;i<FD;i++) {                  //遍历长方体垂直方向分层的每一层
11           float x1=-hw;                        //当前层截面正方形第 1 个顶点的 x 坐标
12           float y1=yStart;                     //当前层截面正方形第 1 个顶点的 y 坐标
13           float z1=hw;                         //当前层截面正方形第 1 个顶点的 z 坐标
14       //此处省略了计算当前层截面正方形其他 3 个顶点 x、y、z 坐标以及计算上一层截面正方形 4 个
15       //顶点 x、y、z 坐标的代码，还省略了将计算出的上下两层 8 个顶点卷绕为一圈 4 个小矩形（每个
16       //小矩形两个三角形，共 8 个三角形）的相关代码
17       }
18       vCount = FD*4*6;                         //计算顶点的数量
19       dataByteCount = vCount * 5 * sizeof(float); //计算数据所占总字节数
20       vdata = new float[vCount*5];             //创建存放数据的数组
21       int index = 0;                           //辅助索引
22       for (int i = 0; i < vCount; i++) {       //遍历每一个顶点
```

393

```
23        //此处省略了将前面生成的顶点坐标数据、纹理坐标数据依次转存到顶点数据数组中的代码
24    }}
```

> 💡 **说明**　从上述代码中可以看出，此 genVertexData 方法与前面很多案例中的没有本质区别，都是按照一定的规则生成所需的顶点数据序列，供绘制时使用。

（2）接着需要介绍的是实现软糖扭动效果的顶点着色器，其代码如下。

> 📝 **代码位置**：见随书中源代码/第 11 章/Sample11_2/src/main/assets/shader 目录下的 commonTex.vert。

```
1    #version 400                                          //着色器版本
2    #extension GL_ARB_separate_shader_objects : enable    //开启 separate_shader_objects
3    #extension GL_ARB_shading_language_420pack : enable   //开启 shading_language_420pack
4    layout (push_constant) uniform constantVals {         //推送常量块
5        mat4 mvp;                                         //总变换矩阵
6    } myConstantVals;
7    layout (std140,set = 0, binding =0 ) uniform bufferVals {   //一致块
8        float angleSpan;                                  //本帧扭曲总角度
9        float yStart;                                     //y 坐标起始点
10       float ySpan;                                      //y 坐标总跨度
11   } myBufferVals;
12   layout (location = 0) in vec3 pos;                    //输入的顶点位置
13   layout (location = 1) in vec2 inTexCoor;              //输入的纹理坐标
14   layout (location = 0) out vec2 outTexCoor;            //输出到片元着色器的纹理坐标
15   out gl_PerVertex {                                    //输出接口块
16       vec4 gl_Position;                                 //内建变量 gl_Position
17   };
18   void main() {
19       float currAngle= myBufferVals.angleSpan*(         //计算当前顶点扭动（即绕中心点旋
20        pos.y-myBufferVals.yStart)/myBufferVals.ySpan;    //转）的角度
21       vec3 tPosition=pos;                               //复制当前顶点的坐标
22       if(pos.y>myBufferVals.yStart){                    //如果不是最下面一层
23          tPosition.x=(cos(currAngle)*pos.x-sin(currAngle)*pos.z); //计算当前顶点扭动后的 x 坐标
24          tPosition.z=(sin(currAngle)*pos.x+cos(currAngle)*pos.z); //计算当前顶点扭动后的 z 坐标
25       }
26       outTexCoor = inTexCoor;                           //输出到片元着色器的纹理坐标
27       gl_Position = myConstantVals.mvp * vec4(tPosition,1.0); //计算顶点最终位置
28   }
```

> 💡 **说明**　上述顶点着色器根据 11.1 节介绍的计算思路实现了对各层顶点位置的变换，要注意的是最底部的一层顶点是不进行变换的。其中最有代表性的是第 23～24 行，这两行代码根据由当前顶点 y 坐标折算出的扭动角度计算出当前顶点扭动后的 x、z 坐标。由于每帧画面传入的本帧扭曲总角度 angleSpan 是连续变化的，故上述着色器就实现了最终软糖扭动的效果。

11.3　风吹椰林场景的开发

前两节分别给出了两个单一的用顶点着色器实现软体的案例，本节将给出一个综合性的案例。此案例为风吹海滩上椰子树的场景，场景中海浪拍打沙滩，椰子树在指定风向风的吹动下不断摇摆，同时可以设置风的方向，非常吸引人。

11.3.1　椰子树随风摇摆的基本原理

介绍椰子树的具体开发之前首先需要了解一下沙滩椰子树随风摆动的基本原理。本案例中椰子树的树干会随着风力的大小、方向产生对应的弯曲，下面的图 11-9 给出了如何计算某一帧中树干上指定顶点弯曲后位置的策略。

从图 11-9 中可以看出，为了简化计算，本案例中采用的风向是与 xoz 平面平行的。设当前风向与 z 轴正方向的夹角为 α，树干原始状态下与 y 轴重合。点 A 为树干模型中的任一顶点，在风的吹动下偏转到 A'点。

则顶点着色器需要计算的问题为：已知 A 点坐标（x_0，y_0，z_0）、当前风向与 z 轴正方向的夹角 α 以及弧 OA'所在圆的半径 OO'，求 A 点偏转到 A'点后的坐标。

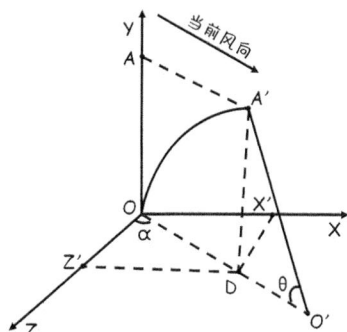

▲图 11-9　椰子树树干弯曲原理图

本案例采用的计算模型中，半径 OO'的大小与风力的大小是成反比例的，风力越大，半径 OO'越小。这样就非常容易地实现了风越大，树干弯曲得越厉害。

下面给出了具体的计算步骤。

（1）由于 OA'为半径为 OO'的一段圆弧，那么可以得出 OA'=OA，且 O'O=O'A'。

（2）根据弧长公式，可得出树干弯曲后的弧对应的圆心角 θ 的弧度计算公式如下。

$$\theta = OA' / OO' = OA / OO'$$

（3）从图 2-9 以及根据三角函数的知识可以得出如下结论。

$$A'D = O'A' \times \sin(\theta) = O'O \times \sin(OA / OO')$$

$$OD = OO' - O'A' \times \cos(\theta) = OO' - O'O \times \cos(OA / OO')$$

（4）接着可以得出如下结论。

$$OX' = OD \times \sin(\alpha) = (OO' - O'O \times \cos(OA / OO')) \times \sin(\alpha)$$

$$OZ' = OD \times \cos(\alpha) = (OO' - O'O \times \cos(OA / OO')) \times \cos(\alpha)$$

（5）设顶点 A 的坐标为（X_0，Y_0，Z_0），偏移后 A'的坐标为（X_1，Y_1，Z_1）。则可以用 Y_0 替换上面的 OA，那么有如下结论。

$$OX' = (OO' - OO' \times \cos(Y_0 / OO')) \times \sin(\alpha)$$

$$OZ' = (OO' - OO' \times \cos(Y_0 / OO')) \times \cos(\alpha)$$

（6）最后可以得到 A'点的坐标为。

$$X_1 = X_0 + OX' = X_0 + (OO' - OO' \times \cos(Y_0 / OO')) \times \sin(\alpha)$$

$$Y_1 = A'D = OO' \times \sin(Y_0 / OO')$$

$$Z_1 = Z_0 + OZ' = Z_0 + (OO' - OO' \times \cos(Y_0 / OO')) \times \cos(\alpha)$$

从上述得出的顶点位置变换公式中可以看出，只需要改变风向角度 α，就可以使椰子树向不同的方向摆动。同时，只需要根据风力大小改变弯曲半径 OO'的大小，就可以改变椰子树树干的弯曲程度。

11.3.2　开发步骤

11.3.1 节介绍了树干弯曲的基本原理，本节将基于此原理开发一个呈现风吹椰林场景的案例 Sample11_3，其运行效果如图 11-10 所示。

▲图 11-10　案例 Sample11_3 运行效果图

> ✏️ **提示**　本案例运行时可以通过手指在屏幕上左右滑动使摄像机绕场景转动，点击上半部分屏幕可以向前移动摄像机，点击下半部分屏幕可以向后移动摄像机。

了解了案例的运行效果后，接下来将对本案例的具体开发过程进行简要介绍。由于本案例中的大部分类和前面章节很多案例中的非常类似，故用于生成各种物体顶点数据和纹理坐标数据的类将不再过多介绍。在这里仅介绍本案例中比较有代表性的与随风摆动的椰子树相关的部分，具体内容如下。

（1）首先给出的是椰子树的控制类，该类的主要功能为管理椰子树的所有树干部件和树叶，动态计算树叶的当前姿态等，其头文件代码如下。

> 🖎 **代码位置：见随书中源代码/第 11 章/Sample11_3/src/main/cpp/bndev 目录下的 TreeControl.h。**

```
1    //此处省略了相关头文件的导入，感兴趣的读者自行查看随书源代码
2    class TreeControl {                                              //椰子树的控制类
3    public:
4        TreeControl();                                              //构造函数
5        ~TreeControl();                                             //析构函数
6        static std::vector<TexLeafDrawableObject*> leafVector;      //存放所有树叶的列表
7        static std::vector<TexTrunkDrawableObject*> trunkVector;    //存放所有树干部件的列表
8        static std::vector<float*> leafInitialPos;  //存放每片树叶中心点初始位置的列表
9        void drawSelf(float bend_RIn,float direction_degreeIn);  //绘制椰子树的方法
10       static void calculateDistance();            //根据树叶中心点与摄像机距离排序的方法
11       static bool compare(TexLeafDrawableObject* ta,TexLeafDrawableObject* tb);
                                                     //计算树叶与摄像机距离
12       static float* calculateLastPosition(float bend_R,      //计算树叶最终姿态的方法
13           float direction_degree,float pointX,float pointY,float pointZ);
14       static void calculateCenterPosition(float bend_RIn,float direction_degreeIn);
                                                     //计算树叶中心位置的方法
15   };
```

● leafInitialPos 中存放的是树叶的初始中心点坐标（即无风时的树叶中心点坐标），为动态计算树叶中心点与摄像机之间的距离做准备。

● calculateDistance 方法和 compare 方法结合起来，根据树叶中心点与摄像机之间距离的大小对列表 leafVector 中的树叶进行排序，以保证距离较远的树叶先执行绘制，距离较近的树叶后执行绘制。这是由于每片树叶都是采用半透明的纹理矩形来执行呈现的，与前面章节介绍标志板的案例中树木的呈现技术类似。这种情况下，如果不能保证绘制顺序有可能产生不正确的绘制效果，具体情况请读者参考前面章节中介绍标志板的部分。

● calculateLastPosition 方法的功能为计算树叶的最终姿态，使得树叶在被风吹动的情况下能够根据当前情况动态改变姿态。

● calculateCenterPosition 方法的功能为计算当前姿态下树叶的中心点坐标，以便在绘制过程中能够按照变换姿态后树叶的中心点位置进行排序计算。

（2）介绍完 TreeControl 类的头文件后，接下来给出该类的具体实现代码。由于该类的代码较长，将会分步进行介绍。首先给出的是该类中用于计算当前姿态下树叶中心点坐标的 calculateCenterPosition 方法，其具体代码如下。

📎 **代码位置：见随书中源代码/第 11 章/Sample11_3/src/main/cpp/bndev 目录下的 TreeControl.cpp。**

```
1   void TreeControl::calculateCenterPosition(float bend_RIn,float direction_degreeIn){
2       for(int i=0;i<leafVector.size();i++){              //遍历树叶列表
3           leafVector[i]->centerx=leafInitialPos[leafVector[i]->id][0];
                                              //恢复初始中心点坐标 x 分量（无风）
4           leafVector[i]->centery=leafInitialPos[leafVector[i]->id][1];
                                              //恢复初始中心点坐标 y 分量（无风）
5           leafVector[i]->centerz=leafInitialPos[leafVector[i]->id][2];
                                              //恢复初始中心点坐标 z 分量（无风）
6           float curr_radian = leafVector[i]->centery / bend_RIn;
                                              //计算当前的弧度
7           leafVector[i]->centery = (float) (bend_RIn * sin(curr_radian));
                                              //计算当前中心点 y 坐标
8           float pianDistance = (float) (bend_RIn - bend_RIn * cos(curr_radian));
                                              //计算结果的偏移距离
9           leafVector[i]->centerx = (float)             //计算当前中心点 x 坐标
10              (leafVector[i]->centerx + pianDistance * sin(toRadians(direction_
degreeIn)));
11          leafVector[i]->centerz =                    //计算当前中心点 z 坐标
12              (float) (leafVector[i]->centerz + pianDistance * cos(toRadians
(direction_degreeIn)));
13      }}
```

● 第3~5 行根据当前树叶的 id 恢复树叶的初始中心点坐标（无风时树叶的中心点坐标）。这是由于根据前面介绍的计算思路在计算每一帧的树叶中心点坐标时，都需要从起始状态（也就是无风时树叶的状态）开始计算。因此，程序中也提供了用于存放树叶中心点初始坐标的列表 leafInitialPos。

● 第6 行根据弧长公式求出对应的弧度，以服务于后面的计算。

● 第7~12 行根据偏移距离 pianDistance 计算出当前树叶的中心点坐标并保存。

📌提示　calculateCenterPosition 方法就是基于 11.3.1 节中介绍的原理来实现的，读者朋友们应当对照前面的基本原理来研读代码，这样才比较容易理解。

（3）接下来给出根据树叶中心点与摄像机的距离对树叶列表中的树叶进行排序的两个相关方法，具体代码如下。

📎 **代码位置：见随书中源代码/第 11 章/Sample11_3/src/main/cpp/bndev 目录下的 TreeControl.cpp。**

```
1   bool TreeControl::compare(TexLeafDrawableObject *ta, TexLeafDrawableObject *another) {
2       float xa=ta->postionX+ta->centerx-CameraUtil::cx;//第1个树叶与摄像机坐标的x分量差值
3       float ya=ta->postionY+ta->centery-CameraUtil::cy;//第1个树叶与摄像机坐标的y分量差值
4       float za=ta->postionZ+ta->centerz-CameraUtil::cz;//第1个树叶与摄像机坐标的z分量差值
5       float xb=another->postionX+another->centerx-CameraUtil::cx;
                                              //第2个树叶与摄像机坐标的x分量差值
6       float yb=another->postionY+another->centery-CameraUtil::cy;
                                              //第2个树叶与摄像机坐标的y分量差值
7       float zb=another->postionZ+another->centerz-CameraUtil::cz;
```

```
                                                         //第 2 个树叶与摄像机坐标的 z 分量差值
8        float disA=xa*xa+ya*ya+za*za; //计算第 1 个树叶与摄像机之间距离的平方
9        float disB=xb*xb+yb*yb+zb*zb; //计算第 2 个树叶与摄像机之间距离的平方
10        return disA>disB;              //返回两片树叶与摄像机距离值的比较结果
11   }
12   void TreeControl::calculateDistance(){
13        sort(leafVector.begin(),leafVector.end(),compare); //对树叶列表中的树叶进行排序
14   }
```

- 第 1～11 行为用于比较指定的两片树叶与摄像机之间距离大小的 compare 方法,其中先分别计算出两片指定树叶到摄像机距离的平方,然后返回两片树叶与摄像机距离值的比较结果。
- 第 12～14 行为根据树叶到摄像机的距离对树叶列表中的树叶进行排序的 calculateDistance 方法,其中调用了 STL 库中的 sort 方法根据前面 compare 方法的返回值实施排序操作。

（4）下面给出的是根据当前帧对应的风向、风力计算出树叶纹理矩形位置与姿态数据的 calculateLastPosition 方法,其具体代码如下。

✎ **代码位置:见随书中源代码/第 11 章/Sample11_3/src/main/cpp/bndev 目录下的 TreeControl.cpp。**

```
1    float* TreeControl::calculateLastPosition(float bend_R,
2        float direction_degree,float pointX,float pointY,float pointZ){
3        float* position=new float[6];                        //记录位置、姿态数据的数组
4        float curr_radian=pointY/bend_R;                     //计算当前的弧度
5        float result_Y=(float) (bend_R*sin(curr_radian));    //计算结果的 y 分量
6        float pianDistance=(float) (bend_R-bend_R*cos(curr_radian));//计算偏移距离（OD）
7        float result_X=(float)                               //计算结果的 x 分量
8            (pointX+pianDistance*sin(toRadians(direction_degree)));
9        float result_Z=(float)                               //计算结果的 z 分量
10            (pointZ+pianDistance*cos(toRadians(direction_degree)));
11        position[0]=result_X;                               //将计算出的 x 分量存入结果数组
12        position[1]=result_Y;                               //将计算出的 y 分量存入结果数组
13        position[2]=result_Z;                               //将计算出的 z 分量存入结果数组
14        position[3]=(float) cos(toRadians(direction_degree));    //计算旋转轴的 x 分量
15        position[4]=(float) sin(toRadians(direction_degree));    //计算旋转轴的 z 分量
16        position[5]= (float)toDegrees(curr_radian);         //计算旋转的角度
17        return  position;                                   //返回位置、姿态数据数组
18   }
```

- 第 4 行利用弧长公式计算出当前弯曲半径对应的弧度。
- 第 5～13 行根据计算出的弧度及风向计算出树叶位置偏移的 x、y、z 分量并存放到结果数组中。
- 第 14～17 行根据当前的风力、风向计算出树叶的旋转轴 x、z 分量（旋转轴 y 分量在本案例中一律为 0）以及旋转角度,并存放到结果数组中,最后返回位置、姿态数据数组。

（5）最后给出的是执行绘制的 drawSelf 方法,该方法的参数为树干的弯曲半径以及风的方向,具体代码如下。

✎ **代码位置:见随书中源代码/第 11 章/Sample11_3/src/main/cpp/bndev 目录下的 TreeControl.cpp。**

```
1    void TreeControl::drawSelf(float bend_RIn,float direction_degreeIn) {//绘制树的方法
2        for(int i=0;i<trunkVector.size();i++){                      //遍历树干部件列表
3            trunkVector[i]->drawSelf(MyVulkanManager::cmdBuffer,    //绘制当前遍历到的树干部件
4                MyVulkanManager::sqsTrunk->pipelineLayout,MyVulkanManager::sqsTrunk->
pipeline,
5                &(MyVulkanManager::sqsTrunk->descSet[0]));
6        }
7        calculateCenterPosition(bend_RIn,direction_degreeIn);    //计算树叶中心点坐标
8        calculateDistance();                                     //根据树叶与摄像机距离进行排序
```

```
9           for(int i=0;i<leafVector.size();i++){                    //遍历树叶列表
10              float* position=calculateLastPosition(bend_RIn,direction_degreeIn,
                                                                     //计算树叶最终姿态
11                  leafVector[i]->postionX,Constant::TREE_HEIGHT,leafVector[i]->
postionZ);
12              MatrixState3D::pushMatrix();                          //保护现场
13              MatrixState3D::translate(position[0],position[1],position[2]);   //执行平移
14              MatrixState3D::rotate(position[5], -position[3],0,position[4]);  //执行旋转
15              leafVector[i]->drawSelf(MyVulkanManager::cmdBuffer,   //绘制树叶纹理矩形
16                MyVulkanManager::sqsBlend->pipelineLayout,MyVulkanManager::sqsBlend->
pipeline,
17                &(MyVulkanManager::sqsBlend->descSet[0]));
18              MatrixState3D::popMatrix();                           //恢复现场
19      }}
```

> **说明**　此方法首先遍历了树干部件列表绘制了树干；然后遍历树叶列表，根据前面 calculateLastPosition 方法计算出来的位置偏移量，旋转轴、旋转角等数据，在绘制树叶前首先对坐标系进行对应的平移，然后再对坐标系进行对应的旋转，最后绘制树叶。

（6）接着给出的是根据风力、风向对树干顶点位置进行变换的顶点着色器，其代码如下。

代码位置： 见随书中源代码/第 11 章/Sample11_3/src/main/assets/shader 目录下的 commonTexTree.vert。

```
1   #version 400                                          //着色器版本
2   #extension GL_ARB_separate_shader_objects : enable    //开启 separate_shader_objects
3   #extension GL_ARB_shading_language_420pack : enable   //开启 shading_language_420pack
4   layout (push_constant) uniform constantVals {         //推送常量块
5       mat4 mvp;                                         //总变换矩阵
6   } myConstantVals;
7   layout (std140,set = 0, binding =0 ) uniform bufferVals {   //一致块
8     float bend_R;                                       //弯曲半径
9     float direction_degree;                             //风的方向
10  } myBufferVals;
11  layout (location = 0) in vec3 pos;                    //输入的顶点位置
12  layout (location = 1) in vec2 inTexCoor;              //输入的纹理坐标
13  layout (location = 0) out vec2 outTexCoor;            //输出到片元着色器的纹理坐标
14  out gl_PerVertex {                                    //输出接口块
15      vec4 gl_Position;                                 //内建变量 gl_Position
16  };
17  void main() {
18      float current_radian=pos.y/myBufferVals.bend_R;   //计算当前的弧度($\theta$)
19      float pianDistance=myBufferVals.bend_R-myBufferVals.bend_R*cos(current_radian);
                                                          //偏移距离
20      float result_X=pos.x+pianDistance*sin(radians(myBufferVals.direction_degree));
                                                          //偏移后的 x 坐标
21      float result_Y=myBufferVals.bend_R*sin(current_radian); //偏移后的 y 坐标
22      float result_Z=pos.z+pianDistance*cos(radians(myBufferVals.direction_degree));
                                                          //偏移后的 z 坐标
23      vec4 tPostion=vec4(result_X,result_Y,result_Z,1.0);    //得到最后的坐标
24      outTexCoor = inTexCoor;                           //传输到片元着色器的纹理坐标
25      gl_Position = myConstantVals.mvp * tPostion;      //计算顶点最终位置
26  }
```

> **说明**　上述顶点着色器实现了 11.3.1 节中介绍的顶点随风力、风向变换的算法。读者要想彻底掌握最好比对 11.3.1 节介绍的原理仔细研读代码，直接看代码可能难于理解。

11.4　展翅飞翔的雄鹰

　　前面 3 节分别介绍了 3 个不同的软体案例，虽然采用的数学模型各有不同，但都是通过编程直接实现特定的数学模型以实现软体动画的。这在一般的情况下足够用了，但如果想呈现非常复杂的软体动画就很困难了。

　　有些复杂软体的动画虽然也可以采用数学模型编程实现，但对应的数学模型非常复杂，编程成本很高。本节将给出一种非常简便的实现软体动画的策略——关键帧动画，通过其可以方便地实现游戏中雄鹰飞过蓝天、英雄举刀杀敌的动画。

11.4.1　基本原理

　　关键帧动画的基本思想非常简单，就是给顶点着色器提供动画中每个关键帧对应的各个顶点的位置数据以及融合比例。顶点着色器根据两套位置数据及当前融合的比例融合出一套结果顶点位置数据。只要在绘制每一帧时提供不同的融合比例即可产生想要的动画。

　　如本节将要给出的展翅飞翔的雄鹰动画中就用到了 3 个关键帧，包含 4 个动画阶段。

- 第 1 阶段是对 1、2 号关键帧中的顶点数据进行融合，即从 1 号关键帧到 2 号关键帧。
- 第 2 阶段是对 2、3 号关键帧中的顶点数据进行融合，即从 2 号关键帧到 3 号关键帧。
- 第 3 阶段是对 3、2 号关键帧中的顶点数据进行融合，即从 3 号关键帧到 2 号关键帧。
- 第 4 阶段是对 2、1 号关键帧中的顶点数据进行融合，即从 2 号关键帧到 1 号关键帧。

　　上述 4 个阶段不断重复就可以呈现出雄鹰展翅飞翔的动画，每个关键帧的具体顶点位置情况如图 11-11 所示。

▲图 11-11　雄鹰动画 3 个关键帧的线框图

✔说明　　　从图 11-11 中可以看出，最左侧的是雄鹰翅膀上扬到最高位置的情况，中间的是雄鹰翅膀放平的情况，右侧是雄鹰翅膀下垂到最低位置的情况。

　　到这里读者可能会产生一个疑问：为什么一定要 3 个关键帧呢？仅保留 1、3 号关键帧不也能融合出动画吗？确实如此，只保留 1、3 两个关键帧是可以的，但动画的真实感就会大打折扣。因为仅通过 1、3 关键帧融合出来的翅膀展平的情况翅膀就会缩短，如图 11-12 所示。

关键帧1　　　　关键帧3　　　　中间帧

▲图 11-12　仅保留 1、3 号关键帧的缺陷

　　从图 11-12 中可以看出使用关键帧动画的一个要领，那就是不重要的中间帧可以通过按比例融合两个关键帧得到，真实感基本不受影响。但关键帧不应该省略而通过其他关键帧融合得到，否则动画的真实感就会变差。

✔提示　　　使用基于顶点位置的融合关键帧动画时有一点需要特别注意，那就是所有关键帧中的顶点数量必须是一致的，并能够形成一一对应的关系。

11.4.2　开发步骤

　　11.4.1 节中介绍了关键帧动画的基本原理以及注意事项，本节将给出一个关键帧动画的案例

Sample11_4，其运行效果如图 11-13 所示。

▲图 11-13 案例 Sample11_4 运行效果图

✏️ 说明   图 11-13 中给出了雄鹰展翅飞翔动画中的 3 帧画面，效果非常真实。由于本书插图是黑白印刷效果可能不是很好，请读者自行用真机运行本案例进行体会。案例运行时可以用手指在屏幕上滑动以旋转雄鹰从不同的角度观察。

了解了案例的运行效果后，接下来将对本案例的具体开发过程进行简要介绍。由于本案例中的大部分类和前面章节很多案例中的非常类似，因此在这里只给出本案例中比较有代表性的部分，具体内容如下所列。

（1）本案例中用到的雄鹰的 3 个关键帧是采用 3ds Max 设计并导出成 obj 文件的，因此首先需要将 3 个关键帧的顶点数据和纹理坐标数据加载进应用程序并存放到数据数组中，相关代码如下。

🖎 代码位置：见随书中源代码/第 11 章/Sample11_4/src/main/cpp/bndev 目录下的 MyVulkanManager.cpp。

```
1   //此处省略了部分代码，感兴趣的读者请自行查看随书源代码
2   void MyVulkanManager::createDrawableObject(){
3       std::vector<float> tVectorA=                      //加载关键帧1模型的顶点坐标和纹理坐标
4           LoadUtil::loadFromFileVertexAndTex("model/laoying01.obj");
5       std::vector<float> tVectorB=                      //加载关键帧2模型的顶点坐标
6           LoadUtil::loadFromFileVertex("model/laoying02.obj");
7       std::vector<float> tVectorC=                      //加载关键帧3模型的顶点坐标
8       LoadUtil::loadFromFileVertex("model/laoying03.obj");
9       int vCount=tVectorA.size()/5;                     //计算顶点数量
10      int dataByteCount=vCount*11*sizeof(float);        //计算顶点数据总字节数
11      float* vdataIn=new float[vCount*11];              //创建存放顶点数据的数组
12      int indexTemp=0;                                  //辅助索引
13      for (int i=0;i<vCount;i++){                        //遍历每个顶点
14          vdataIn[indexTemp++]=tVectorA[i*5+0]; //保存关键帧1的顶点 x 坐标
15          vdataIn[indexTemp++]=tVectorA[i*5+1]; //保存关键帧1的顶点 y 坐标
16          vdataIn[indexTemp++]=tVectorA[i*5+2]; //保存关键帧1的顶点 z 坐标
17          vdataIn[indexTemp++]=tVectorB[i*3+0]; //保存关键帧2的顶点 x 坐标
18          vdataIn[indexTemp++]=tVectorB[i*3+1]; //保存关键帧2的顶点 y 坐标
19          vdataIn[indexTemp++]=tVectorB[i*3+2]; //保存关键帧2的顶点 z 坐标
20          vdataIn[indexTemp++]=tVectorC[i*3+0]; //保存关键帧3的顶点 x 坐标
21          vdataIn[indexTemp++]=tVectorC[i*3+1]; //保存关键帧3的顶点 y 坐标
22          vdataIn[indexTemp++]=tVectorC[i*3+2]; //保存关键帧3的顶点 z 坐标
23          vdataIn[indexTemp++]=tVectorA[i*5+3]; //保存关键帧1的顶点纹理坐标 s 分量
24          vdataIn[indexTemp++]=tVectorA[i*5+4]; //保存关键帧1的顶点纹理坐标 t 分量
25      }
26      LYobjDraw1=new ObjObject                          //创建绘制用物体对象
27          (vdataIn,dataByteCount,vCount, device, memoryroperties);
28  }
29  //此处省略了部分代码，感兴趣的读者请自行查看随书源代码
```

> **说明**　　上述代码主要是将 3 个关键帧 obj 文件中的顶点位置与纹理坐标数据加载进来，然后按照每个顶点 3 套位置坐标数据、一套纹理坐标数据的模式组装顶点数据数组。由于 3 个关键帧中各个对应顶点的纹理坐标是相同的，因此纹理坐标仅保留了一套；但各个关键帧中对应顶点的位置是不同的，因此顶点数据有 3 套。

（2）为了在顶点着色器中能够根据比例融合关键帧中的顶点数据，因此需要将融合的比例传入渲染管线。由于有 3 个关键帧，因此融合比例的取值在 0～2 之间连续变化。由于将融合比例送入渲染管线的代码非常简单，这里就不再赘述，需要的读者请自行参考随书源代码。

（3）接着需要介绍的是执行顶点融合以产生关键帧动画的顶点着色器，其代码如下。

代码位置： 见随书中源代码/第 11 章/Sample11_4/src/main/assets/shader 目录下的 commonTex.vert。

```
1   #version 400                                          //着色器版本
2   #extension GL_ARB_separate_shader_objects : enable    //开启 separate_shader_objects
3   #extension GL_ARB_shading_language_420pack : enable   //开启 shading_language_420pack
4   layout (push_constant) uniform constantVals {         //推送常量块
5       mat4 mvp;                                         //总变换矩阵
6   } myConstantVals;
7   layout (std140,set = 0, binding = 0) uniform bufferVals {    //一致块
8       float uBfb;                                       //融合比例
9   } myBufferVals;
10  layout (location = 0) in vec3 aPosition;              //顶点位置（来自 1 号关键帧）
11  layout (location = 1) in vec3 bPosition;              //顶点位置（来自 2 号关键帧）
12  layout (location = 2) in vec3 cPosition;              //顶点位置（来自 3 号关键帧）
13  layout (location = 3) in vec2 inTexCoor;              //顶点纹理坐标
14  layout (location = 0) out vec2 outTexCoor;            //输出到片元着色器的纹理坐标
15  out gl_PerVertex {                                     //输出接口块
16      vec4 gl_Position;                                 //内建变量 gl_Position
17  };
18  void main() {
19      vec3 tPosition;                                   //融合后的结果顶点坐标
20      if(myBufferVals.uBfb<=1.0){  //若融合比例小于等于 1，则需要执行的是 1、2 号关键帧的融合
21          tPosition=mix(aPosition,bPosition,myBufferVals.uBfb);
22      }else{                       //若融合比例大于 1，则需要执行的是 2、3 号关键帧的融合
23          tPosition=mix(bPosition,cPosition,myBufferVals.uBfb-1.0);
24      }
25      outTexCoor = inTexCoor;                           //输出到片元着色器的纹理坐标
26      gl_Position = myConstantVals.mvp * vec4(tPosition,1.0);    //计算最终的顶点位置
27  }
```

> **说明**　　上述顶点着色器是实现关键帧动画的核心，其根据传入的融合比例选择对应的两个关键帧数据进行融合。要注意的是，融合时是调用 mix 函数完成的，这是为了提高执行效率。实际开发中有些功能既可以采用函数完成也可以自己编程完成，作者强烈建议在条件允许的情况下直接调用函数完成。这是因为系统的函数在大部分情况下比自己开发的同功能代码片段性能优异。

11.5　二维扭曲

本章前面几节的案例都是在 3D 空间中对顶点的位置进行变换，而本节将给出一个在 2D 空间

中基于顶点位置变换进行二维扭曲的案例。本质上可以采用本节介绍的技术扭曲任何 2D 形状，为了便于理解，本节将基于等边三角形进行介绍。

11.5.1　基本原理

介绍本节案例的具体开发之前，首先需要了解一下二维扭曲的基本原理，如图 11-14 所示。

从图 11-14 中可以看出，左侧的原始三角形经过扭曲处理后产生了右侧奇异的形状，犹如一个风车。同时从图中可以看出，要想能对原始三角形实现扭曲处理，必须将大三角形切分为很多的小三角形。下面就简单介绍一下扭曲的计算思路（如图 11-15 所示），具体步骤如下。

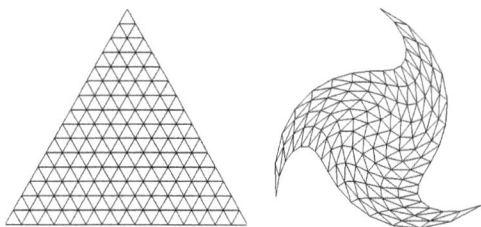

▲图 11-14　扭动的三角形线框图

（1）设扭动的中心点为 O，其坐标为（x_0，y_0）；绕中心点被扭动的点为 D，其坐标为（x_1，y_1）。

（2）设 D 点在 x 方向上的偏移为 XSpan，y 方向上的偏移为 YSpan，则有如下结论。

$$XSpan = x_1 - x_0$$
$$YSpan = y_1 - y_0$$
$$OD = \sqrt{XSpan \times XSpan + YSpan \times YSpan}$$

（3）接着就可以求出 OD 与 x 轴正方向的夹角 θ，具体情况如下。

- 如果 XSpan=0，并且 YSpan 大于 0，那么 θ=π/2。
- 如果 XSpan=0，并且 YSpan 小于 0，那么 θ=3π/2。
- 如果 XSpan 不等于 0，那么 θ=atan(YSpan/XSpan)。

（4）然后计算旋转后的 D 点与 x 轴正方向的夹角 θ'。

$$θ' = θ + ratio \times OD$$

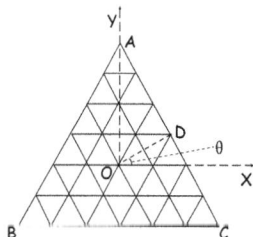

▲图 11-15　扭动的三角形原理图

> 💡 **说明**　其中 ratio 表示与当前总体旋转角度线性相关的一个系数，用于将距离转化为当前考察点的旋转角度，距离越远旋转角度越大。同时，在程序运行的过程中 ratio 是连续变化的，因此就可以产生二维扭曲的动画效果了。

（5）计算出旋转后的夹角 θ'后，就可以求出旋转后点的 x、y 坐标了。

$$x_1' = x_0 + OD \times \cos(θ')$$
$$y_1' = y_0 + OD \times \sin(θ')$$

只需要用顶点着色器实现上述算法即可得到非常漂亮的二维扭曲效果。

11.5.2　开发步骤

11.5.1 节中介绍了二维扭曲的基本原理以及注意事项，本节将给出一个三角形二维扭曲的案例 Sample11_5，其运行效果如图 11-16 所示。

了解了案例的运行效果后，接下来将对本案例的具体开发过程进行简要介绍。由于本案例中的大部分类和前面章节很多案例中的非常类似，因此在这里只给出本案例中比较有代表性的部分，具体内容如下所列。

▲图 11-16　案例 Sample11_5 运行效果图

（1）从前面的介绍中已经知道，本案例中的大三角形实际上是由很多小三角形构成的。因此下面给出的是自动生成各个小三角形顶点数据的 genVertexData 方法，其来自 TriangleData 类。由于该类的头文件较简单，所以不再过多介绍，直接给出具体的实现代码，具体内容如下。

代码位置： 见随书中源代码/第 11 章/Sample11_5/src/main/cpp/bndev 目录下的 TriangleData.cpp。

```
1    void  TriangleData::genVertexData() {                      //顶点数据生成方法
2        std::vector<float> alVertex;                           //存放顶点坐标数据的列表
3        std::vector<float> alTexoor;                           //存放纹理坐标数据的列表
4        float edgeLength=24;                                   //三角形的边长
5        int levelNum=40;                                       //三角形组层数
6        float perLength = edgeLength/levelNum;                 //小三角形的边长
7        for(int i=0;i<levelNum;i++){                           //循环每一层生成小三角形
8            int currTopEdgeNum=i;                              //当前层顶端边数
9            int currBottomEdgeNum=i+1;                         //当前层底端边数
10           float currTrangleHeight=(float) (perLength*sin(PI/3));    //每个三角形的高度
11           float topEdgeFirstPointX=-perLength*currTopEdgeNum/2;
                                                               //当前层顶端最左边点的 x 坐标
12           float topEdgeFirstPointY=-i*currTrangleHeight;    //当前层顶端最左边点的 y 坐标
13           float topEdgeFirstPointZ=0;                       //当前层顶端最左边点的 z 坐标
14           float bottomEdgeFirstPointX=-perLength*currBottomEdgeNum/2;
                                                               //当前层底端最左边点的 x 坐标
15           float bottomEdgeFirstPointY=-(i+1)*currTrangleHeight;
                                                               //当前层底端最左边点的 y 坐标
16           float bottomEdgeFirstPointZ=0;                    //当前层底端最左边点的 z 坐标
17           float horSpan=1/(float)levelNum;                  //横向纹理的偏移量
18           float verSpan=1/(float)levelNum;                  //纵向纹理的偏移量
19           float topFirstS=0.5f-currTopEdgeNum*horSpan/2;    //当前层顶端最左边点的纹理 s 坐标
20           float topFirstT=i*verSpan;                        //当前层顶端最左边点的纹理 t 坐标
21           float bottomFirstS=0.5f-currBottomEdgeNum*horSpan/2;
                                                               //当前层底端最左边点的纹理 s 坐标
22           float bottomFirstT=(i+1)*verSpan;                 //当前层底端最左边点的纹理 t 坐标
23           for(int j=0;j<currBottomEdgeNum;j++){    //循环产生当前层各个上三角形的顶点数据
24           //此处省略了循环产生当前层各个上三角形的顶点数据，并将顶点数据存放到
25           //列表中的方法，感兴趣的读者请自行查看随书源代码
26               }
27           for(int k=0;k<currTopEdgeNum;k++){        //循环产生当前层各个下三角形的顶点数据
28           //此处省略了循环产生当前层各个下三角形的顶点数据，并将顶点数据存放到
29           //列表中的方法，感兴趣的读者请自行查看随书源代码
30       }}
31       //此处省略了将生成的顶点数据添加到顶点数据数组的代码，感兴趣的读者请自行查看随书源代码
32   }}
```

说明　上述代码根据传入的大三角形边长及分层数量自动计算出了每一层中各个三角形的顶点坐标、纹理坐标。每一层中的三角形分为上三角形与下三角形，顶点计算方法不同，如图 11-17 所示。

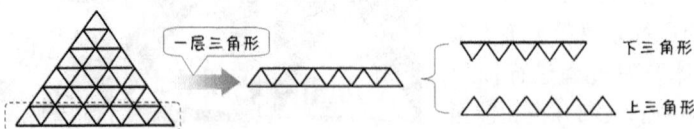

▲图 11-17　每层的上三角形与下三角形

（2）要能够呈现出扭动的三角形就需要在绘制每一帧时将不同的、连续变化的整体扭动角度因子（就是 11.5.1 节公式中的 ratio）传入渲染管线。由于这部分代码非常简单，这里不再赘述，

需要的读者请自行参考随书源代码。

（3）接着介绍的是用于实现二维扭曲的顶点着色器，其代码如下。

代码位置： 见随书中源代码/第 11 章/Sample11_5/src/main/assets/shader 目录下的 commonTex.vert。

```
1    #version 400                                           //着色器版本
2    #extension GL_ARB_separate_shader_objects : enable //开启 separate_shader_objects
3    #extension GL_ARB_shading_language_420pack : enable //开启 shading_language_420pack
4    layout (push_constant) uniform constantVals {         //推送常量块
5        mat4 mvp;                                         //总变换矩阵
6    } myConstantVals;
7    layout (std140,set = 0, binding = 0) uniform bufferVals {     //一致块
8        float ratio;                                      //旋转系数（整体扭动角度因子）
9    } myBufferVals;
10   layout (location = 0) in vec3 pos;                    //输入的顶点位置
11   layout (location = 1) in vec2 inTexCoor;              //输入的纹理坐标
12   layout (location = 0) out vec2 outTexCoor;            //输出到片元着色器的纹理坐标
13   out gl_PerVertex {                                    //输出接口块
14       vec4 gl_Position;                                 //内建变量 gl_Position
15   };
16   void main() {
17       float pi = 3.1415926;                             //圆周率近似值
18       float centerX=0.0;                                //中心点的 x 坐标
19       float centerY=-15;                                //中心点的 y 坐标
20       float currX = aPosition.x;                        //当前点的 x 坐标
21       float currY = aPosition.y;                        //当前点的 y 坐标
22       float spanX = currX - centerX;                    //当前 x 偏移量
23       float spanY = currY - centerY;                    //当前 y 偏移量
24       float currRadius = sqrt(spanX * spanX + spanY * spanY);  //计算距离
25       float currRadians;                                //当前点与 x 轴正方向的夹角
26       if(spanX != 0.0){                                 //一般情况
27        currRadians = atan(spanY , spanX);
28       }else{                                            //特殊情况
29        currRadians = spanY > 0.0 ? pi/2.0 : 3.0*pi/2.0;
30       }
31       float resultRadians = currRadians + myBufferVals.ratio*currRadius;
                                                           //计算出扭曲后的角度
32       float resultX = centerX + currRadius * cos(resultRadians);  //计算结果点的 x 坐标
33       float resultY = centerY + currRadius * sin(resultRadians);  //计算结果点的 y 坐标
34       outTexCoor = inTexCoor;                           //传输到片元着色器的纹理坐标
35       gl_Position = myConstantVals.mvp * vec4(resultX,resultY,0.0,1.0);  //计算顶点最终位置
36   }
```

> **说明**　上述顶点着色器实现了 11.5.1 节介绍的二维扭曲算法，需要注意的是第 26～30 行，里面对特殊情况进行了单独处理，这与 atan 函数有关，感兴趣的读者请参考相关数学资料。第 31～33 行基于前面介绍的基本原理计算出了结果点的 x 和 y 坐标。要注意的是，通过使用此顶点着色器可以对任意的二维物体进行扭曲，并不一定是三角形。

进行二维扭曲效果的开发时，有一个需要特别注意的地方。那就是提供给渲染管线的模型一定要分得比较细，如果分得比较粗糙，最终的结果就会比较差，如图 11-18 所示。

> **说明**　图 11-18 给出了将本案例中的大三角形切分得比较粗糙后的运行效果以及线框图。从图中可以看出，切分得较为粗糙后实际扭曲的效果与期望的效果之间就有较大的差距了。

▲图 11-18　模型切分得很粗导致扭曲效果很差

11.6　吹气膨胀特效

通过前面几节的学习，读者应该对顶点着色器的使用有了一定的了解。本节将进一步给出通过使用顶点着色器实时改变 3D 模型中顶点的位置，以实现物体吹气膨胀效果的案例。

11.6.1　基本原理

介绍本节案例的具体开发之前，首先需要了解一下本节案例中实现吹气膨胀特效的基本原理，如图 11-19 所示。

▲图 11-19　吹气膨胀特效的基本原理

从图 11-19 中可以看出，实现吹气膨胀特效时，由顶点着色器根据收到的参数将当前处理的顶点位置沿当前顶点的法向量方向移动一定的距离。每次处理时移动距离的大小由传入的参数控制，这样就可以非常方便地实现吹气膨胀的效果了。

11.6.2　开发步骤

11.6.1 节介绍了实现物体吹气膨胀特效的基本原理，本节将首先给出一个基于此原理开发的实现人物头部 3D 模型不断吹气膨胀的案例 Sample11_6，其运行效果如图 11-20 所示。

了解了本案例的运行效果后，接下来将对本案例的具体开发过程进行简单介绍。由于本案例中的大部分代码与本书前面的很多案例非常类似，因此这里仅给出本案例中有代表性的部分，具体内容如下。

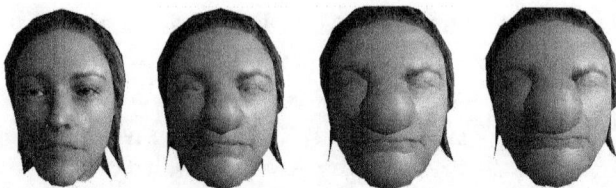

▲图 11-20　案例 Sample11_6 运行效果图

（1）首先介绍的是用于在程序运行过程中控制吹气膨胀程度的系数——uFatFactor，需要开发相关的代码在程序运行过程中将此系数值传入渲染管线。这部分代码与前面很多案例中的类似，这里不再介绍，需要的读者请自行参考随书源代码。

（2）接着介绍的是能够接收吹气膨胀系数，并根据系数将顶点位置沿法向量方向移动一定距离的顶点着色器，其具体代码如下。

📎 **代码位置：** 见随书中源代码/第 11 章/Sample11_6/src/main/assets/shader 目录下的 commonTex.vert。

```
1   #version 400                                              //着色器版本
2   #extension GL_ARB_separate_shader_objects : enable       //开启 separate_shader_objects
3   #extension GL_ARB_shading_language_420pack : enable      //开启 shading_language_420pack
4   layout (push_constant) uniform constantVals {            //推送常量块
5       mat4 mvp;                                            //总变换矩阵
6   } myConstantVals;
```

```
7    layout (std140,set = 0, binding = 0) uniform bufferVals {     //一致块
8        float uFatFactor;                                         //吹气膨胀系数
9    } myBufferVals;
10   layout (location = 0) in vec3 pos;                            //输入的顶点位置
11   layout (location = 1) in vec2 inTexCoor;                      //输入的纹理坐标
12   layout (location = 2) in vec3 inNormal;                       //输入的顶点法向量
13   layout (location = 0) out vec2 outTexCoor;                    //输出到片元着色器的纹理坐标
14   out gl_PerVertex {                                            //输出接口块
15       vec4 gl_Position;                                         //内建变量 gl_Position
16   };
17   void main() {
18       outTexCoor = inTexCoor;                                   //输出到片元着色器的纹理坐标
19       gl_Position = myConstantVals.mvp                          //根据吹气膨胀系数计算顶点最终位置
20           * vec4(pos+inNormal*myBufferVals.uFatFactor,1.0);
21   }
```

提示　从上述顶点着色器的代码中可以看出，大部分都是与前面案例相同的。最能体现本节案例特点的就是第 19～20 行的代码，其在计算顶点变换后的最终位置时不是直接针对顶点的原始坐标计算的。而是首先将顶点坐标沿着顶点的法向量方向移动一定的距离（移动距离的大小由接收的吹气膨胀系数 uFatFactor 来确定），然后再与总变换矩阵相乘以得到顶点的最终位置。

前面介绍了本节第一个实现人物头部 3D 模型不断吹气膨胀的案例 Sample11_6，下面将继续介绍另一个实现炸弹 3D 模型不断吹气膨胀似爆炸特效的案例 Sample11_7，其运行效果如图 11-21 所示。

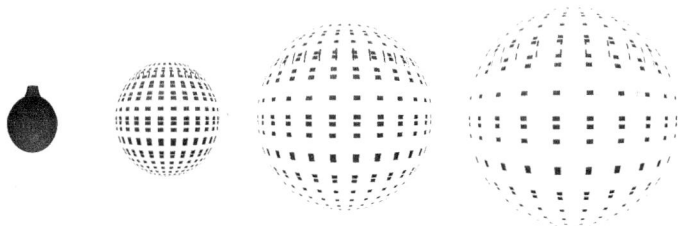

▲图 11-21　案例 Sample11_7 运行效果图

提示　本案例 Sample11_7 与前面案例 Sample11_6 的开发代码完全一致，只是将案例 Sample11_6 中的 3D 模型 head.obj 替换成了 zd.obj，同时 3D 模型 head.obj 使用的是点平均法向量，而 3D 模型 zd.obj 使用的是面法向量。至于 3D 模型点平均法向量或面法向量的设置则是在 3ds Max 中完成的，读者可自行设置，在此不再介绍。不熟悉的读者可以参考其他的书籍或资料，非常方便。

11.7　本章小结

本章主要介绍了顶点着色器的几种巧妙用法，并给出了对应的实现案例。通过本章的学习，读者可以进一步领会到顶点着色器的强大作用，相信已经有能力设计自己的顶点着色器了，为以后开发出更加酷炫的 3D 应用打下坚实的基础。

第12章　片元着色器的妙用

第 11 章介绍了顶点着色器的妙用，给出了不少顶点着色器的使用技巧。其实片元着色器在开发中一样可以大显身手，本章将通过几个非常实用的案例来介绍这方面的知识。学习了这些案例后，就可以真正体会到片元着色器的强大，同时为实际的项目开发打下坚实的基础。

12.1　程序纹理技术

之前的大部分案例中对物体进行纹理映射时采用的都是由美工人员预先设计好的纹理图，这种模式能满足大部分的需要。但在实现一些特殊效果时，也可以使用片元着色器程序来基于一定的规则计算出每个片元的颜色，这就是程序纹理技术。

> **提示** 其实本书前面光照章节中对圆球采用的棋盘着色器就是基于程序纹理技术的，只是当时没有提出"程序纹理技术"的概念而已。本节将进一步给出两个这方面的案例，分别是砖块着色器和沙滩球着色器。

12.1.1　砖块着色器

本节将介绍本节的第一个程序纹理着色器——砖块着色器，其基本原理如图 12-1 所示。

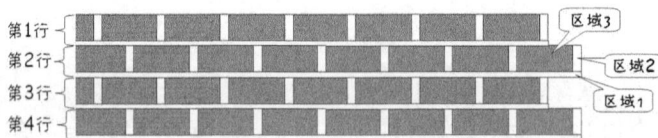

▲图 12-1　砖块着色器原理图

从图 12-1 中可以看出，砖块着色器可以实现类似于砖墙的效果，具体的实现步骤如下。

（1）先根据需着色片元的某种参数计算出片元位于哪一行（纵向分割），并记录下行号。

（2）再根据片元的某种参数计算出片元是否位于此行的区域 1 中（纵向分割），若位于区域 1 中则采用砖块缝隙的水泥色着色。

（3）若片元不在区域 1 中，则根据行号的奇偶性及片元的参数计算出片元是否位于此行的区域 3 中（横向分割）。若位于区域 3 中则采用砖块色着色，否则也采用砖块缝隙的水泥色着色。之所以需要依据行号的奇偶性是因为奇数行与偶数行要偏移半个砖块。

> **提示** 进行纵向分割时的依据有很多选择，如本节案例是对球面进行的，则可以采用纬度。若表面是平面，则可以采用某个轴的坐标。进行横向分割时的依据也有很多选择，如本节案例是对球面进行的，则可以采用经度。若表面是平面，也可以采用某个轴的坐标。

了解了砖块着色器的基本原理后,下面介绍一下本节案例 Sample12_1 的运行效果,具体情况如图 12-2 所示。

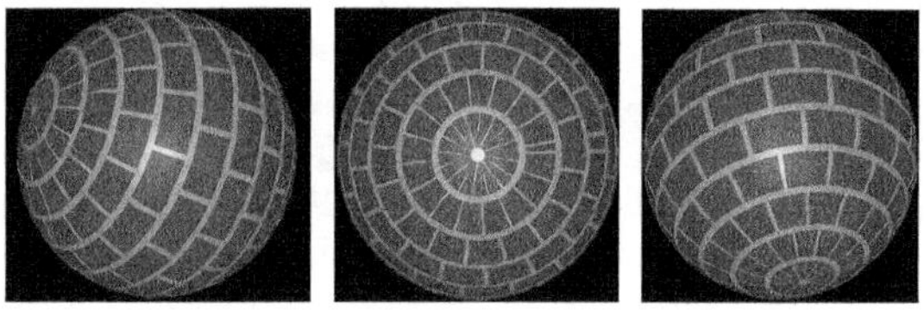

从图 12-2 中可以看出,本节案例是针对球面应用的砖块着色器。由于构建球面的知识在本书光照章节中已经详细介绍过,故这里仅介绍与砖块着色器相关的部分代码,具体内容如下。

▲图 12-2 案例 Sample12_1 运行效果图

（1）首先在负责生成球面数据的 BallData 类中,根据切分的份数和球的半径生成对应球面的顶点数据。此次生成的顶点数据除了顶点的 x、y、z 坐标外还包含每个顶点的经纬度,需要的读者请参考随书的源代码,这里不再赘述。

（2）接下来给出砖块纹理球的顶点着色器代码,具体内容如下。

✎ **代码位置:** 见随书中源代码/第 12 章/Sample12_1/src/main/assets/shader 目录下的 commonTexLight.vert。

```
1    //此处省略了声明着色器版本号及启用相关扩展的代码,读者可以自行查阅随书源代码
2    //此处省略了传入摄像机位置,光照 3 通道强度,光源位置,基本变换矩阵和总变换矩阵的相关代码
3    layout (location = 0) in vec3 pos;                  //传入的顶点位置
4    layout (location = 1) in vec3 inNormal;            //传入的法向量
5    layout (location = 2) in vec2 aLongLat;            //传入的顶点经纬度
6    layout (location = 0) out vec4 outLightQD;         //传输到片元着色器的总光照强度
7    layout (location = 1) out vec2 mcLongLat;          //传输到片元着色器的顶点经纬度
8    out gl_PerVertex {                                 //输出接口块
9    vec4 gl_Position;                                 //顶点最终位置
10   };
11   //此处省略了计算光照强度的 pointLight 方法,与前面章节介绍光照案例中的完全相同
12   void main(){
13       //此处省略了调用 pointLight 方法计算光照的代码,有兴趣的读者请自行查看随书代码
14       gl_Position = myConstantVals.mvp * vec4(pos,1.0);   //计算最终的顶点位置
15       mcLongLat=aLongLat;                                //把顶点经纬度传给片元着色器
16   }
```

✐ **说明** 与前面第 5 章中介绍过的用于实现光照的顶点着色器相比,上述顶点着色器中主要是增加了用于接收从管线传入的顶点经纬度,并将其传递给片元着色器的相关代码。

（3）了解了顶点着色器后,下面给出的是砖块纹理球的片元着色器,具体代码如下。

✎ **代码位置:** 见随书中源代码/第 12 章/Sample12_1/src/main/assets/shader 目录下的 commonTexLight.frag。

```
1    //此处省略了声明着色器版本号及启用相关扩展的代码,读者可以自行查阅随书源代码
2    layout (location = 0) in vec4 inLightQD;           //顶点着色器传入的最终光照强度
3    layout (location = 1) in vec2 mcLongLat;           //顶点着色器传入的顶点经纬度
4    layout (location = 0) out vec4 outColor;           //输出到渲染管线的片元颜色值
5    void main() {                                      //主方法
6        vec3 bColor=vec3(0.678,0.231,0.129);          //砖块的颜色
7        vec3 mColor=vec3(0.763,0.657,0.614);          //水泥的颜色
8        vec3 color;                                    //片元的最终颜色
9        int row=int(mod((mcLongLat.y+90.0)/12.0,2.0));  //计算当前片元位于奇数行还是偶数行
10       float ny=mod(mcLongLat.y+90.0,12.0);          //计算当前片元是否在此行区域 1 中的辅助变量
11       float oeoffset=0.0;                            //每行的砖块偏移值（奇数行偏移半个砖块）
12       float nx;                                      //计算当前片元是否在此行区域 3 中的辅助变量
13       if(ny>10.0){ color=mColor;    }               //若位于此行的区域 1 中,采用水泥色着色
14       else{                                          //若不位于此行的区域 1 中
```

```
15          if(row==1){ oeoffset=11.0; }              //若为奇数行则偏移半个砖块
16          nx=mod(mcLongLat.x+oeoffset,22.0);        //计算当前片元是否在此行区域 3 中的辅助变量
17          if(nx>20.0){ color=mColor; }              //若不位于此行的区域 3 中，采用水泥色着色
18          else{ color=bColor;    }                  //若位于此行的区域 3 中，采用砖块色着色
19      }
20      outColor=vec4(color,0)*inLightQD;             //将片元的最终颜色传递进渲染管线
21  }
```

> **说明**　上述片元着色器按照前面介绍过的砖块着色器原理实现了针对球面的砖块着色器，分割的依据是片元的经纬度。有兴趣的读者还可以针对其他表面基于不同的分割依据实现砖块着色器，以进一步加深理解。

12.1.2　沙滩球着色器

12.1.1 节介绍了砖块着色器，本节将介绍另一种基于程序纹理技术的着色器——沙滩球着色器。沙滩球着色器的实现相比于砖块着色器要简单不少，其主要思路为：将靠近球面两级的片元用白色着色，其他部分按照经度切分，以不同的颜色着色。

在介绍本节案例 Sample12_2 所使用的着色器前，首先请读者了解一下本节案例的运行效果，如图 12-3 所示。

了解了案例的运行效果后，下面就可以进行案例的开发了。由于本案例中的大部分代码与 12.1.1 节的案例非常类似，主要的区别在于片元着色器。因此这里仅给出本案例中的片元着色器，其代码如下。

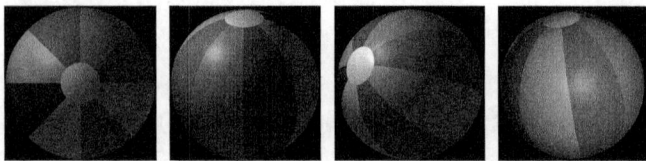

▲图 12-3　案例 Sample12_2 运行效果图

🖋 **代码位置：**见随书中源代码/第 12 章/Sample12_2/src/main/assets/shader 目录下的 commonTexLight.frag。

```
1   //此处省略了声明着色器版本号及启用相关扩展的代码，读者可以自行查阅随书源代码
2   layout (location = 0) in vec4 inLightQD;              //顶点着色器传入的最终光照强度
3   layout (location = 1) in vec2 mcLongLat;             //顶点着色器传入的顶点经纬度
4   layout (location = 0) out vec4 outColor;             //输出到渲染管线的片元颜色值
5   void main() {
6       vec3 color;                                       //当前片元的颜色值
7       if(abs(mcLongLat.y)>75.0){ color = vec3(1.0,1.0,1.0); }    //两极是白色
8       else{
9           int colorNum = int(mcLongLat.x/45.0);        //根据经度折算出颜色索引
10          vec3 colorArray[8]=vec3[8](                   //颜色数组（共 8 种颜色）
11          vec3(1.0,0.0,0.0),vec3(0.0,1.0,0.0),vec3(0.0,0.0,1.0), vec3(1.0,1.0,0.0),
12          vec3(1.0,0.0,1.0),vec3(0.0,1.0,1.0), vec3(0.3,0.4,0.7),vec3(0.3,0.7,0.2));
13          color=colorArray[colorNum];                   //根据索引获得颜色值
14      }
15      outColor = vec4(color,1.0)*inLightQD;            //结合光照强度产生片元最终颜色值
16  }
```

● 第 7 行根据当前片元的纬度值判断是否在两极区域内（纬度绝对值大于 75 的区域），若在两极区域内则颜色为白色。

● 第 9~13 行首先根据当前片元经度值折算出颜色索引（每 45 度一个区域，共分 8 个区域），然后根据颜色索引值从预置的颜色数组中取出一个颜色值。

> **提示**　　　本节给出的两个案例（砖块着色器、沙滩球着色器）都很简单，目的是帮助读者理解程序纹理技术。实际开发中读者可以根据需要，创造出更加复杂、更加酷炫的程序纹理着色器。

12.2　数字图像处理

随着数码照片逐渐替代传统胶卷照片成为主流，数字图像处理技术与人们生活的关系也越来越密切了。例如经常用来进行照片后期制作的 Photoshop 中就带有很多特效滤镜，如模糊、浮雕、锐化等，这些都是基于数字图像处理技术开发的。另外，智能手机拍照程序中的多种美颜效果也是如此。

传统的数字图像处理应用大部分是通过 CPU 执行计算的，鉴于 CPU 运算能力的限制，处理一幅图片需要较长的时间。本节将介绍的数字图像处理应用是通过 GPU 执行计算的，同等条件下执行速度快很多，也是目前的大趋势。

12.2.1　卷积的基本知识

数字图像处理中用到的很多滤镜都是基于卷积计算开发的，因此本节将对卷积计算的原理进行简要的介绍。卷积是一种很常见的数字图像处理操作，其可以用来过滤一幅图像。实现过滤的方法是计算源图像与卷积内核之间的积，所谓卷积内核是指一个 n×n 的矩阵，n 一般为奇数。进行卷积计算时将卷积内核对待处理图像中的每个像素都应用一次，具体的计算思路如图 12-4 所示。

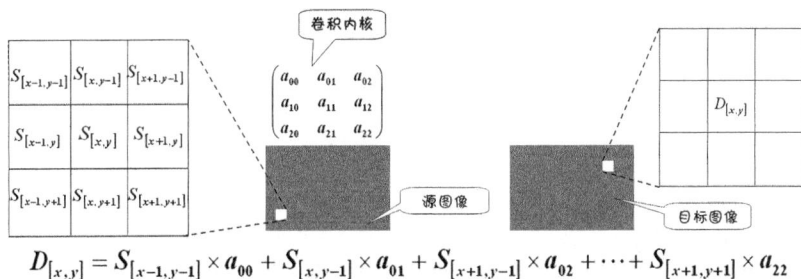

$$D_{[x,y]} = S_{[x-1,y-1]} \times a_{00} + S_{[x,y-1]} \times a_{01} + S_{[x+1,y-1]} \times a_{02} + \cdots + S_{[x+1,y+1]} \times a_{22}$$

▲图 12-4　卷积的基本原理

从图 12-4 中可以看出，卷积计算将需要处理的图片中的每个像素计算一次，具体的计算方法如下。

* 首先将卷积内核中心的元素对准当前待处理的像素，此时卷积内核中的其他元素也各自对应到了一个像素。
* 然后将卷积内核中的各元素与其对应像素的颜色值相乘。
* 最后将所有的乘积求和并乘以特定的常量值（加权因子）即可得到处理后图片中此位置像素的颜色值。

根据卷积内核中个各元素值的不同，可以轻松地实现模糊、边缘检测、锐化、浮雕等滤镜的特效，下面各节将陆续给出这方面的案例。

> **提示**　　　请读者注意的是，卷积内核的尺寸并不一定是 3×3，也可以是 5×5、7×7 等。但卷积内核越大，计算量成几何级数增长，因此一般采用 3×3 的情况较多。

12.2.2　平滑过滤

平滑过滤可以将过于锐利的照片变得平滑些，实现起来也非常简单，只需要将卷积内核的所有元素值都设为 1 即可，下面的表 12-1 给出了本节案例所采用的 3×3 平滑过滤的卷积内核。

表 12-1　　　　　　　　　　　　实现平滑过滤的卷积内核

1	1	1
1	1	1
1	1	1

了解了平滑过滤的卷积内核后，下面请读者进一步了解一下本节案例 Sample12_3 的运行效果，如图 12-5 所示。

▲图 12-5　案例 Sample12_3 运行效果图

> **说明**　图 12-5 中左侧为处理前的原图，右侧为经过平滑过滤的图像。细致比对左右两幅图可以看出，右侧的图片比左侧的要平滑了不少。由于插图黑白印刷的原因，读者也可能看得不是很清楚，此时请读者自行在真机上运行本案例进行观察。

了解了案例所采用的卷积内核与案例的运行效果后，就可以进行案例的开发了。由于本案例中的大部分代码在前面章节的许多案例中都出现过，故这里仅给出实现卷积的片元着色器，其代码如下。

代码位置： 见随书中源代码/第 12 章/Sample12_3/src/main/assets/shader 目录下的 commonTexImage.frag。

```
1    //此处省略了声明着色器版本号及启用相关扩展的代码，读者可以自行查阅随书源代码
2    layout (binding = 1) uniform sampler2D sTexture;      //纹理采样器，代表一幅纹理
3    layout (location = 0) in vec2 vTextureCoord;          //输入的纹理坐标
4    layout (location = 0) out vec4 outColor;              //输出到渲染管线的片元颜色值
5    void main() {
6        const float stStep = 512.0;                //纹理偏移量调整系数
7        const float scaleFactor = 1.0/9.0;         //给出最终求和时的加权因子（为调整亮度）
8        vec2 offsets[9]=vec2[9](   //给出卷积内核中各个元素对应像素相对于待处理像素的纹理坐标偏移量
9            vec2(-1.0,-1.0),vec2(0.0,-1.0),vec2(1.0,-1.0),
10           vec2(-1.0,0.0),vec2(0.0,0.0),vec2(1.0,0.0),
11           vec2(-1.0,1.0),vec2(0.0,1.0),vec2(1.0,1.0)
12       )
13       float kernelValues[9]=float[9](         //卷积内核中各个位置的值
14             1.0,1.0,1.0, 1.0,1.0,1.0, 1.0,1.0,1.0
15       );
16       vec4 sum=vec4(0,0,0,0);                  //最终颜色值
17       for(int i=0;i<9;i++){                    //颜色求和
18           sum=sum+kernelValues[i]*scaleFactor*texture(sTexture, vTextureCoord+offsets[i]/stStep);
19       }
```

```
20        outColor=sum;                        //将最终片元颜色值传递给渲染管线
21    }
```

> **提示**　上述片元着色器的代码使用平滑过滤的卷积内核进行卷积计算，实现了平滑过滤效果的滤镜。同时上述代码中使用的加权因子是用来调节结果图像亮度的，读者可以根据具体情况进行修改，其值越大结果图像亮度越大。

12.2.3　边缘检测

通过卷积不但可以对图像进行平滑处理，还可以进行边缘检测。用于实现边缘检测的卷积内核各元素的值如表 12-2 所示。

表 12-2　　　　　　　　　　　　　　**实现边缘检测的卷积内核**

0	1	0
1	-4	1
0	1	0

了解了边缘检测的卷积内核后，下面请读者进一步了解一下本节案例 Sample12_4 的运行效果，具体情况如图 12-6 所示。

▲图 12-6　案例 Sample12_4 运行效果图

> **说明**　图 12-6 中左侧为处理前的原图，中间为经过边缘检测后的图像。对比两幅图可以看出，中间的图像中仅保留了左侧原图中物体边缘位置的内容。由于插图黑白印刷的原因，读者也可能看的不是很清楚，因此最右边还给出了将结果图像颜色置反后的参考图像，这样看起来会清楚很多。

了解了案例所采用的卷积内核与案例的运行效果后，就可以进行案例的开发了。由于本案例中的大部分代码与 12.2.2 节案例中的基本一致，有区别的部分主要就是片元着色器中卷积内核各个元素的值以及用于控制亮度的加权因子。故这里仅给出片元着色器中有区别部分的代码，具体内容如下。

代码位置：见随书中源代码/第 12 章/Sample12_4/src/main/assets/shader 目录下的 commonTexImage.frag。

```
1      const float scaleFactor = 1.0;           //给出最终求和时的加权因子（为调整亮度）
2      float kernelValues[9]=float[9] (          //卷积内核中各个位置的值
3            0.0,1.0,0.0,
4            1.0,-4.0,1.0,
5            0.0,1.0,0.0
6      );
```

> **说明**　从上述代码中可以看出，主要是修改了片元着色器中卷积内核的元素值以及亮度加权因子，其他部分基本没有变化。

12.2.4　锐化处理

对于过于平滑已经显得模糊的图像也可以使用卷积进行锐化处理，使得图像看起来清晰些。实现锐化处理的卷积内核各元素的值如表 12-3 所示。

表 12-3　　　　　　　　　　　　　　　实现锐化的卷积内核

0	−1	0
−1	5	−1
0	−1	0

了解了锐化处理的卷积内核后，下面请读者进一步了解一下本节案例 Sample12_5 的运行效果，如图 12-7 所示。

▲图 12-7　案例 Sample12_5 运行效果图

> 💡说明　　图 12-7 中左侧为处理前的原图，右侧为经过锐化处理后的图像。细致比对左右两幅图可以看出，右侧的图片比左侧的要清晰一些。由于插图黑白印刷的原因，读者也可能看的不是很清楚，此时请读者自行在真机上运行本案例进行观察。

了解了案例的运行效果后，接下来对本案例的具体开发过程进行介绍。由于本案例只是将案例 Sample12_4 的片元着色器做了简单的修改，因此这里仅给出修改部分的代码。

> ✏️代码位置：见随书中源代码/第 12 章/Sample12_5/src/main/assets/shader 目录下的 commonTexImage.frag。

```
1    float kernelValues[9]=float[9] (          //卷积内核中各个位置的值
2              0.0,-1.0,0.0,
3              -1.0,5.0,-1.0,
4              0.0,-1.0,0.0
5    );
```

> 💡说明　　从上述代码中可以看出，主要是修改了片元着色器中卷积内核的元素值，其他部分没有变化。

12.2.5　浮雕效果

采用卷积计算还可以产生浮雕效果，实现浮雕效果的卷积内核各元素的值如表 12-4 所示。

表 12-4　　　　　　　　　　　　　　　实现浮雕效果的卷积内核

2	0	2
0	0	0
3	0	−6

了解了浮雕效果的卷积内核后，下面请读者进一步了解一下本节案例 Sample12_5A 的运行效

果，如图 12-8 所示。

▲图 12-8 案例 Sample12_5A 运行效果图

图 12-8 中左侧为处理前的原图，右侧为经过浮雕处理后的图像。对比左右两幅图可以明显地看出，左侧的原图给人的感觉是平面的，而右侧经过浮雕处理后的结果图像有明显的雕刻的凹凸感。

了解了案例的运行效果后，接下来对本案例的具体开发进行介绍。由于本案例只是将案例 Sample12_5 的片元着色器做了简单的修改，因此这里仅给出修改后片元着色器中的卷积内核部分。

🎣 **代码位置**：见随书中源代码/第 12 章/Sample12_5A/src/main/assets/shader 目录下的 commonTexImage.frag。

```
1    float kernelValues[9]=float[9] (              //卷积内核中各个位置的值
2            2.0,0.0,2.0,
3            0.0,0.0,0.0,
4            3.0,0.0,-6.0
5    );
```

💡说明 本案例中对滤镜处理后的颜色进行了灰度化处理，将 3 个色彩通道值的平均值作为结果颜色各个色彩通道的值，感兴趣的读者请自行查看本案例片元着色器的完整代码。

到这里为止本书需要介绍的基于卷积计算的数字图像处理滤镜就介绍完了。但实际可用的滤镜千变万化，远不止这几个。有兴趣的读者可以查阅数字图像处理相关的技术资料，仿造上述几个案例自行实现更加酷炫的滤镜。

12.2.6 图像渐变

采用片元着色器不但可以轻松开发出各种滤镜，还可以开发出很多有趣的应用。如本节将给出的图像渐变的例子就是如此，此应用运行时从一幅照片平滑地过渡为另一幅照片，非常有意思。在介绍案例的开发之前，请读者先了解一下本节案例 Sample12_6 的运行效果，如图 12-9 所示。

▲图 12-9 案例 Sample12_6 运行效果图

💡说明 图 12-9 中从左至右为从一幅照片向另一幅照片平滑过渡的过程。从最左边我们开发团队成员甲的照片平滑过渡到了我们团队成员乙的照片，实现的基本思路就是在不同的时间点采用不同的加权因子对两幅照片进行混合。

　　了解了案例的运行效果后，下面来介绍本节案例的开发。由于本节案例中的大部分代码与前面很多案例中的基本一致，因此这里仅给出本案例中有代表性和特色的部分，具体内容如下。

　　（1）首先需要在应用程序中定时将连续变化的混合比例因子以及两幅纹理图传入渲染管线，以备片元着色器使用。完成这部分工作的代码已经在前面章节的很多案例中出现过，这里不再赘述，需要的读者请参考随书的案例源代码。

　　（2）本案例中的顶点着色器与普通的纹理映射顶点着色器基本相同，但片元着色器有所不同。因此下面仅给出本案例中的片元着色器，其代码如下。

> 📎 **代码位置：** 见随书中源代码/第 12 章/Sample12_6/src/main/assets/shader 目录下的 commonTex.frag。

```
1    //此处省略了声明着色器版本号及启用相关扩展的代码，读者可以自行查阅随书源代码
2    layout (std140,set = 0, binding =0 ) uniform bufferVals {    //一致变量块
3       float uT;                                                //混合比例因子
4    } myBufferVals;
5    layout (binding = 1) uniform sampler2D tex1;        //纹理采样器，代表一幅纹理（照片 1）
6    layout (binding = 2) uniform sampler2D tex2;        //纹理采样器，代表一幅纹理（照片 2）
7    layout (location = 0) in vec2 inTexCoor;            //顶点着色器传入的纹理坐标
8    layout (location = 0) out vec4 outColor;            //输出到渲染管线的片元颜色值
9    void main() {
10       vec4 color1=textureLod(tex1, inTexCoor, 0.0);   //采样纹理（照片 1）
11       vec4 color2=textureLod(tex2, inTexCoor, 0.0);   //采样纹理（照片 2）
12       outColor=mix(color1,color2,myBufferVals.uT);    //计算最终片元颜色值
13   }
```

> 📝 **说明**　上述片元着色器其实非常简单，其根据传入的混合比例因子将从两幅纹理图中采样得到的颜色值按比例进行混合。只要混合比例因子定时小幅变化，就自然会产生两幅照片之间平滑过渡的效果了。

12.2.7　卡通渲染

　　采用片元着色器不但可以实现图像渐变的特效，而且还可以将一幅利用照相机拍摄出来的真实感很强的照片处理成具有卡通绘制效果的非真实感图像，其实现的效果与手绘的卡通漫画非常类似。通过此技术可以大大减轻美术师的工作，提高卡通动画的制作效率。

　　介绍本节案例的开发之前，应该先了解一下本节案例 Sample12_7 的运行效果，具体情况如图 12-10 所示。

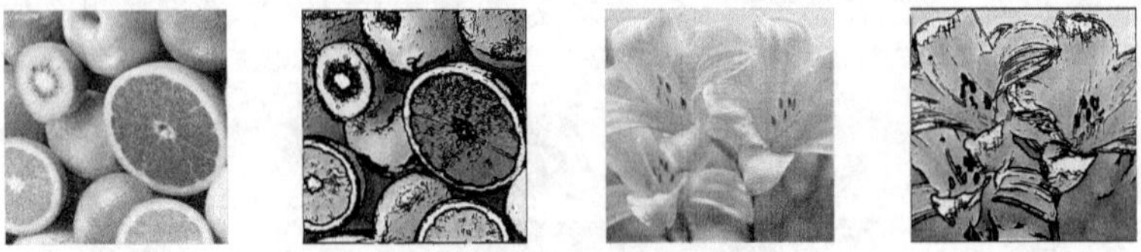

▲图 12-10　案例 Sample12_7 运行效果

> 📝 **说明**　图 12-10 中一共有 4 幅图片，分为两组。每组左侧的图片都是由照相机拍摄出来的照片，而右边为经过卡通着色渲染过后的"手绘漫画"。

　　了解了案例的运行效果后，下面来介绍本节案例的开发。由于本节案例中的大部分代码与前面很多案例中的代码基本一致。因此这里仅给出本案例中有代表性的片元着色器，其具体代码如下。

代码位置： 见随书中源代码/第 12 章/Sample12_7/src/main/assets/shader 目录下的 commonTexImage.frag。

```
1    //此处省略了声明着色器版本号及启用相关扩展的代码，读者可以自行查阅随书源代码
2    layout (binding = 1) uniform sampler2D uImageUnit;          //纹理采样器
3    layout (location = 0) in vec2 vST;                          //输入的纹理坐标
4    layout (location = 0) out vec4 outColor;                    //输出到渲染管线片元最终颜色
5    void main() {
6        float uMagTol=0.2f;                                    //设定的阈值，用于判定当前点是否为边缘点
7        float uQuantize=18.0f;                                 //阈值量化因子
8        ivec2 ires=textureSize(uImageUnit,0);                  //获得纹理图的尺寸
9        float uResS=float(ires.s);                             //获得纹理图的宽度值（纹理 s 轴方向）
10       float uResT=float(ires.t);                             //获得纹理图的高度值（纹理 t 轴方向）
11       vec3 rgb=texture(uImageUnit,vST).rgb;                  //获得纹理采样的 rgb 值
12       vec2 stp0=vec2(1.0/uResS,0.0);                         //与左右相邻像素间的距离向量
13       vec2 st0p=vec2(0.0,1.0/uResT);                         //与上下相邻像素间的距离向量
14       vec2 stpp=vec2(1.0/uResS,1.0/uResT);                   //与左下、右上相邻像素间的距离向量
15       vec2 stpm=vec2(1.0/uResS,-1.0/uResT);                  //与左上、右下相邻像素间的距离向量
16       const vec3 W=vec3(0.2125,0.7154,0.0721); //绿色
17       float im1m1=dot( texture( uImageUnit,vST-stpp).rgb,W ); //右下相邻点的灰度值
18       float ip1p1=dot( texture( uImageUnit,vST+stpp).rgb,W ); //左下相邻点的灰度值
19       float im1p1=dot( texture( uImageUnit,vST-stpm).rgb,W ); //右上相邻点的灰度值
20       float ip1m1=dot( texture( uImageUnit,vST+stpm).rgb,W ); //左下相邻点的灰度值
21       float im10=dot( texture( uImageUnit,vST-stp0).rgb,W );  //左边相邻点的灰度值
22       float ip10=dot( texture( uImageUnit,vST+stp0).rgb,W );  //右边相邻点的灰度值
23       float i0m1=dot( texture( uImageUnit,vST-st0p).rgb,W );  //上边相邻点的灰度值
24       float i0p1=dot( texture( uImageUnit,vST+st0p).rgb,W );  //下边相邻的点的灰度值
25       float h = -1.0 * im1p1 - 2.0 * i0p1 - 1.0 * ip1p1 + 1.0 * im1m1 + 2.0 * i0m1 +
1.0 * ip1m1;
26       float v = -1.0 * im1m1 - 2.0 * im10 - 1.0 * im1p1 + 1.0 * ip1m1 + 2.0 * ip10 +
1.0 * ip1p1;
27       float mag=length(vec2(h,v));                           //当前像素点的梯度值
28       if(mag>uMagTol){//如果梯度 mag 大于阈值，则认为该点为边缘点，最终颜色为黑色
29           outColor=vec4(0.0,0.0,0.0,1.0);
30       }else{                                                 //若不在物体边缘,量化物体的颜色值
31           rgb.rgb *= uQuantize;                              //将当前片元的颜色值乘以量化值
32           rgb.rgb += vec3(0.5,0.5,0.5);                      //卡通化程度
33           ivec3 intrgb = ivec3(rgb.rgb);                     //转换成整数类型的向量
34           rgb.rgb = vec3(intrgb) / uQuantize;                //将整数类型的片元颜色值除以量化值
35           outColor=vec4(rgb,1.0);                            //获得重新计算得到的最终颜色值
36   }}
```

- 第 6 行设定的阈值因子为用于判定当前点是否为边缘点的数值，该阈值越小，勾勒卡通渲染需要的边缘轮廓越粗；当该值渐渐变大时，边缘被勾勒出的黑色轮廓越来越不明显，直至没有。

- 第 7 行为阈值量化因子，该因子越小，非真实感越强，但当小到一定程度时，为全黑色；同时，当该因子的取值比较大时，其色彩饱和度也随之增强，甚至接近案例运行效果图中左侧照片的效果，此时便失去了卡通渲染的非真实感效果。

- 第 8~27 行首先通过 textureSize 函数获得纹理图的尺寸，再经过纹理采样获得当前片元的 rgb 值，最后通过 Sobel 边缘检测获得当前像素点的横向及纵向边缘检测的图像灰度值，并计算出当前像素点的梯度值 mag。

- 第 28~36 行首先将梯度值 mag 与阈值 uMagTol 进行比较，当 mag > uMagTol 时，认为当前像素为深度变化较大的边缘，并把其颜色设置为黑色，即物体边缘轮廓被勾勒成黑色；反之，

对该像素进行量化处理，使其具有非真实感，从而得到卡通着色渲染过后的"手绘漫画"效果。

> **说明**
>
> 　　第 6 行设定的阈值因子和第 7 行设定的阈值量化因子对最终的卡通渲染效果有非常大的影响，对于不同情况的照片可能需要不同的值组合，读者朋友可以根据需要自行修改。上述片元着色器通过边缘检测和阈值化来实现卡通渲染效果。Sobel 算子根据像素点上下、左右相邻点灰度加权差在边缘处达到极值这一现象来检测边缘。并用阈值化的方法勾勒卡通渲染需要的轮廓。该算子包含两组 3×3 的矩阵（一个是水平的，另一个是垂直的），每一个逼近一个偏导数，分别为横向及纵向，将之与图像作平面卷积，即可分别得出横向及纵向的亮度差分近似值。由于本书篇幅以及定位所限，不可能对这部分内容的数学原理进行更为详细的解释，若读者有兴趣可以查阅相关的书籍和资料来进一步学习。

12.3 分形着色器

　　最近一些年有一门非常热门的几何学分支——分形几何，基于分形几何可以渲染出很多绚丽多彩的图案。本节将基于曼德布罗集（Mandelbrot Set）和茱莉亚集（Julia Set）简单介绍如何基于分形几何开发出具有吸引力的程序纹理着色器。

12.3.1　曼德布罗集简介

　　曼德布罗集是基于复数在复平面上迭代产生的，因此下面将首先简要介绍一下复数及复平面的知识。每个复数由两部分组成：实部和虚部。实部的基本单位是实数 1，虚部的基本单位是 i。i 是一个很特殊的虚数，其是−1 的平方根，即 $i^2 = -1$。

　　复数可以用 a+bi 的基本格式来表示，下面给出了两个复数相乘的规则。

$$x = a+bi \quad y = c+di \quad xy = ac+adi+cbi-bd = (ac-bc)+(ad+bc)i$$

　　因为复数包含两个部分，所以每个复数都可以看做是二维平面上的一个点，用实部作为一个轴的坐标，虚部作为另一个轴的坐标。这个平面就称之为复平面，具体情况如图 12-11 所示。

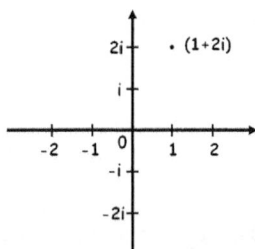

▲图 12-11　复数在复数平面上的表示

　　介绍完了复数及复平面的基本知识后，就可介绍曼德布罗集了，其通过一个涉及复数的递归函数迭代产生，此递归函数如下。

$$Z_0 = 0 + 0i \quad （初始条件）$$
$$Z_{n+1} = Z_n^2 + c \quad （迭代规则）$$

　　从上述递归函数中可以看出，不同的常数 c 会导致不同的迭代结果。有些 c 值经过迭代可能会产生无穷大，有些可能不会。那些不会导致无穷大的 c 值就构成了曼德布罗集。

　　可以通过 Vulkan 的片元着色器进行上述的迭代计算，将迭代一定次数后达到无穷大（实际开发中指超过指定值）的片元采用一种颜色着色，迭代一定次数后小于指定值的片元采用另一种颜色着色。如果希望得到更绚丽的图案，则可以将迭代一定次数后超过指定值的片元，根据迭代次数的多少采用不同的颜色着色，图 12-12 就给出了一幅采用不同灰度进行着色的曼德布罗集图案。

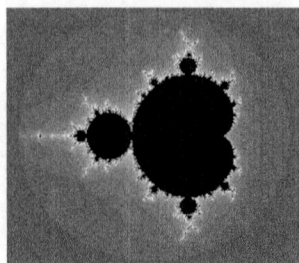

▲图 12-12　曼德布罗物集合图形

12.3.2 曼德布罗集着色器的实现

12.3.1 节介绍了曼德布罗集的基本原理，本节将给出一个实现了曼德布罗集着色器的案例 Sample12_8，其运行效果如图 12-13 所示。

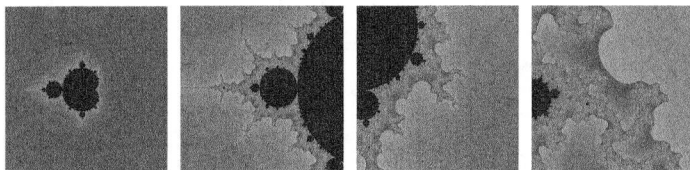

▲图 12-13 案例 Sample12_8 运行效果图

> 📝 **说明** 图 12-13 中的 4 幅图是采用不同的中心坐标和缩放位置绘制的，4 幅图各自的绘制参数如表 12-5 所示。学习完本案例的代码后，读者可以自由改变这些参数以获得想要的渲染效果。另外，由于本书插图采用的是黑白印刷，因此可能看起来不是很漂亮，此时请读者自行用真机运行本案例观察就可以看到很漂亮的曼德布罗集图案了。

表 12-5　　　　　　　　　　　　　缩放系数和中心坐标位置的值

中心 x 坐标	中心 y 坐标	缩 放 系 数
0.0	0.0	1.0
−1.36	0.005	0.1
−0.0002	0.7383	0.01
−0.0002	0.8383	0.05

了解了案例的运行效果后，下面对案例的开发进行简要的介绍。由于本案例中大部分代码与前面很多案例中的基本一致，因此这里仅介绍本案例中有代表性的着色器部分，具体内容如下。

（1）首先给出的是此案例的顶点着色器代码，具体内容如下。

✍ **代码位置：** 见随书中源代码/第 12 章/Sample12_8/src/main/assets/shader 目录下的 commonTex.vert。

```
1   //此处省略了声明着色器版本号及启用相关扩展的代码，读者可以自行查阅随书源代码
2   layout (push_constant) uniform constantVals {    //推送常量
3       mat4 mvp;                                     //最终变换矩阵
4   } myConstantVals;
5   layout (location = 0) in vec3 pos;               //输入的顶点的位置
6   layout (location = 1) in vec2 inTexCoor;         //输入的纹理坐标
7   layout (location = 0) out vec2 vTexPosition;     //输出到片元着色器的纹理坐标
8   out gl_PerVertex {                               //输出接口块
9       vec4 gl_Position;                            //顶点最终位置
10  };
11  void main() {
12      vTexPosition = (inTexCoor-0.5)*5.0;          //将纹理坐标转换后传递给片元着色器
13      gl_Position = myConstantVals.mvp * vec4(pos,1.0);
                                                     //根据总变换矩阵计算此次绘制此顶点位置
14  }
```

> 💡 **提示** 从上述代码中可以看出，此顶点着色器与普通纹理映射的顶点着色器基本一致。唯一的区别就是其不是将管线传入的纹理坐标直接传出，而是将纹理坐标从 0.0～1.0 的范围转换到从 −2.5～2.5 的范围后再传出，这样做是为了后面片元着色器迭代计算的方便。

（2）接着给出的是此案例的片元着色器，其代码如下。

🐝 **代码位置：** 见随书中源代码/第 12 章/Sample12_8/src/main/assets/shader 目录下的 commonTex.frag。

```
1    //此处省略了声明着色器版本号及启用相关扩展的代码，读者可以自行查阅随书源代码
2    layout (location = 0) in vec2 vTexPosition;              //顶点着色器输入的纹理坐标
3    layout (location = 0) out vec4 outColor;                 //输出的最终片元颜色值
4    const float maxIterations =999.0;                        //最大迭代次数
5    const float zoom = 1.0;                                  //缩放系数
6    const float xCenter = 0.0;                               //复平面原点（中心点）x 坐标
7    const float yCenter = 0.0;                               //复平面原点（中心点）y 坐标
8    const vec3 innerColor = vec3(0.0, 0.0, 1.0);             //内部颜色
9    const vec3 outerColor1 = vec3(1.0, 0.0, 0.0);           //外部颜色 1
10   const vec3 outerColor2 = vec3(0.0, 1.0, 0.0);           //外部颜色 2
11   void main() {
12       float real = vTexPosition.x * zoom + xCenter;    //折算初始实部值
13       float imag = vTexPosition.y * zoom + yCenter;    //折算初始虚部值
14       float cReal = real;                              //c 的实部
15       float cImag = imag;                              //c 的虚部
16       float r2 = 0.0;                                  //半径的平方
17       float i;                                         //迭代循环控制变量
18       for(i=0.0; i<maxIterations && r2<4.0; i++){      //循环迭代
19           float tmpReal = real;                        //保存当前实部值
20           real = (tmpReal * tmpReal) - (imag * imag) +cReal;   //计算下一次迭代后实部的值
21           imag = 2.0 *tmpReal * imag +cImag;           //计算下一次迭代后虚部的值
22           r2 = (real * real) + (imag * imag);          //计算半径的平方
23       }
24       vec3 color;                                      //最终颜色
25       if(r2 < 4.0){                          //如果 r2 未达到 4 就退出了循环，表明迭代次数已达到最大值
26        color = innerColor;                             //此时采用内部颜色对此片元着色
27       }else{                                //如果因 r2 大于 4.0 而退出循环，表明此位置在外部
28        color = mix(outerColor1, outerColor2, fract(i * 0.07));
                                               //按迭代次数采用不同的颜色着色
29       }
30       outColor = vec4(color, 1.0); //将最终颜色传递给渲染管线
31   }
```

- 第 12～15 行首先根据传入的纹理坐标（本案例中的纹理坐标并不用于纹理采样，而是用于帮助确定常量 c 的值）和给定的复平面中心点坐标折算出初始的实部值与虚部值，然后初始化了常量 c 的实部、虚部值。

- 第 16～30 行是本片元着色器的关键，其实现了 12.3.1 节中介绍的曼德布罗集迭代生成算法。首先通过一个循环进行迭代，当迭代超过最大次数或指定值时停止迭代。停止迭代后根据终止迭代的原因采用不同的颜色对片元进行着色。

- 通过调整缩放系数（zoom），中心点坐标（xCenter, yCenter）可以得到不同的局部图案，有兴趣的读者可以自行修改这些参数并运行观察。

🖊️提示 　　像曼德布罗集这样大剂量高并发的运算用片元着色器实现最好不过，性能将大大优于用 CPU 实现。作者自己也开发过用 C++代码基于 CPU 实现的版本（Android 平台的），需要数十秒才能跑出结果，而本节的案例仅需不到 1 秒。从这里也可以看出，在 3D 游戏开发中恰当运用计算能力较强的 GPU 可以很好地改善性能问题。

12.3.3　将曼德布罗集纹理应用到实际物体上

12.3.2 节案例中的曼德布罗集纹理是应用到一个简单的纹理矩形上的，其实可以方便地将其应用到任意的物体上。本节就给出一个将曼德布罗集纹理应用到茶壶上的案例 Sample12_9，其运行效果如图 12-14 所示。

▲图 12-14　案例 Sample12_9 运行效果图

> ✏提示　　由于本书插图采用的是黑白印刷，因此可能看起来不是很漂亮，此时请读者自行用真机运行本案例观察就可以看到很漂亮的曼德布罗集纹理茶壶了。

了解了案例的运行效果后，下面简要介绍一下案例的开发。由于本案例是复制并修改的本书第 7 章的案例 Sample7_4，故没有变化的代码不再赘述，仅介绍着色器中有变化的部分，具体内容如下。

（1）首先需要将顶点着色器中直接将纹理坐标传入片元着色器的代码进行修改。修改为将纹理坐标从 0.0～1.0 的范围转换到从 –2.5～2.5 的范围后再传出的版本。这部分代码很简单，这里就不给出了，需要的读者请参考随书的案例源代码。

（2）接着将片元着色器进行修改，增加曼德布罗集迭代计算的相关代码。由于需要增加的代码与 12.3.2 节案例 Sample12_8 中的基本相同，因此这里不再重复给出，需要的读者也请参考随书的源代码。

> ✏提示　　需要特别注意的是，本案例中的最大迭代次数需要从 12.3.2 节的 999.0 改为 99.0，否则用手指在屏幕上滑动以旋转茶壶时就会很卡。

12.3.4　茱莉亚集着色器的实现

将曼德布罗集中与片元纹理坐标挂钩的常量 c 替换为固定常量后就可以产生茱莉亚集的分形图案，本节的第一个案例 Sample12_10 就是实现了茱莉亚集分形图案的矩形，其运行效果如图 12-15 所示。

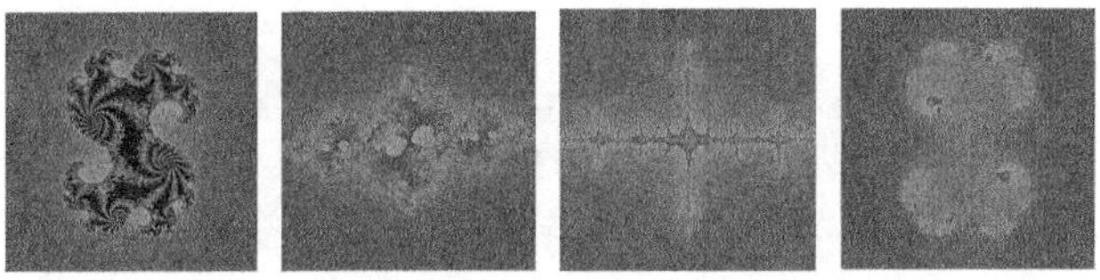

▲图 12-15　案例 Sample12_10 运行效果图

> ✏说明　　图 12-15 中的 4 幅图是采用不同的固定常量 c 绘制的，4 幅图各自的绘制参数如表 12-6 所示。学习完本案例的代码后，读者可以自由改变这些参数以获得想要的渲染效果。另外，由于本书插图采用的是黑白印刷，因此可能看起来不是很漂亮，此时请读者自行用真机运行本案例观察就可以看到很漂亮的茱莉亚集图案了。

表 12-6　　　　　　　　　　　　　　　　　　不同的参数 c

实　　部	虚　　部	实　　部	虚　　部
0.32	0.043	−0.765	0.11
−1.5	0.0	0.42	0.043

了解了案例的运行效果后，下面对案例的开发进行简要的介绍。由于本案例是由前面的案例
Sample12_8 修改而来，而且仅修改了片元着色器。故这里仅给出修改后的片元着色器，具体代码如下。

📝 **代码位置：**见随书中源代码/第 12 章/Sample12_10/src/main/assets/shader 目录下的 commonTex.frag。

```
1    //此处省略了声明着色器版本号及启用相关扩展的代码，读者可以自行查阅随书源代码
2    layout (location = 0) in vec2 vTexPosition;          //传入的纹理坐标
3    layout (location = 0) out vec4 outColor;             //传到渲染管线的最终片元颜色
4    const float maxIterations =999.0;                    //最大迭代次数
5    const float zoom = 1.0;                              //缩放系数
6    const float xCenter = 0.0;                           //复平面原点（中心点）x 坐标
7    const float yCenter = 0.0;                           //复平面原点（中心点）y 坐标
8    const vec3 innerColor = vec3(0.0, 0.0, 1.0);         //内部颜色
9    const vec3 outerColor1 = vec3(1.0, 0.0, 0.0);        //外部颜色 1
10   const vec3 outerColor2 = vec3(0.0, 1.0, 0.0);        //外部颜色 2
11   void main() {
12       float real = vTexPosition.x * zoom + xCenter;    //折算初始实部值
13       float imag = vTexPosition.y * zoom + yCenter;    //折算初始虚部值
14       float cReal = 0.32;                              //c 的实部
15       float cImag =0.043;                              //c 的虚部
16       float r2 = 0.0;                                  //半径的平方
17       float i;                                         //迭代次数
18       for(i=0.0; i<maxIterations && r2<4.0; i++){      //循环迭代
19           float tmpReal = real;                        //保存当前实部值
20           real = (tmpReal * tmpReal) - (imag * imag) +cReal;  //计算下一次迭代后实部的值
21           imag = 2.0 *tmpReal * imag +cImag;           //计算下一次迭代后虚部的值
22           r2 = (real * real) + (imag * imag);          //计算半径的平方
23       }
24       vec3 color;                                      //最终颜色
25       if(r2 < 4.0){              //如果 r2 未达到 4 就退出了循环，表明迭代次数已达到最大值
26        color = innerColor;       //此时采用内部颜色对此片元着色
27       }else{                     //如果因 r2 大于 4.0 而退出循环，表明此位置在外部
28        color = mix(outerColor1, outerColor2, fract(i * 0.07));
29                                  //按迭代次数采用不同的颜色着色
30       }
         outColor = vec4(color, 1.0);                     //将最终颜色传递给渲染管线
31   }
```

> 💡 **提示**　从上述代码中可以看出，最大的变化就是第 14 行与 15 行常数 c 的实部与虚部。修改前实部与虚部是与纹理坐标挂钩的，修改后变成固定的常量了。

同样也可以将茱莉亚集分形纹理应用到茶壶上，只要将前面的案例 Sample12_9 复制一份并对片元着色器进行相应的修改即可得到案例 Sample12_11，其运行效果如图 12-16 所示。

▲图 12-16　案例 Sample12_11 运行效果图

> 💡 **提示**　由于本书插图采用的是黑白印刷，因此可能看起来不是很漂亮，此时请读者自行用真机运行本案例观察就可以看到很漂亮的茱莉亚集纹理茶壶了。

由于本案例中的代码主要是来自案例 Sample12_9，仅仅是将原来曼德布罗集的片元着色器修改成了茱莉亚集的片元着色器。而茱莉亚集片元着色器的代码前面也已经给出，故这里就不再给出本案例的代码了，需要的读者请参考随书源代码。

12.4 3D 纹理的妙用

12.3 节介绍的是基于曼德布罗集（Mandelbrot set）和茱莉亚集（Julia Set）分形几何开发的程序纹理着色器，本节将介绍基于柏林噪声函数生成的 3D 纹理，以及基于其开发的木纹理茶壶效果案例。

12.4.1　噪声函数的基础知识

从前面章节的学习中可以体会到，利用 Vulkan 可以方便的实现几何对象的精确绘制，虽然结果图像看起来十分完美、精致，但却难以描绘真实世界中由于各种原因干扰产生的"不完美"效果。

因此柏林（Perlin）提出了解决该问题的一种噪声函数——柏林噪声（Perlin Noise）。就如柏林所描述的那样，噪声可以看成是渲染图形时添加的一点"佐料"，让原本很完美的模型看起来有一点点不完美，因而变得更真实一些。下面简单介绍一下理想的噪声函数应该具有的一些特质，内容如下。

- 噪声函数是一个具有随机外观的连续函数。
- 噪声函数是一个可重复的函数（即用相同的输入，每次显示时都将生成相同的值）。
- 噪声函数具有一个定义的输出值范围（这个范围一般是[-1,1]或者[0,1]）。
- 噪声函数得到的结果值不应该有明显的规则图案或者周期性的循环。
- 噪声函数应该是一个各向同性的函数（即噪声函数的统计特征在旋转时应该是恒定的）。
- 可以针对一、二、三、四甚至更多维定义噪声函数。

> **提示**　　简单地概括，噪声函数其实就是指对于一个给定的输入值，每次都会产生相同的输出值，并且仍然呈现出随机的外观以及在所有细节级别上都是连续的。

结合使用各种类似的噪声函数可以创建出很多有趣的渲染效果，下面列出了几种常用的方面。

- 渲染云、火、烟、风等自然现象。
- 渲染大理石、花岗岩、木材、山脉等自然材料。
- 渲染灰泥、沥青、水泥等人造材料。

了解了噪声的一些基本知识后，下面将分一维、二维以及更高维度 3 个方面来对柏林噪声进行简要地介绍。

1.　一维噪声

创建一维噪声的基本思路非常简单，那就是首先依次将范围[-1,1]中的某种伪随机数作为 y 坐标值对应到各个给定 x 坐标的点（这些点之间一般是等 x 间距的），然后在这些点之间平滑地插值，结果如图 12-17 所示。

▲图 12-17　一个连续的一维噪声函数

　　上述各个给定的 x 坐标点之间的 x 坐标间距可以看成噪声函数的频率倒数，间距越小，频率越高。即采用不同的间距可以产生不同频率的一维噪声，具体情况如图 12-18 所示。

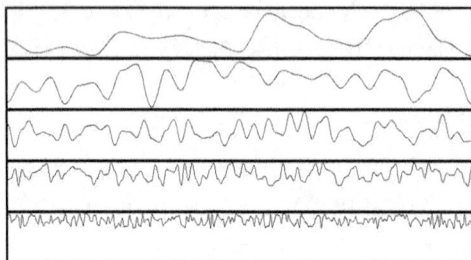

▲图 12-18　变化噪声函数的频率和振幅

　　现实世界中的噪声一般都含有不同频率的分量，因此开发时往往会把不同倍频的噪声叠加使用。不同倍频的噪声叠加后会产生一些有意思的效果，如图 12-19 所示。

▲图 12-19　将不同振幅和频率的噪声函数叠加到一起的结果

　　通过上述内容了解了噪声函数使用的一些基本原理，而柏林噪声就是噪声函数的一种实现，上述内容中的图 12-17、图 12-18 和图 12-19 就是基于笔者使用 Java 开发的一维柏林噪声函数产生的。

　　柏林噪声函数有时也被称为"梯度函数"，其值在各个整数输入值上为 0，其形状是通过在各个点定义函数的伪随机梯度矢量来创建的，想了解更多实现细节的读者可以参考随书资源中本章目录下的工具——PerlinNoiseTool。

2．二维噪声

　　对一维噪声函数以及不同倍频程有了基本的了解之后，下面简单介绍二维柏林噪声，具体情况如图 12-20 所示。

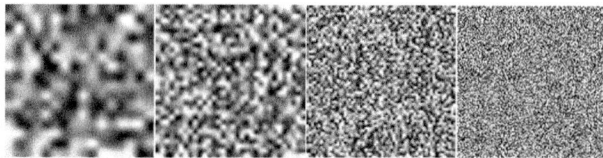

▲图 12-20 基本频率的 2D 噪声（增强了对比度）

图 12-20 中每一幅图像的频率都是其左面图像的频率的两倍，平均值、振幅都是其左面图像的一半。实际生成图像时为了便于观察，每一幅图都增强了对比度以使波峰更亮、波谷更暗。如果是实际值的图像效果会更灰暗，从而难以看到各个频率 2D 噪声的真实外观。

与一维噪声的情况相同，叠加不同频率的噪声分量会显示出更为有趣的结果，如图 12-21 所示。

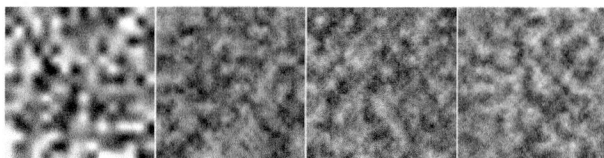

▲图 12-21 在 1、2、3 和 4 倍频程叠加的噪声

从图 12-21 中可以看出如下几点。

- 图 12-21 中的第一幅图像与图 12-20 中的第一幅图像完全相同。
- 图 12-21 中的第二幅图像是图 12-21 中的第一幅图像加图 12-20 中的第二幅图像的一半。
- 图 12-21 中的第三幅图像将噪声的第 3 个倍频程与前面两个倍频程相加。
- 图 12-21 中的第四幅图像进一步增加了第 4 个倍频程，可以发现该图像看起来已经有一点像天空中的云层了。

3. 更高维度的噪声

三维、四维或更高维度的噪声函数本质上就是一维和二维噪声函数的扩展。生成三维噪声的可视化效果比较困难，但是可以将二维噪声图像看成是三维噪声的二维片段，且临近的片段之间是连续的。

实际开发中使用不同维度的噪声时，往往会使用其中不同维度的值来对标准的情况进行扰动，以产生所需的"真实"效果，几种供参考的具体情况如下所列。

- 一维噪声可以用来向图形中的线条添加一些扭曲，以模拟真实世界的情况。
- 二维噪声则可以一个维度控制扭曲，另一个维度给这种扭曲效果添加动画（即使这种扭曲在连续的帧中平滑变化）。
- 三维噪声可以使生成的二维云层图案动起来形成运动的云。
- 四维噪声可以用于创建一个类似于行星的三维对象，并不断"随机"地变化。

噪声在真实感再现领域是一种非常重要的技术，PC 以及工作站所用的 GPU 中一般都提供了噪声函数。而出于性能考虑，Vulkan 的着色语言并非在所有平台的实现中都提供了内建的噪声函数。因此下一节会介绍作者自己使用 Java 开发的柏林噪声生成工具，使用此噪声生成工具生成的噪声数据再结合 Vulkan 着色语言就可以开发出很多具有吸引力的效果。

虽然 PC 机以及工作站所用的 GPU 中都提供了噪声函数，但是很多情况下出于性能考虑还是会采用外置的工具预先生成噪声数据供运行时调用。

12.4.2　柏林噪声生成工具

12.4.1 节简单介绍了噪声函数以及柏林噪声的基础知识，本节将介绍如何使用柏林噪声生成工具——PerlinNoiseTool，用来产生一维、二维以及三维柏林噪声图像和数据。此小工具为作者自己使用 Java 开发，需要的读者可以直接使用，下面介绍具体的使用步骤。

（1）打开随书资源第 12 章目录下的 PerlinNoiseTool 项目文件夹，点击 "run.bat" 文件即可运行（与前面章节中笔者使用 Java 开发的一些小工具类似，读者需要正确安装 JDK 并编辑 "run.bat" 文件中的 PATH 环境变量设置），运行后界面如图 12-22 所示。

（2）单击界面左侧的噪声维度选择生成柏林噪声的维度，单击噪声频率数设置生成的噪声由几个不同频率的噪声函数叠加而成。如选择生成 1D 柏林噪声，噪声频率数

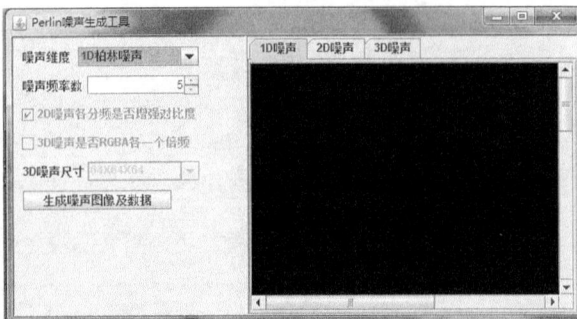

▲图 12-22　柏林噪声生成工具界面

为 3，并单击 "生成噪声图像及数据" 按钮，其运行效果如图 12-23 所示。

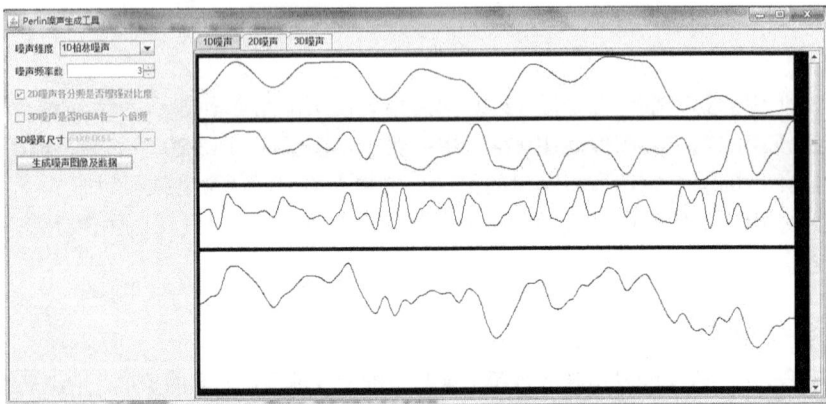

▲图 12-23　1D 柏林噪声生成

> **说明**　图 12-23 中右侧上面 3 行为 3 个不同的独立倍频程，最下面一行为 3 个倍频程叠加后的结果。

（3）接着选择生成 2D 柏林噪声，噪声频率数为 2。同时生成 2D 柏林噪声时还可选择是否增强 2D 噪声各分频的对比度。选择增强噪声各分频对比度的图像亮度比较大，可以更明显地观察到不同频率噪声函数的分布情况，读者也可以选择不增强。若选择增强，则运行效果如图 12-24 所示。

> **说明**　图 12-24 中左侧的两幅图为不同频率的 2D 柏林噪声分频图像，最右侧的一幅为两个频率叠加后的最终 2D 柏林噪声效果图。单击 "生成噪声图像及数据" 按钮生成的 2D 柏林噪声图像存储在项目文件夹 PerlinNoiseTool 下的 pic 子文件夹中。

（4）最后选择生成 3D 柏林噪声，噪声频率数为 5，3D 噪声尺寸为 64×64×64，选择 3D 噪声 RGB 各一个倍频，单击 "生成噪声图像及数据" 按钮，运行效果如图 12-25 所示。再选择 3D 噪

声 RGBA 不是各一个倍频，单击"生成噪声图像及数据"按钮生成 3D 柏林噪声图像，运行效果如图 12-26 所示。

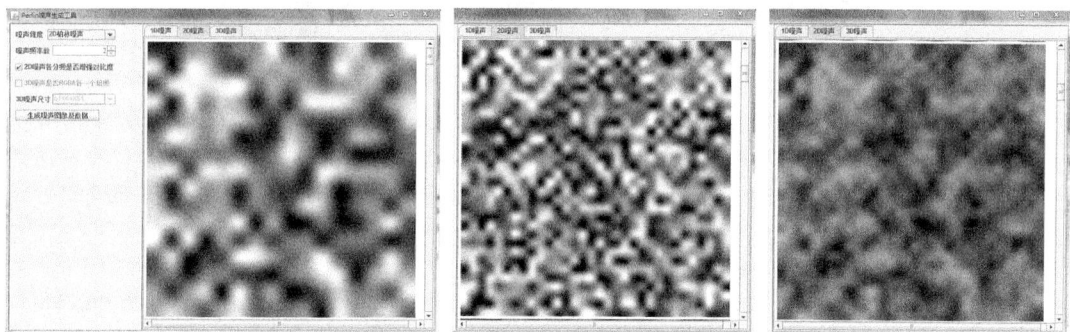

▲图 12-24　2D 柏林噪声效果

▲图 12-25　3D 柏林噪声生成图 1

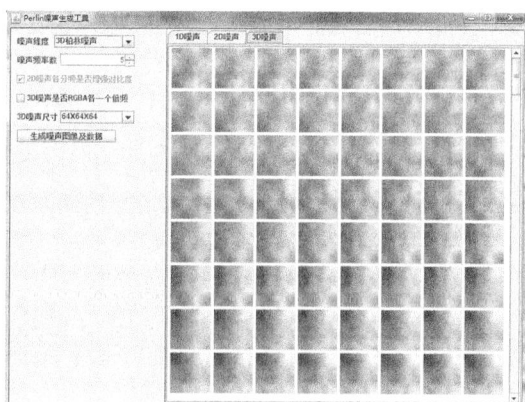

▲图 12-26　3D 柏林噪声生成图 2

说明　3D 噪声 RGBA 各一个倍频是指每个色彩通道对应一个倍频程噪声值，3D 噪声 RGBA 不是各一个倍频是指各个色彩通道都对应所有倍频噪声的和。由于本书是黑白印刷，读者可能看不清楚 3D 柏林噪声 RGBA 是否各一个倍频的两幅图像，读者可自己运行柏林噪声函数生成工具 PerlinNoiseTool，更加真实地体会运行效果。

提示　利用柏林噪声生成工具生成的 3D 柏林噪声数据以文件的形式存储在项目文件夹 PerlinNoiseTool 下的 TexData3D 子目录下的 3dNoise.bn3dtex 文件中。下一节 3D 噪声木纹理茶壶案例的开发中将需要使用此文件。需要注意的是，此文件的数据组织格式与前面章节介绍 3D 纹理时使用的文件数据组织格式完全相同。

12.4.3　3D 噪声木纹理茶壶的开发

12.4.1 节与 12.4.2 节简单介绍了柏林噪声函数及其生成工具，本节将给出一个使用 12.4.2 节介绍的工具生成的 3D 柏林噪声数据开发的木纹理茶壶案例——Sample12_12，其运行效果如图 12-27 所示。

▲图 12-27　木纹理茶壶案例运行效果

> **说明**　从图 12-27 中可以看出，案例中的木纹理茶壶上有清晰的年轮印记，与现实世界中的木材十分相像，就好似一块木材通过雕刻得到一个茶壶。另外，案例运行时通过手指在屏幕上滑动可以转动茶壶，从各个角度进行观察。

了解了案例的运行效果后，下面就可以进行具体的开发了。由于本案例中的大部分代码与前面案例中的代码类似。因此这里只介绍有代表性的类，具体内容如下。

（1）首先需要了解的是用于加载 3D 柏林噪声数据文件 3dNoise.bn3dtex 的工具类 TextureManager，该工具类的主要功能是加载 3D 柏林噪声数据到 ThreeDTexDataObject 类对象中待用，其使用的技术在本书第 6 章中介绍 3D 纹理时已经进行了详细地介绍，这里不再赘述。

（2）完成了了 C++代码的开发后，下面将要开发的是本案例中的着色器。由于本案例中的顶点着色器与前面很多案例中的基本相同，故这里仅仅给出较有特色的片元着色器，具体代码如下。

代码位置： 见随书中源代码/第 12 章/Sample12_12/src/main/assets/shader 目录下的 commonTex.frag。

```
1   //此处省略了声明着色器版本号及启用相关扩展的代码，读者可以自行查阅随书源代码
2   layout (binding = 1) uniform sampler3D sTexture;    //3D 纹理采样器，代表一幅 3D 纹理
3   layout (location = 0) in vec3 vPosition;            //接收的顶点位置
4   layout (location = 1) in vec4 inLightQD;            //接收的光照强度
5   layout (location = 0) out vec4 outColor;            //输出到管线的片元颜色
6   void main() {                                       //主方法
7       const vec4 lightWood=vec4(0.6,0.3,0.1,1.0);     //浅色木纹颜色
8       const vec4 darkWood=vec4(0.4,0.2,0.07,1.0);     //深色木纹颜色
9       vec3 texCoor=vec3(                              //根据片元位置折算出对应的 3D 纹理坐标
10              ((vPosition.x/0.52)+1.0)/2.0,vPosition.y/0.4,((vPosition.z/0.52)+
1.0)/2.0);
11      vec4 noiseVec=texture(sTexture,texCoor);        //进行 3D 纹理采样
12      vec3 location=vPosition+noiseVec.rgb*0.05;      //计算受3D柏林噪声纹理采样值影响的位置
13      float dis=distance(location.xz,vec2(0,0));      //计算离平面中心点的距离
14      dis *=2.0;                                      //年轮的频率（控制圆环的多少）
15      float r=fract(dis+noiseVec.r+noiseVec.g*0.5+    //计算两种木纹颜色的混合因子
16              noiseVec.b*0.25+noiseVec.a*0.125)*2.0;
17      if(r>1.0){ r=2.0-r; }                           //控制混合因子的有效范围在 0~1 之间
18      vec4 color=mix(lightWood,darkWood,r);           //进行两种木纹颜色的混合
19      r=fract((location.y+location.x+location.z)*25.0+0.5);   //再次计算调整因子
20      noiseVec.a*=r;                                  //修改噪声值
21      if(r<0.3){ color+=lightWood*1.0*noiseVec.a; }   //根据调整因子调整颜色亮度
22      else{ color-=lightWood*0.02*noiseVec.a; }
23      outColor =color*inLightQD;                      //给此片元最终颜色值
24  }
```

● 第 7~12 行首先声明了木纹的亮暗颜色，再根据片元的位置折算出 3D 纹理坐标，并进行纹理采样获得噪声矢量，然后计算受 3D 柏林噪声纹理采样值影响后的位置，使年轮圆环的宽度以及到树木中央的距离发生一些变化。

● 第 13~14 行首先计算到木材年轮中心的距离，并使用缩放因子（即年轮频率）以实现在

最终画面中显示更多或更少的年轮圆环。

- 第 15～18 行首先计算两种木纹颜色的混合因子并将其范围限制在[0,1]，然后通过对两种木纹颜色使用混合因子进行线性混合，得到基本的片元颜色。

- 第 19～23 行首先再次计算调整因子，接着通过调整因子修改了噪声值，然后根据调整因子的范围分别对基本颜色亮度进行了调整。其中，当调整因子大于等于 0.3 时基本颜色将变得更暗。最后根据顶点着色器传递过来的光照强度计算出了最终的片元颜色。

💡提示　　　该片元着色器主要是实现木材由暗亮两种区域组成并且这些区域会在一个围绕中心轴的同心圆柱中交替变化，添加噪声使圆柱扭曲从而实现更为自然的外观（现实世界中的年轮就是同心圆受自然因素扭曲而成的）。同时使用高频纹理模式使其具有被锯掉的外观，最终实现了渲染真实感很强的木纹理茶壶。另外要注意的是，本案例中使用的 3D 噪声数据是每个色彩通道一个单独的倍频程的，这在上述片元着色器第 15～16 行有所体现。

12.5 体积雾

本书前面第 8 章中介绍过简单的雾特效，通过其可以模拟很多现实世界中与雾、烟等相关的场景。但是简单的雾特效也有一定的局限性，如在实现山中雾气缭绕的效果时就比较假。这是由于简单的雾特效没有考虑到变化的情况，只是采用简单的与距离相关的公式计算雾浓度因子。

而现实世界中的山中雾气往往是随风变化的，并不是在所有的位置都遵循完全一致的雾浓度因子计算公式。本节将介绍一种能更好地模拟山岚烟云效果的雾特效技术——体积雾，通过其可以开发出非常真实的山中雾气缭绕的效果。

12.5.1 基本原理

介绍具体的案例之前，首先需要了解本节案例实现体积雾的基本原理。体积雾实现的关键在于计算出每个待绘制片元的雾浓度因子，然后根据雾浓度因子、雾的颜色及片元本身采样的纹理颜色计算出片元的最终颜色。

读者可能会有疑问：简单的雾特效采用的不也是这样的策略吗？确实如此，基本的大思路很类似，但体积雾雾浓度因子的计算模型不像简单的雾特效那样是一个呆板的公式，具体的计算策略如图 12-28 所示。

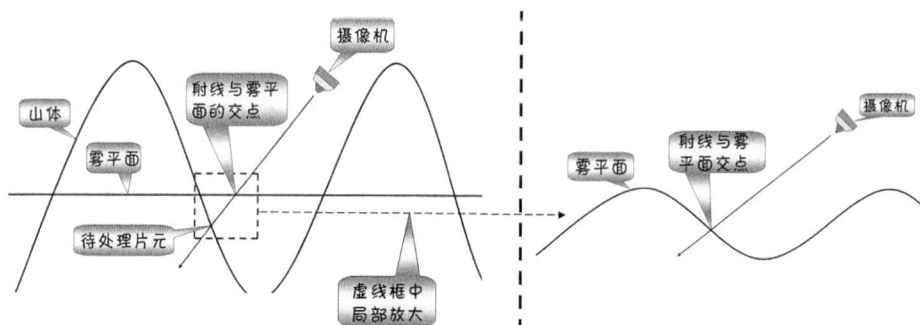

▲图 12-28　体积雾计算模型原理图

从图 12-28 中可以看出，本节案例采用的体积雾具体计算策略如下（此计算由片元着色器完成）。

- 首先通过当前待处理片元的位置与摄像机的位置确定一根射线，并求出射线与雾平面的交点。
- 若上述交点位置比片元所在的位置高，则求出交点到待处理片元位置的距离。
- 根据此距离的大小求出雾浓度因子，距离越大雾越浓。

> **✐提示**　　　　为了进一步增加真实感，实际案例中的雾平面并不是一个完全的平面，而是加入了正弦函数的高度扰动使得雾平面看起来有波动效果，如图 12-28 中右侧所示。

12.5.2　开发步骤

了解了实现体积雾的基本原理后，接着应该了解一下本节案例的运行效果，如图 12-29 所示。

从图 12-29 中可以看出，山间飘荡着黄色的雾气，似有似无，效果非常真实。但由于本书正文中的插图采用黑白印刷，而且图是静态的，因此强烈建议读者使用设备运行观察一下，那样才可以看到非常真实的效果。

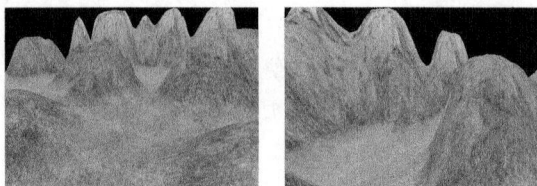
▲图 12-29　体积雾运行效果图

了解了本节案例的运行效果后，下面介绍案例的具体开发。由于本案例中的大部分代码与前面章节中介绍过程纹理地形时给出的案例非常类似，故这里仅给出本案例中最有代表性的部分，具体内容如下。

（1）场景中的山间雾气并不是静止的，而是沿着起始角连续变化的正弦曲线飘动的。为了实现雾气飘动的效果，将连续变化的起始角在绘制每帧画面前传入渲染管线。此起始角与用于扰动雾平面高度的正弦曲线对应，感兴趣的读者请自行查看随书源代码，这里不再赘述。

（2）12.5.1 节通过图 12-28 给出了体积雾计算模型的基本原理，也提到过此计算是由片元着色器完成的。下面就给出实现此计算的片元着色器，具体代码如下。

> ✎ **代码位置：** 见随书中源代码/第 12 章/Sample12_13/src/main/assets/shader 目录下的 commonTexLand.frag。

```
1    //此处省略了声明着色器版本号及启用相关扩展的代码，读者可以自行查阅随书源代码
2    layout (std140,set = 0, binding = 0) uniform bufferVals {        //一致变量
3        vec4 uCamaraLocation;                          //摄像机位置
4        float startAngle;                              //正弦函数起始角度
5    } myBufferVals;
6    layout (binding = 1) uniform sampler2D tCaodi;      //传入的草地纹理
7    layout (binding = 2) uniform sampler2D tXued;       //传入的雪地纹理
8    layout (location = 0) in vec2 inTexCoor;            //传入的纹理坐标
9    layout (location = 1) in float landHeight;          //传入的当前顶点高度（物体坐标系）
10   layout (location = 2) in vec4 pLocation;            //传入的当前顶点位置（世界坐标系）
11   layout (location = 0) out vec4 outColor;            //传给渲染管线的最终片元颜色值
12   const float slabY=60.0f;                           //雾平面的高度
13   const float QFheight=5.0f;                         //雾平面起伏最大值
14   const float WAngleSpan=12*3.1415926f;              //雾的总角度跨度
15   float tjFogCal(vec4 pLocation){                    //计算体积雾浓度因子的方法
16       float xAngle=pLocation.x/960.0f*WAngleSpan;    //计算出顶点 x 坐标折算出的角度
17       float zAngle=pLocation.z/960.0f*WAngleSpan;    //计算出顶点 z 坐标折算出的角度
18       float slabYFactor=sin(xAngle+zAngle+myBufferVals.startAngle)*QFheight;
                                                        //计算出角度和的正弦值
19       float t=(slabY+slabYFactor-myBufferVals.uCamaraLocation.y)
                                                        //求从摄像机到待处理片元的射线参数
20         /(pLocation.y-myBufferVals.uCamaraLocation.y);0  //方程 Pc+(Pp-Pc)t 与雾平面交点的 t 值
21       if(t>0.0&&t<1.0){                              //若在有效范围内（交点高于片元）
```

```
22          float xJD=myBufferVals.uCamaraLocation.x+(pLocation.x-myBufferVals.
uCamaraLocation.x)*t;
23          float zJD=myBufferVals.uCamaraLocation.z+(pLocation.z-myBufferVals.
uCamaraLocation.z)*t;
24          vec3 locationJD=vec3(xJD,slabY,zJD);        //交点 x、y、z 坐标
25          float L=distance(locationJD,pLocation.xyz);  //求出交点到待处理片元位置的距离
26          float L0=20.0;                              //体积雾浓度控制因子
27          return L0/(L+L0);                           //计算体积雾的雾浓度因子
28      }else{ return 1.0f; }                           //若待处理片元不在雾平面以下，则此片元不受雾影响
29  }
30  void main() {
31      float height1=90;                               //混合纹理起始高度
32      float height2=180;                              //混合纹理结束高度
33      vec4  colorCaodi=textureLod(tCaodi, inTexCoor, 0.0); //采样出草地颜色
34      vec4 colorSand=textureLod(tXued, inTexCoor, 0.0);    //采样出雪地颜色
35      if(landHeight<height1){ outColor=colorCaodi; }       //采用草地颜色为片元颜色
36      else if(landHeight<height2){                         //若在起始高度与结束高度之间
37      float radio=(landHeight-height1)/(height2-height1);  //计算出混合因子
38      outColor=mix(colorSand,colorCaodi,1-radio);          //混合草地、雪地颜色为片元颜色
39      }else{ outColor=colorSand; }                         //采用雪地颜色为片元颜色
40      float fogFactor=tjFogCal(pLocation);                 //计算雾浓度因子
41      outColor=fogFactor*outColor+ (1.0-fogFactor)*vec4(0.9765,0.7490,0.0549,0.0);
                                                             //给此片元最终颜色值
42  }
```

● 第 15～29 行为本案例中最有代表性的、根据传入着色器的参数计算体积雾浓度因子的 tjFogCal 方法。此方法首先根据起始角和对应片元位置折算出的角度计算出一个正弦值，然后将此正弦值加上雾平面的高度作为扰动后的雾平面高度。然后计算从摄像机到待处理片元的射线对应的参数方程（摄像机位置+（待处理片元位置-摄像机位置）*t）与扰动后雾平面交点处的参数值（t 值）。若 t 值在 0～1 的范围内（表示待处理片元在雾平面以下），则根据待处理片元的位置到交点的距离计算雾浓度因子的大小。

● 第 30～42 行为片元着色器的 main 方法，其中首先执行了过程纹理计算，根据片元高度计算出了待处理片元的纹理采样颜色值。然后计算出体积雾浓度因子，最后根据雾浓度因子、雾的颜色及片元本身的纹理采样颜色计算出片元的最终颜色值。

到这里为止，体积雾技术就介绍完了，经过上面的介绍读者可能已经发现体积雾并不是实际存在的 3D 模型，只是在应该被雾覆盖的片元上通过某种计算模型的计算混合了雾的颜色，最后造成了有雾覆盖的效果。体积雾的实际计算模型有很多，本节只给出了比较简单的一种。读者可以根据具体需要以及本节介绍的体积雾实现思路，开发出效果更加真实和酷炫的体积雾计算模型。

12.6　粒子系统火焰的开发

很多游戏场景中会采用火焰或烟雾等作为点缀，以增强场景的真实感与吸引力。而目前最流行的实现火焰、烟雾等效果的技术就是粒子系统技术，本节将向读者介绍如何利用粒子系统开发非常真实酷炫的火焰与烟雾特效。

12.6.1　火焰的基本原理

用粒子系统实现火焰效果的基本思想非常简单，将火焰看成是由一系列运动的粒子叠加

而成。系统定时在固定的区域内生成新粒子，粒子生成后不断按照一定的规律运动并改变自身的颜色。当粒子运动满足一定的条件后，粒子消亡。对单个粒子而言，其生命期过程如图 12-30 所示。

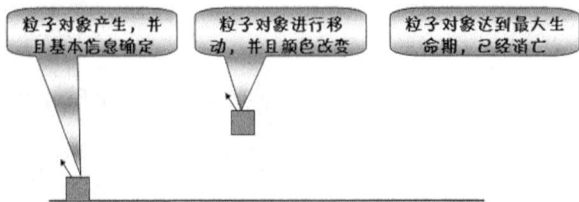

▲图 12-30　粒子对象的生命期过程

读者可能会觉得，是不是过于简单了，这样就可以产生游戏场景中真实的火焰效果吗？当然，如果系统中同时存在的粒子数量很少，则模拟的火焰效果并不像。但如果有大量的粒子同时存在，而开发人员又给予了粒子合适的初始位置、运动速度、起始颜色、终止颜色、尺寸、最大生命期等特性，就可以模拟出非常真实的火焰效果。

> **说明**　　实际粒子系统的开发中，开发人员根据目标特效的需求给出合适的各项粒子特性后就可以真实地模拟出火焰、烟雾、爆炸等不同的效果。

了解了粒子系统火焰的基本思想后，下面介绍本节案例中采用的具体策略，具体内容如下。

● 每个粒子本质上是一个较小的纹理矩形，采用的纹理图中不完全透明区域的形状确定了粒子的基本形状。随不完全透明部分所占区域形状的不同，实现的粒子可以为任何形状，如星形、六边形等。本节案例中实际采用的是圆形，如图 12-31 所示。

● 粒子一般不是在固定的位置生成，而是在指定的区域内随机选择位置生成。对于本节火焰效果的案例而言，随机生成粒子的区域是火焰下方的一个矩形区域，如图 12-32 所示。

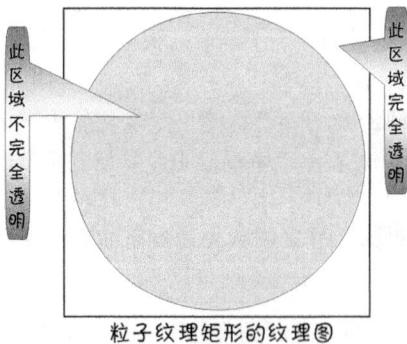

▲图 12-31　粒子纹理矩形的示意图

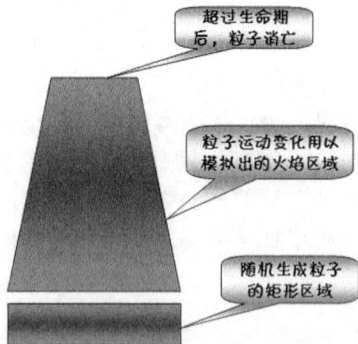

▲图 12-32　粒子生成及运动规律示意图

● 由于需要模拟的火焰整体形状下方宽，上方窄，因此生成粒子的速度方向应该是偏向中心轴线的，也就是在左侧生成的粒子速度方向偏右，在右侧生成的粒子速度方向偏左。

● 粒子运动过程中不但位置需要发生变化，颜色也需要根据一定的规则变化。本节案例采用的粒子颜色变化策略是，着色器接收渲染管线传入的起始颜色、终止颜色、总衰减因子。然后根据当前片元距离粒子纹理矩形中心点的距离、总衰减因子、片元纹理采样颜色的透明度通道值、起始/终止颜色计算出当前片元的颜色，如图 12-33 所示。

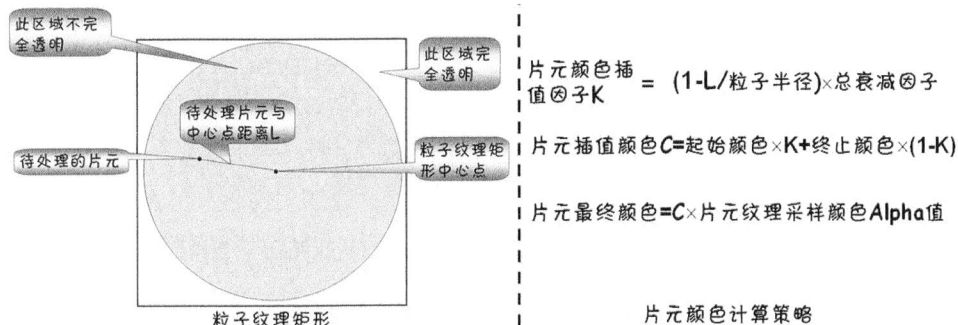

▲图 12-33　粒子中片元颜色值的计算策略

片元颜色插值因子K = (1-L/粒子半径)×总衰减因子

片元插值颜色C=起始颜色×K+终止颜色×(1-K)

片元最终颜色=C×片元纹理采样颜色Alpha值

> **说明**　从图 12-33 中的计算策略可以看出，纹理图中每个片元的颜色仅仅是透明度（Alpha）色彩通道起作用。因此，纹理图中完全透明的位置对应到粒子中的相应位置也是完全透明的，这样纹理图就起到了充当粒子形状模板的作用。在实际开发中根据目标特效的需要，可以选择不完全透明区域是任何所需形状的纹理图，而且不完全透明区域的透明度一般也是渐变的，这样可以产生更加平滑的效果。

● 总衰减因子由顶点着色器计算并传入片元着色器中参与片元最终颜色值的计算，且本节案例中采用的总衰减因子计算策略很简单，粒子存在的生命期越长，总衰减因子值越小，计算公式为"（最大允许生命期−当前粒子生命期）/最大允许生命期"。

● 从片元颜色变化规律来说，总衰减因子越小，片元颜色越接近终止颜色，反之，则越接近起始颜色。同时随片元位置离粒子中心点距离的增加，片元颜色也越接近终止颜色，反之则越接近起始颜色。

12.6.2　普通版火焰

12.6.1 节介绍了用粒子系统实现火焰效果的基本原理，本节将基于 12.6.1 节介绍的原理给出一个简单的案例 Sample12_14。该案例中的每个粒子实质上用一个纹理矩形渲染，每个纹理矩形包含两个三角形，共 6 个顶点。绘制方式采用的是 **VK_PRIMITIVE_TOPOLOGY_TRIANGLE_LIST**，其运行效果如图 12-34 所示。

▲图 12-34　案例 Sample12_14 运行效果图

> **说明**　从图 12-34 中可以看出，场景中有 4 个火盆，每个火盆中都有一个粒子系统实现的火焰。但由于 4 个火焰粒子系统所采用的参数值不同，实际呈现情况有火焰效果也有烟雾效果。由于插图采用黑白印刷，可能看起来效果不是很清晰，建议读者采用真机运行本案例进行观察体会。

了解了本节案例的运行效果后，就可以进行案例的开发了。由于本案例中的一些代码和前面章节很多案例中的代码非常相似，因此这里仅给出本案例中最有代表性的部分，主要包括火焰粒子系统的总控制类 ParticleSystem、封装粒子特性数据的常量类 ParticleDataConstant 等，具体内容如下。

（1）首先介绍火焰粒子系统的总控制类 ParticleSystem，在该类中主要实现了对所有粒子位置的计算以及该位置所对应的 6 个顶点坐标值的计算，同时还实现了定时更新粒子位置以及根据摄像机位置计算火焰朝向等，下面首先给出其头文件中类的声明。

📡 **代码位置：** 见随书中源代码/第 12 章/Sample12_14/src/main/cpp/bndev 目录下的 ParticleSystem.h。

```
1    class ParticleSystem{
2    public:
3        float* vdata;                                   //顶点数据数组首地址指针
4        int dataByteCount;                              //顶点数据所占总字节数
5        int vCount;                                     //顶点数量
6        void genVertexData();                           //生成顶点数据的方法
7        void update();                                  //更新粒子位置的方法
8        void calculateBillboardDirection();             //计算标志板朝向的方法
9        std::vector<float> initPoints(int zcount);      //初始化顶点位置的方法
10       std::vector<float> points;                      //存放顶点数据的列表
11       std::vector<float> texCoor;                     //存放纹理坐标数据的列表
12       float positionX;                                //粒子系统位置 x 坐标
13       float positionZ;                                //粒子系统位置 z 坐标
14       float sx;                                       //粒子系统生成粒子的起始 x 坐标
15       float sy;                                       //粒子系统生成粒子的起始 y 坐标
16       float xRange;                                   //粒子系统生成粒子的起始 z 跨度
17       float yRange;                                   //粒子系统生成粒子的起始 y 跨度
18       float halfSize;                                 //每一个粒子的半径
19       float groupCount;                               //每帧发射的组数
20       float lifeSpanStep;                             //每个粒子的生命期步进
21       float maxLifeSpan;                              //每个粒子的最大生命期
22       float vy;                                       //粒子 y 方向速度
23       float yAngle;                                   //粒子 y 轴旋转角度（设置朝向时使用）
24       int id;                                         //粒子系统当前的 id
25       int countIndex;                                 //粒子系统的激活批次索引
26       ParticleSystem(int count,float  x,float z,int idIn);    //带有参数的构造函数
27       ParticleSystem();                               //无参数的构造函数
28       ~ParticleSystem();                              //析构函数
29   };
```

💡**提示** 　由于本案例中粒子系统产生的特效实际是 2D 的，因此在绘制粒子系统之前需要执行相应的标志板旋转，将粒子系统旋转到正对摄像机的角度。这实际上用到了本书前面所介绍的标志板技术，有需要的读者可以参考本书前面介绍标志板章节中的相关内容。

（2）接下来给出其具体的实现代码，主要包括初始化顶点坐标的方法 initPoints，将顶点数据转存到数据数组的方法 genVertexData，以及更新顶点位置的方法 update，还有计算粒子系统标志板朝向的方法 calculateBillboardDirection。由于代码较多，将会分步进行介绍。首先给出其构造函数，代码如下。

📡 **代码位置：** 见随书中源代码/第 12 章/Sample12_14/src/main/cpp/bndev 目录下的 ParticleSystem.cpp。

```
1    //此处省略了相关头文件的导入，感兴趣的读者自行查看随书源代码
2    ParticleSystem::ParticleSystem(int count,float x,float z,int idIn) {
3        this->sx=0;                                     //初始化粒子系统生成粒子的起始 x 坐标
4        this->sy=0;                                     //初始化粒子系统生成粒子的起始 y 坐标
```

```
5        this->xRange=X_RANGE[idIn];              //初始化粒子系统生成粒子的x跨度
6        this->yRange=Y_RANGE[idIn];              //初始化粒子系统生成粒子的y跨度
7        this->halfSize=RADIS[idIn];
8    //此处省略了其他成员变量的初始化，感兴趣的读者请自行查看随书源代码
9   }
```

✏️ **说明** 　该构造函数比较简单，仅仅是完成了相应成员变量的初始化。

（3）接下来给出用于初始化各个粒子顶点位置坐标的方法——initPoints，具体代码如下。

📡 **代码位置：** 见随书中源代码/第 12 章/Sample12_14/src/main/cpp/bndev 目录下的 ParticleSystem.cpp。

```
1   std::vector<float> ParticleSystem::initPoints(int zcount){
2       for(int i=0;i<zcount;i++){                                //循环遍历每个粒子
3           float px=(float)(sx+xRange*random(0.0f,1.0f)-xRange/2);  //计算粒子位置x坐标
4           float py=(float)(sy+yRange*random(0.0f,1.0f)-yRange/2);  //计算粒子位置y坐标
5           float vx=(sx-px)/150;                                 //计算粒子的x方向的运动速度
6           points.push_back(px-halfSize/2);                      //粒子对应的第1个点的x坐标
7           points.push_back(py+halfSize/2);                      //粒子对应的第1个点的y坐标
8           points.push_back(vx);                                 //粒子对应的第一个点的x方向运动速度
9           points.push_back(10.0f);//粒子对应的第一个点的当前生命期——10代表粒子处于未激活状态
10          //此处省略了计算剩下5个顶点数据的代码以及一些总体计算的辅助代码
11      }
12      for(int j=0;j<groupCount;j++){        //循环遍历第一批粒子
13          points[4*j*6+3]=lifeSpanStep;     //设置粒子第1个点的生命期,不为10 表示粒子处于活跃状态
14          points[4*j*6+7]=lifeSpanStep;     //设置粒子第2个点的生命期,不为10 表示粒子处于活跃状态
15          points[4*j*6+11]=lifeSpanStep;    //设置粒子第3个点的生命期,不为10 表示粒子处于活跃状态
16          points[4*j*6+15]=lifeSpanStep;    //设置粒子第4个点的生命期,不为10 表示粒子处于活跃状态
17          points[4*j*6+19]=lifeSpanStep;    //设置粒子第5个点的生命期,不为10 表示粒子处于活跃状态
18          points[4*j*6+23]=lifeSpanStep;    //设置粒子第6个点的生命期,不为10 表示粒子处于活跃状态
19      }
20      vCount = points.size()/4;             //计算顶点数量
21      dataByteCount = vCount * 6 * sizeof(float);  //计算顶点数据所占字节数
22      vdata = new float[vCount * 6];        //创建顶点数据数组
23      for(int i=0;i<vCount/6;i++){          //循环遍历每个粒子
24          texCoor.push_back(0);texCoor.push_back(0);  //给出对应的纹理坐标(粒子矩形左上角顶点)
25          texCoor.push_back(0);texCoor.push_back(1);  //给出对应的纹理坐标(粒子矩形左下角顶点)
26          texCoor.push_back(1);texCoor.push_back(0);  //给出对应的纹理坐标(粒子矩形右上角顶点)
27          texCoor.push_back(1);texCoor.push_back(0);  //给出对应的纹理坐标(粒子矩形右上角顶点)
28          texCoor.push_back(0);texCoor.push_back(1);  //给出对应的纹理坐标(粒子矩形左下角顶点)
29          texCoor.push_back(1);texCoor.push_back(1);  //给出对应的纹理坐标(粒子矩形右下角顶点)
30      }
31      return points;                        //返回顶点数据数组
32  }
```

● 第 2～11 行遍历了每个粒子，随机计算出每个粒子发射位置的 x/y 坐标、x 方向的运动速度，然后推导出单个粒子对应的 6 个顶点的 4 项属性数据并存入数组。从第 2～11 行代码中可以看出，粒子的初始位置在指定的中心点位置附近随机产生。同时由于期望的火焰是向上逐渐收窄的，因此根据粒子初始位置偏离中心位置 x 坐标的差值确定粒子 x 方向的速度。总的来说 x 方向速度指向中心点，速度大小与偏离中心点的距离线性相关，偏离越远，速度越大。另外一开始粒子的生命期值为 10，表示粒子是非活跃粒子。

● 第 12～19 行遍历了第一批要发射的各个粒子,将这些粒子的生命期设置为生命期步进值,将粒子激活。从后面的片元着色器中可以看到，当粒子生命期为 10.0 时，表示粒子处于未激活状

态，是不会被绘制出来的；当粒子生命期不为 10.0 时，表示粒子处于活跃状态，会被绘制出来。

● 第 20～22 行通过存储顶点数据的列表计算出当前的顶点的数量，同时计算出顶点数据所占总字节数，并创建了一个对应长度的数组。

● 第 23～30 行循环遍历每个粒子，将每个粒子对应纹理矩形中两个三角形的 6 个顶点对应的纹理坐标计算出来，并存储到相应的列表中。

（4）接着给出前面介绍 ParticleSystem 类时省略的用于定时更新粒子状态的 update 方法，该方法主要负责更新整个粒子系统中所有粒子的基本属性值，其具体代码如下。

✎ **代码位置：**见随书中源代码/第 12 章/Sample12_14/src/main/cpp/bndev 目录下的 ParticleSystem.cpp。

```
1    void ParticleSystem::update() {                              //更新粒子状态的方法
2        if(countIndex>=(points.size()/groupCount/4/6)){           //计数器值超过总粒子数时
3            countIndex=0;                                        //从头重新开始计数
4        }
5        for(int i=0;i<points.size()/4/6;i++){                    //循环遍历所有粒子
6            if(points[i*4*6+3]!=10.0f){                          //若当前为活跃粒子
7                points[i*4*6+3]+=lifeSpanStep;                   //计算当前生命周期
8                //此处省略了计算剩下 5 个顶点当前生命期的代码，读者可自行查阅随书源代码
9                if(points[i*4*6+3]>maxLifeSpan) {                //当前生命期大于最大生命期时
10                    float px=(float) (sx+xRange*                //计算下一轮的 x 坐标
11                                 random(0.0f,1.0f)-xRange/2);
12                    float py=(float) (sy+yRange*                //计算下一轮的 y 坐标
13                                 random(0.0f,1.0f)-yRange/2);
14                    float vx=(sx-px)/150.0f;                    //计算粒子下一轮 x 方向的速度
15                    points[i*4*6]=px-halfSize/2;                //粒子对应的第 1 个顶点的 x 坐标
16                    points[i*4*6+1]=py+halfSize/2;              //粒子对应的第 1 个顶点的 y 坐标
17                    points[i*4*6+2]=vx;         //粒子对应的第 1 个顶点的 x 方向的运动速度
18                    points[i*4*6+3]=10.0f;      //粒子对应的第 1 个顶点的当前生命期
19                    //此处省略了剩下 5 个顶点数据的生成代码，读者可查阅随书源代码
20                }else{      //生命期小于最大生命期时——计算粒子的下一位置坐标
21                    points[i*4*6]+=points[i*4*6+2]; //计算粒子对应的第 1 个顶点的 x 坐标
22                    points[i*4*6+1]+=vy;           //计算粒子对应的第 1 个顶点的 y 坐标
23                    //此处省略了剩下 5 个顶点位置计算的代码，读者可查阅随书源代码
24        }}}
25        for(int i=0;i<groupCount;i++){                          //循环发射一批激活计数器所指定索引的粒子
26            if(points[groupCount*countIndex*4*6+4*i*6+3]==10.0f){ //如果粒子处于未激活状态时
27                points[groupCount*countIndex*4*6+4*i*6+3]=lifeSpanStep; //激活对应的粒子
28                //此处省略了激活剩下 5 个顶点的代码，读者可自行查阅随书中的源代码
29        }}
30        countIndex++;                                           //下次激活粒子的批次索引
31        calculateBillboardDirection();                         //计算粒子系统标志板朝向的方法
32    }
```

● 第 6～24 行循环遍历所有的粒子，判断当前粒子是否处于活跃状态，若是，则重新计算粒子的生命周期值，再判断该粒子的生命期是否大于最大生命期，若是，则重新设置该粒子的基本属性值（所有属性值置为下一轮的初始值）；若不是，则计算粒子的下一位置坐标值。

● 第 25～29 行循环遍历一批粒子，并根据激活粒子的批次索引来确定当前所要激活的粒子，进而判断该粒子是否处于未激活状态，若是，则激活该粒子。

● 第 30～31 行首先将激活粒子的批次索引自加，接着调用计算粒子系统朝向的方法。

（5）接着给出将顶点数据转存到顶点数据数组的方法 genVertexData 和计算粒子系统朝向的方法 calculateBillboardDirection，具体代码如下。

代码位置：见随书中源代码/第 12 章/Sample12_14/src/main/cpp/bndev 目录下的 ParticleSystem.cpp。

```
1   void ParticleSystem::genVertexData(){              //生成数据的方法
2       int index = 0;                                 //辅助索引
3       for (int i = 0; i < vCount; i++) {             //遍历顶点列表
4           vdata[index++] = points[i * 4 + 0];        //顶点 x 坐标
5           vdata[index++] = points[i * 4 + 1];        //顶点 y 坐标
6           vdata[index++] = points[i * 4 + 2];        //顶点 x 方向速度
7           vdata[index++] = points[i * 4 + 3];        //顶点当前生存期
8           vdata[index++] = texCoor[i * 2 + 0];       //顶点纹理 s 坐标
9           vdata[index++] = texCoor[i * 2 + 1];       //顶点纹理 z 坐标
10  }}
11  void ParticleSystem::calculateBillboardDirection(){ //计算标志板朝向的方法
12      float xspan=positionX-CameraUtil::cx;          //计算当前位置与摄像机的 x 距离
13      float zspan=positionZ-CameraUtil::cz;          //计算当前位置与摄像机的 z 距离
14      if(zspan<=0){                                  //计算当前粒子系统的旋转角度
15          yAngle=-(float)toDegrees(atan(xspan/zspan));
16      }else{
17          yAngle=180-(float)toDegrees(atan(xspan/zspan));
18  }}
19  ParticleSystem::~ParticleSystem(){                 //析构函数
20      delete [] vdata;
21  };
```

● 第 1～10 行为将顶点数据转存到顶点数据数组的 genVertexData 方法，每个顶点 6 项数据，依次为顶点 x 坐标、顶点 y 坐标、顶点 x 方向速度、顶点当前生存期、顶点纹理 s 坐标、顶点纹理 z 坐标。

● 第 11～21 行为计算粒子系统标志板朝向的 calculateBillboardDirection 方法，与前面专门介绍标志板章节案例中的对应代码基本相同。

（6）从前面的图 12-34 中可以看出，本案例中的火焰有 4 种不同的效果。同时前面介绍基本原理时也提到过，在实际粒子系统的开发中，开发人员需要根据目标特效的需求给出合适的各项粒子特性，才可以真实地模拟出火焰、烟雾、爆炸等不同的效果。为了使用方便，本案例中将 4 种不同效果需要的特性参数数据封装进一个 cpp 源文件中，其具体代码如下。

代码位置：见随书中源代码/第 12 章/Sample12_14/src/main/cpp/bndev 目录下的 ParticleDataConstant.cpp。

```
1   const float X_RANGE[]={1.0f,1.0f,1.0f,1.0f,};            //粒子发射的 x 范围
2   const float Y_RANGE[]={0.3f,0.3f,0.15f,0.15f,};         //粒子发射的 y 范围
3   const float RADIS[] ={0.8f,0.8f,0.8f,0.8f};             //每个粒子的半径
4   const int COUNT[]={340,340,99,99};                      //粒子数量
5   const int GROUP_COUNT[]= {4, 4,1,1};                    //每批激活的粒子数量
6   const float LIFE_SPAN_STEP[]={0.07f,0.07f,0.07f,0.07f}; //每个粒子生命周期步进
7   const float MAX_LIFE_SPAN[]={ 5.0f,5.0f,6.0f,6.0f};     //每个粒子最大生命周期
8   const float VY[]={0.05f,0.05f,0.04f,0.04f};             //每个粒子 y 方向速度
9   const float ParticlePositon[4][2]={                     //粒子系统位置
10          7.0f,7.0f,-7.0f,-7.0f,   -7.0f,7.0f,7.0f,-7.0f
11  };
12  const float START_COLOR[4][4]={                         //粒子的起始颜色
13          {0.7569f,0.2471f,0.1176f,1.0f},                 //0——普通火焰
14          {0.7569f,0.2471f,0.1176f,1.0f},                 //1——白亮火焰
15          {0.6f,0.6f,0.6f,1.0f},                          //2——普通烟
16          {0.6f,0.6f,0.6f,1.0f},                          //3——纯黑烟
17  };
18  const float END_COLOR[4][4]={                           //粒子的终止颜色
19          {0.0f,0.0f,0.0f,0.0f},                          //0——普通火焰
20          {0.0f,0.0f,0.0f,0.0f},                          //1——白亮火焰
```

```
21                  {0.0f,0.0f,0.0f,0.0f},                          //2——普通烟
22                  {0.0f,0.0f,0.0f,0.0f},                          //3——纯黑烟
23   };
```

> **说明**　上述代码中每一项数据的数量都是 4，正好对应案例中 4 种不同的粒子系统特效，具体包括起始颜色、终止颜色、最大允许生命期、粒子发射的 x/y 范围、每批激活的粒子数量以及粒子 y 方向升腾的速度等。

（7）介绍完 ParticleDataConstant.cpp 后，下面介绍用于绘制粒子系统的 ParticleForDraw 类。该类中的大部分代码和前面章节案例中的绘制类代码非常类似，主要是增加了用于更新顶点数据缓冲中顶点数据的 updateVertexData 方法，其具体代码如下。

代码位置：见随书中源代码/第 12 章/Sample12_14/src/main/cpp/util 目录下的 ParticleForDraw.cpp。

```
1    void ParticleForDraw::updateVertexData(float *vdataIn, int dataByteCount,VkDevice&
device){
2         uint8_t *pData;                                         //CPU 访问时的辅助指针
3         VkResult result = vk::vkMapMemory(device, vertexDataMem,
4             0, dataByteCount, 0, (void **)&pData);              //将设备内存映射为 CPU 可访问
5         assert(result == VK_SUCCESS);                           //检查映射是否成功
6         memcpy(pData, vdataIn, dataByteCount);                  //将顶点数据复制进设备内存
7         vk::vkUnmapMemory(device, vertexDataMem);               //解除内存映射
8    }
```

> **说明**　此方法的功能为将新的顶点数据复制到顶点数据缓冲对应的设备内存中，以备绘制时使用。

（8）接下来介绍的是管线类中用于设置混合方式的部分代码，因为需要采用 4 种不同混合方式的粒子系统，所以需要 4 个粒子系统管线类，这里给出的是这 4 个管线类 create_pipe_line 方法中的相关代码，具体内容如下。

代码位置：见随书中源代码/第 12 章/Sample12_14/src/main/cpp/bndev 目录下的 ShaderQueueSuit_CommonTexParticle.cpp。

```
1    //此处省略了部分代码，感兴趣的读者请自行查看随书源代码
2         att_state[0].blendEnable = VK_TRUE;                     //开启混合
3         att_state[0].alphaBlendOp = VK_BLEND_OP_ADD;            //设置 Alpha 通道混合方式
4         att_state[0].colorBlendOp = VK_BLEND_OP_ADD;            //设置 RGB 通道混合方式
5         att_state[0].srcColorBlendFactor = VK_BLEND_FACTOR_SRC_ALPHA;   //设置源颜色混合因子
6         att_state[0].dstColorBlendFactor = VK_BLEND_FACTOR_ONE;         //设置目标颜色混合因子
7         att_state[0].srcAlphaBlendFactor = VK_BLEND_FACTOR_SRC_ALPHA;   //设置源 Alpha 混合因子
8         att_state[0].dstAlphaBlendFactor = VK_BLEND_FACTOR_ONE;         //设置目标 Alpha 混合因子
9    //此处省略了部分代码，感兴趣的读者请自行查看随书源代码
```

代码位置：见随书中源代码/第 12 章/Sample12_14/src/main/cpp/bndev 目录下的 ShaderQueueSuit_CommonTexParticleTwo.cpp

```
1    //此处省略了部分代码，感兴趣的读者请自行查看随书源代码
2         att_state[0].blendEnable = VK_TRUE;                     //开启混合
3         att_state[0].alphaBlendOp = VK_BLEND_OP_ADD;            //设置 Alpha 通道混合方式
4         att_state[0].colorBlendOp = VK_BLEND_OP_ADD;            //设置 RGB 通道混合方式
5         att_state[0].srcColorBlendFactor = VK_BLEND_FACTOR_ONE;         //设置源颜色混合因子
6         att_state[0].dstColorBlendFactor = VK_BLEND_FACTOR_ONE;         //设置目标颜色混合因子
7         att_state[0].srcAlphaBlendFactor = VK_BLEND_FACTOR_ONE;         //设置源 Alpha 混合因子
```

```
8        att_state[0].dstAlphaBlendFactor = VK_BLEND_FACTOR_ONE;   //设置目标Alpha混合因子
9    //此处省略了部分代码，感兴趣的读者请自行查看随书源代码
```

✏️ **代码位置：**见随书中源代码/第 12 章/Sample12_14/src/main/cpp/bndev 目录下的 ShaderQueueSuit_CommonTexParticleThree.cpp

```
1    //此处省略了部分代码，感兴趣的读者请自行查看随书源代码
2        att_state[0].blendEnable = VK_TRUE;                //开启混合
3        att_state[0].alphaBlendOp = VK_BLEND_OP_ADD;       //设置 Alpha 通道混合方式
4        att_state[0].colorBlendOp = VK_BLEND_OP_ADD;       //设置 RGB 通道混合方式
5        att_state[0].srcColorBlendFactor = VK_BLEND_FACTOR_SRC_ALPHA;   //设置源颜色混合因子
6        att_state[0].dstColorBlendFactor = VK_BLEND_FACTOR_ONE_MINUS_SRC_ALPHA;
7        att_state[0].srcAlphaBlendFactor = VK_BLEND_FACTOR_SRC_ALPHA;//设置源 Alpha 混合因子
8        att_state[0].dstAlphaBlendFactor =VK_BLEND_FACTOR_ONE_MINUS_SRC_ALPHA;
9    //此处省略了部分代码，感兴趣的读者请自行查看随书源代码
```

✏️ **代码位置：**见随书中源代码/第 12 章/Sample12_14/src/main/cpp/bndev 目录下的 ShaderQueueSuit_CommonTexParticleFour.cpp

```
1    //此处省略了部分代码，感兴趣的读者请自行查看随书源代码
2        att_state[0].blendEnable = VK_TRUE;                         //开启混合
3        att_state[0].alphaBlendOp = VK_BLEND_OP_REVERSE_SUBTRACT; //设置 Alpha 通道混合方式
4        att_state[0].colorBlendOp = VK_BLEND_OP_REVERSE_SUBTRACT; //设置 RGB 通道混合方式
5        att_state[0].srcColorBlendFactor = VK_BLEND_FACTOR_ONE; //设置源颜色混合因子
6        att_state[0].dstColorBlendFactor = VK_BLEND_FACTOR_ONE; //设置目标颜色混合因子
7        att_state[0].srcAlphaBlendFactor = VK_BLEND_FACTOR_ONE; //设置源 Alpha 混合因子
8        att_state[0].dstAlphaBlendFactor =VK_BLEND_FACTOR_ONE;   //设置目标 Alpha 混合因子
9    //此处省略了部分代码，感兴趣的读者请自行查看随书源代码
```

✏️**说明**　通过上述的 4 种混合方式的组合和不同的起始颜色、终止颜色就可以实现对应的火焰和烟雾效果了。其中 ShaderQueueSuit_CommonTexParticle 类用于实现普通火焰的效果，ShaderQueueSuit_CommonTexParticleTwo 类用于实现白亮火焰的效果，ShaderQueueSuit_CommonTexParticleThree 类用于实现普通烟的效果，ShaderQueueSuit_CommonTexParticleFour 类用于实现黑色烟的效果。

（9）接着需要对 MyVulkanManager 类进行升级，首先介绍的是新增的 updateParticleSystem 方法以及改动后的 drawObject 方法，具体代码如下。

✏️ **代码位置：**见随书中源代码/第 12 章/Sample12_14/src/main/cpp/bndev 目录下的 MyVulkanManager.cpp

```
1    void MyVulkanManager::updateParticleSystem(){          //更新粒子系统的方法
2        while (MyVulkanManager::loopDrawFlag) {            //若绘制标志为 true
3            for (auto oneP : particleVector){              //遍历粒子系统列表
4                oneP->update();                            //更新粒子系统
5            }
6            myLock.lock();                                 //获取资源锁
7            for (auto oneP : particleVector){ oneP->genVertexData();}
                                                           //将粒子系统最新数据送入过渡区
8            myLock.unlock();                               //释放资源锁
9            std::this_thread::sleep_for(std::chrono::milliseconds(30));//适当休眠
10    }}
11    void MyVulkanManager::drawObject(){                   //绘制场景的方法
12        thread t1(&MyVulkanManager::updateParticleSystem); //开辟一个线程，负责不断更新粒子系统
13        t1.detach();                                       //将线程独立
14        while(MyVulkanManager::loopDrawFlag){              //若绘制标志为 true
```

```
15              myLock.lock();                              //获取资源锁
16              for (auto oneP : particleVector){           //遍历粒子系统列表
17                  LYobjParticle[oneP->id]->updateVertexData(oneP->vdata, oneP->
   dataByteCount, device);
18              }
19              myLock.unlock();                            //释放资源锁
20              calculateDistance();            //计算摄像机与粒子系统的距离，调整绘制顺序
21              for (auto oneP : particleVector) {          //遍历粒子系统列表
22                  //此处省略的是绘制粒子系统的相关代码，感兴趣的读者请自行查看随书源代码
23              }
24              //此处省略了部分代码，感兴趣的读者请自行查看随书源代码
25  }}
```

- 第 1～10 行为更新粒子系统线程所定时执行的 updateParticleSystem 方法。其首先遍历粒子系统列表，完成当前帧粒子系统的更新，接着获取同步锁，将更新后粒子系统的数据送入过渡区，最后再释放同步锁。
- 第 12～13 行创建用于定时更新粒子系统的线程，并将线程独立。
- 第 15～23 行首先获取同步锁，接着遍历粒子系统列表，将数据送入缓冲区，然后释放同步锁，进而计算摄像机与粒子系统的距离并调整绘制顺序，最后绘制各个粒子系统。

> **提示**　读者朋友们应该在步骤（9）中看到了加锁和解锁的相关代码，这是由于顶点坐标数据在粒子更新线程中被更新，同时 ParticleForDraw 中的 updateVertexData 方法在绘制前将对应的顶点坐标数据复制到对应的数据缓冲中。因此，为了避免两个线程（更新线程、绘制线程）同时访问同一资源造成的冲突，需要通过加锁同步来解决问题。同时读者朋友们可能会问到，这样直接加锁不会影响并行效率吗？一般临界区大的情况下，确实会大大影响并行效率。但在本案例中由于加锁区域涉及的任务很少，执行的时间也很短（也就是临界区小），使得两个线程几乎不受影响，因此基本不影响并行效率。

　　（10）介绍完 C++代码的开发后，接下来详细介绍本案例中的着色器。本案例中有 2 套着色器，一套用于绘制场景中的非粒子系统普通物体，另一套用于绘制粒子系统。用于绘制场景中非粒子系统普通物体的着色器与本书前面很多案例中的基本相同，这里不再赘述。下面仅介绍用于绘制粒子系统的着色器，首先给出的是顶点着色器，其具体代码如下。

代码位置： 见随书中源代码/第 12 章/Sample12_14/src/main/assets/shader 目录下的 commonParticle.vert。

```
1   //此处省略了声明着色器版本号及启用相关扩展的代码，读者可以自行查阅随书源代码
2   layout (push_constant) uniform constantVals {      //推送常量
3       mat4 mvp;                                      //总变换矩阵
4   } myConstantVals;
5   layout (std140,set = 0, binding =0 ) uniform bufferVals {        //一致变量
6       float maxLifeSpan;                             //最大生命周期
7   } myBufferVals;
8   layout (location = 0) in vec2 pos;                 //输入的顶点 x、y 坐标
9   layout (location = 1) in float xSpeed;             //当前粒子 x 方向速度
10  layout (location = 2) in float curLifespan;        //当前粒子生命周期
11  layout (location = 3) in vec2 inTexCoor;           //输入的纹理坐标
12  layout (location = 0) out vec2 outTexCoor;         //输出到片元着色器的纹理坐标
13  layout (location = 1) out float sjFactor;          //输出的当前粒子的总衰减因子
14  layout (location = 2) out vec4 vPosition;          //输出到片元着色器的顶点各项数据
15  out gl_PerVertex {                                 //输出接口块
16      vec4 gl_Position;                              //内建变量 gl_Position
17  };
```

```
18   void main() {
19       outTexCoor = inTexCoor;                                //传递给片元着色器的纹理坐标
20       gl_Position = myConstantVals.mvp* vec4(pos.x,pos.y,0.0,1.0);    //计算最终的顶点位置
21       vPosition=vec4(pos.x,pos.y,0.0,curLifespan);       //将顶点各项数据传递给片元着色器
22       sjFactor=(myBufferVals.maxLifeSpan-curLifespan)/myBufferVals.maxLifeSpan;
                                                              //总衰减因子
23   }
```

● 第 21 行组装了一个新的 vec4 类型的向量传递给片元着色器，向量的前两个分量为顶点的 x、y 坐标，第 4 个分量为当前粒子的生命周期。

● 第 22 行根据当前生命期值与最大允许生命期值计算出了要传递给片元着色器的总衰减因子。并且从该行代码中可以看出，随着粒子生命期的增加，总衰减因子逐渐减小，直至为 0。结合 12.6.1 节介绍的片元颜色变化规律可以看出，随着粒子生命期的增加，片元的颜色逐渐接近于终止颜色。

（11）介绍完用于绘制粒子系统的顶点着色器后，下面将给出对应的片元着色器。该片元着色器主要实现了控制粒子颜色随着粒子生命期的变化而改变的功能，其具体代码如下。

📝 **代码位置：** 见随书中源代码/第 12 章/Sample12_14/src/main/assets/shader 目录下的 commonParticle.frag。

```
1    //此处省略了声明着色器版本号及启用相关扩展的代码，读者可以自行查阅随书源代码
2    layout (binding = 1) uniform sampler2D tex;              //传入的纹理
3    layout (push_constant) uniform constantValsFrag{         //推送常量块
4        layout(offset=64) vec4 startColor;                   //粒子系统起始颜色
5        layout(offset=80) vec4 endColor;                     //粒子系统终止颜色
6        layout(offset=96) float bj;                          //粒子纹理矩形半径
7    } myConstantValsFrag;
8    layout (location = 0) in vec2 inTexCoor;                 //输入的纹理坐标
9    layout (location = 1) in float sjFactor;                 //输入的总衰减因子
10   layout (location = 2) in vec4 vPosition;                 //输入的顶点各项参数
11   layout (location = 0) out vec4 outColor;                 //输出的最终片元颜色
12   void main() {
13       if(vPosition.w==10.0){              //该片元的生命期为 10.0 时，处于未激活状态，不绘制
14           outColor=vec4(0.0,0.0,0.0,0.0);                  //舍弃此片元
15       }else{                              //该片元的生命期不为 10.0 时，处于活跃状态，绘制
16       const float newBJ=myConstantValsFrag.bj*60.0f;       //计算新的半径
17       vec4 colorTL = textureLod(tex, inTexCoor, 0.0);      //采样纹理
18       vec4 colorT;                                         //颜色变量
19       float disT=distance(vPosition.xyz,vec3(0.0,0.0,0.0)); //计算当前片元与中心点的距离
20       float tampFactor=(1.0-disT/newBJ)*sjFactor;          //计算片元颜色插值因子
21       vec4 factor4=vec4(tampFactor,tampFactor,tampFactor,tampFactor);
22       colorT=clamp(factor4,myConstantValsFrag.endColor,myConstantValsFrag.startColor);
                                                              //进行颜色插值
23       colorT=colorT*colorTL.a;            //结合采样出的透明度计算出最终颜色
24       outColor=colorT;                    //将计算出来的最终片元颜色传给渲染管线
25   }}
```

✏️ **说明** 　该片元着色器实现了图 12-33 中给出的单个粒子中片元颜色值的计算策略，主体思想就是在根据总衰减因子和片元位置计算出片元颜色的插值因子后，通过在起始颜色与终止颜色间进行线性插值，并结合纹理采样颜色的透明度得出最终的片元颜色。

12.6.3　点精灵版火焰

12.6.2 节的案例中通过用纹理矩形渲染粒子点的方式呈现了火焰燃烧的场景，效果不错。但有一个明显的不足，每个粒子都需对应 6 个顶点（两个三角形），顶点计算时就相当于做了 6 倍的

工作量，效率不高。因此本节将对 12.6.2 节的案例进行升级，采用点精灵绘制技术（每个粒子点只需一个顶点）来呈现火焰燃烧的场景，升级后的案例为 Sample12_15。

提示　　　点精灵的基本知识在本书前面的第 6 章中已经详细介绍过，有需要的读者可以参考本书前面第 6 章中的相关内容，这里不再赘述。

本节案例的运行效果与 12.6.2 节的案例完全相同，这里就不再展示了。下面直接介绍本节案例代码的开发。由于本节案例仅仅是复制前面的案例 Sample12_14 并进行修改，因此这里仅给出主要的修改步骤，具体内容如下。

（1）首先需要修改的是火焰粒子系统的总控制类 ParticleSystem，在该类中主要对初始化粒子顶点数据的 initPoints 方法、更新粒子状态的 update 方法和更新顶点数据缓冲中顶点数据的 updateVertexData 方法进行了修改。首先给出的是 initPoints 方法和 genVertexData 方法，具体代码如下。

✎ **代码位置：** 见随书中源代码/第 12 章/Sample12_15/src/main/cpp/bndev 目录下的 ParticleSystem.cpp。

```
1    ......//此处省略了相关头文件的导入，感兴趣的读者请自行查看随书源代码
2    std::vector<float> ParticleSystem::initPoints(int zcount) {    //初始化顶点数据的方法
3        for (int i = 0; i<zcount; i++) {                          //遍历粒子列表
4            float px = (float)(sx + xRange*random(0.0f, 1.0f) - xRange / 2);
                                                                   //计算粒子位置 x 坐标
5            float py = (float)(sy + yRange*random(0.0f, 1.0f) - yRange / 2);
                                                                   //计算粒子位置 y 坐标
6            float vx = (sx - px) / 150;                           //计算粒子的 x 方向运动速度
7            points.push_back(px);                                 //将粒子的 x 坐标存入列表
8            points.push_back(py);                                 //将粒子的 y 坐标存入列表
9            points.push_back(vx);                                 //将粒子的 x 方向速度存入列表
10           points.push_back(10.0f);                              //将粒子的生命期存入列表
11       }
12       for (int j = 0; j<groupCount; j++){                       //放出第一组粒子
13           points[4 * j + 3] = lifeSpanStep;
14       }
15       vCount = points.size() / 4;                               //计算顶点数量
16       dataByteCount = vCount * 4 * sizeof(float);               //计算顶点数据所占总字节数
17       vdata = new float[vCount * 4];                            //创建顶点数据数组
18       return points;                                            //返回顶点列表
19   }
20   void ParticleSystem::genVertexData() {                        //将顶点数据存放到顶点数据数组的方法
21       int index = 0;                                            //辅助索引
22       for (int i = 0; i < vCount; i++) {                        //遍历粒子列表
23           vdata[index++] = points[i * 4 + 0];                   //将顶点 x 坐标存入数据数组
24           vdata[index++] = points[i * 4 + 1];                   //将顶点 y 坐标存入数据数组
25           vdata[index++] = points[i * 4 + 2];                   //将粒子当前 x 方向速度存入数据数组
26           vdata[index++] = points[i * 4 + 3];                   //将粒子当前生命期存入数据数组
27   }}
```

- 第 2～19 行为初始化粒子顶点数据的 initPoints 方法，该方法与上一个案例中不同的是，本方法中每个粒子所对应的顶点数由 6 变成 1，大大减少了顶点数，有助于提高渲染效率。
- 第 20～27 行为用于将顶点数据存放到顶点数据数组中的 genVertexData 方法。这里与上一个案例不同的是，本方法中去掉了顶点的纹理坐标数据。这是由于在点精灵渲染中，纹理坐标数据是在片元着色器的内建变量中获取的，不再需要开发人员传入了。

（2）接下来给出的是用于更新粒子状态的 update 方法，其具体代码如下。

✏️ **代码位置：见随书中源代码/第 12 章/Sample12_15/src/main/cpp/bndev 目录下的 ParticleSystem.cpp。**

```
1    void ParticleSystem::update(){                                    //更新粒子状态的方法
2        if(countIndex>=(points.size()/groupCount/4)){      //计数器值超过总粒子数时
3            countIndex=0;                                            //从头重新开始计数
4        }
5        for(int i=0;i<points.size()/4;i++){                        //循环遍历所有粒子
6            if(points[i*4+3]!=10.0f){                               //若当前为活跃粒子
7                points[i*4+3]+=lifeSpanStep;                    //计算当前生命周期
8                if(points[i*4+3]>maxLifeSpan){                 //若当前生命期大于最大生命期
9                    float px=(float) (sx+xRange*(sx+xRange   //计算下一轮粒子的 x 坐标
10                                       *random(0.0f,1.0f)-xRange/2));
11                   float py=(float) (sy+yRange*(sy+yRange   //计算下一轮粒子的 y 坐标
12                                       *random(0.0f,1.0f)-yRange/2));
13                   float vx=(sx-px)/150;                         //计算粒子下一轮 x 方向的速度
14                   points[i*4]=px;                               //初始化列表中粒子对应的 x 坐标
15                   points[i*4+1]=py;                            //初始化列表中粒子对应的 y 坐标
16                   points[i*4+2]=vx;                            //初始化列表中粒子对应的x方向速度
17                   points[i*4+3]=10.0f;                         //初始化列表中粒子对应的生命周期
18               }else{                 //当前生命期小于最大生命期时，计算粒子的下一位置坐标
19                   points[i*4]+=points[i*4+2];                //计算粒子下一位置的 x 坐标
20                   points[i*4+1]+=vy;                          //计算粒子下一位置的 y 坐标
21        }}}
22        for(int i=0;i<groupCount;i++){                        //循环发射一批激活计数器所指定索引的粒子
23            if(points[groupCount*countIndex*4+4*i+3]==10.0f) {   //如果粒子处于未激活状态时
24                points[groupCount*countIndex*4+4*i+3]=lifeSpanStep; //激活对应的粒子
25        }}
26        countIndex++;                                            //下次激活粒子的批次索引
27        calculateBillboardDirection();                       //计算粒子系统标志板朝向的方法
28    }
```

● 第 5～21 行遍历了所有的粒子，判断当前粒子是否处于活跃状态，若是，则重新计算粒子的生命周期值，再判断该粒子的生命期是否大于最大生命期，若是，则重新设置该粒子的基本属性值（所有属性值置为下一轮的初始值）；若不是，则计算粒子的下一位置坐标值。

● 第 22～25 行遍历了此轮要发射的各个粒子，将这些粒子的生命期设置为生命期步进值，将粒子激活。从后面的片元着色器中可以看出，当粒子生命期为 10.0 时，表示粒子处于未激活状态，是不会被绘制出来的；当粒子生命期不为 10.0 时，表示粒子处于活跃状态，会被绘制出来。

📙 **提示** 上述 update 方法的基本思路与上一个案例中的完全相同，最大的不同就是每个粒子简化为只需要一个顶点进行表征，而不再需要 6 个顶点（组成两个三角形，进而组成一个纹理矩形）进行表征了。

（3）了解了 C++部分的主要变化后，接下来给出的是改动后的顶点着色器，具体代码如下。

✏️ **代码位置：见随书中源代码/第 12 章/Sample12_15/src/main/assets/shader 目录下的 commonParticle.vert。**

```
1    //此处省略了声明着色器版本号及启用相关扩展的代码，读者可以自行查阅随书源代码
2    layout (push_constant) uniform constantVals {        //推送常量块
3        mat4 mvp;                                            //总变换矩阵
4        mat4 mm;                                             //基本变换矩阵
5    } myConstantVals;
6    layout (std140,set = 0, binding =0 ) uniform bufferVals {  //一致变量
7        float maxLifeSpan;                                   //最大生命周期
8        float bj;                                            //粒子半径
9        vec4 uCamera;                                        //摄像机位置
```

```
10     } myBufferVals;
11     layout (location = 0) in vec2 pos;                    //输入粒子的顶点位置
12     layout (location = 1) in float xSpeed;                //当前粒子 x 方向速度
13     layout (location = 2) in float curLifespan;           //当前粒子生命周期
14     layout (location = 0) out float sjFactor;             //输出的总衰减因子
15     layout (location = 1) out vec4 vPosition;             //输出到片元着色器的顶点位置
16     out gl_PerVertex {                                    //输出接口块
17         vec4 gl_Position;                                 //内建变量 gl_Position
18         float gl_PointSize;                               //内建变量 gl_PointSize
19     };
20     void main() {
21         vec4 currPosition=myConstantVals.mm * vec4(pos.xy,0.0,1);
                                                             //计算变换后顶点在世界坐标系中的位置
22         float d=distance(currPosition.xyz,myBufferVals.uCamera.xyz);//计算顶点到摄像机的距离
23         float s=1.0/sqrt(0.05+0.05*d+0.001*d*d);          //计算距离缩放因子 s 的平方分之 1
24         gl_PointSize=myBufferVals.bj*s;                   //设置点精灵对应点的尺寸
25         gl_Position = myConstantVals.mvp* vec4(pos.x,pos.y,0.0,1.0);//计算最终的顶点位置
26         vPosition=vec4(pos.x,pos.y,0.0,curLifespan);  //将顶点各项数据传递给片元着色器
27         sjFactor=(myBufferVals.maxLifeSpan-curLifespan)/myBufferVals.maxLifeSpan;
                                                             //计算总衰减因子
28     }
```

● 该顶点着色器的代码与前面案例 Sample12_14 中的类似，主要的不同是本顶点着色器使用了内建变量 gl_PointSiz 来设置点精灵对应点的尺寸。

● 第 21~24 行确定了点精灵的尺寸。首先将顶点位置变换到世界坐标系，然后求出当前顶点与摄像机的距离，根据距离计算出缩放因子 s 的平方分之 1，最终根据粒子半径和缩放因子计算出点精灵对应点的尺寸。

提示　之所以要计算距离缩放因子并利用其动态确定点精灵的尺寸，是因为若不进行此操作，采用点精灵方式绘制出来的粒子系统中的粒子就不会有近大远小的透视效果。

（4）点精灵版粒子系统的片元着色器与普通版粒子系统的片元着色器代码基本相同，唯一的区别是纹理采样时使用的纹理坐标不再是由顶点着色器传入了，而是从片元着色器的内建变量 gl_PointCoord 得到纹理坐标。这里只给出有区别的部分代码，具体内容如下。

代码位置：见随书中源代码/第 12 章/Sample12_15/src/main/assets/shader 目录下的 commonParticle.frag。

```
1     //此处省略了与 Sample12_14 中片元着色器相同的部分代码，感兴趣的读者请自行查看随书源代码
2     void main() {
3         vec4 colorTL =textureLod(tex,gl_PointCoord,0.0);                    //进行纹理采样
4     //此处省略了与 Sample12_14 中片元着色器相同的部分代码，感兴趣的读者请自行查看随书源代码
5     }
```

说明　从第 3 行中可以看出，采样时的纹理坐标是从片元着色器的内建变量 gl_PointCoor 中得到的。

12.7　本章小结

本章主要介绍了片元着色器的几种巧妙用法，包括程序纹理技术、数字图像处理、分形着色器、3D 纹理的妙用、体积雾与粒子系统火焰特效等。通过本章的学习，读者可以初窥片元着色器在开发中的巨大魅力，为以后开发出具有吸引力的应用程序打下坚实的基础。

第13章 真实光学环境的模拟

本章将在前几章的基础上进一步介绍如何通过 Vulkan 来模拟现实世界中的一些常见光学效果，如反射、折射、镜头光晕、镜像及水面倒影等。掌握了这些技术以后，将能开发出更加真实、更有吸引力的酷炫场景。

13.1 反射环境模拟

现实世界中很多场合都会有这样的情况，放置在环境中具有光滑反射表面的物体会反射出周围环境的内容。例如，在环境中放置了一套表面抛光的银质餐具，餐具的光滑表面就会映射出周围环境的内容。本节将通过案例 Sample13_1 来介绍如何基于 Vulkan 开发这样的效果。

13.1.1 案例效果与基本原理

介绍本案例的具体开发步骤之前首先需要了解案例的运行效果与基本原理，其运行效果如图 13-1 所示。

▲图 13-1 反射环境模拟案例运行效果图

> **提示**　本案例运行时，当手指在屏幕上滑动时摄像机会绕场景转动。

从图 13-1 中可以看出，本节案例在一个自然场景中放置了一把具有光滑反射表面的茶壶，茶壶表面反射出了周围场景中的内容。自然场景是用前面章节介绍过的天空盒技术实现的，光滑表面的茶壶反射周围的环境内容是通过立方图纹理技术实现的。

立方图纹理是一种特殊的纹理映射技术，主要包括如下两个要点。

● 立方图纹理的单位是套，一套立方图纹理包括 6 幅尺寸相同的正方形纹理图。与构造天空盒的思路相同，这 6 幅图正好包含了周天 360°全部的场景内容。

● 对立方图纹理进行采样时，需要给出的不再是 s、t 两个轴的纹理坐标，而是一个规格化的向量。此规格化向量代表采样的方向，用来确定在代表全周天 360°的 6 幅图中的哪一幅的哪个位置进行采样，具体情况如图 13-2 所示。

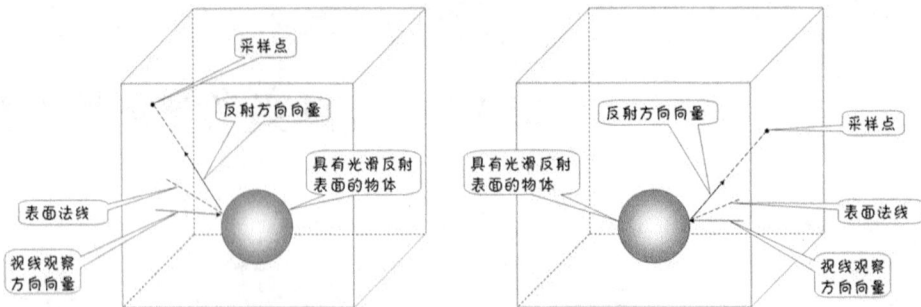

▲图 13-2　立方图纹理采样技术实现反射效果的原理

从图 13-2 中可以看出，本案例中实现反射周围环境的内容有两项关键工作要做，具体如下所列。

● 根据摄像机位置及被观察点位置计算出观察方向（视线）向量，并参照被观察点的法向量计算出视线反射方向向量。

● 根据视线反射方向向量确定采样点，实施立方图纹理采样。这与现实世界中人眼观察光滑物体，其表面有反射是完全一致的。

> 💡提示　　上述两项工作中的第一项需要自己编程在着色器中实现，第二项只需要基于采样向量对立方图纹理调用纹理采样函数即可完成。

13.1.2　开发前的准备工作

为了开发的方便，作者为案例中的立方图纹理设计了一种自定义格式的文件，其后缀为 bntexcube。同时作者还用 Java 开发了一款用于将一套（6 幅）天空盒图片文件转换为 bntexcube 格式立方图纹理文件的小工具。下面简要介绍一下此工具的使用，具体步骤如下。

（1）首先将随书源代码中第 13 章目录下的"生成立方图纹理.zip"文件解压，解压后所得文件夹的内容如图 13-3 所示。

（2）然后用记事本打开文件夹中的"run.bat"文件，将其中的"path="后面的路径修改为读者自己机器上 JDK 的对应路径，如"path=C:\Program Files\Java\jdk1.8.0_151\bin"（注意不要丢了"bin"），如图 13-4 所示。

▲图 13-3　解压后的文件夹

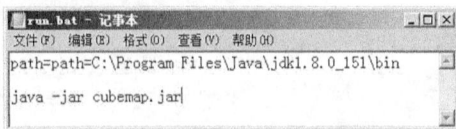

▲图 13-4　run.bat 文件内容

（3）最后保存修改后的"run.bat"文件，并双击此文件以启动立方图纹理格式转换工具，界面如图 13-5 所示。界面中的"选择"按钮用于设置生成的立方图纹理文件的保存路径，"纹理文件名称"文本框用来输入生成立方图纹理文件的名称，"添加"按钮用于按照"左、右、上、下、后、前"的顺序依次添加立方图纹理的 6 幅组成图片，"生成立方图纹理"按钮用于最后生成立方图纹理文件。

（4）对于 Android 版项目而言，还需要将转换所得的 bntexcube 格式立方图纹理文件复制到项目中 assets 目录下的 texture 文件夹下。对于 PC 版项目而言，则需要将转换所得的 bntexcube 格式纹理文件复制到项目根目录下 BNVulkanEx 文件夹下的 texture 子文件夹中。

13.1.3 开发步骤

了解了本节案例的运行效果及基本原理后，就可以进行案例的开发了。由于本案例中有相当一部分代码与前面很多案例中的类似，因此这里仅仅给出有代表性的步骤，具体内容如下。

（1）首先用 3ds Max 生成一个茶壶，并导出成 obj 文件放入项目的 assets 目录中待用。

（2）开发搭建场景的基本代码，包括天空盒、加载物体、摆放物体等。这些代码与前面章节的许多案例基本套路完全一致，因此这里不再赘述。

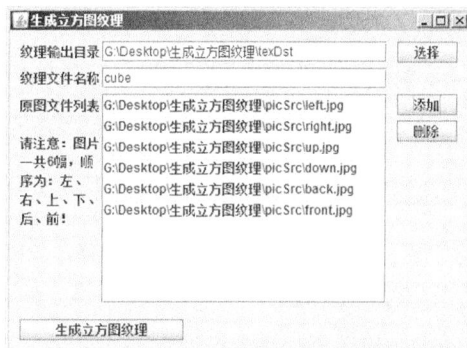

▲图13-5 立方图纹理转换工具界面

（3）由于本案例中的茶壶模型采用的是立方图纹理，所以在 TextureManager 类中需要增加用于初始化立方图纹理的方法 setImageLayoutCube 和 initCubemapTextures，同时还需要修改 initTextures 方法。这里仅给出重点的部分，具体代码如下。

✒ 代码位置：见随书中源代码/第 13 章/Sample13_1/src/main/cpp/util 目录下的 TextureManager.cpp。

```
1   void setImageLayoutCube(VkCommandBuffer cmd, VkImage image,VkImageAspectFlags aspectMask,
2       VkImageLayout old_image_layout,VkImageLayout new_image_layout){ //设置立方图纹理布局
3       //此处省略了部分代码，与前面很多案例中的类似
4       image_memory_barrier.subresourceRange.layerCount = 6;        //数组层的数量
5       //此处省略了部分代码，与前面很多案例中的类似
6   }
7   void TextureManager::initCubemapTextures(std::string texName, VkDevice& device,
        //初始化立方图纹理
8   VkPhysicalDevice& gpu, VkPhysicalDeviceMemoryProperties& memoryroperties,
9    VkCommandBuffer& cmdBuffer, VkQueue& queueGraphics, VkFormat format, TexDataObj
    ect* ctdo){
10      //此处省略了部分代码，与前面很多案例中的类似
11      VkImageCreateInfo image_create_info = {};               //构建图像创建信息结构体实例
12      image_create_info.arrayLayers = 6;                      //图像数组层数量
13      VkBufferImageCopy bufferCopyRegion = {};                //构建缓冲图像复制结构体实例
14      bufferCopyRegion.imageSubresource.layerCount = 6;    //数组层的数量
15      //此处省略了部分代码，与前面很多案例中的类似
16      vk::vkResetCommandBuffer(cmdBuffer, 0);                 //重置命令缓冲
17      result = vk::vkBeginCommandBuffer(cmdBuffer, &cmd_buf_info);    //启动命令缓冲
18      setImageLayoutCube(cmdBuffer, textureImage, VK_IMAGE_ASPECT_COLOR_BIT,
19          VK_IMAGE_LAYOUT_UNDEFINED, VK_IMAGE_LAYOUT_TRANSFER_DST_OPTIMAL);
20      vk::vkCmdCopyBufferToImage(cmdBuffer, stagingBuffer, textureImage,
                                                   //将缓冲数据复制到纹理图像
21          VK_IMAGE_LAYOUT_TRANSFER_DST_OPTIMAL, 1, &bufferCopyRegion);
22      setImageLayoutCube(cmdBuffer, textureImage,            //修改图像布局
23          VK_IMAGE_ASPECT_COLOR_BIT,
24              VK_IMAGE_LAYOUT_TRANSFER_DST_OPTIMAL,
25                  VK_IMAGE_LAYOUT_SHADER_READ_ONLY_OPTIMAL);
26      //此处省略了部分代码，与前面很多案例中的类似
27      VkImageViewCreateInfo view_info = {};                   //构建图像视图创建信息结构体实例
28      view_info.subresourceRange.layerCount = 6;           //数组层的数量
29      //此处省略了部分代码，与前面很多案例中的类似
30  }
31  void TextureManager::initTextures(VkDevice& device,       //初始化纹理的方法
32      VkPhysicalDevice& gpu, VkPhysicalDeviceMemoryProperties& memoryroperties,
```

```
33        VkCommandBuffer& cmdBuffer, VkQueue& queueGraphics) {
34        for (int i = 0; i<texNames.size(); i++) {            //遍历纹理数组
35              //此处省略了初始化 bntex 纹理的方法，这里不再赘述
36              else if (sa[1].compare("bntexcube") == 0){    //若为立方图纹理
37                    TexDataObject* ctdo = FileUtil::loadCubemapTexData(texName);
                                                              //加载纹理数据
38                    printf("%s w %d h %d c %d", texName.c_str(),   //打印纹理信息
39                          ctdo->width, ctdo->height, ctdo->dataByteCount);
40                    initCubemapTextures(texName, device, gpu,      //初始化立方图纹理
41                    memoryroperties, cmdBuffer, queueGraphics, VK_FORMAT_R8G8B8A8_
UNORM, ctdo);
42      }}}
```

> ✏️**说明**　通过与之前章节中初始化普通 2D 纹理的方法对比可以发现，立方图纹理与普通 2D 纹理的最大区别是数组层数量不再是 1 而变为 6。这是因为立方图纹理是由一套 6 幅图片所构成，其他部分代码与之前章节中初始化普通 2D 纹理的相关代码基本相同。

（4）完成了 C++代码之后就可以开发着色器了。本案例中有两套着色器：一套是对应于普通 2D 纹理的，用来绘制天空盒的各个面；另一套是负责茶壶模型立方图纹理实施的。第一套着色器与前面章节很多案例中的完全相同，这里不再赘述。下面着重介绍用于在绘制茶壶模型时实施立方图纹理的这一套着色器，首先给出的是其中的顶点着色器，具体代码如下。

> 🖋️**代码位置：**见随书中源代码/第 13 章/Sample13_1/src/main/assets/shader 目录下的 cubemap.vert。

```
1   //此处省略了声明着色器版本号及启用相关扩展的代码，读者可以自行查阅随书源代码
2   layout (std140,set = 0, binding = 0) uniform bufferVals {      //一致变量
3       vec4 uCamera;                                   //摄像机位置
4   } myBufferVals;
5   layout (push_constant) uniform constantVals {  //推送常量
6       mat4 mvp;                                   //最终变换矩阵
7       mat4 mm;                                    //基本变换矩阵
8   } myConstantVals;
9   layout (location = 0) in vec3 pos;              //输入的顶点位置
10  layout (location = 1) in vec3 inNormal;         //输入的法向量
11  layout (location = 0) out vec3 outTexCoor;      //输出到片元着色器的纹理坐标（立方图纹理）
12  out gl_PerVertex {                              //输出接口块
13      vec4 gl_Position;                           //顶点最终位置
14  };
15  void main() {
16      gl_Position = myConstantVals.mvp * vec4(pos,1.0);    //计算顶点最终位置
17      vec3 normalTarget=pos+inNormal;                 //计算世界坐标系中的法向量
18      vec3 newNormal=(myConstantVals.mm*
19      vec4(normalTarget,1)).xyz-(myConstantVals.mm*vec4(pos,1)).xyz;
20      newNormal=normalize(newNormal);                 //对法向量规格化
21      vec3 eye=-normalize                             //计算从观察点到摄像机的向量（视线向量）
22      (myBufferVals.uCamera.xyz-(myConstantVals.mm*vec4(pos,1)).xyz);
23      outTexCoor=reflect(eye,newNormal);              //计算视线向量的反射向量并传递给片元着色器
24  }
```

> ✏️**说明**　上述顶点着色器与实现普通 2D 纹理映射的顶点着色器最大的区别是，传递给片元着色器的纹理坐标不再是从管线接收并直接赋值给输出变量的二维向量，而是通过视线及法向量计算出来的三维向量，其代表视线经被观察点处（此片元所在位置）表面反射后的方向。

（5）接着给出的是用于在绘制茶壶模型时实施立方图纹理的片元着色器，其代码如下。

📎 **代码位置：见随书中源代码/第 13 章/Sample13_1/src/main/assets/shader 目录下的 cubemap.frag。**

```
1  //此处省略了声明着色器版本号及启用相关扩展的代码，读者可以自行查阅随书源代码
2  layout (binding = 1) uniform samplerCube tex;        //纹理内容数据（立方图）
3  layout (location = 0) in vec3 inTexCoor;             //接收从顶点着色器传入的纹理坐标
4  layout (location = 0) out vec4 outColor;             //输出到渲染管线的片元颜色值
5  void main() {
6      outColor=textureLod(tex, inTexCoor, 0.0);        //采样纹理颜色值
7  }
```

📌 **说明**　从上述代码中可以看出，由于着色语言内置函数的良好支持，得到立方图纹理用采样向量后的采样工作就非常简单了，直接调用 textureLod 函数即可完成。

📌 **提示**　前面介绍纹理的章节中曾经介绍过 Mipmap 纹理，对立方图纹理而言也可以应用 Mipmap。但有一点需要注意，若直接将 6 个面的最高分辨率纹理（能无缝拼接的）各自通过缩小采样逐级生成 Mipmap 中每一级立方图的 6 幅纹理则会造成生成的各级立方图接缝处不能无缝拼接。因此通过缩小采样逐级生成立方图 Mipmap 纹理时应该跨面（即跨过接缝）进行线性插值以避免影响无缝拼接，如借助原 ATI（现在属于 AMD）旗下的 CubeMapGen 工具就可以完成这样的工作。

13.2 折射环境模拟

现实世界中很多场合都会有这样的情况，透过透明物体观察周围的环境时会有折射现象发生。平时使用的很多光学设备利用的就是光线的折射，例如放大镜、眼镜、光学望远镜、光学显微镜等。本节将通过案例 Sample13_2 来介绍如何基于 Vulkan 来开发出折射效果。

13.2.1　案例效果与基本原理

介绍本节案例的具体开发步骤之前首先需要了解一下案例的运行效果与基本原理，其运行效果如图 13-6 所示。

▲图 13-6　折射环境模拟案例运行效果

📌 **提示**　本案例运行时，当手指在屏幕上滑动时摄像机会绕场景转动，当手指在屏幕上点击时摄像机会前后左右移动。

从图 13-6 中可以看出，本节案例在自然场景中放置了一个透明的玻璃球，透过玻璃球观察后面的场景时会有放大镜的效果。自然场景是用前面章节介绍过的天空盒技术实现的，玻璃球折射

出周围环境的内容是通过立方图纹理技术实现的。

　　本节案例与 13.1 节反射环境模拟的案例均采用立方体纹理技术，所不同的是本节中的采样向量是视线经玻璃球表面折射后的向量，而不再是被表面反射后的向量。立方图纹理技术本身已经在 13.1 节详细介绍过，因此本节仅介绍采用立方图纹理技术实现折射效果的原理，具体情况如图 13-7 所示。

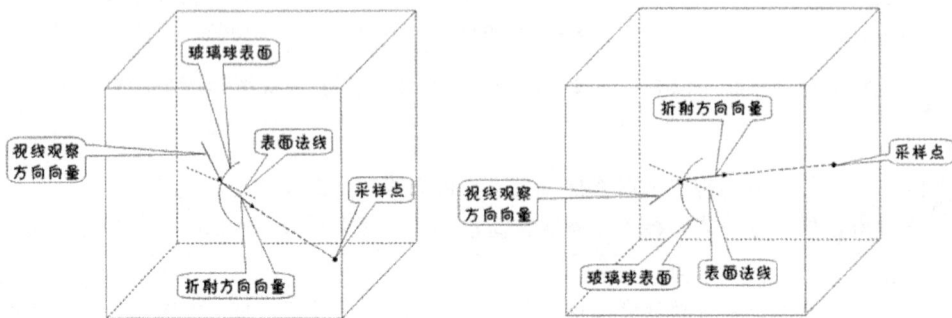

▲图 13-7　立方体纹理技术实现折射效果的原理

　　从图 13-7 中可以看出，本案例中为了实现玻璃球折射出周围环境的内容也有两项关键工作要做，具体如下所列。

　　● 根据摄像机位置及被观察点位置计算出观察方向（视线）向量，并参照被观察点的法向量计算出视线折射方向向量。

　　● 根据视线折射方向向量确定采样点，实施立方图纹理采样。这与现实世界中人眼观察透明物体，其折射出观察的环境内容是完全一致的。

　　上述两项工作中的第一项需要自己编程在着色器中实现；第二项只需要基于采样向量对立方图纹理调用纹理采样函数即可完成。

　　折射后视线向量的计算遵循斯涅尔定律，具体情况如图 13-8 所示。

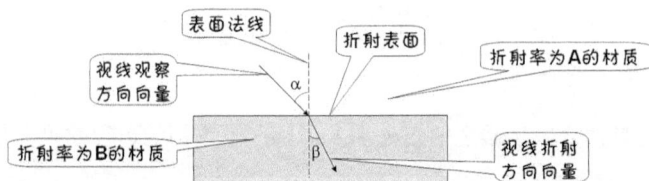

▲图 13-8　斯涅尔定律原理

　　从图 13-8 中可以看出，入射向量与折射向量共面，且入射角 α、折射角 β 与表面两侧两种材质的折射率满足如下公式。

$$A×sin(α) = B×sin(β)$$

💡说明　　A、B 分别表示表面两侧两种材质的折射率。

　　了解了折射的基本原理与相关计算公式后，下面就可以进行实际案例的开发了，13.2.2 节具体介绍这些内容。

13.2.2　开发步骤

　　了解了案例的运行效果及基本原理后，就可以进行案例的开发了，具体步骤如下。

　　（1）首先用 3ds Max 生成一个球，并导出成 obj 文件放入项目的 assets 目录中待用。

（2）开发出搭建场景的基本代码，包括天空盒、立方图纹理、加载物体、摆放物体等。这些代码与 13.1 节案例中的基本套路完全一致，因此这里不再赘述。

（3）完成了 C++代码之后就可以开发着色器了。本案例中共有两套着色器：一套是对应于普通 2D 纹理的，用来绘制天空盒的各个面；另一套是负责圆球模型立方图纹理实施的。第一套着色器与前面章节很多案例中的完全相同，这里不再赘述。下面着重介绍用于在绘制折射用圆球模型（代表透明的玻璃球）时实施立方图纹理的这一套着色器，首先给出的是其中的顶点着色器，具体代码如下。

代码位置：见随书中源代码/第 13 章/Sample13_2/src/main/assets/shader 目录下的 cubemap.vert。

```
1    //此处省略了与上一节案例相同部分的代码，读者可以自行查阅随书源代码
2    layout (location = 0) in vec3 pos;                //输入的顶点位置
3    layout (location = 1) in vec3 inNormal;           //输入的法向量
4    layout (location = 0) out vec3 newNormalVary;     //用于传递给片元着色器的变换后法向量
5    layout (location = 1) out vec3 eyeVary;           //用于传递给片元着色器的视线向量
6    out gl_PerVertex {                                //输出接口块
7        vec4 gl_Position;                            //顶点最终位置
8    };
9    void main() {
10       gl_Position = myConstantVals.mvp * vec4(pos,1.0);
                                                      //根据总变换矩阵计算此次绘制此顶点的位置
11        vec3 normalTarget=pos+inNormal;             //计算世界坐标系中的法向量
12       vec3 newNormal=(myConstantVals.mm
13           *vec4(normalTarget,1)).xyz-(myConstantVals.mm*vec4(pos,1)).xyz;
14       newNormalVary=normalize(newNormal);         //将变换后的法向量传递给片元着色器
15       eyeVary=normalize(myBufferVals.uCamera.xyz   //计算视线向量并传给片元着色器
16                       -(myConstantVals.mm*vec4(pos,1)).xyz);
17   }
```

> **说明**　上述顶点着色器的主要功能为将视线向量、法向量通过输出变量传递给片元着色器，供片元着色器在折射计算中使用。

（4）完成了顶点着色器的开发后，就可以开发对应的片元着色器了，具体代码如下。

代码位置：见随书中源代码/第 13 章/Sample13_2/src/main/assets/shader 目录下的 cubemap.frag。

```
1    //此处省略了声明着色器版本号及启用相关扩展的代码，读者可以自行查阅随书源代码
2    layout (binding = 1) uniform samplerCube tex;     //纹理内容数据
3    layout (location = 0) in vec3 newNormalVary;      //接收从顶点着色器过来的变换后法向量
4    layout (location = 1) in vec3 eyeVary;            //接收从顶点着色器过来的视线向量
5    layout (location = 0) out vec4 outColor;          //输出到渲染管线的片元颜色
6    void main() {
7        const float zsl=0.93;                        //折射系数
8        vec3 vTextureCoord=refract(eyeVary,newNormalVary,zsl);
                                                      //根据斯涅尔定律计算折射后的视线向量
9        outColor=texture(tex, vTextureCoord);        //采样出最终纹理颜色
10   }
```

- 第 8 行调用本书第 3 章介绍过的折射函数 refract 计算出折射后的视线向量。
- 第 9 行根据计算出的折射后视线向量调用 texture 函数进行立方图纹理采样。

> **提示**　从上述代码中可以看出，由于着色语言内置函数的良好支持，很多工作都被大大地简化了。作者强烈建议读者花些时间熟悉本书中第 3 章介绍的各种函数，避免"重复发明车轮"，这样在开发中就可以事半功倍了。

13.3　色散效果模拟

13.2 节通过玻璃球实现放大镜效果的案例介绍了折射效果的开发，读者应该觉得案例的整体效果还是非常逼真的。但还有一点不够真实的地方，那就是现实世界中不同颜色的光对于同一种材质的折射率是不完全相同的。因此，透过玻璃球观察现实世界时会产生色散的效果。本节将通过案例 Sample13_3 来介绍如何基于 Vulkan 来开发折射时的色散效果。

13.3.1　案例效果与基本原理

介绍本案例的具体开发步骤之前，首先需要了解一下案例的运行效果与基本原理，其运行效果如图 13-9 所示。

▲图 13-9　折射色散案例运行效果

> 提示　由于本书插图是黑白黑白印刷，因此通过图 13-9 可能看不到色散的效果，此时请读者自行运行本节的案例或参看本书前面的彩页。

从图 13-9 中可以看出，本案例场景基本上与 13.2 节案例中的相同，唯一不同的就是在透过玻璃球观察后面的场景时不但会有放大镜的效果，物体的边缘还会有彩虹一样的条纹出现，这就是色散现象。

前面已经简单提过，造成色散的原因是不同颜色的光对于同一种材质的折射率不完全相同。这就是说一束由不同颜色的光组成的光线经过折射后，不同颜色的组成部分出射方向会有发散，形成彩虹一样的效果，图 13-10 很好地说明了这个问题。

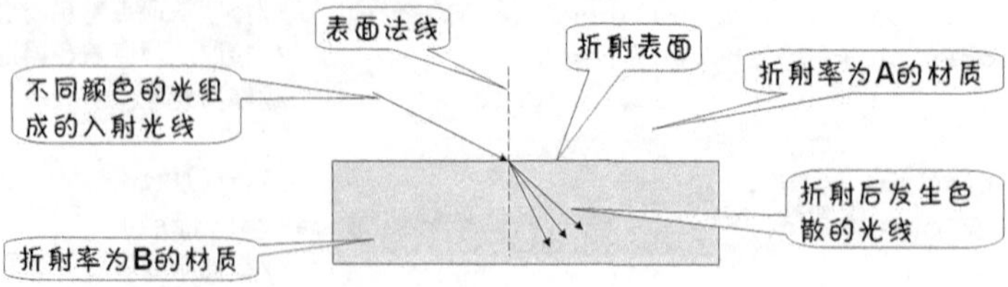

▲图 13-10　折射色散的原理

了解了色散的基本原理与案例的运行效果后，下面就可以进行实际的开发了，13.3.2 节具体介绍这些内容。

13.3.2　开发步骤

由于本案例与 13.2 节案例的大部分代码相同，仅仅片元着色器有所不同。因此，这里仅给出改动后片元着色器的代码，具体内容如下。

✎ **代码位置：** 见随书中源代码/第 13 章/Sample13_3/src/main/assets/shader 目录下的 cubemap.frag。

```
1   //此处省略了声明着色器版本号及启用相关扩展的代码，读者可以自行查阅随书源代码
2   layout (binding = 1) uniform samplerCube tex;        //纹理数据内容
3   layout (location = 0) in vec3 newNormalVary;         //接收从顶点着色器过来的变换后法向量
4   layout (location = 1) in vec3 eyeVary;               //接收从顶点着色器过来的视线向量
5   layout (location = 0) out vec4 outColor;             //输出到渲染管线的最终片元颜色值
6   vec4 zs(                      //根据法向量、视线向量及斯涅尔定律计算立方图纹理采样的方法
7     in float zsl){              //折射率
8     vec3 vTextureCoord=refract(eyeVary,newNormalVary,zsl);
                                   //根据斯涅尔定律计算折射后的视线向量
9     vec4 finalColor=texture(tex, vTextureCoord);       //进行立方图纹理采样
10    return finalColor;                                 //返回采样颜色值
11  }
12  void main() {
13      vec4 finalColor=vec4(0.0,0.0,0.0,0.0);           //给定初始化颜色初始值
14      finalColor.r=zs(0.97).r;                         //计算红色通道的采样结果
15      finalColor.g=zs(0.955).g;                        //计算绿色通道的采样结果
16      finalColor.b=zs(0.94).b;                         //计算蓝色通道的采样结果
17      outColor=finalColor;                             //将片元最终颜色值输出到渲染管线
18  }
```

📝 **说明**　从上述代码中可以看出，这与 13.2 节案例 Sample13_2 中的对应部分相比并没有太大变化，只是第 14～16 行将不同颜色的光分量以不同的折射系数（红色 0.97、绿色 0.955、蓝色 0.94）单独进行了折射计算。

13.4 菲涅尔效果的模拟

前面几节单独介绍了反射效果、折射效果的模拟，本节将通过案例 Sample13_4 介绍将反射效果、折射效果综合到一起的菲涅尔（Fresnel）效果。

13.4.1 案例效果与基本原理

介绍本案例的具体开发步骤之前首先需要了解案例的运行效果与基本原理，其运行效果如图 13-11 所示。

▲图 13-11　菲涅尔效果案例运行效果图

从图 13-11 中可以看出，本案例场景基本上与 13.3 节的相同，所不同的是场景中的玻璃球同时具有折射与反射效果。玻璃球正对摄像机的部分主要是折射效果，而边缘主要是反射效果，这就是前面提到的菲涅尔效果。

📝 **提示**　由于本书插图采用黑白印刷，因此通过图 13-11 可能看不清菲涅尔效果，此时请读者自行运行本节的案例或参看本书前面的彩页。

造成菲涅尔效果的原因是，当光线到达两种材质的接触面时，一部分光线被反射，另一部分光线被折射。大致的规律是当入射角较小时主要发生折射，当入射角较大时主要发生反射。

这与大家平时在湖边或池塘边的感觉一样：当目光相对于水面基本垂直时，主要看到的是水面下的内容；而当目光相对于水面入射角很大时，主要看到的是湖面反射的内容，而看不到水面下的内容，图 13-12 简单地说明了这个问题。

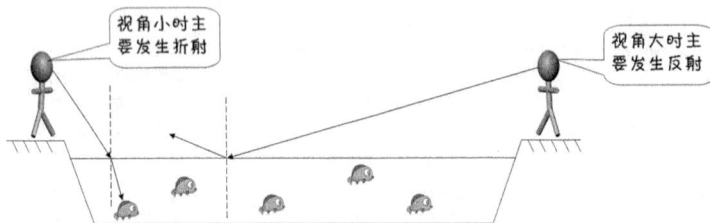

▲图 13-12　菲涅尔效果基本原理

了解了菲涅尔效果的基本原理后还有一个重要的问题需要解决，那就是在给定情况下反射和折射各自所占的比例为多少。这个问题的精确计算比较复杂，需要用到专门为菲涅尔效果建立的复杂数学模型，基于这些模型的计算难以满足实时渲染的需要。

实际开发中作者建议采用简化的数学模型，也就是将折反射比例分成 3 种情况进行计算，具体情况如下所列。

● 若入射角小于一定的值，只计算折射效果。

● 若入射角大于一定的值，只计算反射效果。

● 若入射角在一定的范围内，则首先单独计算折射效果与反射效果，再将两种效果的计算结果按一定的比例进行融合。

了解了菲涅尔效果的基本原理与案例的运行效果后，下面就可以进行实际的开发了，13.4.2 节具体介绍这些内容。

13.4.2　开发步骤

13.4.1 节介绍了菲涅尔效果的基本原理及案例的运行效果，本节将介绍如何进行本节案例的开发。由于本节案例与 13.3 节案例的大部分代码相同，仅仅在对应立方图纹理的片元着色器中有所不同。因此，这里仅给出改动后片元着色器的代码，具体内容如下。

代码位置：见随书中源代码/第 13 章/Sample13_4/src/main/assets/shader 目录下的 cubemap.frag。

```
1   //此处省略了声明着色器版本号及启用相关扩展的代码，读者可以自行查阅随书源代码
2   layout (binding = 1) uniform samplerCube tex;      //纹理内容数据
3   layout (location = 0) in vec3 newNormalVary;       //接收从顶点着色器过来的变换后法向量
4   layout (location = 1) in vec3 eyeVary;             //接收从顶点着色器过来的视线向量
5   layout (location = 0) out vec4 outColor;           //输出到渲染管线的片元颜色
6   vec4 zfs(                                          //计算折反射纹理采样颜色的方法
7     in float zsl){                                   //折射率
8       vec3 vTextureCoord;                            //用于进行立方图纹理采样的向量
9       vec4 finalColorZS;                             //若是折射的采样结果
10      vec4 finalColorFS;                             //若是反射的采样结果
11      vec4 finalColor;                               //最终颜色
12      const float maxH=0.7;                          //入射角余弦值若大于此值则仅计算折射
13      const float minH=0.2;                          //入射角余弦值若小于此值则仅计算反射
14      float sizeH=maxH-minH;                         //混合时入射角余弦值的跨度
15      float testValue=abs(dot(eyeVary,newNormalVary)); //计算视线向量与法向量夹角的余弦值
```

```
16      if(testValue>maxH)  {                                    //余弦值大于 maxH 仅折射
17        vTextureCoord=refract(eyeVary,newNormalVary,zsl);      //计算纹理坐标（折射）
18        finalColor=texture(tex, vTextureCoord);               //采样纹理颜色
19      }  else if(testValue<=maxH&&testValue>=minH) {     //余弦值在 minH~maxH 范围内反射、折射融合
20        vTextureCoord=reflect(eyeVary,newNormalVary);         //计算纹理坐标（反射）
21        finalColorFS=texture(tex, vTextureCoord);             //反射的计算结果
22        vTextureCoord=refract(eyeVary,newNormalVary,zsl);     //计算纹理坐标（折射）
23        finalColorZS=texture(tex, vTextureCoord);             //折射的计算结果
24        float ratio=(testValue-minH)/sizeH;                   //融合比例因子
25        finalColor=finalColorZS*ratio+(1.0-ratio)*finalColorFS;  //折反射结果线性融合
26      }  else{                                                 //余弦值小于 minH 仅反射
27        vTextureCoord=reflect(eyeVary,newNormalVary);         //计算纹理坐标（反射）
28        finalColor=texture(tex, vTextureCoord);               //反射的计算结果
29      }
30      return finalColor;                                      //返回最终颜色值
31    }
32    void main() {
33        vec4 finalColor=vec4(0.0,0.0,0.0,0.0);                //给定初始化颜色值
34        finalColor.r=zfs(0.97).r;                             //计算红色通道的采样结果
35        finalColor.g=zfs(0.955).g;                            //计算绿色通道的采样结果
36        finalColor.b=zfs(0.94).b;                             //计算蓝色通道的采样结果
37        outColor=finalColor;                                  //将最终的片元颜色传递给管线
38    }
```

> **提示**　从上述代码中可以看出，主要的变化在于将原来计算折射的 zs 函数替换为综合计算折反射效果的 zfs 函数。此函数根据视线向量入射角度的大小分为 3 种情况计算纹理采样的结果，实现了 13.4.1 节提出的菲涅尔效果简化数学模型。

13.5　凹凸映射

现实世界中有这样一类物体，其表面是粗糙的，具有很多微小细节。例如具有小花纹的茶壶、常吃的橘子等。当需要渲染这些物体时，可以采用前面章节介绍过的基于三角形的立体物体构建技术来描述这些微小细节。但这样势必造成顶点数量的急剧增加，大大降低渲染速度。

本节将介绍一种基于特殊纹理映射的低成本细节模拟技术——凹凸映射，其不需要增加很多的顶点来描述细节，只是在计算光照前通过运算扰动法向量，效率很高。

13.5.1　案例效果与基本原理

介绍凹凸映射的基本知识之前首先需要了解本节案例 Sample13_5 的运行效果，以便对凹凸映射有一个基本的认识。为了进行对比，本节案例一共给出了两个立方体，右边是带有凹凸映射的立方体，左边是普通的立方体，具体情况如图 13-13 所示。

▲图 13-13　案例 Sample13_5 的运行效果图

从图 13-13 中可以看出，右边立方体的每个面具有 4 种不同形状的突起及凹陷，效果非常逼真。已经掌握了前面章节基于三角形构建立体物体技术的读者可以很容易地分析出，若使用三角形来构建上述立方体表面的几何结构将需要数倍于普通立方体的顶点，渲染效率必然明显降低。

幸运的是，Jim Blinn 创造了凹凸映射技术，使得仅仅需要采用普通立方体的模型就可以绘制出具有微小细节的粗糙表面，此技术的基本思想如下所列。

● 首先绘制时采用的是没有表面细节的模型，并且模型中的每个顶点都指定了不考虑表面细节情况下的法向量、切向量以及纹理坐标。其中切向量指的是与顶点处表面相切、与法向量正交的向量，在后面的计算中有重要作用。

● 给顶点分配的纹理坐标与前面章节中的案例一样也是用来进行纹理采样的，但被采样的纹理图中记录的不再是片元的颜色，而是此片元处考虑了微小细节的法向量相对于标准法向量的扰动结果。因此，每次纹理采样结果中的 RGB 通道值不再代表颜色，而分别代表扰动后法向量的 x、y、z 分量。

● 当取出扰动后的法向量时，可以将其与此片元处不考虑表面细节的法向量进行计算得出此片元处考虑了表面细节后的法向量。最后用计算后的法向量进行正常的光照计算即可渲染出具有表面粗糙细节的物体。

● 一般情况下为了计算方便，纹理图中记录扰动结果法向量时，认为扰动前的标准法向量为 [0,0,1]。也就是说从纹理图中取出的扰动后法向量是以标准法向量[0,0,1]为基础的，而不是基于对应片元处不考虑表面细节情况下的法向量。

这就涉及折算的问题，最直观的方式就是根据片元处的法向量、切向量将纹理图中取出的扰动后法向量折算到实际坐标系中进行光照计算。但基于这种思路的计算非常复杂，故为了简化问题，本节案例采用的是逆向计算的方式。实施策略为将光源位置、摄像机位置变换到标准法向量所属的坐标系中，再直接基于从纹理图中取出的扰动后法向量进行光照计算，具体步骤如下。

● 首先根据片元的法向量、切向量计算出副法向量。副法向量的计算很简单，将法向量、切向量直接进行叉积即可得到。

● 然后将切向量、副法向量、法向量组装成一个 3×3 的变换矩阵，此变换矩阵可以用来将光源位置、摄像机位置变换到标准法向量所属的坐标系中。

● 将光源位置乘以上述 3×3 的变换矩阵，得到用于光照计算的光源位置。

● 将摄像机位置乘以上述 3×3 的变换矩阵，得到用于光照计算的摄像机位置。

📌提示　　有了上述计算模型后，就可以开发实现此计算模型的渲染程序了，具体内容会在后面的几节进行介绍。

13.5.2　法向量纹理图的生成

从 13.5.1 节凹凸映射计算模型的介绍中可以看出，实施此计算模型需要有携带了扰动后法向量信息的特殊纹理图。具体来说就是纹理图中的每个像素都代表了一个扰动后的法向量，RGB 通道的值分别为扰动后法向量的 x、y、z 分量。

显然，这种纹理图是没有办法用绘图工具（如 Photoshop、画图等）来直接绘制的。作者采用的方式是用绘图工具生成高度域灰度图，然后再用自己开发的工具将高度域灰度图转换为法向量纹理图。图 13-14 给出了一系列的高

▲图 13-14　高度域灰度图

度域灰度图。

图 13-14 中给出了 4 幅高度域灰度图，读者可根据自己的需要制作所需的高度域灰度图。

高度域灰度图中黑色的部分代表高度低的区域，而白色的部分代表凸起的区域。也就是颜色越浅，凸起越高。有了高度域灰度图后就可以将其转换为法向量纹理图以备使用了，具体的转换方法如下。

● 当需要计算某个像素对应的扰动后法向量时，首先需要计算两个差分向量。第一个差分向量为 $[1,0,H_上-H_本]$，第二个差分向量为 $[0,1,H_右-H_本]$。$H_上$ 为此像素正上方的像素灰度值所代表的高度，$H_右$ 为此像素正右侧的像素灰度值所代表的高度，$H_本$ 为此像素灰度值所代表的高度。

$H_上$、$H_右$、$H_本$ 并不能从高度域灰度图中直接取出，当取出一个像素的灰度值后需要除以 255 以折算为 0～1 范围内的高度。

● 计算出两个差分向量后将两个差分向量进行叉积即可计算出此像素处扰动后法向量的值，然后再将扰动后法向量的 x、y、z 分量各自折算到 0～255 的整数范围内，并作为像素的 RGB 值存入法向量纹理图中的对应位置。

了解了法向量纹理图的生成算法后，就可以基于此开发出将高度域灰度图转换为法向量纹理图的工具了。接下来了解一下转换后法向量纹理图的内容，具体情况如图 13-15 所示。

▲图 13-15 生成的法向量纹理图

图 13-15 中给出了图 13-14 中 4 幅高度域灰度图对应的法向量纹理图。需要注意的是，由于书中的插图是黑白印刷的，因此很难看出效果，若读者运行本书附带的法向量纹理图自动生成工具就会发现生成的法向量纹理图其主体颜色是蓝色，在高度明显变化的区域会有其他颜色。

接下来简单介绍一下转换工具的使用，具体步骤如下。

（1）首先将随书源代码中第 13 章目录下的"高度域灰度图转换为法向量纹理图的工具.zip"文件解压，解压后所得文件夹的内容如图 13-16 所示。

（2）然后用记事本打开文件夹中的"run.bat"文件，将其中的"path="后面的路径修改为读者自己机器上 JDK 的对应路径，如"path=C:\Program Files\Java\jdk1.8.0_151\bin"（注意不要丢了"bin"），如图 13-17 所示。

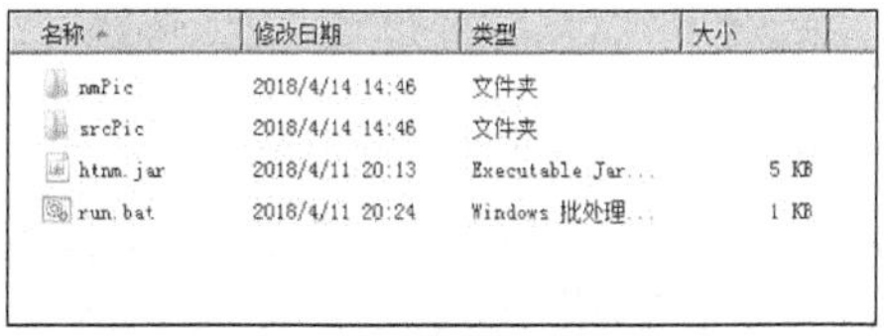

▲图 13-16 解压后的文件夹

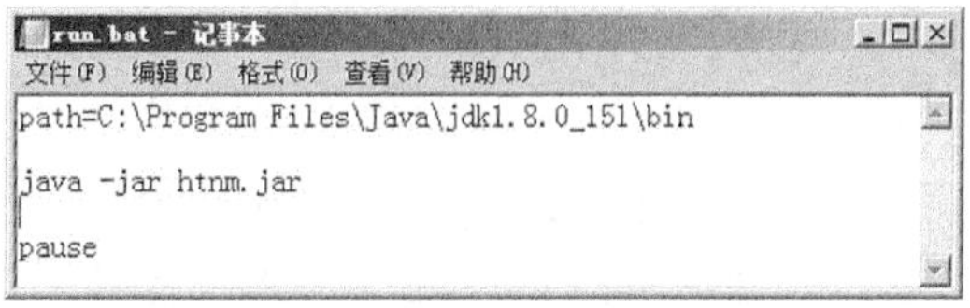

▲图 13-17 run.bat 文件内容

（3）最后保存修改后的"run.bat"文件，并双击此文件以启动将高度域灰度图转换为法向量纹理图的工具，其文件选择界面如图 13-18 所示。在其中选择所需的高度域灰度图文件，点击"打开"按钮，将出现如图 13-19 所示的结果界面，同时程序也将结果法向量纹理图存入 nmPic 文件夹中。

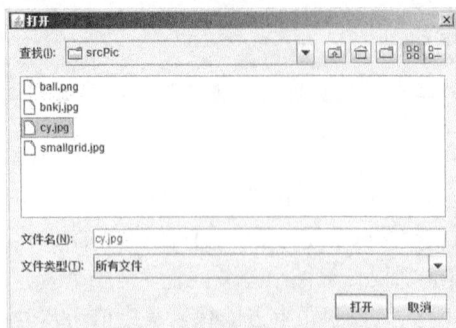

▲图 13-18　文件选择界面

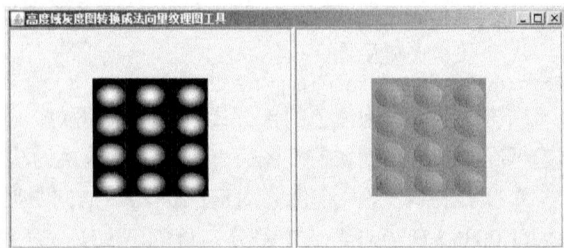

▲图 13-19　转换结果界面

> **提示**　转换成功后，还需要使用纹理图转换工具将法向量纹理图转换为 bntex 格式的纹理文件才可以在项目中使用。

13.5.3　切向量的计算

学过数学的读者都知道，一个平滑三维物体的切平面上有无数多个切向量，若只是任意给出一个合法的切向量，则会造成三角形面上的切向量不统一，导致物体表面在进行凹凸贴图时出现撕裂现象。

本节将对如何产生一致的切向量给出一个解决方案，即将纹理坐标 ST 空间简单地看成切空间。此时切空间下切平面内的两个坐标轴就是顶点所在 ST 坐标系下的 s 轴和 t 轴。

> **说明**　这里所谓的切空间就是针对表面上某个被考察的点，以该点 ST 二维坐标系的坐标轴表示该点的切线（tangent）和该点的副法线（binormal），再加上与上述二者正交的法线，就组成了一个可以被描述的空间。此空间就是切空间，其 3 个坐标轴分别为纹理 s、t 轴在物体坐标系中的对应向量，以及被考察点的法向量。

想要获得物体的切向量就相当于计算切空间中的"切线"（这里就是纹理坐标 ST 空间中的 s 轴）对应在物体空间中的向量，具体的计算步骤如下。

（1）首先需要物体上一个三角形面的 3 个顶点 p0、p1、p2 的位置坐标（以物体空间计）和纹理坐标，内容如下。

p0: { x0,y0,z0 } , { p0s, p0t }　　　p1: { x1,y1,z1 } , { p1s, p1t }　　　p2: { x2,y2,z2 } , { p2s, p2t }

（2）设三角形面所在切空间的 3 个坐标轴在物体坐标系中对应的向量分别为 T、B、N，其中的 T、B、N 分别为切向量、副法向量和法向量。则三角形面中的任意向量（以物体空间计）可以用如下表达式表示。

$$vec = s*T + t*B$$

> **说明**　上述表达式的含义很简单，与中学学过的平面笛卡尔坐标系内的任意向量可以表示为两个坐标轴对应的分量本质上是一样的。只不过中学学习时坐标轴向量是以其所处的平面坐标系计算的，一个轴为[1,0]，另一个轴为[0,1]。而上述表达式中的两个坐标轴不是以其所处的平面坐标系计算的，而是以物体空间坐标系计算的。同时表达式中的 s、t 坐标值又是以所处的平面（也就是切空间中的切平面）坐标系计算的，因此看起来有点复杂。

（3）如果把上述表达式中向量的各个分量展开，则表达式如下所示。

$$\begin{pmatrix} vec.x \\ vec.y \\ vec.z \end{pmatrix} = s* \begin{pmatrix} T.x \\ T.y \\ T.z \end{pmatrix} + t* \begin{pmatrix} B.x \\ B.y \\ B.z \end{pmatrix}$$　向量各个分量展开表示的表达式

（4）此时如果知道三角形面上的两个以物体空间计的向量 vec1、vec2 以及与之对应的切空间中的 s、t 取值，即可解出 **T** 向量、**B** 向量的 3 个分量。

（5）而目前已经知道了三角形面上 3 个顶点（p0、p1、p2）的坐标，因此可以求出：

$$vec1.x=x1-x0 \quad vec1.y=y1-y0 \quad vec1.z=z1-z0$$
$$vec2.x=x2-x0 \quad vec2.y=y2-y0 \quad vec2.z=z2-z0$$

（6）同时已经知道 3 个顶点的纹理坐标（采用上述步骤 2 的思路后，纹理坐标就等效于切平面坐标系内的坐标了），因此可以求出与向量 vec1 和 vec2 对应的 s 和 t 为：

$$s1= p1s-p0s \quad t1= p1t-p0t \quad s2= p2s-p0s \quad t2= p2t-p0t$$

（7）将第（4）步与第（5）步所得的分量分别代入第（2）步中表示三角形面上任意向量的方程即可得到 3 组二元一次方程组，具体情况如下所列：

- X 分量的方程组

$$vec1.x= s1*T.x+t1*B.x$$
$$vec2.x= s2*T.x+t2*B.x$$

- Y 分量的方程组

$$vec1.y= s1*T.y+t1*B.y$$
$$vec2.y= s2*T.y+t2*B.y$$

- Z 分量的方程组

$$vec1.z= s1*T.z+t1*B.z$$
$$vec2.z= s2*T.z+t2*B.z$$

由于 vec1.x、vec1.y、vec1.z、vec2.x、vec2.y、vec2.z、s1、t1、s2、t2 已知，因此通过三组方程可以非常方便地求得 **T** 和 **B** 的 x、y、z 分量。

> 🖋提示　由于在使用建模工具贴纹理后生成纹理坐标时，纹理坐标在整个物体面上是一致的，故通过这种方式计算确保了切向量方向的统一性，因此最终的凹凸贴图绘制效果基本没有问题。但是如果本身物体表面的纹理坐标就不是一致的，则本算法就起不到保持切向量方向统一性的作用了。

13.5.4　案例的开发

介绍完了凹凸映射的基本原理、法向量纹理图的生成以及切向量计算的基本算法后，就可以正式进行本节案例的开发了。本节案例主要是基于本书中介绍 obj 模型加载章节中的案例升级而成的，因此这里仅介绍代码改动较大且有代表性的部分，具体内容如下。

（1）前面已经介绍过，凹凸映射计算中进行变换时需要用到切向量，其是由 C++程序传入渲染管线的。因此，首先需要在加载模型的工具类 LoadUtil 中增加执行加载任务并计算切向量的方法——loadFromFileUt。其具体代码如下。

代码位置：见随书中源代码/第 13 章/Sample13_5/src/main/cpp/util 目录下的 LoadUtil.cpp。

```
1   ObjObjectUt* LoadUtil::loadFromFileUt(const string& vname,  //执行加载任务并计算切向量的方法
2       VkDevice& device, VkPhysicalDeviceMemoryProperties& memoryroperties) {
3           //此处省略了读取 obj 文件数据的部分代码，感兴趣的读者请自行查看随书源代码
4           int triCount = alvResult.size() / (3 * 3);         //总的切向量数量（以三角形数量计）
5           vector<float> altnResult;                          //存放切向量的列表
6           for (int i = 0; i<triCount; i++){                  //遍历计算每个三角形的切向量
7               //三角形面的三个顶点的位置坐标
8               double p0x=alvResult[i * 9 + 0];double p0y=alvResult[i * 9 + 1];double
                p0z=alvResult[i * 9 + 2];
9               double p1x=alvResult[i * 9 + 3];double p1y=alvResult[i * 9 + 4];double
                p1z=alvResult[i * 9 + 5];
10              double p2x=alvResult[i * 9 + 6];double p2y=alvResult[i * 9 + 7];double
                p2z=alvResult[i * 9 + 8];
11              double p0s=altResult[i * 6 + 0];double p0t=altResult[i * 6 + 1]; 1];
                //第 1 个顶点的纹理坐标
12              double p1s=altResult[i * 6 + 2];double p1t=altResult[i * 6 + 3];
                //第 2 个顶点的纹理坐标
13              double p2s=altResult[i * 6 + 4];double p2t=altResult[i * 6 + 5];
                //第 3 个顶点的纹理坐标
14              vector<double> tangent = QKJUtil::calQKJ(  //计算切向量
15                  p0x, p0y, p0z,                         //三角形面的第 1 个点的位置坐标
16                  p1x, p1y, p1z,                         //三角形面的第 2 个点的位置坐标
17                  p2x, p2y, p2z,                         //三角形面的第 3 个点的位置坐标
18                  p0s, p0t,                              //三角形面的第 1 个点的纹理坐标
19                  p1s, p1t,                              //三角形面的第 2 个点的纹理坐标
20                  p2s, p2t                               //三角形面的第 3 个点的纹理坐标
21              );
22              for(int i=0;i<3;i++){                          //存储三角形三个顶点的切向量数据
23                  altnResult.push_back((float)tangent[0]);   //将生成的切向量 x 分量存入列表
24                  altnResult.push_back((float)tangent[1]);   //将生成的切向量 y 分量存入列表
25                  altnResult.push_back((float)tangent[2]);   //将生成的切向量 z 分量存入列表
26          }}
27          for (int i = 0; i<vCount; i++){                    //遍历顶点列表
28              ......//此处省略了存储顶点位置坐标、纹理坐标、法向量数据的代码
29              vdataIn[indexTemp++] = altnResult[i * 3 + 0]; //存入当前切向量的 x 分量值
30              vdataIn[indexTemp++] = altnResult[i * 3 + 1]; //存入当前切向量的 y 分量值
31              vdataIn[indexTemp++] = altnResult[i * 3 + 2]; //存入当前切向量的 z 分量值
32          }
33          lo = new ObjObjectUt(vdataIn, dataByteCount, vCount, device, memoryroperties);
                                                               //创建物体对象
34          return lo;                                         //返回物体对象
35  }
```

● 第 8～26 行首先获得三角形面 3 个顶点的位置坐标和对应的纹理坐标，然后调用用于计算切空间的 QKJUtil 工具类中的 calQKJ 方法计算出当前三角形面的切向量，并将计算出的切向量存放到切向量列表中。

● 第 27～32 行遍历每个顶点，组织了各个顶点的数据，包括顶点位置坐标、纹理坐标、法向量、切向量数据。

● 第 33～34 行通过顶点数据数组创建了加载的物体对象，并返回加载后物体对象的指针。

（2）接下来介绍的是在步骤（1）中被调用的用于计算切空间的 calQKJ 方法，其实现了前面原理部分介绍的基于一个三角形面的所有顶点位置坐标和纹理坐标计算切向量的算法，具体代码如下。

代码位置：见随书中源代码/第 13 章/Sample13_5/src/main/cpp/util 目录下的 QKJUtil.cpp。

```
1    vector<double> QKJUtil::calQKJ(           //计算切向量的方法
2        double p0x,                           //三角形面第 1 个顶点的 x 坐标
3        double p0y,                           //三角形面第 1 个顶点的 y 坐标
4        double p0z,                           //三角形面第 1 个顶点的 z 坐标
5        double p1x,                           //三角形面第 2 个顶点的 z 坐标
6        double p1y,                           //三角形面第 2 个顶点的 y 坐标
7        double p1z,                           //三角形面第 2 个顶点的 x 坐标
8        double p2x,                           //三角形面第 3 个顶点的 x 坐标
9        double p2y,                           //三角形面第 3 个顶点的 y 坐标
10       double p2z,                           //三角形面第 3 个顶点的 z 坐标
11       double p0s,                           //三角形面第 1 个顶点的 s 纹理坐标
12       double p0t,                           //三角形面第 1 个顶点的 t 纹理坐标
13       double p1s,                           //三角形面第 2 个顶点的 s 纹理坐标
14       double p1t,                           //三角形面第 2 个顶点的 t 纹理坐标
15       double p2s,                           //三角形面第 3 个顶点的 s 纹理坐标
16       double p2t) {                         //三角形面第 3 个顶点的 t 纹理坐标
17       double a0 = p1s - p0s;                //顶点 1 与顶点 0 纹理坐标 s 差值
18       double b0 = p1t - p0t;                //顶点 1 与顶点 0 纹理坐标 t 差值
19       double c0 = p0x - p1x;                //顶点 1 与顶点 0 位置坐标 x 差值
20       double a1 = p2s - p0s;                //顶点 2 与顶点 0 位置坐标 s 差值
21       double b1 = p2t - p0t;                //顶点 2 与顶点 0 纹理坐标 t 差值
22       double c1 = p0x - p2x;                //顶点 2 与顶点 0 位置坐标 x 差值
23       vector<double> TBX = EYYCFCUtil::     //解二元一次方程组获得切向量
24               solveEquation(a0, b0, c0, a1, b1, c1);
25       //此处省略了解出 y、z 分量的代码，与上述解出 x 分量的代码类似
26       vector<double> tvector;               //存放切向量的列表
27       tvector.push_back(TBX[0]);            //将切向量的 x 分量存入列表
28       tvector.push_back(TBY[0]);            //将切向量的 y 分量存入列表
29       tvector.push_back(TBZ[0]);            //将切向量的 z 分量存入列表
30       return tvector;                       //返回列表
31   }
```

- 第 17～22 行首先计算出顶点 1 与顶点 0 之间的纹理坐标差值，然后计算两者之间的位置坐标 x 差值，最后对顶点 2 与顶点 0 之间也进行纹理坐标差值和位置坐标 x 差值的计算。

- 第 23～31 行通过解 3 组二元一次方程组获得切向量，并最终将切向量的 x、y、z 分量组织成一个列表返回。

（3）介绍完用于计算指定三角形面切向量的 calQKJ 方法后，接着介绍用于解二元一次方程组的 EYYCFCUtil 类中的 solveEquation 方法，其代码如下。

代码位置：见随书中源代码/第 13 章/Sample13_5/src/main/cpp/util 目录下的 EYYCFCUtil.cpp。

```
1    vector<double> EYYCFCUtil::solveEquation(          //解二元一次方程组的方法
2        double a0,                                     //方程 0 的 x 系数
3        double b0,                                     //方程 0 的 y 系数
4        double c0,                                     //方程 0 的常数
5        double a1,                                     //方程 1 的 x 系数
6        double b1,                                     //方程 1 的 y 系数
7        double c1){                                    //方程 1 的常数
8        double x = (c1*b0 - c0*b1) / (a0*b1 - a1*b0);  //计算得出的 x 值
9        double y = (-a0*x - c0) / b0;                  //计算得出的 y 值
10       vector<double> tvector;                        //存放结果的列表
11       tvector.push_back(x);                          //将计算出的 x 值存入列表
12       tvector.push_back(y);                          //将计算出的 y 值存入列表
```

```
13        return tvector;                                       //返回结果列表
14   }
```

> **说明**　上述 solveEquation 方法实现的是解二元一次方程组，其中第 8 行、第 9 行直接使用解公式进行计算，若读者看不明白，可以根据方程 1: a0*x+b0*y+c0=0 和方程 2: a1*x+b1*y+c1=0 推导一下。

（4）到这里 C++代码的修改就基本完成了，下面需要修改的就是着色器的代码了。首先是顶点着色器，其代码如下。

📡 **代码位置：见随书中源代码/第 13 章/Sample13_5/src/main/assets/shader 目录下的 vertex_ut.vert。**

```
1    //此处省略了声明着色器版本号及启用相关扩展的代码，读者可以自行查阅随书源代码
2    layout (push_constant) uniform constantVals {              //推送常量
3        mat4 mvp;                                             //最终变换矩阵
4    } myConstantVals;
5    layout (location = 0) in vec3 pos;                        //输入的顶点位置
6    layout (location = 1) in vec2 inTexCoor;                  //输入的纹理坐标
7    layout (location = 2) in vec3 inNormal;                   //输入的法向量
8    layout (location = 3) in vec3 tNormal;                    //输入的切向量
9    layout (location = 0) out vec3 vPosition;                 //输出到片元着色器的顶点坐标
10   layout (location = 1) out vec2 vTextureCoord;             //输出到片元着色器的纹理坐标
11   layout (location = 2) out vec3 fNormal;                   //输出到片元着色器的法向量
12   layout (location = 3) out vec3 ftNormal;                  //输出到片元着色器的切向量
13   out gl_PerVertex {                                        //输出接口块
14       vec4 gl_Position;                                    //顶点最终位置
15   };
16   void main() {
17       gl_Position = myConstantVals.mvp * vec4(pos,1.0);    //计算顶点最终位置
18       vPosition=pos;                                       //将顶点坐标传递给片元着色器
19       vTextureCoord = inTexCoor;                           //将纹理坐标传递给片元着色器
20       fNormal=inNormal;                                    //将法向量传递给片元着色器
21       ftNormal=tNormal;                                    //将切向量传递给片元着色器
22   }
```

> **说明**　上述顶点着色器中首先增加了从渲染管线接收切向量属性变量值的代码，然后增加了将切向量值从顶点着色器传递给片元着色器的代码。

（5）完成了顶点着色器的修改后，就可以进一步修改片元着色器了，其具体代码如下。

📡 **代码位置：见随书中源代码/第 13 章/Sample13_5/src/main/assets/shader 目录下的 frag_ut.frag。**

```
1    //此处省略了与光照计算有关的一致变量相关代码，感兴趣的读者请自行查看随书源代码
2    layout (push_constant) uniform constantVals {              //推送常量
3        layout(offset=64) mat4 mm;                           //基本变换矩阵
4    } myConstantValsFrag;
5    layout (binding = 1) uniform sampler2D sTextureWg;        //纹理内容数据（外观）
6    layout (binding = 2) uniform sampler2D sTextureNormal;    //纹理内容数据（法向量）
7    layout (location = 0) in vec3 vPosition;                  //接收从顶点着色器传递过来的顶点坐标
8    layout (location = 1) in vec2 vTextureCoord;              //接收从顶点着色器传递过来的纹理坐标
9    layout (location = 2) in vec3 fNormal;                    //接收从顶点着色器传递过来的法向量
10   layout (location = 3) in vec3 ftNormal;                   //接收从顶点着色器传递过来的切向量
11   layout (location = 0) out vec4 outColor;                  //输出到渲染管线的最终片元颜色
12   vec4 pointLight(                                          //定位光光照计算的方法
13     in vec3 normal,                                         //扰动后的法向量
```

```
14      in vec3 vp,                      //变换到标准法向量所属坐标系的表面点到光源位置的向量
15      in vec3 eye,                     //变换到标准法向量所属坐标系的视线向量
16      in vec4 lightAmbient,            //环境光强度
17      in vec4 lightDiffuse,            //散射光强度
18      in vec4 lightSpecular            //镜面光强度
19   ){
20      vec4 diffuse;vec4 specular;          //散射光、镜面光结果强度
21      vec3 halfVector=normalize(vp+eye);//求视线与光线的半向量
22      float shininess=50.0;                //粗糙度，越小越光滑
23      float nDotViewPosition=max(0.0,dot(normal,vp)); //求法向量与 vp 的点积与 0 的最大值
24      diffuse=lightDiffuse*nDotViewPosition;          //计算散射光的最终强度
25      float nDotViewHalfVector=dot(normal,halfVector);//法向量与半向量的点积
26      float powerFactor=max(0.0,pow(nDotViewHalfVector,shininess)); //镜面反射光强度因子
27      specular=lightSpecular*powerFactor;             //计算镜面光的最终强度
28      return lightAmbient+diffuse+specular;           //返回结果光照强度
29   }
30   void main() {
31       vec4 normalColor = texture(sTextureNormal, vTextureCoord); //从法线纹理图中读出值
32       vec3 cNormal=vec3(2.0*(normalColor.r-0.5),2.0              //将值恢复到-1～+1 范围
33                   *(normalColor.g-0.5),2.0*(normalColor.b-0.5));
34       cNormal=normalize(cNormal);                                //将扰动结果向量规格化
35       vec3 normalTarget=vPosition+fNormal;                       //计算世界坐标系法向量
36       vec3 newNormal=(myConstantValsFrag.mm
37           *vec4(normalTarget,1)).xyz-(myConstantValsFrag.mm*vec4(vPosition,1)).xyz;
38       newNormal=normalize(newNormal);                            //规格化法向量
39       vec3 tangentTarget=vPosition+ftNormal;                     //计算变换后的切向量
40       vec3 newTangent=(myConstantValsFrag.mm
41           *vec4(tangentTarget,1)).xyz-(myConstantValsFrag.mm*vec4(vPosition,1)).xyz;
42       newTangent=normalize(newTangent);
43       vec3 binormal=normalize(cross(newTangent,newNormal));      //计算副法向量
44       mat3 rotation=mat3(newTangent,binormal,newNormal);         //组装计算矩阵
45       vec3 newPosition=(myConstantValsFrag.mm*vec4(vPosition,1)).xyz;//变换后的片元位置
46       vec3 vp= normalize(myBufferVals.lightPosition.xyz-newPosition);
                                          //求表面点到光源位置的向量 vp
47       vp=normalize(rotation*vp);        //变换并规格化 vp 向量
48       vec3 eye= normalize(rotation*    //求出从表面点到摄像机的视线向量进行变换并规格化
49           normalize(myBufferVals.uCamera.xyz-newPosition));
50       vec4 LightQD=pointLight(cNormal,vp,eye,            //计算光照强度
51           myBufferVals.lightAmbient,myBufferVals.lightDiffuse,myBufferVals.
             lightSpecular);
52       vec4 finalColor=texture(sTextureWg, vTextureCoord);   //根据纹理坐标采样出片元颜色
53       outColor=LightQD*finalColor;                          //得到最终片元颜色
54   }
```

- 第 13～29 行的 pointLight 方法有一些变化，接收的参数增加了视线向量与表面点到光源位置的向量。随着参数的变化，计算也简单了一些，方法中不再需要计算视线向量与表面点到光源位置的向量，总体计算思路不变。

- 第 31～34 行首先从法向量纹理图中读出 R、G、B 的 3 个通道值作为法向量 3 个分量的值，并将该法向量值恢复到-1～+1 范围，最后将扰动结果向量规格化。

- 第 35～43 行首先分别基于顶点位置数据和基本变换矩阵计算变换后的法向量和切向量，然后根据变换后的法向量和切向量直接进行叉积，计算出副法向量。

- 第 44～49 行首先用切向量、副法向量、法向量组装成一个 3×3 的变换矩阵，然后求表面点到光源位置的向量 vp 并规格化，随后将变换矩阵乘以向量 vp 并规格化，得到用于在标准法向

量空间中进行光照计算的 vp 向量。然后通过将变换矩阵乘以规格化的视线向量得到用于在标准法向量空间中进行光照计算的视线向量。

● 第 50～54 行首先通过调用 pointLight 方法计算光照最终强度，然后从外观纹理中采样出片元颜色值，最后综合光照强度，计算出最终片元的颜色并传递给渲染管线。

✏️ **说明**　　总的来说，上述片元着色器代码实现了 13.5.1 节中介绍的凹凸映射算法。另外，上述着色器具有一定的通用性，读者需要开发凹凸映射效果的场景时可以直接使用。

到此为止，如何通过凹凸映射技术渲染表面具有细节结构的物体就介绍完了，最后需要提醒读者注意的是，只有在应用光照的场合，凹凸映射才能起作用，因为其本质上并没有实现表面细节的几何结构。

13.6 镜头光晕

本节将介绍如何模拟现实生活中用摄像机拍摄时容易出现的一种特殊光学效果——镜头光晕，掌握了这种特效的开发技术后，读者可以为自己开发的场景进一步增光添彩。镜头光晕技术在模拟真实光学环境的应用中会不时出现，具体内容如下。

13.6.1　案例效果与基本原理

介绍本节案例的具体开发之前首先需要了解镜头光晕的基本原理。所谓镜头光晕是一种光学特效，是当摄像机对向强光时，由于镜头的元件间相互反射而产生的。由于镜头中的镜片是沿镜头中心轴严格对齐的，因而在最终形成的画面上，这些反射光成一条对齐的直线。

基于以上原因，可以将镜头光晕作为 2D 问题来处理。也就是将镜头光晕作为 3D 场景上的一系列 2D 叠层来进行渲染，即将光晕元素沿着从光源在屏幕上的投影位置到屏幕中心位置的直线进行渲染。

实际开发时，镜头光晕特效可以采用一个小的纹理集来进行呈现。纹理集中的每一个元素为一种光晕元素类型——圆、圆环、辐射等。要实现逼真的镜头光晕效果，还需将图 13-20 所示的灰度纹理与实际颜色结合以产生弱着色效果。同时，光晕元素将以不同的尺寸进行渲染。

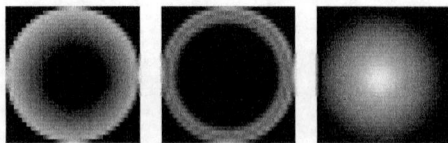

▲图 13-20　光晕元素纹理集

具体实现镜头光晕效果时，还需要对每种光晕元素进行相应的属性设置，用到的具体属性如下所列。

● 距离，沿从光源在屏幕上的投影位置到屏幕中心位置的直线的成比例距离值。
● 尺寸，用于确定渲染时元素的大小。
● 颜色，在渲染时用于对元素着色。
● 位置，用于渲染时的位置坐标。

对以上属性要进行合理的设置，否则渲染出来的镜头光晕效果就会不真实。其中位置属性和尺寸属性是由光源在屏幕上的投影位置和屏幕中心位置所决定的。尺寸值随着光源离屏幕中心位置越远，其值越小，反之则越大。具体开发中可采用如下的公式来计算光晕的位置和尺寸值。

$$X = -distance*lx$$
$$Y = -distance*ly$$
$$currSize = initSize*(SCALE\_MIN + (SCALE\_MAX - SCALE\_MIN)*(1 - currDis/DIS\_MAX)$$

● X、Y 为计算出的光晕元素的屏幕坐标。

- lx、ly 为光源在屏幕上投影位置的坐标，distance 为光晕元素的距离属性值。
- currSize 为计算出的光晕元素的当前尺寸。
- initSize 为光晕元素的最初尺寸，SCALE_MIN 和 SCALE_MAX 为光晕元素的最小缩放比例以及最大缩放比例。
- currDis 为光源在屏幕上的投影位置距屏幕中心点的距离，也就是 "lx*lx+ly*ly" 的平方根。
- DIS_MAX 为屏幕的 4 个角（左上、左下、右上、右下）到屏幕中心点的距离。

> **提示**　上述距离、坐标位置都是以对应到屏幕的近平面坐标系计算的，即屏幕的中心点为原点，x 轴正向向右，y 轴正向向上，屏幕的宽度为 2 倍的 ratio（屏幕的宽高比），高度为 2。

了解了镜头光晕特效的基本实现原理后，下面简单介绍本节案例的开发思路。本节案例中进行了两轮绘制，具体内容如下。

- 第一轮采用了一个 3D 透视投影的摄像机对 3D 场景进行渲染，同时根据该摄像机相关的摄像机矩阵及投影矩阵，求出光源在屏幕上的位置坐标并更新所有光晕元素的绘制位置和绘制尺寸等属性。
- 第二轮设置了一个平行投影的摄像机，且该摄像机近平面的尺寸与第一轮设置的近平面一致，在该摄像机下对沿着从光源屏幕位置到屏幕中心位置的直线进行镜头光晕各个元素的渲染。

13.6.2　镜头光晕案例

了解了镜头光晕特效的基本实现原理后，就可以进行具体案例的开发了。开发之前有必要先了解本节案例 Sample13_7 的运行效果，具体情况如图 13-21 所示。

▲图 13-21　案例 Sample13_7 的运行效果

> **说明**　从图 13-21 中可以看出，场景中的镜头光晕由一系列光晕元素组成，不同元素带有各自的特性（颜色、位置、尺寸），并且各光晕元素的位置成一条直线。当手指在手机屏幕上滑动时，摄像机会随之移动，镜头光晕也会相应变化，甚至消失（当光源投影位置不在可视屏幕范围内时）。同时由于本书插图采用黑白印刷，因此可能看不清楚，此时读者可用真机运行本案例并进行观察。

了解了本节案例的运行效果后，下面就可以进行具体的开发了。由于本节案例与前面很多案例的大部分代码相同，因此这里仅仅介绍本节案例中具有代表性的部分。主要包括光晕元素类 SingleFlare、光晕类 Flare、MyVulkanManager 类以及光晕片元着色器等，具体内容如下。

（1）首先介绍光晕元素类 SingleFlare，该类对象将在光晕类 Flare 中被创建。在该类中主要是定义光晕元素的各个属性，并进行相应的初始化。运行时每个 SingleFlare 类对象代表一种光晕元素，本案例中共创建了 13 种光晕元素，首先给出 SingleFlare 类头文件中类声明的部分，具体代码如下。

> 📝 **代码位置**：见随书中源代码/第 13 章/Sample13_7/src/main/cpp/bndev 目录下的 SingleFlare.h。

```
1    class SingleFlare{
2    public:
```

```
3        SingleFlare(int idIn, float size, float distance, vector<float> color);
                                                              //构造函数
4        int idIn;                                   //当前光晕元素的纹理序号
5        float distance;                             //当前光晕元素的距离
6        float size;                                 //当前光晕元素的原始尺寸值
7        float bSize;                                //当前光晕元素的变换后的尺寸值
8        vector<float> color;                        //当前光晕元素的颜色列表
9        float px;                                   //当前光晕元素的 x 坐标
10       float py;                                   //当前光晕元素的 y 坐标
11   };
```

说明　该头文件较简单，只是声明了一些所需的成员变量，这里不做过多介绍。

（2）接下来给出 SingleFlare 类的具体实现代码，具体内容如下。

代码位置： 见随书中源代码/第 13 章/Sample13_7/src/main/cpp/bndev 目录下的 SingleFlare.cpp。

```
1   SingleFlare::SingleFlare(int idIn, float size, float distance, vector<float> color){
2        this->idIn = idIn;                          //初始化光晕元素纹理序号
3        this->distance = distance;                  //初始化光晕元素的距离
4        this->size = size;                          //初始化光晕元素的原始尺寸值
5        this->bSize = size;                         //初始化光晕元素的变换后的尺寸值
6        this->color = color;                        //初始化光晕元素的颜色列表
7        this->px = 0;                               //初始化光晕元素的 x 坐标
8        this->py = 0;                               //初始化光晕元素的 y 坐标
9   }
```

说明　上述代码主要用于对光晕元素的各个属性进行初始化，可以看出该类对象主要用于存放单个光晕元素的各个属性值。

（3）介绍完光晕元素类 SingleFlare 后，下面进一步介绍光晕类 Flare。该类主要包含用于创建13 种光晕元素对象的 initFlare 方法以及用于更新光晕位置的 update 方法。首先给出 Flare 类头文件中类的声明，具体代码如下。

代码位置： 见随书中源代码/第 13 章/Sample13_7/src/main/cpp/bndev 目录下的 Flare.h。

```
1   class Flare{
2   public:
3        Flare();                                    //构造函数
4        void initFlare();                           //初始化光晕元素列表的方法
5        vector<SingleFlare*> sFl;                   //存放光源元素的列表
6        void update(float lx, float ly);           //更新光晕元素的方法
7   };
```

说明　该头文件较简单，只是声明了所需的一些成员变量和功能方法，这些方法将在下面的步骤中进行介绍。

（4）接下来给出 Flare 类的具体实现代码，内容如下。

代码位置： 见随书中源代码/第 13 章/Sample13_7/src/main/cpp/bndev 目录下的 Flare.cpp。

```
1   Flare::Flare(){
2        initFlare();                                //初始化光晕元素列表
3   }
4   void Flare::initFlare() {                        //初始化光晕元素列表的方法
5        sFl.push_back((new SingleFlare(1, 5.4f, -1.0f, vector<float> {1.0f, 1.0f,
```

```
          1.0f, 1.0f})));
6         sFl.push_back((new SingleFlare(1, 0.4f, -0.8f, vector<float>  {0.7f, 0.5f,
          0.0f, 0.02f})));
7         sFl.push_back((new SingleFlare(1, 0.04f, -0.7f, vector<float>  {1.0f, 0.0f,
          0.0f, 0.07f})));
8         //此处省略了存入其他光晕元素的代码，感兴趣的读者请自行查看随书源代码
9      }
10    void Flare::update(float lx, float ly) {          //更新光晕元素位置和尺寸的方法
11        float currDis = (float)sqrt(lx*lx + ly*ly);
          //计算光源在屏幕上的投影位置距屏幕中心点的距离
12        float currScale = Constant::SCALE_MIN + (Constant::SCALE_MAX   //计算尺寸缩放系数
13                        - Constant::SCALE_MIN)*(1 - currDis / Constant::DIS_MAX);
14        for (auto  ss : sFl){                          //遍历各个光晕元素
15            ss->px = -ss->distance*lx;                 //更新 x 坐标
16            ss->py = ss->distance*ly;                  //更新 y 坐标
17            ss->bSize = ss->size*currScale;            //更新尺寸
18    }}
```

● 第 4~9 行为用于初始化 13 种光晕元素对象的 initFlare 方法，该方法主要是创建不同属性的光晕元素，并将这些光晕元素存入光晕元素列表中，便于以后调用。

● 第 11~13 行首先根据光源屏幕投影位置计算出其到屏幕中心点的距离，再根据常量类 Constant 中定义的光晕元素最小缩放比例（SCALE_MIN）、最大缩放比例（SCALE_MAX）以及屏幕 4 个角到屏幕中心的距离值（DIS_MAX）来计算实际尺寸缩放系数。该缩放系数用于计算光晕元素的绘制尺寸值，以实现光源屏幕位置距离坐标原点越远光晕越小，越近光晕越大的效果。

● 第 30~34 行循环遍历各个光晕元素，根据光源屏幕投影位置计算各个光晕元素的绘制位置坐标以及绘制尺寸值，这里采用的计算公式在前面介绍基本原理时已经介绍过。

（5）介绍完光晕类 Flare 之后，接下来将介绍 MyVulkanManager 类中用于绘制物体的 drawObject 方法，具体代码如下。

📎 代码位置：见随书中源代码/第 13 章/Sample13_7/src/main/cpp/bndev 目录下的 MyVulkanManager.cpp。

```
1    void MyVulkanManager::drawObject(){                   //绘制物体的方法
2      while(MyVulkanManager::loopDrawFlag){               //循环执行绘制
3          MatrixState3D::setProjectFrustum(-Constant::RATIO, Constant::RATIO,
           -1, 1, 2.0f, 1000);
4          CameraUtil::flush3DCamera();                    //更新摄像机位置
5          drawSky();                                      //绘制天空盒
6          vector<float> ls = CameraUtil::calLightScreen(Constant::RATIO);
                                                           //计算光源屏幕投影位置
7          lpx = ls[0];lpy = ls[1];                        //将结果存储到临时变量中
8          char *p = PathPre;                              //路径字符串指针
9          if(lpx<Constant::RATIO&&lpy<1){                 //若光源投影位置在屏幕可视范围内
10             flare->update(lpx, lpy);                     //更新光晕绘制位置
11             MatrixState3D::setProjectOrtho(-Constant::RATIO, Constant::RATIO,
               -1, 1, 2.0f, 1000);
12             MatrixState3D::setCamera(0, 0, 0, 0, 0, -1, 0, 1, 0); //设置摄像机位置
13             for (auto ss : flare->sFl){                  //遍历光晕元素列表
14                 MatrixState3D::pushMatrix();   //保护现场
15                 MatrixState3D::translate(ss->px, ss->py, -100 + ss->distance);
                                                            //平移到指定位置
16                 MatrixState3D::scale(ss->bSize, ss->bSize, ss->bSize);
                                                            //缩放为指定尺寸
17                 guangForDraw->drawSelf(cmdBuffer,sqsCube->pipelineLayout,
                   sqsCube->pipeline,
```

```
18                              &(sqsCube->descSet[TextureManager::getVkDescriptorSetInde
                                xForGuang(p+(string)
19                              guangStr[ss->idIn])]),ss->color);          //绘制光晕元素
20                              MatrixState3D::popMatrix();                //恢复现场
21  }}}}
```

- 第 3～5 行为本案例的第一轮绘制，设置了一个 3D 透视投影的摄像机对 3D 场景进行渲染。
- 第 5～10 行根据该 3D 透视投影摄像机产生的相关摄像机矩阵、投影矩阵，调用摄像机工具类 CameraUtil 中的 calLightScreen 方法来计算在当前摄像机观察情况下光源的屏幕坐标。再根据该坐标值判断光源是否在屏幕可视范围内，如在屏幕可视范围内则需要进行第二轮绘制，同时还调用了光晕类 Flare 中的 update 方法来更新所有光晕元素的绘制位置和绘制尺寸。
- 第 11～20 行完成了本案例中的第二轮绘制，其中首先设置了一个平行投影的摄像机，且该摄像机近平面的尺寸与第一轮设置的摄像机近平面一致，在该摄像机观察下沿着从光源屏幕位置到屏幕中心点的直线进行镜头光晕各元素的渲染。

> 说明　MyVulkanManager 类中调用的摄像机工具类 CameraUtil 中的 changeDirection 方法、changeYj 方法以及 calLightScreen 方法等，读者可自行查阅随书的源代码进行学习。另外，本案例中的光源位置在 3D 场景空间中是固定不动的，其值为[0.98f, 11.27f,-27.6f]，在 CameraUtil 类中给出。

（6）介绍完 C++代码的开发后，下面介绍用于渲染光晕的着色器。由于这里使用的顶点着色器与之前很多案例中的非常相似这里不再过多介绍，直接介绍比较有特色的片元着色器，其具体代码如下。

> 代码位置：见随书中源代码/第 13 章/Sample13_7/src/main/assets/shader 目录下的 cubemap.frag

```
1   //此处省略了声明着色器版本号及启用相关扩展的代码，读者可以自行查阅随书源代码
2   layout (binding = 1) uniform sampler2D tex;           //输入的纹理数据
3   layout (location = 0) in vec2 inTexCoor;              //输入的纹理坐标
4   layout (location = 0) out vec4 outColor;              //输出到渲染管线的片元最终颜色值
5   layout (push_constant) uniform constantVals {         //推送常量
6       layout(offset=64)vec4 color;                      //光晕元素的颜色值
7   } myConstantValsFrag;
8   void main() {                                         //主方法
9       vec4 finalColor=texture(tex, inTexCoor);          //采样纹理颜色值
10      outColor=finalColor*myConstantValsFrag.color;     //计算最终颜色值并传递给渲染管线
11  }
```

> 说明　上述片元着色器中主要是将从渲染管线传过来的实际颜色值和从纹理图中采样出的颜色值进行结合，实现前面基本原理中提到的弱着色。

13.7　投影贴图

现实世界中很多场合都会有如下情况：在光源前面放置一张透明胶片，胶片上面有半透明的图案，经光源照射后透明胶片上的图案将投射到被光源照射的物体上。本节将通过案例 Sample13_8 来介绍如何基于 Vulkan 开发这样的场景。

13.7.1　案例效果与基本原理

介绍本节案例的具体开发步骤之前，首先需要了解案例的运行效果与基本原理，本节案例的

运行效果如图 13-22 所示。

📝提示　　　运行本节案例时，当手指在屏幕上左右滑动时摄像机会绕场景转动，当手指在屏幕上上下滑动时摄像机会随手指的移动而升降。

从图 13-22 中可以看出，光源位于场景的一侧（靠近圆环与茶壶，远离立方体与圆球），从光源位置将纹理图（如图 13-23 所示）投射到整个场景中。而且被投射的纹理图还编程实现了旋转的效果，故场景中的投影画面是不断变化的。

▲图 13-22　案例 Sample13_8 的运行效果　　　　▲图 13-23　投影用纹理

实现上述场景的基本技术是纹理映射（这种特殊的纹理映射也被称为投影贴图），只不过与前面章节介绍过的普通纹理映射不同，这里的纹理坐标不是预先在初始化时分配给模型中各个顶点的，而是在着色器中根据传入的相关参数实时计算出来的，基本思想如图 13-24 所示。

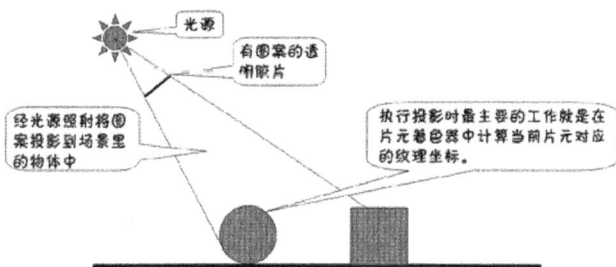

▲图 13-24　投影贴图的基本原理

从图 13-24 中可以看出，此案例中最重要的工作就是在着色器中根据光源位置、透明胶片（投影用纹理图）的位置、尺寸及片元的位置计算出片元对应的纹理坐标。这项工作如果直接基于空间解析几何进行计算虽然可以完成，但会非常复杂。

其实转变一下思维方式就很容易实现，可以在光源处虚拟一个摄像机，对此虚拟摄像机的投影参数进行如下设置。

● 将 left、right、bottom、top 分别设置为-1.0、1.0、-1.0、1.0，使得近平面的长宽比与待投影的纹理图长宽比相同（本案例中投影用纹理图为正方形）。

● 将 near 设置为 4.0（这里的 4.0 没有特殊含义，仅仅是与前面的 left、right、bottom、top 共同确定了投影的范围，near 值越小投影的范围越大），将 far 设置为不小于光源到需要照射的最远物体的距离。

然后将此虚拟摄像机观察矩阵及投影矩阵的组合矩阵传入着色器，在着色器中将片元在世界坐标系中的位置与此矩阵进行运算即可计算出此片元在此虚拟摄像机观察下形成的标准设备空间中 *xoy* 平面内的位置。

由于 Vulkan 标准设备空间中 *xoy* 平面的有效范围为 2.0×2.0（对应于光源前面待投影纹理的覆盖区域），故此平面内的位置可以非常方便地换算成所需的投影用纹理图中的纹理坐标，具体情况如图 13-25 所示。

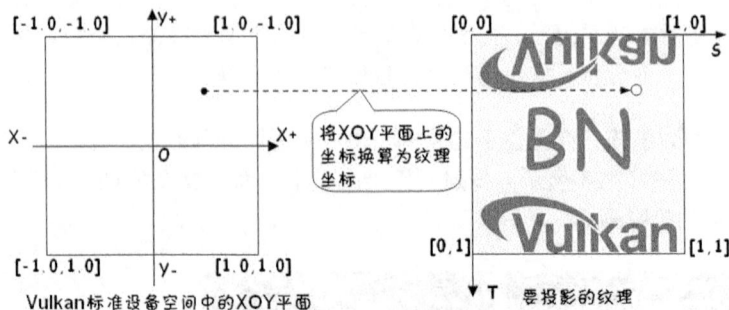

▲图 13-25　纹理坐标的换算

从图 13-25 中可以看出换算公式为：

$$s=(x+1.0)/2.0 \qquad t=(y+1.0)/2.0$$

计算出纹理坐标后就非常简单了，只需要将纹理坐标传递给纹理采样函数进行纹理采样即可得到片元的颜色，投影贴图也就成功实现了。

13.7.2　开发步骤

了解了案例的运行效果及基本原理后，就可以学习案例的开发了，具体内容如下。

（1）首先是开发搭建场景的基本代码，包括加载物体、摆放物体、计算光照等。这些代码与前面章节的许多案例基本套路完全一致，因此这里不再赘述。

（2）由于需要将光源处虚拟摄像机的投影与观察组合矩阵传入着色器，因此需要在 LightManager 类中增加获取投影与观察组合矩阵的 getTYJZ 方法。由于在头文件中声明此方法的代码比较简单，这里不再介绍。下面直接给出该方法的实现代码，具体内容如下。

📡 **代码位置：见随书源代码/第 13 章/Sample13_8/src/main/cpp/util 目录下的 LightManager.cpp。**

```
1   void LightManager::getTYJZ(){                              //获取投影与观察组合矩阵的方法
2       upDegree = upDegree + 0.25;                            //改变 UP 向量绕视线轴的旋转角度
3       if (upDegree >= 360){upDegree = 0;}                    //角度增加到 360 度则归 0
4       const float cxV = 5, cyV = 0, czV = 5;                 //虚拟摄像机的目标点
5       Matrix::frustumM(lpm, 0, -1.0f, 1.0f, -1.0f, 1.0f, 4.0f, 400); //生成透视投影矩阵
6       float* zhou = normalize(lx - cxV, ly - cyV, lz - czV); //规格化旋转轴(视线向量)
7       float* mm = new float[16]();         //创建用于存储 up 向量绕视线轴旋转的变换矩阵的数组
8       Matrix::setRotateM(mm, 0, upDegree, zhou[0], zhou[1], zhou[2]);//生成旋转矩阵
9       float* upvBefore = new float[4]{ upxYS,upyYS,upzYS,1.0 };
                                          //旋转前的初始虚拟摄像机 up 向量
10      float* upvAftere = new float[4]();                     //旋转后的虚拟摄像机 up 向量
11      Matrix::multiplyMV(upvAftere, 0, mm, 0, upvBefore, 0);
                                          //对虚拟摄像机 up 向量进行旋转变换
12      Matrix::setLookAtM(                //生成虚拟摄像机观察矩阵
13              lcm, 0, lx, ly, lz, cxV, cyV, czV, upvAftere[0], upvAftere[1],
                upvAftere[2]);
14      delete[] upvAftere;delete[] upvBefore;delete[] mm;delete[] zhou; //释放辅助数组内存
15      Matrix::multiplyMM(lcpm, 0, lpm, 0, lcm, 0);          //将投影矩阵与摄像机观察矩阵相乘
16      Matrix::multiplyMM(lcpm, 0, MatrixState3D::vulkanClipMatrix, 0, lcpm, 0);
                                          //乘以标准设备空间调整矩阵
17  }
```

● 第 2～3 行更新了光源处虚拟摄像机 up 向量绕视线轴的旋转角度，以在程序中实现投影用

纹理不断旋转的效果。

- 第 6～11 行根据更新后的 up 向量绕视线轴的旋转角度计算出了新的 up 向量，具体的计算策略为首先生成旋转变换用矩阵，然后通过旋转变换用矩阵将初始 up 向量进行变换得到新的 up 向量。

- 第 12～16 行首先成了虚拟摄像机的观察矩阵，然后将投影矩阵与摄像机观察矩阵相乘，再进一步乘以 Vulkan 标准设备空间调整矩阵得到所需的组合矩阵。

（3）成功开发了用于获取虚拟摄像机投影与观察组合矩阵的 getTYJZ 方法后，最主要的就是需要对管线套装类 ShaderQueueSuit_Common 和程序管理者类 MyVulkanManager 进行修改，添加将上面获取的矩阵数据作为一致变量传递到片元着色器中的相关代码。这些代码涉及的内容在前面的章节中已经详细介绍过，这里不再赘述，需要的读者请自行参考随书源代码即可。

> **提示**　另外需要注意的是，在每次刷新一致变量之前都应该调用第（2）步介绍的 getTYJZ 方法更新并获取光源处虚拟摄像机的投影与观察组合矩阵。这部分代码也比较简单，在此不做详细介绍。

（4）介绍完 C++代码的开发后，下面将要介绍的是本案例中着色器的开发。与之前的案例相比，本节案例中顶点着色器的主要变化是增加了将光源位置、变换后的顶点位置及顶点法向量传递给片元着色器的部分代码。这部分代码比较简单，在此不做详细介绍，读者可自行查阅随书源代码。

（5）接下来将要介绍的是本节案例中的片元着色器，这一部分也是实现投影贴图的关键所在，其具体代码如下。

代码位置：见随书源代码/第 13 章/Sample13_8/src/main/assets/shader 目录下的 commonTexLight.frag。

```
1    //此处省略了声明着色器版本号及启用相关扩展的代码，读者可以自行查阅随书源代码。
2    layout (binding = 1) uniform sampler2D tex;                    //纹理采样器
3    layout (std140,set = 0, binding = 2) uniform bufferValsFrag {  //一致变量块
4        mat4 uMVPMatrixGY;                       //光源处虚拟摄像机的投影与观察组合矩阵
5    } myBufferValsFrag;
6    layout (location = 0) in vec4 inLightQD;      //从顶点着色器传入的最终光照强度
7    layout (location = 1) in vec4 vPosition;      //从顶点着色器传入的顶点位置
8    layout (location = 2) in vec3 vNormal;        //从顶点着色器传入的顶点法向量
9    layout (location = 3) in vec3 vlightPosition; //从顶点着色器传入的光源位置
10   layout (location = 0) out vec4 outColor;      //输出到渲染管线的最终片元颜色值
11   void main(){
12     vec4 gytyPosition=                          //将片元位置通过矩阵变换进剪裁空间中
13           myBufferValsFrag.uMVPMatrixGY*vec4(vPosition.xyz,1.0);
14     gytyPosition=gytyPosition/gytyPosition.w;   //执行透视除法将片元位置变换进标准设备空间中
15     float s=(gytyPosition.x+1.0)/2.0;   //将标准设备空间中 xoy 平面内的 x 坐标变换为纹理 s 坐标
16     float t=(gytyPosition.y+1.0)/2.0;   //将标准设备空间中 xoy 平面内的 y 坐标变换为纹理 t 坐标
17     bool flag=dot                               //基于法向量计算当前片元是否是正面朝向光源的
18           (vNormal,vlightPosition-vPosition.xyz)>0?true:false;
19     vec4 finalColor=vec4(1.0,1.0,1.0,1.0);      //物体本身的颜色
20     if(s>=0.0&&s<=1.0&&t>=0.0&&t<=1.0&&flag){   //若纹理坐标在合法范围内则考虑投影贴图
21           vec4 projColor=textureLod(tex,vec2(s,t),0.0);   //对投影纹理图进行采样
22           outColor=projColor*inLightQD;         //结合光照强度计算出最终片元颜色值
23     }else{                                      //若纹理坐标不在合法范围内则不需要投影贴图
24           outColor = finalColor*inLightQD;      //结合光照强度计算出最终片元颜色值
25   }}
```

- 第 12～16 行完成了最核心的工作，首先将片元在世界坐标系中的位置通过矩阵变换进剪裁空间中，再执行透视除法将片元位置变换进标准设备空间中，最后将标准设备空间中 xoy 平面内的 x、y 坐标分别换算为纹理 s、t 坐标。

- 第 17～18 行通过求片元处法向量与片元位置到光源位置向量的点积来判断当前片元是否是正面朝向光源。若点积值大于 0 则是正面朝向光源，否则不是正面朝向光源。之所以可以这样计算是因为两个向量的点积值等于两个向量夹角的余弦值乘以两个向量的模。而向量的模肯定大于等于零，故若点积值大于零则说明夹角余弦值大于零，进而说明夹角小于 90 度。而片元处的法向量与片元位置到光源位置向量的夹角小于 90 度则说明片元的正面朝向光源。

- 第 19～24 行首先给出了物体本身的颜色，然后判断之前换算出的纹理坐标是否在合理的范围内（即在 0.0～1.0 之间）。若纹理坐标在合理的范围内且片元正面朝向光源，则基于换算出的纹理坐标对投影用纹理贴图进行采样，并结合最终光照强度计算出最终的片元颜色值，否则直接由物体颜色与最终光照强度计算出最终的片元颜色值。

投影贴图技术在实时场景渲染领域有较为广泛的应用，诸如镜像效果、水面倒影、阴影映射等特效的实现都需要投影贴图技术的支撑，本书后面的章节也会进一步讨论这些方面的内容。

13.8 绘制到纹理

到这里为止，本书之前的所有案例都是直接将场景呈现到设备屏幕上，而本节将要介绍的绘制到纹理的技术则是首先将场景绘制到指定纹理中（也可以称之为离屏渲染），然后可以根据需求对该纹理进行必要的后期处理，最后再将纹理呈现到屏幕上。

绘制到纹理的技术是实现一些高级特效的基础，比如后面章节将要介绍的高级镜像、高真实感水面倒影、阴影映射、延迟渲染等。

13.8.1 案例效果与基本原理

介绍本节案例的具体开发之前，首先需要了解本节案例的运行效果与基本原理，本节案例的运行效果如图 13-26 所示。

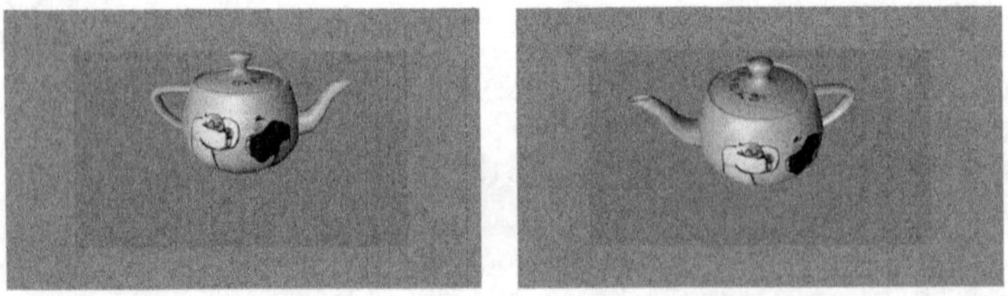

▲图 13-26 案例 Sample13_9 运行效果

从图 13-26 中可以看出，由于本案例是为了介绍绘制到纹理技术本身，故本案例的运行效果与前面的一些案例相比在画面上没有太多特殊之处。

但实际上，本案例的程序在执行绘制工作时首先将场景画面绘制到指定纹理中，而不是直接呈现在屏幕上。然后再以上一轮绘制得到的纹理作为纹理贴图在屏幕上绘制纹理矩形，从而完成最终绘制，其大体实现步骤如下。

- 首先需要创建一个图像（VkImage）对象，其将作为第一轮场景绘制时帧缓冲的颜色附件（也可以称之为颜色缓冲）。这样在采用此帧缓冲进行场景绘制后，场景画面的内容就存储到了此图像对象中。另外，还需要为此图像对象创建对应的图像视图（VkImageView）对象。然后再声明一个 VkDescriptorImageInfo 结构体实例，同时指定其图像视图为前面创建的图像视图对象，以供将纹理绘制到屏幕时绑定描述集的纹理写入属性信息。

- 完成了上一步的工作后，紧接着要做的就是结合之前创建的图像视图创建服务于绘制到纹理的专用帧缓冲。

● 上述工作完成后，在绘制时分两轮进行。第一轮将场景绘制到纹理，此轮绘制时使用前面创建的专用帧缓冲；第二轮将纹理中的内容通过纹理矩形呈现到屏幕上，此轮绘制时使用与本书前面案例相同的绘制到屏幕用的帧缓冲。

上面已经简单介绍了实现绘制到纹理技术的基本思路，13.8.2 节将会通过具体的案例详细介绍如何基于 Vulkan 实现绘制到纹理。

13.8.2 开发步骤

了解了案例 Sample13_9 的运行效果与基本原理后，下面将进一步介绍其具体的开发步骤。由于本案例与之前大部分案例的整体框架基本相同，因此下面仅介绍本案例中具有代表性的部分，内容如下。

（1）13.8.1 节已经提到，要想将场景画面绘制到纹理中，首先需要创建一个图像对象及其对应的图像视图对象、专用帧缓冲等。为此需要在程序统筹管理者类 MyVulkanManager 的头文件中声明相关的变量和方法，下面给出这部分代码，具体内容如下。

✎ **代码位置**：见随书源代码/第 13 章/Sample13_9/src/main/cpp/bndev 目录下的 MyVulkanManager.h。

```
1  static VkFormat colorFormat;                        //作为颜色附件图像的格式
2  static VkFormatProperties colorFormatProps;         //物理设备支持的颜色格式属性
3  static VkImage colorImage;                          //颜色附件图像
4  static VkDeviceMemory memColor;                     //颜色附件图像对应的内存
5  static VkImageView colorImageView;                  //颜色附件图像视图
6  static VkDescriptorImageInfo colorImageInfo;        //颜色附件图像信息
7  static VkFramebuffer selfTexFramebuffer;            //服务于绘制到纹理的专用帧缓冲
8  static void drawSceneToTex();                       //将场景绘制到纹理的方法
9  static void drawSceneToScreen();                    //将纹理绘制到屏幕的方法
10 static void flushUniformBufferForToTex();//将场景绘制到纹理时使用的将一致变量数据送入缓冲的方法
11 static void flushTexToDesSetForToTex();//将场景绘制到纹理时使用的将纹理等数据与描述集关联的方法
12 static void flushUniformBufferForToScreen();//将纹理绘制到屏幕时使用的将一致变量数据送入缓冲的方法
13 static void flushTexToDesSetForToScreen();//将纹理绘制到屏幕时使用的将纹理等数据与描述集关联的方法
14 static void create_vulkan_SelfColorBuffer();   //创建绘制到纹理用颜色缓冲的方法
15 static void destroy_vulkan_SelfColorBuffer();  //销毁绘制到纹理用颜色缓冲相关的方法
```

> ✔ **说明**
> 上述代码比较简单，主要就是声明了前面提到的绘制到纹理所需要的一系列变量和方法。包括作为颜色附件的图像及其对应的图像格式、图像视图、图像信息等变量和用于创建、销毁颜色缓冲相关的方法、用于将一致变量数据送入缓冲的方法以及用于绘制的方法等。

（2）了解了 MyVulkanManager 类头文件的变化后，下面将依次介绍在其头文件中新声明的几个功能方法的具体实现。首先给出的是用于创建绘制到纹理用颜色缓冲的方法和用于销毁绘制到纹理用颜色缓冲相关的方法，具体代码如下。

✎ **代码位置**：见随书源代码/第 13 章/Sample13_9/src/main/cpp/bndev 目录下的 MyVulkanManager.cpp。

```
1  void MyVulkanManager::create_vulkan_SelfColorBuffer(){ //创建颜色缓冲的方法
2      colorFormat = VK_FORMAT_R8G8B8A8_UNORM;            //指定图像的格式
3      VkImageCreateInfo image_info = {};                 //构建图像创建信息结构体实例
4      image_info.format = colorFormat;                   //设置图像格式
5      image_info.usage = VK_IMAGE_USAGE_COLOR_ATTACHMENT_BIT |
6          VK_IMAGE_USAGE_SAMPLED_BIT;                    //设置图像用途
7      //此出省略了设置图像创建信息结构体其他属性参数的代码，读者可自行查阅随书源代码
```

```
8        VkMemoryAllocateInfo mem_alloc = {};                //构建内存分配信息结构体实例
9        mem_alloc.sType = VK_STRUCTURE_TYPE_MEMORY_ALLOCATE_INFO;    //结构体类型
10       mem_alloc.pNext = NULL;                            //自定义数据的指针
11       mem_alloc.allocationSize = 0;                      //分配的内存字节数
12       mem_alloc.memoryTypeIndex = 0;                     //内存的类型索引
13       VkImageViewCreateInfo view_info = {};              //构建图像视图创建信息结构体实例
14       view_info.format = colorFormat;                    //图像视图的格式
15       view_info.subresourceRange.aspectMask = VK_IMAGE_ASPECT_COLOR_BIT;//图像视图使用方面
16       //此处省略了设置图像视图创建信息结构体其他属性参数的代码，读者可自行查阅随书源代码
17       //此处省略了完成创建图像、获取图像内存需求、分配并绑定内存等工作的代码
18   }
19   void MyVulkanManager::destroy_vulkan_SelfColorBuffer(){       //销毁颜色缓冲相关
20       vk::vkDestroyImageView(device, colorImageView, NULL);     //销毁图像视图对象
21       vk::vkDestroyImage(device, colorImage, NULL);             //销毁图像对象
22       vk::vkFreeMemory(device, memColor, NULL);                 //释放图像设备内存
23   }
```

- 第 2～7 行首先指定了作为颜色附件图像的格式，然后设置了对应的图像创建信息结构体实例的格式属性和用途属性。设置其它几项省略的属性信息的代码与本书前面很多案例中创建深度缓冲时的对应代码基本相同，在此不再赘述。

- 第 8～12 行构建了内存分配信息结构体实例，并设置了该实例的多项属性信息。

- 第 13～17 行设置了图像视图创建信息结构体实例的图像视图格式和图像视图使用方面，设置其他几项省略的属性信息的代码与本书前面很多案例中创建深度缓冲时的对应代码基本相同。

- 第 19～23 行为销毁绘制到纹理用颜色缓冲相关的方法，其中依次销毁了作为颜色附件的图像视图对象、图像对象并释放了图像所对应的设备内存。

（3）成功开发了创建绘制到纹理用颜色缓冲和销毁颜色缓冲相关的方法后，下面将要介绍的就是设置 VkDescriptorImageInfo 结构体（绘制到纹理时绑定描述集纹理写入属性信息用）的属性参数和创建服务于绘制到纹理的专用帧缓冲的代码了，具体内容如下。

✎ **代码位置：**见随书源代码/第 13 章/Sample13_9/src/main/cpp/bndev 目录下的 MyVulkanManager.cpp。

```
1    void MyVulkanManager::create_frame_buffer() {           //创建绘制到纹理专用帧缓冲的方法
2        //此处省略了与之前很多案例相同的一些代码，读者可自行查阅随书源代码
3        attachments[0] = colorImageView;                   //指定颜色附件对应图像视图
4        VkResult result = vk::vkCreateFramebuffer(device,  //创建服务于绘制到纹理的帧缓冲
5                &fb_info, NULL, &selfTexFramebuffer);
6        assert(result == VK_SUCCESS);                      //检查帧缓冲是否创建成功
7    }
8    void MyVulkanManager::init_texture(){                   //初始化纹理的方法
9        TextureManager::initTextures                        //调用方法初始化纹理
10               (device,gpus[0],memoryroperties,cmdBuffer,queueGraphics);
11       colorImageInfo.imageView = colorImageView;          //采用的图像视图
12       colorImageInfo.imageLayout = VK_IMAGE_LAYOUT_GENERAL;       //图像布局
13       colorImageInfo.sampler = TextureManager::samplerList[0];    //采用的采样器
14   }
```

- 第 1～7 行为创建帧缓冲的 create_frame_buffer 方法，其与之前案例最大的不同之处就在于第 3 行代码。这里指定将要创建的帧缓冲的颜色附件对应的图像视图为之前创建的颜色缓冲对应的图像视图，然后创建了相应的帧缓冲。

- 第 8～14 行为初始化纹理的 init_texture 方法，其重点在于第 11 行将图像信息结构体（服务于将第一轮绘制的纹理在第二轮绘制时呈现到屏幕）的图像视图设置为之前创建的颜色缓冲对

应的图像视图。

（4）在第一轮绘制时将一致变量数据送入缓冲的方法和将纹理等数据与描述集关联的方法与本书前面很多案例中的对应方法基本相同，这里就不再赘述。下面仅仅给出本案例中与前面很多案例有所不同的在第二轮绘制时用于将纹理数据与描述集关联的方法，其具体代码如下。

✏️ **代码位置**：见随书源代码/第 13 章/Sample13_9/src/main/cpp/bndev 目录下的 MyVulkanManager.cpp。

```
1    void MyVulkanManager::flushTexToDesSetForToScreen(){//绘制到屏幕时将纹理等数据与描述集关联
2        sqsD2D->writes[0].dstSet = sqsD2D->descSet[0];  //描述集对应的写入属性 0（一致变量）
3        sqsD2D->writes[1].dstSet = sqsD2D->descSet[0];  //描述集对应的写入属性 1（纹理）
4        sqsD2D->writes[1].pImageInfo = &colorImageInfo; //写入属性 1 对应的纹理图像信息
5        vk::vkUpdateDescriptorSets(device, 2, sqsD2D->writes, 0, NULL); //更新描述集
6    }
```

✏️ **说明** 上述代码比较简单，需要注意的就是这里设置的写入属性 1 对应的纹理图像信息对应于在第一轮绘制中充当帧缓冲颜色附件的纹理。

（5）上面已经介绍了用于创建绘制到纹理用颜色缓冲、专用帧缓冲等功能方法的具体实现，下面将要介绍的就是将场景绘制到纹理的 drawSceneToTex 方法，其具体代码如下。

✏️ **代码位置**：见随书源代码/第 13 章/Sample13_9/src/main/cpp/bndev 目录下的 MyVulkanManager.cpp。

```
1    void MyVulkanManager::drawSceneToTex(){            //将场景绘制到纹理的方法
2        rp_begin.framebuffer = selfTexFramebuffer;
                                                  //将绘制到纹理专用帧缓冲设置为渲染通道的当前帧缓冲
3        vk::vkResetCommandBuffer(cmdBuffer, 0);       //恢复命令缓冲到初始状态
4        VkResult result = vk::vkBeginCommandBuffer(cmdBuffer, &cmd_buf_info); //启动命令缓冲
5        LightManager::move();                         //调用方法更新光源位置
6        MyVulkanManager::flushUniformBufferForToTex();    //将一致变量数据送入缓冲
7        MyVulkanManager::flushTexToDesSetForToTex();      //更新绘制用描述集
8        vk::vkCmdBeginRenderPass(cmdBuffer, &rp_begin, VK_SUBPASS_CONTENTS_INLINE);
9        MatrixState3D::pushMatrix();                  //保护现场
10       objObject->drawSelf(cmdBuffer, sqsCL->pipelineLayout, sqsCL->pipeline,
                                                      //绘制茶壶物体
11           &(sqsCL->descSet[TextureManager::getVkDescriptorSetIndex("texture/
ghxp.bntex")]));
12       MatrixState3D::popMatrix();                   //恢复现场
13       vk::vkCmdEndRenderPass(cmdBuffer);            //结束渲染通道
14       result = vk::vkEndCommandBuffer(cmdBuffer);   //结束命令缓冲
15       submit_info[0].waitSemaphoreCount = 0;        //等待的信号量数量
16       submit_info[0].pWaitSemaphores = NULL;        //等待的信号量列表
17       result = vk::vkQueueSubmit(queueGraphics, 1, submit_info, taskFinishFence);
                                                      //提交命令缓冲
18       do{                                           //等待渲染完毕
19           result = vk::vkWaitForFences(device, 1, &taskFinishFence, VK_TRUE, FENCE_
TIMEOUT);
20       } while (result == VK_TIMEOUT);
21       vk::vkResetFences(device, 1, &taskFinishFence);  //重置栅栏
22   }
```

✏️ **说明** 上述代码为将场景绘制到纹理的 drawSceneToTex 方法，与以往将场景绘制到屏幕的方法不同的是，在执行本次绘制时指定的帧缓冲为之前创建的服务于绘制到纹理的专用帧缓冲，且在绘制完成后没有进行呈现工作。

（6）完成将场景绘制到纹理的工作后，就可以进行绘制到屏幕的工作了，这部分代码与之前很多案例中的基本相同，在此不再重复介绍。

13.9 高级镜像

本书之前的第 10 章中已经介绍过如何实现简单的镜像效果，其对于场景不太复杂以及反射面平行于坐标平面的情况已经足够用了。但是当场景较为复杂或者反射面位于任意位置、姿态时，前面介绍的技术就显得不太方便了。本节将进一步介绍另一种镜像效果的实现技术，通过这种技术可以较为方便地实现复杂场景下任意位置、姿态反射面中的镜像。

13.9.1　案例效果与基本原理

介绍本节案例的具体开发之前，首先需要了解本节案例 Sample13_10 的运行效果与基本原理，其运行效果如图 13-27 所示。

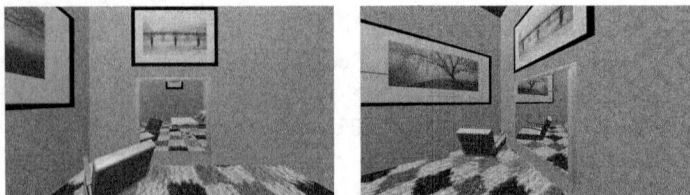

▲图 13-27　案例 Sample13_10 运行效果

> 说明
>
> 本节案例中的摄像机可以随手指在屏幕上的滑动而左右移动，且场景内墙壁上镜子中的画面也会随着摄像机的移动而变化。图 13-27 左侧为案例开始运行时的情况，图 13-27 右侧为手指在屏幕上滑动导致摄像机移动后的情况。从这两幅图中可以看出，使用此技术实现的镜像效果比本书前面第 10 章中的镜像效果更为真实。

本节案例的实现过程中用到了前面两节介绍的绘制到纹理的技术和投影贴图技术，其基本实现原理如图 13-28 和图 13-29 所示。

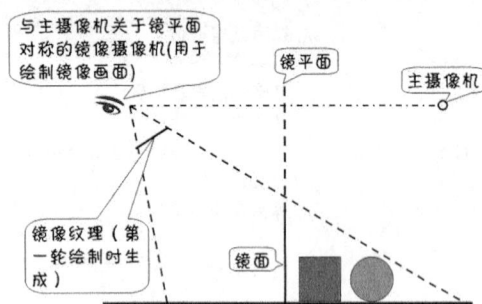

▲图 13-28　第一轮绘制的原理

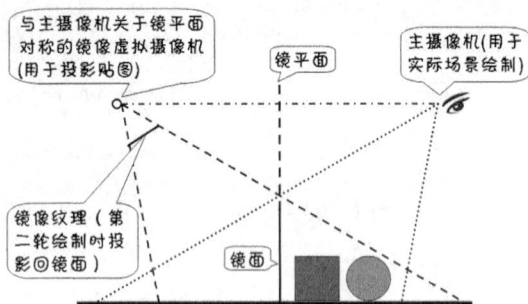

▲图 13-29　第二轮绘制的原理

图 13-28 和图 13-29 给出了高级镜像技术的基本原理，具体内容如下。

（1）首先根据主摄像机的位置姿态（包括位置、目标点、up 向量等 9 个参数）及镜平面的位置姿态计算出镜像摄像机的位置姿态（包括位置、目标点、up 向量等 9 个参数）。

（2）然后通过镜像摄像机对场景进行第一轮绘制，此轮绘制有两个要点。第一个要点是，绘制内容进入自定义帧缓冲（其中的颜色附件为一幅纹理）。第二个要点是，此轮绘制对于场景中除镜面之外的其他物体进行。

（3）接着对场景进行第二轮绘制，此轮绘制采用主摄像机进行观察，绘制时包括镜面等所有物体都需要进行绘制。绘制镜面时要采用投影贴图技术，将第一轮绘制所得的场景镜像纹理基于镜像摄像机贴回镜面。

> 💡**提示**　　　上述实现原理为投影贴图与绘制到纹理技术的组合使用。从中可以体会到，组合使用前面介绍过的很多技术可以产生非常炫酷的效果。关于投影贴图的实现原理，前面的章节中已经详细介绍过，这里不再赘述，需要的读者请参考前面的相关章节。

13.9.2　开发步骤

了解了本案例的运行效果与基本原理后，就可以进行案例的开发了。由于本案例综合运用了前面两节中介绍的投影贴图技术和绘制到纹理的技术，因此本案例中有很大一部分代码与之前两节案例的代码相同，在此不再赘述。下面仅介绍本节案例中具有代表性的代码，具体内容如下。

（1）由于绘制时需要将镜像摄像机的投影与观察组合矩阵传入渲染管线，因此需要在 MatrixState3D 类中增加用于获取镜像摄像机投影与观察组合矩阵的 getViewProjMatrix 方法，在头文件中声明新增方法的代码比较简单，在此不做介绍。下面直接给出该方法的实现代码，具体内容如下。

> 🖊 **代码位置：**见随书源代码/第 13 章/Sample13_10/src/main/cpp/util 目录下的 MatrixState3D.cpp。

```
1    float* MatrixState3D::getViewProjMatrix(){        //获取镜像摄像机投影与观察组合矩阵的方法
2        Matrix::multiplyMM(mMirrorMVPMatrix, 0, mProjMatrix, 0, mVMatrix, 0);
                                                    //将投影与观察矩阵相乘
3        Matrix::multiplyMM(mMirrorMVPMatrix,0,       //进一步乘以 Vulkan 标准设备空间调整矩阵
4                            vulkanClipMatrix,0,mMirrorMVPMatrix,0);
5        return mMirrorMVPMatrix;                      //返回指向组合矩阵数组首地址的指针
6    }
```

> 🖊 **说明**　　　上述代码为获取镜像摄像机投影与观察组合矩阵的方法，其与投影贴图案例中获取光源处虚拟摄像机投影与观察组合矩阵的方法没有本质区别。首先将投影矩阵与观察矩阵相乘，再进一步乘以 Vulkan 标准设备空间调整矩阵，即可得到所求矩阵。

（2）成功开发了获取镜像摄像机投影与观察组合矩阵的方法后，下面将要介绍的是通过绘制产生镜像纹理的 drawSceneToTex 方法，其具体代码如下。

> 🖊 **代码位置：**见随书源代码/第 13 章/Sample13_10/src/main/cpp/util 目录下的 MyVulkanManager.cpp。

```
1    void MyVulkanManager::drawSceneToTex(){            //将场景镜像绘制到纹理的方法
2        CameraUtil::flushMirrorCameraToMatrix();       //根据镜像摄像机参数更新摄像机矩阵
3        mirrorMatrix = MatrixState3D::getViewProjMatrix(); //获取镜像摄像机投影与观察组合矩阵
4        rp_begin.framebuffer = selfTexFramebuffer;//将镜像绘制专用帧缓冲设置为渲染通道的当前帧缓冲
5        vk::vkResetCommandBuffer(cmdBuffer, 0);        //恢复命令缓冲到初始状态
6        VkResult result = vk::vkBeginCommandBuffer(cmdBuffer, &cmd_buf_info);
                                                        //启动命令缓冲
7        MyVulkanManager::flushUniformBufferForToTex();    //将一致变量数据送入缓冲
8        MyVulkanManager::flushTexToDesSetForToTex();      //更新绘制用描述集
9        vk::vkCmdBeginRenderPass(cmdBuffer, &rp_begin, VK_SUBPASS_CONTENTS_INLINE);
10       drawThings();                                   //绘制除镜面外的其他物体
```

```
11          //此处省略了部分代码，读者可自行查阅随书源代码
12    }
```

> 💡说明　上述代码为将场景绘制到纹理的 drawSceneToTex 方法，其首先根据镜像摄像机参数更新摄像机矩阵，紧接着获取镜像摄像机的观察与投影组合矩阵，然后再进行一系列准备工作并绘制除镜面外的其它物体。

（3）介绍了将场景镜像绘制到纹理的 drawSceneToTex 方法后，下面将要介绍的是将整个场景渲染到屏幕的 drawSceneToScreen 方法，其具体代码如下。

🖉 **代码位置**：见随书源代码/第 13 章/Sample13_10/src/main/cpp/util 目录下的 MyVulkanManager.cpp。

```
1    void MyVulkanManager::drawSceneToScreen(){          //将场景绘制到屏幕的方法
2        CameraUtil::flushMainCameraToMatrix();          //根据主摄像机的参数更新摄像机矩阵
3        VkResult result = vk::vkAcquireNextImageKHR(device, swapChain,
4            UINT64_MAX, imageAcquiredSemaphore, VK_NULL_HANDLE, &currentBuffer);
5        rp_begin.framebuffer = framebuffers[currentBuffer];  //指定渲染通道使用的帧缓冲
6        vk::vkResetCommandBuffer(cmdBuffer, 0);              //重置命令缓冲到初始状态
7        result = vk::vkBeginCommandBuffer(cmdBuffer, &cmd_buf_info);  //启动命令缓冲
8        MyVulkanManager::flushUniformBufferForToScreen();    //将一致变量数据送入缓冲
9        MyVulkanManager::flushTexToDesSetForToScreen();      //更新绘制用描述集
10       vk::vkCmdBeginRenderPass(cmdBuffer, &rp_begin, VK_SUBPASS_CONTENTS_INLINE);
11       drawThings();                                        //绘制除镜面外的其它物体
12       MatrixState3D::pushMatrix();                         //保护现场
13       MatrixState3D::translate(2.2f, 12.0f, CameraUtil::tz - 2.0f); //执行平移变换
14       borderObjForDraw->drawSelf(cmdBuffer, sqsCL->pipelineLayout, sqsCL->pipeline,
                                                               //绘制镜子边框
15           &(sqsCL->descSet[TextureManager::getVkDescriptorSetIndex("texture/mirror.
bntex")]));
16       MatrixState3D::popMatrix();                          //恢复现场
17       MatrixState3D::pushMatrix();                         //保护现场
18       MatrixState3D::translate(2.0f, 12.0f, CameraUtil::tz - 1.7f); //执行平移
19       tr->drawSelf(cmdBuffer, sqsM->pipelineLayout, sqsM->pipeline,&(sqsM->descSet[0]));
                                                               //绘制镜面
20       MatrixState3D::popMatrix();                          //恢复现场
21       //此处省略了部分代码，读者可自行查阅随书源代码
22   }
```

> 💡说明　上述代码为将场景绘制到屏幕的方法，其首先根据主摄像机参数更新摄像机矩阵，紧接着完成一系列绘制前的准备工作。与上一轮绘制到纹理的不同是，此次绘制需对场景中的所有物体进行。同时，在绘制镜面时需要使用投影贴图技术。从上述代码中还可以看出，绘制场景中的普通物体和绘制镜面时使用了不同的管线（普通物体的管线为 sqsCL，镜面的管线为 sqsM，这两个管线分别对应于普通的着色器套装和投影贴图用着色器套装）。

（4）上面已经介绍了将场景绘制到纹理与将场景绘制到屏幕的两个方法，下面将介绍着色器的开发。本案例中采用了两套着色器，一套用于进行普通绘制时的纹理贴图，另一套用来进行投影贴图（将镜像纹理贴回镜面）。普通纹理贴图的着色器在前面很多案例中都已经使用并介绍过，故不再赘述。这里仅仅介绍比较有特色的将镜像纹理贴回镜面的投影贴图用着色器。首先给出的是顶点着色器，其具体代码如下。

🐝 **代码位置：**见随书源代码/第 13 章/Sample13_10/src/main/assets/shader 目录下的 mirrorTex.vert。

```
1    //此处省略了声明着色器版本号及启用相关扩展的代码，读者可以自行查阅随书源代码
2    layout (push_constant) uniform constantVals {        //一致变量块
3        mat4 mvp;                                        //总变换矩阵
4        mat4 mm;                                         //基本变换矩阵
5    } myConstantVals;
6    layout (location = 0) in vec3 pos;                   //传入顶点着色器的顶点位置
7    layout (location = 0) out vec4 vPosition;            //输出到片元着色器的顶点位置
8    out gl_PerVertex {
9        vec4 gl_Position;                                //内建变量 gl_Position
10   };
11   void main() {                                        //主函数
12       gl_Position = myConstantVals.mvp * vec4(pos,1.0);
                                                          //根据总变换矩阵计算此次绘制此顶点的位置
13       vPosition = myConstantVals.mm * vec4(pos,1.0);
                                                          //计算出变换后的顶点位置并传递给片元着色器
14   }
```

✒ **说明**　　上述代码的主要功能为计算顶点的最终绘制位置以及基本变换（平移、旋转、缩放）后世界坐标系中的位置，并将其传送到渲染管线的后继阶段。

（5）介绍完顶点着色器后，接下来将要介绍的是片元着色器，其具体代码如下。

🐝 **代码位置：**见随书源代码/第 13 章/Sample13_10/src/main/assets/shader 目录下的 mirrorTex.frag。

```
1    //此处省略了声明着色器版本号及启用相关扩展的代码，读者可以自行查阅随书源代码
2    layout (std140,set = 0, binding = 0) uniform bufferValsFrag {   //一致变量块
3        mat4 uMVPMatrixMirror;                          //镜像摄像机的投影与观察组合矩阵
4    } myBufferValsFrag;
5    layout (binding = 1) uniform sampler2D tex;          //纹理采样器
6    layout (location = 0) in vec4 vPosition;             //顶点着色器传入的顶点位置
7    layout (location = 0) out vec4 outColor;             //输出到管线的片元颜色
8    void main(){                                         //主函数
9        vec4 gytyPosition=                               //将片元位置通过矩阵变换进剪裁空间中
10               myBufferValsFrag.uMVPMatrixMirror*vec4(vPosition.xyz,1.0);
11       gytyPosition=gytyPosition/gytyPosition.w;   //执行透视除法将片元位置变换进标准设备空间中
12       float s=(gytyPosition.x+1.0)/2.0; //将标准设备空间中 XOY 平面内的 x 坐标变换为纹理 s 坐标
13       float t=(gytyPosition.y+1.0)/2.0; //将标准设备空间中 XOY 平面内的 y 坐标变换为纹理 t 坐标
14       if(s>=0.0&&s<=1.0&&t>=0.0&&t<=1.0){ //若纹理坐标在合法范围内则考虑投影贴图
15           vec4 projColor=textureLod(tex,vec2(s,t),0.0);   //对投影纹理图进行采样
16           outColor=projColor;                          //赋值给最终片元颜色值
17       }else{                                           //若纹理坐标不在合法范围内
18           outColor = vec4(1.0,1.0,1.0,1.0);            //赋值给最终片元颜色值
19   }}
```

● 第 9～13 行为进行投影贴图的关键代码，其中首先将片元位置变换到镜像摄像机观察下的剪裁空间中，再进行透视除法以进一步变换到标准设备空间中。然后将标准设备空间中 *xoy* 平面内的坐标转换成纹理坐标。需要注意的是，经过透视除法后变量 gytyPosition 的 s、t 坐标值均在[-1.0, 1.0]的范围内，因此换算纹理坐标时需加 1 后除以 2（合理的纹理坐标在 0.0～1.0 之间）。

● 第 14～19 行首先判断换算后的纹理坐标是否在 0.0～1.0 之间的合理范围内。若在，则对镜像纹理图进行采样，并将采样的结果作为最终的片元颜色值传递给渲染管线；若纹理坐标不在 0.0～1.0 之间，则直接给出指定颜色（这里使用了白色）作为最终的片元颜色值。

13.10　高真实感水面倒影

开发一些游戏或虚拟现实的场景时，经常需要用到水面倒影。聪明的读者应该已经想到，13.9 节介绍的高级镜像技术应该就可以用来实现水面倒影。但若仅是如此还有一个明显的缺憾，那就是倒影不会随着水面的荡漾而发生微小的位置偏移，而现实世界中的倒影是会随水面的荡漾而变化的。

本节将基于 13.9 节介绍的高级镜像技术给出一个具体的案例，来介绍一种实现高真实感水面倒影的方案，掌握了这种方案后将可以开发出非常真实的水面倒影。

13.10.1　案例效果与基本原理

介绍本节案例的具体实现之前，首先需要了解本节案例 Sample13_11 的运行效果和基本原理，其运行效果如图 13-30 所示。

▲图 13-30　案例 Sample13_11 运行效果

> **说明**　图 13-30 中左图为案例运行开始时的情况，右图为手指向左滑动屏幕导致摄像机向左移动后的情况。这里建议读者用真机运行本案例，用手指在屏幕上滑动并进行观察。

了解了本节案例的运行效果后，接下来介绍本节案例采用的实现策略。其基本思想非常简单，主要包括 4 个步骤：逆向使用 FFT 模拟水面波动；动态计算水面光照；通过 13.9 节介绍的高级镜像技术实现水面倒影；扰动水面倒影。具体情况如图 13-31 所示。

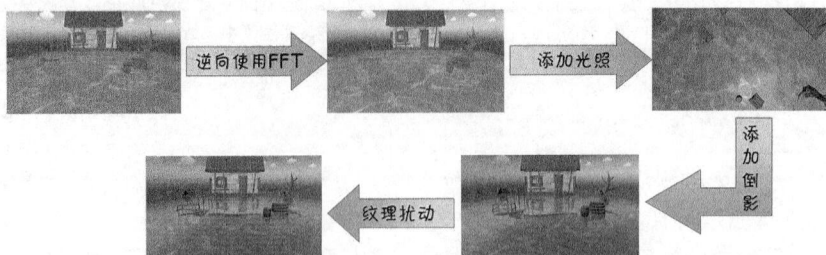

▲图 13-31　高真实感水面倒影的基本实现步骤

从图 13-31 中基本了解了实现高真实感水面倒影的 4 个关键步骤后，下面来介绍每个步骤所使用的主要技术与实现原理，具体内容如下。

（1）逆向使用 FFT 形成波动的水面

根据傅里叶变换的原理，任何波都可以分解成无穷多个正弦波的叠加。而水面运动也是波，因此可以逆向使用傅立叶变换来模拟波动的水面。简单来说，就是人为用有限数量的正弦波叠加以模拟真实水面的波动。

关于傅里叶变换的问题，已经超过了本书所要讨论的范畴。想要进一步深入了解这部分内容的读者可以参考其他的书籍或资料。

（2）动态计算水面光照

由于水面是不断波动的，其中各个顶点的法向量也是不断变化的，因此每次水面波动后都需要根据当前的波动情况重新计算水面上各个顶点的法向量。有了对应的法向量后再进一步使用前面章节介绍过的光照计算的知识，通过着色器就可以计算出真实的水面光照效果了。

（3）通过高级镜像技术实现水面倒影

水面倒影本质上就是镜像，因此可以直接使用 13.9 节介绍的高级镜像技术来实现。

（4）扰动水面倒影

若仅仅是使用了镜像技术实现倒影，细心的读者可能会发现这样的倒影效果其实并不真实。这是由于水面是不断波动的，所以反射出来的图像并不应该是完美的镜像，而应该是经过扭曲的图像。

此时就需要对水面倒影进行扰动，扰动后得到的效果就会和真实的水面倒影非常相似了，具体的扰动公式如下所示：

$$T_{x1} = T_{x0} + C_0 \cdot T_{x0} \cdot N_x$$
$$T_{y1} = T_{y0} + C_0 \cdot T_{y0} \cdot N_y$$

其中的 T_{x1}、T_{y1} 是扰动后镜像纹理的坐标分量，T_{x0}、T_{y0} 是未扰动时的镜像纹理的坐标分量，C_0 是用于控制扭曲程度的扰动系数，对应片元着色器 mirrorTex.frag 代码中的 mPerturbationAmt 参数，N_x、N_y 是对法向量纹理图（其中存储了表示水面细小波纹的法向量信息）采样得到的当前片元的扰动法向量。

了解了高真实感水面倒影的 4 个关键步骤后应该会发现，高真实感水面倒影的关键在于水面每个片元最终颜色的确定。由于水面不单有倒影，还应该有水面本身的颜色、水面细小波纹对倒影的扰动，故渲染水面用的片元着色器中采用了多重纹理技术，实际使用了 3 幅纹理图。

- 第 1 幅是水面自身的纹理图，如图 13-32 所示。
- 第 2 幅是含有倒影图像的纹理图（也就是镜像纹理），由程序在运行过程中通过高级镜像技术实时绘制产生。
- 第 3 幅是含有表示水面细小波纹扰动后法向量信息的纹理图，用于计算扰动后的投影贴图纹理坐标，如图 13-33 所示。从图 13-33 中可以看出，此幅纹理图中记录的是水面细小波纹的法向量扰动值，类似于前面章节凹凸映射部分介绍过的法向量纹理图。

▲图 13-32 水面自身纹理 ▲图 13-33 法向量纹理

最终水面片元的颜色由水面自身纹理采样的颜色与镜像纹理采样的颜色混合而成，本案例中采用的混合比例为前者占 50%，后者也占 50%，读者也可以根据需要自行调整。

13.10.2 开发步骤

了解了本节案例的运行效果与基本原理后，接下来介绍本节案例的开发。由于本节案例中水面倒影纹理图的生成采用了 13.9 节高级镜像技术案例中镜像纹理生成的部分，因此重复的部分不再赘述。这里仅给出本节案例中有代表性的部分，具体内容如下。

（1）首先介绍的是用于绘制水面的纹理矩形类 TextureRect，该类中包含了创建顶点数据缓冲的方法、创建索引数据的方法、绘制方法 drawSelf 以及更新顶点坐标数据和法向量数据的相关方法。首先给出其头文件中的类声明，具体代码如下。

✎ **代码位置：见随书源代码/第 13 章/Sample13_11/src/main/cpp/util 目录下的 TextureRect.h。**

```
1    class TextureRect{
2    public:
3        ......//此处省略了声明部分成员变量的代码，读者可自行查阅随书源代码
4        float* vdataForCal;                    //指向用于计算的顶点位置坐标数据数组首地址的指针
5        float* ndataForCal;                    //指向用于计算的顶点法向量数据数组首地址的指针
6        float* vdataForTrans;                  //指向中间传输区顶点数据数组首地址的指针
7        float* zero1;                          //指向 1 号波振源位置坐标数据数组首地址的指针
8        float* zero2;                          //指向 2 号波振源位置坐标数据数组首地址的指针
9        float* zero3;                          //指向 3 号波振源位置坐标数据数组首地址的指针
10       float mytime = 0;                      //计时器
11       TextureRect(float* vdataIn,int dataByteCount,int vCountIn,int* indexDataIn,int
indexDataByteCount,
12               int indexCountIn,VkDevice& device,VkPhysicalDeviceMemoryProperties&
memoryroperties);
13       ~TextureRect();                        //析构函数
14       void createVertexDataBuffer(int dataByteCount,          //创建顶点数据缓冲的方法
15               VkDevice& device, VkPhysicalDeviceMemoryProperties& memoryroperties);
16       void createVertexIndexDataBuffer(int indexDataByteCount,   //创建索引数据缓冲的方法
17               VkDevice& device, VkPhysicalDeviceMemoryProperties& memoryroperties);
18       void drawSelf(VkCommandBuffer& cmd, VkPipelineLayout&    //绘制方法
19               pipelineLayout,VkPipeline& pipeline, VkDescriptorSet* desSetPoint
er);
20       void calVerticesNormalAndTangent();    //计算顶点位置坐标和法向量数据的方法
21       float findHeight(float x, float z);    //计算 3 个波影响后的顶点高度值（y 坐标值）的方法
22       void copyData();                       //将顶点数据复制进中间传输区的方法
23       void referVertexBuffer();              //将顶点数据复制到绘制用内存的方法
24   };
```

● 第 4～10 行声明了一系列成员变量，包括指向用于计算和传输的顶点数据数组首地址的指针、指向用于存储 3 个波振源位置坐标数据数组首地址的指针和用于计时的辅助变量。

● 第 11～23 行首先声明了该类的构造函数和析构函数，然后声明了用于创建顶点数据缓冲、索引数据缓冲的方法、绘制方法以及一系列服务于顶点数据更新的功能方法。

（2）了解了 TextureRect 类头文件的基本结构后，下面详细介绍该类的具体实现代码，其构造函数中主要就是接收并保存了入口参数的值，然后初始化了上述头文件中声明的一些成员变量，这部分代码比较简单，不再赘述。下面直接介绍该类其他功能方法的具体实现，首先是用于计算顶点坐标与法向量数据的 calVerticesNormalAndTangent 方法，具体代码如下。

✎ **代码位置：见随书源代码/第 13 章/Sample13_11/src/main/cpp/util 目录下的 TextureRect.cpp。**

```
1    void TextureRect::calVerticesNormalAndTangent(){          //计算顶点坐标与法向量的方法
2        for (int i = 0; i<vCount; i++){                       //遍历所有顶点
3            vdataForCal[i * 3 + 0] = vdataForTrans[i * 8 + 0]; //复制顶点坐标 x 分量
4            vdataForCal[i * 3 + 1] =                          //计算顶点坐标 y 分量
5                    findHeight(vdataForTrans[i * 8 + 0], vdataForTrans[i * 8 + 2]);
6            vdataForCal[i * 3 + 2] = vdataForTrans[i * 8 + 2]; //复制顶点坐标 z 分量
7        }
```

```
8           CalNormal::calNormal(vdataForTrans,vCount,indexData,indexCount,ndataForCal);
                                                                     //计算顶点法向量
9       }
```

> **说明**　　上述代码比较简单，其首先遍历所有顶点，并调用 fingHeight 方法计算新的顶点坐标 y 分量，findHeight 方法的具体实现将在下面详细介绍。然后再调用 calNormal 方法计算各个顶点的法向量，有关此法向量计算的方法，在之前的章节（第 7 章 7.2.3 节）中已经有过相似算法的介绍，这里就不再赘述。

（3）接下来将要介绍的就是上面出现的用于计算顶点坐标 y 分量值的 findHeight 方法，利用该方法便可基于逆向 FFT 思路实现水面的波动，其具体代码如下。

代码位置： 见随书源代码/第 13 章/Sample13_11/src/main/cpp/util 目录下的 TextureRect.cpp。

```
1   float TextureRect::findHeight(float x, float z){      //计算 3 个波影响后顶点高度值
2       float result = 0;                                 //存放结果的辅助变量
3       float distance1 = (float)sqrt(                    //计算顶点距离 1 号波振源位置的距离
4               (x - zero1[0])*(x - zero1[0]) + (z - zero1[2])*(z - zero1[2]));
5       float distance2 = (float)sqrt(                    //计算顶点距离 2 号波振源位置的距离
6               (x - zero2[0])*(x - zero2[0]) + (z - zero2[2])*(z - zero2[2]));
7       float distance3 = (float)sqrt(                    //计算顶点距离 3 号波振源位置的距离
8               (x - zero3[0])*(x - zero3[0]) + (z - zero3[2])*(z - zero3[2]));
9       result = (float)(sin((distance1)*                 //计算 1 号波影响后的顶点高度值
10              waveFrequency1 * PI + mytime) *waveAmplitude1);
11      result = (float)(result + sin((distance2)*        //计算 2 号波影响后的顶点高度值
12              waveFrequency2 * PI + mytime)*waveAmplitude2);
13      result = (float)(result + sin((distance3)*        //计算 3 号波影响后的顶点高度值
14              waveFrequency3 * PI + mytime)*waveAmplitude3);
15      return result;                                    //返回最终结果
16  }
```

> **说明**　　上述代码为计算 3 个正弦波对顶点影响后顶点高度值的方法，根据传进的顶点的 x、z 坐标，分别计算顶点距离 3 个波振源的距离以及 3 个波在该顶点的高度值，然后将 3 个高度值进行叠加即为最终的顶点高度值，并将最终结果返回。

> **提示**　　上述 3 个用于扰动顶点高度值的波都是正弦波，因此计算高度影响值时采用的都是 sin 函数，具体在第 9～14 行代码有所体现。另外上述代码中出现的变量 waveFrequency1，waveFrequency2，waveFrequency3 分别代表 3 个波的频率；变量 waveAmplitude1，waveAmplitude2，waveAmplitude3 分别代表 3 个波的振幅。mytime 为当前的时间戳（计时器值），随着程序的运行其值不断增加。

（4）上面几步中已经详细介绍了有关水面波动效果的具体实现策略和相关代码，显然，要想实现顶点数据的动态变化，需要在程序运行过程中不断地修改计时器 mytime 的值，并调用更新顶点数据的相关方法，最后将更新后的顶点数据复制进绘制用内存。这部分的实现策略与第 12 章实现粒子系统时介绍的更新粒子数据的策略基本相同，在此不再赘述。

（5）到目前为止，C++代码中具有代表性的部分已经介绍完毕，接下来将要介绍的是前面提到的具有代表性的用于绘制水面的片元着色器，其具体代码如下。

✎ **代码位置：见随书源代码/第 13 章/Sample13_11/src/main/assets/shader 目录下的 mirrorTex.frag。**

```
1   //此处省略了声明着色器版本号及启用相关扩展的代码，读者可以自行查阅随书源代码
2   layout (std140,set = 0, binding = 1) uniform bufferValsFrag {          //一致块
3       mat4 uMVPMatrixMirror;                                  //镜像摄像机投影与观察组合矩阵
4   } myBufferValsFrag;
5   layout (binding = 2) uniform sampler2D texDY;           //纹理采样器（镜像，即倒影）
6   layout (binding = 3) uniform sampler2D texSelf;         //纹理采样器（水面自身纹理）
7   layout (binding = 4) uniform sampler2D texNormal;       //纹理采样器（法向量纹理）
8   layout (location = 0) in vec2 inTexCoor;                //顶点着色器传入的纹理坐标
9   layout (location = 1) in vec4 inLightQD;                //顶点着色器传入的光照强度
10  layout (location = 2) in vec4 vPosition;                //顶点着色器传入的顶点位置
11  layout (location = 3) in vec3 vNormal;                  //顶点着色器传入的顶点法向量
12  layout (location = 0) out vec4 outColor;               //片元最终颜色值
13  void main(){                                            //主函数
14      vec4 gytyPosition=                                  //将片元位置通过矩阵变换进剪裁空间中
15          myBufferValsFrag.uMVPMatrixMirror * vec4(vPosition.xyz,1.0);
16      gytyPosition=gytyPosition/gytyPosition.w;  //执行透视除法将片元位置变换进标准设备空间中
17      float s=(gytyPosition.x+1.0)/2.0;    //将标准设备空间中XOY平面内的x坐标变换为纹理s坐标
18      float t=(gytyPosition.y+1.0)/2.0;    //将标准设备空间中XOY平面内的y坐标变换为纹理t坐标
19      vec4 normalColor = textureLod(texNormal, inTexCoor,0.0); //从法线纹理图中读出值
20      vec3 cNormal=                                      //将值恢复到-1~+1范围内
21          vec3(2.0*(normalColor.r-0.5),2.0*(normalColor.g-0.5),2.0*
          (normalColor.b-0.5));
22      cNormal=normalize(cNormal);            //将扰动结果向量规格化
23      const float mPerturbationAmt=0.02f;                      //扰动系数(控制扭曲程度用)
24      s=s+mPerturbationAmt*s*cNormal.x;                        //计算扰动后的纹理坐标s
25      t=t+mPerturbationAmt*t*cNormal.y;                        //计算扰动后的纹理坐标t
26      vec4 dyColor=textureLod(texDY, vec2(s,t),0.0);          //进行倒影纹理采样(投影贴图)
27      vec4 waterColor=textureLod(texSelf,inTexCoor,0.0);  //进行水面自身纹理采样
28      //混合倒影与水面自身得到此片元的颜色值，倒影纹理占50%，水面自身纹理占50%
29      vec4 dyAndWaterColor=mix(waterColor,dyColor,0.50);
30      outColor=dyAndWaterColor*inLightQD;  //结合光照强度计算出片元最终颜色值
31  }
```

- 第 2～12 行声明了一系列输入输出变量。本案例采用了多重纹理（一共包含 3 幅纹理），因此在该片元着色器中包含对应 3 幅纹理的 3 个采样器对象，分别是对应倒影纹理的 texDY、对应水面自身纹理的 texSelf 以及对应法向量纹理的 texNormal。

- 第 14～18 行为之前介绍过的进行镜像纹理投影贴图计算的相关代码。

- 第 19～22 行为从法向量纹理图中进行纹理采样，并基于采样值折算出扰动向量的相关代码。

- 第 23～25 行首先声明了用于控制扭曲程度的扰动系数 mPerturbationAmt，并根据前面 13.10.1 节中步骤（4）的公式计算出根据法向量扰动后的纹理坐标 s、t。

- 第 26～30 行首先进行倒影纹理采样、水面自身纹理采样，然后将两者按照既定比例混合得到的颜色值记录到变量 dyAndWaterColor 中，最后结合最终光照强度以及混合得到的颜色值计算出最终片元的颜色值并传递给渲染管线。

13.11 本章小结

本章主要介绍了一些用于模拟现实世界中几种光学效果的技术，包括：反射、折射、色散、菲涅尔效果、凹凸映射、镜头光晕、高级镜像和高真实感水面倒影等。掌握了这些知识以后，读者若能恰当地灵活运用将可以开发出更具有吸引力与感染力的 3D 应用或游戏。

第 14 章　阴影及高级光照

本章将主要介绍几种常见的阴影及高级光照技术，主要包括多重渲染目标、阴影的重要性、平面阴影、阴影映射、阴影贴图、静态光照贴图、聚光灯高级光源、延迟渲染及环境光遮挡等。掌握了这些技术以后，将能开发出更加真实、更加吸引用户的酷炫场景。

14.1　多重渲染目标

到目前为止，本书之前的所有案例都是在片元着色器中仅输出一组值（一般是片元的最终颜色值）到帧缓冲里的唯一颜色附件中。而本节将要介绍的多重渲染目标（Multiple Render Targets，简称 MRT）技术则可以在片元着色器中输出多组不同的值到帧缓冲里的多个对应颜色附件中。

这中多输出的能力对很多特效的开发有很大的帮助，本节将分为基本知识和一个简单的案例两部分来进行介绍，具体内容如下。

14.1.1　基本知识

如前面所介绍，多重渲染目标可以在片元着色器中输出多组不同的值到帧缓冲里的多个对应颜色附件中。这些同时输出的多组不同值可以为颜色、距离、法向量、位置坐标等，以满足开发各种特效时的不同需要。比如本章后面将要介绍的延迟渲染、环境光遮蔽等，都需要 MRT 技术的支撑。

介绍具体的案例开发之前，非常有必要先了解一下使用多重渲染目标时的开发要点及重要步骤，具体内容如下。

（1）首先需要创建一个专门用来实现多重渲染目标的渲染通道，此渲染通道中包含 N 个颜色附件描述信息（需要同时输出几组值，就需要几个颜色附件描述信息。本节案例中为 4，实际开发时根据需要选择，不超过系统最大限制值即可）和一个深度附件描述信息。

（2）接着创建长度为 N 的图像（VkImage）对象数组，其中的各个图像对象将作为使用多重渲染目标进行绘制时帧缓冲中的各个颜色附件。使用此帧缓冲进行场景绘制时，N 个输出值就存储到了对应的图像对象中。另外，还需要为此图像对象数组创建对应的图像视图（VkImageView）对象数组，图像视图对象数组中的元素对应于图像对象数组中的元素。

（3）完成了第（2）步的工作后，下面需要创建一个具有 N 个颜色附件的专门服务于多重渲染目标的帧缓冲。此帧缓冲中的 N 个颜色附件对应于前面的 N 个图像对象，同时其还包含一个深度附件。

（4）下面需要在对应的片元着色器中定义 N 个输出变量，一一对应到要输出的 N 个颜色附件中。

（5）上述工作完成后，在采用多重渲染目标进行绘制的时候，使用前面创建的专用帧缓冲即可。

为了方便理解和学习，本节案例中需要将作为多重渲染目标各个对应颜色附件的图像显示到屏幕上。因此还需要声明一个长度为 N 的 VkDescriptorImageInfo 结构体实例数组，并分别指定其图像视图为前面创建的图像视图数组中的相应元素，以供将多重渲染目标输出的多个颜色附件对应的图像对象作为纹理（基于纹理矩形）呈现到屏幕时对应的描述集所需。

14.1.2 一个简单的案例

14.1.1 节介绍了关于多重渲染目标的基本知识，本节将给出一个使用多重渲染目标的简单案例 Sample14_1。首先介绍的是该案例的运行效果，如图 14-1 和图 14-2 所示。

▲图 14-1　Sample14_1 运行效果图 1　　　　▲图 14-2　Sample14_1 运行效果图 2

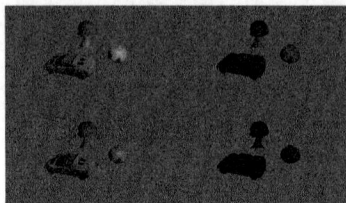

图 14-1 和图 14-2 为本节案例 Sample14_1 的运行效果图。其中图 14-1 为案例开始运行时的效果图，图 14-2 为手指滑动屏幕后的效果图。由于本书采用黑白印刷，对于此案例而言读者很难看到效果，这里建议读者使用真机运行本案例进行观察。

从前面的介绍中可以看出，案例 Sample14_1 中使用了前面第 13 章介绍过的"绘制到纹理"技术，绘制工作分为两轮进行。

● 第一轮绘制时使用"多重渲染目标"技术，将 RGBA 的 4 个色彩通道的值一并送到 0 号颜色附件（此颜色附件中的图像内容是彩色的），将 R、G、B 的 3 个色彩通道的值各自单独送到了 1、2、3 号颜色附件（这 3 个颜色附件中的图像内容是单色的，分别为红色、绿色、蓝色）。

● 第二轮绘制时将 4 个颜色附件对应的纹理（每个颜色附件对应的图像可以作为一幅纹理）分别渲染到一个纹理矩形上，此时就看到了如图 14-1 和图 14-2 所示的画面。

由于本案例是基于第 13 章中"绘制到纹理"一节的案例 Sample13_9 修改而来，故部分类的代码大致相同。因此基本相同的部分不再赘述，这里只介绍几处有代表性的部分，具体内容如下。

（1）14.1.1 节中已经提到，要想采用多重渲染目标进行绘制，首先需要创建用于多重渲染目标的渲染通道和帧缓冲。为此需要在 MyVulkanManager 类的头文件中声明相关的变量和方法，下面给出这一部分代码，具体内容如下。

代码位置：见随书源代码/第 14 章/Sample14_1/src/main/cpp/bndev 目录下的 MyVulkanManager.h。

```
1   #define OUT_TEX_COUNT 4                              //第一轮绘制时的输出数量
2   class MyVulkanManager{
3     public:
4       static VkImage colorImage[4];                    //颜色缓冲附件图像数组
5       static VkDeviceMemory memColor[4];               //颜色缓冲附件图像内存数组
6       static VkImageView colorImageView[4];            //颜色缓冲附件图像视图数组
7       static VkDescriptorImageInfo colorImageInfo[4];  //颜色缓冲附件图像描述信息数组
8       static VkRenderPass renderPassSelf;              //渲染通道（服务于 MRT）
```

```
9        static VkClearValue clear_values_self[5];   //渲染通道用清除帧缓冲的数据( 服务于 MRT )
10       static VkRenderPassBeginInfo rp_begin_self;   //渲染通道启动信息（ 服务于 MRT ）
11       static VkFramebuffer selfTexFramebuffer;        //服务于 MRT 的帧缓冲
12       static void create_vulkan_SelfColorBuffer();   //创建颜色缓冲附件的方法( 服务于 MRT )
13       static void destroy_vulkan_SelfColorBuffer(); //销毁颜色缓冲附件相关的方法 ( 服务于 MRT )
14       static void create_render_pass_self();        //创建渲染通道的方法 ( 服务于 MRT )
15       static void destroy_render_pass_self();       //销毁渲染通道的方法 ( 服务于 MRT )
16       static void create_frame_buffer_self();       //创建帧缓冲的方法 ( 服务于 MRT )
17       static void destroy_frame_buffer();           //销毁帧缓冲的方法
18       static void drawSceneToTex();                 //将场景绘制到纹理的方法( 第一轮 MRT )
19       static void drawSceneToScreen();              //将场景绘制到屏幕的方法（ 第二轮 ）
20       static void flushUniformBufferForToTex();  //将绘制场景到纹理使用的一致变量数据送入缓冲的方法
21       static void flushTexToDesSetForToTex();  //将绘制场景到纹理时的纹理等数据与描述集关联的方法
22       static void flushUniformBufferForToScreen(); //将绘制到屏幕使用的一致变量数据送入缓冲的方法
23       static void flushTexToDesSetForToScreen(); //将绘制到屏幕时的纹理等数据与描述集关联的方法
24       //此处省略了部分代码，读者可自行查阅随书源代码
25   };
```

> **说明**　上述代码并不复杂，主要是声明了 14.1.1 节介绍的基本步骤中提到的多重渲染目标所需要的一系列变量和方法。包括用于颜色缓冲附件的图像数组及与之对应的图像视图数组、图像信息数组等变量和用于创建、销毁渲染通道相关的方法、用于将一致变量数据送入缓冲的方法和用于绘制的方法等。

（2）了解了 MyVulkanManager 类头文件的变化后，下面将依次介绍在其头文件中新声明的几个功能方法的具体实现代码。首先介绍的是用于创建及销毁专门服务于多重渲染目标绘制的渲染通道的两个方法，具体代码如下。

代码位置：见随书源代码/第 14 章/Sample14_1/src/main/cpp/bndev 目录下的 MyVulkanManager.cpp。

```
1    void MyVulkanManager::create_render_pass_self(){   //创建服务于 MRT 渲染通道的方法
2        VkAttachmentDescription attachments[5];         //附件描述信息数组
3        for(int i=0;i<OUT_TEX_COUNT;i++){               //遍历所有的颜色附件
4            attachments[i].format = formats[0];         //设置颜色附件的格式
5            //此处省略了设置颜色附件描述信息结构体其他属性参数的代码，与之前案例中的类似
6        }
7        attachments[4].format = depthFormat;            //设置深度附件的格式
8        //此处省略了设置深度附件描述信息结构体其他属性参数的代码，与之前案例中的类似
9        VkAttachmentReference color_reference[OUT_TEX_COUNT];   //颜色附件引用数组
10       for(int i=0;i<OUT_TEX_COUNT;i++){               //遍历所有颜色附件
11           color_reference[i].attachment = i;          //对应附件描述信息数组元素下标
12           color_reference[i].layout = VK_IMAGE_LAYOUT_COLOR_ATTACHMENT_OPTIMAL;
13       }
14       VkAttachmentReference depth_reference = {};      //深度附件引用
15       depth_reference.attachment = 4;                 //对应附件描述信息数组元素下标
16       depth_reference.layout = VK_IMAGE_LAYOUT_DEPTH_STENCIL_ATTACHMENT_OPTIMAL;
17       VkSubpassDescription subpass = {};              //构建渲染子通道描述结构体实例
18       subpass.colorAttachmentCount = OUT_TEX_COUNT;   //颜色附件数量
19       //此处省略了设置渲染子通道描述结构体其他属性参数的代码，与之前案例中的类似
20       VkRenderPassCreateInfo rp_info = {};            //构建渲染通道创建信息结构体实例
21       rp_info.sType = VK_STRUCTURE_TYPE_RENDER_PASS_CREATE_INFO; //结构体类型
22       rp_info.pNext = NULL;                           //自定义数据的指针
23       rp_info.attachmentCount = 5;                    //附件的数量( 包括颜色附件和深度附件 )
24       //此处省略了设置渲染通道创建信息结构体其他属性参数的代码，与之前案例中的类似
25       VkResult result = vk::vkCreateRenderPass(device, &rp_info, NULL, &renderPassSelf);
                                                          //创建渲染通道
```

```
26          assert(result == VK_SUCCESS);                       //检查是否创建成功
27          for(int i=0;i<OUT_TEX_COUNT;i++){                    //遍历所有颜色附件
28              clear_values_self[i].color.float32[0] = 0.2f;        //帧缓冲清除用 R 分量值
29              clear_values_self[i].color.float32[1] = 0.2f;        //帧缓冲清除用 G 分量值
30              clear_values_self[i].color.float32[2] = 0.2f;        //帧缓冲清除用 B 分量值
31              clear_values_self[i].color.float32[3] = 0.2f;        //帧缓冲清除用 A 分量值
32          }
33          clear_values_self[4].depthStencil.depth = 1.0f;      //帧缓冲清除用深度值
34          clear_values_self[4].depthStencil.stencil = 0;       //帧缓冲清除用模板值
35          rp_begin_self.renderPass = renderPassSelf;           //指定要启动的渲染通道
36          rp_begin_self.clearValueCount = 5;                   //帧缓冲清除值数量
37          rp_begin_self.pClearValues = clear_values_self;      //帧缓冲清除值数组
38          //此处省略了设置渲染通道启动信息结构体其他属性参数的代码，与之前案例中的类似
39      }
40      void MyVulkanManager::destroy_render_pass_self(){    //销毁服务于 MRT 渲染通道的方法
41          vk::vkDestroyRenderPass(device, renderPassSelf, NULL); //销毁渲染通道
42      }
```

- 第 2～8 行首先声明了长度为 5 的附件描述信息数组，其中第 1 个元素到第 4 个元素为颜色附件描述信息，第 5 个元素为深度附件描述信息，然后分别指定了附件的格式。
- 第 9～16 行创建了长度为 4 的颜色附件引用数组以及深度附件引用，以备后面使用。
- 第 17～26 行首先构建了渲染子通道描述信息结构体实例，设置其颜色附件数量为 4。然后构建渲染通道创建信息结构体实例，接着设置附件数量为 5，最后创建渲染通道并检查创建是否成功。
- 第 27～34 行设置了每次清除帧缓冲时所需的所有颜色附件、深度模板附件各个通道的值。其中清除颜色附件的值有 4 套，每套 4 个值，分别对应于 RGBA 的 4 个色彩通道。
- 第 35～38 行设置了渲染通道启动信息结构体实例的多项属性值，首先指定了要启动的渲染通道，然后又设置了帧缓冲清除值数量为 5，最后给出了清除帧缓冲时所需的各项清除值数组。
- 第 40～42 行通过调用 vkDestroyRenderPass 方法来销毁服务于 MRT 的渲染通道。

（3）介绍完用于创建及销毁专门服务于多重渲染目标绘制的渲染通道的两个方法后，下面将要介绍的是用于创建多重渲染目标所需颜色缓冲附件图像相关的方法和用于销毁对应颜色缓冲附件图像相关的方法，具体代码如下。

代码位置：见随书源代码/第 14 章/Sample14_1/src/main/cpp/bndev 目录下的 MyVulkanManager.cpp。

```
1   void MyVulkanManager::create_vulkan_SelfColorBuffer(){   //创建颜色缓冲附件图像相关的方法
2       colorFormat = VK_FORMAT_R8G8B8A8_UNORM;              //指定颜色图像的格式
3       VkImageCreateInfo image_info = {};                   //构建颜色图像创建信息结构体实例
4       image_info.format = colorFormat;                     //图像格式
5       //此处省略了设置图像创建信息结构体其他属性参数的代码，与之前案例中的类似
6       for(int i=0;i<OUT_TEX_COUNT;i++){                    //遍历所有的颜色附件
7           VkResult result = vk::vkCreateImage(device, &image_info, NULL, &(color
Image[i]));   //创建图像
8           assert(result == VK_SUCCESS);                       //检查是否创建成功
9           //此处省略了获取图像内存需求、分配并绑定内存等部分的代码，与之前案例中的类似
10          VkImageViewCreateInfo view_info = {};    //构建颜色图像视图创建信息结构体实例
11          view_info.image = colorImage[i];                 //指定图像
12          //此处省略了设置图像视图创建信息结构体实例其他属性参数的代码，与之前案例中的类似
13          result = vk::vkCreateImageView(device, &view_info, NULL, &(colorImageV
iew[i]));   //创建图像视图
14          assert(result == VK_SUCCESS);                       //检查是否创建成功
15      }}
16  void MyVulkanManager::destroy_vulkan_SelfColorBuffer(){  //销毁颜色缓冲附件图像相关
17      for(int i=0;i<OUT_TEX_COUNT;i++){                    //遍历所有颜色附件
```

```
18          vk::vkDestroyImageView(device, colorImageView[i], NULL); //销毁颜色图像视图对象
19          vk::vkDestroyImage(device, colorImage[i], NULL);        //销毁颜色图像
20          vk::vkFreeMemory(device, memColor[i], NULL);            //释放颜色图像内存
21      }}
```

● 第 2～5 行首先指定了颜色图像的格式，然后创建了颜色图像创建信息结构体实例并指定了此结构体实例的图像格式，其他省略的属性的设置并无特殊之处，在此不再赘述。

● 第 6～15 行根据所需的颜色附件数量，通过一个 for 循环依次创建了所需数量的颜色图像及与之对应的颜色图像视图。

● 第 16～21 行为销毁颜色缓冲附件图像相关的方法，其中通过一个 for 循环，依次销毁了所有的颜色图像视图对象、颜色图像对象并释放了颜色图像所对应的设备内存。

（4）上面介绍了用于创建和销毁多重渲染目标所需的颜色缓冲附件对应图像相关的两个方法，接下来将要介绍的是用于创建服务于多重渲染目标的帧缓冲的方法以及在初始化纹理的方法中增加的设置 VkDescriptorImageInfo 对象（第二轮绘制到屏幕之前绑定描述集纹理写入属性信息时所用）属性参数的相关代码，具体内容如下。

🐝 **代码位置**：见随书源代码/第 14 章/Sample14_1/src/main/cpp/bndev 目录下的 MyVulkanManager.cpp。

```
1   void MyVulkanManager::create_frame_buffer_self(){  //创建帧缓冲的方法（服务于 MRT）
2       VkImageView attachments[5];                     //深度附件和颜色附件的图像视图数组
3       attachments[4] = depthImageView;               //指定深度图像视图
4       VkFramebufferCreateInfo fb_info = {};          //构建帧缓冲创建信息结构体实例
5       fb_info.renderPass = renderPassSelf;           //指定渲染通道
6       fb_info.attachmentCount = 5;                    //附件数量
7       fb_info.pAttachments = attachments;            //附件图像视图数组
8       //此处省略了与之前很多案例相同的一些代码，读者可自行查阅随书源代码
9       attachments[0] = colorImageView[0];            //第 0 个颜色附件的图像视图
10      attachments[1] = colorImageView[1];            //第 1 个颜色附件的图像视图
11      attachments[2] = colorImageView[2];            //第 2 个颜色附件的图像视图
12      attachments[3] = colorImageView[3];            //第 3 个颜色附件的图像视图
13      VkResult result=vk::vkCreateFramebuffer(device, &fb_info, NULL,
            &selfTexFramebuffer); //创建帧缓冲
14      assert(result == VK_SUCCESS);                   //检查是否创建成功
15  }
16  void MyVulkanManager::init_texture(){              //初始化纹理的方法
17      TextureManager::initTextures(device,gpus[0],   //调用方法初始化纹理
18                  memoryroperties,cmdBuffer,queueGraphics);
19      for(int i=0;i<OUT_TEX_COUNT;i++){              //遍历所有颜色附件
20          colorImageInfo[i].imageView=colorImageView[i];     //采用的图像视图
21          colorImageInfo[i].imageLayout=VK_IMAGE_LAYOUT_GENERAL; //图像布局
22          colorImageInfo[i].sampler=TextureManager::samplerList[0]; //采用的采样器
23      }}
```

● 第 1～15 行为创建帧缓冲的方法，首先声明了长度为 5 的作为附件的图像视图数组，其中包括 4 个颜色图像视图以及 1 个深度图像视图。接着指定将要创建的帧缓冲的附件数量为 5，之后指定了将要创建的帧缓冲的第 0～3 个颜色附件对应的图像视图为之前创建的颜色缓冲附件图像视图数组中对应的图像视图，最后创建了相应的帧缓冲。

● 第 16～23 行为初始化纹理的 init_texture 方法，其中增加了通过一个 for 循环遍历所有的颜色附件，并依次设置各个颜色附件图像对应的图像信息结构体相关属性的代码。这些图像信息结构体实例在第二轮绘制中将第一轮多重渲染产生的图像作为纹理时使用。

（5）下面将要介绍的是第二轮绘制到屏幕时将纹理等数据与描述集关联的方法，具体代码如下。

📎 **代码位置：** 见随书源代码/第 14 章/Sample14_1/src/main/cpp/bndev 目录下的 MyVulkanManager.cpp。

```
1    void MyVulkanManager::flushTexToDesSetForToScreen(){//将绘制到屏幕时的纹理等数据与描述集关联
2        for(int i=0;i<OUT_TEX_COUNT;i++)      {            //遍历所有的颜色附件
3            sqsD2D->writes[0].dstSet = sqsD2D->descSet[i]; //描述集对应的写入属性0（一致变量）
4            sqsD2D->writes[1].dstSet = sqsD2D->descSet[i]; //描述集对应的写入属性1（纹理）
5            sqsD2D->writes[1].pImageInfo =&(colorImageInfo[i]); //写入属性1对应的纹理图像信息
6            vk::vkUpdateDescriptorSets(device, 2, sqsD2D->writes, 0, NULL); //更新描述集
7        }}
```

✏️ **说明**　　上述代码比较简单，通过一个 for 循环遍历所有的颜色附件，依次设置写入属性 1 对应的纹理图像信息对应于在第一轮绘制中充当帧缓冲颜色附件的几个图像对象。

（6）介绍完在第二轮绘制到屏幕时将纹理等数据与描述集关联的方法后，接下来介绍的是第一轮基于多重渲染目标技术将场景绘制到纹理的方法和第二轮将第一轮输出的图像作为纹理基于纹理矩形绘制到屏幕的方法，具体代码如下。

📎 **代码位置：** 见随书源代码/第 14 章/Sample14_1/src/main/cpp/bndev 目录下的 MyVulkanManager.cpp。

```
1    void MyVulkanManager::drawSceneToTex(){                //将场景绘制到纹理的方法（第一轮）
2        rp_begin_self.framebuffer = selfTexFramebuffer;
                                            //将自定义帧缓冲设置为渲染通道的当前帧缓冲
3        vk::vkResetCommandBuffer(cmdBuffer, 0);            //恢复命令缓冲到初始状态
4        VkResult result = vk::vkBeginCommandBuffer(cmdBuffer, &cmd_buf_info); //启动命令缓冲
5        LightManager::move();                              //移动光源位置
6        MyVulkanManager::flushUniformBufferForToTex();     //将一致变量数据送入渲染管线
7        MyVulkanManager::flushTexToDesSetForToTex();       //更新绘制用描述集
8        vk::vkCmdBeginRenderPass(cmdBuffer, &rp_begin_self, VK_SUBPASS_CONTENTS_INLINE);
9        //此处省略了场景中各个物体的绘制代码，与前面很多案例中的基本相同
10   }
11   void MyVulkanManager::drawSceneToScreen(){             //将图像绘制到屏幕的方法（第二轮）
12       //此处省略了部分代码，读者可自行查阅随书源代码
13       vk::vkCmdBeginRenderPass(cmdBuffer, &rp_begin_screen, VK_SUBPASS_CONTENTS_INLINE);
14       MatrixState2D::pushMatrix();                       //保护现场
15       MatrixState2D::translate(-ratio/2.0f,0.5f,0);              //沿 x 轴、y 轴平移
16       d2dA->drawSelf(cmdBuffer,sqsD2D->pipelineLayout,sqsD2D->pipeline,
                                                           //左上角平面矩形的绘制
17                    &(sqsD2D->descSet[0]));              //使用第 0 个描述集
18       MatrixState2D::popMatrix();                        //恢复现场
19       MatrixState2D::pushMatrix();                       //保护现场
20       MatrixState2D::translate(ratio/2.0f,0.5f,0);       //沿 x 轴、y 轴平移
21       d2dA->drawSelf(cmdBuffer,sqsD2D->pipelineLayout,sqsD2D->pipeline,
                                                           //右上角平面矩形的绘制
22                    &(sqsD2D->descSet[1]));              //使用第 1 个描述集
23       MatrixState2D::popMatrix();                        //恢复现场
24       MatrixState2D::pushMatrix();                       //保护现场
25       MatrixState2D::translate(-ratio/2.0f,-0.5f,0);     //沿 x 轴、y 轴平移
26       d2dA->drawSelf(cmdBuffer,sqsD2D->pipelineLayout,sqsD2D->pipeline,
                                                           //左下角平面矩形的绘制
27                    &(sqsD2D->descSet[2]));              //使用第 2 个描述集
28       MatrixState2D::popMatrix();                        //恢复现场
29       MatrixState2D::pushMatrix();                       //保护现场
30       MatrixState2D::translate(ratio/2.0f,-0.5f,0);      //沿 x 轴、y 轴平移
31       d2dA->drawSelf(cmdBuffer,sqsD2D->pipelineLayout,sqsD2D->pipeline,
                                                           //右下角平面矩形的绘制
32                    &(sqsD2D->descSet[3]));              //使用第 3 个描述集
```

```
33          MatrixState2D::popMatrix()   ;                        //恢复现场
34          vk::vkCmdEndRenderPass(cmdBuffer);                    //结束渲染通道
35          //此处省略了部分代码，读者可自行查阅随书源代码
36  }
```

● 第 1～10 行为第一轮基于多重渲染目标技术将场景绘制到纹理的方法，这部分代码中需要注意的是第 2 行代码和第 8 行代码。在第 2 行代码中，为渲染通道指定的当前帧缓冲为之前创建的包含 4 个颜色附件的帧缓冲。第 8 行代码通过 vkCmdBeginRenderPass 方法来启动渲染通道，其参数中使用的渲染通道启动信息实例为之前创建的与包含 4 个颜色附件的渲染通道相对应的渲染通道启动信息结构体实例。

● 第 11～36 行为第二轮将第一轮输出的多个图像作为纹理基于纹理矩形绘制到屏幕的方法。此方法中，基于不同的平移变换在屏幕的不同位置绘制了 4 个采用不同纹理的平面矩形。

（7）介绍完 C++代码的开发后就可以开发着色器了。本案例中一共使用了两套着色器，一套是进行多重渲染目标所用，另一套是普通纹理贴图所用。进行普通纹理贴图的着色器在前面很多案例中都有使用，不再赘述。这里仅仅给出本案例中有代表性的在第一轮绘制时使用的片元着色器，其代码如下。

📎 **代码位置：** 见随书源代码/第 14 章/Sample14_1/src/main/assets/shader 目录下的 commonTexLight.frag。

```
1   //此处省略了声明着色器版本号及启用相关扩展的代码，读者可以自行查阅随书源代码
2   layout (binding = 1) uniform sampler2D tex;          //纹理采样器，代表一幅纹理
3   layout (location = 0) in vec2 inTexCoor;             //从顶点着色器传入的纹理坐标
4   layout (location = 1) in vec4 inLightQD;             //从顶点着色器传入的光照强度
5   layout (location = 0) out vec4 outColor;             //对应 0 号颜色附件的输出变量
6   layout (location = 1) out vec4 outColorR;            //对应 1 号颜色附件的输出变量
7   layout (location = 2) out vec4 outColorG;            //对应 2 号颜色附件的输出变量
8   layout (location = 3) out vec4 outColorB;            //对应 3 号颜色附件的输出变量
9   void main() {                                        //主方法
10      vec4 finalColor=inLightQD*texture(tex, inTexCoor);    //计算最终颜色值
11      outColor=finalColor;                    //将 RGBA 的 4 个色彩通道综合值输出到 0 号颜色附件
12      outColorR=vec4(finalColor.r,0.0,0.0,1.0);    //将 R 色彩通道值输出到 1 号颜色附件
13      outColorG=vec4(0.0,finalColor.g,0.0,1.0);    //将 G 色彩通道值输出到 2 号颜色附件
14      outColorB=vec4(0.0,0.0,finalColor.b,1.0);    //将 B 色彩通道值输出到 3 号颜色附件
15  }
```

> 📝 **说明**　上述片元着色器的代码并不是很复杂，基本的计算与前面很多简单地实现光照、纹理功能的片元着色器相同。需要注意的是该片元着色器中含有对应于前面介绍的 4 个颜色附件的 4 个输出变量，从而实现了多重渲染目标的功能。

> 📝 **提示**　由于截至作者写稿时 Vulkan 中内嵌的着色器编译器最多支持片元着色器中有两个输出变量，不能满足本案例的要求，因此本案例中的着色器是预编译后使用的。着色器预编译的知识在本书前面的第 2 章中有详细的介绍，这里不再赘述。另外，为了便于读者查阅本案例中着色器的代码，着色器的源文件也放了相应的目录下。

14.2　阴影的重要性

现实世界中，阴影是随处可见的，其对于帮助判断物体的位置关系以及形状等有很大的帮助。因此，在 3D 的虚拟世界中阴影也是很重要的，其主要可以起到以下几个方面的作用。

- 阴影可以帮助判断物体在三维空间中的位置关系。
- 阴影可以反映接收体的形状。
- 阴影可以表现出一些当前视点看不见的物体的信息。
- 通过阴影可以判断出光源的数目、位置。

从上述列出的几点中可以看出，若 3D 场景中没有了阴影，真实感和吸引力将大打折扣。下面将稍微详细一点地讨论一下上述每一点的重要作用，具体内容如下。

1. 阴影可以帮助判断物体在三维空间中的位置关系

阴影对于帮助人们从看到的画面中判断物体的位置起到了十分重要的作用，如果没有了阴影，将很难判断物体在空间中的位置，如图 14-3 所示。

▲图 14-3　阴影帮助判断物体的位置

从图 14-3 中可以看出，最左侧的图中没有阴影，两个小球的位置关系难以判断，场景的真实感也很差。而右边的两幅图中有了阴影，一眼就可以看出两个小球的位置关系。

2. 阴影可以反映接收体的形状

阴影不但可以帮助判断物体的位置，还可以帮助判断出阴影接收体的形状。这在模拟现实世界的时候也是十分重要的，如图 14-4 所示。

从图 14-4 中可以看出，左侧的图中没有阴影，很难判断出长方体下面的物体是什么形状的。而右侧的图中有了阴影，很容易判断出长方体的下面是台阶形状的物体。

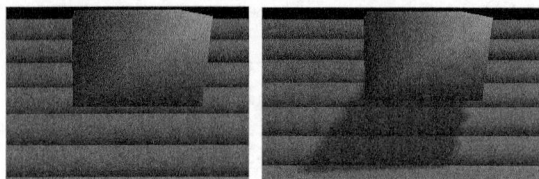

▲图 14-4　阴影可以反映出阴影接收体的形状

3. 阴影可以表现出一些在当前视点看不见的物体的信息

很多警匪、谍战的影视作品中都有这样的情节，主人公通过影子判断出有敌人来袭，一举将敌人击毙。对于虚拟的 3D 世界而言，阴影也有同样的作用，如图 14-5 所示。

从图 14-5 中左右两幅的对比中可以看出，若没有阴影是不可能判断出场景左侧的墙外站着一个人的。也就是说，有了正确的阴影后，用户可以像在现实世界中一样判断出在当前视点不能直接看见的物体的位置、形状等信息。

▲图 14-5　通过阴影得到在当前视点不能直接看见的物体的信息

4. 通过阴影可以判断出光源的数目、位置

观看过晚间足球比赛的读者应该都会发现，跑动的足球队员周围有 4 个影子，因而会很自然地想到足球场的 4 面应该都有光源。这就是说通过阴影可以判断出光源的数目、位置，具体的情

况如图 14-6 所示。

从图 14-6 中可以看出，左侧的图对应的场景中有一个光源，在场景的左上侧。而右侧的图对应的场景中有两个光源，分别位于左上侧以及右上侧。

上述内容从 4 个方面介绍了阴影的

▲图 14-6　通过阴影可以判断出光源的数目、位置

重要性，了解了这些重要性对于开发出真实的、具有吸引力的场景是非常重要的。下面本章将具体介绍一些用于实现阴影的技术，包括平面阴影、阴影映射、阴影贴图等几方面。

14.3　平面阴影

本书前面第 5 章中介绍光照时已经提到过，由于采用的光照计算模型是基于每个顶点或每个片元独立计算的，计算时仅仅考虑了光源位置、法向量、摄像机位置与被照射点的位置，并没有考虑其他物体的存在（其实最准确地说是没有考虑其他顶点或片元的存在），所以是不会产生阴影效果的。

但在很多场景中没有了阴影后真实感会差很多，很多著名的 3D 游戏中也都有真实的阴影效果。从本节开始，将介绍几种基于 Vulkan 的阴影生成技术，供读者在开发中根据实际情况进行选用。

14.3.1　案例效果与基本原理

本节介绍的是阴影生成技术中最简单的一种——平面阴影，其易于理解和开发，性能也尚可。下面首先了解一下本节案例 Sample14_2 的运行效果，如图 14-7 所示。

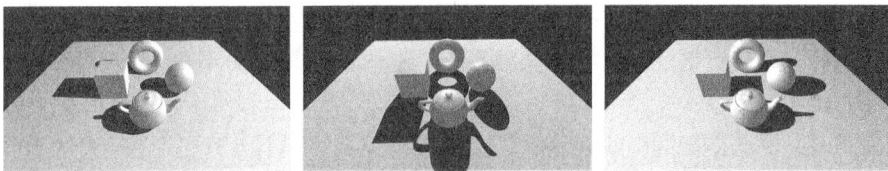

▲图 14-7　平面阴影案例的运行效果

说明　图 14-7 中最左侧是光源从右上侧照射场景的情况，中间是光源从场景前上侧照射的情况，右侧是光源从场景左上侧照射的情况。另外，本案例运行时，当手指在屏幕上水平滑动时摄像机会绕场景转动。

本节案例中采用的阴影生成算法非常简单，其基本思想为，根据照射光线的方向将物体投影到需要显示阴影的平面上，具体情况如图 14-8 所示。

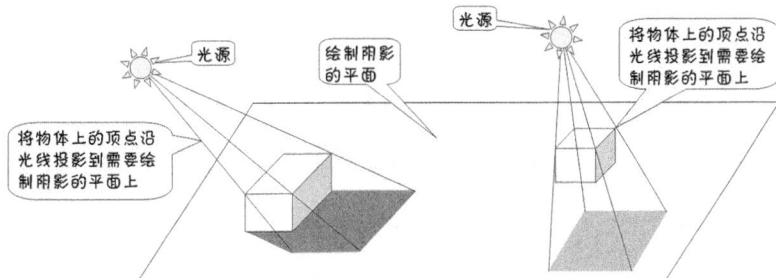

▲图 14-8　平面阴影的基本原理

从图 14-8 中可以看出，平面阴影技术中最关键的就是如何实现把物体上的顶点沿光线投影到需要绘制阴影的平面上。读者可能很自然的会想到利用空间解析几何的知识来进行计算，但那样太复杂了，实现起来会很困难，运行速度也会较慢。

真正实现的时候还是可以继续依赖向量的计算，具体的计算公式如下。

$$V'=S+(V-S)(n \cdot (A-S))/(n \cdot (V-S))$$

上述公式中每一部分的含义如下所列。

- V'代表沿光线投影到绘制阴影的平面上顶点的坐标。
- S 为光源的位置。
- V 为投影前顶点的实际位置。
- n 为法向量，其属于绘制阴影的平面。
- A 为任意一个点的坐标，其位于绘制阴影的平面上。
- ·代表向量的点积计算。

> **提示**　实际计算时上述这些量都是在着色器中用 vec3 类型的变量来实现的，具体情况 14.3.2 节会进行详细的介绍。

14.3.2　开发步骤

了解了案例的运行效果及基本原理后，就可以进行案例的开发了，具体步骤如下。

（1）首先用 3ds Max 生成 5 个基本物体（平面、圆环、茶壶、立方体、圆球）模型，并导出成 obj 文件放入项目的 assets 目录中待用。

（2）开发出搭建场景的基本代码，包括加载物体、摆放物体、计算光照等。这些代码与前面章节许多案例的基本套路完全一致，这里不再赘述。

（3）采用平面阴影技术实施阴影时，需要阴影的物体应该绘制两次，第一次绘制阴影，第二次绘制物体本身。因此 MyVulkanManager 类中绘制场景的代码也会有所不同，具体内容如下。

代码位置：见随书中源代码/第 14 章/Sample14_2/app/src/main/cpp/bndev 目录下的 MyVulkanManager.cpp 文件。

```
1   void MyVulkanManager::drawObject(){                              //执行绘制的方法
2       FPSUtil::init();                                             //初始化 FPS 计算
3       while(MyVulkanManager::loopDrawFlag){                        //每循环一次绘制一帧画面
4           //此处省略了部分代码，感兴趣的读者请自行查看随书源代码
5           MProjCameraMatrix = MatrixState3D::getViewProjMatrix();  //获取投影与观察组合矩阵
6           vk::vkCmdBeginRenderPass(cmdBuffer, &rp_begin, VK_SUBPASS_CONTENTS_INLINE);
7           objObjectPM->drawSelf(cmdBuffer, sqsCT->pipelineLayout, sqsCT->pipeline,
8                           &(sqsCT->descSet[0]),0);                 //绘制平面
9           drawThings(1);                                          //绘制平面上各个物体的阴影
10          drawThings(0);                                          //绘制平面上各个物体本身
11          vk::vkCmdEndRenderPass(cmdBuffer);                      //结束渲染通道
12          //此处省略了部分代码，感兴趣的读者请自行查看随书源代码
13  }}
14  void MyVulkanManager::drawThings(float isShadow){               //绘制平面上各个物体的方法
15          MatrixState3D::pushMatrix();                            //保护现场
16          MatrixState3D::scale(1.5f, 1.5f, 1.5f);                 //进行缩放变换
17          MatrixState3D::translate(0, 0, 10);                     //进行平移变换
18          objObjectCH->drawSelf(cmdBuffer, sqsCT->pipelineLayout, sqsCT->pipeline,
19                          &(sqsCT->descSet[0]),isShadow);         //绘制茶壶
```

```
20          MatrixState3D::popMatrix();                                  //恢复现场
21          //此处省略了球体、圆环和长方体的绘制代码，感兴趣的读者请自行查看随书源代码
22  }
```

> **说明**　上述代码中用于绘制场景中平面上物体的方法 drawThings 需要接收一个浮点型的参数，当参数值为 1.0 时将绘制物体在指定平面上的阴影，当参数值为 0.0 时将绘制物体本身。另外，第 5 行中的 MProjCameraMatrix 为投影与观察组合矩阵，在每次绘制前，需将此矩阵通过一致变量送入顶点着色器中。这部分相关代码位于 MyVulkanManager 类的 flushUniformBuffer 方法中，感兴趣的读者请自行查看随书源代码。

（4）接下来介绍的是位于 ObjObject 类中对物体进行绘制的方法——drawSelf，此部分的代码与前面案例中的基本一致，主要的区别是增加了将阴影绘制标志值传入推送常量的相关代码，具体内容如下。

代码位置： 见随书源代码/第 14 章/Sample14_2/app/src/main/cpp/util 目录下的 ObjObject.cpp 文件。

```
1   void ObjObject::drawSelf(VkCommandBuffer& cmd,VkPipelineLayout& pipelineLayout,
2           VkPipeline& pipeline,VkDescriptorSet* desSetPointer,float isShadow){
                                                                    //绘制物体的方法
3           //此处省略了部分代码，感兴趣的读者请自行查看随书源代码
4           float* mvp=MatrixState3D::getFinalMatrix();        //获取总变换矩阵
5           float* mm=MatrixState3D::getMMatrix();             //获取基本变换矩阵
6           memcpy(pushConstantData, mvp, sizeof(float)*16);   //将总变换矩阵数据送入推送常量数据
7           memcpy(pushConstantData+16, mm, sizeof(float)*16); //将基本变换矩阵数据送入推送常量数据
8           memcpy(pushConstantData+32, &isShadow, sizeof(float)*1);
                                                                //将阴影绘制标志数据送入推送常量数据
9           vk::vkCmdPushConstants(cmd, pipelineLayout,        //将推送常量数据送入推送常量
10              VK_SHADER_STAGE_VERTEX_BIT,0, sizeof(float)*33,pushConstantData);
11          vk::vkCmdDraw(cmd, vCount, 1, 0, 0);               //执行绘制
12  }
```

> **说明**　上述方法中主要有两处变化，首先是增加了一个名称为 isShadow 的入口参数，用于接收当前阴影绘制标志的值。另外一个变化是，将所需的阴影绘制标志也作为一项数据传入了推送常量。

（5）介绍完 C++代码的开发后就可以开发着色器了，首先介绍的是顶点着色器，其代码如下。

代码位置： 见随书中源代码/第 14 章/Sample14_2/app/assets/shader 目录下的 commonLight.vert。

```
1   //此处省略了声明着色器版本号及启用相关扩展的代码，读者可以自行查阅随书源代码
2   layout (std140,set = 0, binding = 0) uniform bufferVals {  //一致变量块
3       vec4 uCamera;                                          //摄像机位置
4       vec4 lightPosition;                                    //光源位置
5       vec4 lightAmbient;                                     //环境光强度
6       vec4 lightDiffuse;                                     //散射光强度
7       vec4 lightSpecular;                                    //镜面光强度
8       mat4 mpc;                                              //投影与观察组合矩阵
9   } myBufferVals;
10  layout (push_constant) uniform constantVals {              //推送常量块
11      mat4 mvp;                                              //总变换矩阵
12      mat4 mm;                                               //基本变换矩阵
13      float isShadow;                                        //阴影绘制标志
```

```
14   } myConstantVals;
15   layout (location = 0) in vec3 pos;                              //输入的顶点位置
16   layout (location = 1) in vec3 inNormal;                         //输入的法向量
17   layout (location = 0) out vec4 outLightQD;                      //输出的光照强度
18   layout (location = 1) out float shadow;                         //输出的阴影绘制标志
19   out gl_PerVertex {vec4 gl_Position;};                           //内建变量 gl_Position
20   //此处省略了进行定位光光照计算的 pointLight 方法，与前面很多案例中的基本相同
21   void main() {                                                   //主方法
22       outLightQD=pointLight(myConstantVals.mm,myBufferVals.uCamera.xyz,//执行定位光光照计算
23        myBufferVals.lightPosition.xyz,myBufferVals.lightAmbient,
24        myBufferVals.lightDiffuse,myBufferVals.lightSpecular,inNormal,pos);
25       if(myConstantVals.isShadow==1){                             //若标志位为 1，则绘制阴影
26           vec3 A=vec3(0.0,0.1,0.0);                               //绘制阴影的平面上任意一点的坐标
27           vec3 n=vec3(0.0,1.0,0.0);                               //绘制阴影的平面的法向量
28           vec3 S=myBufferVals.lightPosition.xyz;        //光源位置
29           vec3 V=(myConstantVals.mm*vec4(pos,1)).xyz;   //经过基本变换后点的坐标
30           vec3 VL=S+(V-S)*(dot(n,(A-S))/dot(n,(V-S)));
                                      //顶点沿光线投影到需要绘制阴影的平面上点的坐标
31           gl_Position = myBufferVals.mpc*vec4(VL,1);    //根据组合矩阵计算此次绘制此顶点位置
32       }else{                                                      //若标志位不为 1，则绘制物体本身
33           gl_Position = myConstantVals.mvp * vec4(pos,1);
                                      //根据总变换矩阵计算此次绘制此顶点位置
34       }
35       shadow=myConstantVals.isShadow;                            //将接收的阴影绘制标志传递给片元着色器
36   }
```

- 第 22～24 行调用 pointLight 方法进行了定位光光照计算。

- 第 25～30 行为根据 14.3.1 节介绍的平面阴影计算模型计算投影点位置的相关代码，其中绘制阴影的平面的法向量和任意一点坐标是固化在着色器中的，未来有需要也可以从 C++程序中传入。

- 第 31 行将计算出的投影点坐标用投影与观察组合矩阵进行变换得到最终此顶点的绘制位置。有的读者可能会有这样的疑问："为什么不直接用总变换矩阵进行计算呢？"这是因为总变换矩阵不但携带了投影、摄像机观察的变换信息，还携带了平移、旋转、缩放变换的信息，所以只能用于对原始顶点坐标进行变换。而投影点的位置已经确定，不应该进行平移、旋转、缩放等基本变换了，其仅仅需要用投影与观察组合矩阵进行变换即可得出最终的绘制位置。

> ✔提示　　从上述代码中可以看出，由于着色语言原生支持向量的计算，所以采用 14.3.1 节介绍的投影计算公式非常容易。

（6）介绍完顶点着色器后，下面给出的是片元着色器，其代码如下。

📍 **代码位置：见随书中源代码/第 14 章/Sample14_2/app/assets/shader 目录下的 commonLight.frag。**

```
1    //此处省略了声明着色器版本号及启用相关扩展的代码，读者可以自行查阅随书源代码
2    layout (location = 0) in vec4 inLightQD;                       //接收的光照强度
3    layout (location = 1) in float shadow;                         //接收的阴影绘制标志
4    layout (location = 0) out vec4 outColor;                       //输出到管线的片元颜色
5    void main(){                                                   //主方法
6        if(shadow==0){                                             //绘制物体本身
7            vec4 finalColor=vec4(1.0,1.0,1.0,1.0);                 //物体本身的颜色
8            outColor = inLightQD*finalColor;                      //计算最终颜色值
9        }else{                                                     //绘制阴影
10           outColor = vec4(0.2,0.2,0.2,1.0);                     //片元最终颜色为阴影的颜色
11       }}
```

> **说明**　从上述代码中可以看出，此片元着色器根据阴影绘制标志的值决定片元采用哪种颜色进行着色。若阴影绘制标志值为 0，则根据物体本身的颜色与光照强度计算出片元最终颜色；若阴影绘制标志值为 1，则直接采用阴影颜色作为片元的最终颜色。

到这里为止平面阴影技术就介绍完了，在以后的具体项目开发中，读者若能做到灵活运用，将可以开发出更加逼真的场景。

14.4 阴影映射

14.3 节介绍了平面阴影的实现，从其案例的效果图中可以看出真实感还是比较强的。但细心的读者应该能够发现一个明显的瑕疵，那就是基于此技术的阴影仅能出现在目标平面上，无论光源处于什么位置，除目标平面外的物体永远不会处于阴影中。

这显然不符合现实世界的情况，因此本节将介绍另外一种阴影实现技术——阴影映射。采用阴影映射技术可以方便地实现物体相互遮挡时的阴影，开发出来的场景效果会更加真实。

14.4.1　案例效果与基本原理

正式介绍阴影映射技术的原理与具体开发步骤之前，请读者首先了解一下本节案例的运行效果，如图 14-9 所示。

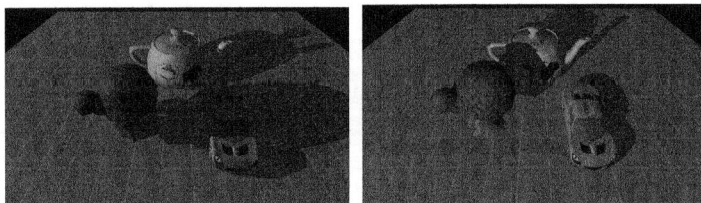

▲图 14-9　阴影映射案例运行效果

> **说明**　本案例中的光源是围绕场景旋转的，因此阴影也会随光源的运动而移动。图 14-9 中左侧为光源从左侧照射场景的情况，树形状的阴影映射到了其右边的车上；右侧为光源从左前侧照射的情况，树形状的阴影映射到了其右前方的茶壶上。与 14.3 节的案例比较即可看出，此技术实现的阴影其真实感更好，更接近现实世界的情况。

本节案例采用的阴影生成算法比 14.3 节的要复杂一些，需要经过两次绘制，还要采用投影贴图技术才能实现，其基本原理如图 14-10 所示。

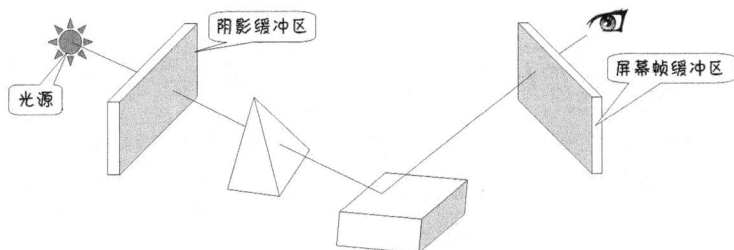

▲图 14-10　阴影映射的基本原理

从图 14-10 中可以看出，阴影映射的基本策略是首先将阴影的相关信息存储到阴影缓冲区中

（本质上是一个图像对象），然后正式绘制场景时根据阴影缓冲区中存储的对应信息判断要绘制的片元是否处于阴影中，具体的步骤如图 14-11 所示。

▲图 14-11　阴影映射的具体步骤

图 14-11 中给出了阴影映射的基本步骤，具体情况如下所列。

● 首先将摄像机设置到光源所在的位置（观察方向面对场景，此时的摄像机观察矩阵称为观察矩阵 1），同时设置合理的投影矩阵（这里称此矩阵为投影矩阵 1）。

● 然后对场景进行第一次绘制，此次绘制将每个可以观察到的片元（可以观察到指的是片元到光源间无遮挡）到光源的距离记录到一幅纹理图中的对应像素中，供后面的步骤使用。

● 接着将摄像机恢复到实际摄像机所处的位置，绘制场景。此次绘制时将前面步骤产生的纹理采用投影贴图的方式应用到场景中，进行投影贴图时采用的投影矩阵为投影矩阵 1、摄像机观察矩阵为观察矩阵 1。

● 绘制每个片元时，根据投影贴图纹理采样的结果换算出光源与此片元连线中距光源最近的片元距离（Z_A），再计算出此片元距光源的实际距离（Z_B）。若 $Z_B > Z_A$，则需要绘制的片元处于阴影中，采用阴影的颜色进行着色，否则此片元不在阴影中，进行既定的光照着色。

> 💡提示　　　上述策略的关键在于产生记录距离的纹理图后投影贴图技术的使用，其使得需要绘制的片元能够通过纹理采样获取在自己与光源的连线上是否有其他片元遮挡的信息。

14.4.2　距离纹理的生成

从 14.4.1 节的介绍中可以看出，阴影映射中第一项重要的工作是产生用于记录距离的纹理。本节将给出一个将产生的距离纹理贴到一个纹理矩形上并呈现到屏幕的案例——Sample14_3_V1，该案例的运行效果如图 14-12 所示。

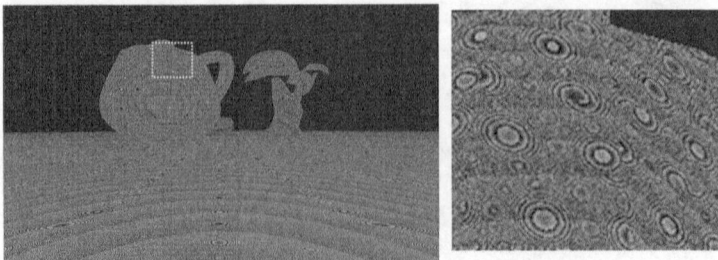

▲图 14-12　案例 Sample14_3_V1 运行效果

　　图 14-12 中右侧为左侧白色虚线框中内容的局部放大，以便读者进行观察。从图 14-12 中可以观察到画面中有颜色不同、间距不同的条纹规律地出现。在案例的运行过程中，随着摄像机及光源的位置不停地移动，屏幕上呈现的距离纹理也会发生相应的变化。另外，由于本书插图采用黑白印刷，对于此案例而言很难看到全面的效果，这里建议读者使用真机运行本案例进行观察。

　　由于本节案例是基于第 13 章中"绘制到纹理"的案例 Sample13_9 修改而来，故部分类的代码大致相同，这里不再赘述。接下来仅对本案例中有代表性的部分进行介绍，具体内容如下。

　　（1）首先用 3ds Max 生成 4 个基本物体（平面、树、茶壶、车）的模型，并导出成 obj 文件放入项目的 assets 目录中待用。

　　（2）开发出搭建场景的基本代码，包括加载物体、摆放物体、计算光照等。这些代码与前面章节许多案例的基本套路完全一致，这里不再赘述。

　　（3）完成了 C++代码之后就可以开发着色器了。本案例中使用了两套着色器，一套是用来进行距离纹理生成的，另一套是用来进行普通纹理贴图的。进行普通纹理贴图的着色器在前面很多案例中都有使用，这里不再赘述。下面首先介绍的是用于生成距离纹理的顶点着色器，其代码如下。

✒️**代码位置：**见随书中源代码/第 14 章/Sample14_3_V1/app/assets/shader 目录下的 shadow.vert。

```
1   //此处省略了声明着色器版本号及启用相关扩展的代码，读者可以自行查阅随书源代码
2   layout (push_constant) uniform constantVals {        //推送常量块
3       mat4 mvp;                                        //总变换矩阵
4       mat4 mm;                                         //基本变换矩阵
5   } myConstantVals;
6   layout (location = 0) in vec3 pos;                   //输入的顶点位置
7   layout (location = 0) out vec4 vPosition;            //输出到片元着色器的顶点坐标
8   out gl_PerVertex { vec4 gl_Position;};               //内建变量 gl_Position
9   void main() {                                        //主方法
10      gl_Position = myConstantVals.mvp * vec4(pos,1.0);    //计算顶点的最终位置
11      vPosition=myConstantVals.mm*vec4(pos,1);  //计算出基本变换后的顶点位置并传递给片元着色器
12  }
```

　　上述顶点着色器的代码与前面很多案例中的非常类似，主要工作是计算出顶点的绘制位置以及基本变换后世界坐标系中的顶点位置并传递给片元着色器。

　　（4）介绍完顶点着色器的开发后，下面介绍的是用于生成距离纹理的片元着色器，其代码如下。

✒️**代码位置：**见随书中源代码/第 14 章/Sample14_3_V1/app/assets/shader 目录下的 shadow.frag。

```
1   //此处省略了声明着色器版本号及启用相关扩展的代码，读者可以自行查阅随书源代码
2   layout (std140,set = 0, binding = 0) uniform bufferVals {        //一致变量块
3       vec4 lightPosition;                             //光源位置
4       float near;                                     //near 面距离
5       float far;                                      //far 面距离
6   } myBufferVals;
7   layout (location = 0) in vec4 vPosition;            //接收从顶点着色器传递过来的片元位置
8   layout (location = 0) out vec4 outColor;            //输出到管线的片元颜色
9   float fromDisToZ(float dis,float near,float far){   //将 near 到 far 范围内的距离压缩到
0～1 之间的方法
10      return (dis-near)/(far-near);
11  }
12  vec4 from1To4(float total){                         //将距离值分 4 个通道存储的方法
```

```
13        vec4 result;                                //分 4 个通道存储的距离值
14        result.r=mod(total,256.0)/256.0;            //距离值对 256 取模再除以 256
15        result.g=mod(total/256.0,256.0)/256.0;      //距离值除以 2⁸ 并对 256 取模再除以 256
16        result.b=mod(total/65536.0,256.0)/256.0;    //距离值除以 2¹⁶ 并对 256 取模再除以 256
17        result.a=mod(total/16777216.0,256.0)/256.0; //距离值除以 2²⁴ 并对 256 取模再除以 256
18        return result;                              //返回分四个通道存储的距离值
19    }
20    void main() {                                   //主方法
21        float disNormal=fromDisToZ(distance(myBufferVals.lightPosition.xyz,
                                              //计算最终距离值
22            vPosition.xyz),myBufferVals.near,myBufferVals.far);
23        float total=disNormal*4294967296.0;         //将距离值扩大到 0~2³²
24        outColor=from1To4(total);                   //将分四个通道存储的距离值输出
25    }
```

- 第 2~6 行为传入片元着色器的一致变量块，其中传入的数据包括光源的位置、视景体 near 面的距离和 far 面的距离。另外，在 C++代码中将这些数据送入一致变量的部分比较简单，相关的代码在之前的章节中已有详细介绍，这里不再赘述。

- 第 9~11 行为对距离值进行处理的方法，将 near 到 far 范围内的距离值压缩到 0.0~1.0 之间，这样处理的目的是简化后继的一些计算。

- 第 12~19 行为将距离值分 RGBA 的 4 个色彩通道进行存储的方法。这是由于普通的颜色纹理图像中每个像素的单个色彩通道仅占一个字节，精度太低，直接将距离值存储到单一色彩通道中容易造成失真严重。联合使用 4 个色彩通道进行存储，精度能够达到 4 个字节，效果就好很多了。

- 第 20~25 行为主方法，其中首先通过 distance 方法算出顶点到光源的距离，然后调用 fromDisToZ 方法将距离值压缩到 0~1 之间，接着将压缩后的距离值扩大到 0~2³² 之间，最后调用 from1To4 方法将距离值分为 4 个色彩通道存储并将此值输出。

介绍完本案例中有代表性的部分后，下面来进一步深入分析距离纹理中不同颜色条纹出现的原因。其实上述片元着色器中 from1To4 方法的实现机制就是距离纹理中出现条纹的原因。从上述片元着色器的代码中可以看出，传入 from1To4 方法进行处理的距离值范围在 0~2³² 之间，那么对于 RGBA 的 4 个色彩通道而言将有如下的不同情况。

- 对于红色通道而言，传入的距离值首先对 256 取模再除以 256，那么随着距离值在 0~2³² 之间连续变化，红色通道的分量值将会以 256（2⁸）为周期出现 0.0~1.0 之间的重复值。

- 对于绿色通道而言，传入的距离值首先除以 256 再对 256 取模然后除以 256，那么随着距离值在 0~2³² 之间连续变化，绿色通道的分量值将会以 65536（2¹⁶）为周期出现 0.0~1.0 之间的重复值。

- 对于蓝色通道而言，传入的距离值首先除以 65536 再对 256 取模然后除以 256，那么随着距离值在 0~2³² 之间连续变化，蓝色通道的分量值将会以 16777216（2²⁴）为周期出现 0.0~1.0 之间的重复值。

- 对于 Alpha 通道而言，传入的距离值首先除以 16777216 再对 256 取模然后除以 256，那么随着距离值在 0~2³² 之间连续变化，Alpha 通道的分量值将会以 4294967296（2³²）为周期出现 0.0~1.0 之间的重复值。

从上述分析中可以看出，不同颜色的通道出现重复值的周期不同，红色通道的周期最小，绿色通道的大些，蓝色通道的更大，Alpha 通道的最大。而绘制到屏幕时人眼仅仅能看到红、绿、蓝 3 个通道叠加的情况，故画面中红色条纹间距最小，绿色条纹间距大些，蓝色条纹间距最大。

💡提示　由于前面的图 14-12 是 4 个色彩通道的值一起输出时的画面，可能看起来不是很方便，读者可以修改着色器分别单独输出 4 个通道的值进行观察，效果就更明显了。

14.4.3　阴影场景的绘制

完成了距离纹理的生成工作后，就可以进一步开发带阴影的场景了。这里的主要工作是将 14.3 节的案例复制并重命名为 Sample14_3_V2，并增加一些 C++代码与着色器。由于相同的部分较多，故这里仅仅给出有代表性的部分，具体内容如下。

（1）首先介绍的是将场景绘制到纹理中以生成距离纹理的 drawSceneToTex 方法和将场景绘制到屏幕上的 drawSceneToScreen 方法，具体代码如下。

✎ **代码位置**: 见随书源代码/第 14 章/Sample14_3_V2/src/main/cpp/bndev 目录下的 MyVulkanManager.cpp。

```
1   void MyVulkanManager::drawSceneToTex(){              //将场景绘制到纹理的方法
2       rp_begin.framebuffer = selfTexFramebuffer;  //将自定义帧缓冲设置为渲染通道的当前帧缓冲
3       vk::vkResetCommandBuffer(cmdBuffer, 0);    //恢复命令缓冲到初始状态
4       VkResult result = vk::vkBeginCommandBuffer(cmdBuffer, &cmd_buf_info); //启动命令缓冲
5       LightManager::setLightPosition(1,30);         //设置光源位置
6       LightManager::getTYJZ(screenWidth*1.0/screenHeight); //获取投影与观察组合矩阵的方法
7       MyVulkanManager::flushUniformBufferForToTex();        //将一致变量缓冲送入渲染管线
8       MyVulkanManager::flushTexToDesSetForToTex();         //更新绘制用描述集
9       vk::vkCmdBeginRenderPass(cmdBuffer, &rp_begin, VK_SUBPASS_CONTENTS_INLINE);
10      MatrixState3D::pushMatrix();                        //保护现场
11      MatrixState3D::translate(0,0,-100);                 //进行平移变换
12      MatrixState3D::scale(3,3,3);                        //进行缩放变换
13      CHForDraw->drawSelf(cmdBuffer,sqsCD->pipelineLayout,sqsCD->pipeline,//绘制茶壶
14                  &(sqsCD->descSet[0]),true);
15      MatrixState3D::popMatrix();                         //恢复现场
16      //此处省略了剩下物体的绘制代码，与上面绘制茶壶的代码类似
17      vk::vkCmdEndRenderPass(cmdBuffer);                  //结束渲染通道
18      //此处省略了部分代码，与之前很多案例中的类似
19  }
20  void MyVulkanManager::drawSceneToScreen(){             //将场景绘制到屏幕的方法
21      //此处省略了部分代码，与之前很多案例中的类似
22      vk::vkCmdBeginRenderPass(cmdBuffer, &rp_begin, VK_SUBPASS_CONTENTS_INLINE);
23      MatrixState3D::pushMatrix();                        //保护现场
24      MatrixState3D::translate(0,0,-100);                 //进行平移变换
25      MatrixState3D::scale(3,3,3);                        //进行缩放变换
26      CHForDraw->drawSelf(cmdBuffer,sqsCTL->pipelineLayout,sqsCTL->pipeline, //绘制茶壶
27              &(sqsCTL->descSet[TextureManager::getVkDescriptorSetIndexForCommonTexLight
28              ("texture/ghxp.bntex")]),false);
29      MatrixState3D::popMatrix();                         //恢复现场
30      //此处省略了剩下物体的绘制代码，与上面绘制茶壶的代码类似
31      vk::vkCmdEndRenderPass(cmdBuffer);                  //结束渲染通道
32      //此处省略了部分代码，与之前很多案例中的类似
33  }
```

📝 **说明**　上述代码为将场景绘制到纹理的方法和将场景绘制到屏幕的方法。在将场景绘制到纹理的方法中，首先设置了光源的位置，然后通过 getTYJZ 方法获取了投影与观察组合矩阵，此方法在第 13 章的"投影贴图"一节中有详细介绍，在此不再赘述。另外，上述代码中需要注意的是第 13 行代码与第 28 行代码，可以发现物体的绘制方法 drawSelf 比之前的案例中多了一个参数，具体情况将在下面的步骤进行介绍。

（2）介绍完将场景绘制到纹理中的方法和将场景绘制到屏幕上的方法后，接下来介绍的是在第（1）步中提到的位于 ObjObject 类中的 drawSelf 方法，其具体代码如下。

✏️ **代码位置：** 见随书源代码/第 14 章/Sample14_3_V2/src/main/cpp/util 目录下的 ObjObject.cpp。

```cpp
1    void ObjObject::drawSelf(VkCommandBuffer& cmd,VkPipelineLayout& pipelineLayout,
2            VkPipeline& pipeline,VkDescriptorSet* desSetPointer,bool isLight){
                //绘制物体的方法
3        //此处省略了部分代码，与之前很多案例中的类似
4        float* mvp=isLight?MatrixState3D::getFinalMatrixExternal(LightManager::lcpm):
         //获取总变换矩阵
5            MatrixState3D::getFinalMatrix();
6        float* mm=MatrixState3D::getMMatrix();                //获取基本变换矩阵
7        memcpy(pushConstantData, mvp, sizeof(float)*16);    //将总变换矩阵数据送入推送常量数据
8        memcpy(pushConstantData+16, mm, sizeof(float)*16);  //将基本变换矩阵数据送入推送常量数据
9        vk::vkCmdPushConstants(cmd, pipelineLayout,VK_SHADER_STAGE_VERTEX_BIT,
10            0, sizeof(float)*32,pushConstantData);          //将推送常量数据送入推送常量
11       vk::vkCmdDraw(cmd, vCount, 1, 0, 0);                 //执行绘制
12   }
```

📌 **说明**
上述 drawSelf 方法与之前案例相比主要有两处变化，首先是增加了一个名称为 isLight 的入口参数，用于接收表示当前是绘制到纹理还是绘制到屏幕的标志。另外一个变化是第 4 行代码与第 5 行代码，通过条件运算符对标志位进行判断。当标志位为 true 时，进行距离纹理的绘制，通过调用 getFinalMatrixExternal 方法，获取摄像机在光源位置处的总变换矩阵；当标志位为 false 时，进行实际场景的绘制，获取实际摄像机位置处的总变换矩阵。此外，getFinalMatrixExternal 方法会在下面的步骤中进行介绍。

（3）介绍完用于绘制物体的 drawSelf 方法后，接下来介绍的是在 MatrixState3D 类中增加的用于获取摄像机位于光源位置处的总变换矩阵的 getFinalMatrixExternal 方法，其具体代码如下。

✏️ **代码位置：** 见随书源代码/第 14 章/Sample14_3_V2/src/main/cpp/util 目录下的 MatrixState3D.cpp。

```cpp
1    float* MatrixState3D::getFinalMatrixExternal(float* vpM){  //获取光源处总变换矩阵的方法
2        Matrix::multiplyMM(mMVPMatrix, 0, vpM, 0, currMatrix, 0);
                            //投影与观察组合矩阵与当前变换矩阵相乘
3        Matrix::multiplyMM(mMVPMatrix, 0,         //进一步乘以 Vulkan 标准设备空间调整矩阵
4                vulkanClipMatrix, 0, mMVPMatrix, 0);
5        return mMVPMatrix;                        //返回指向总变换矩阵数组首地址的指针
6    }
```

📌 **说明**
上述代码为获取摄像机位于光源位置处时总变换矩阵的 getFinalMatrixExternal 方法，其中传入的参数为投影与观察组合矩阵。此方法首先将投影与观察组合矩阵与当前基本变换矩阵相乘，再进一步乘以 Vulkan 标准设备空间调整矩阵，即可得到所求矩阵。

（4）介绍完 C++代码的开发后就可以开发着色器了。本案例中一共使用了两套着色器，一套是用来生成距离纹理的，在 14.4.2 节中已经进行了介绍。另一套是用来进行阴影映射计算的，这里将详细讨论。首先给出的是用于进行阴影映射计算的顶点着色器，其具体代码如下。

✏️ **代码位置：** 见随书中源代码/第 14 章/Sample14_3_V2/app/assets/shader 目录下的 commonTexLight.vert 文件。

```glsl
1    //此处省略了声明着色器版本号及启用相关扩展的代码，读者可以自行查阅随书源代码
2    layout (std140,set = 0, binding = 0) uniform bufferVals {    //一致变量块
3        vec4 uCamera;                                            //摄像机位置
4        vec4 lightPosition;                                      //光源位置
5        vec4 lightAmbient;                                       //环境光强度
```

```
6          vec4 lightDiffuse;                                    //散射光强度
7          vec4 lightSpecular;                                   //镜面光强度
8      } myBufferVals;
9      layout (push_constant) uniform constantVals {             //推送常量块
10         mat4 mvp;                                             //总变换矩阵
11         mat4 mm;                                              //基本变换矩阵
12     } myConstantVals;
13     layout (location = 0) in vec3 pos;                        //输入的顶点位置
14     layout (location = 1) in vec2 inTexCoor;                  //输入的纹理坐标
15     layout (location = 2) in vec3 inNormal;                   //输入的法向量
16     layout (location = 0) out vec2 outTexCoor;      //输出到片元着色器的纹理坐标
17     layout (location = 1) out vec4 outLightQD;      //输出到片元着色器的光照强度
18     layout (location = 2) out vec4 vPosition;       //输出到片元着色器的顶点坐标
19     layout (location = 3) out vec3 vNormal;         //输出到片元着色器的法向量
20     layout (location = 4) out vec3 vlightPosition; //输出到片元着色器的光源位置
21     layout (location = 5) out vec4 vlightAmbient;  //输出到片元着色器的环境光强度
22     out gl_PerVertex {vec4 gl_Position;};                     //内建变量 gl_Position
23     ......//此处省略了用来进行定位光光照计算的pointLight方法, 与前面很多案例中的相同
24     void main() {                                   //主方法
25         outTexCoor = inTexCoor;                     //将接收的纹理坐标传递给片元着色器
26         outLightQD=pointLight(myConstantVals.mm, myBufferVals.uCamera.xyz,
                                                       //执行定位光光照计算
27                   myBufferVals.lightPosition.xyz,myBufferVals.lightDiffuse,
28                   myBufferVals.lightSpecular,inNormal,pos,vNormal);
29         vPosition=myConstantVals.mm*vec4(pos,1.0);  //计算出变换后的顶点位置并传递给片元着色器
30         vlightPosition=myBufferVals.lightPosition.xyz; //将接收的光源位置传递给片元着色器
31         vlightAmbient=myBufferVals.lightAmbient;       //将接收的环境光强度传递给片元着色器
32         gl_Position = myConstantVals.mvp * vec4(pos,1.0); //根据总变换矩阵计算此次绘制此顶点位置
33     }
```

> **说明**　上述顶点着色器的代码与普通光照案例中的基本相同, 没有太大变化。主要就是增加了将变换后的顶点位置、纹理坐标、法向量、光源位置以及环境光强度传递给片元着色器的相关代码。

（5）介绍完用于进行阴影映射计算的顶点着色器后, 下面给出的是与之配套的片元着色器, 其具体代码如下。

✍ **代码位置**: 见随书中源代码/第 14 章/Sample14_3_V2/app/assets/shader 目录下的 commonTexLight.frag 文件。

```
1      //此处省略了声明着色器版本号及启用相关扩展的代码, 读者可以自行查阅随书源代码
2      layout (binding = 1) uniform sampler2D texDepth; //纹理采样器 (代表距离纹理)
3      layout (std140,set = 0, binding = 2) uniform bufferValsFrag {
4          mat4 uMVPMatrixGY;                              //投影贴图用投影与观察组合矩阵
5          float near;                                     //near 面距离
6          float far;                                      //far 面距离
7      } myBufferValsFrag;
8      layout (binding = 3) uniform sampler2D texHW;    //纹理采样器 (代表物体本身纹理)
9      layout (location = 0) in vec2 inTexCoor;         //接收的顶点纹理坐标
10     layout (location = 1) in vec4 inLightQD;         //接收的光照强度
11     layout (location = 2) in vec4 vPosition;         //接收的顶点坐标
12     layout (location = 3) in vec3 vNormal;           //接收的法向量
13     layout (location = 4) in vec3 vlightPosition;    //接收的光源位置
14     layout (location = 5) in vec4 vlightAmbient;     //接收的环境光强度
15     layout (location = 0) out vec4 outColor;         //输出到管线的片元颜色
```

```
16   float from4To1(vec4 color){                      //将四通道值组装为 0～2³² 之间的距离值
17       float result=0.0;                            //距离值结果
18       result=result+color.r*256.0+color.g*65536.0+color.b*16777216.0+color.
         a*4294967296.0;                              //计算距离值
19       return result;                               //返回距离值
20   }
21   float fromDisToZ(float dis,float near,float far){  //将 near 到 far 范围内的距离值压缩
                                                        到 0～1 之间的方法
22       return (dis-near)/(far-near);
23   }
24   void main(){                                     //主方法
25        float depthReal=fromDisToZ(distance(vPosition.xyz,vlightPosition)-2.0,
                                                      //计算当前片元到光源的距离
26             myBufferValsFrag.near,myBufferValsFrag.far);
27       vec4 gytyPosition=myBufferValsFrag.uMVPMatrixGY *  //将片元位置通过矩阵变换进剪裁空间中
28             vec4(vPosition.xyz,1.0);
29       gytyPosition=gytyPosition/gytyPosition.w;   //执行透视除法将片元位置变换进标准设备空间中
30       float s=(gytyPosition.x+1.0)/2.0;           //将标准设备空间中 xoy 平面内的 x 坐标变换为纹理 s 坐标
31       float t=1.0-(gytyPosition.y+1.0)/2.0;       //将标准设备空间中 xoy 平面内的 y 坐标变换为纹理 t 坐标
32       vec4 finalColor=texture(texHW,inTexCoor);   //采样出物体本身的颜色
33       if(s>=0.0&&s<=1.0&&t>=0.0&&t<=1.0){         //若纹理坐标在合法范围内则考虑投影贴图
34             vec4 projColor=texture (texDepth,vec2(s,t));   //对投影纹理图进行采样
35             float depth=from4To1(projColor)/4294967296.0;  //将纹理采样值换算成 0～1 之间的距离值
36             if(depth<=depthRea){                   //若当前片元距离光源的距离大于记录的最小距离
37                 outColor=finalColor*vlightAmbient; //结合环境光强度计算最终片元颜色值（在阴影中）
38             }else{                                 //若当前片元距离光源的距离不大于记录的最小距离
39                 outColor = finalColor*inLightQD;   //结合光照强度计算最终片元颜色值（不在阴影中）
40       }}else {                                     //若纹理坐标不在合法范围内则不考虑投影贴图
41             outColor = finalColor*inLightQD;       //结合光照强度计算最终片元颜色值（不在阴影中）
42   }}
```

- 第 3～7 行为传入片元着色器的一致变量快，其中传入的数据包括投影贴图用投影与观察组合矩阵、near 面的距离和 far 面的距离。

- 第 16～20 行为将 4 通道值组装为 0～2³² 之间距离值的 from4To1 方法。

- 上述着色器最大的变化是首先要根据片元位置对距离纹理进行基于投影贴图技术的纹理采样，然后将采样出的颜色值转化成距离值（Z_A），接着计算出实际距离值（Z_B），最后根据 Z_A 与 Z_B 的关系决定当前片元是否在阴影中。

- 第 25～26 行在计算当前片元到光源的距离 Z_B 时，加入了一个修正值 2.0，此值一般需要根据具体情况进行调整。如果不加入修正值或者修正值选取得不恰当，场景绘制出来可能导致产生较严重的"自身阴影"问题，如图 14-13 所示。

▲图 14-13　自身阴影问题

至此阴影映射就基本介绍完了，若运行案例 Sample14_3_V2，可以发现效果还是不错的。阴影也不再是平面的，而是立体的了。但是还有一个小的瑕疵，那就是阴影的边缘比较生硬，过度不平滑，与现实世界中的还有一点差距。

下面就基于案例 Sample14_3_V2 再进行一次升级，使得阴影的边缘稍微平滑一些，升级后的

案例 Sample14_3_V3 的运行效果如图 14-14 所示。

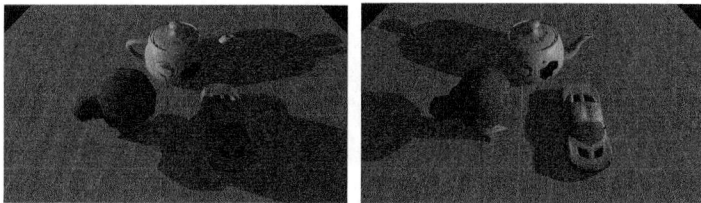

▲图 14-14　软边缘阴影案例运行效果

　　　　由于书中插图分辨率不高，仅仅从图 14-14 中可能看不到明显区别，此时建议用真机运行案例 Sample14_3_V2 与 Sample14_3_V3 并进行观察比较。

升级的主要工作为将 14.3 节的案例复制并重命名为 Sample14_3_V3，并修改用于进行阴影映射计算的片元着色器，其具体代码如下。

🖊️ 代码位置：见随书中源代码/第 14 章/Sample14_3_V3/app/assets/shader 目录下的 commonTexLight.frag 文件。

```
1   //此处省略了与案例 Sample14_3_V2 中相同的代码，读者可以自行查阅随书源代码
2   void main(){                                          //主方法
3       float depthReal=fromDisToZ(distance(vPosition.xyz,vlightPosition)-10.0,
                                                          //计算当前片元到光源的距离
4               myBufferValsFrag.near,myBufferValsFrag.far);
5       vec4 gytyPosition=myBufferValsFrag.uMVPMatrixGY * vec4(vPosition.xyz,1.0);
6       gytyPosition=gytyPosition/gytyPosition.w;         //将片元位置通过矩阵变换进剪裁空间中
7       float s=(gytyPosition.s+1.0)/2.0; //将标准设备空间中 xoy 平面内的 x 坐标变换为纹理 s 坐标
8       float t=1.0-(gytyPosition.t+1.0)/2.0; //将标准设备空间中 xoy 平面内的 y 坐标变换为纹理 t 坐标
9       vec4 finalColor=texture (texHW,inTexCoor);        //物体本身的颜色
10      if(s>=0.0&&s<=1.0&&t>=0.0&&t<=1.0){               //若纹理坐标在合法范围内则考虑投影贴图
11          vec4 projColor=texture(texDepth,vec2(s,t));   //对投影纹理图进行采样
12          float depth=from4To1(projColor)/4294967296.0; //将纹理采样值换成 0~1 之间的距离值
13          const float p=0.0008;                         //阴影过渡的阈值
14          const float doublep=0.0016;                   //阴影过渡区域的长度
15          if(depth<=depthReal){                //若当前片元距离光源的距离大于记录的最小距离
16              outColor=finalColor*vlightAmbient;        //结合环境光强度计算最终片元颜色值
17          }else if(depth>=depthReal+p){ //若最小距离大于当前片元到光源的距离与阈值的和用
光照强度着色
18              outColor = finalColor*inLightQD;          //结合光照强度计算最终片元颜色值
19          }else{                                        //如果在阴影过渡区域内
20              vec4 color=finalColor*vlightAmbient;      //结合环境光强度计算最终片元颜色值
21              vec4 color2=finalColor*inLightQD;         //结合光照强度计算最终片元颜色值
22              float b=(depthReal+p-depth)/doublep;      //计算当前距离所占长度的比例
23              outColor=b*color+(1.0-b)*color2;          //计算阴影过渡的颜色值
24      }}else {                                          //计算最终片元的颜色
25          outColor = finalColor*inLightQD;              //结合光照强度计算最终片元颜色值
26  }}
```

　　　　从上述代码中可以看出，最主要的变化是在第 13～25 行，其中引入了一个平滑过渡的区间（小于此区间则彻底不在阴影中，大于此区间则彻底在阴影中，在此区间中则需要进行比例混合），不再生硬地要么在阴影中，要么不在阴影中。这样在大部分情况下，阴影的边缘可以平滑一些，真实感有所提升。

至此，基于阴影映射技术的阴影绘制就全部介绍完了，此技术比 14.3 节中的平面阴影真实感有了较大地提升。但由于此技术仅能将最近参考距离信息存储于纹理中，有时由于精度不够高会产生自阴影现象，虽然通过修正可以改善，但不能完全避免，使用时需要注意进行适当地修正。

14.5　阴影贴图

14.3 节与 14.4 节介绍了两种可以用于计算动态阴影的技术——平面阴影和阴影映射。通过这两种技术可以开发出较为真实的阴影效果，但这两种技术所需的计算量较大，对于在光源不变情况下场景中的静态物体就不是很合算了。因此本节将介绍一种成本较低的用于光源不变情况下静态物体阴影呈现的技术，即阴影贴图。

14.5.1　案例效果与基本原理

介绍本节案例的具体开发步骤之前首先需要了解一下本节案例的运行效果与基本原理，其运行效果如图 14-15 所示。

> ✏ 说明　本案例运行时，若用手指点击屏幕的左上方，维纳斯雕像模型会向右平移；若点击左下方，模型会向左平移；若点击右上方，模型会向远处平移；若点击右下方，模型会向近处平移。

从图 14-15 中可以看出，光源位于场景的右上方，从光源处将阴影纹理（见图 14-16）投射到整个场景中，从而实现了类似屋顶上有一扇网格形天窗的阴影效果。另外，场景中维纳斯雕像的阴影是采用平面阴影技术实现的。实际开发中采用阴影贴图提升运算速度时，往往仅仅对静态的物体阴影采用阴影贴图技术呈现，对于可移动的物体一般会采用平面阴影、阴影映射等技术来呈现。

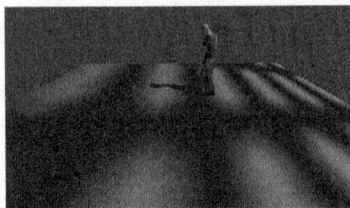

▲图 14-15　阴影贴图案例运行效果　　▲图 14-16　投影用纹理 64×64

本节案例实际上是结合了前面投影贴图与平面阴影两个案例开发出来的，很多相关的知识点前面已经介绍过，故这里仅给出本案例中有代表性的知识点，具体内容如下。

* 阴影贴图的基本思想是将一幅阴影纹理作为投影贴图的内容，通过采用投影贴图技术将阴影纹理投射到整个场景中。根据场景中需要绘制的片元所投射到的片元颜色决定片元是否在阴影中。若投射的片元颜色为白色则片元在光照处，若投射的片元颜色为黑色则片元在阴影中。

* 在绘制维纳斯雕像模型的片元着色器中，根据当前片元在投影贴图中的采样值进行判断。如果该片元是白色，那么就说明模型的这个片元在光照下，这个片元的最终颜色就是在光照下的颜色。如果该片元不是白色，那么就说明模型的这个片元没有在光照下，这个片元的最终颜色就是在阴影中的颜色。

* 从图 14-16 中可以看出阴影贴图所用纹理图的分辨率并不高，只有 64×64，如果直接放大的话阴影的边缘会非常清晰，而现实世界中阴影的边缘一般是模糊的。因此在加载阴影贴图所用纹理时，将此纹理的采样方式设置为线性采样。这样当纹理被放大时就不会产生边缘过于清晰的现象。实际看到的就是经线性插值后的平滑过渡颜色，如图 14-15 中的地面所示。

14.5.2　开发步骤

了解了本节案例的运行效果及基本原理后，就可以进行案例的开发了。由于本案例中的大部分代码在前面都出现过，因此这里主要详细介绍用于绘制维纳斯雕像的片元着色器并简要说明绘制地面用的片元着色器，具体内容如下。

（1）首先给出的是用于绘制维纳斯雕像的片元着色器，其具体代码如下。

✐ **代码位置：** 见随书中源代码/第 14 章/Sample14_4/app/assets/shader 目录下的 commonLight.frag。

```
1    //此处省略了声明着色器版本号及启用相关扩展的代码，读者可以自行查阅随书源代码
2    layout (binding = 1) uniform sampler2D sTexture;              //纹理采样器（阴影贴图）
3    layout (std140,set = 0, binding = 2) uniform bufferValsFrag {   //一致变量块
4        mat4 uMVPMatrixGY;                                       //投影贴图用投影与观察组合矩阵
5    } myBufferValsFrag;
6    layout (location = 0) in vec4 inLightQD;        //接收从顶点着色器传递过来的光照强度
7    layout (location = 1) in vec4 vPosition;        //接收从顶点着色器传递过来的片元位置
8    layout (location = 2) in float isShadow;        //接收从顶点着色器传递过来的阴影绘制标志
9    layout (location = 3) in vec4 vlightAmbient;    //接收从顶点着色器传递过来的环境光参数
10   layout (location = 4) in vec4 vlightDiffuse;    //接收从顶点着色器传递过来的散射光参数
11   layout (location = 0) out vec4 outColor;        //输出到管线的片元最终颜色
12   void main(){
13       if(isShadow==0){            //若不是绘制阴影，将片元的位置投影到光源处虚拟摄像机的近平面上
14           vec4 gytyPosition=myBufferValsFrag.uMVPMatrixGY *
15           vec4(vPosition.xyz,1);                  //将片元位置通过矩阵变换进剪裁空间中
16           gytyPosition=gytyPosition/gytyPosition.w; //执行透视除法将片元位置变换进标准设备空间中
17           float s=(gytyPosition.x+1.0)/2.0;  //将标准设备空间中 xoy 平面内的 x 坐标变换为纹理 s 坐标
18           float t=(gytyPosition.y+1.0)/2.0;  //将标准设备空间中 xoy 平面内的 y 坐标变换为纹理 t 坐标
19           vcc4 finalcolor=vec4(0.0,0.0,0.8,1.0);  //物体本身的颜色
20           vec4 colorA=finalcolor*inLightQD;       //光照下颜色
21           //计算在阴影中的片元颜色，此时仅有环境光、散射光，而且散射光减弱为原来的30%
22           vec4 colorB=finalcolor*vlightAmbient+finalcolor*vlightDiffuse*0.3;
23           if(s>=0.0&&s<=1.0&&t>=0.0&&t<=1.0){     //若纹理坐标在合法范围内则考虑投影贴图
24               vec4 projColor=texture(sTexture, vec2(s,t)); //对投影纹理图进行采样
25               float a=step(0.9999,projColor.r); //如果 r<0.9999，则 a=0，否则 a=1
26               float b=step(0.0001,projColor.r); //如果 r<0.0001，则 b=0，否则 b=1
27               float c=1.0-sign(a);              //如果 a>0，则 c=1.如果 a=0，则 c=0
28               outColor =a*colorA+(1.0-b)*colorB+b*c*mix(colorB,colorA,
29                   smoothstep(0.0,1.0,projColor.r));   //计算最终片元颜色
30           }else{outColor = colorB; }            //若纹理坐标不在合理范围内，则颜色为阴影内颜色
31       }else{                                    //若是绘制阴影
32           outColor=vec4(0.1,0.1,0.1,1.0);       //片元最终颜色为阴影的颜色
33   }}
```

● 上述片元着色器的代码大部分来自前面介绍投影贴图的案例，第一个比较有特色的是第 24～27 行。这几行代码的功能为，从阴影贴图中采样出片元颜色值后，根据片元的颜色值确定片元是在全光照区域、阴影区域，还是在过渡区域。过渡区域是指从全光照区域到阴影区域渐变过渡的区域，引入这一区域的目的是防止阴影有特别明显的界限，那样就不真实了。

● 其中 a=1 代表在全光照区域，a=0 代表不在全光照区域，b=0 代表在阴影区域，b=1 代表不在阴影区域，c=1 代表不在全光照区域。从代码中可以看出，因子 a、b、c 的值取决于对阴影纹理采样后得到的红色（r）通道值。这是由于本案例中的阴影纹理是 rgb 的 3 个色彩通道值相同灰度图，故考察一个通道的值就可以了。

● 第二个比较有特色的是第 28～29 行，其根据前面计算出的 a、b、c 的 3 个因子的值用一个数学表达式直接计算出了最终的片元颜色。到这里读者应该已经看出来了，a、b、c 的 3 个因

子再加上上述数学表达式正好替代了一系列的 if 语句。

- 其中"a*colorA"代表的是在全光照区域的情况，这一项只有在 a=1 时才会影响最终结果；"(1.0-b)*colorB"代表的是在阴影区域的情况，这一项只有在 b=0 时才会影响最终结果；"b*c* mix(colorB,colorA,smoothstep(0.0,1.0,projColor.r))"代表的是在过渡区域的情况，这一项只有在 b=1 且 c=1 时才会影响最终结果。而 a=1、b=0、b=1 且 c=1 正好分别对应片元位于全光照区域、阴影区域、过渡区域这三种情况。

> 提示
>
> 其实若是在通用的编程语言（如 C++）中，直接用 if 语句判断各种情况再在不同分支中计算最终片元的颜色值更简单，代码的可读性也更好。但由于片元着色器是在 GPU 中执行，GPU 与 CPU 在硬件上有很大的差异，其执行分支语句的效率相对低下。故在 GPU 中需要执行分支语句时往往会想办法用内建的函数计算出因子再结合数学表达式来完成。这样就避免了很多的分支运算，将分支运算化解为顺序执行的函数运算了。这是一种着色器编程常用的开发技巧，读者有需要时也可以采用。

（2）本案例中绘制地面的片元着色器与上述绘制维纳斯雕像的片元着色器非常类似，主要的区别就是不再需要绘制平面阴影的分支。因此比上述步骤（1）中介绍的片元着色器还要简单一些，这里就不再赘述了，感兴趣的读者请自行查看随书源代码。

到这里为止阴影贴图技术就介绍完了，在以后的具体项目开发中若能灵活运用，将可以开发出效果逼真且执行效率不低的 3D 应用。

14.6　静态光照贴图

14.5 节介绍了阴影贴图，所给案例中的贴图内容代表的是网格形天窗，较为简单。本节将继续介绍一种稍微复杂些的类似技术——静态光照贴图。通过使用静态光照贴图既能有阴影贴图的效率，又能产生非常真实的阴影效果。

14.6.1　案例效果与基本原理

介绍基本原理之前首先需要了解本节案例 Sample14_5 的运行效果，这有利于对静态光照贴图的作用有一个基本的认识，具体情况如图 14-17 所示。

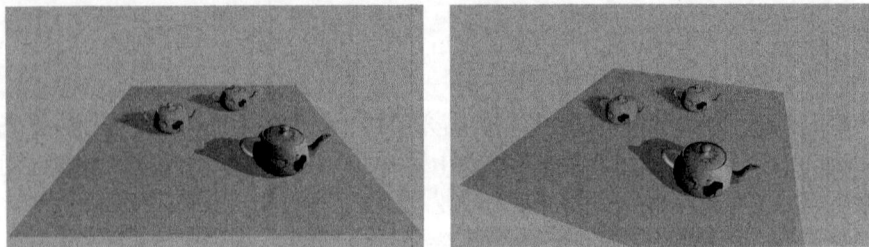

▲图 14-17　案例 Sampl4_5 运行效果

> 说明
>
> 从图 14-17 中可以看出，场景中 3 个茶壶的光照效果是基本相同的。若细致观察，会有细微区别，但基本可以忽略不计。造成区别的原因是这 3 个茶壶获得光影效果的途径不同，场景中尺寸比较大的茶壶是通过实时光照计算以及平面阴影产生的光影效果，而尺寸较小的两个茶壶是通过静态光照贴图产生的光影效果。

静态光照贴图的基本思路是在绘制场景前，首先通过某种技术手段获取对应于特定光源的一系列光照贴图。每幅光照贴图存储了场景中特定物体上各个位置的光照结果信息。在绘制场景时，将光照贴图应用到场景中的对应物体上，以确定物体中每个位置的光照强度以及是否在阴影中等。

从上述基本思路可以想到，光照贴图和实时计算的顶点光照以及平面阴影相比较，具有如下优点。

● 光照贴图可以大大减少 CPU 和 GPU 的计算量，并让 CPU 需要计算的光照和物体间的互动更少。

● 光照贴图可以很容易地实现静态模型各个面上复杂的每片元光照，而实时计算的顶点光照只能表现顶点到顶点之间的线性渐变。

● 使用光照贴图的静态模型，可以通过优化使用更少的三角形面，获得额外的效率提升。这是由于为使用实时计算的顶点光照而制作的模型，通常需要较高的细分度，以获得更多的顶点来改善顶点之间的光照过渡，然而这种做法的副作用是增加了内存的占用以及会降低运行效率。

至此，读者的感觉可能是光照贴图"全面"优于前面介绍的顶点光照计算、平面阴影、阴影映射等技术。但实际上并不如此，光照贴图仅仅能应对光源固定不动、物体也固定不动的静态情况。对于光源或物体运动的情况就无能为力了。

提示 实际开发时一般会在光源静止不动的场景中，对于静止不动的物体采用静态光照贴图，而对于场景中运动的物体则需要使用实时计算的策略来实现光影效果。

14.6.2 使用 3ds Max 制作静态光照贴图

本节将详细介绍如何通过 3ds Max 建模软件制作光照贴图。通过本节的学习，应该可以掌握光照贴图的基本制作流程。

（1）首先在 3ds Max 中新建一个场景，场景中包括一个平面、两个带有纹理贴图的茶壶和自定义的光源，具体摆放情况如图 14-18 所示。场景中自定义光源的位置为{186, −104, 111}，将光照强度倍增参数修改为 0.4，如图 14-19 所示。

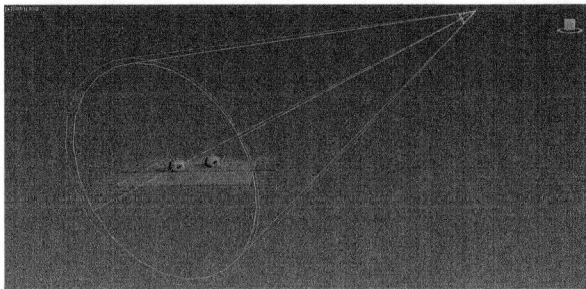

▲图 14-18　不带光照的场景效果图　　　　　▲图 14-19　修改光照强度倍增参数

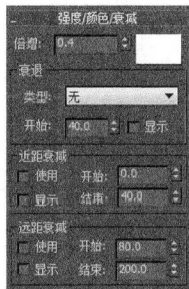

（2）单击菜单栏中的"渲染"→"渲染到纹理"以打开设置面板，在"常规设置"中的"输出"面板中配置好输出路径，如图 14-20 所示。在"烘焙对象"的"贴图坐标"一栏中，启用"使用现有通道"一栏，如图 14-21 所示。

（3）在下面的"输出"卷展栏中单击"添加"按钮，在弹出的添加纹理元素窗口中选择光照贴图（LightingMap），接着设置输出文件的名称和类型。目标贴图位置选择"漫反射颜色"，之后设置输出图像的分辨率，并勾选"选定元素唯一设置"一栏下的所有选项，如图 14-22 所示。

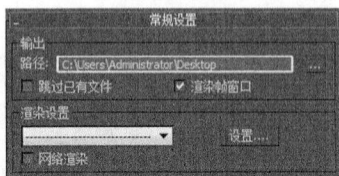

▲图 14-20　配置输出路径　　　▲图 14-21　启用贴图坐标对象　　　▲图 14-22　输出配置

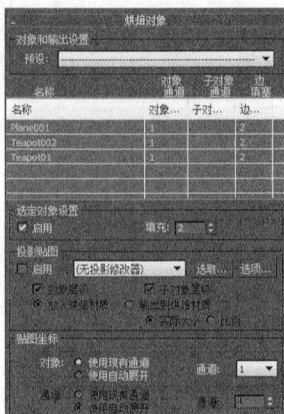

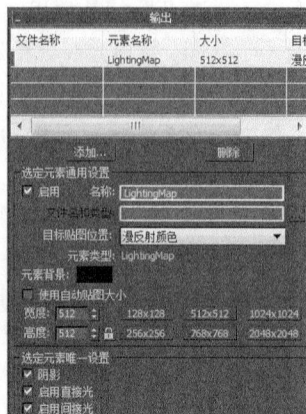

> 💡提示　　光照贴图的分辨率应该根据需要选择，基本规律是贴图尺寸越大产生的光影效果越好，但占用的纹理空间越多。一般情况下应该权衡效果与空间两个因素，找到一个平衡点。

（4）因为场景中共有 3 个模型，故设置完成后，单击下面的"渲染"按钮，会自动渲染出 3 幅静态光照贴图，如图 14-23 所示。在图 14-23 中，从左至右依次为茶壶 1、茶壶 2、平面的静态光照贴图。

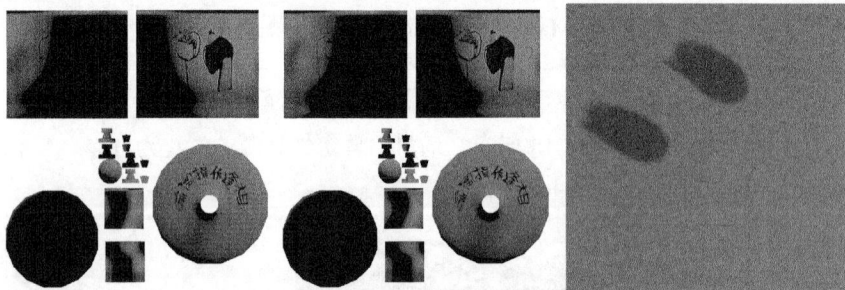

▲图 14-23　静态光照贴图

（5）从 3ds Max 中渲染出光照贴图后，可以直接使用，也可以根据需要在 Photoshop 软件中对贴图进行优化，有兴趣的读者可以自行尝试。

14.6.3　案例的开发

了解了光照贴图的基本原理以及如何通过 3ds Max "烘焙"需要的光照贴图后就可以进行本节案例 Sample14_5 的开发了。由于本节案例有很多与前面案例中相似的内容，因此这里仅仅给出有代表性的部分，具体内容如下。

（1）首先介绍的是用于实现静态光照贴图的顶点着色器，在该顶点着色器中只需要接收 C++部分传递过来的总变换矩阵、顶点位置以及顶点纹理坐标，其具体代码如下。

✍ **代码位置：** 见随书中源代码/第 14 章/Sample14_5/app/assets/shader 目录下的 commonTex.vert。

```
1    //此处省略了声明着色器版本号及启用相关扩展的代码，读者可以自行查阅随书源代码
2    layout (push_constant) uniform constantVals {    //推送常量块
```

```
3        mat4 mvp;                                    //总变换矩阵
4    } myConstantVals;
5    layout (location = 0) in vec3 pos;              //输入的顶点位置
6    layout (location = 1) in vec2 inTexCoor;        //输入的纹理坐标
7    layout (location = 0) out vec2 outTexCoor;      //输出到片元着色器的纹理坐标
8    out gl_PerVertex {vec4 gl_Position;};           //内建变量 gl_Position
9    void main() {                                   //主方法
10       outTexCoor = inTexCoor;                      //将接收的纹理坐标传递给片元着色器
11       gl_Position = myConstantVals.mvp * vec4(pos,1.0); //根据总变换矩阵计算此次绘制此顶点的位置
12   }
```

> **说明**　上述顶点着色器在 main 方法中根据总变换矩阵计算此次绘制此顶点的位置，并将接收的纹理坐标传递给片元着色器。

（2）介绍完静态光照贴图所需的顶点着色器后，接下来将介绍与之对应的片元着色器。由于光照结果信息存在于光照贴图纹理中，所以从光照贴图纹理中采样出来的值即为最终的片元颜色值。因此此片元着色器与普通的用于纹理贴图的片元着色器没有本质区别，其具体代码如下。

代码位置：见随书中源代码/第 14 章/Sample14_5/app/assets/shader 目录下的 commonTex.frag。

```
1    //此处省略了声明着色器版本号及启用相关扩展的代码，读者可以自行查阅随书源代码
2    layout (std140,set = 0, binding = 0) uniform bufferVals {  //一致变量块
3        float brightFactor;                          //亮度调节系数
4    } myBufferVals;
5    layout (binding = 1) uniform sampler2D tex;      //纹理采样器，代表一幅纹理
6    layout (location = 0) in vec2 inTexCoor;         //接收从顶点着色器过来的纹理坐标数据
7    layout (location = 0) out vec4 outColor;         //输出的片元颜色
8    void main() {
9        vec4 finalColor=texture(tex, inTexCoor);     //对纹理图进行采样
10       outColor = finalColor;                        //最终片元的颜色
11   }
```

> **说明**　上述片元着色器基于顶点着色器传递过来的纹理坐标数据从纹理图中采样出片元的最终（光照后的）颜色值，并将该颜色值输出到管线。

（3）上面介绍了静态光照贴图着色器部分的开发，接下来介绍基于顶点实时进行光照计算的顶点着色器的开发。为了使基于顶点实时进行光照计算的物体的光照效果与静态光照贴图的效果大致相同，在该顶点着色器中去掉了环境光对物体的影响，具体代码如下。

代码位置：见随书中源代码/第 14 章/Sample14_5/app/assets/shader 目录下的 shadow.vert。

```
1    //此处省略了声明着色器版本号及启用相关扩展的代码，读者可以自行查阅随书源代码
2    layout (std140,set = 0, binding = 0) uniform bufferVals {  //一致变量块
3        vec4 uCamera;                                //摄像机位置
4        vec4 lightPosition;                          //光源位置
5        vec4 lightDiffuse;                           //散射光强度
6        vec4 lightSpecular;                          //镜面光强度
7        mat4 mpc;                                     //投影与观察组合矩阵
8    } myBufferVals;
9    layout (push_constant) uniform constantVals {    //推送常量块
10       mat4 mvp;                                     //总变换矩阵
11       mat4 mm;                                      //基本变换矩阵
12       float isShadow;                               //阴影绘制标志
13   } myConstantVals;
```

```
14  layout (location = 0) in vec3 pos;                           //输入的顶点位置
15  layout (location = 1) in vec2 inTexCoor;                     //输入的纹理坐标
16  layout (location = 2) in vec3 inNormal;                      //输入的法向量
17  layout (location = 0) out vec4 outLightQD;                   //输出的光照强度
18  layout (location = 1) out vec2 outTexCoor;                   //输出的纹理坐标
19  layout (location = 2) out float shadow;                      //输出的阴影绘制标志
20  out gl_PerVertex {vec4 gl_Position; };                       //内建变量 gl_Position
21  vec4 pointLight(in mat4 uMMatrix,in vec3 uCamera,            //定位光光照计算的方法
22    in vec3 lightLocation,in vec4 lightDiffuse,in vec4 lightSpecular,
23    in vec3 normal,in vec3 aPosition){
24    //该方法在第 5 章中已详细介绍,这里不再赘述,读者可以自行查看随书源代码
25    return diffuse+specular;                                   //返回结果
26  }
27  void main() {                                                //主方法
28    outLightQD=pointLight(myConstantVals.mm, myBufferVals.uCamera.xyz, //执行定位光光照计算
29           myBufferVals.lightPosition.xyz,myBufferVals.lightDiffuse,
30           myBufferVals.lightSpecular,inNormal,pos);
31    //此处省略了部分代码,感兴趣的读者请自行查看随书源代码
32    outTexCoor = inTexCoor;                          //将接收的纹理坐标传递给片元着色器
33    shadow=myConstantVals.isShadow;                  //将接收的阴影绘制标志传递给片元着色器
34  }
```

- 第 2~8 行声明了一致变量块中的变量,与前面案例不同的是,光照强度相关变量只包含散射光、镜面光,去掉了环境光数据。

- 第 21~26 行为进行定位光光照计算的 pointLight 方法,可以看出,无论是输入参数序列还是最终返回的计算结果,都没有环境光的参与了。

- 第 28~33 行首先调用 pointLight 方法计算散射光和镜面光叠加的最终光照强度,然后将计算出的最终光照强度、接收的纹理坐标数据以及阴影绘制标志传递给片元着色器。

> **提示**　为了保证与应用静态光照贴图的物体有类似的光影效果,在绘制实时计算光照物体的阴影时,采用的是本章第 14.3 节中平面阴影的绘制方式,有兴趣的读者可自行查看相关代码,这里就不再赘述。另外,在对场景中的物体进行实时光照计算时,使用的光源位置等参数要与静态光照贴图所采用的光源参数基本一致(本节案例中就是如此),否则可能会有不正确的绘制效果。

14.7　聚光灯高级光源

本书前面在介绍光照时曾经介绍过定位光,其可以用于模拟现实世界中的点光源,光线从指定位置向四面八方发射。但是,现实世界中有很多特殊的点光源,光线并不是从光源处向四面八方发射的,而是只向特定的方向、区域发射,如现实生活中常用的台灯,舞台表演时用到的探照灯等。

要模拟这些光源,仅仅采用本书前面介绍过的定位光是不够的。因此,本节将介绍定位光的升级版——聚光灯高级光源,掌握了这项技术后就可以轻松地模拟台灯、探照灯等类型的光源了。本节将介绍两种不同的具体实现,内容如下。

> **提示**　本节介绍的两种聚光灯高级光源的实现思路分别来自于 OpenGL 固定渲染管线和 DirectX 固定渲染管线中采用的实现思路,有兴趣的读者在学习完本节后可以进一步查阅相关的技术资料。

14.7.1　第一种实现的案例效果与基本原理

介绍第一种实现对应案例的具体开发步骤之前首先需要了解一下第一种实现的案例运行效果与基本原理，其运行效果如图 14-24 所示。

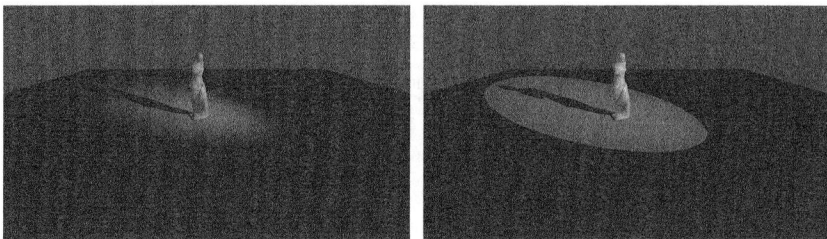

▲图 14-24　聚光灯高级光源第一种实现的案例运行效果

说明　图 14-24 左侧为光照强度减弱程度控制系数为 20.0 时的效果，此时阴影区域到光照区域有平滑的渐变过渡；右侧为光照强度减弱程度控制系数为 5.0 时的效果，此时阴影区域与光照区域有明显的分界线。光照强度减弱程度控制系数的内容将在后面进行介绍，这里简单了解即可。另外，本案例运行时当手指点击屏幕的左上方时，光照的区域会向右平移；点击左下方时，光照的区域会向左平移；点击右上方时，光照的区域会向远处平移；点击右下方时，光照的区域会向近处平移。

从图 14-24 中可以看出，案例呈现的是维纳斯雕像在平面上被聚光灯照射的场景，效果很真实。同时，由于本案例实际上是在前面给出的平面阴影案例的基础上升级而来，故有很多知识点在前面已经介绍过。这里仅详细讨论本案例相关的核心知识点，聚光灯高级光源第一种实现的基本原理，具体情况如图 14-25 所示。

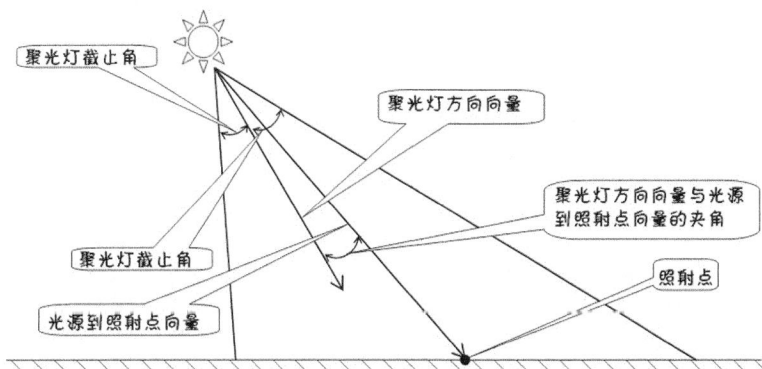

▲图 14-25　聚光灯高级光源第一种实现的基本原理

从图 14-25 中可以看出聚光灯高级光源最主要的特点，那就是光线从固定位置发射时不是四面八方全向的，而是只向特定的方向及范围内发射，详细内容如下。

● 聚光灯能够照射的范围由方向向量和截止角共同确定，从中心的方向向量开始，向四周蔓延到与方向向量夹角为截止角的向量为止。

● 实际开发中聚光灯截止角的相关计算是在片元着色器中完成的，即计算一个片元的最终颜色值时，不单要考虑由点光源计算模型计算出的最终光照强度，还要考虑从光源位置到片元位置的向量与聚光灯方向向量的夹角。当夹角小于截止角时光照才有效，否则认为片元处于阴影中。

- 聚光灯的最终呈现效果除了与截止角有关之外，还与光照强度减弱程度控制系数有关。从图 14-24 中可以看出，光照强度减弱程度控制系数影响的是从光照最亮的位置到阴影区域的过渡平滑程度。此值越大，过渡越平滑（图 14-24 中左侧）；此值越小，过渡越生硬（图 14-24 中右侧）。
- 本节案例中设定的截止角为 20 度，那么如果光源位置到片元位置的向量与聚光灯方向向量的夹角余弦值小于 20 度的余弦值，则说明此位置处于未被聚光灯照射的范围内；如果余弦值大于 20 度的余弦值，则说明此位置处于被聚光灯照射的范围内。

了解了基本的实现思路后，下面给出此实现对应的核心计算公式。

$$\text{聚光灯用光照强度变化系统} = \begin{cases} (\cos(\theta_S))^{Sexp} & \text{当} \theta_S < \theta_u \text{聚光灯光锥内，受聚光灯影响} \\ 0 & \text{当} \theta_S > \theta_u \text{聚光灯光锥外，不受聚光灯影响} \end{cases}$$

> 📖说明　上述公式中 θ_S 为从光源位置到片元位置的向量与聚光灯方向向量的夹角，θ_u 为聚光灯截止角，$Sexp$ 为光照强度减弱程度控制系数（其值越大过渡越平滑）。上述公式中的聚光灯用光照强度变化系数是实现聚光灯效果的核心，14.7.2 节介绍片元着色器时将详细介绍其使用。

14.7.2　第一种实现案例的开发步骤

了解了案例的运行效果及基本原理后，就可以介绍案例的开发了。由于本案例也是升级自前面平面阴影的案例，其中的很多部分已经介绍过。因此，这里仅给出具有代表性的实现聚光灯效果的片元着色器，其具体代码如下。

✏️ **代码位置：**见随书中源代码/第 14 章/Sample14_6_V1/app/assets/shader 目录下的 commonLight.frag。

```
1   //此处省略了声明着色器版本号及启用相关扩展的代码，读者可以自行查阅随书源代码
2   layout (location = 0) in vec4 inLightQD;        //接收的光照强度
3   layout (location = 1) in float shadow;          //接收的阴影绘制标志
4   layout (location = 2) in vec4 lightPosition;    //接收从顶点着色器传递过来的光源位置
5   layout (location = 3) in vec3 vPosition;        //接收从顶点着色器传递过来的片元位置
6   layout (location = 4) in vec3 vNormal;          //接收从顶点着色器传递过来的法向量
7   layout (location = 5) in vec3 vlight;           //接收从顶点着色器传递过来的聚光灯方向向量
8   layout (location = 0) out vec4 outColor;        //输出到管线的片元颜色
9   void main(){                                    //主方法
10      const vec4 colorB=vec4(0.1,0.1,0.1,1.0);    //物体在非光照区的颜色
11      if(shadow==0){                              //绘制物体本身
12          vec3 L=normalize(vPosition-lightPosition.xyz); //光源到被照射点位置的向量
13          float qdFactor=0.0;                     //聚光灯用光照强度变化系数
14          const float thetaU=20.0;                //聚光灯截止角
15          const float thetaUCos=cos(thetaU*3.1415927/180.0);//聚光灯截止角余弦
16          const float Sexp=5.0;                   //光照强度减弱程度控制系数（值越大越平滑）
17          vec3 vlightN=normalize(vlight);         //聚光灯方向向量规格化
18          float cosThetaS=dot(vlightN,L);  //光源到被照射位置向量与聚光灯方向向量夹角余弦
19          if(cosThetaS<thetaUCos){  //光源到被照射位置向量与聚光灯方向向量夹角大于截止角
20              qdFactor=0;             //聚光灯用光照强度变化系数为 0
21          }else{                      //光源到被照射位置向量与聚光灯方向向量夹角小于截止角
22              qdFactor= pow (cosThetaS,Sexp);        //计算聚光灯用光照强度变化系数
23          }
24          const vec4 objColor=vec4(0.8,0.8,0.8,1.0); //物体本身的颜色
25          vec4 colorA=objColor*inLightQD; //计算物体正常光照下的颜色（不考虑聚光灯）
26          if(qdFactor==0){                        //若在阴影区
```

```
27                outColor=colorB;           //片元颜色为物体在非光照区的颜色
28            }else{                         //若不在阴影区
29                outColor=colorA*qdFactor;  //物体本身的颜色乘以聚光灯用光照强度变化系数
30                if(length(outColor.rgb)<length(colorB.rgb)){
                                             //若衰减后的亮度小于场景环境光最低亮度
31                    outColor=colorB;       //片元颜色为物体在非光照区的颜色
32                }}
33        }else{                             //绘制阴影
34            outColor = colorB;             //片元最终颜色为阴影的颜色
35        }}
```

- 第2~8行声明了从顶点着色器传递过来的变量，其中包括光照强度、阴影绘制标志、光源位置、片元位置、法向量、以及聚光灯方向向量等。

- 第12~18行首先指定了聚光灯截止角和光照强度减弱程度控制系数的大小，然后计算出了光源到被照射位置的向量与聚光灯方向向量夹角的余弦值以及聚光灯截止角的余弦值。

- 第19~23行的功能为根据光源到被照射位置向量与聚光灯方向向量夹角的大小来计算聚光灯用光照强度变化系数的值。当夹角大于截止角时（即处于聚光灯照射区域外时），聚光灯用光照强度变化系数为0；当夹角小于截止角（即处于聚光灯照射区域内时），结合光源到被照射位置向量与聚光灯方向向量夹角的余弦值和光照强度减弱程度控制系数计算出聚光灯用光照强度变化系数的值。

- 第26~32行通过聚光灯用光照强度变化系数判断出片元所处的区域（聚光灯照射区域内或外），并计算出了对应的片元最终颜色值。

14.7.3　第二种实现的案例效果与基本原理

14.7.1节与14.7.2节介绍了一种聚光灯高级光源的实现，若运行对应的案例Sample14_6_V1，可以发现整体效果尚可。但是还有一个瑕疵，那就是光照强度减弱程度控制系数较大时过渡区域太大，而光照强度减弱程度控制系数较小时光照区域边缘又过于生硬。

而最合适的效果是中间的区域亮度基本均匀，边缘有较窄的一部分过渡区域。此时若使用第二种实现就可以满足需求，其对应案例运行效果如图14-26所示。

> 💡说明　从图14-26中可以看出，聚光灯的光照区域分成了两部分。全光照部分位于聚光灯光照区域的中心，光照强度与同样位置、参数的点光源相同；半影部分位于聚光灯光照区域的边缘，随着离中心区域渐远逐渐变暗。

第二种实现与第一种实现相比并不是完全不同，其基本原理如图14-27所示。

▲图14-26　聚光灯高级光源第二种实现的
　　　　　案例运行效果

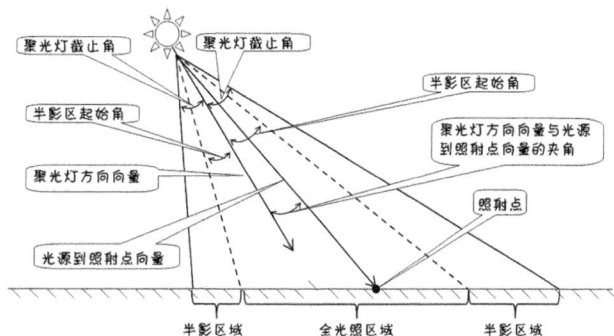

▲图14-27　聚光灯高级光源第二种实现的基本原理

从图 14-27 中可以看出聚光灯高级光源第二种实现的主要特点，那就是将聚光灯的光照区域分成了全光照区域和半影区域，具体内容如下。

- 与聚光灯高级光源第二种实现有关的计算也是在片元着色器中完成的。当从光源位置到片元位置的向量与聚光灯方向向量的夹角小于半影区起始角时，片元处于全光照区域；当夹角大于半影区起始角而小于截止角时，片元处于半影区域；当夹角大于截止角时，片元位于阴影区域。
- 本节对应案例中设定的截止角为 20 度，半影区起始角为 15 度。

了解了基本的实现思路后，下面给出此实现对应的核心计算公式。

$$\text{聚光灯用光照强度变化系统}=\begin{cases} 1.0 & \text{当}\theta_S\leqslant\theta_P\text{全光照区域，亮度与相应普通点光源相同} \\ \left(\dfrac{\cos(\theta_S)-\cos(\theta_U)}{\cos(\theta_P)-\cos(\theta_U)}\right)^{Sexp} & \text{当}\theta_P<\theta_S<\theta_U\text{半影区域，随光源到照射位置向量与} \\ & \text{聚光灯方向向量夹角增大而衰减} \\ 0.0 & \text{当}\theta_S\geqslant\theta_U\text{在截止角之外，不受聚光灯影响} \end{cases}$$

> **说明**　上述公式中 θ_S 为从光源位置到片元位置的向量与聚光灯方向向量的夹角，θ_U 为聚光灯截止角，θ_P 为半影区起始角，Sexp 为光照强度减弱程度控制系数（其值越大过渡越平滑）。上述公式中的聚光灯用光照强度变化系数是实现聚光灯效果的核心，14.7.4 节介绍片元着色器时将详细介绍其使用。

14.7.4　第二种实现案例的开发步骤

第二种案例开发的主要工作为将 14.6 节的案例复制并重命名为 Sample14_6_V2，并修改用于实现聚光灯效果的片元着色器，其具体代码如下。

> ✎ **代码位置**：见随书中源代码/第 14 章/Sample14_6_V2/app/assets/shader 目录下的 commonLight.frag。

```
1    //此处省略了与案例 Sample14_6_V1 中相同的代码，读者可以自行查看随书源代码
2    void main(){                                    //主方法
3        const vec4 colorB=vec4(0.05,0.05,0.05,1.0);    //物体在非光照区的颜色
4        if(shadow==0){                               //绘制物体本身
5            vec3 L=normalize(vPosition-lightPosition.xyz);   //光源到被照射点位置的向量
6            float qdFactor=0.0;                          //聚光灯用光照强度变化系数
7            const float thetaU=20.0;                     //聚光灯截止角
8            const float thetaUCos=cos(thetaU*3.1415927/180.0);//聚光灯截止角余弦
9            const float thetaP=15.0;                     //聚光灯半影区起始角
10           const float thetaPCos=cos(thetaP*3.1415927/180.0);//聚光灯半影区起始角余弦
11           const float Sexp=3.0;           //光照强度减弱程度控制系数（值越大衰减越平滑）
12           vec3 vlightN=normalize(vlight);              //聚光灯方向向量规格化
13           float cosThetaS=dot(vlightN,L);   //光源到被照射位置向量与聚光灯方向向量夹角余弦
14           if(cosThetaS>thetaPCos)    {   //若在聚光灯光锥最中间全光照区域内
15               qdFactor=1.0;             //聚光灯用光照强度变化系数为 1
16           }else if(cosThetaS>thetaUCos){   //若在聚光灯光锥边缘的半影区域内
17               float temp=(cosThetaS-thetaUCos)/(thetaPCos-thetaUCos);
18               qdFactor= pow (temp,Sexp); //计算聚光灯用光照强度变化系数
19           }else{            //若光源到被照射位置向量与聚光灯方向向量夹角大于截止角
20               qdFactor=0.0;             //聚光灯用光照强度变化系数为 0
21           }
22           //此处省略了与案例 Sample14_6_V1 中相同的部分代码，读者可以自行查阅随书源代码
23       }else{                                        //绘制阴影
```

```
24              outColor = colorB;              //片元最终颜色为阴影的颜色
25       }}
```

- 第5～13行为的功能为指定了聚光灯截止角、光照强度减弱程度控制系数以及半影区起始角的大小，然后计算出了光源位置到被照射位置的向量与聚光灯方向向量夹角的余弦值、聚光灯截止角余弦值和半影区起始角余弦值等。

- 第14～21行的功能为根据光源位置到被照射位置的向量与聚光灯方向向量夹角的大小来计算聚光灯用光照强度变化系数的值。当夹角小于半影区起始角（即处于全光照区域）时，聚光灯用光照强度变化系数为1；当夹角大于截止角，聚光灯用光照强度变化系数为0；当夹角小于截止角而大于半影区起始角（即处于半影区域）时，结合光源位置到被照射位置向量与聚光灯方向向量夹角的余弦值和光照强度减弱程度控制系数计算出聚光灯用光照强度变化系数的值。

14.8　延迟渲染

通过前面很多章节的学习，读者应该了解到良好的光影效果需要GPU进行大量的数学计算。场景越复杂、画面质量要求越高，计算量就越大。但复杂场景中大量相互遮挡的片元最终仅有一部分会呈现在屏幕上，如果对所有的片元都进行复杂的光照计算必然会大大降低渲染效率。

若能仅仅对最终呈现在屏幕上的片元进行复杂的光照计算，而对其他片元只是进行简单的处理，那么在场景复杂度较高的前提下渲染效率将大大提升。本节将介绍一种用于实现这种思路的技术——延迟渲染，具体内容将分为案例效果与基本原理和开发步骤两部分进行。

14.8.1　案例效果与基本原理

介绍本节案例Sample14_7的具体开发步骤之前首先需要了解一下案例的运行效果与基本原理，其运行效果如图14-28所示。

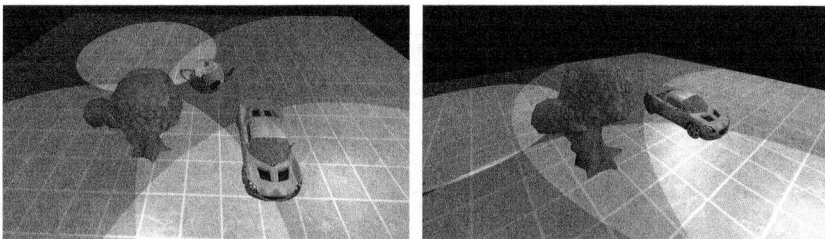

▲图14-28　延迟渲染案例的运行效果

> 💡说明
>
> 从图14-28中可以看出，此案例呈现的是茶壶、树以及轿车在平面上被4个运动光源同时照射的场景，整体光影效果非常不错。另外，本案例运行时，当手指在屏幕上水平滑动时摄像机会绕场景转动，当手指在屏幕上垂直滑动时摄像机会改变观察的高度。

从图14-28中可以看出，该案例的效果与前面一些有光照的案例相比主要的区别是光源数量的增加。可以想象，随着光源数量的增加，计算量也必然成比例增加。这里以效果较好的每片元光照进行具体分析，内容如下。

- 进行每片元光照计算时，若只有一个光源，每个片元需要进行一次完整的光照计算。而若有4个光源则需要进行4次完整的光照计算并综合得出总的光照结果，计算量增加4倍左右。

- 以图 14-28 右侧的情况进行分析，若先绘制的是被树遮挡的茶壶，则绘制时茶壶中的每个可见片元都需要进行 4 次光照计算。而茶壶最终完全被前面的树遮挡，那些大量的已经完成的服务于茶壶片元的光照计算对最终的画面毫无贡献，可以认为是一种计算资源的浪费。进一步分析可以发现，除去最终被显示到画面中的片元，对其他所有片元进行光照计算都是无用的。

- 如果通过采用某种策略，能够仅仅对最终显示到画面中的片元进行复杂的光照计算，对其他片元仅仅进行简单的处理，必然能够大大提高渲染效率。

通过上述分析可以看出，提高效率的关键点就是如何能够仅仅对最终出现在画面中的片元进行复杂的光照计算。这一点也正是延迟渲染的关键点所在，其具体的实现原理如图 14-29 所示。

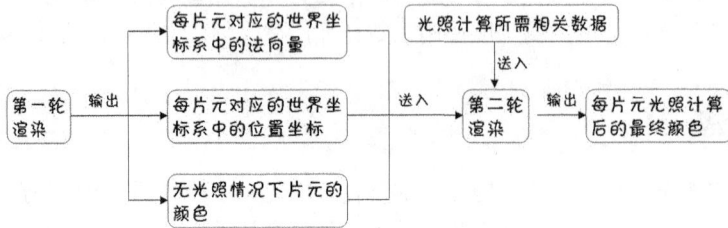

▲图 14-29　延迟渲染原理示意图

从图 14-29 中可以看出，延迟渲染将之前普通光照一轮完成的工作分两轮完成，实现了仅仅对最终出现在画面中的片元进行复杂的光照计算，具体情况如下。

- 第一轮渲染时，对场景中的所有物体进行绘制，但并不进行复杂的光照计算。主要工作为通过物体坐标系中的顶点位置和法向量计算得到世界坐标系中的顶点位置和法向量，然后使用多重渲染目标技术，一次性输出 3 方面的数据。这 3 方面的数据分别是：当前片元在世界坐标系中的顶点位置和法向量、当前片元的无光照颜色值。可想而知，第一轮渲染时使用的帧缓冲需要有3 个颜色附件（每个颜色附件本质上是一个图像对象），分别用于存储这 3 方面的数据。

- 第二轮渲染时，仅仅渲染一个与视口相同尺寸的纹理矩形，将第一轮的三个颜色附件对应的图像作为纹理输入片元着色器，然后在片元着色器中对每个片元分别取出一套数据（世界坐标系中的顶点位置和法向量、无光照颜色值）并进行完整的光照计算得到每个片元的最终颜色值。

14.8.2　开发步骤

了解了案例的运行效果及基本原理后，就可以进行案例的开发了。由于本案例实际升级自前面多重渲染目标的案例，其中的很多代码已经介绍过。因此，这里仅给出具有代表性的用于实现延迟渲染的部分，具体内容如下。

（1）首先介绍的是位于 MyVulkanManager 类中用于初始化光照相关参数的 initMatrixAndLight 方法和将摄像机及光照数据送入一致变量缓冲的 flushUniformBufferForToScreen 方法，具体代码如下。

✍ 代码位置：见随书源代码/第 14 章/Sample14_7/src/main/cpp/bndev 目录下的 MyVulkanManager.cpp。

```
1    void MyVulkanManager::initMatrixAndLight() {            //初始化光照相关参数的方法
2        //此处省略了部分与前面很多案例中相同的代码，感兴趣的读者请自行查看随书源代码
3        for (int i = 0;i < LIGHTS_COUNT;i++){              //遍历所有的光源
4            LightManager::setLightRange(i,350+80*i);        //设置光源的范围
5            LightManager::setLightPosition(i, 0, 100, 100); //设置光源的位置
6            LightManager::setlightAmbient(i, 0.025f, 0.025f, 0.025f, 0.025f);
                                                            //设置光源的环境光强度
7            LightManager::setlightDiffuse(i, 0.4f, 0.4f, 0.4f, 0.4f);
                                                            //设置光源的散射光强度
```

```
8              LightManager::setlightSpecular(i, 0.4f, 0.4f, 0.4f, 0.4f);
                                              //设置光源的镜面光强度
9          }}
10  void MyVulkanManager::flushUniformBufferForToScreen() {
                                     //将摄像机及光照数据送入一致变量缓冲的方法
11      float fragmentUniformData[68]= {              //一致变量缓冲数据数组
12           CameraUtil::camera9Para[0],CameraUtil::camera9Para[1],CameraUtil::
camera9Para[2],1.0};
13      memcpy(&fragmentUniformData[4],LightManager::lightArray, sizeof(float)*64);
        //复制 4 个光源的数据
14      //此处省略了将数组数据送入一致变量缓冲的相关代码，感兴趣的读者请自行查看随书源代码
15  }
```

> **说明**　上述代码并不复杂，主要的功能是初始化了 4 个光源的几项参数，并将摄像机数据与 4 个光源的数据一同送入一致变量缓冲中。另外，可以发现 LightManager 类的几个设置方法都比之前案例中的多了一个用来标识所设置光源编号的参数。

（2）介绍完初始化光照的方法和将数据送入一致变量缓冲的方法后，接下来介绍的是用于创建第一轮绘制时充当颜色附件的几个图像对象的相关方法，其具体代码如下。

代码位置：见随书源代码/第 14 章/Sample14_7/src/main/cpp/bndev 目录下的 MyVulkanManager.cpp。

```
1  void MyVulkanManager::create_vulkan_SelfColorBuffer() {
2      VkFormat colorFormat[3] = { VK_FORMAT_R8G8B8A8_UNORM,    //格式数组
3          VK_FORMAT_R32G32B32A32_SFLOAT,VK_FORMAT_R32G32B32A32_SFLOAT};
4      for(int i=0;i<3;i++){                              //遍历所有颜色附件
5          create_vulkan_SelfColorBufferSpec(colorFormat[i], i); //创建颜色附件对应图像
6      }}
7  void MyVulkanManager::create_vulkan_SelfColorBufferSpec(VkFormat colorFormat, int index) {
8      VkFormatProperties colorFormatProps;              //物理设备支持的颜色格式属性
9      VkImageCreateInfo image_info = {};                //构建颜色图像创建信息结构体实例
10     vk::vkGetPhysicalDeviceFormatProperties(gpus[0], colorFormat, &colorFormatProps);
11     //此处省略了设置图像创建信息结构体其他属性参数的代码，读者可自行查阅随书源代码
12     VkResult result = vk::vkCreateImage(device, &image_info, NULL, &(colorImage
[index])); //创建图像
13     assert(result == VK_SUCCESS);                     //检查是否创建成功
14     //此处省略了获取图像内存需求、分配并绑定内存等内容的代码，读者可自行查阅随书源代码
15     VkImageViewCreateInfo view_info = {};             //构建颜色图像视图创建信息结构体实例
16     //此处省略了设置图像视图创建信息结构体其他属性参数的代码，读者可自行查阅随书源代码
17     view_info.image = colorImage[index];              //指定图像
18     result = vk::vkCreateImageView(device, &view_info, NULL, &(colorImageView
[index])); //创建图像视图
19     assert(result == VK_SUCCESS);                     //检查是否创建成功
20  }
```

> **说明**　从上述代码中可以看出，本案例中一共创建了 3 个用于充当颜色附件的图像对象。其中第 1 个图像对象的格式为 VK_FORMAT_R8G8B8A8_UNORM，对应的是用于存储片元颜色值的颜色附件；第 2 个和第 3 个图像对象的格式都为 VK_FORMAT_R32G32B32A32_SFLOAT，对应的是用于存储世界坐标系中顶点坐标和法向量的颜色附件。

（3）到这里为止，本案例 C++代码中具有代表性的部分已经介绍完毕，接下来要介绍的是着

色器的开发。本案例中一共使用了两套着色器：一套是在第一轮绘制时用来一次性输出 3 个值（片元无光照颜色值、世界坐标系中位置及法向量）的，另一套是在第二轮绘制时用来进行光照计算以呈现最终画面的。首先介绍的是第一轮绘制时的顶点着色器，其具体代码如下。

代码位置： 见随书中源代码/第 14 章/Sample14_7/app/assets/shader 目录下的 preProcess.vert 文件。

```
1   //此处省略了声明着色器版本号及启用相关扩展的代码，读者可以自行查阅随书源代码
2   layout (push_constant) uniform constantVals {    //推送常量块
3       mat4 mvp;                                    //总变换矩阵
4       mat4 mm;                                     //基本变换矩阵
5   } myConstantVals;
6   layout (location = 0) in vec3 pos;              //输入的顶点位置
7   layout (location = 1) in vec2 inTexCoor;        //输入的纹理坐标
8   layout (location = 2) in vec3 inNormal;         //输入的法向量
9   layout (location = 0) out vec2 outTexCoor;      //输出到片元着色器的纹理坐标
10  layout (location = 1) out vec3 outPos;          //输出到片元着色器的世界坐标系中的位置坐标
11  layout (location = 2) out vec3 outNormal;       //输出到片元着色器的世界坐标系中的法向量
12  out gl_PerVertex {vec4 gl_Position;};           //内建变量 gl_Position
13  vec3 normalFromObjectToWorld(                   //将物体坐标系的法向量变换到世界坐标系中的方法
14      in mat4 uMMatrix,                           //基本变换矩阵
15      in vec3 normal,                             //要变换的法向量
16      in vec3 position                            //顶点位置
17  ){
18      vec3 normalTarget=position+normal;          //计算变换后的法向量
19      vec3 newNormal=(uMMatrix*vec4(normalTarget,1)).xyz-(uMMatrix*vec4(position,1)).xyz;
20      newNormal=normalize(newNormal);             //对法向量规格化
21      return newNormal;                           //返回计算变换后的法向量
22  }
23  void main() {                                   //主方法
24      outTexCoor = inTexCoor;                     //将接收的纹理坐标传递给片元着色器
25      outNormal = normalFromObjectToWorld(myConstantVals.mm,inNormal,
26          pos);                                   //将世界坐标系的法向量传给片元着色器
27      outPos =(myConstantVals.mm*vec4(pos,1)).xyz; //将世界坐标系中的位置传给片元着色器
28      gl_Position = myConstantVals.mvp * vec4(pos,1.0); //根据总变换矩阵计算此次绘制此顶点位置
29  }
```

> **说明**　　上述代码并不复杂，主要的功能是根据总变换矩阵计算此次绘制此顶点的位置，并将纹理坐标、世界坐标系中的法向量和世界坐标系中的位置坐标传递给片元着色器。

（4）介绍完第一轮绘制时的顶点着色器后，接着介绍的是与之配套的片元着色器，具体代码如下。

代码位置： 见随书中源代码/第 14 章/Sample14_7/app/assets/shader 目录下的 preProcess.frag 文件。

```
1   //此处省略了声明着色器版本号及启用相关扩展的代码，读者可以自行查阅随书源代码
2   layout (binding = 0) uniform sampler2D tex;     //纹理采样器，代表一幅纹理
3   layout (location = 0) in vec2 inTexCoor;        //接收从顶点着色器过来的纹理坐标数据
4   layout (location = 1) in vec3 inPos;            //接收从顶点着色器过来的顶点位置数据
5   layout (location = 2) in vec3 inNormal;         //接收从顶点着色器过来的法向量数据
6   layout (location = 0) out vec4 outColor;        //输出的片元颜色（无光照）
7   layout (location = 1) out vec4 outPos;          //输出的顶点位置（世界坐标系）
8   layout (location = 2) out vec4 outNormal;       //输出的法向量（世界坐标系）
9   void main() {                                   //主方法
10      outColor=texture (tex, inTexCoor);          //对纹理图进行采样，得到片元的颜色（无光照）
```

```
11       outPos=vec4(inPos.xyz,1.0);                    //输出世界坐标系中位置坐标的值
12       outNormal=vec4(inNormal.xyz,1.0);              //输出世界坐标系中法向量的值
13   }
```

> ✏️ **说明**　上述片元着色器的代码也不是很复杂，其中采用了多重渲染目标技术，一次性输出了 3 个变量。分别为片元的颜色值（无光照）、世界坐标系中的位置坐标和世界坐标系中的法向量。另外，从上述片元着色器的代码中可以看出，第一轮渲染时对每个片元进行的处理很简单，计算量也不大。

（5）了解了第一轮绘制时使用的顶点着色器及片元着色器后，下面介绍的是第二轮绘制时使用的着色器。由于此套着色器中的顶点着色器与普通贴纹理时使用的顶点着色器基本相同，故这里仅给出片元着色器，其具体代码如下。

🖊️ **代码位置：** 见随书中源代码/第 14 章/Sample14_7/app/assets/shader 目录下的 light.frag 文件。

```
1    //此处省略了声明着色器版本号及启用相关扩展的代码，读者可以自行查阅随书源代码
2    layout (binding = 0) uniform sampler2D colorUni;  //存储各片元颜色值的纹理
3    layout (binding = 1) uniform sampler2D positionUni;  //存储各片元在世界坐标系中位置坐标的纹理
4    layout (binding = 2) uniform sampler2D normalUni;  //存储各片元在世界坐标系中法向量的纹理
5    layout(constant_id=0) const int LIGHTS_COUNT=4;   //光源数量
6    struct Light{                                     //光源数据结构体
7        vec4 position;                                //光源位置
8        vec4 ambient;                                 //光源环境光参数
9        vec4 diffuse;                                 //光源散射光参数
10       vec4 specular;                                //光源镜面光参数
11   };
12   layout (std140,set = 0, binding = 3) uniform bufferVals {    //一致变量块
13       vec4 uCamera;                                 //摄像机位置
14       Light lightArray[LIGHTS_COUNT];               //各个光源的参数数组
15   } myBufferVals;
16   layout (location = 0) in vec2 inTexCoor;          //片元的纹理坐标
17   layout (location = 0) out vec4 outColor;          //最终输出用的片元颜色值（有光照）
18   vec4 pointLight(in vec3 uCamera,in vec4 lightLocation,in vec4 lightAmbient,
                                                       //定位光光照计算的方法
19     in vec4 lightDiffuse,in vec4 lightSpecular,in vec3 normal,in vec3 aPosition){
20       vec4 ambient;                                 //环境光强度
21       vec4 diffuse;                                 //散射光强度
22       vec4 specular;                                //镜面光强度
23       ambient=lightAmbient;                         //直接得出环境光的最终强度
24       float dis=distance(lightLocation.xyz,aPosition);   //计算到光源的距离
25       if(dis>lightLocation.w){                      //如果片元到光源的位置大于光源的范围
26         return ambient;                             //直接返回环境光
27       }
28       //此处省略了部分和普通点光源光照计算基本相同的代码，感兴趣的读者请自行查看随书源代码
29   }
30   void main(){                                      //主方法
31       vec3 postion = texture (positionUni,
32           inTexCoor).rgb;                           //从纹理中提取当前处理片元在世界坐标系中的位置坐标
33       vec3 normal = texture (normalUni,
34           inTexCoor).rgb;                           //从纹理中提取当前处理片元在世界坐标系中的法向量
35       vec4 color = texture (colorUni, inTexCoor);   //从纹理中提取当前处理片元的无光照颜色值
36       vec4 lightQD=vec4(0.0);                       //所有光源定位光光照计算的总结果
37       for(int i=0;i<LIGHTS_COUNT;i++){              //遍历所有光源
38           lightQD+=pointLight(myBufferVals.uCamera.xyz,   //执行定位光光照计算
```

```
39                    myBufferVals.lightArray[i].position,myBufferVals.lightArray[i].ambient,
40                    myBufferVals.lightArray[i].diffuse,myBufferVals.lightArray[i].
specular,normal,postion);
41           }
42           lightQD.a=1.0;                              //设置片元完全不透明
43           outColor = lightQD*color;                   //产生最终片元颜色值（有光照）
44    }
```

- 第 2～4 行声明了 3 个纹理采样器，分别对应于第一轮输出的 3 个图像。
- 第 6～11 行为自定义的光源数据结构体，这是为了便于多个光源相关数据的保存及使用。其中的结构体成员包括光源位置、光源环境光、散射光以及镜面光数据。
- 第 18～29 行为定位光光照计算的方法，与之前案例不同的地方是第 24～27 行代码。这一部分代码的功能是：若片元到光源的位置大于此光源的既定范围，则直接返回环境光的值，不进行散射光、镜面光通道的计算。
- 第 31～35 行的功能为根据当前片元的纹理坐标从对应纹理中分别提取出世界坐标系中的顶点位置、世界坐标系中的法向量和无光照颜色值。
- 第 36～43 行的功能为根据 4 个光源的最终光照强度累加值和无光照颜色值计算出最终片元的颜色值（有光照）。

> **提示**　从上述代码中可以看出，此片元着色器的计算量较大。但由于其仅仅对会最终出现在屏幕上的片元使用，故整体效率并不低。

14.9　环境光遮挡

前面的章节在介绍光照时，环境光通道采用的计算模型非常简单，"粗暴"地认为其在 3D 空间中强度处处相同。然而现实世界中，不同位置在环境光中的曝光情况是不完全相同的，这就意味着不同的位置应该有不同的环境光强度。

例如位于房间中心区域地板上的位置通常会比位于角落里的位置曝光度更高，这就意味着房间角落里的位置会比其他位置更暗。这就是本节将要介绍的环境光遮挡技术所要实现的效果，具体内容如下。

14.9.1　基本原理

根据前面的讨论，要想实现环境光遮挡，首先需要找到一个方法用来区分"位于角落的片元"和"位于开阔空间的片元"。同时还需要根据片元位于开阔空间（也可以理解为位于非开阔空间角落）的程度计算出片元对应的环境光遮挡因子，此因子在最后实施环境光光照时用以调整环境光的强度。

> **说明**　环境光遮挡因子的取值范围通常为 0～1，片元位于开阔空间的程度越高，因子值越大。反之片元位于非开阔空间角落的程度越高，因子值越小。

详细介绍环境光遮挡技术的实现原理之前，为了能够更直接的体会环境光遮挡对场景渲染效果的影响，下面首先给出本节第一个案例 Sample14_8 在仅有环境光作用时启用与关闭环境光遮挡情况下的运行效果，具体画面如图 14-30 所示。

▲图 14-30　案例 Sample14_8 在仅有环境光作用下启用与关闭环境光遮挡的运行效果

> **说明**　图 14-30 所示的左右两幅图为场景中仅有环境光作用时的运行效果，左右两侧分别为未启用环境光遮挡和启用了环境光遮挡的情况。从中很容易对比出：右图中物体不同部位的亮度不同（开阔的位置更亮，角落里的位置更暗），物体的细节信息更丰富，也更符合现实世界的情况。

了解了环境光遮挡对物体细节呈现的重要作用后，下面将介绍一种用于判断片元是位于开阔区域还是非开阔角落区域的策略，具体情况如图 14-31 所示。

从图 14-31 中可以看出，具体的策略如下。

● 首先需要得到待考察片元在世界坐标系中的坐标，然后在此片元所处世界坐标系中位置的周围选取固定数量、固定距离的考察点。

● 接着统计待考察片元周围选取的这些考察点中位于物体内部的数量，这个数量越大则表示片元位于角落区域的程度越高，片元接收到的环境光应该更少，视觉效果应该更暗。反之，则表示该片元位于开阔区域的程度越高，片元接收到的环境光应该更多，视觉效果应该更亮。

> **提示**　图 14-31 中片元所处世界坐标系中位置周围的考察点均匀分布在以片元位置为球心的固定半径的球面上，是立体分布的。

上面给出的策略中，最核心的问题就是如何判断考察点是否位于物体的内部，本节采取的基本策略如图 14-32 所示。

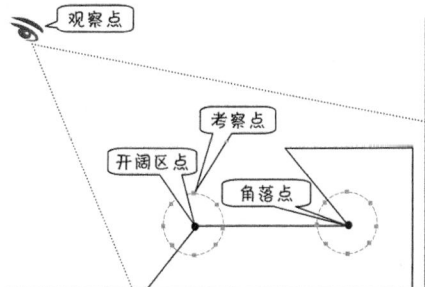

▲图 14-31　一种用于区分不同区域片元的策略

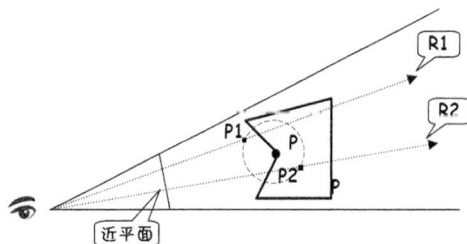

▲图 14-32　判断考察点是否位于物体内部的基本原理

> **说明**　图 14-32 中点 P 是场景中实际存在的点（即场景中某个片元的空间位置），点 P1、P2 为点 P 周围选定的考察点，R1、R2 分别为摄像机到 P1、P2 的射线。另外，图中 P1、P2 离 P 点有一定距离，这是为了绘图的方便，实际开发中选取的 P1、P2 都是离 P 点距离非常近的点。

从图 14-32 中可以看出，首先需要求出考察点到摄像机的距离，然后再求出摄像机到考察点连线上离摄像机最近的片元到摄像机的距离。若考察点到摄像机的距离小，则考察点在物体外部（如图中 P1）；否则考察点在物体内部（如图中 P2）。

剩下的一个关键点就是如何求出摄像机到考察点连线上离摄像机最近的片元到摄像机的距离了，本节采用的策略为将绘制任务分为两轮（本质上是基于前面介绍过的用于实现延迟渲染的策略修改而来），具体情况如下。

● 第一轮绘制时，对场景中的所有物体进行绘制，执行的工作与延迟渲染中没有区别。

● 第二轮绘制时，仅仅渲染一个与视口尺寸相同的纹理矩形，并将第一轮的颜色附件对应的图像作为纹理输入片元着色器。当对考察点进行处理时，采用投影贴图的计算策略，可以计算出考察点对应的投影贴图纹理坐标，进而就可以从第一轮绘制生成的纹理中取出从摄像机到考察点连线上离摄像机最近的片元在世界坐标系中的坐标，从而计算出此最近片元到摄像机的距离。

> **提示**　由于片元会相互遮挡，故位于同一条由摄像机出发的射线上的多个片元经过深度检测后只有离摄像机最近的会存储在第一轮绘制的结果图像中，因此根据投影贴图纹理坐标取出的片元位置必然是连线上距离摄像机最近的片元的位置。

14.9.2　一个简单的案例

了解了环境光遮挡技术的基本原理后，下面将通过一个简单的案例 Sample14_8 详细介绍如何在 Vulkan 应用程序中实现该技术。在介绍本案例的具体开发步骤之前，首先有必要了解该案例的运行效果，具体情况如图 14-33 所示。

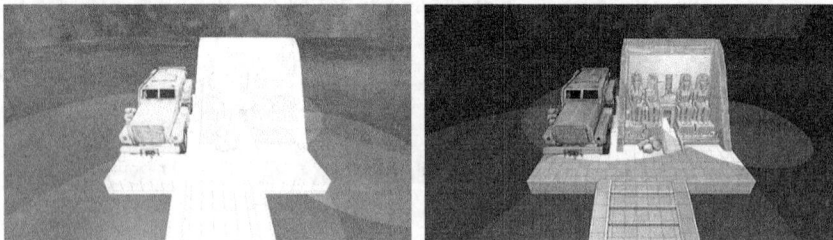

▲图 14-33　案例 Sample14_8 运行效果图

> **说明**　图 14-33 中左右两侧分别为未启用和启用了环境光遮挡的运行效果，可以在程序运行过程中通过点击屏幕在两种效果之间进行切换，以便进行比较，并体会环境光遮挡对呈现物体细节的作用。

了解了本案例的运行效果后，下面详细介绍本案例的具体开发步骤。由于本案例是基于前面的延迟渲染案例修改而来，因此这里仅介绍本案例中具有代表性的部分，具体内容如下。

（1）根据前面对实现环境光遮挡技术基本原理的介绍，可以了解到在判断考察点是否位于物体内部时，需要用到与投影贴图相关的计算。因此第二轮绘制时需要将摄像机观察矩阵、投影矩阵和 Vulkan 专用标准设备空间调整矩阵的组合矩阵传给片元着色器。由于类似的代码在前面介绍投影贴图时已经介绍过，因此这里仅给出用于获取组合矩阵的 getZHMatrix 方法，其具体代码如下。

> ✍ **代码位置：**见随书中源代码/第 14 章/Sample14_8/src/main/cpp/util 目录下的 MatrixState3D.cpp。

```
1    float* MatrixState3D::getZHMatrix(){           //获取组合矩阵的方法
2        Matrix::multiplyMM(mZHMatrix,0,mProjMatrix,0,mVMatrix,0);
```

```
3              Matrix::multiplyMM(mZHMatrix,0,        //乘以Vulkan标准设备空间调整矩阵
                                                      //将投影矩阵与摄像机观察矩阵相乘
4                        vulkanClipMatrix,0,mZHMatrix,0);
5         return mZHMatrix;                            //返回指向组合矩阵数组首地址的指针
6     }
```

> 📙说明　　上述代码为获取前面提到的组合矩阵的方法，其首先将投影矩阵与摄像机观察矩阵相乘，再进一步乘以 Vulkan 标准设备空间调整矩阵，即可得到所需的组合矩阵。

（2）上面已经介绍了本案例 C++代码中具有代表性的部分，下面将要介绍的是本案例中第二轮绘制时所使用的片元着色器。此片元着色器是实现环境光遮挡的核心所在，其具体代码如下。

🖊 **代码位置：**见随书源代码/第 14 章/Sample14_8/src/main/assets/shader/GLSL 目录下的 light.frag。

```
1    //此处省略了声明着色器版本号及启用相关扩展的代码，读者可以自行查阅随书源代码
2    layout (binding = 0) uniform sampler2D colorUni;    //纹理采样器（片元颜色）
3    layout (binding = 1) uniform sampler2D positionUni; //纹理采样器（片元在世界坐标系中的位置坐标）
4    layout (binding = 2) uniform sampler2D normalUni;   //纹理采样器（片元在世界坐标系中的法向量）
5    layout(constant_id=0) const int LIGHTS_COUNT=4;     //定义光源数量
6    struct Light{                                       //光源数据结构体
7      vec4 position;                                    //光源位置
8      vec4 ambient;                                     //环境光强度
9      vec4 diffuse;                                     //散射光强度
10      vec4 specular;};                                 //镜面光强度
12   layout (std140,set = 0, binding = 3) uniform bufferVals {    //一致变量块
13      vec4 uCamera;                                    //摄像机位置
14      Light lightArray[LIGHTS_COUNT];                  //各个光源的参数
15      mat4 mZHMatrix;          //摄像机观察矩阵、投影矩阵与 Vulkan 标准设备空间调整矩阵的组合矩阵
16      float ifSSAO;            //是否启用环境光遮挡的标志
17   } myBufferVals;
18   layout (location = 0) in vec2 inTexCoor;            //片元的纹理坐标
19   layout (location = 0) out vec4 outColor;            //片元最终颜色值
20   //此处省略了用于计算光照的 pointLight 方法，读者可自行查阅随书源代码。
21   const int PCount=16;                                //考察点数量
22   const vec3[PCount] points={                         //存储考察点坐标数据的数组
23      vec3(-1.4109830789736655,0.415519817600050594,1.3551642085117352),
                                                         //第 1 个考察点的位置坐标
24      //此处省略了其他 15 个考察点的位置坐标，读者可自行查阅随书源代码
25   };
26   vec2 fromWorldToST(vec3 posIn,mat4 VP){ //将世界坐标系中的位置坐标转换为投影贴图纹理坐标
27     vec4 jckjPosition=VP*vec4(posIn.xyz,1.0); //将片元位置通过矩阵变换进剪裁空间中
28     jckjPosition=jckjPosition/jckjPosition.w; //执行透视除法将片元位置变换进标准设备空间中
29     float s=(jckjPosition.x+1.0)/2.0; //将标准设备空间中 xoy 平面内的 x 坐标变换为纹理 s 坐标
30     float t=(jckjPosition.y+1.0)/2.0; //将标准设备空间中 xoy 平面内的 y 坐标变换为纹理 t 坐标
31     return vec2(s,t);                       //返回转换后的纹理坐标
32   }
33   void main(){                             //主函数
34       vec4 color = texture(colorUni, inTexCoor);       //从纹理中提取当前片元的颜色值
35       vec3 normal=texture(normalUni,inTexCoor).rgb;  //提取当前片元在世界坐标系中的法向量
36       vec3 postion=texture(positionUni,inTexCoor).rgb; //提取当前片元在世界坐标系中的坐标
37       float AOCount=0.0;                              //位于物体内部的考察点数量
38       for(int i=0;i<PCount;i++){                      //遍历所有考察点
39          vec3 posTemp=postion+points[i];              //将考察点转换到当前片元位置周围
40          float LTemp=distance(myBufferVals.uCamera.xyz,posTemp); //求考察点到摄像机的距离
41          vec2 stTemp=fromWorldToST(posTemp,myBufferVals.mZHMatrix);
```

```
                                                           //将考察点坐标转为纹理坐标
42              vec3 posTempL=texture(positionUni,stTemp).rgb; //得到对应片元在世界坐标系中的坐标
43              float LTempL=distance(myBufferVals.uCamera.xyz,posTempL);
                                                           //计算对应片元到摄像机的距离
44          if(LTempL<LTemp){          //若对应片元到摄像机的距离小于考察点到摄像机的距离
45              AOCount=AOCount+1.0;          //位于物体内部的考察点数量加 1
46          }}
47          float aoFactor=1.0-AOCount/float(PCount);          //计算得到环境光遮挡因子
48          aoFactor=pow(aoFactor, 2.0);          //对遮挡因子进行平方（仅仅为了效果）
49          vec4 lightQD=vec4(0.0);          //声明表示最终光照强度的变量
50          for(int i=0;i<LIGHTS_COUNT;i++){          //遍历所有光源
51              lightQD+=pointLight(          //调用计算光照的方法
52                  myBufferVals.uCamera.xyz,          //摄像机位置
53                  myBufferVals.lightArray[i].position,    //光源位置
54                  myBufferVals.lightArray[i].ambient*
                                             //结合环境光遮挡因子和标志调整环境光强度
55                  (aoFactor*myBufferVals.ifSSAO+1.0*(1-myBufferVals.ifSSAO)),
56                  myBufferVals.lightArray[i].diffuse,     //散射光强度
57                  myBufferVals.lightArray[i].specular,    //镜面光强度
58                  normal,                               //法向量
59                  postion                               //位置坐标
60          );}
61          lightQD.a=1.0;                          //设置最终光照强度的 Alpha 通道值
62          outColor = lightQD*color;               //结合片元色彩得到最终片元颜色值
63      }
```

- 第 1~25 行声明了片元着色器后续步骤中需要用到的诸多变量，包括多个传进片元着色器的纹理采样器、一致变量块、片元纹理坐标、输出到渲染管线的片元颜色值，以及光源数据结构体和存储考察点坐标数据的数组等一系列辅助变量。

- 第 26~32 行为将世界坐标系中的位置坐标转换为投影贴图纹理坐标的方法，其基本原理与第 13 章介绍过的投影贴图中的核心技术完全相同，这里不再详细分析。

- 第 37~48 行的主要功能是计算环境光遮挡因子。首先遍历所有的考察点，通过比较这些考察点与对应片元（位于摄像机与考察点连线上离摄像机最近的片元）到摄像机的距离，统计出位于物体内部的考察点数量，再进一步计算即可得到环境光遮挡因子。

- 第 50~60 行为遍历所有光源进行光照计算的相关代码。与之前案例中不同的是，第 54~55 行需要根据境光遮挡因子和是否启用环境光遮挡的标志值来调整实际使用的环境光强度。

提示　　为了提高效率，上述代码中 16 个考察点的坐标为作者使用外部程序生成的均匀分布在以（0,0,0）为球心的球面上的点。这样当需要产生一个片元对应考察点的实际坐标时只需要用片元的坐标加上考察点的坐标即可。

14.9.3　效率的提升

细致思考一下 14.9.2 节介绍的实现，应该能够发现其中有一个效率不高的地方。那就是对当前片元的 16 个考察点进行处理时，首先获取每个考察点对应的片元位置坐标，再计算出对应片元到摄像机的距离。可以想象出，不同片元的不同考察点很可能会有相同的对应片元，这种情况下对同一个片元就需要多次计算其到摄像机的距离，明显存在计算资源的浪费。

应该在第一轮绘制时增加一个颜色附件，用于存储每个片元距摄像机的距离，这样在第二轮绘制时就不需要为每个对应片元多次重复计算到摄像机的距离了。了解了针对 14.9.2 节案例的改

良方案后，下面介绍本小节案例的开发步骤，具体内容如下。

（1）上面已经提到与 14.9.2 节的案例相比，本节案例需在第一轮绘制时增加一个颜色附件。这需要对程序统筹管理者类中有关创建颜色附件、图像、图像视图及渲染通道等方面的相关代码进行修改，这部分没有特殊性，在此不再详述。

（2）由于计算空间点到摄像机的距离时需要用到摄像机的位置，因此还需将摄像机位置坐标作为一致变量传入第一轮绘制时的片元着色器，这也需要修改相关的代码。

（3）修改完第一轮绘制相关的代码后，在第二轮绘制时需要将上面第一轮新增的颜色附件对应的图像作为纹理传入第二轮绘制时的片元着色器。这需要对程序统筹管理类和第二轮绘制所用的管线套装类进行相应修改，这部分也没有特殊性，在此也不详述。

（4）介绍完有关 C++代码部分的修改后，下面将要介绍的就是本节案例中着色器部分的修改了。首先是第一轮绘制时所使用的片元着色器，其具体代码如下。

代码位置： 见随书源代码/第 14 章/Sample14_9/src/main/assets/shader/GLSL 目录下的 preProcess.frag。

```
1   //此处省略了与 14.9.2 节案例中相同的部分代码，读者可自行查阅随书源代码
2   layout (std140,set = 0, binding = 1) uniform bufferVals {   //一致块
3       vec4 uCamera;                                         //摄像机位置
4   } myBufferVals;
5   layout (location = 3) out vec4 outFragDis;   //该片元的世界空间坐标位置到摄像机的距离
6   void main() {                                //主函数
7       //此处省略了与 14.9.2 节个案例中相同的部分代码，读者可自行查阅随书源代码。
8       outFragDis=                             //计算该片元的世界空间坐标位置到离摄像机的距离并输出
9       vec4(distance(myBufferVals.uCamera.xyz,inPos),0.0,0.0,0.0);
10  }
```

说明 上述代码非常简单，仅仅是在第一轮绘制所使用的片元着色器中增加了计算并输出片元在世界坐标系中位置到摄像机位置距离的相关代码。

（5）下面将要介绍的是第二轮绘制时所使用的片元着色器，具体代码如下。

代码位置： 见随书源代码/第 14 章/Sample14_9/src/main/assets/shader/GLSL 目录下的 light.frag。

```
1   //此处省略了与 14.9.2 节案例中相同的部分代码，读者可自行查阅随书源代码
2   layout (binding = 3) uniform sampler2D fragDisUni;
                                            //纹理采样器（片元在世界坐标系中与摄像机的距离）
3   void main(){                             //主函数
4       //此处省略了与 14.9.2 节案例中相同的部分代码，读者可自行查阅随书源代码
5       float LTempL=texture(fragDisUni, stTemp).r;  //提取对应片元在世界坐标系中到摄像机的距离
6       if(LTempL<LTemp){                    //若对应片元到摄像机的距离小于考察点到摄像机的距离
7           AOCount=AOCount+1.0;            //位于物体内部的考察点数量加 1
8       }
9       //此处省略了与 14.9.2 节案例中相同的部分代码，读者可自行查阅随书源代码。
10  }
```

说明 上述代码比较简单，与 14.9.2 节案例相比，首先是增加了一个存储了片元在世界坐标系中到摄像机距离的纹理采样器，然后在第 5 行直接通过纹理采样获取了所需的距离值，以供后续计算使用。这样就不需要每次都计算距离了，从而一定程度上提高了渲染效率。

14.9.4　平滑处理

经过 14.9.3 节的提升后，效率有了一定的改善。但由于采样点数量有限（仅 16 个），因此计算出的环境光遮挡因子可能变化不够平滑，从而造成在场景中物体的边缘部分，环境光的明暗过渡较为突兀、生硬，这显然不太符合现实世界的情况。

要想改善这种情况，大致有两种选择，具体情况如下。

● 大幅增加考察点的数量，将每个片元对应的考察点增加到 64 个甚至 256 个，这样计算出的环境光遮挡因子变化将平滑很多。但这种选择会导致渲染过程中计算量的大幅增加，故在硬件条件不变的情况下实际意义不大。

● 增加一轮绘制，第二轮绘制时不再是直接产生最终画面，仅仅将计算出的环境光遮挡因子输出并存储在一个图像对象中（即输出到指定的颜色附件），第三轮绘制时基于前两轮绘制生成的结果产生最终的画面。这里的一个关键点就是在第三轮绘制时对存储了环境光遮挡因子的纹理进行采样时需要采用前面第 12 章介绍过的平滑过滤处理策略，以使得实际使用的环境光遮挡因子的变化趋于平滑，不再那么突兀、生硬。

从对上述两种选择的描述中应该感觉到，第二种是在硬件条件不足的情况下较好的解决办法，这也是本小节的选择。了解了案例的具体改进方向后，下面就可以介绍案例的具体开发了。在此之前首先给出本小节案例的运行效果，具体情况如图 14-34 所示。

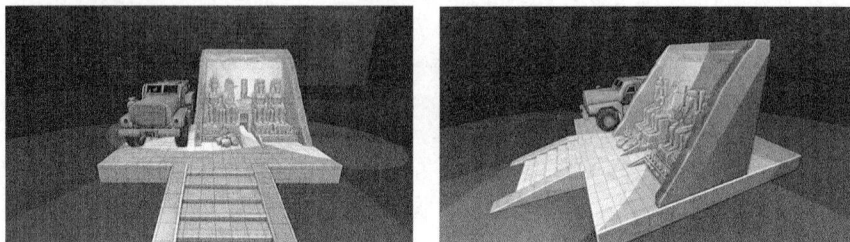

▲图 14-34　案例 Sample14_10 运行效果

> 💡提示　　由于本书插图是缩小后黑白印刷的，因此仅从图上来看与之前案例的差异可能不太明显，此时请读者使用真机运行观察。另外，由于手机屏幕较小，故案例的差异可能看起来也不是很明显，建议读者运行 PC 版的案例观察、体会。

了解了案例的运行效果后，下面将进一步介绍本节案例的具体开发，内容如下。

（1）首先，为了方便对环境光遮挡因子进行模糊处理，需要将其保存到一个图像对象中。因此与之前案例不同的是，本节案例在第二轮绘制后并没有进行呈现工作，而是仅仅将环境光遮挡因子输出并保存到了一个图像对象中。这部分内容与前面案例中的相关部分类似，这里不再详述。

（2）接着在第三轮绘制时将前面绘制生成的存储了环境光遮挡因子的图像作为纹理传入片元着色器，这部分相关代码也比较简单，也不予详述。

（3）介绍完本节案例中 C++代码部分的变化后，下面将要介绍的是案例中所使用的着色器。由于第二轮绘制的片元着色器所执行的工作就是前面案例中计算环境光遮挡因子的部分，因此这里也不再详述了。下面直接给出第三轮绘制所用的片元着色器，其具体代码如下。

✎ **代码位置：**见随书源代码/第 14 章/Sample14_10/src/main/assets/shader/GLSL 目录下的 light.frag。

```
1    //此处省略了与前面案例相同的部分代码，读者可自行查阅随书源代码
2    layout (binding = 3) uniform sampler2D aoFactorUni; //纹理采样器（片元的环境光遮挡因子）
```

```
3     layout (std140,set = 0, binding = 4) uniform bufferVals {      //一致块
4          vec4 uCamera;                                      //摄像机位置
5          Light lightArray[LIGHTS_COUNT];                    //各个光源的参数
6          float ifSSAO;                                      //环境光遮挡开启标志
7     } myBufferVals;
8     //此处省略了计算定位光光照的pointLight方法，读者可自行查阅随书源代码
9     float getAOFactor(vec2 texCoorIn){     //进行模糊处理得到当前片元的环境光遮挡因子值的方法
10         const float stStep = 1024.0;      //纹理偏移量调整系数
11         const float scaleFactor = 1.0/9.0; //定义最终求和时的加权因子（为调整亮度）
12         vec2 offsets[9]=vec2[9]( //卷积内核中各个元素对应纹素相对于待处理纹素的纹理坐标偏移量
13              vec2(-1.0,-1.0),vec2(0.0,-1.0),vec2(1.0,-1.0),
14              vec2(-1.0,0.0),vec2(0.0,0.0),vec2(1.0,0.0),
15              vec2(-1.0,1.0),vec2(0.0,1.0),vec2(1.0,1.0)
16         );
17         float kernelValues[9]=float[9](1.0,1.0,1.0, 1.0,1.0,1.0, 1.0,1.0,1.0 );
                                            //卷积内核中各个位置的权值
18         vec4 sum=vec4(0,0,0,0);                            //最终颜色值
19         for(int i=0;i<9;i++){                              //执行卷积
20         sum=sum+kernelValues[i]*scaleFactor*texture(aoFactorUni, texCoorIn+offset
s[i]/stStep);
21         }
22         return sum.r;                                     //返回环境光遮挡因子
23     }
24    void main(){
25         //此处省略了与前面案例中基本相同的部分代码，读者可自行查阅随书源代码
26         float aoFactor = getAOFactor(inTexCoor);     //调用getAOFactor方法获取当前片元的
                                                          环境光遮挡因子
27         // 此处省略了与前面案例中基本相同的部分代码，读者可自行查阅随书源代码
28    }
```

- 第2行为传进片元着色器的采样用纹理，其中存储了各个片元的环境光遮挡因子值。

- 第3～7行为传进片元着色器的一致变量块，其中包含了摄像机位置、各个光源的参数和环境光遮挡开启标志。

- 第9～23行为基于卷积对环境光遮挡因子进行模糊处理的getAOFactor方法，其实现比较简单，具体原理可以参考本书前面第12章介绍过的有关平滑过滤的相关内容。

- 第26行调用getAOFactor方法获取了当前片元对应的模糊处理后的环境光遮挡因子。

到这里为止环境光遮挡技术就介绍完了，读者需要注意的是实现环境光遮挡的策略有很多种。本节仅仅是给出了一种较为简单的参考实现，有兴趣的读者可以进一步查阅相关资料进行深入学习。

14.10 本章小结

本章首先介绍了Vulkan中实现阴影的几种常见技术，主要包括阴影的重要性、平面阴影、阴影映射、阴影贴图等几个方面。同时本章还介绍了几种常用的高级光照相关技术，这就是多重渲染目标、静态光照贴图、聚光灯高级光源、延迟渲染以及环境光遮挡等。掌握了这些技术以后，若能恰当地灵活运用将可以开发出更具有吸引力与感染力的3D应用或游戏。

第 15 章　几种高级着色器特效

本章将介绍几种基于可编程着色器实现的视觉特效，主要包括运动模糊、遮挡透视效果、积雪效果、背景虚化、泛光效果、色调映射、体绘制等几个方面。掌握了这些特效的开发后，读者将能开发出更加逼真、更加吸引用户的生动场景。

15.1　运动模糊

由于人眼有视觉暂留效应，因此当人在高速运动的交通工具上观察外面静止的物体时，会有画面模糊的感觉。因此在很多追求高真实感以及沉浸式体验的速度类游戏或应用中，都需要模拟这种画面效果，本节将基于案例介绍两种可以用来实现运动模糊效果的策略。

15.1.1　普通运动模糊

普通运动模糊是本节将要介绍的两种运动模糊中较为简单的一种，实现策略简单明了。主要是通过前面第 13 章介绍过的"绘制到纹理"技术进行多轮绘制来实现，具体情况如下。

● 第一轮绘制时将同一个场景在不同位置摄像机的观察下绘制多次，产生多幅纹理。这里不同位置的摄像机是指在运动轨迹上连续的几个不同位置的摄像机。

● 第二轮绘制时将第一轮绘制产生的多幅纹理按照一定的比例加权叠加绘制到屏幕上，这样绘制的场景就会出现运动模糊的效果。

上面简要介绍了实现普通运动模糊的策略，接下来了解一下基于这种策略开发的案例 Sample15_1 的运行效果，具体情况如图 15-1 和图 15-2 所示。

▲图 15-1　摄像机漫游开始位置的场景　　　　▲图 15-2　摄像机漫游结束位置的场景

说明　本案例中的画面是随摄像机不断向前移动观察场景所产生的，图 15-1 中显示的是摄像机开始移动时的画面，而图 15-2 则是摄像机结束移动即将再次开始新一轮漫游时的画面。从图中可以观察到，距离摄像机越近的物体运动模糊越明显，同时位于两侧的物体则比中间的物体运动模糊更明显。另外，由于本案例主要是体现动态效果，因此仅通过观察插图效果可能不明显，建议读者用真机运行并进行观察。

了解了本节案例 Sample15_1 的运行效果后，下面继续介绍本节案例的开发。由于此案例中搭建场景时用到了不少前面介绍过的知识，因此这里仅仅介绍有代表性的部分，具体内容如下。

（1）首先介绍的是在 MyVulkanManager 类的头文件中声明相关变量和方法的代码，具体内容如下。

✎ **代码位置**：见随书源代码/第 15 章/Sample15_1/src/main/cpp/bndev 目录下的 MyVulkanManager.h。

```
1       static Dashboard2DObject* sky;                    //指向天空绘制对象的指针
2       static Dashboard2DObject* landForDraw;            //指向山地绘制对象的指针
3       static ObjObject* tree1;                          //指向第一种树绘制对象的指针
4       static ObjObject* tree2;                          //指向第二种树绘制对象的指针
5       static Dashboard2DObject* d2dA;                   //指向纹理矩形绘制对象的指针
6       static VkImage colorImage[5];                     //颜色附件图像数组
7       static VkDeviceMemory memColor[5];                //颜色附件图像对应的设备内存数组
8       static VkImageView colorImageView[5];             //颜色附件图像视图数组
9       static VkDescriptorImageInfo colorImageInfo[5];   //颜色附件图像信息数组
10      static VkFramebuffer selfTexFramebuffer[5];       //服务于绘制到纹理的专用帧缓冲数组
11      static void drawTrees(int treeIndex,float transX,float transY,float transZ);
                                                          //绘制树的方法
12      //此处省略了部分代码，读者可自行查阅随书源代码
```

📝 **说明**　　上述代码并不复杂，主要是声明了本节案例所特有的一系列变量和方法。包括指向用于绘制的几类对象的指针、颜色缓冲附件的图像数组及与之对应的图像视图数组、图像信息数组等变量和绘制树的方法等。其中颜色缓冲附件图像数组的长度为 5，表示本案例第一轮绘制后将产生 5 幅纹理。另外，由于本案例中初始化及销毁颜色附件时仅仅是数量与前面介绍过的绘制到纹理的案例相比有所不同，大的套路基本相同，这里就不再重复介绍相关的初始化和销毁代码了。

（2）接下来介绍的是将场景绘制到 5 幅纹理的 drawSceneToTex 方法和将 5 幅纹理叠加绘制到屏幕的 drawSceneToScreen 方法，具体代码如下。

✎ **代码位置**：见随书源代码/第 15 章/Sample15_1/src/main/cpp/bndev 目录下的 MyVulkanManager.cpp。

```
1   void MyVulkanManager::drawSceneToTex() {              //将场景绘制到 5 幅纹理的方法
2       float czCurrTemp=cz;                              //将摄像机位置的 z 坐标赋值给临时变量
3       float targetzCurrTemp=targetz;                    //将摄像机目标点的 z 坐标赋值给临时变量
4       for(int i=0;i<5;i++){                             //循环绘制到 5 幅纹理中
5           rp_begin.framebuffer = selfTexFramebuffer[i]; //设置当前帧缓冲
6           vk::vkResetCommandBuffer(cmdBuffer, 0);       //恢复命令缓冲到初始状态
7           VkResult result = vk::vkBeginCommandBuffer(cmdBuffer, &cmd_buf_info);
                                                          //启动命令缓冲
8           float ratio = (float)screenWidth / (float)screenHeight; //计算视口宽高比
9           MatrixState3D::setProjectFrustum(-ratio, ratio, -1, 1, 1.0f, 300);
                                                          //设置透视投影
10          MatrixState3D::setCamera(0, 0, czCurrTemp-TIMESPAN*i,
11          0, 0, targetzCurrTemp-TIMESPAN*i, 0, 1, 0); //设置摄像机（摄像机 z 坐标每幅纹理不同）
12          MyVulkanManager::flushUniformBufferForToTex(); //将一致变量数据送入缓冲
13          MyVulkanManager::flushTexToDesSetForToTex();    //更新绘制用描述集
14          vk::vkCmdBeginRenderPass(cmdBuffer, &rp_begin, VK_SUBPASS_CONTENTS_INLINE);
15          MatrixState3D::pushMatrix();                    //保护现场
16          MatrixState3D::translate(0,-10.0f,0);           //沿 y 轴平移
17          MatrixState3D::rotate(90, 0, 1, 0);             //绕 y 轴旋转 90°
18          sky->drawSelf(cmdBuffer, sqsCT->pipelineLayout, sqsCT->pipeline,
```

```
19                           &(sqsCT->descSet[0]));              //绘制云天空
20               MatrixState3D::popMatrix();                     //恢复现场
21               drawTrees(1,30,-13.0f,-40);                     //绘制树 1
22               drawTrees(2,28,-20.0f,60);                      //绘制树 2
23               //此处省略了剩余物体的绘制代码,和上述代码相似,读者可自行查阅随书
24               vk::vkCmdEndRenderPass(cmdBuffer);              //结束渲染通道
25               //此处省略了部分代码,读者可自行查阅随书源代码
26        }}
27    void MyVulkanManager::drawSceneToScreen(){          //将 5 幅纹理叠加绘制到屏幕的方法
28           //此处省略了部分代码,读者可自行查阅随书源代码
29           float ratio = (float)screenWidth / (float)screenHeight;
30           MatrixState3D::setProjectOrtho(-ratio, ratio, -1, 1, 2, 100);  //设置正交投影
31           MatrixState3D::setCamera(0,0,3,0,0,0,1.0f,0.0f);  //设置摄像机参数
32           MyVulkanManager::flushUniformBufferForToScreen();    //将一致变量数据送入缓冲
33           MyVulkanManager::flushTexToDesSetForToScreen();      //更新绘制用描述集
34           vk::vkCmdBeginRenderPass(cmdBuffer, &rp_begin, VK_SUBPASS_CONTENTS_INLINE);
35           MatrixState3D::pushMatrix();                         //保护现场
36           d2dA->drawSelf(cmdBuffer, sqsD2D->pipelineLayout, sqsD2D->pipeline,&(sqsD2D->
descSet[0]));
37           MatrixState3D::popMatrix();                          //恢复现场
38           vk::vkCmdEndRenderPass(cmdBuffer);                   //结束渲染通道
39           //此处省略了部分代码,读者可自行查阅随书源代码
40    }
```

- 第 1～26 行为将场景绘制到 5 幅纹理的 drawSceneToTex 方法,其中首先将摄像机位置的 z 坐标和目标点 z 坐标记录在临时变量中。接着循环 5 次,每次将一个摄像机位置的画面绘制到一个对应的帧缓冲中以得到一幅场景画面纹理。

- 第 27～40 行为将 5 幅纹理叠加绘制到屏幕的 drawSceneToScreen 方法,此方法中将投影设置为正交投影,并通过将 5 幅场景纹理应用到一个与屏幕尺寸相同的纹理矩形的方式将第一轮产生的 5 幅场景纹理叠加绘制到屏幕上。故此纹理矩形应用了多重纹理,这一点在后面要介绍的着色器中也可以看出来。

(3)介绍完两个绘制方法后,接下来介绍的是将 5 幅场景纹理应用到纹理矩形以绘制到屏幕所需的片元着色器,其具体代码如下。

✎ **代码位置:** 见随书源代码/第 15 章/Sample15_1/src/main/assets/shader 目录下的 common2D.frag。

```
1     //此处省略了声明着色器版本号及启用相关扩展的代码,读者可以自行查阅随书源代码
2     layout (std140,set = 0, binding = 0) uniform bufferVals { //一致变量块
3         float brightFactor;                                  //亮度调节系数
4     } myBufferVals;
5     layout (binding = 1) uniform sampler2D texOne;           //第 1 幅纹理内容数据
6     layout (binding = 2) uniform sampler2D texTwo;           //第 2 幅纹理内容数据
7     layout (binding = 3) uniform sampler2D texThree;         //第 3 幅纹理内容数据
8     layout (binding = 4) uniform sampler2D texFour;          //第 4 幅纹理内容数据
9     layout (binding = 5) uniform sampler2D texFive;          //第 5 幅纹理内容数据
10    layout (location = 0) in vec2 inTexCoor;            //接收从顶点着色器过来的纹理坐标数据
11    layout (location = 0) out vec4 outColor;                 //输出的片元颜色
12    void main() {
13        vec4 finalColorOne= texture(texOne, inTexCoor);      //对第 1 幅纹理进行采样
14        vec4 finalColorTwo= texture(texTwo, inTexCoor);      //对第 2 幅纹理进行采样
15        vec4 finalColorThree= texture(texThree, inTexCoor);  //对第 3 幅纹理进行采样
16        vec4 finalColorFour= texture(texFour, inTexCoor);    //对第 4 幅纹理进行采样
17        vec4 finalColorFive= texture(texFive, inTexCoor);    //对第 5 幅纹理进行采样
18        outColor = myBufferVals.brightFactor*(0.6f*finalColorOne+0.1f*finalColorTwo+
```

```
0.1f*finalColorThree
19            +0.1f*finalColorFour+0.1f*finalColorFive); //根据权重不同计算产生最终的片元颜色值
20  }
```

● 第 2～11 行为该片元着色器中用于定义一致变量块及输入、输出变量的相关代码，从中可以看出该片元着色器使用了多重纹理，每次需要同时接收 5 幅不同的纹理。

● 第 13～19 行首先分别对接收的 5 幅纹理进行采样，最后根据权重不同计算产生最终的片元颜色值。由于这 5 幅纹理是在摄像机运动轨迹上连续 5 个不同的位置绘制产生的，因此加权混合后会产生运动模糊的效果。

> **提示** 　　到目前为止，关于普通运动模糊的内容已经介绍完毕。运行案例时读者可能体会到，普通运动模糊案例相对于前面的案例来说，运行可能不是很流畅。这是由于每次产生一帧屏幕画面都需要绘制 5 次场景，在 GPU 负载较大的情况下帧速率可能会跌到正常绘制时的 20% 以下，15.1.2 节将要介绍的高级运动模糊将会大大改善这一问题。

15.1.2　高级运动模糊

15.1.1 节介绍了基于多帧画面加权叠加实现的简单运动模糊，其画面效果尚可，就是渲染效率不高。本节将进一步介绍一种渲染效率更高的运动模糊实现策略，这种策略也需要使用"绘制到纹理"技术，还需要使用"多重渲染目标"技术，具体策略如下。

● 第一轮绘制时正常绘制场景，但片元着色器需要输出两方面的数据到两个不同的渲染目标（两幅纹理）。一方面是场景的画面数据（即颜色值）；另一方面是每个片元的深度值。

● 第二轮绘制时首先将第一轮绘制产生的两幅纹理送入着色器，并将此帧绘制时所用投影与摄像机观察组合矩阵（本帧第一轮绘制时使用的）的逆矩阵以及上一帧画面绘制时所用的投影与摄像机观察组合矩阵（上一帧第一轮绘制时使用的）送入着色器。

● 实施第二轮绘制的着色器中首先根据当前片元的纹理坐标以及传入的深度纹理采样出深度值，进而基于纹理坐标（由于第二轮绘制时所用纹理矩形正好覆盖整个视口，故纹理坐标与标准设备空间坐标的 x、y 分量线性相关）和深度值推算出当前片元在标准设备空间中的坐标。

● 然后将当前片元在标准设备空间中的坐标乘以此帧绘制时所用投影与摄像机观察组合矩阵的逆矩阵得到此片元在世界空间中的坐标，再将此片元在世界空间中的坐标乘以上一帧画面绘制时所用投影与摄像机观察组合矩阵并执行透视除法以得到上一帧中对应片元在标准设备空间中的坐标。

● 根据前后两帧中片元的标准设备空间坐标差值（仅考虑 x、y 坐标分量）和模糊采样数计算出此片元的模糊方向步进向量，然后基于当前片元的纹理坐标在此向量方向上按照步进对场景画面纹理进行多次纹理采样，并加权叠加各次的采样值即可得到最终画面中此片元的颜色值，从而产生运动模糊的效果。

从上述实现策略的介绍中可以看出，此策略不需要多次绘制场景，相比于简单运动模糊大大降低了 GPU 的负载，可以获得更高的渲染效率。上面主要介绍了实现高级运动模糊的策略，下面来了解一下本节案例 Sample15_2 的运行效果，具体情况如图 15-3 和图 15-4 所示。

> **提示** 　　本案例中的画面也是随摄像机不断向前移动观察场景所产生的，图 15-3 中显示的是摄像机开始移动时的画面，而图 15-4 则是摄像机结束移动即将再次开始新一轮漫游时的画面。从图中同样可以观察到，距离摄像机越近的物体运动模糊越明显，位于两侧的物体则比中间的物体运动模糊更明显。

▲图 15-3　摄像机漫游开始位置的场景　　　　▲图 15-4　摄像机漫游结束位置的场景

　　了解了本节案例的运行效果后，下面继续介绍本节案例的开发。由于本节的案例与 15.1.1 节的案例有很多相似之处，因此这里仅仅介绍有代表性的部分，具体内容如下。

　　（1）首先介绍的是用于创建在第一轮绘制中充当颜色附件的两个图像对象的相关方法，这两个相关方法的具体代码如下。

　　📝 **代码位置：** 见随书源代码/第 15 章/Sample15_2/src/main/cpp/bndev 目录下的 MyVulkanManager.cpp。

```
1    void MyVulkanManager::create_vulkan_SelfColorBuffer() {
2        VkFormat colorFormat[2] = { VK_FORMAT_R8G8B8A8_UNORM,      //格式数组
3            VK_FORMAT_R16_SFLOAT};
4        for(int i=0;i<2;i++){                                        //遍历所有颜色附件
5            create_vulkan_SelfColorBufferSpec(colorFormat[i], i);  //创建颜色附件对应图像
6        }}
7    void MyVulkanManager::create_vulkan_SelfColorBufferSpec(VkFormat colorFormat, int index) {
8        //此处省略了与延迟渲染案例中基本相同的代码，感兴趣的读者请自行查看随书源代码
9    }
```

> 📝 **说明**　　上述代码并不复杂，在本案例中一共创建了两个用于充当颜色附件的图像对象。其中第一个图像对象的格式为 VK_FORMAT_R8G8B8A8_UNORM，对应的是用于存储画面片元颜色值的颜色附件；第二个图像对象的格式为 VK_FORMAT_R16_SFLOAT，对应的是用于存储片元深度值的颜色附件。

　　（2）接下来介绍的是利用多重渲染目标将场景绘制到两幅（颜色、深度）纹理的 drawSceneToTex 方法和通过两幅纹理生成屏幕最终画面的 drawSceneToScreen 方法，具体代码如下。

　　📝 **代码位置：** 见随书源代码/第 15 章/Sample15_2/src/main/cpp/bndev 目录下的 MyVulkanManager.cpp。

```
1    void MyVulkanManager::drawSceneToTex(){                        //将场景绘制到两幅纹理的方法
2        //此处省略了改变摄像机位置和目标点位置的代码，读者可自行查阅随书源代码
3        rp_begin_self.framebuffer = selfTexFramebuffer;           //指定当前帧缓冲
4        vk::vkResetCommandBuffer(cmdBuffer, 0);                   //恢复命令缓冲到初始状态
5        VkResult result = vk::vkBeginCommandBuffer(cmdBuffer, &cmd_buf_info); //启动命令缓冲
6        float ratio = (float)screenWidth / (float)screenHeight;  //计算视口宽高比
7        MatrixState3D::setProjectFrustum(-ratio, ratio, -1, 1, 1.0f, 300); //设置透视投影
8        MatrixState3D::setCamera(0, 0, preCZ, 0, 0, preTargetZ, 0, 1, 0);
                                                                  //设置摄像机前一帧的参数
9        mPreviousProjectionMatrix=MatrixState3D::getViewProjMatrixPrevious();
                                                                  //前一帧的投影与观察矩阵
10       MatrixState3D::setCamera(0, 0, cz, 0, 0, targetz, 0, 1, 0); //设置摄像机当前帧的参数
11       float* mViewProjectionMatrix=MatrixState3D::getViewProjMatrixCurrent();
                                                                  //当前帧投影与观察组合矩阵
12       Matrix::invertM(mViewProjectionInverseMatrix, 0,  //求当前投影与观察组合矩阵的逆矩阵
```

```
13                                                           mViewProjectionMatrix, 0);
14      MyVulkanManager::flushUniformBufferForToTex();  //将一致变量数据送入缓冲
15      MyVulkanManager::flushTexToDesSetForToTex();     //更新绘制用描述集
16      vk::vkCmdBeginRenderPass(cmdBuffer, &rp_begin_self, VK_SUBPASS_CONTENTS_INLINE);
17      //此处省略了与上一个案例基本相同的绘制代码，读者可自行查阅随书源代码
18   }
19   void MyVulkanManager::drawSceneToScreen(){        //通过2幅纹理生成屏幕最终画面的方法
20      //此处省略了部分与前面案例相同的代码，读者可自行查阅随书源代码
21      MyVulkanManager::flushUniformBufferForToScreen();   //将一致变量数据送入缓冲
22      MyVulkanManager::flushTexToDesSetForToScreen();     //更新绘制用描述集
23      //此处省略了部分与前面案例相同的代码，读者可自行查阅随书源代码
24   }
```

- 第 1～18 行为利用多重渲染目标将场景绘制到两幅（颜色、深度）纹理的 drawSceneToTex 方法，其在进行了一系列必要的初始化工作后，首先获得前一帧的投影与观察组合矩阵，接着获得当前帧的投影与观察组合矩阵的逆阵，最后将一致变量数据送入缓冲并更新绘制用描述集以进行绘制。

- 第 19～25 行为通过两幅纹理生成屏幕最终画面的 drawSceneToScreen 方法，其中的代码与 15.1.1 节案例中的基本相同。主要需注意的是这里送入一致变量缓冲的数据增加了前一帧的投影与观察组合矩阵和当前帧的投影与观察组合矩阵的逆矩阵，同时描述集所需的纹理数量也从 5 幅变为 2 幅。感兴趣的读者请查看随书资源中本案例的 flushUniformBufferForToScreen 和 flushTexToDesSetForToScreen 方法的源代码，这里不再赘述。

（3）到这里为止，本案例 C++代码中具有代表性的部分已经介绍完毕，接下来要介绍的是着色器的开发。首先介绍第一轮绘制中用于输出片元颜色值和深度值的片元着色器，其具体代码如下。

✎ **代码位置：**见随书源代码/第 15 章/Sample15_2/src/main/assets/shader 目录下的 commonTexLight.frag。

```
1    //此处省略了声明着色器版本号及启用相关扩展的代码，读者可以自行查阅随书源代码
2    layout (binding = 1) uniform sampler2D tex;      //纹理采样器，代表一幅纹理
3    layout (location = 0) in vec2 inTexCoor;         //接收从顶点着色器过来的纹理坐标数据
4    layout (location = 1) in vec4 inLightQD;         //接收从顶点着色器过来的光照强度数据
5    layout (location = 0) out vec4 outColor;         //输出的片元颜色（多重渲染目标 0）
6    layout (location = 1) out float outDepth;        //输出的片元深度（多重渲染目标 1）
7    void main() {                                    //主方法
8       vec4 finalColor=inLightQD*texture(tex, inTexCoor, 0.0);
                                                      //根据光照强度和纹理采样颜色得到最终颜色
9       outColor=finalColor;                          //输出此片元的颜色
10      outDepth=gl_FragCoord.z;                      //输出此片元的深度
11   }
```

> ✏ 说明　　　上述片元着色器并不复杂，除了根据纹理采样颜色值与光照强度计算片元的最终颜色值外，还同时通过多重渲染目标技术输出了片元的深度值。

（4）介绍完第一轮绘制中用于输出片元颜色值和深度值的片元着色器后，接着介绍的是第二轮绘制中通过 2 幅纹理生成屏幕最终画面的片元着色器，其具体代码如下。

✎ **代码位置：**见随书源代码/第 15 章/Sample15_2/src/main/assets/shader 目录下的 dashboard2D.frag。

```
1    //此处省略了声明着色器版本号及启用相关扩展的代码，读者可以自行查阅随书源代码
2    layout (std140,set = 0, binding = 0) uniform bufferVals {    //一致变量块
3       mat4 uViewProjectionInverseMatrix;            //当前帧的投影与观察组合矩阵的逆矩阵
4       mat4 uPreviousProjectionMatrix;               //前一帧的投影与观察组合矩阵
```

```
5          float g_numSamples;                      //运动模糊采样数
6      } myBufferVals;
7      layout (binding = 1) uniform sampler2D Tex;       //纹理采样器（颜色）
8      layout (binding = 2) uniform sampler2D depthTex;  //纹理采样器（深度）
9      layout (location = 0) in vec2 inTexCoor;          //接收从顶点着色器过来的纹理坐标
10     layout (location = 0) out vec4 outColor;          //输出到管线的片元颜色值
11     void main() {
12         vec2 textureCoord=inTexCoor;                  //复制纹理坐标
13         float zOverW = texture(depthTex,textureCoord).r;   //采样得到此片元的深度值
14         vec4 H = vec4((textureCoord.x*2.0-1.0),
15                 textureCoord.y*2.0-1.0,zOverW,1.0);   //求片元的标准设备空间坐标 H（三轴范围
                                                          皆为-1~1）
16         vec4 D = myBufferVals.uViewProjectionInverseMatrix*H;//通过投影与观察组合矩阵
           的逆阵进行变换
17         vec4 worldPos= D/D.w;                         //执行透视除法，得到世界空间中的坐标
18         vec4 currentPos=H;                            //片元在标准设备空间中的坐标（当前帧）
19         vec4 previousPos=myBufferVals.uPreviousProjectionMatrix*
20                 worldPos;           //使用世界坐标系坐标，并通过前一帧投影与观察组合矩阵进行变换
21         previousPos=previousPos/previousPos.w;  //执行透视除法得到前一帧标准设备空间中的坐标
22         vec2 velocity=((previousPos-currentPos)/myBufferVals.g_numSamples
23             ).xy;  //基于当前帧和前一帧标准设备空间坐标及采样数来计算当前片元的模糊方向步进向量
24         vec4 color=texture(Tex, textureCoord); //采样得到此片元位置的颜色值
25         textureCoord+=velocity;                      //通过模糊方向步进向量扰动纹理坐标
26         for(int i=1;i<myBufferVals.g_numSamples;i++,textureCoord+=velocity){
                                                          //循环指定次数
27                 vec4 currentColor=texture(Tex, textureCoord);
                                                          //根据扰动后的纹理坐标进行采样
28                 color+=currentColor;                  //将当前颜色累加到颜色和中
29         }
30         outColor=color/myBufferVals.g_numSamples;  //对采样叠加的结果求平均，得到最终的颜色值
31     }
```

说明　上述片元着色器实现了本节一开始介绍的运动模糊策略中的关键部分，其首先通过当前帧投影与观察组合矩阵的逆矩阵推算出当前片元在世界空间中的坐标，然后使用上一帧的投影与观察组合矩阵计算出上一帧对应片元在标准设备空间中的坐标，进而计算出运动模糊方向步进向量，并基于此方向步进向量对纹理坐标进行扰动，接着基于扰动后的纹理坐标多次进行纹理采样并加权叠加采样所得颜色值后即可得到期望的运动模糊画面。

15.2　遮挡透视效果

常见的第三人称角色扮演游戏中，摄像机都会跟随角色移动。但场景中不免会有一些物体（如建筑物）阻挡在摄像机与角色之间，这样在画面中就看不到玩家角色了。为此游戏开发过程中通常会编写着色器将角色被遮挡的部分进行相应的处理使其能够呈现在画面中，本节就来介绍如何实现这一效果。

15.2.1　案例效果与基本原理

介绍本节案例的具体开发步骤之前首先需要了解一下本节案例的运行效果与基本原理，其运行效果如图 15-5 所示。

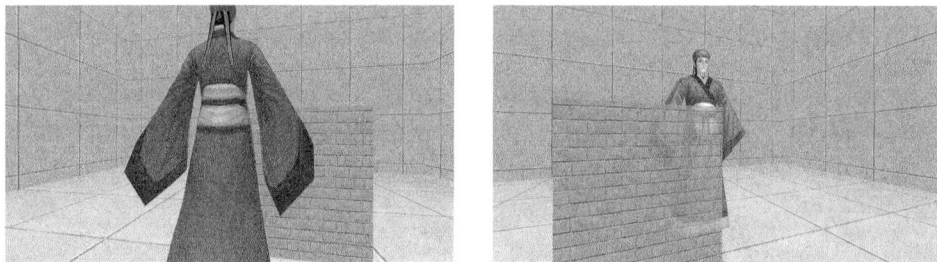

▲图 15-5　遮挡透视案例运行效果

> 💡说明
>
> 　　图 15-5 中左图为将场景旋转一定角度后，人物模型遮挡住红砖墙的情况。同时红砖墙遮挡住了后面的墙壁，其是不透明的。图 15-5 右侧为将场景旋转一定角度后，透过红砖墙可以看见人物模型的情况（特别注意此时红砖墙并没有透出后面墙壁的内容）。从上述两幅图中可以体会到遮挡透视效果与半透明混合之间的区别，混合一般应用于呈现半透明的物体（能透出后面所有被遮挡的内容），而遮挡透视能够仅仅使指定物体（一般为游戏中玩家控制的角色）透过不透明的物体被看见。

　　了解了本节案例的运行效果后，接下来将对遮挡透视技术的原理及实现策略进行介绍，具体情况如图 15-6 所示。

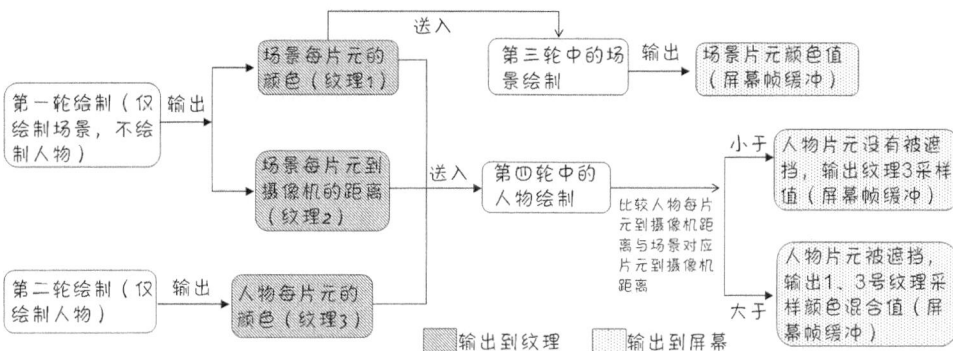

▲图 15-6　遮挡透视原理及实现策略

　　从图 15-6 中可以看出，实现遮挡透视效果一共需要进行四轮绘制，具体情况如下。

● 第一轮绘制中，仅对场景进行绘制（本案例中包含地板、墙及红砖墙），不绘制人物。此轮绘制采用了多重渲染技术，输出了两方面的数据，分别为场景每片元的颜色值以及场景每片元到摄像机的距离值，将得到两幅纹理。

● 第二轮绘制中，仅对人物进行绘制，并输出人物每片元的颜色值，得到一幅纹理。

● 第三轮绘制的作用为将第一轮绘制产生的携带了场景画面各个片元颜色值的纹理通过一个恰好覆盖视口的纹理矩形呈现到屏幕。此时的最终画面中已经包含了场景中除人物以外的所有内容。

● 第四轮绘制仅仅针对人物进行，绘制时所用的片元着色器需要接收三幅纹理输入。其首先根据当前片元的屏幕坐标推算出对应的纹理坐标（这里的纹理正好是覆盖整个屏幕视口的）并从纹理 2 中采样出对应场景片元到摄像机的距离值，再计算出人物当前片元到摄像机的距离值。若人物当前片元到摄像机的距离值小于对应场景片元到摄像机的距离值，则输出纹理 3 的采样值（此时人物没有被遮挡，人物片元的颜色应该为彩色）；否则将纹理 1、纹理 3 的采样值进行混合并灰度化后输出（此时人物被遮挡，片元颜色应该是红砖墙和人物内容的混合）。

15.2.2 开发步骤

了解了本节案例的运行效果及基本原理后，就可以进行案例的开发了。这里也仅仅介绍本案例中有代表性的部分，具体内容如下。

（1）首先介绍的是用于完成第一轮绘制的 drawSceneToTex 方法和用于完成第二轮绘制的 drawPeopleToTex 方法，这两个方法的具体代码如下。

代码位置： 见随书源代码/第 15 章/Sample15_3/src/main/cpp/bndev 目录下的 MyVulkanManager.cpp。

```
1   void MyVulkanManager::drawSceneToTex(){                        //用于完成第一轮绘制的方法
2       //此处省略了部分代码，读者可自行查阅随书源代码
3       vk::vkCmdBeginRenderPass(cmdBuffer, &rp_begin_self, VK_SUBPASS_CONTENTS_INLINE);
4       //此处省略了设置透视投影及摄像机参数的代码，读者可自行查阅随书源代码
5       MatrixState3D::pushMatrix();                                //保护现场
6       MatrixState3D::scale(objScale,objScale,objScale);           //进行缩放变换
7       wall->drawSelf(cmdBuffer,sqsCTLD->pipelineLayout,sqsCTLD->pipeline,&(sqsCTLD->
                                                                    //绘制墙壁
8       descSet[TextureManager::getVkDescriptorSetIndexForCommonTexLight("texture/
    brick.bntex")]));
9       floor->drawSelf(cmdBuffer,sqsCTLD->pipelineLayout,sqsCTLD->pipeline,&(sqsCTLD->
                                                                    //绘制地板
10      descSet[TextureManager::getVkDescriptorSetIndexForCommonTexLight("texture/
    floor.bntex")]));
11      MatrixState3D::popMatrix();                                 //恢复现场
12      //此处省略了场景中余下物体的绘制代码，读者可自行查阅随书源代码
13      vk::vkCmdEndRenderPass(cmdBuffer);                          //结束渲染通道
14      //此处省略了部分代码，读者可自行查阅随书源代码
15  }
16  void MyVulkanManager::drawPeopleToTex(){                       //用于完成第二轮绘制的方法
17      //此处省略了部分代码，读者可自行查阅随书源代码
18      vk::vkCmdBeginRenderPass(cmdBuffer, &rp_begin_screen, VK_SUBPASS_CONTENTS_INLINE);
19      //此处省略了设置透视投影及摄像机参数的代码，读者可自行查阅随书源代码
20      MatrixState3D::pushMatrix();                                //保护现场
21      MatrixState3D::translate(10,0,0);                           //进行平移变换
22      MatrixState3D::rotate(90,0,1,0);                            //进行旋转变换
23      MatrixState3D::scale(peopleScale,peopleScale,peopleScale);  //进行缩放变换
24      people->drawSelf(cmdBuffer,sqsCTL->pipelineLayout,sqsCTL->pipeline,&(sqsCTL->
                                                                    //绘制人物
25      descSet[TextureManager::getVkDescriptorSetIndexForCommonTexLight("texture/
    people.bntex")]));
26      MatrixState3D::popMatrix();                                 //恢复现场
27      vk::vkCmdEndRenderPass(cmdBuffer);                          //结束渲染通道
28      //此处省略了部分代码，读者可自行查阅随书源代码
29  }
```

说明 从上述两个方法的代码中可以看出，将场景绘制到纹理和将人物绘制到纹理的方法与前面很多案例中的绘制方法相比，并无本质的不同。

（2）接着介绍的是用于完成第三轮以及第四轮绘制的 drawSceneToScreen 方法，其具体代码如下。

代码位置： 见随书源代码/第 15 章/Sample15_3/src/main/cpp/bndev 目录下的 MyVulkanManager.cpp。

```
1   void MyVulkanManager::drawSceneToScreen(){                     //用于完成第三轮及第四轮绘制的方法
2       //此处省略了部分代码，读者可自行查阅随书源代码
```

```
3      vk::vkCmdBeginRenderPass(cmdBuffer, &rp_begin_screen, VK_SUBPASS_CONTENTS_INLINE);
4      //此处省略了设置正交投影及摄像机参数的代码，读者可自行查阅随书源代码
5      MatrixState3D::pushMatrix();                        //保护现场
6      d2dA->drawSelf(cmdBuffer,sqsD2D->pipelineLayout,    //基于纹理矩形绘制场景到屏幕（不含人物）
7                     sqsD2D->pipeline, &(sqsD2D->descSet[0]));
8      MatrixState3D::popMatrix();                         //恢复现场
9      //此处省略了设置透视投影及摄像机参数的代码，读者可自行查阅随书源代码
10     MatrixState3D::pushMatrix();                        //保护现场
11     MatrixState3D::translate(10,0,0);                   //进行平移变换
12     MatrixState3D::rotate(90,0,1,0);                    //进行旋转变换
13     MatrixState3D::scale(peopleScale,peopleScale,peopleScale); //进行缩放变换
14     people->drawSelf(cmdBuffer,sqsXRay->pipelineLayout,        //绘制人物
15                      sqsXRay->pipeline, &(sqsXRay->descSet[0]));
16     MatrixState3D::popMatrix();                         //恢复现场
17     vk::vkCmdEndRenderPass(cmdBuffer);                  //结束渲染通道
18     //此处省略了部分代码，读者可自行查阅随书源代码
19   }
```

> **📝 说明**　上述 drawSceneToScreen 方法中首先基于纹理矩形将第一轮绘制所得的场景画面呈现到了屏幕（对应于第三轮绘制），然后进行了第四轮绘制，将人物根据是否被砖墙遮挡以不同形式呈现到了屏幕。到这里读者可能会有一个疑问："前面的代码中并没有看出用于实现 15.2.1 节所介绍的遮挡透视基本策略的关键部分？"确实如此，本案例中的关键部分是在着色器中实现的，下面将进行介绍。

（3）本案例中有代表性的着色器主要是用于实现第一轮和第四轮绘制的片元着色器，下面首先介绍的是在第一轮中绘制场景时用来一次性输出两方面值（片元颜色值、片元到摄像机的距离值）的片元着色器，其具体代码如下。

🖊 **代码位置：** 见随书中源代码/第 15 章/Sample15_3/app/assets/shader 目录下的 commonTexLightDepth.frag 文件。

```
1    //此处省略了声明着色器版本号及启用相关扩展的代码，读者可以自行查阅随书源代码
2    layout (binding = 1) uniform sampler2D tex;        //纹理采样器，代表一幅纹理
3    layout (location = 0) in vec2 inTexCoor;           //接收的顶点纹理坐标
4    layout (location = 1) in vec4 inLightQD;           //接收的光照强度
5    layout (location = 2) in vec4 fragCamera;          //接收的摄像机位置
6    layout (location = 3) in vec4 vPosition;           //接收的顶点位置
7    layout (location = 0) out vec4 outColor;           //输出到管线的片元颜色
8    layout (location = 1) out float outDepth;          //输出到管线的片元到摄像机的距离值
9    void main() {                                      //主方法
10       float dis=distance(vPosition.xyz,fragCamera.xyz);  //计算当前片元到摄像机的距离
11       outColor=inLightQD*textureLod(tex, inTexCoor, 0.0); //计算片元的最终颜色值并输出
12       outDepth=dis;                                  //将当前片元到摄像机的距离输出
13   }
```

> **📝 说明**　上述片元着色器的代码不是很复杂，其中采用了多重渲染目标技术，一次性输出了两个变量，分别是片元颜色值（outColor）和片元到摄像机的距离值（outDepth）。另外，与此片元着色器配套的顶点着色器与普通光照贴图的顶点着色器区别并不大，主要是增加了将摄像机位置及顶点位置传递给片元着色器的相关代码。故配套的顶点着色器这里不再赘述，感兴趣的读者请自行查看随书源代码。

（4）了解了在第一轮绘制时使用的片元着色器后，下面介绍的是在第四轮绘制中使用的片元着色器，其具体代码如下。

代码位置：见随书中源代码/第 15 章/Sample15_3/app/assets/shader 目录下的 XRag.frag 文件。

```
1    //此处省略了声明着色器版本号及启用相关扩展的代码，读者可以自行查阅随书源代码
2    layout (std140,set = 0, binding = 0) uniform bufferVals {    //一致变量块
3        vec4 uCamera;                              //摄像机位置
4        float screenWidth;                         //以像素计的视口宽度（全屏情况下即屏幕宽度）
5        float screenHeight;                        //以像素计的视口高度（全屏情况下即屏幕高度）
6    } myBufferVals;
7    layout (binding = 1) uniform sampler2D texScene;    //存储场景各片元颜色值的纹理
8    layout (binding = 2) uniform sampler2D texDepth;    //存储场景各片元到摄像机距离值的纹理
9    layout (binding = 3) uniform sampler2D texPeople;   //存储人物各片元颜色值的纹理
10   layout (location = 0) in vec4 vPosition;            //接收的顶点位置
11   layout (location = 0) out vec4 outColor;            //输出到管线的片元颜色
12   void main() {                                       //主方法
13       float dis=distance(vPosition.xyz,myBufferVals.uCamera.xyz);
                                                         //计算摄像机与当前片元的距离
14       float s=gl_FragCoord.x/myBufferVals.screenWidth;    //换算出纹理坐标 s
15       float t=gl_FragCoord.y/myBufferVals.screenHeight;   //换算出纹理坐标 t
16       vec2 stCurr=vec2(s,t);                              //构建纹理坐标
17       float depth=texture(texDepth, stCurr).r;       //采样出对应场景片元到摄像机的距离值
18       vec4 peopleColor=texture(texPeople, stCurr);   //采样出对应人物片元颜色值
19       vec4 sceneColor=texture(texScene, stCurr);     //采样出对应场景片元（无人物）的颜色值
20       if(dis>depth){      //若当前片元到摄像机距离大于对应场景片元到摄像机距离，则此片元被遮挡
21           float realFactor=(sceneColor.r+sceneColor.g+sceneColor.b)/3.0;
                                                         //场景片元 rgb 通道平均值
22           vec4 realGray=vec4(realFactor,realFactor,realFactor,1.0);
                                                         //生成场景片元的灰度值
23           float peopleFactor=(peopleColor.r+peopleColor.g+peopleColor.b)/3.0;
                                                         //人物片元 rgb 通道平均值
24           vec4 peopleGray=vec4(peopleFactor,peopleFactor,peopleFactor,1.0);
                                                         //生成人物片元的灰度值
25           outColor=mix(realGray,peopleGray,0.3);  //输出到管线的片元颜色为人物片元与场
                 景片元混合值
26       }else{                                          //片元未被遮挡
27           outColor=peopleColor;                       //输出到管线的片元颜色为人物片元颜色值
28       }}
```

- 第 2～6 行为传入片元着色器的一致变量块，其中传入的数据包括摄像机的位置、视口的宽度和高度。
- 第 7～9 行声明了 3 个纹理采样器，分别对应于第一轮和第二轮绘制输出的 3 幅纹理。
- 第 13～19 行首先计算出当前片元到摄像机的距离，然后根据视口的宽度和高度及片元在视口中的像素坐标（来自内建变量 FragCoord）换算出纹理坐标（对第一轮和第二轮绘制输出的 3 幅纹理采样用），接着根据此纹理坐标采样出对应人物片元的颜色值、对应场景片元的颜色值和对应场景片元到摄像机的距离值。
- 第 20～28 行功能为根据人物片元到摄像机的距离与场景片元到摄像机距离的大小来决定最终输出到管线的片元颜色值。当人物片元到摄像机的距离大于对应场景片元到摄像机的距离时，人物片元被场景片元遮挡。此时输出到管线的片元颜色值为人物片元颜色值与场景片元颜色值灰度化后的混合值。这样虽然人物片元被场景片元遮挡，却在最终画面中还可以看到与场景片元混合后的人物片元，因此就产生了"遮挡透视"的效果。当人物片元到摄像机的距离小于对应场景

片元到摄像机的距离时，人物片元遮挡场景片元，输出到管线的片元颜色值为人物片元的颜色值。

15.3 积雪效果

随着技术的发展，市面上许多游戏的场景变化更加丰富了，经常出现场景的渲染效果随季节而变化的情况。例如季节从夏天切换为冬天后，同样的场景铺上了皑皑白雪。就像大雪过后，产生积雪的效果，本节将介绍这种效果的实现。

15.3.1 案例效果与基本原理

介绍本节案例的具体开发之前首先需要了解一下本节案例的运行效果与基本原理，其运行效果如图 15-7 所示。

▲图 15-7　积雪效果案例的运行效果

💡说明　　图 15-7 左侧为原始场景的渲染效果，右侧为添加积雪效果后的场景。本案例运行时，若用手指点击屏幕，可在两种效果之间进行切换。

通过现实生活中的经验可知：水平表面的积雪最多，竖直表面的积雪较少（这里视为没有），处于这两者之间的表面积雪情况则视倾斜角度而定。基于上述经验即可方便地实现积雪效果，实现的时候主要依赖物体表面的法向量来进行计算，具体的计算方式如下。

factor =dot(inNormal,vec3(0.0,1.0,0.0));

上述公式中每一部分的含义如下所列。

- inNormal 为法向量。
- dot 函数代表向量的点积计算。
- factor 为积雪因子，其值越大积雪越多，具体的计算方法为将法向量与水平面的法向量（vec3(0.0,1.0,0.0)）进行点积。

15.3.2 开发步骤

了解了本节案例的运行效果及基本原理后，就可以进行案例的开发了。由于本节案例中的大部分代码在前面章节中都出现过，因此这里主要详细介绍用于绘制山体的片元着色器，其具体代码如下。

✎ **代码位置：**见随书中源代码/第 15 章/Sample15_4/app/assets/shader 目录下的 DoubleTexLight.frag。

```
1   //此处省略了声明着色器版本号及启用相关扩展的代码，读者可以自行查阅随书源代码
2   layout (binding = 1) uniform sampler2D tex;        //纹理采样器，代表山体非积雪纹理
3   layout (binding = 2) uniform sampler2D texSnow;    //纹理采样器，代表山体积雪纹理
```

```
4      layout (location = 0) in vec2 inTexCoor;              //接收的纹理坐标
5      layout (location = 1) in vec4 inLightQD;              //接收的光照强度
6      layout (location = 2) in vec3 inNormal;               //接收的法向量
7      layout (location = 0) out vec4 outColor;              //输出到管线的片元颜色
8      void main() {                                         //主方法
9          vec4 finalColorCommon=inLightQD*textureLod(tex, inTexCoor, 0.0);
                                                             //计算片元的非积雪颜色值
10         vec4 finalColorSnow=inLightQD*textureLod(texSnow, inTexCoor, 0.0);
                                                             //计算片元的积雪颜色值
11         float factor=dot(inNormal,vec3(0.0,1.0,0.0));     //计算法向量与水平面法向量的点积
12         factor=smoothstep(0.0,1.0,factor);                //将积雪因子值进行平滑处理
13         outColor=factor*finalColorSnow+(1-factor)*finalColorCommon;
                                                             //根据因子值计算最终片元颜色值
14     }
```

> **说明**　上述片元着色器并不复杂，其首先将法向量与水平面法向量（vec3(0.0,1.0,0.0)）求点积以得到积雪因子值，然后将所得因子值基于 smoothstep 函数进行平滑处理，最后根据平滑处理后的因子值将非积雪颜色值和积雪颜色值进行混合即可实现积雪效果。

15.4　背景虚化

　　到这里为止，前面章节给出的诸多案例基本都有一个共同点，那就是绘制出来的画面都非常清晰。一般来说画面当然越清晰越好，但在某些特殊情况下特定的模糊反而能取得更好的效果。例如采用大光圈拍照时，除了被聚焦的目标物体，更远处的内容应该是模糊的。这种效果也被称之为"背景虚化"，本节将介绍这种效果的实现。

15.4.1　案例效果与基本原理

　　介绍背景虚化技术的原理与案例的具体开发之前，首先来了解一下本节案例的运行效果，具体情况如图 15-8 所示。

▲图 15-8　背景虚化案例的运行效果

> **说明**　图 15-8 左侧为案例开始运行时的情况，图 15-8 右侧为手指在屏幕上滑动导致摄像机移动后的情况。从图 15-8 中可以看出，此案例呈现的是一个教室的场景，仔细观察可以发现近处的桌椅、茶杯是清晰的，远处的桌椅、讲台以及黑板都是模糊的。从插图中可能较难看到细微的效果，这里建议读者使用真机运行本案例进行观察。

本案例将场景中的区域分成了 3 个部分（如图 15-9 所示），这 3 个部分按照离观察点（即摄像机）越来越远的顺序分别为清晰区域、过渡区域和模糊区域。

本案例也需要使用多轮绘制，实际渲染时具体的实现策略如下。

● 首先进行第一轮绘制，此轮绘制本身与前面很多案例中的场景绘制并无不同，只是将渲染的结果送入自定义的纹理图像而不是送到屏幕。

● 接着进行第二轮绘制，此轮绘制时还是对场景中的每个物体进行正常地绘制。在这一轮绘制

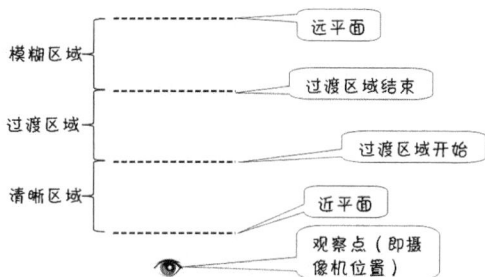

▲图 15-9　背景虚化案例区域划分示意图

的片元着色器中，根据当前片元离摄像机的距离确定片元所处的区域（清晰、过度、模糊），接着根据片元的屏幕坐标（来自着色器内建变量 gl_FragCoord）以及视口的尺寸计算出专门用于对第一轮绘制产生的纹理进行采样的纹理坐标。

● 若片元处于清晰区域中，则通过计算出的纹理坐标从第一轮绘制产生的纹理中采样出颜色值作为结果颜色值。若片元处于模糊区域中，则以计算出的纹理坐标位置为中心点，对第一轮绘制产生的纹理进行高斯模糊采样，将得到的颜色值作为结果颜色值。若片元处于过渡区域中，则首先根据片元距摄像机的距离计算出因子值（0~1 之间，距离越远值越大），然后将直接采样的颜色值和高斯模糊采样的颜色值根据因子值按比例进行混合以得到最终颜色值。

从上述实现策略中可以看出：所谓背景虚化，即对画面中的特定区域（位于过渡区域和模糊区域的片元组成的区域）进行了模糊处理。本节案例采用的是"高斯模糊"来进行模糊处理，高斯模糊的原理在前面第 12 章中介绍数字图像处理时已经介绍过，可以通过卷积来实现。如果读者不太熟悉这部分内容，可以回顾一下前面第 12 章中的相关部分。

15.4.2　开发步骤

了解了本节案例的运行效果及基本原理后，就可以进行案例的开发了。由于该案例也使用了"绘制到纹理"的技术，因此有很多代码与前面的案例相似。故这里也仅仅介绍本案例中有代表性的部分，具体内容如下。

（1）首先介绍的是用于完成第二轮绘制的 drawSceneToScreen 方法，其具体代码如下。

代码位置：见随书源代码/第 15 章/Sample15_5/src/main/cpp/bndev 目录下的 MyVulkanManager.cpp。

```
1    void MyVulkanManager::drawSceneToScreen(){                    //完成第二轮绘制的方法
2         //此处省略了部分代码，读者可自行查阅随书源代码
3         vk::vkCmdBeginRenderPass(cmdBuffer, &rp_begin, VK_SUBPASS_CONTENTS_INLINE);
4         MatrixState3D::pushMatrix();                             //保护现场
5         MatrixState3D::scale(objScale,objScale,objScale);    //进行缩放变换
6         floor->drawSelf(cmdBuffer,sqsD2D->pipelineLayout,sqsD2D->pipeline, //绘制地板
7                              &(sqsD2D->descSet[0]));
8         roof->drawSelf(cmdBuffer,sqsD2D->pipelineLayout,sqsD2D->pipeline, //绘制屋顶
9                              &(sqsD2D->descSet[0]));
10        window->drawSelf(cmdBuffer,sqsD2D->pipelineLayout,sqsD2D->pipeline, //绘制窗户
11                             &(sqsD2D->descSet[0]));
12        MatrixState3D::popMatrix();                              //恢复现场
13        //此处省略了剩下物体的绘制代码，读者可自行查阅随书源代码
14        vk::vkCmdEndRenderPass(cmdBuffer);                       //结束渲染通道
15        //此处省略了部分代码，读者可自行查阅随书源代码
16   }
```

> **说明**　从上述代码中可以看出，第二轮绘制的相关代码与绘制普通场景的代码并无本质的不同。确实如此，只是第二轮绘制时管线使用的片元着色器比较特殊，其中实现了背景虚化策略的核心部分，下面将详细进行介绍。

（2）到这里 C++代码就介绍完了，下面来介绍着色器。本案例中一共使用了三套着色器：第一套是普通纹理贴图着色器，用于绘制天空盒；第二套是普通光照纹理贴图着色器，用于绘制教室及室内的桌子、茶杯等物体；第三套是背景虚化用着色器。前两套着色器在前面很多案例中都出现过，这里不再赘述，下面仅仅介绍本案例中有代表性的用于实现背景虚化的片元着色器，其具体代码如下。

代码位置： 见随书源代码/第 15 章/Sample15_5/src/main/assets/shader 目录下的 TexBlur.frag。

```
1   //此处省略了声明着色器版本号及启用相关扩展的代码，读者可以自行查阅随书源代码
2   layout (std140,set = 0, binding = 0) uniform bufferVals {        //一致变量块
3       vec4 uCamera;                              //摄像机位置
4       float blurWidth;                           //过渡区域的范围
5       float blurPosition;                        //过渡区域的开始位置
6       float screenWidth;                         //以像素计的视口宽度（全屏情况下即屏幕宽度）
7       float screenHeight;                        //以像素计的视口高度（全屏情况下即屏幕高度）
8   } myBufferVals;
9   layout (binding = 1) uniform sampler2D tex;    //纹理采样器（第一轮绘制生成的纹理）
10  layout (location = 0) in vec4 vPosition;       //接收的顶点位置
11  layout (location = 0) out vec4 outColor;       //输出到管线的片元颜色
12  vec4 gaussBlur(vec2 stCoord){                  //实现高斯模糊采样的方法
13      const float stStep = 512.0;                //纹理偏移量单位步进调整因子
14      const float scaleFactor = 1.0/273.0;       //高斯模糊求和时的加权因子（为调整亮度）
15      vec2 offsets[25]=vec2[25]{ //给出卷积内核中各个元素对应像素相对于待处理像素的纹理坐标偏移量
16        vec2(-2.0,-2.0),vec2(-1.0,-2.0),vec2(0.0,-2.0),vec2(1.0,-2.0),vec2(2.0,-2.0),
17        vec2(-2.0,-1.0),vec2(-1.0,-1.0),vec2(0.0,-1.0),vec2(1.0,-1.0),vec2(2.0,-1.0),
18        vec2(-2.0,0.0),vec2(-1.0,0.0),vec2(0.0,0.0),vec2(1.0,0.0),vec2(2.0,0.0),
19        vec2(-2.0,1.0),vec2(-1.0,1.0),vec2(0.0,1.0),vec2(1.0,1.0),vec2(2.0,1.0),
20        vec2(-2.0,2.0),vec2(-1.0,2.0),vec2(0.0,2.0),vec2(1.0,2.0),vec2(2.0,2.0)
21      );
22      float kernelValues[25]=float[25]{          //卷积内核中各个位置的权值
23          1.0,4.0,7.0,4.0,1.0,   4.0,16.0,26.0,16.0,4.0,   7.0,26.0,41.0,26.0,7.0,
24          4.0,16.0,26.0,16.0,4.0,   1.0,4.0,7.0,4.0,1.0
25      );
26      vec4 sum=vec4(0,0,0,0);                     //用于记录结果颜色和的变量
27      for(int i=0;i<25;i++){                      //遍历卷积内核各元素
28          sum=sum+kernelValues[i]*texture(tex, stCoord+offsets[i]/stStep);
                                                     //进行纹理采样并求和
29      }
30      return sum*scaleFactor;}                    //返回高斯模糊采样的颜色值
31  void main(){                                    //主方法
32      float dis=distance(vPosition.xyz,myBufferVals.uCamera.xyz);
                                                     //计算片元到摄像机的距离
33      float s=gl_FragCoord.x/myBufferVals.screenWidth;    //换算出纹理坐标 s
34      float t=gl_FragCoord.y/myBufferVals.screenHeight;   //换算出纹理坐标 t
35      vec2 stCurr=vec2(s,t);                      //构建纹理坐标
36      float factor=(dis-myBufferVals.blurPosition)/
37          myBufferVals.blurWidth;//清晰区域值小于 0，过渡区域值为 0~1，模糊区域值大于 1
38      factor=smoothstep(0.0,1.0,factor);          //将距离因子值平滑处理为 0~1 之间
39      vec4 vividColor=texture(tex, stCurr);       //清晰区域的颜色值（直接进行采样）
40      vec4 blurColor=gaussBlur(stCurr);           //模糊区域的颜色值（通过自定义高斯采样函数采样）
```

```
41          outColor=mix(vividColor,blurColor,factor); //根据距离因子值计算最终片元颜色值
42      }
```

● 第 2～8 行为传入片元着色器的一致变量快，其中传入的数据包括摄像机的位置、过渡区域的范围、过渡区域的开始位置以及视口的宽度和高度等。

● 第 13 行声明并初始化了纹理偏移量单位步进调整因子，用以控制高斯模糊滤波器处理区域的大小，这个数字越小模糊程度越高。

● 第 14 行为高斯模糊求和时的加权因子，数值为卷积内核中权值和的倒数，用来调整亮度。

● 第 15～21 行为给定的卷积内核（尺寸为 5×5）中各个元素对应纹素相对于待处理纹素的纹理坐标偏移量，第 22～25 行指定了卷积内核中各个位置的权值。

● 第 26～29 行遍历了卷积内核中的各个元素，对每个元素进行纹理采样并将采样值加权叠加进结果颜色和之中。

● 第 32～35 行首先计算出当前片元到摄像机的距离，然后根据视口宽度和高度以及片元的屏幕像素坐标计算出用于对第一轮绘制产生的纹理进行采样的纹理坐标。

● 第 36～38 行首先根据片元到摄像机的距离、过渡区域的范围、过渡区域的开始位置计算出距离因子值，然后调用 smoothstep 方法将距离因子值平滑处理为 0～1 之间。具体来说：当片元位于清晰区域内时，距离因子值为 0；当片元位于过渡区域内时，距离因子值在 0～1 之间；当片元位于模糊区域内时，距离因子值为 1。

● 第 39～41 行首先采样出清晰区域所需片元颜色值和模糊区域所需片元颜色值，然后根据平滑处理后的距离因子值按比例混合两种颜色值以得到最终的片元颜色值。

15.5 泛光效果

现实世界中的很多发光物体是带有光晕效果的，例如点亮的 Led 灯、黑暗中发光的仪表板等。当需要在场景中渲染此类物体时，就需要用到一种被称之为泛光（Bloom）的效果，本节将对这种效果的原理和实现进行简要地介绍。

15.5.1 案例效果与基本原理

介绍泛光效果的实现原理与具体的案例开发之前，首先来了解一下本节案例的运行效果，具体情况如图 15-10 所示。

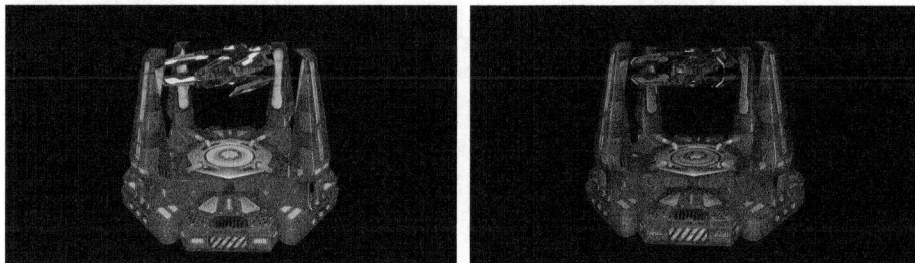

▲图 15-10　泛光效果案例运行情况

> **说明**　图 15-10 中左侧为案例运行开始时带有泛光效果的画面，右侧为点击屏幕后仅对场景中物体进行普通光照贴图未启用泛光效果的画面。由于插图采用黑白印刷，可能效果对比不是很明显，这里建议读者用真机运行本案例，查看两种效果的区别。

从图 15-10 中可以看出，场景中包含底座和飞船两个物体，它们有各自的发光区域。经过泛光处理后，两个物体的发光部分亮度都有明显的增强，并且带有光晕效果。可以很明显地感觉到，启用了泛光效果的左侧画面较右侧画面更加炫酷，增加了不少科技感。

泛光效果的实现过程中用到了前面介绍过的"绘制到纹理"和"多重渲染目标"等技术，其基本实现流程如图 15-11 所示。

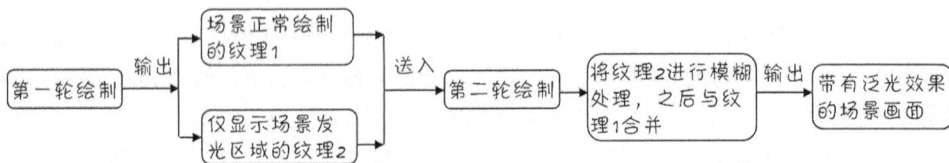

▲图 15-11　泛光效果的实现流程

从图 15-11 中可以看出，泛光效果的绘制一共分为两轮完成，具体情况如下。

● 第一轮绘制使用多重渲染目标技术进行，一次性输出两方面的数据。这两方面的数据分别为：当前片元正常光照及纹理贴图的颜色值（对应于纹理 1）、发光片元（如果该片元处于发光部分，则为发光片元）的颜色值（对应于纹理 2，图 15-12 中就给出了仅包含发光片元的输出纹理）。

● 第二轮绘制中，基于正好覆盖视口的纹理矩形和第一轮绘制得到的两幅纹理生成最终输出到屏幕的画面。这一轮绘制的关键任务都由片元着色器完成，首先将第一轮绘制得到的两幅纹理送入片元着色器。然后根据当前片元的纹理坐标从第一轮绘制得到的纹理 1 中采样出颜色值 1，再基于当前片元的纹理坐标从第一轮绘制得到的纹理 2 中通过高斯模糊采样出颜色值 2，最后将两个颜色值相加即可得到片元的最终颜色值。

上述介绍中提到了"发光部分"的概念，读者可能会产生一个疑问：如何确定什么位置是发光部分呢？本节介绍的实现中采用了一种非常简单的方法来确定发光部分的范围，那就是为每个包含发光部分的物体单独提供一幅专门用于描述发光部分区域的纹理，具体情况如图 15-13 所示。

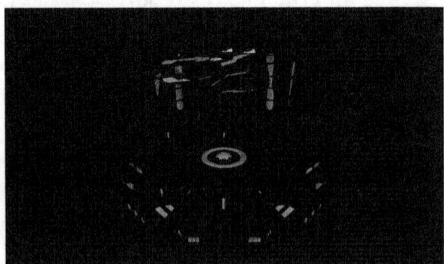

▲图 15-12　第一轮绘制生成的纹理 2　　　　▲图 15-13　飞船的两幅纹理

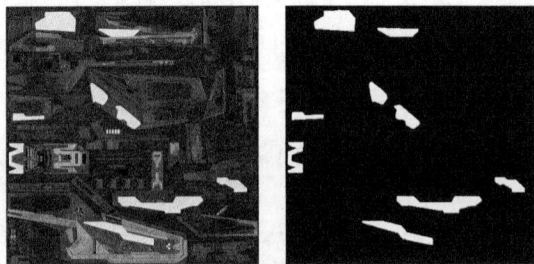

> **说明**　图 15-13 中左侧为飞船对应的普通纹理，右侧为用于表示发光部分区域范围的纹理（其中黑色表示非发光部分，白色表示发光部分）。

15.5.2　开发步骤

了解了本节案例的运行效果及基本实现流程后，就可以进行案例的开发了。由于本案例中 C++部分的代码大部分在前面都出现过，因此这里仅对本节案例中的着色器进行介绍，具体内容如下。

（1）本案例中一共使用了两套着色器：一套是在第一轮绘制时用来一次性输出两方面值的；另一套是在第二轮绘制时将第一轮绘制产生的纹理混合生成最终画面的。首先介绍的是第一轮绘制时使用的片元着色器，其具体代码如下。

代码位置：见随书源代码/第 15 章/Sample15_6/src/main/assets/shader 目录下的 commonTexLight.frag。

```
1   //此处省略了声明着色器版本号及启用相关扩展的代码，读者可以自行查阅随书源代码
2   layout (binding = 1) uniform sampler2D tex;              //纹理采样器（物体本身纹理）
3   layout (binding = 2) uniform sampler2D texBloom;        //纹理采样器（发光部分标识纹理）
4   layout (location = 0) in vec2 inTexCoor;                //从顶点着色器传入的纹理坐标
5   layout (location = 1) in vec4 inLightQD;                //从顶点着色器传入的光照强度
6   layout (location = 0) out vec4 outColor;                //输出到管线的片元颜色值
7   layout (location = 1) out vec4 BrightColor ;            //输出到管线的发光片元颜色值
8   void main() {                                           //主方法
9       vec4 finalColor=inLightQD*texture(tex, inTexCoor); //计算片元的最终颜色值
10      outColor=finalColor;                               //输出到管线的片元颜色值
11      vec4 bloomColor=texture(texBloom, inTexCoor);      //采样获取发光部分标识纹理的颜色值
12      if(bloomColor==vec4(1.0,1.0,1.0,1.0)){ //若此片元颜色值为白色（片元位于发光部分）
13          BrightColor= outColor;             //输出到管线的发光片元颜色值为片元的最终颜色值
14      }else{                                 //若此片元颜色值为黑色（片元不位于发光部分）
15          BrightColor=vec4(0.0,0.0,0.0, 1.0);   //输出到管线的发光片元颜色值为黑色
16      }}
```

> **说明**　上述片元着色器的代码并不复杂，主要是通过采用多重渲染目标技术，一次性输出了两方面的数据。第一方面的数据输出比较简单，和前面很多案例中的普通光照结合纹理贴图的物体完全一样；第二个方面的数据输出时首先要判断片元是否位于发光部分，若片元位于发光部分则输出与第一方面的数据相同，否则直接输出黑色。

（2）了解了第一轮绘制时使用的片元着色器后，接着介绍的是第二轮绘制时使用的片元着色器，其具体代码如下。

代码位置：见随书源代码/第 15 章/Sample15_6/src/main/assets/shader 目录下的 dashboard2D.frag。

```
1   //此处省略了声明着色器版本号及启用相关扩展的代码，读者可以自行查阅随书源代码
2   layout (std140,set = 0, binding = 0) uniform bufferVals {          //一致变量块
3       float isBloom;                                    //是否启用泛光效果标志
4   } myBufferVals;
5   layout (binding = 1) uniform sampler2D Tex;           //纹理采样器（正常绘制的场景纹理）
6   layout (binding = 2) uniform sampler2D BloomTex;      //纹理采样器（发光部分纹理）
7   layout (location = 0) in vec2 inTexCoor;              //接收从顶点着色器过来的纹理坐标
8   layout (location = 0) out vec4 outColor;              //输出的片元颜色
9   vec4 gaussBlur(vec2 stCoord){                         //实现高斯模糊采样的方法
10      //此处省略了与前面背景虚化案例中相同的部分代码，感兴趣的读者请自行查看随书源代码
11  }
12  void main() {                                         //主方法
13      if(myBufferVals.isBloom==0){                      //若启用泛光效果
14          vec4 hdrColor = texture(Tex, inTexCoor);      //对正常绘制得到的场景纹理1采样得到颜
                                                          //色值1
15          vec4 bloomColor = gaussBlur(inTexCoor);       //对发光部分纹理2进行高斯模糊采样得
                                                          //到颜色值2
16          hdrColor += bloomColor;                       //将上述两个颜色值相加
17          outColor = hdrColor;                          //输出结果
18      }else{                                            //若不启用泛光效果
19          outColor=texture(Tex, inTexCoor);//结果颜色值为对正常绘制得到的场景纹理1采样
                                                          //得到的颜色值
20      }}
```

　　上述片元着色器的代码也不复杂，当启用泛光效果标志值为 0 时，则启用泛光效果，否则不启用泛光效果。启用泛光效果时输出的片元颜色值为对第一轮绘制生成的两幅纹理采样值的和，不启用泛光效果时输出的片元颜色值为对正常绘制得到的场景纹理 1 采样得到的颜色值。

15.6　色调映射

　　到目前为止，应该会发现前面章节带有光照的案例中 3 个光照通道（环境光、散射光、镜面光）的亮度值都不会很大（这里指的是比最大亮度值 1.0 小不少）。尤其是环境光通道的亮度值，基本都设置在 0.4 以内。这是因为当 3 个光照通道的值较大时，可能计算得出的最终光照总强度值会超过 1.0（1.0 是光照强度允许的最大合理值）。

　　这种情况下当最终光照强度再结合纹理颜色时，可能最终呈现在画面中的颜色是白色，而不是对应纹理给出的颜色了。这显然会大大降低画面的效果，严重影响用户的体验。色调映射（ToneMapping）就是用来解决这个问题的，本节将对其基本原理进行介绍，同时也会给出一个参考的案例。

15.6.1　案例效果与背景知识

　　介绍色调映射的背景知识与具体的案例开发之前，首先来了解一下本节案例的运行效果，具体情况如图 15-14 所示。

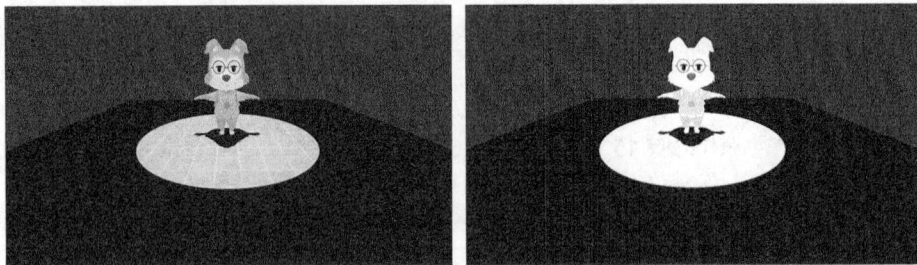

▲图 15-14　色调映射案例运行效果

说明
　　本案例中使用的环境光通道亮度值为 2.0，正常绘制场景的画面如图 15-14 中右侧所示，画面中有的部分因为最终各个色彩通道的颜色值都超过了 1.0，实际显示为白色。图 15-14 中左侧为在同样的光照参数下，采用色调映射技术后绘制得到的画面，从中可以看出图 15-14 中右侧画面损失的纹理细节都被显示出来了。另外，案例运行时点击屏幕可以在图 15-14 中的两种效果之间进行切换。

　　在介绍色调映射技术前，应该先了解一下关于高动态范围渲染（HDR）与低动态范围渲染（LDR）的相关知识。高动态范围渲染是指允许使用更大范围的亮度值（这里的亮度值与各个色彩通道的颜色值实际是一个概念）来渲染场景，从而能渲染出更大动态范围的黑暗与明亮的场景细节；低动态范围渲染则是将亮度值限定在 0.0 到 1.0 之间来渲染场景。

　　将高动态范围的亮度值转换成低动态范围亮度值的过程称为色调映射（ToneMapping）。之所以存在这一过程是因为显示器的亮度显示范围有限，不足以完全显示高动态范围内的亮度值，所以需要转换到显示器能显示的范围内。

到目前为止，已经存在多种实现色调映射的方法，都可以完成这一转换过程。不同色调映射方法的侧重点不同，一般都伴有特定的显示风格。本案例中采用的是较为简单的 Richard 色调映射，其可以分散 HDR 亮度值到整个 LDR 亮度值范围内，具体的计算公式如下。

$$LDR\ 结果亮度值 = HDR\ 亮度值/(HDR\ 亮度值 + 1.0)$$

提示　　色调映射的计算方法有很多，Richard 色调映射应该是其中最简单的了。要注意的是，其更偏向于尽可能地保留明亮处的细节，防止由于过亮而失真，但有可能会损失暗处的细节。

15.6.2　开发步骤

了解了色调映射案例的运行效果及背景知识后，就可以进行案例的开发了。由于本案例是基于第 14 章中"聚光灯高级光源"一节的案例 Sample14_6_V1 修改而来，故 C++部分的代码基本相同。因此这里仅对本节案例中用于实现色调映射的片元着色器进行介绍，其具体代码如下。

代码位置： 见随书源代码/第 15 章/Sample15_7/src/main/assets/shader 目录下的 commonLight.frag。

```
1    //此处省略了声明着色器版本号及启用相关扩展的代码，读者可以自行查阅随书源代码
2    layout (binding = 1) uniform sampler2D tex;        //纹理采样器，代表一幅纹理
3    layout (location = 0) in vec4 inLightQD;           //接收的光照强度
4    layout (location = 1) in float shadow;             //接收的阴影绘制标志
5    layout (location = 2) in vec4 lightPosition;       //接收从顶点着色器传递过来的光源位置
6    layout (location = 3) in vec3 vPosition;           //接收从顶点着色器传递过来的片元位置
7    layout (location = 4) in vec3 vNormal;             //接收从顶点着色器传递过来的法向量
8    layout (location = 5) in vec3 vlight;              //接收从顶点着色器传递过来的聚光灯方向向量
9    layout (location = 6) in vec2 inTexCoor;           //接收从顶点着色器传递过来的纹理坐标
10   layout (location = 7) in float inToneMapping;      //接收的色调映射启用标志值
11   layout (location = 0) out vec4 outColor;           //输出到管线的片元颜色
12   void main(){                                       //主方法
13       const vec4 colorB=vec4(0.1,0.1,0.1,1.0);      //物体在非光照区的颜色（阴影颜色）
14       if(shadow==0){                                 //绘制物体本身
15           ......//此处省略了部分非代表性代码，感兴趣的读者请自行查看随书源代码
16           const vec4 objColor=texture(tex, inTexCoor);    //物体本身的颜色
17           vec4 colorA=objColor*inLightQD;            //计算物体正常光照下的颜色（不考虑聚光灯）
18           if(qdFactor==0){                           //若在阴影区
19               outColor=colorB;                       //片元颜色为物体在非光照区的颜色
20           }else{                                     //若不在阴影区
21               if(inToneMapping==0){                  //若采用色调映射
22                   vec4 hdrColor = colorA*qdFactor;   //物体本身的颜色乘以聚光灯用光
                                                         照强度变化系数
23                   vec3 mapped = hdrColor.rgb / (hdrColor.rgb + vec3(1.0));
                                                         //richard 色调映射计算
24                   outColor = vec4(mapped, 1.0);      //片元最终颜色
25               }else{                                 //若不采用色调映射
26                   outColor=colorA*qdFactor;          //物体本身的颜色乘以聚光灯用光照强度变化系数
27               }
28               if(length(outColor.rgb)<length(colorB.rgb)){    //若衰减后的亮度小于场景
                                                         环境光最低亮度
29                   outColor=colorB;                   //片元颜色为物体在非光照区的颜色
30           }}
31       }else{                                         //绘制阴影
32           outColor = colorB;                         //片元最终颜色为阴影的颜色
33   }}
```

> **说明**　上述片元着色器的代码大部分与前面第 14 章聚光灯高级光源案例中的相同，与色调映射相关的代码在第 23 行。此行代码采用了 Richard 色调映射将 HDR 亮度值（即各个色彩通道在色调映射前的最终颜色值）转换为 LDR 颜色值。另外，建议有兴趣的读者进一步查阅资料研究一下其他的色调映射，并自行实现以加深理解。

15.7　体绘制

体绘制是一种可以将三维数据绘制到 2D 屏幕上显示成二维图像的技术。采用体绘制，可以呈现出物体内部的结构和细节，在医学影像等方面有广泛的应用。本节将首先介绍体绘制的基本原理，然后再给出一个参考实现的案例，具体内容如下。

15.7.1　案例效果与基本原理

介绍体绘制的基本原理与具体的案例开发之前，首先来了解一下本节案例的运行效果，具体情况如图 15-15 所示。

> **说明**　图 15-15 中展示的是人体头部的核磁共振影像，案例运行时可以通过手指在屏幕上滑动从不同的角度进行观察。从图中可以看出，基于核磁共振检查获得的人体头部不同位置的密度数据，再结合体绘制技术可以非常清晰地呈现出头部的内部细节。

体绘制一般来说会基于立方体（或长方体、圆柱等）结合 3D 纹理进行，此立方体各个顶点的 3D 纹理坐标数据如图 15-16 所示。可以将此立方体看作 3D 纹理的呈现用实体，立方体中的每个位置都能找到 3D 纹理中对应的纹素。

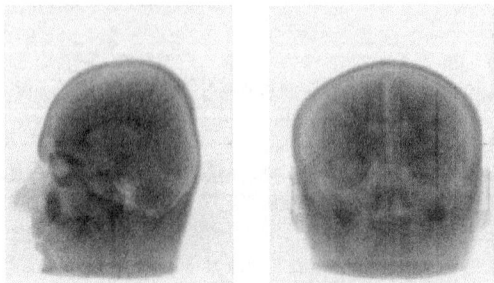

▲图 15-15　体绘制案例的运行效果

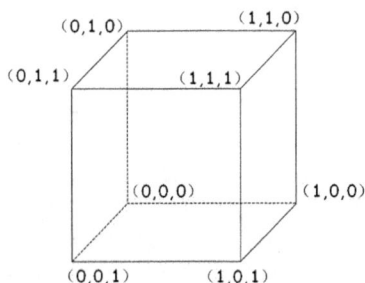

▲图 15-16　立方体各顶点 3D 纹理坐标

本节案例中采用了尺寸为 256×256×256 的 3D 纹理，其中的每个纹素存储的是头部对应位置的密度值，具体的绘制策略如图 15-17 所示。

从图 15-17 中可以看出如下两个方面的要点。

● 从任意角度、位置观察体绘制用立方体时，从观察点（即摄像机）发出的各条视线与立方体有两个交点，如图 15-17 中 r1 视线的交点 A 和 B，r2 视线的交点 C 和 D。因此可以得出一个结论，每条视线与立方体的两个交点一个位于正面（相对于观察点而言），另一个位于反面。

● 确定了视线与立方体正面和反面的交点位置后，再以一定的步进沿着视线从正面交点出发向反面交点方向推进，推进过程中进行多次 3D 纹理采样，并将各次的采样值进行叠加即可得到此视线对应片元的最终颜色值。

了解了体绘制的基本策略后，下面给出的是体绘制的具体实现流程，如图 15-18 所示。

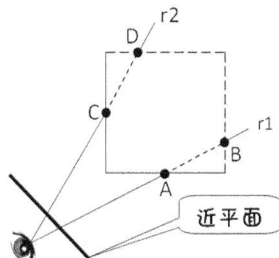

▲图 15-17　体绘制原理示意图　　　　　▲图 15-18　体绘制实现流程示意图

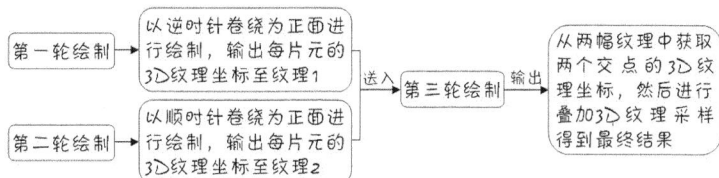

从图 15-18 中可以看出，本节的体绘制实现一共分为三轮进行，具体情况如下。

● 第一轮绘制中，以逆时针卷绕为正面绘制立方体，并将每个片元对应的 3D 纹理坐标输出到指定的纹理中，此纹理中记录的就是从摄像机到每个片元的视线与立方体正面交点的 3D 纹理坐标。

● 第二轮绘制中，以顺时针卷绕为正面绘制立方体，并将每个片元对应的 3D 纹理坐标输出到指定的纹理中，此纹理中记录的就是从摄像机到每个片元的视线与立方体反面交点的 3D 纹理坐标。

● 第三轮绘制时使用正好覆盖视口的纹理矩形进行，首先从第一轮和第二轮绘制生成的纹理中可以采样出当前片元所确定的视线与立方体正反面交点的 3D 纹理坐标，然后从正面交点出发以一定的步进不断基于经过的位置对 3D 纹理进行采样，将采样得到的密度值叠加并进行必要的处理后即可得到片元的最终颜色值。

> 💡提示　　上述实现流程的关键是利用背面剪裁结合自定义卷绕方向通过两轮绘制生成了分别记录着每个屏幕像素（片元）所确定的视线与立方体正反面交点的 3D 纹理坐标。

15.7.2　开发步骤

介绍完体绘制案例的运行效果及基本原理后，就可以进行案例的开发了。由于本案例中 C++ 部分的代码并无特别之处，因此这里仅对本节案例中的着色器进行介绍，具体内容如下。

（1）本案例中一共使用了两套着色器：一套是在第一轮和第二轮绘制时用来输出片元 3D 纹理坐标的；另一套是在第三轮绘制时用来对 3D 纹理进行采样以生成体绘制最终画面的。首先介绍的是第一轮绘制时使用的片元着色器，其具体代码如下。

> ✏️代码位置：见随书源代码/第 15 章/Sample15_8/src/main/assets/shader 目录下的 fragshadertext.frag。

```
1    //此处省略了声明着色器版本号及启用相关扩展的代码，读者可以自行查阅随书源代码
2    layout (location = 0) in vec3 inTexCoor;        //接收从顶点着色器过来的 3D 纹理坐标
3    layout (location = 1) in float inDis;           //接收从顶点着色器过来的片元到摄像机的距离
4    layout (location = 0) out vec4 outColor;        //输出到管线的片元颜色
5    void main() {                                   //主方法
6        outColor=vec4(inTexCoor,inDis);             //最终输出到片元的颜色值为对应 3D 纹理坐标
7    }
```

> 📝说明　　上述片元着色器的代码很简单，主要功能是将从顶点着色器接收的 3D 纹理坐标数据输出。另外，片元着色器中还借助 alpha 通道输出了片元到摄像机的距离，这可以为以后案例功能的升级做好准备，读者有需要时也可以使用。

（2）介绍完第一轮和第二轮绘制时使用的片元着色器后，接着介绍的是第三轮绘制时使用的片元着色器，其具体代码如下。

代码位置：见随书源代码/第 15 章/Sample15_8/src/main/assets/shader 目录下的 dashboard2D.frag。

```
1    //此处省略了声明着色器版本号及启用相关扩展的代码，读者可以自行查阅随书源代码
2    layout (push_constant) uniform constantVals {        //推送常量块
3      layout(offset=64) float startX;                    //x 轴扫描起点
4      float endX;                                        //x 轴扫描终点
5      float startY;                                      //y 轴扫描起点
6      float endY;                                        //y 轴扫描终点
7      float startZ;                                      //z 轴扫描起点
8      float endZ;                                        //z 轴扫描终点
9      float detailDepth;                                 //透视深度控制系数
10     float LFactor;                                     //密度值范围调整系数
11   } myConstantValsFrag;
12   layout (binding = 0) uniform sampler2D texNSZ;       //存储逆时针绘制各片元 3D 纹理坐标的纹理
13   layout (binding = 1) uniform sampler2D texSSZ;       //存储顺时针绘制各片元 3D 纹理坐标的纹理
14   layout (binding = 2) uniform sampler3D tex3DVolume;  //3D 纹理采样器（头部密度分布）
15   layout (binding = 3) uniform sampler2D tex2DPalette; //2D 纹理采样器（调色板）
16   layout (location = 0) in vec2 inTexCoor;             //接收从顶点着色器过来的纹理坐标
17   layout (location = 0) out vec4 outColor;             //输出到管线的片元颜色
18   void main() {                                        //主方法
19     vec3 start=texture(texNSZ, inTexCoor).rgb;         //获取起点（正面交点）3D 纹理坐标
20     vec3 end=texture(texSSZ, inTexCoor).rgb;           //获取终点（反面交点）3D 纹理坐标
21     const float STEP=0.01;                             //纹理坐标步进（标量）
22     float disFB=distance(start,end);                   //起点到终点的 3D 纹理坐标距离
23     int count=int(disFB/STEP);                         //纹理坐标总步数
24     vec3 stepV=normalize(end-start)*STEP;              //纹理坐标步进（向量）
25     float desnityAcc=0.0;                              //累加的密度值
26     for(int i=0;i<count;i++){                          //循环采样叠加
27       if(desnityAcc*LFactor>detailDepth)continue;      //若累积密度超过指定阈值则不能继续透过
28       vec3 currTexCoor=start+stepV*i;                  //当前步的纹理坐标
29       if(currTexCoor.x<startX||currTexCoor.x>endX||    //若纹理坐标不在扫描范围内则略过
30         currTexCoor.y<startY||currTexCoor.y>endY||
31         currTexCoor.z<startZ||currTexCoor.z>endZ){
32         continue;
33       }
34       float desnityCurr=texture(tex3DVolume,currTexCoor).r;  //当前采样点采样值
35       desnityCurr=desnityCurr/float(count);            //当前点采样值按照总步数衰减
36       desnityAcc=(1-desnityAcc)*desnityCurr+desnityAcc; //累积采样值
37     }
38     desnityAcc=desnityAcc*LFactor;                     //密度范围调整，便于观察效果
39     float LD=1.0-min(1.0,desnityAcc);                  //将密度值换算为亮度值（密度越大亮度越小）
40     outColor.rgb=texture(tex2DPalette,vec2(LD,0.5)).rgb;
                                                          //通过亮度值从调色板取颜色得到最终颜色值
41     outColor.a=1.0;                                    //结果 Alpha 通道的值
42   }
```

- 第 2～11 行为传入片元着色器的推送常量快，其中传入的数据包括 x、y 及 z 轴的扫描范围、透视深度控制和密度值范围调整系数等。
- 第 12～15 行声明了 4 个纹理采样器，其中第一个和第二个对应于第一轮和第二轮绘制输出的两幅纹理，第三个为存储着头部密度分布数据的 3D 纹理，第四个为 2D 调色板纹理。
- 第 19～24 行的主要功能是根据纹理坐标采样得到视线与正面交点（起点）和反面交点（终点）的 3D 纹理坐标，并根据起点及终点的 3D 纹理坐标计算出总步数和纹理坐标步进向量，以备后面对 3D 纹理累积采样总密度值时使用。
- 第 25～37 行的主要功能是从起点到终点之间，每隔一个步进对 3D 纹理采样一次得到当

前位置的密度,最后将所有密度值累积得到总密度值。

● 第 38～41 行的主要功能是将总密度值转换为亮度值,并根据此亮度值从调色板纹理中采样获取最终输出到管线的颜色值。要注意的是,本案例中采用的调色板纹理内容是灰度的(即 RGB 的 3 个色彩通道的值相同),因此结果画面也是灰度的。有兴趣的读者可以根据需求设计出彩色的调色板纹理,以得到更酷炫的绘制画面。

前面的图 15-15 展示的是基于立方体呈现给定 3D 纹理完整内容的情况,考虑到灵活性的需要,本节案例还可以通过传入不同的控制参数值到第三轮绘制所用的片元着色器中特定的推送常量(startX、endX、startY、endY、startZ、endZ)来控制 3D 纹理内容呈现的范围。

这 6 个推送常量分别用于控制 3D 纹理 3 个轴向呈现范围的起始位置和结束位置,在运行案例前修改用于传入推送常量的相关代码即可,具体内容如下。

✎ **代码位置:**见随书源代码/第 15 章/Sample15_8/src/main/cpp/bndev 目录下的 MyVulkanManager.cpp。

```
1    void MyVulkanManager::drawObject(){              //绘制方法
2        FPSUtil::init();                              //初始化 FPS 计算
3        while (MyVulkanManager::loopDrawFlag) {       //每循环一次绘制一帧画面
4            //此处省略了部分与传递控制参数无关的代码,感兴趣的读者请自行查看随书源代码
5            FactorManager::setFactorValue(0.2f,0.8f,0.0f,1.0f,0.0f,1.0f,1.0f,2.0f);
                                                          //传递控制参数
6            //此处省略了部分与传递控制参数无关的代码,感兴趣的读者请自行查看随书源代码
7    }}
```

> 📝 **说明** 上述代码中的第 6 行调用 setFactorValue 方法设置了基于立方体呈现 3D 纹理内容时的几个控制参数,其中前面的 6 个参数分别对应于前面介绍的第三轮绘制用片元着色器中通过推送常量接收的 startX、endX、startY、endY、startZ、endZ。

前面图 15-15 中画面对应的这 6 个参数的组合为"0.0f,1.0f,0.0f,1.0f,0.0f,1.0f",而上述代码中第 6 行这 6 个参数的组合为"0.2f,0.8f,0.0f,1.0f,0.0f,1.0f",此时的运行情况如图 15-19 所示。

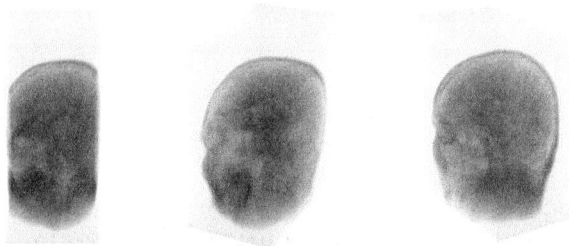

▲图 15-19 不同参数组合的运行效果

从图 15-19 中可以看出,修改后的参数组合缩小了 x 轴(即纹理坐标 s 轴)内容的呈现范围。采用了这样的策略后,程序的呈现灵活性大大加强了,有兴趣的读者也可以试验其他的参数组合。

15.8 本章小结

本章介绍了如何基于 Vulkan 实现几种高级着色器特效,主要包含运动模糊、遮挡透视效果、积雪效果、背景虚化、泛光效果、色调映射以及体绘制等几个方面。掌握了这些技术后,若能灵活运用将可以开发出效果更加逼真与酷炫的 3D 应用或游戏。

第 16 章　骨骼动画

玩过英雄联盟、绝地求生等游戏的读者都应该能体会到，这些游戏的巨大吸引力不单单来自于绚丽的画面、精准的物理碰撞、真实的爆炸特效等，还来自于游戏中人物丰富而又逼真的动作。如果游戏中的人物仅仅能进行简单的移动、旋转，那么游戏的可玩性将会大打折扣。

而直接通过前面章节介绍的技术是很难实现复杂动作对应的动画的，因此本章将专门介绍用于实现人物或动物复杂动作画面的主流技术——骨骼动画。掌握了骨骼动画技术以后，读者的 3D 开发能力将获得较大的提升。

16.1　开发骨骼动画

实际开发中主要有两种实现动作动画的方法，比较简单的就是关键帧动画，本书 11.4 节中展翅飞翔的雄鹰对应的案例采用的就是关键帧动画技术。通过上述案例，读者应该体会到关键帧动画在技术上比较简单，但对于复杂的动作而言，需要开发很多关键帧，太过繁琐，而且数据量也很大。

另外一种现在被很多大型游戏选用的就是骨骼动画技术，这种技术具有动作操控灵活，数据量较小等优点，本节将通过自己开发骨骼动画的案例详细介绍骨骼动画的基本原理，而 16.2 节将会向读者介绍如何加载 ms3d 格式的骨骼动画，更加贴近实战。

16.1.1　骨骼动画的基本原理

介绍本节案例的具体开发之前，首先需要了解一下骨骼动画的基本原理。骨骼动画的基本思想实际是来自于动物仿真的思路。这是由于自然界的大部分动物都具有骨骼系统，而动物（包括人）完成的各种动作都是通过骨骼绕关节的旋转来实现的。

骨骼动画的基本思想也是如此，其认为模型中的顶点从属于不同的骨骼，当骨骼绕对应的关节旋转时，顶点也相应地移动。这样当需要模型完成特定的动作时，只需要让相关的骨骼绕对应的关节旋转恰当的角度即可。

实际动物身体内的骨骼有一个重要的特性，那就是不同的骨骼之间构成树状的层次结构。子骨骼不但自己可以运动，当父骨骼运动时还会随父骨骼运动。例如人的大臂就是小臂的父骨骼，当人的大臂绕肩关节运动时，若小臂本身没有绕肘关节运动，小臂也会由于大臂的摆动而运动就是如此。图 16-1 所示的骨骼层次结构树就给出了本节案例中所用机器人模型骨骼的层次结构。

从图 16-1 中可以看出，bRoot 是根骨骼，其下连接着 bBody 骨骼，bBody 骨骼下面又连接着 bLeftTop、bLeftLegTop、bHead、bRightLegTop、bRightTop 等骨骼。从计算机科学的角度来看，所有的骨骼构成了树状的数据结构，每一块骨骼对应于树中的一个节点，表 16-1 列出了图 16-1 中每块骨骼的具体含义。

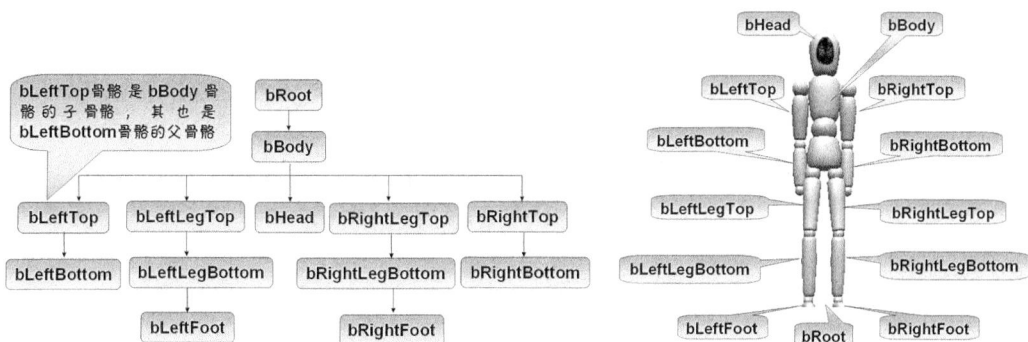

▲图 16-1　案例中骨骼之间的层次关系

表 16-1　　　　　　　　　　　　图 16-1 中每块骨骼的具体含义

骨　骼	含　义	骨　骼	含　义
bRoot	根骨骼	bHead	头骨骼（对应颈关节）
bBody	身体骨骼	bRightTop	右大臂骨骼（对应肩关节）
bLeftTop	左大臂骨骼（对应肩关节）	bRightBottom	右小臂骨骼（对应肘关节）
bLeftBottom	左小臂骨骼（对应肘关节）	bRightLegTop	右大腿骨骼（对应胯关节）
bLeftLegTop	左大腿骨骼（对应胯关节）	bRightLegBottom	右小腿骨骼（对应膝关节）
bLeftLegBottom	左小腿骨骼（对应膝关节）	bRightFoot	右脚骨骼（对应踝关节）
bLeftFoot	左脚骨骼（对应踝关节）		

　　了解了骨骼具有层次关系以及受某个骨骼控制的部位不但随其直接所属骨骼的运动而运动，还会随父骨骼的运动而运动后，下面需要研究的是以什么样的方式来表示骨骼。请读者思考一下骨骼的一个重要特点，每块骨骼都对应于一个特定关节，当骨骼绕对应关节运动时，若排除父骨骼运动的影响，此关节点是静止的。

　　若将骨骼绕关节点的运动在以关节点为原点的坐标系中进行考察，问题会简化很多。因此实际开发中虽然此技术的名称叫做骨骼动画，但真正最关心的并不是某块骨骼，而是骨骼运动时的不动点——关节。实际开发中每个关节都会用一个坐标系来表示，此关节对应骨骼所控制顶点的运动计算都在此坐标系中完成。

> 💡提示　　从上述讨论中可以看出，跨过问题的直观方面（骨骼运动）而重点关注实质核心（关节是骨骼运动的不动点），问题就变得简单了。因此作者希望读者不但通过这部分内容掌握骨骼动画的基本原理，而且要尽量做到在自己的工作中可以灵活运用这种思维方式来简化复杂问题。

　　本书之前的章节中曾经介绍过，坐标系可以用矩阵来表示，其中的平移、旋转变换也可以记录进对应的矩阵中。因此实现骨骼动画时，每个关节都会分配一个矩阵来记录此关节对应骨骼的运动。当需要知道运动后顶点的位置时，用此矩阵对顶点进行变换即可。

　　当然实际开发中不可能只考虑本关节的影响，也需要同时考虑父关节的影响。因此实际运行过程中，随着模型中骨骼的运动，对应的顶点需要级联地乘以其所属骨骼对应的变换矩阵及其父骨骼对应的变换矩阵，层层级联，最终得到特定情况下顶点运动后的位置。下面就以本案例中模型的右臂绕肩关节摆动时小臂同时也绕肘关节旋转为例来说明这个问题，具体情况如图 16-2 所示。

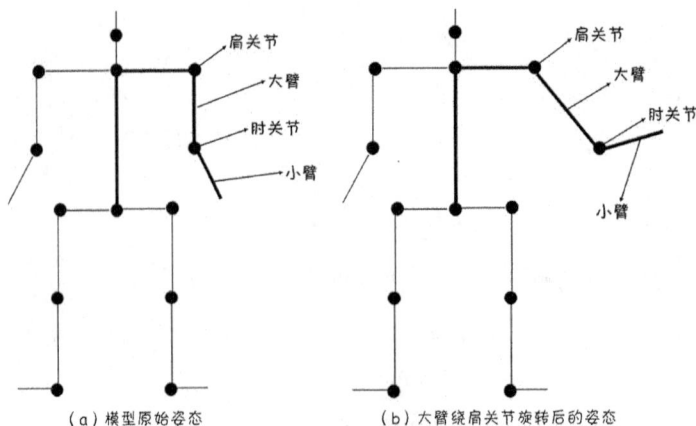

（a）模型原始姿态　　　　　　　　　（b）大臂绕肩关节旋转后的姿态

▲图 16-2　模型右臂运动前后

从图 16-2 中可以看出，与现实世界相同，当大臂绕肩关节运动、小臂绕肘关节运动后，大臂部分运动后的位置仅受肩关节的影响。而小臂部分不但受肘关节的直接影响，还要受到肩关节的间接影响。实际开发中实现此效果时需要进行的主要矩阵相关计算如下。

- 直接归大臂骨骼管理的顶点要乘以大臂骨骼对应关节的变换矩阵以得到运动后的位置。
- 归小臂骨骼管理的顶点不但要乘以小臂骨骼对应关节的变换矩阵，还要进一步级联乘以肩关节的变换矩阵才能得到运动后的位置。

> **提示**　　上述对相关计算的讲解仅仅是为了说明原理，实际开发中矩阵必须逐级级联相乘，直至根骨骼对应关节的变换矩阵。

上述原理中以每块骨骼对应的关节点为坐标原点进行相应的矩阵计算，大大简化了问题。但模型中的各个顶点的坐标并不是以各自所属骨骼对应关节的坐标系给出的，而是统一在以根骨骼对应的关节点为原点的坐标系中给出的。

另外，子骨骼对应关节点的坐标原点在其父骨骼对应关节点坐标系中一般并不处于原点。因此在实际计算中还需要解决上述问题。首先给出的是初始化时所需的一些计算，如下所列。

- 首先计算出每块骨骼对应关节点在以其父骨骼对应关节点为原点的坐标系中的坐标，同时将坐标的 x、y、z 分量作为 x、y、z 的 3 个轴的平移距离记录进一个基本变换矩阵中。也就是说此矩阵初始记录的变换为从父骨骼关节点到子骨骼关节点的平移。同时还需要将此矩阵复制一份存放，此矩阵的复制称为初始基本变换矩阵。

> **提示**　　复制一份是为了避免运行过程中将其他变换叠加进基本变换矩阵后不方便直接访问基本变换矩阵初始情况的问题。

- 然后通过级联方式将每块骨骼关节点的基本变换矩阵乘以其所有父骨骼关节点的基本变换矩阵，直至根骨骼，求出此骨骼控制的顶点在世界坐标系中的初始变换矩阵。
- 接着计算出每块骨骼控制的顶点初始情况下在世界坐标系中变换矩阵的逆矩阵 N，这个矩阵的作用是在将骨骼控制的顶点乘以在世界坐标系中的变换矩阵变换后进一步再乘以它，以抵消原始顶点坐标并不是以所属骨骼坐标系给出而是以根骨骼坐标系给出的影响。

> **提示**　　这个逆矩阵的使用非常重要，若不理解并没有使用此逆矩阵，则实际的运行结果是不正确的。这一点读者在后面介绍完案例代码后可以修改案例运行以进行观察、体会。

初始化计算完成后，在运行过程中骨骼运动后计算新的顶点位置时涉及的计算如下所列。

● 首先根据每块骨骼运动的需要将对应的变换记录进此骨骼的基本变换矩阵。

● 然后通过级联方式将每块骨骼关节点的基本变换矩阵乘以其所有父骨骼关节点的基本变换矩阵，直至根骨骼，求出目前此骨骼控制的顶点在世界坐标系中的变换矩阵。

● 最后将每块骨骼控制的顶点在世界坐标系中的变换矩阵乘以初始化时求出的逆矩阵 N，得出此骨骼控制的顶点的最终基本变换矩阵，供绘制时使用。

▲图 16-3　案例 Sample16_1 运行效果图

16.1.2　开发步骤

16.1.1 节介绍了骨骼动画的节本原理，本节将基于上述原理开发一个机器人模型不断奔跑的骨骼动画案例 Sample16_1，其运行效果如图 16-3 所示。

> 💡**说明**　图 16-3 中从左到右分别为从不同角度观察机器人模型运动过程的效果，由于图中只给出了机器人模型运动过程中 3 个姿态的特写，所以不一定能体现出骨骼动画的动态特点。因此建议读者用真机运行本案例，实际观察一下案例中机器人模型的运动效果。

了解了本节案例的运行效果后，接下来对本节案例的具体开发过程进行详细的介绍。由于本节案例的整体框架与前面章节中的很多案例非常类似，因此在这里只给出本节案例中比较有代表性的、直接涉及骨骼动画的部分，具体内容如下。

> 💡**提示**　为了叙述和理解的方便，下面将"骨骼对应关节点的基本变换矩阵"称为"此骨骼在父骨骼坐标系中的实时变换矩阵"，将"骨骼控制的顶点在世界坐标系中的变换矩阵"称为"此骨骼在世界坐标系中的实时变换矩阵"，将"骨骼对应关节点的初始基本变换矩阵"称为"此骨骼在父骨骼坐标系中的初始变换矩阵"。

（1）首先给出的是用于表示机器人模型身体各个部位的 BodyPart 类，此类的每个对象代表模型中的一个身体部位，如头、大臂、小臂、大腿、小腿、脚等。相应的矩阵运算等实现骨骼动画的主要工作也在其中完成。下面首先给出该类的声明，具体代码如下。

> 💡**提示**　BodyPart 类的每个对象代表模型中身体的一个部位，既包括绘制部分，也包括对应的骨骼。因此在后继进行讲解时根据描述重点方面的不同，可能称之为部位，也可能称之为骨骼。

✒️ **代码位置：见随书源代码/第 16 章/Sample16_1/src/main/cpp/util 目录下的 BodyPart.h。**

```
1  //此处省略了相关头文件的导入，读者可自行查阅随书源代码
2  class BodyPart{                //身体部位类
3  public :
4      ObjObject * objForDraw;    //从 obj 文件加载的绘制者对象指针
5      int index;                 //绘制用最终矩阵索引
6      float * mFather;           //指向此骨骼在父骨骼坐标系中的实时变换矩阵对应数组首地址的指针
7      float * mWorld;            //指向此骨骼在世界坐标系中的实时变换矩阵对应数组首地址的指针
8      float * mFatherInit;       //指向此骨骼在父骨骼坐标系中的初始变换矩阵对应数组首地址的指针
9      float * mWorldInitInver;   //指向此骨骼在世界坐标系中初始变换矩阵的逆矩阵对应数组首地址的指针
```

```
10          float * mFinal;            //指向最终变换矩阵对应数组首地址的指针
11          float fx,fy,fz;            //此骨骼不动点在世界坐标系中的原始坐标
12          std::vector<BodyPart*> children; //此骨骼的直接子骨骼列表
13          BodyPart * father=NULL;    //指向父骨骼对象的指针
14          BodyPart(float fxIn,float fyIn,float fzIn,ObjObject * objForDrawIn,int indexIn);
                                        //构造函数
15          ~BodyPart();               //析构函数
16          void initFratherMatrix();  //初始化各相关矩阵的方法
17          void calMWorldInitInver(); //计算此骨骼在世界坐标系中初始变换矩阵逆矩阵的方法
18          void updateBone();         //层次级联更新骨骼变换矩阵的方法
19          void calFinalMatrix();     //计算最终变换矩阵的方法
20          void backToInit();         //恢复骨骼姿态到初始状态的方法
21          void translate(float x,float y,float z);        //骨骼自身平移的方法
22          void rotate(float angle,float x,float y,float z);//骨骼自身旋转的方法
23          void addChild(BodyPart * child);                //添加子骨骼的方法
24          void drawSelf(VkCommandBuffer& cmd,VkPipelineLayout& pipelineLayout, //绘制方法
25                      VkPipeline& pipeline,VkDescriptorSet* desSetPointer);
26    };
```

- 第 4～13 行主要是定义了一些在实现骨骼动画过程中需要用到的成员变量,包括指向该骨骼各种矩阵对应数组首地址的指针、指向绘制对象的指针等。
- 第 14～25 行声明了该类的构造函数、析构函数、绘制方法和计算骨骼动画需要用到的一些功能方法,后面的部分将对这些方法的实现进行详细的介绍。

(2) 了解了 BodyPart 类的基本结构后,下面对其中各方法的具体实现进行详细介绍。主要包括该类的构造函数、析构函数及上面提到的与骨骼动画所需矩阵计算相关的一些重要方法,具体代码如下。

✎ 代码位置:见随书源代码/第 16 章/Sample16_1/src/main/cpp/util 目录下的 BodyPart.cpp。

```
1    //此处省略了相关头文件的导入,读者可自行查阅随书源代码
2    BodyPart::BodyPart(float fxIn,float fyIn,float fzIn,ObjObject * objForDrawIn,int
indexIn){//构造函数
3        this->index=indexIn;              //接收绘制用最终矩阵索引并保存
4        this->objForDraw=objForDrawIn;    //接收物体绘制类对象指针并保存
5        this->fx=fxIn; this->fy=fyIn; this->fz=fzIn;  //接收此骨骼不动点在世界坐标系中的原
始坐标并保存
6        mFather=new float[16];            //初始化骨骼在父骨骼坐标系中的实时变换矩阵对应数组
7        mWorld=new float[16];             //初始化骨骼在世界坐标系中的实时变换矩阵对应数组
8        mFatherInit=new float[16];        //初始化骨骼在父骨骼坐标系中的初始变换矩阵对应数组
9        mWorldInitInver=new float[16];    //初始化骨骼在世界坐标系中的初始变化矩阵的逆矩阵数组
10       mFinal=new float[16];             //初始化最终变换矩阵对应数组
11   }
12   void BodyPart::initFratherMatrix(){   //初始化骨骼在父骨骼坐标系中的初始变换矩阵
13       float tx=fx;float ty=fy; float tz=fz; //复制此骨骼关节点在世界坐标系中的 x、y、z 坐标
14       if(father!=NULL){                 //若父骨骼不为空
15           tx=fx-father->fx; ty=fy-father->fy;tz=fz-father->fz;     //计算子骨骼在父骨
                                                                      骼坐标系中的原始坐标
16       }
17       Matrix::setIdentityM(mFather, 0); //初始化此骨骼在父骨骼坐标系中的实时变换矩阵
18       Matrix::translateM(mFather, 0, tx, ty, tz);  //将平移信息记录进此矩阵
19       memcpy(mFatherInit,mFather,16* sizeof(float));
                                          //将数据复制进骨骼在父骨骼坐标系中的初始变换矩阵
20       for(BodyPart* bpc:children){      //循环初始化所有子骨骼的相关矩阵
21           bpc->initFratherMatrix();     //调用子骨骼的 initFratherMatrix 方法
22   }}
23   void BodyPart::calMWorldInitInver(){  //计算此骨骼在世界坐标系中初始变换矩阵逆矩阵的方法
```

```
24        Matrix::invertM(mWorldInitInver, 0, mWorld, 0);    //计算自身的所需逆矩阵
25        for(BodyPart* bpc:children){              //循环对所有子骨骼进行计算
26            bpc->calMWorldInitInver();            //调用子骨骼的 calMWorldInitInver 方法
27    }}
28    void BodyPart::updateBone(){                   //层次级联更新骨骼变换矩阵的方法
29        if(father!=NULL){  //若父骨骼不为空,则此骨骼在世界坐标系中的变换矩阵为自身矩阵乘以父骨骼矩阵
30            Matrix::multiplyMM(mWorld, 0, father->mWorld, 0, mFather, 0);
31        }else{             //若父骨骼为空,则此骨骼在世界坐标系中的变换矩阵为自己的变换矩阵
32            memcpy(mWorld,mFather,16* sizeof(float));     //复制矩阵元素
33        }
34        calFinalMatrix();                          //调用 calFinalMatrix 方法计算最终变换矩阵
35        for(BodyPart* bpc:children){               //循环更新所有子骨骼的变换矩阵
36            bpc->updateBone();                     //调用子骨骼的 updateBone 方法
37    }}
38    //此处省略了一些其他功能方法的实现代码,将在下面进行介绍
```

- 第 2～11 行为该类的构造函数,其主要功能是接收并保存一些变量,同时初始化一系列表示骨骼动画相关矩阵的数组。

- 第 12～22 行为初始化骨骼相关矩阵的 initFatherMatrix 方法,其首先计算出每块骨骼对应关节点以父骨骼对应关节点为原点的坐标系中的坐标,同时将坐标 x、y、z 分量作为 *x*、*y*、*z* 的 3 个轴的平移量记录进一个基本变换矩阵中,并将此矩阵的元素值复制进初始基本变换矩阵。

- 第 23～27 行为计算此部件对应骨骼在世界坐标系中初始变换矩阵逆矩阵的方法 calMWorldInitInver,其首先计算此骨骼自身初始变换矩阵的逆矩阵,然后循环计算所有子骨骼初始变换矩阵的逆矩阵。

- 第 28～37 行为逐层级联更新骨骼自身及其子骨骼变换矩阵的方法 updateBone。需要注意的就是若当前骨骼有父骨骼时,通过将骨骼自身的变换矩阵乘以其父骨骼变换矩阵的方法得到此骨骼在世界坐标系中的变换矩阵。

（3）接着介绍上一步中省略的一些功能方法的实现,具体代码如下。

📎 **代码位置**: 见随书源代码/第 16 章/Sample16_1/src/main/cpp/util 目录下的 BodyPart.cpp。

```
1    void BodyPart::calFinalMatrix(){                //计算最终变换矩阵的方法
2        Matrix::multiplyMM(mFinal, 0, mWorld, 0, mWorldInitInver, 0);
3    }
4    void BodyPart::backToInit(){                    //恢复骨骼姿态到初始状态的方法
5        memcpy(mFather,mFatherInit,16* sizeof(float)); //复制骨骼在父骨骼坐标系中的初始
变换矩阵元素
6        for(BodyPart* bpc:children){bpc->backToInit(); //循环对所有子骨骼执行恢复动作
7    }}
8    void BodyPart::translate(float x,float y,float z){  //骨骼自身平移的方法
9        Matrix::translateM(mFather, 0, x, y, z);    //将平移信息记录进相应矩阵
10   }
11   void BodyPart::rotate(float angle,float x,float y,float z){ //骨骼自身旋转的方法
12       Matrix::rotateM(mFather,0,angle,x,y,z);     //将旋转信息记录进相应矩阵
13   }
14   void BodyPart::addChild(BodyPart*child){        //添加子骨骼的方法
15       this->children.push_back(child);            //添加子骨骼
16       child->father=this;                         //设置父骨骼
17   }
18   void BodyPart::drawSelf(VkCommandBuffer& cmd,   //绘制部位自身的方法
19       VkPipelineLayout& pipelineLayout,VkPipeline& pipeline,VkDescriptorSet*
desSetPointer){
20       if(index==2){                               //判断当前部位是否为头部
21           desSetPointer=&(MyVulkanManager::       //设置指向绘制头部所需的描述集指针
```

```
22                    sqsCL->descSet[TextureManager::getVkDescriptorSetIndex("texture/
head.bntex")]);
23          }
24      if(objForDraw!=NULL){  //判断此部分是否需要绘制（很多情况下根骨骼对应的部分是不需要绘制的）
25              MatrixState3D::pushMatrix();               //保护现场
26              MatrixState3D::setMatrix(mFinal);          //设置基本变换矩阵
27              objForDraw->drawSelf(cmd,pipelineLayout,pipeline,desSetPointer);
                                                           //绘制对应部位
28              MatrixState3D::popMatrix();                //恢复现场
29          }
30      for(BodyPart* bpc:children){                       //循环绘制所有子部位
31          bpc->drawSelf(cmd,pipelineLayout,pipeline,desSetPointer); //调用子部位的绘制方法
32  }}
33  //此处省略了该类析构函数的实现代码，读者可自行查阅随书源代码
```

● 第 1～3 行为计算最终矩阵的 calFinalMatrix 方法，其通过将骨骼在世界坐标系中的变换矩阵乘以此骨骼在世界坐标系中的初始变换矩阵的逆矩阵得到此骨骼所控制顶点的最终变换矩阵，从而为绘制服务。

● 第 8～13 行为骨骼自身以其关节点为参照进行平移及旋转的 translate 与 rotate 方法，实际模型的动作就是由各块骨骼的这两个方法配合执行完成的。

● 第 18～32 行为绘制骨骼对应部位自身的 drawSelf 方法，其首先基于此部位对应的绘制用最终矩阵绘制自身，然后循环绘制所有的子部位。

（4）下面将要介绍的是用于初始化机器人模型身体各个部位以及负责管理、绘制各个部位的 Robot 类。首先给出的是该类的声明，具体代码如下。

代码位置：见随书源代码/第 16 章/Sample16_1/src/main/cpp/util 目录下的 Robot.h。

```
1   //此处省略了相关头文件的导入，读者可自行查阅随书源代码
2   class Robot{
3   public:
4       BodyPart  *bRoot,*bBody,*bHead, *bLeftTop,  //指向机器人模型身体各个部位对象的指针
5                 *bLeftBottom,*bRightTop,*bRightBottom, *bRightLegTop, *bRightLegBottom,
6                 *bLeftLegTop,*bLeftLegBottom, *bLeftFoot, *bRightFoot;
7       std::vector<BodyPart*> bpVector;            //指向机器人身体各个部位对象的指针列表
8       Robot(vector<ObjObject*> objObject);        //构造函数
9       ~Robot();                                   //析构函数
10      void updateState();                         //更新机器人状态的方法
11      void backToInit();                          //恢复机器人姿态到初始状态的方法
12      void drawSelf(VkCommandBuffer& cmd,         //绘制机器人的方法
13      VkPipelineLayout& pipelineLayout,VkPipeline& pipeline,VkDescriptorSet*
desSetPointer);
14  };
```

说明　　上述代码比较简单，主要是声明了指向机器人身体各部位的指针等成员变量，并声明了服务于骨骼动画的相关功能方法和绘制方法等。

（5）了解了 Robot 类的基本结构后，下面对该类的构造函数和用于更新机器人状态的辅助方法的实现进行介绍，具体代码如下。

代码位置：见随书源代码/第 16 章/Sample16_1/src/main/cpp/util 目录下的 Robot.cpp

```
1   //此处省略了相关头文件的导入，读者可自行查阅随书源代码
2   Robot::Robot(vector<ObjObject*> objObject){                    //构造函数
3       bRoot=new BodyPart(0.0f,0.0f,0.0f,NULL,0);                 //创建根骨骼对应部位对象
```

```
4        bBody=new BodyPart(0.0f,0.938f,0.0f,objObject[0],1); //创建身体对应部位对象
5        //此处省略了创建机器人其他部位对象的代码，读者可自行查阅随书源代码
6        bpVector.push_back(bRoot);                      //将根骨骼对象指针存入列表
7        bpVector.push_back(bBody);                      //将身体部位对象指针存入列表
8        //此处省略了将机器人其他身体部位对象指针存入列表的代码
9        bRoot->addChild(bBody);                         //设置机器人身体部位为根骨骼的子部位
10       bBody->addChild(bHead);                         //设置机器人头部为身体的子部位
11       //此处省略了组织其他身体部位层次关系的代码，读者可自行查阅随书源代码
12       bRoot->initFratherMatrix(); //调用 initFatherMatrix 方法初始化相关矩阵
13       bRoot->updateBone();            //调用 updateBone 方法计算骨骼在世界坐标系中的初始变换矩阵
14       bRoot->calMWorldInitInver();//调用 calMWorldInitInver 方法计算初始变换矩阵的逆矩阵
15  }
16  void Robot::updateState(){       //更新机器人状态的方法
17       bRoot->updateBone();            //调用根骨骼的updateBone方法逐层级联更新所有骨骼的变换矩阵
18  }
19  void Robot::backToInit(){        //恢复机器人姿态到初始状态的方法
20       bRoot->backToInit();            //调用根骨骼的backToInit方法逐层级联恢复所有骨骼到初始状态
21  }
22  void Robot::drawSelf(VkCommandBuffer& cmd,          //绘制方法
23       VkPipelineLayout& pipelineLayout,VkPipeline& pipeline,VkDescriptorSet* desS
etPointer){
24     MatrixState3D::pushMatrix();                      //保护现场
25     bRoot->drawSelf(cmd,pipelineLayout,pipeline,desSetPointer);
                                                          //调用根骨骼的绘制方法逐层级联绘制
26     MatrixState3D::popMatrix();                       //恢复现场
27  }
28  //此处省略了该类析构函数的实现，读者可自行查阅随书源代码
```

● 第 2～15 行为 Robot 类的构造函数，其首先创建了代表机器人身体各个部位的对象，并将指向这些对象的指针存入列表中，然后组织各个部位对象之间的层次关系，最后调用相关方法完成了骨骼动画所需相关矩阵的初始化。其中第 3～5 行为创建机器人模型身体各个部位对象的代码，这些代码在调用 BodyPart 类的构造函数时给出的前 3 个参数依次为骨骼对应关节不动点在世界坐标系中的 x、y、z 坐标。这些不动点的数据可以通过手工计算给出，也可以通过某种设计工具获得。此案例中的数据是笔者用 3ds Max 模型设计工具设计机器人时一并通过 3ds Max 获得的。

● 第 16～27 行为更新机器人状态的 updateState 方法、恢复机器人到初始状态的 backToInit 方法以及绘制机器人模型的 drawSelf 方法。虽然上述代码中仅仅体现了对根骨骼对应部位状态的变换或绘制，但这些工作实际上是从根骨骼对应的部位开始逐层级联完成的。

（6）接着要介绍的是 Action 类，每个 Action 类的对象代表一个要执行的动作，如手臂从某个角度挥动到另一个角度。该类比较简单，下面仅给出该类的声明，具体代码如下。

📎 **代码位置：见随书源代码/第 16 章/Sample16_1/src/main/cpp/util 目录下的 Action.h。**

```
1    class Action{
2    public:
3        float *data[10];                    //要执行动作的相关数据
4        int totalStep;                      //总步骤数
5        ~Action();                          //析构函数
6    };
```

> ✏️ **说明**　Action 类的结构比较简单，主要就是声明了用于表示要执行动作相关数据的存储数组和动作过程的总步骤数对应的两个成员变量及析构函数。另外，要执行动作的相关数据数组中各个元素的含义在后面介绍 DoAction 类 run 方法时可以看到，这里简单了解即可。

（7）接下来将要介绍的是 DoAction 类，该类实现的功能主要是根据读取的动作数据不断修改机器人模型中各个骨骼的姿态，从而产生机器人模型不断运动的效果。下面首先给出该类的声明，其具体代码如下。

📎 **代码位置：**见随书源代码/第 16 章/Sample16_1/src/main/cpp/util 目录下的 DoAction.h。

```
1    //此处省略了相关头文件的导入，读者可自行查阅随书源代码
2    class DoAction{
3        int currActionIndex=0;                    //当前动作的编号
4        int currStep=0;                           //当前动作已执行的步骤数
5        Action *currAction;                       //当前动作的数据
6        Robot * robot;                            //指向所控制机器人的指针
7    public:
8        DoAction(Robot * robot);                  //构造函数
9        void run();                               //用于更新骨骼动画的方法
10       ~DoAction();                              //析构函数
11   };
```

✏️ **说明**　上述代码并不复杂，主要就是在 DoAction 类中声明了方便更新骨骼动画的一些辅助变量，并声明了该类的构造函数、析构函数和用于计算动画数据从而更新动画的功能方法 run。

（8）了解了 DoAction 类的基本结构后，下面对该类的构造函数和 run 方法的实现进行详细介绍，具体代码如下。

📎 **代码位置：**见随书源代码/第 16 章/Sample16_1/src/main/cpp/util 目录下的 DoAction.cpp。

```
1    //此处省略了相关头文件的导入，读者可自行查阅随书源代码
2    DoAction::DoAction(Robot *robotIn){
3        robot=robotIn;                            //接收指向机器人对象的指针并保存
4        ActionGenerator::genData();               //调用方法产生动作数据
5        currAction=ActionGenerator::acVector[currActionIndex];   //获取当前动作
6    }
7    void DoAction::run(){
8        robot->backToInit();                      //调用 backToInit 恢复机器人到初始状态
9        if (currStep >= currAction->totalStep) {  //若当前动作执行完毕，获取下一个动作
10               currActionIndex=(currActionIndex+1)%ActionGenerator::acVector.size();
                                                   //计算下一个动作的索引
11               currAction = ActionGenerator::acVector[currActionIndex]; //获取下一个动作
12               currStep = 0;                     //将当前动作已执行步骤数设置为 0
13       }
14       for (float * ad:currAction->data) {       //遍历数据中的每个组成部分
15           int partIndex = (int) ad[0];          //取出部件索引
16           int aType = (int) ad[1];              //取出动作类型
17           if (aType == 0) {                     //若 aType 为 0，此部件动作为平移
18               float xStart = ad[2];float yStart = ad[3];float zStart = ad[4];
                                                   //起始位置的 x、y、z 坐标
19               float xEnd = ad[5];float yEnd = ad[6];float zEnd = ad[7];
                                                   //结束位置的 x、y、z 坐标
20               //根据当前动作已执行的步骤数，线性插值计算出当前的平移数据
21               float currX = xStart + (xEnd - xStart) * currStep / currAction->
                 totalStep;   //x 分量
22               float currY = yStart + (yEnd - yStart) * currStep / currAction->
                 totalStep;   //y 分量
23               float currZ = zStart + (zEnd - zStart) * currStep / currAction->
```

```
                        totalStep;    //z 分量
24                      //将当前部位的平移信息记录进此部位对应骨骼的变换矩阵
25                      robot->bpVector[partIndex]->translate(currX, currY, currZ);
26              }
27          else if (aType == 1) {              //若 aType 为 1,此部件动作为旋转
28              float startAngle = ad[2];       //旋转的起始角度
29              float endAngle = ad[3];         //旋转的结束角度
30              float currAngle =   //根据当前动作已执行的步骤数,线性插值计算出当前的旋转角度
31                      startAngle + (endAngle - startAngle) * currStep /
currAction->totalStep;
32              float x = ad[4];float y = ad[5]; float z = ad[6]; //取出此部位对应骨
                                                                骼的旋转轴向量
33              //将当前部位的旋转信息记录进此部位对应骨骼的变换矩阵
34              robot->bpVector[partIndex]->rotate(currAngle, x, y, z);
35      }}
36      robot->updateState();              //调用 updateState 方法逐层级联更新各层骨骼的变换矩阵
37      currStep++;                        //当前动作已执行步骤数加 1
38  }
```

- 第 2~6 行为 DoAction 类的构造函数,主要是接收并保存了指向机器人对象的指针,并调用相关方法生成了一系列动作数据,然后获取了当前动作的对应数据。

- 第 7~38 行为执行骨骼动画动态计算工作的 run 方法。总体实现策略为:通过在每次绘制前调用此方法,不断获取并执行既定的动作,执行完一个动作就获取并执行下一个动作,一直循环。

- 从上述 run 方法的代码中可以看出,每个动作对象中包含一套数据,一套数据中可以包含多组数据(每组数据存储在一个 float 型数组中),每组数据对应到一个部位的骨骼。每组数据既有可能包含的是平移动作信息也有可能包含的是旋转动作信息。取出数据后,根据当前动作已执行步骤数以及此动作总步骤数插值计算出当前步骤的姿态数据并设置进对应的骨骼。

> **说明** 从上述代码第 5 和 11 行中都能看出,动作的数据来自于 ActionGenerator 类中的 acVector 数组,其中包含了本案例中的所有动作数据。由于 ActionGenerator 类中仅包含动作数据,故这里就不列出其代码了,需要的读者可以自行查看随书源代码。

同时读者可能还会有一个疑问,这些动作数据是怎么产生的?对于这个案例而言是作者领导的团队手动编制的,但在大公司的虚拟现实或游戏作品中一般会通过自己的设计器或动作采集器获得这些所需的动作数据。

到这里为止,骨骼动画的基本原理以及基本实现就介绍完了,读者有这方面的需要时可以参照本节案例开发自定义的具有骨骼动画的动态模型。

16.1.3 机器人模型在地面上运动时的问题

实际运行观察过 16.1.2 节案例的读者应该都会感觉到场景中机器人模型的动作还是比较真实的,但实际情况并不完全如此。由于场景中机器人模型执行的是行走的动作,因此可以在场景中加入一个平面代表地面。

这时细致地观察就会发现问题所在,运动过程中机器人模型脚最低点的 y 坐标是会有微小变化的,这就导致在运动过程中会出现脚穿地的现象,如图 16-4 所示。

产生这种现象的原因是,真实世界人走路的过程中身体可能会有微小的起伏以保证脚部的最低点不低于地面。而本案例中脚的部位(bLeftFoot、bRightFoot)所对应的骨骼是身体部位(bBody)骨骼的第三层子骨骼,同时案例中机器人的身体部位其实是静止的,这就造成了运动过程中脚部

的最低点会有微小起伏而产生穿地的现象。

故本节将通过案例 Sample16_1 的升级版 Sample16_2 来向读者介绍如何使案例中人物的身体部位合理地上下移动，从而避免产生机器人模型脚部穿过地面的现象，其运行效果如图 16-5 所示。

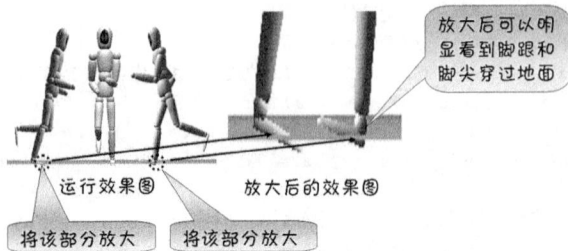

▲图 16-4　案例 Sample16_1 加上地面后的运行效果图　　　　▲图 16-5　案例 Sample16_2 的运行效果图

从图 16-5 中可以看出，升级后的案例运行时已经不存在脚部穿地的现象了。由于仅仅观察插图可能看不清楚，这里建议读者采用真机运行案例细致观察、体会。

> 💡 说明　　实际开发中是否需要解决模型脚部穿地的问题要视具体情况而定，若案例中的模型在空中飞行，则不需要考虑此问题。

了解了本节案例的运行效果后，就可以进行代码的开发了。由于本案例中的大部分代码来自于上 16.1.2 节中的案例，因此这里对重复的内容不再赘述，仅给出本案例中有代表性的类以及方法。

（1）首先给出的是表示模型身体部位的 BodyPart 类，其中增加了一些服务于解决脚部穿地问题的变量和方法。由于其头文件的改动较为简单，在此不再赘述，下面直接介绍与实现增加的方法相关的代码，具体内容如下。

🐾 **代码位置：**见随书源代码/第 16 章/Sample16_1/src/main/cpp/util 目录下的 BodyPart.cpp。

```
1   BodyPart::BodyPart(float fxIn,float fyIn,float fzIn,     //构造函数
2       ObjObject * objForDrawIn,int indexIn,bool lowestFlagIn,vector<float*>lowestDotsIn){
3       //此处省略了部分与前面案例相同的代码，读者可自行查阅随书源代码。
4       this->lowestFlag=lowestFlagIn;              //接收是否有最低控制点的标志并保存
5       this->lowestDots=lowestDotsIn;              //接收最低控制点列表并保存
6   }
7   void BodyPart::calLowest(){                     //级联计算最低控制点的方法
8       if(lowestFlag) {                            //判断当前部位是否有最低控制点
9           for (float *p:lowestDots) {             //循环对每一个最低控制点进行计算
10              pqc[0]=p[0];pqc[1]=p[1];pqc[2]=p[2];pqc[3]=1;       //该点的初始坐标
11              resultP[0]=0;   resultP[1]=0; resultP[2]=0;    resultP[3]=1;
                                                    //重置 resultP 所指向数组的元素
12              Matrix::multiplyMV(resultP, 0, mFinal, 0, pqc, 0); //计算变换后的坐标
13              if (resultP[1]<MyVulkanManager::robot->lowest){
                                                    //如果该点 y 坐标小于当前模型最低点 y 坐标
14                  MyVulkanManager::robot->lowest = resultP[1];
                                                    //更新机器人模型的最低点 y 坐标
15          }}}
16          for(BodyPart* bp:children){             //对所有的子部位进行相同的计算
17              bp->calLowest();
18      }}
```

● 第 4～5 行中变量 lowestFlag 为表示此部位是否有最低控制点的标志位，lowestDots 为存储了此部位最低控制点原始坐标的列表。

- 第 7～18 行为供运行过程中调用以计算出部位运动后最低控制点实际坐标的 calLowest 方法。此方法会逐层级联计算所有的部位，并最终将 y 坐标最小的最低控制点的 y 坐标记录进机器人模型对象的 lowest 成员变量中，供绘制时微调身体部位的 y 坐标时使用。

💡提示 | 　　　所谓最低控制点是指给某些可能穿地的部位指定的，不允许低于地面高度的点。如本案例中就给脚部指定了两个最低控制点，分别位于脚尖与脚跟。在运行过程中根据部件姿态的变化和最低控制点的原始坐标计算出实际的最低控制点坐标，进一步可以得到所有最低控制点中 y 值最小的，将地面高度减去此最小 y 值即可得到绘制机器人模型时的整体高度调整值。

（2）接着给出的是用于初始化机器人模型身体各个部位以及负责管理、绘制各个部位的 Robot 类所做的修改。首先在该类头文件中增加了表示模型最低点的变量 lowest 和用于计算模型最低点的功能方法 calLowest，下面将直接介绍该 calLowest 方法的实现及其他与解决脚部穿地问题相关的代码，具体内容如下。

✍ **代码位置：见随书源代码/第 16 章/Sample16_1/src/main/cpp/util 目录下的 Robot.cpp。**

```
1   Robot::Robot(vector<ObjObject*> objObject){   //构造函数
2       //此处省略了部分与前面案例中相同的代码，读者可自行查阅随书源代码
3       vector<float*> lFoot;                      //存储左脚最低控制点原始坐标的列表
4       lFoot.push_back((new float[3]{0.068f,0.0f,0.113f}));
                                                   //将第 1 组左脚最低点控制数据存入列表
5       lFoot.push_back(new float[3]{0.068f,0.0f,-0.053f});
                                                   //将第 2 组左脚最低点控制数据存入列表
6       bLeftFoot=new BodyPart(0.068f,0.038f,0.033f,objObject[10],11, true,lFoot);
                                                   //创建左脚对应部位
7       vector<float*> rFoot;                      //存储右脚最低控制点原始坐标的列表
8       rFoot.push_back(new float[3]{-0.068f,0.0f,0.113f});
                                                   //将第 1 组右脚最低点控制数据存入列表
9       rFoot.push_back(new float[3]{-0.068f,0.0f,-0.053f});
                                                   //将第 2 组右脚最低点控制数据存入列表
10      bRightFoot=new BodyPart(-0.068f,0.038f,0.033f,objObject[11],12,true,rFoot);
                                                   //创建右脚对应部位
11      //此处省略了部分与前面案例相同的代码，读者可自行查阅随书源代码。
12  }
13  void Robot::calLowest() {                      //用于计算机器人模型最低点的方法
14      lowest=MAXFLOAT;                //将最低点 y 坐标设置为浮点数最大值
15      bRoot->calLowest();             //调用根部位的 calLowest 方法层次级联计算出实际最低点的 y 坐标
16  }
17  void Robot::drawSelf(VkCommandBuffer& cmd,     //绘制方法
18      VkPipelineLayout& pipelineLayout,VkPipeline& pipeline,VkDescriptorSet*
desSetPointer) {
19      MatrixState3D::pushMatrix();               //保护现场
20      MatrixState3D::translate(0, -lowest, 0); //执行平移变换以微调模型位置
21      bRoot->drawSelf(cmd,pipelineLayout,pipeline,desSetPointer); //绘制根骨骼对应的部位
22      MatrixState3D::popMatrix();                //恢复现场
23  }
```

- 第 1～12 行为该类的构造函数，其中主要是修改了用于创建左右脚部位对象的代码，改为采用需要传入最低控制点列表的构造函数版本。
- 第 13～16 行为计算机器人模型中所有部件最低控制点最小 y 坐标的 calLowest 方法。其

首先将用于存储最低控制点 y 坐标的 lowest 变量的值设置为最大的浮点数值，然后从根骨骼开始逐层级联计算每块骨骼的最低控制点 y 坐标。

● 第 17～23 行为用于绘制机器人模型的 drawSelf 方法，主要变化是在绘制根骨骼对应部位之前增加了第 20 行的用于调整整体绘制高度的代码。

> 💡提示　本案例中最低控制点的数据也是作者领导的团队在用 3ds Max 设计机器人模型时，用 3ds Max 设计工具一并获得的。读者既可以采用与笔者相同的策略，也可以采用其他的策略获得这些数据。

（3）了解了解决脚部穿地问题的基本策略后，最后一处需要关注的有重要变化的是 DoAction 类，在其 run 方法中增加了调用机器人模型对象 calLowest 方法的代码，具体内容如下。

📝 **代码位置：见随书源代码/第 16 章/Sample16_1/src/main/cpp/util 目录下的 DoAction.cpp。**

```
1    robot->calLowest();                    //调用 calLowest 方法逐层级联计算最低控制点
```

> 💡说明　calLowest 方法在前面步骤中已经详细介绍过，这里不再赘述。

到这里为止，骨骼动画的基本原理与开发就介绍完了。读者需要注意的是，本节的重点在于对骨骼动画原理的介绍，实际的游戏开发中一般不会直接采用本节介绍的实现方式，而是会直接加载预先制作的特定格式的骨骼动画数据文件，从 16.2 节开始将对此进行详细的介绍。

16.2　ms3d 骨骼动画文件的加载

16.1 节通过两个案例介绍了骨骼动画的基本原理与开发，但这两个案例中采用的模型各个部位之间是分离的，并且关节、动作等数据都需要开发人员自己提供，实用性稍差。本节将向读者介绍很多大型游戏中采用的骨骼动画解决方案——加载 ms3d 文件，大名鼎鼎的 CS 游戏就是采用 ms3d 文件作为其骨骼动画格式的。

16.2.1　ms3d 文件的格式

介绍如何加载 ms3d 格式的骨骼动画文件之前，首先有必要了解一下 ms3d 文件的背景知识与数据组织格式。ms3d 文件是用 3D 模型设计工具 MilkShape 3D 制作的，一种带骨骼动画的模型文件格式。

ms3d 文件中主要存储的是模型的顶点与三角形组信息、关节信息（子骨骼与父骨骼）、骨骼平移与旋转的关键帧信息等。模型加载后通过对关键帧中的平移与旋转数据进行合理的线性插值，即可得到当前模型各个关节的变换矩阵，进而可以计算出当前模型所有顶点的坐标，从而确定模型当前的姿态以进行绘制。

了解了 ms3d 文件的一些背景知识以后，下面将进一步介绍 ms3d 文件的数据组织格式。ms3d 文件中的数据可以分为两个部分：文件头部分与各方面具体数据部分，具体情况如图 16-6 所示。

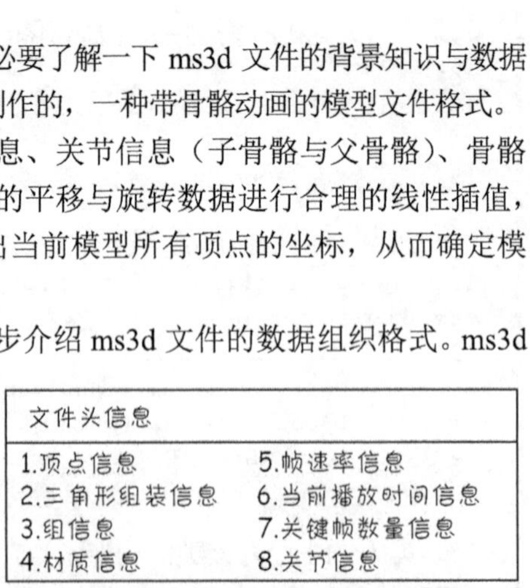

文件头信息	
1.顶点信息	5.帧速率信息
2.三角形组装信息	6.当前播放时间信息
3.组信息	7.关键帧数量信息
4.材质信息	8.关节信息

▲图 16-6　ms3d 文件两个部分的示意图

1．文件头信息

文件头的长度为 14 个字节，前 10 个字节为固定的标志字符串"MS3D000000"，其中后 6 个字节就是字符'0'。后 4 个字节为该模型格式的版本号，这 4 个字节为一个有符号整数，目前该版本号的值为 3 或 4，两种不同版本的格式细节有所不同。

2. 顶点信息

紧接着文件头的就是模型的顶点信息数据部分，此部分的开始两个字节为一个无符号整数，表示顶点的数量，之后便是一个接一个的顶点数据。顶点的数据包括 4 个方面的内容，如下所示。

● 第 1 个方面为该顶点在编辑器中的状态，包括一个字节型的整数，其各个值的含义如表 16-2 所示。

表 16-2　　　　　　　　　　　　顶点状态值含义

值	含　义	值	含　义
0	顶点可见，未选中状态	2	顶点不可见，未选中状态
1	顶点可见，选中状态	3	顶点不可见，选中状态

● 第 2 个方面为顶点的 x、y、z 坐标，包括 3 个 4 字节浮点数，总共 12 字节。

● 第 3 个方面为该顶点所绑定骨骼的 ID 号，包括一个字节型的整数。如果该值为 -1，则代表此顶点没有绑定任何骨骼。

● 第 4 个方面的数据目前不包含实际有用的信息，长度为一个字节。

3. 三角形组装信息

紧跟顶点信息的是三角形组装信息，其主要作用是告诉应用程序哪些顶点与哪些顶点组装成三角形面。这部分数据的前两个字节组成一个无符号整数，表示三角形面的数量。接着便是每个三角形面的组装信息，分为 6 个条目，具体情况如下。

● 第 1 个条目为该三角形在编辑器中的状态，包括一个两字节长度的无符号整数。其具体值的含义如表 16-3 所示。

表 16-3　　　　　　　　　　　　三角形状态值含义

值	含　义	值	含　义
0	三角形可见，未选中状态	2	三角形不可见，未选中状态
1	三角形可见，选中状态	3	三角形不可见，选中状态

● 第 2 个条目为三角形面中 3 个顶点的索引值，每个索引值为一个两字节长度的无符号整数，共包括 3 个两字节长度的无符号整数。

● 第 3 个条目为三角形面中 3 个顶点的法向量，每个法向量包括 3 个 4 字节浮点数，共包含 9 个 4 字节浮点数。

● 第 4 个条目为三角形面中 3 个顶点的 st 纹理坐标，每个纹理坐标包括两个四字节浮点数，共包含 6 个四字节浮点数。要特别注意的是这 6 个浮点数中前 3 个依次是三角形中 3 个顶点的 s 纹理坐标，后 3 个依次是三角形中 3 个顶点的 t 纹理坐标，也就是依次为 "s_1、s_2、s_3、t_1、t_2、t_3"。

● 第 5 个条目为三角形面所处的平滑组编号，包含一个字节型的整数。

● 第 6 个条目为三角形面所处的组编号，包含一个字节型的整数。

4. 组信息

紧跟三角形组装信息的是组信息，其主要作用是将三角形面划分为不同的组，以提高灵活性。这部分数据的前两个字节组成一个无符号整数，表示组的数量。接着便是每个组的具体信息，分为 5 个条目，具体情况如下。

> **提示**　　将三角形划分为不同的组对于增加应用程序的灵活性是很有好处的，这样不但模型的不同部分可以使用不同的纹理贴图、材质等，渲染时还可以根据需要仅渲染某些组中的三角形面。

● 第 1 个条目为该组在编辑器中的状态，包括一个字节型的整数，其各个值的含义如表 16-4 所示。

表 16-4　　　　　　　　　　　　　　组状态值含义

值	含　　义	值	含　　义
0	组可见，未选中状态	2	组不可见，未选中状态
1	组可见，选中状态	3	组不可见，选中状态

● 第 2 个条目是长度为 32 字节的字符串，表示组的名称。

● 第 3 个条目为组内三角形的数量，包含一个两字节长度的无符号整数。

● 第 4 个条目为组内每个三角形面的索引，每个索引为一个两字节长度的无符号整数。第 3 个条目的值为多少，第 4 个条目中就有多少个索引。

● 第 5 个条目为此组的材质索引，包括一个字节型的整数。如果值为–1，则代表本组不包含材质。

> **说明**　　本节案例 ms3d 文件中的组有两个，一个是忍者（组名 ninja），另一个是忍者手里的剑（组名 blade）。读者在后面学习了本节对应的案例后就会了解。

5. 材质信息

紧跟组信息的是材质信息，这部分数据的前两个字节组成一个无符号整数，表示材质的数量。接着便是每个材质的具体信息，分为 10 个项目，具体情况如下。

● 第 1 个项目为材质的名称，包含一个长度为 32 字节的字符串。

● 第 2 个项目为环境光 4 个色彩通道的强度，每个色彩通道的强度为一个 4 字节浮点数，共包括 4 个 4 字节浮点数。

● 第 3 个项目为散射光 4 个色彩通道的强度，每个色彩通道的强度为一个 4 字节浮点数，共包括 4 个 4 字节浮点数。

● 第 4 个项目为镜面光 4 个色彩通道的强度，每个色彩通道的强度为一个 4 字节浮点数，共包括 4 个 4 字节浮点数。

● 第 5 个项目为自发光 4 个色彩通道的强度，每个色彩通道的强度为一个 4 字节浮点数，共包括 4 个 4 字节浮点数。

● 第 6 个项目为镜面光的粗糙度，包括一个 4 字节的浮点数。

● 第 7 个项目为材质的透明度，包括一个 4 字节的浮点数。

● 第 8 个项目是一个单字节的整数，目前没有太大作用。

● 第 9 个项目是一个长度为 128 字节的字符串，是材质对应纹理图的路径。

● 第 10 个项目也是一个长度为 128 字节的字符串，是材质对应透明度贴图文件的路径。

> **说明**　　从上述介绍中可以看出，ms3d 模型文件中是不包含纹理图等素材的，仅包含了素材的路径。

6. 帧速率信息

紧跟材质信息的是帧速率信息，其包含一个 4 字节浮点数，表示骨骼动画的帧速率。所谓帧速率（FPS，Frames Per Second），是指动画中每秒内播放的帧数。一般情况下，此值越大，动画播放速度越快。

7. 当前播放时间信息

紧跟帧速率信息的是当前播放时间信息，其包含一个 4 字节浮点数，表示骨骼动画开始时的时间点。随着动画的播放，此值应该会不断变化。

8. 关键帧数量信息

紧跟当前播放时间信息的是关键帧数量信息，其包含一个 4 字节整数，表示骨骼动画中总共的关键帧数量。一个 ms3d 文件总共包含的动画总时间可以由关键帧数量除以帧速率得到。

9. 关节信息

紧跟关键帧数量信息的是关节信息，这部分数据的前两个字节组成一个无符号整数，表示关节的数量。接着便是每个关节的具体信息，分为 9 个项目，具体情况如下。

● 第 1 个项目为该关节在编辑器中的状态，包括一个字节型的整数，其各个值的含义如表 16-5 所示。

表 16-5　　　　　　　　　　　　　　　　关节状态值含义

值	含　　义	值	含　　义
0	关节可见，未选中状态	2	关节不可见，未选中状态
1	关节可见，选中状态	3	关节不可见，选中状态

● 第 2 个项目是一个长度为 32 字节的字符串，表示关节的名称。

● 第 3 个项目也是一个长度为 32 字节的字符串，表示此关节的父关节名称。若此值为空，则表示此关节无父关节。

● 第 4 个项目为关节的初始旋转值，包括 3 个 4 字节的浮点数，分别代表欧拉角的 3 个分量。

● 第 5 个项目为关节的初始平移值，包括 3 个 4 字节的浮点数，分别代表平移的 x、y、z 分量。

● 第 6 个项目为关节的旋转关键帧数量，是一个两字节的无符号整数。

● 第 7 个项目为关节的平移关键帧数量，也是一个两字节的无符号整数。

● 第 8 个项目为关节的旋转关键帧数据，第 6 项关节的旋转关键帧数量为多少，就有多少组旋转关键帧数据。每组旋转关键帧数据包含两方面的内容，具体情况如表 16-6 所示。

表 16-6　　　　　　　　　　　　　　　　旋转关键帧数据

数据名称	长　　度	含　　义
时间	1 个 4 字节浮点数	表示此关键帧在动画中所处的时间点，单位为秒
旋转数据	3 个 4 字节浮点数	表示此关键帧旋转的欧拉角

● 第 9 个项目为关节的平移关键帧数据，第 7 项关节的平移关键帧数量为多少，就有多少组平移关键帧数据。每组平移关键帧数据包含两方面的内容，具体情况如表 16-7 所示。

表 16-7　　　　　　　　　　　　　　　　　平移关键帧数据

数据名称	长　度	含　义
时间	1 个 4 字节浮点数	表示此关键帧在动画中所处的时间点，单位为秒
平移数据	3 个 4 字节浮点数	表示此关键帧平移量的 x、y、z 分量

到这里为止，ms3d 文件的数据组织格式就介绍完了，了解了 ms3d 文件的数据组织格式后就可以开发应用程序加载并播放文件中的骨骼动画了。

16.2.2　将 3ds Max 动画文件转换为 ms3d 文件

虽然在应用程序运行过程中直接加载 ms3d 文件是比较方便的，但是在模型以及动画的设计过程中是不太可能直接使用 ms3d 文件的，更多地都是使用 3ds Max 或 maya 自己的文件格式。因此，本节将向读者介绍如何将 3ds Max 动画文件转换为 ms3d 文件。

1. 下载及安装插件

由于 3ds Max 本身并不支持导出 ms3d 文件，因此进行转换之前，首先需要下载完成转换工作所需的 3ds Max 插件，下载插件到 gildor 官网下载。

> ✐提示　　　读者可在官网的 "ActorX Exporter Plugin" 栏目下载 "EpicGames ActorX for 3ds Max/Maya 2012-2016"。

下载成功后将得到一个 zip 压缩包，一般名称为 "ActorX_All.zip"。将下载所得的压缩包解压缩，便可得到多个文件夹。这些文件夹各自包含了对应不同版本 3ds Max 或 Maya（可根据文件夹名称分辨）的 ActorX 插件，读者可以根据自己所使用的软件版本选择对应的插件。

例如作者使用的是 "3ds Max 2015"，因此选用名称为 "Max2015_x64" 的文件夹，然后将其目录下的插件文件复制到 3ds Max 安装目录下的 stdplugs 子文件夹下，例如 "C:\Program Files\Autodesk\3ds Max 2015\stdplugs"。最后需要重新启动 3ds Max。

2. 导出 PSK 和 PSA 文件

前面介绍了所需插件的下载及安装，下面将介绍如何使用插件 "ActorX" 在 3ds Max 中导出 PSK 和 PSA 文件，具体内容如下。

> ✐提示　　　读者可能会有疑问，"不是需要导出 ms3d 文件吗，怎么变成导出 PSK 和 PSA 文件了？" 这是由于导出 ms3d 文件需要使用 MilkShape 3D，而 MilkShape 3D 并不能直接导入 3ds Max 支持的动画文件格式，故需要经过 PSK 和 PSA 文件进行中转。

（1）首先打开 3ds Max，将带有骨骼动画的 "*.max" 文件导入。然后选中界面中工具面板上的 "锤子" 图标（如图 16-7 所示），将进入工具选项卡，如图 16-8 所示。

（2）在工具选项卡中点击 "更多…" 按钮，将弹出工具列表界面，如图 16-9 所示。

（3）然后在工具列表中选中 "ActorX"，如图 16-9 所示。接着双击 "ActorX"，将弹出 "ActorX" 工具界面，如图 16-10 所示。

（4）接着在 ActorX 工具界面中选择 "Output" 一栏中的 "Browse" 按钮，然后在弹出的文件对话框中选择导出文件的路径（如 "C:\Users\Administrator\Documents"），最后在 "Mesh file name" 文本框中输入要导出文件的名称（如 "walk"），如图 16-11 所示。

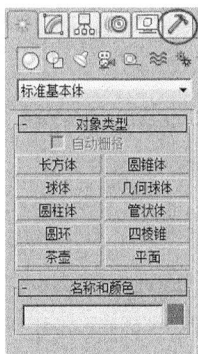

▲图 16-7　工具面板　　　　▲图 16-8　工具选项卡　　　　▲图 16-9　工具列表

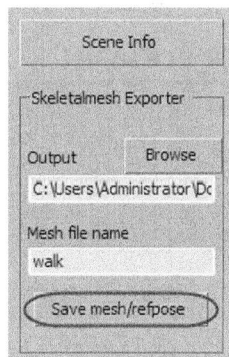

（5）点击"Save mesh/refpose"按钮，导出 PSK 文件到指定的路径中，如图 16-12 所示。

▲图 16-10　ActorX 工具界面　　▲图 16-11　导出 PSK 文件菜单　　▲图 16-12　"Save mesh/refpose"按钮

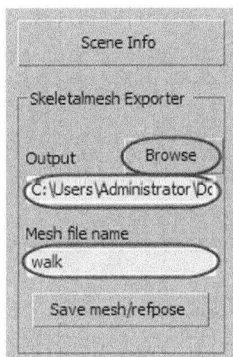

（6）在导出过程中，首先会出现显示当前模型相关信息的对话框，如图 16-13 所示，此时单击"确定"按钮即可。接着会出现提示当前 PSK 文件保存成功的对话框，如图 16-14 所示，同样也是单击"确定"按钮关闭对话框。

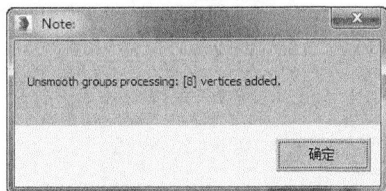

▲图 16-13　当前模型的相关信息　　　　▲图 16-14　存储成功提示

（7）成功导出 PSK 文件后，就需要进一步导出 PSA 文件了。首先在 ActorX 工具界面的"Animation file name"文本框中填写需要导出 PSA 文件的名称（如"dance"），然后在"Animation sequence name"文本框中填写动作名称（如"dace"），最后在"Animation range"一栏中，指定输出帧的范围，格式为"开始帧编号-结束帧编号"（如"0-400"），具体情况如图 16-15 所示。

（8）完成上述步骤后，点击按钮"Digest animation"，如图 16-16 所示。等待状态栏的进度条走完，就完成了动画的采集，之后将会出现显示当前动画相关信息的对话框，如图 16-17 所示，再单击"确定"按钮关闭对话框。

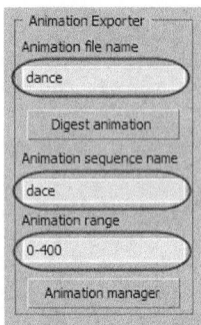

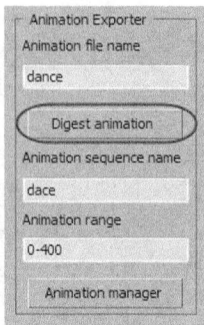

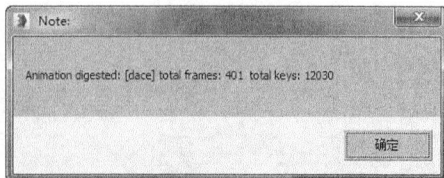

▲图 16-15　导出 PSA 文件菜单　　▲图 16-16　"Digest animation"按钮　　▲图 16-17　显示当前动画相关信息的对话框

（9）完成动画的采集后，单击"Animation manager"按钮，如图 16-18 所示。

（10）此时会打开 AcoorX animation manager 界面，在界面左侧列表中选中动作的名称（如"dace"），单击"→"箭头，如图 16-19 所示。

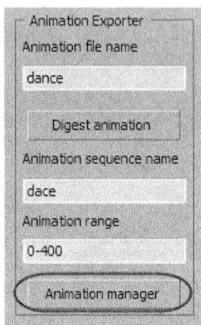

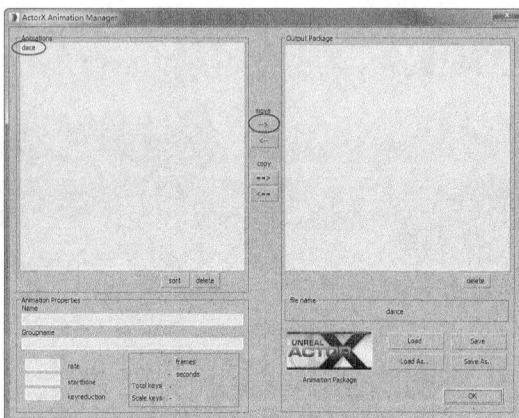

▲图 16-18　单击"Animation manager"按钮　　　　▲图 16-19　AcoorX animation manager 面板

（11）此时动作的名称会转移到右边的列表中，如图 16-20 所示。

（12）当动作的名称出现在右侧列表中之后，单击"Save"按钮保存文件，如图 16-21 所示。

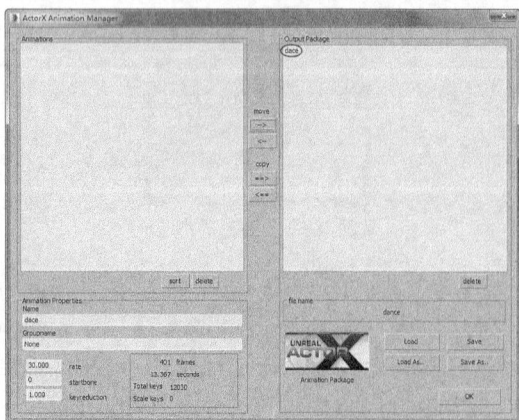

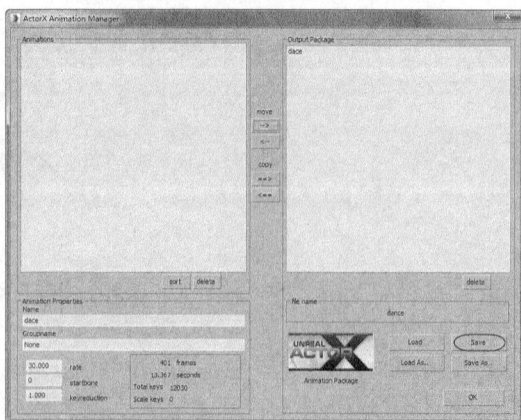

▲图 16-20　动作名称转移到窗口右侧列表　　　　▲图 16-21　单击"Save"按钮保存文件

（13）此时会出现显示当前文件相关信息的对话框，如图 16-22 所示。接着单击"确定"按钮，则保存成功。最后再单击"AcoorX animation manager"界面中的"OK"按钮，如图 16-23 所示，就完成了 PSA 文件的导出。

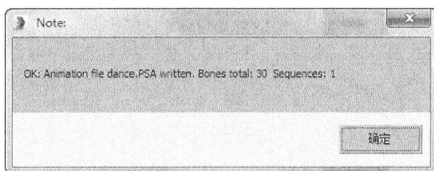

▲图 16-22　文件相关信息提示框

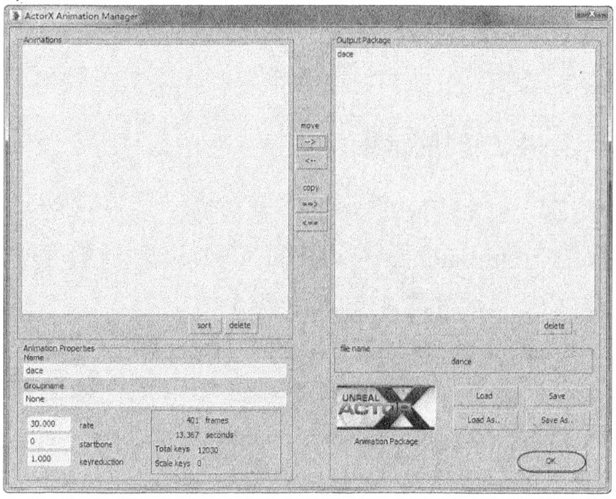

▲图 16-23　单击"OK"按钮

3. 将 PSK 和 PSA 文件转化为 ms3d 文件

前面介绍了如何利用"ActorX"插件在 3ds Max 中导出 PSK 和 PSA 文件，下面将介绍如何使用 MilkShape 3D 软件将 PSK 和 PSA 文件转化为 ms3d 文件，具体步骤如下。

（1）首先从官网中下载 MilkShape 3D 软件的压缩包，如"ms3d185beat1.zip"。

（2）将下载后的 zip 压缩包解压缩，点击其中的 exe 安装程序（如"ms3d185sctup.exe"）进行安装，安装后启动 MilkShape 3D。

> **提示**　Milkshape 3D 是一个用于制作各种游戏模型的绿色软件，它非常小巧。使用 Milkshape 3D 可以直接制作 ms3d 文件。但是由于 Milkshape 3D 相对功能较弱，因此作者仅仅使用其帮助导出 ms3d 文件，而不使用其制作骨骼动画。

（3）在 Milkshape 3D 的主界面中选中"File"菜单，再选择"Import"子菜单下面的"Unreal/UT PSK/PSA…"菜单项（如图 16-24 所示），按照软件的指示导入前面由 3ds Max 通过 ActorX 插件导出的 PSK 文件。

（4）接着在 Milkshape 3D 的主界面中选中"File"菜单，再选择"Import"子菜单下面的"Unreal/UT PSK/PSA…"菜单项（如图 16-24 所示），按照软件的指示导入前面由 3ds Max 通过 ActorX 插件导出 PSA 文件。

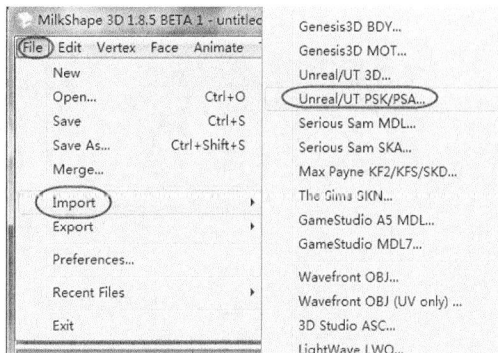

▲图 16-24　读取 PSK 和 PSA 文件

> **提示**　请读者注意 PSK 和 PSA 文件的导入顺序，必须先导入 PSK 文件，再导入 PSA 文件。

（5）PSK 和 PSA 文件导入完毕之后，在 MilkShape 3D 中就得到了包含骨骼动画物体的场景，读者可根据需要在 MilkShape 3D 中为所需模型贴图，然后保存为*.ms3d 文件。

到这里为止，3ds Max 动画文件就成功转换为 ms3d 文件了。

| 提示 | 由于 ms3d 文件所支持骨骼动画格式的特殊要求，最开始使用的包含骨骼动画的 3ds Max 文件中仅仅允许包含一个根骨骼，其他子骨骼必须直接或者间接级联到此根骨骼上，否则转换不能成功。另外骨骼对应的模型蒙皮也只能是一套，不能包含多个蒙皮。 |

4. 导出时的常见问题

实际进行转换时，可能会遇到一些报错信息，这里简要介绍解决的方法。如果遇到"节点 ID 不匹配（Unmatched Node ID）"警告，一般是说明动画中存在导出工具无法将其与骨骼相关联的模型网格，此时请注意以下两个方面：

● 首先要确定模型中的一切组成一个层次的、树状的结构。其中所有的骨骼必须直接或者间接连接到根骨骼，各个模型网格也是层层级联到根骨骼所对应的模型网格。

● 其次确认任何 biped 或起辅助作用的几何图元上没有多余的附加贴图。如果不需要这些贴图，可以在 ActorX 设置菜单中不选择"Skin Export"下的"all textured"选项。

如果遇到"无效体格骨骼影响数量（Invalid number of physique bone influences）"警告信息，就说明模型中的某些顶点有一个或多个骨骼对其产生影响，其中有无效（可能为零）的权重。此时可通过蒙皮修改器手动调节权重解决，如果还不行则需要重新设置模型的蒙皮。

| 提示 | 这里仅仅给出了作者转换的过程中遇到的两个常见问题，实际操作时还可能会遇到其他问题，读者按照这里给出的思路进一步摸索即可。 |

16.2.3　加载 ms3d 文件案例的开发

16.2.1 节与 16.2.2 节介绍了 ms3d 文件的数据组织格式，以及如何将 3ds Max 动画文件转换为 ms3d 文件。本节将通过案例 Sample16_3 介绍如何将 ms3d 文件中的数据加载进应用程序中，并通过 Vulkan 渲染呈现，其运行效果如图 16-25 所示。

▲图 16-25　案例 Sample16_3 运行效果图

| 说明 | 图 16-25 中从左到右为不同时刻、不同角度观察案例场景的情况。由于本案例主要是体现动态效果，因此仅仅观察插图可能体会不到一些要点，建议读者采用真实设备运行本案例观察、体会。另外案例运行的过程中，当手指在屏幕上左右滑动时摄像机绕场景水平旋转，当手指在屏幕上垂直滑动时，摄像机绕场景垂直转动，以便从不同的角度进行观察。 |

了解了本节案例 Sample16_3 的运行效果后，接下来将对本节案例的具体开发过程进行介绍。由于此案例中的部分类和前面章节很多案例中的非常类似，因此在这里仅仅给出本案例中有代表

性的部分，具体内容如下。

（1）首先介绍的是用于存储从 ms3d 文件中加载的动画相关数据以及执行模型绘制工作的 MS3DModel 类。该类中提供了初始化顶点数据、创建顶点数据缓冲等方法。下面给出的是该类的声明，具体代码如下。

代码位置：见随书源代码/第 16 章/Sample16_3 /main/cpp/draw 目录下的 MS3DModel.h。

```
1    //此处省略了相关头文件的导入，读者可自行查阅随书源代码
2    class MS3DModel{
3    public:
4        MS3DHeader *header;                    //ms3d 文件头信息对象指针
5        vector<MS3DVertex*> vertexs;           //ms3d 文件顶点信息对象指针列表
6        vector<MS3DTriangle*> triangles;       //ms3d 文件三角形组装信息对象指针列表
7        vector<MS3DGroup*> groups;             //ms3d 文件组信息对象指针列表
8        vector<MS3DMaterial*> materials;       //ms3d 文件材质信息对象指针列表
9        vector<MS3DJoint*> joints;             //ms3d 文件关节信息对象指针列表
10       int vCount;                            //顶点数量
11       int groCount;                          //组数量
12       int joiCount;                          //关节数量
13       float fps;                             //ms3d 文件帧速率信息
14       float current_time;                    //ms3d 文件当前播放时间信息
15       float totalTime;                       //总动画时间
16       int frame_count;                       //ms3d 文件关键帧数量信息
17       MS3DJoint* jointHelper;                //更新顶点数据所需的指向当前所用关节对象的指针
18       float * pushConstantData;              //指向推送常量数据数组首地址的指针
19       vector<float*> vdata;                  //指向组内顶点数据数组首地址的指针列表
20       VkDevice* devicePointer;               //指向逻辑设备的指针
21       float* groVdata;                       //指向绘制用当前组顶点数据数组首地址的指针
22       VkBuffer *vertexDatabuf;               //指向顶点数据缓冲数组首地址的指针
23       VkDeviceMemory *vertexDataMem;         //指向顶点数据所需设备内存数组首地址的指针
24       VkDescriptorBufferInfo *vertexDataBufferInfo; //指向顶点数据缓冲描述信息数组首地址的指针
25       VkMemoryRequirements *mem_reqs;        //指向缓冲内存需求数组首地址的指针
26       MS3DModel(VkDevice& device,            //构造函数
27           VkPhysicalDeviceMemoryProperties& memoryroperties, unsigned char* binaryData);
28       ~MS3DModel();                          //析构函数
29       void initMs3dInfo(unsigned char* binaryData); //加载 ms3d 文件信息的方法
30       void initVertexBuffer(VkPhysicalDeviceMemoryProperties&
31       memoryroperties);                      //创建顶点数据缓冲的方法
32       void updateJoint(float ttime);         //更新关节数据的方法
33       void updateAllVectexs();               //更新所有顶点位置数据的方法
34       void initVertexData();                 //初始化所有顶点数据的方法
35       void animate(float ttime,VkCommandBuffer& cmd,
36           VkPipelineLayout& pipelineLayout,VkPipeline& pipeline); //执行动画的方法
37       void reAssemVertexData();              //更新顶点数据后重新组装数据的方法
38       void drawSelf(bool isUpdate,VkCommandBuffer& cmd,         //绘制方法
39           VkPipelineLayout& pipelineLayout,VkPipeline& pipeline);
40   };
```

● 第 4～25 行声明了本类中需要的一些成员变量，其中最需要注意的是第 6～18 行的成员变量，这些成员变量分别对应于 16.2.2 节介绍过的 ms3d 文件数据中的各个部分。另外，因为 ms3d 文件中可能包含多组顶点，因此诸如顶点数据缓冲、顶点数据所需设备内存等变量均定义为指向数组首地址的指针，这与本书之前的很多案例是不同的。

● 第 26～39 行声明了该类的构造函数、析构函数和一些需要用到的功能方法，有关这些方

法的实现将在下面进行详细介绍。

（2）了解了 MS3DModel 类的基本结构后，下面对该类的构造函数及其中功能方法的实现一一进行介绍。首先介绍的是该类的构造函数和用于加载 ms3d 文件中各方面信息的 initMs3dInfo 方法，具体代码如下。

✎ **代码位置：**见随书源代码/第 16 章/Sample16_3 /main/cpp/draw 目录下的 MS3DModel.cpp。

```
1    MS3DModel::MS3DModel(VkDevice& device,                      //构造函数
2        VkPhysicalDeviceMemoryProperties& memoryroperties, unsigned char* binaryData) {
3        pushConstantData=new float[16];                         //创建推送常量数据数组
4        this->devicePointer=&device;                            //接收逻辑设备指针并保存
5        initMs3dInfo(binaryData);                               //调用方法加载 ms3d 文件信息
6        vertexDatabuf=new VkBuffer[groCount];                   //创建顶点数据缓冲数组
7        vertexDataMem=new VkDeviceMemory [groCount];            //创建顶点数据所需设备内存数组
8        vertexDataBufferInfo=new VkDescriptorBufferInfo[groCount]; //创建顶点数据缓冲描述信息数组
9        mem_reqs=new VkMemoryRequirements [groCount];           //创建缓冲内存需求数组
10       initVertexData();                                       //调用方法初始化顶点数据
11       initVertexBuffer(memoryroperties);                      //调用方法创建顶点数据缓冲
12   }
13   void MS3DModel::initMs3dInfo(unsigned char* binaryData){   //加载 ms3d 文件信息的方法
14       int binaryData_index=0;                                //数据读取辅助索引（以字节计）
15       header = new MS3DHeader(binaryData, &binaryData_index); //创建 ms3d 文件头信息对象
16       vCount=FileUtil::myReadUnsignedShort(binaryData, &binaryData_index); //读取顶点数量
17       for(int i=0; i<vCount; i++){                            //循环创建相应数量的顶点信息对象
18           MS3DVertex* vertex = new MS3DVertex(binaryData, &binaryData_index);
                                                                 //创建顶点信息对象
19           vertexs.push_back(vertex);                          //将顶点信息对象指针存入相应列表
20       }
21       int num_tri=FileUtil::myReadUnsignedShort(binaryData, &binaryData_index);
                                                                 //读取三角形面数量
22       for(int i=0; i<num_tri; i++){                           //循环创建相应数量的三角形组装信息对象
23           MS3DTriangle* triangle=                             //创建三角形组装信息对象
24               new MS3DTriangle (binaryData,&binaryData_index);
25           triangles.push_back(triangle);                     //将三角形组装信息对象指针存入相应列表
26       }
27       groCount=FileUtil::myReadUnsignedShort(binaryData,&binaryData_index); //读取组数量
28       for(int i=0; i<groCount; i++){                          //循环创建相应数量的组信息对象
29           MS3DGroup* group = new MS3DGroup(binaryData,&binaryData_index); //创建组信息对象
30           groups.push_back(group);                            //将组信息对象指针存入相应列表
31       }
32       int num_mat=FileUtil::myReadUnsignedShort(binaryData,&binaryData_index);
                                                                 //读取材质数量
33       for(int i=0; i<num_mat; i++){                           //循环创建相应数量的材质信息对象
34           MS3DMaterial* mal = new MS3DMaterial(binaryData,&binaryData_index);
                                                                 //创建材质信息对象
35           materials.push_back(mal);                           //将材质信息对象指针存入相应列表
36       }
37       fps=FileUtil::myReadFloat(binaryData,&binaryData_index);            //读取帧速率信息
38       current_time = FileUtil::myReadFloat(binaryData,&binaryData_index); //读取当前时间
39       frame_count = FileUtil::myReadInt(binaryData,&binaryData_index);    //读取关键帧总数
40       totalTime = frame_count / fps;                         //计算动画总时间
41       joiCount=FileUtil::myReadUnsignedShort(binaryData,&binaryData_index); //读取关节数量
42       map<string, MS3DJoint*> mapp;          //用于保存关节 id 与关节信息对象对应关系的临时 map
43       for(int i = 0; i < joiCount; i++){ //循环加载每个关节的信息
44           MS3DJoint* joint = new MS3DJoint(binaryData,&binaryData_index);
```

```
45              mapp[joint->name]=joint;          //将关节信息存入 map 以备查找
46              map<string,MS3DJoint*>::iterator iter=mapp.begin(); //获取 mapp 的迭代器对象
47              for(; iter != mapp.end(); iter++){           //遍历 mapp
48                  string pname=iter->first;               //获取关节 id
49                  if(pname==(joint->parentName)){   //判断该关节是否为当前关节的父关节
50                      joint->parent = mapp[joint->parentName];  //获得父关节信息对象
51                      joint->ifparent=true;           //设置当前关节信息对象为有父关节状态
52                      break;
53                  }}
54              joint->relative =new Mat4();           //创建当前关节的相对矩阵对象
55              joint->relative->loadIdentity();       //初始化相对矩阵为单位矩阵
56              //将欧拉角表示的旋转数据转换为矩阵形式表示的旋转数据并存入相对矩阵中
57              joint->relative->genRotationFromEulerAngle(joint->trotate);
58              joint->relative->setTranslation(joint->tposition); //将初始平移信息记录进相对矩阵中
59              joint->absolute = new Mat4();           //创建当前关节的绝对矩阵对象
60              joint->absolute->loadIdentity();        //初始化绝对矩阵为单位矩阵
61              if(joint->ifparent){                    //若有父关节
62                  //子关节的绝对矩阵等于父关节的绝对矩阵乘以子关节的相对矩阵
63                  joint->absolute->mul(joint->parent->absolute,joint->relative);
64              }else{                                  //若没有父关节
65                  joint->absolute->copyFrom(joint->relative); //相对矩阵即为绝对矩阵
66              }joints.push_back(joint);              //将关节信息对象指针存入相应列表
67          }mapp.clear();                            //清除临时 map
68      }
```

- 第 1～12 行为该类的构造函数，主要工作就是初始化一些成员变量，并调用其他方法帮助加载 ms3d 文件信息、初始化顶点数据、创建顶点数据缓冲。

- 第 13～68 行为用于加载 ms3d 文件信息的 initMs3dInfo 方法，其总体实现思路就是根据前面 16.2.1 节中介绍过的 ms3d 文件格式依次加载文件头信息、顶点信息、三角形组装信息、组信息、材质信息、帧速率等动画时间相关信息和关节信息。另外，initMs3dInfo 方法中使用了一些代表模型顶点信息、三角形组装信息的类，有关这些类的框架及实现将在后面进行详细介绍。

> 提示　　ms3d 文件中的旋转数据都是以欧拉角形式存储的，这种形式的优点是节省空间，只需要 3 个数即可表示三维空间中的任意旋转。但欧拉角的表示方式在计算中并不方便，因此上述方法在加载以欧拉角表示的旋转数据后转换为矩阵形式以备计算时使用。

（3）介绍完 MS3DModel 类的构造函数和用于加载 ms3d 文件信息的方法 initMs3dInfo 后，下面介绍用于初始化顶点数据的 initVertexData 方法。该方法的主要功能是根据之前加载的 ms3d 文件信息，将顶点数据组织成方便程序中使用的模式，具体代码如下。

代码位置：见随书源代码/第 16 章/Sample16_3 /main/cpp/draw 目录下的 MS3DModel.cpp。

```
1   void MS3DModel::initVertexData() {          //初始化顶点数据的方法
2       updateJoint(0.0f);                      //将关节更新到起始时间（时间为 0 的时间）
3       int triangleCount = 0;                  //表示组内三角形个数的辅助变量
4       MS3DTriangle *triangle;                 //指向三角形组装信息对象的辅助指针
5       int *indexs;                            //指向组内三角形索引数组首地址的指针
6       int *vertexIndexs;                      //指向当前处理三角形顶点索引数组首地址的指针
7       for (MS3DGroup *group:groups) {         //对模型中的每个组进行遍历
8           int count = 0;                      //辅助索引
9           indexs = group->getIndicies();      //获取组内三角形索引数组
10          triangleCount = group->getCount_ind(); //获取组内三角形数量
```

```
11              float *groupVdata = new float[triangleCount * 3 * 5]; //初始化本组顶点数据数组
12              for (int j = 0; j < triangleCount; j++) {    //遍历组内的每个三角形
13                  triangle = triangles[indexs[j]];         //获取当前要处理的三角形
14                  vertexIndexs = triangle->getIndexs(); //获取当前三角形的顶点索引数组
15                  for (int k = 0; k < 3; k++) {            //循环对三角形中的 3 个顶点进行处理
16                      MS3DVertex *mvt =vertexs[vertexIndexs[k]]; //根据顶点索引获取当前顶点
17                      groupVdata[count++] = mvt->getInitPosition()->getX();
                                                             //顶点位置的 x 坐标
18                      groupVdata[count++] = mvt->getInitPosition()->getY();
                                                             //顶点位置的 y 坐标
19                      groupVdata[count++] = mvt->getInitPosition()->getZ();
                                                             //顶点位置的 z 坐标
20                      groupVdata[count++] = triangle->getS()->getVector3fArray()[k];
                                                             //顶点的纹理 s 坐标
21                      groupVdata[count++] = triangle->getT()->getVector3fArray()[k];
                                                             //顶点的纹理 t 坐标
22              }}
23              vdata.push_back(groupVdata);                 //将当前组的顶点数据添加进总数据列表
24      }}
```

> **说明**　上述代码比较简单，主要就是完成了对模型顶点数据的组织。其基本策略是以一个组为一个整体，首先获取组内的三角形索引数组，再获取每个三角形中各个顶点的索引，然后根据该索引从之前加载的 ms3d 文件信息中取出顶点位置坐标数据和顶点纹理坐标数据并按照程序所需将数据按序组织进顶点数据数组中。

（4）通过前面介绍的方法已经可以完成文件信息的加载工作和顶点数据的组装，下面将要介绍的是执行动画的方法及对关节和所有顶点进行更新的方法。这些方法的主要功能是在程序运行过程中根据动画信息和相应的时间点信息将顶点更新到对应的位置，再调用绘制方法进行绘制，具体代码如下。

代码位置： 见随书源代码/第 16 章/Sample16_3 /main/cpp/draw 目录下的 MS3DModel.cpp。

```
1   void MS3DModel::animate(float ttime,VkCommandBuffer& cmd,    //执行动画的方法
2       VkPipelineLayout& pipelineLayout,VkPipeline& pipeline){
3       if (current_time != ttime) {                            //判断动画时间是否有更新
4           updateJoint(ttime);                                 //更新关节数据
5           updateAllVectexs();                                 //更新顶点数据
6           reAssemVertexData();                                //重新组装数据
7           drawSelf(true,cmd,pipelineLayout,pipeline);   //调用 drawSelf 方法执行绘制
8       } else {
9           drawSelf(false,cmd,pipelineLayout,pipeline);  //调用 drawSelf 方法执行绘制
10  }}
11  void MS3DModel::updateJoint(float ttime){                   //更新关节数据的方法
12      current_time = ttime;                                   //设置当前时间
13      if(current_time > totalTime){                           //若当前动画时间超过总动画时间
14          current_time = 0.0f;                                //设置当前时间为 0
15      }
16      for (MS3DJoint* jt : joints){                           //对模型中的每个关节进行遍历
17          jt->update(current_time);                           //调用当前关节的更新方法
18  }}
19  void MS3DModel::updateAllVectexs(){                         //更新所有顶点位置数据的方法
20      for (MS3DVertex* vtHelper : vertexs){                   //对模型中的所有顶点进行遍历
21          if (vtHelper->getBone() == -1) {                    //若无关节控制
22              vtHelper->setCurrPosition(vtHelper->getInitPosition());
                                                                //初始位置即为当前位置
```

```
23                }
24                else {                                     //若有关节控制
25                    int it = vtHelper->getBone();          //获取对应关节索引
26                    jointHelper = joints[it];              //获取对应的关节信息对象
27                    Vector3f* v3Helper1 = jointHelper->getAbsolute()->
                                                             //获取顶点在关节坐标系中的初始坐标
28                            invTransformAndRotate(vtHelper->getInitPosition());
29                    Vector3f* v3Helper2 =   //根据关节的实时变换状态计算出顶点经关节影响后的位置
30                            jointHelper->getMatrix()->transform(v3Helper1);
31                    vtHelper->setCurrPosition(v3Helper2); //设置顶点当前位置
32                    delete v3Helper1;delete v3Helper2;     //释放两个辅助变量
33  }}}
```

- 第 1~10 行为用于执行动画的 animate 方法，若动画时间有更新则调用相关方法更新关节数据和所有顶点的位置数据，并重新组装顶点数据，然后调用绘制方法；若动画时间没有更新则直接调用绘制方法。

- 第 11~18 行为用于更新关节数据的 updateJoint 方法，其主要工作就是对模型中的所有关节进行遍历，调用每个关节的更新方法，将关节数据更新到与当前动画时间匹配。

- 第 19~33 行为用于更新所有顶点位置数据的 updateAllVectexs 方法，其主要工作是对模型中的所有顶点进行遍历，若顶点无关节控制则初始位置即为当前位置，若顶点有关节控制则根据关节的实时变换情况计算出顶点经关节影响后的位置。

（5）介绍完有关 ms3d 文件信息加载、顶点数据组装及关节数据和顶点数据的更新等方法后，下面将要介绍的是 MS3DModel 类中的绘制方法 drawSelf，具体代码如下。

代码位置：见随书源代码/第 16 章/Sample16_3 /main/cpp/draw 目录下的 MS3DModel.cpp。

```
1   void MS3DModel::drawSelf(bool isUpdate,VkCommandBuffer& cmd,    //绘制方法
2               VkPipelineLayout& pipelineLayout,VkPipeline& pipeline){
3       MS3DGroup* group;                                      //临时辅助用组信息对象指针
4       MS3DMaterial* material;                                //临时辅助用材质信息对象指针
5       VkDescriptorSet* desSetPointer;                        //描述集指针
6       for(int i=0;i<groups.size();i++){                      //对模型中的所有组进行遍历
7           group = groups[i];                                 //获取当前组信息对象
8           int triangleCount = group->getCount_ind();         //获取组内三角形的数量
9           if (group->getMaterialIndex() > -1) {              //若有材质（即需要贴纹理）
10              material = materials[group->getMaterialIndex()]; //获取材质信息对象
11              desSetPointer = &MyVulkanManager::sqsCL->descSet //指定描述集（绑定纹理）
12      [TextureManager::getVkDescriptorSetIndex("texture/"+texName2bntex(material->
    textureName))];
13          }
14          if(isUpdate){                                       //若需要更新顶点数据缓冲
15              groVdata = vdata[i];                           //获取当前组顶点数据数组
16              uint8_t *pData;                                //CPU 访问时的辅助指针
17              VkResult result = vk::vkMapMemory(*devicePointer,
                                                             //将设备内存映射为 CPU 可访问
18                      vertexDataMem[i], 0, mem_reqs[i].size, 0, (void **) &pData);
19              assert(result == VK_SUCCESS);                  //判断内存映射是否成功
20              memcpy(pData, groVdata, triangleCount * 3 * 5 * sizeof(float));
                                                             //将数据复制进设备内存
21              vk::vkUnmapMemory(MyVulkanManager::device, vertexDataMem[i]);
                                                             //解除内存映射
22          }
23          vk::vkCmdBindPipeline(cmd,                         //将当前使用的命令缓冲与指定管线绑定
```

```
24                    VK_PIPELINE_BIND_POINT_GRAPHICS,pipeline);
25            vk::vkCmdBindDescriptorSets(cmd,        //将命令缓冲、管线布局、描述集绑定
26                    VK_PIPELINE_BIND_POINT_GRAPHICS,pipelineLayout, 0, 1,desSetPointer,
0, NULL);
27            const VkDeviceSize offsetsVertex[1] = {0};     //顶点数据偏移量数组
28            vk::vkCmdBindVertexBuffers(cmd,        //将当前组顶点数据与当前使用的命令缓冲绑定
29                    0,1,&(vertexDatabuf[i]),offsetsVertex);
30            float* mvp = MatrixState3D::getFinalMatrix(); //获取总变换矩阵
31            memcpy(pushConstantData, mvp, sizeof(float) * 16);
                                                //将总变换矩阵复制进推送常量数据数组
32            vk::vkCmdPushConstants(cmd,        //将推送常量数据送入管线
33             pipelineLayout,VK_SHADER_STAGE_VERTEX_BIT, 0, sizeof(float) * 16,
pushConstantData);
34            vk::vkCmdDraw(cmd, triangleCount*3, 1, 0, 0); //绘制当前组
35    }}
```

- 第 3～5 行声明了此绘制方法中需要用到的几个辅助变量。
- 第 7～13 行首先获取了当前组信息对象，并根据组材质信息指定绘制用描述集。需要注意的是由于本案例中使用的纹理图是笔者自己开发的后缀为 ".bntex" 的文件，而 ms3d 文件中存储的是后缀为 ".jpg" 等通用图片格式的纹理图名称，因此第 12 行调用 texName2bntex 方法对其名称字符串进行了转换。
- 第 14～22 行首先判断是否需要更新顶点数据缓冲，若需要则获取当前组顶点数据并将其复制进指定的设备内存中。
- 第 23～34 行与之前很多案例中的对应部分大同小异，主要就是将当前使用的命令缓冲与指定管线、管线布局、描述集以及顶点数据绑定，并将推送常量数据送入管线，最后再绘制当前组。

> 说明　除上述几个步骤中介绍的几个方法外，MS3DModel 类中还有用于创建顶点数据缓冲的方法、更新顶点数据后重新组装数据的方法以及析构函数。这几部分的实现没有特殊性，就不再赘述，感兴趣的读者可自行查阅随书源代码。

（6）介绍完用于存储从 ms3d 文件中加载的动画相关数据以及执行模型绘制的 MS3DModel 类后，下面将要介绍的就是之前提到过的用于完成存储模型顶点信息、存储三角形组装信息等任务的几个类。首先介绍的便是用于存储顶点信息的 MS3DVertex 类，下面给出该类的声明，具体代码如下。

代码位置：见随书源代码/第 16 章/Sample16_3 /main/cpp/draw 目录下的 MS3DVertex.h。

```
1    //此处省略了相关头文件的导入，读者可自行查阅随书源代码
2    class MS3DVertex{
3    private:
4        Vector3f* initPosition;          //从文件中读取的顶点原始坐标
5        Vector3f* currPosition;          //动画中实时变化的顶点坐标
6        int bone;                        //影响该顶点的骨骼（关节）索引
7    public:
8        MS3DVertex(unsigned char* binaryData,int* binaryData_index);     //构造函数
9        ~MS3DVertex();                   //析构函数
10       Vector3f* getInitPosition();     //获取顶点初始位置坐标的方法
11       Vector3f* getCurrPosition();     //获取顶点当前位置坐标的方法
12       void setCurrPosition(Vector3f* buffer);   //设置顶点当前位置坐标的方法
13       int getBone();                   //获取影响该顶点的骨骼（关节）索引的方法
14    };
```

- 第 4～6 行声明了本类中的几个用于存储相关信息的成员变量。

● 第 8～13 行声明了该类的构造函数、析构函数、获取顶点初始位置坐标的方法、设置和获取顶点当前位置坐标的方法以及获取影响该顶点的骨骼（关节）索引的方法。

（7）了解了 MS3DVertex 类的基本结构后，下面介绍该类的构造函数和各个功能方法的具体实现，代码如下。

🔖 **代码位置：见随书源代码/第 16 章/Sample16_3 /main/cpp/draw 目录下的 MS3DVertex.cpp。**

```
1   MS3DVertex::MS3DVertex(unsigned char* binaryData,int* binaryData_index){ //构造函数
2       currPosition = new Vector3f();                    //创建表示顶点当前位置的复合数对象
3       FileUtil::myReadByte(binaryData, binaryData_index);//读取顶点在编辑器中的状态,本案例中无用
4       float x =FileUtil::myReadFloat(binaryData, binaryData_index);
                                                          //读取顶点初始位置坐标的 x 分量
5       float y =FileUtil::myReadFloat(binaryData, binaryData_index);
                                                          //读取顶点初始位置坐标的 y 分量
6       float z =FileUtil::myReadFloat(binaryData, binaryData_index);
                                                          //读取顶点初始位置坐标的 z 分量
7       initPosition =new Vector3f(x,y,z);                //创建表示顶点初始位置的复合数对象
8       bone = FileUtil::myReadByte(binaryData, binaryData_index);
                                                          //读取影响该顶点的骨骼（关节）索引
9       FileUtil::myReadByte(binaryData, binaryData_index);  //读取标志,本案例中无用
10  }
11  Vector3f* MS3DVertex::getInitPosition(){          //获取顶点初始位置的方法
12      return initPosition;                          //返回存储顶点初始位置的复合数对象的指针
13  }
14  int MS3DVertex::getBone(){                        //获取影响该顶点的骨骼（关节）索引的方法
15      return bone;                                  //返回影响该顶点的骨骼（关节）索引
16  }
17  Vector3f* MS3DVertex::getCurrPosition(){          //获取顶点当前位置的方法
18      return currPosition;                          //返回存储顶点当前位置的复合数对象的指针
19  }
20  void MS3DVertex::setCurrPosition(Vector3f* buffer){     //设置顶点当前位置的方法
21      currPosition->setX(buffer->getX());          //设置顶点当前位置坐标的 x 分量
22      currPosition->setY(buffer->getY());          //设置顶点当前位置坐标的 y 分量
23      currPosition->setZ(buffer->getZ());          //设置顶点当前位置坐标的 z 分量
24  }
25  //此处省略了该类的析构函数,需要的读者可自行查阅随书源代码
```

● 第 1～10 行为该类的构造函数，主要功能就是通过读取 ms3d 文件信息初始化了用于存储顶点初始位置的复合数对象以及影响该顶点的骨骼（关节）索引。

● 第 11～24 行分别为获取顶点初始位置的方法、获取影响该顶点的骨骼索引的方法、获取和设置顶点当前位置的方法，这几个方法的实现都比较简单，应该不需要过多解释说明。

（8）接着要介绍的是用来加载并存储三角形组装信息的 MS3DTriangle 类，下面首先给出该类的声明，具体代码如下。

🔖 **代码位置：见随书源代码/第 16 章/Sample16_3 /main/cpp/draw 目录下的 MS3DTriangle.h。**

```
1   //此处省略了相关头文件的导入,读者可自行查阅随书源代码
2   class MS3DTriangle{
3   private:
4       int* indexs;                //指向三角形 3 个顶点索引值数组首地址的指针
5       Vector3f* s;                //指向存储三角形 3 个顶点纹理 s 坐标的复合数对象的指针
6       Vector3f* t;                //指向存储三角形 3 个顶点纹理 t 坐标的复合数对象的指针
7       int smoothingGroup;         //三角形面所处的平滑组编号
8       int groupIndex;             //三角形面所处的组索引
```

```
9    public:
10        MS3DTriangle(unsigned char* binaryData,int* binaryData_index);     //构造函数
11        ~MS3DTriangle();                    //析构函数
12        vector<Vector3f*> normals;          //三角形 3 个顶点法向量的列表
13        int* getIndexs();                   //获取三角形面 3 个顶点索引的方法
14        Vector3f* getS();                   //获取三角形面 3 个顶点纹理 s 坐标的方法
15        Vector3f* getT();                   //获取三角形面 3 个顶点纹理 t 坐标的方法
16        int getSmoothingGroup();            //获取三角形面所处的平滑组编号的方法
17        int getGroupIndex();                //获取三角形面所处的组索引的方法
18    };
```

> **说明**　上述代码比较简单，主要就是声明了 MS3DTriangle 类中用于存储三角形组装索引信息的一系列变量，还声明了该类的构造函数、析构函数和其它用于获取三角形组装信息的几个功能方法。

（9）了解了 MS3DTriangle 类的基本结构后，下面介绍该类的实现代码，具体内容如下。

代码位置： 见随书源代码/第 16 章/Sample16_3/main/cpp/draw 目录下的 MS3DTriangle.cpp。

```
1    //此处省略了相关头文件的导入，读者可自行查阅随书源代码
2    MS3DTriangle::MS3DTriangle(unsigned char* binaryData,int* binaryData_index){
3        FileUtil::myReadUnsignedShort(binaryData, binaryData_index);
                                            //读取三角形在编辑器中的状态值
4        indexs = new int[3]{                //初始化三角形 3 个顶点索引的数组
5            FileUtil::myReadUnsignedShort(binaryData, binaryData_index),
                                            //读取第 1 个顶点的索引
6            FileUtil::myReadUnsignedShort(binaryData, binaryData_index),
                                            //读取第 2 个顶点的索引
7            FileUtil::myReadUnsignedShort(binaryData, binaryData_index)};
                                            //读取第 3 个顶点的索引
8        for(int j=0; j<3; j++){             //对三角形中的 3 个顶点进行遍历
9            float nx=FileUtil::myReadFloat(binaryData, binaryData_index);
                                            //读取当前顶点法向量的 x 分量
10           float ny=FileUtil::myReadFloat(binaryData, binaryData_index);
                                            //读取当前顶点法向量的 y 分量
11           float nz=FileUtil::myReadFloat(binaryData, binaryData_index);
                                            //读取当前顶点法向量的 z 分量
12           Vector3f* vt=new Vector3f(nx,ny,nz);  //创建存储当前顶点法向量的复合数对象
13           normals.push_back(vt);         //将法向量复合数对象指针存入相应列表
14       }
15       float s1 = FileUtil::myReadFloat(binaryData, binaryData_index);
                                            //读取第 1 个顶点的纹理 s 坐标
16       float s2 = FileUtil::myReadFloat(binaryData, binaryData_index);
                                            //读取第 2 个顶点的纹理 s 坐标
17       float s3 = FileUtil::myReadFloat(binaryData, binaryData_index);
                                            //读取第 3 个顶点的纹理 s 坐标
18       s = new Vector3f(s1, s2, s3);       //创建存储三角形面 3 个顶点纹理 s 坐标的复合数对象
19       float t1 = FileUtil::myReadFloat(binaryData, binaryData_index);
                                            //读取第 1 个顶点的纹理 t 坐标
20       float t2 = FileUtil::myReadFloat(binaryData, binaryData_index);
                                            //读取第 2 个顶点的纹理 t 坐标
21       float t3 = FileUtil::myReadFloat(binaryData, binaryData_index);
                                            //读取第 3 个顶点的纹理 t 坐标
22       t=new Vector3f(t1,t2,t3);           //创建存储三角形面 3 个顶点纹理 t 坐标的复合数对象
23       smoothingGroup=FileUtil::myReadByte(binaryData,binaryData_index);
```

```
                                      //读取三角形面所处平滑组编号
24      groupIndex =FileUtil::myReadByte(binaryData, binaryData_index);
                                      //读取三角形面所处的组索引
25  }
26  int* MS3DTriangle::getIndexs(){      //获取三角形面 3 个顶点索引的方法
27      return indexs;                  //返回指向三角形 3 个顶点索引值数组首地址的指针
28  }
29  Vector3f* MS3DTriangle::getS(){      //获取三角形面 3 个顶点纹理 s 坐标的方法
30      return s;                       //返回存储三角形 3 个顶点纹理 s 坐标的复合数对象的指针
31  }
32  Vector3f* MS3DTriangle::getT(){      //获取三角形面 3 个顶点纹理 t 坐标的方法
33      return t;                       //返回存储三角形 3 个顶点纹理 t 坐标的复合数对象的指针
34  }
35  int MS3DTriangle::getSmoothingGroup(){   //获取三角形面所处的平滑组编号的方法
36      return smoothingGroup;          //返回三角形面所处的平滑组编号
37  }
38  int MS3DTriangle::getGroupIndex(){   //获取三角形面所处的组索引的方法
39      return groupIndex;              //返回三角形面所处的组索引
40  }
41  //此处省略了该类析构函数的实现，读者可自行查阅随书源代码。
```

- 第 2～25 行为 MS3DTriangle 类的构造函数，其功能是首先读取当前三角形面 3 个顶点的索引，再读取 3 个顶点的法向量数据，然后读取 3 个顶点的纹理坐标，最后读取平滑组信息和组索引信息。需要注意的是，读取纹理坐标时，首先连着的 3 个数据是三个顶点的纹理 s 坐标，接着 3 个数据是 3 个顶点的纹理 t 坐标，而不是 3 组 s、t 纹理坐标序列。

- 第 26～40 行实现了之前头文件中声明的其它几个功能方法，由于这几个方法的实现都比较简单，这里就不过多解释了。

（10）紧接着要介绍的是用来加载和存储组信息的 MS3DGroup 类，下面首先给出该类的声明，具体代码如下。

✎ 代码位置：见随书源代码/第 16 章/Sample16_3 /main/cpp/draw 目录下的 MS3DGroup.h。

```
1   class MS3DGroup{
2   private:
3       int* indicies;                  //指向组内三角形索引数组首地址的指针
4       int materialIndex;              //组对应的材质索引
5       int count_ind;                  //组内的三角形数量
6   public:
7       MS3DGroup(unsigned char* binaryData,int* binaryData_index);   //构造函数
8       ~MS3DGroup();                   //析构函数
9       int* getIndicies();            //获取组内三角形索引的方法
10      int getMaterialIndex();        //获取组对应的材质索引的方法
11      int getCount_ind();            //获取组内三角形数量的方法
12  };
```

> 📌 说明　　上述代码比较简单，主要就是声明了用于存储组信息的几个成员变量，还声明了该类的构造函数、析构函数和用于获取组信息的几个功能方法。

（11）了解了 MS3DGroup 类的基本结构后，下面详细介绍该类的实现代码，具体内容如下。

✎ 代码位置：见随书源代码/第 16 章/Sample16_3 /main/cpp/draw 目录下的 MS3DGroup.cpp。

```
1   //此处省略了相关头文件的导入，读者可自行查阅随书源代码
2   MS3DGroup::MS3DGroup(unsigned char* binaryData,int* binaryData_index){ //构造函数
```

```
3      FileUtil::myReadByte(binaryData, binaryData_index);//读取该组在编辑器中的状态，本案例中无用
4      FileUtil::myReadString(binaryData, binaryData_index,32);//读取组名称,本案例中无用
5      count_ind =FileUtil::myReadUnsignedShort(binaryData, binaryData_index);
                                                          //读取组内三角形数量
6      indicies=new int[count_ind];                       //初始化组内三角形索引数组
7      for(int j=0; j<count_ind; j++){                    //读取组内各个三角形的索引
8            indicies[j]=FileUtil::myReadUnsignedShort(binaryData, binaryData_index);
                                                          //读取一个三角形索引
9      }
10     materialIndex =FileUtil::myReadByte(binaryData, binaryData_index);//读取组对应的材质索引
11   }
12   int* MS3DGroup::getIndicies(){                        //获取组内三角形索引的方法
13       return indicies;                                 //返回指向组内三角形索引数组首地址的指针
14   }
15   int MS3DGroup::getMaterialIndex(){                    //获取组对应的材质索引的方法
16       return materialIndex;                            //返回组对应的材质索引
17   }
18   int MS3DGroup::getCount_ind(){                        //获取组内三角形数量的方法
19       return count_ind;                                //返回组内三角形的数量
20   }
21   //此处省略了该类析构函数的实现，读者可自行查阅随书源代码
```

- 第 2～11 行为该类的构造函数，其主要功能是读取并记录组内三角形的索引、组对应的材质索引等信息。
- 第 12～20 行实现了几个获取组信息的功能方法，其代码比较简单，这里不过多解释。

> 提示　大部分模型文件都有分组的功能，在设计器（如 3ds Max）中可以将模型中的三角形划分为不同的组，ms3d 模型文件也是如此。这样做的目的是为了提供方便，使得模型的不同部位可以采用不同的材质。本案例中使用的 ms3d 文件共有两个组，一个是忍者（组名 ninja），另一个是忍者手中的剑（组名 blade）。

（12）从第（11）步对 MS3DGroup 类的介绍中可以看出，模型中每组都有对应的材质。因此，本案例中还开发了用于加载和存储材质信息的 MS3DMaterial 类，下面首先给出其类声明，具体代码如下。

代码位置：见随书源代码/第 16 章/Sample16_3/main/cpp/draw 目录下的 MS3DMaterial.h。

```
1    //此处省略了相关头文件的导入，读者可自行查阅随书源代码
2    class MS3DMaterial{
3    private:
4        string name;                    //材质名称
5        string format(string path);     //用于从文件路径中摘取出纹理图文件名的方法
6    public:
7        MS3DMaterial(unsigned char* binaryData,int* binaryData_index);//构造函数
8        ~MS3DMaterial();                 //析构函数
9        float* ambient_color;            //指向环境光数据数组首地址的指针
10       float* diffuse_color;            //指向散射光数据数组首地址的指针
11       float* specular_color;           //指向镜面光数据数组首地址的指针
12       float* emissive_color;           //指向自发光数据数组首地址的指针
13       float shininess;                 //粗糙度 0～128
14       float transparency;              //透明度 0～1
15       string textureName;              //摘取出的纹理图文件名称
16       string getName();                //获取材质名称的方法
17   };
```

> 📝 **说明**　　上述代码的主要功能是声明了一系列用于存储材质信息的成员变量，以及用于摘取纹理图文件名称的方法、获取材质名称的方法和该类的构造函数、析构函数。

（13）了解了 MS3DMaterial 类的基本结构后，下面来介绍该类的实现代码。由于该类中的两个功能方法不是此处介绍的重点，这里不再给出，需要的读者请自行查看随书源代码。下面仅介绍该类构造函数的实现代码，具体内容如下。

📎 **代码位置：见随书源代码/第 16 章/Sample16_3 /main/cpp/draw 目录下的 MS3DMaterial.cpp。**

```
1    MS3DMaterial::MS3DMaterial(unsigned char* binaryData,int* binaryData_index){
2        name = FileUtil::myReadString(binaryData,binaryData_index,32); //读取材质的名称
3        ambient_color=new float[4];                   //创建用于存储环境光数据的数组
4        for(int j=0; j<4; j++){                       //循环获取环境光 4 个色彩通道的值
5            ambient_color[j]=                         //读取并记录环境光的每个色彩通道值
6                FileUtil::myReadFloat(binaryData,binaryData_index);
7        }
8        diffuse_color=new float[4];                   //创建用于存储散射光数据的数组
9        for(int j=0; j<4; j++){                       //循环获取散射光 4 个色彩通道的值
10           diffuse_color[j]=                         //读取并记录散射光的每个色彩通道值
11               FileUtil::myReadFloat(binaryData,binaryData_index);
12       }
13       specular_color=new float[4];                  //创建用于存储镜面光数据的数组
14       for(int j=0; j<4; j++){                       //循环获取镜面光 4 个色彩通道的值
15           specular_color[j]=                        //读取并记录镜面光的每个色彩通道值
16               FileUtil::myReadFloat(binaryData,binaryData_index);
17       }
18       emissive_color=new float[4];                  //创建用于存储自发光数据的数组
19       for(int j=0; j<4; j++){                       //循环获取自发光 4 个色彩通道的值
20           emissive_color[j]=                        //读取并记录自发光的每个色彩通道值
21               FileUtil::myReadFloat(binaryData,binaryData_index);
22       }
23       shininess =FileUtil::myReadFloat(binaryData,binaryData_index); //读取粗糙度信息
24       transparency =FileUtil::myReadFloat(binaryData,binaryData_index); //读取透明度信息
25       FileUtil::myReadByte(binaryData,binaryData_index);          //此数据在本案例中无用
26       string tn=FileUtil::myReadString(binaryData,binaryData_index ,128);
                                                       //读取材质对应纹理图的路径
27       textureName =format(tn);                      //从文件路径中摘取出纹理图的文件名
28       FileUtil::myReadString(binaryData,binaryData_index,128);
                                                       //读取透明度贴图文件路径，本案例中无用
29       TextureManager::texNames.                     //将纹理图名称存入纹理名称列表
30           push_back("texture/"+texName2bntex(textureName));
31   }
```

- 第 3～22 行依次读取并记录了当前材质的环境光、散射光、镜面光、自发光 4 个色彩通道的值。
- 第 23～30 行读取了当前材质的粗糙度、透明度、纹理图文件名等相关数据，并将纹理图名称存入纹理管理器类 TextureManager 中的纹理名称列表 texNames。

（14）下面将要介绍的是用于读取和存储关节信息的 MS3DJoint 类，该类还有一个最主要的功能就是更新关节数据。首先给出该类的头文件，具体代码如下。

📎 **代码位置：见随书源代码/第 16 章/Sample16_3 /main/cpp/draw 目录下的 MS3DJoint.h。**

```
1    //此处省略了相关头文件的导入和防止重复引用的宏的声明，读者可自行查阅随书源代码
2    class MS3DJoint{
3    private:
```

```
4          Mat4* tmatrix;                              //指向当前绝对矩阵（实时变换矩阵）对象的指针
5          vector<MS3DKeyFrameRotate*> rotates;          //存储关键帧旋转数据对象指针的列表
6          vector<MS3DKeyFramePosition*> positions;      //存储关键帧平移数据对象指针的列表
7          int count_rot;                               //关节的旋转关键帧数量
8          int count_pos;                               //关节的平移关键帧数量
9          Vector3f* tranV3Helper = new Vector3f(); //用于对平移关键帧进行插值计算的辅助变量
10         Vector4f* tranV4Helper = new Vector4f(); //用于对旋转关键帧进行插值计算的辅助变量
11         Mat4* mHelper = new Mat4();                  //用于矩阵计算的辅助变量
12 public:
13         string name;                                 //关节名称
14         string parentName;                           //父关节名称
15         bool ifparent;                               //是否存在父关节的标志
16         Vector3f* trotate;                           //指向用于存储初始旋转值的复合数对象的指针
17         Vector3f* tposition;                         //指向用于存储初始位置值的复合数对象的指针
18         Mat4* relative;    //指向相对矩阵（子关节在父关节坐标系中的变换矩阵）对象的指针
19         Mat4* absolute;    //指向初始绝对矩阵（子关节在世界坐标系中的初始变换矩阵）对象的指针
20         MS3DJoint* parent;                           //指向父关节对象的指针
21         MS3DJoint(unsigned char* binaryData,int* binaryData_index);//构造函数
22         ~MS3DJoint();                                //析构函数
23         void update(float ttime);                    //更新关节数据的方法
24         Mat4* ttrotate(float time);  //根据当前播放时间和关键帧数据进行旋转插值计算的方法
25         Vector3f* ttposition(float time); //根据当前播放时间和关键帧数据进行平移插值计算的方法
26         Mat4* getMatrix();                           //获取当前绝对矩阵的方法
27         Mat4* getAbsolute();                         //获取初始绝对矩阵的方法
28 };
29 #endif
```

- 第 4～20 行声明了本类中的一系列成员变量，包括用于存储关节名称、父关节名称和动画相关数据的变量，以及更新关节数据时需要用到的几个辅助变量。

- 第 21～27 行声明了本类的构造函数、析构函数和其他几个服务于更新关节数据及获取绝对矩阵的功能方法。

（15）了解了 MS3DJoint 类的结构后，下面对该类的实现代码进行介绍。首先给出的是该类的构造函数和用于更新关节数据 update 方法，具体代码如下。

✎ **代码位置：见随书源代码/第 16 章/Sample16_3 /main/cpp/draw 目录下的 MS3DJoint.cpp。**

```
1   MS3DJoint::MS3DJoint(unsigned char* binaryData,int* binaryData_index){ //构造函数
2       FileUtil::myReadByte(binaryData,binaryData_index); //读取关节在编辑器中的状态，在本
案例中无用
3       name = FileUtil::myReadString(binaryData,binaryData_index,32);    //读取关节名称
4       parentName = FileUtil::myReadString(binaryData,binaryData_index,32); //读取父关节名称
5       float x=FileUtil::myReadFloat(binaryData,binaryData_index);
                                              //读取关节初始旋转数据欧拉角分量 1
6       float y=FileUtil::myReadFloat(binaryData,binaryData_index);
                                              //读取关节初始旋转数据欧拉角分量 2
7       float z=FileUtil::myReadFloat(binaryData,binaryData_index);
                                              //读取关节初始旋转数据欧拉角分量 3
8       trotate = new Vector3f(x,y,z);              //创建用于存储关节初始旋转值的复合数对象
9       x = FileUtil::myReadFloat(binaryData,binaryData_index); //读取关节的初始位置 x 坐标
10      y = FileUtil::myReadFloat(binaryData,binaryData_index); //读取关节的初始位置 y 坐标
11      z = FileUtil::myReadFloat(binaryData,binaryData_index); //读取关节的初始位置 z 坐标
12      tposition = new Vector3f(x,y,z);            //创建用于存储关节初始位置值的复合数对象
13      count_rot=FileUtil::myReadUnsignedShort(binaryData,binaryData_index);
                                              //读取关节旋转关键帧数量
14      count_pos=FileUtil::myReadUnsignedShort(binaryData,binaryData_index);
```

```
                                                  //读取关节平移关键帧数量
15    if(count_rot > 0){    //若关节的旋转关键帧数量不为 0,则加载关节旋转关键帧的数据
16        for(int i=0; i<count_rot; i++){        //循环加载所有的旋转关键帧信息
17            MS3DKeyFrameRotate* rotateKF=    //创建当前旋转关键帧对象
18                new MS3DKeyFrameRotate(binaryData,binaryData_index);
19            rotates.push_back(rotateKF);    //将旋转关键帧对象指针存入相应列表
20    }}
21    if(count_pos > 0){    //若关节的平移关键帧数量不为 0,则加载关节平移关键帧的数据
22        for(int i = 0; i < count_pos; i++){    //循环加载所有的平移关键帧信息
23            MS3DKeyFramePosition* position =    //创建平移关键帧对象
24                new MS3DKeyFramePosition(binaryData,binaryData_index);
25            positions.push_back(position);    //将平移关键帧对象指针存入相应列表
26    }}
27    ifparent=false;                          //默认设置关节无父关节
28    tmatrix =new Mat4();                      //创建当前绝对矩阵
29 }
30 void MS3DJoint::update(float ttime){        //更新关节数据的方法
31    if(rotates.size()<=0&&positions.size()<=0){  //若没有旋转关键帧和平移关键帧数据
32        tmatrix->copyFrom(absolute);         //将初始绝对矩阵的值复制进当前绝对矩阵
33        return;                              //返回
34    }
35    Mat4* matrix0 = ttrotate(ttime);         //获取当前时刻的旋转数据
36    matrix0->setTranslation(ttposition(ttime)); //将当前时刻的平移数据记录进矩阵
37    matrix0->mul(relative, matrix0);         //与自身相对矩阵相乘
38    if(ifparent){                            //若有父关节
39        tmatrix=matrix0->mul(parent->tmatrix, matrix0);//乘以父关节的当前矩阵
40    }else{                                   //若无父关节
41        tmatrix = matrix0;                   //给当前绝对矩阵赋值
42 }}
```

● 第 1~29 行为该类的构造函数,其主要工作就是从 ms3d 文件中读取出一个关节的相关数据,并将这些数据保存在对应的成员变量中。

● 第 31~34 行为处理关节没有旋转关键帧数据同时没有平移关键帧数据情况的相关代码,此情况下初始绝对矩阵的数据即为当前绝对矩阵数据。

● 第 35~37 行为将当前时刻的旋转与平移情况综合进一个变换矩阵,并将此矩阵与自身相对矩阵相乘的相关代码。

● 第 38~41 行为根据是否有父关节求出此关节自身当前绝对矩阵的相关代码,若此关节无父关节,则通过前面第 31~34 行得出的矩阵即为当前绝对矩阵,否则要将前面得出的矩阵乘以父关节的当前绝对矩阵才能得到此关节的当前绝对矩阵。

（16）接着给出的是 MS3DJoint 类中另外两个重要的方法——ttposition 和 ttrotate,这两个方法可以根据当前时刻以及关键帧数据分别进行平移与旋转数据的关键帧插值计算,具体代码如下。

✎ 代码位置:见随书源代码/第 16 章/Sample16_3 /main/cpp/draw 目录下的 MS3DJoint.cpp。

```
1    Vector3f* MS3DJoint::ttposition(float time){//根据当前播放时间和关键帧数据进行平移数据
                                                  插值计算的方法
2        int index = 0;                           //初始化索引为 0
3        int size = count_pos;                    //得到平移关键帧的数量
4        while(index<size&&positions[index]->getTime()<time){  //根据当前时间计算用于插值
                                                              的结束关键帧索引
5            index++;                             //关键帧索引加 1
```

```
6          }
7          if(index == 0){                                          //若结束关键帧索引为 0
8              return positions[index]->getPosition(); //获取第一帧的平移数据并返回
9          }else if(index == size){                      //若结束关键帧索引等于关键帧数量
10             return positions[index-1]->getPosition(); //获取最后一帧的平移数据并返回
11         }else{                                       //若结束关键帧索引既不为 0 也不超过最终关键帧
12             MS3DKeyFramePosition* right = positions[index]; //插值用结束关键帧的平移数据
13             MS3DKeyFramePosition* left = positions[index-1]; //上一关键帧的平移数据
14             tranV3Helper->interpolate(left->getPosition(), //插值产生当前时刻的平移数据
15                 right->getPosition(),(time - left->getTime())/ (right->getTime() -
left->getTime()));
16             return tranV3Helper;                       //返回当前时刻的平移数据
17  }}
18  Mat4* MS3DJoint::ttrotate(float time){ //根据当前播放时间和关键帧数据进行旋转数据插值计算的方法
19      int index = 0;                                   //初始化索引为 0
20      int size = count_rot;                            //获取旋转关键帧的数量
21      while(index<size&&rotates[index]->getTime()<time){ //根据当前时间计算用于插值的结
                                                          束关键帧索引
22             index++;                                  //关键帧索引加 1
23      }
24      if(index == 0){                                   //若结束关键帧索引为 0
25          tranV4Helper =rotates[index]->getRotate();   //获取第一帧的旋转数据
26      }else if(index==size){                            //若结束关键帧索引等于关键帧数量
27          tranV4Helper =rotates[index-1]->getRotate();  //获取最后一帧的旋转数据
28      }else{                                           //若结束关键帧索引既不为 0 也不超过最终关键帧
29          MS3DKeyFrameRotate* right =rotates[index];    //插值用结束关键帧的旋转
30          MS3DKeyFrameRotate* left =rotates[index-1];   //上一关键帧的旋转
31          tranV4Helper->interpolate(left->getRotate(),//插值产生当前时刻的旋转（四元数格式）
32                 right->getRotate(),(time - left->getTime())/(right->getTime() -
left->getTime()));
33      }
34      mHelper->genRotateFromQuaternion(tranV4Helper); //将四元数形式的旋转转换为矩阵形式
35      return mHelper;                                 //返回当前时刻的旋转数据
36  }
```

- 第 1～17 行为根据当前时刻进行平移关键帧插值计算的 ttposition 方法，其首先根据当前时刻求出参与插值计算的两个平移关键帧中的第二个关键帧（结束关键帧）的索引，然后再根据两个平移关键帧的数据与当前时刻插值计算出当前的平移情况。若求出的第二个关键帧索引为 0 或等于关键帧的数量则不进行插值。

- 第 18～36 行为根据当前时刻进行旋转关键帧插值计算的 ttrotate 方法，其首先根据当前时刻求出参与插值计算的两个旋转关键帧中的第二个关键帧（结束关键帧）的索引，然后再根据两个旋转关键帧的数据与当前时刻插值计算出当前的旋转情况。若求出的第二个关键帧索引为 0 或等于关键帧的数量则不进行插值。

> 说明　上述代码中需要注意的一点是，在进行旋转插值计算时采用的是四元数，计算出结果后又转换为矩阵形式返回。这是因为对于插值计算而言，采用四元数形式比较容易实现，而 Vulkan 管线执行绘制时需要的是变换矩阵，故一开始采用四元数进行插值计算，最后将四元数形式的旋转数据转换为矩阵形式返回。

（17）下面将要介绍的是第（16）步代码中多次出现的 MS3DKeyFramePosition 类，该类主要用于加载与存储关节平移关键帧信息。首先给出其头文件，具体代码如下。

🖎 **代码位置**：见随书源代码/第 16 章/Sample16_3 /main/cpp/draw 目录下的 MS3DKeyFramePosition.h。

```
1    //此处省略了相关头文件的导入及防止重复引用的宏的声明，读者可自行查阅随书源代码
2    class MS3DKeyFramePosition{
3    private:
4        float time;                          //关键帧时间（单位为秒）
5        Vector3f* position;                  //指向存储平移数据的复合数对象的指针
6    public:
7        MS3DKeyFramePosition(unsigned char* binaryData,int* binaryData_index); //构造函数
8        ~MS3DKeyFramePosition();             //析构函数
9        float getTime();                     //获取关键帧时间的方法
10       Vector3f* getPosition();             //获取关键帧平移数据的方法
11   };
12   #endif
```

> ✏️**说明**　　上述代码比较简单，主要就是声明了本类中的几个成员变量、构造函数、析构函数和两个功能方法。

（18）了解了 **MS3DKeyFramePosition** 类的基本结构后，下面来介绍该类的实现，其具体代码如下。

🖎 **代码位置**：见随书源代码/第 16 章/Sample16_3/main/cpp/draw 目录下的 MS3DKeyFramePosition.cpp。

```
1    //此处省略了相关头文件的导入，读者可自行查阅随书源代码
2    MS3DKeyFramePosition::MS3DKeyFramePosition(unsigned char* binaryData,int*
binaryData_index){
3        time = FileUtil::myReadFloat(binaryData,binaryData_index); //读取关键帧时间
4        float x = FileUtil::myReadFloat(binaryData,binaryData_index); //读取平移信息的 x 分量
5        float y = FileUtil::myReadFloat(binaryData,binaryData_index); //读取平移信息的 y 分量
6        float z = FileUtil::myReadFloat(binaryData,binaryData_index); //读取平移信息的 z 分量
7        position =new Vector3f(x,y,z);            //创建存储平移信息的复合数对象
8    }
9    MS3DKeyFramePosition::~MS3DKeyFramePosition(){    //析构函数
10       delete position;                             //释放存储平移信息的复合数对象
11   }
12   float MS3DKeyFramePosition::getTime(){           //获取关键帧时间的方法
13       return time;                                 //返回此关键帧的时间
14   }
15   Vector3f* MS3DKeyFramePosition::getPosition(){   //获取关键帧平移数据的方法
16       return position;                             //返回此关键帧的平移数据
17   }
```

> ✏️**说明**　　上述代码中最主要的是该类构造函数的实现，其先后读取了关键帧时间和平移信息数据，并根据读取的数据初始化了存储平移信息的复合数对象。

（19）下面接着介绍的是前面多次出现的 **MS3DKeyFrameRotate** 类，该类的主要功能为加载与存储关节的旋转关键帧信息。首先给出其头文件，具体代码如下。

🖎 **代码位置**：见随书源代码/第 16 章/Sample16_3/main/cpp/draw 目录下的 MS3DKeyFrameRotate.h。

```
1    //此处省略了相关头文件的导入及防止重复引用的宏的声明，读者可自行查阅随书源代码
2    class MS3DKeyFrameRotate{
3    private:
4        float time;                          //关键帧时间（单位为秒）
5        Vector4f* rotate;                    //指向存储旋转数据复合数对象的指针
```

```
6    public:
7        MS3DKeyFrameRotate(unsigned char* binaryData,int* binaryData_index);//构造函数
8        ~MS3DKeyFrameRotate();                          //析构函数
9        float getTime();                                //获取关键帧时间的方法
10       Vector4f* getRotate();                          //获取关键帧旋转数据的方法
11   };
12   #endif
```

✒️ 说明　　　上述代码比较简单，主要就是声明了用于存储旋转关键帧数据的两个成员变量，以及构造函数、析构函数和获取关键帧数据的相关方法。

（20）了解了 MS3DKeyFrameRotate 类的基本结构后，下面介绍该类的实现，具体代码如下。

✒️ 代码位置：见随书源代码/第 16 章/Sample16_3/main/cpp/draw 目录下的 MS3DKeyFrameRotate.cpp。

```
1    //此处省略了相关头文件的导入，读者可自行查阅随书源代码
2    MS3DKeyFrameRotate::MS3DKeyFrameRotate(unsigned char* binaryData,int* binaryData_index){
3        time =FileUtil::myReadFloat(binaryData,binaryData_index);     //读取关键帧时间
4        rotate = new Vector4f();                              //创建存储旋转数据的复合数对象
5        float x = FileUtil::myReadFloat(binaryData,binaryData_index);
                                                              //读取旋转欧拉角的第 1 个分量
6        float y = FileUtil::myReadFloat(binaryData,binaryData_index);
                                                              //读取旋转欧拉角的第 2 个分量
7        float z = FileUtil::myReadFloat(binaryData,binaryData_index);
                                                              //读取旋转欧拉角的第 3 个分量
8        rotate->          //将欧拉角形式的旋转数据转换为四元数形式（这是为了在关键帧之间进行插值计算）
9            setFromEulerAngleToQuaternion(x,y,z);
10   }
11   MS3DKeyFrameRotate::~MS3DKeyFrameRotate(){            //析构函数
12       delete rotate;                                   //释放存储旋转数据的复合数对象
13   }
14   float MS3DKeyFrameRotate::getTime(){                 //获取关键帧时间的方法
15       return time;                                     //返回此关键帧的时间
16   }
17   Vector4f* MS3DKeyFrameRotate::getRotate(){           //获取关键帧旋转数据的方法
18       return rotate;                                   //返回关键帧旋转数据
19   }
```

✒️ 说明　　　上述代码中最主要的是该类构造函数的实现，其先后读取了关键帧时间和欧拉角形式的旋转数据，然后将读取的数据转换成四元数形式的旋转数据并保存。

（21）上面已经对本案例中用于加载和存储 ms3d 文件各部分信息的类进行了详细介绍，最后将要介绍的就是有关程序统筹管理类 MyVulkanManager 中的 drawObject 方法的实现，具体代码如下。

✒️ 代码位置：见随书源代码/第 16 章/Sample16_3/main/cpp/bndev 目录下的 MyVulkanManager.cpp。

```
1    void MyVulkanManager::drawObject(){
2    //此处省略了部分代码，读者可自行查阅随书源代码
3            MatrixState3D::pushMatrix();                  //保护现场
4            float span=6.0f;                              //忍者模型间的间距
5            int k=2;                                      //忍者模型数量控制系数
6            for(int i=-k;i<=k;i++){                       //对列循环绘制忍者模型
7                for(int j=-k;j<=k;j++){                   //对行循环绘制忍者模型
8                    MatrixState3D::pushMatrix();          //保护现场
9                    MatrixState3D::translate(i*span, 0, j*span);   //执行平移变换
```

```
10                      ms3d->animate(mTime,                    //调用执行动画的方法,以完成绘制
11                          cmdBuffer,sqsCL->pipelineLayout,sqsCL->pipeline);
12                      MatrixState3D::popMatrix();             //恢复现场
13          }}
14          mTime += 0.015f;                        //更新模型动画时间
15          if(mTime > ms3d->totalTime){            //若当前播放时间大于总的动画时间
16              mTime = mTime - ms3d->totalTime;    //实际播放时间等于当前播放时间减去总的动画时间
17          }
18          MatrixState3D::popMatrix();             //恢复现场
19  //此处省略了部分代码,读者可自行查阅随书源代码
20  }
```

● 第 6~13 行为对列和行进行循环绘制 25 个（5 行×5 列）忍者模型的相关代码。其中第 10~11 行为绘制一个从 ms3d 文件中加载的模型的代码，从中可以看出每次绘制时都需要提供一个时间参数，告诉程序绘制模型什么时刻的快照。

● 第 14~17 行为每绘制完一帧画面后增加动画时间参数的相关代码，每次将时间参数增加 0.015。若增加后的时间参数大于总的动画时间，则实际时间需要减去总的动画时间。

16.3 自定义格式骨骼动画的加载

16.2 节讲解了如何加载 ms3d 格式的骨骼动画文件，掌握之后读者已经可以方便地搭建有动态动作角色的 3D 场景。但 ms3d 骨骼动画文件的导出步骤比较繁琐，而且同一个蒙皮顶点不能受多个骨骼的控制，能力不够强。

本节将介绍作者自己开发的 bnggdh 格式骨骼动画文件的加载。掌握了本节的知识后，读者可以根据需要设计自己目标应用所需的骨骼动画格式，开发能力将大大加强。

16.3.1 bnggdh 文件的格式

介绍如何加载 bnggdh 格式的骨骼动画文件之前,首先有必要了解一下此类型文件的背景知识与数据组织格式。总的来说，bnggdh 文件中存储的内容与 ms3d 文件中的内容大同小异，主要包括顶点信息、纹理信息、索引信息、权重信息、顶点绑定骨骼索引信息、骨骼索引信息、绝对矩阵信息、相对矩阵信息、父骨骼信息以及骨骼动画信息等。

另外，各方面数据加载完毕后执行骨骼动画时的工作与 ms3d 文件加载后的工作基本相同，都是通过关键帧中的平移与旋转数据进行合理的线性插值，经处理后得到当前模型各个关节的变换矩阵，进而计算当前模型中所有顶点更新后的位置坐标，从而确定模型当前的姿态以进行绘制。

> 提示　bnggdh 文件是作者通过使用广泛的 FBX 文件转换而来的一种带骨骼动画的模型文件格式。转换工具笔者采用 Autodesk 提供的 FBX SDK，在 Microsoft Visual Studio 2012 中开发。由于 FBX SDK 的知识大大超出了本书的讨论范围，因此这里不进行介绍，有兴趣的读者也可以自行开发转换工具。

简单了解了 bnggdh 文件的一些基本知识以及工作机理后，下面将详细介绍 bnggdh 文件的数据组织格式，具体内容如下。

1. 顶点数据

这是 bnggdh 文件的第 1 部分，用于存储模型的顶点坐标信息。这部分的开始占用 4 个字节，为

一个 int 型整数，存储的是模型中顶点的坐标值数量（若有 N 个顶点，则顶点坐标值的数量为 3N）。

后面跟着的是指定数量顶点的 x、y、z 位置坐标数据，每个坐标数据占用 4 个字节，为一个 float 型浮点数，具体情况如图 16-26 所示。

2. 纹理坐标数据

这是 bnggdh 文件的第 2 部分，用于存储模型中顶点的纹理坐标信息。与文件的第 1 部分类似，这部分的开始也占用 4 个字节，为一个 int 型整数，存储的是模型中纹理坐标数据的数量（若有 N 个顶点，则顶点纹理坐标数据的数量为 2N）。

后面跟着的是指定数量顶点的 s、t 纹理坐标数据，每个纹理坐标数据占用 4 个字节，为一个 float 型浮点数，具体情况如图 16-27 所示。

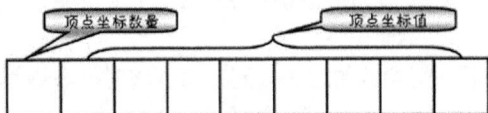

▲图 16-26　顶点坐标数据组织格式　　　　▲图 16-27　纹理坐标数据组织格式

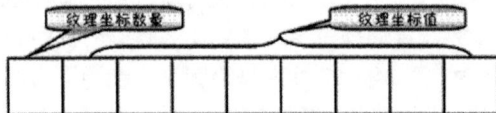

3. 索引数据

这是 bnggdh 文件的第 3 部分，存储的是模型中三角形面的组装索引信息。与文件的第 1 部分类似，这部分的开始也占用 4 个字节，为一个 int 型整数，存储的是模型中的组装索引数量（若模型中有 N 个三角形面，则组装索引数量为 3N）。

后面跟着的是指定数量的索引数据，每个索引数据占用 4 个字节，为一个 int 型整数。需要注意的是，索引从 0 开始计算，每个索引代表一个对应编号的顶点，对前面的顶点数据以及纹理坐标数据都是有效的。

4. 权重信息

这是 bnggdh 文件的第 4 部分，存储的是模型的顶点权重信息。

与文件的第 1 部分类似，这部分的开始也占用 4 个字节，为一个 int 型整数，存储的是模型中权重数据的数量（若模型中有 N 个顶点，则权重数据数量为 4N）。后面跟着的是指定数量的权重数据，每个权重数据占用 4 个字节，为一个 float 型浮点数。

> **提示**　执行骨骼动画时，需要根据各个骨骼的姿态、位置变化重新计算模型的相关顶点位置。而特定顶点受不同编号骨骼影响的比例就需要由权重来确定。

实际开发中，一般一个顶点最多受 4 个骨骼的影响。因此为了方便起见，作者在设计权重信息时将每个顶点的权重数量固定为 4。

若当前顶点只受一个骨骼的影响，则当前顶点只有一个有效权重值，该权重值为 1，其他 3 个权重值为 0。若当前顶点受两个骨骼的影响，则当前顶点有两个有效权重值，也就是其中 2 个权重值非 0，另外 2 个权重值为 0。另外要注意的是，每个顶点对应的 4 个权重值的总和为 1，每个权重值的范围都在 0～1 之间。

5. 顶点与骨骼绑定信息

这是 bnggdh 文件的第 5 部分，存储的是模型中顶点与影响其骨骼的绑定信息。

与文件的第 1 部分类似，这部分的开始也占用 4 个字节，为一个 int 型整数，存储的是模型中绑定骨骼索引的数量（若模型中有 N 个顶点，则绑定骨骼索引数据数量为 4N）。后面跟着的是指定数量的绑定骨骼索引数据，每个索引数据占用 4 个字节，为一个 int 型整数。

> **提示** 前面已经介绍过，一个顶点最多受 4 个骨骼的影响。因此为了方便起见，作者在设计顶点与骨骼绑定信息时将每个顶点绑定的骨骼数量固定为 4。

若当前顶点只受一个骨骼的影响，则当前顶点只有一个绑定骨骼的索引，其他 3 个绑定骨骼的索引值为-1（表示无效）。若当前顶点受两个骨骼的影响，则当前顶点有两个绑定骨骼的索引，也就是其中 2 个绑定骨骼的索引值非 0，另外 2 个值为-1，其他情况依次类推。

> **提示** 一个顶点对应的权重信息和绑定骨骼索引信息是严格一一对应的关系。即一个顶点相关的 4 个权重值和相关的 4 个骨骼索引值是一一对应的。

6. 骨骼索引信息

这是 bnggdh 文件的第 6 部分，存储的是模型中骨骼的索引相关信息。在实际的骨骼动画中，每个骨骼都有自己的索引值和名称 id，索引值为一个 int 类型的整数，名称 id 为一个不定长度的字符串。

这部分的开始占用 4 个字节，为一个 int 型整数，存储的是骨骼的数量。后面跟着的是指定数量的骨骼索引以及名称 id 数据。即先存储一个 int 类型的整数，由 4 个字节组成，再存储一个不定长度的字符串。

> **说明** bnggdh 文件中字符串存储的具体策略是，先存储该字符串的长度，其数据类型为 int，由 4 个字节组成，再存储对应数量的字符，每个字符的数据类型为 char，占用一个字节。

7. 绝对矩阵信息

这是 bnggdh 文件的第 7 部分，存储的是各个骨骼对应的绝对矩阵信息。

这部分的开始占用 4 个字节，为一个 int 型整数，存储的是骨骼的数量。后面跟着的是指定数量的骨骼名称 id 以及绝对矩阵数据。即先存储一个不定长的字符串，再存储绝对矩阵数据。

> **说明** 不定长度字符串的存储策略跟上一部分相同。绝对矩阵数据存储时首先存储绝对矩阵中的元素数量（目前固定为 16），其数据类型为 int，由 4 个字节组成。接着依次存储矩阵中的各个元素，每个元素占用 4 个字节，为一个 float 类型的浮点数。

8. 相对矩阵和父骨骼信息

这是 bnggdh 文件的第 8 部分，存储的是骨骼的相对矩阵和父骨骼信息。

这部分的开始占用 4 个字节，为一个 int 型整数，存储的是骨骼的数量。后面跟着的是指定数量的骨骼名称 id、父骨骼名称 id 以及相对矩阵数据。即先存储两个不定长的字符串，再存储相对矩阵数据。

> **说明** 不定长度字符串的存储策略跟上一部分相同。相对矩阵数据存储时首先存储相对矩阵中的元素数量（目前固定为 16），其数据类型为 int，由 4 个字节组成。接着依次存储矩阵中的各个元素，每个元素占用 4 个字节，为一个 float 类型的浮点数。

9. 骨骼动画信息

这是 bnggdh 文件的最后一部分，存储的是骨骼动画本身的数据。

这部分的开始占 4 个字节，为一个 int 型整数，存储的是含有动画的骨骼的数量。后面跟着的为指定数量的各骨骼的动画数据。每个骨骼的动画数据中首先存储的是骨骼的名称 id，然后是此骨骼动画的关键帧数量，接着是指定数量的关键帧信息。

每个关键帧信息中首先存储的是关键帧的时间，为一个 4 字节浮点数。接着依次存储的是缩放数据、旋转数据以及平移数据，具体情况如下所列。

● 缩放数据存储时，首先存储数据的长度（目前固定为 3），占 4 个字节，为一个 int 型整数。接着依次存储的是 x、y、z 轴的缩放比，各自是一个 4 字节 float 型浮点数。

● 旋转数据存储时，首先存储数据的长度（目前固定为 4），占 4 个字节，为一个 int 型整数。接着依次存储的是表示旋转的四元数的各个分量，每个分量是一个 4 字节 float 型浮点数。

● 平移数据存储时，首先存储数据的长度（目前固定为 3），占 4 个字节，为一个 int 型整数。接着依次存储的是 x、y、z 轴的平移量，各自是一个 4 字节 float 型浮点数。

最后存储的是骨骼动画关键帧的最大值，其目的是给出骨骼动画的时间上限。

16.3.2　Bnggdh 类

16.3.1 节介绍了 bnggdh 文件的数据组织格式，本节将介绍作者开发的用于加载 bnggdh 文件的 Bnggdh 类。此类的主要作用是提供诸多功能方法，实际使用时读者只需要调用 Bnggdh 类提供的相关方法，即可方便快捷地加载 bnggdh 文件，表 16-8 中列出了这些功能方法的详细信息。

表 16-8　Bnggdh 类的功能方法及构造函数

方 法 签 名	含 义
Bnggdh(string sourceName)	构造函数，参数 sourceName 为要加载的 bnggdh 文件的名称字符串
void init()	初始化方法
void updata(float time)	骨骼动画的更新方法，参数 time 为骨骼动画的当前时间
int getVerNums()	获取模型中的顶点总数，返回值即为顶点的总数
Int getIndexNums()	获取模型中顶点的索引总数，返回值即为索引总数
float* getPosition()	获取模型中的顶点位置坐标，返回值为指向存储顶点位置坐标数据数组首地址的指针
short* getIndices()	获取模型中顶点的索引，返回值为指向用于存储索引数据的数组的首地址指针
float* getTextures()	获取模型顶点的纹理坐标，返回值为指向获取的纹理坐标数据数组首地址的指针
float* getCurrentNormal()	获取当前姿态下模型的法向量数据，返回值为指向获取的模型法向量数据数组首地址的指针
float* getMatrix(string id)	获取给定骨骼名称 id 骨骼的当前变换矩阵，参数 id 为给定的骨骼名称 id，返回值为指向存储了变换矩阵的长度为 16 的 float 类型数组首地址的指针
float getMaxKeytime()	获取骨骼动画中的最大关键帧时间

16.3.3　加载 bnggdh 文件的案例

16.3.2 节介绍了用于加载 bnggdh 文件的关键工具类 Bnggdh，本节将进一步给出一个具体的案例 Sample16_4，其运行效果如图 16-28 所示。

从图 16-28 中可以看出，本案例中的
骨骼动画是两个卡通人物的一系列动
作。由于插图较难体现动态效果，建议读
者用真机运行本案例并进行细致观察。

了解了本节案例 Sample16_4 的运
行效果后，就可以介绍案例的开发了。

▲图 16-28　案例 Sample16_4 运行效果图

由于本节案例中有一些类与前面很多案例中的类似，因此这里只介绍本节案例中具有代表性的部
分，具体内容如下。

（1）首先需要介绍的是为了实际使用时方便控制骨骼动画而开发的 BNModel 类，该类中封装
了一些实用的功能方法，诸如用于设置骨骼动画速率的方法、用于设置骨骼动画当前时间的方法
等。通过此类的对象在开发过程中可以根据需求灵活地控制骨骼动画以及绘制模型。下面首先给
出该类的头文件，具体代码如下。

✎ **代码位置：** 见随书源代码/第 16 章/Sample16_4/src/main/cpp/bnggdh 目录下的 BNModel.h。

```
1   //此处省略了相关头文件的导入和防止重复引用宏的声明，读者可自行查阅随书源代码
2   class BNModel {
3   private:
4       float time = 0;                              //当前动画时刻
5       float onceTime;                              //一次动画所需的总时间
6       float interval = 2.0f;                       //一次动画和下一次动画的间隔时间
7       float dt;                                    //时间步长
8       float dtFactor;                              //播放速率因子
9       string picName;                              //纹理图名称
10  public:
11      BnggdhDraw* cd;                              //指向对应的骨骼动画对象的指针
12      BNModel(string sourceName, string picName, float dtFactor,    //构造函数
13          VkDevice& device,VkPhysicalDeviceMemoryProperties& memoryroperties);
14      ~BNModel();                                  //析构函数
15      void update();                               //用于更新动画的方法
16      void arrange();                              //用于复制顶点数据到绘制用内存的方法
17      void copy();                                 //用于复制顶点数据到中间传输区的方法
18      void draw(VkCommandBuffer& cmd,VkPipelineLayout& pipelineLayout,VkPipeline&
pipeline);
19      float getDtFactor();                         //获取播放速率因子的方法
20      void setDtFactor(float dtFactor);            //设置播放速率因子的方法
21      void setTime(float time);                    //设置当前骨骼动画时间的方法
22      float getTime();                             //获取当前骨骼动画时间的方法
23      float getOnceTime();                         //获取一次动画所需总时间的方法
24      float* getMatrix(string id);                 //获取指定骨骼变换矩阵的方法
25  };
26  #endif
```

✐ **说明**　　上述代码并不复杂，首先是声明了帮助控制骨骼动画播放所需的一些成员变
量，然后声明了该类的构造函数、析构函数以及用于更新骨骼动画和控制骨骼动画
的几个功能方法。

（2）了解 BNModel 类的基本结构后，下面对该类的实现代码进行介绍，具体内容如下。

代码位置：见随书源代码/第 16 章/Sample16_4/src/main/cpp/bnggdh 目录下的 BNModel.cpp。

```
1   //此处省略了导入相关头文件的代码，读者可自行查阅随书源代码
2   BNModel::BNModel(string sourceName, string picName, float dtFactor,   //构造函数
3       VkDevice& device, VkPhysicalDeviceMemoryProperties& memoryroperties) {
4       cd=new BnggdhDraw(sourceName, device, memoryroperties);//创建用于绘制的 BnggdhDraw 对象
5       onceTime = cd->maxKeyTime;                          //获取一次动画总时间
6       this->dtFactor = dtFactor;                          //接收设置的速率因子并保存
7       this->dt = dtFactor * onceTime;                     //计算步长
8       this->picName = picName;                            //接收模型的纹理图名称字符串并保存
9   }
10  void BNModel::update() {cd->updateData(time);}          //调用方法更新骨骼动画到当前指定时间
11  void BNModel::arrange() {cd->referVertexBuffer();}      //调用方法将顶点数据复制进绘制用内存
12  void BNModel::copy() {cd->copyData();}                  //调用方法复制新的顶点数据到中间传输区
13  void BNModel::draw(VkCommandBuffer& cmd,VkPipelineLayout& pipelineLayout,
VkPipeline& pipeline) {
14      MatrixState3D::pushMatrix();                        //保护现场
15      cd->drawSelf(picName, cmd, pipelineLayout, pipeline); //调用 drawSelf 方法执行绘制
16      time += dt;                                         //更新模型动画的当前时间
17      if (time >= (onceTime + dt + interval)) {           //判断当前播放时间是否大于总的动画时间
18          time = 0;                                       //将当前播放时间置 0
19      }
20      MatrixState3D::popMatrix();                         //恢复现场
21  }
22  float BNModel::getDtFactor() {return dtFactor;}         //获取播放速率因子的方法
23  void BNModel::setDtFactor(float dtFactor) {             //设置播放速率因子的方法
24      if(dtFactor > 0 && dtFactor < 1){                   //将速率值限定在 0～1 范围内
25          this->dtFactor = dtFactor;                      //设置速率因子值
26          this->dt = dtFactor * onceTime;                 //计算步长
27  }}
28  void BNModel::setTime(float time){                      //设置当前骨骼动画时间的方法
29      if(time >= 0 && time <= this->onceTime){            //判断时间是否在有意义的范围内
30          this->time = time;                              //设置当前骨骼动画时间
31  }}
32  float BNModel::getTime(){return this->time;}            //获取当前骨骼动画时间的方法
33  float BNModel::getOnceTime(){return this->onceTime;}    //获取一次动画所需总时间的方法
34  float* BNModel::getMatrix(string id){return cd->bnggdh->getMatrix(id);}
                                                           //获取指定骨骼变换矩阵的方法
35  BNModel::~BNModel() {delete cd;}                        //析构函数
```

- 第 2～9 行为该类的构造函数，主要就是创建了绘制用的 BnggdhDraw 对象，并初始化了一些成员变量。
- 第 10～12 行为用于更新骨骼动画到当前指定时间的 update 方法、用于将顶点数据复制进绘制用内存的 arrange 方法以及复制新的顶点数据到中间传输区的 copy 方法。
- 第 13～21 行为执行绘制的 draw 方法，其中首先调用绘制类对象的 drawSelf 方法绘制了当前的动画模型。然后将动画播放的时刻向前推进一个时间步长，若推进后大于总的动画时间，则将当前时刻置 0。
- 第 22 行为获取播放速率因子的 getDtFactor 方法，第 23～27 行为设置播放速率因子的 setDtFactor 方法。第 28～31 行为设置骨骼动画当前时刻的 setTime 方法，第 32 行为获取骨骼动画当前时刻的 getTime 方法。
- 第 33 行为获取骨骼动画一次播放所需总时间的 getOnceTime 方法，第 34 行为根据骨骼名称 id 获取其当前时刻变换矩阵的 getMatrix 方法。

上述代码中需要特别注意的是第 11～12 行的 copy 和 arrange 方法，其中 copy 方法负责将根据当前时间更新后的最新顶点数据复制至中间传输区，arrange 方法负责在每次绘制前将中间传输区的顶点数据复制进绘制用内存。这样做的原因是，本骨骼动画系统提供了多线程的支持，允许通过一个独立线程负责动画的更新，而另一个线程负责绘制工作。若没有中间传输区，两个线程独立运行而访问同一套数据副本则可能引起画面的撕裂。所谓撕裂是指数据更新没有完成时就被绘制到了屏幕上，用户看到的画面肯定是不正常的。引入了中间传输区后，程序运行过程中，每次更新骨骼动画模型到当前时间后，在加锁同步的情况下将新的顶点数据复制到中间传输区（即调用第 12 行的 copy 方法），然后每次绘制前，同样在加锁同步情况下将中间传输区的数据复制到绘制用内存（即调用第 11 行的 arrange 方法），这样便可以保障绘制的数据都是完整的，进而保证画面的正确性。

（3）介绍完用于控制骨骼动画的 BNModel 类后，下面将要介绍的就是具有创建顶点数据缓冲、索引数据缓冲等功能的，并提供了 drawSelf 方法用于绘制动画模型的 BnggdhDraw 类。首先给出该类的头文件，其具体代码如下。

代码位置：见随书源代码/第 16 章/Sample16_4/src/main/cpp/bnggdh 目录下的 BnggdhDraw.h。

```
1    //此处省略了相关头文件的导入以及防止重复引用宏的声明，读者可自行查阅随书源代码
2    class BnggdhDraw {
3    public:
4        Bnggdh* bnggdh;                        //用于指向加载的 bnggdh 文件对应对象的指针
5        float maxKeyTime;                      //最大关键帧时间
6        float* positionData;                   //指向顶点位置坐标数据数组首地址的指针
7        float* textureData;                    //指向顶点纹理坐标数据数组首地址的指针
8        float* pushConstantData;               //指向推送常量数据首地址的指针
9        VkDevice* devicePointer;               //逻辑设备指针
10       VkPhysicalDeviceMemoryProperties*      //指向物理设备内存属性列表首地址的指针
                        memoryPropertiesPointer;
11       float* vDataTransfer;                  //指向中间传输区顶点数据数组首地址的指针
12       ......//此处省略了与创建顶点数据缓冲、索引数据缓冲相关的成员变量声明，读者可自行查阅随书源代码
13       BnggdhDraw(string  sourceName,         //构造函数
14       VkDevice& device,VkPhysicalDeviceMemoryProperties& memoryroperties);
15       ~BnggdhDraw();                         //析构函数
16       void initVertexData();                 //初始化顶点数据的方法
17       void initIndexData();                  //初始化索引数据的方法
18       void initVertexBuffer();               //创建顶点数据缓冲的方法
19       void initIndexBuffer();                //创建索引数据缓冲的方法
20       void referVertexBuffer();              //将顶点数据复制到绘制用内存的方法
21       void drawSelf(string picName,          //绘制方法
22       VkCommandBuffer& cmd,VkPipelineLayout& pipelineLayout,VkPipeline& pipeline);
23       void updateData(float time);           //更新动画的方法
24       void copyData();                       //复制顶点数据的方法
25   };
26   #endif
```

说明　上述代码比较简单，主要就是声明了本类中的一些成员变量，以及本类中的一系列功能方法，其中包括创建顶点数据缓冲的方法、创建索引数据缓冲的方法、更新顶点数据缓冲的方法、绘制方法、更新动画数据的方法和用于将数据从中间传输区复制到绘制用内存区的方法等。

（4）了解了 BnggdhDraw 类的基本结构后，下面将对该类中具有代表性的方法的实现代码进行详细介绍。首先给出的是实现该类的构造函数以及用于初始化顶点数据、索引数据方法的代码，具体内容如下。

✎ **代码位置：见随书源代码/第 16 章/Sample16_4/src/main/cpp/bnggdh 目录下的 BnggdhDraw.cpp。**

```
1   BnggdhDraw::BnggdhDraw(string sourceName,
2       VkDevice& device,VkPhysicalDeviceMemoryProperties& memoryroperties) {
3       pushConstantData=new float[16];                        //创建推送常量数据数组
4       this->devicePointer=&device;                           //接收逻辑设备指针并保存
5       this->memoryPropertiesPointer=&memoryroperties;        //接收物理设备内存属性列表并保存
6       bnggdh=new Bnggdh(sourceName);                         //创建 Bnggdh 类对象
7       initVertexData();                                      //初始化顶点数据
8       initIndexData();                                       //初始化索引数据
9       initVertexBuffer();                                    //创建顶点数据缓冲
10      initIndexBuffer();                                     //创建索引数据缓冲
11  }
12  void BnggdhDraw::initVertexData() {                        //初始化顶点数据的方法
13      maxKeyTime = bnggdh->getMaxKeytime();                  //获取最大关键帧的时间
14      vCount= bnggdh->getVerNums();                          //获取顶点数量
15      vdata=new float[vCount*5]();                           //初始化顶点数据数组
16      vDataTransfer = new float[vCount * 5]();               //初始化中间传输区顶点数据数组
17      vdataByteCount=vCount*5* sizeof(float);                //计算顶点数据所占总字节数
18      int count=0;                                           //辅助索引
19      positionData=bnggdh->getPosition();                    //获取顶点位置坐标数据
20      textureData=bnggdh->getTextures();                     //获取顶点纹理坐标数据
21      for(int i=0;i<vCount;i++){                             //遍历顶点数据数组的每个元素
22          vdata[count++]=positionData[i*3+0];                //顶点位置坐标的 x 分量
23          vdata[count++]=positionData[i*3+1];                //顶点位置坐标的 y 分量
24          vdata[count++]=positionData[i*3+2];                //顶点位置坐标的 z 分量
25          vdata[count++]=textureData[i*2+0];                 //顶点的纹理 s 坐标
26          vdata[count++]=textureData[i*2+1];                 //顶点的纹理 t 坐标
27      }
28      //此处省略了初始化中间传输区顶点数据数组的相关代码，与上面的代码类似
29  }
30  void BnggdhDraw::initIndexData() {                         //初始化索引数据的方法
31      iCount= bnggdh->getIndexNums();                        //获取索引数量
32      idata=new uint16_t[iCount]();                          //初始化索引数据数组
33      idataByteCount=iCount * sizeof(uint16_t);              //计算索引数据所占总字节数
34      for(int i=0;i<iCount;i++){                             //遍历索引数据数组的每个元素
35          idata[i]=bnggdh->getIndices()[i];                  //获取顶点数据索引
36  }}
```

● 第 1～11 行为该类的构造函数，其主要是做了一些初始化的工作，如调用相应的方法初始化顶点数据、索引数据及对应的数据缓冲等。

● 第 12～29 行为初始化顶点数据的 initVertexData 方法，其主要功能为获取之前加载的 Bnggdh 类对象中的顶点数据，然后将其复制进用于更新的顶点数据数组和中间传输区顶点数据数组。

● 第 30～36 行为初始化索引数据的 initIndexData 方法，其主要功能为获取之前加载的 Bnggdh 类对象中的索引数据，然后将其复制进索引数据数组。

（5）接着要介绍的是 BnggdhDraw 类中其它几个与更新和绘制动画模型直接相关的功能方法的实现，具体代码如下。

✎ **代码位置：见随书源代码/第 16 章/Sample16_4/src/main/cpp/bnggdh 目录下的 BnggdhDraw.cpp。**

```
1   void BnggdhDraw::updateData(float time){                  //更新动画数据的方法
2       bnggdh->updata(time);                                 //调用 update 方法更新动画数据
```

```
3          positionData = bnggdh->getPosition();        //获取更新后的顶点位置坐标数据
4          textureData = bnggdh->getTextures();         //获取更新后的顶点纹理坐标数据
5      }
6  void BnggdhDraw::copyData(){                          //复制顶点数据进入中间传输区的方法
7      int count = 0;                                    //辅助索引
8      for (int i = 0;i<vCount;i++){                     //遍历数组中的每一个元素
9              vDataTransfer[count++] = positionData[i * 3 + 0]; //顶点位置坐标的 x 分量
10             vDataTransfer[count++] = positionData[i * 3 + 1]; //顶点位置坐标的 y 分量
11             vDataTransfer[count++] = positionData[i * 3 + 2]; //顶点位置坐标的 z 分量
12             vDataTransfer[count++] = textureData[i * 2 + 0];  //顶点的纹理 s 坐标
13             vDataTransfer[count++] = textureData[i * 2 + 1];  //顶点的纹理 t 坐标
14 }}
15 void BnggdhDraw::referVertexBuffer(){                 //将顶点数据复制到绘制用内存的方法
16     memcpy(vdata, vDataTransfer, vdataByteCount);//将顶点数据从中间传输区复制到绘制用内存区
17 }
18 void BnggdhDraw::drawSelf(string picName,             //绘制方法
19     VkCommandBuffer& cmd,VkPipelineLayout& pipelineLayout,VkPipeline& pipeline)
{
20     uint8_t *pData;                                   //CPU 访问设备内存的辅助指针
21     VkResult result = vk::vkMapMemory(*devicePointer, //将设备内存映射为 CPU 可访问
22         vertexDataMem, 0, vmem_reqs.size, 0, (void **)&pData);
23     assert(result == VK_SUCCESS);                     //检查内存映射是否成功
24     memcpy(pData, vdata, vdataByteCount);             //将顶点数据复制进设备内存
25         vk::vkUnmapMemory(*devicePointer, vertexDataMem); //解除内存映射
26     //此处省略了部分与前面很多案例中类似的代码，读者可自行查阅随书源代码
27 }
```

- 第 1～5 行为更新动画数据的 updateData 方法，其首先调用 Bnggdh 类的 update 方法对骨骼和顶点数据进行更新，然后再重新获取顶点位置坐标数据与顶点纹理坐标数据。有关 update 方法的具体实现将在后面详细介绍。

- 第 6～14 行为将更新后的顶点数据转存到中间传输区对应数组中的 copyData 方法。

- 第 15～17 行为将更新后的顶点数据从中间传输区复制到绘制用内存区的 referVertexBuffer 方法，该方法需要在每次绘制前调用，以保证每次绘制都能够使用完整的、最新的顶点数据。

- 第 18～27 行为绘制方法 drawSelf 的实现代码。需要注意的是，由于本案例中每次绘制时所使用的顶点数据都有可能与上次绘制时的数据不同，因此实际执行绘制前需要像第 20～25 行这样将顶点数据重新复制进对应设备内存。

（6）第（5）步在更新动画数据的 updateData 方法中首先调用了用于更新骨骼和顶点数据的 update 方法。实际上此 update 方法的实现很简单，仅仅是先后调用了更新骨骼数据的 updateJoint 方法和更新顶点数据的 updateVertex_0 方法。因此这里着重介绍这两个方法的实现，首先介绍的是包含了用于更新骨骼数据的 updateJoint 方法的 Animation 类。Animation 类是一个存储了模型中骨骼动画信息的类，下面首先给出其头文件，具体代码如下。

✎ 代码位置：见随书源代码/第 16 章/Sample16_4/src/main/cpp/bnggdh 目录下的 Animation.h。

```
1  //此处省略了相关头文件的导入以及防止重复引用宏的声明，读者可自行查阅随书源代码
2  class Animation{
3  public:
4      vector<string> boneVector;                        //存放骨骼名称的列表
5      map<string, Mat4*> mND_absolute;                  //存放骨骼对应绝对矩阵的 map
6      map<string, Mat4*> mND_relative;                  //存放骨骼对应相对矩阵的 map
7      map<string, Mat4*> mND_matrix;                    //存放骨骼对应变换矩阵的 map
8      map<string, string> mND_id;                       //存放骨骼，父骨骼对应关系的 map
9      map<string, vector<Vec3Key*>> mTranslationKeys;   //存放骨骼平移动画信息的 map
10     map<string, vector<QuatKey*>> mRotationKeys;      //存放骨骼旋转动画信息的 map
```

```
11          Animation();                                  //构造函数
12          ~Animation();                                 //析构函数
13          void updateJoint(float time);                 //更新骨骼数据的方法
14   private:
15          Vector4f *v4Helper= new Vector4f(0.0f, 0.0f, 0.0f, 1.0f);      //辅助变量
16          Vector4f *v4HelperLeft = new Vector4f(0.0f, 0.0f, 0.0f, 1.0f);
17          Vector4f *v4HelperRight = new Vector4f(0.0f, 0.0f, 0.0f, 1.0f);
18          Vector3f *v3Helper= new Vector3f(0.0f, 0.0f, 0.0f);
19          Mat4* m4Helper = new Mat4();
20          bool rotate(float time, string id, Mat4* m);    //获取骨骼旋转数据的方法
21          bool translate(float time, string id, Mat4* m); //获取骨骼平移数据的方法
22   };
23   #endif
```

> **说明**　上述代码比较简单，主要就是声明了本类中的一些成员变量，包括用于存储骨骼相对矩阵、绝对矩阵、变换矩阵、动画信息等数据的 map，以及更新骨骼数据时需要用到的几个辅助变量；还声明了用于获取骨骼动画数据和对骨骼数据进行更新的方法。

（7）了解了 Animation 类的基本结构后，下面将详细介绍其中用于获取骨骼旋转数据和平移数据的两个功能方法。首先给出的是用于获取旋转数据的 rotate 方法，其具体代码如下。

📎 **代码位置：**见随书源代码/第 16 章/Sample16_4/src/main/cpp/bnggdh 目录下的 Animation.cpp。

```
1    bool Animation::rotate(float time, string id, Mat4* m) {  //获取骨骼旋转数据的方法
2      if (mRotationKeys.find(id) == mRotationKeys.end()) {  //若没有此骨骼的旋转动画信息
3            v4Helper->setXYZW(0, 0, 0, 1);        //设置辅助四元数对象的值（表示没有旋转变换）
4            m->genRotateFromQuaternion(v4Helper); //将旋转变换信息记录进矩阵
5            return false;                         //返回
6        }
7        else {                                         //若有此骨骼的旋转动画信息
8            vector<QuatKey*> rotateQ = this->mRotationKeys.at(id); //获取骨骼的旋转数据列表
9            if (rotateQ[0]->time > time||rotateQ[0]->time < 0.0f) {
                                                   //若第 1 个关键帧的时间不在正常范围内
10               v4Helper->setXYZW(0, 0, 0, 1); //设置辅助四元数对象的值（表示没有旋转变换）
11               m->genRotateFromQuaternion(v4Helper); //将旋转变换信息记录进矩阵
12               return false;                    //返回
13           }else {                              //若第 1 个关键帧的时间在正常范围内
14               int size = rotateQ.size();       //获取旋转关键帧数量
15               int index;                       //关键帧索引
16               for (index=0;           //计算关键帧时间大于当前时间 time 的第 1 个关键帧索引
17                        index<size&&rotateQ[index]->time<time;++index) {;}
18               if (index == 0) {   //若关键帧索引为 0
19                   rotateQ[0]->key->getVector4fRotate(v4Helper);
                                         //获取第一帧的数据对象
20                   m->genRotateFromQuaternion(v4Helper);    //转换为矩阵形式
21               }else if (index == size) {            //若关键帧索引等于关键帧数量
22                   rotateQ[size - 1]->key->getVector4fRotate(v4Helper);
                                             //获取最后一帧的数据对象
23                   m->genRotateFromQuaternion(v4Helper);   //转换为矩阵形式
24               }else {                      //若关键帧索引既不是起始帧也不是结束帧
25                   QuatKey *left = rotateQ[index - 1]; //上一个关键帧的旋转数据
26                   QuatKey *right = rotateQ[index];   //此关键帧的旋转数据
27                   v4Helper->setXYZW(0, 0, 0, 1);    //重置辅助变量的值
28                   left->key->getVector4fRotate(v4HelperLeft);
                                                    //提取上一个关键帧的旋转数据
29                   right->key->getVector4fRotate(v4HelperRight);
                                                    //提取此关键帧的旋转数据
```

```
30                          v4Helper->interpolate(v4HelperLeft,
                                                  //插值计算当前旋转数据
31                          v4HelperRight,(time-left->time)/(right->time- left->
time));
32                          m->genRotateFromQuaternion(v4Helper); //将旋转数据转换为矩阵形式
33              }return true;                                    //返回
34  }}}
```

> **说明**　上述 rotate 方法中最核心的部分就是第 14～33 行了，其中根据给定的动画时间 time 确定了时间点小于 time 以及大于 time 的两个关键帧，进而提取两个关键帧的旋转数据（为了插值计算的方便，这里的旋转数据是四元数形式的），然后根据 time 参数的值以及两个关键帧的时间点对旋转数据进行了插值计算，最后将旋转数据转换为矩阵形式（对于后继的计算工作，矩阵形式比较方便）并返回。另外，上述代码中多次出现的 QuatKey 类对象用于存储旋转变换信息，此类与之前 16.2.3 节中介绍的 MS3DkeyFrameRotate 类大同小异，需要的读者可自行查阅随书源代码。

（8）接着给出的是用于获取平移数据的 translate 方法，其具体代码如下。

代码位置： 见随书源代码/第 16 章/Sample16_4/src/main/cpp/bnggdh 目录下的 Animation.cpp。

```
1   bool Animation::translate(float time, string id, Mat4* m) { //获取骨骼平移数据的方法
2       if (mTranslationKeys.find(id) == mTranslationKeys.end()){ //若没有此骨骼的平移动画信息
3           v3Helper->setXYZ(0.0f, 0.0f, 0.0f); //设置辅助三分量复合数对象的值（表示没有平移变换）
4           m->setTranslation(v3Helper);        //将平移变换信息记录进矩阵
5           return false;                       //返回
6       }else {                                 //若有此骨骼的平移动画信息
7           vector<Vec3Key*> vec3Key =this->mTranslationKeys.at(id);//获取骨骼的平移数据列表
8           if (vec3Key[0]->time > time||vec3Key[0]->time < 0.0f) {
                                                //若第 1 个关键帧的时间不在正常范围内
9               v3Helper->setXYZ(0.0f, 0.0f, 0.0f);
                                                //设置辅助三分量复合数对象的值（表示没有平移变换）
10              m->setTranslation(v3Helper);    //将平移变换信息记录进矩阵
11              return false;                   //返回
12          }else {
13              int size = vec3Key.size();      //获取平移关键帧的数量
14              int index;                      //关键帧索引
15              for (index = 0;     //计算关键帧时间大于当前时间 time 的第 1 个关键帧索引
16                      index < size && vec3Key[index]->time < time; ++index) {;}
17              Vector3f* v;                    //辅助临时指针
18              if (index == 0) {               //若关键帧索引为 0
19                  v = (vec3Key[0])->key;      //获取第一帧的数据对象
20              }else if (index == size) {      //若关键帧索引等于关键帧数量
21                  v = (vec3Key[size - 1])->key; //获取最后一帧的数据对象
22              }else {                         //若关键帧索引既不是起始帧也不是结束帧
23                  Vec3Key* left = vec3Key[index - 1]; //上一关键帧的平移数据
24                  Vec3Key* right = vec3Key[index];    //此关键帧的平移数据
25                  v = v3Helper;
26                  v->interpolate(left->key,           //插值计算当前平移数据
27                      right->key, (time - left->time) / (right->time - left->time));
28              }
29              m->setTranslation(v);           //将旋转变换数据记录进矩阵
30              return true;
31  }}}
```

> **说明**
>
> 　　上述 translate 方法中最核心的部分就是第 13～29 行了，其中根据给定的动画时间 time 确定了时间点小于 time 以及大于 time 的两个关键帧，进而提取两个关键帧的平移数据，然后根据 time 参数的值以及两个关键帧的时间点对平移数据进行了插值计算，最后将平移数据转换为矩阵形式（对于后继的计算工作，矩阵形式比较方便）并返回。另外，上述代码中多次出现的 Vec3Key 类对象用于存储平移变换信息，此类与之前 16.2.3 节中介绍的 MS3DkeyFramePosition 类大同小异，这里不再赘述。

（9）下面介绍 Animation 类中用于更新骨骼数据的 updateJoint 方法的实现，具体代码如下。

代码位置：见随书源代码/第 16 章/Sample16_4/src/main/cpp/bnggdh 目录下的 Animation.cpp。

```
1     void Animation::updateJoint(float time){          //更新骨骼数据的方法
2         for (string id : boneVector){                 //遍历所有的骨骼
3             bool flag = (rotate(time, id, m4Helper) | translate(time, id, m4Helper));
                                                         //获取旋转和平移变换数据
4             if (mND_id.at(id) != "") {                 //若有父骨骼
5                 string id_father = mND_id.at(id);      //取出父骨骼名称 id
6                 if (!flag){                            //若骨骼自身没有旋转/平移
7                     m4Helper->mul    //骨骼当前变换矩阵为父骨骼矩阵乘以自身相对矩阵
8                         (this->mND_matrix.at(id_father), this->mND_relative.at(id));
9                 }else{                                 //若骨骼自身有旋转/平移
10                    m4Helper->mul //骨骼当前变换矩阵为父骨骼矩阵乘以记录了自身旋转平
                                       移信息的矩阵
11                        (this->mND_matrix.at(id_father), m4Helper);
12                }
13            }else if (!flag){                          //若没有父骨骼且自身没有旋转平移
14                m4Helper->mul(m4Helper,this->mND_absolute.at(id));//乘以绝对矩阵
15            }
16            if (mND_matrix[id] == nullptr){            //若当前骨骼没有对应变换矩阵对象
17                mND_matrix[id] = new Mat4();           //创建当前骨骼对应的变换矩阵对象
18            }
19            mND_matrix[id]->copyFrom(m4Helper);        //复制当前骨骼对应变换矩阵的元素
20    }}
```

> **说明**
>
> 　　上述代码主要功能是根据当前动画时间和动画数据更新骨骼数据。总体策略为：首先根据之前介绍过的获取旋转和平移变换数据的方法基于给定的时间点获取骨骼的当前变换数据，再根据其是否有父骨骼及自身是否有旋转平移等情况分别计算出该骨骼在当前时间点的变换矩阵。

（10）介绍完更新骨骼数据的 updateJoint 方法后，下面将要介绍的是用于更新顶点数据的 updateVertex_0 方法。此方法在 VertexDataForDraw 类中，该类对象主要用于存储顶点数据并提供了更新顶点数据的方法。下面首先给出该类的头文件，具体代码如下。

代码位置：见随书源代码/第 16 章/Sample16_4/src/main/cpp/bnggdh 目录下的 VertexDataForDraw.h。

```
1     //此处省略了相关头文件的导入以及防止重复引用宏的声明，读者可自行查阅随书源代码
2     class VertexDataForDraw {
3     public:
4         float* position_init;          //指向初始顶点位置数据数组首地址的指针
5         float* position_curr;          //指向当前顶点位置数据数组首地址的指针
6         float* texCoord;               //指向纹理坐标数据数组首地址的指针
7         short* indices;                //指向索引数据数组首地址的指针
```

```
8          int numsIndex;                              //索引数量
9          float* weight;                              //指向权重数据数组首地址的指针
10         int* vec_bone_indices;                      //指向绑定骨骼索引数据数组首地址的指针
11         int numsVec;                                //顶点数量
12         VertexDataForDraw(Animation* animation);    //构造函数
13         ~VertexDataForDraw();                       //析构函数
14         void init_0(map<int, string> boneId_indices); //初始化骨骼索引与名称id对应关系map的方法
15         void updateVertex_0();                      //更新顶点数据的方法
16 private:
17         Animation* mAnimation;                      //指向动画信息对象的指针
18         map<int, string> boneId_indices;            //表示骨骼索引与名称id对应关系的map
19         Vector3f* initVec;                          //更新顶点坐标数据用到的辅助变量
20         Vector3f* vec;
21         Vector3f* tempL;
22         Vector3f* temp;
23 };
24 #endif
```

> **✔说明**　上述代码的主要就是声明了 VertexDataForDraw 类中的一系列成员变量、构造函数、析构函数和两个功能方法。其代码比较简单，这里就不过多解释了。

（11）了解了 VertexDataForDraw 类的基本结构后，下面介绍该类中最主要的方法 updateVertex_0 的实现。该方法的主要功能是根据关节的当前变换情况更新模型中顶点的位置坐标，具体代码如下。

📝 **代码位置：**见随书源代码/第 16 章/Sample16_4/src/main/cpp/bnggdh 目录下的 VertexDataForDraw.cpp。

```
1  void VertexDataForDraw::updateVertex_0() {
2    for(int i = 0; i < this->numsVec; ++i) {                    //遍历每一个顶点
3      this->initVec->setXYZ(this->position_init[i * 3 + 0],     //初始化顶点位置
4            this->position_init[i * 3 + 1], this->position_init[i * 3 + 2]);
5      for(int j = 0; j < 4; ++j) {                              //一个顶点最多有4个骨骼, 故循环4次
6        if(this->weight[i * 4 + j] != 0.0f) {          //若权值不为0
7          int k = this->vec_bone_indices[i * 4 + j];           //获取骨骼索引
8          string id = (string)this->boneId_indices.at(k);      //获取骨骼名称id
9          Mat4* matrix;                                        //实时变换矩阵
10         Mat4* absolute;                                      //绝对矩阵
11         if(this->mAnimation->mND_matrix.find(id)!=this->mAnimation->mND_matrix.end()){
12             matrix = this->mAnimation->mND_matrix.at(id);    //获取骨骼的实时变换矩阵
13         } else{LOGE("matrix == NULL");}
14         if(this->mAnimation->mND_absolute.find(id)!=this->mAnimation->mND_absolute.end()){
15             absolute = this->mAnimation->mND_absolute.at(id); //获取骨骼的绝对矩阵
16         } else{LOGE("absolute == NULL");}
17         absolute->invTransformAndRotate(this->initVec, this->temp);
                                                            //通过绝对矩阵对顶点进行逆变换
18         matrix->transform(this->temp, &this->vec[j]);
                                                //通过实时变换矩阵对顶点继续进行变换得到新的位置
19       } else {                               //若权值为0
20           this->vec[j].setXYZ(0.0f, 0.0f, 0.0f);
                                                //权值为0情况下顶点的此套坐标值不影响最后结果
21       }}
22       this->tempL->setXYZ(0.0f, 0.0f, 0.0f);        //重置辅助变量
23       this->tempL->interpolate_four(//根据权重混合4个向量, 以获得4个骨骼影响下顶点的位置
24           &this->vec[0],&this->vec[1], &this->vec[2], &this->vec[3],
25           this->weight[i * 4 + 0],this->weight[i * 4 + 1], this->weight[i * 4 + 2],
             this->weight[i * 4 + 3]);
26       this->position_curr[i * 3 + 0] = this->tempL->getX(); //设置新的顶点位置坐标x分量
```

```
27          this->position_curr[i * 3 + 1] = this->tempL->getY(); //设置新的顶点位置坐标y分量
28          this->position_curr[i * 3 + 2] = this->tempL->getZ(); //设置新的顶点位置坐标z分量
29  }}
```

● 第 3～4 行首先将顶点位置设置为初始位置，使得后续顶点位置的更新都基于此初始位置进行。

● 第 5～21 行对每个顶点进行 4 次计算，分别计算该顶点在 4 个不同骨骼的单独影响下的位置坐标，并记录 4 组位置坐标。

● 第 23～28 行首先将上一步计算所得的 4 组位置坐标根据对应的权值进行混合，从而得到该顶点在 4 个骨骼共同影响下的最终位置坐标，然后再将该位置坐标更新到顶点位置坐标数据数组。

（12）介绍完有关更新骨骼数据与顶点数据的方法后，下面将要介绍的是程序统筹管理类 MyVulkanManager 中做出的变化。主要就是增加了服务于更新骨骼动画的方法及变量，首先给出其头文件中新增变量与方法的声明，具体代码如下。

✍ **代码位置：** 见随书源代码/第 16 章/Sample16_4/src/main/cpp/bndev 目录下的 MyVulkanManager.h。

```
1   static void updateBNGGDH();              //用于更新骨骼动画的方法
2   static mutex myLock;                     //访问中间传输区顶点数据的锁
```

✍ **说明**　前面介绍过，为了避免多线程并发带来的问题引入了中间传输区，同时对中间传输区进行访问时需要加锁同步，上述 myLock 就是对应的锁。

（13）了解了程序统筹管理类 MyVulkanManager 头文件的变化后，下面介绍该类中与实现骨骼动画更新相关的代码，具体内容如下。

✍ **代码位置：** 见随书源代码/第 16 章/Sample16_4/src/main/cpp/bndev 目录下的 MyVulkanManager.cpp。

```
1   void MyVulkanManager::updateBNGGDH(){          //用于更新骨骼动画的方法
2       while (MyVulkanManager::loopDrawFlag){     //若循环绘制标志为true
3           bnModelA->update();                    //更新第一个模型的骨骼动画数据
4           bnModelB->update();                    //更新第二个模型的骨骼动画数据
5           myLock.lock();                         //获取资源锁
6           bnModelA->copy();                      //将第一个模型更新后的顶点数据复制到中间传输区
7           bnModelB->copy();                      //将第二个模型更新后的顶点数据复制到中间传输区
8           myLock.unlock();                       //释放资源锁
9       }}
10  void MyVulkanManager::drawObject(){ //绘制场景的方法
11      thread t1(&MyVulkanManager::updateBNGGDH);  //开辟一个线程，负责不断更新骨骼动画
12      t1.detach();                     //将线程独立出来
13      //此处省略了部分与本案例关系不大的代码，读者可自行查阅随书源代码
14      myLock.lock();                   //获取资源锁
15      bnModelA->arrange();             //将第一个模型的顶点数据从中间传输区复制进绘制用内存
16      bnModelB->arrange();             //将第二个模型的顶点数据从中间传输区复制进绘制用内存
17      myLock.unlock();                 //释放资源锁
18      //此处省略了部分与本案例关系不大的代码，读者可自行查阅随书源代码
19      MatrixState3D::pushMatrix();              //保护现场
20      MatrixState3D::translate(-60, -50, 0);    //执行平移变换
21      MatrixState3D::rotate(150,0,1,0);         //执行旋转变换
22      bnModelA->draw(cmdBuffer, sqsCL->pipelineLayout, sqsCL->pipeline); //绘制第一个动画模型
23      MatrixState3D::popMatrix();               //恢复现场
24      //此处省略了绘制第二个动画模型的部分代码，与绘制第一个动画模型的类似
25  }
```

● 第 1～9 行为用于更新骨骼动画的 updateBNGGDH 方法，其首先调用每个 BNModel 对象的 update 方法对骨骼数据和顶点数据进行更新，然后在加锁同步的情况下将更新后的顶点数据复

制到中间传输区。

- 第 11～12 行开辟了一个单独的线程，专门用于不断地更新骨骼动画数据，避免将大量的计算任务放到绘制线程中影响绘制任务的执行速度。

- 第 14～17 行用于每次绘制前在加锁同步的情况下将中间传输区的顶点数据复制到绘制用内存，使得绘制用数据不断更新，从而实现动画的动态效果。

前面已经对加载 bnggdh 文件的案例 Sample16_4 进行了详细地介绍，从图 16-28 中不难看出此案例中并没有添加光照效果。接下来将介绍对该案例添加了光照效果后的升级版本——Sample16_5，其运行效果如图 16-29 所示。

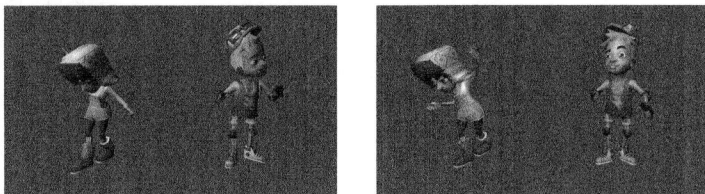

▲图 16-29　案例 Sample16_5 运行效果图

从图 16-29 中可以看出，添加了光照效果后，场景的视觉效果有了不小的提升。下面将给出添加光照效果时需要做的一些代表性工作，具体内容如下。

（1）要在程序中添加光照就必须向渲染管线提供顶点的法向量数据，因此本案例中新增了用于计算顶点法向量数据的 CalculateNormal 类。下面首先给出其头文件中的类声明，具体代码如下。

📝 **代码位置：**见随书源代码/第 16 章/Sample16_5/src/main/cpp/bnggdh 目录下的 CalculateNormal.h。

```
1    class CalculateNormal {
2    public:
3        static void calNormal(float* mVectors,              //计算顶点法向量数据的方法
4                 short* mIndices, int indicesCount, int verNum,float* nXYZ, float*
vNormal) ;
5        static void getCrossProduct(float x1,               //计算向量叉积的方法
6                 float y1, float z1, float x2, float y2, float z2, float* result);
7        static void vectorNormal(float* vector);            //规格化向量的方法
8    };
```

✏️ **说明**　上述代码比较简单，主要就是声明了 3 个服务于计算顶点法向量数据的方法。

（2）了解了 CalculateNormal 类的基本结构后，下面介绍该类的实现代码，由于计算向量叉积的方法和规格化向量的方法在本书前面第 7 章的内容中已详细介绍过，因此这里仅介绍用于计算顶点法向量数据的 calNormal 方法，具体代码如下。

📝 **代码位置：**见随书源代码/第 16 章/Sample16_5/src/main/cpp/bnggdh 目录下的 CalculateNormal.cpp。

```
1    void CalculateNormal::calNormal(float* mVectors,             //用于计算法向量的方法
2        short* mIndices, int indicesCount, int verNum,float* nXYZ, float* vNormal)  {
3        memset(nXYZ, 0, verNum * 3 * 4);                         //将每个顶点的法向量数据清零
4        for(int i = 0; i < indicesCount / 3 ; ++i) {            //对模型中的每个面进行遍历
5            short index_mIn_0 = mIndices[i * 3];                //该面的第 1 个顶点索引
6            short index_mIn_1 = mIndices[i * 3 + 1];            //该面的第 2 个顶点索引
7            short index_mIn_2 = mIndices[i * 3 + 2];            //该面的第 3 个顶点索引
8            float x0 = mVectors[index_mIn_0 * 3];               //第 1 个顶点的 x 坐标
9            float y0 = mVectors[index_mIn_0 * 3 + 1];           //第 1 个顶点的 y 坐标
10           float z0 = mVectors[index_mIn_0 * 3 + 2];           //第 1 个顶点的 z 坐标
```

```
11              float x1 = mVectors[index_mIn_1 * 3];        //第 2 个顶点的 x 坐标
12              float y1 = mVectors[index_mIn_1 * 3 + 1];     //第 2 个顶点的 y 坐标
13              float z1 = mVectors[index_mIn_1 * 3 + 2];     //第 2 个顶点的 z 坐标
14              float x2 = mVectors[index_mIn_2 * 3];        //第 3 个顶点的 x 坐标
15              float y2 = mVectors[index_mIn_2 * 3 + 1];     //第 3 个顶点的 y 坐标
16              float z2 = mVectors[index_mIn_2 * 3 + 2];     //第 3 个顶点的 z 坐标
17              float vxa = x1 - x0;float vya = y1 - y0;float vza = z1 - z0;
                                                            //第 2 个点到第 1 个点的向量
18              float vxb = x2 - x0;float vyb = y2 - y0;float vzb = z2 - z0;
                                                            //第 3 个点到第 1 个点的向量
19              getCrossProduct(vxa, vya, vza, vxb, vyb, vzb, vNormal); //求两个向量的叉积
20              vectorNormal(vNormal);                       //规格化向量
21              nXYZ[index_mIn_0 * 3 + 0] += vNormal[0];     //叠加第 1 个顶点法向量的 x 分量
22              nXYZ[index_mIn_0 * 3 + 1] += vNormal[1];     //叠加第 1 个顶点法向量的 y 分量
23              nXYZ[index_mIn_0 * 3 + 2] += vNormal[2];     //叠加第 1 个顶点法向量的 z 分量
24              nXYZ[index_mIn_1 * 3 + 0] += vNormal[0];     //叠加第 2 个顶点法向量的 x 分量
25              nXYZ[index_mIn_1 * 3 + 1] += vNormal[1];     //叠加第 2 个顶点法向量的 y 分量
26              nXYZ[index_mIn_1 * 3 + 2] += vNormal[2];     //叠加第 2 个顶点法向量的 z 分量
27              nXYZ[index_mIn_2 * 3 + 0] += vNormal[0];     //叠加第 3 个顶点法向量的 x 分量
28              nXYZ[index_mIn_2 * 3 + 1] += vNormal[1];     //叠加第 3 个顶点法向量的 y 分量
29              nXYZ[index_mIn_2 * 3 + 2] += vNormal[2];     //叠加第 3 个顶点法向量的 z 分量
30      }}
```

● 上述 calNormal 方法的入口参数中，参数 mVectors 为指向顶点位置坐标数据数组首地址的指针；参数 mIndices 为指向顶点索引数据数组首地址的指针；参数 indicesCount 为索引数量；参数 verNum 为顶点数量；参数 nXYZ 为指向顶点法向量数据数组首地址的指针；参数 vNormal 为指向临时存放一组法向量数据的数组首地址的指针。

● 第 3 行功能为将顶点法向量的数据清零。这是因为动画播放过程中，随着顶点位置的变化，其法向量数据也是相应变化的，因此在每次计算法向量数据之前都需要将上次的数据清除。

● 第 5～20 行根据每个三角形面 3 个顶点的位置坐标数据计算出该面的法向量数据，并进行了规格化计算。

● 第 21～29 行将上面计算的当前面法向量数据叠加到该面 3 个顶点的法向量数据中，之所以要进行叠加，是因为很多顶点都不只属于一个三角形面，因此其法向量数据也要取其所在所有面法向量数据的平均值。而一系列规格化后法向量的平均值只需要将这一系列规格化后的法向量求和再规格化即可。这里仅仅进行了求和而没有最终再规格化，是由于光照计算前会在着色器中对法向量进行规格化，这里就不再进行重复计算了。

（3）成功开发了计算顶点法向量数据的 calNormal 方法后，就需要对组织顶点数据的方法及程序中使用的渲染管线的相关参数设置进行修改，同时也要对着色器代码进行修改，使其可以进行光照相关计算。有关这几部分修改涉及的内容在本书之前的章节中已有详细地介绍，这里不再赘述。

16.4 本章小结

本章主要介绍了骨骼动画的原理与应用，16.1 节着重于原理的介绍，16.2 节介绍了有一定实用性的、通用的 ms3d 文件的加载，16.3 节介绍了自定义格式骨骼动画的加载。掌握了这些技术以后，读者开发 3D 应用的能力将大大增强。

特别是掌握了 16.3 节的内容后，读者就应该基本具备了设计自定义骨骼动画格式的能力，这一能力对于实际 3D 应用、游戏项目的开发裨益良多。

第17章　让应用运行得更流畅——性能优化

通过学习本书前面章节中介绍的很多 3D 开发原理与技巧，应该已经可以开发很多酷炫的 3D 场景了。但如果实际开发一些高动态的 3D 场景或游戏的话，可能还会遇到一个令人困扰的问题——性能。

虽然在前面一些章节中介绍某些知识点时零星地讨论过一些性能相关的问题，但并不系统。本章将专门针对 3D 应用开发中的一些性能问题进行讨论，掌握了这部分知识后，对进一步开发大型 3D 应用或游戏是很有裨益的。

17.1　着色器的优化

Vulkan 中采用的是可编程渲染管线，开发人员通过开发特定功能的着色器可以非常方便地实现很多特效。但实现同样功能的着色器写法远不止一种，不同的写法可能导致性能大相径庭。本节主要介绍在平时的着色器开发中需要注意的一些要点，如果能很好地注意这些要点，着色器性能会有良好的表现。

17.1.1　计算量及计算频率的相关问题

通过前面章节的学习，应该已经了解到 GPU 的工作特点，其执行渲染任务时顶点着色器会每顶点执行一次，而片元着色器会每片元执行一次。可以想象，每绘制一帧画面，顶点着色器与片元着色器的代码少则执行成百上千次，多则执行几万甚至几百万次。

因此，如果能恰当地减少顶点着色器与片元着色器每次执行时所需完成的工作量，性能必然会明显提升。相关的简单技巧主要包括着色计算工作的位置优化以及代码优化两个方面，具体内容如下。

1. 位置优化

从前面很多案例中已经了解到，与着色计算相关的任务有 3 个可能的执行位置：CPU、顶点着色器及片元着色器。从获得更高画面质量的方面来考虑，很多开发人员会把大量的着色计算相关代码放在片元着色器中。

但在不影响画面质量或可以略微牺牲一点画面质量的情况下，可以考虑将相关代码的位置做一些变化，以换取性能的提升，主要包括如下两点。

- 每当把计算任务安排到片元着色器中时，都应该考量一下，若将这个计算任务安排到顶点着色器中，画面质量是否有影响，若有影响，在不在可以接受的范围内。如果条件允许，则应该将相应的计算任务安排到顶点着色器中进行。因为顶点着色器的执行频率远低于片元着色器，这样做一般可以获得较为明显的性能提升。
- 每当把计算任务安排到顶点着色器中时，要首先判断此计算任务是对于每个顶点单独计算、结果不同，还是所有顶点共享一个相同的计算结果。如果是所有顶点共享一个相同计算结果的情况，则应该将此计算任务交由 CPU 执行，然后由宿主程序将计算结果作为一致变量传入顶点着色器供使用。

> **提示**　在有些情况下，对于某个复杂计算的某部分是所有顶点共享的，那么，就应该把这部分计算提取出来交由 CPU 一次性完成，然后将计算结果作为一致变量传入顶点着色器供使用。对于一个 3D 模型而言，顶点少则数百上千，多则几万、几十万甚至上百万，这样做可以大大降低计算负载，获得显著的性能提升。

2. 代码优化

编写着色器代码时，开发人员应该特别谨慎。这是由于着色器代码的执行频率很高，因此应该尽量优化这部分代码，使其运算量以及复杂度在条件允许的前提下降到最低。这样会显著提高着色程序的执行效率，具体需要注意以下几点。

● 编写着色代码时常常需要进行一些数学计算，此时要尽量通过代数方法对计算进行简化，这样可以最大限度地提高运算速度。例如，"p = sqrt(2*(X+1))" 可以改写为 "p=1.414*sqrt(X+1)" 等等。

● 编写着色代码时经常会对向量进行操作，例如，将向量归一化，求两个向量的点积、叉积等。对于这些操作，着色器提供了强有力的支持，内置了很多内建函数，方便开发人员使用。例如，归一化向量函数 normalize、求点积运算函数 dot、求向量折射函数 refract 等。这些内建函数大部分都是基于硬件实现的，开发时可以直接利用，能够降低代码的复杂度，优化计算速度。

● 编写着色代码时经常会对矩阵进行操作，例如将两个矩阵进行相乘运算。对于此类操作，着色器同样也提供了强有力的支持，内置了很多运算符及函数，方便开发人员使用。例如，两个矩阵相乘直接使用 "*" 运算符即可完成。这样无论从编码复杂度还是运算速度来看，效果都很不错。

> **提示**　上述三点中的后面两点总结起来就是，内建函数和运算符可以直接完成的工作不应该再自行开发代码来完成。因此，合格的开发人员应该熟悉系统支持的各个内建函数和运算符，才能高效地开发出高性能的代码。

17.1.2　其他需要注意的问题

实际开发中，除了要考虑用于执行计算任务的代码的位置、计算量等，对于一些内建函数的使用、方法的声明、变量的使用等也要格外留心。出于性能方面的考虑，一般应该注意以下几点。

● 在编写着色代码的过程中，有时候需要进行一些简单的计算，对于这些重复性较低，而且计算的内容较为简单的操作，开发过程中不应该将这种计算封装成函数，直接用代码计算即可。这样能大大减少 GPU 函数调用与返回的消耗（这方面是目前 GPU 的弱项），下面给出的两段代码说明了这个问题。

```
1    //直接用代码计算，好的做法
2
3    float dis=distance(positionA,positionB);
4    float disfactor=dis/scale;
5    //先声明函数，再调用，对于目前的 GPU 不太合适的做法
6    float calDisFactor(vec3 positionA, vec3 positionB ){
7        float dis=distance(positionA,positionB);
9        float disfactor=dis/scale;
9        return disfactor;
10   }
```

- 如果通过调整片元颜色的 alpha 值结合混合操作就可以达到想要的效果，就要尽量少使用 discard 操作舍弃当前片元。因为 discard 是一个非常消耗资源的操作，会大大降低渲染的 FPS。

- 如果进行计算之前已经对当前需要使用的向量进行归一化，那么在使用时就不要再去求该向量的模了，因为该向量的模必然是 1。

- 编写着色代码时要选择合适的计算精度，精度要和选择的纹理图质量相吻合。例如，如果选择的纹理图是低质量的 16 位或者 8 位的颜色模式，则可以考虑使用 lowp float 精度进行计算。

- 编写完片元着色器后要检查其代码的长度，如果太长（一般指超过 25 行），则需要考虑是否能将一些计算转移到顶点着色器中。

- 由于片元着色器是在 GPU 中执行，GPU 与 CPU 在硬件结构上有很大的差异，其执行分支语句的效率非常低。故在 GPU 中需要执行分支语句时往往需要想办法用内建的函数计算出因子，再结合数学表达式来替代分支操作，具体情况如以下代码片段所示。

```
1   //直观的易于编写的用分支语句完成的代码
2   vec4 projColor=texture(sTexture,vec2(s,t));
3   if(a>0.9999){
4       outColor=colorA;
5   }else if(a<0.0001){
6       outColor =colorB;
7   }else{
8       outColor =mix(colorB,colorA,smoothstep(0.0,1.0,projColor.r));
9   }
10  //适合提高 GPU 执行效率的使用内建函数替代分支操作的代码（功能与 1～9 行的代码相同）
11  vec4 projColor=texture(sTexture,vec2(s,t));
12  float a=step(0.9999,projColor.r);
13  float b=step(0.0001,projColor.r);
14  float c=1.0-sign(a);
15  outColor =a*colorA+(1.0-b)*colorB+b*c*mix(colorB,colorA,smoothstep(0.0,1.0,projColor.r));
```

> 📌说明　第 12～16 行的着色代码巧妙地使用内建函数避免了很多分支操作，将分支操作化解为顺序执行的函数运算。这是一种着色器编程常用的开发技巧，读者有需要时也可以采用。

17.2　纹理图的优化

开发场景时经常会用到纹理图，通过前面章节的学习，应该对纹理图的加载以及使用有了一定的了解。本节将进一步讨论使用纹理图时应该注意的问题以及性能优化技巧等，具体内容如下。

1. 纹理图的选择

选择纹理图时，出于性能的考虑，一般需要注意以下几点。

- 尽量不要使用特别大的纹理图，同时纹理图的尺寸应该为 2 的 n 次方，这样不仅能保证所有的设备都识别该纹理，而且计算速度也是最快的。

- 在游戏或者可视化应用中，总是会遇到许多非常小的纹理，一种比较好的办法是把这些纹理组合成一个比较大的纹理。这样驱动程序在加载纹理的时候，仅仅需要加载一次就可以了。例如，开发人体模型，可以将一个人的头发、脸、眼睛等组合为一个纹理。

- 使用压缩纹理。压缩纹理比非压缩纹理具有更快的运算速度和更小的存储空间要求，而且很容易使用图形硬件纹理缓冲。因此，这样能够显著地提高渲染性能，特别适合 3D 应用中纹理数量较大的场合。作者的经验是能采用压缩纹理时一定要采用，很多大厂商的游戏中都是如此。

- 在纹理图的选择上，如果使用的颜色模式为 16 位即可达到可以接受的效果，就尽量不要使用 32 位的，也就是说尽量使用位数少的颜色模式的纹理图。

2. 纹理图使用中需要注意的其他问题

使用纹理图时，不应该一拿到就直接使用，需要对纹理图做一些必要的处理后再使用。这样就能很好地避免资源的浪费。出于性能考虑，一般应该注意以下几点。

- 对于大场景贴图而言，进行纹理采样时要尽量使用 Mipmap，虽然这样会多占用一些内存，但是这样有可能提高纹理采样的效率，同时会得到更好的画面效果。
- 进行纹理采样时，若最近点采样就能满足视觉效果的要求，就不要使用线性采样。由于线性采样算法比最近点采样算法复杂很多，其执行效率要比最近点采样低不少。
- 对于需要将较小的纹理图平铺到一个较大平面上的情况，不应该采用一堆小的纹理矩形组合的方式，而应该采用一个大的纹理矩形结合 VK_SAMPLER_ADDRESS_MODE_REPEAT 采样方式来解决。

17.3　3D 图形绘制的优化

17.2 节介绍了使用纹理图时需要注意的一些问题，恰当地运用这些知识能够在一定程度上提高场景的绘制效率。本节将进一步讨论在绘制 3D 图形时需要注意的一些问题，主要包括 CPU 阶段的优化以及几何阶段的优化这两部分内容。

17.3.1　CPU 阶段的优化

通过本书前面很多案例的学习，应该已经了解到 3D 场景的绘制工作是由 CPU 与 GPU 配合完成的。因此，在进行开发时仅对 GPU 部分的任务进行优化是不够的，CPU 部分的任务也需要进行优化，常用的技巧有以下几点。

- 尽量避免使用浮点运算

对于大部分 CPU 而言，由于浮点数的运算一般比整数（定点数）需要耗费更多的计算资源，因此，在使用整数就可以满足需要的情况下应该尽量使用整数进行计算。

- 采用更优化的编译模式

对于移动设备而言，目前主流配置都是采用基于 ARM 架构的 CPU。对于 ARM 架构的 CPU 而言，有两种可供选择的代码编译模式，即 ARM 和 Thumb。具体选择哪种编译模式，一般需要根据内存带宽和内存与 CPU 之间的总线带宽来决定。

> 💡提示　关于这两种编译模式的细节已经大大超过了本书的讨论范围，这里只是提醒读者有这样一个需要考虑的方面。想进一步了解更多的细节，请参考其他专门介绍这方面知识的书籍或资料。

- 减少条件分支和多重嵌套循环

条件分支不但对于 GPU 会降低执行效率，对于 CPU 而言也是如此。能够使用查表法等技巧去除应用程序中的不必要分支结构时要尽量采用。另外，嵌套多层的循环也是影响性能的重要方面，应该尽量避免使用多重嵌套循环。

17.3.2　几何阶段的优化

通过前面的学习应该已经了解到，绘制 3D 物体之前首先需要将物体的几何数据传入渲染管线。对于同一个 3D 几何形状，可以有很多不同的几何数据组织方式。虽然不同的几何数据组织方式可以绘制出相同的场景，但性能可能会有很大的差异。本节将讨论这方面的内容，主要包括以下两点。

1. 恰当选用顶点法或索引法执行绘制

本书 4.6.4 节介绍过顶点法与索引法两种绘制策略，对于不同的情况，两种策略各有优劣，应该在实际开发中灵活选用。尤其是在采用 GL_VK_PRIMITIVE_TOPOLOGY_TRIANGLE_LIST 绘制方式的时候，具体情况如图 17-1 所示。

● 对于如图 17-1 所示的图形，若采用顶点法，则需要传送进管线的数据为 72 个字节（两个三角形 6 个顶点，每个顶点 3 个坐标分量，每个坐标分量 4 个字节）。

● 如果采用索引法，则仅需要传送进管线 54 个字节（顶点数据：4 个顶点，每个顶点 3 个坐标分量，每个坐标分量 4 个字节，共 48 个字节。索引数据：6 个字节型索引数据，共 6 个字节）。

从上述比较中可以看出，对于采用 GL_VK_PRIMITIVE_TOPOLOGY_TRIANGLE_LIST 绘制方式的图形而言，不同三角形重复顶点的数量越多，采用顶点法越不合算。

> **提示**　　读者千万不要认为在任何情况下索引法的表现都会好一些，若基本没有重复的顶点，而都是离散的三角形，则顶点法会表现较好。这一结论参看图 17-2 并计算一下各自所需的数据量即可得出。

2. 恰当选用不同的绘制方式

本书前面 4.6.1 节介绍过多种不同的图元绘制方式，其中包括 VK_PRIMITIVE_TOPOLOGY_TRIANGLE_LIST（独立三角形）、VK_PRIMITIVE_TOPOLOGY_TRIANGLE_STRIP（三角形条带）、VK_PRIMITIVE_TOPOLOGY_TRIANGLE_FAN（三角形扇面）等。在绘制时开发人员应该根据待绘制图形的几何特征选用合适的绘制方式，以提高效率，节省资源。

从图 17-3、图 17-4 及图 17-5 中可以看出，对于不同几何特征的图形采用不同的绘制方式，可以达到事半功倍的效果，具体情况如下所列。

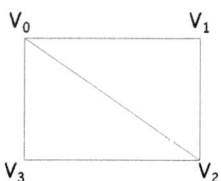

▲图 17-1　顶点法与索引法　　　▲图 17-2　离散的三角形　　　▲图 17-3　适合条带方式绘制的图形

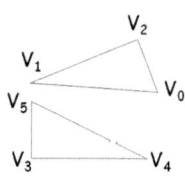

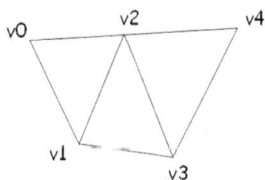

● 对于图 17-3 所示的图形而言，若采用条带方式结合顶点法，仅仅需要传送 5 个顶点的坐标数据，而若采用独立三角形方式，无论是结合顶点法还是索引法所需的数据量都更多一些。

● 对于图 17-4 所示的图形而言，若采用扇面方式结合顶点法，仅仅需要传送 5 个顶点的坐标数据，而若采用独立三角形方式，无论是结合顶点法还是索引法所需的数据量也都更多一些。

● 对于图 17-5 所示的图形而言，若采用独立三角形方式结合顶点法，需要的数据量最少。

3. 大场景绘制时适当剪裁

进行大场景绘制时应该根据当前观察用的摄像机的位置、朝向确定能够观察到的范围。将不在观察范围内的物体剪裁掉，不送入渲染管线进行绘制，图 17-6 说明了这个问题。

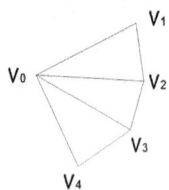

▲图 17-4 适合扇面
方式绘制的图形

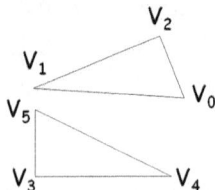

▲图 17-5 适合独立三角形
方式绘制的图形

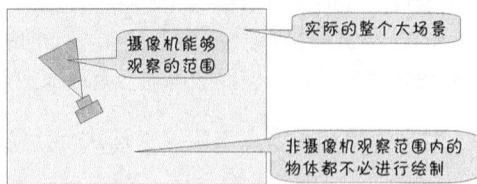

▲图 17-6 大场景绘制时适当剪裁

很容易理解，采用这种策略后性能提升很大。因为对于很大的场景，看不到的永远是大部分，看见的永远是少部分。都绘制和仅仅绘制能看见的部分其运算量差距很大。另外要注意的是，这部分工作是由 CPU 完成的，CPU 在每次将一个物体送入管线进行绘制前应该进行检查，判断此物体是否在可见的范围内。

> 💡提示　　　其实很多脍炙人口、广受欢迎的游戏都采用了这种策略，如极品飞车，玩家细心地观察就会发现，随着摄像机（玩家驾驶的汽车）的移动，会不断在远处出现新的物体。在本章后面介绍视锥体剪裁中会给出具体的实现案例。

4. 顶点数据尽量一次提交

将物体提交给管线进行绘制时还有一点需要注意的是，一次提交大量顶点和多次提交少量顶点的绘制结果虽然相同，但性能相差很大。作者曾经开发过一个基于纹理矩形进行绘制的粒子系统，每次绘制一帧画面时将所有表示粒子的纹理矩形一次成批提交和将表示每个粒子的纹理矩形都单独提交一次相比，其性能（FPS）相差数倍。

因此，若能够由 CPU 将顶点数据归并到一个缓冲里提交时，应该尽量这么做，尤其是对于像粒子系统这样若单独一一提交批次很多的情况。

17.3.3 光栅化阶段的优化

对于光栅化阶段的优化，开发者可以通过打开背面裁减来实现。对于封闭物体和看不到背面的物体，都应该打开背面裁减进行绘制。这样进行光栅化时只需要处理一个卷绕方向的三角形，可以使光栅化处理的三角形数量减少近 50%，大大提高性能。

17.4 图元重启

17.3 节介绍了 3D 图形绘制的优化，本节将介绍一种在特定情况下可以提高绘制性能的方法——图元重启。图元重启可以在一次绘制调用中渲染多个不相连的图元，这对降低绘图方法调用的开销是很有裨益的。下面将详细介绍图元重启的基本原理并给出一个简单的案例，具体内容如下。

17.4.1 基本原理

本书前面的很多案例中，当同一场景中有多个 3D 物体时，一般是分别调用 Vulkan 的相关绘制方法单独进行绘制。而经过本章前面知识的学习，应该已经知道大量单独的绘制方法调用将在很大程度上影响渲染性能。因此若能够把多个物体的数据组合到一起，采用少量的绘制方法调用进行绘制就可以显著地提高性能。图元重启正是为这一目标而设计的。

> ✏️**提示**　　图元重启仅能应用于索引法（vkCmdDrawIndexed）绘制中，不能应用于顶点法。

图元重启的实质是，将绘制方式相同（如都是 VK_PRIMITIVE_TOPOLOGY_TRIANGLE_STRIP）的独立物体的绘制用顶点数据（如位置坐标、纹理坐标、法向量等）组织到一个数据缓冲中，在物体与物体的索引数据之间插入特殊索引值作为分隔。

> ✏️**说明**　　此特殊索引值是所采用绘制索引类型的最大可能索引值（即索引类型为 VK_INDEX_TYPE_UINT16 时，对应的特殊索引值为 0xFFFF，而索引类型为 VK_INDEX_TYPE_UINT32 时，对应的特殊索引值为 0xFFFFFFFF）。

当 Vulkan 在绘制过程中遇到该特殊索引值时，便会结束当前绘制并紧接着从下一个索引的对应顶点开始进行新的渲染，具体情况如图 17-7 所示。

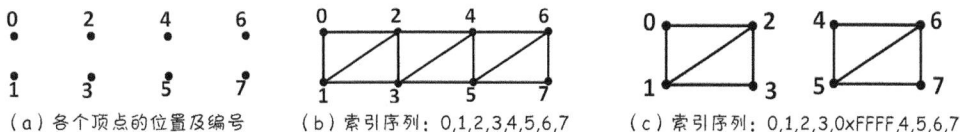

（a）各个顶点的位置及编号　　（b）索引序列：0,1,2,3,4,5,6,7　　（c）索引序列：0,1,2,3,0xFFFF,4,5,6,7

▲图 17-7　图元重启的工作情况

从图 17-7 中可以看出如下几点。

- 此场景中 a、b、c 每幅图中一共有 8 个顶点，编号为 0～7。
- 当采用的索引序列为"0,1,2,3,4,5,6,7"，且打开图元重启使用三角形条带（VK_PRIMITIVE_TOPOLOGY_TRIANGLE_STRIP）方式进行绘制时，得到如图 17-7 中 b 所示的情况，共绘制出 6 个三角形，与不打开图元重启绘制时的效果相同。
- 当采用的索引序列为"0,1,2,3,0xFFFF,4,5,6,7"，且打开图元重启使用三角形条带（VK_PRIMITIVE_TOPOLOGY_TRIANGLE_STRIP）方式进行绘制时，得到如图 17-7 中 c 所示的情况，共绘制出 4 个三角形，图元重启有效地工作。

控制图元重启的开启与关闭，需要在创建管线之前用如下代码根据需要进行设置。

```
1  VkPipelineInputAssemblyStateCreateInfo ia;    //管线图元组装状态创建信息结构体实例
2  ia.primitiveRestartEnable = VK_TRUE;          //开启图元重启
3  ia.primitiveRestartEnable = VK_FALSE;         //关闭图元重启
```

> ✏️**说明**　　上述代码中的第 2 行和第 3 行一般不会同时出现，应该根据具体情况下的不同需要选用。

17.4.2　一个简单的案例

17.4.1 节介绍了图元重启的基本原理，下面将给出一个采用图元重启技术的简单案例——Sample17_1，其具体运行效果如图 17-8 所示。

▲图 17-8　案例 Sample17_1 运行效果图

> **说明**　从图 17-8 中可以看出，案例 Sample17_1 在两个不同的位置绘制了两次如前面图 17-7 中图 a 所示的由 8 个顶点组成的物体。图 17-8 中上面的物体对应的索引数据中没有采用特殊索引值进行分隔（对应图 17-7 中的图 b），因此绘制出来是一个整体；而下面物体对应的索引数据中间使用了特殊索引值进行分隔（对应图 17-7 中的图 c），因此绘制出了两个独立的矩形。

了解了本节案例的运行效果后，就可以进行代码的开发了。由于本节案例中大部分类的代码与前面章节不少案例中的非常类似，因此这里仅仅介绍本案例中有代表性的部分——MyVulkanManager 类中的 createDrawableObject 方法，其具体代码如下。

> **代码位置：** 见随书中源代码/第 17 章/Sample17_1/src/main/cpp/bndev 目录下的 MyVulkanManager.cpp。

```
1    void MyVulkanManager::createDrawableObject(){          //创建绘制用物体的方法
2        //此处省略了给出物体顶点数据的相关代码
3        uint16_t* dataIndex=new uint16_t[9]{               //有效使用图元重启时的索引数据
4                       0,1,2,3,
5                       0xFFFF,                             //特殊索引值
6                       4,5,6,7
7        };
8        open=new DrawableObjectCommonLight(vdataIn,48*4,8, //创建有效使用图元重启时的绘制物体
9             dataIndex,9*sizeof(uint16_t),9,device,memoryroperties);
10       dataIndex=new uint16_t[8]{0,1,2,3,4,5,6,7};        //未有效使用图元重启时的索引数据
11       close=new DrawableObjectCommonLight(vdataIn,48*4,8 //创建未有效使用图元重启时的绘制物体
12            ,dataIndex,8*sizeof(uint16_t),8,device,memoryroperties);
13   }
```

- 第 3～9 行给出了有效使用图元重启时的索引数据，并创建了对应的绘制用物体。
- 第 10～12 行给出了非有效使用图元重启时的索引数据，并创建了对应的绘制用物体。

> **说明**　从上述 createDrawableObject 方法的代码中可以看出，使用图元重启并不复杂，只需要配以适当的索引序列即可。另外，本案例中的管线（对应类为 ShaderQueueSuit_CommonReStart）也开启了图元重启，这部分代码在 17.4.1 节已经介绍过。

17.5 几何体实例渲染

一些大型的 3D 场景中，有时需要多次绘制同一个对象，如草地中的草、士兵群中的士兵等。在这种情况下，成千上万个几何图形副本可能只是在空间位置、颜色以及姿态等方面有所不同，此时几何体实例渲染就可以发挥其显著优势。这是因为采用实例渲染后，只需要一次传递单个模型的顶点数据，就能同时实现多个对象的绘制，绘制效率大大提高。

17.5.1 基本原理

实例渲染的基本实现策略为：在宿主语言（如 C++）中调用一次相关绘制方法，指定所需单个模型的顶点数据，并传入需绘制的实例数量，然后在对应的着色器中根据当前绘制的实例编号对当前绘制实例的位置、姿态、颜色等方面的信息进行设置，以绘制出多个几何结构相同而位置、姿态、颜色等不同的实例。

与实例渲染相关的方法为 vkCmdDraw，其方法签名如下面的代码片段所示。

```
1    void vkCmdDraw(VkCommandBuffer commandBuffer,uint32_t vertexCount,
2                   uint32_t instanceCount,uint32_t firstVertex,uint32_t firstInstance);
```

> **说明**　参数 commandBuffer 为对应的命令缓冲，参数 vertexCount 为顶点数量，参数 instanceCount 为需要绘制的实例数量，参数 firstVertex 为起始顶点编号，参数 firstInstance 为起始实例编号。

前面已经介绍过，使用实例渲染时对应的着色器中还需要根据当前绘制的实例编号来对实例的一些方面（如位置、颜色、姿态等）进行设置，此实例编号就是着色器的内建输入变量 gl_InstanceIndex。gl_InstanceIndex 的值从 0 开始一直到总实例数量减 1 为止。若没有启用实例渲染，此内建变量的值将一直为 0。

> **提示**　每个实例的顶点数量越少，总绘制所需的实例数量越多，实例渲染带来的效率提升就越明显。因此在实际使用中，要尽量将实例模型的面数和顶点数控制到最小。反之，当实例模型的顶点数比较多且实例数量不太多时，带来的效率提升就不那么明显了。

17.5.2　基于实例渲染的土星光环案例

17.5.1 节介绍了实例渲染的基本原理，接下来将给出一个通过实例渲染技术绘制由海量星体组成土星光环的案例——Sample17_2。在介绍案例的具体开发之前，有必要先了解一下案例的运行效果，具体情况如图 17-9 所示。

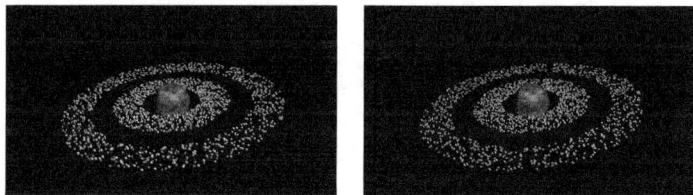

▲图 17-9　案例 Sample17_2 运行效果

> **说明**　从图 17-9 中可以看出，案例场景中的土星光环由海量的小星体模型组成，效果非常逼真。另外，由于插图采用黑白印刷，可能造成读者看得不是很清楚，建议读者用真机运行本案例进行观察，同时，本案例运行时若用手指在屏幕上滑动，则可以移动摄像机观察来从不同角度场景。

了解了案例 Sample17_2 的运行效果后，下面来介绍一下通过实例渲染实现海量小星体组成土星光环的具体绘制策略，要点如下。

● 首先需要给出小星体的组数（groupNumber）和每组的数量（oneGroupNumber），并通过这二者计算得出小星体的总数 paiNumber，同时通过组数计算得出每组小星体之间的角度跨度（angleSpan），具体情况如图 17-10 所示。

● 确定了上述参数后，在着色器中就可以根据内建变量 gl_InstanceIndex（此变量值代表的是当前处理的实例的编号，在本小节案例中取值范围为 0～paiNumber-1）的值计算出当前处理的顶点属于哪一组（groupID）中的哪一个小星体（inGroupID），具体计算公式如下。

$$groupID= gl\_InstanceIndex/oneGroupNumber$$

$$inGroupID= gl\_InstanceIndex\%oneGroupNumber$$

- 接着需要给出由小星体组成的土星光环的宽度（lineWidth）和光环内侧边缘距土星中心的距离（distanceDai），通过土星光环的宽度和每组数量即可计算得出每组内部各个小星体之间的距离步进（linWidthSpan）。同时可以根据小星体组内编号 inGroupID 计算得出各个小星体距土星中心的距离（translateDis）和公转角度（curAngle）。具体情况如图 17-11 所示，相关计算公式如下。

$$linWidthSpan=lineWidth/(oneGroupNumber-1)$$

$$translateDis=distanceDai+linWidthSpan*inGroupID$$

$$curAngle=(groupID-1)*angleSpan$$

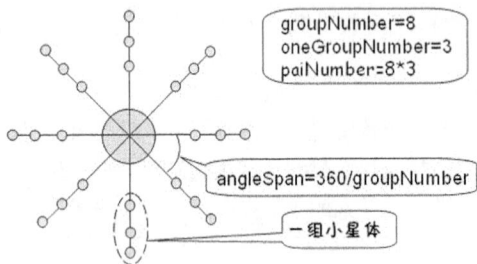

▲图 17-10　具体实现策略 1

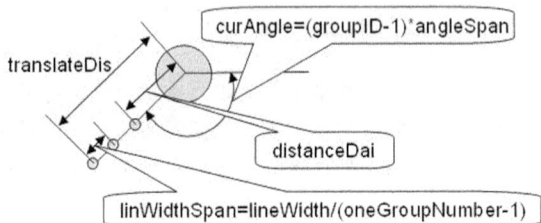

▲图 17-11　具体实现策略 2

- 然后根据小星体距土星中心的距离和公转角度可以计算得出当前小星体的 x、z 坐标，相关的计算公式如下。

$$translateX=translateDis*cos(radians(curAngle))$$

$$translateZ=translateDis*sin(radians(curAngle))$$

- 得到当前小星体的 x、z 坐标后，可以进一步推导出当前小星体的平移变换矩阵。同时，根据当前小星体的自转角度可以推导出当前小星体的旋转变换矩阵。最后运用平移变换矩阵以及旋转变换矩阵结合摄像机矩阵和投影矩阵就可以计算出小星体中各个顶点的最终绘制位置。

根据以上策略就可以得到如图 17-10 所示的排列规则的由多个小星体组成的土星光环了。但现实世界中土星光环内小星体的排列是没有规律的。要想实现这种没有规律的排列，需要引入随机数。在之前的章节中已经介绍过，在着色器中可以通过使用二维柏林噪声纹理（如图 17-12 所示）引入伪随机数。

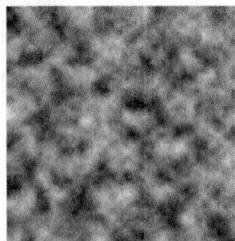

▲图 17-12　二维柏林噪声纹理

本节案例中是通过二维柏林噪声纹理中的伪随机数对小星体公转角度 curAngle 进行扰动实现的土星光环中小星体的不规则排列，具体情况如图 17-13 所示。

从图 17-13 中可以看出，基于随机数对小星体公转角度 curAngle 进行扰动后，小星体的排列就不再那么规律了，看起来也会真实很多，具体的扰动策略如下。

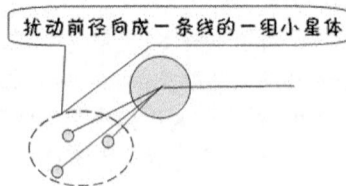

▲图 17-13　具体实现策略 3

- 首先根据当前星体所属组编号 groupID、组的数量 groupNumber、组内编号 inGroupID 和每组数量 oneGroupNumber 计算得到对应的纹理坐标 xtex、ytex，具体的计算公式如下。

$$xtex=float(groupID)/float(groupNumber)$$

$$ytex=float(inGroupID)/float(oneGroupNumber)$$

- 然后根据纹理坐标对二维柏林噪声纹理进行采样，基于采样值可以得到一个 0.0～1.0 之间的伪随机数 random，再将其乘以给定系数 K（此系数值应该根据扰动量大小需要进行调整）即可得到 0.0～K 之间的随机数。然后基于此随机数给公转角度 curAngle 加上一个扰动项，即可得到扰动后的公转角度，具体计算公式如下。

$$curAngle_{扰动}=curAngle+ angleSpan*random*K$$

- 实际计算当前小星体的 x、z 坐标时由基于 curAngle 进行计算改为基于 $curAngle_{扰动}$ 进行计算即可实现土星光环中小星体的不规则排列。
- 另外由于土星光环是绕土星不断旋转的，因此计算当前小星体的 x、z 坐标时还需要考虑到公转角的连续变化，故还需要加上一个表示公转角变化的量 rotateAngle。其值在 0～360 之间连续、重复变化，故最终的公转角计算公式如下。

$$curAngle_{最终}= curAngle_{扰动}+rotateAngle$$

了解了本节案例的运行效果和具体实现策略后，下面将继续介绍本节案例的开发。同样这里也仅仅介绍此案例中有代表性的部分，具体内容如下。

（1）首先给出的是小星体模型绘制类 ObjObjectQiu 中的 drawSelf 方法，具体代码如下。

代码位置：见随书中源代码/第 17 章/Sample17_2/src/main/cpp/util 目录下的 ObjObjectQiu.cpp。

```
1   void ObjObjectQiu::drawSelf(VkCommandBuffer& cmd,
2       //此处省略了部分代码，感兴趣的读者请自行查看随书源代码
3       vk::vkCmdDraw(cmd, vCount, PlanetConstant::paiNumber, 0, 0); //采用实例渲染绘制海量小星体
4   }
```

说明 上述代码中最重要的就是第 3 行了，其调用 vkCmdDraw 方法实施了实例渲染。具体表现为方法调用时的第 3 个参数不再为 1 了，而是变为此次绘制所需的实例数量。

（2）接下来介绍的是用于记录小星体初始状态信息的类——PlanetConstant，其中记录着小星体的数量，土星光环的宽度等信息，具体代码如下。

代码位置：见随书中源代码/第 17 章/Sample17_2/src/main/cpp/bndev 目录下的 PlanetConstant.cpp。

```
1   float PlanetConstant::perAngle=0;                      //小星体自转角
2   float PlanetConstant::rotateAngle=0;                   //小星体公转角
3   float PlanetConstant::groupNumber=15;                  //每组星体的数量
4   float PlanetConstant::oneGroupNumber=20;               //星体组数
5   float PlanetConstant::lineWidth=8.0f;                  //土星光环宽度
6   float PlanetConstant::paiNumber=groupNumber*oneGroupNumber; //星体总数量
7   float PlanetConstant::distanceDai=8.162f;              //内圈光环内侧与土星的距离
8   float PlanetConstant::distanceDaiBig=22.0f;            //外圈光环内侧与土星的距离
9   float PlanetConstant::linWidthSpan=lineWidth/(oneGroupNumber-1);
                                                          //每组内部各个小星体之间的距离步进
10  float PlanetConstant::angleSpan=360/groupNumber;      //每组的角度跨度
```

说明 该类比较简单，主要记录了绘制场景时所需的多项参数，方便对程序管理和调试。

（3）接下来给出用于实现场景整体绘制的 drawObject 方法，其位于 MyVulkanManager 类中，具体代码如下。

代码位置：见随书中源代码/第 17 章/Sample17_2/src/main/cpp/bndev 目录下的 MyVulkanManager.cpp。

```
1   void MyVulkanManager::drawObject(){
2       while(MyVulkanManager::loopDrawFlag){
3       //此处省略了部分代码，感兴趣的读者请自行查看随书源代码
4       MatrixState3D::pushMatrix();                      //保护现场
5       objQiu->drawSelf(cmdBuffer,sqsQiu->pipelineLayout,sqsQiu->pipeline,&(sqsQiu->
```

```
descSet[0]));
6                objQiuTwo->drawSelf(cmdBuffer,sqsQiu->pipelineLayout,sqsQiu->pipeline,
&(sqsQiu->descSet[1]));
7                objQiuThree->drawSelf(cmdBuffer,sqsQiu->pipelineLayout,sqsQiu->pipeline,
&(sqsQiu->descSet[2]));
8            MatrixState3D::popMatrix();                    //恢复现场
9            MatrixState3D::pushMatrix();                   //保护现场
10           objQiu->drawSelf(cmdBuffer,sqsQiuTwo->pipelineLayout,   //绘制外圈土星光环 1 号星体
11                        sqsQiuTwo->pipeline,&(sqsQiuTwo->descSet[0]));
12           objQiuTwo->drawSelf(cmdBuffer,sqsQiuTwo->pipelineLayout,  //绘制外圈土星光环 2 号星体
13                        sqsQiuTwo->pipeline, &(sqsQiuTwo->descSet[1]));
14           objQiuThree->drawSelf(cmdBuffer,sqsQiuTwo->pipelineLayout,//绘制外圈土星光环 3 号星体
15                        sqsQiuTwo->pipeline, &(sqsQiuTwo->descSet[2]));
16           MatrixState3D::popMatrix();                    //恢复现场
17           //此处省略了部分代码,感兴趣的读者请自行查看随书源代码
18  }}
```

> **说明**　第 4~8 行为绘制内圈土星光环的代码,第 9~16 行为绘制外圈土星光环的代码。从以上的代码中可以看出,本案例中共有 3 种形态的小星体。3 种小星体用途相同,都是用于构建土星光环,只是外观不同,以增加整体的真实感(如果土星光环中的小星体外观全部相同则视觉效果会很假)。绘制内圈和外圈土星光环时采用了不同的渲染管线对象(分别为 sqsQiu 和 sqsQiuTwo),这两个渲染管线对象基于同一个类创建,使用同一套着色器,仅仅是运行时传入着色器的 distanceDai 一致变量的值不同。这样就可以分别绘制出内圈与外圈的土星光环了。

(4)介绍完一些有代表性的 C++代码后,下面将介绍本案例中的重点,用于实现土星光环中多个小星体实例姿态、位置不同的顶点着色器,其具体代码如下。

✎ **代码位置:** 见随书中源代码/第 17 章/Sample17_2/src/main/assets/shader 目录下的 commonTexQiu.vert。

```
1   //此处省略了声明着色器版本号及启用相关扩展的代码,读者可以自行查阅随书源代码
2   layout (push_constant) uniform constantVals {
3           mat4 vp;                                    //摄像机及投影矩阵
4   } myConstantVals;
5   layout (binding = 2) uniform sampler2D sNoise;  //传入的扰动纹理(柏林噪声)
6   layout (std140,set = 0, binding = 0) uniform bufferVals {
7       ......//此处省略了传入的摄像机位置、灯光位置、光照三通道强度相关变量声明
8       float personAngle;                          //小星体自转角
9       float rotateAngle;                          //小星体公转角
10      float groupNumber;                          //每组星体的数量
11      float oneGroupNumber;                       //星体组数
12      float distanceDai;                          //土星光环最内侧与土星的距离
13      float linWidthSpan;                         //组内各个小星体之间的距离步进
14      float angleSpan;                            //每组小星体之间的角度跨度
15  } myBufferVals;
16  ......//此处省略了传入的顶点位置,纹理坐标,法向量、传出的纹理坐标,光照强度以及接口块
17  ......//此处省略了计算光照的方法,感兴趣的读者请自行查看随书源代码
18  void main() {
19      int groupNumber=int(myBufferVals.groupNumber);         //获得小星体组数
20      int oneGroupNumber=int(myBufferVals.oneGroupNumber); //获得每组小星体的数量
21      float distanceDai=myBufferVals.distanceDai;            //获得光环内侧与土星的距离
22      float linWidthSpan=myBufferVals.linWidthSpan;         //获得组内小星体之间的距离步进
23      float angleSpan=myBufferVals.angleSpan;               //获得每组小星体之间的角度跨度
24      int groupID=gl_InstanceIndex/oneGroupNumber;          //计算当前实例所属组编号
```

```
25        int inGroupID=gl_InstanceIndex%oneGroupNumber;    //计算当前实例组内编号
26        float xtex=float(groupID)/float(groupNumber);      //计算扰动纹理中的 s 坐标
27        float ytex=float(inGroupID)/float(oneGroupNumber); //计算扰动纹理中的 t 坐标
28        vec4 noiseVec=texture(sNoise,vec2(xtex,ytex));     //进行扰动纹理采样
29        float random=noiseVec.r*10.0;                      //获得 0.0～10.0 之间的伪随机数
30        float translateDis=distanceDai+linWidthSpan*inGroupID; //计算小星体距土星中心的距离
31        float curAngle=(groupID-1)*angleSpan;              //计算当前小星体的公转角
32        float stoneAngle=curAngle+myBufferVals.rotateAngle+angleSpan*random;
                                                             //扰动小星体公转角
33        float translateX=translateDis*cos(radians(stoneAngle));  //计算小星体 x 坐标
34        float translateZ=translateDis*sin(radians(stoneAngle));  //计算小星体 z 坐标
35        mat4 translateM=mat4(1,0,0,0, 0,1,0,0, 0,0,1,0, translateX,0,translateZ,1);
                                                             //推导小星体平移矩阵
36        float perAngle=myBufferVals.personAngle;           //获得当前小星体自转角
37        mat4 rotateM=mat4(1,0,0,0, 0,cos(radians(perAngle)),  //推导小星体旋转矩阵
38            sin(radians(perAngle)),0, 0,-sin(radians(perAngle)),cos(radians(perAngle)),
0, 0,0,0,1);
39        mat4 mm=translateM*rotateM;                        //计算基本变换矩阵
40        mat4 mvp=myConstantVals.vp*mm;                     //计算最终变换矩阵
41        gl_Position =mvp*vec4(aPosition,1.0);              //计算最终顶点位置
42        vTextureCoord = aTexCoor;                          //将纹理坐标传递给片元着色器
43        //此处省略了调用计算光照方法的相关代码, 感兴趣的读者请自行查看随书源代码
44  }
```

- 第 5～15 行首先声明了用于获取伪随机数的采样器变量, 接着声明了一些用于接收小星体相关参数的变量。

- 第 19～23 行定义了部分局部变量并获取了一些传入的一致变量的值初始化了这些局部变量, 这样有助于减少代码的长度并提高代码的可读性。

- 第 24～25 行首先通过除法和取余运算计算出了当前星体所属组的编号和组内编号, 这与前面介绍过的实现策略是对应的。

- 第 26～29 行, 通过当前所属组的编号和组内编号计算出了扰动纹理的 s、t 坐标, 然后通过计算出的纹理坐标采样出对应位置的颜色值, 最后计算得到 0.0～10.0 (这里的 10.0 就是前面介绍具体实现策略中的系数 K) 之间的伪随机数。

- 第 30～35 行首先计算出当前小星体距土星中心的距离 translateDis, 接着计算出当前小星体的公转角, 最后通过圆的参数方程计算得到当前小星体的 x、z 坐标, 最终推导出所需平移矩阵。

- 第 36～41 行首先通过传入的小星体自转角推导出小星体的旋转矩阵, 接着计算出基本变换矩阵用于计算光照, 然后计算出最终变换矩阵并通过最终变换矩阵计算出顶点最终位置。

提示 　从上述顶点着色器的代码中可以看出, 其主要是实现了前面介绍的通过实例渲染实现海量小星体组成土星光环的具体绘制策略, 读者可以对照前面的策略介绍部分来帮助理解上述顶点着色器的代码。另外, 推导平移矩阵、旋转矩阵的代码是基于本书前面介绍过的基本变换矩阵的知识实现的, 需要的读者可以回顾一下前面对应章节中的内容。

上述案例采用 GPU 通过实例渲染实现了用于组成土星光环的海量小星体的绘制, 为了便于进行性能比较, 作者还开发了一个 CPU 对照版的案例 Sample17_3。与 GPU 版不同的是, CPU 对照版的案例将在顶点着色器中进行的小星体位置、姿态的相关计算迁移到了基于 CPU 执行的 C++语言中进行。

这里由于篇幅有限, 就不再介绍 CPU 对照版案例的详细开发了。下面对两个不同版本 (GPU

版与 CPU 对照版）的案例进行性能比较，具体情况如表 17-1 所示。

表 17-1　　　　　　　　　　GPU 版与 CPU 对照版帧速率比较

小星体数量	120 个	240 个	480 个	800 个	1600 个	3200 个
GPU 版帧速率	65	65	58	34	18	9
CPU 版帧速率	58	43	25	23	13	5
帧速率比	1.12	1.511	2.32	1.47	1.38	1.8

> 提示　这是作者采用小米 6 运行测得的数据，若读者采用其他机型，数据可能会有所不同，但总体趋势不变。对于有些运行速度较快的手机，当星体数量未达到一定值时，其 GPU 版帧速率会保持不变，但当星体数量达到一定值后，若继续增加星体数量，则 GPU 版和 CPU 版的帧速率都会呈现下降的趋势。

从表 17-1 中可以清楚地对比出，随着小星体数量的增加，CPU 版本案例的 FPS 很快下降到了不能流畅运行的程度。而 GPU 版本在小星体数量增加后虽然 FPS 也有所降低，但在一定范围内基本能够保证程序的正常运行。总体趋势是，随着小星体数量的增加，GPU 版与 CPU 版的性能差距逐渐拉开。

之所以 CPU 与 GPU 版会有如此大的性能差异就在于 GPU 是流式处理器（内部具有海量的并行处理单元），同一时刻可以同时处理多个实例对象（小星体），可以很好地支持高并发。而 CPU 每核心一次只能处理一个实例对象（CPU 核心数一般非常有限，远远低于 GPU 中并行处理单元的数量），自然对实例对象数量的增加十分敏感。

> 提示　开发中将能够由 GPU 处理的问题交给 GPU 处理是一个常用的提高程序执行性能的技术手段，读者应该多总结、多应用。

17.6　视锥体剪裁

前面的 17.3.2 节在介绍几何阶段的优化时提到过在进行大场景绘制时需要对待绘制的物体进行适当地剪裁，以达到仅仅绘制可视范围内的物体来提高性能的目的。这项工作在实际开发中一般是通过视锥体剪裁来实现的。

17.6.1　AABB 包围盒的基本原理

为了学习视锥体剪裁，还需要学习一些相关的准备知识，AABB（Axially Aligned Bounding Box）包围盒就是其中最基础的一部分了。本节将对 AABB 包围盒的原理进行简要地介绍，具体情况如图 17-14 所示。

从图 17-14 中可以看出，所谓 AABB 包围盒就是紧紧包裹物体的一个长方体，此长方体的 6 个面分别与物体坐标系的 3 个坐标轴平面（xoy 平面、xoz 平面、yoz 平面）平行，故 AABB 包围盒又称之为轴对齐包围盒。

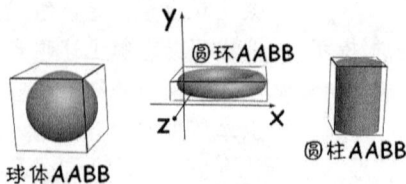
▲图 17-14　不同形状物体的 AABB 包围盒

虽然 AABB 包围盒包含 6 个面及 8 个顶点，但表示一个 AABB 包围盒仅仅需要 6 个值即可。这 6 个值分别代表包围盒在每个坐标轴上的最小值与最大值，即 x_{min}、x_{max}、y_{min}、y_{max}、z_{min} 与 z_{max}。也就是说，AABB 包围盒对应物体中的所有顶点都必须满足如下条件。

$$x_{\min} \leqslant x \leqslant x_{\max} \qquad y_{\min} \leqslant y \leqslant y_{\max} \qquad z_{\min} \leqslant z \leqslant z_{\max}$$

出于方便开发起见，可以将表示 AABB 包围盒的 6 个值分为如下两组：

$$P_{\max} = [x_{\max}, y_{\max}, z_{\max}] \qquad P_{\min} = [x_{\min}, y_{\min}, z_{\min}]$$

> ✒️**说明**　其中 $P_{\min}$ 是 3 个轴坐标最小值的集合，$P_{\max}$ 是 3 个轴坐标最大值的集合。

确定了表示 AABB 包围盒的 6 个值后，可以非常方便地求得 AABB 包围盒的几何中心 c，具体的计算公式如下。

$$c = (P_{\min} + P_{\max}) / 2$$

17.6.2　AABB 包围盒的计算

了解了 AABB 包围盒的基本原理后，求 AABB 包围盒 6 个参数值的方法也就跃然纸上了。仅仅需要对物体中所有顶点的坐标进行遍历，求出各个轴分量的最大值与最小值即可，具体步骤如下。

（1）首先给出的是 AABB 包围盒类的头文件中 AABB 类的声明部分，具体代码如下。

✒️**代码位置**：见随书中源代码/第 17 章/Sample17_4/src/main/cpp/util 目录下的 AABB.h。

```
1    class AABB{
2        public:
3            float minX;float maxX;float minY;              //x, y, z轴坐标最小值
4            float maxY;float minZ;float maxZ;              //x, y, z轴坐标最大值
5            AABB(float minXIn,float maxXIn,float minYIn,   //构造函数
6                        float maxYIn,float minZIn,float maxZIn);
7            ~AABB();                                       //析构函数
8    };
```

> ✒️**说明**　上述 AABB 类的声明非常简单，最主要的就是声明了 6 个用于记录 AABB 包围盒 6 个参数值的成员变量。

（2）接着给出的是 AABB 类的具体实现，相关代码如下。

✒️**代码位置**：见随书中源代码/第 17 章/Sample17_4/src/main/cpp/util 目录下的 AABB.cpp。

```
1    AABB::AABB(float minXIn,float maxXIn,float minYIn,
2                    float maxYIn,float minZIn,float maxZIn){   //构造函数
3        minX=minXIn;maxX=maxXIn;minY=minYIn;              //记录坐标最小值
4        maxY=maxYIn;minZ=minZIn;maxZ=maxZIn;              //记录坐标最大值
5    }
6    AABB::~AABB() { };                                    //析构函数
```

> ✒️**说明**　上述构造函数和析构函数的实现也很简单，最主要的就是在构造函数中通过接收的入口参数初始化了 6 个成员变量。

（3）最后给出的是物体类中用于计算 AABB 包围盒 6 个参数值的相关代码，具体内容如下。

✒️**代码位置**：见随书中源代码/第 17 章/Sample17_4/src/main/cpp/util 目录下的 ObjObject.cpp。

```
1    ObjObject::ObjObject(float* vdataIn,int dataByteCount,
2        int vCountIn,VkDevice& device,VkPhysicalDeviceMemoryProperties& memoryroperties){
3        float minX = FLT_MAX;float maxX = -FLT_MAX;float minY = FLT_MAX; //初始化最小值
4        float maxY = -FLT_MAX;float minZ = FLT_MAX;float maxZ = -FLT_MAX; //初始化最大值
5        for (int i = 0;i < vCount;i++){                      //遍历物体中的各个顶点
```

```
6                float currX = vdataIn[i * 8 + 0];          //获取顶点的 x 坐标
7                float currY = vdataIn[i * 8 + 1];          //获取顶点的 y 坐标
8                float currZ = vdataIn[i * 8 + 2];          //获取顶点的 z 坐标
9                if (minX > currX) { minX = currX; }        //更新 x 轴坐标最小值
10               if (minY > currY) { minY = currY; }        //更新 y 轴坐标最小值
11               if (minZ > currZ) { minZ = currZ; }        //更新 z 轴坐标最小值
12               if (maxX < currX) { maxX = currX; }        //更新 x 轴坐标最大值
13               if (maxY < currY) { maxY = currY; }        //更新 y 轴坐标最大值
14               if (maxZ < currZ) { maxZ = currZ; }        //更新 z 轴坐标最大值
15           }
16           aabb = new AABB(minX, maxX, minY, maxY, minZ, maxZ);   //创建 AABB 包围盒对象
17       }
```

● 第 3～4 行将用于存储 AABB 包围盒 6 个参数值的局部变量分别进行初始化，为后面的计算工作做好准备。其中的"-FLT_MAX"表示负无穷大，FLT_MAX 表示正无穷大。

● 第 5～16 行为根据物体的顶点坐标求出各个坐标轴分量最大值与最小值的代码，这部分代码是计算包围盒 6 个参数的核心。

17.6.3　视锥体剪裁的基本思路及实现策略

通过前面的学习应该已经了解到，视锥体也称之为视景体，其由上、下、左、右、近、远 6 个面来确定，在采用透视投影的情况下其形状为锥台。由于仅仅是位于视景体内的物体才有可能出现在最终的画面中，同时对于大场景而言视景体内的物体一般仅占所有物体的一小部分，具体情况如图 17-15 所示。

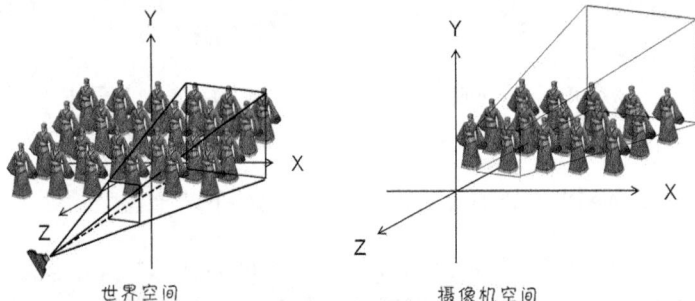

世界空间　　　　　　　　　　摄像机空间

▲图 17-15　视锥体剪裁原理图

故若能够做到仅仅绘制视景体内的物体在同等条件下可以大大提高渲染性能，这就是视锥体剪裁的基本思路。而实现视锥体剪裁的核心就是如何判断物体是否完全位于视景体之外，这有多种方法可以实现。下面列举两种可能的思路，具体内容如下。

● 最直观的方法就是对物体中所有的顶点一一进行判断计算，若物体中所有的顶点都位于视景体之外则判定物体位于视景体之外。

● 第二种方法为仅针对物体 AABB 包围盒的 8 个顶点进行计算，若物体 AABB 包围盒的所有顶点都位于视景体之外则判定物体位于视景体之外。

对比上述两种可能的思路可以看出：第一种思路虽然准确性高，但计算量很大，很难达到通过其优化性能的目标；第二种思路虽然计算精确性不是很高，可能会有一些完全位于视景体之外的物体被误判为位于视景体内（这是由于 AABB 包围盒包围的空间是大于对应物体包围的空间的），但其可以帮助快速剔除大量不在视景体内的物体，能够大大提高渲染性能。

本节给出的视锥体剪裁的具体实现就是基于物体的 AABB 包围盒进行计算的，要点如下。

（1）首先根据每个物体的顶点坐标数据计算出其 AABB 包围盒的 6 个参数值，进而可以推导出 AABB 包围盒 8 个顶点的坐标。

（2）接着根据实际绘制时使用的 MVP 矩阵（基本变换、摄像机观察及投影总矩阵）推导出视锥体 6 个面对应的平面方程。

（3）遍历包围盒的 8 个顶点，依次判断每个顶点是否都位于视锥体 6 个面确定的半空间之外。若是，则判定物体位于视锥体之外；否则判定物体位于视锥体之内。

17.6.4　一个简单的案例

前面 3 节首先介绍了 AABB 包围盒的基本原理和计算，而后介绍了视锥体剪裁的基本思路及实现策略，本节将会给出一个具体的实现案例，其运行效果如图 17-16 所示。

▲图 17-16　案例 Sample17_4 运行效果

> 💡说明
>
> 从图 17-16 中可以看出，本节案例场景中包含了海量的人物模型。摄像机位于场景的中央，案例运行时可以通过手指在屏幕上滑动改变观察的方向。同时，点击屏幕可以开启和关闭视锥体剪裁，后台命令行会打印出此时实际绘制的人物模型数量及 FPS。

这里有作者针对图 17-16 中情况测得的一组数据：不执行视锥体剪裁的情况下，绘制模型数量为 2025，帧速率为 30；执行视锥体剪裁的情况下，绘制模型数量 365，帧速率 56。这里建议读者选择不同的视角，开启和关闭视锥体剪裁进行比较。总体的规律应该是：实际画面中的模型数量越少，开启视锥体剪裁情况下的性能优化效果越明显。

了解了本节案例的运行效果后，下面将继续介绍本节案例的开发。同样这里仅仅介绍此案例中有代表性的部分，具体内容如下。

（1）首先介绍的是视锥体剪裁工具类——SZTJCUtil，该类为此案例中的核心类，其主要功能为判断指定的模型是否完全位于视锥体之外。首先给出该类头文件中类的声明部分，具体代码如下。

✍ **代码位置：** 见随书中源代码/第 17 章/Sample17_4/src/main/cpp/util **目录下的** SZTJCUtil.h。

```
1   class SZTJCUtil{
2     private:
3       static void calculateFrustumPlanes(float* mvp,float* g_frustumPlanes);
                                              //计算视锥体 6 个面的方程
4       static bool isPointInHalfSpace(float x,       //判断指定点是否在指定半空间外
5           float y,float z,float a,float b,float c,float d);
6       static bool isAllOutHalfSpace(              //判断包围盒是否完全在指定半空间外
7           AABB* aabb,float a,float b,float c,float d);
8     public:
9       static bool isAABBInSZT(float* mvpMatrix,AABB* aabb); //判断包围盒是否完全在视锥体外
10  };
```

> **说明** 上述 SZTJCUtil 类的声明非常简单，主要是声明了一些所需的功能方法，后面的步骤中会依次介绍这些功能方法的具体实现。

（2）了解了 SZTJCUtil 类的基本框架后，下面给出的是根据投影、摄像机及基本变换总矩阵计算出构成视锥体的 6 个平面在物体坐标系中平面方程的方法——calculateFrustumPlanes，具体代码如下。

代码位置： 见随书中源代码/第 17 章/Sample17_4/src/main/cpp/util 目录下的 SZTJCUtil.cpp。

```
1   void SZTJCUtil::calculateFrustumPlanes(float* mvp,float* g_frustumPlanes){
2       float t;                                           //声明规格化辅助变量
3       g_frustumPlanes[0*4+0] = mvp[3] - mvp[0];          //计算平面方程系数 A
4       g_frustumPlanes[0*4+1] = mvp[7] - mvp[4];          //计算平面方程系数 B
5       g_frustumPlanes[0*4+2] = mvp[11] - mvp[8];         //计算平面方程系数 C
6       g_frustumPlanes[0*4+3] = mvp[15] - mvp[12];        //计算平面方程系数 D
7       t = (float) sqrt( g_frustumPlanes[0*4+0] * g_frustumPlanes[0*4+0] +
8       g_frustumPlanes[0*4+1] * g_frustumPlanes[0*4+1] +
9       g_frustumPlanes[0*4+2] * g_frustumPlanes[0*4+2] ); //计算规格化辅助变量值
10      g_frustumPlanes[0*4+0] /= t;                       //规格化平面方程系数 A
11      g_frustumPlanes[0*4+1] /= t;                       //规格化平面方程系数 B
12      g_frustumPlanes[0*4+2] /= t;                       //规格化平面方程系数 C
13      g_frustumPlanes[0*4+3] /= t;                       //规格化平面方程系数 D
14      //此处省略了计算视锥体其他 5 个面平面方程的代码，感兴趣的读者请自行查看随书源代码
15  }
```

- 第 3～6 行功能为从最终变换矩阵中获取所需值，计算出视锥体右平面方程的 4 个系数 A、B、C、D（这里的平面方程为 "Ax+By+Cz+D=0"）。
- 第 7～13 行首先计算出了规格化辅助变量，然后对平面方程的各个系数进行了规格化处理。

（3）接下来介绍的是用于判断顶点是否在半空间外的方法——isPointInHalfSpace，具体代码如下。

代码位置： 见随书中源代码/第 17 章/Sample17_4/src/main/cpp/util 目录下的 SZTJCUtil.cpp。

```
1   bool SZTJCUtil::isPointInHalfSpace(float x,float y,float z,float a,float b,
float c,float d){
2       float value=a * x +b * y +c * z +d;      //将顶点坐标值代入对应平面方程
3       if(value<0){ return false; }             //顶点在半空间外
4       else{ return true; }                     //顶点在半空间内
5   }
```

> **说明** 将顶点坐标值代入平面方程后，当 Ax+By+Cz+D=0 时，顶点在平面上（半空间内）；当 Ax+By+Cz+D>0 时，顶点在平面法向量方向一侧（半空间内）；当 Ax+By+Cz+D<0 时，顶点在平面法向量反方向一侧（半空间外）。

（4）然后介绍的是用于判断指定 AABB 包围盒是否完全在指定平面半空间外的方法——isAllOutHalfSpace，其具体代码如下。

代码位置： 见随书中源代码/第 17 章/Sample17_4/src/main/cpp/util 目录下的 SZTJCUtil.cpp。

```
1   bool SZTJCUtil::isAllOutHalfSpace(AABB* aabb,float a,float b,float c,float d){
2       if(isPointInHalfSpace(aabb->minX,aabb->minY,aabb->minZ,a,b,c,d)){
                                                   //判断 AABB 包围盒的第 1 个点
3           return false;
4       }
5       if(isPointInHalfSpace(aabb->minX,aabb->minY,aabb->maxZ,a,b,c,d)){
```

//判断 AABB 包围盒的第 2 个点

```
6              return false;
7          }
8      //此处省略了判断 AABB 包围盒其他 6 个顶点的代码，感兴趣的读者请自行查看随书源代码
9      return true;
10  }
```

> **说明**　该方法对包围盒的每个顶点依次执行 isPointInHalfSpace 方法，判断 AABB 包围盒的 8 个顶点是否在完全在指定平面的半空间外。

（5）接着介绍的是用于判断指定的 AABB 包围盒是否完全在视锥体外的方法 isAABBInSZT，其具体代码如下。

✎ **代码位置：** 见随书中源代码/第 17 章/Sample17_4/src/main/cpp/util 目录下的 SZTJCUtil.cpp。

```
1   bool SZTJCUtil::isAABBInSZT(float* mvpMatrix,AABB* aabb){
2       float g_frustumPlanes[24];              //视锥体 6 个平面方程的 ABCD 系数( Ax+By+Cz+D=0 )
3       calculateFrustumPlanes(mvpMatrix,g_frustumPlanes); //计算视锥体 6 个平面方程的 ABCD 系数
4       for( int i = 0; i < 6; ++i ){              //遍历视锥体的 6 个平面
5           if(isAllOutHalfSpace(              //判断指定 AABB 包围盒是否在当前平面确定的半空间之外
6                   aabb,              //指定 AABB 包围盒
7                   g_frustumPlanes[i*4+0],              //平面方程系数 A
8                   g_frustumPlanes[i*4+1],              //平面方程系数 B
9                   g_frustumPlanes[i*4+2],              //平面方程系数 C
10                   g_frustumPlanes[i*4+3]              //平面方程系数 D
11          )){
12              return false;              //AABB 包围盒在视锥体外
13          }}
14      return true;              //AABB 包围盒在视锥体内
15  }
```

> **说明**　上述方法首先通过调用 calculateFrustumPlanes 方法计算视锥体 6 个平面方程的 ABCD 系数，接着通过调用 isAllOutHalfSpace 方法判断指定 AABB 包围盒是否在视锥体之外并返回结果。

（6）最后介绍的是 MyVulkanManager 类中开启视锥体剪裁时的绘制代码，具体内容如下。

✎ **代码位置：** 见随书中源代码/第 17 章/Sample17_4/src/main/cpp/bndev 目录下的 MyVulkanManager.cpp。

```
1   void MyVulkanManager::drawObject(){
2       //此处省略了部分代码，感兴趣的读者请自行查看随书源代码
3       if (isSZTJC){                              //开启视锥体剪裁
4           if(SZTJCUtil::isAABBInSZT(MatrixState3D::getGLFinalMatrix(),LYobjPeople->aabb)){
5           LYobjPeople->drawSelf(cmdBuffer, sqsCT->pipelineLayout, sqsCT->pipeline,
6                   &(sqsCT->descSet[TextureManager::getVkDescriptorSetIndex("texture/
people.bntex")]));
7               currDrawCount++;                              //绘制物体计数器加 1
8           }}
9       //此处省略了部分代码，感兴趣的读者请自行查看随书源代码
10  }
```

> **说明**　第 3～8 行为开启视锥体剪裁时的绘制代码，其中最重要的为第 4 行代码，其通过调用 SZTJCUtil 类当中的 isAABBInSZT 方法来判断当前物体的 AABB 包围盒是否在视锥体之内，若是则绘制当前物体，否则不绘制当前物体。

17.7　遮挡查询

本节将介绍开发中非常有用的一种优化技术——遮挡查询，这种技术可以查询指定物体的绘制遮挡信息。了解了物体的遮挡情况后，可以根据指定物体被遮挡的情况对场景的绘制进行一定程度的优化，以提高渲染效率，改善用户体验。

17.7.1　相关方法

本节将介绍使用遮挡查询时所需的一些相关 Vulkan 方法，主要包括创建查询池、开启查询、关闭查询等，具体内容如表 17-2 所示。

表 17-2　　　　　　　　　　　遮挡查询所需的相关 Vulkan 方法

方 法 签 名	说　　　明
void vkGetPhysicalDeviceFeatures(VkPhysicalDevice physicalDevice, VkPhysicalDeviceFeatures*　pFeatures)	此方法功能为获取指定物理设备的特性信息。第一个参数为指定的物理设备；第二个参数为指向获取的物理设备特性信息结构体实例的指针
VkResult vkCreateQueryPool(VkDevice device, const VkQueryPoolCreateInfo* pCreateInfo,const VkAllocationCallbacks* pAllocator,VkQueryPool* pQueryPool)	此方法的功能为创建查询池。第一个参数为指定的设备；第二参数为指向查询池创建信息结构体实例的指针；第三个参数为指向自定义内存分配器的指针；第四个参数为指向创建的查询池的指针。返回值为 VkResult 枚举类型，若值为 VK_SUCCESS 表示创建成功，否则表示创建失败
void vkDestroyQueryPool(VkDevice device,VkQueryPool queryPool,const VkAllocationCallbacks* pAllocator)	此方法的功能为销毁查询池。第一个参数为指定的设备；第二个参数为待销毁的查询池；第三个参数为指向自定义内存分配器的指针
void vkCmdBeginQuery(VkCommandBuffer commandBuffer, VkQueryPool queryPool,uint32_t query,VkQueryControlFlags flags)	此方法的功能为开启遮挡查询。第一个参数为指定的命令缓冲；第二个参数为指定的查询池；第三个参数为查询池内的索引，对应要执行的查询；第四个参数为查询操作特定工作标志位
void vkCmdEndQuery(VkCommandBuffer commandBuffer, VkQueryPool queryPool,uint32_t query)	此方法的功能为关闭遮挡查询。第一个参数为指定的命令缓冲；第二个参数为指定的查询池；第三个参数为查询池内的索引，对应已执行的查询
VkResult vkGetQueryPoolResults(VkDevice device,VkQueryPool queryPool,uint32_t firstQuery,uint32_t queryCount,size_t dataSize, void* pData,VkDeviceSize stride, VkQueryResultFlags flags)	此方法的功能为获取查询池中的查询结果。第一个参数为指定的设备；第二个参数为指定的查询池；第三个参数为要获取查询结果的第一个查询的索引，第四个参数为要获取结果的查询的总数量；第五个参数为所有查询结果所占总字节数；第六个参数为指向用于存放查询结果的内存首地址的指针；第七个参数为各个查询结果之间的字节跨度；第八个参数为查询操作特定工作标志位。返回值为 VkResult 枚举类型，若值为 VK_SUCCESS 表示查询成功，否则表示查询失败
void vkCmdResetQueryPool(VkCommandBuffer commandBuffer, VkQueryPool queryPool,uint32_t firstQuery,uint32_t queryCount);	此方法的功能为重置查询池。第一个参数为指定的命令缓冲；第二个参数为指定的查询池；第三个参数为查询起始索引；第四个参数为查询总数量

17.7.2　基本原理和实现策略

17.7.1 节中介绍了与遮挡查询相关的一些 Vulkan 功能方法，本节将会介绍遮挡查询的具体实现策略。在此之前，首先需要了解一下遮挡查询中两个非常重要的概念，遮挡物和被遮挡物，具体情况如图 17-17 所示。

从图 17-17 中可以看出，场景中的遮挡物（墙）完全挡住了被遮挡物（球）。如果摄像机从图 17-17 中人的位置朝向墙观察场景，画面中是不会出现球的。这种情况下绘制球的工作没有实际价值，如果可以剔除这部分工作必然可以提高程序的性能。

　　而且场景越复杂，其中的物体越多，完全被遮挡的物体就会越多。此时若能够仅仅渲染没有完全被遮挡的物体，性能将显著提高，遮挡查询就是为了应对这种情况而提出一种解决方案。实际开发中使用遮挡查询时有一些基本的步骤，具体内容如下。

▲图 17-17　遮挡物与被遮挡物

　　●　首先需要构建查询池创建信息结构体实例并基于其创建查询池。

　　●　然后绘制遮挡物（如墙、木板等），绘制遮挡物的过程与前面章节普通案例中的完全相同。

　　●　接着调用 vkCmdBeginQuery 方法开启遮挡查询，然后绘制被遮挡物（如本案例中的球），接着调用 vkCmdEndQuery 方法关闭遮挡查询。需要注意的是在启用遮挡查询之后，关闭遮挡查询之前执行的绘制是不会实际写入信息到颜色附件和深度附件中的，因此这一轮绘制被遮挡物体时应该采用特别简单的着色器以简化任务提高效率。

　　●　最后调用 vkGetQueryPoolResults 方法获取查询结果。如果查询结果大于 0 则表示对应物体没有完全被遮挡，应该被渲染；否则表示对应物体完全被遮挡不应该被渲染。

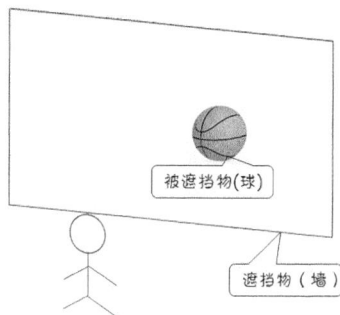

17.7.3　一个简单的案例

　　17.7.1 节与 17.7.2 节主要介绍了遮挡查询的一些相关 Vulkan 功能方法以及遮挡查询的基本原理和实现策略，本小节将给出一个利用遮挡查询技术的案例——Sample17_5。在介绍案例的具体开发之前，有必要先了解一下本节案例的运行效果，具体情况如图 17-18 和图 17-19 所示。

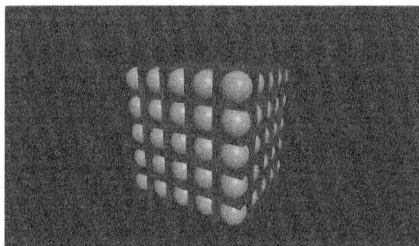

▲图 17-18　案例 Sample17_5 运行效果

▲图 17-19　每次需要绘制的小球编号列表

> **说明**　从图 17-18 中可以看到非常多的小球整齐地排列在格子里。本案例中采用组成格子的木板作为遮挡查询中的遮挡物，所有小球都是相对木板进行遮挡查询的。案例运行过程中，绘制小球之前会进行遮挡查询，被木板完全遮挡的小球不进行实际渲染，这有助于提高程序的执行效率，图 17-19 即可说明此问题（从图 17-19 中可以看出，随着观察点的变化，实际进行渲染的小球的 id 序列是不断变化的）。另外，在案例运行时可以通过手指在屏幕上滑动改变观察点以从不同的角度进行观察。

　　了解了本节案例的运行效果后，接着介绍案例的具体开发。由于本案例中用到的很多代码与前面章节很多案例中的基本相同，因此这里仅给出有代表性的部分，具体内容如下

　　（1）首先介绍的是用于创建查询池的方法——creat_QueryPool 和销毁查询池的方法——destroy_QueryPool，具体代码如下。

✎ **代码位置：** 见随书中源代码/第 17 章/Sample17_5/src/main/cpp/bndev 目录下的 MyVulkanManager.cpp。

```
1    void MyVulkanManager::creat_QueryPool(){              //创建查询池的方法
2        queryCount = CR*CR*CR;                            //初始化查询总数（本案例中为球的总数）
3        queryResultData = new int[queryCount]();          //创建查询结果数据数组
4        VkQueryPoolCreateInfo qpci;                       //构建查询池创建信息结构体实例
5        qpci.sType = VK_STRUCTURE_TYPE_QUERY_POOL_CREATE_INFO;    //结构体类型
6        qpci.pNext = NULL;                                //自定义数据的指针
7        qpci.flags = 0;                                   //标志位
8        qpci.queryType = VK_QUERY_TYPE_OCCLUSION;         //指定查询池的查询方式
9        qpci.queryCount = queryCount;                     //给定查询总数
10       qpci.pipelineStatistics = NULL;                   //控制统计如何执行的附加标志（这里为空）
11       VkResult result = vk::vkCreateQueryPool(device, &qpci, NULL, &queryPool);
                                                           //创建查询池
12       assert(result == VK_SUCCESS);                     //检查查询池创建是否成功
13       LOGE("查询池创建成功");                              //打印查询池创建成功信息
14   }
15   void MyVulkanManager::destroy_QueryPool(){            //销毁查询池
16       delete[] queryResultData;                         //释放查询结果数据数组
17       vk::vkDestroyQueryPool(device, queryPool, NULL);  //销毁对应的查询池
18   }
```

- 第 2～13 行首先构建了查询池创建信息结构体实例，然后给出了此结构体实例的多项属性值，其中最主要的就是给定查询池的查询方式为 VK_QUERY_TYPE_OCCLUSION，含义为指定查询方式为遮挡查询。最后创建对应的查询池并检查创建是否成功。

- 第 16～17 行首先释放了动态创建的数组，接着调用 vkDestroyQueryPool 方法销毁对应的查询池。

（2）接下来给出的是执行绘制的方法——drawObject，其具体代码如下。

✎ **代码位置：** 见随书中源代码/第 17 章/Sample17_5/src/main/cpp/bndev 目录下的 MyVulkanManager.cpp。

```
1    void MyVulkanManager::drawObject(){                   //绘制场景的方法
2        while(MyVulkanManager::loopDrawFlag){
3            //此处省略了部分代码，感兴趣的读者请自行查看随书源代码
4            vk::vkCmdResetQueryPool(cmdBuffer, queryPool, 0, queryCount);  //重置查询池
5            MatrixState3D::pushMatrix();                  //保护现场
6            drawOcclusionObj();                           //绘制遮挡体（木板）
7            drawForQuery();                               //启用遮挡查询并绘制所有被遮挡体（球）
8            getQueryResult();                             //获取遮挡查询的结果
9            drawForPresent();                             //实际绘制未被完全遮挡的球
10           MatrixState3D::popMatrix();                   //恢复现场
11           //此处省略了部分代码，感兴趣的读者请自行查看随书源代码
12   }}
```

✐ **说明**　上述代码逻辑清晰，主要是按照前面介绍的使用遮挡查询时所需的基本步骤来组织代码。

（3）前面的步骤（2）中调用了多个代表遮挡查询所需基本步骤的方法，下面将介绍其中比较有代表性的 3 个。首先介绍的是在启用遮挡查询的情况下绘制被遮挡物体的 drawForQuery 方法，其具体代码如下。

✎ **代码位置：** 见随书中源代码/第 17 章/Sample17_5/src/main/cpp/bndev 目录下的 MyVulkanManager.cpp。

```
1    void MyVulkanManager::drawForQuery(){                 //在启用遮挡查询的情况下绘制被遮挡物体的方法
```

```
2        int indexForQuery = 0;                     //声明查询索引对应变量
3        for (int x = 0; x < CR; x++){              //x方向遍历
4        for (int y = 0; y < CR; y++){              //y方向遍历
5        for (int z = 0; z < CR; z++){              //z方向遍历
6         vk::vkCmdBeginQuery(cmdBuffer, queryPool, indexForQuery, VK_QUERY_CONTROL_PRECISE_BIT);
7         MatrixState3D::pushMatrix();              //保护现场
8         MatrixState3D::translate(x*span + xStart, y*span + yStart, z*span + zStart);
                                                     //平移球
9         objObjectQT->drawSelf(cmdBuffer, sqsFQ->pipelineLayout, sqsFQ->pipeline, &
    (sqsFQ->descSet[0]));
10        MatrixState3D::popMatrix();               //恢复现场
11        vk::vkCmdEndQuery(cmdBuffer, queryPool, indexForQuery);    //关闭遮挡查询
12        indexForQuery++;                          //查询索引自增
13       }}}}
```

📝 **说明**　　此段代码中最重要的为第6行和第11行，分别用于在绘制特定被遮挡体（球）之前打开遮挡查询以及绘制结束后关闭遮挡查询。经过这样的操作，各个被遮挡物体（球）遮挡查询的结果将按照给定的查询索引存入查询池。

（4）接着给出的是用于获取遮挡查询结果的方法——getQueryResult 和用于绘制未被完全遮挡物体的方法——drawForPresent，具体代码如下。

✒️ **代码位置：** 见随书中源代码/第17章/Sample17_5/src/main/cpp/bndev 目录下的 MyVulkanManager.cpp。

```
1    void MyVulkanManager::getQueryResult(){              //获取遮挡查询结果的方法
2        VkResult result = vk::vkGetQueryPoolResults(
3                device,                                   //指定设备
4                queryPool,                                //指定查询池
5                0,                                        //查询起始位置
6                queryCount,                               //查询数据条数
7                sizeof(int) * queryCount,                 //查询数据所占总字节数
8                queryResultData,                          //存放遮挡查询结果数据的数组首地址指针
9                sizeof(int),                              //各条遮挡查询结果之间的字节跨度
10               VK_QUERY_RESULT_PARTIAL_BIT);             //查询操作特定工作标志位
11       assert(result == VK_SUCCESS|VK_NOT_READY);        //检查遮挡查询是否成功
12   }
13   void MyVulkanManager::drawForPresent(){              //绘制未被完全遮挡物体的方法
14       int indexForQuery = 0;                            //索引临时变量
15       for (int x = 0; x < CR; x++){                     //x方向遍历
16        for (int y = 0; y < CR; y++){                    //y方向遍历
17         for (int z = 0; z < CR; z++){                   //z方向遍历
18               if (queryResultData[indexForQuery] > 0){ //如果遮挡查询结果大于0则进行实际绘制
19               MatrixState3D::pushMatrix();              //保护现场
20               MatrixState3D::translate(x*span + xStart, y*span + yStart, z*span + zStart);
                                                           //平移变换
21               objObjectQT->drawSelf(cmdBuffer, sqsCL->pipelineLayout, sqsCL->pipeline,
                                                           //绘制球体
22                   &(sqsCL->descSet[TextureManager::getVkDescriptorSetIndex("texture/
    qt.bntex")]));
23               MatrixState3D::popMatrix();               //恢复现场
24               }
25               indexForQuery++;                          //绘制物体索引自增
26       }}}}
```

● 第2～11行首先调用 vkGetQueryPoolResults 方法获取查询池中当前的遮挡数据，获取的

数据会存储到 queryResultData 数组中。

- 第 15～26 行遍历并处理了场景中所有的被遮挡物体（球）。当考察某个被遮挡物体时，首先根据索引获取此物体对应的遮挡查询数据，然后根据获取的数据值判断是否需要绘制此物体（若获取的数据值大于 0 则进行绘制，否则不进行绘制）。

17.8　计算着色器的使用

从前面的一些案例中应该已经察觉到，同时代 GPU 的浮点吞吐能力远远大于 CPU。但一般情况下只能运用 GPU 完成与渲染相关的任务，这虽然在一定程度上解放了 CPU，但还远远不够。如果 GPU 也可以被用来执行通用的计算任务，将可以进一步提高程序的执行性能。

为了使这种应用成为可能，Vulkan 中引入了一种特殊的着色器——计算着色器（Compute Shader）。通过使用计算着色器，可以让 GPU 帮助 CPU 执行一些原来仅仅由 CPU 执行的计算任务，这将进一步解放 CPU。本节简要介绍计算着色器的基本知识及使用，具体内容如下。

17.8.1　基础知识

着色器都是在管线中运行的，计算着色器自然也是如此。只不过相比于顶点着色器与片元着色器所在的运行管线而言，计算着色器所在的运行管线就简单多了——它只有一级。同时，计算着色器所有默认的输入都通过一组内置变量来传递。

当需要额外的输入时，可以通过已有的固定输入来控制对纹理和缓冲的访问，使得计算着色器能获得一定程度上的灵活性，摆脱图形相关的束缚，打开广阔的应用空间。计算着色器和顶点着色器与片元着色器很相似，都是通过调用 vkCreateShaderModule 方法来创建。

> 💡提示　在创建计算着色器时，需要将着色器类型设置为 VK_SHADER_STAGE_COMPUTE_BIT（计算着色器类型），这一点请读者注意。

1. 工作组

通过前面章节的学习已经知道，之所以用顶点与片元着色器处理渲染任务比直接使用 CPU 快很多是因为高并发的缘故。对于计算着色器而言也是如此，其任务被组织成工作组并行执行。工作组也分为不同的逻辑层次，具体情况如图 17-20 所示。

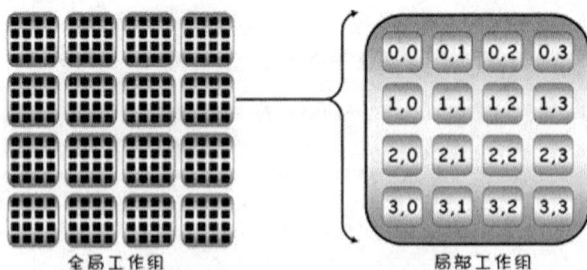

▲图 17-20　计算着色器工作组的划分

> 💡说明　从图 17-20 中可以看出，此情况下全局工作组包含 16 个本地工作组，而每个本地工作组又包含 16 个工作项（work item），排列成 4×4 的网格。

● 本地工作组

本地工作组又称之为局部工作组，其是工作组的最小单元，可以包含指定数量的工作项。实际运行过程中，计算着色器相对于每一个工作项都会被调用一次。

> **提示**　读者需要注意，这些工作项在执行时会被分配到 GPU 中多个并行的执行单元并行执行。因此在设计计算任务时，不应该让各个独立的工作项有先后的逻辑依赖关系。

● 全局工作组

全局工作组由多个本地工作组组成，通常作为执行命令的一个基本单位。

> **提示**　图 17-20 中，全局和本地工作组都是以二维形式呈现的，但本质上工作组是三维的。为了能够在逻辑上适应一维、二维的任务，只需要把额外的那二维或一维的尺寸设置为 1 即可。

本地工作组的尺寸在计算着色器的源代码中用输入布局限定符结合 local_size_x、local_size_y 和 local_size_z 等内建变量来进行设置。这些内置变量的默认值都是 1，如下面的代码片段所示。

```
1    layout( local_size_x = 16, local_size_y = 16, local_size_z = 1 ) in;
```

> **说明**　上述代码中声明了一个本地工作组，其尺寸为 $16 \times 16 \times 1$，共包含 256 个工作项。

当计算着色器执行时，可以通过内建变量来获得本地工作组的尺寸、本地工作组在全局工作组中的位置以及所处理工作项在本地和全局工作组中的位置等。计算着色器可以根据这些内建变量的值来决定应该负责计算任务中的哪一部分，同时也能知道一个本地工作组中的其他工作项是哪些，便于共享数据。

2. 用于获取工作组位置的内建变量

计算着色器也是通过使用着色语言编写，原则上所有其他着色器（如顶点着色器、片元着色器等）能够使用的功能它都可以使用。但是，这不包括使用完成渲染任务时特有的内建变量。另一方面，计算着色器也包含一些独有的内建变量和函数，这些内建变量和函数在其他着色器（如顶点着色器、片元着色器等）中是无法访问的。

计算着色器执行过程中，一般需要对输出数组的一个或多个单元赋值，或者需要从一个输入数组的特定位置读取数据。因此每次执行时都需要明确了解当前处理的工作项处于本地工作组中的什么位置，以及在全局工作组中的位置。故 Vulkan 为计算着色器提供了一组专门针对这些信息的内建变量，具体内容如下所列。

● gl_WorkGroupSize 内建变量

gl_WorkGroupSize 是一个用来存储本地工作组尺寸的无符号三维向量，其已在着色器的布局限定符中由 local_size_x、local_size_y 和 local_size_z 声明。

gl_WorkGroupSize 内建变量主要有两个作用：首先，使得工作组的尺寸可以在计算着色器中被多次访问而不需要依赖于预处理；其次，使得以多维形式表示的工作组尺寸可以直接按向量处理，而不必显式地自行构造。

● gl_NumWorkGroups 内建变量

gl_NumWorkGroups 也是一个无符号的三维向量，其值与 vkCmdDispatch 方法传入管线的 3 个参数（groupCountX、groupCountY 和 groupCountZ）的值对应，作用为使得着色器能够了解所属全局工作组的尺寸。除了比自行编写代码给 uniform 变量赋值方便外，一部分 Vulkan 硬件对于这些常数的设定也提供了更加高效的实现。

> **说明**　vkCmdDispatch 方法将在本节的后面进行详细介绍，同时在本节案例中也会使用，读者在这里简单了解即可。

- gl_LocalInvocationID 内建变量

gl_LocalInvocationID 同样是一个无符号的三维向量，用于表示当前执行单元在本地工作组中的位置，其值的范围在 uvec3(0) 和 gl_WorkGroupSize−uvec3(1) 之间。

- gl_WorkGroupID 内建变量

gl_WorkGroupID 的值用于表示当前本地工作组在全局工作组中的位置，也是一个无符号的三维向量，其值的范围在 uvec3(0) 和 gl_NumWorkGroups−uvec3(1) 之间。

- gl_GlobalInvocationID 内建变量

gl_GlobalInvocationID 内建变量的值由 gl_LocalInvocationID、gl_WorkGroupSize 和 gl_WorkGroupID 这 3 个内建变量的值计算而来，计算公式为 "gl_GlobalInvocationID=gl_WorkGroupID * gl_WorkGroupSize+gl_LocalInvocationID"。因此，该变量的值实际为当前工作项在全局工作组中的直接位置。

- gl_LocalInvocationIndex 内建变量

gl_LocalInvocationIndex 是 gl_LocalInvocationID 内建变量的一种扁平化形式，其值等于 "gl_LocalInvocationID.z×gl_WorkGroupSize.x×gl_WorkGroupSize.y+gl_LocalInvocationID.y×gl_WorkGroupSize.x+gl_LocalInvocationID.x"。通过此内建变量的值可以使用一维的索引对本地工作组中的相关数据进行访问。

3. 用于执行计算着色器的相关宿主语言方法

将计算着色器与对应管线绑定后，需要编程调用执行计算着色器的相关宿主语言方法把计算任务发送到计算管线中。这里就对相关的一些 Vulkan 功能方法进行简要介绍，具体内容如下。

- vkCmdDispatch 方法

vkCmdDispatch 方法用于将计算任务派送到计算管线，具体的方法签名如下。

```
1    void vkCmdDispatch(VkCommandBuffer commandBuffer,uint32_t groupCountX,uint32_t groupCountY,
2    uint32_t groupCountZ);
```

该方法包含 4 个参数，第一个参数为指定的命令缓冲，其他三个参数分别为分别为 groupCountX、groupCountY 和 groupCountZ，依次表示全局工作组在 X、Y、Z 维度上的尺寸。3 个参数的值都必须大于 0，并小于等于设备支持的最大尺寸。设备支持的最大尺寸值存放在 VkPhysicalDeviceLimits 结构体下面的成员 maxComputeWorkGroupCount 中。

调用 vkCmdDispatch 方法后，Vulkan 会在计算管线内部自动创建一个尺寸为 "groupCountX× groupCountY×groupCountZ" 的三维数组，此三维数组中的每个元素都是一个本地工作组。因此，工作项的总数就是这个三维数组的尺寸乘以着色器代码中定义的本地工作组的尺寸。

- vkCmdDispatchIndirect 方法

vkCmdDispatchIndirect 方法使用存储在缓冲区对象上的参数来派送计算任务，具体的方法签名如下。

```
1    void vkCmdDispatchIndirect(VkCommandBuffer  commandBuffer,VkBuffer buffer,VkDevi
ceSize  offset);
```

该方法包含 3 个参数：第一个参数为指定的命令缓冲，第二个参数为存储相应数据的缓冲，第三个参数用于表示缓存数据中存储相关参数的位置偏移量。

该方法的作用和 vkCmdDispatch 方法的作用是等价的。所需缓冲的数据来源可以多种多样，比如由另外一个计算着色器生成。这样一来，图形处理器就能够通过设置缓冲区中的参数来给自身发送任务以完成更为复杂的组合任务。

17.8.2 动态法向量光照水面案例

了解了计算着色器的基本知识后，下面将通过一个动态法向量光照水面的案例 Sample17_6 来进一步介绍它的具体使用。该案例中各个顶点位置受水面波动的影响以及法向量的更新都是在计算着色器中完成，具体内容如下。

1. 法向量的计算

进行本节案例的具体开发之前，应该首先了解法向量的计算策略。本案例中的水面是由四边形网格组成，而每个小四边形则是由两个三角形组成。由于波动到任意时刻的水面是平滑曲面，因此需要采用平均法向量来计算光照，具体情况如图 17-21 所示。

从图 17-21 中可以看出。

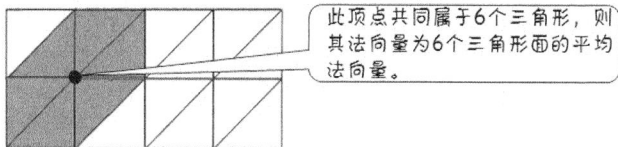

▲图 17-21 平均法向量的计算

- 水面网格的每个顶点都可能同时属于多个不同的三角形面，因此顶点的法向量应该是其所属的多个三角形面法向量的平均值。

- 从图 17-21 中直观地来看，每个顶点平均法向量的计算策略为：首先需要求出当前考察顶点相关各个三角形面（图 17-21 中的这个顶点关联 6 个三角形，但水面最边上以及角上的顶点关联的三角形数量各有不同）的法向量，然后将这些法向量规格化并求和，最后将求得的和法向量再次规格化即可求得平均法向量。

- 细致观察图 17-21 可以发现，实际计算时并不需要真正基于每个顶点计算其可能相关的多个三角形面的法向量再求平均，而是应该对每个三角形面仅仅计算一次法向量，这样可以大大减少冗余的计算。基于每个三角形面计算出法向量后将此法向量规格化，并叠加进此三角形所关联的 3 个顶点的法向量中即可。最终在使用每个顶点的法向量时，将每个顶点的法向量先规格化后再使用就是使用的平均法向量了。为了实现这一目标，当计算着色器处理某顶点时，仅仅计算此顶点右下方小网格中两个三角形面的法向量并叠加进此小网格四个顶点的法向量中即可。

- 求每个三角形面的法向量时，可以采取以三角形的一个点出发的两条边对应的向量进行叉积的办法来实现。

> **提示** 读者可以细心地对比一下直观的计算策略和本节案例准备实际采用的计算策略，直观的计算策略以顶点为中心进行计算，因此同一个三角形面的法向量可能会被多次重复计算（由于一个三角形面关联 3 个顶点）。而实际采用的计算策略以三角形面为中心进行计算，省去了大量的重复工作，提高了效率。因此在实际开发中，读者应该多体会、多总结，争取开发出高效率的计算程序。

2. 案例的开发

了解了法向量的计算之后，下面介绍本节案例 Sample17_6 的具体开发，首先应该了解一下该案例的运行效果，具体情况如图 17-22 所示。

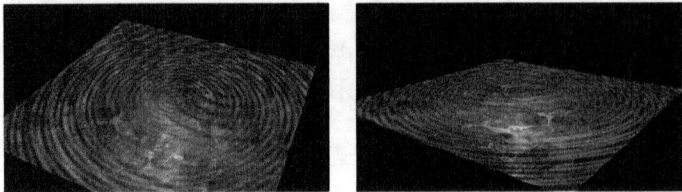

▲图 17-22 案例 Sample17_6 运行效果图

从图 17-22 中可以看出，本案例实现的是对水面波浪的模拟，且比较逼真（会有波光粼粼的视觉效果）。同时，当手指在屏幕上水平滑动时，摄像机会绕场景转动。另外，由于本案例着重于展示动态效果，因此建议读者用真机运行并观察体会，仅看黑白印刷的插图可能难以体会重点。

了解了本节案例的运行效果后，就可以进行具体的开发了。由于本节案例与前面章节案例中的很多代码类似，因此这里仅介绍重要的且有代表性的部分，具体内容如下。

（1）首先介绍的是用于计算水面波动的管线类 ShaderQueueSuit_ComputeBD，此类中比较有代表性的是用于创建着色器的 create_shader 方法，其代码如下。

代码位置：见随书中源代码/第 17 章/Sample17_6/src/main/cpp/bndev 目录下的 ShaderQueueSuit_ComputeBD.cpp。

```
1    void ShaderQueueSuit_ComputeBD::create_shader(VkDevice& device){
2        //此处省略了部分代码，感兴趣的读者请自行查看随书源代码
3        std::string compStr= FileUtil::loadAssetStr("shader/computeBD.comp");
                                                        //加载计算着色器脚本
4        shaderStages[0].stage = VK_SHADER_STAGE_COMPUTE_BIT;    //设置着色器阶段
5        //此处省略了部分代码，感兴趣的读者请自行查看随书源代码
6    }
```

说明 上述代码中最有特色的为第 4 行，其中设置的着色器阶段为 "VK_SHADER_STAGE_COMPUTE_BIT"，表示着色器的类型为计算着色器。

（2）用于生成水面初始顶点坐标、纹理坐标、初始法向量数据的类为 VertData，该类与之前一些相关案例中的代码非常类似。主要的不同就是增加了索引数据，这是由于本案例中的水面是采用索引法进行绘制的。

（3）下面介绍用于绘制波动水面的 TexLightObject 类，该类中有一部分代码与前面很多案例中的类似。因此这里仅介绍该类中比较有代表性的部分，首先给出的是头文件中此类的声明。

代码位置：见随书中源代码/第 17 章/Sample17_6/src/main/cpp/util 目录下的 TexLightObject.h。

```
1    class TexLightObject{                              //用于绘制波动水面的类
2    public:
3        //此处省略了部分代码，感兴趣的读者请自行查看随书源代码
4        VkBuffer vertexDatabufCompute;                //计算着色器和绘制共用的顶点数据缓冲
5        VkDeviceMemory vertexDataMemCompute;          //第 4 行顶点数据缓冲对应的设备内存
6        VkDescriptorBufferInfo vertexDataBufferInfoCompute; //第 4 行顶点数据缓冲描述信息
7        VkBuffer vertexIndexDatabuf;                  //顶点索引数据缓冲
8        VkDeviceMemory vertexIndexDataMem;            //顶点索引数据缓冲对应的设备内存
9        void createVertexDataBuffer(int dataByteCount, //创建存储原始顶点数据数据缓冲的方法
10           VkDevice& device,VkPhysicalDeviceMemoryProperties& memoryroperties);
```

```
11        void createVertexDataBufferCompute(int dataByteCount,
                                         //创建计算着色器及绘制共用数据缓冲的方法
12            VkDevice &device, VkPhysicalDeviceMemoryProperties &memoryroperties);
13      void createVertexIndexDataBuffer(int indexDataByteCount, //创建索引数据缓冲的方法
14          VkDevice& device,VkPhysicalDeviceMemoryProperties& memoryroperties);;
15      void drawSelf(VkCommandBuffer& cmd,                       //绘制方法
16          VkPipelineLayout& pipelineLayout,VkPipeline& pipeline,VkDescriptorSet*
desSetPointer);
17        void calSelfBD(VkCommandBuffer& cmd,              //基于计算着色器计算波动的方法
18          VkPipelineLayout &pipelineLayout, VkPipeline &pipeline,VkDescriptorSet *
desSetPointer);
19        void calSelfNormal(VkCommandBuffer& cmd,         //基于计算着色器计算法向量的方法
20          VkPipelineLayout &pipelineLayout, VkPipeline &pipeline,VkDescriptorSet *
desSetPointer);
21        //此处省略了部分代码，感兴趣的读者请自行查看随书源代码
22    };
```

> ✐ 说明　上述头文件中声明了与计算着色器处理数据的任务相关的一些成员变量和方法，其中创建用于存储原始顶点数据缓冲的方法 createVertexDataBuffer 和用于创建索引数据缓冲的方法 createVertexIndexDataBuffer 与之前很多案例中用于创建数据缓冲的方法非常类似，这里不再赘述。

（4）了解了 TexLightObject 类的基本结构后，下面介绍的是用于创建计算着色器及绘制共用数据缓冲的方法 createVertexDataBufferCompute，其具体代码如下。

✎ 代码位置：见随书中源代码/第 17 章/Sample17_6/src/main/cpp/util 目录下的 TexLightObject.cpp。

```
1   void TexLightObject::createVertexDataBufferCompute(int dataByteCount, VkDevice &device,
2                             VkPhysicalDeviceMemoryProperties &memoryroperties){
3       VkBufferCreateInfo buf_info = {};                    //构建缓冲创建信息结构体实例
4       buf_info.usage = VK_BUFFER_USAGE_VERTEX_BUFFER_BIT
5       | VK_BUFFER_USAGE_STORAGE_BUFFER_BIT | VK_BUFFER_USAGE_TRANSFER_DST_BIT;
6       VkResult result = vk::vkCreateBuffer(device, &buf_info, NULL, &vertexDatabufCompute);
7       VkFlags requirements_mask=VK_MEMORY_PROPERTY_DEVICE_LOCAL_BIT; //给定类型掩码
8       //此处省略了部分代码，感兴趣的读者请自行查看随书源代码
9   }
```

● 第 3～6 行构建了缓冲创建信息结构体实例，并指定了缓冲的用途，然后创建了缓冲。

● 第 7 行设置缓冲对应的设备内存所需内存类型掩码为 VK_MEMORY_PROPERTY_DEVICE_LOCAL_BIT，表示此设备内存仅限设备内部本地使用（即此设备内存不可以和 CPU 之间进行 I/O）。

（5）接下来给出的是基于计算着色器计算水波波动的方法 calSelfBD、基于计算着色器计算法向量的方法 calSelfNormal 和绘制方法 drawSelf，这些方法的具体代码如下。

✎ 代码位置：见随书中源代码/第 17 章/Sample17_6/src/main/cpp/util 目录下的 TexLightObject.cpp。

```
1   void TexLightObject::calSelfBD(VkCommandBuffer& cmd,
2       vk::vkCmdBindPipeline(cmd, VK_PIPELINE_BIND_POINT_COMPUTE,pipeline);//绑定到计算管线
3       vk::vkCmdBindDescriptorSets(cmd,                    //将命令缓冲、管线布局、描述集绑定
4           VK_PIPELINE_BIND_POINT_COMPUTE, pipelineLayout, 0, 1,desSetPointer, 0, NULL);
5       const VkDeviceSize offsetsVertex[2]={0,1};     //顶点数据偏移量数组
6       VkBuffer pBuffers[2]={vertexDatabuf,vertexDatabufCompute};     //数据缓冲数组
7       vk::vkCmdBindVertexBuffers(                         //将数据缓冲与当前使用的命令缓冲绑定
```

```
8              cmd,                                    //当前使用的命令缓冲
9              0,                                      //数据缓冲在列表中的首索引
10             2,                                      //绑定数据缓冲的数量
11             pBuffers,                               //绑定数据缓冲的列表
12             offsetsVertex);                         //各个数据缓冲的偏移量
13     uint32_t size=CR+1;                     //水面顶点的行列数，作为计算着色器任务的 x、y 尺寸
14     vk::vkCmdDispatch(cmd,size,size,1);         //将计算任务派送到计算管线
15 }
16 void TexLightObject::calSelfNormal(VkCommandBuffer& cmd,
17     //此处省略了将组件绑定到管线的部分代码，与前面 calSelfBD 方法中的相同
18     const VkDeviceSize offsetsVertex[2]={0};      //顶点数据偏移量数组
19     VkBuffer pBuffers[2]={vertexDatabufCompute};//数据缓冲数组
20     vk::vkCmdBindVertexBuffers(                    //将顶点数据与当前使用的命令缓冲绑定
21             cmd,                                  //当前使用的命令缓冲
22             0,                                    //数据缓冲在列表中的首索引
23             1,                                    //绑定数据缓冲的数量
24             pBuffers,                             //绑定数据缓冲的列表
25             offsetsVertex);                       //数据缓冲的偏移量
26     //此处省略了将计算任务派送到计算管线相关代码，与前面 calSelfBD 方法中的相同
27 }
28 void TexLightObject::drawSelf(VkCommandBuffer& cmd,
29     vk::vkCmdBindVertexBuffers(                    //将顶点数据与当前使用的命令缓冲绑定
30             cmd,                                  //当前使用的命令缓冲
31             0,                                    //数据缓冲在列表中的首索引
32             1,                                    //绑定数据缓冲的数量
33             &(vertexDatabufCompute),              //绑定数据缓冲
34             offsetsVertex);                       //数据缓冲的偏移量
35 }
```

● 第 1～15 行为计算水面波动的 calSelfBD 方法，其首先将命令缓冲绑定到对应的计算管线，与之前章节中的绘制方法不同，这里的绑定点类型为 VK_PIPELINE_BIND_POINT_COMPUTE。接着将命令缓冲、管线布局、描述集绑定，然后创建顶点数据偏移量数组并创建数据缓冲数组，最后将数据缓冲与当前使用的命令缓冲进行绑定，并将计算任务派送到计算管线。

● 第 16～27 行为基于波动后顶点位置计算法向量的 calSelfNormal 方法，其与计算波的动方法 calSelfBD 非常类似。两个方法最大的不同是绑定的数据缓冲数量不同，通过比较第 6 行和第 19 行的代码就可以看出。

● 第 28～35 行为绘制方法 drawSelf，这里只是将计算着色器计算出的结果数据缓冲绑定到命令缓冲以实现绘制。

> **提示**　从上述代码中可以看出，这里面共有两个用于存放顶点数据的缓冲，分别是 vertexDatabuf 和 vertexDatabufCompute。第一个为存放初始水面顶点数据（实际是一个平面网格）的缓冲，其中存放的数据作为每一轮计算的起始数据，在程序运行过程中不发生变化；第二个为存放水波波动计算结果以及法向量计算结果，并用于绘制的数据缓冲，程序运行过程中其首先会被存入波动后的顶点数据，然后会被存入基于波动后的顶点位置计算出的法向量数据，最后用于绘制画面。

（6）接下来介绍的是 MyVulkanManager 类中的 drawObject 方法，其具体代码如下。

代码位置：见随书中源代码/第 17 章/Sample17_6/src/main/cpp/util 目录下的 MyVulkanManager.cpp。

```
1 void MyVulkanManager::drawObject(){                    //绘制场景的方法
2     while(MyVulkanManager::loopDrawFlag){
```

```
3            calTaskBD();                              //执行计算水波波动的方法
4            calTaskNormal();                          //执行计算法向量的方法
5            drawTask();                               //执行最终绘制任务
6    }}
```

> 📌 **说明**　上述代码逻辑非常清晰，按照所需任务的先后顺序执行。calTaskBD 方法和 calTaskNormal 方法将会在后面详细介绍，drawTask 方法与之前很多案例中的绘制方法差异不大，这里不再赘述。

（7）接下来给出的是步骤（6）中未详细介绍的 calTaskBD 和 calTaskNormal 方法，具体代码如下。

✒ **代码位置：** 见随书中源代码/第 17 章/Sample17_6/src/main/cpp/util 目录下的 MyVulkanManager.cpp。

```
1   void MyVulkanManager::calTaskBD(){                   //计算水波波动的方法
2        MyVulkanManager::flushTexToDesSetForBD();        //更新计算波动描述集的方法
3        waterForDraw->calSelfBD(cmdBuffer, sqsBD->pipelineLayout,    //执行波动计算
4                        sqsBD->pipeline, &(sqsBD->descSet[0]));
5   }
6   void MyVulkanManager::calTaskNormal(){               //计算法向量的方法
7        MyVulkanManager::flushTexToDesSetForNormal();     //更新计算法向量描述集的方法
8        waterForDraw->calSelfNormal(cmdBuffer, sqsNormal->pipelineLayout,//执行法向量计算
9                        sqsNormal->pipeline, &(sqsNormal->descSet[0]));
10  }
11  void MyVulkanManager::flushTexToDesSetForBD(){       //更新计算波动描述集的方法
12       sqsBD->writes[0].dstSet = sqsBD->descSet[0];      //更新描述集对应的写入属性 0
13       sqsBD->writes[1].dstSet = sqsBD->descSet[0];      //更新描述集对应的写入属性 1
14       sqsBD->writes[2].dstSet = sqsBD->descSet[0];      //更新描述集对应的写入属性 2
15       sqsBD->writes[0].pBufferInfo=&(waterForDraw->vertexDataBufferInfo);
                                                          //绑定原始顶点数据缓冲
16       sqsBD->writes[1].pBufferInfo=&(waterForDraw->vertexDataBufferInfoCompute);
                                                          //绑定计算用数据缓冲
17       vk::vkUpdateDescriptorSets(device, 3, sqsBD->writes, 0, NULL);  //更新描述集
18  }
19  void MyVulkanManager::flushTexToDesSetForNormal(){   //更新计算法向量用描述集
20       sqsNormal->writes[0].dstSet = sqsNormal->descSet[0]; //更新描述集对应的写入属性
21       sqsNormal->writes[0].pBufferInfo=&(waterForDraw->vertexDataBufferInfoCompute);
                                                          //绑定数据缓冲
22       vk::vkUpdateDescriptorSets(device, 1, sqsNormal->writes, 0, NULL);//更新描述集
23  }
```

● 第 1~5 行 calTaskBD 方法的代码比较简单，其中首先更新了相应的描述集，然后调用前面步骤中介绍过的计算水波波动的方法 calSelfBD 基于计算着色器实现了水波波动的计算。

● 第 5~10 行 calTaskNormal 方法的代码也很简单，其中首先更新了相应的描述集，然后调用前面步骤中介绍过的基于波动后的顶点位置计算法向量的方法 calSelfNormal 完成了法向量的计算。

● 第 11~18 行为更新计算水波波动时所需描述集的方法。其中比较重要的为第 15~16 行，这两行代码将两个用于存放顶点数据的缓冲依次绑定到了描述集。

● 第 19~23 行为更新计算法向量时所需描述集的方法。其中比较重要的为第 21 行，其将计算波动后的结果数据缓冲 vertexDataBufferInfoCompute 绑定到描述集，用于计算水面的实时法向量。

（8）接下来介绍着色器的开发，本节案例中共需开发 4 个着色器，分别为绘制用顶点着色器、绘制用片元着色器、水面波动计算着色器以及法向量计算着色器。绘制用的顶点着色器和片元着色器与之前案例中的代码非常类似，这里不再赘述。首先给出水面波动计算着色器，其具体代码如下。

代码位置：见随书中源代码/第 17 章/Sample17_6/src/main/assets/shader 目录下的 computeBD.comp。

```
1    //此处省略了声明着色器版本号及启用相关扩展的代码，读者可以自行查阅随书源代码
2    struct myVert{                                          //用于表示顶点数据的结构体
3        vec4 a;                                             //前 4 个分量
4        vec4 b;                                             //后 4 个分量
5    };
6    layout( std140, binding=0 ) buffer dataFrom{            //原始顶点数据缓冲
7        myVert vertsFrom[ ];                                //原始顶点数据数组
8    };
9    layout( std140, binding=1 ) writeonly buffer dataTo{    //结果顶点数据缓冲
10       myVert vertsTo[ ];                                  //结果顶点数据数组
11   };
12   layout( local_size_x = 1, local_size_y = 1, local_size_z = 1 ) in; //输入布局限定符
13   layout (std140,set = 0, binding = 2) uniform bufferVals {    //一致变量块
14       vec4 a;                                             //正弦波控制参数 1
15       vec4 b;                                             //正弦波控制参数 2
16       vec4 c;                                             //正弦波控制参数 3
17       vec4 d;                                             //正弦波控制参数 4
18   } myBufferVals;
19   float calHdr(                                           //计算一个波对指定点的高度扰动
20       vec2 bx,                                            //波心坐标
21       float bc,                                           //波长
22       float zf,                                           //振幅
23       float qsj,                                          //起始角
24       vec2 ddxz                                           //被扰动的顶点 xz 坐标
25   ){
26       float dis=distance(ddxz,bx);                        //计算与波心的距离
27       float angleSpan=dis*2.0*3.1415926/bc;               //计算角度跨度
28       float hrd=sin(angleSpan+qsj)*zf;                    //计算此波对此顶点的振幅扰动
29       return hrd;                                         //返回高度扰动值
30   }
31   void main() {
32       uint indexTemp=gl_NumWorkGroups.x*gl_WorkGroupID.y+gl_WorkGroupID.x; //计算顶点的索引
33       vec3 positionTemp=vertsFrom[indexTemp].a.xyz;        //取出顶点位置
34       vec2 texCoorTemp=vec2(vertsFrom[indexTemp].a.w,vertsFrom[indexTemp].b.x);
                                                             //取出顶点纹理坐标
35       vec3 normalTemp=vertsFrom[indexTemp].b.yzw;          //取出顶点的法向量
36       vec2 bx1=myBufferVals.a.xy;                          //第一组波心
37       float bc1=myBufferVals.a.z;                          //第一组波长
38       float zf1=myBufferVals.a.w;                          //第一组振幅
39       float qsj1=myBufferVals.b.x;                         //第一组起始角
40       //此处省略了取出其他两组 FFT 控制数据的代码
41       positionTemp.y=calHdr(bx1,bc1,zf1,qsj1,positionTemp.xz)+//计算三个波对顶点的高
度扰动值并叠加
42                                           calHdr(bx2,bc2,zf2,qsj2,positionTemp.xz)+
43                                           calHdr(bx3,bc3,zf3,qsj3,positionTemp.xz);
44       vertsTo[indexTemp].a.xyz=positionTemp;               //传出顶点位置
45       vertsTo[indexTemp].a.w=texCoorTemp.s;                //传出顶点纹理坐标 s
46       vertsTo[indexTemp].b.x=texCoorTemp.t;                //传出顶点纹理坐标 t
47       vertsTo[indexTemp].b.yzw=normalTemp.xyz;             //传出顶点法向量
48   }
```

- 第 2～5 行声明了用于表示顶点数据的结构体 myVert，其每个实例包含一个顶点的数据。每个实例有 8 个浮点数分量，分别为顶点 x、y、z 坐标、顶点 ST 纹理坐标、顶点法向量 x、y、z 分量。
- 第 6～12 行首先声明了原始顶点数据缓冲，然后声明了结果顶点数据缓冲，同时设置了输

入布局限定符各个分量的值。

● 第 13~18 行为用于接收 3 个正弦波控制参数的一致块，每组正弦波控制参数包含 5 个值，分别为波心坐标、波长、振幅、起始角。很明显这里共需 15 个浮点分量，故代码中使用了 4 个 vec4 类型的成员（共 16 个浮点分量）。之所以没有恰好使用 15 个浮点数是由于着色器接收一致数据时希望数据总字节数为 16 的整数倍，读者自己开发时也应该注意一下这个点。

● 第 19~30 行为计算一个波对指定顶点高度扰动值的方法，在该方法中主要是根据传入的扰动正弦波相关数据来计算该波对此顶点的高度扰动值，并返回该值。

● 第 31~48 行为主函数，在该函数中主要是先通过计算着色器提供的获取工作组位置的相关内置变量来计算顶点的索引值，然后根据该索引值取出顶点的位置数据，接着取出每组正弦波的控制参数。再根据该位置数据调用 calHdr 方法计算出 3 个扰动波对顶点的高度扰动值并叠加，最后将处理后的顶点数据传入到结果顶点数据数组。

（9）介绍完水面波动计算着色器之后，下面介绍基于波动后的顶点位置计算法向量的计算着色器，其具体代码如下。

✎ 代码位置：见随书中源代码/第 17 章/Sample17_6/src/main/assets/shader 目录下的 computeNormal.comp。

```
1   //此处省略了声明着色器版本号及启用相关扩展的代码，读者可以自行查阅随书源代码
2   struct myVert{                                    //用于表示顶点数据的结构体
3       vec4 a;                                       //前 4 个分量
4       vec4 b;                                       //后 4 个分量
5   };
6   layout( std140, binding=0 ) buffer dataFromTo{    //顶点数据缓冲
7       myVert vertsFromTo[ ];                        //顶点数据数组
8   };
9   layout( local_size_x = 1, local_size_y = 1, local_size_z = 1 ) in; //输入布局限定符
10  vec3 calNormal(vec3 a,vec3 b,vec3 c){             //计算三角形面法向量的方法
11      vec3 vab=b-a;                                 //计算 a 点到 b 点的向量
12      vec3 vac=c-a;                                 //计算 a 点到 c 点的向量
13      return normalize(cross(vab,vac));            //返回结果法向量值
14  }
15  vec3 getSpecPosition(uint indexIn){               //获取指定编号顶点坐标的方法
16       return vertsFromTo[indexIn].a.xyz;           //返回指定编号顶点的坐标
17  }
18  void addSpecNormal(vec3 normalIn,uint indexIn){   //叠加指定编号顶点法向量的方法
19      vertsFromTo[indexIn].b.yzw+=normalIn;         //叠加指定编号顶点的法向量
20  }
21  void main(){
22      uint indexTemp=gl_NumWorkGroups.x*gl_WorkGroupID.y+gl_WorkGroupID.x;//计算顶点的索引
23      if(gl_WorkGroupID.x<(gl_NumWorkGroups.x-uint(1)) //若当前顶点不是最后一列，且不是最后一行
24                  &&gl_WorkGroupID.y<(gl_NumWorkGroups.y-uint(1))){
25      //三角形顶点编号指南
26      //0---1
27      //|  / |
28      //3---2
29      vec3 a=getSpecPosition(indexTemp);            //0 号点坐标
30      vec3 b=getSpecPosition(indexTemp+gl_NumWorkGroups.x);    //3 号点坐标
31      vec3 c=getSpecPosition(indexTemp+uint(1));    //1 号点坐标
32      vec3 normal=calNormal(a,b,c);                 //计算 0-3-1 三角形面的法向量
33      addSpecNormal(normal,indexTemp);              //给 3 个顶点叠加法向量
34      addSpecNormal(normal,indexTemp+gl_NumWorkGroups.x);
35      addSpecNormal(normal,indexTemp+uint(1));
```

```
36            //此处省略了计算第二个三角形面（1-3-2）法向量的代码，与0-3-1 三角形的代码类似
37    }}
```

- 第 2~9 行的代码与前面介绍过的用于计算水面波动的计算着色器中对应部分的代码基本相同，只是顶点数据数组减少到了一个。

- 第 10~14 行为用于计算三角形面法向量的 calNormal 方法，该方法中首先求出 a 点到 b 点的向量和 a 点到 c 点的向量，再调用 cross 函数对求出的两个向量进行叉积，最后调用 normalize 函数对向量进行规格化，并返回规格化后的向量值。

- 第 15~20 行首先声明了用于获取指定编号顶点的坐标的方法 getSpecPosition，接着声明了叠加指定编号顶点的法向量的方法 addSpecNormal。

- 第 22~28 行首先计算出了当前顶点的索引，然后基于此索引值判断当前顶点是否可以作为水面某一个小格子的左上角顶点。若可以，则将此顶点作为对应小格子的 0 号顶点，其他几个顶点的位置排列情况见第 25~28 行的注释。

- 第 29~36 行首先对 0-3-1 三角形进行相应的法向量计算，并将计算得到的法向量叠加进对应顶点的法向量中，然后对 1-3-2 三角形做同样的处理。

到这里为止，基本的动态法向量光照水面案例 Sample17_6 就介绍完了。接下来给出一个更加逼真的动态法向量水面案例 Sample17_7，该案例是在案例 Sample17_6 的基础上升级改造而成的。由于本书的篇幅有限，对于此案例的代码便不再详细介绍了。

此案例场景中央为一个水池，水池的水面可以反射出周围环境的内容，与现实世界中的水面非常类似，其运行效果如图 17-23 所示。

▲图 17-23　案例 Sample17_7 运行效果

> **说明**　由于本案例着重于展示动态效果，因此建议读者用真机运行并观察体会。案例中的草地场景是通过天空盒技术实现的，水面的动态效果使用了立方图纹理（与天空盒的纹理是一致的）和菲涅尔效果。立方图纹理采样所需纹理坐标使用的是计算着色器计算出的动态法向量，同时，为了更加接近现实世界的中情况，还为水面添加了菲涅尔效果。如果读者朋友们对立方图纹理技术和菲涅尔效果不熟悉，可以查阅本书前面第 13 章中的相关内容。

运行本节的两个案例会发现，在一般硬件配置的设备上也可以很流畅。这主要是由于计算着色器的加持，如果动态法向量、水面波动的计算都交由 CPU 来完成效率应该会低很多。实际开发中，读者也可以参考上述两个案例的思路将一些大业务量的、可高并发的计算任务交由 GPU 完成以提高效率。

17.9　多线程并发渲染

从 OpenGL 一路走来的开发人员都知道，虽然 CPU 多核之路已经高歌猛进了很多年，但 OpenGL 一直采用的是单线程渲染模式。也就是说无论 CPU 中有多少个运算核心，只能有一个核心用于完成

与 OpenGL 绘制相关的任务。这种模式既影响了多核 CPU 性能的发挥，又降低了用户的体验。

　　Vulkan 作为 OpenGL 的"接班人"，推翻了之前 OpenGL 中只能进行单线程渲染的模式，不再限制渲染相关的方法只能在一个线程中执行。其从架构上支持将绘制工作中需要 CPU 调用 Vulkan API 完成的任务分由多个线程去并发执行，这样可以大大降低 CPU 的单核负担，显著提升渲染性能。

17.9.1　基本原理

　　对于 Vulkan 而言，准备命令缓冲和将命令缓冲提交给队列执行是两种完全不同的任务。将完成场景渲染所需的命令组织到命令缓冲中需要由 CPU 完成，而将命令缓冲提交到队列后，命令缓冲中的命令是由 GPU 执行的。

　　对于复杂场景而言，将完成场景渲染所需的海量命令组织到命令缓冲中也是一个较为耗时的任务。若这个阶段的任务能够由多线程并发完成效率将大大提高，Vulkan 正是对这一点提供了良好的支持，具体的实现策略如图 17-24 所示。

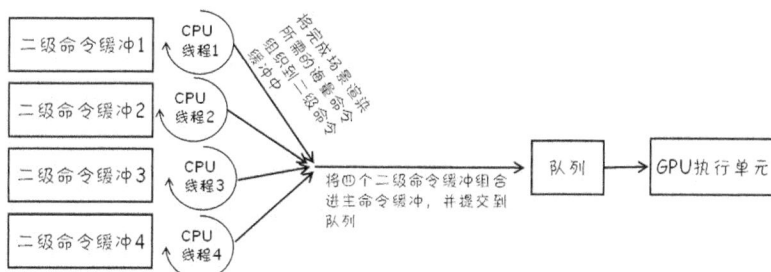

▲图 17-24　Vulkan 多线程并发渲染原理图

> ✒️说明　　如图 17-24 所示，每个独立的线程都可以并行地将完成场景渲染所需的不同海量命令组织到二级命令缓冲中。各个独立线程的任务执行完毕后，由主线程将各个二级命令缓冲中归并到主命令缓冲中并提交给队列执行。

17.9.2　飞船案例的开发

　　了解了 Vulkan 中多线程并发渲染的基本原理后，下面将通过一个由多线程渲染海量飞船的案例 Sample17_8 来进一步介绍这项技术的具体使用，案例的运行效果如图 17-25 所示。

▲图 17-25　案例 Sample17_8 运行效果

> ✒️说明　　该案例中一共绘制了 4 组飞船模型，每个组内的飞船模型外观相同，每一个飞船都在各自的既定轨道上运动。显然，每组飞船的绘制命令可以分别在 4 个 CPU 线程中各自被组织进独立的二级命令缓冲，最后由主线程将各个二级命令缓冲中归并到主命令缓冲中并提交给队列执行以完成场景绘制。

了解了本节案例的运行效果后，就可以进行具体的开发了。由于本节案例与前面章节案例中的很多代码类似，因此这里只介绍重要的且有代表性的部分，具体内容如下。

（1）首先介绍的是用于构建命令缓冲继承信息结构体实例和二级命令缓冲启动信息结构体实例的相关代码，具体内容如下所示。

📎 **代码位置：** 见随书中源代码/第 17 章/Sample17_8/src/main/cpp/bndev 目录下的 MyVulkanManager.cpp。

```
1    void MyVulkanManager::create_render_pass(){
2        //此处省略了部分代码，感兴趣的读者请自行查看随书源代码
3        cmd_buf_inheritance_info.sType                        //结构体类型
4            =VK_STRUCTURE_TYPE_COMMAND_BUFFER_INHERITANCE_INFO;
5        cmd_buf_inheritance_info.pNext = NULL;                //自定义数据指针
6        cmd_buf_inheritance_info.renderPass = renderPass;    //绑定对应的渲染通道
7        cmd_buf_inheritance_info.subpass = 0;                //设置渲染子通道数量
8        cmd_buf_inheritance_info.occlusionQueryEnable = VK_FALSE; //关闭遮挡查询
9        cmd_buf_inheritance_info.queryFlags = 0;                //设置查询标志
10       cmd_buf_inheritance_info.pipelineStatistics = 0;    //控制统计如何执行的附加标志
11       secondary_begin.sType = VK_STRUCTURE_TYPE_COMMAND_BUFFER_BEGIN_INFO;
12       secondary_begin.pNext = NULL;                        //自定义数据指针
13       secondary_begin.flags =                              //描述使用标志
14       VK_COMMAND_BUFFER_USAGE_ONE_TIME_SUBMIT_BIT
16           |VK_COMMAND_BUFFER_USAGE_RENDER_PASS_CONTINUE_BIT;
17       secondary_begin.pInheritanceInfo = &cmd_buf_inheritance_info; //命令缓冲继承信息
18   }
```

● 第 3~10 行设置了命令缓冲继承信息结构体实例 cmd_buf_inheritance_info 的几项属性。要注意的是命令缓冲继承信息结构体在本书前面的案例中没有出现过，是专门服务于本案例中新出现的二级命令缓冲的。另外，cmd_buf_inheritance_info 成员变量在 MyVulkanManager 类的头文件中声明，具体类型为 VkCommandBufferInheritanceInfo。

● 第 11~17 行设置了二级命令缓冲启动信息结构体实例 secondary_begin 的几项属性。二级命令缓冲启动信息结构体实例的类型和本书前面每个案例中都有的命令缓冲启动信息结构体实例类型相同，都是 VkCommandBufferBeginInfo。

> 📙 **提示**　从上述代码中可以看出，二级命令缓冲的启动信息和普通的命令缓冲的启动信息基本相同，最大的区别是二级命令缓冲启动信息需要给出命令缓冲继承信息。这是由于二级命令缓冲不能独立提交，需要基于普通的一级命令缓冲提交（本书前面案例中使用的都是一级命令缓冲）。

（2）接下来介绍的是用于创建和使用二级命令缓冲的 SCBArangeThreadTask 类，其中声明了使用二级命令缓冲所需的一些相关变量。首先给出其头文件中类的声明，具体代码如下。

📎 **代码位置：** 见随书中源代码/第 17 章/Sample17_8/src/main/cpp/bndev 目录下的 SCBArangeThreadTask.h。

```
1    class SCBArangeThreadTask {
2    public :
3        VkCommandBuffer secondary_cmds[1];              //二级命令缓冲
4        VkCommandBufferBeginInfo* secondary_begin;     //二级命令缓冲启动信息
5        VkCommandPool cmdPool;                          //命令池
6        VkDevice* device;                              //指向设备的指针
7        bool doTaskFlag = false;                        //当前线程任务完成标志
8        float* currMatrix;                            //服务于一个线程的基本变换矩阵
```

```
9        float* MVP;                                             //服务于一个线程的最终变换矩阵
10       SCBArangeThreadTask(uint32_t queueGraphicsFamilyIndex,   //构造函数
11            VkDevice* device, VkCommandBufferBeginInfo* secondary_begin);
12       ~SCBArangeThreadTask();                                  //析构函数
13       void initBeforeDraw();                                   //绘制任务前准备二级命令缓冲的方法
14       void closeAfterDraw();                                   //绘制任务后结束二级命令缓冲的方法
15  };
```

✒说明　　上述代码主要是声明了分配和使用二级命令缓冲所需的一些变量和方法，下面将会详细介绍。

（3）了解了 SCBArangeThreadTask 类的基本结构后，下面介绍其具体实现，代码如下。

✑ 代码位置：见随书中源代码/第 17 章/Sample17_8/src/main/cpp/bndev 目录下的 SCBArangeThreadTask.cpp。

```
1   //此处省略了相关头文件的导入，感兴趣的读者自行查看随书源代码
2   SCBArangeThreadTask::SCBArangeThreadTask(uint32_t queueGraphicsFamilyIndex,
3                        VkDevice* device, VkCommandBufferBeginInfo* secondary_begin){
4       this->secondary_begin = secondary_begin;                //接收二级命令缓冲启动信息
5       this->device = device;                                  //接收指定的设备
6       VkCommandPoolCreateInfo cmd_pool_info = {};             //构建命令池创建信息结构体实例
7       cmd_pool_info.sType = VK_STRUCTURE_TYPE_COMMAND_POOL_CREATE_INFO;
8       cmd_pool_info.pNext = NULL;                             //自定义数据的指针
9       cmd_pool_info.queueFamilyIndex = queueGraphicsFamilyIndex;//绑定队列家族索引
10      cmd_pool_info.flags = VK_COMMAND_POOL_CREATE_RESET_COMMAND_BUFFER_BIT;
11      VkResult result =vk::vkCreateCommandPool(*device, &cmd_pool_info, NULL, &cmdPool);
12      assert(result == VK_SUCCESS);                           //检查命令池是否创建成功
13      VkCommandBufferAllocateInfo cmdalloc = {};              //构建命令缓冲分配信息结构体实例
14      cmdalloc.sType = VK_STRUCTURE_TYPE_COMMAND_BUFFER_ALLOCATE_INFO;
15      cmdalloc.pNext = NULL;                                  //自定义数据的指针
16      cmdalloc.commandPool = cmdPool;                         //绑定命令池
17      cmdalloc.level = VK_COMMAND_BUFFER_LEVEL_SECONDARY;     //分配的命令缓冲级别
18      cmdalloc.commandBufferCount = 1;                        //分配的命令缓冲数量
19      result =vk::vkAllocateCommandBuffers(*device, &cmdalloc, secondary_cmds);
20                                                              //分配命令缓冲
21      assert(result == VK_SUCCESS);                           //检测分配是否成功
22      currMatrix=new float[16];                               //创建服务于一个线程的基本变换矩阵数组
23      MVP = new float[16];                                    //创建服务于一个线程的最终变换矩阵数组
24  }
25  void SCBArangeThreadTask::initBeforeDraw(){                 //绘制任务前准备二级命令缓冲的方法
26      vk::vkResetCommandBuffer(secondary_cmds[0], 0);         //重置二级命令缓冲
27      vk::vkBeginCommandBuffer(secondary_cmds[0], secondary_begin);//启动二级命令缓冲
28  }
29  void SCBArangeThreadTask::closeAfterDraw(){                 //绘制任务后结束二级命令缓冲的方法
30      vk::vkEndCommandBuffer(secondary_cmds[0]);              //结束二级命令缓冲
31  }
32  SCBArangeThreadTask::~SCBArangeThreadTask(){                //析构函数
33      vk::vkFreeCommandBuffers(*device, cmdPool, 1, secondary_cmds); //释放二级命令缓冲
34      vk::vkDestroyCommandPool(*device, cmdPool, NULL);       //销毁命令池
35      delete[] currMatrix;                                    //释放服务于一个线程的基本变换矩阵数组
36      delete[] MVP;                                           //释放服务于一个线程的最终变换矩阵数组
    }
```

● 第 2～23 行与之前案例中分配一级命令缓冲的代码非常类似，其中第 17 行代码最需要注意，VK_COMMAND_BUFFER_LEVEL_SECONDARY 表示命令缓冲的级别为二级命令缓冲，与

之前案例中的不同。

- 第 24~27 行为每次开始新一帧的绘制任务前准备二级命令缓冲的 initBeforeDraw 方法，其包括重置命令二级命令缓冲和启动二级命令缓冲两项工作。

- 第 28~30 行为每次完成一帧的绘制任务后结束二级命令缓冲的 closeAfterDraw 方法，其代码非常简单，仅仅是调用 vkEndCommandBuffer 方法结束了指定的二级命令缓冲。

- 第 31~36 行为此类的析构函数，在其中释放了指定的二级命令缓冲、销毁了指定的命令池和服务于一个线程的两个变换矩阵数组。

（4）与场景中飞船位置相关的类为 PlanePosition 和 PlaneConstant。PlaneConstant 类中存储着与飞船相关的多项常量值，如飞行步进、高度等。PlanePosition 类用于存储并更新飞船的位置，其 y 方向的位置为随机生成。由于这两个类都比较简单，这里就不进行展开了，需要的读者请查看随书源代码。

（5）接下来介绍的是在渲染过程中由四个线程并行执行的 4 个任务方法（每个任务方法绘制一种外观的一组飞船）和用于绘制单个飞船的方法。由于这 4 个任务方法代码非常类似，故这里只介绍其中一个线程对应的任务方法 drawTask0，具体代码如下。

✎ **代码位置：** 见随书中源代码/第 17 章/Sample17_8/src/main/cpp/bndev 目录下的 MyVulkanManager.cpp。

```
1    void MyVulkanManager::drawSpec3D(SCBArangeThreadTask* stta, float pyx,
2                        float pyy, float pyz,float scx, float scy, float scz,
3                        ObjObject* oo, std::string texName,float* currMatrix,
float* MVP){
4        MatrixState3D::setInitStack(currMatrix);              //初始化基本变换矩阵
5        MatrixState3D::translate(currMatrix, pyx, pyy, pyz);  //平移变换
6        MatrixState3D::scale(currMatrix, scx, scy, scz);      //缩放变换
7        MatrixState3D::getFinalMatrix(MVP, currMatrix);       //得到最终变换矩阵
8        oo->drawSelf(stta->secondary_cmds[0], MyVulkanManager::sqsCL->pipelineLayout,
                                                             //绘制物体（飞船）
9            MyVulkanManager::sqsCL->pipeline,&(MyVulkanManager::sqsCL->descSet[
10            TextureManager::getVkDescriptorSetIndex(texName)]), MVP, currMatrix);
11   }
12   void MyVulkanManager::drawTask0(SCBArangeThreadTask* stta){ //绘制飞船的线程任务方法0
13       while (MyVulkanManager::loopDrawFlag){                //若主线程绘制任务标志为true
14           hSemaphore[0]->WaitForSingleObject();            //申请信号量
15           stta->initBeforeDraw();                          //绘制任务前准备二级命令缓冲
16           planePosition0->update();                        //更新第0组飞船的位置
17           for(int i=0;i<planePosition0->count;i++){        //循环绘制一组飞船
18               drawSpec3D(stta, planePosition0->curPosition[i*4+0],
19               planePosition0->curPosition[i*4+1], planePosition0->curPosition[i*4+2],
20                   0.2, 0.2, 0.2, objObject, "texture/plane01.bntex",stta->
currMatrix, stta->MVP);
21           }
22           stta->closeAfterDraw();                          //结束二级命令缓冲
23           stta->doTaskFlag = true;                         //修改当前线程任务完成标志
24   }};
```

- 第 1~11 行为用于绘制单个飞船的 drawSpec3D 方法，其中首先初始化当前线程执行任务所需的基本变换矩阵，接着进行坐标系的平移、缩放等变换，最后绘制飞船。

- 第 12~24 行为 4 个并行线程中 0 号线程对应的任务方法，其中首先申请信号量，接着准备二级命令缓冲，然后更新此组飞船的位置并绘制飞船，最后结束二级命令缓冲并修改当前线程的任务完成标志位为 true。

（6）最后给出的是主绘制方法 drawObject，这里仅给出其中有代表性的部分，具体代码如下。

✎ **代码位置：见随书中源代码/第 17 章/Sample17_8/src/main/cpp/bndev 目录下的 MyVulkanManager.cpp。**

```
1    void MyVulkanManager::drawObject(){
2        //此处省略了部分代码，感兴趣的读者请自行查看随书源代码
3        const int THREAD_COUNT = 4;                          //并行执行绘制任务的线程数量
4        for(int i=0;i<THREAD_COUNT;i++){                     //创建与独立绘制线程数量相同的信号量
5            hSemaphore[i]=new Semaphore(1);                  //创建信号量
6            hSemaphore[i]->WaitForSingleObject();           //申请信号量
7        }
8        SCBArangeThreadTask* stta[THREAD_COUNT];            //声明尺寸与并行线程数量相同的数组
9        stta[0] = new SCBArangeThreadTask(queueGraphicsFamilyIndex,&device,
    &(secondary_begin));
10       thread tempThread0(&MyVulkanManager::drawTask0, stta[0]);//创建独立的绘制线程 0
11       tempThread0.detach();                               //将线程 0 独立出主线程
12       stta[1] = new SCBArangeThreadTask(queueGraphicsFamilyIndex,&device,&(second
    ary_begin));
13       thread tempThread1(&MyVulkanManager::drawTask1, stta[1]);//创建独立绘制线程 1
14       tempThread1.detach();                               //将线程 1 独立出主线程
15       //此处省略了线程 2、线程 3 的相关初始化代码，与前面线程 0 和线程 1 的代码类似
16       while(MyVulkanManager::loopDrawFlag){               //若主线程绘制标志为 true
17           //此处省略了部分代码，感兴趣的读者请自行查看随书源代码
18           cmd_buf_inheritance_info.framebuffer =framebuffers[currentBuffer];
                                                             //绑定当前的帧缓冲
19           for (int i = 0; i<THREAD_COUNT; i++){            //遍历 4 个独立绘制线程
20               stta[i]->doTaskFlag = false;                //修改独立绘制线程任务完成标志为 false
21               hSemaphore[i]->ReleaseSemaphore(); //释放独立绘制线程完成一帧任务时所需的信号量
22           }
23            while (true){                                  //循环检测对应数量的独立绘制线程是否都已经完成
24               bool tempFlag = true;       //辅助标志
25               for (int i = 0; i<THREAD_COUNT; i++){//遍历各独立绘制线程
26                   if (stta[i]->doTaskFlag == false){
                                             //判断当前考察的独立绘制线程是否已经完成任务
27                       tempFlag = false;           //若不是则更新辅助标志值
28               }}
29               if (tempFlag){break;}               //若独立绘制线程都已经完成任务则跳出检查循环
30           }
31           for (int i = 0; i<THREAD_COUNT; i++){
                                             //遍历各独立绘制线程并执行对应二级命令缓冲中的命令
32               vk::vkCmdExecuteCommands(cmdBuffer, 1, stta[i]->secondary_cmds); }
33           //此处省略了部分代码，感兴趣的读者请自行查看随书源代码
34   }}
```

● 第 3～7 行首先声明了独立绘制线程的数量，接着创建了与独立绘制线程数量相同的信号量，并紧接着执行了信号量的 WaitForSingleObject 方法申请了信号量。创建信号量时传入的参数为 1，代表信号量中的可用资源数量为 1，执行信号量的 WaitForSingleObject 方法后，可用资源减少一个变为 0。这样在这些信号量被释放前，各个独立绘制线程会由于等待信号量而暂停。

● 第 8～15 行创建了 4 个独立绘制线程，给每个独立绘制线程指定了任务方法，并将 4 个独立绘制线程从主线程中独立出来。

● 第 16～30 行为主绘制方法的重点部分。其中首先修改各个独立绘制线程的任务完成标志为 false 并释放各个独立绘制线程执行每一帧任务前申请的信号量以便各个独立绘制线程开始执行一帧的任务。接着进入检测循环，检测各个独立绘制线程是否都已经完成此帧的任务。如果都已经完成，则跳出检测循环，否则不断循环检测。

● 第 31～33 行遍历了各个独立绘制线程并依次执行了对应二级命令缓冲中的命令，也就是

将二级命令缓冲中的命令汇总到了主命令缓冲中。

> **说明**　关于通过使用信号量同步多线程并发执行任务的原理已经大大超出了本书讨论的范围，如果读者朋友们感兴趣，可以参考计算机操作系统的相关资料进一步学习。

从前面介绍的案例 Sample17_8 中可以看出，多线程并行完成绘制任务的关键是每个线程独占一个命令池，基于独占的命令池分配线程所需的二级命令缓冲。多个并行线程并发将各自绘制任务所需的命令组织进对应的二级命令缓冲，最后由主线程将各个二级命令缓冲中的命令批量组织进主命令缓冲并提交给队列执行。

另外，为了对比多线程并发渲染对程序效率的影响，作者还开发了一个基于单线程绘制飞船的对比用案例 Sample17_9。与多线程并发渲染不同的是，案例 Sample17_9 将 4 组飞船的绘制工作，4 组飞船的位置更新计算都放置到了单一线程中。

这里由于篇幅所限，就不再介绍单线程版案例的详细开发了。下面对两个不同版本（多线程版与单线程版）的案例进行性能比较，具体情况如表 17-3 所示。

表 17-3　　　　　　　　　多线程飞船案例与单线程飞船案例帧速率比较

飞船总数量	256	400	600	800	1000
单线程版帧速率	118	101	94	66	41
多线程版帧速率	128	126	117	105	92

> **说明**　从表 17-3 中的数据可以看出，随着飞船数量的增加，单线程版本案例的帧速率下降较快，而多线程版本案例的帧速率下降较慢。此外，读者朋友们需要注意，表 17-3 所得的数据为 PC 版案例运行的结果。作者曾用 Android 版本的案例进行过对比测试，得到的不同数量飞船情况下的帧速率相差并不大，应该是由于手机硬件性能所限。相信随着硬件的不断发展，在移动端多线程并发渲染也会普及。

17.10　多子通道渲染

通过前面很多章节的学习，读者应该了解到场景越复杂、画面质量要求越高，计算量就越大。在这种情况下可以采用前面 14.8 节介绍过的延迟渲染技术，仅仅对最终呈现在屏幕上的片元进行复杂的光照等较为耗费资源的计算，而对其他片元只是进行简单地处理，以提升渲染效率。

而本节将要介绍的则是 Vulkan 中专为提高此类复杂场景的渲染效率而提供的技术，其支持在一个渲染通道中包含几个子渲染通道。这些子渲染通道之间可以有先后依赖关系，前面的子通道仅执行一些简单的渲染操作，并将结果传递给后面的子通道，而一般最后一个子通道才会根据前面的渲染结果渲染出复杂场景的最终画面。

17.10.1　基本原理

本节之前所有案例中的渲染通道都仅包含一个独立的子通道，并由此独立子通道渲染出所属渲染通道的最终画面。前面 14.8 节中实现需要多轮绘制才能产生最终画面的延迟渲染时就需要多个渲染通道依次工作，每个渲染通道结束后将产生的画面存储到图像中，再以纹理的形式输入后继渲染通道，这样显然效率不够高。

针对上述情况，若利用 Vulkan 提供的多子通道方式实现需要多轮渲染的任务则可以大大提高渲染效率。下面简要地列出了基于多子通道方式实现多轮渲染的关键步骤。

- 根据具体的渲染需求，创建一个含有两个或以上数量子通道的渲染通道。

- 编织各个子通道间的依赖关系和它们执行操作的阶段、对应的内存操作类型等，同时还需要给出每个子通道的输入输出情况。依赖关系确定了子通道的执行顺序，使得需要较晚开始的子通道可以使用已经完成的子通道的渲染结果。

- 按顺序将各个子通道完成渲染任务所需的命令依次组织到命令缓冲中，最后将命令缓冲提交到队列执行，一次性基于单个渲染通道（其包含多个子通道）完成需要多轮渲染才能产生的画面。

- 为每一个子通道开发一套能够完成其目标任务的着色器，一般来说至少需要包含顶点着色器和片元着色器。

上面已经提到，前面子通道的渲染结果需要作为后继子通道的输入。在 Vulkan 中这项任务是由输入附件完成的，所谓输入附件是指存储了较早子通道渲染结果的帧缓冲附件。

提示　不同于着色器中纹理采样器的是，在片元着色器中通过输入附件仅能读取到当前片元的数据，而无法访问输入附件中存储的其他片元的数据（若是纹理则可以基于纹理坐标访问任意位置的数据）。这样的模式可以在一定程度上提高效率，但在要进行模糊等需要其他片元数据的情况下，就不能再使用输入附件的方式在子通道之间传递数据了。

本节还将给出一个使用多子通道渲染实现延迟渲染的案例，此案例的实现要点如图 17-26 所示。

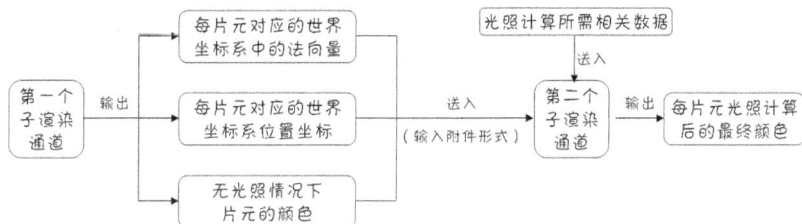

▲图 17-26　多子通道渲染实现延迟渲染的要点

17.10.2　一个简单的案例

17.10.1 节已经简要介绍了 Vulkan 中提供的多子通道渲染技术的基本原理和使用方式，本节将通过一个简单的案例 Sample17_10 来介绍多子通道渲染技术的具体实现。在介绍本案例的具体开发步骤之前，首先有必要了解一下该案例的运行效果，具体情况如图 17-27 所示。

▲图 17-27　案例 Sample17_10 运行效果

从图 17-27 中可以看出，本案例的运行效果与之前第 14 章中延迟渲染案例的运行效果完全一致。实际上本案例是由前面的延迟渲染案例修改而来，因此下面仅介绍本案例中具有代表性的部分，具体内容如下。

（1）首先介绍的是用于创建包含多个子通道的渲染通道的 create_render_pass 方法，这也是本案例的第一个关键点。这部分与本书之前案例最大的不同就是需要创建多个子通道，并编织子通道之间的依赖关系，最后再基于这些来创建渲染通道，具体代码如下。

✎ **代码位置：** 见随书源代码/第 17 章/Sample17_10/src/main/cpp/bndev 目录下的 MyVulkanManager.cpp。

```
1    void MyVulkanManager::create_render_pass(){           //创建渲染通道的方法
2        //此处省略了部分代码，读者可自行查阅随书源代码
3        VkAttachmentDescription attachments[5];            //附件描述信息数组
4        VkFormat colorFormat[4] = {                        //颜色附件格式数组
5        VK_FORMAT_R8G8B8A8_UNORM,VK_FORMAT_R32G32B32A32_SFLOAT,
6        VK_FORMAT_R32G32B32A32_SFLOAT,VK_FORMAT_R8G8B8A8_UNORM };
7        for(int i=0;i<COLOR_ATTACH_COUNT;i++){             //遍历所有颜色附件（服务于各个子通道）
8            attachments[i].format = colorFormat[i]; //设置颜色附件的格式
9            attachments[i].storeOp=(i==3)?                  //设置渲染通道结束时附件的存储操作
10           VK_ATTACHMENT_STORE_OP_STORE:VK_ATTACHMENT_STORE_OP_DONT_CARE;
11           attachments[i].finalLayout=(i==3)?              //设置结束时的最终布局
12           VK_IMAGE_LAYOUT_PRESENT_SRC_KHR:
13           VK_IMAGE_LAYOUT_COLOR_ATTACHMENT_OPTIMAL;
14           //此处省略了设置颜色附件描述信息结构体其他属性的代码，与之前案例中的类似
15       }
16       //此处省略了部分代码，与之前案例中的类似，需要的读者请自行查阅随书源代码
17       VkSubpassDescription subpass[2];                    //渲染子通道描述结构体数组
18       subpass[0].colorAttachmentCount = 3;               //第 1 个子通道的颜色附件数量
19       subpass[0].pColorAttachments = color_reference;    //第 1 个子通道的颜色附件引用
20       subpass[0].pDepthStencilAttachment = &depth_reference; //第 1 个子通道的深度附件引用
21       //此处省略了设置第 1 个子通道其他属性的代码，与之前案例中的类似
22       VkAttachmentReference inputReferences[3];           //输入附件引用数组
23       inputReferences[0]=                                 //第 1 个输入附件的信息设置
24       {0,VK_IMAGE_LAYOUT_SHADER_READ_ONLY_OPTIMAL};
25       inputReferences[1]=                                 //第 2 个输入附件的信息设置
26       {1,VK_IMAGE_LAYOUT_SHADER_READ_ONLY_OPTIMAL};
27       inputReferences[2]=                                 //第 3 个输入附件的信息设置
28       {2,VK_IMAGE_LAYOUT_SHADER_READ_ONLY_OPTIMAL};
29       subpass[1].inputAttachmentCount = 3;               //第 2 个子通道的输入附件数量
30       subpass[1].pInputAttachments = inputReferences;    //第 2 个子通道的输入附件引用
31       subpass[1].colorAttachmentCount = 1;               //第 2 个子通道的颜色附件数量
32       subpass[1].pColorAttachments = &color_reference[3]; //第 2 个子通道的颜色附件引用
33       //此处省略了设置第 2 个子通道其他属性的代码，与之前案例中的类似
34       //此处省略了设置子通道间依赖关系及给出渲染通道创建信息的相关代码，将在下面进行介绍
35       //此处省略了部分其他代码，与之前案例中的类似
36   }
```

- 第 7~15 行设置了所有颜色附件的描述信息，需要注意的是由于第 2 个子通道的渲染结果需要保存到设备内存并最终呈现到屏幕上，因此第 4 个颜色附件（将作为第二个子通道的输出颜色附件）在渲染通道结束后的存储操作需要设置为 "VK_ATTACHMENT_STORE_OP_STORE"，以保存渲染结果来保证画面的正确呈现；而第 1 个子通道的渲染结果在渲染通道结束后就不再需要了，故其几个输出颜色附件的存储操作可以设置为 "VK_ATTACHMENT_STORE_OP_DONT_CARE" 以提高效率。

- 第 18~33 行分别设置了两个子通道的描述结构体信息，结合前面延迟渲染的案例可以了解到，第 1 个子通道将渲染出 3 套输出，且在本案例中这 3 套输出将作为第 2 个子通道的输入附件，因此需要通过上述第 22~30 行代码对第 2 个子通道的输入附件相关信息进行设置。

（2）接下来将要介绍的是前面省略的用于编织子通道间相互依赖关系与给出渲染通道创建信息的相关代码，具体内容如下。

✎ **代码位置**：见随书源代码/第 17 章/Sample17_10/src/main/cpp/bndev 目录下的 MyVulkanManager.cpp。

```
1   VkSubpassDependency dependencies[3];              //子通道依赖关系结构体数组
2   dependencies[0].srcSubpass = VK_SUBPASS_EXTERNAL; //被依赖子通道的索引（隐含子通道）
3   dependencies[0].dstSubpass = 0;                   //依赖子通道的索引（第 1 个子通道）
4   dependencies[0].srcStageMask =           //被依赖子通道执行操作的阶段（所有管线操作完成阶段）
5                   VK_PIPELINE_STAGE_BOTTOM_OF_PIPE_BIT;
6   dependencies[0].dstStageMask =           //依赖子通道执行操作的阶段（颜色附件输出阶段）
7                   VK_PIPELINE_STAGE_COLOR_ATTACHMENT_OUTPUT_BIT;
8   dependencies[0].srcAccessMask =          //被依赖子通道执行的内存操作类型（内存读取）
9                   VK_ACCESS_MEMORY_READ_BIT;
10  dependencies[0].dstAccessMask =          //依赖子通道执行的内存操作类型（颜色附件读取或写入）
11  VK_ACCESS_COLOR_ATTACHMENT_READ_BIT|VK_ACCESS_COLOR_ATTACHMENT_WRITE_BIT;
12  dependencies[0].dependencyFlags = VK_DEPENDENCY_BY_REGION_BIT;   //描述依赖类型的标记
13  dependencies[1].srcSubpass = 0;          //被依赖子通道的索引（第 1 个子通道）
14  dependencies[1].dstSubpass = 1;          //依赖子通道的索引（第 2 个子通道）
15  dependencies[1].srcStageMask =           //被依赖子通道执行操作的阶段（颜色附件输出阶段）
16                  VK_PIPELINE_STAGE_COLOR_ATTACHMENT_OUTPUT_BIT;
17  dependencies[1].dstStageMask =           //依赖子通道执行操作的阶段（片元着色器阶段）
18                  VK_PIPELINE_STAGE_FRAGMENT_SHADER_BIT;
19  dependencies[1].srcAccessMask =          //被依赖子通道执行的内存操作类型（写入颜色附件）
20                  VK_ACCESS_COLOR_ATTACHMENT_WRITE_BIT;
21  dependencies[1].dstAccessMask =          //依赖子通道执行的内存操作类型（着色器读取）
22                  VK_ACCESS_SHADER_READ_BIT;
23  dependencies[1].dependencyFlags = VK_DEPENDENCY_BY_REGION_BIT; //描述依赖类型的标记
24  //此处省略了编织其他子通道间依赖关系的代码，与上述代码类似，读者可自行查阅随书源代码
25  VkRenderPassCreateInfo rp_info = {};    //构建渲染通道创建信息结构体实例
26  //此处省略了渲染通道创建信息结构体其他参数的设置，读者可自行查阅随书源代码
27  rp_info.subpassCount = 2;               //渲染子通道数量
28  rp_info.pSubpasses = subpass;           //渲染子通道列表
29  rp_info.dependencyCount = 3;            //子通道依赖数量
30  rp_info.pDependencies = dependencies; //子通道依赖列表
```

● 第 2～12 行设置了第 1 个子通道与渲染通道前隐含的子通道间的依赖关系，依次设置了被依赖与依赖子通道的索引，及它们执行操作的阶段和执行的内存操作类型等，这些信息都需要根据程序中各个子通道的具体情况来设置。其中 srcSubpass 或 dstSubpass 设置为 VK_SUBPASS_EXTERNAL 时表示渲染通道前或后隐含的子通道。

● 第 13～23 行指定第 2 个子通道依赖于第 1 个子通道，并设置了此依赖关系的其它多项参数。这些设置正是保证第 2 个子通道的绘制工作能在第 1 个子通道的绘制工作全部完成后再启动的关键，从而使得第 2 个子通道可以使用第 1 个子通道的渲染结果来执行自己的绘制工作。

● 第 25～30 行设置了渲染通道创建信息结构体中的子通道数量、列表及子通道依赖关系数量及列表。与之前案例较大的区别是，前面的案例中都没有实质性给出依赖关系的相关信息。

（3）介绍完渲染通道的创建后，下面将要介绍的是本案例中第 2 个子通道执行渲染操作时所使用的管线类。与之前案例最大的不同在于此次绘制使用了输入附件，因此下面仅介绍该管线类中与这部分相关的代码，具体内容如下。

✎ **代码位置**：见随书源代码/第 17 章/Sample17_10/src/main/cpp/bndev 目录下的 ShaderQueueSuit_
Light.cpp。

```
1    VkDescriptorImageInfo descriptorImageInfo(             //获取图像描述信息结构体实例的方法
2                VkSampler sampler, VkImageView imageView, VkImageLayout imageLayou
t){
3        VkDescriptorImageInfo descriptorImageInfo{};      //构建图像描述信息结构体实例
4        descriptorImageInfo.sampler = sampler;            //指定采用的采样器
5        descriptorImageInfo.imageView = imageView;        //指定采用的图像视图
6        descriptorImageInfo.imageLayout = imageLayout;    //指定采用的图像布局
7        return descriptorImageInfo;                       //返回图像描述信息结构体实例
8    }
9    void ShaderQueueSuit_Light::create_pipeline_layout(VkDevice& device){ //创建管线布局
10       VkDescriptorSetLayoutBinding layout_bindings[4];                  //描述集布局绑定数组
11       layout_bindings[0].binding = 0;                                   //此绑定的绑定点编号
12       layout_bindings[0].descriptorType = VK_DESCRIPTOR_TYPE_INPUT_ATTACHMENT;
                                                                            //描述类型
13       layout_bindings[0].descriptorCount = 1;                           //描述数量
14       layout_bindings[0].stageFlags=VK_SHADER_STAGE_FRAGMENT_BIT;       //目标着色阶段
15       layout_bindings[0].pImmutableSamplers = NULL;
16       //此处省略了与上述或之前案例中相似的部分代码，读者可自行查阅随书源代码
17   }
18   void ShaderQueueSuit_Light::init_descriptor_set(VkDevice& device){ //初始化描述集的方法
19       VkDescriptorPoolSize type_count[4];                               //描述集池尺寸实例数组
20       type_count[0].type = VK_DESCRIPTOR_TYPE_INPUT_ATTACHMENT;         //第 1 个描述的类型
21       type_count[0].descriptorCount =1;                                 //第 1 个描述的数量
22       //此处省略了与上述或之前案例中相似的部分代码，读者可自行查阅随书源代码
23       writes[0] = {};                                          //完善一致变量写入描述集实例数组元素 0
24       writes[0].sType = VK_STRUCTURE_TYPE_WRITE_DESCRIPTOR_SET;         //结构体类型
25       writes[0].dstBinding = 0;                                         //目标绑定编号
26       writes[0].pNext = NULL;                                           //自定义数据的指针
27       writes[0].descriptorCount = 1;                                    //描述数量
28       writes[0].descriptorType = VK_DESCRIPTOR_TYPE_INPUT_ATTACHMENT; //描述类型（输入附件）
29       colorImageInfo =descriptorImageInfo(                //调用方法获取图像描述信息结构体实例
30               VK_NULL_HANDLE,MyVulkanManager::colorImageView[0],
31               VK_IMAGE_LAYOUT_SHADER_READ_ONLY_OPTIMAL);
32       writes[0].pImageInfo = &colorImageInfo;                           //图像信息
33       writes[0].dstSet = descSet[0];                       //更新描述集对应的写入属性 0（一致变量）
34       //此处省略了部分代码，读者可自行查阅随书源代码
35   }
```

● 第 1~8 行为用于获取图像描述信息结构体实例的方法，其主要功能是构建图像描述信息结构体实例，并根据传入的参数指定该结构体的属性信息，最后将该结构体实例返回。

● 第 9~17 行为用于创建管线布局的方法，这部分代码与之前案例中的没有本质区别，主要注意的是输入附件所对应的描述集布局绑定结构体中的描述类型应设置为 "VK_DESCRIPTOR_TYPE_INPUT_ATTACHMENT"，如第 12 行代码所示。

● 第 18~35 行为初始化描述集的方法，这部分代码中同样需要注意的是有关输入附件的描述类型应设置为 "VK_DESCRIPTOR_TYPE_INPUT_ATTACHMENT"，如第 20、28 行代码所示。

（4）上面已经详细介绍了本案例中最具代表性的有关创建渲染通道的部分代码，以及第 2 个子通道所使用的管线中的关键代码。下面将要介绍的是程序统筹管理者类中的绘制方法 drawObject，具体代码如下。

✎ **代码位置**：见随书源代码/第 17 章/Sample17_10/src/main/cpp/bndev 目录下的 MyVulkanManager.cpp。

```
1   void MyVulkanManager::drawObject(){                              //绘制方法
2       //此处省略了部分代码，读者可自行查阅随书源代码
3       vk::vkCmdBeginRenderPass(cmdBuffer,&rp_begin,VK_SUBPASS_CONTENTS_INLINE);
4       MatrixState3D::pushMatrix();                                 //保护现场
5       MatrixState3D::translate(0,0,-100);                          //沿 z 轴平移
6       MatrixState3D::scale(1.6,1.6,1.6);                           //进行缩放
7       CHForDraw->drawSelf(cmdBuffer,sqsCTL->pipelineLayout,sqsCTL->pipeline, //绘制茶壶
8           &(sqsCTL->descSet[TextureManager::getVkDescriptorSetIndex("texture/ghxp.
    bntex")]));
9       MatrixState3D::popMatrix();                                  //恢复现场
10      //此处省略了绘制场景中其他物体的代码，与绘制茶壶的代码类似，读者可自行查阅随书源代码
11      vk::vkCmdNextSubpass(cmdBuffer, VK_SUBPASS_CONTENTS_INLINE);//跳转到下一个子通道
12      vk::vkCmdBindPipeline(cmdBuffer                              //绑定第二个子通道的管线
13          ,VK_PIPELINE_BIND_POINT_GRAPHICS,sqsL->pipeline);
14      vk::vkCmdBindDescriptorSets(cmdBuffer,                       //绑定描述集
15      VK_PIPELINE_BIND_POINT_GRAPHICS,sqsL->pipelineLayout,0,1, &(sqsL->descSet[0]),
    0, NULL);
16      vk::vkCmdDraw(cmdBuffer, 3, 1, 0, 0);                        //绘制一个三角形
17      vk::vkCmdEndRenderPass(cmdBuffer);                           //结束渲染通道
18      //此处省略了部分代码，与前面很多案例中的类似，读者可自行查阅随书源代码
19  }
```

● 上述代码的主要功能为实现场景的绘制，当渲染通道开始后，会默认开始第 1 个子通道，在此之后的绘制操作均在该子通道中进行，即上述代码中的第 4～10 行。直到调用 vkCmdNextSubpass 方法后，程序会跳转到第 2 个子通道中，并基于第 2 个子通道完成后续的渲染操作。

● 需要注意的是，由于第 2 个子通道进行渲染时是直接从输入附件中读取上一个子通道的渲染结果，其不需要片元纹理坐标等数据，并且只需要保证屏幕范围内所有像素点对应片元均被绘制即可。因此为了简化开发以及提高效率，上述第 15 行代码仅调用 vkCmdDraw 方法绘制了一个三角形。此三角形 3 个顶点的坐标数据也将直接在着色器中给出，后面将详细介绍。

（5）上面已经介绍了本案例中比较有代表性的 C++代码，下面将要介绍的是本案例中第 2 个子通道进行渲染时所使用的着色器。首先给出的是顶点着色器，其具体代码如下。

✎ **代码位置**：见随书中源代码/第 17 章/Sample17_10/app/assets/shader/GLSL 目录下的 light.vert 文件。

```
1   //此处省略了声明着色器版本号及启用相关扩展的代码，读者可以自行查阅随书源代码
2   out gl_PerVertex{vec4 gl_Position;};              //内建变量 gl_Position
3   const vec2 xyArr[3] = vecs2[3](                   //构成覆盖屏幕的三角形的 3 个点的坐标数组
4       vec2(-1.0,-1.0),                              //第 1 个点的 x、y 坐标
5       vec2(3.0,-1.0),                               //第 2 个点的 x、y 坐标
6       vec2(-1.0,3.0)                                //第 3 个点的 x、y 坐标
7   );
8   void main() {
9       gl_Position = vec4(xyArr[gl_VertexIndex], 0.0f, 1.0f);//给出顶点的最终绘制位置
10  }
```

🖉 **说明**

　　上述代码比较简单，主要就是根据顶点索引从预先给定的 3 个顶点 x、y 坐标数组中取值，并为内建变量 gl_Position 赋值。需要注意的是，为了这 3 个顶点构成的三角形能够完全覆盖视口区域，需要根据与此着色器配合的透视投影参数所确定的近平面范围来推导出三角形 3 个点的坐标。

（6）接下来给出的是片元着色器代码，具体内容如下。

✎ **代码位置：** 见随书中源代码/第 17 章/Sample17_10/app/assets/shader/GLSL 目录下的 light.frag 文件。

```
1    //此处省略了声明着色器版本号及启用相关扩展的代码，读者可以自行查阅随书源代码
2    layout (input_attachment_index = 0, binding = 0)   //输入附件 0（存储各片元的颜色值）
3                                         uniform subpassInput colorUni;
4    layout (input_attachment_index = 1, binding = 1)   //输入附件 1（存储各片元世界坐标系中的位置坐标）
5                                         uniform subpassInput positionUni;
6    layout (input_attachment_index = 2, binding = 2)   //输入附件 2（存储各片元世界坐标系中的法向量）
7                                         uniform subpassInput normalUni;
8    //此处省略了部分代码，与前面延迟渲染的案例中类似，读者可自行查阅随书源代码
9    void main() {
10       vec3 postion = subpassLoad(positionUni).rgb; //从输入附件中提取片元在世界坐标系中的位置坐标
11       vec3 normal = subpassLoad(normalUni).rgb; //从输入附件中提取片元在世界坐标系中的法向量
12       vec4 color = subpassLoad(colorUni);        //从输入附件中提取片元的颜色值
13       //此处省略了部分代码，与前面延迟渲染的案例中类似，读者可自行查阅随书源代码
14       outColor = color*lightQD;                  //产生最终片元颜色值
15   }
```

✎ **说明**　该片元着色器所完成的工作与之前延迟渲染案例中的对应着色器相同，需要注意的是，本案例中需要从第 2～7 行所定义的输入附件中提取上一个子通道的渲染结果，而不是从纹理采样器中获得。与之对应，在主函数中将通过 subpassLoad 方法从输入附件中提取所需的各项数据，这也不同于之前延迟渲染案例中提取数据时使用的 texture 方法。

17.11　细节级别 LOD

本节将简单讨论一下细节级别（LOD，Level of Detail）技术，其一般用来解决运行时流畅度的问题，主要采用的是以空间换时间的思路。实际渲染时，根据摄像机距离对象的远近，切换不同细节级别的对象来实施渲染，从而减少总的渲染工作量，提高应用的流畅度。

✎ **提示**　这种策略的基石就是距离较远的对象由于近大远小的透视效果，哪怕采用高精度的模型进行渲染也很难看清楚细节。不如干脆改为采用低精度的模型进行渲染，既降低了工作量，又不会对最终画面的视觉效果有显著的影响。

由于细节级别技术是靠切换不同细节级别的对象来实现的，这就使得原来的一个对象变成了几个不同级别的对象，显然会增加运行时内存的使用，也会增加美术和建模的工作量。下面给出几种常用的细节级别实现策略，具体内容如下。

- 3D 模型网格三角形面数量的变化

人物模型的精细程度会根据距离摄像机的远近而发生改变。图 17-28 为摄像机距离 3D 模型较近时所使用的模型，此时模型网格三角形面数量较多，更加凸显人物细节。图 17-29 为距离较远时所使用的人物模型，此模型进行了减面处理，模型网格的三角形面数量较少，所占程序资源较小。

- 粒子系统细节的变化

近距离观察时，粒子系统的外观如图 17-30 所示，细节级别较高，比较真实。远距离观察时，粒子系统的外观如图 17-31 所示，此时粒子系统的一些组成部分将会变得十分小（小于一个像素）

而无需进行渲染。然而，这些粒子仍然被计算和处理，同样占据计算资源，此时应当尽力避免无效的运算。

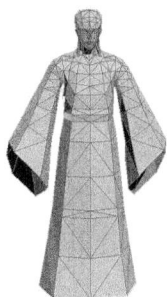

▲图 17-28 细节级别较高时采用的人物模型

▲图 17-29 细节级别较低时采用的人物模型

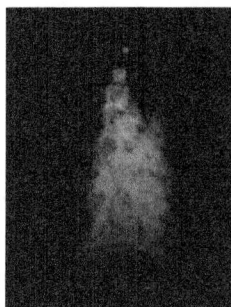

▲图 17-30 细节级别较高时的粒子系统

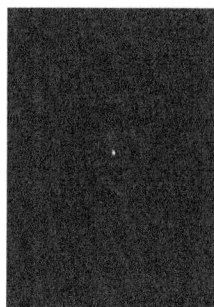

▲图 17-31 细节级别较低时的粒子系统

- 标志板的使用

大型游戏场景中，当角色距离植物较近时，使用的是非常精细的植物模型；当距离较远时，此时往往会使用标志板技术，使用纹理矩形绘制植物。这样既能达到正常的视觉效果，又能提高游戏的性能，其原理如图 17-32 所示。

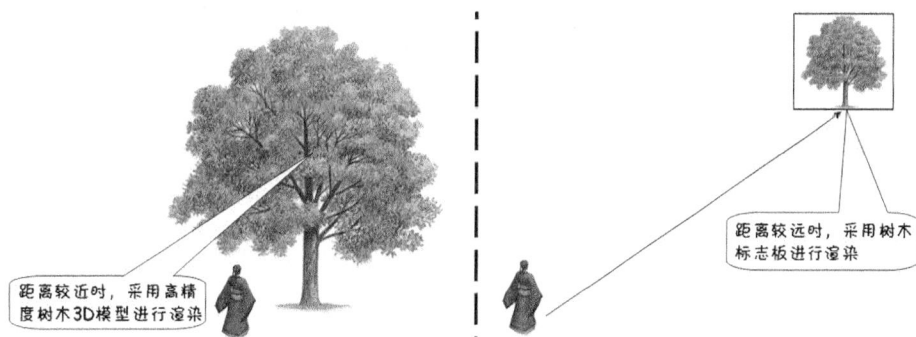

距离较近时，采用高精度树木3D模型进行渲染

距离较远时，采用树木标志板进行渲染

▲图 17-32 LOD 中标志板的使用

> 📢说明　　本节简要介绍了几种应用细节级别的策略，读者在开发过程中应该注意总结，能使用细节级别技术优化的地方应该尽量去使用，这对提高程序的效率是大有裨益的。

17.12 本章小结

本章讨论了一些在使用 Vulkan 进行 3D 游戏、3D 应用开发过程中的性能优化问题。主要包括着色器代码的优化、纹理图使用过程中的优化以及 3D 图形绘制过程中的优化等。通过本章的学习，开发性能优良的 3D 应用程序的能力应该大大增强。

第 18 章　杂项

本书前面的章节分很多不同的方面介绍了 Vulkan 中大量的知识与技术，本章将介绍一些与 Vulkan 应用开发相关的不太容易分类的知识与技术，主要包括四元数旋转、3D 拾取技术、多重采样抗锯齿、保存屏幕图像、Windows 系统窗口缩放、曲面细分着色器与几何着色器以及苹果与 Linux 平台下 Vulkan 应用的开发等。

18.1　四元数旋转

本书前面大部分涉及物体旋转的案例都是采用矩阵形式来完成计算的，这种策略的好处是便于最终的呈现工作。但在完成一些复杂旋转的计算以及过程平滑插值时就不是很方便了，例如前面第 16 章中介绍骨骼动画时就涉及了用四元数辅助进行旋转相关的计算与过程插值。

前面第 16 章中为了突出重点并没有对如何使用四元数进行旋转相关的计算进行详细的介绍，本节将弥补这一遗憾，详细介绍相关的原理并给出一个模拟桌球的案例帮助理解。

18.1.1　基本原理与案例效果

可能读者会有这样的疑问，用矩阵形式不是挺好的吗？为什么还要引入较为陌生的四元数呢？主要的原因是：对于旋转而言核心要素就是旋转轴（对三维空间而言是一个三维向量，用 3 个分量表示即可）以及旋转角度（用一个标量表示即可），总共用 4 个数即可记录。

而前面使用的矩阵是 4×4 的，共包含 16 个元素。如果有大量的不同旋转需要叠加计算并记录数据，就会有两方面的显著缺点。一方面占用的内存空间会大很多，另一方面计算量也会大很多。同时，矩阵形式表示旋转的话不方便进行过程中的平滑插值。

针对上述问题，爱尔兰数学家哈密顿提出了用四元数形式表示旋转，其只需要 4 个分量（与描述旋转的核心要素所需的数据量相同）就可以描述绕任意方向轴的任意角度的旋转。很显然四元数形式需要的存储空间比矩阵小，同时涉及的计算量也小于矩阵。最重要的就是四元数形式非常便于进行过程中的平滑插值，这对于呈现动态过程尤为重要。

> **提示**　对于本书而言，由于不是专门讨论数学的书籍，读者只需要了解使用四元数一方面可以节省存储空间，简化计算；另一方面可以方便进行过程中的平滑插值即可。如果对四元数本身的数学原理很感兴趣，可以进一步查阅专门的书籍资料进行学习。

介绍完有关四元数的背景知识后，下面接着给出本节案例的运行效果，具体情况如图 18-1 所示。

▲图 18-1 案例 Sample18_1 运行效果

> **说明**　图 18-1 中左中右 3 幅分别为程序在不同时刻的运行效果，左中右的顺序也是时间顺序。由于静态插图无法很好地展示案例的动态效果，建议读者使用真机运行该案例。案例运行开始时，所有球均处于静止状态，可以通过点击屏幕使白色球开始滚动，从而碰撞其他球开始运动。

了解了四元数的相关背景知识及本节案例的运行效果后，下面来介绍本节案例的具体实现原理，其中最关键的就是球运动的模拟和球运动过程中物理碰撞的处理。

1. 球运动的模拟

球在球台上的运动不是简单的移动，而是滚动。同时，这个滚动可能是任意方向的。为了方便计算，首先要将球的运动分解为沿运动方向的平移和绕与运动方向垂直的轴的旋转，具体情况如图 18-2 所示。

- 首先确定球的运动方向。由于球是在球台平面（案例中为 xoz 平面）上运动，因此运动方向必然平行于 xoz 平面，即球的运动方向向量为平行于 xoz 平面的向量，如图 18-3 所示。

▲图 18-2　球运动

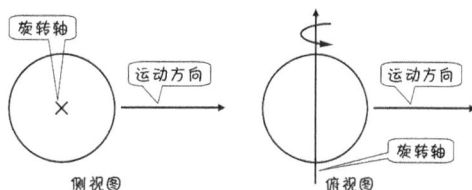

▲图 18-3　球的运动方向及旋转轴

- 确定了球的运动方向后，球的旋转轴即为平行于 xoz 平面并垂直于运动方向的向量。还需要计算的就是旋转的角度，如果认为球在台面上是纯滚动，不考虑打滑的情况，那么旋转的角度与球移动的距离之间是线性相关的，即"旋转角（以弧度计）=移动距离/半径"，具体情况如图 18-4 所示。

到这里为止，球在台面上的单轮滚动已经可以很好地模拟出来了。但实际情况比这个复杂，即球在整个的运动过程中可能经历了多轮前面介绍过的滚动，每轮滚动转轴都有所不同，如图 18-5 所示。因而绘制时仅仅了解球本轮的运动情况是不够的，需要知道的是总的运动情况。

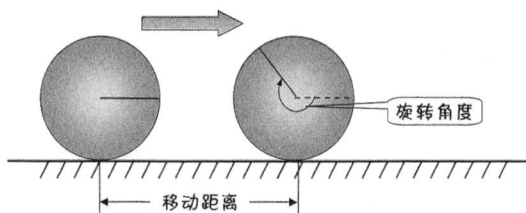

▲图 18-4　球旋转角与运动距离之间的关系

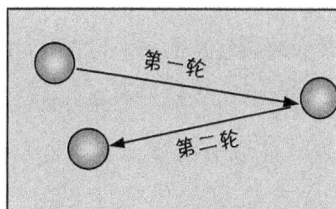

▲图 18-5　球体总运动叠加

解决上述问题就需要用到前面提到的四元数了，每次球有了滚动后就将姿态的变化叠加（利用四元数的叉乘运算完成）进一个四元数，当需要渲染呈现时再从此四元数中获取球最终姿态所对应的旋转角度与旋转轴即可。

2. 球运动过程中物理碰撞的处理

上述问题解决后，球本身运动的模拟就可以顺利开发出来了，下面需要解决的是球运动过程中物理碰撞的处理。主要可以分为两方面来进行解决，一方面是球与桌面挡板的碰撞，另一方面是球运动过程中相互的碰撞。

首先分析球运动过程中与桌面挡板的碰撞。由于球的运动速度可以分解为 x 轴方向的与 z 轴方向的分量，故球与桌面挡板的碰撞可以分为两种情况进行计算。

● 当球与前后挡板（垂直于 z 轴的挡板）碰撞时，x 轴方向速度分量不变，z 轴方向速度分量置反，如图 18-6 所示。

● 当球与左右挡板（垂直于 x 轴的挡板）碰撞时，z 轴方向速度分量不变，x 轴方向速度分量置反。

接下来分析球运动过程中相互的碰撞。虽然笼统来说在各个球运动过程中"同时"有很多球在相互碰撞，但在同一个时刻参与某次碰撞的球实际上只有两个。因此只要分析好两个球任意方向任意速度的碰撞就可以了，本节案例中采用的基本思路如下，具体情况可参照图 18-7。

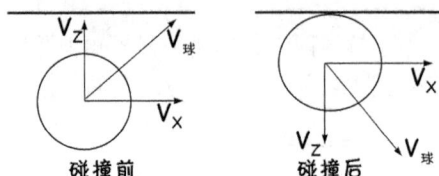

▲图 18-6 球与前后挡板碰撞时的速度变化情况

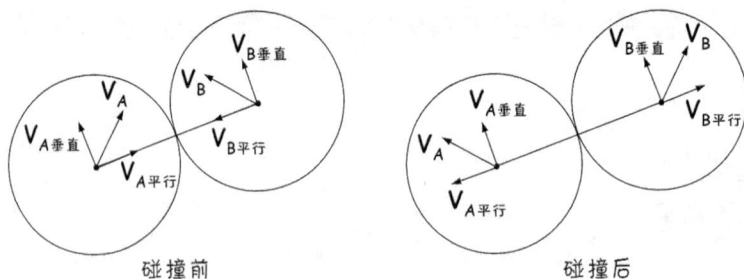

▲图 18-7 两球碰撞前后速度的变化情况

● 根据碰撞时两个球的位置可以确定碰撞的方向向量，即平行于两球球心连线的向量。

● 将两个球的速度都分解为与碰撞方向向量平行的和与碰撞方向向量垂直的两个分向量。

● 假定进行的是完全弹性碰撞，碰撞本身不损失能量；再假定碰撞的两个球质量相等（一组桌球确实也是质量相等的）。根据物理定律可以算出在与碰撞向量平行的方向上两球速度的分量互换，而碰撞前、后与碰撞向量垂直方向的速度分量不变。

● 最后，将碰撞后球的与碰撞向量平行的和与碰撞向量垂直的速度分量组合，即可得到碰撞后球的速度。

最后需要注意的是，球在滚动的过程中会受到阻力，因此每次模拟滚动一步后都要对速度进行适当地衰减，这样球就会慢慢停下来。

18.1.2 开发步骤

了解了本节案例的基本原理与运行效果后，下面就可以介绍案例的具体开发了。由于本节案例与之前很多案例的整体架构相同，因此这里仅介绍本节案例中具有代表性的部分，具体内容如下。

（1）首先要介绍的是用来表示四元数的 Quaternion 类，下面给出该类头文件中类声明的部分，具体代码如下。

📎 **代码位置：** 见随书源代码/第 18 章/Sample18_1/src/main/cpp/util 目录下的 Quaternion.h。

```
1   class Quaternion {
2   public :
3       float w, x, y, z;                                      //四元数的 4 个分量值
4       static Quaternion* getIdentityQuaternion();            //获取单位四元数的方法
5       Quaternion(float w, float x, float y, float z);        //构造函数
6       void setToRotateAboutAxis(Vector3f* axis, float theta);
                                        //构造表示绕指定轴旋转指定角度四元数的方法
7       float getRotationAngle();                   //提取旋转角的方法
8       void getRotationAxis(Vector3f* axis);       //提取旋转轴的方法
9       void cross(Quaternion* a, Quaternion* result); //四元数叉乘运算,用以叠加多次旋转
10  };
```

📌 **说明**　　上述代码比较简单，主要是声明了用于存储四元数 4 个分量值的成员变量、构造函数以及一系列的功能函数。

（2）了解了 Quaternion 类头文件的基本结构后，下面将详细介绍该类的构造函数及几个功能函数的实现，具体代码如下。

📎 **代码位置：** 见随书源代码/第 18 章/Sample18_1/src/main/cpp/util 目录下的 Quaternion.cpp。

```
1   Quaternion::Quaternion(float w,float x,float y,float z) {    //构造函数
2       this->w = w;this->x = x;this->y = y;this->z = z;    //接收并保存四元数的 4 个分量值
3   }
4   Quaternion* Quaternion::getIdentityQuaternion(){           //获取单位四元数的方法
5       return new Quaternion(1.0f, 0.0f, 0.0f, 0.0f);        //创建并返回一个单位四元数对象
6   }
7   void Quaternion::setToRotateAboutAxis(Vector3f* axis,float theta){
                                        //构造绕指定轴旋转指定角四元数的方法
8       axis->normalize();                          //规格化旋转轴向量
9       float thetaOver2 = theta / 2.0f;            //计算旋转角的半角
10      float sinThetaOver2 = (float)sin(thetaOver2); //计算半角的正弦值
11      w = (float)cos(thetaOver2);                 //将半角余弦值赋给四元数的 w 分量
12      x = axis->x * sinThetaOver2;                //计算四元数的 x 分量并赋值
13      y = axis->y * sinThetaOver2;                //计算四元数的 y 分量并赋值
14      z = axis->z * sinThetaOver2;                //计算四元数的 z 分量并赋值
15  }
16  float Quaternion::getRotationAngle() {          //获取旋转角的方法
17      float thetaOver2 = (float)acos(w);          //计算旋转角的半角值
18      return thetaOver2 * 2.0f;                   //返回旋转角
19  }
20  void Quaternion::getRotationAxis(Vector3f* axis) {    //提取旋转轴的方法
21      float sinThetaOver2Sq = 1.0f - w*w;   //计算半角正弦值的平方,依据公式 sin^2(x)+cos^2(x)=1
22      if (sinThetaOver2Sq <= 0.0f) {                 //判断计算结果是否在一般范围内
23          axis->x = 1.0f; axis->y = 0.0f;axis->z = 0.0f; //若不在则指定一个有效向量
25          return;                                    //返回
26      }
27      float oneOversinThetaOver2 = (float)(1.0f / sqrt(sinThetaOver2Sq));
                                                    //计算 1/sin(theta/2)
28      axis->x = x * oneOversinThetaOver2;            //计算旋转轴的 x 分量
29      axis->y = y * oneOversinThetaOver2;            //计算旋转轴的 y 分量
```

```
30          axis->z = z * oneOversinThetaOver2;               //计算旋转轴的 z 分量
31  }
32  void Quaternion::cross(Quaternion* a, Quaternion* result) { //实现四元数叉乘运算的方法
33          float wTemp = w*a->w - x*a->x - y*a->y - z*a->z;   //计算叉乘结果的 w 分量值
34          float xTemp = w*a->x + x*a->w + z*a->y - y*a->z;   //计算叉乘结果的 x 分量值
35          float yTemp = w*a->y + y*a->w + x*a->z - z*a->x;   //计算叉乘结果的 y 分量值
36          float zTemp = w*a->z + z*a->w + y*a->x - x*a->y;   //计算叉乘结果的 z 分量值
37          result->w = wTemp; result->x = xTemp;              //为结果四元数 w、x 分量赋值
38          result->y = yTemp; result->z = zTemp;              //为结果四元数 y、z 分量赋值
39  }
```

- 第 1～6 行为 Quaternion 类的构造函数以及用于获取单位四元数对象的方法，这部分代码比较简单，这里就不再详细分析了。

- 第 7～15 行为用于构造表示绕指定轴旋转指定角度四元数的 setToRotateAboutAxis 方法，该方法的实现主要依赖于用四元数表达旋转信息的基本规则，即可以使用一个四元数 $Q=((x, y, z)\sin\theta/2, \cos\theta/2)$ 来表示将空间中的一个点 P 绕单位向量 V=(x,y,z) 所表示的旋转轴旋转 θ 角。

- 第 16～19 行为从四元数对象中提取对应旋转角的方法。很显然，根据用四元数表达旋转信息的基本规则，四元数 w 分量的值为旋转角半角值的余弦，由此便可轻易提取出旋转角。

- 第 20～31 行为用于提取旋转轴的 getRotationAxis 方法，同样是基于用四元数表达旋转信息的基本规则进行计算，特别注意的是需要判断计算结果是否在一般范围内，不在的话需要进行特殊处理，以免产生无效的旋转轴。

- 第 32～39 行为根据四元数叉乘运算定义实现的四元数叉乘运算方法 cross。

（3）介绍完本案例中用来表示四元数的 Quaternion 类后，下面将要介绍的是为方便模拟及呈现单个桌球而开发的 BallForControl 类。首先给出的是该类头文件中的关键代码，具体内容如下。

✏️ **代码位置：见随书源代码/第 18 章/Sample18_1/src/main/cpp/util 目录下的 BallForControl.h。**

```
1   //此处省略了为防止重复定义的宏的声明及相关头文件的引入，读者可自行查阅随书源代码
2   #define TIME_SPAN 0.05f     //球移动每一步的模拟时间间隔(此值越小模拟效果越真实,但计算量增大)
3   #define V_TENUATION 0.995f          //速度衰减系数
4   #define V_THRESHOLD 0.1f            //速度阈值，小于此阈值的速度认为是 0
5   #define B_MODEL_SIZE 1.0f          //球模型半径
6   #define BALL_SCALE 0.48f           //球缩放比例
7   #define BALL_R (B_MODEL_SIZE*BALL_SCALE)      //球绘制半径
8   #define BANISTERS_HEIGHT 1.0f      //桌面挡板高度
9   #define TABLE_SIZE 6.0f            //桌面边长（本案例中桌面为正方形）
10  class BallForControl {
11  public:
12          ObjObject* obj;                    //指向用于绘制的桌球对象的指针
13          float xOffset;                     //桌球的 x 位置
14          float zOffset;                     //桌球的 z 位置
15          string textureName;                //桌球纹理的名称
16          float vx = 0.0f;                   //桌球的 x 轴向速度
17          float vz = 0.0f;                   //桌球的 z 轴向速度
18          Quaternion* quaternionTotal = Quaternion::getIdentityQuaternion();
                                               //记录桌球旋转总姿态的四元数
19          float angleCurr = 0;               //当前桌球的旋转总角度（绘制用）
20          float currAxisX;                   //当前桌球总旋转轴向量的 x 分量（绘制用）
21          float currAxisZ;                   //当前桌球总旋转轴向量的 z 分量（绘制用）
22          float currAxisY=0;//当前桌球总旋转轴向量的 Y 分量（绘制用，因为球在桌面上运动旋转轴平行于桌面）
23          static Vector3f* tmpAxis;          //指向临时存放桌球一步旋转轴向量对象的指针
24          static Quaternion* tmpQuaternion;  //指向临时存放桌球一步旋转信息的四元数对象的指针
```

```
25          static Vector3f* axis;                    //指向临时存储桌球当前总旋转轴向量对象的指针
26          BallForControl(ObjObject* btv, float xOffset, float zOffset, string textureName);
                                                       //构造函数
27          ~BallForControl();                         //析构函数
28          void drawSelf(VkCommandBuffer& cmd, ShaderQueueSuit_Common* sqsCL); //绘制方法
29          void go();                                 //根据桌球当前速度向前运动一步的方法
30      };
```

- 第 2~9 定义了诸多用于控制球运动模拟与绘制的宏，以方便程序的调试与修改。
- 第 12~26 行定义了该类的一系列成员变量，包括绘制用对象指针、桌球位置、当前速度、当前总姿态四元数等。
- 第 27~30 行定义了该类的构造函数、析构函数、绘制方法和用于模拟球运动的方法。

（4）了解了 BallForControl 类头文件的基本结构后，下面将详细介绍该类的具体实现。首先给出的是该类中构造函数与绘制方法的实现，相关代码如下。

📝 **代码位置：** 见随书源代码/第 18 章/Sample18_1/src/main/cpp/util 目录下的 BallForControl.cpp。

```
1   BallForControl::BallForControl(ObjObject* obj, float xOffset, float zOffset,string
    textureName){
2       this->obj = obj;                           //接收指向绘制对象的指针并保存
3       this->xOffset = xOffset;                   //接收桌球初始位置坐标的 x 分量并保存
4       this->zOffset = zOffset;                   //接收桌球初始位置坐标的 z 分量并保存
5       this->textureName = textureName;           //接收桌球使用的纹理名称并保存
6   }
7   void BallForControl::drawSelf(                 //绘制方法
8           VkCommandBuffer& cmd, ShaderQueueSuit_Common* sqsCL){
9       MatrixState3D::pushMatrix();               //保护现场
10      MatrixState3D::translate(xOffset, BALL_R, zOffset);       //平移到指定位置
11      MatrixState3D::scale(BALL_SCALE, BALL_SCALE, BALL_SCALE); //执行缩放变换
12      //绕旋转轴旋转（旋转轴垂直于运动方向，平行于桌面）
13      if (abs(angleCurr) != 0 && (abs(currAxisX) != 0 || abs(currAxisY) != 0 ||
    abs(currAxisZ) != 0)){
14          MatrixState3D::rotate(angleCurr, currAxisX, currAxisY, currAxisZ);
                                                   //执行旋转变换
15      }
16      obj->drawSelf(cmd, sqsCL->pipelineLayout, sqsCL->pipeline,   //绘制当前桌球
17          &(sqsCL->descSet[TextureManager::getVkDescriptorSetIndex(textureName)]));
18      MatrixState3D::popMatrix();                //恢复现场
19  }
```

- 第 1~6 行为该类的构造函数，其实现比较简单，仅仅是接收并保存了通过入口参数传入的诸多变量，以便后面使用。
- 第 7~19 行为绘制方法的实现，其实现也不复杂，首先是按照当前桌球的相关数据执行相应的平移、缩放、旋转变换，再调用对应绘制对象的 drawSelf 方法完成绘制。

（5）介绍完 BallForControl 类中构造函数与绘制方法的具体实现后，接着介绍的是用于模拟桌球运动的 go 方法，其具体代码如下。

📝 **代码位置：** 见随书源代码/第 18 章/Sample18_1/src/main/cpp/util 目录下的 BallForControl.cpp。

```
1   void BallForControl::go(){                         //根据桌球当前速度向前运动一步的方法
2       float vTotal = (float)sqrt(vx*vx + vz*vz);     //计算桌球当前总速度标量
3       if (vTotal == 0){return;}                      //若速度为 0 则直接返回，不进行运动模拟
4       float tempX = xOffset;                         //复制桌球此步运动前位置坐标的 x 分量
5       float tempZ = zOffset;                         //复制桌球此步运动前位置坐标的 z 分量
```

```
6           xOffset = xOffset + vx*TIME_SPAN;              //根据速度计算桌球下一步位置坐标的 x 分量
7           zOffset = zOffset + vz*TIME_SPAN;              //根据速度计算桌球下一步位置坐标的 z 分量
8           bool flag = false;                       //记录桌球是否发生碰撞的标志，false 表示未碰撞
9           for (int i = 0; i<MyVulkanManager::allBall.size(); i++){
                                                     //遍历所有桌球判断是否相互发生碰撞
10              BallForControl* bfcL = MyVulkanManager::allBall[i];
                                                     //获取当前需要判断的桌球对象
11              if (bfcL != this){                   //若当前需要判断的球不是自身
12                  bool tempFlag = CollisionUtil::collisionCalculate(this, bfcL);
                                                     //计算两球的碰撞情况
13                  if (tempFlag) flag = true;  //根据碰撞情况设置标志位
14          }}
15          if (xOffset<-TABLE_SIZE + BALL_R || xOffset>TABLE_SIZE - BALL_R){  //碰左挡板或右挡板
16              vx = -vx;                            //速度的 x 分量置反
17              flag = true;                         //碰撞标志置 true
18          }else if (zOffset<-TABLE_SIZE + BALL_R || zOffset>TABLE_SIZE - BALL_R){
                                                     //碰前挡板或后挡板
19              vz = -vz;                            //速度的 z 分量置反
20              flag = true;                         //碰撞标志置 true
21          }
22          if (flag == false){                      //若桌球未发生碰撞
23              float distance = (float)vTotal*TIME_SPAN;      //计算桌球此步运动的距离
24              tmpAxis->x = vz; tmpAxis->y = 0; tmpAxis->z = -vx;   //设置本次旋转轴向量
25              float tmpAngrad = distance / (BALL_R);  //根据运动的距离计算球需要转动的角度
26              tmpQuaternion->setToRotateAboutAxis(      //通过旋转轴和旋转角设置四元数各分量
27                                   tmpAxis, tmpAngrad);
28              quaternionTotal->cross(tmpQuaternion, quaternionTotal);
                                                     //将临时四元数叉乘总的四元数
29              quaternionTotal->getRotationAxis(axis);  //提取总旋转轴
30              float angrad = quaternionTotal->getRotationAngle();  //获取当前总的旋转角
31              currAxisX=axis->x;currAxisY=axis->y;currAxisZ=axis->z;
                                                     //设置当前总旋转轴的各个分量
32              angleCurr = (float)toDegrees(angrad);   //设置当前的总旋转角
33              vx = vx*V_TENUATION;                  //每次运动后衰减速度 x 分量
34              vz = vz*V_TENUATION;                  //每次运动后衰减速度 z 分量
35          }else{                                   //若桌球发生了碰撞
36              xOffset = tempX; zOffset = tempZ;    //本次桌球位置不变，即不产生移动
37          }
38          if (vTotal<V_THRESHOLD){                 //当桌球总速度小于阈值
39              vx = 0;vz = 0;                       //设置桌球速度为 0，使其停止
40              return;
41      }}
```

- 第 6～7 行根据桌球当前速度计算出了无碰撞情况下桌球下一步的位置坐标。

- 第 8～21 行计算桌球在下一步位置与其他球及桌子挡板的碰撞情况。

- 第 22～37 行为处理桌球不同碰撞情况的相关代码，若桌球未发生碰撞则首先计算此步运动距离，从而得到此步转动角度，并根据当前速度确定此步的旋转轴。然后根据这两项信息构造出表示桌球此步运动的四元数。再通过四元数叉乘将此步运动与桌球之前的运动叠加，得到桌球当前的总旋转轴和总旋转角，最后对桌球速度进行了衰减处理。若桌球发生了碰撞，则将桌球恢复到此步开始时的位置。

- 第 38～40 行将桌球当前速度与预设的阈值进行比较，若小于阈值则设置桌球速度为 0，使其停止。这项处理是为了应对浮点数的计算可能产生的下溢，避免发生桌球在最终停止位置附近长时间抖动的情况。

（6）前面给出的 go 方法中调用了 collisionCalculate 方法来计算两个桌球之间的碰撞，下面将对此方法进行详细的介绍，其具体代码如下。

✍ 代码位置：见随书源代码/第 18 章/Sample18_1/src/main/cpp/util 目录下的 CollisionUtil.h。

```
1   static bool collisionCalculate(BallForControl* balla, BallForControl* ballb){
                                                        //计算两球物理碰撞的方法
2       float BAx = balla->xOffset - ballb->xOffset;    //求球 A 与球 B 的 x 坐标差
3       float BAz = balla->zOffset - ballb->zOffset;    //求球 A 与球 B 的 z 坐标差
4       float mvBA = mould(BAx, 0, BAz);                //求 AB 球中心连线向量 BA 的模
5       if (mvBA >= BALL_R * 2){ return false;}         //若两球距离大于球直径则没有碰撞
6       float vB = (float)sqrt(ballb->vx*ballb->vx + ballb->vz*ballb->vz);
                                                        //求 B 球的速度大小 (标量值)
7       float vbCollx = 0;float vbCollz = 0; //用于记录球 B 平行于向量 BA 方向速度分量的 XZ 分量
8       float vbVerticalX = 0;float vbVerticalZ = 0;
                                                //用于记录球 B 垂直于向量 BA 方向速度分量的 XZ 分量
9       if (V_THRESHOLD<vB){                    //若球 B 速度大于阈值，则进行下面的分解计算
10          float bAngle = angle(              //求球 B 的速度向量与 BA 向量的夹角 (以弧度计)
11              ballb->vx, 0, ballb->vz,BAx, 0, BAz);
12          float vbColl = vB*(float)cos(bAngle);   //求 B 球在碰撞方向上的速度大小
13          vbCollx = (vbColl / mvBA)*BAx;          //求 B 球在碰撞方向上的速度 x 分量
14          vbCollz = (vbColl / mvBA)*BAz;          //求 B 球在碰撞方向上的速度 z 分量
15          vbVerticalX = ballb->vx - vbCollx;      //求 B 球在碰撞垂直方向上的速度 x 分量
16          vbVerticalZ = ballb->vz - vbCollz;      //求 B 球在碰撞垂直方向上的速度 z 分量
17      }
18      //此处省略了分解 A 球速度的代码，与上述代码类似，读者可自行查阅随书源代码
19      balla->vx = vaVerticalX + vbCollx;          //设置碰撞后 A 球 x 方向速度分量
20      balla->vz = vaVerticalZ + vbCollz;          //设置碰撞后 A 球 z 方向速度分量
21      ballb->vx = vbVerticalX + vaCollx;          //设置碰撞后 B 球 x 方向速度分量
22      ballb->vz = vbVerticalZ + vaCollz;          //设置碰撞后 B 球 z 方向速度分量
23      return true;
24  }
```

📝 说明   上述代码首先计算参与碰撞的两球球心连线的向量 BA，再将两个球的速度分解为平行和垂直于此向量的两部分。然后根据完全弹性碰撞的知识，碰撞后平行于向量 BA 的速度两球互换，而垂直于向量 BA 的速度不变，即完成了两球的碰撞计算。

（7）最后介绍一下用于完成整体场景绘制的 drawObject 方法，其具体代码如下。

✍ 代码位置：见随书源代码/第 18 章/Sample18_1/src/main/cpp/util 目录下的 MyVulkanManager.cpp。

```
1   void MyVulkanManager::drawObject(){                 //完成整体场景绘制的方法
2       //此处省略了部分代码，读者可自行查阅随书源代码
3       MatrixState3D::pushMatrix();                    //保护现场
4       zhuomianObject->drawSelf(cmdBuffer,sqsCL->pipelineLayout,sqsCL->pipeline,
                                                        //绘制桌面
5           &(sqsCL->descSet[TextureManager::getVkDescriptorSetIndex("texture/green_
table.bntex")]));
6       MatrixState3D::pushMatrix();                    //保护现场
7       MatrixState3D::translate(0, 0, -TABLE_SIZE);    //执行平移变换
8       MatrixState3D::rotate(90, 1, 0, 0);             //执行旋转变换
9       dangbanObject->drawSelf(cmdBuffer, sqsCL->pipelineLayout, sqsCL->pipeline,
                                                        //绘制桌面前挡板
10          &(sqsCL->descSet[TextureManager::getVkDescriptorSetIndex("texture/wall.
bntex")]));
```

```
11          MatrixState3D::popMatrix();                          //恢复现场
12      //此处省略了绘制其他 3 个桌面挡板的代码，读者可自行查阅随书源代码
13      for (BallForControl* bfc : allBall){                     //遍历所有桌球控制对象
14          bfc->go();                                          //调用 go 方法进行滚动模拟计算
15      }
16      for (BallForControl* bfc : allBall){                     //遍历所有桌球控制对象
17          bfc->drawSelf(cmdBuffer,sqsCL);                     //调用 drawSelf 方法绘制桌球
18      }
19      MatrixState3D::popMatrix();                              //恢复现场
20      //此处省略了部分代码，读者可自行查阅随书源代码
21  }
```

● 第 4～12 行代码比较简单，首先调用桌面绘制对象的绘制方法完成了桌面的绘制，再通过一定的旋转平移变换完成了 4 个挡板的绘制。

● 第 13～19 行首先遍历所有的桌球对象，并调用其 go 方法完成了滚动模拟计算，再遍历所有桌球并调用其绘制方法完成了绘制。

18.2　3D 拾取技术

很多 3D 游戏和应用都允许用户通过触摸屏幕选中虚拟 3D 世界中的物体以进行操控，这时就需要用到 3D 拾取技术。其是 3D 游戏开发中必知必会的基本技术之一，本节将对其进行详细介绍。

18.2.1　案例效果与基本原理

本节主要是通过一个使用了 3D 拾取技术的案例来介绍这项技术的原理与使用，在介绍本节案例的具体开发之前，首先需要了解一下其运行效果，具体情况如图 18-8 所示。

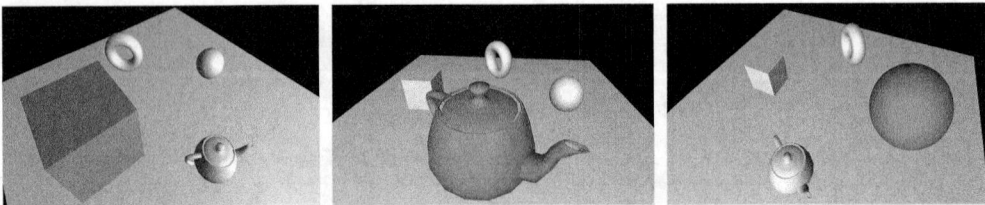

▲图 18-8　案例 Sample18_2 运行效果

提示	本案例运行时，直接在屏幕上点击物体就可以使被选中的物体改变颜色和大小，也就是选中的物体会变大，并且从灰白色变为绿色。由于插图是黑白印刷，因此颜色的变化可能看得不是很清楚，请读者自行采用真机运行本案例进行观察即可。

了解了本节案例的运行效果后，下面来介绍一下 3D 拾取技术的基本原理，如图 18-9 所示。

从图 18-9 中可以看出，3D 拾取的基本思想非常简单。首先由摄像机与屏幕上的触控点确定一条拾取射线，再求出拾取射线与场景中各个物体 AABB 包围盒最近的交点，此交点所属包围盒对应的物体即为被拾取的物体。

从上述介绍中可以看出，3D 拾取的关键涉及两点。第一点是如何通过屏幕上的触控点位置求出如图 18-9 所示 A、B 两点的坐标；第二点是如何求出 AB 射线段与待拾取物体对应的 AABB 包围盒是否相交以及交点的远近。

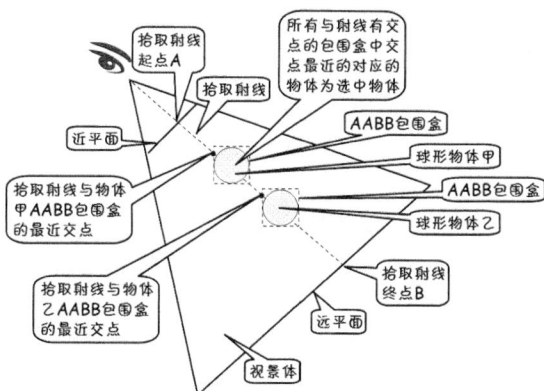

▲图 18-9　3D 拾取技术的基本原理

1. 求 AB 两点在世界坐标系中的坐标

虽然直观地来看需要求的是 A、B 两点在世界坐标系中的坐标。但是为了易于开发，首先应该求出 A、B 两点在摄像机坐标系中的坐标。最先求出的是近平面上 A 点在摄像机坐标系中的坐标，具体情况如图 18-10 所示。

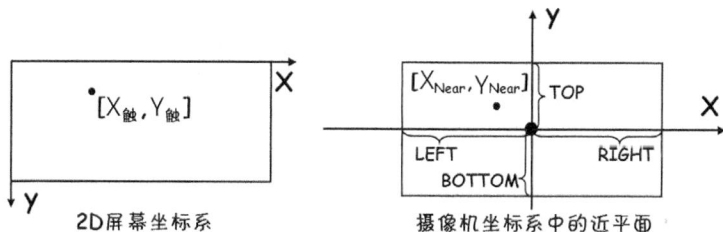

▲图 18-10　将 2D 屏幕坐标系中触控点坐标换算为摄像机坐标系中近平面坐标

从图 18-10 中可以看出，屏幕触控点的坐标与摄像机近平面上的坐标是线性相关的，转换公式如下。

$$X_{Near}=(X_{触}-HW)*LLR/HW \qquad Y_{Near}=(HH-Y_{触})*LTB/HH$$

其中 HW、LLR、HH、LTB 的含义如下。

$$LEFT=RIGHT=LLR \qquad TOP=BOTTOM=LTB$$
$$SCREEN\_WIDTH/2=HW \qquad SCREEN\_HEIGHT/2=HH$$

另外，由于在摄像机坐标系中认为摄像机位于原点，沿 z 轴负方向观察。因此换算后近平面上 A 点的 z 坐标为-near，其中 near 为近平面与摄像机之间的距离。综上，求得的 A 点 x、y、z 坐标如下。

$$[(X_{触}-HW)*LLR/HW, \quad (HH-Y_{触})*LTB/HH, \quad -near]$$

求出近平面上 A 点的坐标后，根据相似三角形的原理即可求出远平面上 B 点的坐标，具体情况如图 18-11 所示。

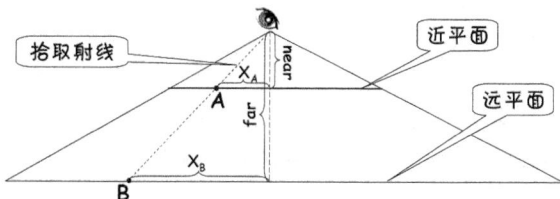

▲图 18-11　通过 A 点坐标求 B 点坐标

从图 18-11 中可以看出，根据相似三角形的原理，X_A、X_B、near、far 之间满足如下等式。

$$X_A/X_B=near/far$$

同理，Y_A、Y_B、near、far 之间满足如下等式。

$$Y_A/Y_B=near/far$$

综上，求得的 B 点 x、y、z 坐标如下。

$$[far*X_A/near,\quad far*Y_A/near,\ -far]$$

求得 A、B 两点在摄像机坐标系中的坐标之后，再将此坐标经摄像机矩阵的逆矩阵变换即可得到 A、B 两点在世界坐标系中的坐标。

2.　计算 AB 射线段与物体 AABB 包围盒的相交情况

由于物体在世界坐标系中可能以任意的位置、姿态摆放，故在世界坐标系中物体的 AABB 包围盒各个面就不再是平行于坐标平面了，这样计算起来比较复杂。因此得到 A、B 两点在世界坐标系中的坐标之后，再将此坐标经基本变换总矩阵的逆矩阵变换即可得到 A、B 两点在物体坐标系中的坐标。

这样再使用物体坐标系中的 AB 射线段与在物体坐标系中各个面与坐标平面平行的 AABB 包围盒求交就容易多了，此时只要计算出 AB 射线段与物体 AABB 包围盒各个面所在平面的交点是否在各个面的范围内即可得到与各个面的有效交点了。最后取所有 AABB 包围盒有效交点中距离 A 点最近的，此交点所在的 AABB 包围盒所对应的物体即为被拾取的物体。

提示　　　如果对 AABB 包围盒本身不太熟悉，请读者参考前面第 17 章中详细介绍 AABB 包围盒的相关内容。

下面最关键的就是求各个物体对应 AABB 包围盒距离 A 点最近的有效交点，本节案例中采用的计算策略细节如下。

- 首先需要说明的是本节案例所采取的计算策略中，AB 射线段采用的是直线的参数方程来进行表示，即：

$$P_A+t*d，其中 d=P_B-P_A，t\in[0,1]$$

- 若 3 个轴的坐标分量分开写即为：

$$X_A+t*(X_B-X_A)、Y_A+t*(Y_B-Y_A)、Z_A+t*(Z_B-Z_A)，其中 t\in[0,1]$$

- 以求射线段 AB 与 AABB 包围盒 minX 平面的交点为例，此时交点的 x 坐标为 minX，故有：

$$X_A+t*(X_B-X_A)=minX$$

- 通过上式求出参数 t 的值后再代入前面的另外两个参数方程即可得到交点的 y、z 坐标。

- 求出交点的 y、z 坐标后，再判断 y 坐标是否在 AABB 包围盒 minY～maxY 范围内以及 z 坐标是否在 AABB 包围盒 minZ～maxZ 范围内即可判断此交点是否为有效交点。若为有效交点则记录此 t 值，以备后面使用。

- 按照上述模式，依次对 AABB 包围盒的 maxX、minY、maxY、minZ、maxZ 5 个面进行相同的计算，得到其中有效交点对应的最小 t 值。此最小 t 值对应的交点即为此 AABB 包围盒距离 A 点最近的有效交点。

掌握了上述计算一个物体 AABB 包围盒与拾取射线段有效交点最小 t 值的方法后，即可进一步遍历场景中所有的待拾取物体。计算出每个待拾取物体的最小 t 值，最终最小 t 值最小的物体即为被拾取的物体。

> **提示** 由于在参数方程中 t 等于 0 时表示拾取射线段起点 A，t 等于 1 时表示拾取射线段终点 B，因此 t 值越小其对应交点距离摄像机越近，故 t 值最小的物体为最前面的被拾取的物体。

18.2.2 开发步骤

18.2.1 节介绍了 3D 拾取技术的基本原理及对应案例的运行效果，本节将介绍如何进行本节案例的开发。由于本节案例与前面很多案例的整体架构基本相同，因此这里仅介绍与实现 3D 拾取密切相关的部分，具体内容如下。

（1）首先需要在 MatrixState3D 类中增加将摄像机坐标系中坐标变换为世界坐标系中坐标的 fromPtoPreP 方法以及将世界坐标系中坐标变换为物体坐标系中坐标的 fromGToO 方法，具体代码如下。

✎ **代码位置：** 见随书源代码/第 18 章/Sample18_2/src/main/cpp/util 目录下的 MatrixState3D.cpp。

```
1   void MatrixState3D::fromPtoPreP          //将摄像机坐标系中坐标变换为世界坐标系中坐标的方法
2           (float x, float y, float z, float* result){
3       Matrix::invertM(invertMvMatrix, 0, mVMatrix, 0);        //求摄像机矩阵的逆矩阵
4       helpArr[0] = x;helpArr[1] = y;helpArr[2] = z;helpArr[3] = 1;
                                                //将需要变换的点坐标转存进辅助数组
5       Matrix::multiplyMV(result, 0, invertMvMatrix, 0, helpArr, 0);
                                                //求变换之前世界坐标系中的坐标
6   }
7   Vector3f* MatrixState3D::fromGToO(Vector3f* v,float* m) {
                                                //将世界坐标系中坐标变换为物体坐标系中坐标
8       Matrix::invertM(invertMMatrix, 0, m, 0);            //求基本变换矩阵的逆矩阵
9       helpArr[0]=v->x;helpArr[1]=v->y;helpArr[2]=v->z;helpArr[3]=1;
                                                //将需变换的点坐标转存进辅助数组
10      Matrix::multiplyMV(helpResult, 0, invertMMatrix, 0, helpArr, 0);
                                                //求变换之前物体坐标系中的坐标
11      return new Vector3f(helpResult[0], helpResult[1], helpResult[2]);
                                                //返回变换后物体坐标系中的坐标
12  }
```

- 第 1～6 行为将摄像机坐标系中的坐标变换为世界坐标系中坐标的 fromPtoPreP 方法，首先求得摄像机矩阵的逆矩阵，再将该矩阵与给定摄像机坐标系中点的齐次坐标相乘，即可完成逆变换，从而求得该点对应的世界坐标系中的坐标。

- 第 7～12 行为将世界坐标系中的坐标变换为物体坐标系中坐标的 fromGToO 方法，首先求得基本变换矩阵的逆矩阵，再将该矩阵与给定世界坐标系中点的齐次坐标相乘，即可通过逆变换求得该点对应的物体坐标系中的坐标。

（2）了解了将摄像机坐标系中的坐标变换为世界坐标系中坐标的 fromPtoPreP 方法和将世界坐标系中的坐标变换为物体坐标系中坐标的 fromGToO 方法后，下面给出的是用于计算拾取的方法 calSQ，其具体代码如下。

✎ **代码位置：** 见随书源代码/第 18 章/Sample18_2/src/main/cpp/util 目录下的 HelpFunction.cpp。

```
1   void calSQ(float x, float y,float* A,float* B){     //计算拾取的方法
2       calculateABPosition(
3           x, y,                                       //触控点 x、y 坐标
4           MyVulkanManager::screenWidth,MyVulkanManager::screenHeight, //屏幕宽度、高度
```

```
5           MatrixState3D::right,MatrixState3D::top,MatrixState3D::nearSelf,MatrixStat
e3D::farSelf,                                            //近平面参数
6           A,B                                          //指向存储 A、B 点坐标的数组首地址的指针
7        );
8        Vector3f* start = new Vector3f(A[0], A[1], A[2]); //拾取射线线段起点 A 坐标（世界坐标系）
9        Vector3f* end = new Vector3f(B[0], B[1], B[2]); //拾取射线线段终点 B 坐标（世界坐标系）
10       int checkedIndex = -1;                          //选中物体的索引（-1 表示没有选中物体）
11       int tmpIndex = -1;                              //用于记录距离 A 点最近物体的临时索引值
12       float minT = 1;     //用于临时记录列表中各物体 AABB 包围盒与拾取射线最近交点的 t 值
13       for (int i = 0; i<MyVulkanManager::objList.size(); i++){ //遍历列表中的物体
14           AABB* box = MyVulkanManager::objList[i]->getCurrBox(); //获得当前物体的AABB包围盒
15           Vector3f* rayStart =    //将拾取射线的起点 A 与终点 B 变换到物体坐标系
16                   MatrixState3D::fromGToO(start, MyVulkanManager::objList[i]->m);
17           Vector3f* rayEnd = MatrixState3D::fromGToO(end, MyVulkanManager::objList
[i]->m);
18           float t=box->rayIntersect(rayStart,rayEnd);
                          //计算当前物体 AABB 包围盒与拾取射线最近交点的 t
19           if (t <= minT) {                            //若小于原最小 t 值
20               minT = t;                               //更新最小 t 值
21               tmpIndex = i;                           //更新最近物体索引
22           }
23           delete rayStart;delete rayEnd;              //删除辅助对象
24       }
25       delete start;delete end;                        //删除辅助对象
26       checkedIndex = tmpIndex;                        //记录最近（选中）物体索引的索引
27       changeObj(checkedIndex);                        //改变被拾取物体的尺寸及颜色
28   }
```

- 第 2～7 行调用 calculateABPosition 方法计算出 A、B 两点在世界坐标系中的坐标，该方法的具体实现代码将在下面给出。
- 第 8～12 行定义了计算各物体 AABB 包围盒与拾取射线段最近交点 t 值的过程中需要用到的一些辅助变量。
- 第 13～24 行遍历了所有的待拾取物体，首先获取当前物体的 AABB 包围盒，然后将拾取射线段的起点 A 与终点 B 变换到物体坐标系中，再调用 AABB 包围盒对象的 rayIntersect 方法计算当前物体对应 AABB 包围盒与拾取射线段最近交点的 t 值，并与原最小 t 值比较，得到目前所有待拾取物体中的最小 t 值，并记录对应的物体索引。
- 第 26～27 行记录了最近物体的索引，并调用 changeObj 方法改变被拾取物体的尺寸及颜色。

（3）接着介绍前面步骤（2）中用到的根据触控点坐标计算 A、B 两点在世界坐标系中坐标的 calculateABPosition 方法，其具体代码如下。

✎ 代码位置：见随书源代码/第 18 章/Sample18_2/src/main/cpp/util 目录下的 HelpFunction.cpp。

```
1    void calculateABPosition(          //计算 A、B 点在世界坐标系中坐标的方法
2           float x, float y,           //触控点 x、y 坐标
3           float w, float h,           //屏幕宽度、高度
4           float rightIn,float topIn, float nearIn,float farIn,    //近平面相关参数
5           float* A,float* B){         //指向存储 A、B 点世界坐标系中坐标的数组首地址的指针
6        float x0 = x - w / 2;          //将以屏幕左上角为原点的触控点 x 坐标换算到屏幕中心坐标系
7        float y0 = h / 2 - y;          //将以屏幕左上角为原点的触控点 y 坐标换算到屏幕中心坐标系
8        float xNear = 2 * x0*rightIn / w;      //计算对应的近平面上的点 A 的 x 坐标
9        float yNear = 2 * y0*topIn / h;        //计算对应的近平面上的点 A 的 y 坐标
10       float ratio = farIn / nearIn;          //计算 far 与 near 的比值
11       float xFar = ratio*xNear;              //计算对应的远平面上点 B 的 x 坐标
```

```
12        float yFar = ratio*yNear;                     //计算对应的远平面上点 B 的 y 坐标
13        float ax = xNear;    float ay = yNear;float az = -nearIn; //摄像机坐标系中 A 点的坐标
14        float bx = xFar; float by = yFar; float bz = -farIn;   //摄像机坐标系中 B 点的坐标
15        MatrixState3D::fromPtoPreP( ax, ay, az,A);         //求世界坐标系中 A 点的坐标
16        MatrixState3D::fromPtoPreP( bx, by, bz,B);         //求世界坐标系中 B 点的坐标
17   }
```

> **说明**　　上述 calculateABPosition 方法比较简单，主要是根据 18.2.1 节介绍的思路开发了用于根据触控点坐标及相关参数计算 A、B 两点在世界坐标系中坐标的相关代码。

（4）了解了 calculateABPosition 方法后，下面介绍的是前面步骤（2）中用到的用于改变被拾取物体尺寸及颜色的 changeObj 方法，其具体代码如下。

代码位置： 见随书源代码/第 18 章/Sample18_2/src/main/cpp/util 目录下的 HelpFunction.cpp。

```
1    void changeObj(int index){                          //根据索引改变物体尺寸及颜色的方法
2        if (index != -1) {                              //如果有物体被拾取
3            for (int i = 0; i<MyVulkanManager::objList.size(); i++){
                                                          //遍历所有可拾取物体列表
4                if (i == index) {                        //若为被拾取物体
5                    MyVulkanManager::objList[i]->changeOnTouch(true);
                                                          //改变物体颜色及放大率到选中状态
6                }else {//若不是选中物体
7                    MyVulkanManager::objList[i]->changeOnTouch(false);
                                                          //改变物体颜色及放大率到未选状态
8        }}}
9        else{//如果没有物体被选中
10            for (int i = 0; i<MyVulkanManager::objList.size(); i++){
                                                          //遍历所有可拾取物体列表
11                MyVulkanManager::objList[i]->changeOnTouch(false);
                                                          //改变物体颜色及放大率到未选状态
12   }}}
```

> **说明**　　上述代码非常简单，如果有物体被拾取则遍历所有可拾取物体的列表，将被拾取的物体绘制模式设置为选中状态（绘制出来为绿色并变大），将其他物体设置为未选中状态。如果没有物体被拾取，则将所有物体设置为未选中状态。

（5）接下来将要介绍的是前面第（2）步中用到的用于计算当前物体 AABB 包围盒与拾取射线最近交点的 t 值的 rayIntersect 方法，其具体代码如下。

代码位置： 见随书源代码/第 18 章/Sample18_2/src/main/cpp/util 目录下的 AABB.cpp。

```
1    float AABB::rayIntersect(                 //计算当前物体 AABB 包围盒与拾取射线最近交点 t 值的方法
2            Vector3f* rayStart,              //射线起点 A 坐标
3            Vector3f* rayEnd){               //射线终点 B 坐标
4        float t = FLT_MAX;                   //如果未相交则返回 float 型的最大值
5        float tempT = (minX - rayStart->x) / (rayEnd->x - rayStart->x);
                                              //计算射线与 X=min->x 平面交点的 t 值
6        if (tempT >= 0 && tempT <= 1){                 //若 t 值在 0~1 的范围内
7            float y=rayStart->y+tempT*(rayEnd->y-rayStart->y);
                                              //计算射线与 X=min->x 平面交点的 y 坐标
8            float z=rayStart->z+tempT*(rayEnd->z-rayStart->z);
                                              //计算射线与 X=min->x 平面交点的 z 坐标
9            if (y >= minY&&y <= maxY&&z >= minZ&&z <= maxZ){
```

```
                                                      //若交点 y、z 坐标在包围盒此面范围内
10                if (tempT<t){       //若当前交点的 t 值小于原先 t 值
11                    t = tempT; //更新 t 值
12        }}}
13        tempT = (maxX - rayStart->x)/(rayEnd->x - rayStart->x);
                                              //计算射线与 X=max->x 平面交点的 t 值
14        if (tempT >= 0 && tempT <= 1){           //若 t 值在 0～1 的范围内
15            float y=rayStart->y+tempT*(rayEnd->y-rayStart->y);
                                              //计算射线与 X=max->x 平面交点的 y 坐标
16            float z=rayStart->z+tempT*(rayEnd->z-rayStart->z);
                                              //计算射线与 X=max->x 平面交点的 z 坐标
17            if (y >= minY&&y <= maxY&&z >= minZ&&z <= maxZ){
                                              //若交点 y、z 坐标在包围盒此面范围内
18                if (tempT<t){              //若当前交点的 t 值小于原先 t 值
19                    t = tempT;             //更新 t 值
20        }}}
21        //此处省略了类似的射线与 AABB 包围盒其他 4 个面相交情况的计算代码
22        return t;                              //返回最近相交点的 t 值
23    }
```

- 第 5～12 行为计算射线段与 X=min->x 平面相交情况的代码，其中第 5 行根据上一小节介绍过的公式计算射线与该平面交点的 t 值。若 t 值在 0～1 的范围内，再进一步计算该交点的 y、z 坐标，若交点 y、z 坐标在包围盒此面范围内则进一步判断是否需要更新 t 值。

- 第 13～20 行为计算射线段与 X=max->x 平面相交情况的代码，其采用的计算策略与前面第 5～12 行的代码完全相同。另外上述省略的计算射线段与 AABB 包围盒其他 4 个面相交情况的代码也与之类似，这里不再赘述，需要的读者请参考随书源代码。

（6）接下来要介绍的是抽象类 TouchableObject，案例场景中所有能被拾取的物体对应的类都继承自此类。下面首先给出该类头文件中类声明部分的代码，具体内容如下。

✏️ **代码位置：** 见随书源代码/第 18 章/Sample18_2/src/main/cpp/util 目录下的 TouchableObject.h。

```
1    class TouchableObject {
2    public:
3        ~TouchableObject();                      //析构函数
4        AABB* preBox;                            //指向当前物体对应 AABB 包围盒对象的指针
5        float* m=new float[16];                  //指向当前基本变换矩阵数组首地址的指针
6        float* color = new float[4]{1,1,1,1};    //顶点颜色
7        float size=1.5f;                         //当前物体绘制时的放大率
8        AABB* getCurrBox();                      //获得物体 AABB 包围盒的方法
9        void changeOnTouch(bool flag);           //根据选中标志改变物体颜色、尺寸的方法
10        void copyM();                           //复制当前基本变换矩阵的方法
11    };
```

📝 **说明**　上述代码比较简单，主要是声明了该类的析构函数和一系列功能方法及成员变量。

（7）了解了 TouchableObject 类的基本结构后，下面来介绍其中各个功能方法的具体实现，相关代码如下。

✏️ **代码位置：** 见随书源代码/第 18 章/Sample18_2/src/main/cpp/util 目录下的 TouchableObject.cpp。

```
1    AABB* TouchableObject::getCurrBox() {         //获取物体 AABB 包围盒的方法
2        return preBox;                            //返回指向物体 AABB 包围盒对象的指针
3    }
4    void TouchableObject::changeOnTouch(bool flag) { //根据选中标志改变物体颜色、尺寸的方法
```

```
5         if (flag) {                                    //若为选中状态
6              color[0] = 0.0f;color[1] = 1.0f;color[2] = 0.0f;color[3] = 1.0f;
                                                          //改变物体颜色为绿色
7              size = 3.0f;                               //改变物体放大率为选中态
8         }else {                                         //若为未选中状态
9              color[0] = 1.0f;color[1] = 1.0f;color[2] = 1.0f;color[3] = 1.0f;
                                                          //恢复物体颜色为白色
10             size = 1.5f;                               //恢复物体放大率为非选中态
11  }}
12  void TouchableObject::copyM() {                       //复制当前基本变换矩阵的方法
13      memcpy(m, MatrixState3D::getMMatrix(),sizeof(float)*16); //复制当前基本变换矩阵
14  }
15  TouchableObject::~TouchableObject() {                 //析构函数
16      delete[] m;delete[] color;                        //释放内存
17  }
```

● 第 1～3 行为获取物体 AABB 包围盒的方法，其直接返回指向物体 AABB 包围盒对象的指针。

● 第 4～11 行为根据选中标志改变物体颜色、尺寸的方法，其实现也比较简单，主要就是根据是否选中相应地改变物体的颜色和放大率。另外本案例中通过推送常量的方式将物体颜色传入渲染管线，这部分代码比较简单，就不再赘述了。

● 第 12～14 行为复制当前基本变换矩阵的方法，通过调用 MatrixState3D 类的 getMMatrix 方法获取当前物体的基本变换矩阵，并将其数据复制到指针 m 所指向的内存区。该方法需要在每次完成当前物体的基本变换后调用，复制的基本变换矩阵用于在拾取计算时将世界坐标系中的坐标转换进物体坐标系中。

● 第 15～17 行为析构函数的实现，其主要工作是释放了用于存储当前物体基本变换矩阵数据和颜色数据的内存。

（8）ObjObject 类在本书前面的很多案例中都有使用，本节案例对其作了一些修改。首先需要使该类继承上面介绍过的 TouchableObject 类，再增加用于创建物体 AABB 包围盒的方法 createAABB。下面直接给出 createAABB 方法，其代码如下。

✎ 代码位置：见随书源代码/第 18 章/Sample18_2/src/main/cpp/util 目录下的 ObjObject.cpp。

```
1   void ObjObject::createAABB(){                         //创建物体 AABB 包围盒的方法
2       float minX = FLT_MAX;float maxX = -FLT_MAX;       //初始化 AABB 包围盒的 6 个参数
3       float minY = FLT_MAX;float maxY = -FLT_MAX;
4       float minZ = FLT_MAX;float maxZ = -FLT_MAX;
5       for (int i = 0; i < vCount; i++){                 //遍历物体的所有顶点
6           float currX=vdata[i*6+0];float currY=vdata[i*6+1];float currZ=vdata[i*6+2];
                                                          //获取当前顶点的坐标
7           if (minX > currX) {                           //若原 minX 值大于当前顶点 x 坐标
8               minX = currX;                             //更新 AABB 包围盒的 minX 值
9           }
10          if (maxX < currX) {                           //若原 maxX 值小于当前顶点 x 坐标
11              maxX = currX;                             //更新 AABB 包围盒的 maxX 值
12          }
13          //此处省略了 AABB 包围盒其他 4 个参数与当前顶点 y、z 坐标的比较的代码，与前面类似
14      }
15      preBox = new AABB(minX, maxX, minY, maxY, minZ, maxZ);//根据6个参数创建AABB包围盒对象
16  }
```

● 第 2～4 行初始化了 AABB 包围盒的 6 个参数，这部分根据需要将最大值变量初始化为正

无穷大，将最小值变量初始化为负无穷大。

- 第 5～14 行遍历了物体中所有的顶点，将每个顶点的 x、y、z 坐标分别与当前物体 AABB 包围盒的 6 个参数进行比较，进而更新这 6 个参数的值。
- 第 15 行根据上面最终更新后的 6 个参数创建当前物体的 AABB 包围盒对象。

（9）前面已经详细介绍了用于实现 3D 拾取相关计算的代码，接下来最关键的就是处理用户的触屏事件，使得用户在点击屏幕后能够实现拾取。对于安卓平台案例而言，此功能是在 main.cpp 中的事件回调处理方法 engine_handle_input 中实现的，当判断用户的触屏动作为点击屏幕时则调用前面介绍过的 calSQ 方法。另外，请读者注意与触控事件处理相关的代码每个平台有所不同，读者可以根据自身学习的需要选择本书附带的不同平台（Android 或 Windows）的案例进行学习。

18.3　多重采样抗锯齿

细心地观察应该会发现，本书前面的案例中棱角分明的物体（如立方体）在绘制时边缘会出现锯齿现象，屏幕像素颗粒越大的显示屏这个现象越明显。

> **提示**　出现锯齿的根本原因是几何物体最终呈现到屏幕上之前要进行离散化（即分解为单个的像素），而屏幕的像素不够细，对于原来的图像信号（未光栅化之前的连续信号）而言采样率不够高，造成某些频率的信号丢失，有兴趣的读者可以参考与数字信号处理相关的技术资料进一步学习。

实际开发中，如果目标设备像素颗粒较大或应用本身对锯齿很敏感，则可以考虑使用多重采样抗锯齿技术来改善这一问题。本节将介绍如何在 Vulkan 中使用多重采样抗锯齿，具体内容如下。

18.3.1　基本知识与案例效果

介绍具体的案例之前有必要先对多重采样抗锯齿（MultiSampling Anti-Aliasing，MSAA）的基本原理有所了解，而多重采样抗锯齿是依赖超级采样抗锯齿来实现的。因此，首先介绍超级采样抗锯齿（Super-Sampling Anti-Aliasing，SSAA）的基本原理，具体情况如图 18-12 所示。

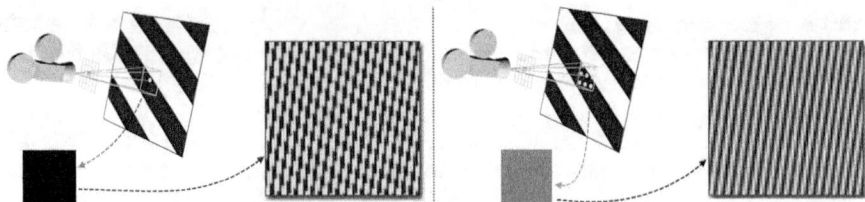

▲图 18-12　超级采样抗锯齿的原理

> **说明**　图 18-12 左侧是未采用超级采样抗锯齿时像素的生成方式，图 18-7 右侧是采用超级采样抗锯齿后像素的生成方式。

从图 18-12 中可以看出，超级采样抗锯齿的基本原理就是最终结果像素的颜色不来自于单独的片元，而是根据一定的算法由周围相关的几个片元（一般选取 2 个、4 个或更多邻近片元）的颜色加权平均求得。这样可以令图形的边缘色彩过渡趋于平滑，从视觉效果上看，锯齿现象就会大大改善。

而多重采样抗锯齿是一种特殊的超级采样抗锯齿。其原理为在一个片元内设置多个采样点（2

个、4 个等），根据被片元包含的多个采样点的颜色来确定当前像素的颜色。

　　抗锯齿技术的种类有很多，这里仅仅介绍了多重采样抗锯齿与超级采样抗锯齿，感兴趣的读者可以自行查阅资料了解其他的抗锯齿技术。

了解了相关的基本知识后，下面给出本节案例的运行效果，具体情况如图 18-13 和图 18-14 所示。

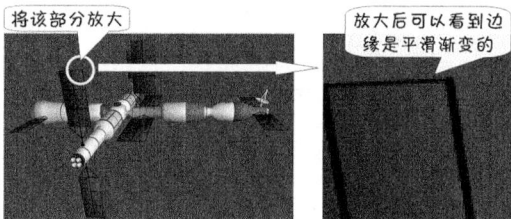

▲图 18-13　使用多重采样抗锯齿的效果　　　　▲图 18-14　未使用多重采样抗锯齿的效果

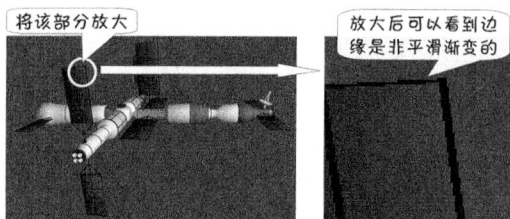

说明　　通过放大运行效果图的局部可以看出，使用多重采样抗锯齿之后，多边形的边缘是平滑渐变的。而不使用多重采样抗锯齿时，多边形的边缘是有锯齿的、非平滑的。由于当下手机的屏幕分辨率（一般为 1080P）较高而屏幕面积不大，一般呈现时物体边缘锯齿并不明显。而开启抗锯齿是需要占用一部分渲染资源的，一般同等条件下 FPS 会下降。因此对于画面效果要求不是特别高的情况下，开发者可以不使用多重采样抗锯齿技术。但对于像素颗粒较大的台式机显示器而言，开启与关闭多重采样抗锯齿时效果区别很明显，读者可以运行 PC 版的案例进行观察。

18.3.2　一个简单的案例

了解了多重采样抗锯齿的基本知识与本节案例的运行效果后，就可以介绍案例的具体开发了。由于本案例是基于前面的案例 Sample7_5 开发的，因此这里仅介绍本案例中有代表性的部分，具体内容如下。

（1）首先需要了解的一点是，不同平台下允许的最大多重采样数是不一样的。如果不确定目标平台允许的最大多重采样数，开发人员可以通过 VkPhysicalDeviceProperties 类结构体实例下 limits 成员的 framebufferColorSampleCounts 属性获取目标平台允许的最大多重采样数，如下面的代码片段所示。

代码位置： 见随书中源代码/第 18 章/Sample18_3/src/main/cpp/bndev 目录下的 MyVulkanManager.cpp。

```
1  VkPhysicalDeviceProperties pdp;                          //声明所需的结构体实例
2  vk::vkGetPhysicalDeviceProperties (gpus[0],&pdp);        //获取各项属性值
3  LOGE("framebufferColorSampleCounts%dframebufferDepthSampleCounts%d",//打印最大多重采样数
4      pdp.limits.framebufferColorSampleCounts,pdp.limits.framebufferDepthSampleCounts);
5  assert(pdp.limits.framebufferColorSampleCounts>= //判断当前设备支持的最大多重采样数是否满足需要
6      MULSAMPLE_COUNT&&pdp.limits.framebufferDepthSampleCounts>=MULSAMPLE_COUNT);
```

说明　　上述代码中首先声明了 VkPhysicalDeviceProperties 类型的结构体实例，再调用 vkGetPhysicalDeviceProperties 方法获取了指定物理设备的各项属性并将各项属性信息填充到前面创建的结构体实例中。然后打印了目标平台支持的最大多重采样数，并判断其是否满足案例需求。

（2）上面介绍了如何检查当前设备支持的最大多重采样数是否满足需要，其中出现的 **MULSAMPLE_COUNT** 为在 MyVulkanManager.h 头文件中定义的宏。该头文件中定义了多个宏以方便程序调试和指定不同多重采样数比较运行效果，相关代码如下。

代码位置： 见随书中源代码/第 18 章/Sample18_3/src/main/cpp/bndev 目录下的 MyVulkanManager.h。

```
1    #define MULSAMPLE_COUNT 4                            //使用的多重采样数
2    #define _MULSAMPLE_FACTOR_H(a,b,c) a##b##c            //定义连接宏的函数
3    #define MULSAMPLE_FACTOR_H(a,b,c) _MULSAMPLE_FACTOR_H(a,b,c)
4    #define MULSAMPLE_FACTOR                             //构造 VkSampleCountFlagBits 型的值
5              MULSAMPLE_FACTOR_H(VK_SAMPLE_COUNT_,MULSAMPLE_COUNT,_BIT)
```

说明　上述代码比较简单，主要就是定义了表示多重采样数的宏，并构造了与之对应的 VkSampleCountFlagBits 类型的值，以便程序中多处使用和调试方便。

（3）下面开始介绍实现多重采样的关键代码。与前面的案例相比，首先需要在帧缓冲中增加一套服务于多重采样的颜色缓冲和深度缓冲（增加后的帧缓冲中共包含两个颜色缓冲和两个深度缓冲，一套服务于实际场景的绘制，此套缓冲的绘制结果可以被多重采样，另一套服务于多重采样结果的存储和屏幕呈现）。因此需要为这套新增的颜色缓冲和深度缓冲创建对应的图像对象，下面给出的就是用于创建新增的支持多重采样的深度缓冲图像对象的相关代码，具体内容如下。

代码位置： 见随书中源代码/第 18 章/Sample18_3/src/main/cpp/bndev 目录下的 MyVulkanManager.cpp。

```
1    void MyVulkanManager::create_vulkan_DepthBuffer() {        //创建深度缓冲的方法
2        //此处省略了与案例 Sample7_5 中相同的代码，读者可自行查阅随书源代码
3        image_info.samples = MULSAMPLE_FACTOR;                //指定多重采样数
4        image_info.usage = VK_IMAGE_USAGE_TRANSIENT_ATTACHMENT_BIT //指定图像用途
5                | VK_IMAGE_USAGE_DEPTH_STENCIL_ATTACHMENT_BIT;
6        //此处省略了与创建普通深度缓冲对应图像类似的代码，读者可自行查阅随书源代码
7    }
```

- 上述代码为创建深度缓冲的方法，与之前案例的区别在于在创建完普通深度缓冲后，再指定新的图像创建信息，进而创建用于多重采样深度缓冲的图像。需要注意的是在创建该缓冲时需要改变其多重采样数以满足程序抗锯齿需求，并设置其图像用途，以使其能够用于在解析渲染过程之前临时保存多重采样数据。

- 创建用于多重采样颜色缓冲对应图像对象的核心代码与上述代码类似，这里不再赘述，需要的读者可以参考随书源代码。

（4）了解了如何为服务于多重采样的颜色缓冲和深度缓冲创建对应的图像对象后，下面将要介绍的是用于创建渲染通道的方法。其中主要是给出了颜色附件、深度附件、解析附件（专门服务于多重采样结果的存储和屏幕呈现）等，并指定了子渲染通道的依赖关系，具体代码如下。

代码位置： 见随书中源代码/第 18 章/Sample18_3/src/main/cpp/bndev 目录下的 MyVulkanManager.cpp。

```
1    void MyVulkanManager::create_render_pass() {            //创建渲染通道的方法
2        //此处省略了部分代码，读者可自行查阅随书源代码
3        VkAttachmentDescription attachments[4];            //附件描述信息数组
4        attachments[0].format = colorFormat;              //设置用于多重采样的颜色附件格式
5        attachments[0].samples = MULSAMPLE_FACTOR;          //设置多重采样数
6        attachments[0].loadOp=VK_ATTACHMENT_LOAD_OP_CLEAR;//渲染通道开始时颜色附件的操作
7        attachments[0].storeOp=                            //渲染通道结束时颜色附件的操作
8                VK_ATTACHMENT_STORE_OP_DONT_CARE;
```

```
9    attachments[0].finalLayout=                        //颜色附件的最终布局
10            VK_IMAGE_LAYOUT_COLOR_ATTACHMENT_OPTIMAL;
11   attachments[1].format = formats[0];                //设置解析附件的格式(服务于呈现)
12   attachments[1].samples=VK_SAMPLE_COUNT_1_BIT;      //设置多重采样数
13   attachments[1].loadOp=                             //渲染通道开始时解析附件的操作
14            VK_ATTACHMENT_LOAD_OP_DONT_CARE;
15   attachments[1].storeOp=                            //渲染通道结束时解析附件的操作
16            VK_ATTACHMENT_STORE_OP_STORE;
17   attachments[1].finalLayout=VK_IMAGE_LAYOUT_PRESENT_SRC_KHR; //解析附件的最终布局
18   attachments[2].format=depthFormat;                 //设置用于多重采样的深度附件格式
19   attachments[2].samples=MULSAMPLE_FACTOR;           //设置多重采样数
20   attachments[2].finalLayout=                        //用于多重采样的深度附件的最终布局
21            VK_IMAGE_LAYOUT_DEPTH_STENCIL_ATTACHMENT_OPTIMAL;
22   //此处省略了供呈现时使用的深度附件及上述几个附件中其他参数的设置，与前面案例中的类似
23   VkAttachmentReference color_reference = {};        //颜色附件引用
24   color_reference.attachment = 0;                    //对应附件描述信息数组下标
25   color_reference.layout = VK_IMAGE_LAYOUT_COLOR_ATTACHMENT_OPTIMAL;//附件布局
26   VkAttachmentReference depth_reference = {};        //深度附件引用
27   depth_reference.attachment = 2;                    //对应附件描述信息数组下标
28   depth_reference.layout = VK_IMAGE_LAYOUT_DEPTH_STENCIL_ATTACHMENT_OPTIMAL;
29   VkAttachmentReference resolve_Reference = {};      //解析附件引用
30   resolve_Reference.attachment = 1;                  //对应附件描述信息数组下标
31   resolve_Reference.layout = VK_IMAGE_LAYOUT_COLOR_ATTACHMENT_OPTIMAL;//附件布局
32   VkSubpassDescription subpass = {};                 //构建渲染子通道描述结构体实例
33   subpass.colorAttachmentCount = 1;                  //颜色附件数量
34   subpass.pColorAttachments = &color_reference;      //颜色附件列表
35   subpass.pDepthStencilAttachment = &depth_reference;   //深度附件列表
36   subpass.pResolveAttachments = &resolve_Reference;     //解析附件列表
37   //此处省略了子通道描述结构体其他参数的设置，与前面案例中的类似
38   VkSubpassDependency dependencies[2];               //子通道依赖关系结构体数组
39   dependencies[0].srcSubpass = VK_SUBPASS_EXTERNAL;  //被依赖子通道的索引(隐含子通道)
40   dependencies[0].dstSubpass = 0;                    //依赖子通道的索引(第1个子通道)
41   dependencies[1].srcSubpass = 0;                    //被依赖子通道的索引(第1个子通道)
42   dependencies[1].dstSubpass = VK_SUBPASS_EXTERNAL;  //依赖子通道的索引(隐含子通道)
43   //此处省略了子通道依赖关系结构体其他参数的设置，与前面案例中的类似
44   //此处省略了部分代码，与前面案例中的类似
45   }
```

- 第3～22行设置了所有附件的描述信息，需要注意的几个关键点是：对用于多重采样的颜色附件，首先需要设置其多重采样数，然后由于程序需要将当前场景渲染进该附件以供解析，其在渲染通道开始前需要清空附件当前的内容，而解析完成后就不再需要保留该附件的内容。因此在渲染通道结束时不需要关心其存储与否；对于解析附件，由于程序永远不会直接渲染进该附件，从而不必关心其在渲染通道开始前的加载操作，而在完成解析后，该附件的内容需要呈现到屏幕上，因此设置其在渲染通道结束时的存储操作为存储。

- 第23～31行创建了颜色附件引用、深度附件引用和解析附件引用，以备后面的步骤使用。

- 第31～37行根据前面的创建的附件引用构建了渲染子通道描述结构体实例。

- 第38～43行创建了子通道依赖关系结构体数组，主要是指定了该渲染通道中的唯一子通道与渲染通道前后隐含子通道的依赖关系。有关其他各项的设置没有特殊的地方，这里不再赘述。

（5）上面已经介绍了有关创建深度缓冲、颜色缓冲和渲染通道的代码，除此之外还需要修改管线多重采样状态的光栅化阶段采样数量，相关代码如下。

✎ **代码位置:** 见随书中源代码/第 18 章/Sample18_3/src/main/cpp/util 目录下的 ShaderQueueSuit_ Common.cpp。

```
1    void ShaderQueueSuit_Common::create_pipe_line(VkDevice& device,VkRenderPass&
renderPass){
2        VkPipelineMultisampleStateCreateInfo ms;           //管线多重采样状态创建信息
3        ms.rasterizationSamples = MULSAMPLE_FACTOR;        //光栅化阶段采样数量
4        //此处省略了管线多重采样阶段创建信息结构体其他项的设置,与前面案例中的类似
5        //此处省略了管线其他阶段信息的设置,与前面案例中的类似
6    }
```

✐ **说明** 上述代码比较简单,与之前的案例相比,仅仅是改变了光栅化阶段的多重采样数量。

总结一下,若需要在 Vulkan 中使用多重采样抗锯齿,则需要增加一套深度缓冲和颜色缓冲。此时实际场景画面的绘制是针对增加的这套缓冲进行的(即画面的对应信息被绘制进这两个缓冲中)。

当实际的画面绘制完成后,系统根据预置的多重采样数从新增的颜色缓冲中进行多重采样产生有抗锯齿效果的画面信息并存储进服务于屏幕呈现的原有的颜色缓冲中(此时此颜色缓冲被作为解析缓冲,这里所谓的解析实际上就是对绘制完成的原始画面进行多重采样以产生有抗锯齿效果的画面)。

18.4 保存屏幕截图

游戏或应用运行的过程中,用户经常会有保存当前画面的需求。本节将通过一个具体的案例 Sample18_4 来介绍如何实现屏幕画面的保存。在介绍案例的具体开发之前,有必要先了解一下案例的运行效果,具体情况如图 18-15 所示。

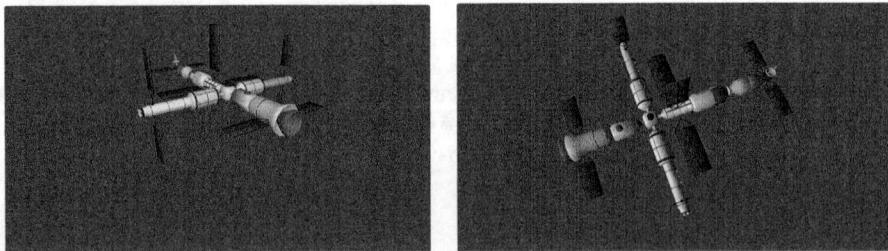

▲图 18-15 案例 Sample18_4 运行效果

✐ **说明** 本案例运行时若用手指在屏幕上滑动,则可以改变空间站的姿态,点击屏幕可以进行截图。

本案例使用了绘制到纹理技术:第一轮将场景画面绘制到指定图像中;第二轮将包含场景画面的图像应用到纹理矩形以呈现到屏幕上。进行屏幕截图时,首先将包含场景画面的图像对应的设备内存中的数据复制到自定义缓冲的设备内存中,然后再将自定义缓冲设备内存中的数据复制到内存中,再将内存中的数据保存到 bmp 格式的图像文件中。

了解了本节案例的运行效果和基本原理后,就可以进行案例的开发了。由于本节案例的大部分代码与前面很多案例中的类似,故这里仅给出具有代表性的部分,具体内容如下。

(1)首先给出的是在 MyVulkanManager 类的 create_vulkan_SelfColorBuffer 方法中创建自定义缓冲的及分配对应设备内存的相关代码,具体内容如下。

✎ **代码位置**：见随书中源代码/第 18 章/Sample18_4/src/main/cpp/bndev 目录下的 MyVulkanManager.cpp。

```
1       VkBufferCreateInfo buf_info = {};                        //构建缓冲创建信息结构体实例
2       buf_info.usage = VK_BUFFER_USAGE_TRANSFER_DST_BIT;       //缓冲的用途
3       //此处省略了部分与前面案例中类似的代码，读者可以自行查阅随书源代码
4       requirements_mask = VK_MEMORY_PROPERTY_HOST_VISIBLE_BIT |    //设备内存掩码
5                           VK_MEMORY_PROPERTY_HOST_COHERENT_BIT;
6       //此处省略了部分与前面案例中类似的代码，读者可以自行查阅随书源代码
```

● 第 2 行指定了自定义缓冲的用途，作为数据传送的目的地。这与本案例中其既定用途是一致的，用于接收从场景画面图像对应设备内存复制过来的数据。

● 第 4~5 行给出了自定义缓冲对应设备内存的掩码，这个掩码组合表示分配的设备内存既可以被 CPU 访问，同时还能够保证 CPU 与 GPU 访问的一致性，正好服务于此缓冲对应设备内存的数据需要复制到内存中。

（2）接着给出的是 MyVulkanManager 类的绘制方法 drawObject 中关于截屏的代码，具体内容如下。

✎ **代码位置**：见随书中源代码/第 18 章/Sample18_4/src/main/cpp/bndev 目录下的 MyVulkanManager.cpp。

```
1   void MyVulkanManager::drawObject(){
2       //此处省略了部分与本案例核心功能无关的代码                        //绘制方法
3       while (MyVulkanManager::loopDrawFlag) {
4           //此处省略了部分与本案例核心功能无关的代码
5           if(shotFlag){                                      //执行截屏操作
6               VkBufferImageCopy bufferCopyRegion = {}; //构建图像缓冲复制结构体实例
7               bufferCopyRegion.imageSubresource.aspectMask = VK_IMAGE_ASPECT_
COLOR_BIT;
8               bufferCopyRegion.imageSubresource.mipLevel = 0;    //mipmap 级别
9               bufferCopyRegion.imageSubresource.baseArrayLayer = 0; //基础数组层
10              bufferCopyRegion.imageSubresource.layerCount = 1;  //数组层的数量
11              bufferCopyRegion.imageExtent.width = screenWidth;  //图像宽度
12              bufferCopyRegion.imageExtent.height =screenHeight; //图像高度
13              bufferCopyRegion.imageExtent.depth = 1;            //图像深度
14              vk::vkCmdCopyImageToBuffer(cmdBuffer,swapchainImages[currentBuffer],
                                                                   //执行数据复制
15                  VK_IMAGE_LAYOUT_COLOR_ATTACHMENT_OPTIMAL,
16                          shotBuffer,1,&bufferCopyRegion);
17              uint8_t *shotData = new uint8_t[shotBytesCount];    //图像数据数组
18              uint8_t *pData;                                    //辅助数据指针
19              result = vk::vkMapMemory(device, shotMem, 0, shotBytesCount, 0,
(void **)&pData);
20              memcpy(shotData,pData,shotBytesCount);    //将图像数据从显存送入内存
21              vk::vkUnmapMemory(device, shotMem);       //解除内存映射
22              FileUtil::storeData("/storage/emulated/0/shot.bmp",
                                                   //将数据写入到手机存储（闪存）中
23                          (const char *)shotData, shotBytesCount, screenWidth,
screenHeight);
24              delete[] shotData;                        //释放图像数据内存
25              LOGE("Shot! bc %d w %d h %d\n", shotBytesCount,screenWidth,
screenHeight);//打印信息
26              shotFlag=false;                           //修改截屏标志位为 false
27          }
28          //此处省略了部分与本案例核心功能无关的代码
29  }}
```

- 第 5~13 行首先构造了缓冲图像复制结构体实例，然后进一步设置了此结构体实例的多项属性，主要包括 Mipmap 级别，基础层的数量，图像的宽度、高度和深度等。
- 第 14~16 行调用了 vkCmdCopyImageToBuffer 方法，将包含场景画面的图像对应的设备内存中的数据复制到自定义缓冲的设备内存中待用。
- 第 17~21 行首先创建了用于存储图像数据的数组，接着将自定义缓冲的设备内存映射为可供 CPU 访问，然后将图像数据从设备内存复制进内存，最后解除了内存映射。
- 第 22~26 行首先调用 FileUtil 类中的 storeData 方法将内存中的图像数据写入到手机存储（闪存）中的指定图像文件（shot.bmp）中，然后释放了图像数据内存并打印了相关的信息，最后修改截屏标志位为 false。

> 提示　FileUtil 类中的 storeData 方法功能为将图像数据存储为 bmp 格式的图像文件，这部分内容与 Vulkan 没有密切的联系，感兴趣的读者请自行查看随书源代码。

18.5　Windows 系统窗口缩放

如果运行过本书前面章节提供的 Windows 版案例，同时又在案例运行时缩放了案例呈现窗口，就会发现一旦案例呈现窗口被缩放，画面就不能正常呈现了。这是因为窗口被缩放后呈现用表面发生了变化，原有的呈现表面就不能正常工作了。

因此如果希望 Windows 版案例在窗口被缩放后还能正常进行呈现，就需要在每次缩放后重新执行与呈现表面相关的初始化工作，然后再基于新的呈现表面执行呈现。本节给出了一个具有此功能的案例 PCSample18_5，其改造自前面第 6 章中的地月系的案例。这里仅仅给出案例中有代表性的变化，具体内容如下。

（1）首先需要在 util.cpp 中的 WndProc 方法中增加一个用于处理窗口缩放事件的分支，代码如下。

> 代码位置：见随书中源代码/第 18 章/PCSample18_5/BNVulkanEx/legencyUtil 目录下的 util.cpp。

```
1    case WM_SIZE:                                      //处理窗口缩放事件的分支
2        if (wParam != SIZE_MINIMIZED){                 //若不是窗体最小化事件
3            int width = lParam & 0xffff;               //获得窗体当前的宽度
4            int height = (lParam &0xffff0000) >> 16;   //获得窗体当前的高度
5            printf("resize %d %d", width, height);     //打印窗体尺寸信息
6            if (!MyVulkanManager::loopDrawFlag){        //判断绘制循环标志是否为 false
7                MyVulkanManager::loopDrawFlag = true;   //将标志置为 true 开始执行渲染呈现
8            } else{                                      //若绘制循环标志为 true
9                MyVulkanManager::loopDrawFlag = false;  //将绘制循环标志设置为 false
10               while (!ThreadTask::taskFinish);         //等待当前渲染呈现工作结束
11               MyVulkanManager::loopDrawFlag = true;   //将绘制循环标志设置为 true
12               MyVulkanManager::doVulkan();            //启动新的渲染呈现工作
13   }}
```

> 说明　上述代码中最重要的就是第 6~13 行，其中首先判断当前绘制循环标志是否为 false。若为 false 则说明当前没有执行渲染呈现工作，直接将此标志值设置为 true，启动渲染呈现工作即可；若为 true，则说明当前正在执行渲染呈现工作，需要先停止当前渲染呈现工作，然后再启动新的（呈现表面匹配缩放后窗体的）渲染呈现工作。

（2）接着就是小幅修改了 ThreadTask 类的代码，增加了一个控制标志。另外，在 MyVulkanManager 类中增加了"ThreadTask*"类型的静态成员并对其进行了初始化。这部分涉及的代码非常简单，有兴趣的读者请直接查看随书源代码。

（3）最后修改了 MyVulkanManager 类中的 doVulkan 方法，删除了其中用于创建 ThreadTask 类对象的代码，改为使用前面步骤（2）中增加的静态成员。

总结一下，Windows 版的案例如果希望窗口缩放后还可以正常呈现画面，则需要在每次窗体缩放后首先结束正在执行的渲染工作，然后重新启动与新窗口匹配的渲染流程。

18.6 曲面细分着色器

曲面细分是近代 GPU 提供的一项高级特性，通过其可以在渲染时将三角形面较少的粗模实时细分为包含大量三角形面的精模。这样绘制的效果就如同使用海量数据描述的精模，但原始数据量却不大，在一些情况下可以大大提高效率和灵活性。本节将首先介绍曲面细分的基本知识，然后再给出一个案例。

18.6.1 基本知识

曲面细分的工作是由曲面细分着色器完成的，从管线内工作顺序角度看曲面细分着色器是位于顶点着色器与片元着色器之间的可选着色器。请回顾一下前面第 2 章的图 2-1，从中可以看出曲面细分工作由细分控制着色器、执行细分的管线固定功能以及细分求值着色器协同完成，具体工作过程如下。

● 细分控制着色器负责确定执行细分的各项控制参数（如边的切分数量、内部的切分数量等），同时负责组织待细分的块中每个顶点的数据以传递给后继阶段。

● 细分控制着色器计算完成后，管线将执行细分图元生成的固定功能。执行细分图元生成时根据细分控制着色器中确定的各项控制参数生成细分后的各个图元。

● 细分求值着色器负责根据开发人员开发的自定义细分规则计算出细分后各个图元中每个顶点的各项属性数据（如细分后各图元中各个顶点的位置、纹理坐标、法向量等）。

了解了曲面细分的具体工作过程后，接下来首先需要考虑的问题就是如何对给定三角形面进行细分，即需要有一套合理的细分模式。在 Vulkan 中这部分为渲染管线的固定功能，开发人员只需要在细分控制着色器中设置细分所需的各项参数即可。

实际开发中对细分程度的控制主要是通过细分控制着色器中的两个内建输出变量（gl_TessLevelInner 和 gl_TessLevelOuter）来实现的，具体情况如下。

● gl_TessLevelInner 是一个浮点数数组，如果是对三角形进行细分此内建变量中仅仅第一个元素有效，其值表示三角形内部切分的圈数。

● gl_TessLevelOuter 也是一个浮点数数组，如果是对三角形进行细分此内建变量中仅仅前 3 个元素有效，这 3 个元素的值表示三角形每条边被切分的数量。

下面的图 18-16 给出了一个三角形在采用不同细分控制参数组合切分后的情况。

▲图 18-16　三角形在采用不同细分控制参数组合切分后的情况

图 18-11 中从左到右依次为将上述 4 个细分控制参数（gl_TessLevelInner[0]、gl_TessLevelOuter[0]、gl_TessLevelOuter[1]、gl_TessLevelOuter[2]）同时设置为 1、2、3、4 时三角形面的切分情况。

曲面细分固定功能阶段工作完成后，会将由细分产生的顶点的数据以及细分前图元的相关数据传递给细分求值着色器。另外需要注意的是，细分求值着色器对于细分后产生的每个新顶点执行一次。

对于三角形图元而言，每次传递给细分求值着色器的数据包括细分前三角形 3 个顶点的数据（如顶点坐标、纹理坐标、法向量等，其中顶点坐标通过管线内建变量固定传递，其他的数据根据需要使用自定义变量传递），同时还会传递细分后产生的一个顶点的三角形质心坐标系坐标。

提示 三角形质心坐标是细分求值着色器工作时的重要依据，简单来说就是细分后产生的顶点在细分前原三角形质心坐标系中的坐标。三角形的质心坐标系是通过组成三角形的 3 个顶点的加权值来定义三角形内部位置的方法。在此坐标系中，三角形内部的位置用包含 3 个分量（u、v、w）的坐标来表示。每一个坐标分量值代表当前位置靠近三角形特定顶点的程度，离得越近取值越大（取值范围为 0～1，1 表示当前位置在对应顶点上）。例如，在三角形质心坐标系中，3 个顶点的坐标值分别为（1,0,0）、（0,1,0）、（0,0,1），三角形的质心位置坐标值就是（1/3,1/3,1/3）。质心坐标系中坐标值的一个很有趣的特点就是三角形内部任意位置质心坐标 3 个分量值的和始终为 1。

固定功能阶段结束后，三角形面的细分工作已经基本完成。下面的工作就是由细分求值着色器根据一定的规则计算出自定义细分变换后顶点的各项参数（如顶点位置、顶点纹理坐标、顶点法向量等）以产生目标应用期望的曲面细分效果。

一般情况下，对于三角形曲面细分而言曲面细分求值着色器计算时往往会采用 PN 三角形法，本节后面的案例也采用了这种方法。PN 三角形是一种特殊的贝塞尔曲面，每一个平面三角形都有其对应的 PN 三角形。平面三角形内任意位置的三角形质心坐标系坐标与此位置对应的 PN 三角形面上点的三维空间坐标满足如图 18-17 所示的等式。

$$b(u, v, w) = \sum_{i+j+k=3} B_{ijk} \frac{3!}{i!j!k!} u^i v^j w^k = B_{300} w^3 + B_{030} u^3 + B_{003} v^3 +$$
$$B_{210} 3w^2 u + B_{120} 3wu^2 + B_{201} 3w^2 v +$$
$$B_{021} 3u^2 v + B_{102} 3wv^2 u + B_{012} 3uv^2 +$$
$$B_{111} 6wuv$$

▲图 18-17　质心坐标与 PN 三角形面空间坐标关系

提示 贝塞尔曲面是非常常用的一种曲面生成方式，这里由于本书篇幅所限，不能详细讨论。如果读者对贝塞尔曲面非常陌生，建议查阅相关资料进行简单的学习，这有助于对本节相关知识的理解。

图 18-17 所示的等式中，b(u,v,w)表示 PN 三角形面上任意一点的三维空间坐标，其中(u,v,w)是 PN 三角形对应平面三角形中对应点的三角形质心坐标系坐标。等式中的 B_{300}～B_{111} 表示 PN 三角形面的 10 个控制点（即 PN 三角形贝塞尔曲面的控制点），具体情况如图 18-18 所示。

下面简要介绍一下这 10 个控制点各自三维空间坐标的计算方法,具体内容如下。

- 首先,点 B_{300}, B_{030}, B_{003} 即为原三角形的 3 个顶点。
- 接着给出的是除点 B_{111} 外其他 6 个控制点坐标的计算方法,这里以 B_{210} 点的计算为例,具体情况如图 18-19 所示。首先需要将控制点所在边对应的平面三角形边等分为 3 段,此时将得到两个等分点。然后再将这两个等分点分别投影到距离其最近的平面三角形顶点(对 B_{210} 而言是 B_{300})与该顶点的法向量(N_{300})以点法式确定的平面上。

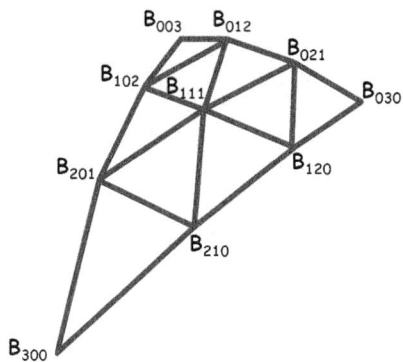

▲图 18-18 PN 三角形的控制点

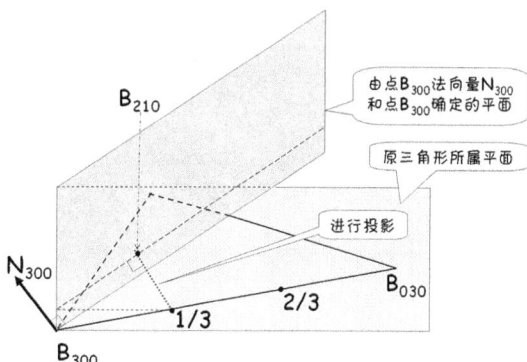

▲图 18-19 控制点 B_{210} 的计算

- 最后是控制点 B_{111} 的计算方法。该点的计算与其他几个控制点不同,其计算表达式为 $B_{111}=E+(E-V)/2$,其中 E 为前面 6 个控制点三维空间坐标的平均值,V 为原三角形 3 个顶点三维空间坐标的平均值。

得到了 PN 三角形 10 个控制点的三维空间坐标后,再基于图 18-17 给出的等式就可以求出被细分的平面三角形中任意位置(细分求值计算前,已知三角形质心坐标系坐标)对应的 PN 三角形面位置(细分求值计算后)的三维空间坐标了。

上述讲解是针对使用 PN 三角形求细分求值计算后点的三维空间坐标的,计算的输入为控制点的三维空间坐标与平面三角形内点的三角形质心坐标系坐标,计算的结果为对应 PN 三角形位置的三维空间坐标。细分求值计算后纹理坐标的计算方法与此相同,只不过输入变成了以纹理坐标计的控制点坐标和平面三角形内点的三角形质心坐标系坐标,输出为渲染时采样所需的纹理坐标而已,这里就不再赘述了。

了解了如何求细分求值后顶点的空间坐标与纹理坐标后,下面来介绍如何求细分求值后顶点的法向量,具体的计算公式如下。

$$N(u,v,w)=n_{200}w^2 + n_{020}u^2 +n_{002}v^2+ n_{110}wu+ n_{011}uv+ n_{101}wv$$

上述公式中 N(u,v,w) 为 PN 三角形面上任意点的法向量,(u,v,w) 是 PN 三角形对应平面三角形中对应点的三角形质心坐标系坐标,n_{ijk} 为 PN 三角形 6 个控制点的法向量,具体情况如图 18-20 所示。

从图 18-20 中可以看出,PN 三角形 6 个控制点的法向量中 n_{200}、n_{020}、n_{002} 分别为原三角形 3 个顶点的法向量,而 n_{101}、n_{011}、n_{110} 则为 3 个插入控制点的法向量。在此以 n_{110} 为例给出计算这 3 个控制点法向量的方法,具体的计算公式如下。

$$n_{110}=(n_{200}+n_{020})/2-2H$$

上述公式中 H 为 $(n_{200}+n_{020})/2$ 在向量 $B_{300}{\rightarrow}B_{030}$ 上的投影,另外两个插入控制点法向量的计算与此类似。有关该计算方

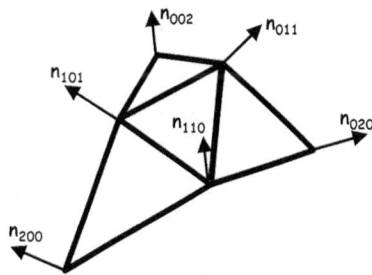

▲图 18-20 PN 三角形控制点法向量示意图

法的具体原理已经大大超出本书讨论范围，在此不做详述，感兴趣的读者请自行查阅 PN 三角形的相关资料。

18.6.2　一个简单的案例

18.6.1 节介绍了曲面细分的基本知识，接下来将通过一个简单的案例 Sample18_6 来介绍在实际开发中如何使用曲面细分技术。介绍案例的具体开发之前，首先应该了解一下案例的运行效果，具体情况如图 18-21 所示。

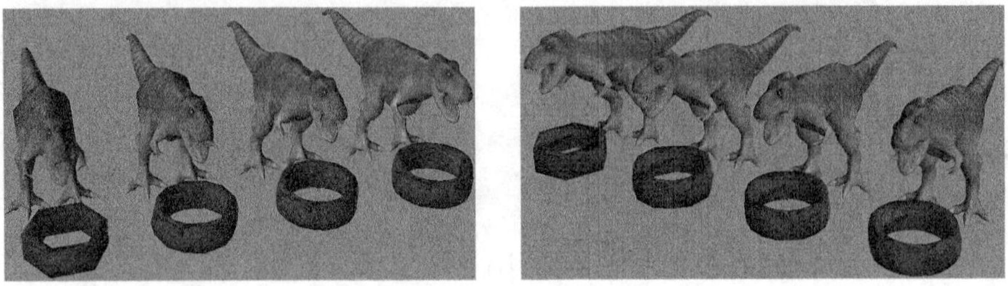

▲图 18-21　案例 Sample18_6 运行效果

> **说明**　图 18-21 中左右两幅分别为案例 Sample18_6 在不同观察角度下的运行效果，每幅图中从左到右依次绘制了细分程度逐渐加大的 4 组物体。由于插图较小，区别可能不是很明显，建议读者使用真机运行观察。

了解了本节案例的运行效果后，下面来介绍具体的开发。由于本案例与之前章节的大部分案例整体框架相似，因此这里仅介绍具有代表性的部分，具体内容如下。

（1）从前面的介绍中可以看出，本案例中新增了细分控制着色器与细分求值着色器。因此首先需要增加创建这两个着色器相关模块的代码，具体内容如下。

📎 **代码位置**：见随书中源代码/第 18 章/Sample18_6/src/main/cpp/bndev 目录下的 ShaderQueueSuit_Common.cpp。

```
1    void ShaderQueueSuit_Common::create_shader(VkDevice& device){    //创建着色器的方法
2        std::string tcsStr= FileUtil::loadAssetStr("shader/commonTexLight.tcs");
                                                    //加载细分控制着色器脚本
3        std::string tesStr= FileUtil::loadAssetStr("shader/commonTexLight.tes");
                                                    //加载细分求值着色器脚本
4        //此处省略了部分与前面案例中相同的代码，读者可自行查阅随书源代码
5        shaderStages[1].sType = VK_STRUCTURE_TYPE_PIPELINE_SHADER_STAGE_CREATE_INFO;
6        shaderStages[1].pNext = NULL;                    //自定义数据的指针
7        shaderStages[1].pSpecializationInfo = NULL;      //特殊信息
8        shaderStages[1].flags = 0;                       //供将来使用的标志
9        shaderStages[1].stage = VK_SHADER_STAGE_TESSELLATION_CONTROL_BIT;//着色器阶段
10       shaderStages[1].pName = "main";                  //入口函数为 main
11       std::vector<unsigned int> tcs_spv;               //存放细分控制着色器 SPV 数据用
12       retVal = GLSLtoSPV(                              //将细分控制着色器脚本编译为 SPV
13           VK_SHADER_STAGE_TESSELLATION_CONTROL_BIT,tcsStr.c_str(), tcs_spv);
14       assert(retVal);                                  //检查编译是否成功
15       LOGE("曲面细分控制着色器脚本编译 SPV 成功！");
16       moduleCreateInfo.sType = VK_STRUCTURE_TYPE_SHADER_MODULE_CREATE_INFO;
17       moduleCreateInfo.pNext = NULL;                   //自定义数据的指针
18       moduleCreateInfo.flags = 0;                      //供将来使用的标志
19       moduleCreateInfo.codeSize=tcs_spv.size()*sizeof(unsigned int);
```

```
                                                           //细分控制着色器 SPV 数据总字节数
20        moduleCreateInfo.pCode = tcs_spv.data();         //细分控制着色器 SPV 数据
21        result = vk::vkCreateShaderModule(device,        //创建细分控制着色器模块
22               &moduleCreateInfo, NULL, &shaderStages[1].module);
23        assert(result == VK_SUCCESS);                    //检查创建是否成功
24        shaderStages[2].stage = VK_SHADER_STAGE_TESSELLATION_EVALUATION_BIT;
25        std::vector<unsigned int> tes_spv;               //存放细分求值着色器 SPV 数据用
26        retVal = GLSLtoSPV(                               //将细分求值着色器脚本编译为 SPV
27            VK_SHADER_STAGE_TESSELLATION_EVALUATION_BIT, tesStr.c_str(), tes_spv);
28        //此处省略了部分与创建细分求值着色器模块相关的代码,与创建细分控制着色器的类似
29        result = vk::vkCreateShaderModule(device,        //创建细分求值着色器模块
30               &moduleCreateInfo, NULL, &shaderStages[2].module);
31        assert(result == VK_SUCCESS);                    //检查创建是否成功
32        //此处省略了部分与前面案例中相同的代码,读者可自行查阅随书源代码
33   }
```

- 第 2～3 行调用 FileUtil 类的 loadAssetStr 方法加载了细分控制着色器和细分求值着色器的脚本字符串。

- 第 5～10 行给出了细分控制着色器对应的管线着色器阶段创建信息结构体实例的各项所需属性,尤其需要注意的是,要将着色器阶段设置为细分控制阶段。

- 第 11～15 行使用 GLSLtoSPV 方法将细分控制着色器脚本编译成 SPIR-V 格式。

- 第 16～23 行设置了细分控制着色器模块创建信息结构体实例所需的各项属性值,最后调用 vkCreateShaderModule 方法创建了细分控制着色器模块并检查创建是否成功。

- 第 24～31 行为创建细分求值着色器模块的相关代码,由于与之前创建细分控制着色器模块的代码相似,因此这里没有全部给出。

(2)介绍完用于创建曲面细分相关着色器模块的代码后,下面将要介绍的是渲染管线创建过程中图元组装阶段创建信息结构体和管线细分阶段创建信息结构体相关属性的设置,具体代码如下。

✏ 代码位置:见随书中源代码/第 18 章/Sample18_6/src/main/cpp/bndev 目录下的 ShaderQueueSuit_Common.cpp。

```
1    void ShaderQueueSuit_Common::create_pipe_line(VkDevice& device,VkRenderPass& renderPass){
2        //此处省略了部分代码,读者可自行查阅随书源代码
3        VkPipelineInputAssemblyStateCreateInfo ia;       //构建管线图元组装阶段信息结构体
4        ia.topology = VK_PRIMITIVE_TOPOLOGY_PATCH_LIST;   //图元拓扑模式
5        VkPipelineTessellationStateCreateInfo ts;         //构建管线细分阶段创建信息结构体
6        ts.sType=                                         //结构体类型
7                VK_STRUCTURE_TYPE_PIPELINE_TESSELLATION_STATE_CREATE_INFO;
8        ts.pNext=NULL;                                    //自定义数据的指针
9        ts.flags=0;                                       //供将来使用的标志
10       ts.patchControlPoints=3;                          //每个 patch 包含的顶点数
11       VkGraphicsPipelineCreateInfo pipelineInfo;        //构建图形管线创建信息结构体
12       pipelineInfo.pTessellationState = &ts;            //管线的细分状态信息
13       pipelineInfo.stageCount = 4;                      //管线的着色阶段数量
14       //此处省略了部分代码,读者可自行查阅随书源代码
15   }
```

- 第 3～4 行首先构建了管线图元组装阶段信息结构体,并设置图元拓扑模式为 patch 列表模式。

- 第 5～10 行首先构建了管线细分阶段创建信息结构体,并设置了此结构体实例的相关属性值。其中最需要注意的是每个 patch 包含的顶点数,其确定了管线固定功能阶段在进行细分操作时的单位操作图元,设置为 3 则表示对三角形面进行细分。

● 第 11～13 行首先构建了图形管线创建信息结构体，并设置了管线的细分状态信息及管线的着色阶段数量，这两项均是与之前案例不同的地方。

（3）了解了与新增的曲面细分着色器相关的代码后，下面介绍的是与场景中物体绘制相关的代码，具体内容如下。

代码位置：见随书中源代码/第 18 章/Sample18_6/src/main/cpp/bndev 目录下的 MyVulkanManager.cpp。

```
1    void MyVulkanManager::drawObject(){                          //绘制场景中物体的方法
2        //此处省略了与前面很多案例中类似的部分代码，读者可自行查阅随书源代码
3        float startX=-50;                                        //场景中物体起始绘制 x 坐标
4        for(int i=1;i<=4;i++){                                   //循环绘制 4 组物体
5            MatrixState3D::pushMatrix();                         //保护现场
6            MatrixState3D::translate(startX+i*20,0,0);           //执行平移变换
7            MatrixState3D::rotate(-90,0,1,0);                    //执行旋转变换
8            KLForDraw->drawSelf(cmdBuffer,sqsCTL->pipelineLayout,sqsCTL->pipeline,
                                                                  //绘制恐龙
9                &(sqsCTL->descSet[TextureManager::getVkDescriptorSetIndexForCommo
nTexLight(
10               "texture/konglong.bntex")]),i,i,i,i);
11           MatrixState3D::popMatrix();                          //恢复现场
12           //此处省略了绘制场景中另一物体的代码，与上述绘制恐龙的代码类似
13       }
14       //此处省略了与前面很多案例中类似的部分代码，读者可自行查阅随书源代码
15   }
```

说明 上述代码比较简单，其功能是通过循环绘制场景中的 4 组物体。需要注意的是，绘制用物体 drawSelf 方法新增的 4 个参数依次对应于 18.5 节提到过的用于控制细分程度的 gl_TessLevelOuter[0]、gl_TessLevelOuter[1]、gl_TessLevelOuter[2]、gl_TessLevelInner[0]，这几个值将通过推送常量的形式送入细分控制着色器。

（4）到这里为止，本案例中具有代表性的 C++部分代码已经介绍完毕。下面开始介绍着色器，首先给出的是顶点着色器，其具体代码如下。

代码位置：见随书中源代码/第 18 章/Sample18_6/src/main/assets 目录下的 commonTexLight.vert。

```
1    //此处省略了声明着色器版本号及启用相关扩展的代码，读者可以自行查阅随书源代码
2    layout (location = 0) in vec3 pos;                           //输入的顶点位置
3    layout (location = 1) in vec2 inTexCoor;                     //输入的顶点纹理坐标
4    layout (location = 2) in vec3 inNormal;                      //输入的顶点法向量
5    layout (location = 0) out vec3 tcsNormal;                    //输出到细分控制着色器的顶点法向量
6    layout (location = 1) out vec2 tcsTexCoor;                   //输出到细分控制着色器的顶点纹理坐标
7    out gl_PerVertex {                                           //输出接口块
8        vec4 gl_Position;                                        //顶点位置
9    };
10   void main(){                                                 //主函数
11       gl_Position = vec4(pos,1);                               //将顶点位置传递给渲染管线
12       tcsNormal=inNormal;                                      //将法向量输出到细分控制着色器
13       tcsTexCoor=inTexCoor;                                    //将纹理坐标输出到细分控制着色器
14   }
```

说明 上述的顶点着色器代码比较简单，主要就是将传入顶点着色器的顶点位置直接传递到渲染管线，而不需要对其进行变换，并将顶点法向量和纹理坐标输出到细分控制着色器。

（5）接着给出细分控制着色器的代码，具体内容如下。

✍ **代码位置：见随书中源代码/第 18 章/Sample18_6/src/main/assets 目录下的 commonTexLight.tcs。**

```
1   //此处省略了声明着色器版本号及启用相关扩展的代码，读者可以自行查阅随书源代码
2   layout (push_constant) uniform constantVals {          //一致变量
3       layout(offset = 128) vec4 tesFactor;               //曲面细分控制参数
4   } myConstantValsTcs;
5   layout(vertices=3) out;                                //每次向固定功能阶段输出 3 个顶点
6   layout (location = 0)  in vec3 tcsNormal[];            //从顶点着色器传递过来的法向量
7   layout (location = 1) in vec2 tcsTexCoor[];            //从顶点着色器传递过来的纹理坐标
8   layout (location = 0) out vec3 tesNormal[3];           //传递给细分求值着色器的法向量
9   layout (location = 1) out vec2 tesTexCoor[3];          //传递给细分求值着色器的纹理坐标
10  void main( ){
11      gl_out[gl_InvocationID].gl_Position=              //将顶点位置向管线下一阶段传递
12                      gl_in[gl_InvocationID].gl_Position;
13      tesNormal[gl_InvocationID]=tcsNormal[gl_InvocationID];
                                                           //将顶点法向量向细分求值着色器传递
14      tesTexCoor[gl_InvocationID]=tcsTexCoor[gl_InvocationID];
                                                           //将顶点纹理坐标向细分求值着色器传递
15      gl_TessLevelOuter[0] = myConstantValsTcs.tesFactor[0]; //设置三角形第一条边的切分段数
16      gl_TessLevelOuter[1] = myConstantValsTcs.tesFactor[1]; //设置三角形第二条边的切分段数
17      gl_TessLevelOuter[2] = myConstantValsTcs.tesFactor[2]; //设置三角形第三条边的切分段数
18      gl_TessLevelInner[0] = myConstantValsTcs.tesFactor[3]; //设置三角形内部的切分段数
19  }
```

● 第 5 行将细分控制着色器输出到执行细分操作的管线固定功能阶段的顶点数设置为 3，表示是对三角形进行曲面细分。

● 第 6~9 行定义了一系列输入输出变量，分别用于接收从顶点着色器传递过来的顶点数据，以及将这些数据传递给细分求值着色器。

● 第 11~14 行分别将顶点的位置坐标、法向量、纹理坐标复制给输出变量，为管线的后续工作做好准备。另外，上述代码中的 **gl_InvocationID** 是一个着色器内建变量，表示的是调用的编号，对于此着色器而言每个图元（本案例中为三角形）对应一个 **gl_InvocationID**。

● 第 15~18 行比较简单，主要就是设置了几个细分控制参数，这在之前的内容中已经有过详细介绍，这里不再赘述。

（6）了解了顶点着色器与细分控制着色器后，下面将要介绍的是细分求值着色器，具体代码如下。

✍ **代码位置：见随书中源代码/第 18 章/Sample18_6/src/main/assets 目录下的 commonTexLight.tes。**

```
1   #version 450                                           //着色器版本号
2   #extension GL_EXT_tessellation_shader : enable         //启用曲面细分着色器扩展
3   layout (push_constant) uniform constantVals {          //推送常量块
4       layout(offset = 0) mat4 mvp;                       //总变换矩阵
5       layout(offset = 64) mat4 mm;                       //基本变换矩阵
6   } myConstantVals;
7   layout( triangles, equal_spacing, cw) in;              //设置为进行三角形切分
8   layout (location = 0) in vec3 tesNormal[];             //细分前三角形 3 个点的法向量
9   layout (location = 1) in vec2 tesTexCoor[];            //细分前三角形 3 个点的纹理坐标
10  layout (location = 0) out vec3 teNormal;               //输出到片元着色器的法向量
11  layout (location = 1) out vec2 vTexCoor;               //输出到片元着色器的纹理坐标
12  layout (location = 2) out vec3 vPosition;              //输出到片元着色器的位置坐标
13  //此处省略了计算插值点位置坐标、纹理坐标和计算插值点法向量的方法，将在下面进行介绍
14  void main( ){                                          //主函数
15      vec3 p1 = gl_in[0].gl_Position.xyz;                //获取细分前三角形 3 个点的坐标
```

```
16        vec3 p2 = gl_in[1].gl_Position.xyz;vec3 p3 = gl_in[2].gl_Position.xyz;
17        vec3 n1 = tesNormal[0];vec3 n2=tesNormal[1];vec3 n3=tesNormal[2];
                                                    //细分前三角形 3 个点的法向量
18        vec3 t1 = vec3(tesTexCoor[0],0);            //获取细分前三角形 3 个点的纹理坐标
19        vec3 t2 = vec3(tesTexCoor[1],0);vec3 t3 = vec3(tesTexCoor[2],0);
20        float u = gl_TessCoord.x;               //获取当前细分所得插值点的质心坐标 u 分量
21        float v = gl_TessCoord.y;               //获取当前细分所得插值点的质心坐标 v 分量
22        float w = gl_TessCoord.z;               //获取当前细分所得插值点的质心坐标 w 分量
23        vec3 currPosition=PNCalInterpolation(p1,p2,p3,n1,n2,n3,u,v,w);
                                                    //计算当前插值点细分变换后位置坐标
24        vPosition=(myConstantVals.mm*vec4(currPosition,1)).xyz; //计算当前插值点世界坐标系坐标
25        gl_Position=myConstantVals.mvp*vec4(currPosition,1);
                                                    //将当前插值点的最终绘制位置传给渲染管线
26        vec3 tempTexCoor=PNCalInterpolation(t1,t2,t3,n1,n2,n3,u,v,w);
                                                    //计算出当前插值点的纹理坐标
27        vTexCoor= tempTexCoor.st;               //将当前插值点的纹理坐标传给片元着色器
28        vec3 currNormal=PNCalNormal(p1,p2,p3,n1,n2,n3,u,v,w);  //计算出当前插值点的法向量
29        vec4 fxlStart=vec4(0,0,0,1);                 //法向量起点
30        vec4 fxlEnd=vec4(currNormal,1);              //法向量终点
31        fxlStart=myConstantVals.mm * fxlStart;   //变换后的法向量起点（世界坐标系）
32        fxlEnd=myConstantVals.mm * fxlEnd;       //变换后的法向量终点（世界坐标系）
33        teNormal=(fxlEnd-fxlStart).xyz;          //将变换后的法向量(世界坐标系)传给片元着色器
34    }
```

- 第 7 行使用 layout 关键字配置了三个属性，triangles 是执行细分工作的区域；equal_spacing 表示三角形的边缘将会根据细分控制参数被细分成等分的线段；cw 表示细分工作完成后输出的三角形会按照顺时针顺序进行卷绕，若使用 ccw 则表示按逆时针顺序进行卷绕。

- 第 8~12 行声明了一系列用于接收或输出顶点信息的变量。

- 第 15~22 行依次获取了细分前三角形 3 个顶点的位置坐标、法向量和纹理坐标，然后获取了当前细分所得插值点的三角形质心坐标系坐标。

- 第 23~33 行依次根据 PN 三角形法计算了当前细分所得插值点的位置坐标、纹理坐标及法向量，并根据变换矩阵对计算得到的位置坐标和法向量进行相应的变换，最终赋值给对应的输出变量，传递到片元着色器中。

（7）接下来介绍上面省略的用于计算细分所得插值点位置坐标、纹理坐标和法向量的两个方法，具体代码如下。

✎ 代码位置：见随书中源代码/第 18 章/Sample18_6/src/main/assets 目录下的 commonTexLight.tes。

```
1     vec3 PNCalInterpolation(                       //计算插值点位置坐标与纹理坐标的方法
2         vec3 p1,vec3 p2,vec3 p3,vec3 n1,vec3 n2,vec3 n3,float u,float v,float w){
3         vec3 b300 = p1;vec3 b030 = p2;vec3 b003 = p3; //记录 PN 三角形 3 个顶点的位置坐标
4         float w12 = dot( p2 - p1, n1 );float w21 = dot( p1 - p2, n2 );
                                                    //用于计算 PN 三角形控制点的辅助变量
5         float w13 = dot( p3 - p1, n1 );float w31 = dot( p1 - p3, n3 );
6         float w23 = dot( p3 - p2, n2 );float w32 = dot( p2 - p3, n3 );
7         vec3 b210 = ( 2.*p1 + p2 - w12*n1 ) / 3.;  //计算 PN 三角形 3 条边上的 6 个控制点的位置坐标
8         vec3 b120 = ( 2.*p2 + p1 - w21*n2 ) / 3.;
9         vec3 b021 = ( 2.*p2 + p3 - w23*n2 ) / 3.;
10        vec3 b012 = ( 2.*p3 + p2 - w32*n3 ) / 3.;
11        vec3 b102 = ( 2.*p3 + p1 - w31*n3 ) / 3.;
12        vec3 b201 = ( 2.*p1 + p3 - w13*n1 ) / 3.;
13        vec3 ee = (b210+b120+b021+b012+b102+b201 )/6; //用于计算控制点 b111 位置坐标的辅助变量
14        vec3 vv = ( p1 + p2 + p3 ) / 3.;
```

```
15      vec3 b111 = ee + ( ee - vv ) / 2.; //计算 PN 三角形中间控制点 b111 的位置坐标
16      vec3 xyz=1.*b300*w*w*w + 1.*b030*u*u*u + 1.*b003*v*v*v +//根据公式计算插值点的位置坐标
17          3.*b210*u*w*w + 3.*b120*u*u*w + 3.*b201*v*w*w +
18          3.*b021*u*u*v + 3.*b102*v*v*w + 3.*b012*u*v*v +
19          6.*b111*u*v*w;
20      return xyz;                          //返回结果
21  }
22  vec3 PNCalNormal(                        //计算插值点法向量的方法
23      vec3 p1,vec3 p2,vec3 p3,vec3 n1,vec3 n2,vec3 n3,float u,float v,float w){
24      float v12 = 2. * dot( p2-p1, n1+n2 ) / dot( p2-p1, p2-p1 );
                                             //计算 PN 三角形控制点法向量的辅助变量
25      float v23 = 2. * dot( p3-p2, n2+n3 ) / dot( p3-p2, p3-p2 );
26      float v31 = 2. * dot( p1-p3, n3+n1 ) / dot( p1-p3, p1-p3 );
27      vec3 n200 = n1;vec3 n020 = n2;vec3 n002 = n3; //记录 PN 三角形 3 个顶点的法向量
28      vec3 n110 = normalize( n1 + n2 - v12*(p2-p1) );
                                             //计算并规格化 PN 三角形其余 3 个控制点的法向量
29      vec3 n011 = normalize( n2 + n3 - v23*(p3-p2) );
30      vec3 n101 = normalize( n3 + n1 - v31*(p1-p3) );
31      vec3 currNormal = n200*w*w +         //根据公式计算当前插值点的法向量
32          n020*u*u + n002*v*v + n110*w*u + n011*u*v + n101*w*v;
33      return normalize(currNormal);        //规格化求得的法向量并返回
34  }
```

说明　上述两个方法分别用于计算插值点位置坐标、纹理坐标和计算插值点法向量，读者可以根据 18.6.1 节介绍的 PN 三角形相关计算原理进行学习和理解。

另外要注意的是，曲面细分不但可以对三角形面进行还可以对线段等其他图元进行。只不过最常用的是对三角形面的细分，因此本节重点介绍了这一方面。有兴趣的读者可以参照本节的内容尝试对三角形以外的图元进行细分，如图 18-22 和图 18-23 就是作者自己开发的对线段和包含 4 个顶点的 patch 进行细分的程序运行的情况。

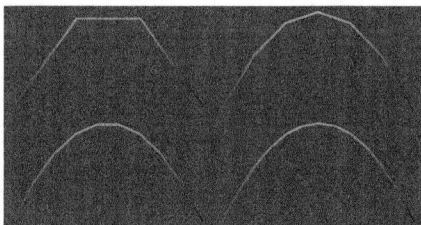

▲图 18-22　对线段进行细分　　　　▲图 18-23　对包含四个顶点的 patch 细分

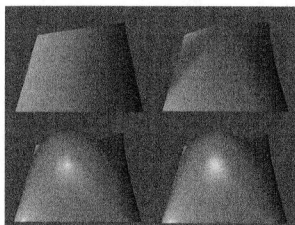

说明　图 18-22 和图 18-23 中从左至右，从上至下细分的程度不断加大（每幅图都是对同样的原始图形进行不同程度细分的四种情况）。

18.7　几何着色器

几何着色器是近代 GPU 提供的另一项高级特性，也是位于顶点着色器和片元着色器之间的一个可选着色器。几何着色器处理的单位是图元，其接收一个图元作为输入，输出一个或多个图元。例如输入图元为一个三角形，几何着色器处理后可以输出多条线段（如三角形的 3 条边以及三角形的法向量)。这就使得在不重新组织绘制用原始数据的情况下,可以用各种不同的模式进行绘制呈现,大大提高了开发的灵活性和效率。下面给出了使用几何着色器的几个要点。

- 要明确指定输入图元的类型,必须是点(points)、线(lines)、三角形(triangles)、邻接线(lines_adjacency)或邻接三角形(triangles_adjacency)这几种类型之一。
- 要明确指定输出图元的类型,必须是点(points)、折线(line_strip)、三角形条带(triangle_strip)这几种类型之一。
- 要指定几何着色器每运行一次可以产生的最大顶点数。

了解了几何着色器的基本知识后,接下来将通过一个简单的案例 Sample18_7 来介绍在实际开发中如何使用几何着色器。介绍案例的具体开发之前,首先给出本案例的运行效果,如图 18-24 所示。

▲图 18-24　案例 Sample18_7 运行效果图

> **说明**　从图 18-24 中可以看出案例 Sample18_7 是修改自 18.6 节的案例 Sample18_6,主要增加的功能为通过几何着色器将细分后的三角形以线条的方式呈现。案例 Sample18_7 中提供了两种呈现模式(如图 18-24 中左右两侧所示):一种仅仅呈现线条化的三角形;另外一种不但呈现线条化的三角形,还显示了每个顶点的法向量。程序运行过程中,可以通过点击屏幕在这两种呈现效果之间进行切换。另外,线条化显示后更加容易看出场景中从左至右,各组模型的细分程度不断加大了。

了解了本节案例的运行效果后,下面来介绍案例的具体开发。由于本节案例修改自 18.6 节的案例 Sample18_6,因此这里仅介绍本节案例中具有代表性的部分,具体内容如下。

(1)首先,由于本节案例使用了几何着色器,因此需要在创建着色器模块时增加创建相应几何着色器模块的代码,并相应修改创建管线时所需的一些结构体实例的属性。这些方面代码的修改,与 18.6 节中增加曲面细分控制着色器时非常类似,这里不再赘述,感兴趣的读者可以自行查阅随书源代码。

(2)下面给出本案例中最有代表性的部分——几何着色器,其将传入的三角形图元处理为对应的线段输出,具体代码如下。

✎ **代码位置:** 见随书中源代码/第 18 章/Sample18_7/src/main/assets 目录下的 commonTexLight.geo。

```
1    //此处省略了声明着色器版本号及启用相关扩展的代码,读者可以自行查阅随书源代码
2    layout (push_constant) uniform constantVals { //推送常量块
3        layout(offset = 0) mat4 mvp;                //总变换矩阵
4        layout(offset = 64) vec4 needsNormal;      //是否绘制法向量的控制标志
5    } myConstantVals;
6    layout (triangles) in;                         //输入图元为三角形
7    layout (line_strip) out;                        //输出图元为折线
8    layout (max_vertices = 9) out;                  //最大输出顶点数为 9
9    layout (location = 0) in vec3 inTeNormal[3]; //从细分求值着色器传递过来的法向量(变换后)
10   layout (location = 1) in vec2 inVTexCoor[3]; //从细分求值着色器传递过来的纹理坐标
```

```
11    layout (location = 2) in vec3 inVPosition[3]; //从细分求值着色器传递过来的位置坐标
12    layout (location = 3) in vec3 teNormalOri[3]; //从细分求值着色器传递过来的法向量（原始的）
13    layout (location = 0) out vec3 teNormal;      //输出到片元着色器的法向量
14    layout (location = 1) out vec2 vTexCoor;      //输出到片元着色器的纹理坐标
15    layout (location = 2) out vec3 vPosition;     //输出到片元着色器的位置坐标
16    layout (location = 3) out float fxlFlag;      //输出到片元着色器的法向量绘制控制标志
17    in gl_PerVertex{                              //输入接口块
18        vec4 gl_Position;                         //输入的顶点位置坐标
19    } gl_in[];
20    out gl_PerVertex {                            //输出接口块
21        vec4 gl_Position;                         //输出到片元着色器的顶点绘制位置
22    };
23    void main(void){
24        int i;                                    //循环控制辅助变量
25        for (i = 0; i < 3; i++){                  //遍历三角形的 3 个顶点
26            gl_Position = myConstantVals.mvp*gl_in[i].gl_Position; //将顶点绘制位置传递给管线
27            teNormal=inTeNormal[i];               //将法向量传递给片元着色器
28            vTexCoor=inVTexCoor[i];               //将纹理坐标传递给片元着色器
29            vPosition=inVPosition[i];             //将顶点位置传递给片元着色器
30            fxlFlag=0.0;                          //将法向量绘制控制标志传递给片元着色器
31            EmitVertex();                         //结束一个顶点数据的输出
32        }
33        EndPrimitive();                           //结束一个图元的输出
34        if(myConstantVals.needsNormal[0]>0.5){    //若需要绘制顶点的法向量
35            for (i = 0; i < 3; i++) {             //遍历三角形的 3 个顶点
36            gl_Position = myConstantVals.mvp*gl_in[i].gl_Position;
                                                    //计算顶点绘制位置（法向量线段起点）
37            teNormal=inTeNormal[i];               //将法向量传递给片元着色器
38            vTexCoor=inVTexCoor[i];               //将纹理坐标传递给片元着色器
39            vPosition=inVPosition[i];             //将顶点位置传递给片元着色器
40            fxlFlag=1.0;                          //将法向量绘制控制标志传递给片元着色器
41            EmitVertex();                         //结束一个顶点数据的输出
42            vec3 fxlEnd=gl_in[i].gl_Position.xyz+teNormalOri[i]*2.0; //法向量线段终点位置
43            gl_Position = myConstantVals.mvp*(vec4(fxlEnd,1));
                                                    //计算顶点绘制位置（法向量线段终点）
44            teNormal=inTeNormal[i];               //将法向量传递给片元着色器
45            vTexCoor=inVTexCoor[i];               //将纹理坐标传递给片元着色器
46            vPosition=fxlEnd;                     //将顶点位置传递给片元着色器
47            fxlFlag=1.0;                          //将法向量绘制控制标志传递给片元着色器
48            EmitVertex();                         //结束一个顶点数据的输出
49            EndPrimitive();                       //结束一个图元的输出
50    }}}
```

- 第 6～8 行给定了几何着色器输入图元和输出图元的类型，以及每次执行几何着色器时输出的最大顶点数量。

- 第 9～16 行定义了一系列用于接收和输出顶点数据的变量。

- 第 25～33 行遍历输入三角形图元的 3 个顶点，每遍历到一个顶点，则输出一个顶点的相关数据（包括最终绘制位置、法向量、纹理坐标、物体坐标系中的顶点坐标等）。遍历完成后，结束一个图元。由于本案例中的输出图元为折线，故每个三角形处理后产生一个折线图元，此图元中包含 3 个顶点，呈现为分两段的折线段。

- 第 34～50 行中首先根据推送常量 needsNormal[0]的值确定是否需要输出表示顶点法向量的线段图元。如果需要则遍历输入三角形图元的 3 个顶点，对于遍历到的每个顶点都输出两套顶点的数据（其中一套数据对应于此顶点法向量线段的起点，另一套数据对应于此顶点法向量线段的终点）。每遍历完一个顶点，则结束一个图元（每个输出图元是一条折线段，这里每条折线段中包含两个顶点，分别是法向量的起点和终点），共输出 6 个顶点，3 个图元。

💡提示　　从上述代码中可以看出此几何着色器每执行一次，共输出 9 个顶点，4 个折线段图元。

18.8　macOS、iOS 与 Linux 平台下 Vulkan 应用的开发

本书前面章节的案例都同时提供了 Android 平台以及 Windows 平台的版本，但 Vulkan 能支持的平台远远不止这两个，还包括 macOS、iOS 以及 Linux 等。因此，本节将基于本书的第一个案例（3 色三角形）介绍如何在 macOS、iOS 和 Linux 平台中使用 Vulkan。

18.8.1　macOS 与 iOS 平台下 Vulkan 应用程序的开发

首先介绍 macOS 与 iOS 平台下 Vulkan 应用程序的开发，本节将基于 3 色三角形案例（即案例 Sample1_1）依次介绍如何在 macOS 和 iOS 平台上使用 Vulkan 以及如何将书中的其他案例移植到这两个平台，具体内容如下。

1. Xcode 案例项目的导入

macOS 和 iOS 平台中是通过 MoltenVK 使用 Vulkan 的，而本节提供的 macOS 与 iOS 平台案例则是将 MoltenVK 作为静态库打包进项目文件中，故使用时不需要另外进行开发环境的复杂配置。两种平台（macOS、iOS）项目的导入过程基本相同，下面以 macOS 项目为例进行介绍，具体步骤如下。

（1）首先需要进行操作系统版本以及开发工具 Xcode 版本的检查。由于 MoltenVK 在构建期间引用了高级操作系统框架，因此需要 Xcode 9 或更高版本来构建和链接 MoltenVK 项目，同时需要操作系统版本至少达到 macOS 10.11 或 iOS 9，若版本没有达到要求，可以通过 AppStore 进行下载和升级。

（2）将本书所带案例项目 MacSample18_8 的压缩包复制到桌面，并进行解压。打开 Xcode，单击 File→Open，如图 18-25 所示。找到桌面上解压完的项目文件夹 MacSample18_8 并打开（选择名称为 "MacSample18_8"，后缀为 "xcodeproj" 的文件打开），如图 18-26 所示。

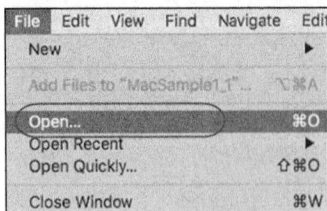

▲图 18-25　打开项目界面 1

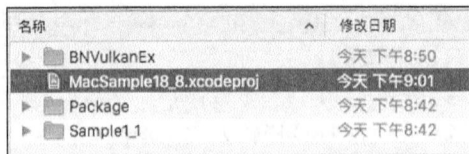

▲图 18-26　打开项目界面 2

（3）运行项目之前，还需要确认一下桌面路径位置。打开项目中 "main_task" 目录下的 "PathData.h" 文件，其内容如图 18-27 所示。这里有一个宏 "PathPre"，其值为桌面路径的字符串，如果读者的桌面路径与该路径不同，应进行适当修改，否则可能会造成项目无法正常运行。

上述步骤（3）只有 macOS 的项目需要进行，而 iOS 项目的路径是通过系统 API 自动获取的，不需要进行上述步骤（3）的操作。

（4）桌面路径字符串修改完成后，单击运行按钮就可以运行案例了，MacSample18_8 的运行效果如图 18-28 所示。

```
1 #ifndef PathData_H
2 #define PathData_H
3
4 #define PathPre "/Users/wyf/Desktop/MacSample18_8/BNVulkanEx/"
5
6 #define VertShaderPath PathPre  "shaders/vertshadertext.vert";
7 #define FragShaderPath PathPre  "shaders/fragshadertext.frag";
8
9 #endif
```

▲图 18-27 "PathData.h" 文件

▲图 18-28 案例运行效果图

iOS 项目不可以使用 Xcode 自带的模拟器运行，只能通过真机运行调试，请读者确保使用的苹果手机系统版本至少达到 iOS 9。

2. 项目的移植

了解了如何将本书附带的 macOS 与 iOS 平台案例导入 Xcode 并运行后，接下来将基于 3 色三角形案例介绍如何将书中的其他案例移植到 macOS 和 iOS 平台。

A. 将案例移植到 macOS 平台

要想将 Windows 平台的案例项目移植到 macOS 平台，主要涉及 MyVulkanManager、PathData、ShaderCompileUtil、ShaderQueueSuit_Common、main_task 等几个类的修改，具体步骤如下。

（1）由于 Windows 平台项目的源代码编码为 GBK，而 Xcode 的默认编码为 UTF-8，所以首先需要读者自行将 Windows 平台项目中的源代码文件编码转换成 UTF-8。

（2）将案例 MacSample18_8 中的"main_task.h"文件复制到需要进行移植的 Windows 平台项目的 main_task 文件夹中，如图 18-29 所示。然后修改 Windows 平台项目中的"main_task.cpp"文件，使其内容如图 18-30 所示（如果由于印刷问题，插图看得不是很清楚，读者也可以自行对照查看案例 MacSample18_8 中的对应文件即可，后面的其他步骤也是如此）。

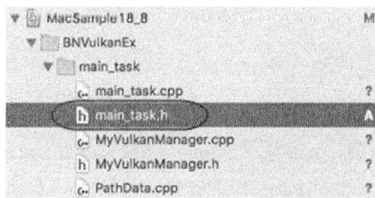

▲图 18-29 文件位置 1

```
1 #include "main_task.h"
2 #include "../../main_task/MyVulkanManager.h"
3 #include "FileUtil.h"
4
5 int main_task::sample_main(void *view)
6 {
7     MyVulkanManager::view=view;//接收窗口指针
8     MyVulkanManager::doVulkan();
9     return 0;
10 }
```

▲图 18-30 修改文件内容 1

（3）修改"MyVulkanManager.h"文件中的预处理命令部分，然后将其"info"变量修改为 macOS 的窗口指针，具体内容如图 18-31 所示。同时修改"MyVulkanManager.cpp"文件的相应内容，如图 18-32 所示。

（4）接着修改"MyVulkanManager.cpp"中 init_vulkan_instance 方法的初始化所需扩展列表相关代码，修改为 macOS 平台的相关名称扩展，具体内容如图 18-33 所示。

▲图 18-31 修改文件内容 2

▲图 18-32 修改文件内容 3

（5）然后修改"MyVulkanManager.cpp"中 create_vulkan_swapChain 方法的创建 KHR 表面相关代码，使其进行 macOS 平台 KHR 表面的创建，具体内容如图 18-34 所示。

▲图 18-33 修改文件内容 4

▲图 18-34 修改文件内容 5

（6）再修改"MyVulkanManager.cpp"中 create_vulkan_DepthBuffer 方法的确定平铺方式相关代码，删除其中采用线性瓦片组织方式的分支，具体内容如图 18-35 所示。

（7）接着将 Windows 平台项目的"ShaderCompileUtil.cpp"及"ShaderCompileUtil.h"用 MacSample18_8 中的相应文件进行替换，使其能够进行 macOS 平台相关的着色器编译工作，具体内容如图 18-36 所示。

▲图 18-35 修改文件内容 6

▲图 18-36 文件位置 2

（8）由于 Windows 平台项目中 legencyUtil 目录下的 Util 类是专门服务于 Windows 平台的，与 macOS 平台关系不大，所以将其删除。但其中定义了一个宏"NUM_DESCRIPTOR_SETS"用来表示描述集数量，因此需要修改"ShaderQueueSuit_Common.h"文件，增加一个成员变量替代此宏，如图 18-37 所示。

（9）同时根据原描述集数量修改"ShaderQueueSuit_Common.cpp"中的 create_pipeline_layout

方法，给出新增成员变量的值，如图 18-38 所示。

```
class ShaderQueueSuit_Common
{
private:
    VkBuffer uniformBuf;//一致变量缓冲
    VkDescriptorBufferInfo uniformBufferInfo;//一致变量缓冲描述信息
    int NUM_DESCRIPTOR_SETS;//描述集数量
    std::vector<VkDescriptorSetLayout> descLayouts;//描述集布局列表
    VkPipelineShaderStageCreateInfo shaderStages[2];//着色器阶段数组
    VkVertexInputBindingDescription vertexBinding;//管线的顶点输入数据绑定描述
```

▲图 18-37 修改文件内容 7

```
//创建管线 layout
void ShaderQueueSuit_Common::create_pipeline_layout(VkDevice& device)
{
    NUM_DESCRIPTOR_SETS=1;//设置描述集数量
    VkDescriptorSetLayoutBinding layout_bindings[1];//描述集布局绑定数组
    layout_bindings[0].binding = 0;//此绑定的绑定点编号
    layout_bindings[0].descriptorType = VK_DESCRIPTOR_TYPE_UNIFORM_BUFFER;//描述类型
    layout_bindings[0].descriptorCount = 1;//描述数量
    layout_bindings[0].stageFlags = VK_SHADER_STAGE_VERTEX_BIT;    //目标着色器阶段
    layout_bindings[0].pImmutableSamplers = NULL;
```

▲图 18-38 修改文件内容 8

（10）接着修改"PathData.h"中宏"PathPre"的值，使其值变为 macOS 系统中项目的路径，同时将其他宏语句中的"##"符号删除，如图 18-39 所示。

> 📝提示　　　由于不同平台采用的编译器不同，因此对于宏本身值字符串的连接需要不同的操作。如 Windows 平台下需要"##"，而 macOS 平台不需要。

（11）然后将"FPSUtil.cpp"的内容使用案例 MacSample18_8 中的相应内容进行替换，使其能够计算 macOS 平台下的 FPS 数据，具体内容如图 18-40 所示。

```
1  #ifndef PathData_H
2  #define PathData_H
3
4  #define PathPre "C:/Users/Administrator/Desktop/PCSample1_1/BNVulkanEx/"
5
6  #define VertShaderPath PathPre ## "shaders/vertshadertext.vert";
7  #define FragShaderPath PathPre ## "shaders/fragshadertext.frag";
8
9
10 #endif
```

▲图 18-39 修改文件内容 9

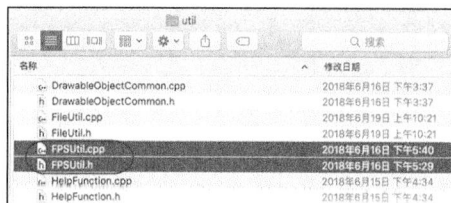

▲图 18-40 文件位置 3

（12）至此，原 Windows 平台项目的 C++代码部分已经基本修改完成。为了避免再次创建新项目并进行配置的麻烦，直接将完成代码修改的 Windows 平台项目的"BNVulkanEx"文件夹复制替换案例 MacSample18_8 中的"BNVulkanEx"文件夹，如图 18-41 所示。

（13）最后需要将移植前 Windows 版项目中的鼠标事件处理相关代码在 macOS 项目中的"ViewCotroller.cpp"文件中进行重写，如图 18-42 所示。重写后，可以删除原 Windows 版项目相关代码，完成移植。

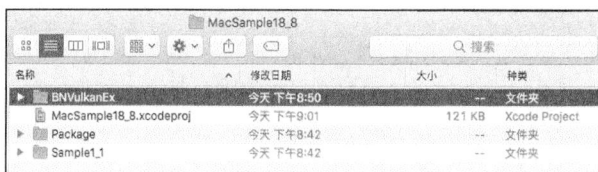

▲图 18-41 文件位置 4

```
int preX = 0;
int preY = 0;
bool mouseLeftDown = false;
NSPoint point;
//三种触控
- (void)mouseDown:(NSEvent *)theEvent {      //鼠标按下
    CGEventRef ourEvent = CGEventCreate(NULL);
    point = CGEventGetLocation(ourEvent);
    CFRelease(ourEvent);
    preX=point.x;
    preY=point.y;
    mouseLeftDown = YES;
}
- (void)mouseDragged:(NSEvent *)theEvent {   //鼠标移动
    if (mouseLeftDown)
    {
        CGEventRef ourEvent = CGEventCreate(NULL);
        point = CGEventGetLocation(ourEvent);
        CFRelease(ourEvent);
        int x = point.x;
        int y = point.y;
        float xDis =(float)(x - preX);
        float yDis = (float)(y - preY);
        preX = x;
        preY = y;
    }
}
- (void)mouseUp:(NSEvent *)theEvent {         //鼠标抬起
    mouseLeftDown = NO;
}
```

▲图 18-42 鼠标事件处理相关代码

　　总结一下，将 Windows 版项目移植为 macOS 版项目最重要的就是两部分工作。第一部分是源代码文字编码的转码工作以及相关代码细节的修改，第二部分是基于本书给出的 macOS 版案例项目替换相关代码。这种模式比每次移植项目时都新建项目再进行相关配置成本低、效率高。

　　B．将案例移植到 iOS 平台

　　接下来介绍如何将 Windows 平台的案例项目移植到 iOS 平台，其过程与 macOS 平台项目的移植基本相同，只是替换成基于本书给出的 iOS 版案例项目 iOSSample18_8 进行。因此相似部分的步骤就不再详细介绍了，请读者自行参照前面的内容完成。下面给出移植过程中区别较大的部分，具体内容如下。

　　（1）修改 "MyVulkanManager.cpp" 中 create_vulkan_DepthBuffer 方法内用于设置深度图像格式的相关代码，使深度图像的格式为 VK_FORMAT_D32_SFLOAT，如图 18-43 所示。

　　（2）由于 iOS 版的项目需要将资源文件（如纹理图、着色器脚本文件、骨骼动画文件等）打包进 Bundle 文件夹中，所以在移植过程中需要将所需资源文件复制到名称为 res 的文件夹中并将其后缀修改为 ".bundle"，如图 18-44 所示。

▲图 18-43　修改文件内容 10

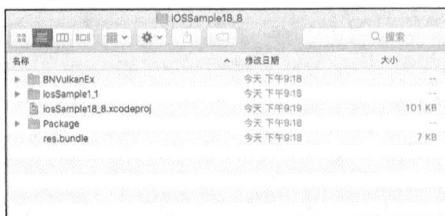

▲图 18-44　文件位置 5

　　（3）资源文件位置修改完成后还需要获取其路径，这里可以通过 iOSSample18_8 中的 PathUtil 工具类来获取。此类中封装了用于获取 "res.bundle" 路径的方法，如图 18-45 所示。读者可以通过该方法再根据原项目的 Path.h 文件中包含的资源文件路径对项目中的相关代码进行修改，如图 18-46 所示。

▲图 18-45　获取资源文件路径

▲图 18-46　修改文件内容 11

　　💡提示　　由于很多情况下 iOS 平台中资源文件的路径较长，因此部分 Windows 版项目中用于存储相关资源文件路径的字符数组长度可能不够，移植后会出现运行时数组越界的问题，此时请根据实际情况自行修改相关代码。

18.8.2　Linux 平台下 Vulkan 图形应用程序的开发

　　前面介绍了 macOS 与 iOS 平台下项目的导入与移植，下面将介绍 Linux 平台下 Vulkan 应用程序的开发，主要包括安装显卡驱动和 Vulkan SDK 以及 Linux 平台项目的导入与移植等，具体内容如下。

1．显卡驱动的安装

　　要想进行 Vulkan 应用的开发，首先要确认开发用 PC 的显卡是否支持 Vulkan，并且确认系统

（这里以 Ubuntu 为例）中是否安装了支持 Vulkan 的显卡驱动（这里基于英伟达的显卡进行介绍），具体步骤如下。

（1）首先前往英伟达官网查看自己的显卡是否支持 Vulkan，如果支持可以继续下面的步骤。

（2）同时按下 Ctrl+Alt+T 打开终端，依次输入"lspci | grep -i vga""lspci | grep -i 3d""ubuntu-drivers devices"查看显卡设备、检测驱动版本，具体情况如图 18-47 所示。如果版本过旧，则输入"sudo apt-get purge nvidia-*"删除旧的显卡驱动。

（3）卸载完成（或版本检查符合要求）后，输入"sudo add-apt-repository ppa:graphics-drivers/ppa"来添加 ppa 源。添加完成之后会显示如图 18-48 所示内容。

▲图 18-47　查看显卡设备、检测驱动版本

▲图 18-48　添加 ppa 源完成

（4）然后依次输入"sudo apt-get update""sudo apt-get upgrade"来更新应用，如果有可更新的应用，会询问是否安装，输入"y"后按 Enter 键安装更新。

（5）更新完成后，就可以开始安装驱动了。输入"sudo apt-cache search nvidia-"来搜索有哪些可供选择的驱动版本，如图 18-49 所示。

（6）从图 18-49 中可以看出"390"是当前的最新版本（这是笔者完稿时的最新版本，读者实际操作时可能有更新的版本），故输入"sudo apt-get install nvidia-390"，确认后开始安装 390 版本的英伟达显卡驱动。这里的安装可能会花费一些时间，请耐心等待。

（7）显卡驱动安装完成之后，可以在应用程序中发现英伟达显卡驱动的图标 。打开这个应用，会显示如图 18-50 所示的窗口，这就是英伟达显卡驱动设置程序的窗口。在这个应用程序里，可以查看驱动版本和显卡信息，也可以进行一些相关的设置。

▲图 18-49　查询驱动版本

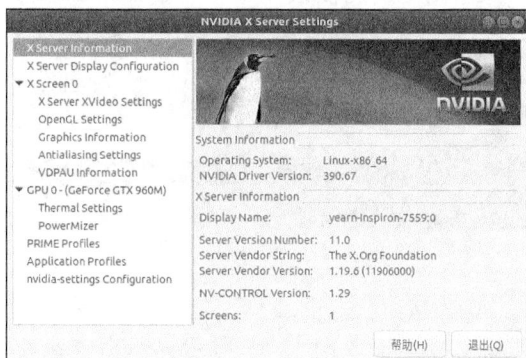

▲图 18-50　英伟达显卡驱动设置程序

2. Vulkan SDK 的下载、安装与配置

开发 Linux 平台下的 Vulkan 应用之前，需要安装 Linux 平台专用的 Vulkan SDK，主要步骤包括安装 CMake、XCB 相关库、Python 等相关依赖、安装 SDK 和添加 SDK 环境变量等，具体步骤如下。

（1）安装 SDK 之前，需要首先安装 CMake 等一系列程序，依次输入 "sudo apt-get update" "sudo apt-get upgrage" 命令更新应用程序之后，再输入 "sudo apt-get install libglm-dev cmake libxcb-dri3-0 libxcb-present0 libpciaccess0 libpng-dev libxcb-keysyms1-dev libxcb-dri3-dev libx11-dev libmirclient-dev libwayland-dev libxrandr-dev" 命令安装所需程序，确认后等待安装完成。如果已经安装相应应用，会显示 "已经是最新版"，具体情况如图 18-51 所示。

（2）接着还需要安装 Python，输入 "sudo apt-get install git libpython2.7" 命令来安装 Python2.7，当然也可以安装更新版本的 Python。安装完成之后，输入 "python2.7" 来检测安装是否成功。如果安装成功，会进入如图 18-52 所示的 Python 命令行界面，此时输入 "exit()" 可以退出 Python2.7。

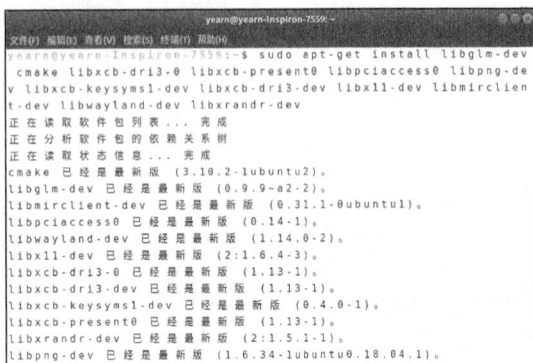

▲图 18-51　安装 CMake 等一系列程序

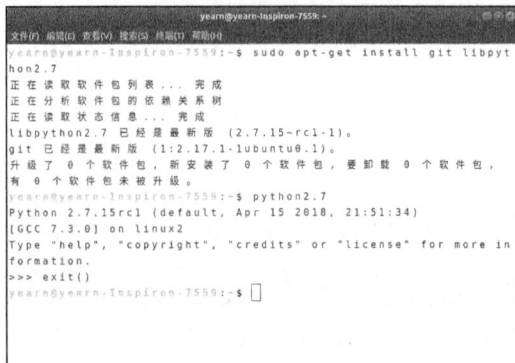

▲图 18-52　安装 Python

（3）完成上述步骤后，前往 Vulkan 官网页面，如图 18-53 所示。查看如图 18-54 所示的 Linux 板块，下滑找到 "vulkansdk-linux-x86_64-1.0.68.0.run"，点击此项链接下载 SDK 安装包，下载完成后在主目录的 "下载" 文件夹中会找到下载后的安装包文件。

▲图 18-53　VulkanSDK 下载界面

▲图 18-54　下载 VulkanSDK 的链接

（4）接着输入 "cd～" 进入用户目录，再输入 "./下载/vulkansdk-linux-x86_64-1.0.68.0.run" 开始安装，出现图 18-55 所示提示后安装完成。安装完成后可以在用户目录下发现名称为 "VulkanSDK" 的文件夹，这里为了方便开发，将其重命名为 "vulkan"，如图 18-56 所示。

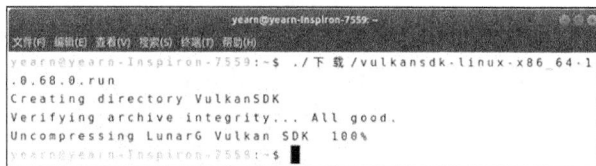

▲图 18-55　安装 VulkanSDK

▲图 18-56　安装后的 SDK 目录

> 💡 **说明**　在终端中输入 "./下载/vulkansdk-linux-x86_64-1.0.68.0.run" 命令后，可能系统会提示权限不足，这时可以先输入 "chmod 777 vulkansdk-linux-x86_64-1.0.68.0.run" 命令来提高文件的权限，再进行上述操作即可。

（5）完成了 VulkanSDK 的安装后，接着需要配置一些环境变量。首先在终端中输入 "export VULKAN_SDK=~/vulkan/1.0.68.0/x86_64"，然后依次输入 "export PATH=\$VULKAN_SDK/bin:\$PATH" "export LD_LIBRARY_PATH=\$VULKAN_SDK/lib:\$LD_LIBRARY_PATH" 和 "export VK_LAYER_PATH=\$VULKAN_SDK/etc/explicit_layer.d" 来设置相关环境变量，如图 18-57 所示。

（6）执行完上面的步骤后，Linux 平台中的 Vulkan 开发环境就基本配置完成了。此时可以运行 "vulkaninfo" 程序来检测配置是否成功。在控制台中输入 "vulkaninfo"，若出现如图 18-58 所示的内容，则表示配置成功。

▲图 18-57　配置环境变量

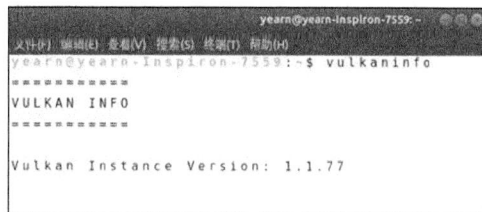

▲图 18-58　执行 vulkaninfo 程序

> 💡 **提示**　使用上述添加环境变量的方法只能使所添加的环境变量存在于当前的终端，当终端关闭后会失效。若想要永久添加这些环境变量，需要修改系统的 "profile" 或 ".bashrc" 配置文件，将上述命令添加到配置文件最后面，重启后即可生效。

（7）确认 VulkanSDK 安装成功后，可以试着编译 SDK 中自带的旋转立方体案例。在终端中依次输入 "cd~/vulkan/1.0.68.0/examples" "mkdir build" 和 "cd build" 命令来创建并进入构建目录，再输入 "cmake .." 来生成 Makefile，最后输入 "make" 来编译案例，若出现如图 18-59 所示内容则编译成功。

（8）编译成功之后，输入 "ls" 来查看当前路径下的文件，会发现其中有 "cube" "cubecpp" 两个文件，分别是 C 版和 C++版的可执行程序，运行效果相同。输入 "./cube" 或 "./cubepp" 运行相应的程序，会弹出如图 18-60 所示的窗口，其中包含一个自动旋转的立方体。

3. CLion 的安装

虽然可以通过直接使用终端命令来开发 Linux 平台的应用，但是使用开发工具会让工作变得方便很多，笔者选用的是 CLion。CLion 是一款专门为开发 C 及 C++程序所设计的跨平台 IDE

（集成开发环境），包含了许多智能功能来帮助提高生产效率。下面将介绍 CLion 的安装，具体步骤如下。

▲图 18-59 编译旋转立方体案例

▲图 18-60 运行结果

（1）首先打开 Ubuntu 的应用商店，点击搜索按钮，输入 CLion，即可搜索到 CLion 应用程序，如图 18-61 所示。点击安装，等待下载与安装完成。安装成功后，可以在应用程序中发现 CLion 图标。

（2）打开 CLion，会弹出激活窗口，请到 CLion 官方网站购买激活码，然后通过激活码激活，如图 18-62 所示。也可以申请 30 天试用或申请学生免费版，激活成功后即可正常使用。

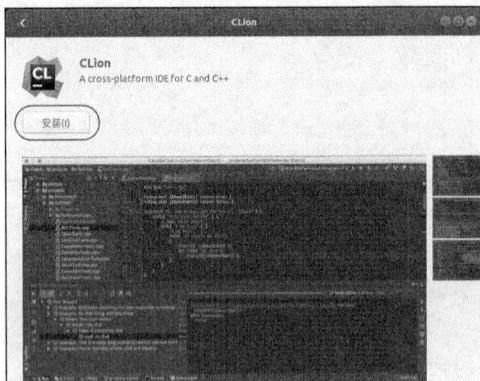

▲图 18-61 应用商店的 CLion 界面

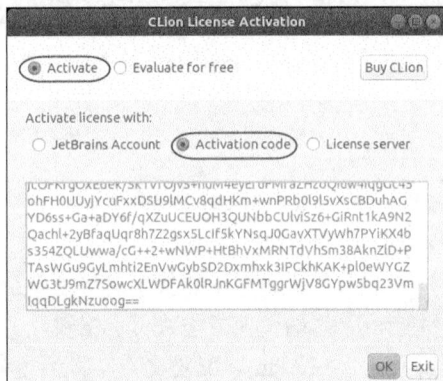

▲图 18-62 用 CLion 激活码激活

4. CLion 项目的导入与运行

Linux 平台下 Vulkan 图形应用程序的开发环境在完成上述所有步骤后就搭建完毕了，接下来介绍案例项目的导入与运行。这里以本书附带的 3 色三角形案例 LinuxSample18_8 为例进行介绍，步骤如下。

（1）打开 CLion，进入打开项目界面，如图 18-63 所示。接着将随书附带的 "LinuxSample18_8.zip" 案例压缩包复制到桌面并解压，然后点击 CLion 界面中的 "Import Project from Sources"，就可以打开项目路径选择界面，如图 18-64 所示。

（2）点击 "OK" 按钮之后，会弹出如图 18-65 所示的提示，这是因为项目中已有 "CMakeList.txt" 文件。点击 "Open Project" 按钮直接打开项目，打开后如图 18-66 所示。

▲图 18-63 打开项目界面

▲图 18-64 项目路径选择界面

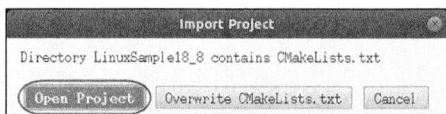

▲图 18-65 提示窗口

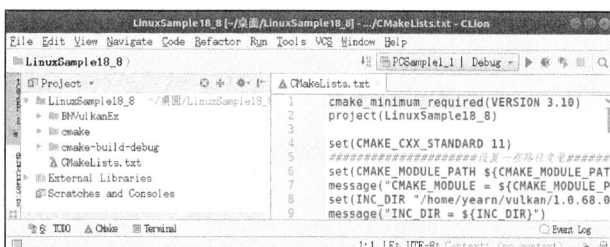

▲图 18-66 打开项目后的界面

（3）项目打开成功后，接着打开"CMakeLists.txt"文件，将如图 18-67 所示位置的路径修改为当前用户 VulkanSDK 中"include"文件夹所在的路径。

（4）然后关闭 Clion 再重新打开项目，点击运行按钮▶即可运行项目，运行效果如图 18-68 所示。

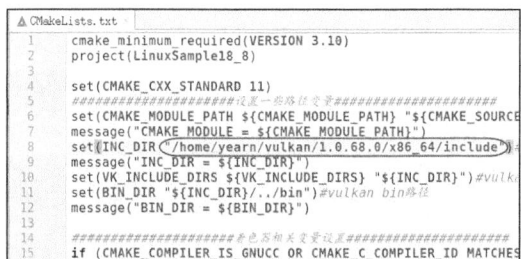

▲图 18-67 修改路径所在位置

▲图 18-68 运行效果图

5. 将案例移植到 Linux（Ubuntu）平台

完成了上述安装显卡驱动、安装 VulkanSDK、配置环境变量、安装 CLion 和导入并运行 3 色三角形案例项目等一系列工作之后，接下来介绍如何将 Windows 平台的案例移植到 Linux 平台，具体步骤如下。

（1）首先将 Windows 版项目的压缩包解压到桌面，解压后打开文件夹，将"build"文件夹删除。再将 LinuxSample18_8 项目根目录下的"cmake"文件夹复制到此处，然后用 CLion 导入项目。导入项目时，会出现选择路径的窗口，按照图 18-69 所示选中"shaders"文件夹，单击"OK"按钮。

📝提示　本书附带的 Windows 版案例中大部分源代码文件的编码格式是 GBK，而 CLion 导入项目时默认的编码格式是 UTF-8，所以可能会使代码中的中文汉字出现乱码，此时请更改编码格式后重新加载。

（2）导入成功后会在项目根目录下自动生成"CMakeLists.txt"文件，将 LinuxSample18_8 项目中同名文件中如图 18-70 所示位置之后到如图 18-71 所示位置之前的代码复制到生成的"CMakeLists.txt"文件中的对应位置。之后还需将如图 18-70 中所示的路径修改为当前用户 VulkanSDK 的"include"文件夹所在的路径。

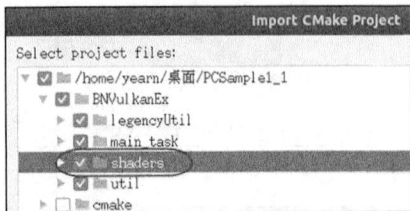
▲图 18-69　导入项目界面

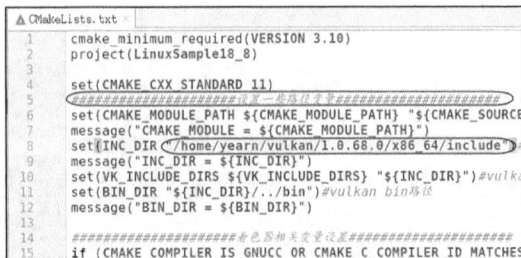
▲图 18-70　CMakeLists 文件 1

（3）找到"legencyUtil"文件夹中的"util.cpp"和"util.hpp"这两个文件，如图 18-72 所示。将这两个文件替换为 LinuxSample18_8 项目中对应目录下同名的两个文件。

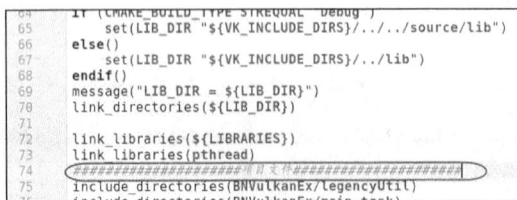
▲图 18-71　CMakeLists 文件 2

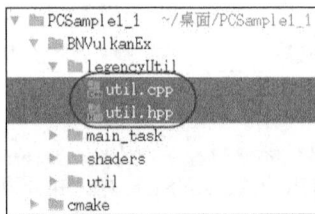
▲图 18-72　项目文件界面 1

（4）在图 18-73 所示位置删除"ShaderCompileUtil.cpp"和"ShaderCompileUtil.h"文件，这两个文件的作用是协助编译着色器，在 Linux 平台中可以用"CMakeLists.txt"里的相应命令来代替此功能。

（5）打开"main_task"文件夹中的"MyVulkanManager.cpp"，首先在预编译命令处添加"#include <cstring>"，然后找到用于创建 vulkan 实例的"init_vulkan_instance"方法，如图 18-74 所示进行修改。

▲图 18-73　项目文件界面 2

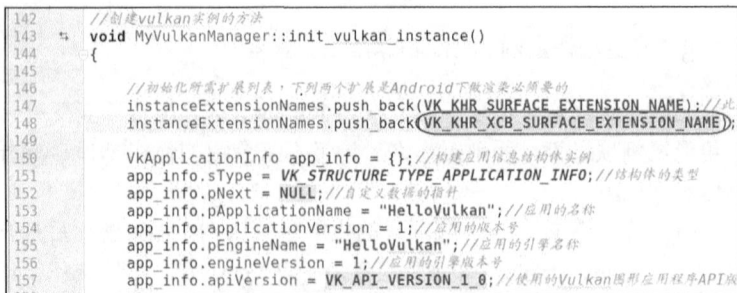
▲图 18-74　修改内容 1

（6）从"MyVulkanManager.cpp"中找到用于创建交换链方法"create_vulkan_swapChain"，对照 LinuxSample18_8 项目中的内容在如图 18-75 所示位置进行修改。然后找到"MyVulkanManager.cpp"中的"destroy_vulkan_instance"方法，将其进行如图 18-76 所示的更改。

▲图 18-75　修改内容 2

▲图 18-76　修改内容 3

（7）在"main_task"文件夹中打开"ShaderQueueSuit_Common.cpp"文件，在预编译命令处删除"#include "ShaderCompileUtil.h""，并添加"#include <cstring>"，如图 18-77 所示。然后找到"create_shader"方法，删除如图 18-78 所示的语句。

▲图 18-77　修改内容 4

▲图 18-78　修改内容 5

（8）找到"main_task"文件夹中的"PathData.h"文件并打开，删除其中的宏"PathPre"，修改宏"VertShaderPath"和"FragShaderPath"为对应的着色器文件路径，如图 18-79 所示。

（9）在"ShaderQueueSuit_Common.cpp"文件的"create_shader"方法中，获得编译后的顶点与片源着色器的相关代码处还需进行如图 18-80 所示的修改。

▲图 18-79　修改内容 6

▲图 18-80　修改内容 7

（10）打开"util"文件夹中的"FPSUtil.cpp"，在预编译命令处删除"#include<windows.h>"和"#include<winbase.h>"。由于 Linux 平台的相关库中没有"GetTickCount"方法，所以要将 LinuxSample18_8 项目中同名文件中的该方法代码复制到相应位置，如图 18-81 所示。

（11）将"main_task"文件夹中的"ThreadTask.cpp"文件打开，在预编译命令中找到如图 18-82 所示内容。由于 Linux 平台下路径中不能使用"\"，所以要将其修改为"/"。

（12）移植项目时，一般会涉及鼠标和键盘等相关事件的监听。要实现相应的事件监听，首先要在"util.hpp"文件的"create_xcb_window"方法中如图 18-83 所示位置添加需要监听的事件，然后在"handle_xcb_event"方法中的如图 18-84 所示位置添加相应的事件处理代码即可。

▲图 18-81　修改内容 8

▲图 18-82　修改内容 9

▲图 18-83　修改内容 10

▲图 18-84　事件监听位置

> **提示**　将 Windows 版项目移植为 Linux 版项目最重要的就是两部分工作。第一部分是源代码文字编码的转码工作以及相关代码细节的修改；第二部分是基于本书给出的 Linux 版案例项目替换相关代码。这种模式比每次移植项目时都新建项目再进行相关配置成本低、效率高。

经过上面的一系列步骤，将 Windows 平台下的项目移植到 Linux 平台的工作就基本完成了。在移植其他的项目时，可能会出现 Windows 平台的包含的库与 Linux 平台有些许差异的情况，本文篇幅有限，不能逐一介绍。此时请读者自行查阅相关资料，根据实际情况进行修改。

18.9　本章小结

本章主要介绍了一些与 Vulkan 应用开发相关的不太容易分类的知识与技术，主要包括四元数旋转、3D 拾取、多重采样抗锯齿、保存屏幕图像、Windows 系统窗口缩放、曲面细分着色器与几何着色器以及 macOS、iOS 与 Linux 平台下 Vulkan 应用的开发等。通过本章的学习，若可以灵活运用相关技术，将能开发出更有吸引力的功能与场景。

第19章 基于 Vulkan 的 3D 休闲游戏——方块历险记

随着移动互联网的飞速发展，软件种类与数量越来越丰富，休闲类游戏也日渐流行。休闲类游戏是指以让玩家在休息和闲暇时间游玩为目的的游戏，该类游戏具有较高的娱乐性，操作简单，不用花费太多的脑力，用户可以利用碎片化的时间进行游戏。

本章将通过介绍"方块历险记"游戏在 Android 平台以及 Windows 等平台上的设计与实现，对使用 Vulkan 技术开发 3D 休闲类游戏的步骤做深入地讲解。在介绍使用 Vulkan 开发游戏的同时并介绍本游戏的相关开发技巧，期望通过阐述过程可以将 Vulkan 的强大呈现出来。

19.1 游戏背景及功能概述

开发游戏之前，需要先了解一下本游戏的开发背景和功能。本节将主要围绕该游戏的开发背景以及游戏的基本功能和玩法来进行简单介绍。希望可以通过本节对游戏有 个整体、基本的介绍，进而为后面的游戏开发工作做好准备。

19.1.1 游戏开发背景概述

近些年来随着生活节奏的加快，越来越多的人倾向于玩一些手机上的休闲游戏来打发无聊的时间，比如目前比较热门的休闲类游戏"开心消消乐"，此类画面精美，游戏操作简单，适合各个年龄段的用户，如图 19-1、图 19-2 与图 19-3 所示。

▲图 19-1 开心消消乐游戏截图 1　　▲图 19-2 开心消消乐游戏截图 2　　▲图 19-3 开心消消乐游戏截图 3

本游戏就是一款使用 Vulkan 技术进行图像渲染的休闲类小游戏，在游戏的开发中，需要自行编制管线并编写着色器开发各种炫酷特效，虽然提升了编程难度但极大地丰富了视觉效果，增强了用户体验，游戏的玩法也十分简单，但同样极具可玩性。

19.1.2 游戏功能简介

19.1.1 节简单地介绍了游戏的开发背景，本节将对游戏主要的界面及功能进行简介。"方块历险记"游戏作为一款简单的休闲小游戏，主要包括主菜单场景、游戏场景。接下来将对游戏的部分界面以及运行效果进行简单的介绍，具体内容如下。

（1）在手机上点击该游戏的图标，运行游戏，首先进入的是游戏的主菜单场景，效果如图 19-4 所示，该场景中显示的分别是关于按钮、退出按钮。点击关于按钮，将弹出本游戏的版权相关信息如图 19-5 所示，点击开始按钮进入本游戏，如图 19-6 所示。

（2）进入游戏玩家需要点击屏幕使方块旋转，同时还要注意躲避机关，如图 19-7 所示。游戏中设置了各种各样的机关，主要有移动板、夹子、地刺等。机关的移动有一定规律。看准时机后可以成功躲避。

（3）游戏有一定的难度，操作不慎方块很可能躲避机关失败，失败后，方块死亡并且播放死亡动画。根据机关的不同，方块的死亡动画也不同，如图 19-8 被夹子夹中方块挤压死亡，如图 19-9 方块从移动板上掉落死亡。

▲图 19-4　主菜单场景

▲图 19-5　点击关于按钮　　▲图 19-6　点击开始进入游戏界面　　▲图 19-7　游戏界面　　▲图 19-8　夹子死亡场景

（4）如图 19-10、图 19-11 所示，分别为方块被地刺刺中后死亡动画，方块被落锤击中死亡动画。游戏中还有其他机关，这里不再一一展示。当成功躲避所有机关后，方块到达终点，此时方块升起并旋转播放胜利动画，如图 19-12 所示，再次点击屏幕后进入第二关。

▲图 19-9　掉落死亡场景　　▲图 19-10　地刺死亡场景　　▲图 19-11　落锤死亡场景　　▲图 19-12　胜利场景

19.2　游戏的策划及准备工作

介绍完本游戏的背景和基本功能后，接下来将着重讲解游戏开发的前期准备工作，一个好的游戏需要有合理的策划和充分的准备工作，本节主要介绍游戏的策划和各种游戏资源的准备。通过本节的介绍，本游戏的开发将会有一个更加全面的展示。

19.2.1 游戏的策划

首先将要介绍的是游戏的策划部分，主要包括：游戏类型定位、呈现技术、以及目标平台的确定等工作。这里主要介绍了游戏类型、运行的目标平台、采用的呈现技术、操作方式、音效设计，下面将对这些内容依次进行介绍。

● 游戏类型

该游戏的操作为触屏，通过点击屏幕来移动方块，躲避机关，当方块被机关击中时会产生失败的效果，当移动到关底时可以经过一段切关动画进入下一关，再次抵达关底时，玩家获得胜利。本游戏操作简单，考验玩家的反应能力，属于休闲类游戏。

● 运行的目标平台

本游戏的运行目标平台相对苛刻。手机平台要求设备系统为 Android 7.0 及以上版本，还要有类似骁龙 835、麒麟 960 这样能够支持 Vulkan 渲染技术的硬件基础。PC 平台要求在设备上配有 Vulkan 的运行环境，此外设备的显卡还应能够支持 Vulkan 进行渲染。

● 采用的呈现技术

游戏完全采用 Vulkan 进行游戏场景的搭建和游戏特效的处理，比如游戏方块翻转产生的模拟烟雾，开始和抵达终点的效果。这些特效是使用 Vulkan 进行开发的，用起来简单方便，但呈现的效果十分强大，游戏绚丽的画面、方便操作，极大地增强了游戏体验。

● 操作方式

本游戏的操作方式均为触屏操作，包括打开/关闭关于信息、重新游戏、返回主界面、退出游戏以及最重要的开始游戏。开始游戏后，玩家需要通过手指点击屏幕，操控使得方块不断翻动，躲避机关，成功到达到终点获取胜利。

● 音效设计

为了提高玩家的游戏体验，本游戏根据游戏的实际呈现效果添加了适当的音效，例如，点击屏幕的音效、游戏的背景音乐等。在游戏的主菜单界面点击音效按钮即可控制游戏音效的开启与关闭。

19.2.2 游戏的开发准备工作

上面介绍了游戏的策划，确定了对于本游戏的技术定位，本节将做一些开发前的准备工作，其中主要包括搜集和制作符合本游戏风格的图片、模型，纹理图等，各种详细的资源使用情况将在下面以图表的形式展开介绍。

（1）首先介绍的是本游戏中用到的图片资源，系统将所有图片资源文件都放在了项目文件下的 assets 下的 texture 文件下，尽量将一种类型的文件放在一个统一的文件夹下方便于管理，项目中的图片资源文件如表 19-1 所示。

表 19-1　　　　　　　　　　　　　　图片资源

图 片 名	大小（KB）	像素（w×h）	用 途
about.pkm	64	256×256	关于按钮图片
back.pkm	64	256×256	后退按钮图片
box.pkm	64	256×256	主角方块的纹理图
cft.pkm	64	256×256	地面长方体纹理图
cftshadow.pkm	64	256×256	长方体阴影纹理图
dianjistart.pkm	128	128×128	点击开始按钮图片
dici.pkm	64	256×256	地刺机关纹理图

图 片 名	大小（KB）	像素（w×h）	用 途
exitbtn.pkm	64	256×256	退出按钮图片
floor.pkm	64	256×256	蓝白地面纹理
grass.pkm	256	256×256	地面的纹理图
guanyu.pkm	128	128×128	关于菜单图片
jiazi.pkm	64	256×256	夹子机关纹理图
qizi.pkm	256	256×256	旗子纹理图
qizigun.pkm	256	256×256	旗子棍的纹理图
resume.pkm	64	256×256	重新开始图片
sgtf.pkm	64	256×256	取得胜利图片
steps.pkm	128	128×128	Logo 图片
tanshe.pkm	64	256×256	弹射机关纹理图
zft.pkm	64	256×256	方块纹理图

（2）接下来是游戏中用到的 obj 模型资源，其中包括了主角方块的模型，各种机关的模型，地板模型，地面方块的模型。这些模型的位置都是放置在坐标原点的，这样方便程序对其位置的调整，项目中的模型资源文件如表 19-2 所示。

表 19-2　　　　　　　　　　　　模型资源

模 型 名 称	大小（KB）	格 式	用 途
attach.obj	1	obj	点击按钮的模型
box.obj	1	obj	盒子方块的模型
cft.obj	1	obj	地面方块模型
diaoluo.obj	11	obj	掉落块机关模型
dici.obj	3	obj	地刺机关模型
floor.obj	2	obj	地面模型
jiazijia.obj	1	obj	夹子主要机关模型
jiazike.obj	1	obj	夹子装饰模型
qizi.obj	2	obj	旗子模型
plane.obj	1	obj	地面模型
qizigun.obj	1	obj	旗子棍模型
tanshe.obj	1	obj	弹射机关模型
zft.obj	1	obj	主角正方体模型

（3）接下来介绍本游戏中需要用到的声音资源，声音资源在项目文件下的 assets 目录下的 sound 文件夹中，主要有游戏中的背景音乐以及各种音效，详细资源文件信息如表 19-3 所示。

表 19-3　　　　　　　　　　　　声音资源

声音文件名	大小（KB）	格 式	用 途
bgm.wav	5273.6	wav	游戏背景音乐
dingdong.wav	118	wav	点击音效

19.2 节介绍了本游戏的策划和前期的准备工作。本节将对游戏的整体架构进行简单介绍，主要包括对各个类的介绍以及游戏框架的简介。通过本节，游戏的设计思路及基本架构将会有一个相对清晰的展开，便于下面介绍游戏的具体开发代码。

19.3.1　各类的简要介绍

本游戏中开发了许多类用以实现游戏的主体功能，为了更好地阐述游戏中的每个类的功能，从而能够对游戏的架构有一个整体的认识，下面将分别对各个类的作用进行简要的介绍，而每个类的具体代码将会在后面的章节中相继进行讲解。

1.　布景相关类

- 总绘制管理类——MyDraw

MyDraw 类是游戏中总绘制管理类，包括游戏中 2D 与 3D 物体的创建与绘制。首先创建游戏中的各种机关、道路、主方块等 3D 物体以及 2D 仪表板按钮物体，然后通过 draw 方法呈现到屏幕上。

- 3D 布景类——My3DLayer

My3DLayer 类是游戏的 3D 布景类，该类创建了游戏的 3D 世界，首先在该类中初始化关卡数据，创建了地板模型，机关模型，方块模型。其次是重新开始方法，玩家操纵方块不慎死亡后，调用该方法，重置数据，重新开始当前关卡。

- 摄像机管理类——CameraUtil

CameraUtil 类是游戏中摄像机管理类，该类管理游戏中所有 3D 摄像机的使用，首先初始化摄像机的参数，在主角方块移动时，调用其中的方法，实现摄像机跟随主方块移动，在主角方块触发弹射机关时，会产生摄像机跳跃动的效果。

- 3D 物体创建类——Square3D

Square3D 类是游戏中 3D 物体的创建类。为了方便物体的创建与统一，本游戏中的所有 3D 物体的创建都是通过调用此类中的方法实现的，创建 3D 对象时传入该 3D 物体的图片与模型路径参数，完成创建并产生对应的物体对象。

2.　机关与方块相关类

- 方块管理类——ZFTManager

ZFTManager 类是游戏中的主角——方块的管理类，该类创建方块的模型，初始化方块的各种动作，这些动作方法主要包括，向前走动作，向右走动作，向左走动作，弹射动作，过关动作和多种死亡动作，根据主方块不同的姿态调用不同的方法。

- 掉落块机关管理类——DiaoLuoManager

DiaoLuoManager 类是游戏中掉落方块机关的管理类，该类创建掉落块机关的模型，模拟阴影的长方体模型，初始化该机关的更新动作，动作包括阴影随着机关的上升下降而缩小增大，根据标志位判断方块是否触碰机关。

- 地刺机关管理类——DiCiBox

DiCiBox 类是游戏中地刺机关的管理类，该类创建地刺机关的模型，初始化该机关的更新动作，和动作方法，该方法通过判断标志位的状态，控制地刺模型的上升和下降，当地刺处于上升状态时，方块碰撞到地刺，游戏结束。

- 夹子机关管理类——JiaZiBox

JiaZiBox 类是游戏中夹子机关的管理类，该类创建夹子机关的模型，初始化机关的更新动作，这里要特别说明，由于夹子的方向和其所处的地面方向有直接关系，所以需要先判断每个夹子机关所处在地面的方向，在根据不同的方向，旋转夹子机关，改变其运动方向。

- 弹射机关管理类——TanShe

TanShe 类是游戏中弹射机关的管理类，该类创建弹射机关的模型，当方块到达弹射机关位置时，方块进行一个跳跃的动作，并且屏幕也会有移动感，移动 4 格的距离，该类主要是给地面的方块加一个特殊纹理的薄长方体块。

- 移动机关管理类——YiDongBox

YiDongBox 类是游戏中移动机关的管理类，该类得到地面方块的位置，将地面的长方体块按 y 轴压缩，压缩成一个薄板，按照标志位左右移动，移动有一定的规律，主方块必须在其停到中间时方可快速通过，且方块无法在上面停留。

3. 辅助工具类

- 触控监听类——Touch2D

Touch2D 类主要是玩家点击 2D 按钮后的相关操作方法，主要包括开始游戏后对于数据的初始化、重新开始游戏后数据的重置、点击关于按钮后弹出相应的版权信息以及点击关闭按钮后退出游戏等，增添游戏与人的交互性。

- 纹理管理类——TextureManager

该类主要是对本游戏中所使用的所有纹理进行统一的加载与初始化，将游戏中所有纹理集中到一起方便管理，在游戏开始前就将所有的纹理一次性加载完成。在创建物体时只需要传入相应的纹理路径即可使用，方便后续开发工作。

4. 游戏入口类——main

该类中封装了一系列与游戏引用生命周期有关的函数，其中包括应用开启的入口函数、应用退出程序关闭等函数。其中与相关的主要方法是对主方块的控制，通过触控点击屏幕，主方块旋转移动不断翻转移动来躲避机关，从而取得最后的胜利

19.3.2　游戏框架简介

19.3.1 节已经对该游戏中所用到的类进行了简单介绍，可能理解起来游戏的架构以及游戏的运行过程稍有困难。接下来本节将从游戏的整体架构上进行介绍，对本游戏整体做更好阐述，首先给出的是其框架图，如图 19-13 所示。

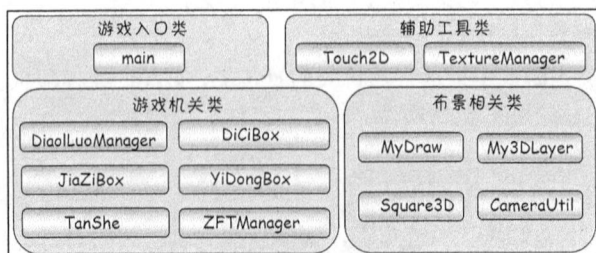

▲图 19-13　游戏框架图

　图 19-13 中列出了"方块历险记"游戏框架图,通过该框架图可以看出游戏的运行从 main 类开始,然后依次给出了游戏机关类,辅助工具类,布景相关类,其各自功能后续将向读者详细介绍,这里不必深究。

接下来按照程序运行顺序逐步介绍各个类的作用以及整体的运行框架,对本游戏的开发做逐步介绍,其详细步骤如下。

（1）启动游戏,会在 main 类中开启游戏线程,然后进入游戏。首先玩家看到的是游戏的菜单布景层,该层有 3 个按钮,分别是关于按钮,退出按钮和点击开始按钮。

（2）当玩家点击关于按钮时,菜单布景层会出现游戏开发现相关信息的介绍图片,再次点击关于按钮可让图片不可见。当玩家点击退出按钮时游戏将退出至系统桌面。当玩家点击点击开始按钮时游戏正式开始,按钮全部变为不可视。

（3）游戏正式开始后,菜单布景层会不可见,玩家通过点击屏幕控制方块翻转移动,躲避游戏内的机关,到达终点抵达第二关。在第二关,基本操作和第一关一样,不过机关的位置摆布不同,玩家再次抵达终点后,游戏结束,玩家获得胜利。

（4）当玩家触碰机关时,玩家控制的方块会根据触碰机关的不同播放失败的动作,同时菜单布景层出现重新游戏样式的按钮图片与返回按钮图片,点击可从本关卡重新开始,点击返回回到主菜单界面。当玩家通过关卡时,会播放方块过关的动画。

19.4　布景相关类

从此节开始正式进入游戏的开发过程,本节将介绍本游戏的布景相关类,首先介绍游戏的总场景管理类,然后介绍两个布景类是如何开发的,从而逐步的完成对游戏场景的开发,下面将对这些类的开发进行详细的介绍。

19.4.1　3D 布景类——My3DIayer

下面介绍的是游戏中十分重要的一个类,My3DLayer,游戏中的所有模型都是在这个类中加载出来,方块的运动、触发机关的判断、死亡的判断、机关的更新、粒子系统的加载显示、触控方法的实现、都是在该类实现的。

（1）首先需要介绍的是声明 My3DLayer 类的头文件,该头文件中声明了需要用到的对象的指针,机关类的指针,存储数据的变量,包括地面方块的位置,机关的位置,还定义了该类中需要用到的各种宏,完成声明后方便后续开发。

🔖 代码位置: 见随书源代码第 19 章/目录下的/VulkanExBase_square/app/src/main/cpp/square /My3DLayer.h。

```
1   //此处省略了对一些头文件的引用以及相关代码，需要的读者可以参考随书中的源代码
2   class My3DLayer{
3   public:
4       static int  flag[TREE_NUMBER] ;              //关卡地板布局方式
5       static int  flagGo[TREE_NUMBER];             //关卡翻滚方式
6       static int  flag1[TREE_NUMBER] ;             //关卡 1 地板布局方式
7       static int  flag1Go[TREE_NUMBER];            //关卡 1 翻滚方式
8       static int  flag2[TREE_NUMBER];              //关卡 2 地板布局方式
9       static int  flag2Go[TREE_NUMBER];            //关卡 2 翻滚方式
10      static int  dicipos[DICI_NUMBER] ;           //关卡 1 地刺位置数组
11      static int  tanshepos[TANSHE_NUMBER];        //弹射位置
```

```
12          static int  jiazipos[JIAZI_NUMBER] ;                        //关卡 1 夹子位置数组
13          static int  diaoluopos[DIAOLUO_NUMBER];                     //关卡 1 掉落块位置数组
14          static int  yidongpos[YIDONG_NUMBER];                       //关卡 1 移动位置
15          static int  tanshepos1[TANSHE_NUMBER];                      //弹射位置
16          //此处省略与上文类似的关卡 2 的变量声明代码，需要的读者请参考本书源码
17          static int  jiazipos2[JIAZI_NUMBER] ;                       //关卡 2 夹子位置数组
18          static int  diaoluopos2[DIAOLUO_NUMBER];                    //关卡 2 掉落块位置数组
19          static int  yidongpos2[YIDONG_NUMBER];                      //关卡 2 移动位置
20          static int  tanshepos2[TANSHE_NUMBER];                      //弹射位置
21          static int  attachbox_draw_count[ATTACH_BOX_NUMBER];        //附属方块绘制计时
22          static int  BoxPos;                                         //方块位置记录计时
23          static bool BoxPos_licence;                                 //方块位置记录开关
24          static bool attachbox_draw_licence[ATTACH_BOX_NUMBER];      //附属小方块绘制开关
25          static int  Level;
26          static ObjObject* sp3Tree[TREE_NUMBER];                     //底板长方体集合
27          static ObjObject* sp3Dici[DICI_NUMBER];                     //地刺集合`
28          static ObjObject* sp3JiaziLeft[JIAZI_NUMBER];               //左夹子集合
29          //此处省略与上文类似的夹子集合变量声明代码，需要的读者请参考本书源码
30          static ObjObject* sp3DiaoLuo[DIAOLUO_NUMBER];               //掉落集合
31          static ObjObject* sp3DiaoLuoshadow[DIAOLUO_NUMBER];         //掉落阴影集合
32          static ObjObject* sp3YiDong[YIDONG_NUMBER];                 //移动集合
33          static ObjObject* planeForDraw;                             //地面
34          static ObjObject* mainBox;                                  //主方块
35          static ObjObject* attachBox[ATTACH_BOX_NUMBER];             //附属方块
36          //此处省略与上文类似的附属方块变量声明代码，需要的读者请参考本书源码
37          static ObjObject* tanshe[TANSHE_NUMBER];                    //弹射机关
38          static ObjObject* qizi;                                     //起点旗子
39          static ObjObject* qizigun[QIZIGUN_NUMBER];                  //起点旗杆
40          static void initLevel();                                    //初始化关卡
41          static void NextLevel();                                    //下一关卡
42          static void RepeatLevel();                                  //重新开始
43      };
```

- 第 4～9 行声明了场景中所有与关卡中道路路径有关的变量，由于本游戏是一款休闲类型的游戏，后期的扩展也很重要，为了方便后期的关卡开发，使用这些变量，可以很容易地控制道路布局方式，增添新的关卡，方便后期开发。

- 第 10～20 行声明了场景中各个关卡的机关位置变量，这些机关变量有地刺、落锤、移动板、夹子以及弹射板等，通过这些变量可以控制机关在关卡道路上的所在位置，方便后期进行统一的管理。

- 第 21～25 行声明了与本游戏中的主方块相关的变量，其中包括附属方块声明周期计时变量、附属方块绘制标志位、主方块位置记录开关与位置记录变量等。通过这些变量能够控制每次翻转方块后产生较为真实的转动特效，大大增强游戏可玩性。

- 第 26～43 行声明了游戏中所有的 3D 物体对象与游戏中与关卡的选择有关的方法。这些对象包括有主方块、各种机关对象、道路对象等。而这些方法主要是用以控制游戏中关卡的加载、重置以及进行下一关卡。

（2）完成了 My3DLayer 头文件的开发，下面将着重讲解 My3DLayer 类的具体实现，该类对于整个游戏十分重要，初始化了游戏中大部分 3D 物体的布局方式。但是由于其较为复杂，所以将其中的方法进行分布讲解，下面将首先讲解 My3DLayer 类的结构。

✎ **代码位置**：见随书源代码第 19 章/目录下的/VulkanExBase_square/app/src/main/cpp/square/My3DLayer.cpp。

```
1   int  My3DLayer::flag[TREE_NUMBER] = {1,1,1,1,1,1,1,1,1,1,        //关卡地板布局方式
```

```
2                                              2,2,2,2,2,2,2,2,2,2,
3                                              ....... };
4   //此处省略了与上述数组变量类似的布局方式的变量初始化，需要的读者可以参考随书的源代码
5   int My3DLayer::dicipos[DICI_NUMBER] = {4, 13,19,20,21,30,42}; //预置关卡地刺位置数组
6   int My3DLayer::jiazipos[JIAZI_NUMBER] = {7,8,11,25,48};        //预置关卡夹子位置数组
7   int My3DLayer::diaoluopos[DIAOLUO_NUMBER] = {15,27,36,40};     //预置关卡掉落块位置数组
8   int My3DLayer::yidongpos[YIDONG_NUMBER] = {3};                 //预置关卡移动位置
9   int My3DLayer::tanshepos[TANSHE_NUMBER]={5};                   //预置关卡弹射板位置
10  int My3DLayer::dicipos1[DICI_NUMBER] = {4, 13,19,20,21,30,42}; //关卡1地刺位置数组
11  int My3DLayer::jiazipos1[JIAZI_NUMBER] = {7,8,11,25,48};       //关卡1夹子位置数组
12  int My3DLayer::diaoluopos1[DIAOLUO_NUMBER] = {15,27,36,40};    //关卡1掉落块位置数组
13  int My3DLayer::yidongpos1[YIDONG_NUMBER] = {3};                //关卡1移动位置
14  int My3DLayer::tanshepos1[TANSHE_NUMBER]={5};
15  //此处省略了关卡2机关位置的初始化，需要的读者可以参考随书的源代码
16  int My3DLayer::attachbox_draw_count[ATTACH_BOX_NUMBER]={……};  //附属方块绘制计时
17  int   My3DLayer::BoxPos=0;                                     //方块位置记录
18  bool My3DLayer::BoxPos_licence=false;                          //方块位置记录开关
19  bool My3DLayer::attachbox_draw_licence[ATTACH_BOX_NUMBER]={……}; //附属小方块绘制开关
20  int My3DLayer::Level=1;                                        //初始关卡数
21  void My3DLayer::initLevel(){/*此处省略了初始化关卡的方法代码，将在下面进行讲解*/}
22  void  My3DLayer::RepeatLevel() {/*此处省略了重置当前关卡的方法代码，将在下面进行讲解*/}
23  void  My3DLayer::NextLevel(){/*此处省略了进入下一关卡的方法代码，将在下面进行讲解*/}
```

● 第1~4行对游戏各个关卡中地板布局与主方块翻转方式的数组变量进行的初始化，这些数组变量中的值代表了当前主方块或者地板的姿态，以及下次翻转所应呈现的姿态，只需读取数组中的值即可得知将要进行的翻转方式，简便高效。

● 第5~15行是对游戏中各个关卡中的所有机关位置数组变量的初始化。这些数组记录了其所在关卡机关的相对于地板的所在位置，由于这部分变量的初始化较为相似，故省略了关卡2机关位置数组的初始化代码，读者可自行查看随书源码。

● 第16~20行主要是初始化了主方块相关的变量，主方块位置记录开关与位置记录变量用来记录方块当前处于地板布局的哪个位置，附属方块开关与绘制计时，用来控制翻转后弹射出的附属方块，以产生翻方块的弹射的效果。

● 第21~23行主要是与关卡相关的方法，分别为初始化关卡方法、重置当前关卡方法以及进入下一关卡方法。这些方法使得本游戏的游戏体验更为完整，这里不便于展开讲解，将在下面对这些方法展开进行详细的介绍。

（3）接下来将要展开介绍初始化关卡方法。此方法主要是用以对游戏所在关卡的地板布局、机关布局进行初始化。在主线程中每隔一定时间调用此方法，监听当前所处的关卡，若玩家过关，则对下一关关卡中的地板布局与机关布局进行初始化。

✎ **代码位置：** 见随书源代码第19章/目录下的/VulkanExBase_square/app/src/main/cpp/square/My3DLayer.cpp。

```
1   void My3DLayer::initLevel(){                          //初始关卡物体
2       if(My3DLayer::Level>2){                           //判断当前关卡
3           My3DLayer::Level=1;}                          //强制关卡为1物体
4       if(My3DLayer::Level==1){                          //初始化关卡1
5           for(int i=0;i<TREE_NUMBER;i++){               //初始化关卡1道路
6               My3DLayer::flag[i]=My3DLayer::flag1[i];
7               My3DLayer::flagGo[i]=My3DLayer::flag1Go[i];}
8           for(int i=0;i<DICI_NUMBER;i++){               //初始化关卡1地刺
9               My3DLayer::dicipos[i]=My3DLayer::dicipos1[i];}
10          for(int i=0;i<JIAZI_NUMBER;i++){              //初始化关卡1夹子
```

```
11                   My3DLayer::jiazipos[i]=My3DLayer::jiazipos1[i];}
12              for(int i=0;i<DIAOLUO_NUMBER;i++){              //初始化关卡 1 掉落
13                   My3DLayer::diaoluopos[i]=My3DLayer::diaoluopos1[i];}
14              for(int i=0;i<YIDONG_NUMBER;i++){               //初始化关卡 1 移动
15                   My3DLayer::yidongpos[i]=My3DLayer::yidongpos1[i];}
16              for(int i=0;i<TANSHE_NUMBER;i++){               //初始化关卡 1 弹射
17                   My3DLayer::tanshepos[i]=My3DLayer::tanshepos1[i];}
18          }
19          else if(My3DLayer::Level==2){                       //初始化关卡 2 物体
20          //此处省略了进入下一关卡的方法代码，与上述代码类似，不再赘述
21      }}
```

- 第 2～3 行为强制当前关卡数为 1，线程中每隔一段时间调用本方法用以判断当前关卡数，若当前关卡数超过 2，则强制关卡为 1，本游戏目前只开发了两关，所以玩家通过所有关卡后，无法跳到下一关，因此这里回到第一关。

- 第 4～7 行为初始化第一关关卡中的道路对象与翻转方式，首先初始化当前关卡的道路布局方式，然后根据布局方式的不同，翻转方式也会不同，将翻转方式的数组变量赋予预置变量，然后可以实现不同方向的滚动。

- 第 8～17 行为初始化第一关关卡中的所有 3D 机关对象物体，分别为关卡 1 中的地刺、夹子、落锤、移动板弹射板等，首先将关卡 1 的各种机关赋给预置的关卡变量，然后读取预置变量实现对关卡的初始化。

（4）上面介绍了初始化关卡的方法，接下来将要介绍的是进入下一关后的配置方法，为了尽可能地实现代码的简洁，我们没有再次声明新的对象，而是为这些对象的相关操作设置了标志位等控制方式，通过改变这些标志位就可以实现关卡的改变，接下来展开介绍。

✎ 代码位置：见随书源代码第 19 章/目录下的/VulkanExBase_square/app/src/main/cpp/square/My3DLayer.cpp。

```
1   void  My3DLayer::NextLevel(){
2       for(int i=1;i<ATTACH_BOX_NUMBER;i++){              //复位附属方块
3            My3DLayer::attachbox_draw_licence[i]=0;       //附属方块绘制开关
4            My3DLayer::attachbox_draw_count[i]=0;}        //附属方块计时
5       My3DLayer::BoxPos_licence=false;                   //主方块位置记录开关
6       My3DLayer::mainBox->setPosition3D(0,100,0);        //初始化主方块位置
7       My3DLayer::mainBox->Ry=0;                          //初始化主方块旋转 x 轴
8       My3DLayer::mainBox->Rx=0;                          //初始化主方块旋转 y 轴
9       My3DLayer::mainBox->Rz=0;                          //初始化主方块旋转 z 轴
10      My3DLayer::mainBox->Rangle=0;                      //初始化主方块旋转角
11      My3DLayer::Level+=1;                               //关卡标志
12      DiaoLuoManager::DiaoLuoIndex=0;                    //掉落格子数归零
13      DiCiBox::DiCiIndex=0;                              //地刺格子数归零
14      JiaZiBox::JiaZiIndex=0;                            //夹子格子数归零
15      YiDongBox::YiDongIndex=0;                          //移动格子数归零
16      My3DLayer::initLevel();                            //更新为当前关卡物体脚本数组
17      MyDraw::InitDrawobject();                          //改变当前关卡物体的位置
18      My3DLayer::BoxPos=0;                               //方块位置记录计时
19      ZFTManager::life=true;                             //主方块的生存状态
20      ZFTManager::Box_pos=0;                             //主方块位置记录归零
21      Touch2D::Button_start=false;                       //2D 仪表板开始按钮
22      }
```

- 第 2～4 行为设置下一关卡附属方块的代码，每次翻转方块后，方块会弹射出附属的小方

块，为了实现代码的高效简洁，我们设置了附属方块的相关参数控制附属方块的弹射，进入下一关后设置这些参数，用以实现附属方块的再次使用。

- 第 5～10 行为设置下一关卡主角方块自身相关属性的代码，本游戏中最主要的就是主方块，因此当进入下一关之后，主方块的诸多属性参数需要重新设置，此处就是设置置为下一关卡的主方块位置、旋转轴以及旋转角等属性。

- 第 12～17 行为设置下一关卡机关位置归零的代码，本游戏中的机关的位置由机关格子计数器操控，将当前主角方块的位置传递给机关类之后，增加机关格子计数器的值，通过此值与机关数组变量进行遍历查询，找到相应的机关后进行绘制。

- 第 18～21 行为下一关卡其他属性的相关设置代码。主要有设置主方块生存状态为存活、主方块位置计数器开启、位置记录计数器归零、以及重启 2D 仪表板绘制等。

（5）上面介绍了进入下一关卡后的游戏相关设置操作方法，接下来将要介绍由于玩家操作不慎，导致主角方块死亡后重新开始游戏的重置关卡方法，与上述方法初衷类似，本方法也是为了实现代码的间接性。下面进行展开讲解。

✎ **代码位置：**见随书源代码第 19 章 / 目录下的 /VulkanExBase_square/app/src/main/cpp/square/My3DLayer.cpp。

```
1    void  My3DLayer::RepeatLevel() {
2        for(int i=1;i<ATTACH_BOX_NUMBER;i++){                  //复位附属方块
3            My3DLayer::attachbox_draw_licence[i]=0;
4            My3DLayer::attachbox_draw_count[i]=0;}
5        My3DLayer::BoxPos_licence=false;                       //方块位置记录开关
6        My3DLayer::mainBox->setPosition3D(0,100,0);            //复位方块位置
7        ZFTManager::MainScalex=1;                             //复位方块缩放大大小
8        ZFTManager::MainScaley=1;
9        ZFTManager::MainScalez=1;
10       DiCiBox::DiCiIndex=0;                                 //地刺格子个数复位
11       JiaZiBox::JiaZiIndex=0;                               //夹子格子个数复位
12       YiDongBox::YiDongIndex=0;                             //移动格子个数复位
13       My3DLayer::BoxPos=0;                                  //方块位置记录计时
14       ZFTManager::life=true;                                //方块生命恢复
15       ZFTManager::Box_pos=0;                                //小方块位置记录归零
16       Touch2D::Button_resume=false;                         //重新开始按钮绘制
17   }
```

- 第 2～4 行为重置当前关卡附属方块的代码，每次翻转方块后，方块会弹射出附属的小方块，以产生较为真实的翻转效果，与上述方法类似也是为了实现代码的高效简洁。重置附属方块相关属性后用以实现附属方块的再次使用。

- 第 5～9 行为重置主角方块自身相关属性设置的代码。主要包括有主角方块的位置记录开关、主角方块的初始位置以及主角方块的绘制缩放比例，通过这些代码的设置能够实现主角方块的重置，重新开始当前关卡。

- 第 10～12 行为重置与机关属性有关的代码，与之前的方法一样，重置的目的是将当前主角方块的位置传递给机关类之后，增加机关格子计数器的值，通过此值与机关数组变量进行遍历查询，找到相应的机关后进行绘制。

- 第 13～16 行为重置主角方块生命、位置等代码，玩家操作不慎死亡后，主角方块死亡，播放死亡动画并消失，此时弹出重新开始按钮，点击重新开始按钮后只有重置主角方块的生命与位置，才能重新开始游戏。

19.4.2　总绘制类——MyDraw

接下来将要介绍的是本游戏中与绘制相关的控制类——MyDraw，首先初始化所有的对象，然后将游戏中用到的所有物体通过此类进行绘制呈现，包括 2D、3D 物体对象。将所有物体的绘制集中到一起，方便进行统一的管理。下面我们进行详细介绍。

（1）首先需要开发的是声明 MyDraw 类的头文件，该头文件中主要声明了需要用到的所有方法，主要有创建绘制物体对象方法、初始化物体对象方法、绘制 2D、3D 物体对象的方法，此头文件相对简单，读者无需作深入研究，只需略做浏览即可。

> **代码位置：** 见随书源代码第 19 章/目录下的/VulkanExBase_square/app/src/main/cpp/bndev/ MyDraw.h。

```
1    //此处省略了对一些头文件的引用以及相关代码，需要的读者可以参考随书中的源代码
2    class MyDraw {
3    public:
4        static void CreateDrawobject();                      //创建绘制用物体
5        static void InitDrawobject();                        //初始化绘制用物体
6        static void Draw3Dobject();                          //绘制 3D 物体
7        static void Draw2Dobject();                          //绘制 2D 物体
8    };
```

- 第 4~7 行为 **MyDraw** 类中所使用的方法的声明代码。主要包括创建绘制用物体方法、初始化绘制用物体方法、绘制 3D 物体方法以及绘制 2D 物体方法，通过这些方法才能完成本游戏中所有的物体的绘制。

（2）上面完成了头文件声明的介绍，接下来将要介绍 MyDraw 类的整体框架。该类中的方法主要是创建了本游戏中所有的物体，但是由于其较为复杂，无法一次展开讲解，所以首先介绍该类的整体框架，各个方法的具体实现将在后面进行详细介绍。

> **代码位置：** 见随书源代码第 19 章/目录下的/VulkanExBase_square/app/src/main/cpp/bndev/MyDraw.cpp。

```
1    //此处省略了对一些头文件的引用以及相关代码，需要的读者可以参考随书中的源代码
2    void MyDraw::CreateDrawobject(){/*此处省略了创建绘制用物体的代码，将在下面进行详细介绍*/}
3    void MyDraw::InitDrawobject() {/此处省略了初始化绘制用物体的代码，将在下面进行详细介绍*/}
4    void MyDraw::Draw3Dobject() {/*此处省略了绘制 2D 物体的代码，将在下面进行详细介绍*/}
5    void MyDraw::Draw2Dobject(){/*此处省略了绘制 3D 物体的代码，将在下面进行详细介绍*/}
```

- 第 2~3 行为 **MyDraw** 类中所使用的创建绘制用物体与初始化绘制物体方法的代码。通过这些方法才能完成本游戏中所有的物体的创建与初始化工作，本游戏中所使用的物体较多，因此将物体集中处理方便进行统一的管理。

- 第 4~5 行为 **MyDraw** 类中所使用的绘制 2D 物体方法以及绘制 3D 物体方法代码。通过这些方法完成了本游戏中所有 2D 与 3D 的绘制工作，具体的代码将在下面进行详细介绍，这里主要是对整体的方法功能做简要介绍。

（3）了解了本类整体的架构后，接下来将要介绍的是创建绘制用物体的代码，此部分代码主要是用来声明创建本游戏中所使用的所有物体对象，为了方便进行统一的管理，将其汇总到 CreateDrawobject 中，下面进行重点的介绍。

> **代码位置：** 见随书源代码第 19 章/目录下的/VulkanExBase_square/app/src/main/cpp/bndev/MyDraw.cpp。

```
1    void MyDraw::CreateDrawobject(){
2        My3DLayer::planeForDraw=Square3D::create("model/plane.obj","texture/floor.pkm");
                                                                     //地面
3        My3DLayer::sp3Tree[0]=Square3D::create("model/cft.obj", "texture/cft.pkm");
```

```
                                                          //道路
4       for(int i=1;i < TREE_NUMBER;i++){                 //遍历创建道路对象
5           My3DLayer::sp3Tree[i]=Square3D::create("model/cft.obj", "texture/cft.pkm");}
                                                          //道路
6       for(int i = 0; i < DICI_NUMBER; i++){             //遍历创建地刺对象
7           My3DLayer::sp3Dici[i]=Square3D::create("model/dici.obj","texture/dici.pkm");}
                                                          //地刺
8       for(int i = 0; i < JIAZI_NUMBER; i++){            //遍历创建夹子对象
9           My3DLayer::sp3JiaziLeft[i]=Square3D::create("model/jiazike.obj","texture/
jiazi.pkm");                                              //夹子
10          //此处省略了其他机关对象创建代码，读者可自行查看随书源码}
11      for(int i=0;i<DIAOLUO_NUMBER;i++){                //遍历创建落锤
12          My3DLayer::sp3DiaoLuo[i]=Square3D::create("model/diaoluo.obj","texture/
cft.pkm");                                                //落锤
13          My3DLayer::sp3DiaoLuoshadow[i]=Square3D::create("model/zft.obj","texture/
cftshadow.pkm");}
14      for(int i=0;i<YIDONG_NUMBER;i++){                 //遍历创建移动板对象
15          My3DLayer::sp3YiDong[i]=Square3D::create("model/cft.obj","texture/cft.pkm");}
16      My3DLayer::mainBox=Square3D::create("model/zft.obj","texture/zft.pkm"); //创建主方块
17      for(int i=0;i<ATTACH_BOX_NUMBER;i++){             //遍历创建附属方块
18          My3DLayer::attachBox[i]=Square3D::create("model/attach.obj","texture/zft.
pkm");                                                    //附属方块
19          //此处省略了其他附属方块对象创建的代码，读者可自行查看随书源码}
20      My3DLayer::qizi=Square3D::create("model/qizi.obj","texture/qizi.pkm"); //旗子
21      for(int i=0;i<QIZIGUN_NUMBER;i++){                //遍历创建旗杆
22          My3DLayer::qizigun[i]=Square3D::create("model/qizigun.obj","texture/qizigun.
pkm");}                                                   //旗杆
23      for(int i=0;i<TANSHE_NUMBER;i++){                 //遍历创建弹射板
24          My3DLayer::tanshe[i]=Square3D::create("model/tanshe.obj","texture/tanshe.
pkm");}                                                   //弹射板
25  }
```

● 第 2～5 行为创建地面与道路物体对象，传入地面的模型路径与地面的纹理路径，通过 create 方法创建地面对象，由于本游戏的整体架构原因，道路对象的创建中，主角方块的初始所在道路面板对象需要单独创建，创建方式与上述类似。

● 第 6～15 行为创建关卡中所有机关对象的代码，本游戏中的机关对象众多，集中到一起进行创建方便管理，各个机关的创建代码相似，都是传入当前对象模型路径与纹理路径后完成机关对象的创建。

● 第 16～24 行为创建其余物体对象的代码，主要包括主角方块、附属方块、旗子、旗杆以及弹射板对象。主角方块是本游戏的主要 3D 物体对象，从旗子起点出发，触控点击屏幕翻转方块弹出附属方块。

（4）通过上述介绍，对于本游戏中绘制的物体对象的创建有了更深入的讲解，接下来将要重点介绍的是，为创建的这些物体对象的属性进行设置的代码，主要包括位置、旋转角等，设置完毕后方便绘制方法调用这些物体属性进行绘制。

✎ **代码位置：** 见随书源代码第 19 章/目录下的/VulkanExBase_square/app/src/main/cpp/bndev/MyDraw.cpp。

```
1   void MyDraw::InitDrawobject() {
2       My3DLayer::sp3Tree[0]->setPosition3D(0,40,0);           //设置道路位置
3       for(int i=1;i < TREE_NUMBER;i++) {                      //遍历设置道路位置
4           switch ( My3DLayer::flag[i]) {                      //获取关卡道路布局
5               case 0:                                         //根据获取的值设置布局
6                   My3DLayer::sp3Tree[i]->setPosition3D(My3DLayer::sp3Tree[i - 1]->
```

```
x - 100, 40,
7                                    My3DLayer::sp3Tree[i - 1]->z);         //设置关卡道路位置
8                              break;
9                       //由于以下代码与上述代码相似，这里不再赘述，读者可自行查看随书源码
10               }}
11       for(int i = 0; i < DICI_NUMBER; i++){                      //遍历设置地刺位置
12               My3DLayer::sp3Dici[i]->setPosition3D(My3DLayer::sp3Tree[My3DLayer::
dicipos[i]]->x, 38,
13                                    My3DLayer::sp3Tree[My3DLayer::dicipos[i]]->z);}  //设置地刺位置
14       for(int i = 0; i < JIAZI_NUMBER; i++){                     //遍历设置夹子位置
15               My3DLayer::sp3JiaziLeft[i]->setPosition3D(My3DLayer::sp3Tree[My3DLayer
::jiazipos[i]]->x,30,
16                                    My3DLayer::sp3Tree[My3DLayer::jiazipos[i]]->z);  //设置夹子位置
17               //此处省略了设置夹子相关物体的代码，读者可自行查看随书源码}
18       for(int i=0;i<DIAOLUO_NUMBER;i++){                         //遍历设置落锤位置
19               My3DLayer::sp3DiaoLuo[i]->setPosition3D(My3DLayer::sp3Tree[My3DLayer::
diaoluopos[i]]->x, 80,
20                                    My3DLayer::sp3Tree[My3DLayer::diaoluopos[i]]->z);
                                                                   //设置落锤位置
21               //此处省略了设置落锤相关物体的代码，读者可自行查看随书源码}
22       //由于与上述代码类似，此处省略了设置其他机关为题的相关代码，读者可自行查看随书源
23   }}
```

- 第 2～10 行为设置道路布局的位置代码。由于本游戏的逻辑特殊性，其余位置都是根据首块道路板的位置定位的，所以首块道路板的位置需要单独设置，之后遍历列表根据上一个道路板的位置确定当前道路板的位置。

- 第 11～22 行为设置关卡中关卡位置的代码。本游戏拥有众多关卡，每种关卡的位置都需要单独设置，但是代码基本相似，从所属机关的位置布局数组中读取该机关相对于道路的位置，然后设置机关的位置。

（5）相信通过上述的介绍，对于本类的大概功能已经介绍完毕，接下来将要介绍本类中最终的方法之一——Draw3Dobject 方法，此方法完成了本游戏中所有 3D 物体的绘制工作，通过下面的介绍，将会对本游戏的画面呈现有更深入的了解。

✎ **代码位置：** 见随书源代码/VulkanExBase_square/app/src/main/cpp/bndev 第 19 章/目录下的 MyDraw.cpp。

```
1    void MyDraw::Draw3Dobject() {
2        DiCiBox::DiCiTimeUpdate();                              //更新地刺
3        JiaZiBox::JiaZiTimeUpdate();                            //更新夹子
4        DiaoLuoManager::DiaoLuoTimeUpdate();                    //更新落锤
5        YiDongBox::YiDongTimeUpdate();                          //更新移动
6        //此处省略了 3D 物体绘制代码，将在下面进行展开介绍
7        ZFTManager::Update_mainbox();                           //更新主角方块姿态
8        if(!TanShe::tanshe_flag){
9            DiCiBox::DiCiCheckLife();                           //地刺存活判断
10           JiaZiBox::JiaZiCheckLife();                         //夹子存活判断
11           DiaoLuoManager::DiaoLuoCheckLife();                 //掉落存活判断
12           YiDongBox::YiDongCheckLife();}                      //移动存活判断
13           TanShe::TanSheCheck();                              //弹射判断
14       ZFTManager::Win();                                      //胜利判断
15       if(!ZFTManager::life){
16           switch (ZFTManager::Diefoncution){
17               case 1:{ZFTManager::ZFTDiCiDie();               //地刺死亡方式
18               break;}
19               case 2:{ZFTManager::ZFTJiaZiDie();              //夹子死亡方式
```

```
20                      break;}
21              case 3:{ZFTManager::ZFTDiaoLuoDie();           //掉落死亡方式
22                      break;}
23              case 4:{ZFTManager::ZFTYiDongDie();            //移动板死亡方式
24                      break;}}}
25      if(My3DLayer::mainBox->y<=-50){                        //重置附属方块
26          for(int i=0;i<ATTACH_BOX_NUMBER;i++){
27              My3DLayer::attachbox_draw_count[i]=0;}         //附属方块计时归零
28          for(int i=0;i<ATTACH_BOX_NUMBER;i++){
29              My3DLayer::attachbox_draw_licence[i]=0;        //重置附属方块绘制开关
30  }}}
```

● 第 2～5 行为本游戏中关卡姿态更新的代码。游戏中，为了实现关卡的不断移动，因此需要实时的更新当前关卡所处的位置，通过调用这些 Update 方法，更新关卡的位置属性，绘制线程不断调用改变，使得关卡不断移动变化。

● 第 6～7 行为 3D 物体绘制的代码与主角方块姿态更新的代码。由于 3D 物体绘制代码较多，这里不方便展开讲解，将在下面进行详细介绍。而主角姿态更新的代码主要是用于方块翻转后位置、旋转轴等属性的更新。

● 第 8～14 行为主角方块存活状态以及是否胜利的判断代码。在不断翻转方块躲避机关的过程中，需要时刻检测主角方块是否已经被机关击中死亡，死亡后更新主角方块存活状态，若成功躲避所有机关并且到达了终点，则玩家游戏胜利。

● 第 15～24 行为主角方块死亡方式的判定代码。若当前主角方块的生存属性为 false，调用此段代码，通过上述代码中判定主角方块死于那种机关，然后根据机关的不同，调用相应的主角方块的死亡方式，播放对应的死亡动画。

● 第 25～30 行为重置附属方块属性的代码。主角方块播放死亡动画后沉入地面，当完全消失后，调用此段代码以重置附属方块的相应属性。包括附属方块计时数组归零以及附属方块绘制开关的关闭。

（6）接下来将要重点介绍本类中的核心代码部分，3D 物体的绘制，为了实现相应的绘制工作需要用到平移、旋转、缩放等功能，而这部分的功能代码原理不外乎是对矩阵的操作，这里不再做过多讲解，这里只介绍绘制代码。

✏ **代码位置：**见随书源代码/VulkanExBase_square/app/src/main/cpp/bndev 第 19 章/目录下的 MyDraw.cpp。

```
1   for(int i=0;i < TREE_NUMBER;i++) {
2       for(int j=0;j<YIDONG_NUMBER;j++){                      //遍历绘制道路对象
3           if(i!=My3DLayer::yidongpos[j]){                    //当前位置不存移动板
4               MatrixState3D::pushMatrix();                   //保护现场
5               MatrixState3D::translate(My3DLayer::sp3Tree[i]->x,  //移动道路对象
6                                   My3DLayer::sp3Tree[i]->y,My3DLayer::sp3Tr
ee[i]->z);
7               My3DLayer::sp3Tree[i]->drawSelf(MyVulkanManager::cmdBuffer,
                                                               //绘制道路对象
8                   MyVulkanManager::sqsCTL->pipelineLayout,   //指定管线
9                   MyVulkanManager::sqsCTL->pipeline,&(MyVulkanManager::sqsCTL->
descSet
10                  [TextureManager::getVkDescriptorSetIndexForCommonTexLight
11                  (My3DLayer::sp3Tree[i]->texturename)]);    //传入道路对象纹理
12                  MatrixState3D::popMatrix();                //恢复现场
13              }}}
14  for(int i=0;i < DICI_NUMBER;i++) {                         //遍历绘制地刺对象
15      MatrixState3D::pushMatrix();                           //保护现场
```

```
16          MatrixState3D::translate(My3DLayer::sp3Dici[i]->x,          //移动道路对象
17              My3DLayer::sp3Dici[i]->y+DiCiBox::DiCiUpDown(),
18              My3DLayer::sp3Dici[i]->z);
19      My3DLayer::sp3Dici[i]->drawSelf(MyVulkanManager::cmdBuffer, //传入 buffer 数据
20              MyVulkanManager::sqsCTL->pipelineLayout,             //指定管线
21              MyVulkanManager::sqsCTL->pipeline,&(MyVulkanManager::sqsCTL->descSet
22              [TextureManager::getVkDescriptorSetIndexForCommonTexLight
23              (My3DLayer::sp3Dici[i]->texturename)]));             //指定纹理
24          MatrixState3D::popMatrix();}                             //恢复现场
25      //此处省略了其他机关绘制代码，读者可自行查看随书源码
```

- 第 1～12 行为遍历绘制道路的代码段。首先判断当前位置是否存在移动板，若不存在则保护现场，平移将要绘制的道路对象，绑定 CommandBuffer，指定管线并指定对应纹理开始绘制。否则绘制移动板对象。

- 第 14～25 行为遍历绘制地刺的代码段。保护现场，将要绘制的地刺对象平移到指定位置，启用绘制方法，传入 Buffer、指定管线与纹理进行绘制。最后恢复现场完成绘制。由于接下来其他物体的绘制代码与这两部分类似，所以这里不再赘述，有兴趣的读者可以自行查看随书源码进行学习。

19.4.3　摄像机管理类——CameraUtil

接下来将要介绍的是摄像机管理类——CameraUtil。此类为本游戏至关重要的类，需要格外注意的是，只有摄像机的位置姿态正确，才能将拍摄到的画面完整地呈现到屏幕上，否则会产生各种无法预料的事情。下面我们对此类进行详细介绍。

（1）首先需要开发的是声明 **MyDraw** 类的头文件，该头文件中声明了需要用到的摄像机朝向角度，摄像机仰角，摄像机 9 参数，包括摄像机的位置、摄像机观察点位置以及摄像机头顶朝向，还定义了该类中需要用到的各种方法。

代码位置：见随书源代码第 19 章/目录下的/VulkanExBase_square/app/src/main/cpp/util/CameraUtil.h。

```
1   class CameraUtil{
2   public:
3       static float degree;                    //摄像机朝向角度
4       static float yj;                        //摄像机仰角
5       static float camera9Para[9];            //摄像机 9 参数
6       static void calCamera();                //计算摄像机新参数的方法
7       static void flushCameraToMatrix();      //将当前的摄像机 9 参数值更新到矩阵系统
8   };
```

- 第 3～7 行为摄像机相关属性参数与方法的声明代码。主要包括摄像机朝向角度，摄像机仰角，以及摄像机 9 参数数组的声明，还声明了该类中需要用到的各种方法，摄像机更新方法与矩阵更新方法，方便后续开发。

（2）上面介绍了本类的头文件，对于本类有一个整体上的介绍，接下来将要介绍的是上述声明的方法的具体内容，通过这些方法的使用，使得摄像机能够正常捕捉拍摄游戏中的场景物体，并跟随主角方块的移动而移动，使得画面呈现流畅。

代码位置：见随书源代码第 19 章/目录下的/VulkanExBase_square/app/src/main/cpp/util/CameraUtil.hcpp。

```
1   //此处省略了对一些头文件的引用以及相关代码，需要的读者可以参考随书中的源代码
2   float CameraUtil::degree=0;                  //初始化摄像机朝向角
3   float CameraUtil::yj=0;                      //初始化摄像机仰角
```

```
4    float CameraUtil::camera9Para[9];                               //声明摄像机 9 参数数组
5    void CameraUtil::calCamera(){
6        if(ZFTManager::Box_pos!=TREE_NUMBER-1){                      //主角方块未到达终点
7            camera9Para[3]=My3DLayer::mainBox->x;                    //设置摄像机目标点 x 坐标
8            camera9Para[4]=My3DLayer::mainBox->y;                    //设置摄像机目标点 y 坐标
9            camera9Para[5]=My3DLayer::mainBox->z;                    //设置摄像机目标点 z 坐标
10           CameraUtil::camera9Para[0]=My3DLayer::mainBox->x-400;   //设置摄像机位置 x 坐标
11           CameraUtil::camera9Para[1]=My3DLayer::mainBox->y+700;   //设置摄像机位置 y 坐标
12           CameraUtil::camera9Para[2]=My3DLayer::mainBox->z-200;   //设置摄像机位置 z 坐标
13       }else{                                                       //主角方块到达后
14           camera9Para[3]=My3DLayer::mainBox->x;                    //设置摄像机目标点 x 坐标
15           camera9Para[4]=100;                                      //固定摄像机目标点 y 坐标
16           camera9Para[5]=My3DLayer::mainBox->z;                    //设置摄像机目标点 z 坐标
17           CameraUtil::camera9Para[0]=My3DLayer::mainBox->x-400;   //设置摄像机位置 x 坐标
18           CameraUtil::camera9Para[1]=800;                          //固定摄像机位置 y 坐标
19           CameraUtil::camera9Para[2]=My3DLayer::mainBox->z-200;   //设置摄像机位置 z 坐标
20   }}
21   void CameraUtil::flushCameraToMatrix(){                          //设置 3D 摄像机参数
22       MatrixState3D::setCamera(                                    //设置摄像机 9 参数
23                       camera9Para[0],camera9Para[1],camera9Para[2],
24                       camera9Para[3],camera9Para[4],camera9Para[5],
25                       camera9Para[6],camera9Para[7],camera9Para[8]
26       );}
```

● 第 2~4 行为摄像机相关的变量的初始化代码，此部分代码主要是给摄像机所使用的属性变量进行初始化，其中最为重要的就是摄像机 9 参数数组变量，这个数组控制了摄像机的位置、观察点位置以及朝向。

● 第 6~20 行为移动摄像机的方法。此方法实时调用，在主角方块未到达终点前，摄像机跟随主角方块的翻转而移动，而当主角方块到达终点后，主角方块升起播放胜利动画，此时摄像机固定位置，不再移动。

● 第 21~26 行为将当前摄像机 9 参数转换为矩阵类型的方法代码段，在游戏中涉及各种各样的矩阵变换，当摄像机的位置、观察点位置或者摄像机的朝向发生改变后，调用此方法重新设置摄像机矩阵。

19.4.4 3D 物体创建类——Square3D

接下来将要介绍的是 3D 物体创建类——Square3D，此类中的物体创建方法，是本游戏中所有物体创建都需要调用的，通过简单封装后，只需要传入模型路径以及纹理路径即可完成物体对象的创建，下面我们进行详细介绍。

✎ **代码位置：** 见随书源代码第 19 章/目录下的/VulkanExBase_square/app/src/main/cpp/square/Square3D.cpp。

```
1    //此处省略了对一些头文件的引用以及相关代码，需要的读者可以参考随书中的源代码
2    //创建 3D 物体对象方法
3    ObjObject* Square3D::create(string objname, string texturename) {
4        ObjObject* tempOO=LoadUtil::loadFromFile(objname,          //创建 ObjObject
5                                          MyVulkanManager::device,   //传入设备变量
6                                          MyVulkanManager::memoryroperties); //指定 memory
7        tempOO->texturename=texturename;                            //指定纹理
8        return tempOO;                                              //返回创建的 ObjObject
9    }
```

此段为加载创建游戏中所使用的 3D 物体的方法,传入模型路径与纹理路径后,调用 LoadUtil 类中的 loadFromFile 方法,创建 3D 物体对象,然后指定纹理完成绑定,最后将创建完成的 3D 物体返回。

19.5　机关与方块相关类

游戏中的机关和主角方块为了能够方便管理,都为其单独创建了类,这些类包括了方块管理类,地刺机关管理类,掉落块机关管理类,夹子机关管理类,移动机关管理类,烟雾管理类,由于不同机关的管理类之间较为相似,所以下面只介绍地刺机关、掉落块机关以及方块管理类的开发。

19.5.1　方块管理类——ZFTManager

首先介绍的是游戏的主角——方块的管理类,该类包括了方块向前后,向左,向右的移动动作方法,还包括了方块的多种死亡动作,被地刺刺死动作,被夹子夹死动作,掉落死亡动作还有弹飞的动作和过关动画,这些动作使得本游戏更加完善。

(1)首先需要介绍的是 ZFTManager 的头文件,在该头文件中声明了主角方块对象,主角方块的三种不同类型的死亡动画方法,方块所在位置,方块的缩放比例,过关时的动画,这些变量构成了主角方块的属性。具体介绍代码如下所示。

代码位置: 见随书源代码第 19 章/目录下的/VulkanExBase_square/app/src/main/cpp/square/ZFTManager.h。

```
1   #ifndef VULKANEXBASE_ZFTMANAGER_H
2   #define VULKANEXBASE_ZFTMANAGER_H              //防止被重复引用
3   #include "Square3D.h"                          //引用头文件
4   class ZFTManager {
5   public:
6       static bool life ;                         //存活
7       static int Diefoncution;
8       static int Box_pos ;                       //方块所在的位置第几格
9       static float MainScalex;                   //x 方向的拉伸比例
10      static float MainScaley;                   //y 方向的拉伸比例
11      static float MainScalez;                   //z 方向的拉伸比例
12      static void Update_mainbox();              //更新主角方块的位置
13      static void ZFTDiCiDie();                  //正方体地刺死亡动画
14      static void ZFTJiaZiDie();                 //正方体夹子死亡动画
15      static void ZFTDiaoLuoDie();               //掉落刺穿方块死亡动画
16      static void ZFTYiDongDie();                //移动方块死亡动画
17      static void Win();                         //移动方块胜利动画
18  };
19  #endif //VULKANEXBASE_ZFTMANAGER_H
```

说明 头文件中将与主角方块有关的位置信息和更新方法、各种死亡动画的方法都放在了 ZFTManager 类当中,这样很有利于开发过程中错误的修正和后期代码的维护,读者要特别注意这一点。

(2)介绍完了 ZFTManager 类的头文件,下面将要介绍的是 ZFTManager 类的具体实现代码,该类实现了头文件中声明的更新主角方块位置的方法,多种不同的死亡动作方法,下面将详细的介绍该类的具体实现,介绍具体代码如下所示。

代码位置：见随书源代码第 19 章/目录下的/VulkanExBase_square/app/src/main/cpp/square/
ZFTManager.cpp。

```
1    //此处省略了对一些头文件的引用以及相关代码，需要的读者可以参考源代码
2    int angle = 1;
3    float ZFTManager::MainScalez=1.0;                              //x轴缩放倍数
4    float ZFTManager::MainScaley=1.0;                              //y轴缩放倍数
5    float ZFTManager::MainScalex=1.0;                              //z轴缩放倍数
6    bool ZFTManager::life = true;                                  //主角方块存活
7    int ZFTManager::Diefoncution=0;                                //将要移动的方向
8    int ZFTManager::Box_pos = 0;                                   //主角方块的位置
9    int Wincount=0;                                                //是否过关
10   float attachscale[8]={Random()*Random()*Random(),};           //产生随机数
11   void  ZFTManager::Update_mainbox() {
12       if (My3DLayer::mainBox->Goorientation == Goorientationleft) {  //左实现滚动效果
13           My3DLayer::mainBox->Rangle = -angle;                        //旋转角度
14           My3DLayer::mainBox->x += translatecount1;                   //设置方块位置
15           CameraUtil::camera9Para[0] += translatecount1;              //摄像机位置
16           CameraUtil::camera9Para[3] = My3DLayer::mainBox->x;
17           angle -= translatecount1;
18           if (angle == -angleflag) {                                  //向左侧移动
19               My3DLayer::mainBox->Rz = 0;                             //旋转角度
20               My3DLayer::mainBox->Rangle = 0;
21               My3DLayer::mainBox->x += translatecount;                //向左移动方块
22               CameraUtil::camera9Para[0] += translatecount;           //摄像机移动
23               CameraUtil::camera9Para[3] = My3DLayer::mainBox->x; //摄像机的 x 值
24               angle = 1;
25               My3DLayer::mainBox->Rz = 0;                             //旋转标志位
26               My3DLayer::mainBox->Goorientation = Goorientationinit;
27               My3DLayer::BoxPos_licence=true;                         //位置监听标志位
28               My3DLayer::attachbox_draw_licence[ZFTManager::Box_pos+1]=true;
29           }}
30       //此处省略了与上文类似的向左转和向右转的方法，请参考本书源码
31   void ZFTManager::ZFTDiCiDie(){/*此处省略刺穿方块死亡代码，将在后续步骤中给出*/}
32   void ZFTManager::ZFTJiaZiDie(){/*此处省略夹死方块死亡代码，将在后续步骤中给出*/}
33   void ZFTManager::ZFTDiaoLuoDie(){/*此处省略压死方块死亡代码，将在后续步骤中给出*/}
34   void ZFTManager::ZFTYiDongDie(){/*此处省略移动块导致死亡代码，将在后续步骤中给出*/}
35   void ZFTManager::Win(){/*此处省略胜利后动作代码，将在后续步骤中给出*/}
```

● 第 2～9 行首先设置了主角方块的缩放比例和旋转的角度，在这里设置的 x、y、z 轴的缩放比例都是 1，接下来还声明了方块是否存活和要移动的方向的标志位，后面的程序中可以很轻易地根据标志位判断方块的状态。

● 第 10～19 行首先创建了一个数组，存放方块周围的"烟雾"的缩放比例，这里的烟雾也都是由小方块构成的，这些小方块在一定范围内随机大小和方向，营造出烟雾的效果。接下来使得摄像机的位置跟随主角方块移动。

● 第 20～30 行是主角方块根据移动标志位向前、左、右 3 个方向移动，每次移动方块都包括了移动方块、旋转方块、摄像机跟随，这 3 个步骤，每次移动完成之后，再对方块位置的标志位加一，以便下次判断。

（3）通过上文介绍 ZFTManager 类的相关方法，对主角方块的移动和一些动作是的运行原理做了深入的阐述，下面将继续讲解 ZFTManager 类剩下的方法，主角方块死亡动作和胜利动作的方法，介绍具体代码如下所示。

代码位置：见随书源代码第 19 章/目录下的/VulkanExBase_square/app/src/main/cpp/square/
ZFTManager.cpp。

```
1    void ZFTManager::ZFTDiCiDie(){                          //地刺刺穿方块死亡方式
2        if(My3DLayer::mainBox->y>=-50)
3            My3DLayer::mainBox->y-=5;                        //主角方块 y 轴压缩
4    }
5    void ZFTManager::ZFTJiaZiDie(){                         //夹子夹方块死亡方式
6        if(My3DLayer::flag[Box_pos]==0||
7                My3DLayer::flag[Box_pos]==2){               //方块横向死亡
8            if(ZFTManager::MainScalez>=0.25){
9                ZFTManager::MainScalez-=0.15;               //主角方块 z 轴压缩
10           }else
11               My3DLayer::mainBox->y=0;
12       }else if(My3DLayer::flag[Box_pos]==1){              //方块纵向死亡
13           if(ZFTManager::MainScalex>=0.25){
14               ZFTManager::MainScalex-=0.15;               //场景缩放比例
15           }else
16               My3DLayer::mainBox->y=-50;                  //主角方块 y 值降低
17       }}
18   void ZFTManager::ZFTDiaoLuoDie(){                       //掉落压扁方块死亡方式
19       if(My3DLayer::mainBox->y>=-50)
20           My3DLayer::mainBox->y-=5;
21   }
22   void ZFTManager::ZFTYiDongDie(){                        //方块掉落死亡方式
23       if(My3DLayer::mainBox->y>=-50)
24           My3DLayer::mainBox->y-=5;
25   }
26   void ZFTManager::Win(){                                 //胜利方法
27       if(Box_pos==TREE_NUMBER-1){
28           if(Wincount<90){
29               My3DLayer::mainBox->y+=1;
30               My3DLayer::mainBox->Ry=1;                   //主角方块方向标志位
31               My3DLayer::mainBox->Rangle=Wincount;        //主角方块旋转角
32           }else if(Wincount<180){                         //判断胜利时间标志位
33               My3DLayer::mainBox->y-=1;                   //主角方块 y 值降低
34               My3DLayer::mainBox->Ry=1;                   //主角方块方向标志位
35               My3DLayer::mainBox->Rangle=Wincount;
36           }else
37               Wincount=0;                                 //动作完成后标志位清零
38           Wincount++;                                     //胜利动作计时自加
39       }}
```

- 第 1～17 行是方块两种死亡动画的方法，当主角方块被地刺刺穿死亡时，方块的 y 轴进行压缩，实现了被戳漏气的效果。第二种死亡动画略为复杂，首先要判断方块是从哪个方向被压扁的，然后再对主角方块该轴向进行压缩。

- 第 18～25 行是主角方块掉落死亡和压扁死亡的两种方式，这两种死亡方式分别是被掉落块砸到和没有踩到移动块时触发的，它们的表现方式都是降低主角方块的 y 轴方向的值，从而实现方块逐渐掉落的死亡效果。

- 第 26～39 行是主角方块达到关底时的胜利动画，具体表现为主角方块 y 值上升，这里设置了一个 Wincount 标志位记录时间，从而控制整个动画的时长，方块逐渐旋转上升，当动作结束时，将该标志位归零。

19.5.2　地刺机关管理类——DiCiBox

地刺机关是游戏中最基础的一种机关，该机关通过上下移动阻碍主角方块通过，当地刺机关处于上升状态时，主角方块同时处在机关上，主角方块则会死亡，触发死亡动画。通过该类的讲解能够对机关的运动与逻辑紧密结合。

（1）开始先开发的是 DiCiBox 类的头文件，该头文件中与 ZFTManager 的头文件类似，初始化地刺动作计时的变量，地刺状态的变量，地刺所在格子的格子数，还有地刺移动的方法，用以实现地刺的功能，其具体代码如下所示。

代码位置：见随书源代码第 19 章/目录下的/VulkanExBase_square/app/src/main/cpp/square/DiCiBox.h。

```
1    #ifndef DiCiBox_H
2    #define DiCiBox_H                          //防止被重复引用
3    #include <android/log.h>                   //引用头文件
4    //此处省略了对一些头文件的引用以及相关代码，需要的读者可以参考随书中的源代码
5    #include "../bndev/MyVulkanManager.h"
6    using namespace std;                        //指定使用的命名空间
7    class DiCiBox{
8    public:
9        static int dici_time;                  //时间标志位
10       static bool dici_up;                   //地刺上升了
11       static int DiCiIndex ;                 //地刺格子个数
12       static float DiCiUpDown();             //地刺升起与放下
13       static void DiCiTimeUpdate();          //地刺升起下落
14       static void DiCiChcokLife();           //检测是否被地刺扎死
15   };
16   #endif
```

> **说明**　该头文件主要声明了地刺机关的各种状态标志位和位置，以及地刺移动的方法，通过一个类管理整个跟地刺有关的部分，十分符合面向对象的思想。

（2）介绍完了 DiCiBox 类的头文件，下面将介绍 DiCiBox 类的具体实现代码，在该类实现了头文件中声明的初始化方法和移动方法，其移动方法是在 My3DLayer 中根据标志位的增减来确定位置的，其具体代码如下所示。

代码位置：见随书源代码第 19 章/目录下的/VulkanExBase_square/app/src/main/cpp/square/DiCiBox.cpp。

```
1    //此处省略了对一些头文件的引用以及相关代码，需要的读者可以参考随书中的源代码
2    int DiCiBox::dici_time = 0;                               //地刺时间标志位
3    bool DiCiBox::dici_up = false;                           //地刺是否升起
4    int DiCiBox::DiCiIndex = 0;                              //地刺所处位置
5    void DiCiBox::DiCiTimeUpdate(){                          //地刺时间标志位更新
6        DiCiBox::dici_time ++;
7    }
8    float DiCiBox::DiCiUpDown(){                             //地刺升降方法
9        if (DiCiBox::dici_time < 30){                        //当标志位小于 30
10           DiCiBox::dici_up = true;                         //地刺上升
11           return dici_time * 1.5f;                         //返回上升参数
12       }else if(DiCiBox::dici_time < 60){                   //当标志位小于 60
13           return 30 * 1.5f;                                //返回上升参数
14       }else if(DiCiBox::dici_time < 90){                   //当标志位小于 90
15           DiCiBox::dici_up = false;                        //地刺下降
16           return 30 * 1.5f - (dici_time-60) * 1.5f;
17       }else if(DiCiBox::dici_time < 120){                  //当标志位小于 120
```

```
18              return 0.0f;                                  //返回下降参数
19          }else{
20              DiCiBox::dici_time = 0;
21              return 0.0f;                                  //返回下降参数
22      }}
23  void DiCiBox::DiCiCheckLife(){                             //检测方块是否被存活
24      if(ZFTManager::Box_pos == My3DLayer::
25                  dicipos[DiCiBox::DiCiIndex]){              //当方块处在地刺上时
26          if(DiCiBox::dici_up){
27              ZFTManager::life = false;                     //方块死亡
28              ZFTManager::Diefoncution=1;
29          }}
30      if(ZFTManager::Box_pos > My3DLayer::dicipos[DiCiBox:: //判断最近的地刺
31          DiCiIndex]&&DiCiBox::DiCiIndex<= DICI_NUMBER)
32          DiCiBox::DiCiIndex++;
33  }
```

- 第 1～22 行首先初始化了地刺时间、地刺是否升起的标志位变量，然后创建了地刺的更新方法，在方法中不断使得地刺时间标志位加 1，从而控制地刺的 y 值向上移动与向下移动。

- 第 23～32 行是检测地刺是否存活的方法，该方法需要不断地调用，当地刺升起且主角方块处于地刺上时，则立刻判断地刺死亡，如果没有不断调用，当主角方块处在地刺上没有立刻判断，则会产生漏洞。

19.5.3　掉落块机关管理类——DiaoLuoManager

下面介绍的是游戏的掉落机关方块的管理类，该类包括了初始化模型的方法和掉落块掉落的方法，该模型的组成比较特殊，是由一个长方体块和一个正方体板组成的，下面将对该类进行详细的讲解。

（1）开始先开发的是 DiaoLuoManager 的头文件，该头文件与上文中的头文件类似，首先设定了命名空间和引入了一些类的头文件，然后初始化了掉落块动作计时的变量，掉落块状态的变量，还有掉落块移动的方法，其具体代码如下所示。

✍ **代码位置：**见随书源代码第 19 章/目录下的/VulkanExBase_square/app/src/main/cpp/square/
DiaoLuoManager.h。

```
1   #ifndef VULKANEXBASE_DIAOLUOMANAGER_H
2   #define VULKANEXBASE_DIAOLUOMANAGER_H                      //防止重定义
3   #include <android/log.h>
4   //此处省略了对一些头文件的引用以及相关代码，需要的读者可以参考随书中的源代码
5   #include "../bndev/MyVulkanManager.h"
6   using namespace std;                                      //指定使用的命名空间
7   class DiaoLuoManager {
8   public:
9       static int diaoluo_time;
10      static bool diaoluo_up;                               //掉落块上升了
11      static bool diaoluo_down;
12      static int DiaoLuoIndex ;                             //掉落块格子个数
13      static float DiaoLuoUpDown();                         //掉落块升起与放下
14      static void DiaoLuoTimeUpdate();                      //掉落块升起下落
15      static void DiaoLuoCheckLife();                       //检测是否被掉落块砸死
16  };
17  #endif //VULKANEXBASE_DIAOLUOMANAGER_H
```

说明　在该头文件中先声明了命名空间和需要在类中使用的头文件，之后声明了构造函数和初始化机关对象的方法，掉落块机关的各种状态标志位和位置，以及掉落块移动的方法。

（2）下面详细介绍的是 DiaoLuoManager 类，该类实现了掉落块的动作方法，包括了掉落块的上下移动，检测主角方块是否存活，更新主角方块将会碰到掉落块的位置方法，这些方法实现了落锤的全部功能，具体实现代码如下所示。

✎ **代码位置：** 见随书源代码第 19 章/目录下的/VulkanExBase_square/app/src/main/cpp/square/DiaoLuoManager.cpp。

```
1   //此处省略了对一些头文件的引用以及相关代码，需要的读者可以参考源代码
2   int DiaoLuoManager::diaoluo_time = 0;                          //掉落块的时间
3   bool DiaoLuoManager::diaoluo_up = false;                       //掉落块上升
4   bool DiaoLuoManager::diaoluo_down = false;                     //掉落块下落
5   int DiaoLuoManager::DiaoLuoIndex = 0;                          //掉落块序号
6   void DiaoLuoManager::DiaoLuoTimeUpdate(){                      //更新掉落块
7       DiaoLuoManager::diaoluo_time ++;                           //标志位自增
8   }
9   float DiaoLuoManager::DiaoLuoUpDown(){                         //掉落块掉落
10      if (DiaoLuoManager::diaoluo_time <30){                     //时间标志位小于 30
11          DiaoLuoManager::diaoluo_up = false;                   //掉落块掉落标志位
12          DiaoLuoManager::diaoluo_down = false;
13          return diaoluo_time * 2.6f;                            //返回位置信息
14      }else if(DiaoLuoManager::diaoluo_time < 60){               //时间标志小于 60
15          return 30 * 2.6f;                                     //返回掉落块位置
16      }else if(DiaoLuoManager::diaoluo_time < 90){               //时间标志小于 90
17          DiaoLuoManager::diaoluo_up = true;                    //掉落块上升为真
18          return 30 * 2.6f - (diaoluo_time-60) * 2.6f;          //返回掉落块位置
19      }else if(DiaoLuoManager::diaoluo_time < 120){             //时间标志位小于 120
20          DiaoLuoManager::diaoluo_down = true;                 //掉落标志位为真
21          return 0.0f;                                          //返回掉落块位置
22      }else{
23          DiaoLuoManager::diaoluo_time = 0;                    //将时间标志位置零
24          return 0.0f;
25      }}
26  void DiaoLuoManager::DiaoLuoCheckLife() {                      //检测主角是否存活
27      if(ZFTManager::Box_pos == My3DLayer::diaoluopos
28                      [DiaoLuoManager::DiaoLuoIndex]){           //主角到掉落块上
29          if(DiaoLuoManager::diaoluo_up){                       //掉落块上升
30              ZFTManager::life = false;                         //掉落块死亡
31              ZFTManager::Diefoncution=3;
32          }}
33      if(ZFTManager::Box_pos > My3DLayer::diaoluopos[DiaoLuoManager::
34          DiaoLuoIndex]&&DiaoLuoManager::                       //主角方块位置
35          DiaoLuoIndex<= DIAOLUO_NUMBER)
36          DiaoLuoManager::DiaoLuoIndex++;                       //位置自增
37  }
```

● 第 2~8 行首先声明了掉落块的一些状态，其中包括了掉落块移动时间标志、掉落块是否上升、掉落块是否下降，然后创建了更新掉落块时间标志位的方法，该方法会在 update 中调用。

● 第 9~25 行是掉落块运动的方法，该方法根据掉落块时间标志位将掉落块的运动分为上升、停止、下降、再停止这 4 个阶段，在下降阶段主角方块处在掉落块底下会被砸死，在上升阶

段则可以通过该机关。

● 第 26～37 行是检测主角方块是否存活的方法，在该方法中通过判断当掉落块下降时主角是否处在当前机关所在的格子上，当主角通过一个机关后，再对机关的序号进行自加从而方便下一次判断。

19.6　游戏入口及辅助工具类

通过以上几节的介绍，已经对本游戏的整体逻辑框架介绍完毕，从本节开始将要介绍本游戏的入口类和辅助工具类，这部分类的代码相对来说没有不属于游戏逻辑，大部分代码都是为了能够在 Android 上运行本游戏而使用的套路性代码，针对 PC 平台开发的代码也是如此，只是有少部分的改动，因此相对理解起来比较容易。

19.6.1　游戏入口类——main

首先要介绍的是游戏中的入口类——main，该类中需要理解的是事件处理回调方法，此类中的部分方法是为了将游戏呈现到 Android 而重写的方法，无需做深入研究。但其中涉及手机触控监听的代码段与本游戏的主角方块密切相关，需要特别关注。

（1）首先需要介绍的是本类的主体框架，主要是对本类有一个整体的介绍，包括事件回调方法、命令回调方法以及入口方法。其中入口方法中的大部分代码都是为了能够是本游戏运行在 Android 平台而开发的。

✎ **代码位置：** 见随书源代码第 19 章/目录下的/VulkanExBase_square/app/src/main/cpp/bndev/main.cpp。

```
1    //此处省略了对一些头文件的引用以及相关代码，需要的读者可以参考随书中的源代码
2    extern "C"{
3        int xPre;int yPre;                                     //声明触控位置变量
4        float xDis;float yDis;                                 //声明触控移动距离变量
5        static int32_t engine_handle_input(struct android_app* app, AInputEvent* event){
                                                                //事件处理回调方法
6               //此处省略了事件处理回调方法的展开，将在下面进行详细介绍
7        }
8        static void engine_handle_cmd(struct android_app* app, int32_t cmd){ //命令回调方法
9               //此处省略命令回调方法的展开，读者可自行查阅随书源码
10       }
11       void android_main(struct android_app* app){            //入口方法
12           app_dummy();                                       //这一句必须写
13           MyVulkanManager::Android_application=app;          //指定 APP 应用
14           MyData md;                                         //声明数据对象
15           app->userData = &md;                               //设置应用的用户数据对象
16           app->onAppCmd = engine_handle_cmd;                 //设置应用的命令回调方法
17           app->onInputEvent = engine_handle_input;           //设置应用的事件处理回调方法
18           md.app = app;                                      //将应用指针设置给 MyData
19           bool beginFlag=false;                              //标志位
20           while (true){                                      //始终执行
21               int events;                                    //声明事件变量
22               struct android_poll_source* source;            //声明 source
23               //做不断循环要做的工作，比如刷帧
24               while ((ALooper_pollAll((beginFlag?0:-1), NULL, &events,(void**)
&source)) >= 0){
25                   beginFlag=true;                            //改变标志位
26                   if (source != NULL){source->process(app, source);}} //处理事件
27       }}}
```

● 第 3~4 行为声明触控点 x、y 坐标变量以及触控移动 x、y 方向距离的变量。在进行游戏操控的时候，有点击屏幕的动作以及滑动屏幕的动作，点击后使用 xPre/yPre 进行记录、滑动屏幕后使用 xDis/yDis 记录滑动距离。

● 第 5~10 行为本类中的事件处理回调方法与命令回调方法。其中事件处理回调方法主要是对玩家触控的方式进行监听，将在下面进行详细介绍。命令回调方法相对简单，主要是对关键信息进行后台打印，感兴趣的读者可自行查看随书源码。

● 第 12~19 行为本游戏的入口方法中相关变量对象的初始化，最重要的就是 APP 应用对象的初始化与指定。此部分代码主要是将 Vulkan 渲染技术呈现到 Android 平台做准备。读者无需作深入的研究。

● 第 20~26 行是为了能够实现不断循环的完成要做的工作而开发的代码。即游戏未退出，则不断循环完成游戏刷帧。否则将 beginFlag 标志位置反，刷帧结束。

（2）相信现在对于本类主体做了完整的讲解，接下来将要介绍的是本类中的时间处理回调方法，此方法中主要是对于玩家触控手机屏幕进行的监听判断。获取触控点的位置，然后根据主角方块的存活状态以及是否到达终点进行处理，决定方块的动作。

代码位置： 见随书源代码第 19 章/目录下的/VulkanExBase_square/app/src/main/cpp/bndev/main.cpp。

```
1    static int32_t engine_handle_input(struct android_app* app, AInputEvent* event){
2        //如果是 MOTION 事件（包含触屏和轨迹球）
3        if (AInputEvent_getType(event) == AINPUT_EVENT_TYPE_MOTION){
4        if(AInputEvent_getSource(event)==AINPUT_SOURCE_TOUCHSCREEN){   //如果是触屏
5            int x = AMotionEvent_getRawX(event, 0);            //获取触控点 x 坐标
6            int y = AMotionEvent_getRawY(event, 0);            //获取触控点 y 坐标
7            int32_t id = AMotionEvent_getAction(event);        //获取事件类型
8        if(ZFTManager::life&&ZFTManager::Box_pos<TREE_NUMBER-1){   //主角方块存活且未到达终点
9            switch (id) {
10               //此处省略了触屏操作的事件处理代码，将在下面进行展开讲解
11           }}
12       //此处省略了主角方块到达终点或者死亡后的事件处理，读者可自行查阅随书源码
13       }return true;}                                    //返回 true
15   return false;}}                                       //返回 false
```

● 第 3~7 行为触屏处理的准备工作代码。主要包括判断是否为 MOTION 事件，并且当前设备为可触屏设备。然后获取当前触控点相对于屏幕的 x 坐标与 y 坐标，然后获取触控事件的类型，为后续的事件做准备工作。

● 第 8~13 行为对触控事件类型的判断与后续处理。主要包括触控按下、触控移动以及触控抬起事件，根据获取到的不同的触控事件，然后控制主方块不同的移动方式，具体的代码将在下面进行展开讲解。

（3）接下来将要介绍触屏操作的事件处理代码，主要包括触控按下事件、触控移动事件以及触控弹起事件的处理，获取到触控的方式之后进行事件的处理，主要是控制主角方块的移动翻转以及按钮的点击，使得玩家能够获得更好的人机交互。

代码位置： 见随书源代码第 19 章/目录下的/VulkanExBase_square/app/src/main/cpp/bndev/main.cpp。

```
1    case AMOTION_EVENT_ACTION_DOWN:{                      //触控按下消息
2        xPre = x;yPre = y;                               //指定触控点坐标
3        if(!Touch2D::Button_start){                      //未点击开始按钮
4        Touch2D::Init_screen();                          //获取屏幕尺寸
```

```
5       Touch2D::CheckButton_start(x,y);                    //开始按钮事件处理
6       Touch2D::CheckButton_about(x,y);                    //关于按钮事件处理
7       Touch2D::CheckButton_exit(x,y);                     //退出按钮事件处理
8       Touch2D::CheckButton_sound(x,y);                    //声音按钮事件处理
9   }else{
10      switch (My3DLayer::flagGo[ZFTManager::Box_pos]){    //获取当前翻转方式
11        case 0:                                           //主角方块右拐
12          My3DLayer::mainBox->Rz = 1;                     //指定旋转轴
13          My3DLayer::mainBox->Goorientation = 0;          //设置走向
14          break;
15        case 1:                                           //主角方块直走
16          My3DLayer::mainBox->Rx = 1;                     //指定旋转轴
17          My3DLayer::mainBox->Goorientation = 1;          //设置走向
18          break;
19        case 2:                                           //主角方块左拐
20          My3DLayer::mainBox->Rz = 1;                     //指定旋转轴
21          My3DLayer::mainBox->Goorientation = 2;          //设置走向
22          break;}
23      if(!Touch2D::Button_mute){PlaySound::playSound("sound/dingdong.wav");}  //播放点击音效
24      My3DLayer::mainBox->setPosition3D(My3DLayer::mainBox->x,100,    //设置位置
25                          My3DLayer::mainBox->z);}}
26  break;
27  case AMOTION_EVENT_ACTION_MOVE:                         //触控移动消息
28      xDis = x - xPre;                                    //获取 x 方向移动距离
29      yDis = y - yPre;                                    //获取 y 方向移动距离
30      LightManager::setLightPosition(CameraUtil::camera9Para[0],
31                          CameraUtil::camera9Para[1],
32                          CameraUtil::camera9Para[2]);
33      xPre = x;yPre = y;                                  //改变触控点位置
34      break;
35  case AMOTION_EVENT_ACTION_UP:                           //触控弹起消息
36      break;
```

- 第 2～8 行为未点击开始按钮时对 2D 按钮进行触控监听的方法。主要包括点击开始按钮后的事件处理、点击关于按钮后的事件处理以及点击退出按钮后的事件处理，将触控点的位置坐标传给这些方法，然后计算是否点击了相应的按钮。

- 第 10～26 行为判断主角方块移动方式的代码段。获取当前方块所在位置的翻转方式数组的值，然后进行翻转。使得方块可以进行前行、左转以及右转。在翻转的同时还需指定旋转轴以及方块的走向，方便进行下次旋转。

- 第 27～36 行为触控移动事件处理以及触控抬起事件处理的代码段。计算当前触控位置与上次触控点位置的差值作为移动距离，然后根据摄像机的位置重新设置灯光的位置，实现光源与摄像机的绑定。

19.6.2　触控监听类——Touch2D

上面介绍了本游戏的入口类——main。接下来将要介绍的是触控监听类——Touch2D，该类主要是用来监听点击到按钮后相关的处理工作，比如点击开始按钮后的处理、点击关于按钮后的处理以及点击退出按钮后的处理等。

（1）首先需要介绍的是声明 Touch2D 类的头文件，该头文件中声明了点击各种按钮的标志位以及点击这些按钮后的处理方法，完成声明后方便后续开发。

代码位置：见随书源代码第 19 章/目录下的/VulkanExBase_square/app/src/main/cpp/bndev/Touch2D.h。

```
1   //此处省略了对一些头文件的引用以及相关代码，需要的读者可以参考随书中的源代码
2   using namespace std;//指定使用的命名空间
3   class Touch2D {
4   public:
5       static bool Button_about;                        //关于按钮标志位
6       static bool Button_resume;                       //重新开始标志位
7       static bool Button_start;                        //开始按钮标志位
8       static bool Button_exit;                         //退出按钮标志位
9       static bool Button_mute;                         //声音按钮标志位
10      static float height;                             //屏幕高度
11      static float width;                             //屏幕宽度
12      static void Init_screen();                       //初始化屏幕宽度和高度
13      static void CheckButton_about(int x,int y);      //监听点击关于按钮的处理
14      static void CheckButton_resume(int x,int y);     //监听点击重新开始按钮的处理
15      static void CheckButton_back(int x,int y);       //监听点击返回按钮的处理
16      static void CheckButton_exit(int x,int y);       //监听点击退出按钮的处理
17      static void CheckButton_start(int x,int y);      //监听点击开始按钮的处理
18      static void CheckButton_sound(int x, int y);     //监听点击声音按钮的处理
19  };
```

● 第 5～18 行为声明游戏中是否点击按钮的各种标志位和点击按钮后的处理方法。主要包括关于按钮、重新开始按钮、开始按钮、退出按钮以及声音按钮，处理方法为分别点击这些按钮后的在游戏中的处理工作。

（2）接下来将要介绍的是 Touch2D 类中变量的初始化以及相关方法的具体实现，通过这些变量和方法对本游戏中的 2D 按钮进行监听处理，点击按钮触发相应的事件，比如点击关于按钮，弹出本游戏版权相关信息，同时将其他按钮设置为不可视。

代码位置：见随书源代码第 19 章/目录下的/VulkanExBase_square/app/src/main/cpp/bndev/Touch2D.cpp。

```
1   //此处省略了对一些头文件的引用以及相关代码，需要的读者可以参考随书中的源代码
2   bool Touch2D::Button_about=false;                    //关于按钮标志位
3   bool Touch2D::Button_resume=false;                   //重新开始标志位
4   bool Touch2D::Button_exit=false;                     //退出按钮标志位
5   bool Touch2D::Button_start=false;                    //开始按钮标志位
6   bool Touch2D::Button_mute = false;                   //声音按钮标志位
7   float Touch2D::height;                               //屏幕高度
8   float Touch2D::width;                                //屏幕宽度
9   void Touch2D::Init_screen(){                         //获取屏幕尺寸的方法
10      height=MyVulkanManager::screenHeight;            //获取屏幕高度
11      width=MyVulkanManager::screenWidth;              //获取屏幕宽度
12  }
13  void Touch2D::CheckButton_about(int x,int y){        //关于按钮
14      if(y>(7*height/10.0f)&&y<(8*height/10.0f)){       //是否点击到关于按钮
15          if(x>((width/height-0.4)*height/2-height/20.0f)&&
16                  x<((width/height-0.4)*height/2+height/20.0f)){
17              Touch2D::Button_about= !Touch2D::Button_about;   //将关于按钮标志位置反
18  }}}
19  void Touch2D::CheckButton_sound(int x, int y){       //声音按钮
20      if (y>(7*height/10.0f)&&y<(8*height/10.0f)){      //是否点击到声音按钮
21          if (x>((width/height )*height/2-height/20.0f)&&
22                  x<((width/height)*height/2+height/20.0f)){
23              Touch2D::Button_mute= !Touch2D::Button_ mute;    //将声音按钮标志位置反
24              if(Button_mute){PlaySound::shutDown("sound/bgm.wav"); //静音后将背景音乐暂停
```

```
25              }else{PlaySound::playBGM("sound/bgm.wav");      //取消静音后播放背景音乐
26  }}}}
27  //此处省略了其他按钮的相关代码，与上述代码类似，读者可自行查阅随书源码
```

- 第 2～12 行为本游戏中按钮是否点击的标志位初始化，主要包括关于按钮、开始按钮、重新开始按钮和退出按钮的标志位以及屏幕的尺寸，未点击按钮时，标志位为 false，点击按钮后，标志位变为 true，通过这些标志位用来控制判断是否已经点击按钮。

- 第 13～18 行为点击关于按钮后的相关设置代码。首先是第 14～16 行为判断是否触控点击到了关于按钮，根据关于按钮相对于当前设备屏幕的尺寸设置关于按钮的点击范围，而第 11 行为点击关于按钮后将关于按钮标志位置反。

- 第 19～25 行为点击声音按钮后的相关设置代码。第 20～22 行为判断是否触控点击到了重新开始按钮，而第 23～25 行为点击声音按钮后将该按钮标志位置反，然后根据当前是否静音暂停或继续播放背景音乐。

19.7　着色器的开发

　　至此，本游戏的功能和所有技术已经基本介绍完毕，本节将对游戏中用到的相关着色器进行介绍。本游戏共使用了两套着色器，分别是 3D 物体绘制着色器与 2D 仪表板绘制着色器。下面将对其中的一部分进行介绍。

　　（1）首先介绍的是游戏中进行基本 3D 图形绘制的顶点着色器，其主要功能为根据顶点位置坐标向量和总变换矩阵计算此次绘制此顶点位置，并将接收的纹理坐标传和顶点位置坐标传递给片元着色器。其详细代码如下。

　　✎ **代码位置：**见随书源代码第 19 章/目录下的/VulkanExBase_square/app/src/main/assets/shader/commonTexLight.vert。

```
1   #version 400                                        //声明版本
2   #extension GL_ARB_separate_shader_objects : enable  //开启 separate_shader_objects
3   #extension GL_ARB_shading_language_420pack : enable //开启 shading_language_420pack
4   layout (push_constant) uniform constantVals {
5        mat4 mvp;                                      最终变换矩阵
6   } myConstantVals;
7   layout (location = 0) in vec3 pos;                  //顶点位置
8   layout (location = 1) in vec2 inTexCoor;            //顶点纹理坐标
9   layout (location = 2) in vec3 inNormal;             //法向量
10  layout (location = 0) out vec2 outTexCoor;          //用于传递给片元着色器的变量
11  out gl_PerVertex {
12       vec4 gl_Position;};                            //内置的 gl_Position
13  void main() {
14       outTexCoor = inTexCoor;                        //将接收的纹理坐标传递给片元着色器
15       gl_Position = myConstantVals.mvp * vec4(pos,1.0); //根据总变换矩阵计算此次绘制此顶点位置
16  }
```

- 第 1～3 行为着色器代码中必要的部分，由于着色器语言版本的不同，写法也会有些许差异，因此首先声明当前开发的着色器代码的版本为 4.0 版本。然后申请开启 separate_shader_objects 与 shading_language_420pack 扩展。

- 第 4～6 行为传入的最终变换矩阵。与其他版本的写法不同，这里用 layout 布局声明了一个类似结构体的东西，声明变量接收传入的数据，这里接收的是传入的最终变换矩阵，用于计算

最后的 position 位置。

- 第 7～12 行为由程序中传入的各种变量。主要包括：顶点的位置、定点纹理坐标、法向量以及传入片元着色器的 outTexCoor 变量。这些变量主要是用来帮助计算得到最终的顶点位置与颜色值。第 11～12 行为声明内建变量 gl_Position。
- 第 14 行为将接收的纹理坐标传给片元着色器，而片元着色器里也有对应的 in 变量进行接收；第 15 行为计算得到最终 gl_Position 位置，将最终变换矩阵与顶点位置相乘，得到最后的 gl_Position，确定此次绘制的顶点的位置。

（2）接下来将介绍 3D 图形绘制的片元着色器的开发。其主要作用为根据顶点着色器传递过来的纹理坐标数据和纹理采样器数据来计算片元的最终颜色值。具体代码实现如下。

代码位置： 见随书源代码第 19 章/目录下的/VulkanExBase_square/app/src/main/assets/shader/commonTexLight.frag。

```
1   #version 400                                            //声明版本
2   #extension GL_ARB_separate_shader_objects : enable      //开启 separate_shader_objects
3   #extension GL_ARB_shading_language_420pack : enable     //开启 shading_language_420pack
4   layout (binding = 1) uniform sampler2D tex;             //采样器
5   layout (location = 0) in vec2 inTexCoor;                //接收从顶点着色器过来的参数
6   layout (location = 0) out vec4 outColor;                //传出最终颜色的参数
7   void main() {
8       outColor=textureLod(tex, inTexCoor, 0.0);           //给此片元从纹理中采样出颜色值
9   }
```

- 第 1～3 行为着色器代码中必要的部分，由于着色器语言版本的不同，写法也会有些许差异，因此首先声明当前开发的着色器代码的版本为 4.0 版本。然后申请开启 separate_shader_objects 与 shading_language_420pack 扩展。
- 第 4～6 行为 uniform 变量以及由程序中传入的变量等。主要是声明了采样器、接收从顶点着色器过来的参数以及传出最终颜色的参数。这些变量主要是用来计算得到最终片元对应的颜色值。
- 第 7～9 行为由纹理中采样计算得到最后的颜色值。此片元着色器的作用主要为根据从顶点着色器传递过来的参数 inTexCoor 和从 C++代码部分传递过来的 tex 来计算片元的最终颜色值，每片元执行一次。

（3）介绍完了 3D 图形绘制的顶点着色器与片元着色的开发后，接下来将介绍 2D 仪表板的片元着色器的开发。具体代码实现如下。

代码位置： 见随书源代码第 19 章/目录下的/VulkanExBase_square/app/src/main/assets/shader/dashboard2D.frag。

```
1   #version 400                                            //声明版本
2   #extension GL_ARB_separate_shader_objects : enable      //开启 separate_shader_objects
3   #extension GL_ARB_shading_language_420pack : enable     //开启 shading_language_420pack
4   layout (std140,set = 0, binding = 0) uniform bufferVals {
5       float brightFactor;                                 //颜色衰变因子
6   } myBufferVals;
7   layout (binding = 1) uniform sampler2D tex;             //采样器
8   layout (location = 0) in vec2 inTexCoor;                //接收顶点着色器传入的颜色
9   layout (location = 0) out vec4 outColor;                //传出最终颜色
10  void main() {
11      outColor=myBufferVals.brightFactor*textureLod(tex, inTexCoor, 0.0); //确定最终颜色
12  }
```

- 第 1～3 行为着色器代码中必要的部分，由于着色器语言版本的不同，写法也会有些许差异，因此首先声明当前开发的着色器代码的版本为 4.0 版本。然后申请开启 separate_shader_objects 与 shading_language_420pack 扩展。
- 第 4～9 行为声明颜色因子与采样器。颜色因子为在确定最终颜色时与采样得到的颜色相乘，以得到较为冷色的颜色。而从 C++代码部分传递过来的 tex 则用来确定得到采样值。第 8～9 行为接收顶点着色器传入的颜色参数与传出最终颜色的参数。
- 第 10～12 行为确定最终的颜色值。此片元着色器的作用主要为根据从顶点着色器传递过来的参数 inTexCoor 和从 C++代码部分传递过来的 tex 以及颜色因子 brightFactor 来计算片元的最终颜色值，每片元执行一次。

> **说明** 本节主要介绍的着色器已经结束，由于 2D 仪表板顶点着色器代码与 3D 物体顶点着色器代码类似，故不再赘述。感兴趣的读者可以自行查阅随书的源代码进行学习。

19.8 游戏的优化及改进

至此，基于 Vulkan 的 3D 休闲游戏——方块历险记，已经基本开发完成，也实现了最初设计的功能。但是，通过开发后的试玩测试发现，游戏中仍然存在着一些需要优化和改进的地方，下面列举作者想到的一些方面。

- 优化游戏界面

没有哪一款游戏的界面不可以更加的完美和绚丽，所以，对本游戏的场景，可以根据自己的想法进行改进，使其更加完美。如游戏场景的搭建、游戏主菜单的界面显示、游戏胜利以及结束时的效果等都可以一步一步地完善。

- 修复游戏 Bug

现在众多的手机游戏在公测后也有很多的 Bug，需要玩家不断地发现以此来改进游戏。作者已经将目前发现的所有 Bug 进行了修复，但是还有很多的 Bug 是需要玩家在游戏的过程中发现的，这对于游戏的可玩性有着极大的帮助。

- 增加机关种类

本游戏目前在机关的设置方面有五种机关，其中包括地刺、夹子、掉落块、移动块、弹射块，还可以发挥自身的想象力设计出更具有可玩性的机关，例如传送门、激光塔之类的机关，机关数量的丰富也将大大提高游戏的可玩性。

- 增强游戏体验

为了更好地增强用户的体验，方块的翻转速度，机关移动速度等一系列参数，读者可以自行调整，合适的参数会极大地提高游戏的可玩性。还可以调整粒子系统的特效使过关时有更加绚丽的效果。